TASCHENBUCH DER CHEMIE

ruppe	6. Gruppe		7. Gruppe			8. Gruppe
N	H	N	H	N	H	N
					2 He Helium 4,003	
	8 O Sauer- stoff 16 00		9 F Fluor 19,00		10 Ne Neon 20,18	
r	16 S Schwefel 32,06		17 Cl Chlor 35,45		18 Ar Argon 39,95	
23 V Vana- dium 50,94	34 Se Selen 78,96	24 Cr Chrom 52,00	35 Br Brom 79,90	25 Mn Mangan 54,94	36 Kr Krypton 83,80	26 Fe Eisen 55,85 · 27 Co Kobalt 58,93 · 28 Ni Nickel 58,69
41 Nb Nio- bium 92,91	52 Te Tellur 127,6	42 Mo Molyb- dän 95,94	53 I Jod 126,9	43 Tc Tech- netium [97]	54 Xe Xenon 131,3	44 Ru Ruthe-nium 101,1 · 45 Rh Rho-dium 102,9 · 46 Pd Palla-dium 106,4
73 Ta Tantal 180,9	84 Po Polo- nium [209]	74 W Wolfram 183,9	85 At Astat [210]	75 Re Rhe- nium 186,2	86 Rn Radon [222]	76 Os Os-mium 190,2 · 77 Ir Iri-dium 192,2 · 78 Pt Platin 195,1
105 Bo Bohrium [262]		106 [259]		107 [261]		

cht)

Gd o- m 3	65 Tb Terbium 158,9	66 Dy Dyspro- sium 162,5	67 Ho Holmium 164,9	68 Er Erbium 167,3	69 Tm Thulium 168,9	70 Yb Ytterbium 173,0	71 Lu Lutetium 175,0
Cm m]	97 Bk Berkelium [247]	98 Cf Kali- fornium [251]	99 Es Ein- steinium [252]	100 Fm Fermium [257]	101 Md Mende- levium [258]	102 No Nobelium [259]	103 Lr Law- rencium [260]

TASCHENBUCH DER CHEMIE

VON

W. SCHRÖTER, DR. HABIL. K.-H. LAUTENSCHLÄGER
und H. BIBRACK

10./11. Auflage

Mit 83 Bildern, 50 Tabellen, 3 Tafeln im Anhang
und 1 Beilage

VERLAG HARRI DEUTSCH
THUN UND FRANKFURT/M.

FEDERFÜHRUNG:

Fachschuldozent Werner Schröter

AUTOREN:

Dr. paed. habil. Karl-Heinz Lautenschläger

Allgemeine Chemie (1. bis 9.5.2.)
Nomenklatur anorganischer Verbindungen (42. bis 42.4.)

Fachschuldozent Werner Schröter

Anorganische Chemie (10. bis 27.6.3.)
Theoretische Grundlagen der organischen Chemie (*Mesomerie, Substituenteneffekte, Reaktionstypen;* 28.4. bis 28.6.5.)
Zyklische organische Verbindungen (38. bis 38.3.2.)
Biochemisch wichtige Stoffklassen, Sondergebiete der organischen Chemie, makromolekulare organisch-chemische Werkstoffe (39. bis 41.3.7.)
Nomenklatur organischer Verbindungen (43. bis 43.6.)

Fachschuldozent Ing. Hildegard Bibrack

Theoretische Grundlagen der organischen Chemie (*Isomerie, Reaktionsarten;* 28. bis 28.3.3., 28.7.)
Azyklische Verbindungen (29. bis 36.2.)
Kohlenhydrate (37. bis 37.4.)

CIP-Kurztitelaufnahme der Deutschen Bibliothek

Schröter, Werner

Taschenbuch der Chemie / von W. Schröter, K.-H. Lautenschläger u. H. Bibrack. — 10./11. Aufl. — Thun; Frankfurt/M.: Deutsch, 1984.

ISBN 3-87144-643-2

NE: Lautenschläger, Karl-Heinz; Bibrack, Hildegard:

Lizenzausgabe für den Verlag Harri Deutsch, Thun
Printed in the German Democratic Republic
Satz und Druck: VEB Druckhaus Köthen
Redaktionsschluß: 15. 1. 1984

Vorwort

Die Naturwissenschaften haben in der modernen Gesellschaft und damit auch auf allen Stufen des Bildungswesens eine starke Bedeutung gewonnen. Ohne hinreichende Kenntnisse in solchen Grundlagenfächern wie Mathematik, Physik, Chemie oder auch Biologie und Geographie bleiben im Zeitalter von Naturwissenschaft und Technik viele Zusammenhänge unverständlich.

Auf Grund der großen Stoffülle ist es notwendig, diese Kenntnisse auch jederzeit griffbereit gespeichert zu haben. Diesem Bedürfnis kommt der Verlag mit seinen umfangreichen, alphabetisch geordneten Nachschlagewerken »Fachlexikon ABC Mathematik«, »Fachlexikon ABC Physik«, »Fachlexikon ABC Chemie«, »Fachlexikon ABC Biologie« sowie dem »Fachlexikon ABC Technik« entgegen. Neben diesen umfangreichen Fachlexika erscheint im gleichen Verlag eine Reihe kleinerer, sachlich geordneter Nachschlagebücher im Taschenbuchformat, so »Bronstein/Semendjajew: Taschenbuch der Mathematik«, »Bartsch: Taschenbuch mathematischer Formeln«, »Kuchling, Taschenbuch der Physik«, »Neef: Taschenbuch der physischen Geographie — Das Gesicht der Erde« sowie das hier vorliegende »Taschenbuch der Chemie«.

Diese Taschenbücher sollen den Benutzer schnell und gründlich über Fakten und Zusammenhänge informieren. Sie stellen einerseits keine Lehrbücher dar, gehen aber andererseits über den Rahmen reiner Formelsammlungen hinaus. Es werden Begriffe, Gesetzmäßigkeiten und Beziehungen hergeleitet und ihre Anwendung erläutert. Diese Nachschlagebücher sind praktische Ratgeber bei der Arbeit auf den betreffenden Gebieten. Häufig werden sie auch als Repetitorium zur Prüfungsvorbereitung benutzt.

Das vorliegende »Taschenbuch der Chemie« gliedert sich in die Hauptteile *Allgemeine Chemie*, *Anorganische Chemie* und *Organische Chemie*, die ergänzt werden durch Abschnitte über die *rationelle Nomenklatur chemischer Verbindungen.*

Dem Charakter eines Nachschlagebuches entsprechend, enthält das Taschenbuch auch Begriffe und Definitionen, die heute als überholt gelten oder deren weitere Verwendung umstritten ist. Dazu gehören z.B. das Val, die Ionentheorie nach ARRHENIUS und das BOHRsche

Atommodell. Damit wird jüngeren Lesern das Verständnis älterer Literatur und älteren Lesern der Anschluß an die heutigen Auffassungen ermöglicht.
Die *10. Auflage* wurde völlig neu bearbeitet. Alle Teile wurden modernisiert. Wesentlich erweitert und zu einem eigenen Kapitel zusammengefaßt wurden Ausführungen über die *Energetik chemischer Reaktionen*; neu sind einführende Abschnitte über *organisch-chemische Reaktionstypen*, *Substituenteneffekte* und *Mesomerie*; auch wurden knappe Zusammenfassungen über *Antibiotika* und *Pestizide* eingefügt.
Ein besonderes Problem bildet die gegenwärtig im Umbruch befindliche Orthographie und Nomenklatur chemischer Stoffbezeichnungen. Die Verfasser haben sich entschlossen, bis zu einer endgültigen Klärung die deutsche Schreibweise beizubehalten. Gleichwohl bietet das Nachschlagebuch dem Leser die Möglichkeit, auch die in der deutschsprachigen Fassung der Nomenklaturrichtsätze der IUPAC verwendete fachwissenschaftliche Schreibweise chemischer Substanznamen kennenzulernen. Beide Schreibweisen werden in der Regel dort aufgeführt, wo eine Substanz besprochen wird. Auch werden im Abschnitt über die organisch-chemische Nomenklatur die neuen Empfehlungen den älteren Regeln gegenübergestellt.
Der rasche Zugriff zu den einzelnen Informationen wird durch ein umfangreiches Sachregister gesichert.
Anregungen und Kritik aus dem Leserkreis zu dem »Taschenbuch der Chemie« sind den Verfassern wie dem Verlag sehr willkommen. Möge das Buch seiner Aufgabe gerecht werden, in Schule und Beruf ein zuverlässiger Ratgeber zu sein!

Verlag Harri Deutsch

Inhaltsverzeichnis

Allgemeine Chemie

Allgemeine Chemie

1. Chemische Grundbegriffe

Die Chemie ist die Lehre von den Stoffen und den stofflichen Veränderungen.

Gegenstand der Wissenschaft Chemie sind die Gesetzmäßigkeiten, die die Bildung von Verbindungen aus den Elementen, die Umwandlung von Verbindungen in andere Verbindungen und den Zerfall von Verbindungen in Elemente bestimmen.
Die Chemie untersucht und beschreibt diese Vorgänge sowohl im Bereich der wägbaren Stoffmengen (Makrobereich) als auch im Bereich der Atome, Moleküle und Ionen (Mikrobereich). Indem sie Erscheinungen im Makrobereich auf Vorgänge in dem der Beobachtung nicht unmittelbar zugänglichen Mikrobereich zurückführt und daraus Schlußfolgerungen für Veränderungen im Makrobereich zieht, trägt sie ständig zur Erweiterung unserer Naturerkenntnis bei, die relative Wahrheit darstellt und sich der absoluten Wahrheit immer mehr nähert.[1])

1.1. Stoffe

Der Stoff ist eine Erscheinungsform der Materie.

Stoff und Feld sind die beiden physikalischen Erscheinungsformen der Materie.

Stoffe bestehen aus Teilchen, sie sind korpuskular[2]).

Felder sind kontinuierlich[3]);

Beispiele: elektromagnetisches Feld, Gravitationsfeld.

---

1) Literatur: LAITKO, HUBERT: Philosophische Fragen der Chemie, in: Naturforschung und Weltbild, Berlin 1965.
Wörterbuch Philosophie und Naturwissenschaften, hrsg. von H. HÖRZ, R. LÖTHER, S. WOLLGAST, Berlin 1978.

2) *corpusculum* (lat.) Körperchen

3) *continuus* (lat.) ununterbrochen, stetig

Jeder *Stoff* hat eine *Dichte*:

$$\text{Dichte} = \frac{\text{Masse}}{\text{Volumen}}$$

Felder haben keine solche Dichte.

Die Anzahl der Stoffe ist unerschöpflich. Ständig werden neue Stoffe entdeckt oder künstlich erzeugt.
Ein Stoff kann an seinen spezifischen Eigenschaften erkannt und von anderen Stoffen unterschieden werden. Zu den charakteristischen Eigenschaften eines *chemisch einheitlichen Stoffes* gehören unter anderem Schmelzpunkt, Siedepunkt, Dichte und Kristallstruktur.

Im Prinzip können alle Stoffe in den **Aggregatzuständen** *fest*, *flüssig* und *gasförmig* auftreten. Bei Eis, Wasser und Wasserdampf handelt es sich um den gleichen Stoff *Wasser*. Der Aggregatzustand an sich ist also nicht charakteristisch für einen Stoff, sondern nur der Aggregatzustand, den der Stoff bei einer bestimmten Temperatur (z.B. bei Zimmertemperatur) innehat. Im festen Zustand haben die meisten Stoffe Kristallstruktur, d.h. eine bestimmte innere Gestalt. Daneben können Stoffe glasartig oder amorph[1]) auftreten.

Ein **Kristall** ist ein Festkörper mit einer bestimmten äußeren Gestalt, die auf einer bestimmten inneren Gestalt, d.h. auf einer regelmäßigen Anordnung seiner Bausteine (Atome, Ionen, Moleküle), beruht. Es gehört zu den charakteristischen Merkmalen eines Stoffes, daß er Kristalle von bestimmter Gestalt bilden kann. Stoffe mit gleicher oder ähnlicher Kristallstruktur unterscheiden sich voneinander durch die Abstände, die im Kristallgitter zwischen den Gitterpunkten bestehen. Diese Abstände werden als *Gitterkonstanten* bezeichnet, sie sind durch physikalische Methoden (Röntgenstrukturanalyse) zu ermitteln. Manche Stoffe treten – je nach den herrschenden Bedingungen – in mehreren *Modifikationen* (Erscheinungsformen) von unterschiedlicher Kristallstruktur auf (z.B. rhombischer und monokliner Schwefel, ↑ 16.3.2., Kohlenstoff als Graphit und Diamant, ↑ 14.2.2.).

1.2. Chemische Reaktionen

Vorgänge, bei denen neue Stoffe entstehen, werden als *chemische Vorgänge* oder *chemische Reaktionen* bezeichnet.

---

[1]) gestaltlos, von *morphe* (grch.) Gestalt, *a* verneinende Vorsilbe

Bei chemischen Reaktionen entstehen neue Stoffe.

Diese neuen Stoffe werden *Reaktionsprodukte* genannt. Sie unterscheiden sich in ihren Eigenschaften mehr oder weniger deutlich von den *Ausgangsstoffen*, aus denen sie entstanden sind.

Ausgangsstoff(e)	→	**Reaktionsprodukt(e)**

Beispiel:	$2\,Mg$	+	O_2	→	$2\,MgO$
	Magnesium (silberweißes Metall)		Sauerstoff (farbloses Gas)		Magnesiumoxid (weißes Pulver)

Chemische Reaktionen sind stets von physikalischen Vorgängen begleitet (Abgabe oder Aufnahme von Energie, z. B. als Wärme, ferner Änderung des Aggregatzustandes, der Farbe u.a.) und meist nur an diesen physikalischen Vorgängen zu erkennen.
Die chemischen Vorgänge stehen in der Natur zwischen den physikalischen Vorgängen und den kernphysikalischen Vorgängen.
Bei **physikalischen Vorgängen** bleiben die beteiligten Stoffe mit ihren charakteristischen Eigenschaften erhalten, es kann aber die äußere Form oder der Aggregatzustand dieser Stoffe verändert werden.

Beispiele:

- die spanende Formung (Hobeln, Drehen, Fräsen, Sägen u.a.)
- die spanlose Formung (Pressen, Biegen, Ziehen, Tiefziehen u.a.)
- das Zerkleinern (Mahlen, Zerstäuben u.a.)
- das Mischen (Verrühren, Zusammenschmelzen, Auflösen u.a.)
- das Trennen (Dekantieren, Filtrieren, Zentrifugieren, Destillieren u.a.)
- die Veränderungen des Aggregatzustandes (Schmelzen und Erstarren, Verdampfen bzw. Sieden und Kondensieren, Sublimieren)

Bei den **chemischen Vorgängen** (chemischen Reaktionen) entstehen neue Stoffe, aber keine neuen Elemente (↑ 1.4.). In den Atomen der beteiligten Elemente kommt es zu Veränderungen der Elektronenhülle (↑ 4.5.).
Bei den **kernphysikalischen Vorgängen** (Kernreaktionen) entstehen neue Elemente, da Veränderungen in den Atomkernen (↑ 4.3.) aller beteiligten Elemente auftreten.
Mit Hilfe **chemischer Reaktionen** sind wir in der Lage, aus vorhandenen Stoffen neue Stoffe zu gewinnen. Dabei kann es sich um Stoffe handeln, die in der Natur nicht in den benötigten Mengen vorkommen (z.B. Stickstoffdüngemittel), aber auch um Stoffe, die es in der Natur gar nicht gibt (z.B. die Sulfonamide und andere synthetische Arzneimittel oder Polyäthylen und andere Plaste).

Mit der Erzeugung neuer Stoffe bietet die Chemie den Menschen die Möglichkeit, die Welt nach ihren Bedürfnissen zu verändern. Das schließt aber auch die Gefahr ein, daß die Chemie zu Vernichtungszwecken mißbraucht wird, wie es durch den Einsatz chemischer Kampfstoffe durch die imperialistischen Mächte im ersten Weltkrieg, durch die deutschen Faschisten in den Konzentrationslagern und noch in jüngster Zeit durch die USA in Südostasien geschah. Die friedliebende Menschheit muß ihren Kampf gegen den Mißbrauch wissenschaftlicher Erkenntnisse und für den Abschluß von Verträgen, die den Einsatz chemischer Waffen und anderer Massenvernichtungsmittel verbieten, weiter verstärken.

1.3. Reine Stoffe und Stoffgemenge

Bei den Stoffen wird zwischen *reinen Stoffen* und *Stoffgemengen* unterschieden.

Gemenge (auch als *Gemische* oder *Mischungen* bezeichnet) bestehen aus zwei oder mehr reinen Stoffen. In einem Gemenge sind die charakteristischen Eigenschaften der reinen Stoffe, aus denen es sich zusammensetzt, erhalten. Die Gemenge werden in

- *homogene* (einheitliche) *Gemenge* und
- *heterogene* (uneinheitliche) *Gemenge*

unterteilt (↑ Tabelle 1).

Tabelle 1. Arten von Gemengen

Aggregatzustände der Bestandteile vor Bildung des Gemenges	homogene Gemenge (homogene Systeme)	heterogene Gemenge (heterogene Systeme)
fest – fest	mischkristallbildende Legierungen (z. B. Messing, Bronze)	Gesteine (z. B. Granit), Erze mit Gangart u. a.
fest – flüssig	echte Lösungen (z. B. Salzlösungen)	**fest in flüssig** Suspensionen, Aufschlämmungen (z. B. Lehm in Wasser), kolloide Lösungen **flüssig in fest** (z. B. Wasser in Lehm)
fest – gasförmig	z. B. Wasserstoff in Metallen (Platin, Palladium, Stahl)	**fest in gasförmig** Rauch, Staub **gasförmig in fest** poröses Material (z. B. Ziegelsteine, Bimsstein)
flüssig – flüssig	echte Lösungen (z. B. Essig, das ist Essigsäure in Wasser)	Emulsionen (z. B. in der Milch: Fetttröpfchen in Wasser)
flüssig – gasförmig	echte Lösungen (z. B. Selterswasser: Kohlendioxid in Wasser)	**flüssig in gasförmig** Nebel (z. B. Wasser in Luft) **gasförmig in flüssig** Schaum
gasförmig – gasförmig	Da sich alle Gase unbegrenzt mischen, handelt es sich bei allen Gasgemischen um homogene Gemenge.	

Tabelle 2. Wichtige physikalische Trennverfahren

Aggregatzustände der Bestandteile des zu trennenden Gemenges	Physikalische Eigenschaft, die zum Trennen ausgenutzt wird	Trennverfahren
fest – fest		
z. B. Erze mit Gangart, Kalirohsalze	Dichte	Schlämmen und Sedimentieren (Absetzen)
	Benetzbarkeit	Flotation (Schaumschwimmverfahren)
	Teilchengröße	Sieben (Klassieren)
	Löslichkeit	Extrahieren (Herauslösen)
	Magnetismus	Magnetscheiden
fest – flüssig		
Suspensionen, Aufschlämmungen	Dichte	Sedimentieren und Dekantieren (Abgießen der Flüssigkeit vom Bodenkörper), Zentrifugieren
	Siedepunkt	Abdampfen, Destillieren, Trocknen
	Teilchengröße	Filtrieren
echte Lösungen	Löslichkeit	Eindampfen, Auskristallisieren
fest – gasförmig		
Staub, Rauch	Dichte	Sedimentieren, Zyklonieren
	Teilchengröße	Filtrieren
	elektrische Ladung	Elektrofiltrieren
flüssig – flüssig		
z. B. Alkohol in Wasser, Öl in Wasser	Dichte	Absetzenlassen (z. B. im Scheidetrichter, im Ölabscheider), Zentrifugieren
	Siedepunkt	Destillieren
	Löslichkeit	Extrahieren (Herauslösen)
flüssig – gasförmig		
Nebel, Schaum, Gas in Flüssigkeit	Dichte	Sedimentieren, Zyklonieren
	Löslichkeit	Abtreiben des Gases (durch Temperaturerhöhung), Auswaschen (mit Hilfe einer anderen Flüssigkeit)
gasförmig – gasförmig		
	Kondensationspunkt	Kondensieren
	Absorbierbarkeit	Absorption (Aufsaugen)
	Adsorbierbarkeit	Adsorption (Anlagern an der Oberfläche)
	Teilchengröße	Diffusion (z. B. für Isotopentrennung)
	Masse	Zentrifugieren (z. B. Gaszentrifuge für Isotopentrennung)

Bei den **homogenen Gemengen** sind die einzelnen Bestandteile weder mit bloßem Auge noch mit Hilfe eines Mikroskops zu erkennen. Homogene Gemenge sind die *Gasgemische*, die *echten Lösungen* (↑ 1.10.1.) und die in Form von Mischkristallen vorliegenden *Legierungen*.
Bei den **heterogenen Gemengen** sind — unter Umständen nur mit Hilfe eines Mikroskops — bestimmte Bereiche zu unterscheiden, die durch Trennflächen voneinander abgegrenzt sind. Ein solcher in sich homogener Bereich wird als *Phase* bezeichnet.

- **Homogene Gemenge bestehen aus einer Phase.**
- **Heterogene Gemenge bestehen aus zwei oder mehr Phasen.**

Gemenge, bei denen eine Phase in der anderen Phase mehr oder weniger fein verteilt ist, werden als *disperse Systeme* (↑ 1.10.) bezeichnet. Dabei wird zwischen *Dispersionsmittel* (Verteilungsmittel) und *disperser Phase* (verteiltem Stoff) unterschieden.

Mittels **physikalischer Trennverfahren** lassen sich Gemenge in ihre Bestandteile, d.h. in die reinen Stoffe, zerlegen. Tabelle 2 gibt einen Überblick über die physikalischen Trennverfahren.

Als **reine Stoffe** werden alle Stoffe bezeichnet, die durch physikalische Trennverfahren

- weder in andere Stoffe zerlegt werden können
- noch eine Änderung ihrer physikalischen Eigenschaften, wie Schmelzpunkt, Siedepunkt und Dichte, erfahren.

Absolut reine Stoffe gibt es allerdings nicht. So enthält z.B. das sog. Reinstaluminium immer noch 0,001 % Verunreinigungen. Der *reine Stoff* ist also eine *Abstraktion*. Wenn von einem bestimmten Stoff (z.B. Sauerstoff oder Aluminium) die Rede ist, bedient sich die Chemie im allgemeinen dieser Abstraktion, d.h., es wird davon abgesehen, welche Verunreinigungen der betreffende Stoff in einem konkreten Falle aufweisen kann. Werden theoretische Überlegungen in die Praxis des chemischen Laboratoriums oder der chemischen Produktion übertragen, so tritt an die Stelle der Abstraktion des reinen Stoffes der konkrete Stoff, d.h. ein Stoff mit mehr oder weniger hohem Reinheits-

Tabelle 3. Einteilung der Stoffe

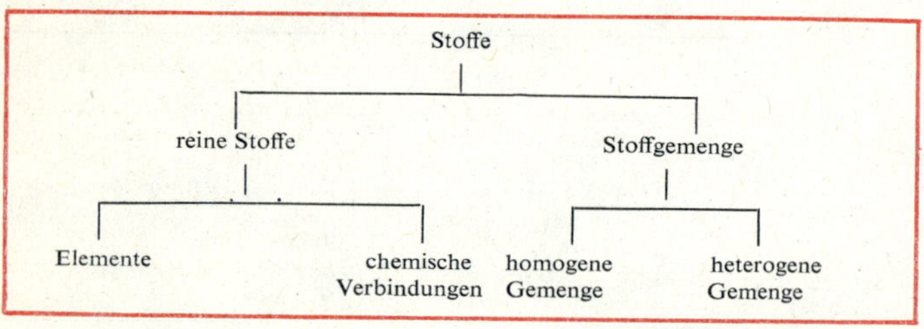

grad, wie er für den jeweiligen Versuch oder für die Produktion zur Verfügung steht. Schon geringe Verunreinigungen können die Eigenschaften eines Stoffes bedeutend beeinflussen; sie müssen daher in der Praxis berücksichtigt werden.

Tabelle 4. Unterschied zwischen Gemenge und chemischer Verbindung

Gemenge	Chemische Verbindung
Ein Gemenge entsteht durch **physikalische Vorgänge** (Mischen von Stoffen).	Eine chemische Verbindung entsteht aus den Elementen durch eine **chemische Reaktion** (Synthese).
Die **Eigenschaften** der **reinen Stoffe** (Elemente, Verbindungen), aus denen sich das Gemenge zusammensetzt, bleiben erhalten.	Die **Eigenschaften** der **Elemente**, aus denen sich die chemische Verbindung zusammensetzt, bleiben *nicht* erhalten.
In einem Gemenge können die beteiligten reinen Stoffe (Elemente, Verbindungen) in einem **beliebigen Massenverhältnis** vorliegen.	In einer chemischen Verbindung treten die beteiligten Elemente stets in einem **bestimmten Massenverhältnis** auf (↑ 2.4.).
Ein Gemenge kann mit Hilfe **physikalischer Trennverfahren** in seine Bestandteile (reine Stoffe) zerlegt werden.	Eine chemische Verbindung kann nur mit Hilfe **chemischer Reaktionen** (Analyse) in ihre Bestandteile (Elemente) zerlegt werden.

1.4. Chemische Verbindungen und Elemente

Bei den reinen Stoffen ist zu unterscheiden zwischen *chemischen Verbindungen* und *Elementen.*

Die **chemischen Verbindungen** setzen sich aus *Elementen* zusammen, z.B. die Verbindung Ammoniak aus den Elementen Stickstoff und Wasserstoff, die Verbindung Natriumchlorid (Kochsalz) aus den Elementen Natrium und Chlor. Die chemischen Verbindungen zeigen *nicht* die Eigenschaften der Elemente, aus denen sie aufgebaut sind. Natriumchlorid reagiert weder heftig mit Wasser – wie das Natrium – noch ist es giftig – wie das Chlor. (Philosophisch betrachtet, sind die Elemente in den Verbindungen dialektisch aufgehoben.)

Die **chemischen Verbindungen** lassen sich mittels *chemischer Reaktionen* in die Elemente zerlegen, aus denen sie aufgebaut sind.

Die **Elemente** lassen sich mittels *chemischer Reaktionen nicht* in andere Stoffe zerlegen.

Die zwischen den Elementen und den chemischen Verbindungen bestehenden Beziehungen lassen sich durch folgende allgemeine chemische Reaktion wiedergeben:

$$\textbf{Element} + \textbf{Element} \underset{\textbf{Analyse}}{\overset{\textbf{Synthese}}{\rightleftarrows}} \textbf{Verbindung}$$

Beispiel:	N_2	$+$	$3\,H_2$	$\rightleftarrows$	$2\,NH_3$
	Stickstoff		Wasserstoff		Ammoniak

Ursprünglich wurde die Vereinigung von Elementen zu einer Verbindung als *Synthese*, die Zerlegung einer Verbindung in die Elemente als *Analyse* bezeichnet. Heute werden diese Begriffe weiter gefaßt:

Synthese[1]) ist die Herstellung einer Verbindung aus den Elementen, aber auch die Herstellung einer komplizierteren Verbindung aus einfacheren Verbindungen.

Analyse[2]) ist die Ermittlung der Zusammensetzung von Stoffen bzw. Stoffgemengen, insbesondere von Lösungen und auch Legierungen, wobei nur in Ausnahmefällen eine Zerlegung in die Elemente stattfindet. Es wird unterschieden zwischen

- **qualitativer Analyse,** bei der nur die *Art* der Bestandteile (Elemente, Verbindungen) ermittelt wird, und
- **quantitativer Analyse,** bei der ermittelt wird, in welchen *Anteilen* diese Bestandteile vorliegen.

1.5. Elemente und Atome

Chemische Elemente (auch chemische Grundstoffe genannt) sind Stoffe, die sich nicht in andere Stoffe zerlegen lassen. Ist ein Element an einer chemischen Reaktion als Ausgangsstoff beteiligt, so wird es stets in eine chemische Verbindung übergeführt. Die Masse der entstehenden Verbindung ist stets größer als die Masse des Elements, von dem ausgegangen wurde, da ja die Masse — mindestens — eines weiteren Elements hinzukommt.

Beispiel: Aus einem Mol Kupfer (≙63,5 g) entsteht ein Mol Kupfer(II)-oxid, CuO, (≙79,5 g). Durch den Sauerstoff sind 16 g hinzugekommen.

---

1) Zusammensetzung; von *syn* (grch.) zusammen und *thesis* (grch.) Setzung
2) Zerlegung, Auflösung; von *ana* (grch.) auf und *lysis* (grch.) Lösung

Chemische Elemente lassen sich nicht in andere Stoffe zerlegen, sie gehen bei jeder chemischen Reaktion in einen Stoff mit größerer Masse über.

Jedes Element ist in sich einheitlich aufgebaut. Es besteht aus kleinsten Teilchen, den Atomen.

Atome sind die kleinsten Teilchen der Elemente.

Die Masse eines Atoms beträgt $10^{-24}...10^{-22}$ g, sein Durchmesser $1 \cdot 10^{-10}...5 \cdot 10^{-10}$ m, das sind 0,1...0,5 nm (Nanometer).

Die Atome sind auf chemischem Wege nicht teilbar.

Daraus erklärt sich, weshalb Elemente auf chemischem Wege nicht in andere Stoffe zerlegt werden können.

Jedes Element hat eine nur ihm eigene Art von Atomen.

Das wichtigste Merkmal eines Atoms ist seine *Kernladungszahl* (↑ 4.3.). Die Definition für das Element lautet daher:

Ein Element ist ein Stoff, dessen Atome die gleiche Kernladungszahl haben.

Von einem anderen Betrachtungsstandpunkt geht folgende Elementdefinition aus:

Ein Element ist eine Atomsorte, die durch eine bestimmte Kernladungszahl gekennzeichnet ist.

Beispiel: Natriumatome, Na, und Natriumionen, Na^{+}, gehören zum gleichen Element Natrium (Kernladungszahl 11). Das Element Natrium tritt in Form von Natriumatomen als Metall und oberhalb 1156 K als Gas, in Form von Natriumionen in salzartigen Verbindungen, z.B. Natriumchlorid, NaCl, auf.

Das *Element* wird also in diesem Falle *nicht* als *Stoff* betrachtet, sondern es *bildet* Stoffe. (Im vorliegenden Nachschlagebuch wird im allgemeinen von der zuerst genannten Elementdefinition ausgegangen, das Element also als Stoff betrachtet.)
Die chemischen Elemente bis zum Element Uran (Kernladungszahl 92) sind in Tafel 2 im Anhang nach steigender Kernladungszahl geordnet. Von diesen Elementen wurden 88 in der Natur aufgefunden. Die Elemente Technetium (43), Promethium (61), Astat (85) und Franzium (87) sowie die auf das Uran folgenden Elemente, die Transurane, wurden künstlich erzeugt (↑ 4.4.; ↑ S. 104). Einige dieser Elemente wurden inzwischen in äußerst geringen Mengen auch in der Natur gefunden.

Die **Häufigkeit**, mit der die Elemente in der Natur vorkommen, ist sehr unterschiedlich. Für die Zusammensetzung der *Erdrinde* aus den einzelnen Elementen liegen wohlbegründete *Schätzungen* vor. Unter Erdrinde wird vereinbarungsgemäß verstanden: die Lithosphäre (Gesteinshülle) bis 17 km Tiefe, die Hydrosphäre (Wasserhülle) und die Atmosphäre (Lufthülle) bis 15 km Höhe. Bild 1 zeigt die Anteile der häufigsten Elemente an der Erdrinde. Nach ihrem Anteil an der Masse der *Erdkruste* (Lithosphäre bis 17 km Tiefe) sind die Elemente in Tabelle 5 geordnet.

Die größten Anteile an der Erdrinde (↑ Bild 1) haben

Sauerstoff (mit rund der Hälfte) und
Silizium (mit rund einem Viertel).

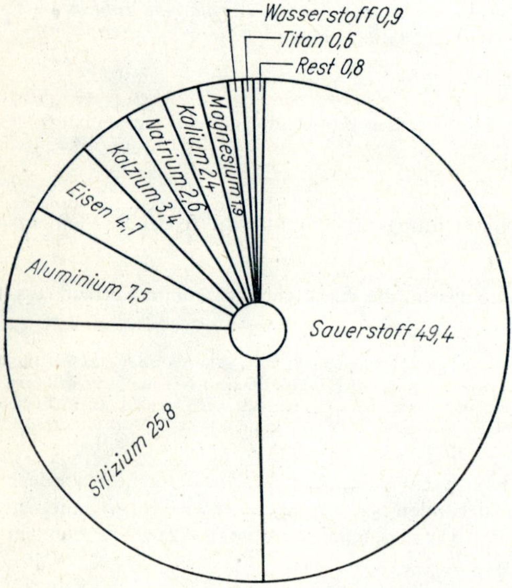

Bild 1. Häufigkeit der Elemente in der Erdrinde (in Masseprozent)

Zusammen mit den Elementen Aluminium, Eisen, Kalzium, Natrium, Kalium, Magnesium, Titan und Wasserstoff bilden sie mehr als 99% der Erdrinde, so daß auf die restlichen Elemente weniger als 1% entfällt.

Tabelle 5. Anteile der Elemente an der Erdkruste

Lfd. Nr.	Element	g/t	Lfd. Nr.	Element	g/t
1	Sauerstoff	466000	48	Germanium	2
2	Silizium	277200	49	Beryllium	2
3	Aluminium	81300	50	Arsen	2
4	Eisen	50000	51	Uran	2
5	Kalzium	36300	52	Tantal	2
6	Natrium	28300	53	Wolfram	1
7	Kalium	25900	54	Molybdän	1
8	Magnesium	20900	55	Zäsium	1
9	Titan	4400	56	Holmium	1
10	Wasserstoff	1400	57	Europium	1
11	Phosphor	1180	58	Thallium	1
12	Mangan	1000	59	Terbium	0,9
13	Fluor	700	60	Lutetium	0,8
14	Schwefel	520	61	Quecksilber	0,5
15	Strontium	450	62	Jod	0,3
16	Barium	400	63	Antimon	0,2
17	Kohlenstoff	320	64	Wismut	0,2
18	Chlor	200	65	Thulium	0,2
19	Chrom	200	66	Kadmium	0,2
20	Zirkonium	160	67	Silber	0,1
21	Rubidium	120	68	Indium	0,1
22	Vanadium	110	69	Selen	0,09
23	Nickel	80	70	Argon	0,04
24	Zink	65	71	Palladium	0,01
25	Stickstoff	46	72	Platin	0,005
26	Zer	46	73	Gold	0,005
27	Kupfer	45	74	Neon	0,005
28	Yttrium	40	75	Helium	0,003
29	Lithium	30	76	Tellur	0,002
30	Neodym	24	77	Rhodium	0,001
31	Niobium	24	78	Rhenium	0,001
32	Kobalt	23	79	Iridium	0,001
33	Lanthan	18	80	Osmium	0,001
34	Blei	15	81	Ruthenium	0,001
35	Gallium	15	82	Krypton	$2 \cdot 10^{-4}$
36	Thorium	10	83	Xenon	$2{,}5 \cdot 10^{-5}$
37	Samarium	7	84	Radium	$1 \cdot 10^{-6}$
38	Gadolinium	6	85	Protaktinium	$9 \cdot 10^{-7}$
39	Praseodym	6	86	Aktinium	$6 \cdot 10^{-8}$
40	Skandium	5	87	Polonium	$2 \cdot 10^{-10}$
41	Hafnium	5	88	Radon	$6 \cdot 10^{-12}$
42	Dysprosium	5	89	Neptunium	$4 \cdot 10^{-14}$
43	Zinn	3	90	Plutonium	$2 \cdot 10^{-15}$
44	Bor	3	91	Franzium	$1 \cdot 10^{-17}$
45	Ytterbium	3	92	Promethium	—
46	Erbium	3	93	Technetium	—
47	Brom	3	94	Astat	—

1.6. Chemische Verbindungen und Moleküle

Chemische Verbindungen entstehen durch Synthese aus zwei oder mehr Elementen. Chemische Verbindungen enthalten demnach zwei oder mehr Atomarten.
Als kleinste Teilchen treten in den chemischen Verbindungen

- **Moleküle** oder
- **Ionen**

auf.
Moleküle liegen in den *flüchtigen Verbindungen* vor (↑ 6.1.1.). Beispiele: Wasser, H_2O; Kohlendioxid, CO_2; Ammoniak, NH_3.
Ionen liegen in den *salzartigen Verbindungen* vor (↑ 6.2.2.). Beispiele: Natriumchlorid, NaCl; Kupfersulfat, $CuSO_4$.
Ein **Molekül**[1]) besteht aus zwei oder mehr Atomen, die (durch Atombindung; ↑ 6.1.1.) miteinander verbunden sind.

Beispiel: Die Moleküle der chemischen Verbindung Wasser, H_2O, bestehen aus zwei Atomen des Elements Wasserstoff und einem Atom des Elements Sauerstoff.

Es gibt auch *Elemente*, die Moleküle bilden. Dazu gehören die *elementaren Gase* Wasserstoff, H_2, Stickstoff, N_2, und Sauerstoff, O_2, die sowohl *atomar* – in einzelnen Atomen – als auch *molekular* – in zweiatomigen Molekülen – auftreten können.

Wenn Wasserstoff oder Sauerstoff bei einer chemischen Reaktion entsteht – der Chemiker sagt kurz: *in statu nascendi* (im Zustand des Entstehens) –, liegt er zunächst in einzelnen Atomen vor und ist in dieser Form besonders reaktionsfähig. Man spricht dann auch von *aktivem* Wasserstoff (Monowasserstoff; ↑ 10.2.) und *aktivem* Sauerstoff (Monosauerstoff). Die einzelnen Atome vereinigen sich aber – wenn kein anderer Reaktionspartner vorhanden ist – im Bruchteil einer Sekunde zu zweiatomigen Molekülen:

2 H	→	H_2
atomarer Wasserstoff		molekularer Wasserstoff

Die Aussage »Moleküle sind die kleinsten Teilchen von Verbindungen« gilt also nur mit zwei Einschränkungen:

- Nicht alle Verbindungen bestehen aus Molekülen.
- Auch Elemente vermögen in Form von Molekülen aufzutreten.

1.7. Chemische Symbole

Die Chemie bedient sich einer international einheitlichen Symbolik, die 1813 von dem schwedischen Chemiker Berzelius vorgeschlagen wurde.

[1]) auch: die *Molekel* (Singular), die *Molekeln* (Plural); von *moles* (lat.) Masse, Last

Jedes **Element** wird mit einem **Symbol** gekennzeichnet, das aus einem oder zwei lateinischen Buchstaben besteht, von denen der erste groß, der zweite klein geschrieben wird, z.B.

Kalium K
Natrium Na
Chlor Cl

Die Symbole bestehen aus dem *Anfangsbuchstaben* und zum Teil einem weiteren – nicht immer dem zweiten – Buchstaben des Namens. Für einige Elemente, die in den verschiedenen Sprachen unterschiedlich bezeichnet werden, stimmen die Symbole nicht mit den im Deutschen gebräuchlichen Namen überein. In Tafel 1 sind in diesen Fällen in Klammern die lateinischen bzw. latinisierten Bezeichnungen angegeben, von denen sich die Symbole herleiten.
Die Symbole der chemischen Elemente werden auch in den Sprachen, die sich eines anderen Alphabets bedienen, z.B. im Russischen, in lateinischen Buchstaben angegeben.

Ein chemisches Symbol bezeichnet ein Element und zugleich ein Atom dieses Elementes.

Beispiel: Das Symbol N bedeutet nicht nur *das Element Stickstoff*, sondern auch *ein Atom Stickstoff.*

Alphabetisches Verzeichnis der chemischen Symbole ↑ Tafel 1 im Anhang.

1.8. Chemische Formeln

Jede *chemische Verbindung* wird mit einer *chemischen Formel* gekennzeichnet, die sich aus den Symbolen der am Aufbau dieser Verbindung beteiligten Elemente zusammensetzt. Die chemischen Formeln sind wie die chemischen Symbole international einheitlich festgelegt.

Die **chemische Formel** gibt an,

- *aus welchen Elementen* die chemische Verbindung besteht,
- *in welchem Verhältnis* diese Elemente dabei auftreten
  und bei Verbindungen, die aus **Molekülen** bestehen, zugleich
- *die Zusammensetzung der Moleküle.*

Beispiel: Die Formel H_2O gibt an, daß
- die Verbindung Wasser aus den Elementen Wasserstoff und Sauerstoff besteht,
- diese Elemente dabei im Verhältnis 2:1 auftreten und
- ein Molekül des Wassers aus zwei Atomen Wasserstoff und einem Atom Sauerstoff zusammengesetzt ist.

Bei chemischen Verbindungen, deren kleinste Teilchen nicht Moleküle, sondern **Ionen** sind, gibt die chemische Formel an, in welchem Verhältnis diese im *Kristallgitter*, aber auch in einer *Lösung* dieser Verbindung vorliegen.

Beispiele: Im Kristallgitter und in einer Lösung des Natriumchlorids, NaCl, liegen Natriumionen, Na^+, und Chloridionen, Cl^-, stets im Verhältnis 1:1 vor. Beim Magnesiumchlorid, $MgCl_2$, beträgt dieses Verhältnis stets 1:2.

Bei den **Bruttoformeln** oder **Summenformeln**, um die es sich hier handelt, wird die Anzahl *gleicher* Atome — wie die Beispiele H_2O und $MgCl_2$ zeigen — durch eine tiefgestellte Ziffer angegeben, die als *Atommultiplikator* oder — in Anlehnung an die Mathematik — auch als *Index* (Plural: *Indizes*) bezeichnet wird.

Der **Atommultiplikator** gibt an, mit wieviel Atomen das Element, *hinter* dessen Symbol er steht, am Aufbau der Verbindung beteiligt ist.

Die *Summenformeln* sagen im Unterschied zu den *Strukturformeln*, die vor allem für organische Verbindungen verwendet werden, nichts über den *Aufbau von Molekülen* aus.

Beispiel: Summenformel des Wassers: H_2O — Strukturformel des Wassers:

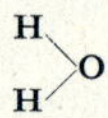

Vorschrift zum Aufstellen von Summenformeln

1. *Die am Aufbau der chemischen Verbindung beteiligten Atome bzw. Atomgruppen* (z.B. Säurereste; ↑ 7.2.4.2.) *sind mit ihren Symbolen niederzuschreiben.*

   Beispiel 1: Aluminiumoxid Al O — Beispiel 2: Kalziumphosphat Ca PO_4

2. *Die Wertigkeiten der Bestandteile sind zu ermitteln.*
   Die Wertigkeiten können aus dem Periodensystem abgeleitet werden (↑ 5.4.). Sie können durch römische Zahlen, durch Ionenladungen (↑ 6.5.2.) oder durch Oxidationszahlen (↑ 6.5.3.) angegeben werden.

Wertigkeit:	Al^{III}	O^{II}	Ca^{II}	$PO_4{}^{III}$
Ionenladung:	Al^{3+}	O^{2-}	Ca^{2+}	$PO_4{}^{3-}$
Oxidationszahl:	$\overset{+3}{Al}$	$\overset{-2}{O}$	$\overset{+2}{Ca}$	$\overset{-3}{PO_4}$

Diese Wertigkeitsangaben sind *nicht* Bestandteil der Summenformel; nach einiger Übung kann darauf verzichtet werden, sie niederzuschreiben.

3. *Das kleinste gemeinsame Vielfache der Wertigkeiten ist zu ermitteln:*

   6 (Aluminiumoxid) — **6** (Kalziumphosphat)

4. *Das kleinste gemeinsame Vielfache ist durch die Wertigkeit zu dividieren.* So erhalten wir die *Anzahl* der Atome bzw. Atomgruppen,

die in der Summenformel durch *Atommultiplikatoren* (tiefgestellte Ziffern) anzugeben ist.

6:3 = **2** 6:2 = **3** 6:2 = **3** 6:3 = **2**

Al_2O_3 $Ca_3(PO_4)_2$

Die runden Klammern drücken aus, daß sich der Atommultiplikator auf die gesamte Atomgruppe PO_4 bezieht.

1.9. Chemische Gleichungen

Jede *chemische Reaktion* kann durch eine *chemische Gleichung* wiedergegeben werden.
In einer chemischen Gleichung stehen auf der *linken* Seite die *Ausgangsstoffe*, auf der *rechten* Seite die *Reaktionsprodukte*. Ausgangsstoffe und Reaktionsprodukte werden durch einen Pfeil miteinander verbunden, der die Richtung der Reaktion angibt:

Ausgangsstoffe → Reaktionsprodukte

Beispiel: $Fe + S \rightarrow FeS$; Eisen und Schwefel reagieren unter Bildung von Eisensulfid, FeS, wenn die Ausgangsstoffe in Pulverform vorliegen, gut gemischt und dann erhitzt werden.

Eine chemische Gleichung sagt *nichts* darüber aus, unter welchen *Bedingungen* die von ihr wiedergegebene Reaktion abläuft. Im Prinzip sind alle chemischen Reaktionen *umkehrbar* (↑ 9.1.). Soll das in einer chemischen Gleichung zum Ausdruck gebracht werden, wird ein *Doppelpfeil* verwendet:

$$N_2 + 3\,H_2 \rightleftarrows 2\,NH_3$$

An Stelle der Pfeile findet man in der chemischen Literatur mitunter noch das Gleichheitszeichen:

$$N_2 + 3\,H_2 = 2\,NH_3$$

Beide Gleichungen bringen zum Ausdruck: Ein Molekül Stickstoff, N_2, reagiert mit drei Molekülen Wasserstoff, H_2, unter Bildung von zwei Molekülen Ammoniak, NH_3. Da die Reaktion umkehrbar ist, können beide Gleichungen auch von rechts nach links gelesen werden: Zwei Moleküle Ammoniak, NH_3, zerfallen in ein Molekül Stickstoff, N_2, und drei Moleküle Wasserstoff, H_2.

Chemische Gleichungen sind zugleich mathematische Gleichungen. Dementsprechend werden *gleiche Summanden* in der Regel *als Produkt* niedergeschrieben. Die vorstehende Gleichung kommt also wie folgt zustande: $N_2 + H_2 + H_2 + H_2 = NH_3 + NH_3$

$$H_2 + H_2 + H_2 = 3\,H_2$$
$$NH_3 + NH_3 = 2\,NH_3$$
$$N_2 + 3\,H_2 = 2\,NH_3$$

Die in chemischen Gleichungen *vor* den chemischen Formeln stehenden Ziffern werden als *Koeffizienten* (oder auch als *stöchiometrische Faktoren*) bezeichnet.

Die **Koeffizienten** geben an:

- bei Verbindungen und Elementen, die in Form von Molekülen vorliegen, die **Anzahl der Moleküle**
- bei Elementen, die in Form von Atomen vorliegen, die **Anzahl der Atome**
- bei Verbindungen, die in Form von Ionen vorliegen, die **Anzahl der** der chemischen Formel entsprechenden **Ionen** (↑ 6.2.1.)

Beispiel: Die Gleichung

$$2\,Na + Cl_2 \rightarrow 2\,NaCl$$

sagt aus, daß *zwei Atome* Natrium mit *einem Molekül* Chlor, bestehend aus zwei Atomen Chlor, miteinander unter Bildung von Natriumchlorid reagieren. Da Natriumchlorid aus Natriumionen Na^+ und Chloridionen Cl^- besteht (Dissoziationsgleichung: $NaCl \rightleftarrows Na^+ + Cl^-$; ↑ 7.2.5.1.), bringt der Koeffizient 2 vor der Formel NaCl zum Ausdruck, daß bei dieser Reaktion *zwei* Natrium*ionen* und *zwei* Chlorid*ionen* entstehen (nicht etwa zwei *Moleküle* Natriumchlorid!).

Bei der Erläuterung von chemischen Gleichungen muß also berücksichtigt werden, welcher Art die an der dargestellten chemischen Reaktion beteiligten Stoffe sind. Bei der mathematischen Behandlung einer chemischen Gleichung ist das ohne Belang (↑ stöchiometrische Berechnungen, 2.14.; ↑ Stoffmenge, 2.5.).

Auf den Unterschied zwischen *Koeffizienten* und *Atommultiplikatoren* (tiefgestellten Ziffern) ist besonders zu achten:

- **Koeffizienten** sind Bestandteil einer **chemischen Gleichung.**
- **Atommultiplikatoren** sind Bestandteil einer **chemischen Formel.**

Dabei gilt:

- **Koeffizienten** beziehen sich auf die **gesamte Formel,** *vor* der sie stehen.

Beispiel: In der Gleichung $2\,Na + Cl_2 \rightleftarrows 2\,NaCl$ bezieht sich die letzte 2 auf die Formel NaCl, also sowohl auf die Natriumionen als auch auf die Chloridionen (↑ voriges Beispiel).

- **Atommultiplikatoren** beziehen sich auf das **Atom,** *hinter* dessen **Symbol** sie stehen.

Beispiel: In der Formel NH_3 bezieht sich die 3 auf den Wasserstoff (nicht auf den Stickstoff). Es sind 3 Wasserstoffatome, aber nur 1 Stickstoffatom beteiligt.

Soll sich ein Atommultiplikator auf *mehrere Atome*, d.h. auf eine Atomgruppe, beziehen, so werden die Symbole der beteiligten Atome in runde Klammern gesetzt.

Beispiel: In der Formel $(NH_4)_2SO_4$ (Ammoniumsulfat) bezieht sich die 2 auf die Ammoniumgruppe NH_4, die hier zweimal vorhanden ist. Es sind also insgesamt 2 Stickstoffatome und 8 Wasserstoffatome beteiligt.

Da chemische Gleichungen den gleichen Gesetzen unterliegen wie mathematische Gleichungen, gilt:

In einer chemischen Gleichung muß die Summe der Atome eines jeden Elements auf beiden Seiten gleich sein.

Dabei sind sowohl die Atommultiplikatoren als auch die Koeffizienten zu berücksichtigen.

Beispiel: In der Gleichung

$$N_2 + 3\,H_2 \rightleftarrows 2\,NH_3$$

sind auf der linken Seite 2 Atome Stickstoff und (3 · 2 =) 6 Atome Wasserstoff vorhanden, auf der rechten Seite 2 Atome Stickstoff und (2 · 3 =) 6 Atome Wasserstoff. Die Summe der beteiligten Atome ist also auf beiden Seiten gleich.

Hierin kommt das *Gesetz von der Erhaltung der Masse* zum Ausdruck (↑ 2.1.).

Vorschrift zum Aufstellen chemischer Gleichungen

1. Die *Summenformeln* (↑ Vorschrift 1.8.) der *Ausgangsstoffe* sind auf die *linke Seite*, die Summenformeln der *Reaktionsprodukte* auf die rechte Seite zu schreiben und mit einem Pfeil (bei Gleichgewichtsreaktionen einem Doppelpfeil; ↑ 9.1.) zu verbinden.

Beispiel: Zur technischen Gewinnung von Salpetersäure wird Ammoniak katalytisch oxidiert (↑ OSTWALD-Verfahren; S. 375), dabei entstehen Stickstoffmonoxid NO und als Nebenprodukt Wasser:

$$NH_3 + O_2 \rightleftarrows NO + H_2O$$

2. Durch Einsetzen von *Koeffizienten* ist dieser Gleichungsansatz so zu vervollständigen, daß die Anzahl der Atome der einzelnen Elemente auf beiden Seiten gleich wird.

Mit Hilfe von Gleichungssystemen mit mehreren Unbekannten kann das mathematisch gelöst werden. Praktisch geschieht es fast immer durch schrittweises Erweitern der Anzahl der Atome. (Es wurde hier absichtlich ein verhältnismäßig kompliziertes Beispiel gewählt.)

Beispiel: $NH_3 + O_2 \rightleftarrows NO + H_2O$

N links 1, rechts 1, also gleichzahlig.
H links 3, rechts 2, kleinstes gemeinsames Vielfaches 6; H wird gleichzahlig, wenn links mit 2 und rechts mit 3 multipliziert wird:

$2NH_3 + O_2 \rightleftarrows NO + 3H_2O$

N jetzt links 2, rechts 1; N wird wieder gleichzahlig, wenn rechts mit 2 multipliziert wird:

$2\,NH_3 + O_2 \rightleftarrows 2NO + 3\,H_2O$

O links 2, rechts (2 + 3 =) 5, kleinstes gemeinsames Vielfaches 10; O wird gleichzahlig, wenn links mit 5, rechts mit 2 multipliziert wird:

$2\,NH_3 + 5O_2 \rightleftarrows 4NO + 6H_2O$

Nun erneut prüfen:
N links 2, rechts 4; N wird wieder gleichzahlig, wenn links mit 2 multipliziert wird:

$4NH_3 + 5\,O_2 \rightleftarrows 4\,NO + 6\,H_2O$

3. Abschließend ist die Gleichung insgesamt zu *überprüfen*:

Beispiel: N links 4, rechts 4
H links 12, rechts 12
O links 10, rechts 10

Die Gleichung ist stöchiometrisch richtig.

1.10. Lösungen

Lösungen sind homogene Gemenge von zwei oder mehr Stoffen. Dabei wird in den meisten Fällen unterschieden zwischen

Lösungsmittel und **gelöstem Stoff.**

Die Lösungen werden nach der *Teilchengröße* des gelösten Stoffes eingeteilt (↑ Tabelle 6).

Tabelle 6. Lösungen bzw. disperse Systeme

Echte Lösungen	Kolloide Lösungen	Suspensionen
molekulardisperse (iondisperse) Systeme	kolloiddisperse Systeme	grobdisperse Systeme
Teilchengröße $<10^{-9}$ m	Teilchengröße $1 \cdot 10^{-9} \ldots 5 \cdot 10^{-7}$ m	Teilchengröße $>5 \cdot 10^{-7}$ m
Teilchen optisch nicht erkennbar	Teilchen unter dem Ultramikroskop erkennbar	Teilchen mit bloßem Auge bzw. unter dem Mikroskop erkennbar
Teilchen laufen durch Papierfilter		Teilchen werden von Papierfiltern zurückgehalten

Bei den *Suspensionen* handelt es sich um heterogene Gemenge. Sie gehören also nicht zu den Lösungen, wohl aber zu den dispersen Systemen (↑ 1.3.).

Im weitesten Sinne werden alle homogenen Gemenge als Lösungen bezeichnet (↑ Tabelle 1, 2. Spalte). Im engeren Sinne versteht man unter Lösungen nur die homogenen Gemenge, bei denen das Dispersionsmittel (Lösungsmittel) *flüssig* ist. Als disperse Phase können dabei Stoffe vorliegen, die (unvermischt) bei Zimmertemperatur gasförmig, flüssig oder fest sind.

Beispiele: In flüssigen Lösungsmitteln lösen sich:

gasförmige Stoffe (Kohlendioxid in Wasser ergibt Selterswasser);
flüssige Stoffe (Äthanol in Wasser ergibt Trinkbranntwein);
feste Stoffe (Natriumhydroxid in Wasser ergibt Natronlauge).

Das weitaus wichtigste Lösungsmittel ist das *Wasser*. Daneben werden auch viele organische Lösungsmittel in großen Mengen verwendet:

Beispiele: Äthanol (Äthylalkohol); Propanon (Azeton); Tetrachlormethan (»Tetra«); Trichloräthen (Trichloräthylen; »Tri«); Kohlendisulfid (Schwefelkohlenstoff); Benzol (Benzen); aber auch flüssiges Ammoniak und flüssiges Schwefeldioxid.

Lösungen spielen für die Chemie eine außerordentlich große Rolle. Sowohl im Laboratorium als auch in der Produktion wird ein großer Teil der chemischen Reaktionen in Lösungen durchgeführt. Aber auch die chemischen Reaktionen, die dem Stoffwechsel der lebenden Organismen zugrunde liegen, laufen zum größten Teil in Lösungen ab.

1.10.1. Echte Lösungen

In einer echten Lösung sind gelöst:

- **Nichtelektrolyte** (↑ 7.2.3.) in Form ihrer **Moleküle** (*molekulardisperses System*)

Beispiel: Traubenzucker in Wasser

- **Elektrolyte** (↑ 7.2.3.) in Form ihrer **Ionen** (*iondisperses System*)

Beispiel: Natriumchlorid in Wasser $NaCl \rightleftarrows Na^+ + Cl^-$

Die Moleküle und Ionen sind weder mit bloßem Auge noch mit dem Mikroskop sichtbar. Sie sind im Lösungsmittel weitgehend frei beweglich. Sie verhalten sich in dieser Hinsicht ähnlich wie die Moleküle eines Gases (↑ 2.11.).
Stoffe mit sehr großen Molekülen (Makromolekülen) vermögen keine echten Lösungen, sondern nur kolloide Lösungen zu bilden.

1.10.2. Kolloide Lösungen

In den kolloiden[1]) Lösungen (*kolloiddispersen Systemen*) liegt die disperse Phase in Form von Teilchen vor,
- die einen Durchmesser von 10^{-9} bis $5 \cdot 10^{-7}$ m haben und
- aus 1000 bis 1 Milliarde Atomen bestehen.

Nach der Art und der Entstehung dieser Teilchen werden unterschieden:

- **Molekülkolloide**
  Disperse Phase: *Makromoleküle*, die keine echten Lösungen zu bilden vermögen, z. B. Eiweißstoffe, Plaste.
- **Assoziationskolloide** (Mizellkolloide[2]))
  Disperse Phase: *Molekülaggregate* (*Molekülassoziate*)[3]), die sich in manchen echten Lösungen von selbst bilden, wenn eine bestimmte Konzentration überschritten wird, z. B. Seifen.
- **Dispersionskolloide**
  Disperse Phase: *Aggregate* aus *Atomen* oder *Molekülen*, die durch Dispersion (Zerteilung) aus kompakten Substanzen oder durch Kondensation (Verdichtung) aus echten Lösungen hergestellt werden.

---

[1]) auch *kolloidal*
[2]) *Mizelle:* Zusammenballung von Molekülen zu größeren Teilchen
[3]) *aggregare* (lat.) anhäufen; *associare* (lat.) sich verbinden

Im Prinzip lassen sich alle Stoffe in den kolloiden Zustand überführen. Unter den Stoffen, die von sich aus kolloide Lösungen bilden, sind neben den Eiweißstoffen besonders tierische und pflanzliche Leime[1]) zu nennen. Es gibt aber auch anorganische Stoffe, die zur Bildung kolloider Lösungen neigen, z.B. Kieselsäuren.

Die Größe der kolloiden Teilchen reicht aus, eine kolloide Lösung bei seitlicher Beleuchtung trüb erscheinen zu lassen (sog. TYNDALL-*Phänomen*). Unter dem Ultramikroskop sind infolge der Lichtstreuung die einzelnen Teilchen erkennbar. Von Papierfiltern werden kolloide Teilchen *nicht* zurückgehalten. Zum Filtrieren einer kolloiden Lösung bedarf es einer halbdurchlässigen (semipermeablen) Membran (z.B. Pergamentpapier), die normale Moleküle und Ionen durchläßt, kolloide Teilchen dagegen zurückhält. Die Trennung mit einer halbdurchlässigen Membran wird als *Dialyse* bezeichnet.

Jedes kolloiddisperse System kann in zwei Zustandsformen vorliegen:

- als **Sol,** das heißt als *kolloide Lösung*, oder
- als **Gel,** das heißt als *gallertartige Masse.*

Der Begriff *Kolloid* umfaßt sowohl den Solzustand als auch den Gelzustand. In einem **Sol** sind die kolloiden Teilchen mehr oder weniger frei beweglich. In einem **Gel** sind die kolloiden Teilchen raumnetzförmig miteinander verbunden, so daß sie sich nicht frei bewegen können. Ein Gel ist daher mehr oder weniger gallertartig steif.

Jedes Sol, also jede kolloide Lösung, kann in ein Gel umgewandelt werden. Dieser Vorgang wird als **Koagulation** (Ausflockung) bezeichnet. Umgekehrt lassen sich viele — aber nicht alle — Gele wieder in ein Sol überführen. Diesen Vorgang nennt man **Peptisation.** Je nachdem, ob eine Peptisation möglich ist oder nicht, wird zwischen reversiblen und irreversiblen Kolloiden unterschieden:

- **Reversible Kolloide:** **Sol** $\underset{\text{Peptisation}}{\overset{\text{Koagulation}}{\rightleftarrows}}$ **Gel**
- **Irreversible Kolloide:** **Sol** $\xrightarrow{\text{Koagulation}}$ **Gel**

Die Beständigkeit der kolloiden Lösungen, d.h. der Widerstand, den sie einer Koagulation entgegensetzen, kann verschiedene Ursachen haben. Eine wichtige Rolle spielt dabei die elektrostatische Abstoßung zwischen gleichgeladenen Teilchen. Werden diese Ladungen durch Zusatz einer Lösung, die Ionen enthält, aufgehoben, so flockt das Kolloid aus.

[1]) *kolla* (grch.) Leim

Beispiel: Bei der Gewinnung von Seife ist diese zunächst kolloid gelöst. Durch Zusatz von Natriumchlorid (»Aussalzen«) wird die Seife aus der Lösung ausgefällt.

Anderseits kann der Ausflockung einer kolloiden Lösung durch Zusatz sog. *Schutzkolloide*, das sind bestimmte makromolekulare Stoffe (z.B. Stärke oder Gelatine), entgegengewirkt werden. Auf diese Weise können auch von solchen Stoffen relativ beständige kolloide Lösungen hergestellt werden, die von sich aus nicht zur Kolloidbildung neigen, z.B. kolloide Metallösungen.
Die Erzeugung kolloider Lösungen erfolgt im einfachsten Falle durch Auflösen eines Gels. Kann nicht von einem Gel ausgegangen werden, bedient man sich einer Kolloidmühle oder — bei Metallen — der Ultraschallzerstäubung und anderer Verfahren.

Kolloide Lösungen spielen eine große Rolle bei den Lebensprozessen. Sie gewinnen aber auch immer mehr Bedeutung für die Technik. Mit den Kolloiden beschäftigt sich die **Kolloidchemie,** die als besonderer Zweig der Chemie vor allem auf den deutschen Chemiker Wolfgang Ostwald (1883 bis 1943) zurückgeht.

2. Mengenverhältnisse bei chemischen Reaktionen

2.1. Gesetz von der Erhaltung der Masse

Die Einführung *quantitativer Untersuchungsmethoden* war ein entscheidender Schritt auf dem Wege der Entwicklung der modernen wissenschaftlichen Chemie. Als erstes wichtiges Ergebnis wurde das *Gesetz von der Erhaltung der Masse* entdeckt. Dieses Gesetz wurde 1785 durch den französischen Chemiker Lavoisier in die Chemie eingeführt, nachdem es der russische Gelehrte Lomonossow bereits 1756 beim Erhitzen von Blei mit Luft in einem zugeschmolzenen Glasgefäß erkannt hatte. In moderner Formulierung lautet es:

Bei einer chemischen Reaktion bleibt die Gesamtmasse der beteiligten Stoffe unverändert.

Mit anderen Worten:

Bei einer chemischen Reaktion ist die Summe der Massen der Reaktionsprodukte gleich der Summe der Massen der Ausgangsstoffe.

Das Gesetz von der Erhaltung der Masse findet seine Erklärung darin, daß bei einer chemischen Reaktion die Atome lediglich eine andere Anordnung erfahren, daß sich aber die Anzahl der Atome und die Masse des einzelnen Atoms dabei nicht ändert. Wie die Anzahl der auf beiden Seiten einer chemischen Gleichung stehenden Atome eines jeden Elements gleich groß sein muß, so muß auch die Masse der auf beiden Seiten der Gleichung stehenden Stoffe gleich groß sein.

Die **Masse** eines Körpers wird in der Weise ermittelt, daß man sie auf einer *Hebelwaage* mit der Masse geeichter *Wägestücke* (im allgemeinen Sprachgebrauch auch als »Gewichte« bezeichnet) vergleicht. Die Masse ist eine Basisgrößenart des Internationalen Einheitensystems (SI). Die Einheit der Masse ist das Kilogramm (kg). Im chemischen Laboratorium wird meist mit dem tausendsten Teil, dem Gramm (g), gerechnet, vielfach auch mit dem millionsten Teil, dem Milligramm (mg).

Die im allgemeinen Sprachgebrauch anstelle von *Masse* noch auftretende Bezeichnung »Gewicht« ist in Chemie, Physik und Technik zu vermeiden, da sie zu Verwechslungen mit der *Gewichtskraft* führen kann, die in Newton (früher in Kilopond) gemessen wird. Die Masse eines Körpers ist unabhängig vom Ort. Die Gewichtskraft als Produkt von Masse und Fallbeschleunigung ist dagegen ortsabhängig. Die Gewichtskraft eines Körpers wird mittels einer *Federwaage* ermittelt. Die Masse eines bestimmten Körpers ist auf der Erde und auf dem Mond gleich, seine Gewichtskraft ist auf dem Monde viel geringer $\left(\approx \frac{1}{7}\right)$ als auf der Erde.

2.2. Relative Atommasse — Atomgewicht

Jedes Atom besitzt eine bestimmte Masse. Diese Masse eines einzelnen Atoms ist außerordentlich gering (10^{-24} bis 10^{-22} g). Für chemische Berechnungen interessiert aber im allgemeinen nicht die Masse eines einzelnen Atoms, sondern das *Verhältnis, das zwischen den Massen verschiedener Atome besteht*. Statt der *absoluten Atommasse* (Einheit: Gramm; ↑ 2.6.) bedient sich der Chemiker daher der *relativen Atommasse:*
Die relative Atommasse eines Elements ist ein Maß für die Masse der Atome dieses Elements.
Die relative Atommasse ist wie folgt definiert:

Die relative Atommasse eines Elements gibt an, wie groß die Masse eines Atoms dieses Elements im Vergleich zu einem Zwölftel der Masse des häufigsten Atoms des Kohlenstoffs, des Kohlenstoffisotops ^{12}C, ist.

Die relative Atommasse wird in der Chemie häufig kurz als *Atommasse* oder – historisch bedingt – als *Atomgewicht* bezeichnet. Die relativen Atommassen sind in Tafel 3 am Ende des Buches zusammengestellt, im Periodensystem der Elemente (Beilage und vorderer Innendeckel) stehen sie unter den Namen der Elemente.

Beispiele: Aus der Atommassentabelle bzw. aus dem Periodensystem sind zu entnehmen:
Sauerstoff hat die relative Atommasse 16,00.
Fluor hat die relative Atommasse 19,00.
Die Masse eines Sauerstoffatoms ist (rund) 16mal so groß, die Masse eines Fluoratoms ist (rund) 19mal so groß wie ein Zwölftel der Masse eines Atoms des Kohlenstoffisotops ^{12}C. Die Massen der Atome von Sauerstoff und Fluor verhalten sich also zueinander etwa wie 16:19.

Bei den relativen Atommassen der meisten Elemente handelt es sich um einen *Mittelwert* (das gewogene arithmetische Mittel) *für das natürliche Isotopengemisch* dieser Elemente (↑ Mischelemente; 4.4.). Auch der Kohlenstoff tritt in der Natur als Gemisch von Isotopen mit unterschiedlicher absoluter Atommasse auf. Diesem natürlichen Isotopengemisch des Kohlenstoffs kommt – als Mittelwert – die relative Atommasse 12,011 15 zu, dem natürlichen Isotopengemisch des Sauerstoffs die relative Atommasse 15,9994. Dagegen tritt das Fluor in der Natur nicht mit mehreren Isotopen auf (↑ Reinelemente; 4.4.).

Als Bezugsbasis für die relativen Atommassen wurde 1960 durch internationale Übereinkunft das *Kohlenstoffisotop* ^{12}C bestimmt, dessen relative Atommasse auf genau 12 festgelegt wurde.[1] Die relative Atommasse eines Elements erhält man, indem dessen absolute Atommasse auf die absolute Masse dieses Standardatoms ^{12}C bezogen wird:

Die relative Atommasse eines Elements ist der Quotient aus der absoluten Masse eines Atoms dieses Elements und einem Zwölftel der absoluten Masse eines Atoms des Kohlenstoffisotops ^{12}C.

Beispiel:

$$\frac{\text{absolute Masse eines Fluoratoms}}{\text{ein Zwölftel der absoluten Masse eines Kohlenstoffatoms } ^{12}\text{C}} = \text{relative Atommasse des Fluors}$$

Unabhängig davon, ob das Gramm oder eine andere Masseeinheit für die absoluten Massen eingesetzt wird, ergibt dieser Quotient für die *relative Atommasse* einen *Zahlenwert ohne Einheit*.

[1] Vorher war der Sauerstoff Bezugsbasis für die relativen Atommassen, und zwar in der Physik das Sauerstoffisotop ^{16}O, in der Chemie das natürliche Isotopengemisch, wodurch sich unterschiedliche Zahlenwerte ergaben.

Die relativen Atommassen (Atomgewichte) werden von einer Kommission der IUPAC (Internationale Union für Reine und Angewandte Chemie) im Abstand von zwei Jahren überprüft und erforderlichenfalls neu festgelegt. Dabei zeigten sich in den letzten Jahrzehnten zwei Tendenzen:

- Für Reinelemente (↑ 4.4.) wurden die Atommassen auf Grund verfeinerter Meßmethoden immer genauer ermittelt.
- Für Mischelemente (↑ 4.4.) ergab sich auf Grund von Abweichungen in der Isotopenzusammensetzung (↑ 4.4.) von Proben unterschiedlicher Herkunft eine immer geringere Genauigkeit.

Das IUPAC-Komitee für Chemieunterricht hat für Lehrzwecke vierziffrige Atommassen empfohlen. Diese vierziffrigen Atommassen werden im vorliegenden Buch verwendet.

Mit der relativen Atommasse in Beziehung stehen *Massenwert* und *Massenzahl* und die *Atommasseneinheit* u.
Der **Massenwert** ist die *relative Atommasse* eines *Isotops* oder allgemeiner eines *Nuklids* (↑ 4.4.). Der Massenwert des Kohlenstoffisotops ^{12}C wurde 1960 auf genau 12 festgelegt. Der Massenwert des Nuklids Fluor ^{19}F beträgt 18,998403, der des Nuklids Aluminium ^{27}Al 26,98154.

Die **Massenzahl** eines *Isotops* (*Nuklids*) erhält man, indem der Massenwert auf einen *ganzzahligen Wert* gerundet wird. Die Massenzahl gibt die Summe der Nukleonen (Protonen + Neutronen) an (↑ 4.3.).

Massenwert	≈	Massenzahl
(relative Atommasse)		(Anzahl der Nukleonen)

Beispiele:	^{19}F	18,998403	≈	19
	^{27}Al	26,98154	≈	27

Diese Beziehung ergibt sich daraus, daß der Massenwert des Protons (1,007276) wie auch der des Neutrons (1,008665) annähernd gleich 1 ist. Das ist nicht zufällig, sondern die Bezugsbasis der relativen Atommasse wurde bewußt so gewählt, daß die relative Atommasse des Wasserstoffs, dessen Atome nur ein Proton enthalten, annähernd gleich 1 ist (1,0079; auf vier Stellen gerundet 1,008)[1]).

Die Bezugsbasis der relativen Atommassen wurde in der Atomphysik als *atomare Masseeinheit* u [von *unit* (engl.) Einheit] eingeführt, sie wird auch als atomphysikalische Masseneinheit oder als Atommasseneinheit bezeichnet.

---

1) Der Unterschied in den Zahlenwerten zwischen Massenwert des Protons und relativer Atommasse des Wasserstoffs beruht darauf, daß etwa jedes 5000. Wasserstoffatom im natürlichen Isotopengemisch zusätzlich ein Neutron besitzt (schwerer Wasserstoff).

Die Atommasseneinheit u ist der zwölfte Teil der (absoluten) **Masse eines Atoms des Kohlenstoffisotops ^{12}C.**

Wird die (absolute) Masse des Atoms eines Elements in dieser Masseneinheit u angegeben, so hat sie stets den gleichen Zahlenwert wie die relative Atommasse dieses Elements.

Beispiele: Fluor, relative Atommasse 19,00
Masse eines Fluoratoms 19,00 u
Aluminium, relative Atommasse 27,00
Masse eines Aluminiumatoms 27,00 u

(Im Unterschied zum genauen Massenwert und zur ganzzahligen Massenzahl wurde hier die auf 4 Ziffern gerundete relative Atommasse verwendet.)

Gegenüber dem Gramm, der in der Chemie üblichen Masseneinheit, ist die atomphysikalische Masseneinheit u außerordentlich klein:

$$1\ u = 1{,}660566 \cdot 10^{-24}\ g$$

$$1\ g = 6{,}022045 \cdot 10^{23}\ u$$

Die Masseneinheit Gramm ist der atomphysikalischen Masseneinheit u proportional, wobei die AVOGADRO-Konstante (↑ 2.5.) als Proportionalitätsfaktor auftritt.

2.3. Relative Molekülmasse — Molekulargewicht

Wie jedem chemischen *Element* eine relative *Atommasse* zukommt, so läßt sich für jede chemische *Verbindung* eine relative *Molekülmasse* errechnen.

Die relative Molekülmasse einer chemischen Verbindung ist ein Maß für die Masse der Moleküle dieser chemischen Verbindung.

Für die relativen Molekülmassen gilt die gleiche Bezugsbasis wie für die relativen Atommassen:

Die relative Molekülmasse einer chemischen Verbindung gibt an, wie groß die Masse eines Moleküls dieser Verbindung im Vergleich zu einem Zwölftel der Masse des häufigsten Atoms des Kohlenstoffs, des Kohlenstoffisotops ^{12}C, ist.

Die relative Molekülmasse wird in der Chemie häufig kurz als *Molekülmasse* oder — historisch bedingt — auch noch als *Molekulargewicht* bezeichnet.

Da die relativen Molekülmassen die gleiche Bezugsbasis haben wie die relativen Atommassen, besteht zwischen beiden eine einfache Beziehung:

Die relative Molekülmasse einer Verbindung ergibt sich durch Addition aus den relativen Atommassen der am Aufbau der Verbindung beteiligten Elemente.

Hierin kommt das Gesetz von der Erhaltung der Masse zum Ausdruck.

Beispiel: Chlorwasserstoff, HCl

relative Atommasse des Wasserstoffs, H	1,008
relative Atommasse des Chlors, Cl	35,45
relative Molekülmasse des Chlorwasserstoffs, HCl	36,458
	$\approx$ 36,46

Sind von einem Element *mehrere* Atome am Aufbau des Moleküls einer chemischen Verbindung beteiligt, so ist die Atommasse dieses Elements mit der Anzahl der beteiligten Atome zu multiplizieren.

Beispiel: Wasser, H_2O

relative Atommasse des Wasserstoffs, H	$2 \cdot 1{,}008$	2,016
relative Atommasse des Sauerstoffs, O		16,00
relative Molekülmasse des Wassers, H_2O		18,016
		$\approx$ 18,02

Im allgemeinen wird auch bei den chemischen Verbindungen, die unter normalen Bedingungen nicht in Form von Molekülen, sondern in Form von *Ionen* vorliegen, von einer relativen Molekülmasse gesprochen. Der Vorschlag, bei diesen Verbindungen von *Formelmasse* zu sprechen, hat sich bisher nicht durchgesetzt.

Beispiel: Natriumchlorid, NaCl

relative Atommasse des Natriums, Na	22,99
relative Atommasse des Chlors, Cl	35,45
relative Molekülmasse (Formelmasse) des Natriumchlorids, NaCl	58,44

Soweit Elemente in Form von Molekülen vorkommen, läßt sich für sie ebenfalls eine Molekülmasse angeben.

Beispiel: Sauerstoff

relative Atommasse des Sauerstoffs, O	16,00
relative Molekülmasse des Sauerstoffs, O_2	32,00
relative Molekülmasse des Ozons, O_3	48,00

2.4. Gesetz der konstanten Proportionen

Da die relativen Atom- und Molekülmassen ein Maß für die Masse der Atome bzw. Moleküle sind, gestatten sie auch Aussagen über die Massenverhältnisse, die zwischen den Atomen eines Moleküls bestehen.

Beispiel: Da die relative Atommasse des *Wasserstoffs* 1,008 und die des *Sauerstoffs* 16,00 beträgt, besteht zwischen einem Wasserstoffatom und einem Sauerstoffatom ein Massenverhältnis von (rund) 1:16. Da ein *Wassermolekül*, H_2O, stets aus *zwei* Wasserstoffatomen und *einem* Sauerstoffatom zusammengesetzt ist, sind die Elemente Wasserstoff und Sauerstoff im Wasser stets im Massenverhältnis 2:16 = 1:8 enthalten.

So liegen in allen chemischen Verbindungen die an ihrem Aufbau beteiligten Elemente stets in bestimmten Massenverhältnissen vor. Diese Gesetzmäßigkeit wurde Anfang des 19. Jahrhunderts auf Grund sorgfältiger quantitativer Analysen chemischer Verbindungen erkannt und von dem französischen Chemiker JOSEPHE-LOUIS PROUST als **Gesetz der konstanten Proportionen** ausgesprochen:

Elemente verbinden sich miteinander in konstanten Proportionen (in bestimmten Massenverhältnissen).

Daraus ergibt sich als entscheidendes quantitatives Merkmal für die chemischen Verbindungen:

In einer chemischen Verbindung sind die Elemente in konstanten Proportionen (in bestimmten Massenverhältnissen) enthalten.

Zur Deutung des Gesetzes der konstanten Proportionen (und des von ihm erkannten Gesetzes der multiplen Proportionen) stellte der englische Naturforscher JOHN DALTON im Jahre 1807 seine Atomhypothese auf, die besagt:

Jedes Element ist aus gleichen kleinsten Teilchen, den Atomen, aufgebaut.

Nach dieser Hypothese läßt sich das Gesetz der konstanten Proportionen so erklären, daß sich bei der Reaktion zwischen zwei Elementen stets eine bestimmte Anzahl Atome zu einem Molekül vereinigen.

Beispiel: 2 Atome Wasserstoff und 1 Atom Sauerstoff ergeben 1 Molekül Wasser, H_2O.

Das von DALTON erkannte **Gesetz der multiplen Proportionen** (mehrfachen Massenverhältnisse) besagt:

Bilden zwei Elemente miteinander mehrere Verbindungen, so stehen die Massenverhältnisse, mit denen die Elemente in diesen Verbindungen auftreten, zueinander im Verhältnis kleiner ganzer Zahlen.

Beispiel: Der Schwefel bildet zwei Oxide, das Schwefeldioxid, SO_2, und das Schwefeltrioxid, SO_3.
Die relative Atommasse des Schwefels beträgt 32,06, die des Sauerstoffs 16,00. Demnach beträgt das Masseverhältnis von Schwefel und Sauerstoff im Schwefeldioxid (rund) $32:(2 \cdot 16) = 32:32$, im Schwefeltrioxid $32:(3 \cdot 16) = 32:48$. Die Massen, mit denen der Sauerstoff in den beiden Schwefelverbindungen auftritt, stehen demnach zueinander im Verhältnis $32:48 = 2:3$, also im Verhältnis kleiner ganzer Zahlen.

Die Forschungsergebnisse über die konstanten und multiplen Proportionen der Elemente in den Verbindungen waren Ausgangspunkt für die Einführung der Atom- und Molekulargewichte, die heute als relative Atom- und Molekülmassen bezeichnet werden (↑ 2.2. u. 2.3.).

2.5. Stoffmenge — Mol

Die chemischen Reaktionen spielen sich zwischen *einzelnen Atomen, Molekülen* und *Ionen* ab. In der chemischen Produktion, aber auch in den chemischen Laboratorien werden chemische Reaktionen jedoch stets mit wägbaren Substanzmengen durchgeführt, die eine sehr große Anzahl von Atomen, Molekülen oder Ionen enthalten. Von der Atomhypothese DALTONS (↑ 2.4.) und der AVOGADROschen Hypothese (↑ 2.8.) ausgehend, gelang es als erstem dem Österreicher LOSCHMIDT 1865, eine quantitative Beziehung zwischen dem atomaren Bereich und dem Bereich der wägbaren Substanzen, zwischen dem Mikrobereich und dem Makrobereich, herzustellen. Er ermittelte, daß in 1 cm^3 eines Gases (bei normalem Druck und normaler Temperatur) $2{,}76 \cdot 10^{19}$ Moleküle enthalten sind.
Um die zwischen dem atomaren Bereich und dem Bereich der wägbaren Substanzen bestehenden quantitativen Beziehungen zu erfassen, wurde die **Stoffmenge** (auch als *Teilchenmenge* oder *Objektmenge* bezeichnet) als *Basisgrößenart*[1]) eingeführt. *Formelzeichen* der Stoffmenge ist n.
Einheit der Stoffmenge ist das **Mol,** Kurzzeichen: **mol.**

Die Stoffmenge, in der ein Element oder eine Verbindung vorliegt, wird durch *Vergleich* mit einer bekannten Stoffmenge ermittelt. Dabei dient

[1]) Das Mol wurde 1971 als Basiseinheit in das Internationale Einheitensystem (SI) aufgenommen. Damit gehört die Stoffmenge zu den *Basisgrößenarten.* Die übrigen Basisgrößenarten sind (in Klammern die Basiseinheiten): Länge (Meter), Zeit (Sekunde), Masse (Kilogramm), Stromstärke (Ampere), Temperatur (Kelvin) und Lichtstärke (Candela).

– wie bei der relativen Atommasse (↑ 2.2.) – das häufigste Kohlenstoffisotop ^{12}C als Bezugsbasis:

Das Mol ist die Stoffmenge, die soviel gleichartige elementare Teilchen (elementare Objekte) enthält, wie Atome in 12 g des Kohlenstoffisotops ^{12}C enthalten sind.

Bei der Angabe einer Stoffmenge muß stets die *Art* der *elementaren Teilchen* genannt werden, auf die sich diese Angabe bezieht. Außer *Atomen*, *Molekülen* und *Ionen* kommen auch andere *zählbare Objekte* in Betracht, bei denen es sich nicht um Teilchen handelt, z. B. *Elementarladungen* (↑ 4.2.).

Die Anzahl der elementaren Teilchen je Mol wird als **Avogadro-Konstante** N_A bezeichnet. Als genauer Wert der AVOGADRO-Konstante[1]) gilt heute:

$$N_A = 6{,}022045 \cdot 10^{23}/\text{mol}$$

Diese Anzahl von elementaren Teilchen wurde seit den Untersuchungen LOSCHMIDTS auf zahlreichen verschiedenen Wegen gemessen bzw. berechnet. Die gute Übereinstimmung der dabei gewonnenen Zahlenwerte ist ein Beweis für die Existenz der Atome und Moleküle und allgemein für die atomare Struktur der Materie. Mit der weiteren Verbesserung der Meßtechnik wird der Zahlenwert der AVOGADRO-Konstante weiter präzisiert werden. Für praktische Berechnungen in der Chemie genügt im allgemeinen der Wert $6 \cdot 10^{23}$/mol.

Durch die Einheit Mol erhält die chemische Zeichensprache quantitative Bedeutung. In einer chemischen Gleichung (↑ 1.9.) steht

- das **Symbol** eines Elements für *ein Mol dieses Elements*,
- die **Formel** einer chemischen Verbindung für *ein Mol dieser Verbindung*.

Beispiele:	He	1 mol Helium	$\approx 6 \cdot 10^{23}$ Helium*atome*
	HCl	1 mol Chlorwasserstoff	$\approx 6 \cdot 10^{23}$ Chlorwasserstoff*moleküle*
	NaCl	1 mol Natriumchlorid	$\approx 6 \cdot 10^{23}$ Natrium*ionen* Na^+ und $6 \cdot 10^{23}$ Chlorid*ionen* Cl^-
	Es kann aber auch gesagt werden:		
	1 mol Natriumchlorid		$\approx 6 \cdot 10^{23}$ *Formeleinheiten* Natriumchlorid, NaCl

[1]) In der deutschsprachigen Literatur wird die AVOGADRO-Konstante vielfach als LOSCHMIDT-Konstante bezeichnet, ihr Zahlenwert als LOSCHMIDTsche Zahl. International wird als LOSCHMIDT-Konstante die von LOSCHMIDT zuerst ermittelte Anzahl der Moleküle je Kubikzentimeter verstanden (↑ 2.8.).

Die Bezeichnung **Teilchenmenge** erfaßt Atome, Moleküle und Ionen. Sie erweist sich als zu eng, wenn — wie in vorstehendem Beispiel — als elementare Einheit auch die *Formeleinheit* verwendet werden soll. Die Bezeichnung *Stoffmenge* schränkt nicht auf Teilchen ein, ist also umfassender als Teilchenmenge. Andererseits gibt es aber in der objektiven Realität, in der Wirklichkeit, elementare Einheiten, die auch vom Begriff Stoffmenge noch nicht erfaßt werden. Dazu gehören z.B. die *elektrischen Elementarladungen* (↑ 4.2.), die unter anderem in den *Ionenladungen* in Erscheinung treten.

Beispiel: 1 mol Schwefelsäure sind rund $6 \cdot 10^{23}$ Moleküle H_2SO_4, die — bei vollständiger elektrolytischer Dissoziation (↑ 7.2.1.) — nach der Gleichung
$H_2SO_4 \rightleftarrows 2\,H^+ + SO_4^{2-}$
2 mol ($\approx 12 \cdot 10^{23}$) Wasserstoffionen H^+ und
1 mol ($\approx 6 \cdot 10^{23}$) Sulfationen SO_4^{2-} ergeben.
Diese Sulfationen tragen
2 mol ($\approx 12 \cdot 10^{23}$) *negative elektrische Ladungen.*

Um alle in der objektiven Realität existierenden elementaren Einheiten, das heißt praktisch *alle zählbaren Objekte*, zu erfassen, wird statt Stoffmenge mitunter die umfassendere Bezeichnung **Objektmenge** verwendet. Die Begriffe *Objektmenge — Stoffmenge — Teilchenmenge* schließen einander in dieser Reihenfolge ein.

In älterer Literatur (etwa vor 1970) begegnet man einem **alten Molbegriff**, der heute nicht mehr zulässig ist. Seine Aufgabe erfüllt heute die molare Masse (↑ 2.6.). Damals galt:

Ein Grammolekül (abgekürzt: Mol) einer chemischen Verbindung ist die Masse (in Gramm), deren Zahlenwert gleich der relativen Molekülmasse (↑ 2.3.) ist.

Der Begriff Mol diente zugleich als *Oberbegriff* für *Grammatom* und *Grammion.*

Beispiele: 1 Mol (Grammolekül) Wasser, H_2O, sind 18,016 g.
1 Mol (Grammatom) Sauerstoff, O, sind 16,00 g.
1 Mol (Grammolekül) Sauerstoff, O_2, sind 32,00 g.
1 Mol (Grammolekül) Natriumchlorid, NaCl sind 58,44 g.
1 Mol (Grammion) Chloridionen, Cl^-, sind 35,45 g.
1 Mol (Grammion) Sulfationen, SO_4^{2-}, sind 96,06 g.

2.6. Molare Masse — stoffmengenbezogene Masse

Die chemischen Elemente und Verbindungen reagieren miteinander grundsätzlich im Verhältnis *ganzzahliger Stoffmengen* (↑ 2.5.), wie sie durch die Koeffizienten in den chemischen Gleichungen angegeben werden (↑ 1.9.). Dagegen sind die *Massen*, mit denen zwei beliebige Stoffe miteinander reagieren, ganz *unterschiedlich*. Für die quantitative Behandlung chemischer Reaktionen eignet sich daher die Stoffmenge wesentlich besser als die Masse. Andererseits ist aber nur die Masse (sowie auch das Volumen) eines Stoffes einer unmittelbaren Messung zugänglich, nicht aber die Stoffmenge.
Um die Beziehung zwischen Stoffmenge und Masse eines Stoffes herzustellen, wurde die *stoffmengenbezogene Masse* als Größenart eingeführt. Sie wird im allgemeinen als **molare Masse** bezeichnet, seltener als *Molmasse* (nicht zu verwechseln mit Molekülmasse; ↑ 2.3.).

Die molare Masse M eines chemischen Elements oder einer chemischen Verbindung ist der Quotient aus der Masse m und der Stoffmenge n dieses Stoffes.

$$\text{molare Masse}_A = \frac{\text{Masse}_A}{\text{Stoffmenge}_A} \qquad M = \frac{m}{n}$$

Die molare Masse M ist eine *stoffspezifische Größe*, sie besitzt für jedes chemische Element und jede chemische Verbindung einen *speziellen Zahlenwert*. Der Index A in der vorstehenden Gleichung bringt zum Ausdruck, daß sich alle drei Größen auf den gleichen Stoff beziehen.

Aus den Basiseinheiten für Masse (kg) und Stoffmenge (mol) ergibt sich als abgeleitete Einheit für die molare Masse:

$$[M] = \frac{\text{kg}}{\text{mol}}$$

In der Chemie wird meist der tausendste Teil dieser Einheit verwendet (g/mol), da sich dabei leicht handhabbare Zahlenwerte ergeben.

Der Zahlenwert der molaren Masse eines chemischen Elements oder einer chemischen Verbindung ist gleich der relativen Atommasse bzw. der relativen Molekülmasse

(↑ 2.2. u. 2.3.).

Beispiel: *Sauerstoff*

relative Atommasse 16,00; $M_O = 16{,}00$ g/mol
relative Molekülmasse 32,00; $M_{O_2} = 32{,}00$ g/mol

16 g Sauerstoff enthalten also 1 mol ($\approx 6 \cdot 10^{23}$) Sauerstoffatome, 32 g Sauerstoff 1 mol ($\approx 6 \cdot 10^{23}$) Sauerstoffmoleküle.

Weitere Beispiele:

Natrium
relative Atommasse 22,99; $M_{Na} = 22{,}99$ g/mol
Schwefelsäure
relative Molekülmasse 98,08; $M_{H_2SO_4} = 98{,}08$ g/mol
Natriumchlorid
relative Molekülmasse (Formelmasse) 58,55; $M_{NaCl} = 58{,}55$ g/mol

2.7. Äquivalent

Treten bei einer chemischen Reaktion zwei Stoffe mit der *gleichen Wertigkeit* auf, so reagieren sie miteinander in *gleichen Stoffmengen* und dementsprechend im Verhältnis ihrer molaren Massen.

Beispiel: Eisen und Schwefel verbinden sich (in Pulverform gemischt und erhitzt) zu Eisen(II)-sulfid:

$Fe + S \rightarrow FeS$

Beide Stoffe treten hier zweiwertig auf. Sie verbinden sich im Stoffmengenverhältnis 1:1 und dementsprechend im Massenverhältnis 55,85 g Eisen zu 32,06 g Schwefel.

In diesem Falle sind gleiche Stoffmengen einander *äquivalent* (gleichwertig).
Treten die reagierenden Stoffe mit *unterschiedlichen* Wertigkeiten auf, so muß ein *Äquivalenzfaktor* berücksichtigt werden.

Der Äquivalenzfaktor f_{eq} ist der reziproke Wert der für die betrachtete Reaktion maßgeblichen Wertigkeit z eines Stoffes.

$$f_{eq} = \frac{1}{z}$$

Der Äquivalenzfaktor ist nicht nur auf die reagierenden Stoffe, sondern auch auf die reagierenden *Teilchen* (Atome, Moleküle, Ionen) zu beziehen, aus denen diese Stoffe bestehen.

Beispiele: Der Äquivalenzfaktor beträgt

- bei Stoffen bzw. Teilchen, die **zweiwertig** auftreten: 1/2 (z.B. Schwefelsäure, H_2SO_4, bzw. Sulfation, SO_4^{2-});
- bei Stoffen bzw. Teilchen, die **dreiwertig** auftreten: 1/3 (z.B. Aluminiumhydroxid, $Al(OH)_3$, bzw. Aluminium(III)-ion, Al^{3+});
- bei Stoffen bzw. Teilchen, die **einwertig** auftreten: **1** (z.B. Chlorwasserstoff, HCl, bzw. Chloridion, Cl^-).

Das heißt, $^1/_2$ mol Schwefelsäure, $^1/_3$ mol Aluminiumhydroxid und 1 mol Chlorwasserstoff (Salzsäure) sind einander äquivalent.

Es gilt nun allgemein:

Stoffe reagieren miteinander in den ihrem Äquivalenzfaktor entsprechenden Stoffmengen.

Beispiel: Zur Umsetzung von $^1/_3$ mol Aluminiumhydroxid ist $^1/_2$ mol Schwefelsäure oder 1 mol Salzsäure erforderlich. Das läßt sich auch in der Reaktionsgleichung darstellen, indem die übliche Reaktionsgleichung mit dem größten gemeinsamen Teiler der beiden Äquivalenzfaktoren multipliziert wird:

$$2\ Al(OH)_3 + 3\ H_2SO_4 \rightarrow Al_2(SO_4)_3 + 6\ H_2O \quad | \cdot {}^1/_6$$

$$^1/_3\ Al(OH)_3 + {}^1/_2\ H_2SO_4 \rightarrow {}^1/_6\ Al_2(SO_4)_3 + H_2O$$

Zur Ermittlung des Äquivalenzfaktors kann von den verschiedenen in der Chemie gebräuchlichen *Wertigkeitsbegriffen* bzw. Wertigkeitseinheiten ausgegangen werden:

— der stöchiometrischen Wertigkeit (↑ 6.5.1.);
— der positiven und negativen Ionenwertigkeit (↑ 6.5.2);.
— den Protonen (Wasserstoffionen) als Trägern einer positiven Elementarladung (↑ 4.2. u. 7.4.);
— den Elektronen als Trägern einer negativen Elementarladung (↑ 4.2. u. 7.3.2.);
— der Änderung der Oxidationszahl (↑ 6.5.3.).

Weist ein Stoff in verschiedenen Reaktionen *unterschiedliche Wertigkeiten* auf, so hat er auch *unterschiedliche Äquivalenzfaktoren.*

Beispiel: Im Kaliumpermanganat, $K\overset{+7}{Mn}O_4$, hat Mangan die Oxidationszahl +7. Von Reduktionsmitteln wird es in saurer Lösung zu Mangan(II)-ionen, Mn^{2+}, in basischer Lösung zu Mangan(IV)-oxidhydroxid, $\overset{+4}{Mn}O(OH)_2$, reduziert. Entsprechend der Änderung der Oxidationszahl beträgt der Äquivalenzfaktor des Kaliumpermanganats in saurer Lösung $^1/_5$, in basischer Lösung $^1/_3$.

Die Bezeichnung **Äquivalent** wird in der chemischen Literatur in unterschiedlicher Bedeutung verwendet. Sie wird heute vorwiegend auf den *Bereich der elementaren Teilchen* (Atome, Moleküle, Ionen) bezogen. In ihrer ursprünglichen Bedeutung gilt sie für den *Bereich der wägbaren Substanzen.*

Es gibt also zwei verschiedene Äquivalentbegriffe. Um sie sicher unterscheiden zu können, wird im folgenden von (elementaren) Äquivalenten und (wägbaren) Äquivalenten gesprochen — was in der Literatur sonst nicht üblich ist.

• **Ein (elementares) Äquivalent ist der dem Äquivalenzfaktor entsprechende Teil eines Atoms, Moleküls oder Ions eines bestimmten Stoffes.**
— *Neuer Äquivalentbegriff* —

Beispiel: Da der Äquivalenzfaktor der Schwefelsäure $^1/_2$ beträgt, ist ein halbes Schwefelsäuremolekül, $^1/_2\ H_2SO_4$, bzw. ein halbes Sulfation, $^1/_2\ SO_4^{2-}$, ein Äquivalent.

Ein (elementares) Äquivalent trägt jeweils *eine Wertigkeitseinheit*. *Äquivalentteilchen* oder *äquivalentes Teilchen* sind Synonyme für dieses (elementare) Äquivalent.

- **Ein (wägbares) Äquivalent ist der dem Äquivalenzfaktor entsprechende Teil der Stoffmenge 1 mol eines bestimmten Stoffes.** – *Älterer Äquivalentbegriff* –

Beispiel: Da der Äquivalenzfaktor der Schwefelsäure $^1/_2$ beträgt, ist $^1/_2$ mol Schwefelsäure 1 Äquivalent Schwefelsäure.
1 Äquivalent Schwefelsäure hat eine Masse von 49,04 g (hierzu wird die Masse eines Mols mit dem Äquivalenzfaktor multipliziert: 98,08 g · $^1/_2$ = 49,04 g).

Als Synonym für dieses (wägbare) Äquivalent wird in der Literatur mitunter *Val* verwendet.

Die Beispiele zeigen, daß der Äquivalenzfaktor für den Bereich der elementaren Teilchen und für den Bereich der wägbaren Substanzen gleichermaßen gilt.

Die beiden Äquivalentbegriffe stehen zueinander in der folgenden einfachen Beziehung:

1 (wägbares) **Äquivalent = 1 mol** (elementare) **Äquivalente**

1 (wägbares) **Äquivalent ≈ 6 · 10^{23}** (elementare) **Äquivalente**

Die AVOGADRO-Konstante stellt also (wie in 2.5. erläutert) die Beziehung zwischen dem Bereich der elementaren Teilchen und dem Bereich der wägbaren Substanzen her.

Aus einem Text ist meist leicht zu entnehmen, welcher der beiden Äquivalentbegriffe gemeint ist. Am Beispiel zweier wichtiger Reaktionstypen der anorganischen Chemie sei das gezeigt:

In *Redoxreaktionen* (↑ 7.3.2.) ist

das (elementare) Äquivalent der Teil eines Atoms, Moleküls oder Ions eines bestimmten Stoffes, der *ein Elektron* abgeben oder aufnehmen kann,
das (wägbare) Äquivalent der Teil der Stoffmenge 1 mol eines bestimmten Stoffes, der *1 mol Elektronen* abgeben oder aufnehmen kann.

In *Säure-Base-Reaktionen* (↑ 7.4.) ist

das (elementare) Äquivalent der Teil eines Atoms, Moleküls oder Ions eines bestimmten Stoffes, der *ein Wasserstoffion* (*Proton*) abgeben oder aufnehmen kann,
das (wägbare) Äquivalent der Teil der Stoffmenge 1 mol eines bestimmten Stoffes, der *1 mol Wasserstoffionen* (*Protonen*) abgeben oder aufnehmen kann.

Von den beiden Äquivalentbegriffen ausgehend, werden nachstehend eine Reihe damit zusammenhängender Begriffe erläutert, die gegenwärtig in der chemischen Literatur daneben noch auftreten:

- Das **Val** (Kurzzeichen: val) wird mitunter neben dem Mol (↑ 2.5.) als *Einheit der Stoffmenge* verwendet, obwohl es nicht SI-gerecht ist (kein dezimaler Bruchteil des Mols):

  1 val ist die Stoffmenge, die 1 mol (elementare) Äquivalente — und damit 1 mol Wertigkeitseinheiten — umfaßt.
  Demnach ist das Val gleichbedeutend mit dem (wägbaren) Äquivalent.

  Beispiel: 1 val Schwefelsäure, H_2SO_4, ist $^1/_2$ mol H_2SO_4 bzw. 1 mol $^1/_2$ H_2SO_4 ($^1/_2$ ist der Äquivalenzfaktor der Schwefelsäure).

  Gebräuchlich ist auch noch das **Millival** (mval) als tausendster Teil des Vals.

- Die **valare Masse** wird mitunter neben der molaren Masse (↑ 2.6.) als *stoffmengenbezogene Größenart* verwendet. Zwischen beiden besteht folgende Beziehung:

$$\frac{\text{molare Masse}_\text{A}}{\text{Wertigkeit}_\text{A}} = \text{valare Masse}_\text{A} \qquad \frac{M_\text{mol}}{z} = M_\text{val} \qquad (1)$$

bzw.

$$\text{molare Masse}_\text{A} \cdot \text{Äquivalenzfaktor}_\text{A} = \text{valare Masse}_\text{A}$$

$$M_\text{mol} f_\text{eq} = M_\text{val} \qquad (2)$$

Die molare Masse, sonst M, wird hier zur Unterscheidung von der valaren Masse M_val mit M_mol bezeichnet. Der Index A weist darauf hin, daß sich alle Größen auf einen bestimmten Stoff beziehen.

Beispiel: Die molare Masse M_mol der Schwefelsäure ist 98,08 g/mol. Da $z = 2$ bzw. $f_\text{eq} = {}^1/_2$, gilt:

$$M_\text{val} = \frac{98{,}08\ \text{g/mol}}{2} \quad \text{bzw.} \quad M_\text{val} = 98{,}08\ \text{g/mol} \cdot {}^1/_2$$

$$M_\text{val} = 49{,}04\ \text{g/mol}$$

Als Einheit der valaren Masse tritt hier **g/mol** auf. Dabei ist zu beachten, daß sich das nicht auf 1 mol Schwefelsäuremoleküle, H_2SO_4, sondern auf 1 mol Schwefelsäure*äquivalente*, $^1/_2$ H_2SO_4, bezieht. Das kann so zum Ausdruck gebracht werden:

$$M_\text{val} = 49{,}04\ \text{g/mol}\ {}^1/_2\ H_2SO_4.$$

Anstelle dessen wird aber für die valare Masse mitunter auch die Einheit **g/val** verwendet:

$$M_{\text{val}} = 49{,}04 \text{ g/val } H_2SO_4.$$

In diesem Falle erhält die Wertigkeit nach Gleichung (1) die Maßeinheit val/mol:

$$M_{\text{val}} = \frac{98{,}08 \text{ g/mol}}{2 \text{ val/mol}}$$

$$M_{\text{val}} = 49{,}04 \text{ g/val}$$

Für die valare Masse gilt dann allgemein:

$$\text{valare Masse}_A = \frac{\text{Masse}}{\text{Stoffmenge}_A} \text{ (in val)} \qquad M_{\text{val}} = \frac{m}{n_{\text{val}}}$$

Während die molare Masse eine stoffspezifische Konstante ist, hat ein Stoff *mehrere valare Massen*, wenn er *unterschiedliche Wertigkeiten* betätigt und dementsprechend *mehrere Äquivalenzfaktoren* besitzt.

Beispiel: Kaliumpermanganat hat die molare Masse 158,04 g/mol. In saurer Lösung hat es den Äquivalenzfaktor $^1/_5$ und demnach die valare Masse 158,04 g/mol · $^1/_5$ = 31,61 g/mol, in basischer Lösung den Äquivalenzfaktor $^1/_3$ und demnach die valare Masse 158,04 g/mol · $^1/_3$ = 52,68 g/mol (↑ Beispiel S. 56, Mitte).

- o Die **Äquivalentmasse** dient mitunter als Synonym für valare Masse, wie Molmasse als Synonym für molare Masse auftritt. Davon zu unterscheiden ist
- • die **relative Äquivalentmasse,** die sich wie folgt aus der relativen Atommasse bzw. der relativen Molekülmasse (↑ 2.2. und 2.3.) ergibt:

$$\frac{\text{relative Molekülmasse}}{\text{Wertigkeit}} = \text{relative Äquivalentmasse}$$

$$\text{relative Molekülmasse} \cdot \text{Äquivalenzfaktor} = \text{relative Äquivalentmasse}$$

Beispiel: Die relative Molekülmasse der Schwefelsäure ist 98,08 (das ist die Summe der Atommassen), ihre Wertigkeit ist 2, ihr Äquivalenzfaktor $^1/_2$, ihre relative Äquivalentmasse ist demnach 49,04.

Aus der relativen Äquivalentmasse (ältere Bezeichnung: Äquivalentgewicht) leitete sich wie folgt der *ursprüngliche Valbegriff* ab, der dem alten Molbegriff (↑ S. 53) analog ist:
Ein Grammäquivalent (abgekürzt: Val) eines Stoffes ist die Masse (in Gramm), deren Zahlenwert gleich der relativen Äquivalentmasse ist.

- Die **Äquivalentmenge** n_{eq} (oder $n_{Ä}$) wird als *Größenart neben der Stoffmenge* verwendet. Die Äquivalentmenge ist das Produkt aus Stoffmenge n und Wertigkeit z.

$$nz = n_{eq}$$

Beispiel: Bei der Schwefelsäure (zweiwertig) entspricht der Stoffmenge 1 mol die Äquivalentmenge 2 mol.

Die *Äquivalentmenge 1 mol* ist gleichbedeutend mit der *Stoffmenge 1 mol* (elementarer) *Äquivalente.*

2.8. Volumenverhältnisse bei chemischen Reaktionen

Das Volumen der an einer chemischen Reaktion beteiligten Stoffe kann sich – im Gegensatz zu deren Masse – *verändern.* Bei Gasreaktionen unterliegen die Volumenänderungen bestimmten Gesetzmäßigkeiten.

Das Volumen eines Gases ist bei gegebenem Druck und gegebener Temperatur der Masse dieses Gases proportional.

Daher kann bei chemischen Berechnungen das *Volumen* eines Gases anstelle der *Masse* dieses Gases eingesetzt werden.

Der Franzose GAY-LUSSAC erkannte 1808 auf Grund zahlreicher Experimente:

Bei chemischen Reaktionen stehen die Volumina der – als Ausgangsstoffe oder Reaktionsprodukte – **beteiligten Gase in einfachen ganzzahligen Verhältnissen zueinander.**

(Chemisches Volumengesetz[1]) von GAY-LUSSAC)

[1]) zu unterscheiden von dem 1802 von GAY-LUSSAC erkannten *physikalischen Volumengesetz:* Das Volumen eines Gases ist bei konstantem Druck der absoluten Temperatur proportional.

Beispiele: Aus einem Volumenteil Wasserstoff und einem Volumenteil Chlor entstehen zwei Volumenteile Chlorwasserstoff:

$$H_2 + Cl_2 \rightarrow HCl + HCl$$

Aus zwei Volumenteilen Schwefeldioxid und einem Volumenteil Sauerstoff entstehen zwei Volumenteile Schwefeltrioxid:

$$SO_2 + SO_2 + O_2 \rightarrow SO_3 + SO_3$$

Die Kästchen symbolisieren jeweils einen Volumenteil.

Das chemische Volumengesetz ließ sich, von der bis dahin herrschenden Vorstellung ausgehend, die elementaren Gase – wie Wasserstoff, Sauerstoff und Chlor –, lägen in *einzelnen Atomen* vor, nicht deuten. Dieser *Widerspruch* zwischen experimentell gewonnenen Erkenntnissen und bestehenden theoretischen Vorstellungen wurde zu einer Triebkraft der weiteren Entwicklung der chemischen Wissenschaft. Er führte zu der Erkenntnis, daß elementare Gase in *zweiatomigen Molekülen* auftreten.

Das wichtigste Ergebnis der zur Deutung des chemischen Volumengesetzes unternommenen Überlegungen war die 1811 von dem Italiener AVOGADRO aufgestellte Hypothese:

Gleiche Volumina aller Gase enthalten unter gleichen äußeren Bedingungen (Druck, Temperatur) die gleiche Anzahl Moleküle.

(AVOGADROsche Hypothese)

Der Begriff Molekül[1]) wurde von AVOGADRO als Bezeichnung für die kleinsten Teilchen der Gase neu geprägt.

Die Anzahl der bei 0°C und 101,325 kPa (= 1 atm) in 1 cm^3 eines Gases enthaltenen Moleküle beträgt $2{,}687 \cdot 10^{19}$. Der Österreicher LOSCHMIDT hatte diesen Wert mit $2{,}76 \cdot 10^{19}$ schon 1865 mit bemerkenswerter Genauigkeit ermittelt. In der Literatur wird die Größe $2{,}687 \cdot 10^{19}$ meist als **Loschmidt-Konstante** bezeichnet, zum Teil aber auch als AVOGADRO-Konstante, und zwar dann, wenn man unter der LOSCHMIDT-Konstante die Größe $6{,}022 \cdot 10^{23}$/mol versteht (↑ Fußnote S. 52).

---

1) *molecula* (lat.) kleine Masse (↑ auch Fußnote S. 34)

2.9. Molares Volumen der Gase

Da *ein Mol* eines jeden Stoffes die *gleiche Anzahl Moleküle* enthält (AVOGADRO-Konstante; ↑ 2.5.) und
die gleiche Anzahl Moleküle verschiedener Gase (bei gleichen äußeren Bedingungen) das gleiche Volumen einnehmen (AVOGADROsche Hypothese; ↑ 2.8.),
ergibt sich als Schlußfolgerung:

Ein Mol eines jeden Gases hat (bei gleichen äußeren Bedingungen) das gleiche Volumen.

Bei Gasreaktionen ist also mit der *Stoffmenge* (in mol) zugleich das *Volumen* jedes Reaktionspartners gegeben.

Beispiel: Die Gleichung $2\,SO_2 + O_2 \rightarrow 2\,SO_3$ besagt nicht nur: 2 mol Schwefeldioxid und 1 mol Sauerstoff ergeben 2 mol Schwefeltrioxid, sondern auch: 2 Volumenteile Schwefeldioxid und 1 Volumenteil Sauerstoff ergeben 2 Volumenteile Schwefeltrioxid.

Das Volumen eines Gases, das 1 mol ($\approx 6 \cdot 10^{23}$) Moleküle enthält, wird als **molares Volumen** (auch als *Molvolumen* oder als *stoffmengenbezogenes Volumen*) bezeichnet.

Das molare Volumen V der Gase ist definiert als Quotient aus dem Volumen v und der Stoffmenge n eines Gases:

$$\textbf{molares Volumen} = \frac{\textbf{Volumen}_A}{\textbf{Stoffmenge}_A} \qquad V = \frac{v}{n}$$

Der Index A gibt an, daß sich Volumen und Stoffmenge auf ein bestimmtes Gas beziehen, während das molare Volumen bei allen Gasen praktisch gleich ist.

Aus den Einheiten für Volumen (m^3) und Stoffmenge (mol) ergibt sich für die Größenart molares Volumen als abgeleitete Einheit m^3/mol. In der Chemie wird in der Regel der millionste Teil dieser Einheit (cm^3/mol), aber auch der tausendste Teil dieser Einheit (l/mol) verwendet:

$$[V] = \frac{cm^3}{mol} \qquad [V] = \frac{l}{mol}$$

Für das molare Volumen eines idealen Gases unter Normbedingungen (0 °C, 101,325 kPa = 1 atm) gilt heute als genauer Wert:

$V = 22413{,}83\ cm^3/mol$ oder $V = 22{,}41383\ l/mol$

Praktisch wird bei Gasreaktionen meist mit einem molaren Volumen von 22,4 l/mol gerechnet. Der genaue Wert bezieht sich auf ein ideales Gas (↑ 2.11.). Der Wert 22,4 l/mol trifft für reale Gase mit sehr niedrigem Kondensationspunkt zu (Wasserstoff, Sauerstoff, Stickstoff). Leicht kondensierbare Gase haben ein etwas geringeres molares Volumen (Kohlendioxid 22,26 l/mol, Ammoniak 22,08 l/mol).

Mit Hilfe des molaren Volumens läßt sich bei gegebenem Volumen eines Gases (unter Normbedingungen) dessen Stoffmenge (Beispiel 1)

$$\textbf{Stoffmenge}_A = \frac{\textbf{Volumen}_A}{\textbf{molares Volumen}} \qquad n = \frac{v}{V}$$

und bei gegebener Stoffmenge das Volumen dieses Gases (unter Normbedingungen) berechnen (Beispiel 2):

$$\textbf{Volumen}_A = \textbf{Stoffmenge}_A \cdot \textbf{molares Volumen} \qquad v = n \cdot V$$

In der Chemie wird viel mit molaren Größen gerechnet, sie werden in der Regel mit Großbuchstaben gekennzeichnet. In der Physik wird V in der Regel für das Volumen verwendet, in diesem Falle ist das molare Volumen mit V_m zu kennzeichnen.

Beispiel 1: Welche Stoffmenge enthält 1 m³ eines Gases unter Normbedingungen?

$$\frac{1000\ l}{22{,}4\ l/mol} = 44{,}7\ mol$$

Beispiel 2: Welches Volumen haben unter Normbedingungen 5 mol eines Gases?

$$5\ mol \cdot 22{,}4\ l/mol = 112\ l$$

Mit Hilfe des molaren Volumens können für die an chemischen Reaktionen beteiligten Gase *anstelle der Massen die Volumina* zu Berechnungen herangezogen werden. Das ist sehr vorteilhaft, da die Messung des Volumens eines Gases wesentlich einfacher ist als die Ermittlung der Masse eines Gases.

Beispiel: Aus der Gleichung $2\,SO_2 + O_2 \rightarrow 2\,SO_3$ sind die Volumina wie folgt zu errechnen (↑ oben Beispiel 2):

Schwefeldioxid:	2 mol · 22,4 l/mol = 44,8 l	} 67,3 l
Sauerstoff:	1 mol · 22,4 l/mol = 22,4 l	
Schwefeltrioxid:	2 mol · 22,4 l/mol = 44,8 l	

Schwefeldioxid und Sauerstoff verbinden sich demnach im Verhältnis von 44,8 l zu 22,4 l miteinander. Aus 67,2 l des Gemenges aus Schwefeldioxid und Sauerstoff können 44,8 l Schwefeltrioxid entstehen. In Wirklichkeit kommt es zu keiner vollständigen Umsetzung zu Schwefeltrioxid. Die Reaktion verläuft aber auf jeden Fall unter *Volumenverminderung* (↑ 9.2.2.).

Das molare Volumen von Gasen ergibt sich auch als Quotient aus der AVOGADRO-Konstante (↑ 2.5.) und der LOSCHMIDT-Konstante (↑ 2.8.):

$$\frac{\textbf{Avogadro-Konstante}}{\textbf{Loschmidt-Konstante}} = \textbf{molares Volumen}$$

$$\frac{6{,}022 \cdot 10^{23}/\text{mol}}{2{,}687 \cdot 10^{19}/\text{cm}^3} = 2{,}241 \cdot 10^4\ \text{cm}^3/\text{mol}$$

Das molare Volumen stellt demnach die Beziehung zwischen diesen beiden Konstanten her.

Zwischen der molaren Masse M und dem molaren Volumen V von Gasen besteht folgende Beziehung:

$$\frac{\textbf{molare Masse}_A}{\textbf{molares Volumen}} = \textbf{Dichte}_A \qquad \frac{M}{V} = \varrho$$

Beispiele: Kohlenmonoxid, CO: $\frac{28{,}01\ \text{g/mol}}{22{,}41\ \text{l/mol}} = 1{,}250\ \text{g/l}$

Kohlendioxid, CO_2: $\frac{44{,}01\ \text{g/mol}}{22{,}41\ \text{l/mol}} = 1{,}964\ \text{g/l}$

2.10. Allgemeine Zustandsgleichung der Gase

Das molare Volumen der Gase (22,4138 l/mol) gilt nur für **Normbedingungen.** Darunter wird vereinbarungsgemäß verstanden

- ein **Druck** von 101,325 kPa (Kilopascal), das sind 1,01325 bar oder 1013,25 mbar (Millibar), früher 1 atm (physikalische Atmosphäre), und
- eine **Temperatur** von 273,15 K (Kelvin), das sind 0 °C (Grad Celsius).

Bei chemischen Reaktionen liegen aber diese Normbedingungen praktisch nie vor. Daher müssen die gemessenen Volumina in der Regel auf Normbedingungen umgerechnet werden, bevor damit weitere Berechnungen durchgeführt werden können. Die Umrechnung erfolgt mit der **allgemeinen Zustandsgleichung der Gase:**

$$\frac{vp}{T} = \frac{v_0 p_0}{T_0} \qquad (1)$$

v Volumen bei der Temperatur T und dem Druck p
p Druck, unter dem das Gas mit dem Volumen v steht
T absolute Temperatur, die das Gas mit dem Volumen v besitzt
v_0 Volumen des Gases im Normzustand
p_0 Normdruck (101,325 kPa)
T_0 Normtemperatur (273,15 K)

Zwischen der Temperatur T in K (Kelvin; in älterer Literatur noch: °K, Grad Kelvin) und der Temperatur t in °C (Grad Celsius) besteht folgende Beziehung (↑ Bild 2):

$$T/\mathrm{K} = t/{}^\circ\mathrm{C} + 273{,}15$$

Meist wird mit dem gerundeten Wert 273 gerechnet.

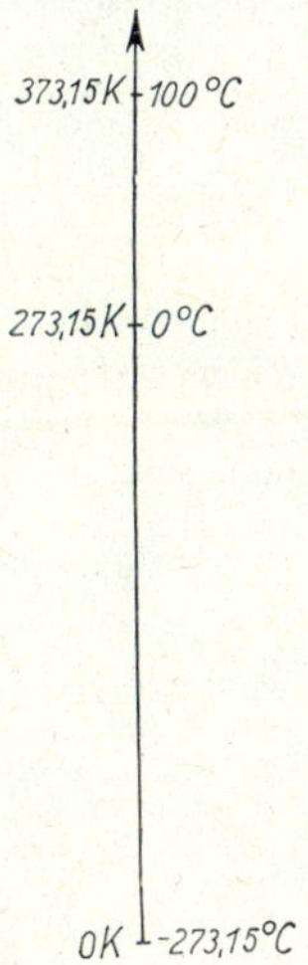

Bild 2. Temperaturskalen

Zum Umrechnen eines unter gegebenen Bedingungen *gemessenen* Volumens in das Volumen unter Normbedingungen erhält die Zustandsgleichung folgende Form:

$$v_0 = \frac{vpT_0}{Tp_0}$$

Beispiel: Bei 20 °C und 100 kPa (= 1000 mbar = 750,2 Torr) wurde ein Volumen von 100 cm³ ermittelt. Wie groß wäre dieses Volumen unter Normbedingungen?

$$v_0 = \frac{100\ \text{cm}^3 \cdot 100\ \text{kPa} \cdot 273\ \text{K}}{293\ \text{K} \cdot 101{,}3\ \text{kPa}}$$

$$v_0 = 91{,}98\ \text{cm}^3$$

Unter Normbedingungen würde das Volumen nur etwa 92 cm³ betragen.

Zum Umrechnen eines auf Normbedingungen bezogenen Volumens, wie wir es bei stöchiometrischen Berechnungen zunächst stets erhalten, in das Volumen unter gegebenen Bedingungen erhält die Zustandsgleichung die Form:

$$v = \frac{v_0 p_0 T}{T_0 p}$$

Beispiel: Bei einer chemischen Reaktion würden unter Normbedingungen 100 cm³ eines Gases entstehen. Welches Volumen nimmt dieses Gas bei 20 °C und 100 kPa (= 1000 mbar = 750,2 Torr) ein?

$$v = \frac{100\ \text{cm}^3 \cdot 101{,}3\ \text{kPa} \cdot 293\ \text{K}}{273\ \text{K} \cdot 100\ \text{kPa}}$$

$$v = 108{,}7\ \text{cm}^3$$

Bei 20° und 100 kPa beträgt das Volumen nahezu 109 cm³.

Der auf der rechten Seite der allgemeinen Zustandsgleichung der Gase (1) stehende Quotient hat, wenn für v_0 das *molare Volumen* der Gase unter Normbedingungen (22,4 l/mol) eingesetzt wird, für alle Gase den gleichen Wert R, der als **molare** oder **allgemeine Gaskonstante** bezeichnet wird:

$$R = \frac{V p_0}{T_0} \tag{2}$$

$$R = \frac{22{,}413\,83\ \text{l} \cdot 101{,}325\ \text{kPa}}{\text{mol} \cdot 273{,}15\ \text{K}}$$

$$R = 8{,}31441\ \frac{\text{l} \cdot \text{kPa}}{\text{mol} \cdot \text{K}}$$

Da das Produkt aus Volumen v und Druck p eine *Energie W* darstellt:

$$vp = W,$$

behält die allgemeine Gaskonstante den gleichen Zahlenwert, wenn in der Maßeinheit das Produkt l · kPa durch die Einheit der Energie *Joule*

(= Newtonmeter = Wattsekunde) ersetzt wird:

$$R = 8{,}31441 \frac{\text{J}}{\text{mol} \cdot \text{K}}$$

Das geschieht über folgende Schritte:

$$1\,\text{l} \cdot \text{kPa} = 10^{-3}\,\text{m}^3 \cdot 10^3\,\text{Pa}; \; 1\,\text{Pa} \cdot \text{m}^3 = 1\,\frac{\text{N}}{\text{m}^2}\,\text{m}^3 = 1\,\text{N} \cdot \text{m} = 1\,\text{J}.$$

In der Literatur findet man die allgemeine Gaskonstante auch noch mit den älteren Druckeinheiten atm und Torr. Sie erhält dann andere Zahlenwerte:

$$R = \frac{22{,}413\,83\,\text{l} \cdot 760\,\text{Torr}}{\text{mol} \cdot 273{,}15\,\text{K}} \qquad R = 62{,}363\,\frac{\text{l} \cdot \text{Torr}}{\text{mol} \cdot \text{K}}$$

$$R = \frac{22{,}413\,83\,\text{l} \cdot 1\,\text{atm}}{\text{mol} \cdot 273{,}15\,\text{K}} \qquad R = 0{,}082\,057\,\frac{\text{l} \cdot \text{atm}}{\text{mol} \cdot \text{K}}$$

Die allgemeine Gaskonstante R ermöglicht es, die allgemeine Zustandsgleichung der Gase (1) in eine andere Form zu bringen. Dazu ist zunächst in (2) das molare Volumen V als Quotient aus Volumen v und Stoffmenge n einzusetzen (↑ 2.9.):

$$V = \frac{v}{n}$$

Das ergibt:

$$R = \frac{vp}{nT},$$

und daraus erhalten wir als am häufigsten verwendete Form der allgemeinen Zustandsgleichung der Gase:

$$vp = nRT \tag{3}$$

Beispiel: Welches Volumen nehmen 10 kg Sauerstoff O_2 bei 15 MPa (Megapascal) Druck (≈ 148 atm) und 20 °C Temperatur ein?
Zunächst ist in Gleichung (3) für die Stoffmenge n der Quotient aus Masse m und molarer Masse M einzusetzen (↑ 2.6.):

$$n = \frac{m}{M}$$

$$vp = \frac{mRT}{M}$$

und nach v aufzulösen:

$$v = \frac{mRT}{Mp}$$

$$v = \frac{10000\ \text{g} \cdot 8{,}314\ \text{l} \cdot \text{kPa/(mol} \cdot \text{K)} \cdot 293{,}15\ \text{K}}{32\ \text{g/mol} \cdot 15000\ \text{kPa}}$$

$$v = \frac{10000 \cdot 8{,}314 \cdot 293{,}15\ \text{g} \cdot \text{mol} \cdot \text{l} \cdot \text{kPa} \cdot \text{K}}{32 \cdot 15000\ \text{g} \cdot \text{mol} \cdot \text{K} \cdot \text{kPa}}$$

$$v = 50{,}78\ \text{l}$$

2.11. Idealer Gaszustand

Bei allen *realen Gasen*, d.h. bei allen Gasen, die es gibt, beanspruchen die einzelnen Moleküle einen bestimmten Raum, und es herrschen Kräfte zwischen ihnen. Die Gasmoleküle behindern sich daher gegenseitig mehr oder weniger in ihrer Beweglichkeit.
Bei allgemeinen Überlegungen zum Gaszustand wird von der Vorstellung eines *idealen Gases* ausgegangen, zwischen dessen Molekülen, die man als punktförmig annimmt, keinerlei Kräfte herrschen.

Das ideale Gas ist eine Abstraktion.

Ein reales Gas kommt dem idealen Gaszustand um so näher, je weiter die jeweilige Temperatur über dem Kondensationspunkt Kp dieses Gases liegt.

Bei Zimmertemperatur kommen daher

Wasserstoff (*Kp* = 20 K = −253 °C),
Stickstoff (*Kp* = 77 K = −196 °C) und
Sauerstoff (*Kp* = 90 K = −183 °C)

dem idealen Gaszustand sehr nahe, während

Schwefeldioxid (*Kp* = 263 K = −10 °C) und
Ammoniak (*Kp* = 240 K = −33 °C)

erheblich vom idealen Gaszustand abweichen. Bei Temperaturen von 500 °C und mehr kommen auch die beiden zuletzt genannten Gase in ihrem Verhalten dem idealen Gaszustand sehr nahe.

2.12. Konzentration von Lösungen

2.12.1. Löslichkeit

Lösungen (↑ 1.10.) können eine außerordentlich unterschiedliche Zusammensetzung haben. Manche **Flüssigkeiten** lassen sich unbegrenzt miteinander mischen (z.B. Äthanol und Wasser). Viele Flüssigkeiten zeigen aber untereinander bestimmte *Grenzen der Mischbarkeit.*

Beispiel: *Wasser* und *Phenol* sind bei 20 °C in folgenden Bereichen mischbar:

100...92% Wasser mit 0... 8% Phenol,

28... 0% Wasser mit 72...100% Phenol.

In dem dazwischen liegenden Bereich

92...28% Wasser und 8...72% Phenol

bilden sich zwei Phasen aus, von denen die eine aus Wasser besteht, das mit (8%) Phenol gesättigt ist, die andere aus Phenol, das mit (28%) Wasser gesättigt ist.

Beim Lösen von **festen Stoffen** und von **Gasen** in flüssigen Lösungsmitteln gibt es in jedem Falle eine Grenze, die als **Löslichkeit** bezeichnet wird.

Die Löslichkeit eines Stoffes in einem bestimmten Lösungsmittel ist die Konzentration einer gesättigten Lösung dieses Stoffes in diesem Lösungsmittel.

Als **gesättigte Lösung** wird eine Lösung bezeichnet, die von dem gelösten Stoff nichts mehr zu lösen vermag.
Jeder Stoff hat in jedem Lösungsmittel eine andere Löslichkeit. Die Löslichkeit ist von der *Temperatur* abhängig.

In flüssigen Lösungsmitteln

- **steigt die Löslichkeit von festen Stoffen im allgemeinen mit zunehmender Temperatur,**
- **nimmt die Löslichkeit von Gasen mit steigender Temperatur ab.**

Auf die Löslichkeit von Gasen übt auch der Druck einen starken Einfluß aus.

Die Löslichkeit von Gasen steigt mit zunehmendem Druck.

Für die *Löslichkeit* gibt es *zwei verschiedene Definitionen.* Darauf ist zu achten, wenn mit Löslichkeitsangaben gearbeitet wird:

1. Die Löslichkeit ist die Menge des gelösten Stoffes, die bei der gegebenen Temperatur von einer bestimmten Menge (meist 100 g) des reinen *Lösungsmittels* im Höchstfalle gelöst wird.

2. Die Löslichkeit ist die Menge des gelösten Stoffes, die bei der gegebenen Temperatur in einer bestimmten Menge (meist 100 g) der *gesättigten Lösung* enthalten ist.

Beispiel: In 100 g Wasser lösen sich bei 20 °C 87 g Natriumnitrat. Die Löslichkeit des Natriumnitrats beträgt also 87 g in 100 g Wasser (1. Definition). Dabei ergeben sich 187 g gesättigte Natriumnitratlösung. In 100 g dieser Lösung sind $\frac{87\,g \cdot 100\,g}{187\,g} = 46{,}5\,g$ Natriumnitrat enthalten. Die Löslichkeit des Natriumnitrats beträgt also bei 20 °C 46,5 g Natriumnitrat in 100 g gesättigter Lösung, das sind 46,5 % (2. Definition).

Liegt die in einer Lösung enthaltene Menge des gelösten Stoffes unter dessen Löslichkeit, so handelt es sich um eine **ungesättigte Lösung,** d.h. um eine Lösung, die weitere Anteile dieses Stoffes zu lösen vermag. Ist in einer Lösung eine *größere* Menge eines gelösten Stoffes enthalten, als dessen Löslichkeit entspricht, so fällt der überschüssige Anteil des gelösten Stoffes als Niederschlag aus der Lösung aus. Es kommt aber häufig vor, daß sich diese Ausfällung verzögert. Dann liegt eine **übersättigte Lösung** vor, die mehr oder weniger unbeständig ist. Durch »Impfen« mit einem kleinen Kristall des gelösten Stoffes kann der überschüssige Anteil dieses Stoffes ausgefällt werden.

Für den **Sättigungsgrad von Lösungen** gelten folgende Beziehungen:

ungesättigte Lösung:	Konzentration kleiner als Löslichkeit
gesättigte Lösung:	Konzentration gleich Löslichkeit
übersättigte Lösung:	Konzentration größer als Löslichkeit

Die Konzentration von Lösungen wird in unterschiedlicher Weise angegeben:

- **Massenprozente**
  (früher als *Gewichtsprozente* bezeichnet)
  Masse (in Gramm) des gelösten Stoffes in 100 g Lösung.

Beispiel: Eine 25 %ige Kochsalzlösung enthält in 100 g Lösung 25 g Natriumchlorid und 75 g Wasser.

- **Volumenprozente**
  Volumen (in Kubikzentimeter) des gelösten Stoffes in 100 cm³ Lösung.

Beispiel: 100 cm³ eines 38%igen Trinkbranntweins enthalten 38 cm³ Äthanol.

- **Molarität** (↑ Abschnitt 2.12.2.)
- **Normalität** (↑ Abschnitt 2.12.3.)

Zwischen **Konzentration** und **Dichte** jeder Lösung besteht ein Zusammenhang. Die Konzentration von Lösungen kann daher durch **Dichtebestimmungen** festgestellt werden, die sich mit einem Aräometer (Senkspindel) sehr rasch ausführen lassen. Die der gemessenen Dichte entsprechende Konzentration wird dann aus Tabellen oder Diagrammen abgelesen. Dabei ist für jede Lösung eine andere Tabelle bzw. eine andere Kurve notwendig (↑ Tabelle 7 bzw. Bild 3). Es gibt auch Aräometer, an denen der Prozentgehalt einer bestimmten Lösung direkt abgelesen werden kann; sie sind nur für diese Lösung geeignet. Bekannt sind die zur Wartung von Kraftfahrzeugen verwendeten Aräometer zur Bestimmung der Gefrierschutzmittelkonzentration in Kühlflüssigkeiten; hier kann zugleich die Temperatur abgelesen werden, bis zu der Gefrierschutz besteht. Die Dichte, die hier eigentlich bestimmt wird, interessiert dabei nicht.
Da die Dichte von Lösungen temperaturabhängig ist, ist bei Dichte- bzw. Konzentrationsbestimmungen die Temperatur der Lösung zu berücksichtigen. Im allgemeinen sind Tabellen und Aräometer auf 20 °C bezogen.

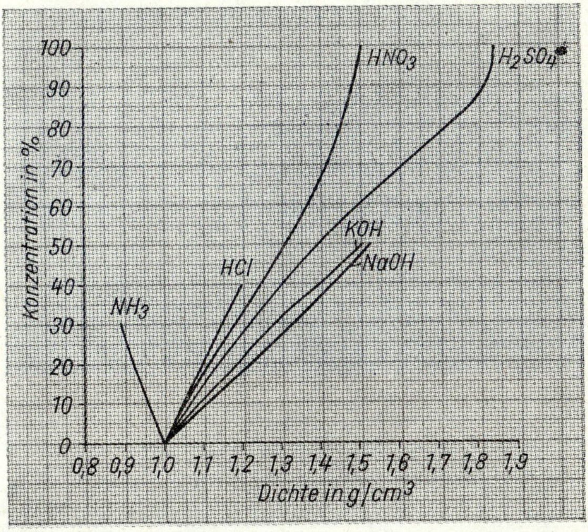

Bild 3. Abhängigkeit der Dichte wäßriger Lösungen von der Konzentration

2.12.2. Molarität

Die Molarität ist eine in der Chemie gebräuchliche Konzentrationsangabe für Lösungen.

Tabelle 7. Dichte (in g/cm³) einiger wichtiger Lösungen bei 20 °C

Massen-prozent	H_2SO_4	HNO_3	HCl	NaOH	KOH	$NH_3 \cdot H_2O$
5	1,032	1,026	1,023	1,054	1,044	0,977
10	1,066	1,054	1,047	1,109	1,090	0,958
15	1,102	1,084	1,073	1,164	1,138	0,940
20	1,139	1,115	1,098	1,219	1,186	0,923
25	1,178	1,147	1,124	1,274	1,236	0,907
30	1,219	1,180	1,149	1,328	1,288	0,892
35	1,260	1,214	1,174	1,380	1,341	–
40	1,303	1,246	1,198	1,430	1 396	–
45	1,348	1,278	–	1,478	1,452	–
50	1,395	1,310	–	1,525	1,511	–
55	1 445	1,339	–	–	–	–
60	1,498	1,367	–	–	–	–
65	1,553	1,391	–	–	–	–
70	1,611	1,413	–	–	–	–
75	1,669	1,434	–	–	–	–
80	1,727	1,452	–	–	–	–
85	1,779	1,469	–	–	–	–
90	1,814	1,483	–	–	–	–
95	1,834	1,493	–	–	–	–
100	1,831	1,513	–	–	–	–

Als **Molarität** – auch *molare Konzentration* genannt – wird die in Mol gemessene Stoffmenge (↑ 2.5.) des gelösten Stoffes je Liter Lösung bezeichnet.
Mathematisch formuliert heißt das:

> **Die Molarität einer Lösung ist der Quotient aus der Stoffmenge des gelösten Stoffes und dem Volumen der Lösung.**

$$\frac{\textbf{Stoffmenge}\text{ (in mol) des gelösten Stoffes}}{\textbf{Volumen}\text{ (in l) der Lösung}} = \textbf{Molarität}\text{ der Lösung}$$

Die Molarität hat demnach die *Einheit* **mol/l.** Meist wird sie aber so angegeben, daß ihr Zahlenwert mit dem Adjektiv *molar* oder dem Buchstaben M (mitunter auch -m) verbunden wird.

Beispiele: Eine 1 molare Salzsäure[1]) (1 M Salzsäure) hat die Konzentration $c = 1$ mol/l.
Eine 0,1molare Salzsäure[1]) $\left(\frac{1}{10}\text{ M Salzsäure}\right)$ hat die Konzentration $c = 0{,}1$ mol/l.

[1]) sprich: eins molar; null komma eins molar, ein zehntel molar

Nach der Definition des Mols (↑ 2.5.) enthält 1 l einer 1molaren Lösung 1 mol ($\approx 6 \cdot 10^{23}$) elementare Einheiten des gelösten Stoffes. Dabei handelt es sich um die Moleküle des gelösten Stoffes oder um die Ionen, die sich bei der elektrolytischen Dissoziation (↑ 7.2.1.) des gelösten Stoffes ergeben.

Beispiele: Eine 1molare Salzsäure enthält im Liter 1 mol Chlorwasserstoff, HCl, das sind $\approx 6 \cdot 10^{23}$ Chlorwasserstoffmoleküle, die weitgehend in Ionen (H^+, Cl^-) dissoziiert sind. Eine 0.1molare Salzsäure enthält im Liter 0,1 mol Chlorwasserstoff, HCl, das sind $\approx 6 \cdot 10^{22}$ Chlorwasserstoffmoleküle.

Zwischen Molarität (molarer Konzentration) einer Lösung und molarer Masse (↑ 2.6.) des gelösten Stoffes besteht folgende Beziehung:

$$\textbf{Molarität der Lösung (mol/l)} \cdot \textbf{molare Masse des gelösten Stoffes (g/mol)} = \frac{\textbf{Masse des gelösten Stoffes (g)}}{\textbf{Volumen der Lösung (l)}}$$

Der Quotient der rechten Seite dieser Gleichung stellt die Konzentration der Lösung in g/l dar:

$$\textbf{Molarität der Lösung (mol/l)} \cdot \textbf{molare Masse des gelösten Stoffes (g/mol)} = \textbf{Konzentration der Lösung (g/l)}$$

Beispiel: Natriumhydroxid, NaOH: molare Masse $M = 40{,}00$ g/mol.
Hergestellt werden soll eine 0,1molare Natronlauge:

$0{,}1 \text{ mol/l} \cdot 40 \text{ g/mol} = 4 \text{ g/l}$

Es sind 4 g Natriumhydroxid, NaOH, in einen Meßkolben zu geben und mit destilliertem Wasser zu einem Liter Lösung aufzufüllen.

Wenn bei einer chemischen Reaktion beide beteiligten Stoffe die *gleiche Wertigkeit* betätigen, so reagieren sie miteinander mit gleichen Stoffmengen (in mol). Von Lösungen *gleicher Molarität* sind in diesem Falle *gleiche Volumina* erforderlich.

Beispiel: Um 25 ml einer 0,1molaren Salzsäure zu neutralisieren, sind 25 ml einer 0,1molaren Natronlauge erforderlich:

$HCl + NaOH \rightleftarrows NaCl + H_2O$

Das ist die grundlegende Voraussetzung für die in den chemischen Laboratorien angewandte *Maßanalyse*, bei der die wesentlich leichter zu handhabende *Volumenmessung* an die Stelle der Wägung von Massen tritt. Um auch die Volumina der Lösungen von Stoffen mit *unterschiedlicher Wertigkeit* direkt miteinander vergleichen zu können, wurde als weiteres Konzentrationsmaß die *Normalität* eingeführt.

2.12.3. Normalität

Zwischen Molarität und Normalität – auch als *normale Konzentration* bezeichnet – besteht folgende Beziehung:

Molarität · Wertigkeit = Normalität

Es ist die für die zu betrachtende chemische Reaktion maßgebende Wertigkeit einzusetzen.

Beispiel: Eine 1molare Schwefelsäure ist 2normal (2 N), da die Schwefelsäure, H_2SO_4, zwei Wasserstoffionen enthält bzw. ihr Säurerest SO_4^{2-} zweiwertig ist.

Ist ein Stoff (bzw. sein für die betrachtete chemische Reaktion wesentlicher Bestandteil) *einwertig*, so ist nach der vorstehenden Beziehung die *Normalität gleich* der *Molarität*.
Für die Anwendung in der Maßanalyse ist wichtig:

Von Lösungen gleicher Normalität sind gleiche Volumina einander äquivalent (gleichwertig).

Beispiel: 25 ml einer 1normalen Natronlauge werden von 25 ml einer 1normalen (= 1molaren) Salzsäure neutralisiert, aber ebenso von 25 ml einer 1normalen (= $^1/_2$molaren) Schwefelsäure.

Die Normalität kann auch – ohne Bezugnahme auf die Molarität – vom Äquivalent (↑ 2.7.) ausgehend definiert werden:

Ein Liter einer 1normalen Lösung enthält ein Mol (elementarer) Äquivalente des gelösten Stoffes.

Beispiel: Da der Äquivalenzfaktor der Schwefelsäure $^1/_2$ beträgt, ist ein halbes Schwefelsäuremolekül ein (elementares) Äquivalent. 1 l einer 1normalen Schwefelsäure enthält also 1 mol $^1/_2$ H_2SO_4 bzw. $^1/_2$ mol H_2SO_4.

Damit gleichbedeutend ist die Aussage:
Ein Liter einer 1normalen Lösung enthält *ein* (wägbares) *Äquivalent* des gelösten Stoffes (↑ 2.7.).

Beispiel: 1 l einer 1normalen Schwefelsäure enthält 1 (wägbares) Äquivalent, das ist – entsprechend dem Äquivalenzfaktor $^1/_2$ – $^1/_2$ mol Schwefelsäure. Da die molare Masse der Schwefelsäure 98,08 g/mol beträgt, hat 1 Äquivalent Schwefelsäure die Masse 49,04 g. In 1 l einer 1normalen Schwefelsäure sind also 49,04 g H_2SO_4 gelöst.

Allgemein läßt sich die Normalität einer Lösung – analog der Molarität – als Quotient aus der Stoffmenge des gelösten Stoffes und dem Volumen der Lösung definieren:

$$\text{Normalität einer Lösung} = \frac{\text{Stoffmenge des gelösten Stoffes}}{\text{Volumen der Lösung}}$$

In diesem Falle muß die Stoffmenge
– in mol Äquivalente oder
– in val
angegeben werden. (Zur Unterscheidung wird in diesem Falle statt von Stoffmenge mitunter auch von *Äquivalentmenge* gesprochen; ↑ 2.7.)

Beispiel: 2normale Schwefelsäure hat die Konzentration 2 val/l. Das ist gleichbedeutend mit 2 mol (elementaren) Äquivalenten je Liter, was 2 mol $^1/_2$ H_2SO_4/l geschrieben werden kann ($^1/_2$ ist dabei der Äquivalenzfaktor der Schwefelsäure).

2.13. Maßanalyse

Unter der Bezeichnung Maßanalyse (auch Volumetrie) werden Verfahren der analytischen Chemie, und zwar der quantitativen Analyse, zusammengefaßt, die auf folgendem Prinzip beruhen:
Einem abgemessenen Volumen einer zu untersuchenden Lösung *unbekannter* Konzentration wird tropfenweise eine *Meßlösung* (auch Maßlösung), das ist eine Lösung bekannter Konzentration, zugegeben, bis eine bestimmte chemische Reaktion eintritt. Dieser Vorgang wird als *Titration* bezeichnet (↑ Bild 4). Aus dem verbrauchten Volumen der Meßlösung wird dann die Konzentration der untersuchten Lösung berechnet.
Am bekanntesten ist die **Neutralisationsanalyse** (*Säure-Base-Titration*), bei der

- einer Säure unbekannter Konzentration als Meßlösung eine Lauge (*Azidimetrie*) oder
- einer Lauge unbekannter Konzentration als Meßlösung eine Säure (*Alkalimetrie*)

zugegeben wird, und zwar soviel, daß (bei *starken* Säuren und Basen eine neutrale Lösung entsteht (pH-Wert = 7; ↑ 7.2.8.). Der Neutralisationspunkt wird mit Hilfe von Indikatoren festgestellt.

Die **Berechnung einer Titration** geht davon aus, daß die Volumina von Untersuchungslösung und Meßlösung den Normalitäten dieser Lösungen *umgekehrt proportional* sind:

$$\frac{\text{Normalität}_U}{\text{Normalität}_M} = \frac{\text{Volumen}_M}{\text{Volumen}_U} \quad (1)$$

$$\text{Normalität}_U \cdot \text{Volumen}_U = \text{Normalität}_M \cdot \text{Volumen}_M \quad (1\,a)$$

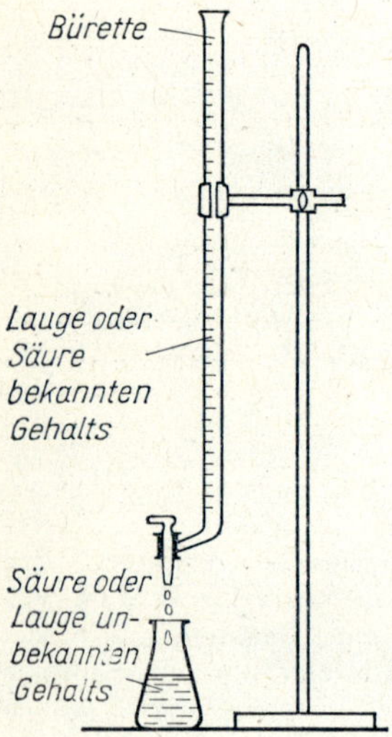

Bild 4. Titration

Die **Masse** des in der Untersuchungslösung gelösten Stoffes kann, ausgehend von der valaren Masse (dem Quotienten aus molarer Masse und Wertigkeit) dieses Stoffes, berechnet werden:

$$\text{Masse}_U = \text{valare Masse}_U \cdot \text{Normalität}_U \cdot \text{Volumen}_U \quad (2)$$

Durch Einsetzen von (1 a) in (2) wird es möglich, die Berechnung mittels der bekannten Normalität und des verbrauchten Volumens der Meßlösung durchzuführen:

$$\text{Masse}_U = \text{valare Masse}_U \cdot \text{Normalität}_M \cdot \text{Volumen}_M \qquad (3)$$

Beispiel: Zur Titration von 65 ml einer Schwefelsäure unbekannter Konzentration wurden 16,25 ml einer 0,1normalen Natronlauge verbraucht:

$$49{,}04 \text{ g/val} \cdot 0{,}1 \text{ val/l} \cdot 0{,}01625 \text{ l} = 0{,}0797 \text{ g}$$

Die untersuchte Schwefelsäurelösung enthielt also 79,7 mg H_2SO_4. Ihre Normalität ergibt sich nach (1a) wie folgt:

$$x \cdot 65 \text{ ml} = 0{,}1 \text{ val/l} \cdot 16{,}25 \text{ ml}$$

$$x = \frac{0{,}1 \text{ val/l} \cdot 16{,}25 \text{ ml}}{65 \text{ ml}}$$

$$x = 0{,}025 \text{ val/l}$$

Die Schwefelsäure ist 0,025normal.

In der Laborpraxis werden meist Meßlösungen verwendet, die nicht genau 0,1normal sind. Bei der Berechnung ist dann der angegebene *Korrekturfaktor* zu berücksichtigen.

Wird auf die Einheit Val verzichtet und grundsätzlich nur die Einheit Mol verwendet, so ist bei allen Berechnungen zur Normalität zu beachten, daß sich das Mol stets auf (elementare) Äquivalente (↑ 2.7.) des gelösten Stoffes bezieht, nicht auf dessen Moleküle oder Ionen. Statt der valaren Masse ist dann der Quotient aus molarer Masse und Wertigkeit der Berechnung zugrunde zu legen. Gleichung (3) erhält dann die Form:

$$\text{Masse}_U = \frac{\text{molare Masse}_U}{\text{Wertigkeit}_U} \cdot \text{Normalität}_M \cdot \text{Volumen}_M \qquad (3\text{a})$$

Das vorige Beispiel ist dann wie folgt zu berechnen:

$$\frac{98{,}08 \text{ g/mol}}{2} \cdot 0{,}1 \text{ mol/l} \cdot 0{,}1625 \text{ l} = 0{,}0797 \text{ g}$$

$$0{,}1 \text{ mol/l} \cdot 16{,}25 \text{ mol} = x \cdot 65 \text{ ml}$$

$$x = \frac{0{,}1 \text{ mol/l} \cdot 16{,}25 \text{ ml}}{65 \text{ ml}}$$

$$x = 0{,}025 \text{ mol/l}$$

Aus der Einheit mol/l darf hier nicht geschlossen werden, die Schwefelsäurelösung sei 0,025molar. Sie ist 0,025normal, da bei der Maßanalyse nicht Moleküle oder Ionen, sondern *Äquivalente* verglichen werden. Auch die Angabe der Normalität der Natronlauge mit 0,1 mol/l bezieht sich auf Äquivalente der Natronlauge. Die als Meßlösung eingesetzte Natronlauge ist also 0,1normal. (Sie ist zugleich 0,1molar, da die maßgebliche Wertigkeit 1 ist.)

Wie das Beispiel zeigt, ist bei der Verwendung der Einheit Mol im Zusammenhang mit der Normalität besonders darauf zu achten, daß es nicht zu Verwechslungen kommt.

2.14. Stöchiometrische Berechnungen

Auf Grund des Gesetzes von der Erhaltung der Masse (↑ 2.1.) und des Gesetzes der konstanten Proportionen (↑ 2.4.) lassen sich für jede *vollständig verlaufende* Reaktion aus der Masse eines Reaktionsteilnehmers (Ausgangsstoff oder Endprodukt) die Massen aller anderen Reaktionsteilnehmer berechnen. Dabei wird von dem in der chemischen Gleichung wiedergegebenen Formelumsatz ausgegangen. Derartige Berechnungen sind Gegenstand der *Stöchiometrie*[1]).

Stöchiometrische Berechnungen gehen von folgender grundlegenden Proportionsgleichung aus:

$$\frac{m_U}{m_B} = \frac{n_U M_U}{n_B M_B} \qquad (1)$$

Das heißt:

In einer chemischen Reaktion verhalten sich die Massen m zweier Reaktionsteilnehmer zueinander wie die Produkte aus Stoffmenge n und molarer Masse M dieser Reaktionsteilnehmer.

In Gleichung (1) wird der Index U für alle Größen verwendet, die sich auf den Reaktionsteilnehmer beziehen, dessen Masse *unbekannt* ist, also *gesucht* wird, der Index B für alle Größen, die sich auf den Reaktionsteilnehmer beziehen, dessen Masse *bekannt* ist.

Zur Ermittlung der gesuchten Masse eines Reaktionsteilnehmers ist Gleichung (1) nach m_U aufzulösen:

$$m_U = \frac{n_U M_U m_B}{n_B M_B} \qquad (2)$$

Beispiele ↑ folgende Vorschrift.

Vorschrift zur Durchführung stöchiometrischer Berechnungen

1. Die chemische Gleichung ist aufzustellen und zu kontrollieren (↑ Vorschrift im Abschn. 1.9.)

Beispiel: $3\,Fe_3O_4 + 8\,Al \rightarrow 9\,Fe + 4\,Al_2O_3$ (↑ 13.3.2.; Aluminothermie)

[1]) aus dem Griechischen soviel wie: das Messen von Bestandteilen

2. Die molare Masse M ist für die Reaktionsteilnehmer zu ermitteln, auf die sich die Aufgabenstellung erstreckt (↑ 2.6.).

Beispiel:

$$M_{Al} = 26{,}98 \text{ g/mol}$$

$$M_{Fe} = 55{,}85 \text{ g/mol}$$

$$M_{Fe_3O_4} = 231{,}55 \text{ g/mol}$$

$$M_{Al_2O_3} = 101{,}96 \text{ g/mol}$$

3. Der Aufgabenstellung ist zu entnehmen,
   - für welchen Reaktionsteilnehmer die Masse *gesucht* wird,
   - für welchen Reaktionsteilnehmer die Masse *gegeben* ist.

Beispiel: Es soll ermittelt werden, wieviel Gramm Aluminium und wieviel Gramm Eisen(II,III)-oxid, Fe_3O_4, einzusetzen sind, um 500 g Eisen zu erhalten.
Gesucht wird a) die Masse des Aluminiums
b) die Masse des Eisen(II,III)-oxids.
Gegeben ist die Masse des Eisens.

4. Für den Reaktionsteilnehmer, dessen Masse m_U gesucht wird, und für den Reaktionsteilnehmer, dessen Masse m_B gegeben ist, sind die Stoffmengen n, die sich aus den Koeffizienten (stöchiometrischen Faktoren) der chemischen Gleichung (↑ Punkt 1) ergeben, und die molaren Massen M in Gleichung (2) einzusetzen.

Beispiel a:

$$m_{Al} = \frac{n_{Al}\, M_{Al}\, m_{Fe}}{n_{Fe}\, M_{Fe}}$$

$$m_{Al} = \frac{8 \text{ mol} \cdot 26{,}98 \text{ g/mol} \cdot 500 \text{ g}}{9 \text{ mol} \cdot 55{,}85 \text{ g/mol}}$$

$$m_{Al} = 214{,}7 \text{ g}$$

Beispiel b:

$$m_{Fe_3O_4} = \frac{n_{Fe_3O_4}\, M_{Fe_3O_4}\, m_{Fe}}{n_{Fe}\, M_{Fe}}$$

$$m_{Fe_3O_4} = \frac{3 \text{ mol} \cdot 231{,}55 \text{ g/mol} \cdot 500 \text{ g}}{9 \text{ mol} \cdot 55{,}85 \text{ g/mol}}$$

$$m_{Fe_3O_4} = 691{,}0 \text{ g}$$

Um 500 g Eisen zu gewinnen, sind (von Verlusten abgesehen) 214,7 g Aluminiumpulver und 691 g Eisen(II,III)-oxid, Fe_3O_4, einzusetzen.

Anschaulicher als der Schritt 4 ist folgendes Vorgehen:

4a. *Über* der Reaktionsgleichung werden die gesuchten und gegebenen Massen eingetragen.

Unter der Reaktionsgleichung wird jeweils das Produkt aus Stoffmenge n und molarer Masse M eingetragen.

Beispiel:

$m_{Fe_3O_4}$	m_{Al}	500 g	$m_{Al_2O_3}$
$3\,Fe_3O_4$ +	$8\,Al$ →	$9\,Fe$ +	$4\,Al_2O_3$
3 mol · 231,55 g/mol	8 mol · 26,98 g/mol	9 mol · 55,85 g/mol	4 mol · 101,96 g/mol
694,65 g	215,84 g	502,65 g	407,84 g

4b. Daraus werden die der Gleichung (1) entsprechenden Proportionsgleichungen abgelesen und nach der gesuchten Größe aufgelöst.

Beispiel a:

$$\frac{m_{Al}}{500\text{ g}} = \frac{215{,}84\text{ g}}{502{,}65\text{ g}}$$

$$m_{Al} = \frac{215{,}84\text{ g} \cdot 500\text{ g}}{502{,}65\text{ g}}$$

$$m_{Al} = 214{,}7\text{ g}$$

Beispiel b:

$$\frac{m_{Fe_3O_4}}{500\text{ g}} = \frac{694{,}65\text{ g}}{502{,}65\text{ g}}$$

$$m_{Fe_3O_4} = \frac{694{,}65\text{ g} \cdot 500\text{ g}}{502{,}65\text{ g}}$$

$$m_{Fe_3O_4} = 691{,}0\text{ g}$$

Treten *Gase* als Reaktionsteilnehmer auf, so vereinfacht sich die stöchiometrische Berechnung wesentlich, wenn anstelle der molaren Masse das *molare Volumen* zugrunde gelegt wird.

Beispiel: Es soll ermittelt werden, wieviel Gramm Kaliumchlorat zu erhitzen sind, um 25 l Sauerstoff zu entwickeln.

m_{KClO_3}			25 l
$2\,KClO_3$	→	$2\,KCl$ +	$3\,O_2$
2 mol · 122,55 g/mol			3 mol · 22,42 l/mol
245,1 g			67,26 l

$$\frac{m_{KClO_3}}{25\text{ l}} = \frac{245{,}1\text{ g}}{67{,}26\text{ l}}$$

$$m_{KClO_3} = \frac{245{,}1\text{ g} \cdot 25\text{ l}}{67{,}26\text{ l}}$$

$$m_{KClO_3} = 91{,}10\text{ g}$$

Es werden 91,10 g Kaliumchlorat benötigt, um 25 l Sauerstoff (unter Normbedingungen; ↑ 2.10.) zu erzeugen.

Bei vielen stöchiometrischen Berechnungen muß die *Konzentration* der beteiligten Stoffe berücksichtigt werden. Das gilt vor allem für die Konzentration der Lösungen von Salzen, Säuren und Basen (Laugen), aber auch für den Gehalt von Mineralen.

Beispiel: Ein Kilogramm Kalkstein mit einem Gehalt von 95% $CaCO_3$ soll mit 25%iger Salzsäure umgesetzt werden, um Kohlendioxid zu gewinnen. Wieviel Salzsäure wird benötigt? Wieviel Kohlendioxid entsteht?

$0{,}95 \cdot 1000\ \text{g}$	m_{HCl}	v_{CO_2}
$CaCO_3 \quad +$	$2\,HCl \rightarrow$	$CaCl_2 + CO_2 + H_2O$
1 mol · 100,1 g/mol	2 mol · 36,46 g/mol	1 mol · 22,42 l/mol
100,1 g	72,92 g	22,42 l

$$\frac{m_{HCl}}{950\ \text{g}} = \frac{72{,}92\ \text{g}}{100{,}1\ \text{g}} \qquad \frac{v_{CO_2}}{950\ \text{g}} = \frac{22{,}42\ \text{l}}{100{,}1\ \text{g}}$$

$$m_{HCl} = \frac{72{,}92\ \text{g} \cdot 950\ \text{g}}{100{,}1\ \text{g}} \qquad v_{CO_2} = \frac{22{,}42\ \text{l} \cdot 950\ \text{g}}{100{,}1\ \text{g}}$$

$$m_{HCl} = 692\ \text{g} \qquad v_{CO_2} = 212{,}8\ \text{l}$$

Da die Salzsäure nur 25% HCl enthält, ist noch umzurechnen:

$$\frac{692\ \text{g} \cdot 100\ \text{g}}{25\ \text{g}} = 2768\ \text{g}$$

Es werden 2,768 kg 25%ige Salzsäure benötigt. (Da 1 l einer 25%igen Salzsäure eine Masse von 1,126 kg hat, was Tabellenbüchern – näherungsweise auch dem Bild 3 – zu entnehmen ist, sind das 2,458 l 25%ige Salzsäure.)
Es entstehen 212,8 l Kohlendioxid unter Normbedingungen. Mit Hilfe der allgemeinen Zustandsgleichung der Gase (↑ 2.10.) kann dieses Volumen auf beliebige Bedingungen umgerechnet werden, z.B. auf Zimmertemperatur (20 °C) und 100 kPa (= 1000 mbar):

$$\frac{v_0 p_0}{T_0} = \frac{vp}{T}$$

$$v = \frac{v_0 p_0 T}{T_0 p}$$

$$v = \frac{212{,}8\ \text{l} \cdot 101{,}3\ \text{kPa} \cdot 293{,}15\ \text{K}}{273{,}15\ \text{K} \cdot 100\ \text{kPa}}$$

$$v = 231{,}3\ \text{l}$$

Bei 20°C und 100 kPa (1000 mbar) nimmt das entstehende Kohlendioxid ein Volumen von 231,3 l ein.

3. Energieumsetzungen bei chemischen Reaktionen

3.1. Reaktionsenergie und Reaktionsenthalpie

Jeder Stoff hat bei konstanten äußeren Bedingungen (Druck, Temperatur) einen bestimmten *Energieinhalt*, die *innere Energie*. Die innere Energie eines Stoffes darf nicht mit der *Temperatur* dieses Stoffes verwechselt werden. Während die Temperatur einer direkten Messung zugänglich ist, ist das bei der inneren Energie nicht der Fall. Den Chemiker interessiert auch weniger die innere Energie selbst als vielmehr die bei einer chemischen Reaktion auftretende *Änderung* der inneren Energie.

Alle chemischen Reaktionen sind mit Energieumsetzungen verbunden.

Mit anderen Worten: Die Summe der inneren Energien der Reaktionsprodukte *unterscheidet* sich von der Summe der inneren Energien der Ausgangsstoffe.

Die bei einer chemischen Reaktion auftretende *Änderung der inneren Energien* der beteiligten Stoffe (des chemischen Systems) wird als **Reaktionsenergie** bezeichnet. Sie wird in **Joule** (sprich: schul, mit stimmhaftem sch; Kurzzeichen: **J**), der SI-Einheit der Energie, angegeben. In der älteren Literatur diente dazu die *Kalorie* (Kurzzeichen: cal) als Einheit der *Wärmemenge*:

$$1\ \text{cal} = 4{,}1868\ \text{J}$$
$$1\ \text{J} = 0{,}238\,846\ \text{cal}$$

Im folgenden bedienen wir uns stets *molarer Größen*, das heißt der auf die Stoffmenge 1 mol bezogenen Energien. Die *molare Reaktionsenergie* ΔU ist der Quotient aus der *Reaktionsenergie* Δu und der *Stoffmenge* n:

$$\frac{\text{Reaktionsenergie}}{\text{Stoffmenge}} = \text{molare Reaktionsenergie} \qquad \frac{\Delta u}{n} = \Delta U$$

Die Reaktionsenergie bezieht sich stets auf Reaktionen, die bei *konstantem Volumen* (d.h. ohne Änderung des Volumens) ablaufen. Um bei chemischen Reaktionen das Volumen konstant zu halten, sind aber bestimmte Vorkehrungen notwendig (abgeschlossenes Reaktionsgefäß), sonst verlaufen die chemischen Reaktionen so, daß sich die Reaktionsprodukte unter Volumenänderung dem herrschenden Luftdruck anpassen. Daher wird in der Chemie im allgemeinen anstelle der (molaren)

Reaktionsenergie ΔU die (molare) *Reaktionsenthalpie*[1]) ΔH verwendet, die sich auf die bei *konstantem Druck* (d.h. ohne Änderung des Druckes) ablaufende Reaktion bezieht.

Zwischen Reaktionsenergie ΔU und Reaktionsenthalpie ΔH besteht folgende Beziehung:

$$\Delta H = \Delta U + p\,\Delta V$$

$p\,\Delta V$ ist die Arbeit, die bei der Volumenänderung gegen den äußeren Druck verrichtet wird.

Die Reaktionsenergie zeigt sich in einer Erhöhung bzw. Erniedrigung der Temperatur des Reaktionsgemisches, wenn durch eine bestimmte Versuchsanordnung (Kalorimeterbombe) verhindert wird, daß das Reaktionsgemisch Energie an die Umgebung abgeben oder aus der Umgebung aufnehmen kann. Die Reaktionsenergie ΔU wird daher auch als *Reaktionswärme* bei konstantem *Volumen* bezeichnet und mit Q_v symbolisiert.
Analog kann die *Reaktionsenthalpie* ΔH auch als *Reaktionswärme* bei konstantem *Druck* bezeichnet und mit Q_p symbolisiert werden. Soweit in der Literatur nur Q angegeben ist, ist in der Regel Q_p, also die Reaktionswärme bei konstantem Druck, gemeint.

Bei den mit einer Umsetzung von Wärmeenergie verbundenen chemischen Reaktionen wird zwischen *exothermen* und *endothermen* Reaktionen unterschieden:

- **Bei exothermen[2]) Reaktionen ist die innere Energie der Reaktionsprodukte geringer als die innere Energie der Ausgangsstoffe.**

  Die *Reaktionsenthalpie* ΔH (auch ΔH_R) hat hier ein *negatives* Vorzeichen.
  Das reagierende System *gibt Energie ab,* was sich in einer *Erwärmung des Reaktionsgemischs* zeigt.

- **Bei endothermen[2]) Reaktionen ist die innere Energie der Reaktionsprodukte höher als die innere Energie der Ausgangsstoffe.**

  Die *Reaktionsenthalpie* ΔH hat hier ein *positives* Vorzeichen.
  Das reagierende System *nimmt Energie auf,* was sich in einer *Abkühlung des Reaktionsgemischs* zeigt.

---

[1]) von *thaloein* (grch.) erwärmen
[2]) *exo* (grch.) heraus; *endo* (grch.) hinein

Beispiel: Die Umsetzung von glühendem Koks mit Wasserdampf zur Erzeugung von Wassergas (↑ 306) ist eine *endotherme* Reaktion:

$$C + H_2O \rightleftarrows CO + H_2; \qquad \Delta H = +131 \text{ kJ/mol}$$

Sie würde durch Abkühlung des Kokses zum Stillstand kommen, wenn nicht durch Zufuhr von Luft gleichzeitig (oder abwechselnd) die *exotherme* Reaktion

$$2\,C + O_2 \rightleftarrows 2\,CO; \qquad \Delta H = -222 \text{ kJ/mol}$$

durchgeführt würde.

Bei jeder Gleichgewichtsreaktion verläuft eine der Teilreaktionen (Hinreaktion, Rückreaktion) *exotherm*, die andere *endotherm*.

Beispiel: Beim BOUDOUARD-Gleichgewicht ist die Bildung von Kohlenmonoxid, CO, eine endotherme Reaktion, dessen Zerfall in Kohlendioxid, CO_2, und Kohlenstoff eine exotherme Reaktion:

$$CO_2 + C \rightleftarrows 2\,CO; \qquad \Delta H = +172 \text{ kJ/mol}$$

$$2\,CO \rightleftarrows CO_2 + C; \qquad \Delta H = -172 \text{ kJ/mol}$$

Nach einer *älteren Darstellungsweise* werden die Reaktionswärmen Q_p als *Summanden* in die chemischen Gleichungen eingesetzt.

Beispiele: Die frei werdende Wärmemenge wird auf der rechten Seite, auf der Seite der Reaktionsprodukte:

$$2\,C + O_2 \rightleftarrows 2\,CO + 222 \text{ kJ/mol},$$

die verbrauchte (von außen zuzuführende) Wärmemenge auf der linken Seite, auf der Seite der Ausgangsstoffe:

$$C + H_2O + 131 \text{ kJ/mol} \rightleftarrows CO + H_2$$

in die chemische Gleichung eingesetzt. Diese Wärmemenge kann aber auch als *Subtrahend* auf der rechten Seite der chemischen Gleichung eingesetzt werden:

$$C + H_2O \rightleftarrows CO + H_2 - 131 \text{ kJ/mol}$$

Bei dieser Darstellungsweise erscheint also die Wärmemenge auf der *rechten* Seite der Gleichung

- bei *exothermen* Reaktionen mit *positivem* Vorzeichen,
- bei *endothermen* Reaktionen mit *negativem* Vorzeichen.

Die Energieumsetzungen werden in diesem Falle nicht vom Standpunkt des reagierenden Systems, sondern vom Standpunkt der Umgebung dieses Systems betrachtet, die sich im Falle des positiven Vorzeichens erwärmt, im Falle des negativen Vorzeichens abkühlt.
Die Vorzeichen, die die Wärmemengen auf der rechten Seite der Gleichung erhalten, sind also den Vorzeichen gerade *entgegengesetzt*, die sich ergeben, wenn die Wärmemengen – wie es sich in der Literatur weitgehend durchgesetzt hat – gesondert hinter die Gleichung geschrieben werden. (Vergleiche vorstehend die einander analogen Beispiele!) Bei allen Angaben über Energieumsetzungen bei chemischen Reaktionen muß man sich zunächst vergewissern, in welcher Weise die Vorzeichen verwendet werden.

3.2. Bildungsenthalpie

Die Reaktionsenthalpie der Reaktion, die zur *Bildung einer Verbindung aus den Elementen* führt, wird als (*molare*) *Bildungsenthalpie* ΔH_B dieser Verbindung bezeichnet.

Beispiel: Die Bildungsenthalpie ΔH_B des Kohlendioxids, CO_2, beträgt -394 kJ/mol, d.h., bei der Bildung von 1 mol Kohlendioxid wird eine Wärmemenge von 394 kJ frei.

Die Bildungsenthalpie ΔH_B des Stickstoffdioxids, NO_2, beträgt $+33{,}1$ kJ/mol, d.h., bei der Bildung von 1 mol Stickstoffdioxid aus den Elementen wird eine Wärmemenge von 33,1 kJ verbraucht.

Chemische Verbindungen mit *negativer* Bildungsenthalpie werden auch als **exotherme Verbindungen**,
chemische Verbindungen mit *positiver* Bildungsenthalpie als **endotherme Verbindungen** bezeichnet.

Tabelle 8. Molare Standardbildungsenthalpien ΔH_B *und molare Standardentropien* S (gerundete Werte) *g* gasförmig, *fl* flüssig, *f* fest

Formel	ΔH_B in kJ/mol	S in J/(K · mol)
Ag *f*	0	42,7
AgCl *f*	−127	96,2
$AgNO_3$ *f*	−125	141
Ag_2O *f*	− 30,6	124
Al *f*	0	28,3
$AlCl_3$ *f*	−704	111
Al_2O_3 *f*	−1676	52,3
$Al_2(SO_4)_3$ *f*	−3442	239
Ba *f*	0	63,2
$BaCO_3$ *f*	−1216	112
$Ba(NO_3)_2$ *f*	−982	214
BaO *f*	−559	70,3
$BaSO_4$ *f*	−1446	132
Be *f*	0	9,55
$BeCl_2$ *f*	−471	83,2
Br_2 *fl*	0	154
Br *g*	+112	175
C (Graphit)	0	5,69
CCl_4 *fl*	−135	218
CH_4 *g*	− 74,8	186
CO *g*	−111	198
CO_2 *g*	−394	214
CS_2 *fl*	+ 88,7	150
C_2H_2 *g*	+227	201
C_2H_4 *g*	+ 52,2	220
C_2H_6 *g*	− 84,7	229
C_6H_6 *fl*	+ 49,0	175
CH_3OH *fl*	−239	127
C_2H_5OH *fl*	−278	278
HCHO *g*	−116	219
CH_3CHO *g*	−166	264
HCOOH *fl*	−417	138
CH_3COOH *fl*	−487	159
Ca *f*	0	41,7
$CaCl_2$ *f*	−796	105
$CaCO_3$ *f*	−1208	92,9
CaO *f*	−635	39,8
$Ca(OH)_2$ *f*	−986	76,3
$CaSO_4$ *f*	−1418	107
Cl_2 *g*	0	223
Cl *g*	+121	165
Cu *f*	0	33,4
CuCl *f*	−137	84,6
$CuCl_2$ *f*	−216	108
$CuSO_4$ *f*	−771	109
Fe *f*	0	27,2
$FeCl_2$ *f*	−342	118
$FeCl_3$ *f*	−399	142
FeO *f*	−265	54,0
Fe_2O_3 *f*	−822	90,0
Fe_3O_4 *f*	−1117	146
$FeSO_4$ *f*	−927	108
FeS_2 *f*	−163	53,2

M_M von [g/mol] KCl = 74,6 KOH = 56,1
NaCl = 58,4
NaOH = 40
NH_4NO_3 = 77
KNO_3 = 101,1

Tabelle 8 (Fortsetzung)

Formel	ΔH_B in kJ/mol	S in J/(K · mol)	Formel	ΔH_B in kJ/mol	S in J/(K · mol)
H_2 *g*	0	131	$NaClO_3$ *f*	−350	136
H *g*	+218	115	$NaClO_4$ *f*	−383	142
HCl *g*	− 92,3	187	Na_2CO_3 *f*	−1 133	136
HNO_3 *fl*	−194	156	$NaHCO_3$ *f*	−948	102
H_2O *g*	−242	189	$NaNO_3$ *f*	−468	116
H_2O *fl*	−286	70,0	Na_2O *f*	−418	73,2
H_2O_2 *fl*	−188	109	Na_2O_2 *f*	−513	94,8
H_3PO_4 *f*	−1 267	110	NaOH *f*	−426	57,8
H_2S *g*	− 20,4	206	Na_2SO_4 *f*	−1 391	149
H_2SO_4 *fl*	−814	157	O_2 *g*	0	205
Hg *fl*	0	77,5	O *g*	+249	161
$HgCl_2$ *f*	−228	146	O_3 *g*	+143	239
Hg_2Cl_2 *f*	−265	192	P *f* (weiß)	0	44,4
K *f*	0	63,6	PCl_3 *fl*	−319	217
KCl *f*	−437	82,9	PCl_5 *g*	−375	353
$KClO_3$ *f*	−391	143	P_2O_5 *f*	−1 507	114
$KClO_4$ *f*	−430	151	Pb *f*	0	64,9
KCN *f*	−114	128	$PbCl_2$ *f*	−360	136
K_2CO_3 *f*	−1 150	156	PbO *f*	−216	67,8
K_2O *f*	−363	98,2	PbO_2 *f*	−277	76,6
KOH *f*	−425	78,7	Pb_3O_4 *f*	−723	211
$KMnO_4$ *f*	−808	172	$PbSO_4$ *f*	−921	147
KNO_3 *f*	−494	133	S *f* (rhomb.)	0	32,0
K_2SO_4 *f*	−1 437	176	SO_2 *g*	−297	248
Mg *f*	0	32,7	SO_3 *g*	−395	257
$MgCl_2$ *f*	−642	117	SO_3 *f*	−455	264
$MgCO_3$ *f*	−1 112	65,7	Si *f*	0	18,8
$MgSO_4$ *f*	−1 262	92,3	$SiCl_4$ *fl*	−688	240
N_2 *g*	0	192	SiO_2 *f*	−911	42,3
N *g*	+473	153	Sn *f* (weiß)	0	51,5
NH_3 *g*	− 45,9	192	$SnCl_4$ *fl*	−529	259
NH_4Cl *f*	−314	133	SnO *f*	−286	56 5
NO *g*	+ 90,3	211	SnO_2 *f*	−581	52,3
NO_2 *g*	+ 33,1	241	Zn *f*	0	41,7
N_2O *g*	+ 82,1	220	$ZnCl_2$ *f*	−416	111
N_2O_4 *g*	+ 9,67	305	ZnO *f*	−350	43,5
Na *f*	0	51,1	$ZnSO_4$ *f*	−978	128
NaCl *f*	−411	72,4			

Die Bildungsenthalpien ΔH_B (bzw. die Bildungswärmen bei konstantem Druck Q_p) sind für Standardbedingungen (25 °C; 101,3 kPa) in Tabellen zusammengestellt (↑ Tabelle 8). Sie wurden für die chemischen *Verbindungen* teils experimentell bestimmt, teils berechnet. Den chemischen *Elementen* kommt in der Form, in der sie in der Regel in der Natur auftreten, die Bildungsenthalpie 0 kJ/mol zu.

Beispiel: molekularer Wasserstoff, H_2 $\Delta H_B = 0$ kJ/mol
atomarer Wasserstoff, H $\Delta H_B = 218$ kJ/mol

Es sind demnach 218 kJ aufzuwenden, um aus molekularem Wasserstoff 1 mol atomaren Wasserstoff H zu gewinnen. Mit anderen Worten: 1 mol atomarer Wasserstoff hat einen um 218 kJ höheren Energiegehalt als die ihm entsprechende Stoffmenge (1/2 mol) molekularer Wasserstoff.

3.3. Berechnung der Reaktionsenthalpie

Die *Reaktionsenthalpie* ΔH_R (bzw. die Reaktionswärme bei konstantem Druck Q_p) einer chemischen Reaktion ergibt sich als *Differenz* aus der *Summe* der *Bildungsenthalpien der Reaktionsprodukte* und der *Summe* der *Bildungsenthalpien der Ausgangsstoffe:*

$$\Sigma \Delta H_{B(\text{Reaktionsprodukte})} - \Sigma \Delta H_{B(\text{Ausgangsstoffe})} = \Delta H_R$$

Das erklärt sich aus dem *ersten thermochemischen Gesetz* (Lavoisier und Laplace, 1780), das in moderner Formulierung lautet:

Bei der Zerlegung einer Verbindung in die Elemente tritt eine Enthalpieänderung ein, die bei entgegengesetztem Vorzeichen den gleichen Zahlenwert besitzt wie die Bildungsenthalpie.

Vorschrift zur Berechnung von Reaktionsenthalpien

1. Die Reaktionsgleichung wird aufgestellt.

Beispiel: Katalytische Oxidation von Ammoniak (↑ S. 39/40)

$$4\,NH_3 + 5\,O_2 \rightarrow 4\,NO + 6\,H_2O$$

2. Die Summe der Bildungsenthalpien der Reaktionsprodukte ist zu ermitteln (Werte aus Tabelle 8 entnehmen).

Beispiel:

4 NO:	$4 \cdot (+90{,}3$ kJ/mol$)$	$= +\ 361{,}2$ kJ/mol
6 H_2O_g:	$6 \cdot (-243$ kJ/mol$)$	$= -1458$ kJ/mol
	ΔH_B	$= -1096{,}8$ kJ/mol

3. Die Summe der Bildungsenthalpien der Ausgangsstoffe ist zu ermitteln.

Beispiel:

4 NH_3:	$4 \cdot (-45{,}9$ kJ/mol$)$	$= -\ 183{,}6$ kJ/mol
5 O_2:	$5 \cdot (0$ kJ/mol$)$	$=\ 0$ kJ/mol
	ΔH_B	$= -183{,}6$ kJ/mol

4. Als Differenz ergibt sich daraus die Reaktionsenthalpie.

Beispiel: $\Delta H_R = -1096{,}8$ kJ/mol $- (-183{,}6$ kJ/mol$)$
$\Delta H_R = -\ 913{,}2$ kJ/mol

Die Einheit *Mol* bezieht sich hier auf den in der Reaktionsgleichung angegebenen *Formelumsatz*. Eine *elementare Einheit* (↑ 2.5.) des Formelumsatzes ist erreicht, wenn sich so viele Moleküle (Atome, Ionen) miteinander umgesetzt haben, wie die Koeffizienten der Reaktionsgleichung angeben; im Beispiel: 4 Moleküle NH_3 und 5 Moleküle O_2 zu 4 Molekülen NO und 5 Molekülen H_2O. *1 mol Formelumsatz* ist das $6 \cdot 10^{23}$fache dieser elementaren Einheit; das sind: 4 mol NH_3 und 5 mol O_2 reagieren zu 4 mol NO und 5 mol H_2O.

Bildungsenthalpien, die sich experimentell nicht ermitteln lassen (z. B. die des Kohlenmonoxids, neben dem beim Verbrennen von Kohlenstoff stets auch Kohlendioxid entsteht), lassen sich auf Grund des *zweiten thermochemischen Gesetzes* (HESS 1840; auch bekannt als *Heßscher Satz*) berechnen:

Die Summe der Reaktionsenthalpien von zwei oder mehr Teilreaktionen, die von einem Ausgangszustand A zu einem Endzustand B führen, ist gleich der Reaktionsenthalpie der Reaktion, die direkt vom Ausgangszustand A zum Endzustand B führt.

Beispiel: **Zustand A** **Zustand B**

$$2\,C + 2\,O_2 \xrightarrow{\Delta H_R = -788\ \text{kJ/mol}} 2\,CO_2$$

$$2\,C + 2\,O_2 \xrightarrow{\Delta H_R = x} 2\,CO + O_2 \xrightarrow{\Delta H_R = -566\ \text{kJ/mol}} 2\,CO_2$$

$$x + (-566\ \text{kJ/mol}) = -788\ \text{kJ/mol}$$

$$x = -788\ \text{kJ/mol} - (-566\ \text{kJ/mol})$$

$$x = -222\ \text{kJ/mol}$$

Da nach der Reaktionsgleichung 2 mol Kohlenmonoxid entstehen, beträgt die molare Bildungsenthalpie des Kohlenmonoxids −111 kJ/mol.

3.4. Verbrennungsenthalpie

Die (molare) Verbrennungsenthalpie ΔH_V ist die Enthalpieänderung, die bei der vollkommenen Verbrennung eines Mols eines Elements oder einer Verbindung auftritt.
Die *Verbrennungsenthalpie eines Elements* ist gleich dem *Quotienten* aus der *Bildungsenthalpie* des bei vollkommener Verbrennung entstehenden *Oxids* und dem *Atommultiplikator* (Index), den das Element in der Formel des Oxids aufweist.

Beispiel: Kohlenstoff: $\Delta H_{V_C} = \Delta H_{B_{CO_2}} = -394\ \text{kJ/mol}$

Phosphor: $\Delta H_{V_P} = \dfrac{\Delta H_{B_{P_2O_5}}}{2} = -754\ \text{kJ/mol}$

Die *Verbrennungsenthalpie einer Verbindung* ist gleich dem *Quotienten* aus der *Reaktionsenthalpie*, die bei der vollkommenen Verbrennung dieser Verbindung auftritt, und dem *Koeffizienten*, mit dem diese Verbindung in der Reaktionsgleichung auftritt.

Beispiele: Kohlenmonoxid: $2\,CO + O_2 \rightarrow 2\,CO_2$; $\Delta H_R = -566$ kJ/mol

$\Delta H_{V_{CO}} = \frac{-566 \text{ kJ/mol}}{2}$ $\Delta H_{V_{CO}} = -283$ kJ/mol

Methan: $CH_4 + 2\,O_2 \rightarrow CO_2 + 2\,H_2O$; $\Delta H_R = -803$ kJ/mol

$\Delta H_{V_{CH_4}} = -803$ kJ/mol

Zu beachten ist: *Bildungsenthalpie* und *Verbrennungsenthalpie* einer Verbindung beziehen sich stets auf zwei verschiedene Reaktionen.

Beispiel: Die *Bildungsenthalpie* des Kohlenmonoxids ergibt sich aus der Gleichung:

$C + {}^1/_2\,O_2 \rightarrow CO$ $\Delta H_{B_{CO}} = -111$ kJ/mol

die *Verbrennungsenthalpie* des Kohlenmonoxids aus der Gleichung:

$CO + {}^1/_2\,O_2 \rightarrow CO_2$ $\Delta H_{V_{CO}} = -283$ kJ/mol

3.5. Freie Reaktionsenthalpie und Entropie

Die in den vorangegangenen Abschnitten behandelte *molare Reaktionsenthalpie* ΔH, das heißt die bei einer bestimmten chemischen Reaktion auftretende Enthalpieänderung, gestattet nicht für jede Reaktion eine Aussage darüber, ob sie schon bei Normaltemperatur (Zimmertemperatur) ablaufen kann oder nicht. Zunächst ist anzunehmen, daß alle Reaktionen, bei denen Energie abgegeben wird, also alle *exothermen Reaktionen*, bei Normaltemperatur selbst in Gang kommen können. Aber auch *schwach endotherme Reaktionen* sind bei Normaltemperatur noch möglich.

Mit der Feststellung, daß eine Reaktion unter bestimmten Bedingungen *möglich* ist, ist allerdings noch nicht gesagt, daß diese Reaktion unter diesen Bedingungen *wirklich* abläuft. Die Reaktionsgeschwindigkeit kann dabei so gering sein, daß erst durch den Einsatz eines Katalysators (↑ 9.3.2.) eine praktisch verwertbare Umsetzung in Gang kommt.

Um abschätzen zu können, ob eine Reaktion bei gegebenen Bedingungen möglich ist, ist nicht die nach Abschnitt 3.3. berechnete molare Reaktionsenthalpie ΔH, sondern die *freie molare Reaktionsenthalpie* ΔG zugrunde zu legen. Zwischen beiden besteht folgende Beziehung:

$$\Delta G = \Delta H - Q \qquad \text{bzw.} \qquad \Delta H = \Delta G + Q \qquad (1)$$

Diese Gleichung gilt für ein geschlossenes System ohne Aufnahme oder

Abgabe von Wärme. Sie läßt sich so interpretieren, daß die *Reaktionsenthalpie* ΔH aus *zwei* Anteilen besteht:

- aus einem Anteil, der Arbeit verrichten kann: der *freien Reaktionsenthalpie* ΔG, und
- aus einem Anteil, der für die Veränderung der Bewegungsenergie der Moleküle und Atome benötigt wird: der *gebundenen* (nicht verfügbaren) *Reaktionsenthalpie* Q, auch als »gebundene Wärmemenge« bezeichnet.

Diese und die folgenden Überlegungen gelten für geschlossene Systeme mit *konstantem Druck* und zunächst für den Idealfall einer *reversiblen Reaktion*. Das ist eine Reaktion, die im Gleichgewichtszustand (↑ Abschn. 9.) ohne äußere Veränderungen ihre Verlaufsrichtung jederzeit umkehren kann. Alle wirklichen Reaktionen sind in diesem Sinne irreversibel. Sie lassen sich nur durch äußere Einflüsse umkehren.

Die »gebundene Reaktionsenthalpie« Q ist temperaturabhängig; sie ist der absoluten Temperatur T proportional, wobei als Proportionalitätsfaktor die *Reaktionsentropie*[1]) ΔS, die mit der Reaktion einhergehende Entropie*änderung*, auftritt:

$$Q = T\Delta S \tag{2}$$

Durch Einsetzen in Gleichung (1) erhalten wir zum Ermitteln der *freien Reaktionsenthalpie* ΔG folgende Gleichung:

$$\Delta G = \Delta H - T\Delta S \tag{3}$$

Das ist eine der Grundgleichungen der *chemischen Thermodynamik*. Sie gilt – wie Gleichung (1) – für ein geschlossenes System ohne Wärmeaufnahme oder Wärmeabgabe.

Die **Entropie** ist – wie die innere Energie – eine *Zustandsgröße* aller Elemente und Verbindungen. Als **molare Entropie** $\boldsymbol{S}$ ist sie – aus experimentellen Untersuchungen gewonnen und auf Standardbedingungen (25 °C; 101,3 kPa) umgerechnet – in Tabellen zusammengefaßt (↑ Tabelle 8; S. 85). Im Unterschied dazu handelt es sich bei den tabellierten *Enthalpie*werten um die bei der Bildung einer Verbindung auftretende molare Enthalpie*änderung* ΔH. Dabei wurde den Elementen (in ihrem Normalzustand) der Wert 0 zugeordnet (↑ 3.2.).

---

[1]) von *trepein* (grch.) wenden; hier soviel wie: (der Reaktion) eine Richtung geben

Die molare Reaktionsentropie ΔS ist nach der Gleichung

$$\Delta S = \Sigma S_{\text{Reaktionsprodukte}} - \Sigma S_{\text{Ausgangsstoffe}} \quad (4)$$

zu ermitteln.

Molare Entropie S und molare Reaktionsentropie ΔS haben die Maßeinheit $\frac{\text{J}}{\text{K} \cdot \text{mol}}$.

(Am Ende des Abschnitts 3.5. wird versucht, den an sich schwer faßlichen Entropiebegriff etwas zu veranschaulichen. Die Handhabung der Gleichungen (3) und (4) ist aber von diesen Erläuterungen unabhängig.)

Beispiel: Für die Bildung von Stickstoffmonoxid, NO, aus den Elementen soll die molare Reaktionsentropie ΔS ermittelt werden.

Molare Entropie

$S_{N_2} = 192$ J/(K · mol) (↑ Tab. 8)

$S_{O_2} = 205$ J/(K · mol)

$S_{NO} = 211$ J/(K · mol)

Für solche Berechnungen wird meist eine Gleichung zugrunde gelegt, in der das Reaktionsprodukt mit 1 mol auftritt:

$^1/_2\, N_2 + {}^1/_2\, O_2 \rightleftarrows NO$

$$\Delta S = 211\ \text{J/(K} \cdot \text{mol)} - \left(\frac{192\ \text{J/(K} \cdot \text{mol)}}{2} + \frac{205\ \text{J/(K} \cdot \text{mol)}}{2}\right)$$

$$\Delta S \doteq 12{,}5\ \text{J/(K} \cdot \text{mol)}$$

Für das Glied $T\Delta S$ der Gleichung (3) ergibt das bei Standardbedingungen (25 °C):

$$T\Delta S = 298\ \text{K} \cdot 12{,}5\ \text{J/(K} \cdot \text{mol)}$$

$$T\Delta S = 3725\ \text{J/mol}$$

$$T\Delta S \approx 3{,}7\ \text{kJ/mol}$$

Die freie Reaktionsenthalpie ΔG für die Bildung von Stickstoffmonoxid, NO, aus den Elementen beträgt nach Gleichung (3):

$$\Delta G = 90{,}3\ \text{kJ/mol} - 3{,}7\ \text{kJ/mol}$$

$$\Delta G = 86{,}6\ \text{kJ/mol}$$

Als **Triebkraft chemischer Reaktionen** wirken
- einerseits die Tendenz zur **Abnahme** der **Energie** (bei Reaktionen unter konstantem Druck: der *Enthalpie*)
- andererseits die Tendenz zur **Zunahme** der **Entropie.**

Auf die *Richtung*, in der eine umkehrbare chemische Reaktion verläuft, hat daher nicht nur die *Enthalpieänderung* ΔH, sondern auch die *Entropieänderung* ΔS Einfluß.
Das ist von praktischer Bedeutung für die Beantwortung der Frage, ob auch eine *endotherme* Reaktion von selbst in Gang kommen kann (↑ S. 89) und welche Temperatur dabei herrschen muß.

Eine chemische Reaktion läuft nur dann von selbst ab, wenn die freie Reaktionsenthalpie ΔG negativ ist.

Das ist bei einer *endothermen* Reaktion (ΔH positiv) nach Gleichung (3)

$$\Delta G = \Delta H - T\Delta S$$

nur möglich, wenn die Entropieänderung ΔS *positiv* ist. In diesem Falle kann bei hinreichend hoher absoluter Temperatur T der positive Wert der Reaktionsenthalpie ΔH durch den Subtrahenden $T\Delta S$ überkompensiert werden und die freie Reaktionsenthalpie ΔG einen *negativen* Wert erhalten.

Beispiel: Der Zerfall des Distickstofftetroxids, N_2O_4, in Stickstoffdioxid, NO_2, ist eine *endotherme* Reaktion:

$N_2O_4 \rightleftarrows 2\,NO_2$ $\qquad \Delta H_R = 57{,}5\ \text{kJ/mol}$

Ist das Distickstofftetroxid bei 25°C beständig? Zur Anwendung der Gleichung (3) ist zunächst nach Gleichung (4) die Entropieänderung ΔS zu berechnen:

$$\Delta S = 2\,S_{NO_2} - S_{N_2O_4}$$

$$\Delta S = 2 \cdot 241\ \text{J/(K} \cdot \text{mol)} - 305\ \text{J/(K} \cdot \text{mol)}$$

$$\Delta S = 177\ \text{J/(K} \cdot \text{mol)}$$

In Gleichung (3) eingesetzt, ergibt das

$$\Delta G = 57{,}5\ \text{kJ/mol} - 298\ \text{K} \cdot 0{,}177\ \text{kJ/(K} \cdot \text{mol)}$$

$$\Delta G = 4{,}75\ \text{kJ/mol}$$

Bei 25 °C hat also ΔG noch ein positives Vorzeichen, das heißt, bei Zimmertemperatur liegt das Gleichgewicht noch auf der Seite des Distickstofftetroxids.

Aus der *freien Reaktionsenthalpie* ΔG einer Gasreaktion läßt sich deren **Gleichgewichtskonstante K**, also die Lage des Gleichgewichts (↑ 9.4.), errechnen. Das geschieht mittels der Gleichung

$$\Delta G = -R\,T \cdot 2{,}303\ \lg K \qquad (5)$$

R ist die allgemeine Gaskonstante (0,00831 kJ/(K · mol); ↑ 2.10.); 2,3 ist der Umrechnungsfaktor vom natürlichen zum dekadischen Logarithmenwert (ln 10 = 2,303).

Beispiel: Durch Umstellen der Gleichung (5) ergibt sich aus der freien Reaktionsenthalpie ΔG des Zerfalls des Distickstofftetroxids (↑ voriges Beispiel) wie folgt die Gleichgewichtskonstante dieser Reaktion:

$$\lg K = \frac{\Delta G}{-RT \cdot 2{,}3} \tag{6}$$

$$\lg K = \frac{4{,}75\ \text{kJ/mol}}{-0{,}008\,31\ \text{kJ/(K} \cdot \text{mol)} \cdot 298\ \text{K} \cdot 2{,}3}$$

$$\lg K = -0{,}834$$

$$K = 0{,}147$$

Umgekehrt läßt sich auf Grund der Gleichung (5) auch ermitteln, bei welcher Temperatur die Gleichgewichtskonstante K den Wert 1 annimmt (allerdings nur näherungsweise, weil die freie Reaktionsenthalpie ΔG selbst temperaturabhängig ist). Nach Gleichung (6) wird $\lg K = 0$ und damit $K = 1$, wenn $\Delta G = 0$ ist. Wird in Gleichung (3) $\Delta G = 0$ gesetzt, so erhalten wir die Temperatur, bei der die Gleichgewichtskonstante $K = 1$ ist:

$$\Delta H - T\Delta S = 0$$

$$\Delta H = T\Delta S$$

$$\frac{\Delta H}{\Delta S} = T$$

Beispiel: Zerfall des Distickstofftetroxids

$$\frac{57{,}5\ \text{kJ/mol}}{0{,}177\ \text{kJ/(K} \cdot \text{mol)}} = 324{,}8\ \text{K}$$

Bei 324,8 K ≈ 52 °C hat die Gleichgewichtskonstante K dieser Reaktion näherungsweise den Wert 1. Nach der Massenwirkungsgleichung (↑ 9.2.) für die Reaktion $N_2O_4 \rightleftarrows 2\ NO_2$

$$\frac{c^2_{NO_2}}{c_{N_2O_4}} = K; \qquad \frac{0{,}618^2}{0{,}382} = 1$$

liegen dann im Reaktionsgemisch etwa 62% Stickstoffdioxid vor.

Zwischen der freien Reaktionsenthalpie ΔG und der Gleichgewichtskonstante K bestehen allgemein folgende Beziehungen:

$$\Delta G > 0 \qquad K < 1$$

$$\Delta G = 0 \qquad K = 1$$

$$\Delta G < 0 \qquad K > 1$$

Das Gleichgewicht liegt also auf der Seite der Reaktionsprodukte, wenn die freie Reaktionsenthalpie ΔG kleiner als Null ist.

Allgemeiner ausgedrückt:

Der spontane Ablauf einer chemischen Reaktion ist möglich, wenn die freie Reaktionsenthalpie ΔG ein negatives Vorzeichen hat.

Die **freie Reaktionsenthalpie** ΔG einer **Säure-Base-Reaktion** (↑ 7.4.) läßt sich aus der Differenz der pK_S-Werte der beteiligten Säure-Base-Paare (Säure-Base-Halbsysteme) nach folgender Gleichung errechnen:

$$\Delta G = (pK_{S_I} - pK_{S_{II}}) \cdot 2{,}3\ RT \tag{7}$$

Dabei ist als pK_{S_I} der pK_S-Wert des als Säure, als $pK_{S_{II}}$ der pK_S-Wert des als Base vorliegenden Halbsystems einzusetzen (↑ Tabelle 20).

Beispiel: Die freie Reaktionsenthalpie ΔG für die Umsetzung von (wasserfreier) Salpetersäure mit Ammoniak ist zu ermitteln:

$$HNO_3 \rightleftarrows NO_3^- + H^+ \tag{I}$$

$$NH_3 + H^+ \rightleftarrows NH_4^+ \tag{II}$$

$$\Delta G = (-1{,}32 - 9{,}25) \cdot 2{,}3 \cdot 0{,}008\,31\ \text{kJ/(K} \cdot \text{mol)} \cdot 298\ \text{K}$$

$$\Delta G = -10{,}57 \cdot 2{,}3 \cdot 0{,}008\,31\ \text{kJ/(K} \cdot \text{mol)} \cdot 298\ \text{K}$$

$$\Delta G = -60{,}2\ \text{kJ/mol}$$

Die **freie Reaktionsenthalpie** ΔG einer **Redoxreaktion** (↑ 7.3.2.) läßt sich aus der Differenz der Standardpotentiale (↑ Tabelle 19) der beteiligten Redoxpaare (Redoxhalbsysteme) nach folgender Gleichung errechnen:

$$\Delta G = (\varepsilon_I^0 - \varepsilon_{II}^0)\ zF \tag{8}$$

F ist die Faraday-Konstante (↑ 8.13.), z die Anzahl der abgegebenen bzw. aufgenommenen Elektronen.

Dabei ist als ε_I^0 das Standardpotential des Redoxpaares einzusetzen, das in Form des Reduktionsmittels vorliegt, als ε_{II}^0 das Standardpotential des Redoxpaares, das in Form des Oxydationsmittels vorliegt.

Beispiel: Die freie Reaktionsenthalpie ΔG für die Reaktion zwischen den Halbsystemen Zn/Zn^{2+} und Cu/Cu^{2+} soll berechnet werden.

$$Zn \rightleftarrows Zn^{2+} + 2\,e^- \tag{I}$$

$$Cu^{2+} + 2\,e^- \rightleftarrows Cu \tag{II}$$

$$\Delta G = (-0{,}762\ \text{V} - 0{,}345\ \text{V}) \cdot 2 \cdot 96485\ \text{A} \cdot \text{s/mol}$$

$$\Delta G = -1{,}107\ \text{V} \cdot 2 \cdot 96485\ \text{A} \cdot \text{s/mol}$$

$$\Delta G \approx -213\,600\ \text{W} \cdot \text{s/mol}$$

$$\Delta G \approx -213{,}6\ \text{kJ/mol}$$

Die errechneten Werte beziehen sich auf Standardbedingungen (298 K, 101,3 kPa).

Zum Entropiebegriff: Die Entropie ist – wie die innere Energie – eine Zustandsgröße; sie kennzeichnet den Zustand eines Stoffes unabhängig davon, auf welchem Wege es zu diesem Zustand kam.

> *Die Entropie eines Stoffes ist um so höher, je geringer die Ordnung der Teilchen dieses Stoffes ist.*

Die niedrigste Entropie aller Elemente hat der Kohlenstoff in der Form des Diamanten [2,5 J/(K · mol)], da das Diamantgitter eine außerordentlich hohe Ordnung aufweist. Schon die Entropie des Graphits ist [mit 5,7 J/(K · mol)] wesentlich höher.

Da beim Übergang vom festen in den flüssigen und vom flüssigen in den gasförmigen Zustand die Ordnung der Teilchen abnimmt (im Gaszustand bewegen sich die Teilchen regellos), nimmt die Entropie dabei zu. So hat Wasserdampf [mit 189 J/(K · mol)] eine wesentlich höhere Entropie als flüssiges Wasser [71 J/(K · mol)].

Aus diesen Überlegungen heraus wird die Entropie auch als Maß der *Unordnung* bzw. der *Nicht-Ordnung* bezeichnet.

4. Bau der Atome

4.1. Geschichtliches

Die Vorstellung von der Unteilbarkeit der Atome mußte Ende vorigen Jahrhunderts auf Grund neuer Forschungsergebnisse aufgegeben werden. Der Franzose BECQUEREL hatte 1896 an einem Uranerz die **Radioaktivität** entdeckt, die in der Folgezeit von MARIE und PIERRE CURIE gründlich erforscht wurde. Dabei stellten sie fest, daß das von ihnen entdeckte Element *Radium* spontan zerfällt, wobei es über Zwischenstufen unter Abspaltung von *Helium* in *Blei* übergeht. Da die Atome des Bleis von denen des Radiums qualitativ verschieden sind, war diese *Elementumwandlung* nur dadurch zu erklären, daß die *Atome beider Elemente aus gleichen kleineren Teilchen aufgebaut* sind. Damit war für Physik und Chemie Anfang unseres Jahrhunderts die Aufgabe gestellt, den Aufbau der Atome zu erforschen.

Die erste grundlegende Erkenntnis über den Aufbau der Atome stammt von dem Engländer ERNEST RUTHERFORD, der 1911 ermittelte, daß jedes Atom einen **Atomkern** besitzt, der von einer **Elektronenhülle** umgeben ist. Der Däne NIELS BOHR wandte auf diese Vorstellungen die von MAX PLANCK um 1900 entwickelte *Quantentheorie* an und trat

1913 mit Modellvorstellungen hervor, die als **Bohrsches Atommodell** bekannt sind (↑ 4.5.1.). BOHR faßte die Elektronen als Teilchen auf, die sich auf Kreisbahnen mit unterschiedlichem Radius um den Atomkern bewegen. Das BOHRsche Atommodell wurde 1916 von dem deutschen Physiker ARNOLD SOMMERFELD dadurch verbessert, daß er für die Elektronen teils kreisförmige, teils elliptische Bahnen annahm.
Eine weitere Etappe in der Aufklärung des Atombaus wurde 1924 durch den Franzosen DE BROGLIE eingeleitet, als er dem Elektron neben dem **Teilchencharakter** (Korpuskularcharakter) zugleich – ähnlich wie dem Licht – **Wellencharakter** zusprach. Davon ausgehend, entwickelte in den folgenden Jahren der Österreicher SCHRÖDINGER die Wellenmechanik, die zum **wellenmechanischen Atommodell** führte, das allgemeiner auch als quantenmechanisches Atommodell bezeichnet wird.

Die Quantenmechanik ist die Verallgemeinerung der (klassischen) Mechanik auf der Grundlage der Quantentheorie. Die Wellenmechanik SCHRÖDINGERS und die Matrizenmechanik HEISENBERGS sind zwei gleichwertige Darstellungsformen der Quantenmechanik.

Jede *Modellvorstellung* spiegelt die Wirklichkeit nicht vollständig, sondern nur in bestimmten – für den jeweiligen wissenschaftlichen Zweck – wesentlichen Merkmalen wider. Das BOHRsche Atommodell war über Jahrzehnte das wichtigste Hilfsmittel zur Erläuterung der chemischen Bindung. Inzwischen wurde aber erkannt, daß die Vorstellung, die Elektronen bewegten sich auf bestimmten Bahnen um den Atomkern, die Wirklichkeit nicht hinreichend genau widerspiegelt. Sie lehnt sich zu sehr an die Mechanik der festen Körper an und ist daher nicht geeignet zu erklären, wie eine chemische Bindung zustande kommt. Im Orbitalmodell (↑ 4.5.2.) steht heute auch eine anschauliche Darstellung der an sich nur mathematisch faßbaren Erkenntnisse der Wellen- bzw. Quantenmechanik über den Aufbau der Elektronenhülle zur Verfügung.

Der Bau der Elektronenhülle und die chemische Bindung werden im folgenden vorrangig mit Hilfe des Orbitalmodells dargestellt. In Kleindruckabschnitten werden dann jeweils die Beziehungen zu dem älteren **Bohrschen Atommodell** hergestellt.

4.2. Atomkern und Elektronenhülle

Jedes Atom besteht, wie zuerst RUTHERFORD erkannte, aus Atomkern (↑ 4.3.) und Elektronenhülle.

Elektronen sind Elementarteilchen (↑ 4.3.), **denen sowohl Korpuskular- als auch Wellencharakter zukommt.**

Ein **Elektron** (Symbol e^- oder ⊖) hat eine *Masse* von $9{,}1095 \cdot 10^{-28}$ g und eine negative elektrische *Ladung* von $1{,}6022 \cdot 10^{-19}$ A · s (Amperesekunden). Das ist die kleinste bekannte elektrische Ladung, die sog. **Elementarladung.**

Nach außen sind die Atome ungeladen (elektrisch neutral). Das beruht darauf, daß die negativen Ladungen der Elektronen durch positive Ladungen des Atomkerns kompensiert werden.

In jedem Atom ist die Anzahl der (negativ geladenen) **Elektronen in der Hülle gleich der Anzahl der positiven Ladungen des Atomkerns.**

Beispiele: Im Wasserstoffatom steht einem einfach positiv geladenen Atomkern ein (negativ geladenes) Elektron gegenüber (↑ Bild 5a).
Im Berylliumatom stehen einem vierfach positiv geladenen Atomkern vier (negativ geladene) Elektronen gegenüber (↑ Bild 5b).

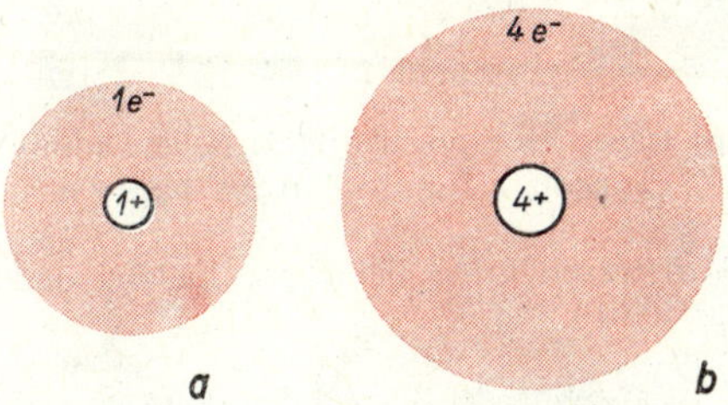

Bild 5. Kern und Elektronenhülle
a) des Wasserstoffatoms und
b) des Berylliumatoms

Zwischen dem Atomkern und den Elektronen bestehen elektrostatische Anziehungskräfte. Im Atom liegt also eine *Einheit der Gegensätze* von positiver und negativer Ladung vor.

Der *Durchmesser eines Atoms*, d.h. der Durchmesser der Elektronenhülle eines Atoms, liegt in der Größenordnung von 10^{-10} m (= 1 zehnmilliardstel Meter). Der *Durchmesser eines Atomkerns* liegt dagegen in der Größenordnung von 10^{-14} m (= 1 hundertbillionstel Meter). Er beträgt also nur etwa $\frac{1}{10000}$ des Atomdurchmessers.

Die Masse eines Atoms ist fast vollständig im Kern konzentriert.

Im leichtesten Atom, dem Wasserstoffatom, besitzt der *Kern* eine Masse von $1{,}6726 \cdot 10^{-24}$ g, während das *Elektron* nur eine Masse von $9{,}1095 \cdot 10^{-28}$ g hat. Die Masse eines Elektrons beträgt also nur $\frac{1}{1836}$ der Masse des Kerns des Wasserstoffatoms, bei dem es sich um ein einzelnes Proton (↑ 4.3.) handelt.

4.3. Aufbau der Atomkerne

Wenn beim radioaktiven Zerfall aus den Atomen eines Elements Atome zweier anderer Elemente entstehen (z. B. Bleiatome und Heliumatome aus Radiumatomen), so müssen auch die Atomkerne der verschiedenen Elemente aus *gleichen* kleineren Teilchen *aufgebaut* sein.

Die Atomkerne aller Elemente bestehen aus den gleichen Nukleonen[1]) (Kernbausteinen).

Es gibt zwei Arten von **Nukleonen:**

Protonen und **Neutronen**

- Die **Protonen** (Symbol p) tragen eine positive elektrische Ladung von $1{,}6022 \cdot 10^{-19}$ A · s (↑ Elementarladung; 4.2.) und haben eine Masse von $1{,}6726 \cdot 10^{-24}$ g.
- Die **Neutronen** (Symbol n) tragen keine elektrische Ladung und haben eine Masse von $1{,}6750 \cdot 10^{-24}$ g.

Die *Masse* eines Atomkerns ist also von der Anzahl der *Protonen* und von der Anzahl der *Neutronen* abhängig.
Die *Ladung* eines Atomkerns geht auf die Anzahl der in diesem Kern enthaltenen *Protonen* zurück.
Die Anzahl der (positiv geladenen) Protonen, die der Atomkern eines Elements enthält, wird als **Kernladungszahl** dieses Elements bezeichnet.
Da die positive Ladung eines Protons der negativen Ladung eines Elektrons dem absoluten Betrag nach gleich ist (Elementarladung), muß in einem (ungeladenen) Atom die Anzahl der (negativ geladenen) Elektronen gleich der Anzahl der (positiv geladenen) Protonen sein. Mit der Kernladungszahl ist also zugleich die Anzahl der Elektronen ge-

[1]) *nucleus* (lat.) Kern

geben. Da die chemischen Eigenschaften eines Elements entscheidend von der Anzahl der Elektronen abhängen, die seine Atome besitzen (↑ Abschn. 6.), ist die Kernladungszahl das wichtigste Merkmal eines chemischen Elements.
Die **Kernladungszahl** eines Elements gibt die Anzahl der Protonen im Atomkern dieses Elements und die Anzahl der Elektronen im (ungeladenen) Atom dieses Elements an.

Alle Atome eines Elements haben die gleiche Kernladungszahl (Protonenzahl, Elektronenzahl).

Die Atome zweier Elemente haben stets unterschiedliche Kernladungszahlen. Gegenwärtig sind 107 Elemente bekannt. Diese Elemente lassen sich nach ihrer Kernladungszahl in einer Reihe anordnen (↑ Tafel 2 im Anhang). Daher wird die Kernladungszahl auch als **Ordnungszahl** bezeichnet.

Das erste Element dieser Reihe ist Wasserstoff mit der Ordnungszahl 1; das letzte bisher benannte Element dieser Reihe ist das Element *Bohrium* mit der Ordnungszahl 105. (Die Elemente 106 und 107, von denen Atomkerne im Kernforschungsinstitut Dubna bei Moskau künstlich erzeugt wurden, haben noch keine Namen erhalten.)

Es gilt demnach:

Ordnungszahl
= Kernladungszahl
= Anzahl der Protonen
= Anzahl der Elektronen

Nach dem heutigen Stand unserer Erkenntnisse sind Protonen, Neutronen und Elektronen nicht weiter teilbar. Sie werden daher als **Elementarteilchen** bezeichnet. Jedoch besitzen sowohl Protonen als auch Neutronen eine Feinstruktur. So gibt es eine Hypothese, nach der Protonen und Neutronen aus drei noch kleineren, in isolierter Form bisher nicht nachgewiesenen Teilchen bestehen, die als *Quarks* bezeichnet werden. In der immer weiter voranschreitenden Erkenntnis über die Elementarteilchen drückt sich aus, daß die Materie unerschöpflich ist. In der Atomphysik sind heute neben Protonen, Neutronen und Elektronen zahlreiche andere Elementarteilchen bekannt, die aber für die Chemie keine Rolle spielen.

4.4. Nuklide – Isotope – Massenzahl

Während die Anzahl der *Protonen* (also die Kernladungszahl) von Element zu Element jeweils um 1 zunimmt, steigt die Anzahl der *Neutronen* und dadurch auch die Anzahl der *Nukleonen* in der Reihe der Elemente unregelmäßig an:

Wasserstoff	1 Proton		=	1 Nukleon
Helium	2 Protonen +	2 Neutronen	=	4 Nukleonen
Lithium	3 Protonen +	4 Neutronen	=	7 Nukleonen
Beryllium	4 Protonen +	5 Neutronen	=	9 Nukleonen
Bor	5 Protonen +	6 Neutronen	=	11 Nukleonen
Kohlenstoff	6 Protonen +	6 Neutronen	=	12 Nukleonen
Stickstoff	7 Protonen +	7 Neutronen	=	14 Nukleonen
Sauerstoff	8 Protonen +	8 Neutronen	=	16 Nukleonen
Fluor	9 Protonen +	10 Neutronen	=	19 Nukleonen
Neon	10 Protonen +	10 Neutronen	=	20 Nukleonen

Die Anzahl der Nukleonen, die die Atome eines Elements besitzen, ist gleich der gerundeten Atommasse dieses Elements.

Beispiel: Wasserstoff: Atommasse 1,008; 1 Nukleon
Kohlenstoff: Atommasse 12,01; 12 Nukleonen

Die *Anzahl der Neutronen* läßt sich daher als *Differenz* aus gerundeter Atommasse und Anzahl der Protonen (Kernladungszahl) ermitteln:

gerundete Atommasse
– Kernladungszahl
= Anzahl der Neutronen

Atommasse und Kernladungszahl sind dem Periodensystem der Elemente oder Tafel 3 im Anhang zu entnehmen.

Beispiele: Wasserstoff: 1 – 1 = 0 Neutronen
Kohlenstoff: 12 – 6 = 6 Neutronen
Fluor: 19 – 9 = 10 Neutronen

Beim Chlor und anderen Elementen, deren Atommassen stark von ganzzahligen Werten abweichen, stößt es auf Schwierigkeiten, in dieser Weise die Anzahl der Neutronen zu ermitteln, da die Atommasse sowohl auf- als auch abgerundet werden könnte.

Beispiele: Chlor 35,45; Kupfer 63,55.

Untersuchungen ergaben, daß die meisten Elemente in der Natur mit mehreren Atomarten auftreten, die sich in der Anzahl der Neutronen und daher auch in ihrer Masse voneinander unterscheiden.

Beispiel: Chlor tritt in der Natur mit zwei Atomarten auf, von denen die eine 18, die andere 20 Neutronen im Kern enthält.

Es gilt allgemein:

Während die Anzahl der Protonen (die Kernladungszahl) bei allen Atomen eines Elements gleich ist, kann die Anzahl der Neutronen unterschiedlich sein.

Es gibt also *mehr Atomarten*, als es *Elemente* gibt.
Jede Atomart ist durch ihre *Kernbausteine* (Nukleonen = Protonen + Neutronen) eindeutig gekennzeichnet. Die einzelnen Atomarten werden daher heute als **Nuklide,** d.h. soviel wie *Kernarten*, bezeichnet.

Ein Nuklid ist eine Atomart (Kernart) mit bestimmter Protonen- und Neutronenzahl.

Da jedes Element durch seine Kernladungszahl eindeutig bestimmt ist, gehören alle *Nuklide* (Kernarten), die sich bei *gleicher Protonenzahl* nur in ihrer Neutronenzahl unterscheiden, zum *gleichen Element* und sind daher im Periodensystem an der gleichen Stelle einzuordnen. Die zu einem Element gehörenden Nuklide werden dementsprechend als *isotope Nuklide* oder meist kurz als **Isotope**[1]) bezeichnet.

Isotope sind Nuklide (Atomarten, Kernarten), die die gleiche Kernladungszahl (Protonenzahl) besitzen und daher zum gleichen Element gehören.

Die Isotope eines Elements unterscheiden sich in der Anzahl der Neutronen und dementsprechend auch in der *Anzahl der Nukleonen.*

Beispiel: Die Atomkerne der beiden in der Natur auftretenden Chlorisotope setzen sich wie folgt zusammen:
17 Protonen + 18 Neutronen = 35 Nukleonen
17 Protonen + 20 Neutronen = 37 Nukleonen

[1]) *isos* (grch.) gleich; *topos* (grch.) der Ort

Da mit der Anzahl der Protonen auch die Anzahl der Elektronen gegeben ist und die chemischen Eigenschaften eines Elements von Anzahl und Anordnung der Elektronen abhängen, gilt allgemein:

Alle Isotope eines Elements haben die gleichen chemischen Eigenschaften, so daß sie sich mit chemischen Methoden nicht voneinander trennen lassen.

Bislang wurden einzelne Kernarten häufig allgemein als *Isotope* bezeichnet. Aber bereits 1950 wurde international festgelegt, daß — der ursprünglichen Bedeutung dieser Bezeichnung entsprechend — von Isotopen nur dann zu sprechen ist, wenn es sich um verschiedene Kernarten *eines* Elements handelt. Ist allgemein von einer Kernart die Rede, so spricht man von einem **Nuklid.**

Beispiel: ^{12}C, ^{60}Co und ^{235}U sind *Nuklide.*
^{12}C, ^{13}C und ^{14}C sind *Isotope des Kohlenstoffs.*

Nuklid ist der Oberbegriff zu Isotop, d.h., jedes Isotop ist ein Nuklid. Von Isotopen darf nur gesprochen werden, wenn man zwei (oder mehr) Nuklide eines Elements miteinander in Beziehung setzt.

In der Natur treten manche Elemente nur mit *einem Nuklid* auf. Bei diesen Elementen besitzen alle Atome außer der gleichen Kernladungszahl (Protonenzahl) auch die gleiche Neutronenzahl und dementsprechend die gleiche Anzahl Nukleonen. Solche Elemente werden als **Reinelemente** bezeichnet. Nach dem heutigen Stand der Erkenntnis handelt es sich bei folgenden 21 Elementen um Reinelemente:

Beryllium	Kobalt	Praseodym
Fluor	Arsen	Terbium
Natrium	Yttrium	Holmium
Aluminium	Niobium	Thulium
Phosphor	Rhodium	Gold
Skandium	Jod	Wismut
Mangan	Zäsium	Thorium

Elemente, die in der Natur als Gemisch aus zwei oder mehr *Isotopen* (isotopen Nukliden) auftreten, die also aus Atomen mit unterschiedlicher Neutronenzahl bestehen, werden als **Mischelemente** bezeichnet. Die meisten Elemente sind Mischelemente. Die *relative Atommasse* eines Mischelements bezieht sich auf das natürliche Isotopengemisch. Es handelt sich also um einen *Mittelwert*, der stark von ganzzahligen Werten abweichen kann, während die relative Atommasse von Reinelementen stets annähernd ganzzahlig ist. Solange der Sauerstoff, der selbst ein Mischelement ist, Bezugselement war, bezogen sich die in der Chemie verwendeten relativen Atommassen auf das natürliche Isotopengemisch des Sauerstoffs (↑ 2.2.).
Die Anzahl der in der Natur auftretenden Isotope eines Elements beträgt bis zu zehn (beim Zinn).

Das Mischungsverhältnis, in dem die Isotope eines Elements auftreten, ist bei allen natürlichen Vorkommen dieses Elements nahezu gleich und bleibt bei chemischen Reaktionen unverändert.

Beispiel: In den in der Natur auftretenden Chlorverbindungen sind stets

75,8% Chloratome mit 18 Neutronen und
24,2% Chloratome mit 20 Neutronen enthalten.

In den letzten Jahrzehnten wurde (zuerst beim Schwefel) mit sehr genauen Meßmethoden festgestellt, daß bei den Mischelementen Proben unterschiedlicher Herkunft äußerst geringe Abweichungen in der Zusammensetzung des Isotopengemischs aufweisen können.

Wie die unterschiedliche Masse der Atome verschiedener Elemente mit Hilfe der relativen Atommassen verglichen wird, so vergleicht man die Masse verschiedener Nuklide mit Hilfe der *Massenzahl* (↑ auch Massenwert; Abschn. 2.2.).

Die Massenzahl eines Nuklids ist gleich der Anzahl der Nukleonen, d.h. gleich der Summe der Protonen und Neutronen.
Jedes Nukleon (Proton, Neutron) hat die Massenzahl 1.

Summe der Protonen und Neutronen
= Zahl der Nukleonen
= Massenzahl
≈ relative Atommasse

Zwischen **Massenzahl** und **relativer Atommasse** besteht folgender Zusammenhang: Proton und Neutron haben fast die gleiche Masse (↑ 4.3.). Die Masse eines Wasserstoffatoms ist fast vollständig in dessen Kern konzentriert, der aus einem einzelnen Proton besteht. Da die relative Atommasse des Wasserstoffs 1,0079 beträgt, ergibt sich, daß die Masse eines Protons (und damit auch die Masse eines Neutrons) annähernd gleich der Bezugsbasis der relativen Atommasse (1/12 der Masse des Kohlenstoffisotops ^{12}C) ist. Daher ist die Massenzahl gleich der gerundeten relativen Atommasse.

Für die Nuklide gibt es eine besondere *Symbolik*. Links vom Symbol des jeweiligen Elements wird

oben die **Massenzahl**
unten die **Kernladungszahl** $^{35}_{17}Cl$

angegeben.

Mit Massenzahl und Kernladungszahl ist jedes Nuklid eindeutig gekennzeichnet:

Massenzahl = Zahl der Nukleonen
Kernladungszahl = Zahl der Protonen
Massenzahl − Kernladungszahl = Zahl der Neutronen

Die **Nuklide** (Kernarten, Atomarten) lassen sich einteilen:

- nach ihrer **Herkunft** in
  natürliche Nuklide und
  künstliche Nuklide
- nach ihren **Eigenschaften** in
  stabile Nuklide und
  radioaktive Nuklide (*Radionuklide*).

Die Mehrzahl der in der Natur auftretenden Nuklide ist *stabil*, also nicht radioaktiv. Außer den in der Natur vorkommenden *radioaktiven* Nukliden gibt es heute viele Nuklide, die mit Mitteln der Kernphysik *künstlich erzeugt* wurden und sämtlich radioaktiv sind. Bisher sind mehr als 1 500 Nuklide bekannt. Auch von den Elementen, die in der Natur als Reinelemente auftreten, wurden inzwischen zahlreiche weitere Nuklide künstlich erzeugt.

Beispiel: Das Reinelement *Kobalt* tritt in der Natur nur als Nuklid $^{59}_{27}Co$ auf. Heute wird aber das Nuklid $^{60}_{27}Co$ in erheblichem Umfange künstlich erzeugt und unter anderem in der Medizin anstelle von Radium verwendet. $^{59}_{27}Co$ und $^{60}_{27}Co$ sind aufgrund der gleichen Kernladungszahl *isotope Nuklide*, sie sind *Isotope des Kobalts*.

Die *radioaktiven Nuklide* zerfallen spontan unter Aussendung von Strahlen (α-, β-, γ-Strahlen) in andere Nuklide. Dieser *radioaktive Zerfall* geht teils sehr langsam (Zerfall der Hälfte einer Substanz in einigen Milliarden Jahren; sog. Halbwertszeit), teils außerordentlich rasch (in Sekundenbruchteilen) vonstatten.
Von den natürlich vorkommenden Elementen hat das Uran mit 92 die höchste Kernladungszahl. Alle Elemente mit den Kernladungszahlen 93 und größer, die *Transurane*, wurden künstlich erzeugt. Aber auch in der Reihe bis zum Uran sind vier Elemente nur in Form künstlich erzeugter Nuklide zugänglich:

Technetium (43)
Promethium (61)
Astat (85)
Franzium (87)

In unwägbaren Mengen wurden diese Elemente sowie die Transurane *Neptunium* (93) und *Plutonium* (94) inzwischen auch in natürlichen radioaktiven Zerfallsprodukten nachgewiesen.

4.5. Aufbau der Elektronenhülle

4.5.1. Energieniveaus der Elektronen im Atom

Die Elektronenhülle der Atome weist eine bestimmte Struktur auf, die auf dem unterschiedlichen *Energiegehalt* der einzelnen Elektronen innerhalb eines Atoms beruht. BOHR erkannte als erster, daß die Elektronen nur ganz bestimmte Energiezustände einnehmen können. Die *Energieniveaus* (Energiestufen), auf denen sich die Elektronen innerhalb eines Atoms befinden können, sind im Bild 6 dargestellt.

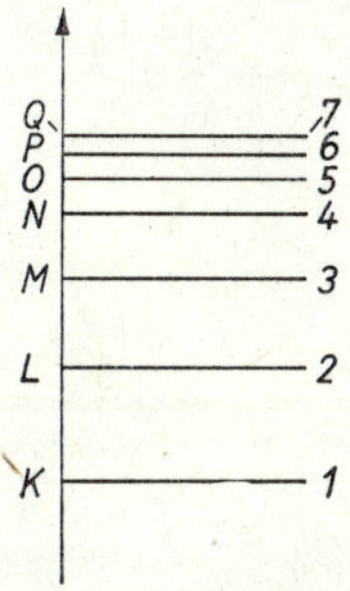

Bild 6. Energieniveaus in der Elektronenhülle

Die Anzahl der Elektronen, mit der die einzelnen Energieniveaus maximal besetzt sein können, beträgt

$$2n^2 ,$$

wobei n die Nummer des Energieniveaus ist. Die Energieniveaus werden, mit dem niedrigsten beginnend, mit arabischen Ziffern oder mit den Buchstaben K bis Q bezeichnet (↑ Bild 6). Die maximale Besetzung der ersten vier Energieniveaus beträgt:

$2 \cdot 1^2 = 2$ Elektronen
$2 \cdot 2^2 = 8$ Elektronen
$2 \cdot 3^2 = 18$ Elektronen
$2 \cdot 4^2 = 32$ Elektronen

Für die höheren Energieniveaus wird die maximale Elektronenbesetzung bei den bisher bekannten Elementen nicht erreicht.
Wie die 20 leichtesten Elemente (Wasserstoff bis Kalzium) zur Auffüllung der Energieniveaus beitragen, zeigt Bild 7a. Daraus lassen sich für diese Elemente einfache Atommodelle ableiten, indem die Elektronen – von unten nach oben und von links nach rechts fortschreitend – bis zu dem Elektron aufgezeichnet werden, das das Symbol des gewünschten Elements trägt (↑ Bild 7b bis 7d).

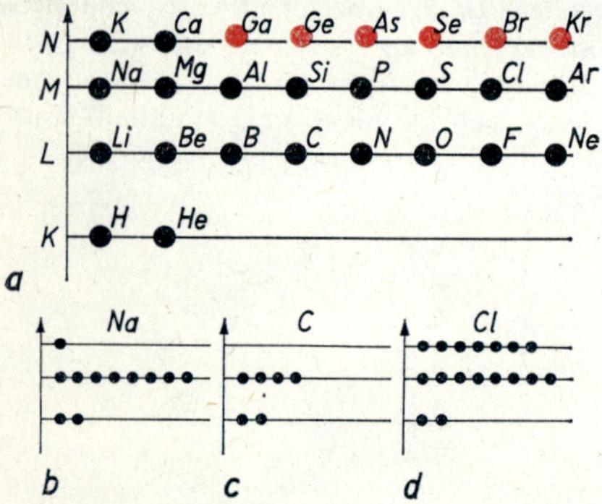

Bild 7. a) Fortschreitende Besetzung der Energieniveaus bei den Hauptgruppenelementen Wasserstoff bis Krypton
Energieniveaumodelle des Natriums (b), des Kohlenstoffs (c) und des Chlors (d). (Die rot symbolisierten Elektronen auf dem N-Niveau werden vom Gallium bis zum Krypton erst eingebaut, nachdem vorher vom Skandium bis zum Zinn das M-Niveau mit 18 Elektronen voll besetzt worden ist.)

Befindet sich ein Atom im *Grundzustand*, so nimmt jedes seiner Elektronen ein möglichst *niedriges* Energieniveau ein. Durch Energiezufuhr, z. B. durch Zufuhr von Wärme, können Elektronen auf höhere Energieniveaus gehoben werden. Das Atom befindet sich dann in einem *angeregten Zustand.* Da jedes Elektron die Tendenz hat, ein möglichst niedriges Energieniveau einzunehmen, rücken auf die bei der Anregung des Atoms frei gewordenen Plätze in den niedrigeren Energieniveaus Elektronen von den höheren Energieniveaus nach. Dabei geben diese Elektronen jene Energie ab, die der Differenz zwischen den beiden Energieniveaus entspricht. Das kann z. B. als Lichtstrahlung in Erscheinung treten. Aus den Spektrallinien des emittierten (ausgestrahlten) Lichts können Rückschlüsse auf die Energieniveaus der Atome gezogen werden.

Beispiel: Wird Natriumchlorid in eine Gasflamme gebracht, so tritt ein gelbes Aufleuchten ein. Durch das Erwärmen werden in einem Teil der Natriumatome Elektronen auf ein höheres Energieniveau gehoben. Unter Abgabe von Energie in Form von Licht rücken andere Elektronen in die frei gewordenen Plätze in dem niedrigeren Energieniveau ein (↑ Bild 8).

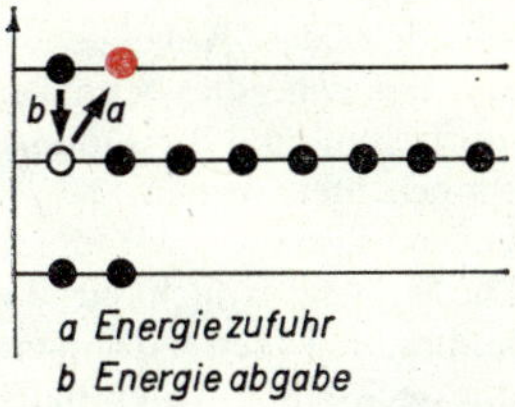

Bild 8. a) Durch Energiezufuhr wird ein Elektron auf ein höheres Energieniveau gehoben.
b) Ein anderes Elektron nimmt unter Energieabgabe den frei gewordenen Platz auf dem niedrigeren Energieniveau ein.

Nach dem **Bohrschen Atommodell** werden die Energiezustände der Elektronen in Anlehnung an den Aufbau unseres Planetensystems so erläutert, daß sich jedes Elektron auf einer seinem Energiezustand entsprechenden kreisförmigen Bahn um den Atomkern bewegt. Dabei haben Elektronen mit annähernd gleichem Energiezustand Bahnen mit annähernd gleichem Abstand vom Atomkern. BOHR faßte die Elektronen mit annähernd gleichem Energiezustand zu Gruppen zusammen, die als *Elektronenschalen* bezeichnet wurden. Diese Elektronenschalen entsprechen den Energieniveaus, die im Bild 6 dargestellt sind. Bei der Numerierung wird mit der dem Atomkern am nächsten liegenden Elektronenschale begonnen, die dem niedrigsten Energieniveau entspricht. Anschaulich vorstellen kann man sich das BOHRsche Atommodell so, daß sich die Elektronen auf der Oberfläche von ineinanderliegenden Kugelschalen bewegen, in deren Mittelpunkt der Atomkern steht (↑ Bild 9). Die äußerste Elektronenschale bildet die äußere Begrenzung des Atoms. Diese Modellvorstellungen reichen aber heute nicht mehr aus, um die Erscheinungen der chemischen Bindung zu erklären.

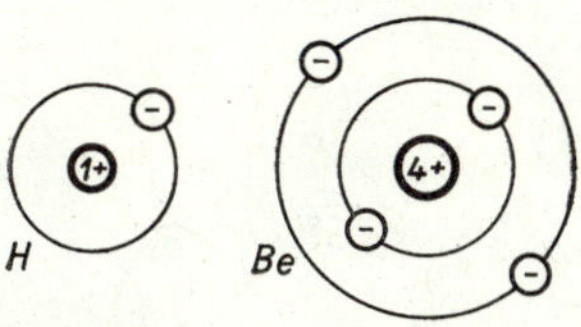

Bild 9. BOHRsches Atommodell von Wasserstoff und Beryllium

4.5.2. Orbitalmodell des Atoms

Die neueren quantenmechanischen bzw. wellenmechanischen (↑ 4.1.) Modellvorstellungen über den Aufbau der Elektronenhülle der Atome gehen davon aus, daß für das einzelne Elektron keine bestimmte Bahn angegeben werden kann, sondern lediglich der Raum, in dem es sich

befindet. Da das Elektron zugleich Teilchencharakter und Wellencharakter hat (↑ 4.1.), können für die neueren Modellvorstellungen *zwei* Betrachtungsstandpunkte gewählt werden, die aber beide zur gleichen anschaulichen Darstellung, dem *Orbitalmodell* des Atoms, führen. In der chemischen Literatur werden beide Betrachtungsstandpunkte verwendet, da sich teils der eine, teils der andere besser zur Darstellung bestimmter Sachverhalte eignet. Zum Verständnis des Aufbaus der Elektronenhülle der Atome sowie der Veränderungen, die beim Zustandekommen chemischer Bindungen darin auftreten, muß der Doppelcharakter des Elektrons, dessen *Dualität*, stets beachtet werden.
Ausgehend vom *Teilchencharakter* des Elektrons, kommen wir durch folgende Überlegungen zum Orbitalmodell: Die Wahrscheinlichkeit, das Elektron anzutreffen, ist innerhalb des Raumes, der den Atomkern umgibt, unterschiedlich groß. Wird der ständig wechselnde Aufenthaltsort des Elektrons des Wasserstoffatoms in seinem Abstand vom Atomkern statistisch erfaßt, erhalten wir die im Bild 10 wiedergegebene Häufigkeitsverteilung. Die darin zum Ausdruck kommende **Aufenthaltswahrscheinlichkeit des Elektrons** ist in allen vom Atomkern aus-

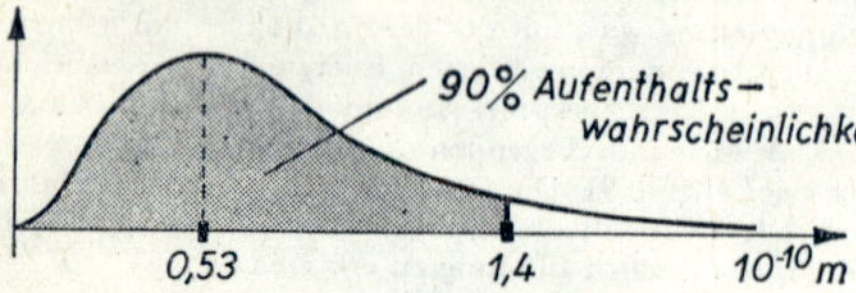

Bild 10. Aufenthaltswahrscheinlichkeit des Elektrons im Wasserstoffatom

Bild 11. Modell des Wasserstoffatoms in der Draufsicht

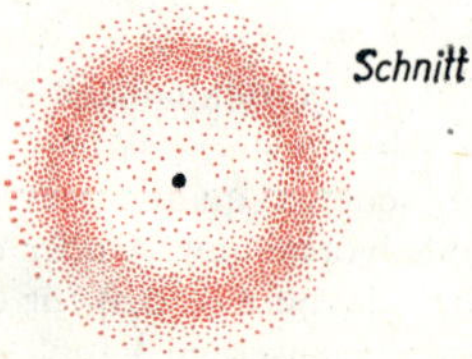

Bild 12. Modell des Wasserstoffatoms im Schnitt

gehenden Richtungen des Raumes gleich. Daraus ergibt sich für das Wasserstoffatom ein kugelsymmetrisches Atommodell (Bilder 11 und 12). Die Aufenthaltswahrscheinlichkeit ist, wie Bild 10 zeigt, in der Nähe des Atomkerns sehr gering, sie nimmt mit wachsendem Abstand vom Kern rasch zu, erreicht in einem Abstand von $0{,}53 \cdot 10^{-10}$ m ihr Maximum und nimmt dann langsam ab, wobei sie sich erst in sehr großer Entfernung vom Kern dem Wert Null nähert. Dadurch wird es unmöglich, eine äußere Begrenzung für den Raum anzugeben, in dem sich das Elektron aufhalten kann. Das bedeutet aber zugleich, daß sich auch für das Wasserstoffatom selbst keine Begrenzung angeben läßt.

Um dennoch zu anschaulichen Darstellungen zu kommen, ist es heute üblich, bei der Behandlung der quantenmechanischen bzw. wellenmechanischen Modellvorstellungen für jedes Elektron nur den Raum in Betracht zu ziehen, in dem es sich mit einer hohen Wahrscheinlichkeit aufhält. Dieser Raum wird als **Orbital** bezeichnet. (Dabei wird teils eine Wahrscheinlichkeit von 90%, teils eine von 95% zugrunde gelegt.)

Die Bezeichnung Orbital kommt aus dem Englischen. Sie bedeutet soviel wie »bahnähnlicher Zustand« und ist aus *orbis* (lat., Kreis) abgeleitet. Von der Vorstellung bestimmter Bahnen des Elektrons muß man sich allerdings bei der Verwendung des Begriffs Orbital gerade lösen. Der Begriff Orbital, der einen Raum bezeichnet, nimmt bei der Beschreibung des quanten- bzw. wellenmechanischen Atommodells die Stelle ein, an der beim BOHRschen Atommodell die Bezeichnung Elektronenbahn steht.

Das Orbital des Elektrons des Wasserstoffatoms hat einen Radius von $1{,}4 \cdot 10^{-10}$ m. Der rechts von diesem Radius liegende Teil der Fläche der Aufenthaltswahrscheinlichkeit (↑ Bild 10) wird also bei dieser Modellvorstellung vernachlässigt. Wenn der Radius des Orbitals zugleich als äußere Begrenzung des Wasserstoffatoms aufgefaßt wird, so ist zu berücksichtigen, daß sich das Elektron in Wirklichkeit mit 10% Wahrscheinlichkeit außerhalb dieser Begrenzung befindet (↑ Bild 13).

Bild 13. Bereich der 90%igen Aufenthaltswahrscheinlichkeit des Elektrons im Wasserstoffatom

Eine anschauliche Vorstellung von einem solchen Orbitalmodell erhalten wir durch folgendes Gedankenexperiment: Könnten wir Atomkern und Elektron des Wasserstoffatoms in einer großen Folge von Aufnahmen derart auf einer fotografischen Platte festhalten, daß sich der Atomkern stets an der gleichen Stelle befände, so würde das Elektron immer wieder an einer anderen Stelle der Platte abgebildet. Dabei entstünde ein Foto, wie es in den Bildern 12 und 13a wiedergegeben ist. Die gestrichelte Linie im Bild 13a schließt den Raum der 90%igen Aufenthaltswahrscheinlichkeit ein. Werden die Aufenthaltsorte des Elektrons weggelassen, die außerhalb der gestrichelten Linie liegen, so erhalten wir das im Bild 13b wiedergegebene Orbitalmodell.

Ausgehend vom *Wellencharakter* des Elektrons, kommen wir durch folgende Überlegungen zum Orbitalmodell: Das Elektron erfüllt den Raum um den Atomkern in Form einer *stehenden Welle*, die anschaulich als Elektronenwolke aufgefaßt werden kann. Die negative Ladung des Elektrons ist ungleichmäßig über den den Atomkern umgebenden Raum verteilt (mitunter wird auch von »verschmiert« gesprochen). Die Dichte der Elektronenwolke – auch als *Ladungswolke* bezeichnet – ist je nach dem Abstand vom Atomkern unterschiedlich. Man sagt auch: Das Elektron hat in dem den Atomkern umgebenden Raum eine unterschiedliche **Ladungsdichte.** Wird die *Ladungsdichteverteilung* des Elektrons des Wasserstoffatoms in Abhängigkeit vom Abstand zum Atomkern grafisch dargestellt, so entsteht das gleiche Bild wie für die Aufenthaltswahrscheinlichkeit dieses Elektrons (↑ Bild 10). (In dem einen Falle bezieht sich die Ordinate auf die Häufigkeit des Aufenthalts des Elektrons, im anderen Falle auf die Ladungsdichte des Elektrons.) Um ausgehend vom Wellencharakter des Elektrons zum Orbitalmodell zu kommen, werden 10% der Ladung des Elektrons außer Betracht gelassen.
Werden beide Betrachtungspunkte gegenübergestellt, so gilt:

Ein Orbital ist der Raum,
in dem sich ein Elektron mit 90% Wahrscheinlichkeit aufhält (Elektron als *Teilchen*),
der 90% der Ladung des Elektrons umfaßt (Elektron als *Welle*).

Das Orbitalmodell des *Wasserstoffatoms* (↑ Bild 13) gilt auch für das *Heliumatom*, das zwei Elektronen besitzt.

Jedes Orbital vermag zwei Elektronen aufzunehmen.

Befindet sich in einem Orbital nur ein Elektron, wie es beim Wasserstoffatom der Fall ist, so spricht man von einem *einfach* besetzten

Orbital. Befinden sich in einem Orbital zwei Elektronen, so spricht man von einem *doppelt* besetzten oder auch *voll* besetzten Orbital. Die einfach besetzten Orbitale spielen beim Zustandekommen einer chemischen Bindung eine wichtige Rolle (↑ 6.1.2.).

> **Die beiden in einem Orbital befindlichen Elektronen unterscheiden sich in ihrem Spin.**

Der Spin ist eine Eigenschaft des Elektrons, die mit unseren herkömmlichen Vorstellungen nicht exakt erklärt werden kann. Er kann *verglichen* werden mit der Rotation einer Kugel um eine Achse. Den beiden Elektronen eines Orbitals kommen dabei entgegengesetzte Drehrichtungen zu. Man sagt: Die Elektronen besitzen *antiparallelen Spin.*

Als Symbol für die Orbitale werden Kästchen verwendet, in denen die Elektronen als Pfeile wiedergegeben werden.

[ ]	unbesetztes Orbital
[↑]	Orbital mit einem Elektron
[↑↓]	Orbital mit zwei Elektronen

Die entgegengesetzte Richtung der Pfeile gibt den antiparallelen Spin der beiden Elektronen an.

4.5.3. s-Elektronen – s-Orbitale

> **Die kugelförmigen Orbitale werden als s-Orbitale, die darin befindlichen Elektronen als s-Elektronen bezeichnet.**

Im BOHR-SOMMERFELDschen Atommodell, das zwischen kreisförmigen und elliptischen Elektronenbahnen unterscheidet, kommen den s-Elektronen die kreisförmigen Bahnen zu.

Auf jedem Energieniveau (↑ Bild 6) gibt es nur *ein* s-Orbital und demnach höchstens *zwei* s-Elektronen. Die s-Orbitale werden wie folgt bezeichnet:

das s-Orbital des 1. Energieniveaus als **1s-Orbital,**
das s-Orbital des 2. Energieniveaus als **2s-Orbital,**
das s-Orbital des 3. Energieniveaus als **3s-Orbital,**
das s-Orbital des 4. Energieniveaus als **4s-Orbital** usw.

Der Radius der s-Orbitale wächst von Energieniveau zu Energieniveau, wobei stets der Atomkern den Mittelpunkt bildet. Das 1s-Orbital liegt demnach innerhalb des 2s-Orbitals, dieses innerhalb des 3s-Orbitals usw. (↑ Bild 14). Auf diese Weise kommt ein schalenförmiger Aufbau zustande. Die Energieniveaus werden daher auch beim Orbitalmodell zum Teil als *Elektronenschalen* bezeichnet, obwohl dieser Begriff ursprünglich dem BOHRschen Atommodell zugehört.

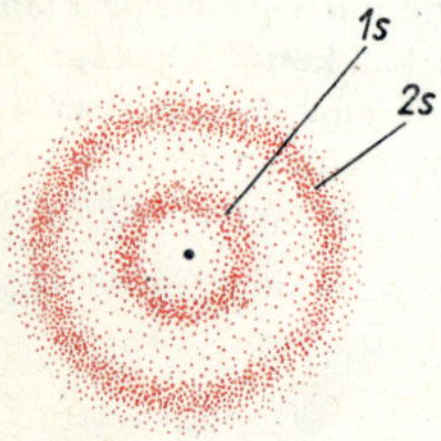

Bild 14. Lage des 1s-Orbitals und des 2s-Orbitals im Berylliumatom im Schnitt

Die *Elektronenbesetzung* der Atome eines Elements wird durch eine Symbolik bezeichnet, bei der

eine **Ziffer** das **Energieniveau** (die Elektronenschale),
ein **Buchstabe** die **Art des Orbitals** und
eine **hochgestellte Ziffer** die **Anzahl der Elektronen**

angibt. Von der quantenmechanischen Betrachtung des Aufbaus der Elektronenhülle ausgehend, wird die Ziffer auch als *Hauptquantenzahl* bezeichnet, während der Buchstabe der *Nebenquantenzahl* entspricht (↑ 4.5.6.; Tabelle 9). Der *Wasserstoff* hat folgende Elektronenbesetzung:

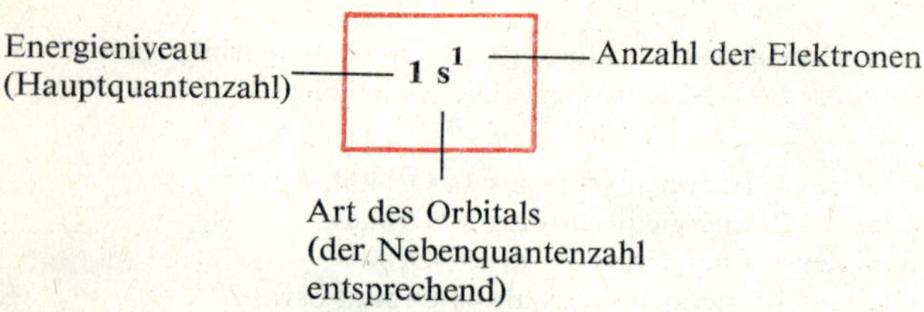

Dem entspricht das Orbitalsymbol für Wasserstoff:

1 s

Das heißt: Die Atome des Wasserstoffs besitzen ein Elektron, das sich auf dem 1. Energieniveau in einem s-Orbital befindet.

Die weitere Besetzung der s-Orbitale verläuft wie folgt:

Helium (2 Elektronen)	$1s^2$	
Lithium (3 Elektronen)	$1s^2$	$2s^1$
Beryllium (4 Elektronen)	$1s^2$	$2s^2$

Beim Helium ist das 1s-Orbital und damit das 1. Energieniveau voll besetzt. Beim Lithium wird mit der Besetzung des 2. Energieniveaus begonnen, dessen 2s-Orbital beim Beryllium voll besetzt ist (↑ Bild 15). Das 2. Energieniveau vermag 8 Elektronen zu fassen (↑ 4.5.1.). Davon befinden sich nur 2 Elektronen in einem s-Orbital, die übrigen 6 in Orbitalen von anderer Form (↑ 4.5.4.).

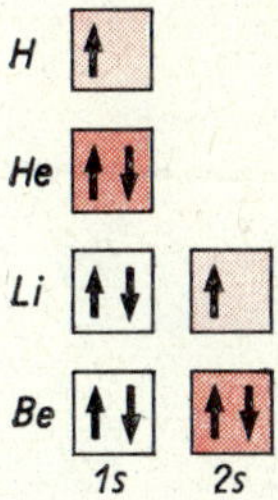

Bild 15. Elektronenbesetzung der Elemente Wasserstoff bis Beryllium (1s- und 2s-Orbital)

4.5.4. p-Elektronen

Im 2. Energieniveau treten in den Atomen – neben dem s-Orbital – Orbitale auf, die nach dem heutigen Erkenntnisstand die im Bild 16 wiedergegebene Gestalt besitzen. Der Bereich der 90%igen Aufenthaltswahrscheinlichkeit der Elektronen besteht in diesem Falle aus zwei Hälften, von denen jede rotationssymmetrisch zu einer gemeinsamen Achse liegt. Diese Achse steht senkrecht auf der Ebene, die die beiden Hälften des Orbitals voneinander trennt.

Die rotationssymmetrischen Orbitale werden als p-Orbitale, die darin befindlichen Elektronen als p-Elektronen bezeichnet.

Jedes p-Orbital kann *zwei* Elektronen aufnehmen. Diese besetzen beide Hälften des Orbitals *gemeinsam*. (Die Vorstellung, jede Hälfte des p-Orbitals enthalte eines dieser Elektronen, ist falsch.)

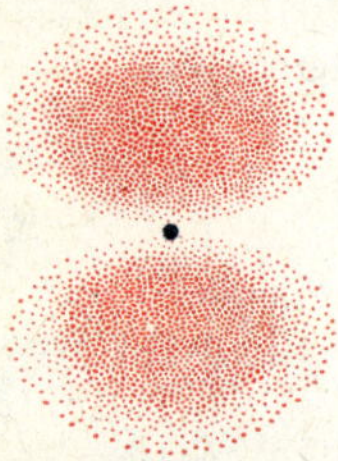

Bild 16. 2p-Orbital (Bereich der 90%igen Aufenthaltswahrscheinlichkeit des Elektrons)

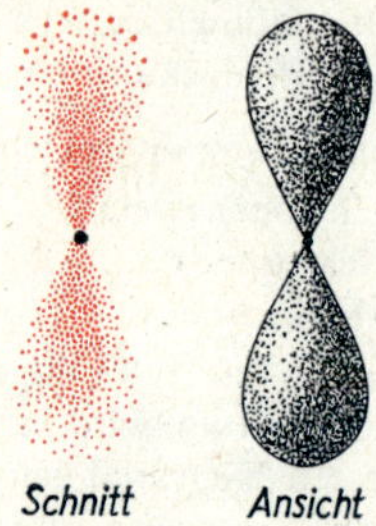

Bild 17. p-Orbital (vereinfachte Darstellung)

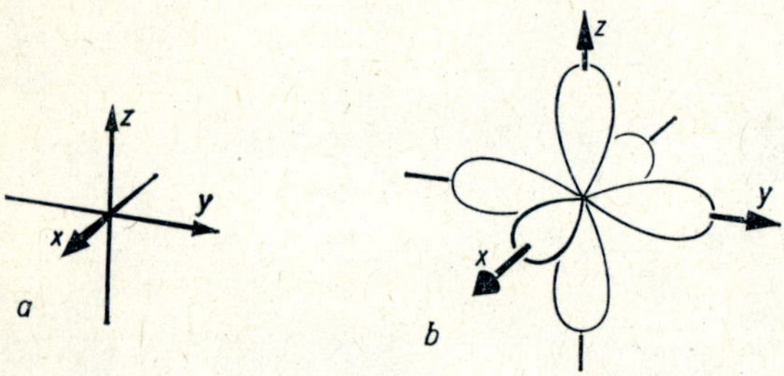

Bild 18. a) Die Achsen der drei p-Orbitale stehen senkrecht aufeinander. b) Räumliche Anordnung der drei p-Orbitale

Auf jedem Energieniveau gibt es *drei* p-Orbitale und demnach *sechs* p-Elektronen. Die drei p-Orbitale eines Energieniveaus unterscheiden sich voneinander durch ihre *räumliche Anordnung*. Ihre Achsen stehen senkrecht aufeinander (↑ Bild 18a). Diese drei Achsen werden mit x, y und z bezeichnet. Dementsprechend wird auf jedem Energieniveau zwischen einem p_x-Orbital, einem p_y-Orbital und einem p_z-Orbital unterschieden. (Die Buchstaben x, y und z entsprechen hier einer *dritten* Quantenzahl, die zur Kennzeichnung des Energiezustandes eines

Elektrons erforderlich ist. Sie wird als *Magnetquantenzahl* bezeichnet, da sie Aussagen über den Einfluß eines Magnetfeldes auf die Elektronenhülle eines Atoms ermöglicht.)
Die drei p-Orbitale eines Energieniveaus (einer Elektronenschale) durchdringen einander. Da es schwierig ist, das in einer Zeichnung darzustellen, wird für die zeichnerische Wiedergabe der p-Orbitale die im Bild 17 gezeigte Form bevorzugt. (Dabei muß beachtet werden, daß sie die Wirklichkeit weniger exakt widerspiegelt als die im Bild 16 gezeigte Form. Aber auch Bild 17 läßt erkennen, daß die Aufenthaltswahrscheinlichkeit der p-Elektronen in der Nähe des Kerns am geringsten ist.) Bild 18b zeigt die räumliche Anordnung der drei p-Orbitale.

Nach dem BOHR-SOMMERFELDschen Atommodell kommen den p-Elektronen elliptische Bahnen zu. Den Achsen der drei p-Orbitale entsprechen dabei unterschiedliche Bahnebenen.

In der Reihe der nach steigender Kernladungszahl – die zugleich die Anzahl der Elektronen angibt – geordneten Elemente tritt beim Bor erstmals ein p-Elektron auf. Die Besetzung der p-Orbitale des 2. Energieniveaus verläuft wie folgt (↑ auch Bild 19):

5 Bor	$1s^2$	$2s^2$	$2p^1$	$2p_x^1$		
6 Kohlenstoff	$1s^2$	$2s^2$	$2p^2$	$2p_x^1$	$2p_y^1$	
7 Stickstoff	$1s^2$	$2s^2$	$2p^3$	$2p_x^1$	$2p_y^1$	$2p_z^1$
8 Sauerstoff	$1s^2$	$2s^2$	$2p^4$	$2p_x^2$	$2p_y^1$	$2p_z^1$
9 Fluor	$1s^2$	$2s^2$	$2p^5$	$2p_x^2$	$2p_y^2$	$2p_z^1$
10 Neon	$1s^2$	$2s^2$	$2p^6$	$2p_x^2$	$2p_y^2$	$2p_z^2$

In dieser Übersicht wurde rechts von dem senkrechten Strich gesondert angegeben, wie sich die 2p-Elektronen auf die drei p-Orbitale verteilen. Zunächst erhält jedes 2p-Orbital *ein* Elektron, bevor beim Sauerstoff mit der vollen Besetzung durch ein *zweites* Elektron begonnen wird (↑ HUNDsche Regel; 4.5.6.). Innerhalb eines Energieniveaus wird jedoch zunächst das s-Orbital mit 2 Elektronen voll besetzt (z. B. beim Beryllium), bevor die Besetzung der p-Orbitale (z. B. beim Bor) beginnt. Das beruht darauf, daß innerhalb eines Energieniveaus der Energiegehalt der s-Elektronen geringer ist als der der p-Elektronen (↑ 4.5.6.).

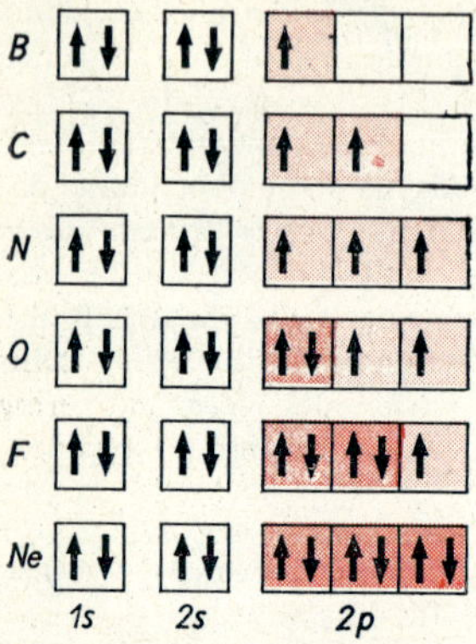

Bild 19. Elektronenbesetzung der Elemente Bor bis Neon (2p-Orbitale)

Beim *Neon* ist die Besetzung der drei 2p-Orbitale und damit auch die des 2. Energieniveaus (der 2. Elektronenschale) abgeschlossen. Beim folgenden Element *Natrium* wird nach folgender Übersicht mit der Besetzung des 3. Energieniveaus (der 3. Elektronenschale) begonnen (↑ auch Bild 22):

11 Natrium	$1s^2$	$2s^2$	$2p^6$	$3s^1$			
12 Magnesium	$1s^2$	$2s^2$	$2p^6$	$3s^2$			
13 Aluminium	$1s^2$	$2s^2$	$2p^6$	$3s^2$	$3p^1$		
14 Silizium	$1s^2$	$2s^2$	$2p^6$	$3s^2$	$3p^2$		
15 Phosphor	$1s^2$	$2s^2$	$2p^6$	$3s^2$	$3p^3$		
16 Schwefel	$1s^2$	$2s^2$	$2p^6$	$3s^2$	$3p^4$		
17 Chlor	$1s^2$	$2s^2$	$2p^6$	$3s^2$	$3p^5$		
18 Argon	$1s^2$	$2s^2$	$2p^6$	$3s^2$	$3p^6$		
19 Kalium	$1s^2$	$2s^2$	$2p^6$	$3s^2$	$3p^6$		$4s^1$
20 Kalzium	$1s^2$	$2s^2$	$2p^6$	$3s^2$	$3p^6$		$4s^2$
21 Skandium	$1s^2$	$2s^2$	$2p^6$	$3s^2$	$3p^6$	$3d^1$	$4s^2$

Heliumrumpf ($1s^2$)

Neonrumpf ($1s^2$ $2s^2$ $2p^6$)

Argonrumpf ($1s^2$ $2s^2$ $2p^6$ $3s^2$ $3p^6$)

Die Orbitale, die bei den Edelgasen voll besetzt sind, ändern sich in ihrer Besetzung bei den nachfolgenden Elementen nicht mehr. Das sind

- beim Helium: $1s^2$ (auch als *Heliumrumpf* bezeichnet),
- beim Neon: $1s^2\ 2s^2\ 2p^6$ (auch als *Neonrumpf* bezeichnet),
- beim Argon: $1s^2\ 2s^2\ 2p^6\ 3s^2\ 3p^6$ (auch als *Argonrumpf* bezeichnet).

Aus vorstehender Übersicht geht hervor:

Beim *Magnesium* ist das 3s-Orbital voll besetzt, vom *Aluminium* bis zum *Argon* werden die 3p-Orbitale besetzt, wobei wiederum jedes p-Orbital zunächst ein Elektron erhält (HUNDsche Regel; ↑ 4.5.6.). Beim *Kalium* beginnt mit dem 4s-Orbital die Besetzung des 4. Energieniveaus (der 4. Elektronenschale), obwohl das 3. Energieniveau, das 18 Elektronen aufzunehmen vermag, erst 8 Elektronen aufweist. Erst nachdem beim *Kalzium* das 4s-Orbital mit zwei Elektronen voll besetzt ist, beginnt mit dem *Skandium* die weitere Besetzung des 3. Energieniveaus. Dabei tritt mit den 3d-Orbitalen eine weitere Art von Orbitalen auf. Die Reihenfolge der Besetzung läßt erkennen, daß die 3d-Orbitale einen höheren Energiezustand aufweisen als die 4p-Orbitale (↑ 4.5.6.).

4.5.5. d-Elektronen und f-Elektronen

Das 1. Energieniveau umfaßt nur ein s-Orbital, das 2. Energieniveau neben einem s-Orbital noch drei p-Orbitale. Diese Orbitale treten auch auf allen höheren Energieniveaus auf. Vom 3. Energieniveau an kommen aber fünf weitere Orbitale hinzu, die als **d-Orbitale** bezeichnet werden, und vom 4. Energieniveau an noch *sieben* weitere Orbitale, die **f-Orbitale** genannt werden. Jedes dieser Orbitale kann zwei Elektronen

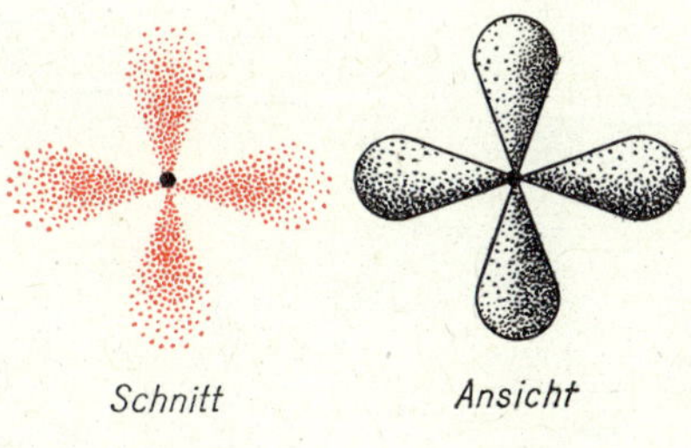

Bild 20. Grundform eines d-Orbitals

aufnehmen, die sich durch ihren Spin (↑ 4.5.2.) unterscheiden. Über die Beteiligung der verschiedenen Orbitale am Aufbau der Elektronenhülle gibt Tabelle 9 Auskunft.
Die fünf d-Orbitale unterscheiden sich voneinander in der räumlichen Gestalt, was – wie bei den p-Orbitalen – in unterschiedlichen Magnetquantenzahlen (↑ 4.5.4.) zum Ausdruck kommt. Das gleiche gilt für die f-Orbitale. Die Grundform der d-Orbitale ist eine viergliedrige Rosette (↑ Bild 20).

4.5.6. Hauptenergieniveaus – Nebenenergieniveaus

Die zu *einem* Energieniveau (einer Elektronenschale) gehörenden Elektronen (↑ Bild 6) unterscheiden sich in ihrem Energiezustand beträchtlich, wenn sie *unterschiedliche* Orbitale besetzen. Alle Energieniveaus, die unterschiedliche Orbitale umfassen, werden daher *aufgespalten* (↑ Bild 21). So kommt es zu einer Unterscheidung von Hauptenergieniveaus und Nebenenergieniveaus.
Das **Hauptenergieniveau** wird durch die **Hauptquantenzahl** n bezeichnet. Bei den bisher bekannten Elementen reichen die Hauptquantenzahlen von 1 bis 7.
Die **Nebenenergieniveaus** werden durch die **Nebenquantenzahl** l bezeichnet. Die Nebenquantenzahl kann alle ganzzahligen Werte von 0 bis $n - 1$ annehmen. Da sie die Zugehörigkeit zu einer bestimmten Art von Orbitalen angibt, wird sie auch *Orbitalquantenzahl* genannt. Dabei gelten die in Tabelle 9 wiedergegebenen Zuordnungen:

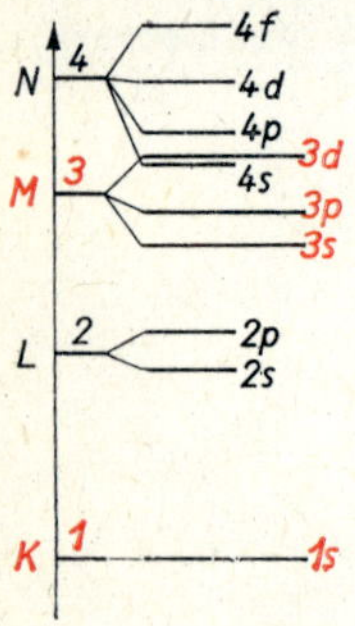

Bild 21. Aufspaltung der Hauptenergieniveaus in Nebenenergieniveaus

Tabelle 9. Aufbau der Elektronenhülle

Hauptenergieniveau = Hauptquantenzahl *n*	Nebenenergieniveau Nebenquantenzahl *l*	Nebenenergieniveau Art des Orbitals	Bezeichnung des Orbitals	Anzahl der Orbitale		Anzahl der Elektronen	
1	0	s	1s	1		2	
2	0	s	2s	1	4	2	8
	1	p	2p	3		6	
3	0	s	3s	1	9	2	18
	1	p	3p	3		6	
	2	d	3d	5		10	
4	0	s	4s	1	16	2	32
	1	p	4p	3		6	
	2	d	4d	5		10	
	3	f	4f	7		14	

Beim 5. Hauptenergieniveau ist theoretisch auch die Nebenquantenzahl 4 möglich, die einer weiteren Art von Orbitalen entsprechen würde. Bei den bisher bekannten Elementen werden aber die der Nebenquantenzahl 4 entsprechenden Orbitale nicht besetzt. Das 5. Hauptenergieniveau umfaßt demnach 5s-, 5p-, 5d- und 5f-Orbitale. Welche Orbitale im 6. und 7. Hauptenergieniveau besetzt sind, geht aus Tafel 2 am Ende des Buches hervor.

Für den Aufbau der Elektronenhülle jedes Atoms gilt ein von dem Österreicher WOLFGANG PAULI 1926 erkanntes Naturgesetz, das als PAULI-Prinzip (auch PAULI-Verbot) bekannt ist:

Von den Elektronen eines Atoms befinden sich niemals zwei im gleichen Zustand.

Für Elektronen, die in der Hauptquantenzahl und der Nebenquantenzahl übereinstimmen, kommt eine Unterscheidung nach einer dritten Quantenzahl hinzu. Da diese zur Erklärung des Verhaltens von Elektronen im Magnetfeld herangezogen wird, wird sie als **Magnetquantenzahl** m bezeichnet. Während die *Nebenquantenzahl* die *Art* der Orbitale angibt, hängt von der *Magnetquantenzahl* die *räumliche Anordnung* der Orbitale ab (↑ p_x-, p_y- und p_z-Orbitale; 4.5.4.).

Die Magnetquantenzahl m hängt derart von der Nebenquantenzahl l ab, daß sie alle ganzzahligen Werte zwischen $+l$ und $-l$ annehmen kann.

Für die **s-Orbitale** gilt: $l = 0$; $m = 0$; demnach gibt es je Hauptenergieniveau nur ein s-Orbital (↑ Tabelle 9).

Für die **p-Orbitale** gilt: $l = 1$; $m = +1, 0, -1$; demnach gibt es je Hauptenergieniveau drei p-Orbitale (↑ Tabelle 9).

Für die **d-Orbitale** gilt: $l = 2$; $m = +2, +1, 0, -1, -2$; demnach gibt es je Hauptenergieniveau fünf d-Orbitale (↑ Tabelle 9).
Für die **f-Orbitale** gilt: $l = 3$; $m = +3, +2, +1, 0, -1, -2, -3$; demnach gibt es je Hauptenergieniveau sieben f-Orbitale (↑ Tabelle 9).

Da die höchste Nebenquantenzahl in jedem Hauptenergieniveau um 1 niedriger ist als die Hauptquantenzahl, können p-Orbitale erst vom 2., d-Orbitale erst vom 3. und f-Orbitale erst vom 4. Hauptenergieniveau an auftreten (↑ Tabelle 9).

Mit der Hauptquantenzahl, der Nebenquantenzahl und der Magnetquantenzahl ist jedes in einem Atom auftretende *Orbital* eindeutig bestimmt. Da jedes Orbital zwei Elektronen aufnehmen kann, ist die Anzahl der je Hauptenergieniveau und je Nebenenergieniveau möglichen Elektronen doppelt so groß wie die Anzahl der Orbitale (↑ Tabelle 9, die letzten beiden Spalten). Die im gleichen Orbital befindlichen Elektronen stimmen in Hauptquantenzahl, Nebenquantenzahl und Magnetquantenzahl überein. Sie unterscheiden sich in einer vierten Quantenzahl, die den *Spin* (↑ 4.5.2.) des Elektrons angibt und daher als **Spinquantenzahl** bezeichnet wird. Das PAULI-Prinzip kann daher auch so formuliert werden:

Innerhalb eines Atoms stimmen niemals zwei Elektronen in allen vier Quantenzahlen überein.

Die **Einordnung der Elektronen in die Energieniveaus bzw. Orbitale** erfolgt in der Reihe der nach der Kernladungszahl (Ordnungszahl) geordneten Elemente (↑ Tafel 2 am Ende des Buches) nach folgenden *Regeln*:

Jedes neu hinzukommende Elektron nimmt das niedrigste freie Energieniveau ein.

Da das 4s-Niveau *niedriger* liegt als das 3d-Niveau (↑ Bild 22), ergibt sich die Reihenfolge:

1s 2s 2p 3s 3p **4s** **3d** **4p**

Demnach werden besetzt: Beim *Kalium* und *Kalzium* das 4s-Orbital; vom *Skandium* bis zum *Zink* die 3d-Orbitale (damit ist das 3. Hauptenergieniveau gefüllt); mit dem *Gallium* beginnend die 4p-Orbitale (also Fortsetzung des Aufbaus des 4. Hauptenergieniveaus).

Die weitere Reihenfolge der Besetzung der Orbitale zeigt Bild 22 (↑ S. 128).

Gegenüber dieser theoretischen Reihenfolge gibt es allerdings einige *Unregelmäßigkeiten* (z.B. bei Chrom, Kupfer, Silber und Gold), die darauf beruhen, daß sich der Energiezustand der d-Orbitale von dem Energiezustand der s-Orbitale des nächsthöheren Hauptenergieniveaus nur geringfügig unterscheidet (↑ Bild 22). Unter dem Einfluß der übrigen Elektronen kann es daher zu Umbesetzungen zwischen diesen Orbitalen kommen. (In Tafel 2 am Ende des Buches wurden diese Stellen durch Pfeile gekennzeichnet.)

Beispiel: Kupfer: Theoretisch zu erwarten wäre die Besetzung:

$3s^2$ $3p^6$ $3d^9$ $4s^2$

Experimentell ermittelt wurde die Besetzung:

$3s^2$ $3p^6$ $3d^{10}$ $4s^1$

Obwohl schon vom Kalzium an (↑ Bild 22) *zwei* 4s-Elektronen vorhanden waren, besitzt das Kupfer nur *ein* 4s-Elektron. Mit dem anderen Elektron wird die volle Besetzung der 3d-Orbitale und dadurch zugleich die volle Besetzung des 3. Hauptenergieniveaus (der 3. Elektronenschale) erreicht. Das entspricht einem günstigen, d.h. niedrigen Energiezustand.

Bei der Elektronenbesetzung der Hauptenergieniveaus treten stabile Zwischenzustände auf, sobald die volle Besetzung der Nebenenergieniveaus (s, p, d oder f) erreicht ist.

Solche stabile Zwischenzustände sind:

- vom 2. Hauptenergieniveau an: 2 Elektronen, das ist die Besetzung des s-Orbitals;
- vom 3. Hauptenergieniveau an: 8 Elektronen, das ist die Besetzung der s- und p-Orbitale;
- vom 4. Hauptenergieniveau an: 18 Elektronen, das ist die Besetzung der s-, p- und d-Orbitale;
- auf dem 5. Hauptenergieniveau: 32 Elektronen, das ist die Besetzung der s-, p-, d- und f-Orbitale.

Von den Orbitalen, die zum gleichen Nebenenergieniveau gehören, erhält zunächst jedes Orbital ein Elektron, bevor mit der vollen Besetzung dieser Orbitale durch ein zweites Elektron begonnen wird.

Das wurde von dem deutschen Physiker FRIEDRICH HUND erkannt und wird als HUNDsche Regel bezeichnet. Am Beispiel der drei 2p-Orbitale ist das im Bild 19 dargestellt.

Auf dem höchsten Hauptenergieniveau befinden sich nie mehr als acht Elektronen.

Die Besetzung eines Hauptenergieniveaus mit 8 Elektronen, also die volle Besetzung der s- und p-Orbitale, erweist sich als besonders stabil.

Solche **Elektronenoktetts** sind auf dem höchsten Hauptenergieniveau aller *Edelgase* vorhanden, die daher nur schwer chemische Reaktionen eingehen.
Die Elektronen des jeweils höchsten Hauptenergieniveaus (der äußersten Elektronenschale, auch kurz Außenschale genannt) werden auch als **Außenelektronen** bezeichnet. Ein Atom hat also nie mehr als acht Außenelektronen. Die *Anzahl der Außenelektronen*, der Elektronen auf dem höchsten Hauptenergieniveau, bestimmt weitgehend die *chemischen Eigenschaften* eines Elements (↑ Abschn. 6).

5. Periodensystem der Elemente

5.1. Gesetz der Periodizität

Die Anzahl der bekannten Elemente war um die Mitte des 19. Jahrhunderts so angestiegen (auf etwa 60), daß sich ein Bedürfnis ergab, sie zu ordnen. Dabei wurde erkannt, daß in der Reihe der nach ihrem Atomgewicht (↑ 2.2.) geordneten Elemente in bestimmten Abständen Elemente mit einander ähnlichen Eigenschaften auftreten. In den Jahren 1868/69 ordneten der russische Chemiker Dimitri Iwanowitsch Mendelejew und der deutsche Chemiker Lothar Meyer unabhängig voneinander die damals bekannten Elemente in einem System an, in dem die Reihe der Elemente in der Weise in *Perioden* zerlegt ist, daß Elemente mit ähnlichen Eigenschaften in Gruppen zusammengefaßt sind. Dieses System ist als *Periodensystem der Elemente* (abgekürzt PSE) bekannt. Mendelejew erkannte das zugrunde liegende Naturgesetz in voller Tragweite und zog kühne Schlußfolgerungen daraus (↑ 5.6.). Nachdem heute bekannt ist, daß nicht das Atomgewicht, sondern die Kernladungszahl ein Element eindeutig charakterisiert (↑ 4.3.), lautet das Gesetz in moderner Formulierung:

Die nach ihren Kernladungszahlen geordneten Elemente zeigen eine Periodizität ihrer Eigenschaften.

5.2. Aufbau des Periodensystems

Bei den verschiedenen Darstellungsweisen des Periodensystems, die seit seiner Entdeckung entwickelt wurden, ist prinzipiell zwischen **Langperiodensystem** (↑ Beilage) und **Kurzperiodensystem** (↑ Umschlagseite vorn) zu unterscheiden.

Das Periodensystem umfaßt sieben **Perioden** (waagerechte Zeilen), die folgende Anzahl von Elementen enthalten:

1. Periode (Vorperiode)	2 Elemente
2. Periode (1. kurze Periode)	8 Elemente
3. Periode (2. kurze Periode)	8 Elemente
4. Periode (1. lange Periode)	18 Elemente
5. Periode (2. lange Periode)	18 Elemente
6. Periode (3. lange Periode)	32 Elemente
7. Periode (4. lange Periode)	bisher 21 Elemente

Die in Klammern angegebenen Bezeichnungen der Perioden werden vor allem in älterer Literatur verwendet.
Im *Langperiodensystem* sind alle Elemente einer Periode in *einer* Zeile angeordnet (↑ Beilage).
Im *Kurzperiodensystem* werden die langen Perioden unterteilt, so daß sich für jede dieser Perioden *zwei* Zeilen ergeben (↑ Umschlagseite).

Die senkrechten Spalten des Periodensystems werden als **Gruppen** bezeichnet.

Dem Gesetz der Periodizität entsprechend, stehen in jeder Gruppe Elemente mit einander ähnlichen Eigenschaften.

Es wird zwischen *Hauptgruppen* und *Nebengruppen* unterschieden, dabei ist es üblich,

- **die Hauptgruppen mit römischen Ziffern,**
- **die Nebengruppen mit arabischen Ziffern**

zu bezeichnen.
Entsprechend der in der 2. und 3. Periode stehenden Anzahl von Elementen gibt es **acht Hauptgruppen.** Die Bezeichnung der Hauptgruppen erfolgt teils nach dem jeweils in der 2. Periode stehenden Element, teils durch besondere Namen:

I. Hauptgruppe	Alkalimetalle	
II. Hauptgruppe	(Erdalkalimetalle)	Berylliumgruppe
III. Hauptgruppe	(Erdmetalle)	Borgruppe
IV. Hauptgruppe		Kohlenstoffgruppe
V. Hauptgruppe		Stickstoffgruppe
VI. Hauptgruppe	(Chalkogene)	Sauerstoffgruppe
VII. Hauptgruppe	Halogene	
VIII. Hauptgruppe	Edelgase	

Allgemein verbreitet sind nur die Gruppenbezeichnungen *Alkalimetalle*, *Halogene* und *Edelgase*. Die Bezeichnung der Hauptgruppen nach dem Element der 2. Periode ist insofern problematisch, als gerade diese Elemente in ihren Eigenschaften erheblich von den anderen Elementen der jeweiligen Hauptgruppen abweichen. (↑ Teil Anorganische Chemie.)

Von der 4. Periode an erhöht sich die Anzahl der Elemente von 8 auf 18. Die 10 hinzukommenden Elemente werden im Kurzperiodensystem so auf die 8 Gruppen verteilt, daß in der 8. Gruppe *drei* dieser Elemente stehen. Zu jeder Hauptgruppe kommt also von der 4. Periode an eine Nebengruppe. Es gibt demnach insgesamt **acht Nebengruppen**, die meist nach dem Element der 4. Periode bezeichnet werden:

1. Nebengruppe	Kupfergruppe
2. Nebengruppe	Zinkgruppe
3. Nebengruppe	Skandiumgruppe
4. Nebengruppe	Titangruppe
5. Nebengruppe	Vanadiumgruppe
6. Nebengruppe	Chromgruppe
7. Nebengruppe	Mangangruppe

Wenn in der 8. Nebengruppe jeweils *drei* Elemente untergebracht wurden, so geschah das nicht allein, um damit die gleiche Anzahl an Hauptgruppen und Nebengruppen zu erhalten, sondern es wird auch der Tatsache gerecht, daß diese drei Elemente einer Periode jeweils ähnliche Eigenschaften besitzen. Die 8. Nebengruppe wird weiter unterteilt in:

Eisengruppe →	**Fe**	**Co**	**Ni**	
Gruppe der Platinmetalle →	**Ru**	**Rh**	**Pd**	← **leichte Platinmetalle**
	Os	**Ir**	**Pt**	← **schwere Platinmetalle**
	↑ **Osmiumgruppe**	↑ **Iridiumgruppe**	↑ **Platingruppe**	

In der 6. Periode erhöht sich die Anzahl der Elemente gegenüber der 5. Periode von 18 auf 32. Die hinzukommenden 14 Elemente folgen nach dem Element *Lanthan* und haben auch ähnliche Eigenschaften wie dieses Element. Daher werden sie unter der Bezeichnung **Lanthanoide** (früher *Lanthaniden*) zusammengefaßt.
In gleicher Weise werden in der 7. Periode die auf das Element *Aktinium* folgenden 14 Elemente in das Periodensystem eingeordnet. Sie werden als **Aktinoide** (früher *Aktiniden*) bezeichnet.

Die Beilage **Periodensystem der Elemente** ist so eingerichtet, daß durch Falten zunächst die *Lanthanoide* und *Aktinoide* und dann auch die *Nebengruppenelemente* verdeckt werden können. Auf diese Weise entsteht ein *verkürztes Periodensystem*, das nur die *Hauptgruppenelemente* umfaßt und daher besonders übersichtlich ist. Im Kurzperiodensystem (↑ Umschlagseite vorn) werden die Lanthanoide und Aktinoide in besonderen Zeilen angeordnet.

Das Periodensystem der Elemente enthält für jedes Element:

Ordnungszahl → **16 S** ← **Symbol**

32,06

↑

relative Atommasse

5.3. Periodensystem und Atombau

Das Periodensystem der Elemente *spiegelt den Bau der Atome wider*. Die Einordnung der Elemente in die Perioden und Gruppen des Periodensystems folgt der *Besetzung der Energieniveaus* (Elektronenschalen) in den Atomen dieser Elemente mit *Elektronen*. Durch einen Vergleich des verkürzten Periodensystems (Beilage, gefaltet) mit Bild 7a, S. 106, wird das deutlich.

Zwischen Periodensystem und Atombau bestehen zwei wichtige Beziehungen:

- Die Atome aller Elemente, die in der **gleichen Periode** stehen, haben die **gleiche Anzahl** teilweise oder ganz mit Elektronen besetzter **Hauptenergieniveaus (Elektronenschalen).**
- Die Atome aller Elemente, die in der *gleichen Hauptgruppe* stehen, haben die **gleiche Anzahl Außenelektronen** (Elektronen auf dem höchsten Hauptenergieniveau).

Nummer der Periode

= **Anzahl der Elektronenschalen** (↑ 4.5.1.)
= **Nummer der äußersten Elektronenschale**
= **Anzahl der Hauptenergieniveaus** (↑ 4.5.6.)
= **Nummer des höchsten Hauptenergieniveaus**
= **Hauptquantenzahl** (↑ 4.5.6.)

Da die Atome der bisher bekannten Elemente im Höchstfalle *sieben* ganz oder teilweise mit Elektronen besetzte Hauptenergieniveaus (Elektronenschalen) aufweisen, hat das Periodensystem der Elemente *sieben* Perioden.

In der Beilage Periodensystem ist in der 2. Spalte angegeben, in welchen Hauptenergieniveaus (Elektronenschalen) sich bei den Elementen der einzelnen Perioden Elektronen befinden.

Nummer der Hauptgruppe

= Anzahl der Außenelektronen
= Anzahl der Elektronen auf dem höchsten Hauptenergieniveau

Als **Außenelektronen** werden die Elektronen der äußersten Elektronenschale (des höchsten Hauptenergieniveaus) bezeichnet. Da ein Atom im Höchstfalle *acht* Außenelektronen besitzt (zwei s-Elektronen und sechs p-Elektronen; ↑ 4.5.3. u. 4.5.4.), hat das Periodensystem *acht* Hauptgruppen.

Werden die *Außenelektronen* durch *Punkte* gekennzeichnet, die um das Symbol des jeweiligen Elements angeordnet sind, so ergibt sich für die ersten 20 Elemente (↑ auch Bild 7a, S. 106, und Beilage, gefaltet):

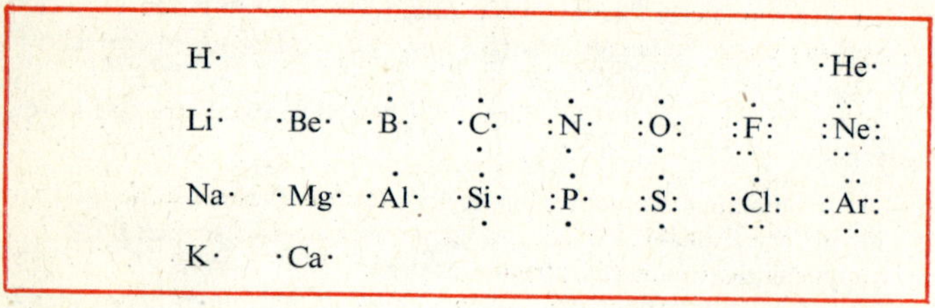

Bild 22. Prinzip des Aufbaus der Elektronenhülle
Die Verbindungspfeile zeigen, in welcher Reihenfolge innerhalb der Reihe der Elemente die Elektronenhülle aufgebaut wird. Da die Energieunterschiede zwischen den höheren Energieniveaus – beginnend mit 3d und 4s – zum Teil sehr gering sind, treten einige Abweichungen von diesem Aufbauprinzip auf. Den heutigen Erkenntnisstand des tatsächlichen Aufbaus gibt Tafel 2 wieder.
Anmerkung: Da bei der Mehrzahl der Lanthanoide das $5d^1$-Orbital unbesetzt ist, läge es nahe, dessen Besetzung beim Lanthan als Ausnahme zu betrachten. Dann würde im Bild 22 das Lutetium an die Stelle des Lanthans treten. Ebenso könnte dann das Lawrencium die Stelle des Aktiniums einnehmen. Das hätte zur Folge, daß im Periodensystem anstelle des Lanthans und Aktiniums das Lutetium und das Lawrencium in die 3. Nebengruppe einzuordnen wären.

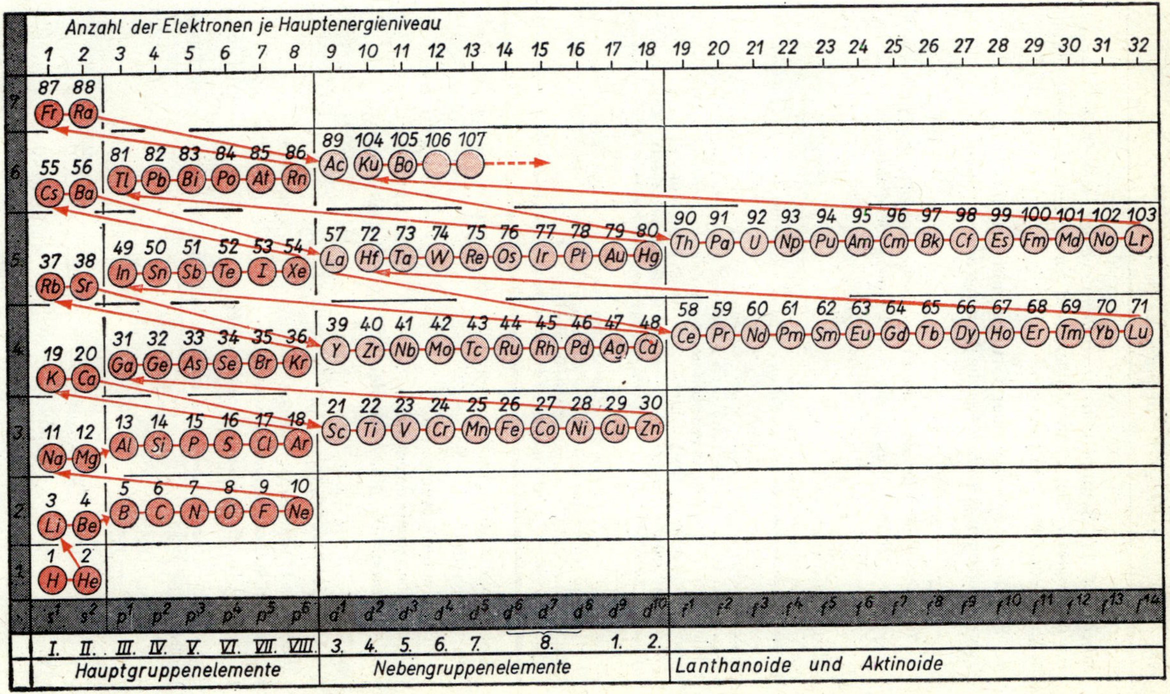
Anzahl der Elektronen je Hauptenergieniveau
1 2 3 4 5 6 7 8 9 10 11 12 13 14 15 16 17 18 19 20 21 22 23 24 25 26 27 28 29 30 31 32
7 6 5 4 3 2 1
87 Fr 88 Ra
89 Ac 104 Ku 105 Bo 106 107
55 Cs 56 Ba 81 Tl 82 Pb 83 Bi 84 Po 85 At 86 Rn
90 Th 91 Pa 92 U 93 Np 94 Pu 95 Am 96 Cm 97 Bk 98 Cf 99 Es 100 Fm 101 Md 102 No 103 Lr
37 Rb 38 Sr 49 In 50 Sn 51 Sb 52 Te 53 I 54 Xe
57 La 72 Hf 73 Ta 74 W 75 Re 76 Os 77 Ir 78 Pt 79 Au 80 Hg
58 Ce 59 Pr 60 Nd 61 Pm 62 Sm 63 Eu 64 Gd 65 Tb 66 Dy 67 Ho 68 Er 69 Tm 70 Yb 71 Lu
19 K 20 Ca 31 Ga 32 Ge 33 As 34 Se 35 Br 36 Kr
39 Y 40 Zr 41 Nb 42 Mo 43 Tc 44 Ru 45 Rh 46 Pd 47 Ag 48 Cd
11 Na 12 Mg 13 Al 14 Si 15 P 16 S 17 Cl 18 Ar
21 Sc 22 Ti 23 V 24 Cr 25 Mn 26 Fe 27 Co 28 Ni 29 Cu 30 Zn
3 Li 4 Be 5 B 6 C 7 N 8 O 9 F 10 Ne
1 H 2 He
s¹ s² p¹ p² p³ p⁴ p⁵ p⁶ d¹ d² d³ d⁴ d⁵ d⁶ d⁷ d⁸ d⁹ d¹⁰ f¹ f² f³ f⁴ f⁵ f⁶ f⁷ f⁸ f⁹ f¹⁰ f¹¹ f¹² f¹³ f¹⁴
I. II. III. IV. V. VI. VII. VIII. 3. 4. 5. 6. 7. 8. 1. 2.
Hauptgruppenelemente
Nebengruppenelemente
Lanthanoide und Aktinoide

Dabei gibt das Symbol den *Atomrumpf* wieder, d.h. den Atomkern und die *inneren* Elektronenschalen (die unter dem höchsten Hauptenergieniveau liegenden Energieniveaus).

Die Beziehung zwischen der Gruppennummer und der Anzahl der Außenelektronen gilt *nicht* für die Nebengruppenelemente.

Die Atome der Elemente, die in den **Nebengruppen** des Periodensystems stehen, haben in der Regel **zwei Außenelektronen.**

(↑ Tafel 2 im Anhang.)

Bei den **Nebengruppenelementen** steht das – in der Reihe der Elemente entsprechend der zunehmenden Kernladungszahl – zuletzt hinzugekommene Elektron, d.h. das energiereichste Elektron, nicht in der Außenschale, sondern in der zweitäußersten Elektronenschale. Es handelt sich um ein **d-Elektron** des zweithöchsten Energieniveaus (↑ Bild 22). Bei den Nebengruppenelementen treten dementsprechend neben den s-Elektronen auch d-Elektronen als Valenzelektronen auf (↑ Abschn. 6).
Bei den **Lanthanoiden** steht das – in der Reihe der Elemente entsprechend der zunehmenden Kernladungszahl – zuletzt hinzugekommene Elektron, d.h. das energiereichste Elektron, sogar in der drittäußersten Elektronenschale (↑ Bild 22). Es handelt sich dabei um ein f-Elektron des dritthöchsten Hauptenergieniveaus, also um ein 4f-Elektron. Bei den Lanthanoiden treten dementsprechend neben den s-Elektronen und d-Elektronen auch f-Elektronen als Valenzelektronen auf.
Für die **Aktinoide** wird im allgemeinen eine ähnliche Elektronenbesetzung angenommen wie für die Lanthanoide (↑ Bild 22). Jedoch gibt es hier noch größere Unsicherheiten.

Zu dem in der Reihe der Elemente fortschreitenden Aufbau der Elektronenhülle steuern

- die **Hauptgruppenelemente** **s- und p-Elektronen,**
- die **Nebengruppenelemente** **d-Elektronen** und
- die **Lanthanoide** und **Aktinoide** **f-Elektronen**

bei (↑ Bild 22 und Tafel 2 im Anhang).
Als **Valenzelektronen** treten auf

- bei den **Hauptgruppenelementen** s- und p-Elektronen,
- bei den **Nebengruppenelementen** s- und d-Elektronen
- bei den **Lanthanoiden** und **Aktinoiden** s-, d- und f-Elektronen.

Aus der Elektronenbesetzung erklärt sich die unterschiedliche **Länge der Perioden** (↑ Bild 22) wie folgt:

1. Periode:	$1s^2$			2 Elemente
2. Periode:	$2s^2$	$2p^6$		8 Elemente
3. Periode:	$3s^2$	$3p^6$		8 Elemente
4. Periode:	$4s^2$	$4p^6$	$3d^{10}$	18 Elemente
5. Periode:	$5s^2$	$5p^6$	$4d^{10}$	18 Elemente

6. Periode:	$6s^2$	$6p^6$	$5d^{10}$	$4f^{14}$	32 Elemente
7. Periode:	$7s^2$	$7p^6$	$6d^{10}$	$5f^{14}$	32 Elemente, von denen bisher 21 bekannt sind.

5.4. Periodensystem und Wertigkeit

Da bei den **Hauptgruppenelementen** die Nummer der Gruppe mit der Anzahl der Außenelektronen übereinstimmt, die ihrerseits die höchstmögliche Wertigkeit (↑ 6.5.) angibt, besteht folgende Beziehung:

Nummer der Hauptgruppe = höchstmögliche Wertigkeit

Hauptgruppe:	**I**	**II**	**III**	**IV**	**V**	**VI**	**VII**
Höchstwertigkeit:	**1**	**2**	**3**	**4**	**5**	**6**	**7**
Weitere Wertigkeiten:				2	3	4	5
						2	3
							1

Außer den der Gruppennummer entsprechenden Höchstwertigkeiten treten bei den Elementen der IV. bis VII. Hauptgruppe auch *niedrigere* Wertigkeiten auf, und zwar vorwiegend solche, die *um 2 oder ein Mehrfaches von 2 niedriger* liegen als die Gruppennummer. Diese Abstufung der Wertigkeit beruht darauf, daß die Elektronen bei der chemischen Bindung vorwiegend paarweise auftreten (↑ 6.1.1.) und daß ein Teil der Elektronenpaare der Außenschale (des höchsten Energieniveaus) an der Bindung unbeteiligt sein kann.

Beispiel: Schwefel, VI. Hauptgruppe

Sulfation, SO_4^{2-}

Schwefel sechswertig (Oxidationszahl +6)

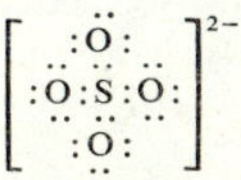

Sulfition, SO_3^{2-}

Schwefel vierwertig (Oxidationszahl +4)

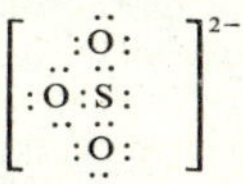

Im Sulfition ist ein Elektronenpaar des Schwefels nicht an einer chemischen Bindung beteiligt.

Während die Hauptgruppenelemente in ihren *binären*[1]) Verbindungen

[1]) Als *binär* werden Verbindungen bezeichnet, die aus zwei Elementen bestehen, z.B. HCl, H_2O, NaCl, SO_2, CH_4, CCl_4. *Ternäre* Verbindungen bestehen aus *drei*, *quaternäre* aus vier Elementen.

mit *Sauerstoff* in der Regel in allen Gruppen die Höchstwertigkeit erreichen, ist das in den binären Verbindungen mit *Wasserstoff* nur für die I. bis IV. Hauptgruppe der Fall. Von der IV. bis VII. Hauptgruppe nimmt die Wertigkeit gegenüber *Wasserstoff* von 4 bis 1 ab (↑ Tabelle 10).

Wichtige **Ausnahmen:**

Sauerstoff ist immer **zweiwertig.**
Fluor ist immer **einwertig.**

Die Edelgase hielt man bis 1962 für absolut reaktionsunfähig und bezeichnete sie daher als *nullwertig*. Dementsprechend wurde die Gruppe der Edelgase auch **0. Hauptgruppe** (nullte Hauptgruppe) genannt. Inzwischen wurden vor allem vom Xenon zahlreiche Verbindungen hergestellt, in denen dieses Element acht-, sechs-, vier- und zweiwertig auftritt. Auch Verbindungen des Kryptons und des Radons sind bekannt (↑ Abschn. 18.).

Tabelle 10. Wertigkeit der Hauptgruppenelemente in binären Sauerstoff- und Wasserstoffverbindungen

Hauptgruppe	I	II	III	IV	V	VI	VII
	Na_2O	MgO	Al_2O_3	SiO_2	P_2O_5	SO_3	Cl_2O_7
Höchste Wertigkeit gegenüber Sauerstoff	1	2	3	4	5	6	7
Wertigkeit gegenüber Wasserstoff	1	2	3	4	3	2	1
	NaH	MgH_2	AlH_3	SiH_4	PH_3	H_2S	HCl

Bei den **Nebengruppenelementen** wird die der Gruppennummer entsprechende Höchstwertigkeit meist nicht erreicht, zum Teil aber auch überschritten (z. B. bei Kupfer und Gold). Überhaupt treten hier sehr unterschiedliche Wertigkeiten auf (↑ Tafel 3 im Anhang).

5.5. Stellung im Periodensystem und Eigenschaften der Elemente

5.5.1. Metalle und Nichtmetalle

Die chemischen Elemente werden nach ihren Eigenschaften unterteilt in Metalle und Nichtmetalle. Dabei ist die auf Elektronen beruhende elektrische Leitfähigkeit der Metalle das wichtigste unterscheidende Merkmal. Metalle und Nichtmetalle sind im Periodensystem gesetzmäßig verteilt. Das ist aus der Beilage »Periodensystem« ersichtlich, in der *Metalle blau* bzw. *violett* und *Nichtmetalle rot* überdruckt sind.

Alle Nebengruppenelemente (einschließlich Lanthanoide und Aktinoide) sind Metalle.

Bei den Hauptgruppenelementen ist ein deutlicher Übergang zwischen Metallen und Nichtmetallen festzustellen (↑ verkürztes Periodensystem, Beilage, gefaltet):

I. Hauptgruppe **nur Metalle**	**mittlere Hauptgruppen** **oben Nichtmetalle** **unten Metalle**	**VII. Hauptgruppe** **nur Nichtmetalle**

Allgemein gilt:

- **In den Hauptgruppen nimmt**
  der Metallcharakter von oben nach unten zu,
  der Nichtmetallcharakter von oben nach unten ab.
- **In den Perioden nimmt bei den Hauptgruppenelementen**
  der Metallcharakter von links nach rechts ab,
  der Nichtmetallcharakter von links nach rechts zu.

Die farbigen Keile in der Beilage »Periodensystem« bringen das zum Ausdruck. Im verkürzten Periodensystem (Beilage, gefaltet) steht rechts oben das typischste Nichtmetall *Fluor* und links unten das typischste Metall *Zäsium* (Franzium spielt als sehr kurzlebiges radioaktives Element für chemische Betrachtungen zur Zeit noch keine Rolle). Von diesen beiden Ecken des Periodensystems strahlt der Nichtmetallcharakter bzw. der Metallcharakter über die übrigen Hauptgruppenelemente aus:

	Nichtmetalle (Säurebildner) (elektronegativ)
Metalle (Basenbildner) (elektropositiv)	

Entlang der Grenze zwischen Metallen und Nichtmetallen stehen *Halbmetalle* (z.B. Germanium) bzw. Elemente, die sowohl metallische als auch nichtmetallische Modifikationen (Erscheinungsformen) besitzen (z.B. Arsen).

Die *Edelgase* wurden hier außer Betracht gelassen. Sie stehen in ihren Eigenschaften den Nichtmetallen nahe, können aber auch als besondere Gruppe von Elementen neben die Metalle und Nichtmetalle gestellt werden.
Als ein Maß für den Metall- bzw. Nichtmetallcharakter eines Elements kann die *Ionisierungsenergie* seiner Atome aufgefaßt werden; das ist die Energie, die aufgewandt werden muß, um ein Elektron aus dem Atom zu entfernen. Metalle haben niedrige Ionisierungsenergien (z.B. Na 492 kJ/mol; Al 579 kJ/mol; Fe 753 kJ/mol), Nichtmetalle hohe Ionisierungsenergien (z.B. F 1679 kJ/mol; N 1399 kJ/mol; S 1003 kJ/mol), die Edelgase liegen noch darüber (z.B. He 2374 kJ/mol; Ne 2084 kJ/mol), die Halbmetalle zwischen Metallen und Nichtmetallen (z.B. Germanium 782 kJ/mol). In den Gruppen des PSE nehmen die Ionisierungsenergien mit zunehmendem Atomradius ab.

5.5.2. Elektropositive und elektronegative Elemente

Je nachdem, ob ein Element mehr dazu neigt, *positive Ionen* oder *negative Ionen* zu bilden (↑ 6.2.), wird zwischen elektropositiven und elektronegativen Elementen unterschieden.

- **Atome der elektronegativen Elemente** haben eine **hohe Elektronenaffinität**[1]); sie halten ihre Elektronen sehr fest und haben die Tendenz, weitere Elektronen aufzunehmen.
- **Atome der elektropositiven Elemente** haben eine **geringe Elektronenaffinität**; sie halten ihre Elektronen wenig fest, so daß diese leicht abgegeben werden.

Am stärksten *elektropositiv* sind die typischen *Metalle* (I. Hauptgruppe). Am stärksten *elektronegativ* sind die typischen *Nichtmetalle* (VII. Hauptgruppe).

Im Periodensystem nimmt bei den Hauptgruppenelementen
- **der elektropositive Charakter**
  von links nach rechts ab und
  von oben nach unten zu.
- **der elektronegative Charakter**
  von links nach rechts zu und
  von oben nach unten ab.

Alle **Nebengruppenelemente** sind mehr oder weniger **elektropositiv.**

5.5.3. Basenbildner und Säurebildner

Die Elemente lassen sich auch einteilen nach dem Charakter typischer Verbindungen, die sie zu bilden vermögen. Die **Oxide,** die fast alle Elemente bilden, ergeben mit Wasser teils **Säuren,** teils **Basen** (↑ 7.2.4.).

[1]) *affinitas* (lat.) Verwandtschaft

Beispiele:	Schwefel:	$S + O_2 \rightarrow SO_2$	Schwefeldioxid
		$SO_2 + H_2O \rightarrow H_2SO_3$	Schweflige Säure
	Kalzium:	$2\,Ca + O_2 \rightarrow 2\,CaO$	Kalziumoxid
		$2\,CaO + 2\,H_2O \rightarrow 2\,Ca(OH)_2$	Kalziumhydroxid

Im allgemeinen gilt:

Nichtmetalloxide bilden Säuren.
Metalloxide bilden Basen.

Es gibt aber auch Metalle mit **amphoteren**[1]) **Oxiden.** Diese bilden mit Wasser **amphotere Hydroxide,** die je nach dem Charakter des Reaktionspartners sowohl als Base als auch als Säure reagieren können.

Beispiel: Aluminiumhydroxid, $Al(OH)_3$, verhält sich gegenüber Säuren als Base, gegenüber Basen als Säure $H_3AlO_3 = HAlO_2 \cdot H_2O$.

$$\underset{\text{Base}}{Al(OH)_3} + \underset{\text{Säure}}{3\,HNO_3} \rightarrow \underset{\text{Salz}}{Al(NO_3)_3} + \underset{\text{Wasser}}{3\,H_2O}$$

$$\underset{\text{Säure}}{HAlO_2 \cdot H_2O} + \underset{\text{Base}}{NaOH} \rightarrow \underset{\text{Salz}}{NaAlO_2} + \underset{\text{Wasser}}{2\,H_2O}$$

Bildet ein Metall **mehrere Oxide,** was bei zahlreichen Nebengruppenelementen der Fall ist, so *nimmt mit steigender Wertigkeit* (Oxidationszahl; ↑ 6.5.3.) *der Basencharakter ab und der Säurecharakter zu.*

Beispiel: Mangan tritt im Mangan(II)-chlorid, $MnCl_2$, als basischer Bestandteil auf, das Mangan(IV)-oxid, MnO_2, ist amphoter, und im Kaliumpermanganat, $KMnO_4$, steht das (hier siebenwertige) Mangan im Säurerest. Demnach ist
zweiwertiges Mangan basenbildend,
vierwertiges Mangan amphoter,
siebenwertiges Mangan säurebildend.

Die chemischen Elemente lassen sich nach dem Charakter ihrer Oxide wie folgt einteilen. Diese Einteilung wird in der Beilage »Periodensystem« entsprechend der unterschiedlichen Färbung des Lackmusfarbstoffes gekennzeichnet.

Elemente, deren Oxide Säurecharakter haben:	**rot**	(Farbe des Lackmusfarbstoffs in saurer Lösung)
Basencharakter haben:	**blau**	(Farbe des Lackmusfarbstoffs in basischer [alkalischer] Lösung)
amphoteren Charakter haben oder die sowohl Oxide mit *basischem* als auch solche mit *saurem* Charakter bilden:	**violett**	(Farbe des Lackmusfarbstoffs im Umschlagbereich zwischen sauer und basisch)

[1]) sprich amfotér; von *amphoteroi* (grch.) beide

Für die **Oxide der Hauptgruppenelemente** gilt (↑ verkürztes Periodensystem, Beilage, gefaltet):

In den *Perioden* nimmt von links nach rechts der Basencharakter ab, der Säurecharakter zu.
In den *Gruppen* nimmt von oben nach unten der Basencharakter zu, der Säurecharakter ab.

5.6. Bedeutung des Periodensystems

Die Entdeckung des Periodensystems der Elemente verlieh der Entwicklung der chemischen Wissenschaft wichtige Impulse. MENDELEJEW selbst zog aus dem Gesetz der Periodizität Schlußfolgerungen und sagte aufgrund von Lücken, die sich im Periodensystem zeigten, die Existenz noch unbekannter Elemente und deren Eigenschaften mit großer Genauigkeit voraus. Mit der bald darauf folgenden Entdeckung von Skandium, Gallium und Germanium wurden die auf deduktivem Wege gewonnenen Voraussagen MENDELEJEWS glänzend bestätigt. (Auch die viel später entdeckten bzw. künstlich hergestellten Elemente Polonium, Rhenium und Technetium wurden von MENDELEJEW vorausgesagt, aber nicht so genau beschrieben.)
In der Reihe der Elemente bis zum Uran bestanden noch lange Zeit vier Lücken. Die Elemente Technetium, Promethium, Astat und Franzium, die bis dahin in der Natur nicht gefunden werden konnten, wurden zwischen 1937 und 1945 von Atomphysikern künstlich erzeugt. Hierin zeigt sich, daß die Welt nicht nur erkennbar ist, sondern daß der Mensch in der Lage ist, die Welt unter Nutzung der Naturgesetze zu verändern.
Dem Periodensystem der Elemente kommt also auch große philosophische Bedeutung zu. Im Periodensystem kommt das Wirken der Gesetze der *materialistischen Dialektik* zum Ausdruck. So entspricht jeder *Quantität* (jeder Kernladungszahl) eine eigene *Qualität* (ein Element mit seinen besonderen Eigenschaften). Im Periodensystem zeigt sich der *Gegensatz* zwischen Metallen und Nichtmetallen, zwischen Elementen mit basenbildenden und mit säurebildenden Oxiden. Auf diesem Gegensatz beruhen viele chemische Reaktionen. In den amphoteren Oxiden bzw. Hydroxiden zeigt sich die *Einheit dieses Gegensatzes.*
Der *Zusammenhang* zwischen der Stellung der Elemente im Periodensystem und den Eigenschaften der Elemente beruht auf dem Atombau, der aber MENDELEJEW und MEYER noch völlig unbekannt war. Das charakterisiert die Entdeckung dieser Wissenschaftler als geniale wissenschaftliche Leistung. Als der Atombau seit Anfang unseres Jahrhunderts schrittweise aufgeklärt wurde, wurden damit auch die objektiven Ursachen der Periodizität der Eigenschaften der Elemente erkannt. Das ist ein hervorragendes Beispiel für die *Erkennbarkeit der Welt.*
Die Zusammenhänge zwischen Periodensystem, Atombau und Eigenschaften der Elemente erleichtern ganz wesentlich das Lernen. Das Periodensystem der Elemente gehört daher zu den wichtigsten Arbeitsmitteln des Chemieunterrichts.

6. Chemische Bindung

Als chemische Bindung wird der Zusammenhalt von Atomen bezeichnet, wie er vor allem in Molekülen und Kristallgittern besteht.

Nachdem Bohr seine grundlegenden Erkenntnisse über den Bau der Elektronenhülle (↑ 4.1.) veröffentlicht hatte, gelang es, die chemische Bindung auf Vorgänge in der Elektronenhülle der Atome zurückzuführen. 1915 gab der deutsche Physiker Walter Kossel eine Erklärung für die bei den Salzen vorliegende chemische Bindung. 1916 gelang es dem amerikanischen Chemiker Gilbert Newton Lewis, auch die chemische Bindung in den Molekülen zu erklären. Beide gingen von der Vorstellung aus, daß alle Atome die Tendenz aufweisen, die *Elektronenbesetzung eines Edelgases* zu erreichen. Die Edelgase haben — mit Ausnahme des Heliums — auf ihrer Außenschale (auf dem höchsten Hauptenergieniveau) acht Elektronen. Eine solche Außenschale wird als Achterschale oder auch als Elektronenoktett[1]) bezeichnet. Diese Elektronenanordnung ist so stabil, daß die Edelgase nur schwer chemische Reaktionen eingehen. Vor allem treten die Edelgase im Gegensatz zu den anderen elementaren Gasen nicht als zweiatomige Moleküle auf.
Die von Kossel und Lewis entwickelte Theorie wird als Oktett-Theorie oder — da sie die Wertigkeit (Valenz[2])) mit Vorgängen in der Elektronenhülle erklärt — allgemeiner als Elektronentheorie der Valenz bezeichnet (↑ Wertigkeitsbegriffe; Abschn. 6.5.).
Die Wertigkeit eines Elements hängt bei den Hauptgruppenelementen von der Anzahl der Elektronen ab, die die Atome auf der Außenschale (auf dem höchsten Hauptenergieniveau) besitzen. Diese sog. **Außenelektronen** werden daher auch als **Valenzelektronen** bezeichnet. Die Veränderungen, die bei chemischen Reaktionen in den Elektronenhüllen stattfinden, erstrecken sich nur auf die Valenzelektronen. Bei den Nebengruppenelementen, einschließlich den Lanthanoiden und Aktinoiden, können auch Elektronen als Valenzelektronen auftreten, die nicht dem höchsten Hauptenergieniveau angehören (↑ 5.3.).
Die Erkenntnisse über die chemische Bindung wurden mit der weiteren Erforschung des Atombaus in vielfältiger Weise weiterentwickelt. Dabei hat das Elektronenoktett nicht seine ursprüngliche zentrale Bedeutung behalten. In den folgenden Abschnitten wird die chemische Bindung mit Hilfe des wellenmechanischen Atommodells behandelt. Für jene Leser, die bisher nur die älteren Darstellungen kennen, wird in Kleindruckabschnitten die Verbindung zu diesen hergestellt.

---

1) *octo* (lat.) acht
2) *valere* (lat.) gelten, wert sein

Bei der chemischen Bindung wird allgemein zwischen drei Bindungsarten unterschieden (↑ Tabelle 11):

- **Atombindung**
- **Ionenbindung**
- **Metallbindung**

Diese Bindungsarten stehen nicht isoliert nebeneinander, sondern sind Erscheinungsformen einer einheitlichen chemischen Bindung. Dementsprechend gibt es zwischen diesen drei Bindungsarten *Übergangsformen.*

Tabelle 11. Arten der chemischen Bindung

Bindungsart	**Ionenbindung** Ionenbeziehung, heteropolare Bindung, elektrovalente Bindung	**Atombindung** Elektronenpaarbindung, homöopolare Bindung, kovalente Bindung		**Metallbindung** metallischer Zustand
Art der beteiligten Atome	Metallatom + Nichtmetallatom	Nichtmetallatome		Metallatome
Charakter der Atome	elektropositiv + elektronegativ	elektroneutral		elektropositiv
Vorgänge in den Elektronenhüllen	Übergang von Elektronen	Bildung gemeinsamer Elektronenpaare, Besetzung bindender Molekülorbitale		Abgabe von Valenzelektronen
Art der entstehenden Teilchen	positive und negative Ionen	Moleküle	–	positive Ionen und *Elektronengas*
Kristallgitter	Ionengitter	Molekülgitter	Atomgitter	Metallgitter
Charakter der entstehenden Stoffe	salzartig	flüchtig oder makromolekular (nichtflüchtig)	diamantartig	metallisch
Beispiele	Natriumchlorid, NaCl Kalziumoxid, CaO Natriumhydroxid, NaOH	Brom, Br_2 Kohlendioxid, CO_2 Benzol Stärke	Diamant Silizium Siliziumkarbid, SiC Borkarbid, B_4C	alle Metalle und Legierungen

Viel schwächer als diese drei Bindungsarten sind die zwischenmolekularen Bindungen, die den Zusammenhalt zwischen den Molekülen in einem Kristallgitter (z.B. festem Kohlendioxid) oder in einer Flüssigkeit (z.B. Wasser) bewirken (↑ 6.1.1.; VAN-DER-WAALSsche Kräfte).

6.1. Atombindung

6.1.1. Atombindung und Eigenschaften der Stoffe

Die *Atombindung* beruht auf der Bildung von *gemeinsamen Elektronenpaaren.* Das sind Elektronenpaare, die den Elektronenhüllen beider an der Bindung beteiligter Atome angehören. Die Atombindung wird daher auch als *Elektronenpaarbindung* bezeichnet. Die gleichfalls gebräuchlichen Bezeichnungen *homöopolare*[1]) *Bindung* und *unpolare Bindung* drücken aus, daß die beiden beteiligten Atome – im Gegensatz zur Ionenbindung (↑ 6.2.) – keine elektrischen Ladungen tragen. In den gleichfalls gebräuchlichen Bezeichnungen *kovalente Bindung* oder *Kovalenzbindung* kommt zum Ausdruck, daß die beiden beteiligten Atome einander gleichwertig sind. Sie gehören entweder zum gleichen Element (z.B. bei den Molekülen der zweiatomigen elementaren Gase H_2, O_2, N_2, Cl_2) oder doch zu Elementen, die in ihrem chemischen Charakter (in ihrer Elektronegativität; ↑ 6.1.8.) einander ähnlich sind (z.B. Kohlenstoff und Schwefel im Kohlendisulfid CS_2). Unterscheiden sich die Elemente, deren Atome an einer Bindung beteiligt sind, in ihrem chemischen Charakter (in ihrer Elektronegativität) erheblich voneinander, kommt keine reine Atombindung zustande, sondern eine polarisierte Atombindung (↑ 6.1.8.).

Atombindungen treten nur zwischen Atomen mit mehr oder weniger *elektronegativem Charakter* auf, also zwischen *Nicht*metallatomen.

Atombindung
= Elektronenpaarbindung
= homöopolare Bindung
= unpolare Bindung
= kovalente Bindung
= Kovalenzbindung

[1]) *homoios* (grch.) ähnlich, gleich

Die Atombindungen werden mit Hilfe von Elektronenformeln wie folgt symbolisiert (*Beispiel:* Chlormolekül, Cl_2):

Jedes *Elektron* wird durch einen *Punkt* symbolisiert:	$:\ddot{\underset{..}{Cl}}:\ddot{\underset{..}{Cl}}:$
Jedes *Elektronenpaar* wird durch einen *Strich* symbolisiert:	$\lvert\overline{\underline{Cl}}-\overline{\underline{Cl}}\rvert$
Nur das *bindende* (gemeinsame) Elektronenpaar wird durch einen *Strich* symbolisiert:	Cl – Cl

Diese drei Elektronenformeln sind gleichbedeutend.

Die Atombindungen sind *räumlich gerichtet.* Sie ergeben daher

- **Moleküle** oder
- **Atomgitter**

mit einer für den einzelnen Stoff (oder einige isomorphe[1]) Stoffe) charakteristischen *Struktur.*

Mit Hilfe des **Bohrschen Atommodells** wird das Zustandekommen von Atombindungen wie folgt erklärt: Die Atome haben die Tendenz, auf ihrer äußersten Elektronenschale ein Elektronenoktett (eine abgeschlossene Achterschale, d. h. die Edelgaskonfiguration) zu erlangen. Bei der Atombindung wird das erreicht, indem die beiden beteiligten Atome je ein ungepaartes Elektron zu einem Elektronenpaar beisteuern, das dann beiden Atomen gemeinsam angehört.

Beispiel: Die Atome des Chlors besitzen 7 Außenelektronen (3 Elektronenpaare und 1 ungepaartes Elektron). Sie können zu Achterschalen gelangen, indem sie sich unter Bildung eines gemeinsamen Elektronenpaares zu zweiatomigen Molekülen vereinigen (↑ Bild 23):

$$:\ddot{\underset{..}{Cl}}. + .\ddot{\underset{..}{Cl}}: \rightarrow :\ddot{\underset{..}{Cl}}:\ddot{\underset{..}{Cl}}:$$

Aus den Modellvorstellungen Bohrs folgt die Frage, auf welchen Bahnen sich die Elektronen des gemeinsamen Elektronenpaares um die beiden Atomkerne bewegen. Diese Frage kann nicht beantwortet werden, da solche Bahnen in der Wirklichkeit nicht existieren. Das Bohrsche Atommodell erweist sich daher als unzureichend, die Atombindung zu erklären. Das wellenmechanische Atommodell beseitigt diese Schwierigkeiten (↑ 6.1.2.).

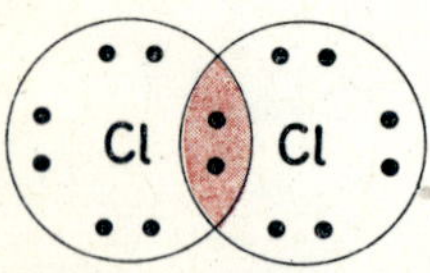

Bild 23. Schematische Darstellung eines Chlormoleküls

[1]) *isos* (grch.) gleich; *morphe* (grch.) Gestalt, Form

6.1.1.1. Atombindungen in Molekülen

Moleküle werden von den elementaren Gasen (z.B. H_2, Cl_2) und von einer Reihe nichtsalzartiger anorganischer Verbindungen (z.B. HCl, H_2O, NH_3, CO_2), vor allem aber von den organischen Verbindungen, d.h. von den Verbindungen des Kohlenstoffs, gebildet. Der *Kohlenstoff* steht im Periodensystem der Elemente in der Mitte zwischen elektropositiven Elementen (Metallen) und elektronegativen Elementen (Nichtmetallen) und wird daher auch als elektroneutral bezeichnet (↑ 5.5.2.).

Für organische Verbindungen ist die Atombindung charakteristisch.

Da die Moleküle keine elektrische Ladung tragen, leiten die Verbindungen, die auf reinen Atombindungen beruhen, den elektrischen Strom nicht.

Die Atombindungen ergeben innerhalb der Moleküle einen *festen Zusammenhalt*. Das läßt sich anschaulich erklären durch die *elektrostatische Wechselwirkung* zwischen den positiv geladenen Atomkernen und den negativen Ladungen der bindenden Elektronen.

Bevor ein Molekül mit einem anderen Molekül reagieren kann, muß ein Teil der innerhalb des Moleküls bestehenden Atombindungen aufgespalten werden. Daher verlaufen die Reaktionen zwischen Molekülen, wie sie für die organische Chemie charakteristisch sind, in der Regel viel langsamer als die für die anorganische Chemie typischen Ionenreaktionen.

Dagegen ist der *Zusammenhalt zwischen den Molekülen* eines Stoffes *sehr gering*, wenn er auch bei manchen Stoffen schon bei Zimmertemperatur zum Aufbau eines *Molekülgitters* ausreicht. So sind solche aus Molekülen aufgebauten Stoffe wie Jod, I_2, Phenol, C_6H_5OH, und Naphthalin, $C_{10}H_8$, fest. Sie gehen jedoch viel leichter in den gasförmigen Zustand über als die meisten — auf Ionenbindung beruhenden — Salze. Andere aus Molekülen aufgebauten Stoffe sind bei Zimmertemperatur flüssig (z.B. Brom, Br_2, Wasser, H_2O, Äthanol, C_2H_5OH) oder gasförmig (z.B. Chlor, Cl_2, Ammoniak, NH_3, Methan, CH_4).

Die aus Molekülen bestehenden Stoffe haben allgemein *niedrige Schmelz- und Siedepunkte* und werden daher unter der Bezeichnung *flüchtige Stoffe* zusammengefaßt. Die Flüchtigkeit nimmt im allgemeinen mit zunehmender Molekülgröße ab. Stoffe mit sehr großen Molekülen, sog. Makromolekülen, sind nicht mehr flüchtig (z.B. Stärke,

Zellulose, Plaste, Chemiefaserstoffe). Diese Stoffe zersetzen sich beim Erhitzen, bevor sie zum Sieden, viele von ihnen sogar schon, bevor sie zum Schmelzen kommen. Diese makromolekularen Stoffe nehmen eine Sonderstellung unter den aus Molekülen aufgebauten Stoffen ein.

Die *zwischenmolekularen Kräfte*, die den Zusammenhalt zwischen Molekülen bewirken – nach einem holländischen Chemiker, der sich besonders mit den Wirkungen dieser Kräfte beschäftigte, auch als VAN-DER-WAALSsche Kräfte bezeichnet –, beruhen auf der Überlappung zwischen Molekülorbitalen (↑ 6.1.2.) bzw. auf der elektrostatischen Wechselwirkung zwischen dauernden und zeitweiligen Dipolmolekülen (↑ 6.1.9.). Zeitweilige Dipole entstehen durch Schwingungen in den Elektronenhüllen von Molekülen, die an sich keinen Dipolcharakter haben.

6.1.1.2. Atombindungen in Atomgittern

Atomgitter werden nur von verhältnismäßig wenigen Stoffen gebildet. Als typisches Beispiel gilt der elementare Kohlenstoff in Form des Diamanten (↑ Bild 24). Im Atomgitter des Diamanten ist jedes Kohlenstoffatom durch vier Atombindungen, d.h. durch vier gemeinsame Elektronenpaare, mit vier benachbarten Kohlenstoffatomen verbunden. Dadurch ergibt sich ein außerordentlich fester Zusammenhalt. Alle Stoffe, die ein Atomgitter haben (z.B. Borkarbid, B_4C, und Siliziumkarbid, SiC), zeichnen sich daher durch *große Härte* und durch *sehr hohe Schmelz-* bzw. *Siedepunkte* aus. Diese Stoffe werden unter der Bezeichnung **diamantartige Stoffe** zusammengefaßt.

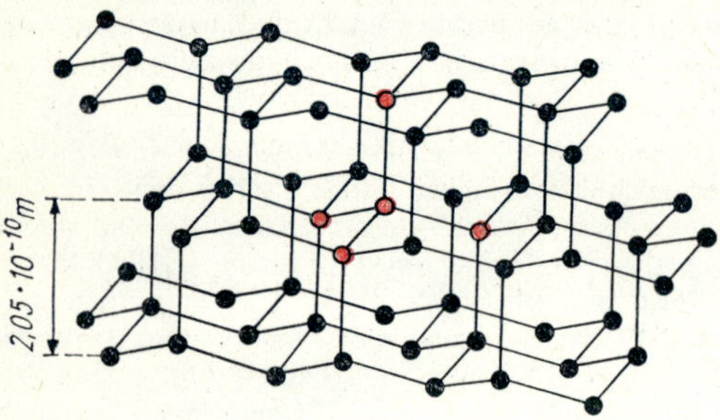

Bild 24. Atomgitter des Diamanten

6.1.2. s-s-σ-Bindung

Die quantenmechanischen (wellenmechanischen) Modellvorstellungen über den Atombau (↑ 4.5.2.) gestatten es, eine – dem heutigen Erkenntnisstand entsprechend – ausreichende Erklärung für die Atombindung zu geben.

Eine Atombindung entsteht, wenn sich zwei Atome einander nähern, von denen jedes mindestens ein nur einfach besetztes Orbital aufweist.

Der einfachste Fall einer Atombindung ist die Vereinigung zweier Wasserstoffatome H zu einem Wasserstoffmolekül H_2.
Nähern sich zwei Wasserstoffatome einander, so kommt es zu einer *Überlappung* der beiden einfach besetzten s-Orbitale dieser Atome (↑ Bild 25). Diese Überlappung ist mit einer Abgabe von Energie verbunden.

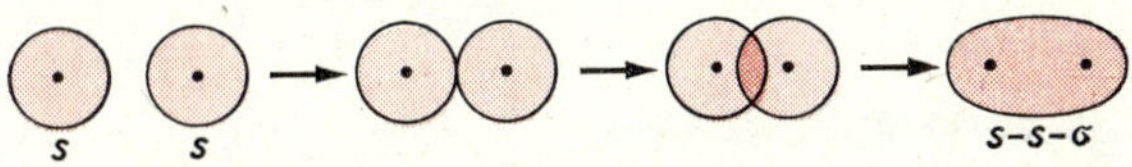

Bild 25. s-s-σ-Bindung

Mit zunehmender Annäherung der beiden positiv geladenen Atomkerne tritt jedoch die elektrostatische Abstoßung zwischen beiden immer stärker in Erscheinung. Von einem bestimmten Abstand an wäre eine weitere Annäherung zwischen den Atomkernen nur noch unter Zufuhr sehr hoher Energie möglich. Andererseits muß aber auch Energie (435 kJ/mol) aufgewandt werden, um die in einem Wasserstoffmolekül vereinigten Wasserstoffatome wieder voneinander zu trennen. (Es ist der gleiche Betrag, der bei der Überlappung der Orbitale frei wurde. Er wird als *Bindungsenergie* des Wasserstoffmoleküls bezeichnet.) Die im Wasserstoffmolekül vorliegende Atombindung stellt also einen Bindungszustand mit einem Energieminimum dar. Das gilt allgemein:

Bei der Vereinigung von Atomen zu Molekülen wird der energieärmste Zustand angestrebt.

Die relative Festigkeit einer Atombindung beruht darauf, daß zu ihrer Aufspaltung in jedem Falle Energie zugeführt werden muß.

Mit Hilfe des Orbitalmodells läßt sich die Atombindung im Wasserstoffmolekül anschaulich erklären: Die einfach besetzten s-Orbitale der beiden Wasserstoffatome vereinigen sich zu *einem Orbital*, das mit zwei Elektronen voll besetzt ist und in dem beide Atomkerne liegen (↑ Bild 25, rechts).

Aus zwei einfach besetzten Atomorbitalen entsteht bei der Atombindung ein voll besetztes Molekülorbital.

Dieses Molekülorbital nimmt ein niedrigeres Energieniveau ein als die beiden Atomorbitale, aus denen es hervorgegangen ist (↑ Bild 26).

Ein **Molekülorbital** können wir uns anschaulich vorstellen als den Raum der 90%igen Aufenthaltswahrscheinlichkeit eines *gemeinsamen Elektronenpaares.* Die Aufenthaltswahrscheinlichkeit (die Ladungsdichte) der beiden Elektronen ist innerhalb des Molekülorbitals im Raum zwischen den beiden Atomkernen am größten.[1])

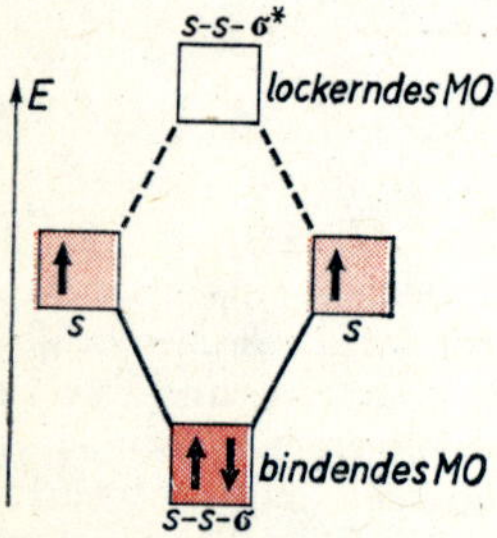

Bild 26. Energieniveauschema zur s-s-σ-Bindung

Atombindungen, bei denen sich die beiden beteiligten Atomorbitale längs einer Achse vereinigen, so daß ein rotationssymmetrisches Molekülorbital entsteht (↑ Bild 25, S. 141), werden als σ-Bindungen bezeichnet. Im Wasserstoffmolekül liegt, da es sich bei den beiden beteiligten Atomorbitalen um s-Orbitale handelt (↑ 4.5.3.), eine s-s-σ-Bindung vor.

Bei der *Bezeichnung von Molekülorbitalen* geben die *lateinischen Buchstaben* die Art der beteiligten *Atomorbitale* an, die *griechischen Buchstaben* die Art der *Bindung.*

Bindende und lockernde Elektronenpaare. Zu jedem bindenden Elektronenpaar (Molekülorbital) ist als Gegenstück ein lockerndes (antibindendes) Elektronenpaar (Molekülorbital) möglich. Während das *bindende* Molekülorbital stets ein *niedrigeres* Energieniveau aufweist als

[1]) Wir beschränken uns hier auf Molekülorbitale, die *zwei* Atomkerne umfassen. Die *Molekülorbitaltheorie* geht ursprünglich von Molekülorbitalen aus, die sich über das *ganze Molekül* erstrecken (vgl. Benzol, S. 155).

die beiden Atomorbitale, aus denen es hervorgegangen ist (↑ Bild 26, unten), kommt dem *lockernden* Molekülorbital stets ein *höheres* Energieniveau zu (↑ Bild 26, oben).

Die Aufenthaltswahrscheinlichkeit (die Ladungsdichte) der Elektronen ist zwischen den beiden Atomkernen

- im *bindenden* Molekülorbital am *höchsten*,
- im *lockernden* Molekülorbital am *niedrigsten* (↑ Bild 27).

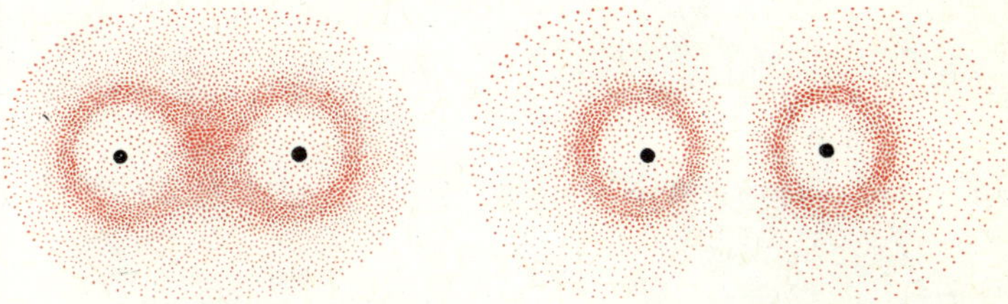

Bild 27. Bindendes und antibindendes (lockerndes) Molekülorbital

Mit Hilfe dieser Modellvorstellungen läßt sich erklären, weshalb das Helium im Gegensatz zum Wasserstoff keine Moleküle bilden kann. Das 1s-Orbital des Heliumatoms ist mit *zwei* Elektronen voll besetzt. In einem Heliummolekül He_2 wären also *vier* 1s-Elektronen vorhanden, die zusammen *zwei* gemeinsame Elektronenpaare bilden könnten. Davon kann aber nur ein Elektronenpaar ein bindendes Molekülorbital besetzen (↑ Bild 26, unten). Für das andere Elektronenpaar stünde nur ein lockerndes Molekülorbital zur Verfügung (↑ Bild 26, oben). Da das lockernde Molekülorbital die Wirkung des bindenden Molekülorbitals aufheben (kompensieren) würde, kommt es nicht zur Bildung von Heliummolekülen. (Weitere Beispiele ↑ am Ende des Abschn. 6.1.5.)

6.1.3. p-p-σ-Bindung

Auch p-Orbitale (↑ 4.5.4.) können sich bei Annäherung überlappen und zu Molekülorbitalen vereinigen (↑ Bild 28). Das Plus- bzw. Minus-Zeichen in den beiden Hälften jedes p-Orbitals gibt keine elektrischen Ladungen an, sondern das Vorzeichen der *Wellenfunktion*, einer Größe, die den Zustand eines Orbitals kennzeichnet, auf die aber hier nicht näher eingegangen werden kann. Eine *Überlappung* zwischen Atomorbitalen ist *nur bei gleichem Vorzeichen* der Wellenfunktion möglich. Überlappen sich die positiven (oder die negativen) Hälften zweier Orbitale entlang einer Achse, so kommt es zur Bildung eines rotations-

symmetrischen Molekülorbitals, das als p-p-σ-Molekülorbital bezeichnet wird. Die dadurch zustande kommende Atombindung heißt dementsprechend p-p-σ-Bindung.
Das *bindende* p-p-σ-Molekülorbital besitzt ein *niedrigeres Energieniveau* als die beiden p-Orbitale, aus denen es hervorgegangen ist (↑ Bild 29).

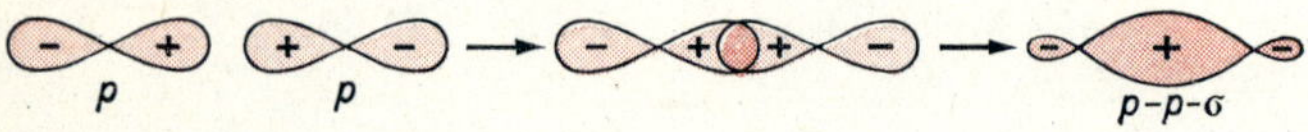

Bild 28. p-p-σ-Bindung

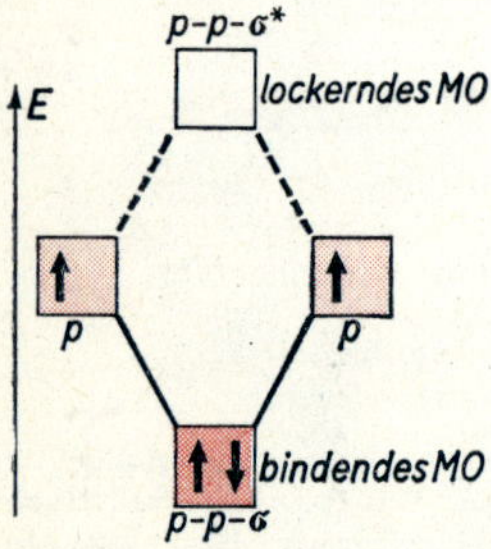

Bild 29. Energieniveauschema zur p-p-σ-Bindung

Beispiel: Das Chloratom besitzt auf dem höchsten (3.) Hauptenergieniveau zwei s-Elektronen und fünf p-Elektronen.

$3s^2$ $3p^5$

Durch Überlappung der einfach besetzten p-Orbitale zweier Chloratome kommt es zur Bildung eines p-p-σ-Molekülorbitals, welches die beiden Chloratome zu einem Chlormolekül, Cl_2, verbindet.

$$:\ddot{\underset{\cdot\cdot}{Cl}}\cdot + \cdot\ddot{\underset{\cdot\cdot}{Cl}}: \rightarrow :\ddot{\underset{\cdot\cdot}{Cl}}:\ddot{\underset{\cdot\cdot}{Cl}}:$$

6.1.4. s-p-σ-Bindung

Auch zwischen einem s-Orbital und einem p-Orbital kann es zu einer Überlappung kommen, die zur Bildung eines Molekülorbitals führt (↑ Bild 30). (Da die Wellenfunktion im s-Orbital stets ein positives Vorzeichen hat, erfolgt die Überlappung mit der positiven Hälfte des p-Orbitals.) Das entstehende rotationssymmetrische s-p-σ-Molekülorbital stellt eine s-p-σ-Bindung dar.

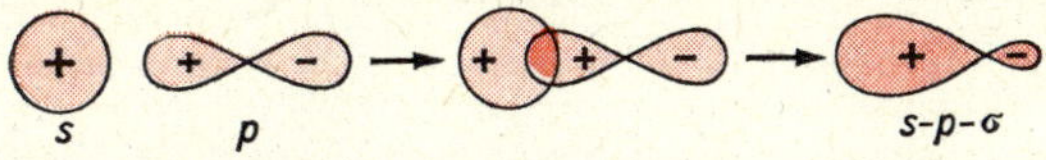

Bild 30. s-p-σ-Bindung

Beispiel: Das Wasserstoffatom besitzt ein ungepaartes s-Elektron, das Chloratom ein ungepaartes p-Elektron

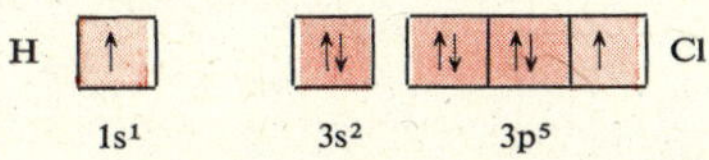

Im Chlorwasserstoffmolekül, HCl, haben sich das einfach besetzte s-Orbital des Wasserstoffatoms und das einfach besetzte p-Orbital des Chloratoms zu einem vollbesetzten s-p-σ-Molekülorbital vereinigt (↑ Bild 31):

H· + ·C̈l: → H:C̈l:

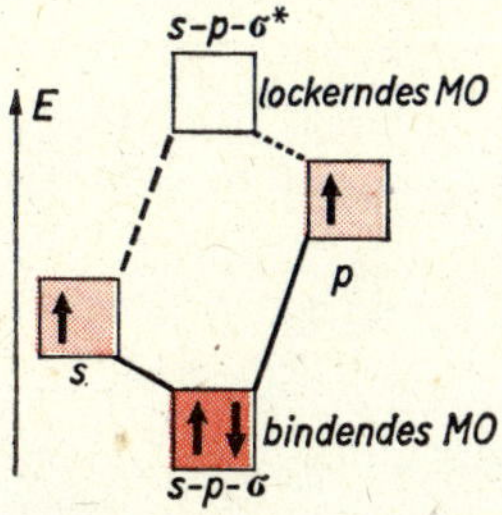

Bild 31. Energieniveauschema zur s-p-σ-Bindung

Nach dem **Bohrschen Atommodell** wird die Atombindung im Chlorwasserstoffmolekül, HCl, so erklärt, daß die beiden ungepaarten Elektronen ein gemeinsames Elektronenpaar bilden (↑ Bild 32). Dadurch erlangt das Chloratom ein Elektronenoktett, und die Elektronenschale des Wasserstoffatoms wird mit zwei Elektronen ebenfalls voll besetzt.

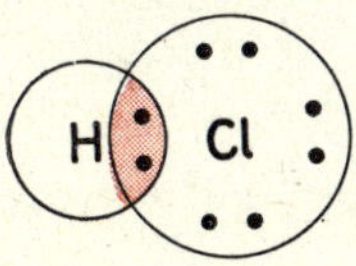

Bild 32. Schematische Darstellung eines Chlorwasserstoffmoleküls

6.1.5. p-p-π-Bindung

Wenn sich zwei Atome entlang ihren x-Achsen (↑ 4.5.4.) einander nähern, kann nicht nur zwischen den beiden p_x-Orbitalen eine Überlappung eintreten, die zu einer p-p-σ-Bindung führt (6.1.3.). Auch zwischen den p_z-Orbitalen und zwischen den p_y-Orbitalen kann es zu Überlappungen kommen. Dabei bilden sich Molekülorbitale, die im Gegensatz zu den σ-Orbitalen nicht rotationssymmetrisch sind, sondern symmetrisch zu einer Ebene liegen, in der die x-Achse verläuft (↑ Bild 33). Solche Molekülorbitale werden als π-Orbitale oder genauer als p-p-π-Orbitale bezeichnet, die durch diese Molekülorbitale bewirkten Bindungen als p-p-π-Bindungen.

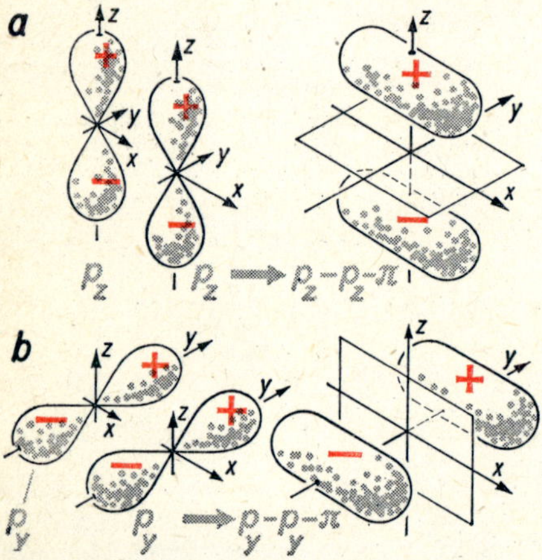

Bild 33. a) p_z-p_z-π-Bindung, b) p_y-p_y-π-Bindung

Molekülorbitale können sich nur zwischen p-Orbitalen gleicher räumlicher Orientierung bilden. So ist z.B. ein p_x-p_z-Molekülorbital nicht möglich, da sich in diesem Falle zwei Überlappungsbereiche ergeben würden, von denen nur bei dem einen die Vorzeichen der Wellenfunktionen (↑ 6.1.3.) übereinstimmen können (↑ Bild 34). Die bindende Wirkung des einen Überlappungsbereichs würde durch den anderen Überlappungsbereich aufgehoben, so daß es zu keiner Bindung kommt.

Zwischen zwei Atomen sind im Höchstfalle *drei Atombindungen* möglich, und zwar

eine p-p-σ-Bindung (genauer: p_x-p_x-σ)
zwei p-p-π-Bindungen (genauer: p_y-p_y-π; p_z-p_z-π).

Damit sind die *drei* bindenden p-p-Molekülorbitale voll besetzt (↑ Bild 35).

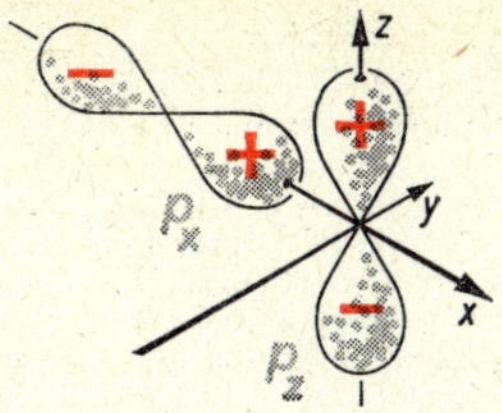

Bild 34. Zwischen einem p_x-Orbital und einem p_z-(p_y-)Orbital ist keine Bindung möglich.

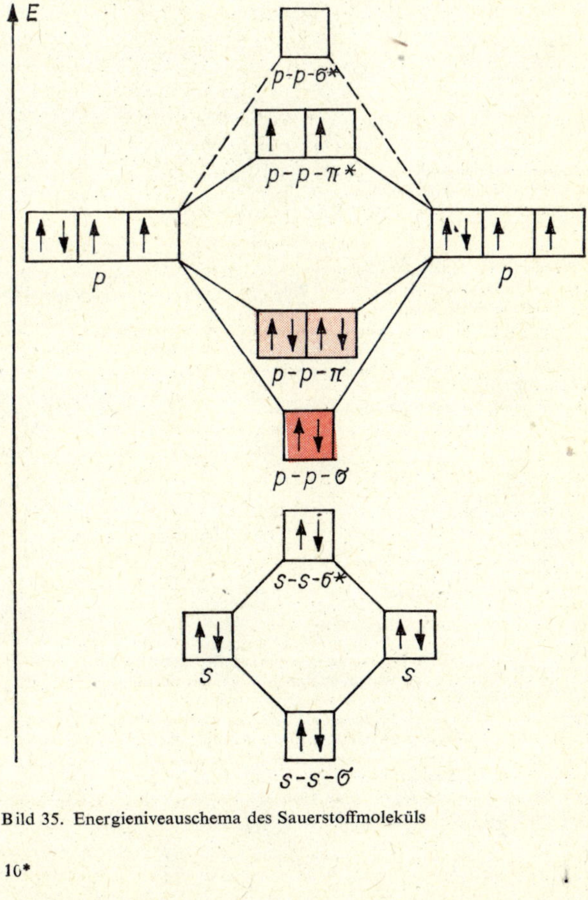

Bild 35. Energieniveauschema des Sauerstoffmoleküls

Neben den *drei* p-p-Bindungen kann *keine* s-s-σ-Bindung vorliegen, da sowohl die bindenden als auch die lockernden s-s-σ-Molekülorbitale besetzt werden, bevor mit der Besetzung der p-p-Orbitale begonnen wird (↑ Bild 35 unten).
Bei der p-p-σ-Bindung können anstelle der p-Orbitale auch Hybridorbitale (sp^3, sp^2, sp; ↑ 6.1.6.) beteiligt sein.
Im Bild 35 wird die Orbitalbesetzung im *Sauerstoffmolekül*, O_2, als Beispiel dargestellt: Die zwei p-p-π-Molekülorbitale haben das gleiche Energieniveau, das des p-p-σ-Molekülorbitals liegt niedriger. Zunächst wird stets das niedrigste Energieniveau voll besetzt. Von den Molekülorbitalen mit gleichem Energieniveau erhält nach der HUNDschen Regel zunächst jedes *ein* Elektron. Im *Sauerstoffmolekül* (↑ Bild 35) ist das bei den lockernden p-p-π*-Molekülorbitalen der Fall.

Im *Stickstoffmolekül*, N_2, sind diese lockernden Molekülorbitale unbesetzt (↑ Bild 36). Das Stickstoffatom besitzt drei ungepaarte p-Elektronen:

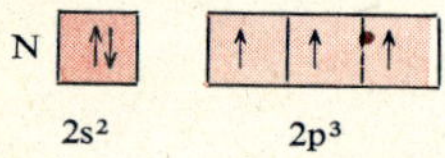

Bei der Vereinigung zu einem Stickstoffmolekül bilden sich *drei* gemeinsame Elektronenpaare:

$$:\ddot{\underset{..}{N}}. + .\ddot{\underset{..}{N}}: \rightarrow :N:::N:$$

Damit sind alle drei bindenden Molekülorbitale des 2p-Energieniveaus voll besetzt (↑ Bild 36). Daraus erklärt sich die sehr hohe Bindungsenergie des Stickstoffmoleküls (942 kJ/mol), die dessen Reaktionsträgheit zur Folge hat.
Das Sauerstoffmolekül (490 kJ/mol) und das Chlormolekül (239 kJ/mol) haben wesentlich geringere Bindungsenergien und dementsprechend höhere Reaktionsfähigkeit, da hier die lockernden p-p-π*-Molekülorbitale teilweise (beim O_2) oder voll (beim Cl_2) besetzt sind (↑ Bild 36).
Das beruht darauf, daß auf dem höchsten Energieniveau das Sauerstoffatom *ein* und das Chloratom *zwei* p-Elektronen mehr besitzt als das Stickstoffatom:

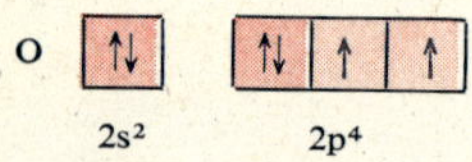

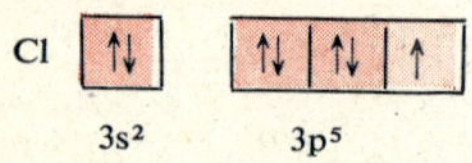

Die p-Elektronen des Chlors besetzen daher die lockernden p-p-π*-Molekülorbitale vollständig, so daß die Wirkung der bindenden p-p-π-Molekülorbitale aufgehoben wird. Im Chlormolekül liegt also nur eine Atombindung vor (↑ Bild 36).
Die p-Elektronen des Sauerstoffs besetzen die lockernden p-p-π*-Molekülorbitale jeweils *einfach*, so daß die Wirkung der bindenden p-p-π-Molekülorbitale *teilweise* aufgehoben wird (↑ Bild 36). (Die beiden *ungepaarten* Elektronen mit *parallelem* Spin sind die Ursache dafür, daß das Sauerstoffmolekül ein *magnetisches Moment* aufweist [es wird von einem Magnetfeld angezogen], was sonst nur bei Molekülen und Ionen mit *ungerader* Elektronenzahl der Fall ist.)

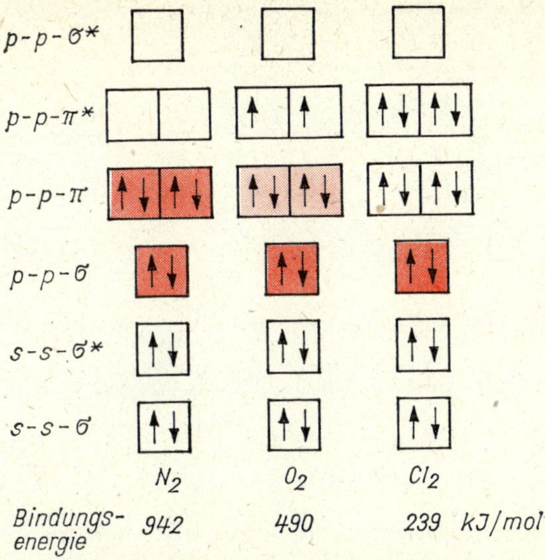

Bild 36. Besetzung der bindenden und lockernden Molekülorbitale und Bindungsenergien des Stickstoffs, Sauerstoffs und Chlors
(Der Übersichtlichkeit halber wurde darauf verzichtet, Abweichungen wiederzugeben, die in der Abfolge der Energieniveaus auftreten.)

Allgemein gilt für die Bindungsverhältnisse in Molekülen:

Die bindenden und lockernden Molekülorbitale werden nach steigendem Energieniveau besetzt.

Eine Bindung zwischen zwei Atomen kommt dann zustande, wenn mindestens ein bindendes Molekülorbital besetzt wird, das nicht durch ein lockerndes Molekülorbital in seiner Wirkung kompensiert wird.

6.1.6. Hybridorbitale

Das s-Orbital und die p-Orbitale des gleichen Hauptenergieniveaus (der gleichen Hauptquantenzahl) können sich so überlagern, daß daraus untereinander gleichartige Orbitale neuer Art entstehen. Dieser Vorgang wird **Hybridisation** genannt. Die entstehenden Orbitale heißen **Hybridorbitale** oder **q-Orbitale.** Die Gestalt eines q-Orbitals ist im Bild 37 b wiedergegeben.

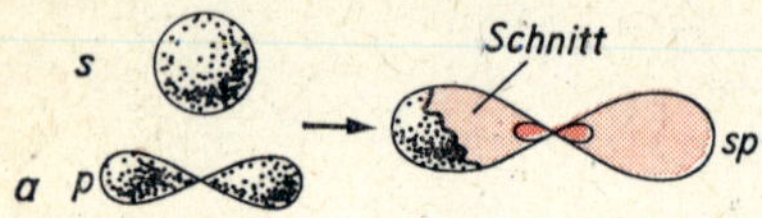

Bild 37. a) sp-Hybridisation

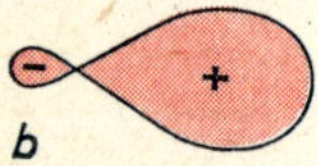

b) Form eines einzelnen Hybridorbitals

Die q-Orbitale werden nach der Anzahl der an der Hybridisation beteiligten p-Orbitale unterteilt in:

- **sp-Hybridorbitale,**
  entstanden aus einem s-Orbital und **einem** p-Orbital (↑ Bild 37)
- **sp^2-Hybridorbitale,**
  entstanden aus einem s-Orbital und **zwei** p-Orbitalen (↑ Bild 38)
- **sp^3-Hybridorbitale,**
  entstanden aus einem s-Orbital und **drei** p-Orbitalen (↑ Bild 39).

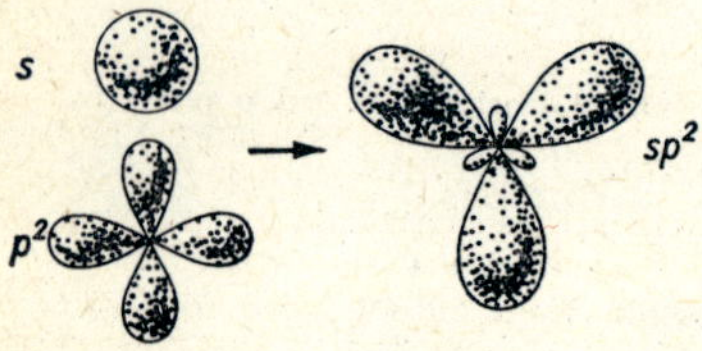

Bild 38. sp^2-Hybridisation

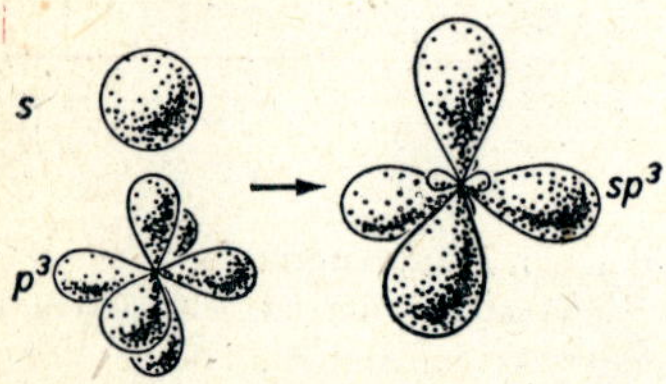

Bild 39. sp^3-Hybridisation

Bei der Hybridisation verändert sich die *Anzahl* der Orbitale *nicht*. Auf einem Hauptenergieniveau sind vorhanden:

— *ein* s-Orbital	und	*drei* p-Orbitale	oder
— *zwei* sp-Orbitale	und	*zwei* p-Orbitale	oder
— *drei* sp^2-Orbitale	und	*ein* p-Orbital	oder
— *vier* sp^3-Orbitale,			

Die zwei sp-Orbitale liegen — einander entgegengesetzt — auf einer durch den Atomkern verlaufenden *Achse* (↑ Bild 37).
Die drei sp^2-Orbitale liegen in einer Ebene, in der sich auch der Atomkern befindet, und sind nach den Ecken eines gleichseitigen Dreiecks gerichtet (↑ Bild 38).
Die vier sp^3-Orbitale sind nach den Ecken eines gleichseitigen Tetraeders gerichtet (↑ Bild 39).
Über die hier behandelten Hybridorbitale hinaus gibt es auch Hybridorbitale, an deren Entstehung d-Orbitale beteiligt sind (↑ 6.4.2.).
Die Hybridorbitale nehmen in der gleichen Weise an der Bildung von Molekülorbitalen teil wie nicht hybridisierte Orbitale (Beispiele ↑ 6.1.7.).

6.1.7. Bindungen am Kohlenstoffatom

Die sehr große Anzahl der organischen Verbindungen beruht im wesentlichen auf zwei besonderen Merkmalen des Kohlenstoffatoms:

- Jedes Kohlenstoffatom vermag *vier* Atombindungen zu bilden (an vier gemeinsamen Elektronenpaaren teilzunehmen).
- Die Kohlenstoffatome neigen — wie die keines anderen Elements — dazu, sich *untereinander* zu verbinden, wobei sich sog. *Kohlenstoffketten* ergeben.

Das Kohlenstoffatom hat auf dem 2. Hauptenergieniveau folgende Elektronenbesetzung:

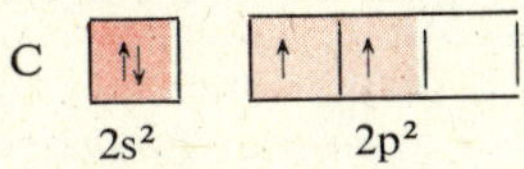

Grundzustand

Um an der Bildung von vier gemeinsamen Elektronenpaaren (Molekülorbitalen) teilnehmen zu können, muß das Kohlenstoffatom jedoch über *vier einfach besetzte* Atomorbitale verfügen. Das wird erreicht, indem es aus dem vorstehend angegebenen Grundzustand in einen angeregten Zustand mit der Elektronenbesetzung

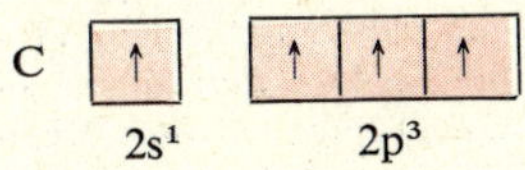

angeregter Zustand

übergeht. Dieser angeregte Zustand hat ein etwas höheres Energieniveau als der Grundzustand. Die für die *Anregung* (auch als *Promotion* bezeichnet) aufzuwendende Energie wird *Anregungsenergie* (oder Promotionsenergie) genannt.
Durch anschließende Hybridisation, für die gleichfalls Energie – die Hybridisationsenergie – aufzuwenden ist, kann das Kohlenstoffatom drei verschiedene Bindungszustände annehmen:

durch **sp-Hybridisation** den *linearen* Bindungszustand
(↑ Dreifachbindung):

sp p²

durch **sp²-Hybridisation** den *trigonalen* Bindungszustand
(↑ Doppelbindung):

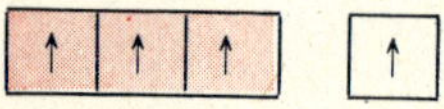

sp² p

durch **sp³-Hybridisation** den *tetraedrischen* Bindungszustand
(↑ Einfachbindung):

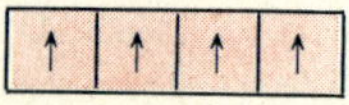

sp³

Die Elektronen in den Hybridorbitalen werden häufig auch durch einen senkrechten Strich | ohne Pfeilspitze symbolisiert.

Die Anregungsenergie und Hybridisationsenergie werden aus der Bindungsenergie gedeckt, die frei wird, wenn sich Atomorbitale überlappen (wenn die Elektronen ein bindendes Molekülorbital mit niedrigerem Energieniveau besetzen; ↑ Bild 35, S. 147). Zur Hybridisation kann es also erst im Zusammenhang mit einer chemischen Bindung kommen.
Die Kohlenstoffatome liegen praktisch nie im Grundzustand, sondern immer im angeregten Zustand vor, da sie nicht nur in den Kohlenstoffverbindungen, sondern auch im elementaren Zustand (Diamant, ↑ 6.1.1.; Graphit, ↑ 14.2.2.) stets an Atombindungen beteiligt sind.

Im folgenden werden die chemischen Bindungen, die den verschiedenen Bindungszuständen des Kohlenstoffatoms entsprechen, anhand von Beispielen dargestellt. (Die Bilder 40 bis 43 ergänzen sich derart, daß nur die am jeweiligen Beispiel neu einzuführenden Bindungen als Orbitale wiedergegeben werden, während die aus den vorangegangenen Beispielen bekannten Bindungen nur durch Striche symbolisiert werden.)

Einfachbindung $\geqslant C-C \leqslant$

Im *Methan*, CH_4, liegt der Kohlenstoff im tetraedrischen Bindungszustand (sp^3-Hybridisation) vor (↑ Bild 40). Jedes der vier sp^3-Orbitale hat mit je einem s-Orbital eines Wasserstoffatoms einen Überlappungsbereich gebildet. Es liegt eine s-sp^3-σ-Bindung (ein s-sp^3-σ-Molekülorbital) vor. (Zur Bezeichnung derartiger Bindungen ↑ 6.1.2.).

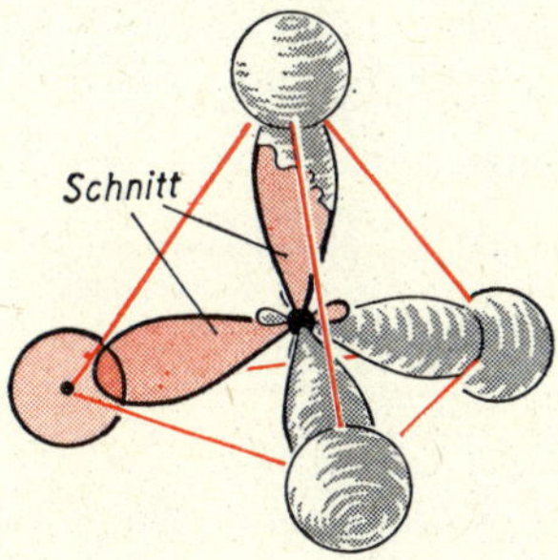

Bild 40. Orbitalmodell des Methanmoleküls

Im *Äthan*, C_2H_6, — ebenfalls tetraedrischer Bindungszustand — haben sich je ein sp^3-Hybridorbital der beiden Kohlenstoffatome überlappt, wodurch eine sp^3-sp^3-σ-Bindung entstanden (ein entsprechendes Molekülorbital besetzt worden) ist. An jedem Kohlenstoffatom stehen dann noch *drei* sp^3-Hybridorbitale zur Verfügung, die in gleicher Weise wie beim Methan s-sp^3-σ-Bindungen mit Wasserstoffatomen ergeben (↑ Bild 41).

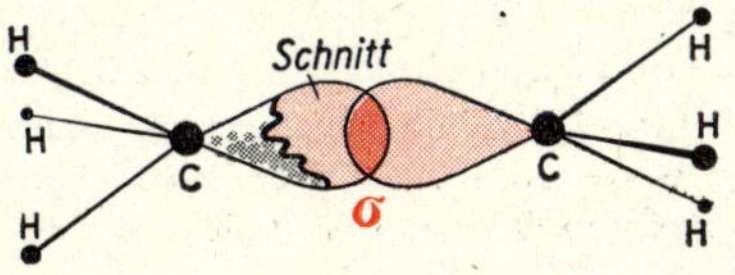

Bild 41. Einfache Atombindung zwischen zwei Kohlenstoffatomen (Äthanmolekül)

Doppelbindung $>C=C<$

Im *Äthen* (Äthylen), C_2H_4, befinden sich die Kohlenstoffatome im trigonalen Bindungszustand (sp^2-Hybridisation). Die vorhandenen Atomorbitale bilden folgende Bindungen:

- eine sp^2-sp^2-σ-Bindung zwischen den beiden Kohlenstoffatomen,
- vier s-sp^2-σ-Bindungen zwischen den Kohlenstoff- und den Wasserstoffatomen und
- eine p-p-π-Bindung (↑ 6.1.5.) zwischen den beiden Kohlenstoffatomen.

Im Äthenmolekül liegt also eine Doppelbindung zwischen den beiden Kohlenstoffatomen vor, die sich aus einer σ-Bindung und einer π-Bindung zusammensetzt (↑ Bild 42). Daß hier zwei unterschiedliche Bindungen vorliegen, wird aus den Bindungsenergien deutlich. Die molare Bindungsenergie der Doppelbindung ist mit 615 kJ/mol niedriger als das Doppelte der molaren Bindungsenergie einer Einfachbindung (348 kJ/mol).

Es gibt auch Modellvorstellungen, nach denen eine Hybridisation zwischen den beiden Bindungen einer Doppelbindung angenommen wird, wobei zwei einander gleichartige Bindungen einer neuen Art entstehen, die als τ-Bindungen bezeichnet werden. Man beachte:

- Bei den q-Orbitalen liegen hybridisierte *Atom*orbitale vor.
- Bei den τ-Bindungen handelt es sich um hybridisierte *Molekül*orbitale.

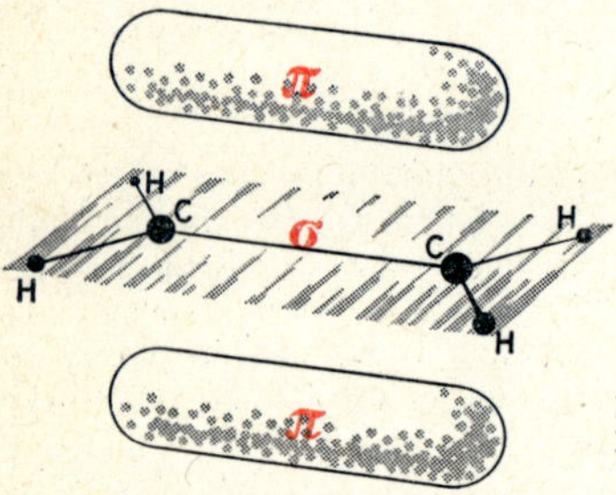

Bild 42. Doppelbindung zwischen zwei Kohlenstoffatomen (Äthenmolekül)

Dreifachbindung $-C\equiv C-$

Im *Äthin* (Azetylen), C_2H_2, befinden sich die Kohlenstoffatome im digonalen Bindungszustand (sp-Hybridisation). Außer den zwei Hybridorbitalen sind also noch zwei unhybridisierte p-Orbitale vorhanden.

Es liegen folgende Bindungen vor (↑ Bild 43):

- eine sp-sp-σ-Bindung zwischen den beiden Kohlenstoffatomen,
- zwei s-sp-σ-Bindungen zwischen den Kohlenstoff- und den Wasserstoffatomen und
- zwei p-p-π-Bindungen zwischen den beiden Kohlenstoffatomen.

Im Äthinmolekül ist also eine Dreifachbindung zwischen den Kohlenstoffatomen vorhanden, und zwar eine σ-Bindung und zwei π-Bindungen. (Daraus können sich durch Hybridisation drei τ-Bindungen ergeben.) Die molare Bindungsenergie der Dreifachbindung ist mit 812 kJ/mol wesentlich niedriger als das Dreifache der molaren Bindungsenergie einer Einfachbindung (348 kJ/mol).

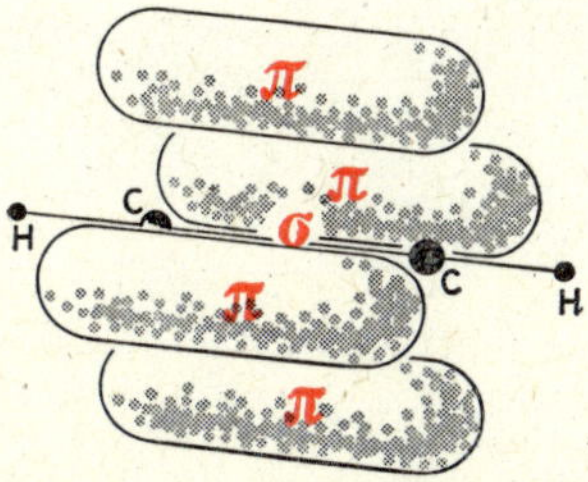

Bild 43. Dreifachbindung zwischen zwei Kohlenstoffatomen (Äthinmolekül)

Für organische Verbindungen, die nur σ-Bindungen enthalten (Beispiele: Methan, Äthan), sind **Substitutionsreaktionen** (↑ 28.3.1.) charakteristisch. Additionsreaktionen vermögen sie nicht einzugehen.
Für organische Verbindungen, die auch π-Bindungen enthalten (Beispiele: Äthen, Äthin), sind **Additionsreaktionen** (↑ 28.3.2.) charakteristisch. Dabei werden die π-Bindungen aufgespalten.

Aromatischer Zustand 

Im *Benzol*, C_6H_6, sind die sechs Kohlenstoffatome ringförmig miteinander verbunden (sog. Benzolring). Von den drei sp^2-Orbitalen jedes Kohlenstoffatoms bilden

- zwei mit sp^2-Orbitalen der beiden Nachbaratome sp^2-sp^2-σ-Bindungen,
- eins mit dem s-Orbital eines Wasserstoffatoms eine s-sp^2-σ-Bindung (↑ Bild 44a).

Jedes der sechs Kohlenstoffatome besitzt außerdem ein (nicht hybridisiertes) p-Orbital, dessen Achse senkrecht zur Ebene der σ-Bindungen steht (↑ Bild 44b). Im Unterschied zum Äthenmolekül (↑ S. 154) treten diese p-Orbitale aber im Benzolmolekül nicht zu p-p-π-Bindungen zwischen jeweils zwei benachbarten Kohlenstoffatomen zusammen, sondern alle sechs p-Orbitale bilden ein gemeinsames π-Molekülorbital, ein π-Elektronensextett. Die beiden Hälften dieses Molekülorbitals liegen oberhalb und unterhalb der Ebene der σ-Bindungen (↑ Bild 44b).

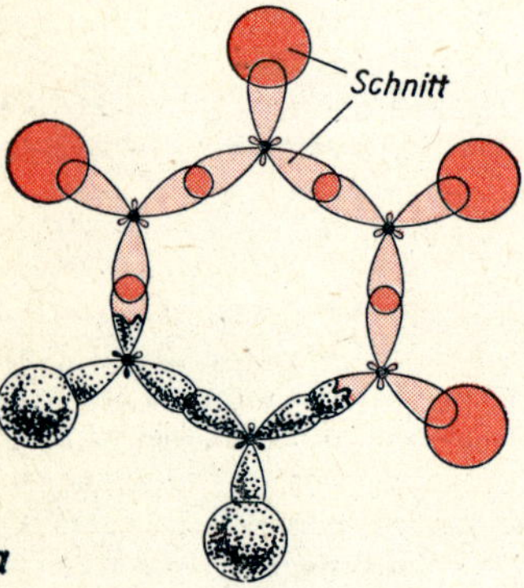

a

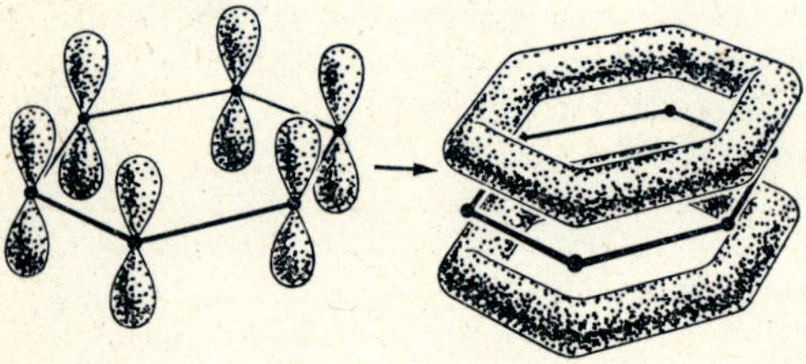

b

Bild 44. Bindungen im Molekül des Benzens (Benzols)
a) σ-Bindungen
b) π-Bindungen

Das π-Molekülorbital des Benzols ist *polyzentrisch*, d.h., es umfaßt mehr als zwei Atomkerne. Nach diesen Modellvorstellungen sind die sechs p-Elektronen im Benzolmolekül nicht an feste Plätze gebunden, sondern *delokalisiert*. Dieser Bindungszustand, der für alle aromatischen

Verbindungen (↑ 38.2.2.) charakteristisch ist und daher auch als *aromatischer Zustand* bezeichnet wird, hat ein besonders niedriges Energieniveau und ist daher sehr stabil.
Am Benzolring treten vor allem **Substitutionsreaktionen** auf (↑ 28.3.1.). Dabei bleibt der aromatische Zustand erhalten. Dagegen müssen *Additionsreaktionen* (↑ 28.3.2.), wie sie für das Äthen und allgemein für Verbindungen mit *lokalisierten* π-Bindungen charakteristisch sind, zur Auflösung des π-Elektronensextetts führen.

6.1.8. Polarisierte Atombindungen

Reine Atombindungen gibt es nur zwischen zwei Atomen des gleichen Elements (z.B. im Chlormolekül, Cl_2). Bei ihnen ist die Aufenthaltswahrscheinlichkeit des bindenden Elektronenpaares (die Ladungsdichte der Elektronen im bindenden Molekülorbital) genau in der Mitte zwischen den beiden Atomkernen am größten.
Zwischen Atomen zweier Nichtmetalle, die sich in ihrem elektronegativen Charakter (↑ 5.5.1.) voneinander unterscheiden, kann es keine reine Atombindung geben. Der Atomkern des stärker elektronegativen Elements zieht die Elektronen *stärker* an als der Atomkern des schwächer elektronegativen Elements. (Das beruht auf der unterschiedlichen Ladung des Atomkerns sowie auf dem unterschiedlichen Radius und der unterschiedlichen Besetzung der Elektronenhülle.) Dadurch wird die *Ladungsverteilung* entlang der Atombindung *unsymmetrisch*. Das Atom des stärker elektronegativen Elements erhält eine *negative Partialladung* (Teilladung), das Atom des schwächer elektronegativen Elements eine *positive Partialladung*. Diese Ladungen sind stets *kleiner* als die Ladungen von Ionen.

Beispiel: Chlor ist stärker elektronegativ als Wasserstoff. Im Chlorwasserstoffmolekül, HCl, werden daher die bindenden Elektronen vom Chloratom stärker angezogen als vom Wasserstoffatom

$$\overset{\delta+}{\mathrm{H}} \;:\; \overset{\delta-}{\ddot{\underset{\cdot\cdot}{\mathrm{Cl}}}}\!:$$

Dadurch wird der Schwerpunkt der negativen Ladungen zum Chloratom verschoben, was eine Verschiebung des Schwerpunkts der positiven Ladungen zum Wasserstoffatom zur Folge hat. Der *partielle Ionenbindungscharakter* der Atombindung zwischen Wasserstoff und Chlor macht etwa 20% aus. Im Chlorwasserstoffmolekül trägt also das Wasserstoffatom etwa 20% der Ladung eines Wasserstoffions, H^+, das Chloratom etwa 20% der Ladung eines Chloridions, Cl^-.

Die Partialladungen werden mit $\delta+$ und $\delta-$, in älterer Literatur auch mit $^{(+)}$ und $^{(-)}$ symbolisiert. (Weitere Beispiele ↑ 6.1.9.)

Atombindungen, bei denen die beteiligten Atome – infolge unterschiedlicher Elektronegativität – **Partialladungen tragen, werden als polarisierte Atombindungen bezeichnet.**

Die polarisierte Atombindung stellt einen Übergang von der reinen Atombindung zur Ionenbindung (↑ 6.2.) **dar.**

Die an einer polarisierten Atombindung (auch als *Atombindung mit partiellem Ionenbindungscharakter* bezeichnet) beteiligten Atome haben ein Merkmal der Ionen, die elektrische Ladung. Ihnen fehlt aber das andere wesentliche Merkmal der Ionen, die relativ freie Beweglichkeit. Moleküle mit polarisierten Atombindungen neigen aber zur elektrolytischen Dissoziation, also zur Aufspaltung in Ionen (↑ potentielle Elektrolyte; ↑ 7.2.3.).

Der **Übergang von der Atombindung zur Ionenbindung** zeigt sich deutlich am Beispiel der binären Verbindungen des Chlors mit den anderen Elementen der 3. Periode des Periodensystems:

$NaCl$	$MgCl_2$	$AlCl_3$	$SiCl_4$	PCl_3	SCl_2	Cl_2
Ionenbindung			polarisierte Atombindungen			reine Atombindung
		← zunehmende Polarisation				

Die **Elektronegativitätsskale** (↑ Bild 45, Tabelle 12), die vom amerikanischen Chemiker Linus Pauling vorgeschlagen wurde, ermöglicht es, die Polarität von Atombindungen abzuschätzen.

Die Elektronegativität ist ein Maß für die Anziehung, die ein Atom auf das bindende Elektronenpaar einer Atombindung ausübt.

Die Elektronegativität *EN* des am stärksten elektronegativen Elements, des Fluors, wurde willkürlich auf 4 festgelegt. Davon ausgehend, wurden die Elektronegativitäten der anderen Elemente auf Grund von Bindungsenergien ermittelt. Die Elektronegativitätsskale gestattet zwar keine exakten Berechnungen, sie reicht aber aus, um zu angenäherten quantitativen Aussagen über die Polarität von Atombindungen zu kommen. Mit dieser Einschränkung kann gesagt werden:

Die Differenz der Elektronegativitäten zweier miteinander verbundener Atome ist ein Maß für die Polarität der Atombindung.

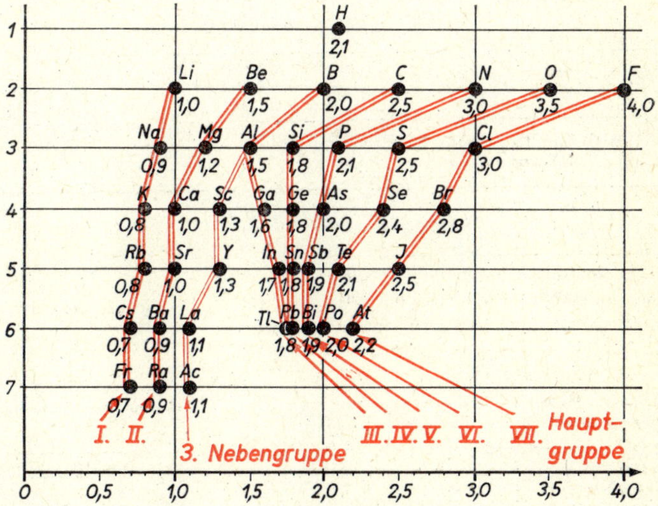

Bild 45. Elektronegativitäten der Hauptgruppenelemente in Abhängigkeit von ihrer Stellung im Periodensystem
(Die zusätzlich eingefügte 3. Nebengruppe zeigt in ihrem chemischen Charakter eine gute Übereinstimmung mit der I. und II. Hauptgruppe. Daher gibt es auch Auffassungen, nach denen Skandium bis Aktinium der III. Hauptgruppe zugerechnet werden und dafür Gallium bis Thallium als 3. Nebengruppe gelten.)

Jede Atombindung hat eine bestimmte *Elektronegativitätsdifferenz* ΔEN.

Beispiele:	Fluorwasserstoff, HF:	$EN_F = 4{,}0$	$EN_H = 2{,}1$	$\Delta EN_{F-H} = 1{,}9$
	Wasser, H_2O:	$EN_O = 3{,}5$	$EN_H = 2{,}1$	$\Delta EN_{O-H} = 1{,}4$
	Chlorwasserstoff, HCl:	$EN_{Cl} = 3{,}0$	$EN_H = 2{,}1$	$\Delta EN_{Cl-H} = 0{,}9$
	Ammoniak, NH_3:	$EN_N = 3{,}0$	$EN_H = 2{,}1$	$\Delta EN_{N-H} = 0{,}9$
	Dichloroxid, Cl_2O:	$EN_O = 3{,}5$	$EN_{Cl} = 3{,}0$	$\Delta EN_{O-Cl} = 0{,}5$
	Stickstofftrichlorid, NCl_3	$EN_N = 3{,}0$	$EN_{Cl} = 3{,}0$	$\Delta EN_{N-Cl} = 0$

Die errechneten Elektronegativitätsdifferenzen beziehen sich jeweils auf eine Atombindung der als Index angegebenen Art. Die Polarität der Atombindungen nimmt — wie die Zahlenwerte erkennen lassen — in der Reihenfolge der vorstehenden Beispiele ab. Die N—Cl-Bindungen im Molekül des Stickstofftrichlorids sind reine Atombindungen wie die Cl—Cl-Bindung im Cl_2-Molekül.

Tabelle 12. Elektronegativitätsskale der Hauptgruppenelemente (nach PAULING)

			H 2,1			
Li 1,0	Be 1,5	B 2,0	C 2,5	N 3,0	O 3,5	F 4,0
Na 0,9	Mg 1,2	Al 1,5	Si 1,8	P 2,1	S 2,5	Cl 3,0
K 0,8	Ca 1 0	Ga 1,6	Ge 1,8	As 2,0	Se 2,4	Br 2,8
Rb 0,8	Sr 1,0	In 1,7	Sn 1,8	Sb 1,9	Te 2,1	I 2,5
Cs 0,7	Ba 0,9	Tl 1,8	Pb 1,8	Bi 1,9	Po 2,0	At 2,2

Tabelle 13. Abschätzung des Ionenbindungscharakters einfacher Atombindungen aufgrund der Elektronegativitätsdifferenzen (nach PAULING)

Elektronegativitätsdifferenz	Ionenbindungscharakter in %	Elektronegativitätsdifferenz	Ionenbindungscharakter in %
0,2	1	1,8	55
0,4	4	2,0	63
0,6	9	2,2	70
0,8	15	2,4	76
1,0	22	2,6	82
1,2	30	2,8	86
1,4	39	3,0	89
1,6	47	3,2	92

Je höher die Elektronegativitätsdifferenz zwischen den beiden an einer Bindung beteiligten Atomen ist, um so stärker ist der *partielle Ionenbindungscharakter*. Die höchste Aufenthaltswahrscheinlichkeit der bindenden Elektronen (die höchste Ladungsdichte der Elektronen im Molekülorbital) rückt dabei immer mehr in die Nähe des Atomkerns des stärker elektronegativen Elements. Im Grenzfall gehen diese Elektronen ganz in die Elektronenhülle des Atoms des stärker elektronegativen Elements über. Es liegt dann eine *Ionenbindung* vor (↑ 6.2.).

PAULING hat auch eine **Skala** angegeben, die es gestattet, aus der Elektronegativitätsdifferenz den *partiellen Ionenbindungscharakter* von Einfachbindungen *in grober Näherung abzuschätzen* (↑ Tabelle 13). Danach liegt bei einer $\Delta EN = 1{,}7$ eine Bindung mit 50% Atombindungs- und 50% Ionenbindungscharakter vor.

6.1.9. Dipolmoleküle

Polarisierte Atombindungen können verursachen, daß innerhalb eines Moleküls der Schwerpunkt der negativen Ladungen nicht mehr mit dem Schwerpunkt der positiven Ladungen zusammenfällt. Die Moleküle zeigen dann auf der einen Seite eine geringe positive, auf der anderen Seite eine geringe negative Ladung. Sie haben zwei Pole (↑ Beispiel HCl; 6.1.8.).

Ein Molekül, das zwei entgegengesetzt elektrisch geladene Seiten hat, wird als Dipolmolekül bezeichnet.

Ein sehr wichtiges Dipolmolekül ist das Molekül des *Wassers*:

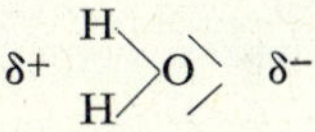

Der Dipolcharakter kommt hier dadurch zustande, daß das Molekül gewinkelt ist (↑ Bild 46). Wäre es gestreckt, so läge sowohl der Schwerpunkt der negativen als auch der der positiven Ladungen des Moleküls im Sauerstoffatom.

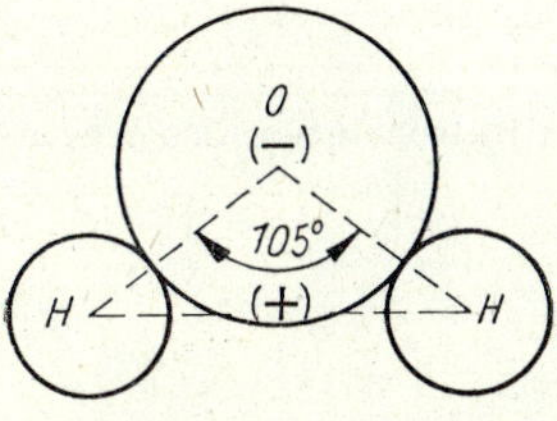

Bild 46. Das Wassermolekül als Dipol
(+) und (−) geben die Ladungsschwerpunkte an

Auch das Molekül des *Ammoniaks*, NH_3, ist ein Dipolmolekül, da die drei Atombindungen polarisiert sind und die Schwerpunkte der positiven und negativen Ladungen nicht zusammenfallen (↑ Bild 47a).

Dagegen ist das Molekül des *Tetrachlormethans*, CCl_4, kein Dipolmolekül. Zwar sind die Atombindungen zwischen Kohlenstoff und Chlor gleichfalls polarisiert; aber die Schwerpunkte der positiven und negativen Ladungen fallen infolge des symmetrischen Baus des Moleküls (↑ Bild 47b) im Kohlenstoffatom zusammen.

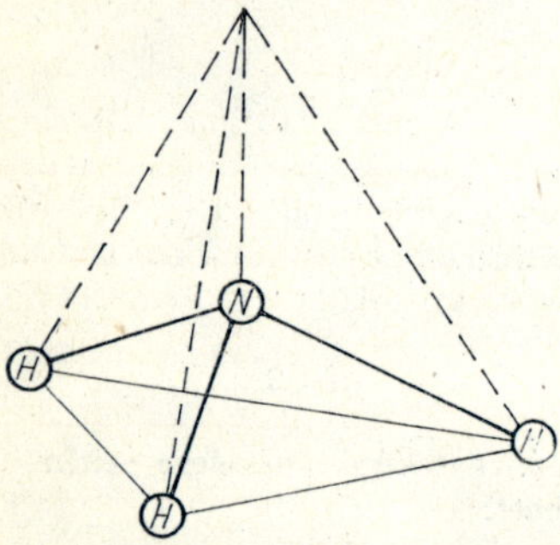

47a

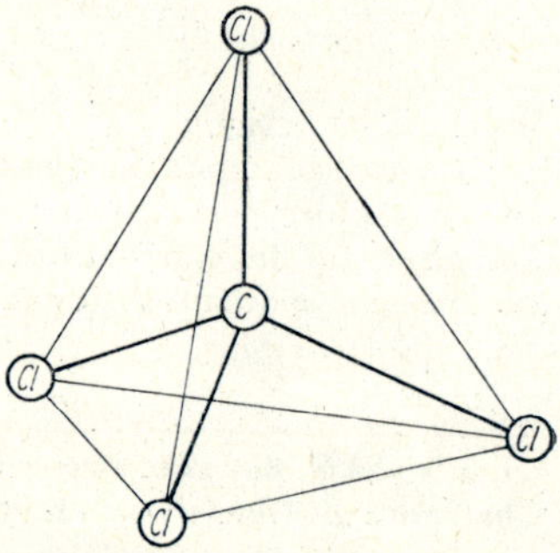

47b

Bild 47. a) Räumliche Anordnung der Atome im Ammoniakmolekül, NH_3
b) Räumliche Anordnung der Atome im Molekül des Tetrachlormethans, CCl_4

6.1.10. Bindungen an freien Elektronenpaaren

Ein Sonderfall der Atombindung liegt vor, wenn beide Elektronen des bindenden Elektronenpaares (des bindenden Molekülorbitals) von *einem* der an der Bindung beteiligten Atome stammen. Solche Bindungen entstehen an freien (einsamen) Elektronenpaaren.

Freie (einsame) Elektronenpaare sind Elektronenpaare der Außenschale (Valenzelektronen), die innerhalb eines Moleküls (oder Ions) nicht an einer chemischen Bindung beteiligt sind.

Das Ammoniakmolekül besitzt ein freies Elektronenpaar, das Wassermolekül zwei freie Elektronenpaare:

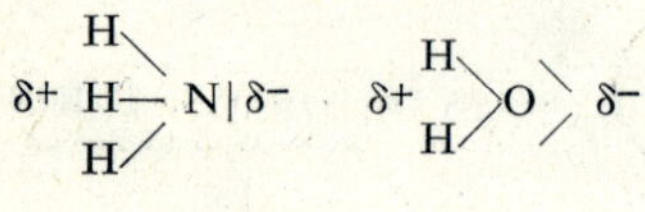

In diesen Strukturformeln werden gekennzeichnet:

- *bindende Elektronenpaare* durch Striche, die *zwischen* den Symbolen der an der Bindung beteiligten Atome stehen,
- *freie Elektronenpaare* durch Striche, die *quer* am Symbol des Atoms stehen, dem sie zugehören.

Mittels eines freien Elektronenpaares vermag ein (an sich abgeschlossenes) Molekül (oder Ion) eine weitere Atombindung einzugehen, wenn ein geeigneter Bindungspartner (mit Elektronenmangel) zur Verfügung steht.

Beispiel: In einer wäßrigen Ammoniaklösung (Salmiakgeist) lagert sich infolge der elektrostatischen Anziehung zwischen den Partialladungen an das Stickstoffatom des Ammoniakmoleküls ein Wassermolekül mit einem seiner Wasserstoffatome an:

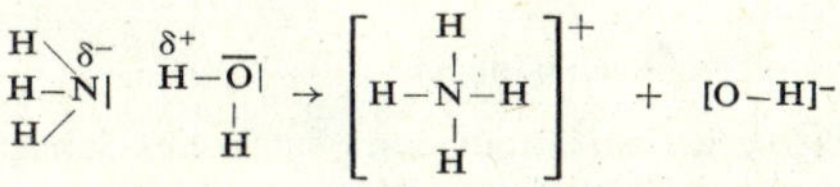

Von diesem Wasserstoffatom kann der positiv geladene Kern (also ein Proton) zum Ammoniakmolekül übergehen, während das Elektron dieses Wasserstoffatoms am Sauerstoff zurückbleibt und die negative Ladung des Hydroxidions, OH^-, verursacht. Das Proton wird durch das freie Elektronenpaar am Stickstoffatom des Ammoniaks gebunden, und es entsteht ein Ammoniumion, NH_4^+. (Durch sp^3-Hybridisation [↑ 6.1.6.] sind die vier Bindungen am Stickstoffatom untereinander gleich, so daß das Ammoniumion ein regelmäßiges Tetraeder bildet wie das Methanmolekül) (↑ Bild 40).

Atombindungen an freien Elektronenpaaren unterscheiden sich nur in ihrer Entstehung, nicht in ihren Eigenschaften von anderen Atombindungen. Sie werden in der Literatur auf unterschiedliche Weise bezeichnet, und zwar als

- **dative Bindung** [von *dativus* (lat.) der Spender] oder
- **Donorbindung** [von *donator* (lat.) der Geber],
  weil ein Bindungspartner beide Elektronen für die Bindung beisteuert;

früher auch als

- **semipolare Bindung** [von *semi* (lat.) halb-],
  wobei von der Vorstellung ausgegangen wird, daß die negativen Ladungen in Richtung des Bindungspartners, der kein Elektron beisteuert, verschoben werden, aber nicht ganz zu ihm übergehen wie bei einer polaren Bindung;

in Komplexverbindungen (↑ 6.4.) auch als

- **koordinative Bindung** [von *koordinare* (lat.) zuordnen], weil einem Molekül (oder Ion) weitere Atome angelagert werden.

Mit Hilfe der Orbitalmodelle läßt sich die Atombindung an einem freien Elektronenpaar so erklären, daß ein *voll* (mit 2 Elektronen) besetztes Atomorbital (im Beispiel: des Stickstoffatoms) mit einem leeren Atomorbital (im Beispiel: des Wasserstoffatoms) überlappt bzw. ein Molekülorbital bildet, das dann mit zwei Elektronen ebenfalls voll besetzt ist (↑ auch 6.4.1.).

Für *semipolare Bindungen* wird in Strukturformeln mitunter anstelle eines Striches ein Pfeil → verwendet, der die Richtung der angenommenen Ladungsverschiebung angibt; nicht zu verwechseln mit dem Keil ◀, der eine tatsächliche Ladungsverschiebung kennzeichnet (↑ 6.1.8.). Heute werden die durch den Pfeil symbolisierten Bindungsverhältnisse meist mit Hilfe der formalen Ladungen wiedergegeben (↑ 6.5.4.).

6.1.11. Wasserstoffbrückenbindungen

Wasserstoffatome, die an ein Atom eines stark elektronegativen Elements (Fluor, Sauerstoff, Stickstoff) gebunden sind, tragen eine relativ starke elektropositive Partialladung. Dadurch wirken sie gegenüber anderen Atomen elektronegativer Elemente in starkem Maße elektrostatisch anziehend. Im Wasser lagern sich daher Wasserstoffatome an die Sauerstoffatome benachbarter Moleküle an:

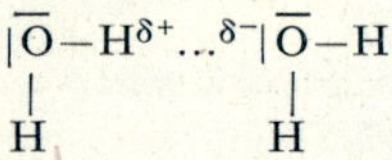

Im *Eis* ist jedes Sauerstoffatom über Wasserstoffatome mit vier anderen Sauerstoffatomen verbunden, so daß das Kristallgitter Tetraederstruktur aufweist. Auch im *flüssigen Wasser* liegen keine Einzelmoleküle vor, sondern Molekülaggregate[1]), woraus sich erklärt, weshalb Wasser weniger flüchtig ist als der homologe (bis $-60\,°C$ gasförmige) Schwefelwasserstoff, H_2S.
Die von den Wasserstoffatomen zwischen zwei Atomen elektronegativer Elemente bewirkten Bindungen werden als *Wasserstoffbrückenbindungen* bezeichnet. Mit einer Bindungsenergie in der Größenordnung von 10 kJ/mol sind sie schwächer als die Atombindungen (≈ 100 kJ/mol), aber stärker als die VAN-DER-WAALSschen Kräfte (≈ 1 kJ/mol; ↑ 6.1.1.).

Wasserstoffbrückenbindungen sind außer an Fluor-, Sauerstoff- und Stickstoffatomen in abgeschwächtem Maße auch an Chlor-, Schwefel- und Kohlenstoffatomen möglich. Die Chemie der Eiweißstoffe ist ohne Wasserstoffbrückenbindungen nicht denkbar.

---

[1]) *aggregare* (lat.) beigesellen, anhäufen

Auf Grund ihrer geringen Bindungsenergie ermöglichen sie zahlreiche Stoffwechselvorgänge in den lebenden Organismen. In makromolekularen Werkstoffen, insbesondere in Faserstoffen, erhöhen Wasserstoffbrückenbindungen zwischen benachbarten Kettenmolekülen die Festigkeit.
Vom Standpunkt des Orbitalmodells der chemischen Bindung läßt sich die Wasserstoffbrückenbindung wie folgt erklären: Nähert sich ein Wasserstoffatom, das an ein elektronegatives Atom gebunden ist, einem anderen elektronegativen Atom,

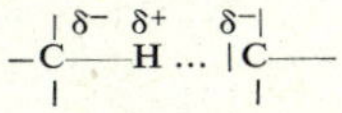

so entsteht unter geringer Energieabgabe ein Molekülorbital, das alle drei Atomkerne umfaßt.

6.2. Ionenbindung

6.2.1. Entstehung von Ionen durch Elektronenübergang

Als *Ionenbindung* wird ein Bindungszustand bezeichnet, bei dem eine *stabile Elektronenbesetzung durch den Übergang von Elektronen* von Atomen des einen Elements zu Atomen eines anderen Elements erreicht wurde.

Eine **Ionenbindung** ist nur möglich **zwischen**
- **einem elektropositiven Element** und
- **einem elektronegativen Element.**

Die *Atome der elektropositiven Elemente* besitzen *wenig Außenelektronen* und gehen durch *Abgabe von Elektronen* in *positiv geladene Ionen* über.

Die *Atome der elektronegativen Elemente* besitzen *viele Außenelektronen* und gehen durch *Aufnahme von Elektronen* in *negativ geladene Ionen* über.

Ionen sind elektrisch geladene Teilchen, die durch Abgabe oder Aufnahme von Elektronen aus Atomen (oder auch Molekülen) hervorgehen.

Elektropositiv sind die *Metalle*, *elektronegativ* sind die *Nichtmetalle*. (Über die Stellung der elektropositiven und elektronegativen Elemente im Periodensystem ↑ 5.5.1.)
Eine *stabile Elektronenbesetzung* wird erreicht, indem ein (elektropositives) Metall seine Außenelektronen an ein (elektronegatives) Nichtmetall abgibt und damit dessen äußerste Elektronenschale (höchstes Energieniveau) aufgefüllt wird. Häufig tritt als stabile Elektronen-

besetzung ein **Elektronenoktett** (*Achterschale*) auf. Das ist die volle Besetzung der s- und p-Orbitale eines Hauptenergieniveaus (↑ 4.5.6.), wie sie stets bei den *Edelgasen* vorliegt.

Beispiel: *Natrium* (I. Hauptgruppe) besitzt ein Außenelektron. *Chlor* (VII. Hauptgruppe) besitzt sieben Außenelektronen. Gibt ein Natriumatom sein Außenelektron an ein Chloratom ab (↑ Bild 48), so erreicht das Chloratom mit 8 Außenelektronen die stabile Elektronenbesetzung des Edelgases *Argon*. Aber auch das Natriumatom erhält eine stabile Elektronenbesetzung, die des Edelgases *Neon*, da mit dem Wegfall des einen Außenelektrons die nächst niedrigere Elektronenschale zur Außenschale wird. (Vergleiche dazu Bild 48 mit Bild 7, S. 106).

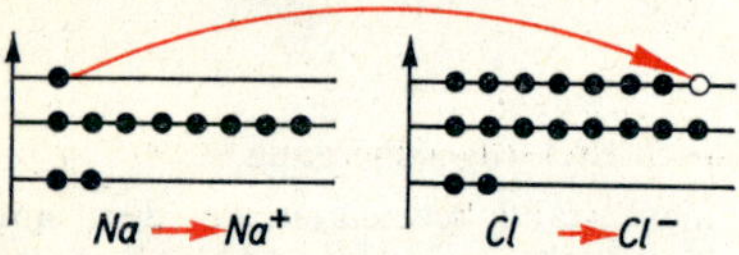

Bild 48. Elektronenübergang vom Natriumatom zum Chloratom – Bildung eines Natriumions, Na^+, und eines Chloridions, Cl^-

Mit dem einen Elektron geht aber auch eine negative Ladung vom Natriumatom zum Chloratom über. Die Anzahl der negativen Ladungen stimmt nun sowohl beim Natrium als auch beim Chlor nicht mehr mit der Anzahl der positiven Ladungen der Protonen des Atomkerns überein:

- Aus dem ungeladenen Natriumatom, Na, ist ein einfach positiv geladenes Natriumion, Na^+, geworden.
- Aus dem ungeladenen Chloratom, Cl, ist ein einfach negativ geladenes Ion, Cl^-, geworden, das als Chloridion bezeichnet wird.

Natriumatom →	**Natriumion**	**Chloratom →**	**Chloridion**
Na	Na^+	Cl	Cl^-
11 p 11 e^-	11 p 10 e^-	17 p 17 e^-	17 p 18 e^-

Auf der Grundlage der *Orbitalmodelle* ergibt sich folgende Darstellung:

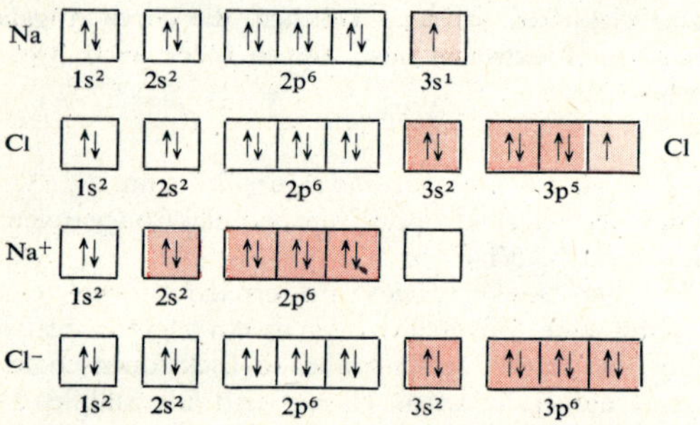

Das höchste Hauptenergieniveau wurde jeweils farbig unterlegt. Das 3s-Elektron des Natriumatoms ist also in ein 3p-Orbital des Chloratoms übergegangen. Im *Natriumion*, Na^+, ist das 3s-Orbital unbesetzt; das voll besetzte 2. Hauptenergieniveau ist nun das höchste Energieniveau. Im *Chloridion*, Cl^-, sind nun die 3p-Orbitale voll besetzt. Damit hat das 3. Hauptenergieniveau, das noch fünf d-Orbitale aufweist, einen stabilen Zwischenzustand erreicht (↑ 4.5.6.).

Vom Standpunkt der *wellenmechanischen Modellvorstellungen* kann der *Übergang von Elektronen* so aufgefaßt werden, daß zunächst je ein ungepaartes Elektron der beiden Atome (im Beispiel das 3s-Elektron des Natriums und ein 3p-Elektron des Chlors) gemeinsam ein *Molekülorbital* besetzen, also ein gemeinsames Elektronenpaar bilden. Dieses Molekülorbital wird jedoch von dem Atom des elektronegativen Elements so stark angezogen, daß es ganz zu diesem übergeht und zu einem *Atomorbital* dieses Atoms wird (im Beispiel: des Chloratoms). So betrachtet, kann die Ionenbindung als Grenzfall der polarisierten Atombindung aufgefaßt werden.

Bild 49 veranschaulicht diesen Elektronenübergang mit Hilfe des Bohrschen Atommodells.

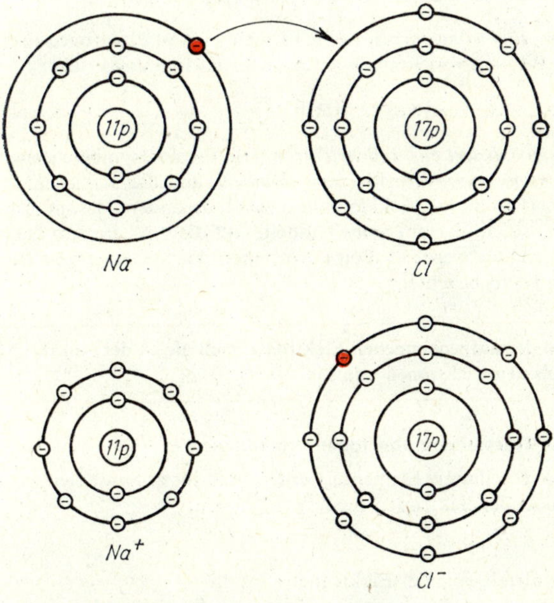

Bild 49. Darstellung des Elektronenüberganges vom Natriumatom zum Chloratom und der Bildung eines Natriumions, Na^+, und eines Chloridions, Cl^-, mit Hilfe Bohrscher Atommodelle

Mit Hilfe der *Elektronegativitätsskale* läßt sich abschätzen, ob zwischen den Atomen zweier Elemente eine Ionenbindung zustande kommen kann. Die Elektronegativitätsdifferenz muß dafür mindestens 1,7 betragen. Beim Natriumchlorid beträgt sie 2,1 (↑ 6.1.8.).

Die *elektrische Ladung der Ionen* wird auch als **Ionenwertigkeit** bezeichnet (↑ 6.5.2.). Zur Symbolisierung von Ionen wird die Anzahl der Ladungen rechts oben neben dem Symbol des jeweiligen Elements angegeben. Das geschieht in der Literatur zum Teil auf unterschiedliche Weise:

Na^+	Na^+	$Na^{\cdot}$
Ca^{2+}	Ca^{++}	$Ca^{\cdot\cdot}$
Al^{3+}	Al^{+++}	$Al^{\cdot\cdot\cdot}$
Cl^-	Cl^-	Cl'
S^{2-}	S^{--}	S''

Die Bezeichnungen sind im allgemeinen gleichbedeutend. Es gibt aber auch Lehrbücher, in denen die Bezeichnung mit Plus- und Minuszeichen nur für Ionen im Gaszustand, die Bezeichnung mit Punkt und Strich nur für Ionen in Lösungen angewandt wird.

Mit Hilfe von *Elektronenformeln* (↑ 5.3.) werden der Elektronenübergang und die Bildung von Ionen wie folgt schematisch dargestellt:

$$Na. + .\overset{\cdot\cdot}{\underset{\cdot\cdot}{Cl}}: \rightarrow [Na]^+ + [:\overset{\cdot\cdot}{\underset{\cdot\cdot}{Cl}}:]^-$$

Jeder Punkt symbolisiert ein Außenelektron. Die Elementsymbole stehen hier für den *Atomrumpf*, d.h. für den *Atomkern* und die *inneren Elektronenschalen.* (Durch die Eckklammern wird besonders darauf hingewiesen, daß es sich hier um *Ionen* handelt. Auf diese Klammern kann aber auch verzichtet werden.) Beim Aufstellen solcher Schemata zur Ionenbindung ist zu beachten:

Die Anzahl der aufgenommenen Elektronen muß gleich der Anzahl der abgegebenen Elektronen sein.

Vorschrift zur Darstellung von Ionenverbindungen

1. Die beiden beteiligten Elemente werden mit ihren Symbolen einschließlich Außenelektronen niedergeschrieben.

   Beispiel: $\cdot\underset{\cdot}{Al}\cdot + :\overset{\cdot}{\underset{\cdot}{O}}: \rightarrow$

2. Es wird ermittelt, wieviel Elektronen
   — das Atom des elektropositiven Elements abgeben und
   — das Atom des elektronegativen Elements aufnehmen muß, um zu einer stabilen Elektronenbesetzung zu kommen.

Beispiel: Al muß 3 Elektronen abgeben. Es hat dann die Elektronenbesetzung des Edelgases Neon (↑ Bild 7; S. 106), O muß 2 Elektronen aufnehmen. Es hat dann gleichfalls die Elektronenbesetzung des Edelgases Neon (↑ Bild 7).

3. Das entworfene Schema ist zu vervollständigen, indem rechts vom Pfeil die Symbole der beiden Elemente
 — mit der zu erreichenden stabilen Elektronenbesetzung und
 — mit den durch die Abgabe bzw. Aufnahme von Elektronen zustande gekommenen positiven bzw. negativen Ladungen eingetragen werden.

Beispiel: $\cdot \underset{\cdot}{Al} \cdot + :\underset{\cdot}{\dot{O}}: \rightarrow [Al]^{3+} + [:\underset{\cdot\cdot}{\ddot{O}}:]^{2-}$

4. Es ist das kleinste gemeinsame Vielfache der Anzahl der abzugebenden und der aufzunehmenden Elektronen zu ermitteln.

Beispiel: Das kleinste gemeinsame Vielfache von 3 und 2 ist 6.

5. Es ist zu ermitteln,
 — wie viele Atome des elektropositiven Elements *die* Anzahl an Elektronen abgeben und
 — wie viele Atome des elektronegativen Elements *die* Anzahl an Elektronen aufnehmen,
 die gleich dem kleinsten gemeinsamen Vielfachen ist.

Beispiel: 2 Aluminiumatome geben 6 Elektronen ab.
3 Sauerstoffatome nehmen 6 Elektronen auf.

6. Das entworfene Schema (aus Schritt 3) ist zu vervollständigen, indem für jedes Atom die nach Schritt 5 ermittelte Anzahl als Koeffizient eingesetzt wird.

Beispiel: $2 \cdot \underset{\cdot}{Al} \cdot + 3 :\underset{\cdot}{\dot{O}}: \rightarrow 2 [Al]^{3+} + 3 [:\underset{\cdot\cdot}{\ddot{O}}:]^{2-}$

7. Abschließend ist das Schema zu überprüfen:
 Die Summe der Ladungen muß auf beiden Seiten gleich sein.

Beispiel: Die Summe der Ladungen ist links 0.
Die Summe der Ladungen ist rechts $2 \cdot (+3) + 3 \cdot (-2) = 0$.

6.2.2. Eigenschaften der Stoffe mit Ionenbindung

Bei der Reaktion zwischen einem (elektropositiven) Metall und einem (elektronegativen) Nichtmetall entsteht unter Abgabe bzw. Aufnahme von Elektronen (↑ 6.2.1.) ein *Salz*.

Beispiele: $2\,Na + Cl_2 \rightarrow 2\,NaCl$ (Natriumchlorid)

$Fe + S \rightarrow FeS$ (Eisen(II)-sulfid)

Die Ionenbindung ist charakteristisch für Salze.

Aber auch andere anorganische Verbindungen, wie Metalloxide und -hydroxide (z.B. Al_2O_3, NaOH), haben mehr oder weniger ausgeprägt Ionenbindungen.

Zwischen entgegengesetzt geladenen Ionen bestehen elektrostatische Anziehungskräfte (sog. COULOMBsche Kräfte). Diese Anziehungskräfte wirken *nach allen Seiten gleichmäßig*. Das hat zur Folge, daß sich die entgegengesetzt geladenen Ionen eines Salzes in bestimmter Weise räumlich anordnen (↑ z.B. Bild 50). Eine solche räumliche Anordnung wird allgemein als *Kristallgitter* bezeichnet. In diesem Falle handelt es sich um ein Ionengitter, da die Gitterpunkte von Ionen besetzt sind.

Beispiel: Im Ionengitter des Natriumchlorids (↑ Bild 50) ist jedes Natriumion, Na^+, von sechs Chloridionen, Cl^-, und jedes Chloridion, Cl^-, von sechs Natriumionen, Na^+, umgeben.

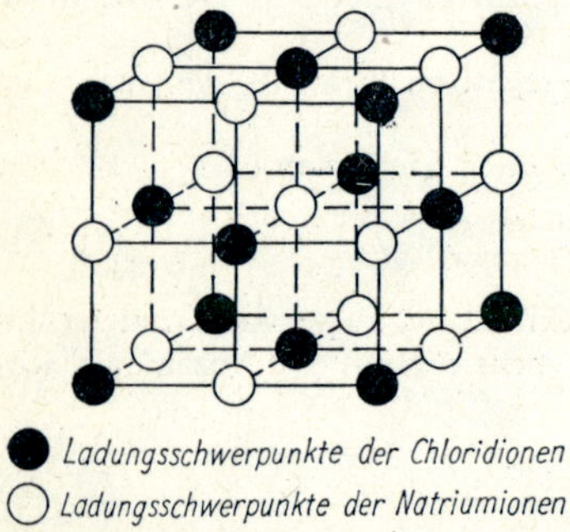

Bild 50. Ionengitter des Natriumchlorids

Manche anderen Salze besitzen das gleiche Ionengitter wie Natriumchlorid. Es gibt aber auch zahlreiche Ionengitter mit anderem Aufbau.

Die Ionenbindung prägt den chemischen Verbindungen bestimmte *Eigenschaften* auf.

Alle Verbindungen mit Ionenbindung tragen salzartigen Charakter.

Durch die allseitig wirkenden Anziehungskräfte sind die Ionen in den Ionengittern verhältnismäßig fest gebunden. Sie können Schwingungen um die Gitterpunkte ausführen, die sie im Ionengitter besetzen. Bei Zimmertemperatur sind die *salzartigen Verbindungen* daher *fest*. Erst durch erhebliche Zufuhr von Wärmeenergie läßt sich die Bewegungsenergie der Ionen soweit erhöhen, daß die Gitterkräfte überwunden werden und das Ionengitter zusammenbricht. Damit ist die *Schmelztemperatur F* erreicht. Sie liegt bei den salzartigen Stoffen verhältnismäßig hoch. Noch wesentlich höher liegt die *Siedetemperatur Kp*.

Beispiele:	Natriumchlorid, NaCl	$F = 800\,°C$	$Kp = 1\,440\,°C$
	Kaliumbromid, KBr	$F = 728\,°C$	$Kp = 1\,376\,°C$

Verbindungen, die auf Ionenbindung beruhen, haben relativ hohe Schmelz- und Siedepunkte.

Viele Salze, besonders Komplexsalze (↑ 6.4.) und Salze organischer Säuren, zersetzen sich allerdings beim Erhitzen, bevor die Siedetemperatur, und manche schon, bevor die Schmelztemperatur erreicht ist.

Eine weitere charakteristische Eigenschaft der Verbindungen, die auf Ionenbindung beruhen, ist, daß sie *in wäßriger Lösung* und *in der Schmelze* den *elektrischen Strom leiten* (↑ 7.2.3.).

Statt von **Ionenbindung** wird in der chemischen Literatur auch von

Ionenbeziehung,
heteropolarer Bindung,
polarer Bindung oder
elektrovalenter Bindung

gesprochen.

Die Bezeichnung *Ionenbeziehung* drückt aus, daß keine Bindung zwischen zwei bestimmten Ionen vorliegt, sondern daß der Zusammenhalt eines Ionengitters auf den *Beziehungen* beruht, die zwischen allen Ionen dieses Gitters bestehen. Die Bezeichnungen *heteropolare Bindung*, *polare Bindung* und *elektrovalente Bindung* nehmen darauf Bezug, daß *entgegengesetzt elektrisch geladene Teilchen* vorliegen.
Die *chemischen Formeln* (Summenformeln) der auf Ionenbindung beruhenden Verbindungen drücken das *Verhältnis* aus, in dem die *Ionen am Bau des Ionengitters* beteiligt sind.

Beispiele: Im Ionengitter des Natriumchlorids, NaCl, liegen Natriumionen, Na^+, und Chloridionen, Cl^-, im Verhältnis 1:1 vor.
Im Ionengitter des Aluminiumoxids, Al_2O_3, liegen Aluminiumionen, Al^{3+}, und Oxidionen, O^{2-}, im Verhältnis 2:3 vor.

Obwohl die auf Ionenbindungen beruhenden Verbindungen nicht in Form von Molekülen vorliegen, wird auch für diese Verbindungen der Begriff *relative Molekülmasse* (↑ 2.3.) verwendet. Im Hinblick auf die Übergangsformen zwischen Atombindung und Ionenbindung (↑ 6.1.8.) wäre es ohnehin schwierig, eine Grenze für die Anwendung dieses Begriffs festzulegen.

Der Vorschlag, bei Verbindungen mit Ionenbindung von *Formelmasse* zu sprechen, hat sich bisher nicht durchgesetzt.

Die relative Molekülmasse einer Verbindung mit Ionenbindung ergibt sich durch Addition der relativen Atommassen der laut Summenformel am Aufbau der Verbindung beteiligten Elemente.

Beispiel: *Aluminiumoxid*, Al_2O_3,

relative Atommasse des Al:	26,98 · 2 =	53,96
relative Atommasse des O:	16,00 · 3 =	48,00
relative Molekülmasse des Al_2O_3		101,96

6.3. Metallbindung und Bändermodell

6.3.1. Metallbindung

Die Metalle und deren Legierungen kristallisieren in Form von **Metallgittern.** In einem Metallgitter sind die Gitterpunkte durch positiv geladene *Metallionen* besetzt, die hier vielfach als *Atomrümpfe* bezeichnet werden, da ihnen ein entscheidendes Merkmal der Ionen fehlt – die Beweglichkeit, das Wandern[1]) in einem elektrischen Feld. Die Metalle treten mit wenigen Ausnahmen in einem der drei Kristallgitter auf, deren Aufbau aus den Bildern 51 und 52 ersichtlich ist. Im kubisch-raumzentrierten Gitter sind jedem Atomrumpf *acht* andere benachbart, in der kubisch-dichtesten und in der hexagonal-dichtesten Kugelpackung dagegen *zwölf*. Diese Zahlen werden als *Koordinationszahlen* bezeichnet (↑ 6.5.5.).

Die abgespaltenen *Valenzelektronen* bewegen sich mehr oder weniger frei zwischen den Atomrümpfen und bewirken die elektrische Leitfähigkeit der Metalle. Auf Grund eines Vergleichs mit der Beweglich-

[1]) *ion* (grch.) wandernd

keit von Gasmolekülen wird hier häufig von einem »Elektronengas« gesprochen.
Der Zusammenhalt des Metallgitters kann durch die elektrostatische Wechselwirkung zwischen den positiv geladenen Atomrümpfen und den

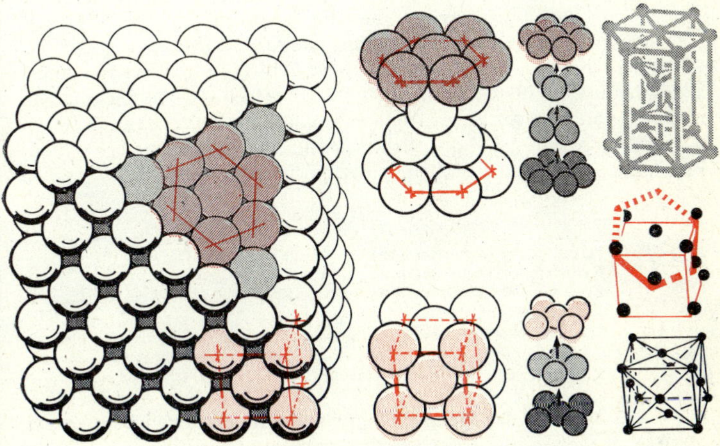

Bild 51. Kubisch-dichteste Kugelpackung (kubisch-flächenzentriertes Gitter)

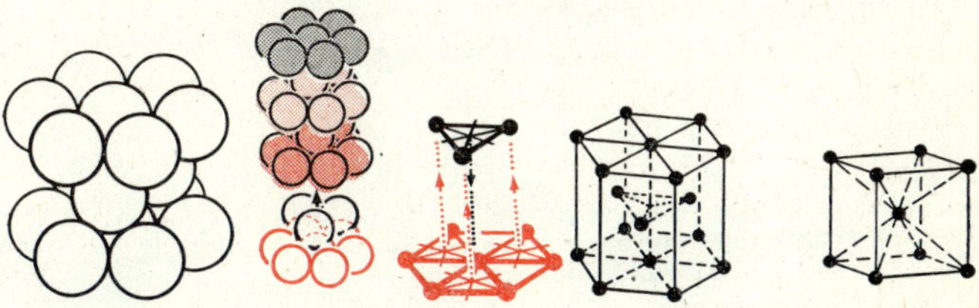

Bild 52a Bild 52b

Bild 52. a) Hexagonal-dichteste Kugelpackung (hexagonales Gitter)
b) Kubisch-raumzentriertes Gitter

negativ geladenen beweglichen Elektronen erklärt werden. Diese Bindungskräfte wirken auf alle benachbarten Atomrümpfe gleichermaßen und sind daher wesentlich weniger fest als die gerichteten Bindungen im Atomgitter. Die Metalle haben daher mit wenigen Ausnahmen (z. B. Wolfram 3410 °C, Rhenium 3180 °C, Molybdän 2620 °C) niedrigere Schmelztemperaturen als die diamantartigen Stoffe (↑ 6.1.1.2.).

Wie die Atome im Atomgitter und die Ionen im Ionengitter führen auch die Atomrümpfe im Metallgitter ständig Schwingungen um die Gitterpunkte aus, die sie besetzen. Diese Schwingungen werden durch Wärmezufuhr verstärkt, bis bei der *Schmelztemperatur* das Metallgitter zusammenbricht. Die Schmelztemperatur steigt in der Regel mit zunehmender Anzahl an Valenzelektronen und mit abnehmender Gitterkonstante a (Abstand zwischen den Atomrümpfen im Gitter).

Beispiele:

Natrium:	1 Valenzelektron;	$a = 4{,}3 \cdot 10^{-10}$ m;	$F = 98$ °C
Kalium:	1 Valenzelektron;	$a = 5{,}3 \cdot 10^{-10}$ m;	$F = 63$ °C
Kalzium:	2 Valenzelektronen;	$a = 5{,}5 \cdot 10^{-10}$ m;	$F = 851$ °C

Schmelztemperatur des Natriums höher als die des Kaliums, weil kleinere Gitterkonstante. Schmelztemperatur des Kalziums höher als die des Kaliums, weil mehr Valenzelektronen.

Die *Verformbarkeit* der Metalle hängt von der unterschiedlichen Anzahl der Gleitebenen in den Kristallgittern ab:

kubisch-flächenzentriertes Gitter (kubisch-dichteste Kugelpackung)	kubisch-raumzentriertes Gitter	hexagonal-dichteste Kugelpackung

Abnahme der Verformbarkeit →

Beispiel: Eisen geht beim Erhitzen bei 911 °C aus dem kubisch-raumzentrierten Gitter (α-Eisen) in das kubisch-flächenzentrierte Gitter (γ-Eisen) über, wodurch es leichter verformbar wird.

Beim Erstarren einer Metallschmelze entstehen gleichzeitig zahllose Kriställchen (sog. *Kristallite*), die sich gegenseitig in ihrem Wachstum behindern und daher selten eine Größe erreichen, in der sie mit bloßem Auge sichtbar sind.

Zu den *metallischen Stoffen* gehören außer den metallischen Elementen auch die Legierungen:

Legierungen sind Gemenge aus zwei oder mehr Metallen.

Auch bestimmte Nichtmetalle können an Legierungen beteiligt sein (z.B. Kohlenstoff und Silizium). Die Legierungen werden meist durch Zusammenschmelzen der Bestandteile gewonnen, aber viele Metalle sind nicht in beliebigem Verhältnis miteinander legierbar.
In den Legierungen können vorliegen:

- **Einlagerungsmischkristalle**
- **Substitutionsmischkristalle**
- **Gemenge der reinen Kristalle der Legierungsbestandteile**
- **Kristalle von intermetallischen Verbindungen der Legierungsbestandteile**

Bei den *Einlagerungsmischkristallen* (↑ Bild 53a) werden die Gleitebenen des Metallgitters durch Einlagerung von Fremdatomen (z.B. Kohlenstoffatomen) teilweise blockiert. Daher ist kohlenstoffhaltiges Eisen viel härter als reines Eisen.
Bei den *Substitutionsmischkristallen* (↑ Bild 53b) ist ein Teil der Atome durch Fremdatome ersetzt (substituiert).

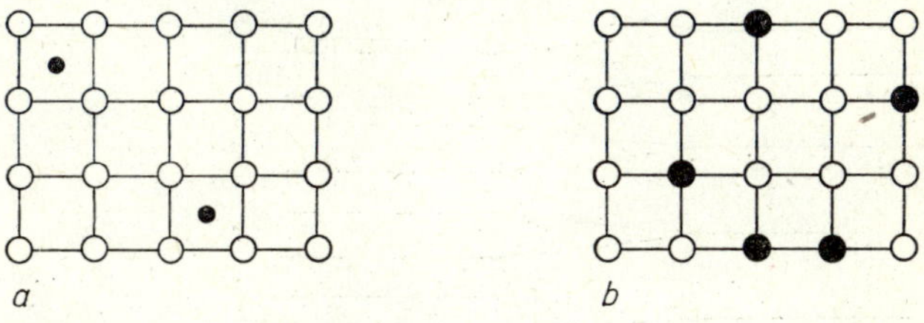

Bild 53. a) Einlagerungsmischkristalle, b) Substitutionsmischkristalle

Gemenge der reinen Kristalle der Legierungsbestandteile bilden sich für jede Metallpaarung bei einem bestimmten Mischungsverhältnis, das als *eutektisches Gemisch*[1]) bezeichnet wird. Lötzinn mit der Schmelztemperatur 181 °C ist das eutektische Gemisch von Zinn (64%) und Blei (36%).

Die Legierungsbestandteile können aber auch *intermetallische* (zwischenmetallische) *Verbindungen* miteinander bilden. In der Bronze ist eine intermetallische Verbindung mit der Formel $SnCu_3$ enthalten, im Messing eine solche mit der Formel Zn_3Cu. Auch das Eisenkarbid (Zementit), Fe_3C, ein wichtiger Bestandteil des Stahls, kann zu den intermetallischen Verbindungen gezählt werden. Die Formeln der intermetallischen Verbindungen geben zwar die stöchiometrische Zusammensetzung wieder, nicht aber die Wertigkeitsverhältnisse. So besagt die Formel Fe_3C lediglich, daß im Kristallgitter des Eisenkarbids auf drei Eisenatome jeweils ein Kohlenstoffatom kommt.

Einzelheiten über die Zusammenhänge von Kristallbau und Eigenschaften der Metalle findet der Leser im Band *Technische Stoffe* der Reihe »Nachschlagebücher für Grundlagenfächer«.

6.3.2. Bändermodell der Elektronen in Kristallen

Auch in den Kristallgittern nehmen die Elektronen bestimmte Energieniveaus ein (↑ 4.5.6.). Auf Kristallgitter angewandt, besagt das Pauli-Verbot (↑ 4.5.6.), daß *innerhalb eines Kristalls* jeweils nur zwei Elektronen (mit antiparallelem Spin) den gleichen Energiezustand aufweisen können. Bei der Vielzahl von Valenzelektronen in einem

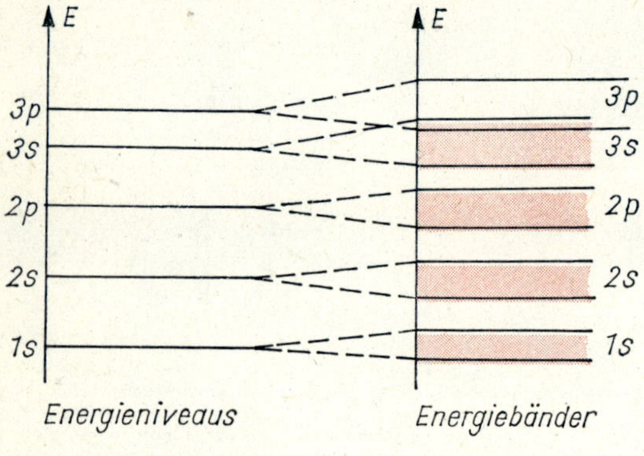

Bild 54. Energiebänder des Natriumatoms

[1]) *tektos* (grch.) schmelzbar; *eu* (grch.) gut; das eutektische Gemisch zeigt von allen möglichen Mischungsverhältnissen zwischen zwei (oder mehr) Metallen den niedrigsten Schmelzpunkt.

Kristall muß es also eine Vielzahl von Energiezuständen geben, die sich dann allerdings nur durch sehr geringe Beträge voneinander unterscheiden können. An die Stelle des einzelnen Energieniveaus tritt auf diese Weise ein ganzes Bündel sehr eng beieinander liegender Energieniveaus, das als *Energieband* bezeichnet wird. Die mehr oder weniger breiten Energiebänder haben voneinander unterschiedliche Abstände. Das wird durch sog. *Bändermodelle* wiedergegeben.

Beispiel: Bändermodell des Natriums (↑ Bild 54). Die aus Bild 21 bekannten Energieniveaus sind zu Energiebändern aufgespalten. Das Energieband 3s ist je Atom mit einem Elektron besetzt, das Energieband 3p ist unbesetzt. Es fällt auf, daß sich die Bänder 3s und 3p überlappen.

Das Energieband, in dem sich die *Valenzelektronen* befinden, wird als **Valenzband** bezeichnet (im Beispiel: 3s). Das unbesetzte Energieband, das sich *über* dem Valenzband befindet, wird **Leitungsband** genannt (im Beispiel: 3p).

Nach diesen Modellvorstellungen kommt die Leitfähigkeit so zustande, daß
- innerhalb eines nicht voll besetzten Valenzbandes viele freie Energiezustände vorhanden sind, in die die Valenzelektronen überwechseln können, und daß
- Valenzelektronen aus dem Valenzband in das Leitungsband übergehen können.

Dieser Übergang in das Leitungsband ist ohne weiteres möglich, wenn sich dieses mit dem Valenzband überlappt (↑ Bild 55, links). Es handelt sich dann um ein *Metall.* Besteht zwischen dem Valenzband und dem Leitungsband ein großer Abstand (sog. *verbotene Zone*), ist ein Elektronenübergang *nicht* möglich. Es liegt dann ein *Isolator* vor (↑ Bild 55, rechts). Ist die verbotene Zone schmal, so kann sie von Elektronen, die durch Energiezufuhr (Wärme, Licht) angeregt wurden, übersprungen werden (↑ Bild 55, Mitte). Der Umstand, daß sich dadurch die elektrische Leitfähigkeit erhöht, wird beispielsweise in Photodioden technisch genutzt. Schmale verbotene Zonen sind charakteristisch für *Halbleiter* (↑ Bild 55, Mitte).

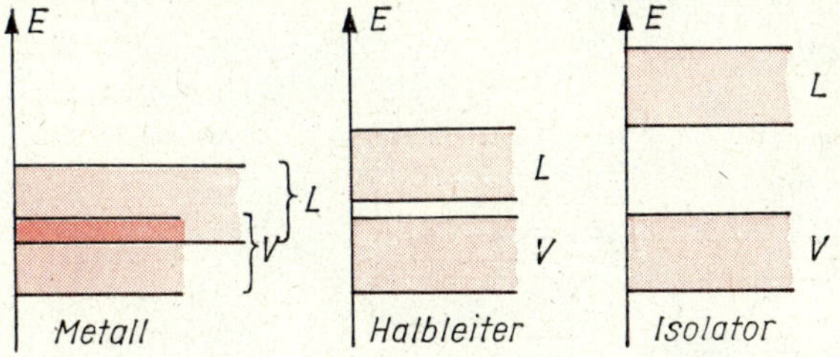

Bild 55. Valenzband und Leitfähigkeitsband bei Metall, Halbleiter und Isolator

Durch Zuführen von Fremdatomen (in der Schmelze oder mittels Diffusion) können bestimmte Halbleitereigenschaften auch künstlich hervorgerufen werden. Dieser Vorgang wird als *Dotierung* bezeichnet. So können z. B. in einen Siliziumkristall (4 Valenzelektronen) Boratome (3 Valenzelektronen) oder Phosphoratome (5 Valenzelektronen) eingefügt werden. Während die Phosphoratome je ein überzähliges Elektron in das Kristallgitter einbringen, entsteht durch jedes Boratom eine Lücke in der Elektronenanordnung des Siliziumkristalls (Bild 56). Diese Lücken wandern im elektrischen Feld den Elektronen entgegengesetzt, sie verhalten sich also, als handelte es sich um *positiv* geladene Elektronen, und werden daher auch als *Defektelektronen* bezeichnet. Die durch Defektelektronen verursachte elektrische Leitfähigkeit wird als *p-Leitung* der *n-Leitung* der Elektronen gegenübergestellt (p = positiv; n = negativ). Die überzähligen Elektronen bauen knapp *unterhalb* des Leitungsbandes ein Energieniveau auf, das als *Donatorniveau*[1]) bezeichnet wird, da die Elektronen daraus leicht in das darüber liegende Leitungsband übergehen (↑ Bild 57, links). Die Defektelektronen verursachen knapp über dem Valenzband ein Energieniveau, das als *Akzeptorniveau*[2]) bezeichnet wird (Bild 57, rechts), da leicht Elektronen aus dem Valenzband in dieses Energieniveau übergehen. Sie hinterlassen im Valenzband Lücken (Defektelektronen). Sowohl die Elektronen im Leitungsband (n-Leitung) als auch die Defektelektronen im Valenzband (p-Leitung) tragen durch ihre Beweglichkeit zur elektrischen Leitfähigkeit bei. Durch die Dotierung können heute für die elektronische Industrie Halbleiter mit ganz bestimmten Eigenschaften hergestellt werden, wie sie in der Natur nicht vorkommen. Hier zeigt sich, daß der Mensch in der Lage ist, die Natur seinen Bedürfnissen entsprechend zu verändern.

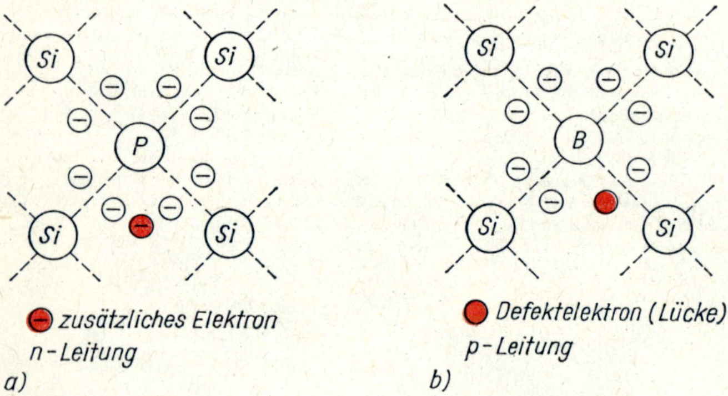

Bild 56. Siliziumkristall mit a) einem Phosphoratom, b) einem Boratom als Fremdatom

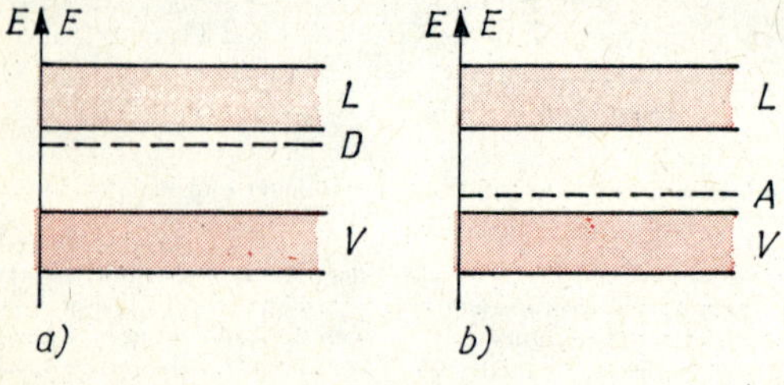

Bild 57. Bändermodelle mit a) Donatorniveau, b) Akzeptorniveau

[1]) *donator* (lat.) Geber
[2]) *acceptor* (lat.) Empfänger

6.4. Komplexverbindungen

Alle chemischen Verbindungen, die sich in ihrer Entstehung auf die drei einfachen Bindungsarten (Atombindung, Ionenbindung, Metallbindung) zurückführen lassen, werden als *Verbindungen erster Ordnung* bezeichnet. Dazu gehören alle Verbindungen, die sich nur aus zwei Elementen zusammensetzen (sog. binäre Verbindungen, ↑ S. 129, Fußnote), sowie jene Verbindungen aus drei und mehr Elementen, die nur auf Atombindungen beruhen, z.B. Trichlormethan (Chloroform), $CHCl_3$.

Alle anderen chemischen Verbindungen werden als

Verbindungen höherer Ordnung,
Komplexverbindungen oder
Koordinationsverbindungen

bezeichnet. Mit diesen Verbindungen beschäftigt sich die Komplexchemie (chemische Koordinationslehre), ein von dem Schweizer Chemiker ALFRED WERNER um 1893 begründeter Zweig der Chemie.

Beim Entstehen einer Komplexverbindung werden an ein Atom, das Zentralatom (bzw. Zentralion), andere Atome oder Atomgruppen (bzw. Ionen), die **Liganden,** angelagert und durch elektrostatische Wechselwirkung oder durch koordinative Bindung (dative Bindung; ↑ 6.4.1.) gebunden.

Als Zentralatom können

- **Nichtmetallatome** (↑ 6.4.1.) und
- **Metallatome** (↑ 6.4.2.)

auftreten. Bemerkenswert ist dabei folgender Unterschied:

Das *bindende Elektronenpaar* einer koordinativen Bindung stammt

- vom *Zentralatom*, wenn dieses ein *Nichtmetallatom* ist,
- von den *Liganden*, wenn das Zentralatom ein *Metallatom* ist.

Die Anzahl der Liganden, die einem Zentralatom zugeordnet sind, wird als *Koordinationszahl* bezeichnet (↑ 6.5.5.). Die Wertigkeitsverhältnisse innerhalb der Komplexverbindungen werden mit Hilfe der Oxidationszahlen (↑ 6.5.3.2.) wiedergegeben.

6.4.1. Komplexbildung an Nichtmetallionen

Die bekanntesten Komplexverbindungen sind die Salze der sauerstoffhaltigen Säuren, die in wäßriger Lösung und in Schmelzen in Metallionen und Säurerestionen dissoziieren.

Beispiel: Natriumsulfat

$$Na_2SO_4 \rightarrow \begin{matrix}Na^+\\ \\ Na^+\end{matrix} + \left[\begin{matrix}O & & O\\ & S & \\ O & & O\end{matrix}\right]^{2-}$$

Diese Säurerestionen werden als **Komplexionen** bezeichnet. Mittels der Eckklammern wird gekennzeichnet, daß die negativen Ladungen nicht einem einzelnen Atom, sondern dem Komplexion als Ganzes angehören. Die Komplexionen sind schon in den Kristallgittern dieser Salze vorhanden und zeigen einen verhältnismäßig festen Zusammenhalt. Daher gehen sie bei den meisten chemischen Reaktionen unverändert in die neu entstehende Verbindung über.

Beispiel: $Na_2SO_4 + BaCl_2 \rightarrow BaSO_4\downarrow + 2\ NaCl$

$2\ Na^+ + SO_4^{2-} + Ba^{2+} + 2\ Cl^- \rightarrow BaSO_4\downarrow + 2\ Na^+ + 2\ Cl^-$

Das gilt grundsätzlich für alle sauerstoffhaltigen Säuren, die allgemein als Oxosäuren und deren Komplexionen als Oxokomplexe bezeichnet werden; z.B. Kohlensäure/Karbonationen; Salpetersäure/Nitrationen; Chlorsäure/Chlorationen. Die bindenden Elektronenpaare stammen bei diesen Nichtmetallkomplexionen vom Zentralatom (Zentralion).

Mittels der Orbitalmodelle lassen sich die Bindungsverhältnisse am Beispiel des Sulfations, SO_4^{2-}, wie folgt darstellen:

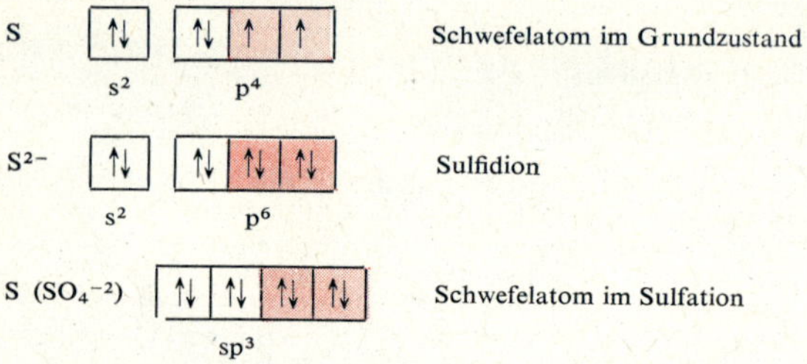

Die beim Schwefelatom im Grundzustand nur einfach besetzten beiden p-Orbitale des 3. Hauptenergieniveaus sind im Sulfidion voll besetzt, woraus die zweifach negative Ladung resultiert. Im Sulfation liegt gleichfalls diese volle Orbitalbesetzung vor, wobei durch die Bindung der Sauerstoffatome eine sp^3-Hybridisation (↑ 6.1.6.) erfolgt ist.

Für die S–O-Bindungen im Sulfation wird angenommen, daß es durch eine Spinkoppelung zu einer Orbitalleerung bei den Sauerstoffatomen kommt:

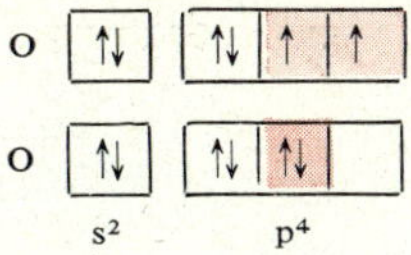

Dabei vereinigen sich zwei einzelne Elektronen zu einem Elektronenpaar mit antiparallelem Spin. (Die hierfür erforderliche Energie wird der Bindungsenergie der S–O-Bindung entnommen.)

Zwischen den voll besetzten sp^3-Orbitalen des Schwefelatoms und den unbesetzten p-Orbitalen je eines Sauerstoffatoms kommt es zur Überlappung. Das kann auch als Besetzung von (lokalisierten) sp^3-p-σ-Molekülorbitalen aufgefaßt werden, wozu das Schwefelatom jeweils beide Elektronen zur Verfügung stellt (↑ dative Bindung; 6.1.10.):

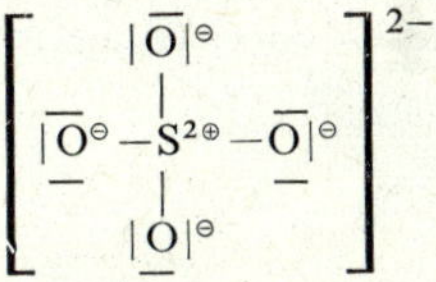

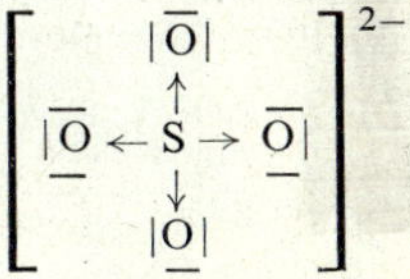

Darstellung der Bindungsverhältnisse mit: formalen Ladungen (6.5.5.) – semipolaren Bindungen (6.1.10.)

6.4.2. Komplexbildung an Metallionen

Die Komplexionen, bei denen das *Zentralion* ein *Metallion* ist, sind wesentlich mannigfaltiger als die Nichtmetallkomplexionen (↑ 6.4.1.). In den *Komplexsalzen*, für die diese Metallkomplexionen kennzeichnend sind, treten sowohl

- **komplexe Anionen** als auch
- **komplexe Kationen**

auf.

Beispiele: Kalium-hexazyano-ferrat(II)

$K_4[Fe(CN)_6] \rightleftarrows 4\,K^+ + [Fe(CN)_6]^{4-}$ Anionkomplex

Tetrammin-kupfer(II)-sulfat

$[Cu(NH_3)_4]SO_4 \rightleftarrows [Cu(NH_3)_4]^{2+} + SO_4{}^{2-}$ Kationkomplex

Die Komplexionen werden in Eckklammern gesetzt. (Bezeichnung der Komplexsalze ↑ 42.2.)

In den **Summenformeln** der Komplexsalze wird (wie bei den einfachen Salzen; ↑ 7.2.4.3.)

links das **Kation** rechts das **Anion**

niedergeschrieben.

Innerhalb des komplexen Kations und Anions steht *zuerst* das *Zentralion*, es folgen die *Liganden* unter Angabe ihrer *Anzahl.*

Beispiele:	$[Fe(CN)_6]^{4-}$	Zentralion: Fe^{2+}	Liganden: CN^-
	$[Cu(NH_3)_4]^{2+}$	Zentralion: Cu^{2+}	Liganden: NH_3

Die Anzahl der Liganden ergibt die *Koordinationszahl* (↑ 6.5.5.) des Komplexions. Weiterhin wird die Oxidationszahl zur Darstellung der Wertigkeitsverhältnisse in Komplexionen herangezogen (↑ 6.5.3.).

Die Summe der Oxidationszahlen ist gleich der Ionenwertigkeit des Komplexions.

Beispiele:	Oxidationszahl:	+2 −1	+2 0
	Formel:	$[Fe(CN)_6]^{4-}$	$[Cu(NH_3)_4]^{2+}$
	Summe der Oxidationszahlen:	−4	+2
	Koordinationszahl:	6	4

Bei den **Zentralionen** handelt es sich um *positiv geladene Metallionen*, vor allem von Nebengruppenelementen wie

Eisen	Kupfer	Zink
Kobalt	Silber	Kadmium
Nickel	Gold	Quecksilber
Platin		

Als **Liganden** treten in den Metallkomplexionen

- *negativ geladene Ionen* und
- *Dipolmoleküle*

auf, vor allem

Hydroxid-ion $[|\overline{\underline{O}}-H]^-$ Wassermolekül

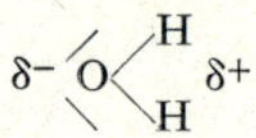

Zyanid-ion $[|C\equiv N|]^-$

Chlorid-ion $[|\overline{\underline{Cl}}|]^-$ Ammoniakmolekül

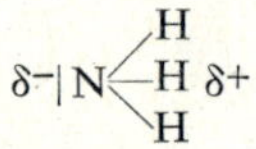

(Bezeichnung der Liganden in den Namen der Komplexionen ↑ 42.2.)

Bei der *elektrolytischen Dissoziation* der Komplexsalze in wäßriger Lösung bleiben die komplexen Anionen bzw. komplexen Kationen im allgemeinen erhalten (↑ Dissoziationsgleichungen am Beginn dieses Abschnitts). Die Beständigkeit der verschiedenen Komplexionen ist jedoch sehr unterschiedlich, so daß sie unter bestimmten Bedingungen (Temperatur, *p*H-Wert, Reaktionspartner) auch in ihre Bestandteile zerfallen können.

Von den Komplexsalzen zu unterscheiden sind die **Doppelsalze**, die bei der elektrolytischen Dissoziation in wäßriger Lösung stets in die Einzelionen zerfallen, aus denen sie aufgebaut sind. Beispiele:

Alaun $KAl(SO_4)_2 \cdot 12\,H_2O \rightleftarrows K^+ + Al^{3+} + 2\,SO_4^{2-} + 12\,H_2O$

Carnallit $KCl \cdot MgCl_2 \cdot 6\,H_2O \rightleftarrows K^+ + Mg^{2+} + 3\,Cl^- + 6\,H_2O$

Die *chemische Bindung* innerhalb der Metallkomplexionen ist dadurch gekennzeichnet, daß die Zentralionen *positive* Ladungen mitbringen – bei den Nichtmetallkomplexionen sind es negative Ladungen. Zwischen dem positiv geladenen Zentralion und den als Liganden auftretenden negativ geladenen Ionen herrschen **elektrostatische Anziehungskräfte.** Gleiches gilt für die als Liganden auftretenden Dipolmoleküle, die sich mit dem negativen Pol an das Zentralion *anlagern.*

Beispiel: Kupfersulfat-pentahydrat (Kupfersulfat-5-Wasser) $CuSO_4 \cdot 5\,H_2O = [Cu(H_2O)_4]SO_4 \cdot H_2O$. Vier Wassermoleküle bilden mit dem Kupferion ein Komplexion, ein Wassermolekül ist durch Wasserstoffbrückenbindung (↑ 6.1.11.) an das Sulfation gebunden.

Bei vielen Komplexionen kommt es darüber hinaus zur Ausbildung **gemeinsamer Elektronenpaare** zwischen dem Zentralion und den Liganden. Dabei stellt jeweils der Ligand *beide* Elektronen zur Verfügung. Es handelt sich also um eine Atombindung an einem *freien* Elektronenpaar des als Ligand auftretenden Ions oder Dipolmoleküls (↑ 6.1.10.; dative bzw. koordinative Bindung). Dabei kann es am Zentralion zur Besetzung einer neuen Elektronenschale kommen (↑ S. 184). Besonders stabil sind solche Komplexionen dann, wenn dabei Elektronenkonfigurationen mit 8, 12 oder 16 bindenden Elektronen entstehen, was den Koordinationszahlen 4, 6 und 8 entspricht.

Beispiel: Hexazyano-ferrat(II)-ion, $[Fe(CN)_6]^{4-}$

Eisen besitzt im ungeladenen Zustand 26 Elektronen, das Eisen(II)-ion 24 Elektronen; die Koordinationszahl des Komplexions ist 6; die sechs Zyanidionen steuern für die Bindung am Zentralion je ein freies Elektronenpaar bei, also insgesamt 12 Elektronen. Mit (24 + 12 =) 36 Elektronen erhält damit das Eisen die Elektronenkonfiguration des Edelgases Krypton. Dieses Komplexion ist daher relativ stabil.

Aus diesen beiden Betrachtungsstandpunkten, die zugleich die unterschiedliche Beständigkeit der Komplexionen widerspiegeln, ergibt sich eine Einteilung in

- **Anlagerungskomplexe**[1]), die im wesentlichen auf die elektrostatische Anziehung Ion-Ion bzw. Ion-Dipol zurückzuführen und daher wenig stabil sind, und
- **Durchdringungskomplexe**[2]), bei denen sich die Elektronenhüllen des Zentralions und der Liganden gegenseitig durchdringen, indem sie gemeinsame Elektronenpaare bilden, wodurch sie relativ stabil sind.

Zwischen beiden gibt es keine festen Grenzen. Auch kann je nach der Art der Liganden das gleiche Zentralion sowohl Anlagerungs- als auch Durchdringungskomplexe bilden.

Mittels des Orbitalmodells lassen sich die Bindungsverhältnisse in einem Metallkomplexion – am Beispiel des Hexazyanoferrat(II)-ions, $[Fe(CN)_6]^{4-}$, dargestellt – wie folgt erläutern:

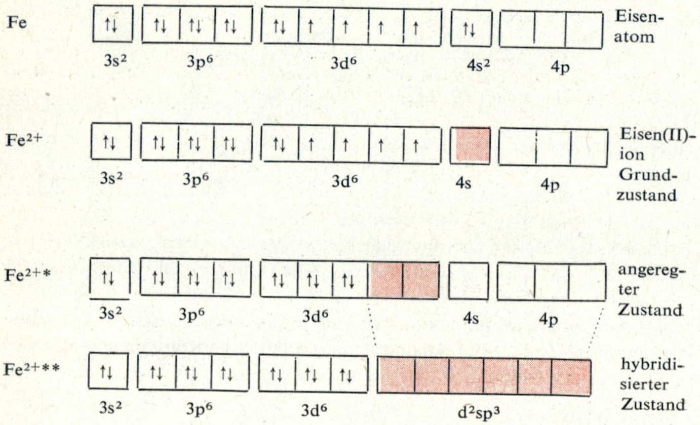

[1]) Den *Anlagerungskomplexen* entsprechen die *Hochspin*-Komplexe bzw. *outer-orbital*-Komplexe der neueren Literatur.

[2]) Den *Durchdringungskomplexen* entsprechen die *Niedrigspin*-Komplexe bzw. *inner-orbital*-Komplexe der neueren Literatur.

Erläuterung:

- Das Eisenatom geht durch Abgabe der beiden 4s-Elektronen in das Eisen(II)-ion, Fe^{2+}, über.
- Im Eisen(II)-ion kommt es durch Spinkopplung in den 3d-Orbitalen zur Orbitalleerung.
- Die dann bis zum 4p-Energieniveau insgesamt zur Verfügung stehenden sechs leeren Orbitale hybridisieren zu d^2sp^3-Hybridorbitalen.

Durch Überlappung dieser unbesetzten Hybridorbitale des Eisens mit je einem voll besetzten sp^3-Hybridorbital (d.h. einem freien Elektronenpaar) des Kohlenstoffs im Zyanidion $[|C{\equiv}N|]^-$ kommt es zur Bindung von sechs Liganden an das Zentralion Eisen. Mit der Besetzung der in die Hybridisation einbezogenen 4p-Orbitale des Eisens bauen die Zyanidionen am Zentralion ein Energieniveau auf, das an sich beim Eisen gar nicht besetzt ist. Damit wird die Elektronenbesetzung des Edelgases Krypton erreicht. Das Komplexion ist daher relativ stabil.

Die in diesem Beispiel gezeigte Einbeziehung von *d-Elektronen* in die chemische Bindung ist charakteristisch für die Komplexionen, in denen ein *Nebengruppenelement* als Zentralion auftritt.

6.5. Wertigkeitsbegriffe

Der Begriff *Wertigkeit* wurde um die Mitte des vorigen Jahrhunderts in die Chemie eingeführt. Mit der Lehre von der chemischen Bindung, d.h. mit der Elektronentheorie der Valenz (Wertigkeit), wurde der ursprüngliche Wertigkeitsbegriff, die stöchiometrische Wertigkeit, durch mehrere neue Begriffe ergänzt, die es erlauben, die verschiedenen Erscheinungsformen der chemischen Bindung hinreichend genau widerzuspiegeln. Diese valenztheoretischen Begriffe (Wertigkeitsbegriffe) werden nachstehend erläutert.

6.5.1. Stöchiometrische Wertigkeit

Für stöchiometrische Berechnungen und auch schon für das Aufstellen von chemischen Formeln und chemischen Gleichungen muß bekannt sein, in welchen Verhältnissen sich die Atome der verschiedenen Elemente miteinander verbinden. Hierüber gibt die *stöchiometrische Wertigkeit* (oft auch kurz als *Wertigkeit* bezeichnet) Auskunft.

Die stöchiometrische Wertigkeit eines Elements gibt an, mit wieviel einwertigen Atomen sich ein Atom dieses Elements verbindet.

Dabei werden als *einwertig* alle *die* Elemente bezeichnet, deren Atome – in binären Verbindungen – nie mit mehr als *einem* Atom eines anderen Elements verbunden sind. Das ist z.B. beim *Wasserstoff* der Fall. Die stöchiometrische Wertigkeit wird daher vielfach auch darauf bezogen, *mit wieviel Wasserstoffatomen* sich ein Atom des betreffenden Elements verbindet.

Beispiele: Im Chlorwasserstoff, HCl, ist Chlor einwertig. Im Wasser, H_2O, ist Sauerstoff zweiwertig. Im Ammoniak, NH_3, ist Stickstoff dreiwertig.

Während solche Wasserstoffverbindungen nicht von allen Elementen bekannt sind, bilden fast alle Elemente mit dem Sauerstoff Oxide. Da *Sauerstoff* stets *zweiwertig* ist, kann aus der Zusammensetzung der Oxide, d.h. aus deren Summenformeln, auf die Wertigkeit der betreffenden Elemente geschlossen werden. Dabei wird oft von der Vorstellung ausgegangen, alle Oxide leiteten sich aus dem Wasser, H_2O, ab, indem dessen *Wasserstoffatome durch Atome anderer Elemente ersetzt* werden.

Beispiele: Im Natriumoxid, Na_2O, ersetzt jedes Natriumatom *ein* Wasserstoffatom Natrium ist daher einwertig.
Im Kalziumoxid, CaO, ersetzt das Kalziumatom *zwei* Wasserstoffatome. Kalzium ist daher zweiwertig.

Die stöchiometrische Wertigkeit wird daher auch wie folgt definiert:

Die stöchiometrische Wertigkeit eines Elements gibt an, wieviel Wasserstoffatome ein Atom dieses Elements zu binden oder zu ersetzen vermag.

Viele Elemente treten mit *mehreren stöchiometrischen Wertigkeiten* auf (↑ Tafel 3 im Anhang). Diese Elemente können mit einem Element mehrere Verbindungen mit unterschiedlicher stöchiometrischer Zusammensetzung bilden. Es gibt zwei Möglichkeiten, solche Verbindungen eindeutig zu bezeichnen:

- durch Angabe der **Wertigkeit**

Beispiele: Kupfer(I)-oxid, Cu_2O, enthält einwertiges Kupfer. Kupfer(II)-oxid, CuO, enthält zweiwertiges Kupfer. (Lies: Kupfer-eins-oxid bzw. Kupfer-zwei-oxid.)

- durch Angabe der **stöchiometrischen Zusammensetzung.**

Beispiele: Schwefeldioxid, SO_2, enthält zwei (grch. *di*) Sauerstoffatome im Molekül.
Schwefeltrioxid, SO_3, enthält drei (grch. *tri*) Sauerstoffatome im Molekül.

Ausgehend von dem Grundsatz:

In einer chemischen Verbindung sättigen sich die Wertigkeiten der beteiligten Atome gegenseitig ab,

läßt sich für *binäre* Verbindungen (↑ Fußnote, S. 129) die *Wertigkeit* des einen Elements berechnen, wenn

– die *stöchiometrische Zusammensetzung*, d.h. die Summenformel, der Verbindung und
– die *Wertigkeit* des anderen Elements

bekannt sind.

Vorschrift zur Berechnung der Wertigkeit eines Elements aus der Summenformel einer binären Verbindung

1. Die Summenformel wird niedergeschrieben.

   Beispiel: Distickstofftetroxid, N_2O_4

2. Es wird festgestellt, welche Wertigkeit bekannt ist.

   Beispiel: Sauerstoff ist immer zweiwertig (↑ 5.4).

3. Die bekannte Wertigkeit wird mit dem für dieses Element in der Summenformel enthaltenen Atommultiplikator, d.h. mit der Anzahl der Atome dieses Elements, multipliziert.

   Beispiel: $2 \cdot 4 = 8$

4. Das Ergebnis aus 3. wird durch den für das andere Element in der Summenformel enthaltenen Atommultiplikator, d.h. durch die Anzahl der Atome des anderen Elements, dividiert.

   Beispiel: $8:2 = 4$.

   Der Stickstoff ist im Distickstofftetroxid vierwertig.

Sind die Wertigkeiten beider Elemente bekannt, läßt sich nach obigem Grundsatz die **Summenformel** der Verbindung aufstellen (↑ Vorschrift im Abschnitt 1.8.). Zu beachten ist, daß die mit Hilfe der stöchiometrischen Wertigkeit ermittelte Summenformel einer Verbindung nichts über die Art der chemischen Bindung oder gar über den Bau von Molekülen aussagt.

Die stöchiometrische Wertigkeit wurde in der Chemie eingeführt, bevor der Aufbau der Atome bekannt war. Da sie aber letztlich mit der Anzahl der Außenelektronen zusammenhängt, kann sie für viele Elemente aus dem Periodensystem abgeleitet werden, das die Elektronenbesetzung der Elemente widerspiegelt (↑ 5.4.).

6.5.2. Ionenwertigkeit

Die positive oder negative Ladung eines Ions wird als Ionenwertigkeit bezeichnet.

Die Ionenwertigkeit unterscheidet sich von der stöchiometrischen Wertigkeit des Ions nur durch das Vorzeichen.

Beispiele:

	Ionenwertigkeit	stöchiometrische Wertigkeit
Kalziumion, Ca^{2+}	+2	2
Aluminiumion, Al^{3+}	+3	3
Oxidion, O^{2-}	−2	2
Sulfation, SO_4^{2-}	−2	2

Zwischen der Ionenwertigkeit und der Anzahl der Valenzelektronen besteht ein unmittelbarer Zusammenhang (↑ 6.2.):

- **Die positive Ionenwertigkeit ist gleich der Anzahl der abgegebenen Valenzelektronen.**
- **Die negative Ionenwertigkeit ist gleich der Anzahl der aufgenommenen Valenzelektronen.**

6.5.3. Oxidationszahl

Für die Beschreibung der Bindungsverhältnisse in *Molekülen* (z. B. SO_2, NH_3, NO_2) und *Komplexionen* (z. B. SO_4^{2-}, MnO_4^-, $[Fe(CN)_6]^{4-}$) hat es sich als zweckmäßig erwiesen, diese so zu behandeln, als bestünden sie aus einzelnen Ionen. Dazu wurde die *Oxidationszahl* eingeführt.

Die Oxidationszahl gibt an, welche Ladung ein Element in einer bestimmten Verbindung tragen würde, wenn alle am Aufbau dieser Verbindung beteiligten Elemente in Form von Ionen vorlägen.

Daraus ergibt sich:

Für alle Ionen ist die Oxidationszahl gleich der Ionenwertigkeit.

Beispiele: Natriumchlorid, NaCl; Natrium +1, Chlor −1.
Aluminiumoxid, Al_2O_3; Aluminium +3, Sauerstoff −2.

6.5.3.1. Oxidationszahlen in Molekülen

Zur Ermittlung der Oxidationszahlen für die am Aufbau eines *Moleküls* beteiligten Elemente müssen wir uns das Molekül *in Ionen aufgespalten* vorstellen. Ausgehend von der Tatsache, daß alle Atombindungen zwischen verschiedenartigen Atomen mehr oder weniger *polarisiert* sind (↑ 6.1.8.), werden innerhalb eines Moleküls alle gemeinsamen Elektronenpaare den Atomen zugeordnet, von denen sie *stärker angezogen* werden (↑ Elektronegativität; ↑ 6.1.8.). So ergeben sich für alle Atome bestimmte positive oder negative Oxidationszahlen.

Beispiel: Im Wassermolekül, H_2O, werden die gemeinsamen Elektronen vom Sauerstoff stärker angezogen als vom Wasserstoff (1). Würden die gemeinsamen Elektronenpaare ganz dem Sauerstoffatom angehören, so besäße dieses 10 Elektronen (gegenüber 8 Protonen); es wäre daher zweifach negativ geladen (2). Die Wasserstoffatome besäßen dann gar kein Elektron mehr und wären einfach positiv geladen. Im Wassermolekül kommt also den Wasserstoffatomen die Oxidationszahl +1 und dem Sauerstoffatom die Oxidationszahl −2 zu.

(1) 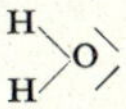

(2) 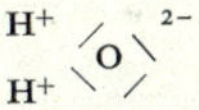

Im Molekül jeder chemischen Verbindung ist die Summe der Oxidationszahlen, mit denen die Atome der beteiligten Elemente auftreten, gleich Null.

Beispiel: Im Wassermolekül, H_2O, beträgt die Summe der Oxidationszahlen:

$$2(+1) + (-2) = 0$$

Diese Summe läßt sich – indem von der *Summenformel* ausgegangen wird – auch für Verbindungen ermitteln, die nicht in Form von Molekülen, sondern in Form von *Ionen* vorliegen.

Beispiel: Im Aluminiumoxid, Al_2O_3, beträgt die Summe der Oxidationszahlen:

$$2(+3) + 3(-2) = 0$$

6.5.3.2. Oxidationszahlen in Komplexionen

Mit Hilfe der Oxidationszahlen lassen sich auch die Wertigkeitsverhältnisse innerhalb der *Komplexionen* überblicken. Dazu müssen wir uns die Komplexionen *in Einzelionen aufgespalten* vorstellen, wobei die gemeinsamen Elektronenpaare – wie in den Molekülen – den Atomen zugeordnet werden, von denen sie *stärker angezogen* werden (↑ Elektronegativität; 6.1.8.).

Die Summe aller Oxidationszahlen in einem Komplexion ist gleich der Ladung, die das Komplexion nach außen trägt.

Beispiel: Im Sulfation, SO_4^{2-}, werden die gemeinsamen Elektronenpaare von den Sauerstoffatomen stärker angezogen als vom Schwefelatom. Dem Sauerstoffatom kommt daher – wie im Wasser – die Oxidationszahl −2 zu. Die Summe der Oxidationszahlen der vier Sauerstoffatome beträgt demnach −8. Da das Sulfation nach außen zwei negative Ladungen trägt, muß das Schwefelatom die Oxidationszahl +6 besitzen:

$$[\overset{+6}{S}\ \overset{-2}{O}_4]^{2-} \qquad (+6) + 4(-2) = (-2)$$

Im Sulfition, SO_3^{2-}, besitzt das Schwefelatom dagegen die Oxidationszahl +4:

$$[\overset{+4}{S}\ \overset{-2}{O}_3]^{2-} \qquad (+4) + 3(-2) = (-2)$$

Es ist üblich, die Oxidationszahlen mit arabischen Ziffern über die Symbole der betreffenden Elemente zu schreiben.

6.5.3.3. Ermittlung der Oxidationszahlen

Die Oxidationszahlen sind, ausgehend von der unterschiedlichen Elektronegativität der Elemente (↑ 6.1.8.), durch Zuordnung der gemeinsamen Elektronenpaare zum Atom des jeweils elektronegativeren der beiden beteiligten Elemente zu ermitteln. Durch einige **Regeln**, die stets *in der angegebenen Reihenfolge* angewandt werden müssen, wird das sehr erleichtert. Meist erübrigt es sich dadurch, die Elektronegativitätswerte selbst heranzuziehen:

1. Freie Elemente haben die Oxidationszahl 0.
2. Alle Metalle erhalten positive Oxidationszahlen.
3. Bor und Silizium erhalten positive Oxidationszahlen.
4. Fluor erhält die Oxidationszahl −1.
5. Wasserstoff erhält die Oxidationszahl +1.
6. Sauerstoff erhält die Oxidationszahl −2.

Beispiele: Im *Ammoniak*, NH_3, hat der Wasserstoff (Regel 5) die Oxidationszahl +1, der Stickstoff demnach die Oxidationszahl −3.
Im *Natriumhydrid*, NaH, muß das Natrium eine positive Oxidationszahl erhalten (Regel 2); da Natrium (I. Hauptgruppe) stets einwertig ist, beträgt sie +1. Dem Wasserstoff kommt hier die Oxidationszahl −1 zu. (Die Regel 5 wird hier nicht wirksam.)
Im *Natriumhydrogenkarbonat*, $NaHCO_3$, hat das Natrium die Oxidationszahl +1 (Regel 2), der Wasserstoff die Oxidationszahl +1 (Regel 5), der Sauerstoff die Oxidationszahl −2 (Regel 6). Da die Summe der Oxidationszahlen gleich Null sein muß, läßt sich die Oxidationszahl des Kohlenstoffs berechnen:

$$(+1) + (+1) + x + 3 \cdot (-2) = 0$$

$$x = +4$$

Viele Elemente treten in ihren Verbindungen mit verschiedenen Oxidationszahlen auf (↑ Bild 58).

Im elementaren Zustand haben alle Elemente die Oxidationszahl Null, auch wenn sie in Molekülen auftreten.

Beispiele: Wasserstoff, H_2, Sauerstoff, O_2, Chlor, Cl_2, haben die Oxidationszahl 0, ebenso alle Metalle. Die Reaktion von Natrium und Chlor ist wie folgt zu formulieren:

$$2\,\overset{0}{Na} + \overset{0}{Cl_2} \rightarrow 2\,\overset{+1}{Na^+} + 2\,\overset{-1}{Cl^-} \qquad \text{(Oxidationszahlen)}$$

(Wenn hier auf der rechten Seite Ionenwertigkeit und Oxidationszahl angegeben wurden, so geschah das, um deren Übereinstimmung deutlich zu machen. Bei der Arbeit mit Oxidationszahlen kann auf eines von beiden verzichtet werden.)
Die Summe der Oxidationszahlen ist auf beiden Seiten der obigen Gleichung 0: $2 \cdot 0 + 2 \cdot 0 = 2 \cdot (+1) + 2 \cdot (-1);\quad 0 = 0$

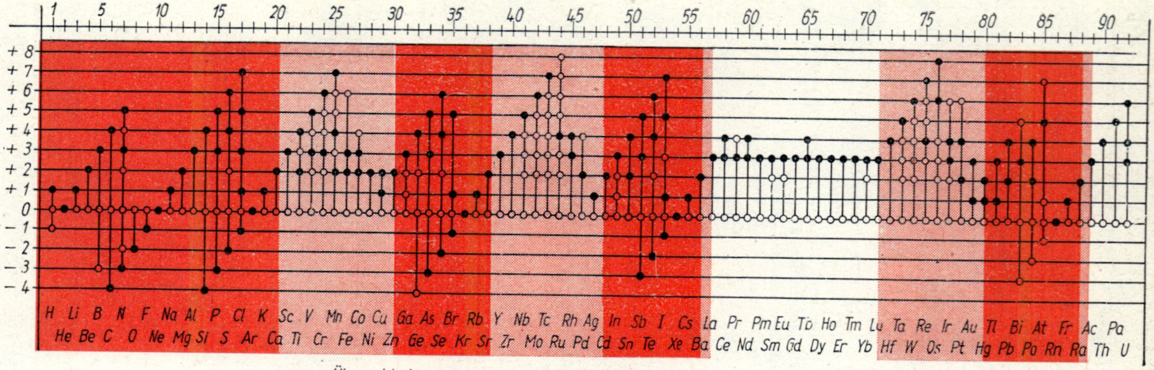

Übersicht über die wichtigsten Oxidationszahlen der Elemente

Bild 58. Oxidationszahlen (Oxidationsstufen) der Elemente
Erläuterung: Schwarze Punkte geben die wichtigsten Oxidationszahlen an, helle Punkte die weniger häufig auftretenden Oxidationszahlen. Die Hauptgruppenelemente wurden stark farbig unterlegt. Die Nebengruppenelemente wurden schwach farbig unterlegt. Die Lanthanoide und Aktinoide wurden nicht unterlegt.

Die Zunahme der Oxidationszahl ist eine Oxidation.
Die Abnahme der Oxidationszahl ist eine Reduktion.

Beispiel: Im vorstehenden Beispiel wird Natrium oxidiert:

$$2\ \overset{0}{Na} \rightarrow 2\ \overset{+1}{Na^+} + 2\ e^-,$$

Chlor reduziert

$$\overset{0}{Cl_2} + 2\ e^- \rightarrow 2\ \overset{-1}{Cl^-}$$

Die Oxidationszahlen dienen vor allem der Behandlung von *Oxidations-Reduktions-Reaktionen* (↑ 7.3.). Darauf geht auch ihre Bezeichnung zurück.

Bei **organischen Verbindungen** werden die Oxidationszahlen, die hier nicht die gleiche Rolle spielen wie bei den anorganischen Verbindungen, *für jedes Kohlenstoffatom* mit den daran gebundenen anderen Atomen *getrennt* ermittelt.

Beispiele: Methan $\overset{-4}{C}H_4$ Äthanol $\overset{-3}{C}H_3-\overset{-1}{C}H_2OH$

Äthan $\overset{-3}{C}H_3-\overset{-3}{C}H_3$ Äthanal $\overset{-3}{C}H_3-\overset{+1}{C}HO$

Propan $\overset{-3}{C}H_3-\overset{-2}{C}H_2-\overset{-3}{C}H_3$ Äthansäure $\overset{-3}{C}H_3-\overset{+3}{C}OOH$

Auch hier gilt die Regel, daß die Summe der Oxidationszahlen innerhalb eines Moleküls 0 ist.

6.5.4. Bindigkeit

Bei den auf Atombindung beruhenden Verbindungen ist die *Bindigkeit* (auch *Bindungswertigkeit*) der wichtigste valenztheoretische Begriff.

Die Bindigkeit eines Atoms gibt an, an wieviel Atombindungen (gemeinsamen Elektronenpaaren) dieses Atom beteiligt ist.

Die Bindigkeit eines Atoms läßt sich also aus den *Elektronenformeln* ablesen, in denen die Elektronenpaare durch Doppelpunkte oder durch Striche angegeben werden (↑ 6.1.1. und die zahlreichen Beispiele im Teil Organische Chemie).

Vom Orbitalmodell ausgehend betrachtet, gilt:

Die Bindigkeit eines Atoms gibt die Anzahl der bindenden Molekülorbitale an, an denen das Atom beteiligt ist.

(Damit ist gemeint: Die Bindigkeit gibt die Anzahl der besetzten *bindenden* Molekülorbitale an, die *nicht* durch besetzte *lockernde* Molekülorbitale *kompensiert* werden; ↑ 6.1.5.)

Beispiele: Im Stickstoffmolekül, N_2, ist der Stickstoff dreibindig; im Chlormolekül, Cl_2, ist das Chlor einbindig (↑ Bild 36, S. 149):

$:N:::N:$ $\quad$ $:\ddot{\underset{\cdot\cdot}{\mathrm{Cl}}}:\ddot{\underset{\cdot\cdot}{\mathrm{Cl}}}:$

$|N{\equiv}N|$ $\quad$ $|\overline{\underline{\mathrm{Cl}}}-\overline{\underline{\mathrm{Cl}}}|$

Da die Bindigkeit eines Atoms von der Anzahl der Außenelektronen abhängt, stimmt sie meist – nicht immer – mit der stöchiometrischen Wertigkeit überein.

Beispiele: Das Kohlenstoffatom ist im *Methan*, CH_4, und in fast allen anderen Verbindungen stöchiometrisch vierwertig und – da es an vier Atombindungen (gemeinsamen Elektronenpaaren) beteiligt ist – *vierbindig*. Im *Kohlenmonoxid*, CO, dagegen ist der Kohlenstoff stöchiometrisch *zweiwertig*, da er zwei Wasserstoffatome ersetzt. Nach der Elektronenformel

$:C:::O:$ $\quad$ $|C{\equiv}O|$

besitzt das Molekül drei gemeinsame Elektronenpaare (drei bindende Molekülorbitale). Kohlenstoff und Sauerstoff sind hier gleichermaßen *dreibindig*. Das Kohlenstoffatom (4 Außenelektronen) und das Sauerstoffatom (6 Außenelektronen) haben zu zwei Elektronenpaaren (Molekülorbitalen) je ein Elektron beigesteuert. Das dritte Elektronenpaar (die Elektronen im dritten Molekülorbital) stammt allein vom Sauerstoffatom.

6.5.5. Formale Ladung

Um die Bindungsverhältnisse in komplizierteren Molekülen und in Komplexionen eindeutig beschreiben zu können, wurde ein weiterer valenztheoretischer Begriff eingeführt, die *formale Ladung*. Sie ist mit der Oxidationszahl vergleichbar. Der Unterschied besteht darin, daß zur Ermittlung der formalen Ladung von allen gemeinsamen Elektronenpaaren den beiden beteiligten Atomen *je ein Elektron* zugeordnet wird – ohne Rücksicht auf dessen Herkunft. (Bei der Oxidationszahl werden beide Elektronen dem Atom des elektronegativeren Elements zugeordnet; ↑ 6.5.3.)

Die formale Ladung eines Atoms ist die Differenz zwischen

- **der Anzahl der Elektronen, die diesem Atom im Grundzustand zugehören, und**
- **der Anzahl der Elektronen, die diesem Atom im Bindungszustand zugehören, wenn von den gemeinsamen Elektronenpaaren jedem beteiligten Atom ein Elektron zugeordnet wird.**

Die an der Bindung unbeteiligten Elektronen der inneren Elektronenschalen (der unteren Energieniveaus) bleiben dabei außer Betracht.

Die Summe der formalen Ladungen ist innerhalb eines Moleküls gleich Null, innerhalb eines Ions gleich der Ladung, die das Ion nach außen trägt.

Beispiele: *Kohlenmonoxidmolekül,* $:\overset{\ominus}{C}:::\overset{\oplus}{O}:$

Nach Aufteilung der drei gemeinsamen Elektronenpaare gehören dem Kohlenstoffatom und dem Sauerstoffatom je 5 Elektronen an. Das Kohlenstoffatom (im Grundzustand 4 Außenelektronen) hat daher die formale Ladung $(4 - 5) = -1$, das Sauerstoffatom (im Grundzustand 6 Außenelektronen) die formale Ladung $(6 - 5) = +1$.

Ammoniumion,

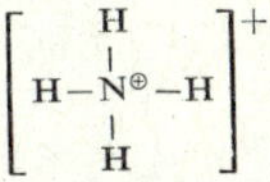

Nach Aufteilung der gemeinsamen Elektronenpaare gehören dem Stickstoffatom 4, den Wasserstoffatomen je 1 Elektron an. Die Wasserstoffatome (im Grundzustand 1 Außenelektron) haben daher *keine* formale Ladung. Das Stickstoffatom (im Grundzustand 5 Außenelektronen) hat die formale Ladung $(5 - 4) = +1$.

Die mit ⊕ und ⊖ symbolisierten Ladungen geben nicht eine wirkliche Ladungsverteilung im Molekül oder Ion an, sondern sind nur ein Hilfsmittel zur Beschreibung des Bindungszustandes. Sie dürfen nicht verwechselt werden mit den *Partialladungen* (↑ 6.1.8.), die in Dipolmolekülen auftreten und mit $\delta+$ und $\delta-$, früher auch $(^+)$ und $(^-)$, symbolisiert werden.

6.5.6. Koordinationszahl

Um die räumliche Anordnung von Atomen, Ionen und Molekülen richtig charakterisieren zu können, bedarf es eines weiteren Begriffs, der *Koordinationszahl.*

Die Koordinationszahl gibt an, wieviel Atome (bzw. Ionen) einem Atom (bzw. Ion) unmittelbar benachbart sind.

Jedes **Kristallgitter** besitzt eine bestimmte Koordinationszahl.

Beispiele:

Koordinationszahl 4:	Diamantgitter (↑ Bild 24, S. 140)
Koordinationszahl 6:	Natriumchloridgitter (↑ Bild 50, S. 170)
Koordinationszahl 8:	kubisch-raumzentriertes Gitter (↑ Bild 52b, S. 173)
Koordinationszahl 12:	dichteste Kugelpackungen (↑ Bild 51/52a, S. 173)

Jedes **Komplexion,** wie SO_4^{2-}, CO_3^{2-}, NH_4^+, hat eine bestimmte Koordinationszahl.

Bei Komplexionen gibt die Koordinationszahl an, von wieviel Liganden das Zentralatom umgeben ist (↑ 6.4.).

Beispiele: Der Schwefel besitzt im Sulfation, SO_4^{2-}, die Koordinationszahl 4, im Sulfition, SO_3^{2-}, die Koordinationszahl 3. Der Stickstoff besitzt im Ammoniumion, NH_4^+, die Koordinationszahl 5, im Nitration, NO_3^-, die Koordinationszahl 3, im Nitrition, NO_2^-, die Koordinationszahl 2.

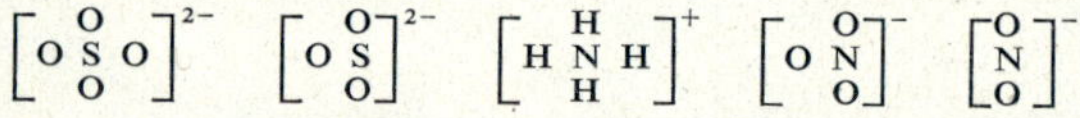

Sulfation Sulfition Ammoniumion Nitration Nitrition

Die Koordinationszahl läßt Rückschlüsse auf den *räumlichen Bau* eines Komplexions zu, da die Liganden in der Regel in den Ecken eines geometrischen Körpers stehen, in dessen Mittelpunkt sich das Zentralatom befindet:

Koordinationszahl 4: **Tetraeder** (seltener: **Quadrat)**
Koordinationszahl 6: **Oktaeder**
Koordinationszahl 8: **Würfel**

Die Koordinationszahl ist von der Größe des Zentralatoms und von der Größe der Liganden abhängig. *Je größer* das *Zentralatom* und *je kleiner* die *Liganden* sind, *um so größer* ist die *höchstmögliche Koordinationszahl.* So beträgt die maximale Koordinationszahl des Stickstoffs gegenüber den kleinen Wasserstoffatomen 4, gegenüber den größeren Sauerstoffatomen nur 3.

7. Reaktionen in der anorganischen Chemie

7.1. Einteilungsprinzipien der Reaktionen

Um über die unerschöpfliche Vielzahl chemischer Reaktionen einen Überblick zu gewinnen und über den Ablauf von chemischen Reaktionen allgemeine Aussagen treffen zu können, werden diese nach verschiedenen Prinzipien geordnet. Die wichtigsten dieser Einteilungsprinzipien seien hier genannt:

- nach dem *Aggregatzustand* der reagierenden Stoffe werden unterschieden:

  Gasreaktionen
  Reaktionen in Lösungen
  Reaktionen in Feststoffen
  sowie Reaktionen zwischen Stoffen verschiedenen Aggregatzustands,

- nach der Art der miteinander *reagierenden Teilchen*:

  Molekülreaktionen
  Ionenreaktionen
  Radikalreaktionen

- nach der Art der bei der Reaktion *übertragenen Teilchen*:

  Redoxreaktionen (Übertragung von Elektronen)
  Säure-Base-Reaktionen (Übertragung von Protonen)
  Komplexreaktionen (Übertragung von Ionen oder Molekülen)
  Aufbau und Abbau von Ionengittern (Übertragung von Ionen)

- nach der Art der bei der Reaktion *umgesetzten Energie*:

  thermochemische Reaktionen
  photochemische Reaktionen
  elektrochemische Reaktionen

Es gibt noch weitere Einteilungsprinzipien, aber selbst die hier genannten können im Rahmen eines solchen Nachschlagebuchs nicht nebeneinander Grundlage einer umfassenden Behandlung der chemischen Reaktionen sein. Ihrer Bedeutung für den Nutzerkreis dieses Nachschlagbuchs wegen wurden für eine gründliche Darstellung einerseits die **Ionenreaktionen** (↑ 7.2.), andererseits die **Redoxreaktionen** (↑ 7.3) und die **Säure-Base-Reaktionen** (↑ 7.4.) sowie weiterhin die **elektrochemischen Reaktionen** (↑ 8.) ausgewählt.

Der Leser findet in diesem Nachschlagebuch auch Aussagen zu den übrigen vorstehend genannten Reaktionen. Folgende Hinweise sollen helfen, diese aufzufinden:

Gasreaktionen erfolgen zwischen Molekülen, sie treten sowohl in der anorganischen als auch in der organischen Chemie auf (↑ 2.8., 2.9., 2.10., 2.11.).

Reaktionen in Lösungen sind weit verbreitet, wobei die Reaktionen in *wäßriger Lösung* ganz im Vordergrund stehen. Sie verlaufen zwischen Ionen bzw. auch Komplexionen (↑ 1.10., 2.12., 7.2.).

Reaktionen in Feststoffen (Festkörpern) sind in jüngster Zeit verstärkt Gegenstand der chemischen Forschung. Ein älteres bekanntes Beispiel ist das Tempern von Roheisen (↑ 27.2.3.3.).

Ionenreaktionen sind charakteristisch für die anorganische Chemie (↑ 7.2.).

Molekülreaktionen sind für die organische Chemie weitaus bedeutungsvoller (↑ 28.6.), sie treten aber auch in der anorganischen Chemie auf (↑ Ammoniaksynthese; 15.2.3.).

Radikalreaktionen sind – neben den Molekülreaktionen – weitgehend spezifisch für die organische Chemie (↑ 28.6.3.).

Redoxreaktionen (↑ 7.3.) und **Säure-Base-Reaktionen** (↑ 7.4.) haben gemeinsam, daß sie auf der Übertragung von Elementarteilchen (Elektronen bzw. Protonen) beruhen.

Aufbau und Abbau von Ionengittern und **Komplexreaktionen** haben gemeinsam, daß hier größere Teilchen (Ionen, Moleküle) übertragen werden. In dem einen Falle entstehen dabei *Ionengitter*, im anderen Falle *Komplexionen.*
Der *Abbau eines Ionengitters* kann erfolgen durch *Schmelzen* (↑ 7.2.1.) oder durch *Lösen* in einem Lösungsmittel (meist Wasser). Der *Aufbau eines Ionengitters* erfolgt durch *Auskristallisieren* aus der Schmelze oder aus der Lösung, letzteres ist als *Fällungsreaktion* (↑ 7.2.7.3.) bekannt.

Die **Komplexbildung** erfolgt in wäßriger Lösung, indem ein Zentralion andere Ionen oder Moleküle als Liganden anlagert (↑ 6.4.).

Beispiel: Wird einer Kupfer(II)-sulfatlösung (schwach blau) Ammoniaklösung (farblos) zugefügt, so bilden sich aus den Kupfer(II)-ionen, Cu^{2+}, und den Ammoniakmolekülen, NH_3, Kupfer(II)-tetrammin-komplexionen, $[Cu(NH_3)_4]^{2+}$, die an einer Vertiefung der Blaufärbung der Lösung erkennbar sind: $Cu^{2+} + 4NH_3 \rightarrow [Cu(NH_3)_4]^{2+}$

Thermochemische Reaktionen sind die Mehrzahl aller chemischen Reaktionen, sie verlaufen bei Zufuhr oder unter Abgabe von Wärmeenergie (↑ Abschn. 3.).

Photochemische Reaktionen verlaufen bei Zufuhr oder unter Abgabe von Lichtenergie.

Beispiele für Reaktionen, die unter Aufnahme von Lichtenergie verlaufen, sind die Fotosynthese der grünen Pflanzen (↑ S. 351), die Addition von Chlor an Benzol zu Hexachlorzyklohexan (↑ S. 533) und die Sulfochlorierung von Alkanen bei der Herstellung von Alkylsulfonaten (↑ S. 524). Viele Verbrennungsvorgänge verlaufen unter Abgabe von Lichtenergie.

Elektrochemische Reaktionen verlaufen bei Zufuhr oder unter Abgabe von Elektroenergie. Sie besitzen – neben den thermochemischen Reaktionen – große technische Bedeutung und sind Gegenstand eines besonderen Zweiges der Chemie (↑ Abschn. 8.).

7.2. Ionenreaktionen

Ionenreaktionen sind chemische Vorgänge, die in Lösung oder in der Schmelze zwischen mehr oder weniger frei beweglichen Ionen ablaufen.

Für die Ionenreaktionen ist es charakteristisch, daß sie *sehr schnell, praktisch momentan,* verlaufen, da jedes einzelne Ion reaktionsbereit ist. Bei Reaktionen, die sich zwischen Molekülen abspielen, müssen zunächst Bindungen aufgespalten werden, um neue Bindungen zu ermöglichen. Solche Molekülreaktionen verlaufen viel langsamer als Ionenreaktionen.

7.2.1. Elektrolytische Dissoziation

Verbindungen, die auf *Ionenbindungen* beruhen, also vor allem die *Salze,* bilden im festen Zustand *Ionengitter* (↑ 6.2.). Beim Erwärmen eines solchen Stoffes (z.B. Natriumchlorid) nimmt die Bewegungsenergie der Gitterbausteine (Ionen) immer mehr zu, bis schließlich die elektrostatischen Anziehungskräfte, die das Gitter zusammenhalten, überwunden werden. Dann bricht das Kristallgitter zusammen, der Stoff *schmilzt,* und die Ionen werden mehr oder weniger frei beweglich. Eine solche Schmelze *leitet den elektrischen Strom.*

Aber auch die *wäßrigen Lösungen* von Salzen und anderen Stoffen, die auf Ionenbindungen beruhen, *leiten den elektrischen Strom,* da sie gleichfalls mehr oder weniger frei bewegliche Ionen enthalten. Der Zerfall des Ionengitters in einzelne Ionen beruht hier auf der Wirkung des *Lösungsmittels.* Die Dipolmoleküle des Wassers (↑ 6.1.9.) setzen die zwischen den Ionen des Gitters herrschenden elektrostatischen Anziehungskräfte herab, so daß die Ionen aus dem Gitterverband herausgelöst werden.

Der Zerfall von Stoffen — in der Schmelze oder in einer Lösung — in mehr oder weniger frei bewegliche Ionen wird als elektrolytische Dissoziation bezeichnet.

Beispiel: Natriumchlorid, NaCl, liegt in der Schmelze und in wäßriger Lösung in Form von Natriumionen, Na^+, und Chloridionen, Cl^-, vor:

$$NaCl \rightleftarrows Na^+ + Cl^-$$

Die *Theorie der elektrolytischen Dissoziation* (auch *Ionentheorie* genannt) wurde 1884 von dem schwedischen Chemiker SVANTE ARRHENIUS aufgestellt (↑ auch 8.1.).

Zu beachten ist: Die elektrolytische Dissoziation ist *keine Wirkung des elektrischen Stromes, sondern* die *Voraussetzung für die elektrische Leitfähigkeit* einer Schmelze oder einer Lösung.

Außer Wasser kommen auch andere Lösungsmittel in Betracht. So unterliegen Stoffe mit Ionenbindung auch in flüssigem Ammoniak oder in flüssigem Schwefeldioxid der elektrolytischen Dissoziation. Beim Wasser ist jedoch die Eigenschaft, die elektrostatische Anziehung zwischen Ionen herabzusetzen, besonders ausgeprägt. (Ein Maß dafür ist die Dielektrizitätskonstante, die beim Wasser besonders hoch ist.)

In wäßriger Lösung umgibt sich jedes Ion sofort mit einer **Hydrathülle,** die aus Dipolmolekülen des Wassers besteht. Dieser Vorgang, der auf elektrostatischer Anziehung beruht, wird als **Hydratation** der Ionen bezeichnet. An positiv geladene Ionen lagern sich die Dipolmoleküle mit ihrer negativen Seite an, an negativ geladene Ionen mit ihrer positiven Seite (↑ Bild 59).

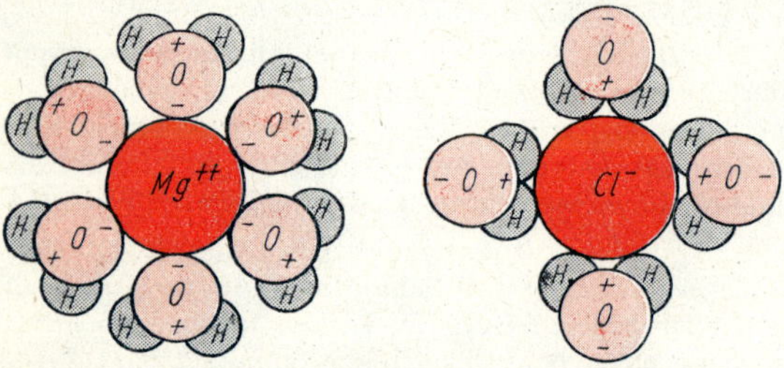

Bild 59. Schematische Darstellung hydratisierter Ionen (In Wirklichkeit sind die Dipolmoleküle *räumlich* um das Ion angeordnet.)

7.2.2. Kationen und Anionen

Wird an eine Lösung, die mehr oder weniger frei bewegliche Ionen enthält, eine Gleichspannung angelegt, indem zwei Elektroden in die Lösung eingetaucht werden, so wandern die Ionen, die sich vorher regel-

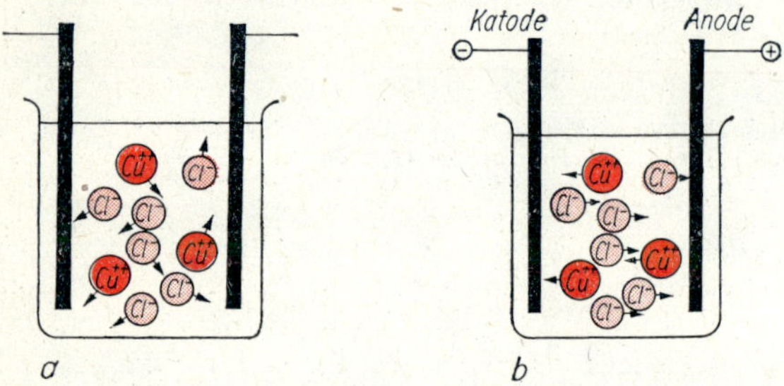

Bild 60. a) Regellose Bewegung der Ionen in einer Kupfer(II)-chloridlösung vor dem Anlegen einer Spannung
b) Gerichtete Bewegung der Ionen in einer Kupfer(II)-chloridlösung nach dem Anlegen einer Gleichspannung

los bewegten (↑ Bild 60a), infolge der elektrostatischen Anziehungskräfte zu der Elektrode, die die entgegengesetzte Ladung aufweist (↑ Bild 60b). Von dieser Eigenschaft haben die Ionen[1]) ihren Namen.
Die mit dem *negativen Pol* der Spannungsquelle verbundene Elektrode wird als **Katode**[2]) (auch Kathode geschrieben) bezeichnet.
Die mit dem positiven Pol der Spannungsquelle verbundene Elektrode wird als **Anode**[2]) bezeichnet.
Die Ionen werden nach der Elektrode benannt, zu der sie infolge der elektrostatischen Anziehung wandern:

- **Kationen tragen *positive Ladungen* und wandern zur (negativ geladenen) *Katode*.**
- **Anionen tragen *negative Ladungen* und wandern zur (positiv geladenen) *Anode*.**

Zu den **Kationen** gehören:

- alle Metallionen (z.B. Na^+, Cu^{2+}, Al^{3+})
- das Wasserstoffion H^+ bzw. das Hydroniumion H_3O^+ (↑ 7.4.)
- das Ammoniumion NH_4^+

Zu den **Anionen** gehören:

- alle Säurerestionen (z.B. Cl^-, SO_4^{2-}, NO_3^-)
- das Hydroxidion OH^-

In den Summenformeln der anorganischen Verbindungen stehen stets

links	**rechts**
die **Kationen**	die **Anionen**

Beispiele: Natriumchlorid, NaCl; Ammoniumchlorid, NH_4Cl; Schwefelsäure, H_2SO_4; Natriumhydroxid, NaOH

[1]) *ion* (grch.) wandernd
[2]) *kathodos* (grch.) der Weg abwärts; *anhodos* (grch.) der Weg aufwärts; diese Bezeichnungen beziehen sich auf den Weg, den die Elektrizität durch die Elektroden nimmt; ↑ auch Bild 71.

7.2.3. Elektrolyte und Nichtelektrolyte

Elektrolyte sind Stoffe, die der elektrolytischen Dissoziation unterliegen und demzufolge in der Schmelze und in Lösungen den elektrischen Strom leiten.

Zu den Elektrolyten gehören die *Salze*, die *Säuren* und die *Basen*.

Es wird zwischen echten und potentiellen Elektrolyten unterschieden:

Die **echten Elektrolyte** liegen schon, bevor sie schmelzen oder in Lösung gehen, in Form von Ionen vor.

Zu den echten Elektrolyten gehören alle typischen Salze (z. B. Natriumchlorid), die im festen Zustand ein Ionengitter bilden.

Die **potentiellen Elektrolyte** bilden erst Ionen, wenn sie in Lösung gehen.

Zu den potentiellen Elektrolyten gehören Stoffe, die Moleküle mit *stark polarisierten Atombindungen* besitzen (↑ 6.1.8.). In wäßriger Lösung werden diese Atombindungen unter dem Einfluß der Dipolmoleküle des Wassers zum Teil aufgespalten.

Beispiel: Durch Aufspaltung der stark polarisierten Atombindung im Chlorwasserstoffmolekül, HCl, entstehen ein Chloridion, Cl^-, und ein Wasserstoffion, H^+, das unmittelbar durch ein Wassermolekül zu einem Hydroniumion, H_3O^+, hydratisiert wird:

$$H-Cl \rightarrow H^+ + Cl^- \qquad H^+ + H_2O \rightarrow H_3O^+$$

Die wäßrige Lösung des Chlorwasserstoffs reagiert durch die vorhandenen Wasserstoff- bzw. Hydroniumionen sauer; sie wird als *Salzsäure* bezeichnet.

Stoffe, deren Moleküle keine oder nur schwache polarisierte Atombindungen enthalten, vermögen in wäßriger Lösung kaum Ionen abzuspalten; sie sind Nichtelektrolyte.

Nichtelektrolyte sind Stoffe, die weder in der Schmelze noch in Lösungen den elektrischen Strom leiten.

Zu den *Nichtelektrolyten* gehört die Mehrzahl der organischen Verbindungen (z. B. Äther, Tetrachlormethan, Rohrzucker, Stärke; wichtige Ausnahmen: organische Säuren und deren Salze sowie organische Basen).

Zwischen der *elektrischen Leitfähigkeit* der Elektrolytschmelzen bzw. -lösungen und der der *Metalle* bestehen bemerkenswerte Unterschiede (↑ Tabelle 14).

Tabelle 14. Gegenüberstellung von Metallen und Elektrolyten

	Metalle (Leiter 1. Klasse)	Elektrolyte (Leiter 2. Klasse)
Träger der elektrischen Ladungen	**Elektronen**	**Ionen**
Leitfähigkeit	**sehr gut**	**gering**
Temperaturabhängigkeit der Leitfähigkeit	**Leitfähigkeit nimmt mit steigender Temperatur ab**	**zu**
stoffliche Veränderungen beim Stromdurchgang	**keine**	**Elektrolyt wird zersetzt**

7.2.4. Basen, Säuren und Salze

In diesem Abschnitt werden die Säuren und Basen auf der Grundlage der Ionentheorie Arrhenius' dargestellt (↑ auch 8.1.). Die anspruchsvollere Behandlung der Basen als Protonenakzeptoren und der Säuren als Protonendonatoren (nach Brönsted) erfolgt im Abschnitt 7.4.

7.2.4.1. Basen

Basen sind chemische Verbindungen, die mit Säuren Salze bilden können.

Von dieser Eigenschaft – sie sind für Säuren die Grundlage [grch. *basis*] der Salzbildung – wurde ihr Name abgeleitet.

Alle Metalle können Basen (*Metallhydroxide*) *bilden.*

Die wäßrigen Lösungen von Basen werden zum Teil als *Laugen*[1]) bezeichnet.

[1]) Unter *Lauge* im weiteren Sinne wird oft eine beliebige wäßrige Lösung verstanden, z. B. Mutterlauge, Sulfitablauge, Tabaklauge.

Beispiele für bekannte Basen:

Natriumhydroxid (Ätznatron), NaOH; wäßrige Lösung: Natronlauge
Kaliumhydroxid (Ätzkali), KOH; wäßrige Lösung: Kalilauge
Kalziumhydroxid (Ätzkalk), $Ca(OH)_2$; wäßrige Lösung: Kalkwasser; wäßrige Suspension: Kalkmilch.

Basen (Metallhydroxide) entstehen aus

- *unedlen Metallen* und Wasser

unedles Metall + Wasser → Metallhydroxid (Base) + Wasserstoff

Beispiel: $2\,Na + 2\,H_2O \rightarrow 2\,NaOH + H_2$

- *Metalloxid* und Wasser:

Metalloxid (Basenanhydrid) + Wasser → Metallhydroxid (Base)

Beispiel: $CaO + H_2O \rightarrow Ca(OH)_2$

Metalloxide, die auf diese Weise mit Wasser Basen bilden, werden mitunter als Basenanhydride[1]) bezeichnet.

Basen dissoziieren in der Schmelze und in wäßriger Lösung in positive Metallionen und negative Hydroxidionen, OH^-.

$$MeOH \rightleftarrows Me^+ + OH^-$$

Beispiele: $NaOH \rightleftarrows Na^+ + OH^-$

$$Ca(OH)_2 \rightleftarrows Ca^{2+} + 2\,OH^-$$

Auch Alkohole besitzen OH-Gruppen (z.B. Methanol CH_3OH); diese sind jedoch nicht dissoziationsfähig und werden zur Unterscheidung von den *Hydroxidionen* als *Hydroxylgruppen* bezeichnet.

Die typischen Eigenschaften der Basen und Laugen werden (nach ARRHENIUS) von den Hydroxidionen, OH^-, hervorgerufen. Hierauf

[1]) *hydro* (grch.) Wasser; *anhydros* (grch.) wasserlos

beruht auch der Nachweis von Laugen mit Hilfe von Indikatoren (↑ Tabelle 18, S. 222).

Merksatz: Laugen färben Lackmus blau.

7.2.4.2. Säuren

Vom Standpunkt der Ionentheorie ARRHENIUS' gilt für Säuren folgende Definition:

Säuren sind Verbindungen, die in wäßriger Lösung in positiv geladene Wasserstoffionen H^+ und negativ geladene Säurerestionen dissoziieren.

Säuremolekül ⇄ Wasserstoffion + Säurerestion

Beispiele: $H_2SO_4 \rightleftarrows 2\,H^+ + SO_4^{2-}$

$HCl \rightleftarrows H^+ + Cl^-$

Charakteristischer Bestandteil aller Säuren ist demnach der dissoziationsfähige *Wasserstoff.*

Nach Entdeckung des Sauerstoffs hatte dieser jahrzehntelang als das charakteristische Element der Säuren gegolten und war auf diese Weise zu seinem Namen gekommen. Erst 1839 gab LIEBIG eine Definition der Säure, die auch heute noch richtig ist: *Säuren sind Wasserstoffverbindungen, deren Wasserstoff durch Metalle ersetzt werden kann, wobei sich Salze bilden.*

Beispiel: $Mg + H_2SO_4 \rightarrow MgSO_4 + H_2\uparrow$

Es ist zu unterscheiden zwischen

- **sauerstoffhaltigen Säuren** und

  Beispiele: Schwefelsäure, H_2SO_4; Salpetersäure, HNO_3

- **sauerstofffreien Säuren**

  Beispiele: Chlorwasserstoff, HCl; Schwefelwasserstoff, H_2S

Alle diese Säuren sind *potentielle Elektrolyte* (↑ 7.2.3.), das heißt, aus den Molekülen werden erst in wäßriger Lösung unter dem Einfluß der Dipolmoleküle des Wassers Wasserstoffionen abgespalten, die sofort zu *Hydroniumionen*, H_3O^+, hydratisiert werden: $H^+ + H_2O \rightarrow H_3O^+$.

Wasserstoffionen, H^+, das heißt einzelne Protonen, p, sind in wäßriger Lösung nicht existenzfähig. Dennoch wird der Einfachheit halber häufig von Wasserstoffionen gesprochen und geschrieben. Eine genauere Erklärung für die Bildung von Hydroniumionen wird in 7.4. gegeben.

Beispiele für potentielle Elektrolyte:

Chlorwasserstoff ist bei Zimmertemperatur gasförmig, beim Lösen in Wasser entsteht Salzsäure. Chlorwasserstoff und Salzsäure haben die gleiche chemische Formel HCl.

Wasserfreie (100%ige) *Schwefelsäure* ist eine Flüssigkeit, die keine Ionen enthält und daher auch nicht elektrisch leitfähig ist. Erst beim Lösen in Wasser tritt die elektrolytische Dissoziation ein: $H_2SO_4 \rightleftarrows 2\,H^+ + SO_4^{2-}$.

Sauerstoffhaltige Säuren entstehen vorwiegend durch Umsetzung von *Nichtmetalloxiden* mit *Wasser*. Diese Nichtmetalloxide sind also *Säureanhydride*.

Nichtmetalloxid (Säureanhydrid) + Wasser → Säure

Beispiele:

$SO_2 + H_2O \rightleftarrows H_2SO_3$
Schwefeldioxid — Schweflige Säure

$SO_3 + H_2O \rightleftarrows H_2SO_4$
Schwefeltrioxid — Schwefelsäure

Wie der Schwefel können auch andere Nichtmetalle mehrere Säuren bilden, soweit sie mit mehreren Wertigkeiten (Oxidationszahlen) auftreten (↑ 6.5.3.).

Auch von **Metallen** lassen sich Säuren ableiten, soweit diese Metalle

- **Oxide mit saurem Charakter** oder
- **Oxide mit amphoterem Charakter**

bilden (↑ 5.5.2.). Bei Metallen, die mit mehreren Wertigkeiten (Oxidationszahlen) auftreten,

nimmt mit steigender Wertigkeit

- **der basische Charakter der Oxide ab,**
- **der saure Charakter der Oxide zu.**

Beispiel: *Mangan(II)-oxid*, MnO, ist ein *Basenanhydrid:*

$MnO + H_2O \rightarrow Mn(OH)_2$

Mangan(IV)-oxid, MnO_2, ist *amphoter:*

als Base: $MnO_2 + 4\,HCl \rightarrow MnCl_4 + 2\,H_2O$

als Säure: $MnO_2 + 2\,KOH \rightarrow K_2MnO_3 + H_2O$

Mangan(VII)-oxid, Mn_2O_7, ist ein *Säureanhydrid:*

$Mn_2O_7 + H_2O \rightarrow 2\,HMnO_4$

Säurebildend sind allgemein die Metalloxide, in denen das Metall 5-, 6- oder 7wertig auftritt.

Bei allen Säuren, die mehrere Wasserstoffatome im Molekül besitzen, den sog. *mehrwertigen* oder *mehrbasigen* Säuren, erfolgt die Dissoziation in mehreren Stufen.

Beispiel: Phosphorsäure:

$H_3PO_4 \rightleftarrows H^+ + H_2PO_4^-$

$H_2PO_4^- \rightleftarrows H^+ + HPO_4^{2-}$

$HPO_4^{2-} \rightleftarrows H^+ + PO_4^{3-}$

Die typischen Eigenschaften der Säuren werden von hydratisierten Wasserstoffionen (Hydroniumionen, H_3O^+) hervorgerufen. Hierauf beruht auch der Nachweis von Säuren mit Indikatoren (↑ Tabelle 18, S. 222).

Merksatz: Säuren färben Lackmus rot.

7.2.4.3. Salze

Vom Standpunkt der Arrheniusschen Ionentheorie ergibt sich für die Salze folgende Definition:

Salze sind Verbindungen, die in der Schmelze und in wäßrigen Lösungen in positiv geladene Metallionen und negativ geladene Säurerestionen dissoziieren.

Beispiele:

$K_2CO_3 \rightleftarrows 2\,K^+ + CO_3^{2-}$

$Al_2(SO_4)_3 \rightleftarrows 2\,Al^{3+} + 3\,SO_4^{2-}$

Salze sind *echte Elektrolyte* (↑ 7.2.3.). Sie liegen schon im Kristallgitter in Form von Ionen vor:

Salze bestehen aus Metallionen und Säurerestionen.

An die Stelle der Metallionen kann auch das *Ammoniumion*, NH_4^+, treten.

Beispiel: $NH_4Cl \rightleftarrows NH_4^+ + Cl^-$

Salze entstehen unter anderem, wenn äquivalente Mengen (↑ S. 55) einer starken Säure und einer starken Lauge miteinander gemischt werden. Die entstehende Lösung reagiert dann weder sauer noch basisch, sondern *neutral.* Eine solche Reaktion wird als *Neutralisation* bezeichnet (↑ auch 7.2.7.1.).

Übersicht über die **Arten der Salzbildung:**

- **Neutralisation**

Base (Metallhydroxid) + Säure → Salz + Wasser

Beispiel: $2\,KOH + H_2SO_4 \rightarrow K_2SO_4 + 2\,H_2O$

- **Neutralisation unter Beteiligung von Anhydriden**

Metalloxid (Basenanhydrid) + Säure → Salz + Wasser

Beispiel: $CuO + H_2SO_4 \rightarrow CuSO_4 + H_2O$

Base + Nichtmetalloxid (Säureanhydrid) → Salz + Wasser

Beispiel: $Ca(OH)_2 + CO_2 \rightarrow CaCO_3 + H_2O$

Metalloxid (Baseanhydrid) + Nichtmetalloxid (Säureanhydrid) → Salz

Beispiel: $CaO + SiO_2 \rightarrow CaSiO_3$

- **Metall + Säure → Salz + Wasserstoff**

Beispiel: $Zn + 2\,HCl \rightarrow ZnCl_2 + H_2\uparrow$

- **Metall + Nichtmetall → Salz**

Beispiel: $2\,Na + Cl_2 \rightarrow 2\,NaCl$

7.2.5. Dissoziationsgleichungen und Ionengleichungen

Es gibt zwei Arten von chemischen Gleichungen, in denen die Ionenschreibweise angewandt wird:

- **Dissoziationsgleichungen**; sie geben die *elektrolytische Dissoziation eines Elektrolyten* wieder, und
- **Ionengleichungen**; sie geben eine *Ionenreaktion* wieder, also eine Reaktion, an der Elektrolyte beteiligt sind.

Für das Aufstellen einer Ionengleichung ist die Kenntnis der Dissoziationsgleichungen der beteiligten Elektrolyte Voraussetzung. Das Aufstellen der Dissoziationsgleichungen und das Aufstellen einer Ionengleichung sind also zwei aufeinanderfolgende Schritte.

7.2.5.1. Dissoziationsgleichungen

Die Dissoziationsgleichung eines *echten Elektrolyten* drückt den Übergang der im *Kristallgitter* gebundenen Ionen in mehr oder weniger frei bewegliche Ionen (in der Schmelze oder in einer Lösung) aus.

Beispiel: Natriumhydroxid $NaOH \rightleftarrows Na^+ + OH^-$

Die Formel der Verbindung steht hier für die im *Ionengitter* fest gebundenen Ionen.
Die Dissoziationsgleichung eines *potentiellen Elektrolyten* drückt die *Aufspaltung der Moleküle* in Ionen aus.

Beispiel: Chlorwasserstoff $HCl \rightleftarrows H^+ + Cl^-$ bzw.
$HCl + H_2O \rightleftarrows H_3O^+ + Cl^-$

Die Formel der Verbindung symbolisiert hier deren *Molekül.*
Dissoziationsgleichungen werden mit *Doppelpfeilen* geschrieben, da sie *Gleichgewichtsvorgänge* wiedergeben (↑ 8.1.).

Vorschrift zum Aufstellen einer Dissozationsgleichung

1. Links vom Doppelpfeil ist die Summenformel der chemischen Verbindung niederzuschreiben, die der elektrolytischen Dissoziation unterliegt.

   Beispiel: Aluminiumsulfat $Al_2(SO_4)_3 \rightleftarrows$

2. Rechts vom Doppelpfeil sind die Formeln der Ionen niederzuschreiben, die bei der Dissoziation entstehen:

   Beispiel: $Al_2(SO_4)_3 \rightleftarrows 2\,Al^{3+} + 3\,SO_4^{2-}$

3. Die Dissoziationsgleichung ist zu überprüfen:
   Die Summe der Ladungen muß — wie auf der linken Seite — auch auf der rechten Seite gleich Null sein.

Beispiel: $2 \cdot (+3) + 3 \cdot (-2) = 0$

7.2.5.2. Ionengleichungen

Eine Ionengleichung umfaßt — im Unterschied zur Dissoziationsgleichung — stets *mehrere* Stoffe. Wie in jeder Reaktionsgleichung stehen links die Ausgangsstoffe und rechts die Reaktionsprodukte. In Ionenschreibweise werden dabei nur *jene* Stoffe angegeben, die in der betrachteten Reaktion in Form von *frei beweglichen Ionen* vorliegen.

Beispiel: Die Reaktionsgleichung

$NaOH + HCl \rightleftarrows NaCl + H_2O$

ist als Ionengleichung wiederzugeben. (Die Ionen der als Ausgangsstoffe beteiligten Elektrolyte sind den obigen Beispielen für Dissoziationsgleichungen zu entnehmen.)

$Na^+ + OH^- + H^+ + Cl^- \rightleftarrows Na^+ + Cl^- + H_2O$

Das neben dem Natriumchlorid, NaCl (echter Elektrolyt), entstehende Wasser ist zwar potentieller Elektrolyt, aber nur äußerst schwach dissoziiert (↑ 7.2.6.2.), so daß es auch in Ionengleichungen als *Molekül* niedergeschrieben wird.

Vorschrift zum Ableiten der Ionengleichung aus der Reaktionsgleichung einer Ionenreaktion

1. Es wird die Reaktionsgleichung aufgestellt (↑ Vorschrift; ↑ 1.9.).

   Beispiel: $2\,KOH + H_2SO_4 \rightleftarrows K_2SO_4 + 2\,H_2O$

2. Für alle an der Reaktion beteiligten Elektrolyte werden die Dissoziationsgleichungen aufgestellt (↑ Vorschrift; 7.2.5.1.), wobei die in der Reaktionsgleichung enthaltenen *Koeffizienten* zu berücksichtigen sind.

   Beispiel: $2\,KOH \rightleftarrows 2\,K^+ + 2\,OH^-$

   $H_2SO_4 \rightleftarrows 2\,H^+ + SO_4^{2-}$

   $K_2SO_4 \rightleftarrows 2\,K^+ + SO_4^{2-}$

   (Wer genügend Übung im Aufstellen von Dissoziationsgleichungen hat, kann darauf verzichten, diese niederzuschreiben.)

3. Die Ionen, die bei der elektrolytischen Dissoziation entstehen, sind anstelle der Summenformeln in die Reaktionsgleichung einzusetzen.

   Beispiel: $2\,K^+ + 2\,OH^- + 2\,H^+ + SO_4^{2-} \rightleftarrows 2\,K^+ + SO_4^{2-} + 2\,H_2O$

4. Die Ionengleichung ist zu überprüfen:
   – Die Anzahl der Atome der Elemente muß auf beiden Seiten gleich sein.

Beispiel: 2 K, 6 O, 4 H, 1 S

   – Die Summe der Ladungen muß auf beiden Seiten gleich sein.

Beispiel: links: $(+4) + (-4) = 0$; rechts: $(+2) + (-2) = 0$

Mit wachsender Erfahrung im Aufstellen von Ionengleichungen kann auch auf das Niederschreiben der Reaktionsgleichung (Schritt 1) verzichtet werden.

7.2.6. Stärke der Elektrolyte

7.2.6.1. Dissoziationsgrad

Bei der elektrolytischen Dissoziation handelt es sich um einen Gleichgewichtsvorgang (↑ 9.1.), das heißt, ein Elektrolyt kann in ganz unterschiedlichem Ausmaß dissoziieren – in frei bewegliche Ionen aufgespalten werden. Das hängt

– von der *Art* des Elektrolyten und
– beim gleichen Elektrolyten von *Konzentration* und *Temperatur* ab (↑ 9.5.1.).

Um das Ausmaß der Dissoziation zu kennzeichnen, wurde der *Dissoziationsgrad* α eingeführt. Er läßt sich am einfachsten erläutern für *potentielle Elektrolyte*:

Der Dissoziationsgrad α eines potentiellen Elektrolyten ist der Quotient aus der Anzahl der dissoziierten Moleküle und der Anzahl der insgesamt vorhandenen Moleküle.

$$\alpha = \frac{\text{Anzahl der dissoziierten Moleküle}}{\text{Gesamtzahl der Moleküle}}$$

Auf *echte Elektrolyte*, die schon im festen Zustand in Form von Ionen vorliegen, ist das sinngemäß anzuwenden, indem die Formeleinheiten (z. B. NaCl oder K_2SO_4) wie Moleküle behandelt werden.

Der Dissoziationsgrad hat einen Wert kleiner als 1. Er kann aber auch in Prozent angegeben werden.

Beispiel: Eine 1normale Salzsäure zeigt bei 18 °C eine elektrische Leitfähigkeit, die einem Dissoziationsgrad von 0,78 bzw. von 78 % entspricht.

Der *Dissoziationsgrad* kann durch *Leitfähigkeitsmessungen* ermittelt werden, da die elektrische Leitfähigkeit von Lösungen der Konzentration der frei beweglichen Ionen proportional ist. Dabei erhält man allerdings nicht den wirklichen Dissoziationsgrad α_w, der aus der Dissoziationskonstante K_D errechnet werden kann (↑ 9.5.1.), sondern den *scheinbaren* (d.h. den *wirksamen*) *Dissoziationsgrad* α_s. Dieser ist geringer als der wirkliche Dissoziationsgrad, da die in der Lösung vorhandenen Ionen sich in ihrer Beweglichkeit gegenseitig behindern.

Der Dissoziationsgrad steigt mit zunehmender Verdünnung an.

Beispiel: Wasserfreie (100%ige) Schwefelsäure enthält praktisch keine Ionen. Je mehr die Schwefelsäure mit Wasser verdünnt ist, um so größer wird der Anteil der dissoziierten Moleküle. Damit nehmen zunächst die elektrische Leitfähigkeit und die Reaktionsfähigkeit gegenüber unedlen Metallen zu. Schließlich wird aber die zunehmende Dissoziation durch die Abnahme der Konzentration überkompensiert.

Der Dissoziationsgrad steigt mit zunehmender Temperatur an.

Infolge der zunehmenden Bewegungsenergie der Teilchen wird der Zerfall der Moleküle in Ionen begünstigt. Daher nimmt auch die elektrische Leitfähigkeit von Elektrolytlösungen und -schmelzen mit steigender Temperatur zu. Sollen die Dissoziationsgrade verschiedener Elektrolyte verglichen werden, so müssen Lösungen gleicher Konzentration und gleicher Temperatur vorliegen (↑ Tabelle 15).

Tabelle 15. Dissoziationsgrad einiger wichtiger Säuren und Basen in 1normaler Lösung bei 18°C

Name	Formel	Dissoziationsgrad (Anteil der dissoziierten Moleküle in %)
Salpetersäure	HNO_3	82
Salzsäure	HCl	78
Schwefelsäure	H_2SO_4	51
Phosphorsäure	H_3PO_4	17
Essigsäure	CH_3COOH	0,4
Kaliumhydroxid	KOH	77
Natriumhydroxid	$NaOH$	73
Ammoniumhydroxid	$NH_3 \cdot H_2O$	0,4

7.2.6.2. Starke und schwache Elektrolyte

Die Elektrolyte werden nach ihrer *Stärke* unterschieden. Das Maß für die Stärke eines Elektrolyten ist die *Dissoziationskonstante*, die sich aus dem Massenwirkungsgesetz ergibt (↑ 9.5.1.). Ohne dessen Kenntnis läßt sich die Stärke der Elektrolyte auch mit Hilfe des *Dissoziationsgrades* erläutern, wenn wir dabei von *Lösungen gleicher Konzentration* ausgehen:

Elektrolyte, die in wäßriger Lösung mit einem großen Anteil dissoziieren (also einen hohen Dissoziationsgrad haben), werden als starke bzw. sehr starke Elektrolyte bezeichnet.

Beispiele: Salpetersäure, Salzsäure, Schwefelsäure
Kaliumhydroxid, Natriumhydroxid, Kalziumhydroxid

Elektrolyte, die in wäßriger Lösung mit einem geringen Anteil dissoziieren (also einen niedrigen Dissoziationsgrad haben), werden als schwache bzw. sehr schwache Elektrolyte bezeichnet.

Beispiele: Essigsäure, Kohlensäure
Aluminiumhydroxid, Ammoniak

Unter den *Basen* und *Säuren* gibt es *starke* und *schwache* Elektrolyte (↑ Tabelle 16).

Tabelle 16. Einteilung der Säuren und Basen nach ihrer Stärke

Säuren (Beispiele)	Dissoziationsgrad in %	Basen (Beispiele)
sehr stark Salpetersäure Salzsäure	70...100	**sehr stark** Kaliumhydroxid Natriumhydroxid
stark Schwefelsäure	20...70	**stark** Kalziumhydroxid
mittelstark Phosphorsäure	1...20	**mittelstark** Silberhydroxid
schwach Essigsäure	0,1...1	**schwach** Ammoniak
sehr schwach Kohlensäure Schwefelwasserstoffsäure Blausäure	unter 0,1	**sehr schwach** Aluminiumhydroxid

Die Grenzen beziehen sich auf 1normale Lösungen, sie werden mitunter auch anders gezogen.

Die *Salze* gehören bis auf wenige Ausnahmen zu den *starken* Elektrolyten.

Stärke eines Elektrolyten und Konzentration einer Elektrolytlösung dürfen nicht verwechselt werden:

- Die **Konzentration** bezieht sich stets auf eine *bestimmte Lösung* des Elektrolyten.
- Die **Stärke,** d.h. die Tendenz, in wäßriger Lösung zu dissoziieren, gehört dagegen zum *Wesen* eines Elektrolyten.

7.2.7. Wichtige Ionenreaktionen

7.2.7.1. Neutralisation

Nach Arrhenius gilt:

Die Neutralisation beruht auf der Vereinigung von Wasserstoffionen und Hydroxidionen zu Wassermolekülen.

Beispiel: Neutralisation von Kalziumhydroxid mit Salpetersäure:

$$Ca^{2+} + 2\,OH^- + 2\,H^+ + 2\,NO_3^- \rightarrow Ca^{2+} + 2\,NO_3^- + 2\,H_2O$$

Wird berücksichtigt, daß die Wasserstoffionen in wäßriger Lösung stets zu Hydroniumionen, H_3O^+, hydratisiert sind, so ist zu formulieren:

$$Ca^{2+} + 2\,OH^- + 2\,H_3O^+ + 2\,NO_3^- \rightarrow Ca^{2+} + 2\,NO_3^- + 4\,H_2O$$

Die Metallionen und die Säurerestionen bleiben bei der Neutralisation unverändert. Läßt man sie auf beiden Seiten der Ionengleichung weg, so erhält man die

allgemeine Ionengleichung der Neutralisation:

$$H^+ + OH^- \rightleftarrows H_2O \qquad \text{bzw.}$$

$$H_3O^+ + OH^- \rightleftarrows 2\,H_2O$$

Aus dieser Gleichung wird verständlich, weshalb sich beim Mischen einer Säure mit einer Lauge die ätzenden Eigenschaften beider Lösungen nicht addieren, sondern gegenseitig aufheben. Sowohl die für Säuren typischen Wasserstoffionen (Hydroniumionen) als auch die für Basen (sowie Laugen) typischen Hydroxidionen werden bei der Neutralisation verbraucht. In Lösung bleiben die Ionen eines Salzes (im Beispiel:

Kalziumnitrat, $Ca(NO_3)_2$). Nach der Gleichung

Säure + Base → Salz + Wasser

ist also die Neutralisation zugleich eine Art der Salzbildung (↑ 7.2.4.3.).

7.2.7.2. Hydrolyse

Es gibt Salze, deren wäßrige Lösung nicht neutral, sondern *sauer* oder *basisch* reagiert. Das beruht nach ARRHENIUS auf *Hydrolyse*, einer *Zerlegung von Salzen mit Hilfe von Wasser* in Säure und Base:

Salz + Wasser → Säure + Base

Die Hydrolyse ist die Umkehrung der Neutralisation.

$$\textbf{Säure + Base} \underset{\text{Hydrolyse}}{\overset{\text{Neutralisation}}{\rightleftarrows}} \textbf{Salz + Wasser}$$

Der Hydrolyse unterliegen nur solche Salze, an deren Aufbau eine *schwache Säure* oder eine *schwache Base* beteiligt ist (↑ 7.2.6.2.). Salze, die aus einer *starken* Säure *und* einer *starken* Base aufgebaut sind, unterliegen *nicht* der Hydrolyse. Ihre wäßrigen Lösungen reagieren daher *neutral.*

Beispiele: Natriumchlorid, $NaCl$; Kaliumsulfat, K_2SO_4

Die wäßrigen Lösungen von Salzen, die aus einer schwachen Säure und einer starken Base aufgebaut sind, reagieren basisch.

Beispiel: Natriumkarbonat, Na_2CO_3

$Na_2CO_3 + 2\,H_2O \rightleftarrows 2\,NaOH + H_2CO_3$

Das entstehende *Natriumhydroxid* ist als *sehr starker* Elektrolyt weitgehend in Ionen dissoziiert (der fette Pfeil deutet das an):

$NaOH \rightleftarrows Na^+ + OH^-$

Die entstehende *Kohlensäure* ist als *sehr schwacher* Elektrolyt nur in sehr geringem Maße in Ionen dissoziiert (der fette Pfeil deutet das an):

$H_2CO_3 \rightleftarrows 2\,H^+ + CO_3{}^{2-}$

Setzen wir in die Ionengleichung für die Hydrolyse des Natriumkarbonats die wenig dissoziierten (H_2CO_3) und die praktisch undissoziierten (H_2O) Verbindungen mit ihren Summenformeln, d.h. als Moleküle, ein, so erhalten wir:

$2\,Na^+ + CO_3{}^{2-} + 2\,H_2O \rightleftarrows 2\,Na^+ + 2\,OH^- + H_2CO_3$

Aus dieser Ionengleichung geht hervor, daß eine Natriumkarbonatlösung *viele Hydroxidionen*, aber kaum Wasserstoffionen enthält und daher *basisch* reagiert.

Die wäßrigen Lösungen von Salzen, die aus einer starken Säure und einer schwachen Base aufgebaut sind, reagieren sauer.

Beispiel: Aluminiumchlorid, $AlCl_3$

$$AlCl_3 + 3\,H_2O \rightleftarrows Al(OH)_3 + 3\,HCl$$

Als Ionengleichung:

$$Al^{3+} + 3\,Cl^- + 3\,H_2O \rightleftarrows Al(OH)_3 + 3\,H^+ + 3\,Cl^-$$

(Der sehr schwache Elektrolyt Aluminiumhydroxid wurde mit der Summenformel eingesetzt.) Die Aluminiumchloridlösung enthält *viele Wasserstoffionen*, aber kaum Hydroxidionen. Sie reagiert daher *sauer*.

Die Salze, die aus einer **schwachen Säure** und einer **schwachen Base** aufgebaut sind, unterliegen gleichfalls der Hydrolyse. Den Charakter der wäßrigen Lösung bestimmt in diesem Falle *der relativ stärkere* der beiden Elektrolyte.

Beispiel: Aluminiumazetat, $(CH_3COO)_3Al$, (»essigsaure Tonerde«)

$$\underset{\text{Aluminiumazetat}}{(CH_3COO)_3Al} + 3\,H_2O \rightleftarrows \underset{\text{Essigsäure}}{3\,CH_3COOH} + Al(OH)_3$$

Essigsäure ist eine *schwache Säure*, Aluminiumhydroxid ist aber eine *sehr schwache Base* (↑ Tabelle 16, S. 213). Die Essigsäure ist also der *relativ stärkere* Elektrolyt, so daß eine Aluminiumazetatlösung *sauer* reagiert:

$$3\,CH_3COO^- + Al^{3+} + 3\,H_2O \rightleftarrows 3\,CH_3COO^- + 3\,H^+ + Al(OH)_3$$

Für die Hydrolyse gilt allgemein:

Ist die Säure stärker, so reagiert die Lösung sauer.
Ist die Base stärker, so reagiert die Lösung basisch.

Die Stärke der Base und die Stärke der Säure müssen stets im Zusammenhang betrachtet werden (↑ Tabelle 17).

Tabelle 17. Hydrolyse

Base	Säure	Reaktion der Lösung
stark	**stark**	neutral
stark	schwach	**basisch**
schwach	**stark**	**sauer**
schwach	schwach	
Base relativ stärker		basisch
Säure relativ stärker		sauer
Base und Säure gleich schwach		neutral

Beispiel: Im Natriumazetat ist die Essigsäure der *schwächere* Elektrolyt, die Lösung reagiert daher *basisch*.
Im Aluminiumazetat ist die Essigsäure der *stärkere* Elektrolyt, die Lösung reagiert daher *sauer*.

Die **Hydrolyse** läßt sich anschaulich auch wie folgt erläutern: Die Moleküle des Wassers unterliegen in äußerst geringem Maße der elektrolytischen Dissoziation (↑ 7.2.8.):

$$H_2O \rightleftarrows H^+ + OH^- \qquad (1)$$

Sind in einer wäßrigen Salzlösung *Anionen* enthalten (z. B. CO_3^{2-}), die mit Wasserstoffionen eine wenig dissoziierte Verbindung bilden, z. B.

$$CO_3^{2-} + H^+ \rightleftarrows HCO_3^-,$$

so werden große Mengen an *Wasserstoffionen* gebunden. Diese Wasserstoffionen bilden sich nach Gleichung (1) durch elektrolytische Dissoziation von Wassermolekülen, wobei stets die gleiche Anzahl *Hydroxidionen* entsteht, die eine *basische Reaktion* der Lösung bewirken.
Sind umgekehrt in einer wäßrigen Salzlösung *Kationen* enthalten (z. B. NH_4^+), die mit Hydroxidionen eine wenig dissoziierte Verbindung bilden:

$$NH_4^+ + OH^- \rightleftarrows NH_3 \cdot H_2O,$$

so werden große Mengen an *Hydroxidionen* gebunden. Diese Hydroxidionen bilden sich nach Gleichung (1) durch elektrolytische Dissoziation von Wassermolekülen, wobei stets die gleiche Anzahl *Wasserstoffionen* entsteht, die eine *saure Reaktion* der Lösung bewirken.

7.2.7.3. Fällungsreaktionen

Die Elektrolyte (Säuren, Basen, Salze) besitzen sehr unterschiedliche Löslichkeit. So kann es vorkommen, daß beim Vermischen von Lösungen zweier leichtlöslicher Salze ein schwerlösliches Salz entsteht und als **Niederschlag** aus der Lösung ausfällt. Eine solche Reaktion wird als **Fällungsreaktion** bezeichnet.

Beispiel: Eine Silbernitratlösung, $AgNO_3$, gibt mit einer Natriumchloridlösung, NaCl, einen weißen Niederschlag von Silberchlorid, AgCl:

$$Ag^+ + NO_3^- + Na^+ + Cl^- \rightarrow AgCl\downarrow + Na^+ + NO_3^-$$

Das schwerlösliche Silberchlorid, das nicht in Form frei beweglicher Ionen, sondern im festen Zustand vorliegt, wird in die Ionengleichung mit der Summenformel eingesetzt. Die Natriumionen und die Nitrationen sind nicht an der Reaktion beteiligt, sie liegen nach der Reaktion unverändert vor.

Silberionen und *Chloridionen* vereinigen sich zu schwerlöslichem *Silberchlorid*. Für diese Reaktion gilt die *allgemeine Ionengleichung:*

$$Ag^+ + Cl^- \rightarrow AgCl\downarrow$$

Der *nach unten gerichtete Pfeil* bedeutet, daß der betreffende Stoff als *Niederschlag* aus der Lösung ausfällt. Eine Reaktion nach dieser allgemeinen Ionengleichung tritt stets ein, wenn Silberionen und Chloridionen in wäßriger Lösung zusammentreffen.

Beispiele: $AgNO_3 + KCl \rightarrow AgCl\downarrow + KNO_3$

$AgNO_3 + HCl \rightarrow AgCl\downarrow + HNO_3$

Diese Fällungsreaktion kann daher einerseits zum *Nachweis von Chloridionen*, andererseits zum *Nachweis von Silberionen* dienen.
Soll eine Lösung auf Silberionen geprüft werden, gibt man ihr einige Tropfen verdünnter Salzsäure zu.
Soll eine Lösung auf Chloridionen geprüft werden, so gibt man ihr einige Tropfen Silbernitratlösung zu.

Eine andere bekannte Fällungsreaktion beruht auf der Vereinigung von *Bariumionen* und *Sulfationen* zu unlöslichem *Bariumsulfat*. Die *allgemeine Ionengleichung* lautet:

$$Ba^{2+} + SO_4^{2-} \rightarrow BaSO_4\downarrow$$

Diese Reaktion dient zum *Nachweis von Bariumionen* einerseits und zum *Nachweis von Sulfationen* andererseits.
Derartige *Fällungsreaktionen* spielen in der *analytischen Chemie* eine große Rolle.

7.2.8. *p*H-Wert

In äußerst geringem Maße unterliegt auch das *Wasser* der *elektrolytischen Dissoziation*:

$$H_2O \rightleftarrows H^+ + OH^-$$

Nach BRÖNSTED ist das als *Autoprotolyse des Wassers* aufzufassen (↑ 7.4.):

$$H_2O + H_2O \rightleftarrows H_3O^+ + OH^-$$

Um die Ausführungen über den *p*H-Wert auch den Lesern zugänglich zu machen, die sich bisher nicht mit der Säure-Base-Definition BRÖNSTEDS befaßt haben, behandeln wir den *p*H-Wert hier auf der Grundlage der Ionentheorie ARRHENIUS'. Dabei sollte immer bedacht werden, daß Wasserstoffionen, H^+, also einzelne Protonen, in wäßriger Lösung nicht existenzfähig sind, sondern sofort zu Hydroniumionen, H_3O^+, hydratisiert werden. Der Einfachheit halber wird dennoch oft von Wasserstoffionen gesprochen bzw. geschrieben.

In einem Liter Wasser sind (bei 22 °C)

$1 \cdot 10^{-7}$ mol Wasserstoffionen, H^+, und

$1 \cdot 10^{-7}$ mol Hydroxidionen, OH^-, enthalten.

Zwischen

- der Konzentration der Wasserstoffionen und
- der Konzentration der Hydroxidionen

besteht für alle wäßrigen Lösungen ein gesetzmäßiger Zusammenhang:

Das Produkt aus der Konzentration der Wasserstoffionen und der Konzentration der Hydroxidionen ist bei konstanter Temperatur für alle wäßrigen Lösungen konstant.

$$c_{H^+} \cdot c_{OH^-} = \text{konstant}$$

In der Literatur findet man dafür auch

$$[H^+] \cdot [OH^-] = \text{konstant},$$

wobei $[H^+]$ für die Konzentration der Wasserstoffionen und $[OH^-]$ für die Konzentration der Hydroxidionen steht.

Für genaue Berechnungen dürfen allerdings nicht die tatsächlichen Konzentrationen, sondern nur die nach außen wirksamen Konzentrationen, das heißt die Aktivitäten (↑ 7.2.9.), eingesetzt werden:

$$a_{H^+} \cdot a_{OH^-} = \text{konstant}$$

Dieser (bei gegebener Temperatur) konstante Wert wird als **Ionenprodukt des Wassers** K_W bezeichnet:

$$c_{H^+} \cdot c_{OH^-} = K_W \qquad (1)$$

Für Wasser von 22 °C ergibt sich:

$$1 \cdot 10^{-7}\ \text{mol/l} \cdot 1 \cdot 10^{-7}\ \text{mol/l} = \boxed{1 \cdot 10^{-14}\ \text{mol/l}}$$

Der Zahlenwert des Ionenprodukts des Wassers ist temperaturabhängig (0 °C: $0{,}13 \cdot 10^{-14}$; 50 °C: $5{,}95 \cdot 10^{-14}$; 100 °C: $74 \cdot 10^{-14}$).

Das Ionenprodukt des Wassers gilt nicht nur für reines Wasser, sondern für alle wäßrigen Lösungen, also auch für Lösungen von Säuren, Basen und Salzen. Dabei ist nach Gleichung (1) mit der Konzentration der Wasserstoffionen stets auch die Konzentration der Hydroxidionen gegeben. Deshalb wird heute die Wasserstoffionenkonzentration nicht nur als Maß für den sauren Charakter einer Lösung, sondern auch als Maß für den basischen Charakter einer Lösung verwendet:

- In **sauren Lösungen** ist die *Wasserstoffionenkonzentration größer* als $1 \cdot 10^{-7}$ mol/l und dementsprechend die Hydroxidionenkonzentration kleiner als $1 \cdot 10^{-7}$ mol/l.
- In **basischen Lösungen** ist die *Hydroxidionenkonzentration größer* als $1 \cdot 10^{-7}$ mol/l und dementsprechend die Wasserstoffionenkonzentration kleiner als $1 \cdot 10^{-7}$ mol/l.

Um eine leichtere Handhabbarkeit zu erreichen, wird heute – nach einem Vorschlag des dänischen Chemikers SÖRENSEN – anstelle der Wasserstoffionenkonzentration in der Regel der pH-*Wert* verwendet. Die exakte Definition des pH-Wertes lautet:

Der pH-Wert ist der negative dekadische Logarithmus des Zahlenwerts der molaren Wasserstoffionenaktivität a_{H^+}.

$$pH = -\lg a_{H^+} \qquad (2)$$

Da die Wasserstoffionenaktivität a_{H^+} (↑ 7.2.9.) in verdünnten Lösungen der Wasserstoffionenkonzentration c_{H^+} nahekommt, gilt auch:

$$pH \approx -\lg c_{H^+} \qquad (3)$$

a_{H^+} und c_{H^+} stehen hier für die Zahlenwerte. Das kann auch dadurch zum Ausdruck gebracht werden, daß man die zu logarithmierenden Größen durch ihre Maßeinheit dividiert:

Beispiele:

$$pH \approx -\lg \frac{c_{H^+}}{mol \cdot l^{-1}}$$

Nach den Gleichungen (2) und (3) kann die Wasserstoffionenaktivität bzw. die Wasserstoffionenkonzentration in den pH-Wert umgerechnet werden.

Beispiele:

$c_{H^+} = 10^{-5}$	$c_{H^+} = 5 \cdot 10^{-8}$	$c_{H^+} = 1{,}5 \cdot 10^{-6}$
$pH = -\lg 10^{-5}$	$pH = -\lg 5 \cdot 10^{-8}$	$pH = -\lg 1{,}5 \cdot 10^{-6}$
$pH = 5$	$pH = 7{,}3$	$pH = 5{,}8$

Für die **Umrechnung des pH-Wertes in die Wasserstoffionenkonzentration** gilt:

$$c_{H^+} = 10^{-pH}$$

Beispiele:

$pH = 8$	$pH = 8{,}4$	$pH = 6{,}25$
$c_{H^+} = 10^{-8}$	$c_{H^+} = 10^{-8,4}$	$c_{H^+} = 10^{-6,25}$
	$c_{H^+} = 4 \cdot 10^{-9}$	$c_{H^+} = 5{,}6 \cdot 10^{-7}$

Bei den meisten Typen der algebraischen wissenschaftlichen Taschenrechner sind folgende Schritte zu gehen:

Gegeben: $c_{H^+} = a \cdot 10^{-b}$	pH = a
a	a
EXP	+/−
b	10^x
+/−	
log	
+/−	
Ergebnis: pH-Wert	Ergebnis: c_{H^+} in mol/l

Die Umrechnung kann auch auf grafischem Wege erfolgen (↑ Bild 61).

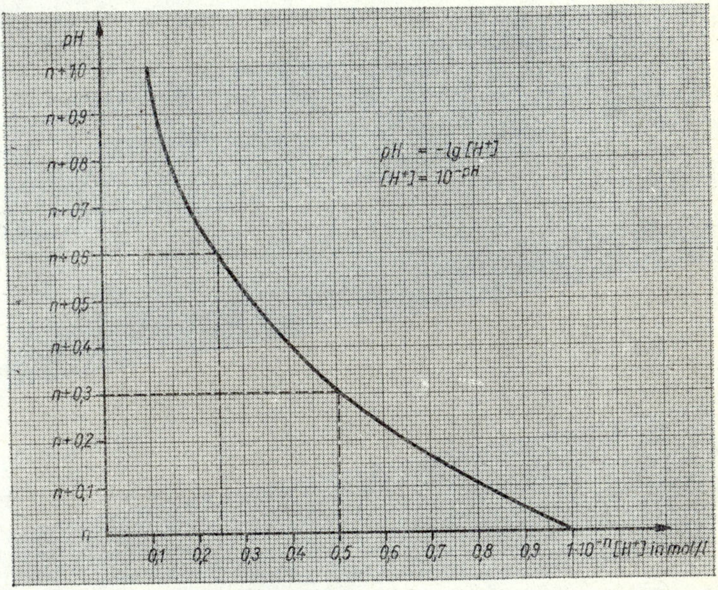

Bild 61. Umrechnung von Wasserstoffionenaktivitäten in pH-Wert und umgekehrt

Beispiele:

$pH = 7{,}6\ (n = 7)$	$c_{H^+} = 5 \cdot 10^{-7}$ mol/l
$pH = n + 0{,}6$	$c_{H^+} = 0{,}5 \cdot 10^{-6}$ mol/l $(n = 6)$
$c_{H^+} = 0{,}25 \cdot 10^{-n}$ mol/l	$c_{H^+} = 0{,}5 \cdot 10^{-n}$ mol/l
$c_{H^+} = 0{,}25 \cdot 10^{-7}$ mol/l	$pH = n + 0{,}3$
$c_{H^+} = 2{,}5 \cdot 10^{-8}$ mol/l	$pH = 6{,}3$

Der *p*H-Wert ist ein Maß für den schwach sauren oder schwach basischen Charakter wäßriger Lösungen. (Für Säuren und Basen höherer Konzentration – 1normal und darüber – ist der *p*H-Wert als Konzentrationsmaß ungeeignet.)

Lösungen mit einem *p*H-Wert kleiner als 7 reagieren sauer.

Lösungen mit dem *p*H-Wert 7 reagieren neutral.

Lösungen mit einem *p*H-Wert größer als 7 reagieren basisch.

Der *p*H-Wert von Lösungen kann auf elektrochemischem Wege oder durch **Indikatoren** bestimmt werden. Indikatoren sind Farbstoffe, die in einem bestimmten *p*H-Bereich ihre Farbe verändern. In Tabelle 18 sind die Umschlagebereiche einiger bekannter Indikatoren zusammengestellt.

Tabelle 18. Wichtige Indikatoren

Bezeichnung	Farbe bei niedrigerem *p*H-Wert	*p*H-Bereich des Farbumschlags	Farbe bei höherem *p*H-Wert
Alizaringelb	gelb	10,1…12,0	rotbraun
Phenolphthalein	farblos	8,2…10,0	rot
Kresolrot	gelb	7,2…8,8	rot
Bromthymolblau	gelb	6,0…7,6	blau
Lackmus	rot	5 0…8,0	blau
Methylrot	rot	4,4…6,2	gelb
Methylorange	rot	3,1…4,4	gelb
Thymolblau	rot	1 2…2,8	gelb
	gelb	8,0…9,6	blau

Die Bezeichnung *p*H-Wert wird aus dem lateinischen »pondus hydrogenii« (Gewicht des Wasserstoffs), aber auch aus dem lateinischen »potentia hydrogenii« (Wirksamkeit des Wasserstoffs) hergeleitet. Ursprünglich wurde das H als Index zu *p* geschrieben: p_H. Heute hat sich weitgehend die drucktechnisch einfachere Schreibweise *p*H durchgesetzt.

7.2.9. Ionenaktivität

Auch in Lösungen echter Elektrolyte, d.h. von Stoffen, die schon im festen Zustand in Ionen vorliegen, entspricht die elektrische Leitfähigkeit niemals einer 100%igen Dissoziation. Das beruht darauf, daß sich die entgegengesetzt elektrisch geladenen Ionen aufgrund der elektrostatischen Wechselwirkung in ihrer Beweglichkeit gegenseitig behindern. Dadurch wird eine geringere Anzahl an Ionen vorgetäuscht, als tatsächlich in der Lösung enthalten ist.

In der Chemie interessiert vielfach nicht die *tatsächliche Ionenkonzentration c*, sondern die nach außen *wirksame Ionenkonzentration*, die als *Ionenaktivität a* bezeichnet wird.

Die *Aktivität a* steht durch den *Aktivitätskoeffizienten f* mit der *Konzentration c* in Beziehung:

$$cf = a$$

Als *Quotient* aus der wirksamen Ionenkonzentration (Aktivität) a und der tatsächlichen Ionenkonzentration c ist der Aktivitätskoeffizient f stets kleiner als 1.

$$f = \frac{a}{c}$$

Gibt man der Aktivität a die gleiche Maßeinheit mol/l wie der Konzentration c, so erhält der Aktivitätskoeffizient f keine Maßeinheit. In der Literatur wird aber die Aktivität a – um sie logarithmieren zu können – oft ohne Maßeinheit verwendet; dann erhält der Aktivitätskoeffizient f nach Gleichung (1) die reziproke Maßeinheit der Konzentration c, also l/mol.

Der Aktivitätskoeffizient f wird mit zunehmender Verdünnung größer.

Beispiele:

	NaCl	KOH	HNO_3
1molar	0,65	0,76	0,73
0,1molar	0,76	0,80	0,79
0,01molar	0,92	0,90	0,91

In sehr verdünnten Lösungen kommt daher nach Gleichung (1) der Zahlenwert der Aktivität a dem der Konzentration c sehr nahe. Soweit es nicht um genaue Berechnungen geht, kann deshalb statt der Aktivität die Konzentration verwendet werden.

7.3. Oxidations-Reduktions-Reaktionen

Die Oxidations-Reduktions-Reaktionen beruhen auf der *Abgabe und Aufnahme von Elektronen* (↑ 7.3.2.). Im Chemieunterricht werden sie zunächst auf einem früheren Stand der Erkenntnis behandelt (↑ 7.3.1.).

7.3.1. Oxidation und Reduktion

Nachdem das Element Sauerstoff entdeckt worden war (zwischen 1771 und 1777; SCHEELE, PRIESTLEY), konnte der Franzose LAVOISIER um 1783 den Verbrennungsvorgang aufklären:

Die Verbrennung ist eine Vereinigung mit Sauerstoff. Dem französischen Namen *oxygene* (Herkunft ↑ S. 205) für Sauerstoff entsprechend, wurde diese Vereinigung mit Sauerstoff *Oxydation* (neue Schreibweise: *Oxidation*) genannt.

Oxidation ist die Vereinigung eines Elements mit Sauerstoff.

Mit der *Oxidationstheorie* wurde die *Phlogistonhypothese* überwunden, die etwa ein Jahrhundert lang zur Erklärung des Verbrennungsvorganges gedient hatte. Man hatte angenommen, alle brennbaren Stoffe enthielten eine Feuerluft (*Phlogiston*), die beim Verbrennen entweicht. Der russische Gelehrte LOMONOSSOW hatte sich schon Mitte des 18. Jahrhunderts von der Phlogistonhypothese frei gemacht, nachdem er erkannte, daß bei der Verbrennung ein Teil der Luft (der damals noch unbekannte Sauerstoff) verbraucht wird.

Bei der Oxidation von Elementen entstehen deren *Oxide* (ältere Schreibweise: *Oxyde*).

Oxide sind binäre Verbindungen des Sauerstoffs mit anderen Elementen.

Beispiele: $Mg + {}^1/_2\,O_2 \rightarrow MgO$ Magnesiumoxid

$S + O_2 \rightarrow SO_2$ Schwefeldioxid

Die Bezeichnung *Oxid* kennzeichnet mit der Endung **id** die Zugehörigkeit zu den binären anorganischen Verbindungen. In der älteren Bezeichnung *Oxyd* wurde bei der Zusammensetzung aus dem Stamm »oxy« und der Endung »id« das i ausgestoßen. Die neuere Bezeichnung stößt das y aus.

Außer dem Sauerstoff selbst können auch Verbindungen, die leicht Sauerstoff abgeben, eine Oxidation bewirken. Solche Verbindungen werden als **Oxidationsmittel** bezeichnet. Bekannte Oxidationsmittel sind Wasserstoffperoxid, H_2O_2; Kaliumchlorat, $KClO_3$; Kaliumpermanganat, $KMnO_4$, und Kupfer(II)-oxid, CuO.

Wird einem *Oxid* der *Sauerstoff entzogen*, so wird das als *Reduktion* bezeichnet. Das Element, um dessen Oxid es sich handelt, wird dabei in den elementaren Zustand zurückgeführt (*reduziert*).

Reduktion ist der Entzug des Sauerstoffs aus einem Oxid.

Daraus ergibt sich:

Die Reduktion ist die Umkehrung der Oxidation.

Zur Reduktion eines Oxids ist meist ein **Reduktionsmittel** notwendig; das ist ein Stoff, der den Sauerstoff aufnimmt. Bekannte Reduktionsmittel sind Kohlenstoff, Kohlenmonoxid (CO), Wasserstoff sowie alle unedlen Metalle, wie Natrium, Magnesium und Aluminium, die sich leicht mit Sauerstoff verbinden.

Beispiele:

$$Fe_2O_3 + 3\,C \rightarrow 2\,Fe + 3\,CO$$
$$Fe_2O_3 + 3\,CO \rightarrow 2\,Fe + 3\,CO_2$$

} Vorgänge im Hochofen

$$Fe_2O_3 + 2\,Al \rightarrow Al_2O_3 + 2\,Fe$$

aluminothermisches Schweißen

$$CuO + H_2 \rightarrow Cu + H_2O$$

Alle diese Reaktionen laufen nur bei hohen Temperaturen ab.

Bei der Reduktion wird meist ein anderer Stoff, das *Reduktionsmittel*, oxidiert.

Oxidationsmittel *wird reduziert*

$$CuO + H_2 \rightarrow Cu + H_2O$$

Reduktionsmittel *wird oxidiert*

Bei den miteinander verbundenen Oxidations- und Reduktionsreaktionen handelt es sich stets um die beiden Seiten eines einheitlichen Vorgangs, der als **Redoxreaktion** bezeichnet wird.

Bei einer Redoxreaktion wird

- **ein Stoff – das Reduktionsmittel – oxidiert und**
- **ein Stoff – das Oxidationsmittel – reduziert.**

Wichtige Ausnahme: Die Oxide edler Metalle benötigen kein Reduktionsmittel; sie zerfallen beim bloßen Erhitzen.

Beispiele: $2\,HgO \rightarrow 2\,Hg + O_2$; $2\,Ag_2O \rightarrow 4\,Ag + O_2$

7.3.2. Redoxreaktionen als Abgabe und Aufnahme von Elektronen

Mit der Aufklärung des Atombaus wurde erkannt, daß der *Oxidation* eine *Abgabe von Elektronen*, der *Reduktion* eine *Aufnahme von Elektronen* zugrunde liegt. Dabei müssen die von einem Atom abgegebenen Elektronen stets von einem anderen Atom aufgenommen werden. Oxidation und Reduktion sind also zwei Seiten eines Vorganges, der als **Redoxreaktion** bezeichnet wird.

Beispiel: Bei der Oxidation von Magnesium gibt jedes Magnesiumatom seine beiden Valenzelektronen (↑ 6.2.1.) an ein Sauerstoffatom ab:

$$\cdot Mg \cdot + \cdot \ddot{\underset{..}{O}} \cdot \rightarrow Mg^{2+} + :\ddot{\underset{..}{O}}:^{2-}$$

Dabei laufen folgende Teilvorgänge ab:

$Mg \rightarrow Mg^{2+} + 2\,e^-$ (Elektronenabgabe; Oxidation)

$O + 2\,e^- \rightarrow O^{2-}$ (Elektronenaufnahme; Reduktion)

Die *abgegebenen* Elektronen können auch auf der *linken* Seite der Gleichung *subtrahiert* werden:

$Mg - 2\,e^- \rightarrow Mg^{2+}$

Hier liegt zwar eine Oxidation im Sinne einer Vereinigung mit Sauerstoff vor, aber keine Reduktion im Sinne eines Entzugs von Sauerstoff (↑ 7.3.1.). Das *Magnesium* wird *oxidiert*; *reduziert* wird der *Sauerstoff* selbst.

Um alle Reaktionen, die mit der Abgabe und Aufnahme von Elektronen einhergehen, von einem einheitlichen Betrachtungsstandpunkt aus behandeln zu können, wurden die Begriffe neu definiert:

Oxidation ist die Abgabe von Elektronen.

Reduktion ist die Aufnahme von Elektronen.

Es handelt sich hier nicht einfach um eine Erweiterung dieser Begriffe, sondern um eine vom Betrachtungsstandpunkt der Vorgänge in der Elektronenhülle vorgenommene – und damit vom Sauerstoff unabhängige – Neufestsetzung dieser Begriffe.

Beispiel: $Fe_2O_3 + 2\,Al \rightarrow Al_2O_3 + 2\,Fe$

$2\,Al \rightarrow 2\,Al^{3+} + 6\,e^-$ (Oxidation)

$2\,Fe^{3+} + 6\,e^- \rightarrow 2\,Fe$ (Reduktion)

Das Eisen(III)-oxid, Fe_2O_3, wird zu elementarem Eisen *reduziert*. Als Reduktionsmittel wirkt Aluminium, das dabei zu Aluminiumoxid, Al_2O_3, *oxidiert* wird. Aluminium gibt Elektronen ab, Eisen nimmt Elektronen auf. Die Vorgänge in den Elektronenhüllen erstrecken sich nicht auf den Sauerstoff, der vor und nach der Reaktion als zweifach negativ geladenes Oxidion, O^{2-}, vorliegt.

Daraus ergibt sich auch eine allgemeinere Definition der Begriffe Oxidationsmittel und Reduktionsmittel:

Oxidationsmittel sind Stoffe, die Elektronen aufnehmen und dabei reduziert werden.

Reduktionsmittel sind Stoffe, die Elektronen abgeben und dabei oxidiert werden.

Zur *Aufnahme* von Elektronen neigen außer Sauerstoff auch die anderen Elemente, deren Atomen nur *wenige Elektronen* zu einer stabilen Elektronenbesetzung (z. B. zu einem Elektronenoktett) *fehlen* (↑ 4.5.6.). Die Elemente der VII. Hauptgruppe (Halogene) sind daher starke *Oxidationsmittel.*
Zur *Abgabe* von Elektronen neigen die Elemente, deren Atome wenige Außenelektronen besitzen, durch deren Abgabe die darunterliegende voll (oder bis zu einem stabilen Zwischenzustand) besetzte Elektronenschale (Energieniveau) zur Außenschale wird. Die Elemente der I. Hauptgruppe (Alkalimetalle) sind daher starke *Reduktionsmittel.*

Es gibt keine absoluten Oxidationsmittel und keine absoluten Reduktionsmittel. Ob ein Stoff als Oxidationsmittel oder als Reduktionsmittel wirkt, kann nur in bezug auf einen bestimmten Reaktionspartner beantwortet werden. Dabei ist auch zu beachten, in welcher Oxidationsstufe (mit welcher Oxidationszahl; ↑ 6.5.3.) die beteiligten Stoffe vorliegen.

Beispiel: Elementares *Brom* (0) wirkt gegenüber Jodidionen (−1) als Oxidationsmittel; *Bromidionen* (−1) wirken gegenüber elementarem Chlor (0) als Reduktionsmittel (in Klammer die Oxidationszahlen).

$$2\,I^- \rightarrow I_2 + 2\,e^- \quad \text{(Oxidation)}$$

$$Br_2 + 2\,e^- \rightarrow 2\,Br^- \quad \text{(Reduktion)}$$

$$Br_2 + 2\,I^- \rightarrow 2\,Br^- + I_2$$

$$2\,Br^- \rightarrow Br_2 + 2\,e^- \quad \text{(Oxidation)}$$

$$Cl_2 + 2\,e^- \rightarrow 2\,Cl^- \quad \text{(Reduktion)}$$

$$Cl_2 + 2\,Br^- \rightarrow 2\,Cl^- + Br_2$$

Zwischen Oxidationsmitteln und Reduktionsmitteln besteht folgende allgemeine Beziehung:

$$\textbf{Reduktionsmittel} \underset{\text{Reduktion}}{\overset{\text{Oxidation}}{\rightleftarrows}} \textbf{Oxidationsmittel} + \textbf{Elektronen}$$

Elektronendonator — *Elektronenakzeptor*

Ein *Reduktionsmittel* geht durch Elektronenabgabe (Oxidation) in ein Oxidationsmittel über, es ist ein *Elektronendonator*[1]).

Ein *Oxidationsmittel* geht durch Elektronenaufnahme (Reduktion) in ein Reduktionsmittel über, es ist ein *Elektronenakzeptor*[2]).

Jedem Oxidationsmittel entspricht also ein Reduktionsmittel, wobei das *Reduktionsmittel* stets mindestens *ein Elektron mehr* besitzt als das *Oxidationsmittel*. Oxidationsmittel und Reduktionsmittel, die auf diese Weise miteinander in Beziehung stehen, werden als *korrespondierende Redoxpaare* bezeichnet. Dabei werden die Begriffe Oxidationsmittel und Reduktionsmittel auch direkt auf die reagierenden Teilchen (Atome, Moleküle, Kationen, Anionen) angewandt.
In Tabelle 19 sind wichtige korrespondierende Redoxpaare, nach ihrem Standardpotential ε_0 geordnet, zusammengestellt.

Je höher das Standardpotential eines Redoxpaares, um so stärker ist dessen Tendenz, in Richtung der Elektronenaufnahme zu reagieren.

(Zur Herleitung des Standardpotentials ↑ 8.3.)

In Tabelle 19 stehen

oben die **starken Reduktionsmittel** (Cs, K, Ca, Na, Mg, Al),

unten die **starken Oxidationsmittel** (F_2, Cl_2, Au^{3+} u.a.).

Bei den Redoxpaaren entspricht stets

— einem *starken* Red.-Mittel	ein *schwaches* Ox.-Mittel
— einem *mittelstarken* Red.-Mittel	ein *mittelstarkes* Ox.-Mittel
— einem *schwachen* Red.-Mittel	ein *starkes* Ox.-Mittel

Die **Redoxreaktionen** beruhen auf der Tendenz

- **der starken Reduktionsmittel, in schwache Oxidationsmittel,** und
- **der starken Oxidationsmittel, in schwache Reduktionsmittel**

überzugehen.

Redoxreaktionen kommen vor allem dann zustande, wenn zwei korrespondierende Redoxpaare miteinander in Beziehung treten, von denen das eine als *starkes Reduktionsmittel* (in Tabelle 19 *oben*), das andere als *starkes Oxidationsmittel* (in Tabelle 19 *unten*) vorliegt.

---

[1]) *donator* (lat.) Geber
[2]) *acceptor* (lat.) Empfänger

Tabelle 19. Standardpotentiale ε_0 wichtiger Redoxpaare (bei 25 °C)

Starke Reduktionsmittel (Li bis Fe) · Starke Oxidationsmittel (Hg_2^{2+} bis F_2)

Reduktionsmittel	$\xrightarrow{\text{Oxidation}}$	Oxidationsmittel	+	Elektronen	ε_0 (in V)
Li	⇄	Li^+	+	e^-	−3,01
K	⇄	K^+	+	e^-	−2,92
Ca	⇄	Ca^{2+}	+	$2\,e^-$	−2,84
Na	⇄	Na^+	+	e^-	−2,71
Mg	⇄	Mg^{2+}	+	$2\,e^-$	−2,38
Al	⇄	Al^{3+}	+	$3\,e^-$	−1,66
Cr	⇄	Cr^{2+}	+	$2\,e^-$	−0,91
Zn	⇄	Zn^{2+}	+	$2\,e^-$	−0,76
Cr	⇄	Cr^{3+}	+	$3\,e^-$	−0.74
S^{2-}	⇄	S	+	$2\,e^-$	−0.51
Fe	⇄	Fe^{2+}	+	$2\,e^-$	−0,44
Cr^{2+}	⇄	Cr^{3+}	+	e^-	−0,41
Co	⇄	Co^{2+}	+	$2\,e^-$	−0,27
Ni	⇄	Ni^{2+}	+	$2\,e^-$	−0,23
Sn	⇄	Sn^{2+}	+	$2\,e^-$	−0,14
Pb	⇄	Pb^{2+}	+	$2\,e^-$	−0,13
H_2	⇄	$2\,H^+$	+	$2\,e^-$	0,00
Sn^{2+}	⇄	Sn^{4+}	+	$2\,e^-$	+0,15
Cu^+	⇄	Cu^{2+}	+	e^-	+0,15
Cu	⇄	Cu^{2+}	+	$2\,e^-$	+0 34
$4\,OH^-$	⇄	$O_2 + 2\,H_2O$	+	$4\,e^-$	+0,40
Cu	⇄	Cu^+	+	e^-	+0,52
$2\,I^-$	⇄	I_2	+	$2\,e^-$	+0,54
$MnO_2 + 4\,OH^-$	⇄	$MnO_4^- + 2\,H_2O$	+	$3\,e^-$	+0,59
Fe^{2+}	⇄	Fe^{3+}	+	e^-	+0,77
$2\,Hg$	⇄	Hg_2^{2+}	+	$2\,e^-$	+0,80
Ag	⇄	Ag^+	+	e^-	+0,81
Hg_2^{2+}	⇄	$2\,Hg^{2+}$	+	$2\,e^-$	+0,92
$2\,Br^-$	⇄	Br_2	+	$2\,e^-$	+1,07
$Mn^{2+} + 2\,H_2O$	⇄	$MnO_2 + 4\,H^+$	+	$2\,e^-$	+1,24
$Cr^{3+} + 4\,H_2O$	⇄	$CrO_4^{2-} + 8\,H^+$	+	$3\,e^-$	+1 34
$2\,Cl^-$	⇄	Cl_2	+	$2\,e^-$	+1,36
Au	⇄	Au^{3+}	+	$3\,e^-$	+1,43
Pb^{2+}	⇄	Pb^{4+}	+	$2\,e^-$	+1,80
$2\,F^-$	⇄	F_2	+	$2\,e^-$	+2,85
Reduktionsmittel	$\xleftarrow{\text{Reduktion}}$	Oxidationsmittel	+	Elektronen	ε_0 (in V)

Beispiel:

$2\,Na \rightleftarrows 2\,Na^+ + 2\,e^-$ (Redoxhalbsystem I)

Reduktions-mittel — Oxidations-mittel

$Cl_2 + 2\,e^- \rightleftarrows 2\,Cl^-$ (Redoxhalbsystem II)

Oxidations-mittel — Reduktions-mittel

$2\,Na + Cl_2 \rightleftarrows 2\,Na^+ + 2\,Cl^-$ (Redoxsystem)

Diese Reaktion tritt ein, wenn Chlorgas mit metallischem Natrium in Berührung kommt. Dagegen kommt es zu keiner Redoxreaktion, wenn Natriumionen (schwaches Oxidationsmittel) und Chloridionen (schwaches Reduktionsmittel) vorliegen, was in jeder Natriumchloridlösung der Fall ist.

Die an einer Redoxreaktion beteiligten Teilchen werden unter der Bezeichnung **Redoxsystem** zusammengefaßt. Die beiden Teilreaktionen, die zu einer Redoxreaktion gehören, also die beteiligten Redoxpaare, werden dementsprechend auch **Redoxhalbsysteme** genannt.

Die **Standardpotentiale** gestatten genauere Aussagen über den Ablauf von Redoxreaktionen:

Je höher (stärker positiv, schwächer negativ) das Standardpotential ε_0

- **um so schwächer ist das Reduktionsmittel,**
- **um so stärker ist das Oxidationsmittel eines Redoxhalbsystems.**

Zu einer Redoxreaktion kommt es dann, wenn das in der Form des Reduktionsmittels vorliegende Redoxhalbsystem ein niedrigeres Standardpotential hat als das in der Form des Oxidationsmittels vorliegende Redoxhalbsystem.

Beispiel: Das Redoxhalbsystem $Cu \rightleftarrows Cu^{2+} + 2\,e^-$ hat ein niedrigeres Standardpotential (+0,35 V) als das Redoxhalbsystem $Fe^{2+} \rightleftarrows Fe^{3+} + e^-$ (+0,75V). Eisen(III)-ionen, Fe^{3+}, können also Kupferatome oxidieren, wobei sie selbst reduziert werden:

$Cu \rightleftarrows Cu^{2+} + 2\,e^-$ (Redoxhalbsystem I) (Oxidation)
Reduktionsmittel

$2\,Fe^{3+} + 2\,e^- \rightleftarrows 2\,Fe^{2+}$ (Redoxhalbsystem II) (Reduktion)
Oxydationsmittel

$Cu + 2\,Fe^{3+} \rightleftarrows Cu^{2+} + 2\,Fe^{2+}$ (Redoxsystem)

Das metallische Kupfer geht in Form von Kupfer(II)-ionen in Lösung. Praktisch angewandt wird diese Reaktion beim Ätzen kupferbeschichteter Plastleiterplatten mit Eisen(III)-chloridlösung, $FeCl_3$.

Aus der Differenz der Standardpotentiale der beiden Halbsysteme läßt sich die *freie Reaktionsenthalpie* ΔG einer Redoxreaktion berechnen (↑ 3.5.).

Über die Behandlung der Redoxreaktionen mit Hilfe der Oxidationszahlen siehe Abschnitt 6.5.3. – Teilchen mit *mittlerer Oxidationszahl*, die sowohl in Teilchen mit niedrigerer als auch in Teilchen mit höherer Oxidationszahl übergehen können, vermögen sowohl als *Oxidationsmittel* als auch als *Reduktionsmittel* zu wirken.

Beispiel:

Sn	$\rightleftarrows$	$Sn^{2+} + 2\,e^-$
Sn^{2+}	$\rightleftarrows$	$Sn^{4+} + 2\,e^-$
Reduktions-mittel		Oxidations-mittel

7.4. Säure-Base-Reaktionen als Abgabe und Aufnahme von Protonen

Der dänische Chemiker BRÖNSTED schlug 1923 – abweichend von ARRHENIUS (↑ 7.2.4.) – vor, die Begriffe Säure und Base wie folgt zu definieren:

Säuren sind Stoffe, die Protonen (Wasserstoffionen) abgeben können.
Basen sind Stoffe, die Protonen (Wasserstoffionen) aufnehmen können.

Damit gleichbedeutend sind die Aussagen:

Säuren sind Protonendonatoren[1]**.**
Basen sind Protonenakzeptoren[2]**.**

Damit ergibt sich eine Analogie zu den Redoxreaktionen (↑ 7.3.2.), bei denen es sich um eine Abgabe und Aufnahme von *Elektronen* handelt. Wie bei den Redoxreaktionen jedem Reduktionsmittel ein Oxidationsmittel entspricht, so entspricht nach BRÖNSTED jeder Säure eine Base:

Säure	$\rightleftarrows$	**Base + Proton**
Protonen-donator		Protonen-akzeptor

Jede Säure kann durch Abgabe eines Protons (Wasserstoffions) in eine Base übergehen, und jede Base kann durch Aufnahme eines Protons (Wasserstoffions) in eine Säure übergehen. Zu jeder Säure gibt es demnach eine Base, die ein Proton *weniger* besitzt, und zu jeder Base gibt es eine Säure, die ein Proton *mehr* besitzt. Säuren und Basen, die in dieser Weise miteinander in Beziehung stehen, werden als *korrespondierende Säure-Base-Paare* bezeichnet.

---

[1]) *donator* (lat.) Geber
[2]) *acceptor* (lat.) Empfänger

Beispiele:

$$HCl \rightleftarrows Cl^- + H^+$$
$$H_2SO_4 \rightleftarrows HSO_4^- + H^+$$
$$HSO_4^- \rightleftarrows SO_4^{2-} + H^+$$
$$NH_4^+ \rightleftarrows NH_3 + H^+$$

Da mit jedem Proton auch eine positive elektrische Ladung abgegeben bzw. aufgenommen wird, ist an jedem korrespondierenden Säure-Base-Paar mindestens ein Ion beteiligt, und die Oxidationszahl (↑ 6.5.3.) der Säure ist stets um 1 höher als die der Base.

Wie stark die Säure-Base-Definition BRÖNSTEDS von der ARRHENIUS' abweicht, zeigt sich darin, daß in vorstehenden Beispielen das Ammoniumion, NH_4^+, als Säure und das Chloridion, Cl^-, als Base auftritt. Die Begriffe Säure und Base werden also nach BRÖNSTED auch direkt auf die *reagierenden Teilchen* angewandt. Dabei kann es sich sowohl um (ungeladene) Moleküle als auch um Kationen oder Anionen handeln.

Beispiele:
Kationsäuren (z.B. NH_4^+)
Neutralsäuren (Molekülsäuren; z.B. HCl, H_2SO_4)
Anionsäuren (z.B. HSO_4^-)
Kationbasen (z.B. $N_2H_5^+$)
Neutralbasen (Molekülbasen; z.B. NH_3)
Anionbasen (z.B. HSO_4^-, SO_4^{2-})

Am Beispiel des Hydrogensulfations, HSO_4^-, das sowohl als Säure als auch als Base auftreten kann, zeigt sich — wie bei den Oxidationsmitteln und Reduktionsmitteln —, daß das Reaktionsverhalten eines Stoffes nur im *Zusammenhang* mit dem Charakter der Reaktionspartner beurteilt werden kann. Es gibt keine absoluten Säuren und keine absoluten Basen.

Säuren (Protonendonatoren) und Basen (Protonenakzeptoren) werden nach BRÖNSTED unter dem Oberbegriff **Protolyte** zusammengefaßt. Stoffe bzw. reagierende Teilchen, die (wie in den Beispielen das Hydrogensulfation, HSO_4^-) sowohl als Säure als auch als Base auftreten können, werden **Ampholyte** genannt.
Zu einer Säure-Base-Reaktion kommt es, wenn zwei korrespondierende Säure-Base-Paare derart miteinander in Beziehung treten, daß das von dem einen Säure-Base-Paar abgegebene Proton von dem anderen Säure-Base-Paar aufgenommen wird:

Säure I ⇄ Base I + Proton	(Halbsystem I)
Proton + Base II ⇄ Säure II	(Halbsystem II)
Säure I + Base II ⇄ Base I + Säure II	(protolytisches System)

Zwei Säure-Base-Paare bilden auf diese Weise *ein Säure-Base-System* (*protolytisches System*).

Die auf einem Protonenübergang beruhenden Reaktionen werden allgemein als *protolytische Reaktionen* oder kurz als **Protolysen** bezeichnet. Diese Reaktionen verlaufen dann von links nach rechts, wenn dabei eine *starke* Säure (I) in eine *schwache* Base (I) und eine *starke* Base (II) in eine *schwache* Säure (II) übergeht. (Zur Stärke der Protolyte ↑ S. 234.)

Beispiele: *Protolyse einer Säure*

$$HNO_3 + H_2O \rightleftarrows NO_3^- + H_3O^+$$
$$S_I \quad + B_{II} \rightleftarrows B_I \quad + S_{II}$$

Protolyse einer Base

$$H_2O \quad + NH_3 \rightleftarrows OH^- \quad + NH_4^+$$
$$S_I \quad + B_{II} \rightleftarrows B_I \quad + S_{II}$$

Die Salpetersäure, HNO_3, setzt sich mit Wasser zu der Base Nitration, NO_3^-, um. Die Base Ammoniak, NH_3, setzt sich mit Wasser zur Säure Ammoniumion, NH_4^+, um. (Nach ARRHENIUS wird das als elektrolytische Dissoziation betrachtet; ↑ 7.2.1.)

Das *Wasser* kann nach BRÖNSTED – wie die vorstehenden Beispiele zeigen – sowohl als Säure als auch als Base auftreten, es hat also amphoteren Charakter (↑ 5.5.2.). Das Wasser ist nach BRÖNSTED ein *Ampholyt.*

$$H_3O^+ \rightleftarrows H_2O + H^+ \qquad H_2O \rightleftarrows OH^- + H^+$$
$$S \quad \rightleftarrows B \quad + H^+ \qquad S \quad \rightleftarrows B \quad + H^+$$

Diese beiden korrespondierenden Säure-Base-Paare (Säure-Base-Halbsysteme) bilden im Wasser und in allen wäßrigen Lösungen ein protolytisches System (Säure-Base-System):

$$H_2O \rightleftarrows OH^- + H^+ \qquad (I)$$
$$H^+ + H_2O \rightleftarrows H_3O^+ \qquad (II)$$

$$H_2O + H_2O \rightleftarrows OH^- + H_3O^+$$
$$S_I \quad + B_{II} \rightleftarrows B_I \quad + S_{II}$$

In einem Liter Wasser sind (bei 22 °C) $2 \cdot 10^{-7}$ mol Wassermoleküle zu Hydroniumionen, H_3O^+, und Hydroxidionen, OH^-, umgesetzt. Nach BRÖNSTED wird das als **Autoprotolyse des Wassers** bezeichnet. (Nach ARRHENIUS wird es als elektrolytische Dissoziation des Wassers betrachtet; ↑ 7.2.8.)

Die einzelnen Säuren und Basen unterliegen in unterschiedlichem Maße der Protolyse. Danach werden **starke und schwache Protolyte** unterschieden. (Hier besteht eine Analogie zu den starken und schwachen Oxidationsmitteln bzw. Reduktionsmitteln; ↑ 7.3.2.)

Starke Protolyte (Säuren, Basen) unterliegen in starkem Maße der Protolyse.
Schwache Protolyte (Säuren, Basen) unterliegen in schwachem Maße der Protolyse.

Beispiele:

	S_I	$+ B_{II}$	$\rightleftarrows B_I$	$+ S_{II}$		
sehr starke Säure	HCl	$+ H_2O$	$\rightleftarrows Cl^-$	$+ H_3O^+$	(Salzsäure)
schwache Säure	HCN	$+ H_2O$	$\rightleftarrows CN^-$	$+ H_3O^+$	(Blausäure)
mittelstarke Base	H_2O	$+ NH_3$	$\rightleftarrows OH^-$	$+ NH_4^+$	(Ammoniak)

Die starken Pfeile deuten an, in welcher Richtung das Gleichgewicht verschoben ist.

In den korrespondierenden Säure-Base-Paaren entspricht stets (↑ Tabelle 20)

— einer *starken Säure* eine *schwache Base*,
— einer *mittelstarken Säure* eine *mittelstarke Base*,
— einer *schwachen Säure* eine *starke Base*.

Als Maß für die *Stärke der Protolyte* dient der **pK_S-Wert** (↑ S. 236). In Tabelle 20 sind einige wichtige korrespondierende Säure-Base-Paare mit ihren pK_S-Werten aufgeführt. Dabei stehen *oben* die *starken Säuren* und *unten* die *starken Basen*.

Je höher der pK_S-Wert,

- **um so schwächer ist die Säure und**
- **um so stärker ist die Base**

eines korrespondierenden Säure-Base-Paares.

Zu einer protolytischen Reaktion kommt es dann, wenn das als *Säure* vorliegende Säure-Base-Paar einen *niedrigeren* pK_S-Wert hat als das als *Base* vorliegende Säure-Base-Paar.

Genauer gesagt: Das *chemische Gleichgewicht* (↑ 9.1.) eines protolytischen Systems (Säure-Base-System) liegt

- mehr oder weniger weit auf der *rechten* Seite, wenn das Halbsystem I einen *niedrigeren* pK_S-Wert besitzt als das Halbsystem II (also in Tabelle 20 Halbsystem I *über* Halbsystem II steht),
- mehr oder weniger weit auf der *linken* Seite, wenn das Halbsystem I einen *höheren* pK_S-Wert besitzt als das Halbsystem II (also in Tabelle 20 Halbsystem I *unter* Halbsystem II steht).

Aus der Differenz der pK_S-Werte der beiden Halbsysteme einer Säure-Base-Reaktion läßt sich deren *freie Reaktionsenthalpie* ΔG berechnen (↑ 3.5.).

Tabelle 20. pK_S-Werte wichtiger Säure-Base-Paare

pK_S		Säure	Protonenabgabe →	Base	+	Proton		pK_B
≈ −9	sehr starke Säuren	$HClO_4$	⇄	ClO_4^-	+	H^+	sehr schwache Basen	≈23
≈ −8		HI	⇄	I^-	+	H^+		≈22
≈ −6		HBr	⇄	Br^-	+	H^+		≈20
≈ −6		HCl	⇄	Cl^-	+	H^+		≈20
≈ −3		H_2SO_4	⇄	HSO_4^-	+	H^+		≈17
−1,32		HNO_3	⇄	NO_3	+	H^+		15,32
0		H_3O^+	⇄	H_2O	+	H^+		14
1,92	starke Säuren	HSO_4^-	⇄	SO_4^{2-}	+	H^+	schwache Basen	12,08
1,96		H_2SO_3	⇄	HSO_3^-	+	H^+		12.04
1,96		H_3PO_4	⇄	$H_2PO_4^-$	+	H^+		12,04
2,22		$[Fe(H_2O)_6]^{3+}$	⇄	$[Fe(OH)(H_2O)_5]^{2+}$	+	H^+		11,78
3,14		HF	⇄	F^-	+	H^+		10,86
3,35		HNO_2	⇄	NO_2^-	+	H^+		10,65
3,75		HCOOH	⇄	$HCOO^-$	+	H^+		10,25
4,75	mittelstarke Säuren	CH_3COOH	⇄	CH_3COO^-	+	H^+	mittelstarke Basen	9,25
4,85		$[Al(H_2O)_6]^{3+}$	⇄	$[Al(OH)(H_2O)_5]^{2+}$	+	H^+		9,15
6,52		H_2CO_3	⇄	HCO_3^-	+	H^+		7,48
6,92		H_2S	⇄	HS^-	+	H^+		7,08
7,12		$H_2PO_4^-$	⇄	HPO_4^{2-}	+	H^+		6,88
7,25		HClO	⇄	ClO^-	+	H^+		6 75
9,25	schwache Säuren	NH_4^+	⇄	NH_3	+	H^+	starke Basen	4,75
9,40		HCN	⇄	CN^-	+	H^+		4,60
9,66		H_4SiO_4	⇄	$H_3SiO_4^-$	+	H^+		4,34
9,66		$[Zn(H_2O)_4]^{2+}$	⇄	$[Zn(OH)(H_2O)_3]^+$	+	H^+		4,34
10,40		HCO_3^-	⇄	CO_3^{2-}	+	H^+		3,60
11,62		H_2O_2	⇄	HO_2^-	+	H^+		2,38
11,66		$H_3SiO_4^-$	⇄	$H_2SiO_4^{2-}$	+	H^+		2,34
12,32		HPO_4^{2-}	⇄	PO_4^{3-}	+	H^+		1,68
12,9		HS^-	⇄	S^{2-}	+	H^+		1,1
14	sehr schwache Säuren	H_2O	⇄	OH^-	+	H^+	sehr starke Basen	0
≈23		NH_3	⇄	NH_2^-	+	H^+		≈ −9
≈24		OH^-	⇄	O^{2-}	+	H^+		≈ −10
≈40		H_2	⇄	H^-	+	H^+		≈ −26
pK_S		Säure	← Protonenaufnahme	Base	+	Proton		pK_B

Der pK_S-Wert kann auch als Maß für eine — der Elektronenaffinität (↑ 5.5.2.) analoge — *Protonenaffinität* aufgefaßt werden:

Je höher der pK_S-Wert eines Säure-Base-Paares, um so stärker ist dessen Bestreben, in Richtung der Protonenaufnahme zu reagieren.

Der pK_S-Wert leitet sich wie folgt aus dem *Massenwirkungsgesetz* (↑ 9.4.) ab:
Für die *Protolyse einer Säure*

$$\text{Säure} + H_2O \rightleftarrows \text{Base} + H_3O^+$$

gilt die Massenwirkungsgleichung:

$$\frac{c_{\text{Base}} \cdot c_{H_3O^+}}{c_{\text{Säure}} \cdot c_{H_2O}} = \text{konstant}$$

(Für genaue Berechnungen ist statt der Konzentration die Aktivität einzusetzen; ↑ 7.2.9.)
Da in verdünnten wäßrigen Lösungen praktisch auch die Konzentration des Wassers c_{H_2O} konstant bleibt, wird sie in die Gleichgewichtskonstante K_S, die *Säurekonstante*, einbezogen:

$$\frac{c_{\text{Base}} \cdot c_{H_3O^+}}{c_{\text{Säure}}} = K_S \qquad (1)$$

Für die *Protolyse einer Base* gilt analog:

$$H_2O + \text{Base} \rightleftarrows OH^- + \text{Säure}$$

$$\frac{c_{OH^-} \cdot c_{\text{Säure}}}{c_{H_2O} \cdot c_{\text{Base}}} = \text{konstant}$$

$$\frac{c_{OH^-} \cdot c_{\text{Säure}}}{c_{\text{Base}}} = K_B \quad (\textit{Basekonstante}) \qquad (2)$$

Durch Multiplikation der Gleichungen (1) und (2) kann die Beziehung zwischen der Säurekonstante und der Basekonstante mathematisch erfaßt werden:

$$K_S \cdot K_B = \frac{c_{\text{Base}} \cdot c_{H_3O^+} \cdot c_{OH^-} \cdot c_{\text{Säure}}}{c_{\text{Säure}} \cdot c_{\text{Base}}}$$

$$K_S \cdot K_B = c_{H_3O^+} \cdot c_{OH^-}$$

In dieser durch Kürzen erhaltenen Gleichung steht auf der rechten Seite das *Ionenprodukt des Wassers* K_W, das bei 22 °C 10^{-14} mol²/l² beträgt. Daher ist nach

$$K_S \cdot K_B = K_W; \qquad K_S \cdot K_B = 10^{-14}\ \text{mol}^2/\text{l}^2 \qquad (3)$$

mit der Säurekonstante K_S stets zugleich die Basekonstante K_B gegeben. Analog zum *p*H-Wert (↑ 7.2.8.) wird statt der Säurekonstante (und der Basekonstante) der *pK_S-Wert* verwendet:

Der pK_S-Wert ist der negative dekadische Logarithmus des Zahlenwerts der Säurekonstante K_S.

$$pK_S = -\lg K_S$$

Da mit der Basekonstante ebenso verfahren werden kann, tritt aufgrund der Logarithmengesetze anstelle der Gleichung (3):

$$pK_S + pK_B = 14$$

Mit dem pK_S-Wert eines Säure-Base-Paares ist also stets auch dessen pK_B-Wert gegeben. Es ist üblich, sowohl die Stärke einer Säure als auch die Stärke einer Base mit dem pK_S-Wert zu kennzeichnen. Der pK_S-Wert 7 bildet die Grenze. Für jedes Säure-Base-Paar gilt daher:

$pK_S < 7$: die *Säure* ist *stärker*,

$pK_S > 7$: die *Base* ist *stärker*.

Die Säure-Base-Definition BRÖNSTEDS gestattet es, eine Vielzahl chemischer Reaktionen zu einem einheitlichen Reaktionstyp zusammenzufassen. Dazu gehören vor allem die Reaktionen, die nach ARRHENIUS als *Neutralisation* und *Hydrolyse* behandelt werden (↑ 7.2.7.1. u. 7.2.7.2.).

Beispiel: 1 l 1molare Salzsäure wird mit 1 l 1molarer Natronlauge neutralisiert. Die Salzsäure unterliegt als sehr starke Säure einer fast vollständigen Protolyse:

$$HCl + H_2O \rightleftarrows Cl^- + H_3O^+$$
$$S_I + B_{II} \rightleftarrows B_I + S_{II}$$

Das Natriumhydroxid ist nach BRÖNSTED keine Base, sondern ein *Salz*. Es bildet durch elektrolytische Dissoziation die Base Hydroxidion, OH^-:

$$NaOH \rightleftarrows Na^+ + OH^-$$

Die Hydroniumionen, H_3O^+, der Salzsäure und die Hydroxidionen, OH^-, der Natronlauge vereinigen sich unter Protonenübergang zu Wassermolekülen:

$$H_3O^+ \rightleftarrows H_2O + H^+ \qquad (I)$$
$$H^+ + OH^- \rightleftarrows H_2O \qquad (II)$$

$$H_3O^+ + OH^- \rightleftarrows H_2O + H_2O$$
$$S_I + B_{II} \rightleftarrows B_I + S_{II}$$

Die *Neutralisation* ist also nach BRÖNSTED die Umkehrung der Autoprotolyse des Wassers (↑ S. 233).

Die als *Hydrolyse* (↑ 7.2.7.2.) bekannte Erscheinung, daß die wäßrigen Lösungen vieler Salze nicht neutral, sondern sauer oder basisch reagieren, ist nach BRÖNSTED so zu erklären, daß die Ionen dieser Salze in unterschiedlichem Maße der Protolyse unterliegen.

Beispiele: *Ammoniumchlorid* $NH_4Cl \rightarrow NH_4^+ + Cl^-$

Die Ammoniumionen, NH_4^+, sind eine *schwache Säure* (↑ Tabelle 20), die Chloridionen, Cl^-, sind eine *sehr schwache Base.* Der saure Charakter überwiegt. Die Lösung reagiert *sauer.*

Natriumkarbonat $Na_2CO_3 \rightarrow 2\ Na^+ + CO_3^{2-}$

Die Natriumionen, Na^+, wirken *nicht sauer* (sie bilden mit keiner Base ein Säure-Base-Paar). Die Karbonationen CO_3^{2-} sind eine *mittelstarke Base.* Der basische Charakter überwiegt. Die Lösung reagiert *basisch.*

Aluminiumchlorid $AlCl_3 \rightleftarrows Al^{3+} + 3\ Cl^-$

Die Aluminiumionen haben – im Gegensatz zu den Natriumionen – sauren Charakter, da sie infolge der hohen positiven Ladung und des geringen Radius abstoßend auf die Protonen ihrer Hydrathülle einwirken:

$$\underset{\text{Säure}}{[Al(H_2O)_6]^{3+}} \rightleftarrows \underset{\text{Base}}{[Al(OH)(H_2O)_5]^{2+}} + H^+$$

Die hydratisierten Aluminiumionen sind eine *mittelstarke Säure* (↑ Tabelle 20). Die Chloridionen sind eine *sehr schwache Base.* Der saure Charakter überwiegt. Die Lösung reagiert *sauer.*

Ein besonderer Vorteil der BRÖNSTEDschen Säure-Base-Definition liegt darin, daß sie auch auf *nichtwäßrige Lösungsmittel* anwendbar ist, in denen ein Protonenübergang möglich ist. So kann flüssiges Ammoniak an die Stelle von Wasser treten.

Ammoniak ist wie das Wasser amphoter:

$$NH_4^+ \rightleftarrows NH_3 + H^+ \qquad NH_3 \rightleftarrows NH_2^- + H^+$$

$$S \rightleftarrows B + H^+ \qquad S \rightleftarrows B + H^+$$

In flüssigem Ammoniak verläuft die Protolyse einer Säure wie folgt:

$$HCl + NH_3 \rightleftarrows Cl^- + NH_4^+$$

$$S_I + B_{II} \rightleftarrows B_I + S_{II}$$

Zu dieser Umsetzung kommt es auch im *Gaszustand*, wenn sich Chlorwasserstoff und Ammoniak vermischen. Die Säure-Base-Reaktionen sind also nach BRÖNSTED nicht – wie bei ARRHENIUS – auf Lösungen beschränkt.

8. Elektrochemie

Die Elektrochemie befaßt sich als besonderer Zweig der Chemie mit jenen chemischen Reaktionen, die unter Aufnahme oder Abgabe von elektrischer Energie ablaufen und daher als *elektrochemische Reaktionen* bezeichnet werden.

Bei den elektrochemischen Reaktionen findet eine wechselseitige Umwandlung von — in den Stoffen vorhandener — chemischer Energie und elektrischer Energie statt.

Elektrochemische Reaktionen sind seit Anfang des 19. Jahrhunderts bekannt.

8.1. Geschichtliches

Der italienische Physiker A. VOLTA hatte 1793 die elektrochemische Spannungsreihe der Metalle aufgestellt (↑ 8.2.). Er war dazu angeregt worden durch die zufällige Beobachtung des italienischen Arztes L. GALVANI, daß frische Froschschenkel, die er mit Kupferhaken an ein Eisengitter gehängt hatte, Zuckungen ausführten, sobald sie das Eisengitter berührten. Mittels der 1800 von VOLTA entwickelten ersten brauchbaren Spannungsquelle (VOLTAsche Säule; ↑ 8.4.) gelang es dem schwedischen Chemiker J. J. BERZELIUS 1802, wäßrige Salzlösungen, dem englischen Chemiker H. DAVY 1807, Salzschmelzen elektrolytisch zu zerlegen. Diese elektrochemischen Reaktionen setzten voraus, daß während ihres Ablaufs in den Lösungen und Schmelzen elektrisch geladene Teilchen vorhanden waren.

Der Engländer M. FARADAY, ein Schüler DAVYS, erkannte 1834 die Zusammenhänge zwischen der bei einer elektrochemischen Reaktion abgeschiedenen Stoffmenge und der dafür aufgewandten Elektrizitätsmenge (FARADAYsche Gesetze; ↑ 8.13.). Klarheit über den Charakter der elektrisch geladenen Teilchen konnte aber erst 1884 der schwedische Chemiker S. ARRHENIUS gewinnen. Bei Untersuchungen über das Verhalten von Salzlösungen war festgestellt worden, daß diese stets bedeutend mehr kleinste Teilchen enthielten, als ihrer Konzentration entsprach. ARRHENIUS deutete das so, daß die Salze in ihren Lösungen nicht in Form von Molekülen, sondern in Form kleinerer positiv und negativ elektrisch geladener Teilchen, der *Ionen*, vorliegen (elektrolytische Dissoziation; ↑ 7.2.1.).

Die Ionentheorie stieß zunächst auf Widerspruch, da man sich nicht vorstellen konnte, daß z.B. in einer Kochsalzlösung freie Natriumteilchen und freie Chlorteilchen enthalten seien. Wieso Ionen ganz andere Eigenschaften haben als die ungeladenen Atome, konnte erst begründet werden, nachdem der *Bau der Atome* aufgeklärt und der Zusammenhang zwischen der Besetzung der Elektronenhülle und den chemischen Eigenschaften erkannt worden war. Damit wurde dann zugleich die Herkunft der Ionenladungen aufgeklärt. Die Ionentheorie fand also mit der Erforschung des Atombaus ihre glänzende Bestätigung. Dieses Beispiel zeigt, wie die Menschheit in der *Erkenntnis der objektiven Realität* immer weiter voranschreitet.

8.2. Elektrochemische Spannungsreihe der Metalle

Der Charakter eines Metalls wird weitgehend davon bestimmt, wie leicht es sich *oxidieren*, d.h. in positiv geladene Ionen überführen läßt.

- **Metalle, die sich leicht oxidieren lassen, werden als unedle Metalle bezeichnet.**

Beispiele: Natrium, Aluminium, Eisen

- **Metalle, die sich schwer oxidieren lassen, werden als edle Metalle bezeichnet.**

Beispiele: Kupfer, Silber, Gold

Werden die Metalle nach ihrer *Oxidierbarkeit*, d.h. nach ihrer Tendenz, positiv geladene Ionen zu bilden, geordnet, so ergibt sich die **Spannungsreihe der Metalle** (↑ auch 8.1.):

Cs K Ca Na Mg Al Mn Cr Zn Fe Co Ni Sn Pb [H] Cu Ag Pt Au

unedle Metalle — edle Metalle

chemisch aktiv — chemisch passiv

Tendenz, in den Ionenzustand überzugehen, nimmt ab →

Jedes Metall verdrängt die in der Spannungsreihe rechts von ihm stehenden Metalle aus den Lösungen ihrer Salze.

Beispiel: Auf einem Zinkblech, das in eine Kupferlösung taucht, scheidet sich elementares Kupfer ab, während gleichzeitig Zink in Lösung geht:

$CuSO_4 + Zn \rightarrow ZnSO_4 + Cu$

Es handelt sich um eine Redoxreaktion (↑ 7.3.2.):

$Zn \rightarrow Zn^{2+} + 2\,e^-$ Oxidation

$Cu^{2+} + 2\,e^- \rightarrow Cu$ Reduktion

$Zn + Cu^{2+} \rightarrow Zn^{2+} + Cu$

Das unedle Metall Zink ist in Ionenform in Lösung gegangen, das edle Metall Kupfer, das in Ionenform vorlag, wurde elementar (atomar) abgeschieden.

Solche Redoxreaktionen laufen immer dann ab, wenn ein unedleres Metall in die Lösung eines Salzes eines edleren Metalls taucht, das heißt, wenn

- das *unedlere Metall elementar*,
- das *edlere Metall in Ionenform*

vorliegt. Das unedlere Metall wird dann oxidiert, das edlere Metall reduziert.

unedleres Metall (links stehend)		**edleres Metall** (rechts stehend)
Atom Zn (ungeladen)	Elektronenübergang $\xrightarrow[2e^-]{}$	**Ion** Cu^{2+} (positiv geladen)
wird oxidiert **zum Ion** Zn^{2+} (positiv geladen)		**wird reduziert** **zum Atom** Cu (ungeladen)

Das unedlere Metall wirkt dabei als *Reduktionsmittel*, die Ionen des edleren Metalls wirken als *Oxidationsmittel.* Ob ein bestimmtes Metall (bzw. seine positiv geladenen Ionen) als Reduktionsmittel oder als Oxidationsmittel auftritt, hängt vom *Reaktionspartner* ab.

Beispiel: Kupfer wirkt gegenüber Silberionen als Reduktionsmittel:

$Cu + 2\,Ag^+ \rightarrow Cu^{2+} + 2\,Ag$

Kupfer(II)-ionen wirken gegenüber Zink als Oxidationsmittel:

$Zn + Cu^{2+} \rightarrow Zn^{2+} + Cu$

Allgemein gilt:

Jedes Metall wirkt gegenüber den Ionen aller Metalle, die in der Spannungsreihe *rechts* von ihm stehen, als Reduktionsmittel.

Die Ionen eines Metalls wirken gegenüber allen Metallen, die in der Spannungsreihe *links* von ihm stehen, als Oxidationsmittel.

Von einem *Metallpaar* strebt jeweils das in der Spannungsreihe *links* stehende den *Ionenzustand* an, das in der Spannungsreihe *rechts* stehende den *elementaren Zustand.* Liegt das edlere Metall bereits im elementaren Zustand, das unedlere bereits im Ionenzustand vor, so tritt keine Redoxreaktion ein.

Beispiel: Ein Kupferblech reagiert nicht mit einer Zinksulfatlösung.

Der Wasserstoff wurde in die Spannungsreihe der Metalle aufgenommen, da er – wie alle Metalle – *Kationen* bildet. Was für die Metalle gesagt wurde, kann sinngemäß auch auf den Wasserstoff angewendet werden:

Alle Metalle, die in der Spannungsreihe links vom Wasserstoff stehen, verdrängen den Wasserstoff aus verdünnten Säuren.

Beispiele: $Zn + 2\,H^+ \rightleftarrows Zn^{2+} + H_2\uparrow$

$Fe + 2\,H^+ \rightleftarrows Fe^{2+} + H_2\uparrow$

Dagegen reagiert Kupfer, das rechts vom Wasserstoff steht, nicht mit verdünnten Säuren.

Auch hier handelt es sich um Redoxreaktionen:

Alle Metalle, die in der Spannungsreihe links vom Wasserstoff stehen, wirken gegenüber den Wasserstoffionen als Reduktionsmittel.

Obwohl die Wasserstoffionen, H^+, in wäßrigen Lösungen stets zu Hydroniumionen, H_3O^+, hydratisiert vorliegen, werden solche Reaktionen häufig vereinfacht mit Wasserstoffionen, H^+, formuliert.

8.3. Standardpotentiale

Für die in der Spannungsreihe der Metalle widergespiegelte Tendenz der Metalle, sich oxidieren zu lassen und dabei in positiv elektrisch geladene Ionen überzugehen, gibt es ein Maß, das als **Standardelektrodenpotential** (kurz *Standardpotential*, früher auch *Normalpotential*) bezeichnet wird.

Taucht ein Metall in die wäßrige Lösung eines seiner Salze (z. B. Kupfer in eine Kupfersulfatlösung oder Zink in eine Zinksulfatlösung), so sind zwei einander entgegengesetzte elektrochemische Vorgänge möglich:

- Es können Kationen (↑ 7.2.2.) aus der Salzlösung auf dem Metall als Metallatome abgeschieden werden:

  $$Me^{n+} + n\,e^- \rightarrow Me \qquad (1)$$

  Da zur Entladung dieser Ionen Elektronen erforderlich sind, tritt dabei auf dem Metall ein *Elektronenmangel* ein.

- Es können Metallatome als Kationen in Lösung gehen:

  $$Me \rightarrow Me^{n+} + n\,e^- \qquad (2)$$

  Die frei werdenden Elektronen bleiben auf dem Metall zurück und verursachen hier einen *Elektronenüberschuß.*

Die Tendenz, nach Gleichung (1) zu reagieren, wächst mit zunehmender *Konzentration* der Salzlösung.
Die Tendenz, nach Gleichung (2) zu reagieren, hängt von der *Art des Metalls* ab. Sie ist beim Zink wesentlich größer als beim Kupfer. (Man sagt auch: Zink hat einen größeren *Lösungsdruck* als Kupfer.) Gleiche Konzentration der Lösungen vorausgesetzt, gibt also ein Zinkblech mehr Kationen an die Lösung ab als ein Kupferblech. Dementsprechend bleiben auf dem Zinkblech auch mehr überschüssige Elektronen zurück.

Durch elektrostatische Anziehung zwischen diesen Elektronen und den Kationen werden letztere an der Metalloberfläche zurückgehalten. Es entsteht so eine *elektrochemische Doppelschicht* (↑ Bild 62), an der eine elektrische Spannung (eine Potentialdifferenz) auftritt.

Solche Kombinationen, bei denen ein Metall in eine Elektrolytlösung taucht, sind von grundlegender Bedeutung für die gesamte Elektrochemie. Das Metall wird in diesem Falle als *Elektrode*[1]) bezeichnet.

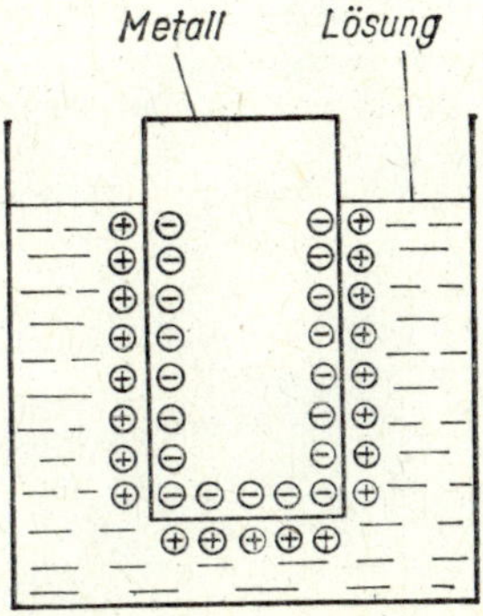

Bild 62. Elektrochemische Doppelschicht

Elektroden sind leitende Körper, an denen der Übergang des elektrischen Stromes zwischen einem Leiter 1. Klasse und einem Leiter 2. Klasse stattfindet.

Leiter 1. Klasse sind alle Metalle und Legierungen, Graphit und metallisch leitende Oxide; die Ladungsträger sind hier Elektronen.

Leiter 2. Klasse sind Schmelzen und Lösungen von Elektrolyten; die Ladungsträger sind hier Ionen.

Eine Kombination **Elektrode/Elektrolyt** (z.B. Kupfer/Kupfersulfatlösung) wird als *Halbelement* bezeichnet, da zwei verschiedene solche Kombinationen ein *galvanisches Element* (↑ 8.4.) ergeben. Die in einem solchen Halbelement, d.h. an der Grenzfläche Elektrode/Elektrolyt, auftretende *Spannung* (hier auch als *Galvanispannung* bezeichnet) läßt sich nicht direkt messen. Dagegen ist es möglich, die *Differenz* zu messen, die zwischen den Spannungen zweier solcher Halbelemente besteht.

[1]) Als Elektroden werden auch leitende Körper bezeichnet, die den Übergang des elektrischen Stromes zwischen einem Metall und einem *Gas* vermitteln; z.B. in Quecksilberdampflampen.

Als Bezugssystem dient dabei nach einem Vorschlag des deutschen Physikochemikers W. Nernst das Halbelement Wasserstoff/Salzsäure, das aufgrund des Elektrodenvorganges

$$H_2 \rightleftarrows 2\,H^+ + 2\,e^-$$

als *Wasserstoffelektrode* bezeichnet wird. Die Wasserstoffelektrode besteht aus einem Platinblech, das in Salzsäure taucht und ständig von gasförmigem Wasserstoff umspült wird. Die Wasserstoffelektrode kann mit Hilfe eines *Stromschlüssels* leitend mit jedem anderen Halbelement

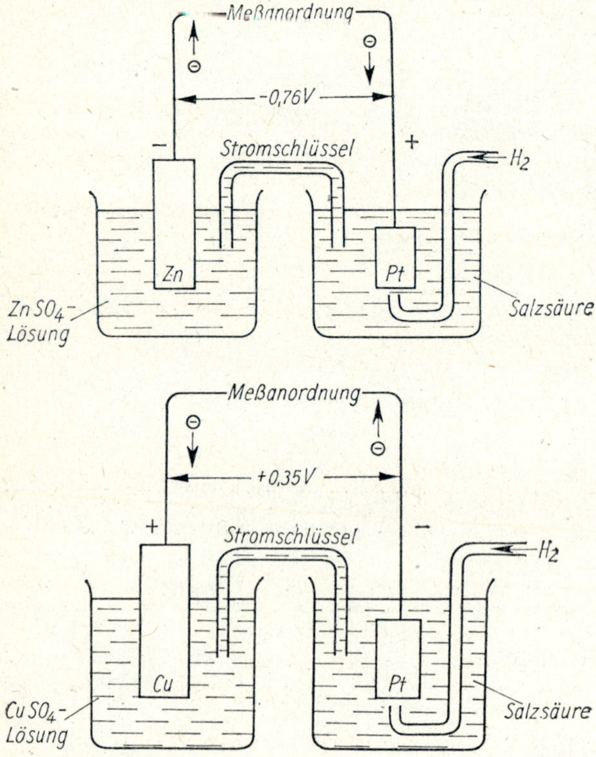

Bild 63. a) Standardpotential des Zinks, b) Standardpotential des Kupfers

verbunden werden (↑ Bild 63). (Als Stromschlüssel dient ein Glasrohr, das mit der Lösung eines Elektrolyten gefüllt ist, dessen Kationen und Anionen annähernd die gleiche Beweglichkeit besitzen, z. B. Kaliumchlorid.) Die Spannung des auf diese Weise entstehenden galvanischen Elements wird – mit Hilfe einer sog. Kompensationsschaltung – in stromlosem Zustand gemessen.
Um zu vergleichbaren Werten für die verschiedenen Metalle zu kommen, muß unter *Standardbedingungen* gearbeitet werden. Als solche wurden festgelegt: Temperatur 25 °C, Druck 101,3 kPa (= 1 atm), Ionenaktivität (wirksame Konzentration; ↑ 7.2.9.) der Kationen 1 mol/l. Bei der als Bezugsbasis dienenden **Standard-Wasserstoffelektrode** beträgt die Wasserstoffionenaktivität a_{H^+} der Salzsäure 1 mol/l und der Druck des Wasserstoffgases 101,3 kPa.

Die Spannung (Potentialdifferenz) zwischen der Standard-Wasserstoffelektrode und einem Halbelement Metall/Salzlösung (unter Standardbedingungen) wird als Standardpotential ε_0 dieses Metalls bezeichnet.
Das Standardpotential der Standard-Wasserstoffelektrode wurde willkürlich auf Null festgesetzt.

Da es sich um Potentialdifferenzen, also um Spannungen handelt, sind die Bezeichnungen *Standardspannung* bzw. *Standardgalvanispannung* konsequenter, sie haben sich aber bisher nicht allgemein durchgesetzt.

Neben dem Symbol ε_0 wird in der Literatur auch E_0 verwendet. Die Null ist der Index für die Standardbedingungen; mitunter wird sie auch hochgestellt (ε^0, E^0), um als Index das Metall angeben zu können, um dessen Standardpotential es sich handelt, z. B. ε^0_{Cu}.
Die ältere Bezeichnung *Normalpotential* bezog sich statt auf die Ionenaktivität auf die Ionenkonzentration 1 mol/l. Standardpotential und Normalpotential werden heute aber zum Teil auch als Synonyme verwendet, zumal der Unterschied nur für genaue Berechnungen bedeutsam ist.
Da Wasserstoffelektroden schwer handhabbar sind und die Standard-Wasserstoffelektrode experimentell gar nicht exakt realisierbar ist, werden die Messungen heute mit anderen Bezugselektroden durchgeführt (z. B. der Kalomelelektrode Hg/Hg_2Cl_2) und dann auf die Standard-Wasserstoffelektrode umgerechnet.

Die **Standardpotentiale** der wichtigsten Metalle sind in Tabelle 21 angegeben. Sie beziehen sich jeweils auf einen bestimmten *Elektrodenvorgang*, z. B. $Cu \rightleftarrows Cu^{2+} + 2\,e^-$.
Je nachdem, ob sich ein Metall gegenüber der Standard-Wasserstoffelektrode *negativ* oder *positiv* auflädt, trägt das Standardpotential dieses Metalls ein *negatives* oder ein *positives* Vorzeichen.

Beispiel: Zwischen dem Halbelement Zink/Zinksulfatlösung (unter Standardbedingungen) und der Standard-Wasserstoffelektrode besteht eine Spannung (Potentialdifferenz) von 0,76 V. Dabei ist das Zink der Minuspol, die Wasserstoffelektrode der Pluspol (↑ Bild 62a). Das Standardpotential des Zinks beträgt also −0,76 V.
Zwischen dem Halbelement Kupfer/Kupfersulfatlösung (unter Standardbedingungen) und der Standard-Wasserstoffelektrode besteht eine Spannung (Potentialdifferenz) von 0,35 V. Dabei ist das Kupfer Pluspol, die Wasserstoffelektrode Minuspol (↑ Bild 62b). Das Standardpotential des Kupfers beträgt also +0,35 V.

Bei den in Tabelle 21 angegebenen Elektrodenvorgängen handelt es sich um *Redoxhalbsysteme* (↑ 7.3.2.), wie sie auch in Tabelle 19 (↑ S. 229) zusammengestellt wurden. Wie dort ersichtlich ist, werden Standardpotentiale heute nicht nur für die Kombination Elektrode/Elektrolyt angegeben, sondern für alle Redoxhalbsysteme, also auch für solche, an denen ein elementares Metall gar nicht beteiligt ist. Die Elektroden-

Tabelle 21. Spannungsreihe der Metalle (mit Standardpotentialen)

Metall/Kation	ε_0 (in V)	Metall/Kation	ε_0 (in V)
Lithium/Li^+	−3,01	Zink/Zn^{2+}	−0,76
Rubidium/Rb^+	−2,98	Eisen/Fe^{2+}	−0,44
Zäsium/Cs^+	−2,92	Kadmium/Cd^{2+}	−0,40
Kalium/K^+	−2,92	Indium/In^{3+}	−0,34
Barium/Ba^{2+}	−2,92	Thallium/Tl^+	−0 34
Strontium/Sr^{2+}	−2,89	Kobalt/Co^{2+}	−0,27
Kalzium/Ca^{2+}	−2,84	Nickel/Ni^{2+}	−0,23
Natrium/Na^+	−2,71	Zinn/Sn^{2+}	−0,14
Magnesium/Mg^{2+}	−2,38	Blei/Pb^{2+}	−0,13
Beryllium/Ba^{2+}	−1,70	Kupfer/Cu^{2+}	+0,34
Aluminium/Al^{3+}	−1,66	Quecksilber/Hg_2^{2+}	+0,80
Titan/Ti^{2+}	−1,63	Silber/Ag^+	+0,80
Mangan/Mn^{2+}	−1,18	Gold/Au^{3+}	+1,42
Chrom/Cr^{2+}	−0,91		

vorgänge sind ein Sonderfall der Redoxreaktionen, der dadurch gekennzeichnet ist, daß Oxidation und Reduktion räumlich voneinander getrennt ablaufen (↑ 8.6.; anodische Oxidation u. katodische Reduktion).

8.4. Galvanische Elemente

Tauchen zwei verschiedene Metalle in eine Elektrolytlösung, so besteht zwischen diesen Metallen eine *elektrische Spannung* (eine Potentialdifferenz). Eine solche Kombination

Metall I/Elektrolytlösung/Metall II

wird als *galvanisches Element* oder als *galvanische Kette* bezeichnet (↑ 8.1.). An die Stelle der Metalle können auch andere Stoffe mit metallischer Leitfähigkeit treten, z. B. Graphit (Kohleelektroden).

Die zwischen den beiden Metallen auftretende *Potentialdifferenz* ist auf die unterschiedliche Tendenz der Metalle zurückzuführen, Kationen an die Elektrolytlösung abzugeben (also auf den unterschiedlichen *Lösungsdruck*; ↑ 8.3.). An jedem der Metalle bildet sich eine elektrochemische Doppelschicht aus (↑ Bild 62), die zunächst ein Abwandern der Kationen in die Lösung verhindert. Werden die beiden Metalle jedoch durch einen metallischen Leiter (*Elektronenleitung*) verbunden, so entsteht, da ja auch die Elektrolytlösung leitfähig ist (*Ionenleitung*), ein elektrischer Stromkreis (Bild 64). Die Richtung des Stromes wird dabei von dem unedleren Metall (von dem Metall mit dem größeren Lösungsdruck) bestimmt, das nun ständig Kationen in die Lösung abgibt, während die frei werdenden Elektronen durch den metallischen Leiter zum edleren Metall wandern. Das edlere Metall wird somit gegenüber der Lösung negativ aufgeladen. Dadurch werden Kationen aus der Lösung elektrostatisch angezogen und durch die Elektronen entladen. An den beiden Metallen laufen also entgegengesetzte elektrochemische Reaktionen ab:

unedleres Metall hoher Lösungsdruck	**edleres Metall** niedriger Lösungsdruck
Oxidation Elektronenabgabe Entstehung von Kationen	**Reduktion** Elektronenaufnahme Entladung von Kationen

Beispiel: Im DANIELL-Element taucht Zink in eine Zinksulfatlösung und Kupfer in eine Kupfersulfatlösung (↑ Bild 65): $Zn/ZnSO_4/CuSO_4/Cu$.
Es handelt sich also um eine galvanische Kette

Metall I/Elektrolytlösung I/Elektrolytlösung II/Metall II.

Sobald der Stromkreis geschlossen ist, laufen folgende Elektrodenvorgänge ab:

$Zn \rightarrow Zn^{2+} + 2\,e^-$ Oxidation

$Cu^{2+} + 2\,e^- \rightarrow Cu$ Reduktion

$Zn + Cu^{2+} \rightarrow Zn^{2+} + Cu$ Redoxreaktion

Jedes galvanische Element setzt sich aus zwei Halbelementen (Redoxpaaren) zusammen, von denen das eine Elektronen abgibt, das andere Elektronen aufnimmt. Dabei entsteht an dem einen Metall *Elektronen-*

überschuß (im Beispiel: Zink), am anderen *Elektronenmangel* (im Beispiel: Kupfer). Dementsprechend wird zwischen *Minuspol* und *Pluspol* eines galvanischen Elements unterschieden.

- **Minuspol ist das unedlere Metall, an dem Elektronenüberschuß herrscht.**
- **Pluspol ist das edlere Metall, an dem Elektronenmangel herrscht.**

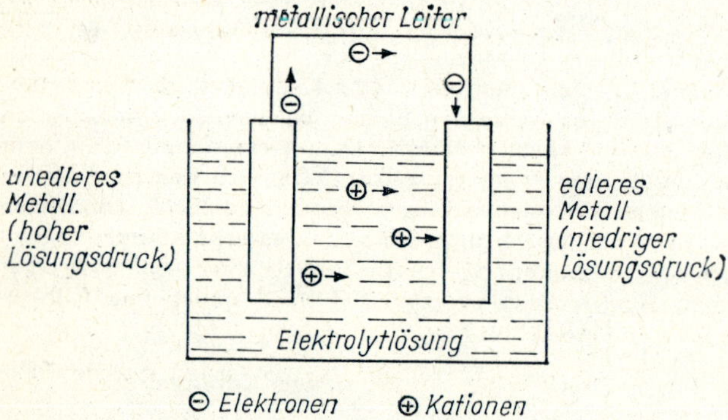

Bild 64. Elektronenleitung und Ionenleitung in einem galvanischen Element

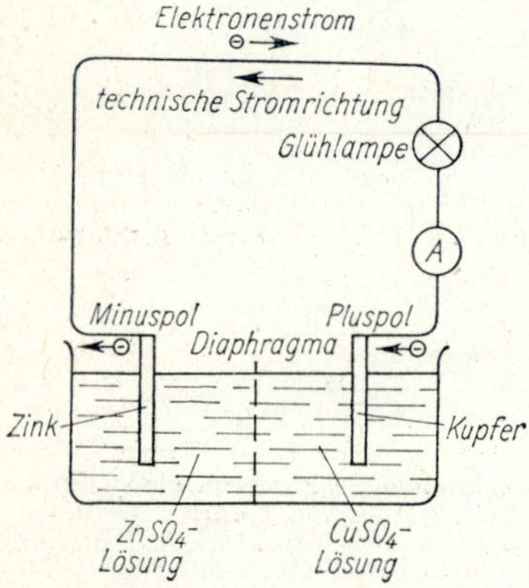

Bild 65. Schematische Darstellung zum DANIELL-Element

Die Elektronen fließen im äußeren Stromkreis vom Minuspol zum Pluspol[1]) (↑ Bild 65).
Von den beiden Metallen eines galvanischen Elements ist — annähernd gleiche Konzentration der Elektrolytlösungen vorausgesetzt — das mit dem *negativeren* Standardpotential der *Minuspol*, das mit dem *positiveren* Standardpotential der *Pluspol.*

Beispiel: In einem galvanischen Element aus Zink und Blei ist *Zink* mit dem Standardpotential −0,76 V der *Minuspol, Blei* mit dem Standardpotential −0,12 V der *Pluspol.* Das Standardpotential des Bleis ist *positiver* als das des Zinks.

Die Spannung eines galvanischen Elements ist um so größer, je mehr sich die beiden Metalle in ihren Standardpotentialen unterscheiden.

Die Spannung, die ein Voltmeter anzeigt, das an die beiden Pole (Klemmen) eines galvanischen Elements angeschlossen ist, wird als **Klemmenspannung** bezeichnet. Diese Klemmenspannung ist — infolge des inneren Widerstandes der Spannungsquelle — geringer als die **Urspannung** (früher als *elektromotorische Kraft*, kurz *EMK*, bezeichnet) dieses Elements, die sich aus den Standardpotentialen der beiden Metalle berechnen und in stromlosem Zustand (mittels einer sog. Kompensationsschaltung) oder nahezu stromlosem Zustand (mittels eines Röhrenvoltmeters) auch messen läßt.

Unter Standardbedingungen (25 °C, 101,3 kPa, Ionenaktivität der Elektrolytlösungen 1 mol/l; ↑ 8.3.) gilt:

Die Urspannung *U* eines galvanischen Elements ist gleich der Differenz zwischen dem Standardpotential des Pluspols und dem Standardpotential des Minuspols:

$$U = \varepsilon^0_{\text{Pluspol}} - \varepsilon^0_{\text{Minuspol}}$$

Es ist also das Standardpotential des unedleren Metalls vom Standardpotential des edleren Metalls zu subtrahieren.

Beispiel: Zwischen Zink und Kupfer, die in Lösungen ihrer Salze mit der Ionenaktivität 1 mol/l tauchen, besteht eine Urspannung von (+0,35 V) − (−0,76 V) = 1,11 V. Eine viel höhere Spannung ergibt sich zwischen

[1]) Die heute noch gebräuchliche *technische Stromrichtung* ist dem Elektronenstrom entgegengesetzt. Das ist historisch dadurch bedingt, daß vom Fließen einer »positiven Elektrizität« ausgegangen wurde, solange die Elektronen als Träger negativer Ladungen noch nicht bekannt waren.

Lithium und Kupfer [(+0,35 V) − (−3,05 V) = 3,4 V], so daß Lithiumelemente heute als Spannungsquellen für Taschenrechner und Armbanduhren Bedeutung erlangt haben.

Von den beiden Metallen eines galvanischen Elements geht, sobald der Stromkreis geschlossen ist, das *unedlere* in Form von Ionen in Lösung und wird dabei allmählich zerstört (↑ 8.5.; elektrochemische Korrosion). Galvanische Elemente haben daher eine sehr begrenzte Lebensdauer.

Galvanische Elemente wirken allein auf Grund ihres Aufbaus als Spannungsquelle. Sie werden daher als *Primärelemente* den *Sekundärelementen* (Akkumulatoren; ↑ 8.12.) gegenübergestellt, die erst durch *Aufladen* zur Spannungsquelle werden, aber auf Grund ihrer Aufladbarkeit eine wesentlich höhere Lebensdauer besitzen.

Bekannte galvanische Elemente sind:

- Das **Volta-Element**, bei dem eine Kupferplatte und eine Zinkplatte in verdünnte Schwefelsäure tauchten. Infolge der dabei an der Kupferplatte eintretenden Wasserstoffabscheidung (↑ Polarisation; 8.12.) hat das VOLTA-Element keine konstante Spannung. Der Italiener VOLTA hatte aber um 1800 als erster beträchtliche Spannungen erzielt, indem er Kupferplatten, Zinkplatten und mit Schwefelsäure getränkte Filzplatten im Wechsel übereinanderschichtete (VOLTA*sche Säule*).

- Das **Daniell-Element**, das 1836 von dem Engländer J. F. DANIELL erfunden wurde, ist eine Weiterentwicklung des VOLTA-Elements. Da die Kupferplatte in eine Kupfersulfatlösung taucht, kommt es hier zur Abscheidung von Kupfer, nicht von Wasserstoff. Die Kupfersulfatlösung befindet sich in einem porösen Tonzylinder, der in ein größeres Gefäß mit Zinksulfatlösung eintaucht (↑ Bild 66). Durch die poröse Scheidewand, ein sog. Diaphragma, wird eine leitende Verbindung zwischen beiden Lösungen gewährleistet. Das DANIELL-Element hat eine Spannung von etwa 1,1 Volt.

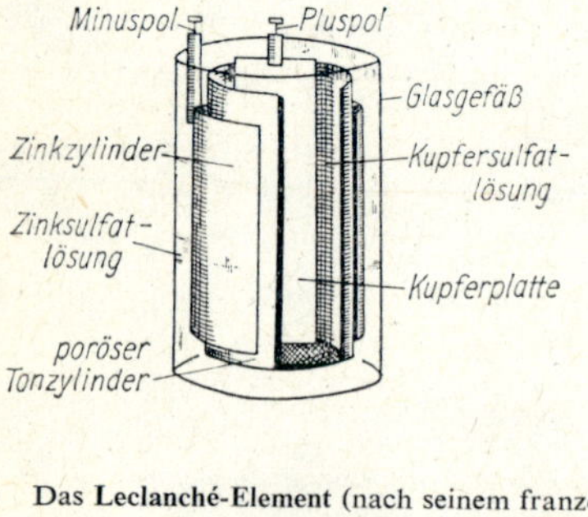

Bild 66. DANIELL-Element (zum Teil im Schnitt)

- Das **Leclanché-Element** (nach seinem französischen Erfinder benannt) hat in seiner modernen Form als sog. *Trockenelement* große praktische Bedeutung für Taschenlampen und netzunabhängige Unterhaltungselektronik. Es handelt sich um die galvanische Kette

$C / NH_4Cl / Zn.$

Pluspol ist *Kohlenstoff* (Graphit), *Minuspol* ist *Zink*, das meist zugleich das Gefäß bildet. Als Elektrolyt dient eine gelatinierte *Ammoniumchloridlösung*. Um die Graphitelektrode befindet sich in einem Gazebeutel Mangan(IV)-oxid (Braunstein), das die Aufgabe hat, den dort entstehenden Wasserstoff zu Wasser zu oxidieren. Die Spannung beträgt etwa 1,5 V.

8.5. Elektrochemische Korrosion

Wird ein Metall von der Oberfläche her durch elektrochemische Reaktionen zerstört, so bezeichnet man das als *elektrochemische Korrosion.*

Elektrochemische Korrosion tritt ein, wenn an die Berührungsstelle zweier verschiedener Metalle eine Elektrolytlösung gelangt.

Die beiden sich berührenden Metalle ergeben zusammen mit der Elektrolytlösung ein **Korrosionselement,** das ist ein *kurzgeschlossenes galvanisches Element.*

Beim *anodischen Vorgang* handelt es sich stets um eine *Oxidation* des *unedleren Metalls*:

$$Me \rightarrow Me^{n+} + n\,e^-$$

Als *katodischer Vorgang* kann dem gegenüberstehen die *Reduktion* von *Sauerstoff*:

$$^1/_2\,O_2 + H_2O + 2\,e^- \rightarrow 2\,OH^- \quad (\textit{Sauerstoffkorrosion})$$

oder die *Reduktion* von *Wasserstoffionen* (Hydroniumionen)

$$2\,H^+ + 2\,e^- \rightarrow H_2 \quad (\textit{Wasserstoffkorrosion})$$

Sauerstoffkorrosion tritt in neutraler oder alkalischer Lösung auf, Wasserstoffkorrosion in saurer Lösung ($pH \leqq 4$).

Bei der elektrochemischen Korrosion wird stets das unedlere Metall zerstört, indem es oxidiert wird.

Beispiel: An der Berührungsstelle von Eisen und Kupfer befindet sich ein Wassertropfen, der Luftsauerstoff enthält (↑ Bild 67). Das Eisen wird zu Eisen(II)-ionen, Fe^{2+}, oxidiert, die in Lösung gehen. Die am Eisen zurückbleibenden Elektronen wandern zum Kupfer und reduzieren hier Sauerstoff zu Hydroxidionen, OH^-:

$$Fe \rightarrow Fe^{2+} + 2\,e^-$$

$$^1/_2\,O_2 + H_2O + 2\,e^- \rightarrow 2\,OH^-$$

$$Fe + {}^1/_2\,O_2 + H_2O \rightarrow Fe^{2+} + 2\,OH^-$$

Es entsteht also Eisen(II)-hydroxid, $Fe(OH)_2$, das unter dem Einfluß von Luft und Wasser Rost bildet, der unter anderem Eisen(III)-oxidhydroxid, FeO(OH), enthält.

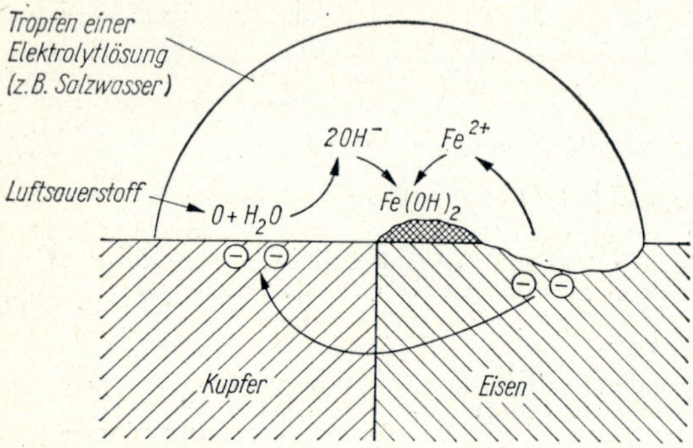

Bild 67. Elektrolytische Korrosion an einer Berührungsstelle von Eisen und Kupfer

Elektrochemische Korrosion droht überall dort, wo sich zwei metallische Leiter berühren. Dazu genügen schon *Fremdeinschlüsse* an der Metalloberfläche (hier bilden sich *Lokalelemente*; das sind kurzgeschlossene galvanische Elemente). Als Elektrolyt reicht bereits der Wasserfilm aus, der sich in der Atmosphäre an jeder Metalloberfläche ausbildet. Die Geschwindigkeit der elektrochemischen Korrosion hängt unter anderem von der Leitfähigkeit des Elektrolyten ab. Hierzu trägt schon das aus der Luft aufgenommene Kohlendioxid bei, das sich im Wasser teilweise zu Kohlensäure umsetzt. Da die Abgase von Industrieanlagen stets etwas Schwefeldioxid enthalten (vor allem aus dem Schwefelgehalt der Kohle), ist infolge der Bildung von Schwefliger Säure

$$H_2O + SO_2 \rightleftarrows 2\,H^+ + SO_3^{2-}$$

die Korrosionsgefahr in Industriegebieten besonders hoch.
Beim **Korrosionsschutz,** dem außerordentlich große volkswirtschaftliche Bedeutung zukommt, sind grundsätzlich drei Möglichkeiten zu unterscheiden:

- **Eine elektrochemische Korrosion wird verhindert, wenn nur gleiche oder elektrochemisch ähnliche Metalle bzw. Legierungen miteinander verbunden werden.**

Das ist aber in der Praxis nicht immer möglich.

- **Eine elektrochemische Korrosion wird verhindert, wenn von der Berührungsstelle zweier verschiedener Metalle Elektrolytlösungen ferngehalten werden.**

Dazu dienen Schutzüberzüge verschiedener Art, vor allem Lacke und metallische Überzüge.

- **Eine elektrochemische Korrosion wird verhindert, indem man ihr auf elektrochemischem Wege entgegenwirkt.**

Das kann geschehen, indem man eine genau bemessene elektrische Spannung anlegt, die dem Korrosionsstrom entgegenwirkt, oder indem man das zu schützende Metall (z. B. Stahl) mit einem unedleren Metall (z. B. Magnesium) leitend verbindet, so daß dieses oxidiert und damit

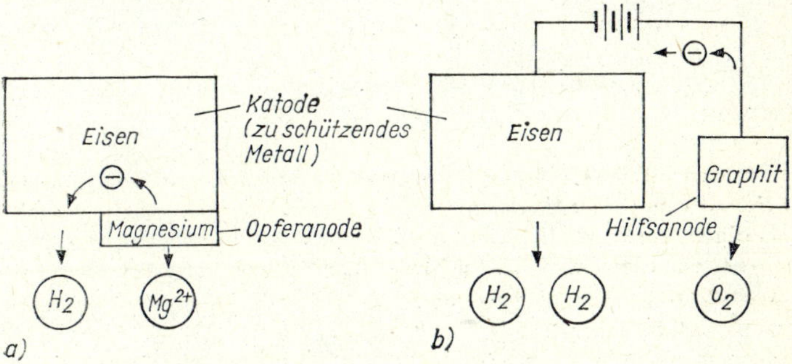

Bild 68. Katodischer Korrosionsschutz

a) mit Opferanode b) mit Fremdspannung

zerstört (sog. Opferanode), das weniger unedle Metall aber geschützt wird. Dieses Verfahren (↑ Bild 68) wird vor allem im Schiffbau und für Rohrleitungen verwendet und als *katodischer Korrosionsschutz* bezeichnet (↑ katodische Reduktion; 8.6.).

8.6. Elektrolyse

Während die Metalle (Leiter 1. Klasse) beim Stromdurchgang unverändert bleiben, ist der Stromdurchgang durch eine Schmelze oder eine Lösung eines Elektrolyten (Leiter 2. Klasse) stets mit *stofflichen Veränderungen* verbunden.

Wird an die Schmelze eines Elektrolyten eine Gleichspannung angelegt, so wandern

- **die Kationen zur Katode,**
- **die Anionen zur Anode**

und werden dort entladen.

Dadurch wird der *Elektrolyt zersetzt.* (Von der Möglichkeit, daß auch Veränderungen an der Anode eintreten, wird hier abgesehen; ↑ 8.8.)

Beispiel: Aus einer Natriumchloridschmelze werden an der (mit dem Minuspol der Spannungsquelle verbundenen) *Katode* die *Natriumionen*, an der (mit dem Pluspol der Spannungsquelle verbundenen) *Anode* die *Chloridionen* entladen:

Katode:		$2\,Na^+ + 2\,e^- \rightleftarrows 2\,Na$	(Reduktion)
Anode:	primär:	$2\,Cl^- \rightleftarrows 2\,Cl + 2\,e^-$	(Oxidation)
	sekundär:	$2\,Cl \rightleftarrows Cl_2$	

(An der Anode folgt auf den *primären* elektrochemischen Vorgang ein *sekundärer* Vorgang, der nicht elektrochemischer Natur ist.) Das Natriumchlorid wird also durch den elektrischen Strom in elementares Natrium und elementares Chlor zerlegt.

Eine solche Zerlegung wird als *Elektrolyse* bezeichnet:

Eine Elektrolyse ist eine unter Ionenentladung ablaufende Zerlegung einer chemischen Verbindung mittels des elektrischen Stromes.

Bei jeder Elektrolyse sind zwei Teilvorgänge zu unterscheiden, der *Katodenvorgang* und der *Anodenvorgang*.

- An der **Katode** werden von den Ionen **Elektronen aufgenommen,** es handelt sich um eine **Reduktion.**
- An der **Anode** werden von den Ionen **Elektronen abgegeben,** es handelt sich um eine **Oxidation.**

Die Elektrolyse ist ein Redoxvorgang, bei dem Oxidation und Reduktion räumlich voneinander getrennt ablaufen.

Die beiden Teilvorgänge einer Elektrolyse werden als

anodische Oxidation und **katodische Reduktion**

bezeichnet.

Die Vorgänge in einer *Elektrolysezelle* sind denen in einem *galvanischen Element* (auch als galvanische Zelle bezeichnet) *entgegengesetzt* (↑ Bild 69).

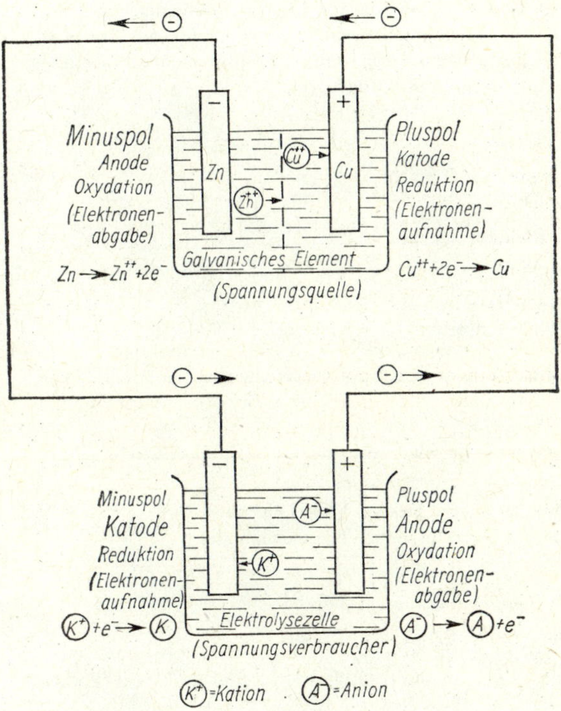

Bild 69. Gegenüberstellung von galvanischem Element und Elektrolysezelle

Das **galvanische Element** ist eine **Spannungsquelle**, es **liefert** elektrischen Strom.
Die **Elektrolysezelle verbraucht** elektrischen Strom.

In einem *galvanischen Element* wird *chemische Energie in elektrische Energie* umgewandelt. Die entstehenden Stoffe sind *energieärmer* als die Ausgangsstoffe.
In einer *Elektrolysezelle* wird *elektrische Energie in chemische Energie* umgewandelt. Die entstehenden Stoffe sind *energiereicher* als die Ausgangsstoffe.
In einem *galvanischen Element* laufen die elektrochemischen Vorgänge — sobald der Stromkreis geschlossen ist — von *selbst* ab. Eine *Elektrolyse* läuft dagegen nur dann ab, wenn eine äußere Spannung angelegt wird, d.h., wenn ein *äußerer Zwang* besteht.

Zu beachten ist:

- Im **galvanischen Element**
  ist Minuspol = Anode Pluspol = Katode
- In der **Elektrolysezelle**
  ist Minuspol = Katode Pluspol = Anode

Die Bezeichnungen **Pluspol** und **Minuspol** beziehen sich stets auf die beiden *Pole einer Spannungsquelle.* Wird bei einer Elektrolysezelle von einem Pluspol und einem Minuspol gesprochen, so bezieht sich das auf die Pole der Spannungsquelle, an die die Elektrolysezelle angeschlossen ist.
Sowohl für galvanische Elemente als auch für Elektrolysezellen gilt:

- **Am Minuspol herrscht stets Elektronenüberschuß.**
- **Am Pluspol herrscht stets Elektronenmangel.**

Die Bezeichnungen **Katode** und **Anode** beziehen sich stets auf die *Richtung des Elektronenstroms in den Elektroden.* Elektroden sind leitende Körper, an denen der Übergang des elektrischen Stromes zwischen einem Leiter 1. Klasse (Metall) und einem Leiter 2. Klasse (Elektrolyt) stattfindet.

- Die **Katode** ist stets der Pol, zu dem der **Elektronenstrom** im Metall **hinfließt.** Die reagierenden Teilchen werden hier (durch Elektronenaufnahme) *reduziert.*
- Die **Anode** ist stets der Pol, von dem der **Elektronenstrom** im Metall **wegfließt.** Die reagierenden Teilchen werden hier (durch Elektronenabgabe) *oxidiert.*

In der *Elektrolysezelle* (↑ Bild 69) findet am Minuspol (Katode) eine Reduktion statt,

Beispiel: $Na^+ + e^- \rightarrow Na$

am Pluspol (Anode) eine Oxidation.

Beispiel: $2\,Cl^- \rightleftarrows Cl_2 + 2\,e^-$

Im *galvanischen Element* (↑ Bild 69) findet am Pluspol (Katode) eine Reduktion statt,

Beispiel: $Cu^{2+} + 2\,e^- \rightleftarrows Cu$

am Minuspol (Anode) eine Oxidation.

Beispiel: $Zn \rightleftarrows Zn^{2+} + 2\,e^-$

8.7. Elektrolyse wäßriger Lösungen

Bei der Elektrolyse wäßriger Lösungen kann außer dem gelösten Elektrolyten auch das *Wasser* an den Elektrodenvorgängen beteiligt sein. Dabei entsteht

- an der **Katode** **Wasserstoff,**
- an der **Anode** **Sauerstoff.**

Das läßt sich am einfachsten so erklären, daß die im Wasser enthaltenen Wasserstoffionen, H^+, (bzw. Hydroniumionen, H_3O^+) zur Katode wandern und dort entladen werden

$$H^+ + e^- \rightarrow H \qquad \text{bzw.} \qquad H_3O^+ + e^- \rightarrow H + H_2O,$$

während die gleichfalls vorhandenen Hydroxidionen, OH^-, zur Anode wandern und dort entladen werden:

$$2\,OH^- \rightarrow O + H_2O + 2\,e^-$$

Der atomare Wasserstoff und der atomare Sauerstoff, die bei diesen Elektrodenvorgängen entstehen, treten in sekundären Vorgängen, die nicht elektrochemischer Natur sind, zu molekularem Wasserstoff und molekularem Sauerstoff zusammen:

$$2\,H \rightarrow H_2 \qquad 2\,O \rightarrow O_2,$$

die gasförmig entweichen. Da bei jeder elektrochemischen Reaktion die Anzahl der abgegebenen und aufgenommenen Elektronen gleich sein muß, ergibt sich folgende Gesamtreaktion:

Katode:	$4\,H^+ + 4\,e^-$	$\rightarrow 2\,H_2\uparrow$	Reduktion
Anode:	$4\,OH^-$	$\rightarrow O_2\uparrow + 2\,H_2O + 4\,e^-$	Oxidation

$$4\,H^+ + 4\,OH^- \rightarrow 2\,H_2\uparrow + O_2\uparrow + 2\,H_2O$$

Da im Wasser und in neutralen wäßrigen Lösungen Wasserstoffionen, H^+, und Hydroxidionen, OH^-, nur in geringer Anzahl (10^{-7} mol/l) enthalten sind, müssen diese ständig durch elektrolytische Dissoziation von Wassermolekülen

$$H_2O \rightleftarrows H^+ + OH^-$$

nachgeliefert werden.

Da aus diesem Gleichgewicht an der Katode ständig Wasserstoffionen, an der Anode ständig Hydroxidionen entzogen werden, kommt es in der Nähe der Katode zu einer Anreicherung von Hydroxidionen, in der Nähe der Anode zu einer Anreicherung von Wasserstoffionen, was mit Hilfe von Lackmusfarbstoff oder anderer Indikatoren nachgewiesen werden kann. Diese Ionen wandern, solange eine Spannung anliegt, in Richtung der entgegengesetzt geladenen Elektroden und vereinigen sich in dem Maße, in dem eine Vermischung eintritt, wieder zu Wassermolekülen.

Bei der elektrolytischen Zerlegung von Wasser in Wasserstoff und Sauerstoff sind aber auch *Wassermoleküle* unmittelbar an Elektrodenvorgängen beteiligt. Es kommt bei hinreichender Spannung zur *katodischen Reduktion* und *anodischen Oxidation* von *Wassermolekülen*:

Katode:	$4\,H_2O + 4\,e^-$	$\rightarrow 2\,H_2\uparrow + 4\,OH^-$	Reduktion
Anode:	$2\,H_2O$	$\rightarrow O_2\uparrow + 4\,H^+ + 4\,e^-$	Oxidation
bzw.	$6\,H_2O$	$\rightarrow O_2\uparrow + 4\,H_3O^+ + 4\,e^-$	Oxidation
	$6\,H_2O$	$\rightarrow 2\,H_2\uparrow + O_2\uparrow + 4\,H^+ + 4\,OH^-$	
bzw.	$10\,H_2O$	$\rightarrow 2\,H_2\uparrow + O_2\uparrow + 4\,H_3O^+ + 4\,OH^-$	

An den Gleichungen ist direkt abzulesen, daß es auch bei diesem Reaktionsmechanismus in der Nähe der Katode zu einer Anreicherung von Hydroxidionen und in der Nähe der Anode zu einer Anreicherung von Wasserstoffionen kommt. Da sich diese Ionen allmählich zu Wassermolekülen vereinigen:

$$H^+ + OH^- \rightarrow H_2O,$$

läuft die Elektrolyse des Wassers auf die Reaktion

$$2\,H_2O \rightarrow 2\,H_2 + O_2$$

hinaus.

Stehen bei einer Elektrolyse für die katodische Reduktion bzw. für die anodische Oxidation *zwei oder mehr Kationen bzw. Anionen* zur Verfügung, so werden jeweils *die Teilchen abgeschieden*, für deren Entladung die *niedrigste Spannung* ausreicht. (Das gilt — wie oben gezeigt — sinngemäß auch für die Wassermoleküle, die sowohl der katodischen Reduktion [zu Wasserstoff] als auch der anodischen Oxidation [zu Sauerstoff] unterliegen können.)

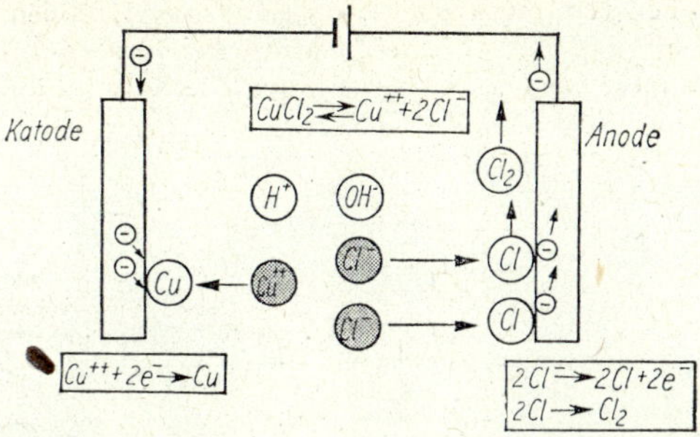

Bild 70. Elektrolyse einer wäßrigen Kupfer(II)-chloridlösung

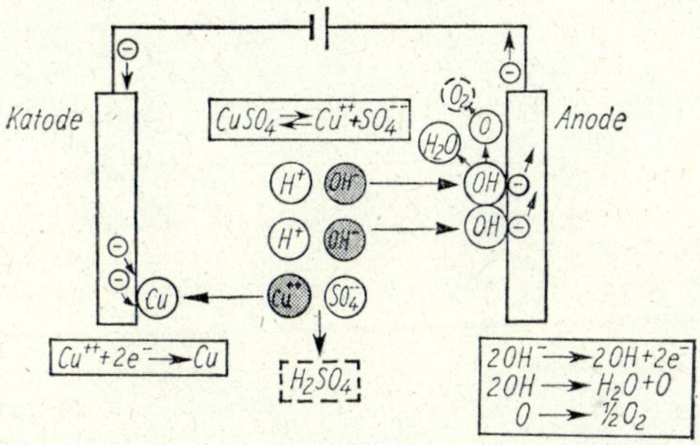

Bild 71. Elektrolyse einer wäßrigen Kupfer(II)-sulfatlösung

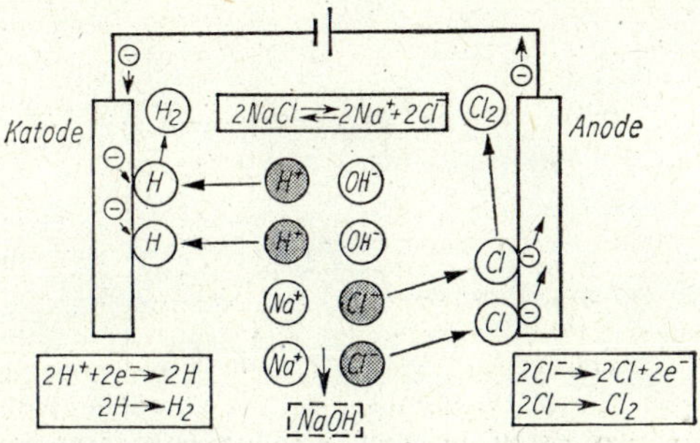

Bild 72. Elektrolyse einer wäßrigen Natriumchloridlösung

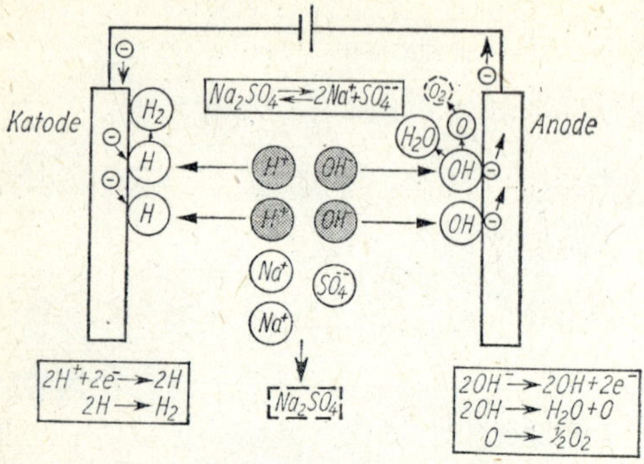

Bild 73. Elektrolyse einer wäßrigen Natriumsulfatlösung

- Für die wichtigsten **Kationen** ergibt sich folgende **Reihe der Entladbarkeit:**

sehr unedle Metalle	**mäßig unedle Metalle**	**edle Metalle**
K^+ Na^+ Mg^{2+} Al^{3+} H^+	Zn^{2+} Fe^{2+} Ni^{2+} Sn^{2+} Pb^{2+}	Cu^{2+} Ag^+ Au^{3+}
schwer entladbar ←	———	→ leicht entladbar
Aus wäßriger Lösung werden abgeschieden:		
nur Wasserstoff	**Metall und Wasserstoff**	**nur Metall**

Über die Stellung des Wasserstoffs in dieser Reihe ↑ 265 und 267.

Die sehr unedlen Metalle lassen sich nur aus der Schmelze oder an Quecksilberelektroden, mit denen sie sofort ein Amalgam bilden, abscheiden.

- Für die wichtigsten **Anionen** ergibt sich folgende **Reihe der Entladbarkeit:**

Komplexe Anionen (SO_4^{2-}, NO_3^- u.a.)	OH^-	Cl^-	Br^-	I^-
schwer entladbar ←				→ leicht entladbar

Aus den beiden Reihen der Entladbarkeit läßt sich ablesen, was aus den wäßrigen Lösungen verschiedener Elektrolyte abgeschieden wird.

Beispiele:

Es werden abgeschieden:	an der Katode	an der Anode
aus Salzsäure, HCl	H_2	Cl_2
aus Schwefelsäure, H_2SO_4	H_2	O_2
aus Salpetersäure, HNO_3	H_2	O_2
aus Natronlauge, NaOH	H_2	O_2
aus Kupferchloridlösung, $CuCl_2$	Cu	Cl_2
aus Kupfersulfatlösung, $CuSO_4$	Cu	O_2
aus Nickelsulfatlösung, $NiSO_4$	Ni + H_2	O_2
aus Natriumchloridlösung, NaCl	H_2	Cl_2
aus Natriumsulfatlösung, Na_2SO_4	H_2	O_2

↑ dazu die Bilder 70 bis 73.

8.8. Elektrolyse mit angreifbarer Anode

Bei einer Elektrolyse können sich an der Anode unterschiedliche Vorgänge abspielen, je nachdem, ob die Anode aus *angreifbarem oder aus unangreifbarem* Material besteht. In den Abschnitten 8.6. und 8.7. wurde stets vorausgesetzt, daß die Anode *unangreifbar* ist. Als unangreifbare Elektroden dienen im Laboratorium vorwiegend *Platinelektroden*, daneben werden auch Iridium, Gold und Tantal verwendet. Weitgehend unangreifbar sind auch *Kohlenstoffelektroden* (Graphitelektroden), die in der chemischen Technik eine wichtige Rolle spielen. (Kohlenstoffelektroden werden nur durch entstehenden Sauerstoff und durch Fluor angegriffen.)

Beispiel: Bei der Schmelzflußelektrolyse von Natriumchlorid bestehen die Anoden aus Graphit. Sie werden durch den Anodenvorgang

$$2\,Cl^- \rightarrow 2\,Cl + 2\,e^-; \qquad 2\,Cl \rightarrow Cl_2$$

nicht angegriffen.

Es gibt aber zahlreiche technisch-chemische Verfahren, die direkt darauf beruhen, daß die Anoden an den elektrochemischen Vorgängen beteiligt sind. Um solche **Elektrolysen mit angreifbaren Anoden** handelt es sich z. B. bei der **Elektroraffination der Metalle.**

Bei der Elektroraffination des *Kupfers* werden Garkupferplatten (99% Cu) als Anoden und Feinkupferbleche als Katoden in eine Kupfersulfatlösung eingehängt. Bei Stromdurchgang laufen folgende Elektrodenvorgänge ab:

Anode: $Cu_{roh} \rightarrow Cu^{2+} + 2\,e^-$ (Oxidation)

Katode: $Cu^{2-} + 2\,e^- \rightarrow Cu_{rein}$ (Reduktion)

An der Anode geht Kupfer in Form von Kupfer(II)-ionen in Lösung (anodische Oxidation), während die gleiche Anzahl Kupfer(II)-ionen aus der Lösung an der Katode elementar abgeschieden wird (katodische Reduktion). (Der Unterschied gegenüber einer Elektrolyse mit unangreifbarer Anode wird deutlich, wenn man bedenkt, daß an dieser Wassermoleküle zu Sauerstoff entladen würden [↑ 8.7.].)

Die *edleren Metalle* (Silber, Gold u.a.) werden bei der Elektroraffination des Kupfers an der Anode *nicht oxidiert* und bleiben daher ungelöst. Sie werden aus dem *Bodenschlamm* der Elektrolysezellen gewonnen. Die unedleren Metalle (Blei, Eisen, Zink u.a.) werden zwar an der Anode oxidiert, aber an der Katode *nicht reduziert*, da zur Entladung ihrer Ionen eine höhere Spannung erforderlich wäre als zur Entladung der Kupferionen. Die unedlen Metalle bleiben also in der Lösung zurück, so daß es gelingt, *Elektrolytkupfer* mit einer Reinheit von 99,97% zu gewinnen.

Bei einer Elektrolyse mit angreifbarer Anode wird

- die **Anode** auch als **Lösungselektrode,**
- die **Katode** auch als **Abscheidungs-** oder **Niederschlagselektrode** bezeichnet.

Auch bei den meisten Verfahren der **Galvanotechnik** wird mit *angreifbaren Anoden* gearbeitet. Die elektrolytische Erzeugung von Metallüberzügen beruht auf *katodischer Reduktion.* Das zu überziehende Werkstück wird als Katode (Abscheidungselektrode) in die Elektrolysezelle eingebracht. Die Anode besteht – von Ausnahmen, z.B. der Verchromung, abgesehen – aus dem Metall, das als Überzug dienen soll. Das hat den Vorteil, daß die Konzentration der Elektrolytlösung annähernd konstant bleibt, da die Anzahl an Metallionen, die an der Katode entladen wird, gleichzeitig an der Anode in Lösung geht.

Beispiel: Beim galvanischen Versilbern besteht die Anode (Lösungselektrode) aus Silber. Das zu versilbernde Werkstück wird als Katode (Abscheidungselektrode) in die Lösung eines Silbersalzes eingehängt. Es laufen folgende Elektrodenvorgänge ab:

Anode: $Ag \rightarrow Ag^+ + e^-$ (Oxidation)

Katode: $Ag^+ + e^- \rightarrow Ag$ (Reduktion)

Das **Aloxidieren** (früher *Eloxieren*; ↑ 342), das zur Erzeugung einer Oxidschutzschicht auf Aluminium angewandt wird, beruht auf *anodischer Oxidation.* Das zu schützende Werkstück wird dazu als Anode in eine geeignete Elektrolytlösung (z.B. verdünnte Schwefelsäure) eingebracht. An den Elektroden erfolgt eine elektrolytische Zersetzung des Wassers (↑ 8.7.). Während der an der Katode entstehende Wasserstoff gasförmig entweicht, reagiert der Sauerstoff mit dem Aluminium der Anode:

$$2\,Al + 3\,O \rightarrow Al_2O_3$$

Auf diese Weise wird die das Metall schützende natürliche Oxidschicht des Aluminiums künstlich verstärkt.

Das **Elysieren** ist ein modernes Verfahren der Metallbearbeitung, insbesondere für schwer spanbare Werkstoffe, wie hochlegierte Stähle und Hartmetalle. Beim Elysieren wird das zu bearbeitende Werkstück an den Pluspol, das Werkzeug an den Minuspol einer Gleichspannungsquelle angeschlossen. Zwischen Werkstück und Werkzeug stellt eine Elektrolytlösung (wäßrige Salzlösungen) eine leitende Verbindung her. Am Werkstück kommt es dann zu einer *anodischen Oxidation*, d.h., das Werkstück ist in diesem elektrochemischen Prozeß *Lösungselektrode*. Am Werkzeug (Katode) wird unter anderem Wasserstoff abgeschieden. Das Elysieren kann die Aufgabe des Bohrens, Schneidens, Drehens, Senkens und Schleifens übernehmen.

8.9. Zersetzungsspannung

Zum Ablauf jeder Elektrolyse ist eine bestimmte Mindestspannung erforderlich, die um so höher liegt, je schwerer sich das beteiligte Kation und das beteiligte Anion entladen lassen. Die Spannung, die mindestens notwendig ist, um einen Elektrolyten mit Hilfe des elektrischen Stromes zu zersetzen, wird als *Zersetzungsspannung* bezeichnet.

Die Zersetzungsspannung ist die Spannung, die mindestens aufgewandt werden muß, um eine Elektrolyse in Gang zu halten.

Die Zersetzungsspannung muß mindestens gleich der Differenz der *Abscheidungspotentiale* des abzuscheidenden Anions ε_A und des abzuscheidenden Kations ε_K sein:

$$\varepsilon_A - \varepsilon_K = \Delta\varepsilon$$

Unter Standardbedingungen (25 °C, 101,3 kPa, Ionenaktivität 1 mol/l) sind die Abscheidungspotentiale den Standardpotentialen gleich. Für Standardbedingungen läßt sich also die Zersetzungsspannung aus den Standardpotentialen errechnen.

Beispiel: Kupferchloridlösung
Standardpotential des Kupfers: +0,35 V
Standardpotential des Chlors: +1,36 V
(+1,36 V) − (+0,35 V) = 1,01 V
Als Zersetzungsspannung für eine Kupferchloridlösung sind also mindestens 1,01 V erforderlich.

In der Praxis ist die Zersetzungsspannung stets *größer* als die Differenz der Abscheidungspotentiale, da jede Elektrolysezelle einen *inneren Widerstand* besitzt. Sehen wir davon ab, so kann (für Standardbedingungen) mit Hilfe der Standardpotentiale ermittelt werden, welches von mehreren Kationen (bzw. Anionen) an der Katode (bzw. Anode) entladen wird.

Beispiel: Eine wäßrige Lösung von Kupferchlorid und Eisen(II)-chlorid wird der Elektrolyse unterworfen. Für das Kupferchlorid ergibt sich eine Zersetzungsspannung von

(+1,36 V) − (+0,35 V) = 1,01 V,

für das Eisen(II)-chlorid eine Zersetzungsspannung von

(+1,36 V) − (−0,44 V) = 1,80 V.

An der Katode wird also Kupfer abgeschieden, da hierfür die niedrigere Zersetzungsspannung ausreicht.

8.10. Elektrodenpotentiale

Die Standardpotentiale gelten nur für Standardbedingungen (25 °C, 101,3 kPa Druck, Ionenaktivität des Elektrolyten 1 mol/l; ↑ 8.3.). Für Lösungen von anderer Konzentration und anderer Temperatur ergeben sich andere Potentiale, die als *Elektrodenpotentiale*, *Einzelpotentiale* oder auch *Realpotentiale* bezeichnet werden. Diese Elektrodenpotentiale ε lassen sich mit Hilfe der NERNSTschen Gleichung aus den Standardpotentialen ε_0 berechnen:

$$\varepsilon = \varepsilon_0 + 1{,}984 \cdot 10^{-4} \frac{T}{z} \lg a$$

In dieser Gleichung und in den folgenden Ausführungen stehen die Formelzeichen für Zahlenwerte, und zwar sind die Zahlenwerte für ε und ε_0 in Volt, für die absolute Temperatur T in Kelvin und für die Ionenaktivität a (wirksame Konzentration; ↑ 7.2.9.) in mol/l anzugeben. z ist die Ionenwertigkeit; bei negativer Ionenwertigkeit erhält auch z einen negativen Zahlenwert.

Die NERNSTsche Gleichung läßt sich vereinfachen, indem aus den Faktoren $1{,}984 \cdot 10^{-4}$ und T ein Produkt gebildet wird. Für einige gangbare Temperaturen hat dieses Produkt folgende Werte:

0 °C: 0,054; 5 °C: 0,055; 10 °C: 0,056; 15 °C: 0,057;
20 °C: 0,058; 25 °C: 0,059; 30 °C: 0,060.

Für Zimmertemperatur (18...22 °C) lautet die *vereinfachte* NERNST*sche Gleichung:*

$$\varepsilon = \varepsilon_0 + \frac{0{,}058}{z} \lg a$$

Beispiel: Welches Elektrodenpotential hat eine Kupferelektrode, die in eine Kupfer-(II)-chloridlösung mit der Ionenaktivität $a = 0{,}001$ taucht?

$$\varepsilon = 0{,}35 + \frac{0{,}058}{2} \lg 0{,}001$$

$$\varepsilon = 0{,}35 + 0{,}029 \cdot (-3)$$

$$\varepsilon = 0{,}35 - 0{,}087$$

$$\varepsilon = 0{,}263$$

Das Elektrodenpotential beträgt 0,263 V.

Da die Elektrodenpotentiale von der Konzentration der Elektrolytlösung abhängig sind, liegt ein galvanisches Element vor, sobald das *gleiche* Metall in Lösungen *unterschiedlicher* Konzentration eintaucht. Ein solches galvanisches Element wird als **Konzentrationselement** oder *Konzentrationskette* bezeichnet:

$$\begin{array}{c}(+)\ \text{Metall / Elektrolyt / Elektrolyt / Metall}\ (-)\\ \qquad a_1 \qquad\qquad a_2\\[6pt] a_1 > a_2\end{array}$$

Auch in diesem Falle kommt es zu einer elektrochemischen Korrosion. Sie kann schon eintreten, wenn das gleiche Metall an verschiedenen Stellen von Lösungen unterschiedlicher Konzentration berührt wird.

Mit Hilfe der NERNSTschen Gleichung läßt sich auch erklären, weshalb der Wasserstoff in der Entladbarkeitsreihe der Kationen (↑ 8.7.) weiter links steht als in der Spannungsreihe der Metalle (↑ 8.1.).

Das Standardpotential des Wasserstoffs, aus dem sich seine Stellung in der Spannungsreihe der Metalle ergibt, ist auf eine Salzsäure mit der Ionenaktivität (wirksamen Ionenkonzentration) 1 mol/l bezogen; das entspricht dem *p*H-Wert 0. Eine wäßrige Salzlösung hat in der Regel, d.h. wenn keine Hydrolyse auftritt, den *p*H-Wert 7. Die Ionenaktivität der Wasserstoffionen ist hier sehr viel geringer; sie beträgt 10^{-7} mol/l. Nach der NERNSTschen Gleichung ist das Elektrodenpotential des Wasserstoffs (bei 25 °C) für eine wäßrige Salzlösung mit dem *p*H-Wert 7 wie folgt zu berechnen:

$$\varepsilon = 0 + \frac{0{,}059}{1} \lg 10^{-7}$$

$$\varepsilon = 0 + 0{,}059 \cdot (-7)$$

$$\varepsilon = -0{,}41$$

Taucht ein Metall in die neutrale wäßrige Lösung eines seiner Salze mit der Ionenaktivität 1 mol/l und der Temperatur 25 °C, so ist das Elektrodenpotential (Realpotential) dieses Metalls gleich dessen Standardpotential und das Elektrodenpotential (Realpotential) des Wasserstoffs −0,41 V. Demnach müssen sich aus solchen wäßrigen Lösungen alle Metalle elektrolytisch abscheiden lassen, deren Standardpotential positiver ist als −0,41 V. Das trifft außer für die Metalle, die in der Spannungsreihe rechts vom Wasserstoff stehen (*Kupfer*, *Silber* usw.), auch für die Metalle *Blei*, *Zinn* und *Nickel* zu, die in der Spannungsreihe links vom Wasserstoff stehen. In einer neutralen Salzlösung wird also – infolge der geringeren Konzentration der Wasserstoffionen – der Wasserstoff in der Spannungsreihe gewissermaßen nach links verschoben.

In der Praxis lassen sich allerdings die in der Spannungsreihe noch weiter links stehenden Metalle *Eisen*, *Chrom* und *Zink* ebenfalls elektrolytisch aus wäßrigen Lösungen abscheiden. Das beruht darauf, daß die in diesem Falle an sich zu erwartende Wasserstoffabscheidung an der Katode durch Überspannungserscheinungen (↑ 8.11.) gehemmt wird.

8.11. Überspannung

Die bei der Elektrolyse an den Elektroden ablaufenden elektrochemischen Reaktionen werden zum Teil durch *langsamer* ablaufende vorangehende oder nachfolgende Vorgänge *gehemmt*. Dabei kann es sich einerseits um Transportvorgänge in den wäßrigen Lösungen (Heranführen der zu oxidierenden bzw. zu reduzierenden Teilchen, Entfernung der Reaktionsprodukte von der Elektrodenoberfläche) handeln. Anderseits können auch vorangehende und nachfolgende Reaktionen eine hemmende Wirkung auf die Elektrodenvorgänge ausüben. So müssen z. B. in wäßrigen Lösungen hydratisiert vorliegende Ionen ihre Hydrathülle abgeben, bevor sie an der Elektrodenoberfläche entladen werden können. Andererseits müssen sich die Atome der elementaren Gase zu Molekülen vereinigen, bevor sie gasförmig entweichen können (z. B. Übergang von atomarem Wasserstoff in molekularen Wasserstoff: $2\,H \rightarrow H_2$).

Diese hemmenden Einflüsse haben zur Folge, daß für die Elektrolyse eine höhere Spannung aufgewandt werden muß als die theoretisch berechnete Potentialdifferenz zwischen dem Anodenvorgang und dem Katodenvorgang. Diese zusätzlich aufzuwendende Spannung wird als **Überspannung** bezeichnet. Meist ist eine auftretende Überspannung auf mehrere der oben genannten Einflüsse zurückzuführen.

Beim Auftreten von Überspannung wird das *Elektrodenpotential einer Katode* nach der Seite der negativeren Werte, das *Elektrodenpotential einer Anode* nach der Seite der positiveren Werte verschoben. Die Differenz der Abscheidungspotentiale und damit die Zersetzungsspannung werden dabei in jedem Falle größer.

Tabelle 22. Überspannungen des Wasserstoffs und des Sauerstoffs an verschiedenen Elektroden (Mindestwerte für geringe Stromdichte)

Wasserstoff		Sauerstoff	
Platin (platiniert)	0 V	Nickel	+0,12 V
Palladium	0 V	Kobalt	+0,13 V
Gold	−0,02 V	Platin (platiniert)	+0,24 V
Platin	−0,08 V	Eisen	+0,24 V
Silber	−0,10 V	Kupfer	+0,25 V
Nickel	−0,14 V	Blei	+0,30 V
Graphit	−0,14 V	Silber	+0,40 V
Eisen	−0,17 V	Kadmium	+0,42 V
Kupfer	−0,19 V	Palladium	+0,42 V
Kadmium	−0,39 V	Platin	+0,44 V
Blei	−0,40 V	Gold	+0,52 V
Zink	−0,48 V		
Quecksilber	−0,57 V		

Praktisch besonders bedeutsam sind die in allen wäßrigen Lösungen auftretenden *Überspannungen des Wasserstoffs und des Sauerstoffs*. Die Höhe der Überspannung ist nicht nur von der Art des Elektrolyten (der zu entladenden Ionen), sondern auch von der Art (und der Oberflächenbeschaffenheit) der Elektrode abhängig. In Tabelle 22 ist die Mindestüberspannung von Wasserstoff und Sauerstoff an einigen Elektroden angegeben.

Die Überspannungserscheinungen sind vielfach unerwünscht, da sie einen erhöhten Verbrauch an Elektroenergie zur Folge haben. Andererseits gelingt es durch geschicktes Ausnutzen der den Überspannungserscheinungen zugrunde liegenden Naturgesetze, verschiedene elektrochemische Verfahren durchzuführen, die ohne Überspannungserscheinungen nicht in der gewünschten Weise ablaufen würden. So ist das galvanische Verchromen nur dadurch möglich, daß neben dem Einfluß der Konzentration (↑ 8.10.) auch die Überspannung des Wasserstoffs ausgenutzt wird. Auf diese Weise gelingt es nicht nur, die Metalle Blei, Zinn und Nickel (↑ 8.7.), sondern auch die Metalle *Eisen*, *Chrom* und *Zink* aus wäßriger Lösung elektrolytisch abzuscheiden (↑ Stellung des Wasserstoffs in der Entladbarkeitsreihe der Kationen; S. 265). Mit Hilfe von Elektroden, an denen der Wasserstoff eine besonders hohe Überspannung zeigt (z. B. Quecksilber), lassen sich sogar noch unedlere Metalle (z. B. Natrium) aus wäßrigen Lösungen abscheiden (↑ Quecksilberverfahren; S. 315).

Die Entladbarkeit von *Anionen* ist in hohem Maße von Überspannungserscheinungen abhängig. Wenn aus einer wäßrigen Natriumchloridlösung Chloridionen, Cl^-, und nicht Hydroxidionen, OH^-, entladen werden sollen, so ist dazu eine relativ hohe Konzentration der Chloridionen erforderlich. Zugleich wird aber die Überspannung des Sauerstoffs genutzt. Diese reicht jedoch nicht aus, um auch Fluoridionen, F^-, ($\varepsilon^0_{F^-} = +2{,}85$ V) aus wäßriger Lösung zu entladen.

8.12. Akkumulatoren

Akkumulatoren sind galvanische Elemente, in denen auf Grund reversibler elektrochemischer Vorgänge elektrische Energie gespeichert und bei Bedarf wieder entnommen werden kann.

Die Akkumulatoren werden als *Sekundärelemente* den *Primärelementen* gegenübergestellt (↑ 8.4.).

Die in eine Elektrolytlösung tauchenden *Elektroden* eines Akkumulators werden *durch Aufladen*, d. h. durch Zufuhr elektrischer Energie, *polarisiert*. Sie besitzen dann unterschiedliche *Potentiale*. (Unter *Polarisation* versteht man jede durch Stromfluß bewirkte Änderung eines Elektrodenpotentials.)

Bei Entnahme von Elektroenergie aus einem Akkumulator geht die Polarisation der Elektroden allmählich zurück. Dieser Vorgang wird als *Entladen* bezeichnet.

Aufladen und Entladen eines Akkumulators sind einander entgegengesetzte elektrochemische Vorgänge.

Beim Aufladen eines Akkumulators wird elektrische Energie in chemische Energie umgewandelt,
beim Entladen umgekehrt chemische Energie in elektrische Energie:

$$\textbf{elektrische Energie} \underset{\text{Entladen}}{\overset{\text{Aufladen}}{\rightleftarrows}} \textbf{chemische Energie}$$

Die Akkumulatoren bieten auf diese Weise die Möglichkeit, elektrische Energie in Form von chemischer Energie zu speichern. Hierauf beruht die Bezeichnung Akkumulator[1]) bzw. Sammler. Die bekanntesten Akkumulatoren sind der Bleiakkumulator (Bleisammler) und der Nickel-Kadmium-Akkumulator.

Beim **Bleiakkumulator** handelt es sich um eine galvanische Kette

$$Pb / H_2SO_4 / PbO_2,$$

bei der die *Bleielektrode* der *Minuspol*, die *Bleidioxidelektrode* der *Pluspol* ist.

Die im Bleiakkumulator ablaufenden chemischen Reaktionen sind recht kompliziert. Die Elektrodenvorgänge beruhen auf dem Übergang zwischen den verschiedenen Wertigkeiten (Oxidationszahlen; ↑ 6.5.3.) des Bleis:

Minuspol: $$Pb^{2+} + 2\,e^- \underset{\text{Entladen}}{\overset{\text{Aufladen}}{\rightleftarrows}} Pb$$

Pluspol: $$Pb^{2+} \underset{\text{Entladen}}{\overset{\text{Aufladen}}{\rightleftarrows}} Pb^{4+} + 2\,e^-$$

Die Gesamtreaktion kann wie folgt wiedergegeben werden:

$$2\,PbSO_4 + 2\,H_2O + \text{Elektroenergie} \underset{\text{Entladen}}{\overset{\text{Aufladen}}{\rightleftarrows}} Pb + PbO_2 + 2\,H_2SO_4$$

Da beim Entladungsvorgang Wasser entsteht, nimmt die Konzentration der Säure mit fortschreitender Entladung des Akkumulators ab. Dadurch kann der Ladungszustand eines Bleiakkumulators kontrolliert werden, indem die Dichte der Säure gemessen wird. (Über den Zusammenhang zwischen Dichte und Konzentration ↑ 2.12.1.)

Beim **Nickel-Kadmium-Akkumulator** handelt es sich um eine galvanische Kette

$$Cd / KOH / Ni(OH)_3,$$

bei der die *Kadmiumelektrode* der *Minuspol*, die *Nickelelektrode* der *Pluspol* ist.

---

[1]) *accumulare* (lat.) anhäufen

Die im Nickel-Kadmium-Akkumulator ablaufenden Elektrodenvorgänge können durch folgende Gesamtgleichung wiedergegeben werden:

$$2\,Ni(OH)_2 + Cd(OH)_2 + \text{Elektroenergie} \underset{\text{Entladen}}{\overset{\text{Aufladen}}{\rightleftarrows}} 2\,Ni(OH)_3 + Cd$$

Neben dem Nickel-Kadmium-Akkumulator gibt es auch einen **Nickel-Eisen-Akkumulator**, bei dem anstelle des Kadmiums Eisen verwendet wird. Da die Gehäuse dieser beiden Akkumulatoren aus vernickeltem Stahlblech bestehen, sind sie auch unter der Bezeichnung *Stahlsammler* bekannt.

8.13. Faradaysche Gesetze

Zwischen der bei einer Elektrolyse aufgewandten *Elektrizitätsmenge* und der *Masse* der an den Elektroden abgeschiedenen Stoffe besteht ein Zusammenhang, der zuerst (1834) von dem englischen Chemiker Michael Faraday erkannt wurde und heute als **Erstes Faradaysches Gesetz** bekannt ist:

Die Masse m des bei einer Elektrolyse an einer Elektrode abgeschiedenen Stoffes ist der Elektrizitätsmenge Q proportional, die durch den Elektrolyten hindurchgegangen ist.

$$m = \ddot{A}_e Q \qquad (1)$$

Wird die Masse m des abgeschiedenen Stoffes in mg, die Elektrizitätsmenge Q in A · s (Amperesekunden, auch als Coulomb bezeichnet) angegeben, so erhält der Proportionalitätsfaktor, der als *elektrochemisches Äquivalent* (Formelzeichen $\ddot{A}_e$) bezeichnet wird, die Einheit mg/(A · s).
Da die *Elektrizitätsmenge* Q das Produkt aus Stromstärke I und Zeit t (Dauer der Elektrolyse) ist:

$$Q = It, \qquad (2)$$

kann das erste Faradaysche Gesetz auch wie folgt formuliert werden:

$$m = \ddot{A}_e It \qquad (3)$$

Das *elektrochemische Äquivalent* ist eine für jedes Ion spezifische Konstante:

Das elektrochemische Äquivalent $Ä_e$ ist der Quotient aus Masse m und aufgewandter Elektrizitätsmenge Q.

$$Ä_e = \frac{m}{Q} \tag{4}$$

Beispiel: Das elektrochemische Äquivalent des Silbers beträgt 1,118 17 mg/(A · s). Das heißt, bei einer Stromstärke von 1 A werden in einer Sekunde aus einer Lösung, die Silberionen, Ag^+, enthält, 1,118 17 mg Silber abgeschieden. (Früher wurde das elektrochemische Äquivalent des Silbers mit einem Wert von 1,118 mg/(A · s) als Grundlage für die Definition des Amperes verwendet.)

FARADAY erkannte weiterhin, daß zwischen den *Massen verschiedener Stoffe*, die von der *gleichen Elektrizitätsmenge* abgeschieden werden, eine bestimmte Beziehung besteht. Diese Erkenntnis ist als **Zweites Faradaysches Gesetz** bekannt. Zu seiner allgemeinsten Formulierung kommt man, wenn statt von der Masse m von der *Stoffmenge n* (↑ 2.5.) ausgegangen wird:

Die von der gleichen Elektrizitätsmenge Q abgeschiedenen Stoffmengen n verschiedener Stoffe sind den Wertigkeiten z dieser Stoffe umgekehrt proportional.

$$n_A : n_B = z_B : z_A \tag{5}$$

Beispiel: Zwei Elektrolysezellen mit wäßrigen Lösungen von Kupfer(II)-sulfat und Silber(I)-nitrat sind in Reihe geschaltet (↑ Bild 74). An den Katoden werden Cu^{2+}-Ionen ($z = 2$) und Ag^+-Ionen ($z = 1$) entladen. Wieviel Mol Kupfer werden von der Elektrizitätsmenge Q abgeschieden, die 1 mol Silber abscheidet?

$$n_{Ag^+} : n_{Cu^{2+}} = z_{Cu^{2+}} : z_{Ag^+}$$

$$n_{Cu^{2+}} = \frac{n_{Ag^+} \cdot z_{Ag^+}}{z_{Cu^{2+}}}$$

$$n_{Cu^{2+}} = \frac{1\ \text{mol} \cdot 1}{2}$$

$$n_{Cu^{2+}} = {}^1/_2\ \text{mol}$$

Es wird $^1/_2$ mol Kupfer abgeschieden.

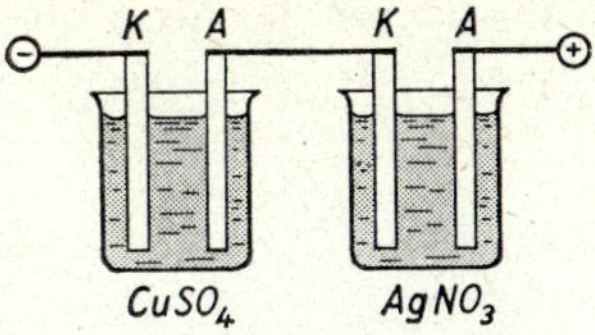

Bild 74. Elektrolyse einer Kupfer(II)-sulfatlösung und einer Silbernitratlösung in Reihenschaltung

Die in Gleichung (5) wiedergegebene Proportion drückt aus, daß 1 mol ($6 \cdot 10^{23}$) Elektronen

1 mol einwertige Ionen,
$^1/_2$ mol zweiwertige Ionen,
$^1/z$ mol z-wertige Ionen

entlädt.

Einfacher quantitativ zu fassen ist das zweite Faradaysche Gesetz, wenn als Einheit der Stoffmenge n das Val (↑ 2.7.) oder anstelle der Stoffmenge n die Äquivalentmenge n_{eq} (↑ 2.7.) verwendet wird:

- Die gleiche Elektrizitätsmenge Q scheidet von verschiedenen Stoffen die *gleiche Stoffmenge n* (*in* val) ab bzw.
- die gleiche Elektrizitätsmenge Q scheidet von verschiedenen Stoffen die *gleiche Äquivalentmenge* n_{eq} (*in* mol) ab.

Beispiel: Beim zweiwertigen Kupfer (und jedem anderen zweiwertigen Ion) entspricht der Stoffmenge $n = {}^1/_2$ mol (voriges Beispiel)

- die Stoffmenge $n = 1$ val bzw.
- die Äquivalentmenge $n_{eq} = 1$ mol.

Auf die *Masse* der abgeschiedenen Stoffe bezogen, lautet das zweite Faradaysche Gesetz:

Die von der gleichen Elektrizitätsmenge Q abgeschiedenen Massen m verschiedener Stoffe verhalten sich zueinander wie die Quotienten aus molarer Masse M und Wertigkeit z.

$$m_A : m_B = \frac{M_A}{z_A} : \frac{M_B}{z_B} \qquad (6)$$

Beispiel: molare Masse $M_{Ag} = 107{,}9$ g/mol; $M_{Cu} = 63{,}55$ g/mol
Wertigkeit $z_{Ag^+} = 1$; $z_{Cu^{2+}} = 2$

$$m_{Ag} : m_{Cu} = \frac{107{,}9\ \text{g/mol}}{1} : \frac{63{,}55\ \text{g/mol}}{2}$$

$$m_{Ag} : m_{Cu} = 107{,}9\ \text{g/mol} : 31{,}775\ \text{g/mol}$$

Gleichung (6) erhält man durch Einsetzen von $n = \frac{m}{M}$ (↑ 2.6.) in Gleichung (5) über

$$\frac{m_A}{M_A} : \frac{m_B}{M_B} = \frac{z_B}{z_A} \quad \text{und} \quad \frac{m_A}{m_B} = \frac{z_B M_A}{z_A M_B}$$

Wird der Quotient aus molarer Masse M und Wertigkeit z als valare Masse M_{val} bezeichnet (↑ 2.7.):

$$\frac{M}{z} = M_{val},$$

so ergibt sich als einfachste Formulierung für das zweite FARADAYsche Gesetz:

Die von der gleichen Elektrizitätsmenge Q abgeschiedenen Massen m verschiedener Stoffe verhalten sich zueinander wie die valaren Massen M_{val} dieser Stoffe.

Beispiel: Silber: $M_{val} = \frac{107{,}9\ \text{g/mol}}{1}$ Kupfer: $M_{val} = \frac{63{,}55\ \text{g/mol}}{2}$

$M_{val} = 107{,}9$ g/val $M_{val} = 31{,}775$ g/mol

$$m_{Ag} : m_{Cu} = 107{,}9\ \text{g/val} : 31{,}775\ \text{g/val}$$

Die *Elektrizitätsmenge* Q, die genau *1* mol *einwertiger Ionen* (oder *1* val *beliebiger Ionen*) entlädt, wurde mit rund 96500 Coulomb (= Amperesekunden) ermittelt. Das ist die Elektrizitätsmenge, die einem Mol ($\approx 6 \cdot 10^{23}$) elektrischer Ladungen (Elementarladungen; ↑ 4.2.) entspricht.

Der Quotient aus Elektrizitätsmenge Q und Stoffmenge (hier besser Objektmenge) n der elektrischen Ladungen ist eine universelle Konstante (d.h. eine von der Art des Stoffes unabhängige Konstante). Sie wird als **Faraday-Konstante F** bezeichnet.

$$\frac{\textbf{Elektrizitätsmenge}}{\textbf{Stoffmenge}} = \textbf{Faraday-Konstante} \qquad \frac{Q}{n} = F$$

Als *Einheit* für die FARADAY-Konstante ergibt sich A · s/mol. Wird statt der Stoffmenge (Objektmenge) der elektrischen Ladungen in **mol** – wie es in der Literatur geschieht – die Stoffmenge des abgeschiedenen Stoffes in **val** angegeben, ist die Einheit A · s/val. Der Zahlenwert ist der gleiche.
Als genauester Wert der FARADAY-Konstante gilt heute:

$$F = 96484{,}56 \text{ A} \cdot \text{s/mol},$$

wobei die beiden Stellen nach dem Komma noch als unsicher gelten. Für einfache chemische Berechnungen werden verwendet:

$$F \approx 96500 \text{ A} \cdot \text{s/mol} \quad \text{oder}$$

$$F \approx 26{,}8 \text{ Ah/mol}.$$

Wird die FARADAY-Konstante F durch die Anzahl der in einem Mol enthaltenen Ionen, also durch die AVOGADRO-Konstante[1] N_A, dividiert, so erhalten wir die Ladung eines einwertigen Ions, also die elektrische Elementarladung e (↑ 4.2.):

$$\frac{\text{FARADAY-Konstante}}{\text{AVOGADRO-Konstante}} = \text{Elementarladung} \qquad \frac{F}{N_A} = e$$

$$\frac{9{,}648456 \cdot 10^4 \text{A s/mol}}{6{,}022045 \cdot 10^{23}\text{/mol}} = 1{,}6021892 \cdot 10^{-19} \text{ A} \cdot \text{s}$$

Das **elektrochemische Äquivalent** eines Stoffes läßt sich mit Hilfe der FARADAY-Konstante aus der molaren Masse M und der Wertigkeit z dieses Stoffes berechnen:

$$\ddot{A}_e = \frac{M}{z \cdot F} \tag{7}$$

Beispiel: Kupfer; molare Masse 63,546 g/mol

$$\ddot{A}_{Cu^+} = \frac{63{,}546 \text{ g/mol}}{1 \cdot 96485 \text{ A} \cdot \text{s/mol}} = 6{,}586 \cdot 10^{-4} \text{ g/(A} \cdot \text{s)}$$

$$\ddot{A}_{Cu^{2+}} = \frac{63{,}546 \text{ g/mol}}{2 \cdot 96485 \text{ A} \cdot \text{s/mol}} = 3{,}293 \cdot 10^{-4} \text{ g/(A} \cdot \text{s)}$$

Für das Kupfer(I)-ion und für das Kupfer(II)-ion ergeben sich also unterschiedliche elektrochemische Äquivalente.

[1]) In der deutschsprachigen Literatur zum Teil als LOSCHMIDT-Konstante bezeichnet; ↑ 2.5.

Durch Einsetzen der Gleichung (7) in Gleichung (3) ergibt sich:

$$m = \frac{MIt}{zF} \tag{8}$$

In dieser Gleichung sind

m Masse des abgeschiedenen Stoffes (g)
M molare Masse dieses Stoffes (g/mol)
I Stromstärke (A)
t Zeit (Dauer der Elektrolyse) (s)
z Wertigkeit (Ladung) des entladenen Ions
F Faraday-Konstante (96485 A · s/mol).

Mit dieser Gleichung lassen sich alle Berechnungen durchführen, die auf den Faradayschen Gesetzen beruhen.

9. Chemisches Gleichgewicht

9.1. Gleichgewichtsreaktionen

Bei chemischen Reaktionen wird im allgemeinen zwischen *Ausgangsstoffen* und *Reaktionsprodukten* unterschieden (↑ 1.9.). Damit verbindet sich die Vorstellung, daß die chemische Reaktion in einer bestimmten Richtung, nämlich von den Ausgangsstoffen zu den Reaktionsprodukten, abläuft. In Wirklichkeit können aber chemische Reaktionen in beiden Richtungen ablaufen.

Chemische Reaktionen sind im Prinzip umkehrbar.

Beispiel: $2\,Hg + O_2 \rightarrow 2\,HgO$

$2\,HgO \rightarrow 2\,Hg + O_2$

Zu einer Gleichung zusammengefaßt:

$2\,Hg + O_2 \rightleftarrows 2\,HgO$

Die Umkehrbarkeit einer chemischen Reaktion wird mit einem *Doppelpfeil* $\rightleftarrows$ gekennzeichnet.

Die beiden einander entgegengesetzten Reaktionen werden als *Hinreaktion* und *Rückreaktion* bezeichnet:

$$\text{Ausgangsstoffe} \underset{\text{Rückreaktion}}{\overset{\text{Hinreaktion}}{\rightleftarrows}} \text{Reaktionsprodukte}$$

Die Bezeichnungen Hinreaktion und Rückreaktion beziehen sich stets auf eine bestimmte Reaktionsgleichung. Dabei verläuft die *Hinreaktion* immer *von links nach rechts*, die *Rückreaktion* immer von *rechts nach links*.

Beispiel: Magnesiumkarbonat, $MgCO_3$, zerfällt beim Erhitzen in Magnesiumoxid und Kohlendioxid. Umgekehrt vereinigt sich Magnesiumoxid, MgO, mit Kohlendioxid leicht zu Magnesiumkarbonat. Je nachdem, von welchem Stoff man ausgeht, ergeben sich dafür die Gleichungen:

$$MgCO_3 \underset{\text{Rückreaktion}}{\overset{\text{Hinreaktion}}{\rightleftarrows}} MgO + CO_2$$

$$MgO + CO_2 \underset{\text{Rückreaktion}}{\overset{\text{Hinreaktion}}{\rightleftarrows}} MgCO_3$$

Da es sich um eine umkehrbare Reaktion handelt, drücken beide Gleichungen das gleiche aus.

Die Richtung, in der eine chemische Reaktion abläuft, hängt von den Reaktionsbedingungen (Temperatur, Druck, Konzentration) ab.

Viele Reaktionen laufen *praktisch nur in einer Richtung* ab, da für den Ablauf in der entgegengesetzten Richtung extreme Reaktionsbedingungen nötig wären. Bei diesen Reaktionen kommt es zu einer vollständigen Umsetzung der Ausgangsstoffe zu den Endprodukten.

Beispiel: Eisen und Schwefel vereinigen sich, wenn sie fein vermischt vorliegen, beim Erhitzen zu Eisensulfid:

$$Fe + S \rightarrow FeS$$

Bei chemischen Reaktionen, die in beiden Richtungen abzulaufen vermögen, kommt es dagegen in der Regel nicht zu einer restlosen Umsetzung. Das trifft vor allem für homogene Systeme (Gasreaktionen, Lösungen) zu.

Beispiel: Ein Gasgemisch aus Stickstoff und Wasserstoff setzt sich unter geeigneten Bedingungen teilweise unter Bildung von Ammoniak um (Hinreaktion):

$$N_2 + 3\,H_2 \underset{\text{Rückreaktion}}{\overset{\text{Hinreaktion}}{\rightleftarrows}} 2\,NH_3$$

Bei 20 MPa ($\approx$200 at) und 400 °C können maximal 36 % Ammoniak im Gasgemisch vorliegen. Bei höherer Temperatur zerfällt das Ammoniak wieder in Stickstoff und Wasserstoff (Rückreaktion).

Hinreaktion und Rückreaktion laufen gleichzeitig ab, sie wirken einander entgegen.

Um diese Abhängigkeit zwischen Hinreaktion und Rückreaktion zu erläutern, bedarf es des Begriffs der Reaktionsgeschwindigkeit. Die **Reaktionsgeschwindigkeit** v ist der Quotient aus der Konzentrationsänderung und der Zeitänderung (Zeitdauer):

$$\text{Reaktionsgeschwindigkeit} = \frac{\text{Konzentrationsänderung}}{\text{Zeitänderung}}$$

Exakt mathematisch auszudrücken ist das durch den Differentialquotienten:

$$v = -\frac{\mathrm{d}c_\mathrm{A}}{\mathrm{d}t} \quad \text{bzw.} \quad v = \frac{\mathrm{d}c_\mathrm{B}}{\mathrm{d}t},$$

in dem c_A die Konzentration eines Ausgangsstoffes, c_B die Konzentration eines Reaktionsproduktes und t die Zeit darstellt.
(Näheres zur Reaktionsgeschwindigkeit ↑ 9.4.1.)

Die Geschwindigkeit einer chemischen Reaktion ist unter anderem abhängig von der Anzahl der zur Verfügung stehenden reagierenden Teilchen. Zu Beginn einer umkehrbaren Reaktion sind nur Teilchen der *Ausgangsstoffe* vorhanden (im vorigen Beispiel: N_2 und H_2). Daher setzt zunächst nur die *Hinreaktion* ein, und zwar mit *relativ hoher Geschwindigkeit*. Sobald sich aber die ersten *Reaktionsprodukte* gebildet haben (im Beispiel: NH_3), beginnt auch schon die *Rückreaktion*, allerdings zunächst mit *sehr geringer Geschwindigkeit*.

Mit fortschreitender Hinreaktion entstehen immer mehr Reaktionsprodukte (NH_3), die für die Rückreaktion zur Verfügung stehen. Damit wird die *Geschwindigkeit der Rückreaktion* immer *größer*. Gleichzeitig nimmt aber die Anzahl der für die Hinreaktion zur Verfügung stehenden Teilchen der Ausgangsstoffe (N_2, H_2) ständig ab. Damit wird auch die *Geschwindigkeit der Hinreaktion* immer *geringer*.

Schließlich wird ein Zustand erreicht, in dem die *Geschwindigkeit der Rückreaktion gleich der Geschwindigkeit der Hinreaktion* ist (↑ Bild 75).

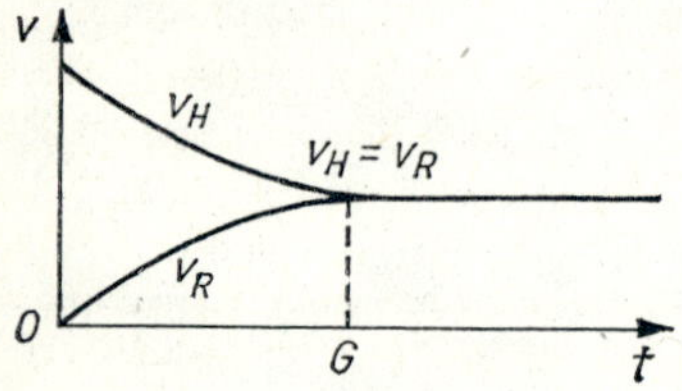

Bild 75. Veränderung der Geschwindigkeit der Hinreaktion und der Geschwindigkeit der Rückreaktion bis zum Erreichen des Gleichgewichtszustandes

Damit ist die Reaktion, von außen betrachtet, zum Stillstand gekommen. Dieser Zustand wird als **Gleichgewichtszustand** bezeichnet.
Da Hinreaktion und Rückreaktion weiterhin ablaufen, handelt es sich um ein *dynamisches Gleichgewicht*. Alle Reaktionen, bei denen sich ein solcher Gleichgewichtszustand einstellt, werden als **Gleichgewichtsreaktionen** bezeichnet.

Bei allen Gleichgewichtsreaktionen nimmt

- **die Geschwindigkeit der Hinreaktion ab,**
- **die Geschwindigkeit der Rückreaktion zu,**

bis beide Geschwindigkeiten gleich sind und damit ein Gleichgewichtszustand erreicht ist.

Das *Konzentrationsverhältnis*, in dem die *Reaktionsteilnehmer* (Ausgangsstoffe und Reaktionsprodukte) im Gleichgewichtszustand vorliegen, wird allgemein als **Lage des Gleichgewichts** bezeichnet.

Beispiel: Im Dissoziationsgleichgewicht der Wassers ist der Anteil der Moleküle, die dissoziiert sind, außerordentlich gering (↑ S. 219). Man sagt daher: Das Gleichgewicht liegt weit auf der Seite der undissoziierten Moleküle. Durch einen starken Pfeil wird das zum Ausdruck gebracht:

$$H_2O \rightleftarrows H^+ + OH^-$$

Wird der gleiche Vorgang als Autoprotolyse des Wassers betrachtet, gilt das sinngemäß:

$$H_2O + H_2O \rightleftarrows H_3O^+ + OH^-$$

Jede chemische Reaktion hat eine andere Lage des Gleichgewichts. Für eine bestimmte Reaktion ist die Lage des Gleichgewichts von den Reaktionsbedingungen (Temperatur, Druck, Konzentration) abhängig.

Beispiel: Bei 400 °C und 20 MPa (≈200 at) stehen 36 Vol.-% Ammoniak, bei 500 °C und 10 MPa (≈100 at) stehen nur 10 Vol.-% Ammoniak mit Stickstoff und Wasserstoff im Gleichgewicht.

Die den jeweiligen Reaktionsbedingungen entsprechende Lage des Gleichgewichts stellt sich unabhängig davon ein, von welchen Reaktionspartnern ausgegangen wurde (↑ Bild 76).

Für die Nutzung der den Gleichgewichtsreaktionen zugrunde liegenden Naturgesetze zur Befriedigung menschlicher Bedürfnisse interessiert nun vor allem, wie durch Änderung der Reaktionsbedingungen die Lage eines chemischen Gleichgewichts in der gewünschten Richtung verschoben werden kann (↑ 9.2. und 9.4.2. bis 9.4.4.).

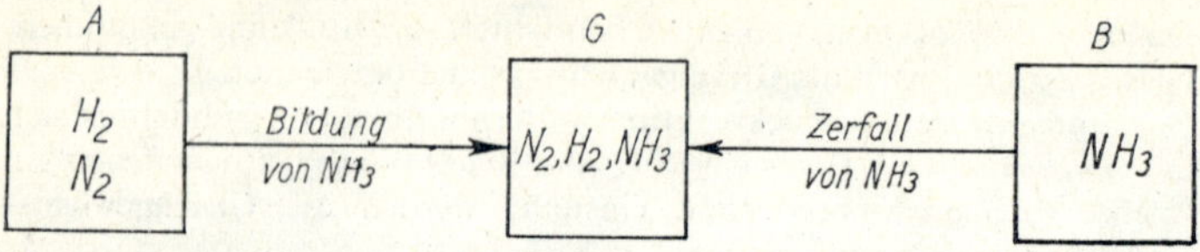

Bild 76. Der Gleichgewichtszustand *G* des Ammoniakgleichgewichtes $N_2 + 3\,H_2 \rightleftarrows 2\,NH_3$ stellt sich sowohl vom Ausgangszustand *A* (Stickstoff-Wasserstoff-Gemisch) als auch vom Ausgangszustand *B* (Ammoniak) her ein

9.2. Prinzip des kleinsten Zwangs

Die Lage eines chemischen Gleichgewichts hängt ab von

- **Temperatur**
- **Druck** und
- **Konzentration.**

Der Einfluß, den diese Faktoren auf die Lage eines chemischen Gleichgewichts ausüben, unterliegt einer allgemeinen Gesetzmäßigkeit, die um 1885 von dem französischen Chemiker LE CHATELIER und dem deutschen Physiker BRAUN erkannt wurde und daher als **Prinzip von le Chatelier und Braun,** oft aber als **Prinzip des kleinsten Zwangs** bekannt ist:

Wird auf ein im Gleichgewichtszustand befindliches System durch Änderung der äußeren Bedingungen ein Zwang ausgeübt, so verschiebt sich die Lage des Gleichgewichts derart, daß der äußere Zwang vermindert wird.

Kurz gesagt:

Ein im Gleichgewicht befindliches System weicht einem äußeren Zwange aus.

9.2.1. Einfluß der Temperatur auf die Lage eines chemischen Gleichgewichts

Alle chemischen Reaktionen sind mit Energieumsetzungen verbunden (↑ Abschn. 3.). Bei jeder Gleichgewichtsreaktion verläuft eine der Teilreaktionen (Hinreaktion, Rückreaktion) *exotherm*, die andere *endotherm.*

Beispiel: Ammoniak-Gleichgewicht

$$N_2 + 3\,H_2 \underset{\text{endotherm}}{\overset{\text{exotherm}}{\rightleftarrows}} 2\,NH_3 \qquad \Delta H_R = -92\ \text{kJ/mol}$$

Für den Einfluß, den eine Temperaturänderung auf die Lage eines chemischen Gleichgewichts ausübt, gelten folgende Beziehungen:

- **Eine Temperaturerhöhung begünstigt die endotherme Reaktion.**

Bei jeder endothermen Reaktion wird Wärme verbraucht. (Kinetische Energie wird in chemische Energie umgewandelt.) Das reagierende System weicht so dem äußeren Zwang der Temperaturerhöhung aus, bis wieder ein Gleichgewichtszustand erreicht ist.

- **Eine Temperaturerniedrigung begünstigt die exotherme Reaktion.**

Bei jeder exothermen Reaktion wird Wärme frei. (Chemische Energie wird in kinetische Energie umgewandelt.) Das reagierende System weicht dem äußeren Zwang der Temperaturerniedrigung aus, bis wieder ein Gleichgewichtszustand erreicht ist.

Beispiel: Im Ammoniak-Gleichgewicht begünstigt eine niedrige Temperatur die Bildung von Ammoniak, eine hohe Temperatur den Zerfall des Ammoniaks. Bei 20 MPa (≈200 at) hängt der Ammoniakgehalt im Gleichgewicht mit Stickstoff und Wasserstoff wie folgt von der Temperatur ab:

300 °C	63 Vol.-% NH_3
400 °C	36 Vol.-% NH_3
500 °C	18 Vol.-% NH_3
600 °C	8 Vol.-% NH_3
700 °C	4 Vol.-% NH_3

Das Gleichgewicht liegt also bei niedrigen Temperaturen auf der Seite des Ammoniaks, bei hohen Temperaturen auf der Seite des Stickstoff-Wasserstoff-Gemischs.

Zum Einfluß der Temperatur auf Gleichgewichtsreaktionen ↑ auch 9.3.1.

9.2.2. Einfluß des Druckes auf die Lage eines chemischen Gleichgewichts

Bei allen Gasreaktionen, bei denen sich das *Volumen ändert*, weil die *Stoffmenge* (in mol) der *Reaktionsprodukte* von der Stoffmenge der *Ausgangsstoffe verschieden* ist, hat auch der *Druck* einen Einfluß auf die Lage des chemischen Gleichgewichts.

- **Durch Druckerhöhung wird das Gleichgewicht nach der Seite der Stoffe mit dem geringeren Volumen verschoben.**
- **Durch Druckverminderung wird das Gleichgewicht nach der Seite der Stoffe mit dem größeren Volumen verschoben.**

In beiden Fällen weicht das reagierende System dem äußeren Zwange aus, bis wieder ein Gleichgewichtszustand erreicht ist.

Beispiel: Bei der Ammoniaksynthese entstehen aus 1 mol Stickstoff und 3 mol Wasserstoff 2 mol Ammoniak:

$$N_2 + 3\,H_2 \rightleftarrows 2\,NH_3$$

Bei vollständiger Umsetzung würden also aus vier Volumenteilen der Ausgangsstoffe zwei Volumenteile des Reaktionsprodukts entstehen. Das Gesamtvolumen würde sich auf die Hälfte vermindern:

$$\boxed{N_2} + \boxed{H_2} + \boxed{H_2} + \boxed{H_2} \rightleftarrows \boxed{NH_3} + \boxed{NH_3}$$

4 Volumenteile — 2 Volumenteile

Je höher der Druck ist, um so mehr wird das Ammoniak-Gleichgewicht in Richtung dieser Volumenverminderung, also in Richtung der Ammoniakbildung, verschoben. Bei 400 °C hängt der Ammoniakgehalt im Gleichgewicht mit Stickstoff und Wasserstoff wie folgt vom Druck ab:

0,1 MPa	($\approx$1 at)	$\approx$ 0,4 Vol.-% NH_3
10 MPa	($\approx$100 at)	$\approx$ 26 Vol.-% NH_3
20 MPa	($\approx$200 at)	$\approx$ 36 Vol.-% NH_3
30 MPa	($\approx$300 at)	$\approx$ 46 Vol.-% NH_3
60 MPa	($\approx$600 at)	$\approx$ 66 Vol.-% NH_3
100 MPa	($\approx$1 000 at)	$\approx$ 80 Vol.-% NH_3

Das Gleichgewicht liegt also bei hohen Drücken auf der Seite des Ammoniaks, bei niedrigen Drücken auf der Seite des Stickstoff-Wasserstoff-Gemischs.

Zum Einfluß des Druckes auf Gleichgewichtsreaktionen ↑ auch 9.4.4.

9.2.3. Einfluß der Konzentration auf die Lage eines chemischen Gleichgewichts

Auch durch Veränderung von Konzentrationen der Reaktionspartner kann die Lage eines chemischen Gleichgewichts verändert werden.

- **Wird die Konzentration eines Ausgangsstoffes erhöht, so wird das Gleichgewicht in Richtung zu den Reaktionsprodukten verschoben.**

Das hat zur Folge, daß der *andere* Ausgangsstoff (bzw. die anderen Ausgangsstoffe) *weitgehend verbraucht* wird (werden).

Beispiel: Beim Schwefelsäure-Kontaktverfahren kommt es auf eine möglichst weitgehende Umsetzung des Schwefeldioxids zu Schwefeltrioxid an:

$$2\,SO_2 + O_2 \rightleftarrows 2\,SO_3$$

Einerseits erhöht das die Ausbeute an Schwefelsäure, andererseits belastet Schwefeldioxid, das mit den Abgasen entweicht, außerordentlich die Umwelt. Es wird daher mit einem Überschuß von sauerstoffangereicherter Luft gearbeitet, was für die vorstehende Gleichgewichtsreaktion auf eine Erhöhung der Konzentration des Sauerstoffs hinausläuft. In der chemischen Produktion werden solche Einflüsse der Konzentrationsverhältnisse vielfältig genutzt.

- **Wird die Konzentration eines Reaktionsprodukts erhöht, so wird das Gleichgewicht in Richtung zu den Ausgangsstoffen verschoben.**

Beispiel: Dissoziationsgleichgewicht des Kupfer(II)-chlorids in wäßriger Lösung:

$$\underset{\text{gelbbraun}}{CuCl_2} \rightleftarrows \underset{\text{grün}}{Cu^{2+} + 2\,Cl^-}$$

Wird einer konzentrierten Kupfer(II)-chloridlösung konzentrierte Salzsäure zugesetzt, so erhöht sich die Konzentration der Chloridionen. Dadurch wird die Dissoziation zurückgedrängt, was sich in zunehmender Gelbfärbung der ursprünglich grünen Lösung zeigt.

Zum Einfluß der Konzentration auf Gleichgewichtsreaktionen ↑ auch 9.4.3., 9.5.1. u. 9.5.2.

9.3. Einflüsse auf die Geschwindigkeit von Gleichgewichtsreaktionen

Bei den Gleichgewichtsreaktionen vergeht eine unterschiedlich lange Zeit, bis sich der Gleichgewichtszustand eingestellt hat. Bei Ionenreaktionen geschieht das praktisch momentan. Bei Gasreaktionen und allgemein bei Reaktionen der organischen Chemie vergehen beträchtliche Zeiten, bis der Gleichgewichtszustand erreicht ist. Es gibt aber auch Reaktionen, bei denen sich der Gleichgewichtszustand bei 20 °C nie einstellt.

Beispiel: Zwischen Wasserstoff und Sauerstoff einerseits und Wasser andererseits besteht ein chemisches Gleichgewicht, das bei Zimmertemperatur weit auf der Seite des Wassers liegt:

$$2\,H_2 + O_2 \rightleftarrows 2\,H_2O; \qquad \Delta H_R = -573\ \text{kJ/mol}$$

Deshalb kommt es nicht zu einem Zerfall von Wasser in Wasserstoff und Sauerstoff. Umgekehrt setzt sich aber auch ein Gemisch aus Wasserstoff und Sauerstoff bei 20 °C selbst im Verlauf von Jahren nicht zu Wasser um, da die Reaktionsgeschwindigkeit hierfür extrem gering ist.

Durch zwei Faktoren kann erreicht werden, daß sich ein chemisches Gleichgewicht beschleunigt einstellt:

- durch **Temperaturerhöhung** und
- durch **Katalysatoren.**

9.3.1. Einfluß der Temperatur auf die Geschwindigkeit, mit der sich der Gleichgewichtszustand einstellt

Für den Einfluß der Temperatur auf chemische Reaktionen gilt allgemein:

Chemische Reaktionen verlaufen bei höheren Temperaturen schneller als bei niedrigen Temperaturen.

Für den Zusammenhang zwischen *Temperatur* und *Reaktionsgeschwindigkeit* gilt als grobe Regel:
Eine Temperaturerhöhung um 10 Kelvin (früher Grad) beschleunigt die Geschwindigkeit einer Reaktion auf das Doppelte.
Die *Temperatur* ist ein Maß für die *kinetische Energie* (Bewegungsenergie) der kleinsten Teilchen (Atome, Moleküle, Ionen) der Stoffe. Je rascher sich die Teilchen bewegen, um so häufiger stoßen sie mit anderen Teilchen zusammen, mit denen sie reagieren können.

Die Bewegungsenergie der Teilchen nimmt mit abnehmender Temperatur ab. Beim absoluten Nullpunkt (0 K $\triangleq$ −273,15 °C) würde die Bewegung der Teilchen ganz aufhören, so daß dann auch keinerlei chemische Reaktionen mehr abliefen. Der absolute Nullpunkt ist aber nicht erreichbar; es ist nur eine asymptotische (unendliche) Annäherung an den absoluten Nullpunkt möglich.

Für *Gleichgewichtsreaktionen* gilt:

Je höher die Temperatur, um so schneller wird der Gleichgewichtszustand erreicht.

Zu beachten ist, daß die Temperatur gleichzeitig auf die *Lage des Gleichgewichts* einwirkt (↑ 9.2.1.): Eine *Temperaturerhöhung* bewirkt nicht nur, daß sich das Gleichgewicht schneller einstellt, sie *verschiebt* gleichzeitig die *Lage des Gleichgewichts in Richtung der endothermen Reaktion.*

Beispiele: Bei vielen technisch genutzten Gleichgewichtsreaktionen ist die Hinreaktion *exotherm:*

$N_2 + 3\,H_2 \rightleftarrows 2\,NH_3 \qquad \Delta H_R = -\ 92$ kJ/mol

$2\,SO_2 + O_2 \rightleftarrows 2\,SO_3 \qquad \Delta H_R = -184$ kJ/mol

Der erwünschte Einfluß der Temperaturerhöhung (Erhöhung der Reaktionsgeschwindigkeit) ist hier untrennbar mit einem unerwünschten Einfluß (Verschlechterung der Gleichgewichtslage; Verschiebung in Richtung der Ausgangsstoffe) verbunden. In solchen Fällen wird eine mittlere Temperatur gewählt, bei der die Reaktionsgeschwindigkeit hinreichend, die Gleichgewichtslage aber noch nicht allzu ungünstig ist. Vielfach gelingt es aber nur mit Hilfe von Katalysatoren (↑ 9.3.2.), solche Verfahren wirtschaftlich zu gestalten.

9.3.2. Einfluß von Katalysatoren auf die Geschwindigkeit, mit der sich der Gleichgewichtszustand einstellt

Viele technisch-chemische Reaktionen lassen sich nur mit Hilfe von *Katalysatoren* wirtschaftlich durchführen.

Katalysatoren sind Stoffe, die die Geschwindigkeit einer chemischen Reaktion erhöhen und dadurch bewirken, daß sich das chemische Gleichgewicht schneller einstellt.

Die Katalysatoren werden dabei nicht verbraucht.

Der von den Katalysatoren ausgelöste Vorgang wird als **Katalyse** bezeichnet.

Die Katalysatoren beeinflussen – im Gegensatz zur Temperatur – die *Lage* des chemischen Gleichgewichts *nicht.* Auf ein bereits im Gleichgewichtszustand befindliches System übt ein Katalysator *keinen* Einfluß aus, da er Hinreaktion und Rückreaktion gleichermaßen beschleunigt.

Durch einen geeigneten Katalysator wird die *Temperatur*, bei der eine chemische Reaktion mit *hinreichender Geschwindigkeit abläuft*, *herabgesetzt*. Dadurch können auch exotherme Reaktionen bei einer verhältnismäßig günstigen Gleichgewichtslage durchgeführt werden (↑ voriges Beispiel). Der Einsatz von Katalysatoren kann auch dadurch notwendig werden, daß Reaktionsteilnehmer gegenüber höheren Temperaturen empfindlich sind.

Beispiele für großtechnische Verfahren, die mit Hilfe von Katalysatoren durchgeführt werden:
Ammoniaksynthese (↑ 15.2.3.)
Ammoniakoxidation (↑ 15.2.6.)
Schwefelsäure-Kontaktverfahren (↑ 16.3.7.)
Hochdruckhydrierung von Erdöl und Teer (↑ 29.1.4.)

Polyäthylensynthese (↑ 41.1.4.1.)
Butadien-Gewinnung für Synthesekautschuk (↑ 29.2.3.)
Fetthärtung (↑ 34.6.)

Bei den *Katalysatoren* handelt es sich um Stoffe von sehr unterschiedlichem Charakter: Metalle, Metalloxide, Nichtmetalloxide, Basen, Säuren, aber auch organische Stoffe. Besonders gute katalytische Wirkungen zeigen bestimmte Stoffgemenge (sog. *Mischkatalysatoren*).

Viele Katalysatoren besitzen eine *spezifische* Wirkung, d.h., sie beschleunigen nur eine ganz bestimmte chemische Reaktion. Dadurch wird verhütet, daß unerwünschte Nebenreaktionen gleichfalls beschleunigt werden. Andererseits ist es möglich, mit Hilfe verschiedener Katalysatoren aus den gleichen Ausgangsstoffen verschiedene Reaktionsprodukte zu gewinnen, indem von mehreren möglichen Reaktionen jeweils eine andere beschleunigt wird (z.B. entstehen aus Wassergas mit *Kobaltoxid* Kohlenwasserstoffe, mit *Zinkoxid* und *Chromoxid* Methanol).

Nach den *Aggregatzuständen*, in denen die reagierenden Stoffe und der Katalysator vorliegen, wird unterschieden:

- **Homogene Katalyse**

  Der Katalysator bildet mit den reagierenden Stoffen ein homogenes Gemenge (Gasgemenge, Lösung).

- **Heterogene Katalyse**

  Reaktionsgemenge und Katalysator bilden verschiedene Phasen. Die Katalyse findet an einer *Phasengrenzfläche* statt.

Die wichtigste Art der heterogenen Katalyse ist die *Kontaktkatalyse*, bei der das (gasförmige oder flüssige) Reaktionsgemisch über einen fest angeordneten Katalysator strömt. Die Reaktionsbeschleunigung erfolgt hier bei der Berührung des Reaktionsgemischs mit der Oberfläche des Katalysators, der daher in diesem Falle auch als *Kontakt* bezeichnet wird.

Die *Wirkungsweise* der Katalysatoren ist sehr unterschiedlich. Es gibt Katalysatoren, die mit den Stoffen, deren Reaktion sie beschleunigen, *Zwischenprodukte* bilden. Nach der Reaktion liegen diese Katalysatoren wieder in ihrer ursprünglichen Form vor. Mitunter übertragen die Katalysatoren einen anderen Stoff auf das reagierende System (z.B. Sauerstoff beim Schwefelsäure-Kontaktverfahren). Vielfach beruht aber die katalytische Wirkung eines Stoffes weniger auf dessen chemischen Eigenschaften als vielmehr auf dessen Oberflächenbeschaffenheit. Dabei können sowohl besondere Kristallstrukturen als auch an der Oberfläche auftretende freie Valenzen (Wertigkeiten) wirksam sein.

Auch in den Stoffwechselvorgängen der lebenden Organismen spielen Katalysatoren, die in diesem Falle als *Biokatalysatoren* bezeichnet werden, eine wichtige Rolle. Dabei handelt es sich um die *Enzyme*[1]) (auch Fermente genannt), *Vitamine* und *Hormone*.

---

[1]) *fermentum* (lat.) Sauerteig; *zyme* (grch.) Sauerteig, *en* (grch.) in. Die Bezeichnungen Ferment und Enzym sind also gleichbedeutend. Die Wirkung von Sauerteig und Hefe beruht auf dem Vorhandensein solcher Biokatalysatoren.

Neben der positiven Katalyse, durch die Reaktionen beschleunigt werden, gibt es auch die **negative Katalyse** oder *Antikatalyse*, durch die der Ablauf einer Reaktion gehemmt wird. Stoffe, die bestimmte Reaktionen hemmen, werden als *Inhibitoren*[2]), *Antikatalysatoren*, *Passivatoren* oder *Stabilisatoren* bezeichnet. Die Inhibitoren sind in ihrer Wirkungsweise ähnlich vielfältig wie die Katalysatoren. Beispiele: *Korrosionsinhibitoren* bilden auf der behandelten Metalloberfläche teils durch Adsorption, teils durch chemische Reaktion äußerst dünne Schutzschichten. *Oxidationsinhibitoren* hemmen die Oxidation von Fetten und Schmierölen. *Stabilisatoren* verhindern den vorzeitigen Zerfall wenig beständiger (metastabiler) Substanzen und gewährleisten für zahlreiche technisch-chemische Produkte (z. B. Anstrichstoffe) überhaupt erst die notwendige Lagerfähigkeit.

9.4. Massenwirkungsgesetz

Die *quantitative* Behandlung von *Gleichgewichtsreaktionen* wird durch eine Gesetzmäßigkeit ermöglicht, die 1867 von dem norwegischen Chemiker WAAGE und dem norwegischen Mathematiker GULDBERG erkannt und als Massenwirkungsgesetz bezeichnet wurde.

Die chemische Wirkung eines Stoffes ist seiner aktiven Masse proportional.

Unter *aktiver Masse* verstanden GULDBERG und WAAGE die Konzentration, also den Quotienten aus Masse und Volumen; man sagt auch: die Masse je Volumeneinheit. Sie haben damit das vorweggenommen, was wir heute unter *Aktivität*, d. h. *wirksamer Konzentration*, verstehen (↑ 7.2.9.). Bei sehr geringen Konzentrationen ist die wirksame Konzentration praktisch gleich der tatsächlichen. Bei der Ableitung des Massenwirkungsgesetzes wird daher meist von den Konzentrationen ausgegangen, während für genaue Berechnungen die Aktivitäten eingesetzt werden müssen.

In moderner Formulierung lautet das **Massenwirkungsgesetz** (oft kurz als **MWG** bezeichnet):

Eine chemische Reaktion befindet sich im Gleichgewichtszustand, wenn der Quotient aus

- **dem Produkt der Konzentrationen der Reaktionsprodukte und**
- **dem Produkt der Konzentrationen der Ausgangsstoffe**

einen für diese Reaktion charakteristischen – bei gegebener Temperatur konstanten – Wert erreicht hat.

Für Reaktionen vom Typ

$$A + B \rightleftarrows C + D, \qquad (1)$$

das heißt für Reaktionen, bei denen aus je einem Mol zweier Ausgangsstoffe je ein Mol zweier Reaktionprodukte entstehen, gilt für das

[2]) *inhibere* (lat.) anhalten, hemmen

Massenwirkungsgesetz folgende mathematische Formulierung (sog. Massenwirkungsgleichung):

$$\frac{c_C\, c_D}{c_A\, c_B} = K_c \quad \text{bzw.} \quad \frac{a_C a_D}{a_A a_B} = K_a \tag{2}$$

Im Abschnitt 9.4.1. wird für diese Gleichung eine kinetische Ableitung gegeben. Mittels der Massenwirkungsgleichungen auszuführende Berechnungen sind aber nicht von dieser kinetischen Ableitung abhängig, die in vielen Fällen gar nicht möglich ist.

In Gleichung (2) sind c die Konzentrationen (a die Aktivitäten) der als Index angeführten Stoffe und K_c bzw. K_a die **Gleichgewichtskonstanten.** (Soweit keine Verwechslung möglich ist, kann dafür auch nur K geschrieben werden.) Zum Teil wird in der Literatur die Konzentration der Stoffe auch durch deren in eckige Klammern gesetzte Formeln bezeichnet. Gleichung (2) erhält dann die Form:

$$\frac{[C] \cdot [D]}{[A] \cdot [B]} = K \tag{3}$$

Beispiel: Für das Gleichgewicht

$$CO + H_2O \rightleftarrows CO_2 + H_2 \qquad \Delta H_R = -41 \text{ kJ/mol},$$

das sich bei der *Konvertierung von Wassergas* einstellt, gilt die Massenwirkungsgleichung:

$$\frac{c_{CO_2} \cdot c_{H_2}}{c_{CO} \cdot c_{H_2O}} = 4 \qquad \text{(bei 800 K)} \qquad \text{bzw.}$$

$$\frac{[CO_2] \cdot [H_2]}{[CO] \cdot [H_2O]} = 4 \qquad \text{(bei 800 K)}$$

Als **Konzentrationsangaben** können verwendet werden

- **Molarität** (mol/l; ↑ 2.12.2.),
- **Stoffmengenanteil** (ältere Bezeichnung *Molenbruch*) oder
- **Partialdruck** (↑ 9.4.4.).

Die *Molarität* wird vor allem bei Gleichgewichtsreaktionen in *Lösungen* angewandt.

Der Stoffmengenanteil (Molenbruch) eines Stoffes in einem Reaktionsgemisch ist der Quotient aus

- **der Stoffmenge dieses Stoffes und**
- **der Stoffmenge des Gesamtgemischs.**

$$\text{Stoffmengenanteil des Stoffes A} = \frac{\text{Stoffmenge des Stoffes A (in mol)}}{\text{Stoffmenge des Gemischs (in mol)}}$$

Beispiel: Wenn sich das Gleichgewicht der Wassergaskonvertierung, ausgehend von einem Kohlenmonoxid-Wasserdampf-Gemisch mit dem Volumenverhältnis 1:1, eingestellt hat, so kommen (bei 800 K) auf je 1 mol der Ausgangsstoffe je 2 mol der Reaktionsprodukte (↑ Bild 77):

$$\underbrace{3\,CO + 3\,H_2O}_{\text{Ausgangsstoffe}} \rightarrow \underbrace{CO + H_2O + 2\,CO_2 + 2\,H_2}_{\text{Gleichgewichtszustand}}$$

Der Stoffmengenanteil des Wasserstoffs beträgt in diesem Falle:

$$\frac{2\text{ mol } H_2}{6\text{ mol Gemisch}} = \frac{1}{3}$$

Die Stoffmengenanteile ergeben, in die Massenwirkungsgleichung eingesetzt, die Gleichgewichtskonstante.

Beispiel: Für das Gleichgewicht der Wassergaskonvertierung gilt bei 800 K:

$$\frac{\frac{2}{6} \cdot \frac{2}{6}}{\frac{1}{6} \cdot \frac{1}{6}} = 4$$

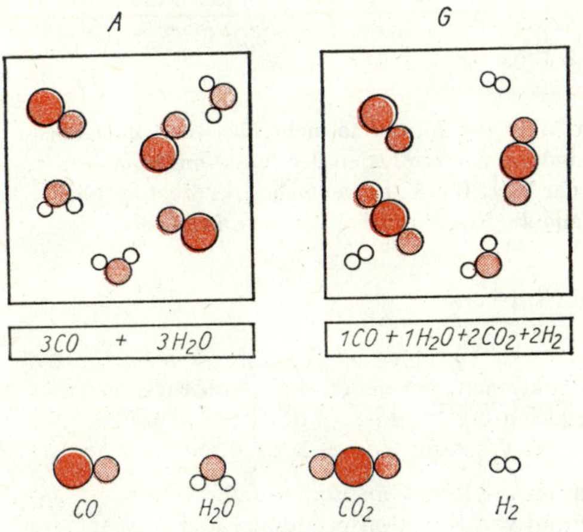

Bild 77. Gleichgewicht der Wassergaskonvertierung. Ausgangszustand *A* und Gleichgewichtszustand *G* bei 800 K (Gleichgewichtskonstante $K = 4$)

Die Koeffizienten der chemischen Gleichungen treten in den Massenwirkungsgleichungen als Exponenten der Konzentrationen auf.

Beispiel: Für das Ammoniak-Gleichgewicht

$N_2 + 3\,H_2 \rightleftarrows 2\,NH_3$ bzw.

$N_2 + H_2 + H_2 + H_2 \rightleftarrows NH_3 + NH_3$

gilt die Massenwirkungsgleichung

$$\frac{c_{NH_3} \cdot c_{NH_3}}{c_{N_2} \cdot c_{H_2} \cdot c_{H_2} \cdot c_{H_2}} = K$$

$$\frac{c^2_{NH_3}}{c_{N_2} \cdot c^3_{H_2}} = K$$

Erläuterung hierzu ↑ 9.4.1.

Die **Gleichgewichtskonstante *K*** hat für jede chemische Reaktion andere Werte. Für eine bestimmte Reaktion ändert sich der Wert der Gleichgewichtskonstanten mit der Temperatur (↑ 9.4.2.). Die Werte der Gleichgewichtskonstanten lassen sich auf Grund experimentell gewonnener Daten berechnen. Sie sind für viele Reaktionen in Tabellenbüchern zusammengestellt.

Da die *Konzentrationen der Reaktionsprodukte* in den Massenwirkungsgleichungen *im Zähler* stehen und die *Konzentrationen der Ausgangsstoffe im Nenner*, gilt folgendes:

- **Je höher der Wert für *K*, um so mehr überwiegt im Gleichgewichtszustand die Konzentration der Reaktionsprodukte.**
- **Je niedriger der Wert für *K*, um so mehr überwiegt im Gleichgewichtszustand die Konzentration der Ausgangsstoffe.**

Für Reaktionen vom Typ

$$A + B \rightleftarrows C + D$$

und alle anderen Reaktionen, bei denen die Stoffmenge (in mol) der Reaktionsprodukte gleich der Stoffmenge der Ausgangsstoffe ist (Beispiel: Gleichgewicht der Wassergaskonvertierung), gilt:

$K > 1$ Konzentration der Reaktionsprodukte überwiegt
$K = 1$ Konzentration von Reaktionsprodukten und Ausgangsstoffen gleich
$K < 1$ Konzentration der Ausgangsstoffe überwiegt.

Zu beachten ist, daß in älterer Literatur mitunter auch die Konzentrationen der Ausgangsstoffe in den Zähler, die Konzentrationen der Reaktionsprodukte in den Nenner gesetzt werden. In diesem Falle erhält die Gleichgewichtskonstante K den reziproken Wert.

9.4.1. Kinetische Ableitung des Massenwirkungsgesetzes

Von der kinetischen[1]) Gastheorie ausgehend, läßt sich für das Massenwirkungsgesetz eine anschauliche Ableitung geben. Die kinetische Gastheorie führt den Ablauf chemischer Reaktionen auf die Bewegungsenergie (kinetische Energie) der Moleküle zurück. Zwischen den in ständiger Bewegung befindlichen Gasmolekülen kommt es ständig zu Zusammenstößen. Zusammenstöße von hinreichender Heftigkeit (die sog. *Aktivierungsenergie* muß überschritten werden) führen zu einer Umsetzung zwischen den beteiligten Molekülen. Da gleichzeitige Zusammenstöße von drei oder mehr Molekülen sehr selten sind, lassen sich diese Überlegungen zunächst nur auf Reaktionen vom Typ

$$A + B \underset{\text{Rückreaktion}}{\overset{\text{Hinreaktion}}{\rightleftarrows}} C + D \qquad (4)$$

anwenden.
Die Wahrscheinlichkeit eines Zusammenstoßes zwischen einem Molekül des Stoffes A und einem Molekül des Stoffes B steigt sowohl mit der Konzentration des Stoffes A als auch mit der Konzentration des Stoffes B. Befinden sich in einem bestimmten Volumen nur ein Molekül A und ein Molekül B, so ist die Wahrscheinlichkeit eines Zusammenstoßes äußerst gering. Sie steigt auf das Zehnfache, wenn die Zahl der Moleküle des Stoffes A auf das Zehnfache erhöht wird. Sie steigt auf das Hundertfache, wenn auch die Zahl der Moleküle des Stoffes B auf das Zehnfache erhöht wird (↑ Bild 78).

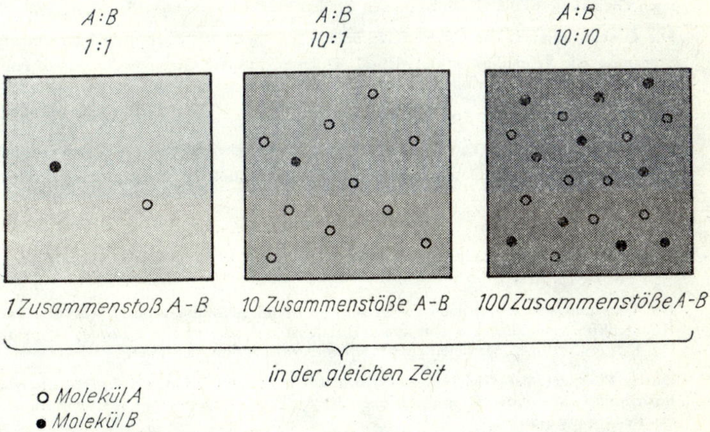

Bild 78. Die Wahrscheinlichkeit des Zusammenstoßes zweier Teilchen hängt von der Konzentration beider Teilchen ab.

---

[1]) *kinein* (grch.) bewegen

Mit der Zahl der Zusammenstöße A + B erhöht sich zugleich die *Reaktionsgeschwindigkeit* († auch 9.1.).

Die Reaktionsgeschwindigkeit v steigt mit zunehmender Konzentration der Reaktionspartner.

Für die Geschwindigkeit der Hinreaktion v_H gilt demnach:

$$v_H = k_H c_A c_B, \tag{5}$$

für die Geschwindigkeit der Rückreaktion v_R:

$$v_R = k_R c_C c_D \tag{6}$$

Die Reaktionsgeschwindigkeit ist also dem Produkt aus den Konzentrationen der Reaktionspartner proportional. Die Proportionalitätsfaktoren k_H und k_R werden als **Geschwindigkeitskonstanten** bezeichnet. Sie besitzen für jede Reaktion einen anderen Wert. Für eine bestimmte Reaktion *steigt der Wert der Geschwindigkeitskonstanten k mit zunehmender Temperatur*. (In der steigenden Temperatur kommt die zunehmende Bewegungsenergie der Moleküle zum Ausdruck, die zu einer größeren Anzahl und zu größerer Heftigkeit der Zusammenstöße und damit zu einer Erhöhung der Reaktionsgeschwindigkeit führt.)
Unmittelbar nach Beginn der Umsetzung ist die Geschwindigkeit der Hinreaktion v_H sehr viel größer (von anderer Größenordnung) als die Geschwindigkeit der Rückreaktion v_R:

$$v_H \gg v_R \tag{7}$$

Da durch die Hinreaktion die Konzentration der Stoffe A und B ständig abnimmt, verringert sich nach Gleichung (5) auch die Geschwindigkeit der Hinreaktion ständig. Gleichzeitig nimmt aber die Konzentration der Stoffe C und D ständig zu, so daß sich nach Gleichung (6) die Geschwindigkeit der Rückreaktion ständig erhöht.

Die Geschwindigkeit der Gesamtreaktion v_G, das heißt der nach außen erkennbare Stoffumsatz je Zeiteinheit, ergibt sich als Differenz aus der Geschwindigkeit der Hinreaktion und der Geschwindigkeit der Rückreaktion:

$$v_G = v_H - v_R \tag{8}$$

Sobald durch ständige Verringerung der Geschwindigkeit der Hinreaktion v_H und ständige Erhöhung der Geschwindigkeit der Rückreaktion v_R beide gleich geworden sind:

$$v_H = v_R, \tag{9}$$

nimmt die Geschwindigkeit der Gesamtreaktion nach Gleichung (8) den Wert Null an:

$$v_G = 0 \tag{10}$$

Die Umsetzung ist damit nach außen zum Stillstand gekommen, da Hinreaktion und Rückreaktion einander kompensieren. Damit ist der *Gleichgewichtszustand* erreicht. Die Konzentrationen der beteiligten Stoffe ändern sich nun nicht mehr.

Durch Einsetzen der Gleichungen (5) und (6) in die Gleichung (9) ergibt sich eine Beziehung zwischen den Konzentrationen der Ausgangsstoffe und den Konzentrationen der Reaktionsprodukte:

$$k_H c_A c_B = k_R c_C c_D \tag{11}$$

$$\frac{c_C c_D}{c_A c_B} = \frac{k_H}{k_R} \tag{12}$$

Der Quotient aus den Konstanten k_H und k_R ergibt eine neue Konstante K:

$$\frac{c_C c_D}{c_A c_B} = K \tag{13}$$

Auf diese Weise gelangt man zur Massenwirkungsgleichung der Reaktionen vom Typ A + B ⇄ C + D (↑ auch S. 285).

Auf Reaktionen anderen Typs läßt sich diese kinetische Ableitung des Massenwirkungsgesetzes *nur formal* übertragen. Das Ammoniakgleichgewicht $N_2 + 3\,H_2 \rightleftarrows 2\,NH_3$ gehört zum Typ

$$A + 3\,B \rightleftarrows 2\,C$$

Es wäre aber falsch, daraus zu schließen, für die Hinreaktion sei ein gleichzeitiger Zusammenstoß von vier Molekülen erforderlich. Derartige Reaktionen setzen sich aus Teilreaktionen zusammen, die als *Elementarreaktionen* bezeichnet werden und erst zu einem geringen Teil bekannt sind.
Um sich das Zustandekommen der Massenwirkungsgleichungen auch für solche Reaktionen verständlich zu machen, bei denen – wie im Ammoniakgleichgewicht – manche Reaktionsteilnehmer mit mehr als einem Mol in der Reaktionsgleichung erscheinen, kann von folgender Vorstellung ausgegangen werden:

Für eine Reaktion vom Typ

$$A + B + C \rightleftarrows M + N + O$$

würde die Massenwirkungsgleichung lauten:

$$\frac{c_M c_N c_O}{c_A c_B c_C} = K$$

Dabei soll angenommen werden, daß die Buchstaben A, B, C, M, N, O jeweils 1 mol verschiedener Stoffe symbolisieren. Tritt nun anstelle des Stoffes C ein weiteres Mol des Stoffes B und an Stelle der Stoffe N und O je ein weiteres Mol des Stoffes M, so ergibt sich eine Reaktion vom Typ

$$A + B + B \rightleftarrows M + M + M \qquad \text{bzw.}$$

$$A + 2\,B \rightleftarrows 3\,M$$

Die Massenwirkungsgleichung für eine Reaktion von diesem Typ lautet:

$$\frac{c_M c_M c_M}{c_A c_B c_B} = K \qquad \text{bzw.}$$

$$\frac{c_M^3}{c_A c_B^2} = K$$

Damit ist anschaulich erklärt, weshalb die *Koeffizienten der Reaktionsgleichungen in den Massenwirkungsgleichungen als Exponenten auftreten.*

9.4.2. Temperaturabhängigkeit des chemischen Gleichgewichts

Qualitativ läßt sich der Einfluß einer Temperaturveränderung auf die Lage eines chemischen Gleichgewichts mit dem Prinzip des kleinsten Zwanges erklären (↑ 9.2.1.). *Quantitativ* zeigt sich dieser Einfluß darin, daß die Gleichgewichtskonstante K einer bestimmten Reaktion für jede Temperatur einen anderen Wert hat.

Die Gleichgewichtskonstante *K* wird mit zunehmender Temperatur

- **bei exothermen Reaktionen kleiner** (Beispiel 1),
- **bei endothermen Reaktionen größer** (Beispiel 2).

Beispiel 1: Bei der Konvertierung des Wassergases

$$CO + H_2O \rightleftarrows CO_2 + H_2 \qquad \Delta H_R = -41 \text{ kJ/mol}$$

$$\frac{c_{CO_2} \cdot c_{H_2}}{c_{CO} \cdot c_{H_2O}} = K$$

verläuft die Hinreaktion exotherm. Die Gleichgewichtskonstante *K* wird mit zunehmender Temperatur kleiner:

T:	300 K	400 K	600 K	800 K	1000 K	2000 K
t:	27 °C	127 °C	327 °C	527 °C	727 °C	1727 °C
K:	8700	1670	24,2	4,05	1,39	0,20

Beispiel 2: Die Synthese von Stickstoffmonoxid aus den Elementen

$$N_2 + O_2 \rightleftarrows 2\,NO \qquad \Delta H_R = +180 \text{ kJ/mol}$$

verläuft endotherm. Hier werden in die Massenwirkungsgleichung die Partialdrücke eingesetzt (↑ 9.4.4.)

$$\frac{p^2_{NO}}{p_{N_2} \cdot p_{O_2}} = K_p$$

Die Gleichgewichtskonstante K_p wird mit zunehmender Temperatur größer:

T:	1000 K	2000 K	3000 K	4000 K
t:	727 °C	1727 °C	2727 °C	3727 °C
K_p:	$6{,}8 \cdot 10^{-9}$	$4{,}6 \cdot 10^{-4}$	$1{,}7 \cdot 10^{-2}$	$8{,}3 \cdot 10^{-2}$

Das entspricht der Aussage des *Prinzips des kleinsten Zwanges*, wonach *mit steigender Temperatur*

- *bei exothermen Reaktionen* der *Anteil der Ausgangsstoffe*,
- *bei endothermen Reaktionen* der *Anteil der Reaktionsprodukte*

größer wird.

9.4.3. Einfluß von Konzentrationsänderungen

Wird in einem Reaktionsgemisch, das sich im Gleichgewichtszustand befindet, der *Anteil eines Reaktionsteilnehmers verändert*, so wird der Gleichgewichtszustand gestört. Die Geschwindigkeiten von Hinreaktion und Rückreaktion sind dann nicht mehr gleich. Die Gesamtreaktion kommt also wieder in Gang und läuft so lange, bis die Geschwindigkeiten der Hinreaktion und der Rückreaktion wieder gleich sind:

$$v_H = v_R$$

Es hat sich dann ein *neuer Gleichgewichtszustand* eingestellt, der sich in seiner Lage von dem ursprünglichen Gleichgewichtszustand unterscheidet. Der Wert der *Gleichgewichtskonstante K* bleibt dabei *konstant*, wenn die Temperatur konstant gehalten wird.

Vom Standpunkt des *Massenwirkungsgesetzes* betrachtet, gilt dafür folgende allgemeine Aussage:

Wird die Konzentration eines Reaktionsteilnehmers verändert, so wird das Gleichgewicht derart verschoben, daß der Quotient aus

- **dem Produkt der Konzentrationen der Reaktionsprodukte und**
- **dem Produkt der Konzentrationen der Ausgangsstoffe**

wieder den Wert der Gleichgewichtskonstante *K* annimmt.

Beispiel: Wird bei der Konvertierung von Wassergas der *Anteil des Wasserdampfs erhöht*, so wird der Gleichgewichtszustand gestört. In der Massenwirkungsgleichung

$$\frac{c_{CO_2} \cdot c_{H_2}}{c_{CO} \cdot c_{H_2O}} = K$$

erhält der Nenner durch die Erhöhung des Anteils des Wasserdampfs einen höheren Wert. Dadurch wird der Wert des Quotienten kleiner als *K*. Der Wert der Gleichgewichtskonstante *K* kann nur dadurch wieder erreicht werden, daß sich die Ausgangsstoffe (CO und H_2O) weiter zu den Reaktionsprodukten (CO_2 und H_2) umsetzen (↑ Bild 77, S. 287). Dadurch wird der Nenner kleiner und zugleich der Zähler größer, so daß der Wert des Quotienten steigt. Sobald er den Wert der Gleichgewichtskonstante *K* erreicht hat, kommt die Gesamtreaktion wieder zum Stillstand. Es ist ein neuer Gleichgewichtszustand erreicht, der weiter in Richtung der Reaktionsprodukte liegt als der ursprüngliche. Da es bei diesem technischen Verfahren um eine hohe Ausbeute an *Wasserstoff* geht, wird mit einem Überschuß an *Wasserdampf* gearbeitet.
Qualitativ kommt man zu diesen Aussagen auch vom Prinzip des kleinsten Zwanges ausgehend (↑ 9.2.3.; dort auch ein weiteres Beispiel).

Es ist aber zu beachten:

Der *prozentuale Anteil der Reaktionsprodukte* an dem im Gleichgewichtszustand vorliegenden Reaktionsgemisch ist stets dann *am größten, wenn* die *Ausgangsstoffe im stöchiometrischen Verhältnis* eingesetzt werden. Das wird dadurch erklärlich, daß durch den Überschuß des einen Ausgangsstoffs die Gesamtmenge (das Gesamtvolumen) größer wird. Das stöchiometrische Gemisch (im Beispiel: 1 mol H_2O pro 1 mol CO) wird also durch den Überschuß des einen Ausgangsstoffes gewissermaßen *verdünnt*.

Beispiel: Im Gleichgewicht der Wassergaskonvertierung liegen die Reaktionspartner im Gleichgewichtszustand (bei 800 K) in Abhängigkeit von der Zusammensetzung des Ausgangsgemischs in folgenden unterschiedlichen prozentualen Anteilen vor:

Ausgangsstoffe CO und H_2O im Verhältnis 1:1 (stöchiometrisches Verhältnis)	Ausgangsstoffe CO und H_2O im Verhältnis 1:2 (Wasserdampf im Überschuß)
16,67 Vol.-% CO	10,53 Vol.-% CO
16,67 Vol.-% H_2O	24,81 Vol.-% H_2O
33,33 Vol.-% CO_2	32,33 Vol.-% CO_2
33,33 Vol.-% H_2	32,33 Vol.-% H_2
100,00 Vol.-%	100,00 Vol.-%

(↑ dazu auch S. 287)

Der Überschuß an Wasserdampf hat also zur Folge, daß im Gleichgewichtszustand der Anteil des nicht umgesetzten *Kohlenmonoxids* wesentlich *geringer* ist als beim stöchiometrischen Verhältnis der Ausgangsstoffe, und auf dessen weitgehende Umsetzung unter Bildung von *Wasserstoff* kommt es hier an. Vergleichen wir nicht die prozentualen Anteile, sondern die absoluten Volumina, so ergibt sich folgendes:

Bei Einsatz der *gleichen Menge* von 100 m³ des wertvollen Zwischenprodukts *Kohlenmonoxid* liegen im Gleichgewichtszustand, der allerdings technisch nicht erreicht wird, vor:

beim stöchiometrischen Verhältnis (1:1)	beim Überschuß von Wasserstoff (1:2)
in 200 m³ Reaktionsgemisch	in 300 m³ Reaktionsgemisch
66,67 m³ Wasserstoff	97,0 m³ Wasserstoff.

Die *Ausbeute an Wasserstoff* wird also *erhöht*, wobei allerdings zugleich größere Gasmengen technisch zu bewältigen sind.

9.4.4. Einfluß von Druckänderungen

Zwischen Druck und Konzentration besteht ein Zusammenhang, der sich für homogene Gasreaktionen sehr leicht erfassen läßt. Dabei ist von folgender Gesetzmäßigkeit auszugehen:

Der Gesamtdruck eines Gasgemischs ist die Summe der Partialdrücke (Teildrücke) der einzelnen Gase (DALTON*sches Gesetz*).

Der *Partialdruck* eines Gases ist der Druck, der herrschen würde, wenn sich dieses Gas *allein* in dem betrachteten Gefäß befände.

In einem Gasgemisch sind die Partialdrücke der einzelnen Gase der Anzahl der Moleküle proportional, mit der diese Gase in einem bestimmten Volumen enthalten sind.

Damit ist der *Partialdruck eines Gases* zugleich *ein Maß für dessen Konzentration.* Die Partialdrücke können daher anstelle der Konzentrationen in die Massenwirkungsgleichungen eingesetzt werden.

Beispiel: Für die Konvertierung des Wassergases gilt dann:

$$\frac{p_{CO_2} \cdot p_{H_2}}{p_{CO} \cdot p_{H_2O}} = K_p$$

Wird der Druck auf das Doppelte erhöht, so steigen auch die Partialdrücke auf das Doppelte:

$$\frac{2p_{CO_2} \cdot 2p_{H_2}}{2p_{CO} \cdot 2p_{H_2O}} = K_p$$

Der Wert des Quotienten ändert sich dabei *nicht*. Die Druckerhöhung hat also in diesem Falle keinen Einfluß auf die Lage des Gleichgewichts.

Was an diesem Beispiel gezeigt wurde, gilt allgemein:

Bei Gleichgewichtsreaktionen, die ohne Veränderung der Stoffmengen (in mol) und damit des Gesamtvolumens ablaufen, hat der Druck keinen Einfluß auf die Lage des Gleichgewichts.

Die auf die Partialdrücke bezogene Gleichgewichtskonstante K_p hat in diesem Falle den gleichen Wert wie die auf die Konzentrationen bezogene Gleichgewichtskonstante K_c.

Anders verhält es sich bei Gleichgewichtsreaktionen, die unter *Veränderung der Stoffmengen* (in mol) und damit des *Gesamtvolumens* ablaufen.

Beispiel: Bei der Ammoniaksynthese entstehen jeweils aus 4 mol Ausgangsstoffen 2 mol Reaktionsprodukte:

$N_2 + 3\,H_2 \rightleftarrows 2\,NH_3$

Da 1 mol jedes Gases unter gleichen Bedingungen das gleiche Volumen einnimmt, verringert sich also das Volumen bei vollständiger Umsetzung zu Ammoniak auf die Hälfte.

Bei Gleichgewichtsreaktionen, die mit einer Veränderung der Stoffmengen und dementsprechend mit einer Veränderung des Gesamtvolumens verbunden sind, wird mit jeder Veränderung des Druckes die Lage des Gleichgewichts verschoben.

Die auf die Partialdrücke bezogene *Gleichgewichtskonstante* K_p besitzt in diesem Falle einen anderen Wert als die auf die Konzentrationen bezogene Gleichgewichtskonstante K_c.

Zwischen den beiden Konstanten besteht folgende Beziehung:

$$K_c(RT)^{\Delta n} = K_p$$

R ist die allgemeine Gaskonstante 8,314 J/(K · mol), T die absolute Temperatur, Δn die Änderung der Stoffmenge; beim Ammoniakgleichgewicht ist $\Delta n = -2$.

Qualitativ läßt sich die Richtung, in der ein solches Gleichgewicht bei Druckveränderung verschoben wird, aus dem Prinzip des kleinsten Zwanges ableiten (↑ 9.2.2.). *Quantitativ* geschieht das über die Massenwirkungsgleichung.

Beispiel: Für das Ammoniakgleichgewicht gilt:

$$\frac{p_{NH_3}^2}{p_{N_2} \cdot p_{H_2}^3} = K_p$$

Bei der Erhöhung des Gesamtdrucks auf das Doppelte erhöhen sich auch alle Partialdrücke auf das Doppelte:

$$\frac{(2p_{NH_3})^2}{2p_{N_2} \cdot (2p_{H_2})^3} = \frac{1}{4} \; \frac{p_{NH_3}^2}{p_{N_2} \cdot p_{H_2}^3}$$

Der Quotient hat damit nicht mehr den Wert K_p, sondern nur noch ein Viertel dieses Wertes.

Was hier an einem Beispiel gezeigt wurde, gilt allgemein:

Bei Gleichgewichtsreaktionen, die unter *Änderung der Stoffmengen* und damit des Gesamtvolumens verlaufen, ändert sich mit jeder *Druckänderung* der Wert des Quotienten aus dem Produkt der Partialdrücke der Reaktionsprodukte und dem Produkt der Partialdrücke der Ausgangsstoffe. Das System befindet sich dadurch *nicht mehr im Gleichgewicht*. Es stellt sich dann ein neuer Gleichgewichtszustand ein, wobei sich die *Partialdrücke* der Reaktionsteilnehmer so *verändern*, daß der *Quotient wieder* den *Wert der Gleichgewichtskonstante* K_p annimmt.

Diese Veränderung der Partialdrücke spiegelt eine Veränderung der *Anteile* der Reaktionsteilnehmer am Reaktionsgemisch wider, das heißt eine Verschiebung der Lage des Gleichgewichts:

Wird der Wert des Quotienten durch die Druckänderung

- **kleiner als K_p,**
  so wird das **Gleichgewicht in Richtung der Reaktionsprodukte** verschoben, deren *Partialdrücke im Zähler* stehen,
- **größer als K_p,**
  so wird das **Gleichgewicht in Richtung der Ausgangsstoffe** verschoben, deren *Partialdrücke im Nenner* stehen.

Beispiel: Im Ammoniakgleichgewicht wird nach einer Druckerhöhung (↑ voriges Beispiel) der Wert für K_p wieder erreicht, indem sich der (im Zähler stehende) Partialdruck des Ammoniaks erhöht. Druckerhöhung verschiebt also die Lage des Gleichgewichts in Richtung des Reaktionsprodukts Ammoniak.

Umgekehrt würde bei *Gleichgewichtsreaktionen*, die unter *Zunahme der Stoffmengen und* damit *des Gesamtvolumens* verlaufen, die *Druckerhöhung* den Quotienten *größer* als K_p werden lassen. Es würde sich ein neuer Gleichgewichtszustand einstellen, indem sich die (im Nenner stehenden) *Partialdrücke der Ausgangsstoffe* erhöhen. Deshalb kommt bei der technischen Durchführung solcher Gleichgewichtsreaktionen Druckanwendung nicht in Betracht.

9.5. Anwendung des Massenwirkungsgesetzes auf Ionenreaktionen

9.5.1. Dissoziationsgleichgewicht

In wäßrigen Lösungen von Elektrolyten stellt sich ein *Dissoziationsgleichgewicht* ein. Für das Gleichgewicht

$$AB \rightleftarrows A^+ + B^-$$

gilt die Massenwirkungsgleichung

$$\frac{c_{A^+}\, c_{B^-}}{c_{AB}} = K_D$$

In diese Gleichung können, allerdings nur bei sehr verdünnten Lösungen schwacher oder sehr schwacher Elektrolyte, die (tatsächlichen) Konzentrationen eingesetzt werden. Sonst muß mit den Aktivitäten, mit den nach außen wirksamen Ionenkonzentrationen, gerechnet werden (↑ 7.2.9.):

$$\frac{a_{A^+}\, a_{B^-}}{a_{AB}} = K_D$$

Bei starken Elektrolyten besteht infolge interionischer Wechselwirkungen (Anziehung zwischen entgegengesetzt geladenen Ionen u.a.) ein sehr erheblicher Unterschied zwischen der tatsächlichen und der nach außen wirksamen Ionenkonzentration. Dadurch wird sogar bei Salzen, die schon im festen Zustand in Ionen vorliegen, das Vorhandensein undissoziierter Moleküle vorgetäuscht. So verhalten sich 0,1normale Lösungen (↑ 2.12.3.) folgender Salze so, als seien sie nur zu den angegebenen Prozentsätzen dissoziiert:

Natriumchlorid: 83%; Kaliumsulfat: 75%; Magnesiumsulfat: 40%

Die **Dissoziationskonstante** K_D ist eine für jeden Elektrolyten charakteristische Größe. Wie jede Gleichgewichtskonstante ist sie *temperaturabhängig*.

Jede Dissoziation ist ein *endothermer Vorgang* (↑ 9.2.1.). Daher wird nach dem Prinzip des kleinsten Zwanges die Lage eines Dissoziationsgleichgewichtes durch *Temperaturerhöhung in Richtung der Ionen*, also in Richtung des Wärmeverbrauchs, verschoben.

Mit steigender Temperatur nimmt die Dissoziation zu.

Das drückt sich auch in einer *Zunahme des Wertes der Dissoziationskonstanten* aus, wenn – wie es in der Regel geschieht – in die Massenwirkungsgleichung

- die *Konzentrationen* (Aktivitäten) der *Ionen* in den *Zähler*,
- die *Konzentrationen* (Aktivitäten) der *undissoziierten Moleküle* in den *Nenner*

gesetzt werden.

Beispiel: Die Essigsäure (Äthansäure) dissoziiert nach der Gleichung

$CH_3COOH \rightleftarrows H^+ + CH_3COO^-$

Hierfür gilt die Massenwirkungsgleichung:

$$\frac{c_{H^+} \cdot c_{CH_3COO^-}}{c_{CH_3COOH}} = 1{,}76 \cdot 10^{-5}\ \text{mol/l} \qquad \text{(bei 25°C)}$$

Mittels der Massenwirkungsgleichung läßt sich zeigen, welchen Einfluß **Konzentrationsänderungen** auf die Lage des Dissoziationsgleichgewichts ausüben.

- Wird die **Konzentration der undissoziierten Moleküle erhöht,** erhält der Quotient einen *zu kleinen Wert*. Da Ionenreaktionen praktisch momentan verlaufen, stellt sich aber sofort wieder ein Gleichgewichtszustand ein, indem so viele *Moleküle dissoziieren*, daß der Quotient wieder den Wert der Dissoziationskonstante K_D annimmt.
- Wird die **Konzentration eines der beiden Ionen erhöht,** so erhält der Quotient einen *zu großen Wert*. Es stellt sich aber sofort ein neuer Gleichgewichtszustand ein, indem so viele *Ionen zu undissoziierten Molekülen zusammentreten*, daß der Quotient wieder den Wert der Dissoziationskonstante K_D annimmt.

Beispiel: In einer Essigsäurelösung ist nur ein geringer Teil der Moleküle dissoziiert. Dagegen liegt Natriumazetat, CH_3COONa, das Natriumsalz der Essigsäure, in wäßriger Lösung praktisch vollständig in Form von Ionen vor:

$CH_3COONa \rightleftarrows Na^+ + CH_3COO^-$

Wird einer Essigsäurelösung etwas Natriumazetatlösung zugefügt, so erhöht sich dadurch die Konzentration der Azetationen ganz beträchtlich. Es muß sich ein neuer Gleichgewichtszustand einstellen, indem sich Wasserstoffionen und Azetationen zu undissoziierten Essigsäuremolekülen vereinigen. Das Gleichgewicht wird also in Richtung der undissoziierten Moleküle verschoben. Die Zugabe von Azetationen hat demnach zur Folge, daß die Konzentration der Wasserstoffionen *abnimmt*.

Was an diesem Beispiel gezeigt wurde, gilt allgemein:

Wird der Lösung einer *schwachen Säure* ein Salz dieser Säure zugesetzt, so wird – da beide Elektrolyte das gleiche Säurerestion haben – die *Dissoziation* der Säure *zurückgedrängt*.

Das gilt umgekehrt auch für *schwache Basen*.

Beispiel: Wird einer wäßrigen Ammoniaklösung

$$NH_3 + H_2O \rightleftarrows NH_4^+ + OH^-$$

$$\frac{c_{NH_4^+} \cdot c_{OH^-}}{c_{NH_3} \cdot c_{H_2O}} = K_D$$

Ammoniumchlorid, NH_4Cl, zugesetzt, so wird durch die Erhöhung der Konzentration der Ammoniumionen die Dissoziation zurückgedrängt. Dadurch nimmt die Konzentration der Hydroxidionen ab.

Allgemein gilt:

Gleichionige Zusätze drängen die elektrolytische Dissoziation schwacher Elektrolyte zurück.

Die **Dissoziationskonstante** K_D ist ein **Maß für die Stärke der Elektrolyte** (↑ 7.2.6.), das heißt für deren Tendenz, in verdünnten wäßrigen Lösungen in Ionen zu zerfallen. Als Grenze zwischen schwachen und starken Elektrolyten gilt im allgemeinen eine Dissoziationskonstante mit einem Zahlenwert von 10^{-4}.

- **Schwache Elektrolyte haben eine Dissoziationskonstante mit einem Zahlenwert $< 10^{-4}$.**

Beispiele:

Essigsäure, CH_3COOH	$K_D = 1{,}8 \cdot 10^{-5}$ mol/l
Kohlensäure, H_2CO_3	$K_D = 4{,}3 \cdot 10^{-7}$ mol/l
Hydrogenkarbonation, HCO_3^-	$K_D = 5{,}6 \cdot 10^{-11}$ mol/l
Schwefelwasserstoff, H_2S	$K_D = 9{,}1 \cdot 10^{-8}$ mol/l
Hydrogensulfidion, HS^-	$K_D = 1{,}1 \cdot 10^{-12}$ mol/l
Blausäure, HCN	$K_D = 4{,}8 \cdot 10^{-10}$ mol/l
Ammoniaklösung, $NH_3 \cdot H_2O$	$K_D = 1{,}8 \cdot 10^{-5}$ mol/l
Hydroxylamin, $NH_2OH \cdot H_2O$	$K_D = 1{,}1 \cdot 10^{-8}$ mol/l

- **Starke Elektrolyte haben eine Dissoziationskonstante mit einem Zahlenwert $> 10^{-4}$.**

Beispiele:

Phosphorsäure, H_3PO_4	$K_D = 7{,}5 \cdot 10^{-3}$ mol/l
Dihydrogenphosphation, $H_2PO_4^-$	$K_D = 6{,}2 \cdot 10^{-8}$ mol/l
Hydrogenphosphation, HPO_4^{2-}	$K_D = 3{,}5 \cdot 10^{-13}$ mol/l
Schweflige Säure, H_2SO_3	$K_D = 1{,}5 \cdot 10^{-2}$ mol/l
Hydrogensulfition, HSO_3^-	$K_D = 1{,}0 \cdot 10^{-7}$ mol/l

Die angegebenen Zahlenwerte gelten für Zimmertemperatur.

Der **Dissoziationsgrad** α (↑ 7.2.6.1.) ist im Unterschied zur Dissoziationskonstante K_D – außer von der Temperatur – auch von der *Konzentration abhängig.*

$$\text{Dissoziationsgrad} = \frac{\text{Anzahl der dissoziierten Moleküle}}{\text{Gesamtzahl der Moleküle}}$$

Zwischen dem Dissoziationsgrad und der Dissoziationskonstante besteht ein Zusammenhang, der sich mathematisch formulieren läßt und als **Ostwaldsches Verdünnungsgesetz** bekannt ist. Für Reaktionen vom Typ $AB \rightleftarrows A^+ + B^-$ gilt:

$$\frac{\alpha^2}{1-\alpha} c = K_D$$

Daraus geht hervor, daß mit zunehmender Verdünnung, das heißt mit abnehmender Konzentration c, der Wert des Quotienten $\frac{\alpha^2}{1-\alpha}$ und dementsprechend auch der Dissoziationsgrad α größer wird. Das heißt:

Mit zunehmender Verdünnung steigt der Dissoziationsgrad.

9.5.2. Löslichkeitsprodukt

Ein Sonderfall eines Dissoziationsgleichgewichts liegt in den *gesättigten Lösungen* vor.

Als gesättigt wird eine Lösung bezeichnet, die bei der gegebenen Temperatur von dem gelösten Stoff nichts mehr zu lösen vermag.

Eine Lösung, die mit dem einen Stoff gesättigt ist, kann in der Regel noch *andere* Stoffe lösen.

Die Konzentration, die die gesättigte Lösung eines Stoffes besitzt, wird als **Löslichkeit** dieses Stoffes bezeichnet (↑ 2.12.1.). Wird die Löslichkeit eines Stoffes überschritten, so bleibt ein Teil dieses Stoffes ungelöst und setzt sich als sog. *Bodenkörper* im Lösegefäß ab. Zwischen dem *Bodenkörper* und dem *gelösten Stoff* stellt sich ein *Gleichgewichtszustand* ein, bei dem die *Konzentration der gelösten undissoziierten Moleküle konstant* ist. (Dabei wird vorausgesetzt, daß es sich um einen schwachen Elektrolyten handelt und die Temperatur konstant bleibt.) Dieser konstante Wert für c_{AB} kann mit der Dissoziationskonstante K_D zu einer neuen Konstante L vereinigt werden, die als **Löslichkeitsprodukt** bezeichnet wird:

$$\frac{c_{A^+}\, c_{B^-}}{c_{AB}} = K_D \qquad (1)$$

$$c_{A^+}\, c_{B^-} = K_D c_{AB} \qquad (2)$$

$$c_{A^+}\, c_{B^-} = L_{AB} \qquad (3)$$

Bei starken Elektrolyten müssen in Gleichung (3) die Aktivitäten (↑ 7.2.9.) anstelle der Konzentrationen eingesetzt werden:

$$a_{A^+}\, a_{B^-} = L_{AB} \qquad (4)$$

Das Löslichkeitsprodukt *L* ist das Produkt der Konzentrationen (Aktivitäten) der Kationen und der Anionen eines Elektrolyten in einer gesättigten wäßrigen Lösung.

Wird in einer Lösung das Löslichkeitsprodukt eines Elektrolyten überschritten, so fällt die überschüssige Menge dieses Elektrolyten als Niederschlag aus.

Wie die Dissoziationskonstante ist auch das Löslichkeitsprodukt *temperaturabhängig*.

Das Löslichkeitsprodukt wird mit zunehmender Temperatur größer.

Das stimmt mit der Erfahrung überein, daß die Löslichkeit fester Stoffe im Wasser beim Erwärmen im allgemeinen zunimmt. (Ausnahmen sind z. B. Kalziumsulfat und Lithiumkarbonat.)
Praktische Bedeutung besitzen vor allem die Löslichkeitsprodukte schwerlöslicher Salze und schwerlöslicher Basen (↑ Tab. 23).

Zwischen dem **Löslichkeitsprodukt** und der **Löslichkeit** eines starken Elektrolyten besteht ein Zusammenhang, der sich mathematisch erfassen läßt. In der gesättigten Lösung eines Elektrolyten AB ist die Konzentration der Kationen gleich der Konzentration der Anionen:

$$c_{A^+} = c_{B^-} \qquad (5)$$

Ist dieser Elektrolyt praktisch vollständig dissoziiert, so ist die Konzentration jedes der beiden Ionen (in mol/l) gleich der *Löslichkeit* c_s, das heißt der *Konzentration der gesättigten Lösung*, dieses Elektrolyten:

$$c_{A^+} = c_{s_{AB}} \qquad (6)$$

$$c_{B^-} = c_{s_{AB}} \qquad (7)$$

Tabelle 23. Löslichkeitsprodukte einiger schwerlöslicher Salze und Hydroxide

Formel	Bezeichnung	L (bei 25 °C)
$AgBr$	Silberbromid	$7{,}7 \cdot 10^{-13}$ mol²/l²
$AgCN$	Silberzyanid	$2 \cdot 10^{-12}$ mol²/l²
Ag_2CO_3	Silberkarbonat	$6{,}2 \cdot 10^{-12}$ mol³/l³
$AgCl$	Silberchlorid	$1{,}6 \cdot 10^{-10}$ mol²/l²
AgI	Silberjodid	$1{,}5 \cdot 10^{-16}$ mol²/l²
Ag_2S	Silbersulfid	$1 \cdot 10^{-51}$ mol³/l³
Ag_2SO_4	Silbersulfat	$7{,}7 \cdot 10^{-5}$ mol³/l³
$BaCO_3$	Bariumkarbonat	$8 \cdot 10^{-9}$ mol²/l²
$BaSO_4$	Bariumsulfat	$1{,}1 \cdot 10^{-10}$ mol²/l²
$CaCO_3$	Kalziumkarbonat	$4{,}8 \cdot 10^{-9}$ mol²/l²
$CaSO_4$	Kalziumsulfat	$6{,}1 \cdot 10^{-5}$ mol²/l²
$Ca(OH)_2$	Kalziumhydroxid	$3{,}1 \cdot 10^{-5}$ mol³/l³
CdS	Kadmiumsulfid	$1 \cdot 10^{-29}$ mol²/l²
$CuCO_3$	Kupferkarbonat	$1{,}4 \cdot 10^{-10}$ mol²/l²
CuS	Kupfersulfid	$4 \cdot 10^{-28}$ mol²/l²
$Fe(OH)_2$	Eisen(II)-hydroxid	$4{,}8 \cdot 10^{-16}$ mol³/l³
$Fe(OH)_3$	Eisen(III)-hydroxid	$4 \cdot 10^{-38}$ mol⁴/l⁴
FeS	Eisen(II)-sulfid	$4 \cdot 10^{-19}$ mol²/l²
$MgCO_3$	Magnesiumkarbonat	$1 \cdot 10^{-5}$ mol²/l²
$Mg(OH)_2$	Magnesiumhydroxid	$5 \cdot 10^{-12}$ mol³/l³
$PbCl_2$	Blei(II)-chlorid	$1{,}7 \cdot 10^{-5}$ mol³/l³
PbS	Blei(II)-sulfid	$1 \cdot 10^{-29}$ mol²/l²
$PbSO_4$	Blei(II)-sulfat	$2 \cdot 10^{-8}$ mol²/l²
SnS	Zinn(II)-sulfid	$1 \cdot 10^{-28}$ mol²/l²
$SrCO_3$	Strontiumkarbonat	$1 \cdot 10^{-9}$ mol²/l²
$SrSO_4$	Strontiumsulfat	$2{,}8 \cdot 10^{-7}$ mol²/l²
ZnS	Zinksulfid	$1{,}1 \cdot 10^{-24}$ mol²/l²
$Zn(OH)_2$	Zinkhydroxid	$1{,}3 \cdot 10^{-17}$ mol³/l³

Aus Gleichung (3) folgt dann:

$$c_{S_{AB}} = \sqrt{L_{AB}} \tag{8}$$

Beispiel: Das Löslichkeitsprodukt des Silberchlorids beträgt $1{,}6 \cdot 10^{-10}$ mol²/l². Seine Löslichkeit c_S beträgt:

$$c_S = \sqrt{L_{AgCl}}$$

$$c_S = \sqrt{1{,}6 \cdot 10^{-10}\ \text{mol}^2/\text{l}^2}$$

$$c_S = 1{,}26 \cdot 10^{-5}\ \text{mol/l}$$

Die Löslichkeit des Silberchlorids ist also sehr gering.

Gleichung (8) gilt nur für Elektrolyte vom Typ AB, also für Elektrolyte, die in *zwei* Ionen dissoziieren. Für Elektrolyte vom Typ A_2B bzw. AB_2 (z.B. Ag_2CO_3 und $Ca(OH)_2$) gilt:

$$c_S = \sqrt[3]{\frac{L}{4}} \tag{9}$$

Für Elektrolyte vom Typ A_mB_n gilt allgemein:

$$c_S = \sqrt[m+n]{\frac{L}{m^m\, n^n}}$$

Beispiel: Eisen(III)-hydroxid (↑ Tab. 23)

$$c_S = \sqrt[1+3]{\frac{4 \cdot 10^{-38}\ \mathrm{mol^4/l^4}}{1^1 \cdot 3^3}}$$

$$c_S = \sqrt[4]{\frac{4 \cdot 10^{-38}\ \mathrm{mol^4/l^4}}{27}}$$

$$c_S = \sqrt[4]{1{,}48 \cdot 10^{-39}\ \mathrm{mol^4/l^4}}$$

$$c_S = 1{,}96 \cdot 10^{-10}\ \mathrm{mol/l}$$

Konzentrationsänderungen haben *Einfluß auf die Löslichkeit* von Elektrolyten. Das läßt sich mit Hilfe des Löslichkeitsprodukts berechnen. Wird in einer gesättigten Lösung die *Konzentration eines Ions erhöht*, so muß sich nach Gleichung (3) die *Konzentration des anderen Ions verringern.* Das kann nur in der Weise geschehen, daß ein Teil der Ionen zu *undissoziierten Molekülen* zusammentritt bzw. als *Niederschlag* aus der Lösung ausfällt.

Beispiel: Kaliumchlorat, $KClO_3$, dissoziiert nach der Gleichung

$KClO_3 \rightleftarrows K^+ + ClO_3^-$.

Für das Löslichkeitsprodukt gilt demnach:

$c_{K^+} \cdot c_{ClO_3^-} = L_{KClO_3}$

Wird zu einer gesättigten Kaliumchloratlösung *Natriumchlorat*, $NaClO_3$, zugegeben, so erhöht sich die Konzentration der *Chlorationen.* Dadurch wird das Löslichkeitsprodukt des Kaliumchlorats überschritten, und es fällt Kaliumchlorat aus der Lösung aus.

Wird zu einer gesättigten Kaliumchloratlösung *Kaliumchlorid*, KCl, zugegeben, so erhöht sich die Konzentration der *Kaliumionen.* Dadurch wird das Löslichkeitsprodukt des Kaliumchlorats gleichfalls überschritten, so daß ebenfalls Kaliumchlorat ausfällt.

Wird dagegen ein anderes Salz zugesetzt, das kein Ion mit dem Kaliumchlorat gemeinsam hat (z. B. Natriumchlorid, NaCl), so tritt kein Niederschlag auf, da sich weder die Konzentration der Kaliumionen noch die der Chlorationen erhöht.

Was an diesem Beispiel gezeigt wurde, gilt allgemein:

Gleichionige Zusätze setzen die Löslichkeit von Elektrolyten herab.

Am größten ist die Löslichkeit eines Elektrolyten, wenn die Ionen *im stöchiometrischen Verhältnis* vorliegen. Wird die Konzentration eines Ions erhöht, so nimmt die Löslichkeit des Elektrolyten ab.
Die Herabsetzung der Löslichkeit durch einen gleichionigen Zusatz wird in der *analytischen Chemie* vielfältig genutzt. Soll *ein Ion* möglichst *quantitativ*, das heißt vollständig, aus einer Lösung *ausgefällt* werden, so setzt man ein Ion, das mit dem auszufällenden Ion eine *schwerlösliche Verbindung* bildet, im Überschuß zu.

Beispiel: Aus einer Lösung sollen die Silberionen möglichst vollständig ausgefällt werden, um deren Menge recht genau bestimmen zu können. Der Lösung wird Salzsäure im Überschuß zugesetzt. Wird dabei die Konzentration der Chloridionen auf 0,5 mol/l erhöht, so geht die Konzentration der Silberionen auf einen äußerst geringen Wert zurück.

$$c_{Ag^+} \cdot c_{Cl^-} = L_{AgCl}$$

$$c_{Ag^+} \cdot 0{,}5 \text{ mol/l} = 1{,}6 \cdot 10^{-10} \text{ mol}^2/\text{l}^2$$

$$c_{Ag^+} = \frac{1{,}6 \cdot 10^{-10} \text{ mol}^2/\text{l}^2}{5 \cdot 10^{-1} \text{ mol/l}}$$

$$c_{Ag^+} = 3{,}2 \cdot 10^{-10} \text{ mol/l}$$

Durch den Überschuß an Salzsäure ist also die Konzentration der Silberionen von $1{,}26 \cdot 10^{-5}$ mol/l (↑ Beispiel S. 302) auf $3{,}2 \cdot 10^{-10}$ mol/l, also auf weniger als den zehntausendsten Teil, herabgesetzt worden. Diese außerordentlich geringe Menge kann bei den meisten analytischen Untersuchungen vernachlässigt werden.

Allerdings kann ein gleichioniger Zusatz auch zur Bildung *leichtlöslicher Komplexsalze* führen, wodurch eine Erhöhung der Löslichkeit vorgetäuscht wird.

Beispiel: Wird eine Blei(II)-nitratlösung, $Pb(NO_3)_2$, mit Natronlauge versetzt, so bildet sich ein weißer Niederschlag von Blei(II)-hydroxid, $Pb(OH)_2$:

$$Pb(NO_3)_2 + 2\,NaOH \rightleftarrows Pb(OH)_2\downarrow + 2\,NaNO_3$$

Bei Zugabe weiterer Natronlauge, also bei einem gleichionigen Zusatz, löst sich dieser Niederschlag von Blei(II)-hydroxid wieder auf, da sich eine leichtlösliche Komplexverbindung Natrium-tetrahydroxo-plumbat(II) bildet:

$$Pb(OH)_2 + 2\,NaOH \rightleftarrows Na_2[Pb(OH)_4]$$

Hier wird also nicht die Löslichkeit des Blei(II)-hydroxids erhöht, wie es den Anschein hat, sondern es findet — infolge des amphoteren Charakters des Bleihydroxids — eine chemische Umsetzung zu einer viel leichter löslichen Verbindung statt.

Anorganische Chemie

Die Hauptgruppenelemente und ihre Verbindungen

10. Wasserstoff

10.1. Allgemeines

Symbol: H [*hydrogenium* (grch.-lat.) Wasserbildner]; **Wertigkeiten:** +1, selten −1.

Isotope: ^1H Protium (leichter Wasserstoff; 99,984%)
D = ^2H Deuterium (schwerer Wasserstoff; 0,016%)
T = ^3H Tritium (überschwerer Wasserstoff; Spuren; auf der Erde etwa 2 kg)

Vorkommen: häufigstes Element des Weltalls (Fixsterne, interstellare Materie; auch die großen Planeten, z.B. Jupiter und Saturn, bestehen überwiegend aus Wasserstoff). Die Zusammensetzung des uns zugänglichen Teiles des Weltalls wird auf 63% H, 36% He und 1% übrige Elemente geschätzt. Auf der Erde kommt Wasserstoff fast nur chemisch gebunden vor (Wasser, Organismen, Erdöl, Erdgas, Kohle, einige Minerale), frei in den höchsten Stratosphärenschichten, hier z.T. ionisiert. In der Erdkruste bis 17 km Tiefe ist H mit 1,4 Massen-% bzw. etwa 17 Atom-% massenmäßig das zehnt-, atomzahlmäßig das dritthäufigste Element.

10.2. Elementarer Wasserstoff

Formel: H_2; *Struktur:* H:H.

Entdeckung: 1766 durch H. Cavendish (England).

Herstellung:

- aus verdünnten Säuren und Metallen (außer Kupfer und Edelmetallen); z.B. $Zn + 2\,HCl \rightarrow ZnCl_2 + H_2$

  Ionengleichung: $Zn + 2\,H^+ \rightarrow Zn^{2+} + H_2$; d.h., die Zn-Atome geben an je 2 H^+-Ionen 2 Elektronen ab; sie reduzieren die H^+-Ionen und werden selbst oxidiert.

- aus verdünnten Laugen und amphoteren Metallen, z.B. Aluminium (↑ S. 341)

- durch Reduktion von Wasser mit sehr unedlen Metallen: *Flüssiges Wasser* reagiert mit Alkali- und einigen Erdalkalimetallen, z.B. $2\,Na + 2\,H_2O \rightarrow 2\,NaOH + H_2$, oder $Ca + 2\,H_2O \rightarrow Ca(OH)_2 + H_2$.

Natrium und Kalium reagieren sehr heftig, wobei sich der frei werdende Wasserstoff bei Kalium stets, bei Natrium meist entzündet. Mit Kalzium erfolgt eine mäßiger heftige Reaktion.

Heißer Wasserdampf wird auch von Magnesium, Zink und Eisen reduziert. Das technische *Eisen-Wasserdampf-Verfahren* arbeitet bei Rotglut und liefert schwefelfreien Wasserstoff: $3\,Fe + 4\,H_2O \rightarrow Fe_3O_4 + 4\,H_2$.

- technisch durch (z.T. katalytische) Reduktion von Wasserdampf mit verschiedenen »Kohlenstoffträgern« (Koks, Kohle, Erdöldestillationsrückstände, Heizöle, Benzine, Raffinerierestgase, Erdgas, Methan) bei höheren Temperaturen. Gasförmige und leicht verdampfbare Rohstoffe werden im *Dampfreformierverfahren* (↑S. 371) umgesetzt, Flüssigkeiten durch *Öldruckvergasung* (↑S. 371), Koks und Kohle durch Vergasung bei erhöhtem (*Druckvergasung*, ↑S. 349) oder normalem Druck (*Wassergasprozeß*).

Wassergasprozeß: Aus sauerstoffangereichertem[1]) Wasserdampf und Kohle- oder Kokspulver (Braun- oder Steinkohle) bildet sich im kontinuierlich arbeitenden Wirbelbettreaktor (Winkler-Generator) bei etwa 1000 °C **Wassergas** (Wasserstoff + Kohlenmonoxid).

Hauptreaktion:

$$H_2O + C \rightarrow H_2 + CO; \quad \Delta H_R = +118{,}1\ \text{kJ/mol}$$

Wassergas dient als Heizgas, als Ausgangsstoff für chemische Synthesen (Ammoniak, Methanol, höhere Alkohole u.a.) sowie zur Gewinnung von Wasserstoff.

Gewinnung von Wasserstoff aus Wassergas:

1. Stufe: *Konvertierung* (heute mit höherer Ausbeute als Tieftemperaturkonvertierung bei 200 bis 300 °C durchgeführt). Hierbei setzt sich das im Wassergas enthaltene Kohlenmonoxid katalytisch mit Wasserdampf um:

$$CO + H_2O \rightleftarrows CO_2 + H_2; \quad \Delta H_R = -42{,}7\ \text{kJ/mol}$$

2. Stufe: Auswaschen des Kohlendioxids mit heißer Kaliumkarbonatlösung unter Druck; ↑S. 372

3. Stufe: Feinreinigung von restlichem CO u.a. Gasen; s.a. S. 372

- durch Elektrolyse verdünnter Alkalilauge oder Schwefelsäure; auch bei der Alkalichloridelektrolyse (↑S. 315) entsteht Wasserstoff als Nebenprodukt.

---

[1]) Der Sauerstoff verbrennt einen Teil des Kohlenstoffs; durch diese *exotherme* Reaktion wird der *endotherme* Wassergasprozeß *autotherm*, d.h. unabhängig von äußerer Wärmezufuhr.

Physikalische Eigenschaften: farb-, geruch- und geschmackloses Gas; rund 14mal leichter als Luft [Dichte: 0,09 g/l bei 101,3 kPa (1 atm) und 0 °C] und damit leichtester Stoff überhaupt; nächst Helium am zweitschwersten zu verflüssigen; Schmelzpunkt: −259,2 °C; Siedepunkt: −252,2 °C; in Wasser sehr wenig löslich, leicht dagegen in manchen Metallen (Platin, Palladium); im Stahl bewirkt er die beim Beizen mit Säuren oft auftretende »Wasserstoffsprödigkeit«.

Chemische Eigenschaften: bei gewöhnlicher Temperatur sehr beständig; an der Luft und in Chlorgas brennbar: $2\,H_2 + O_2 \rightarrow 2\,H_2O$; $\Delta H_R = -484{,}0$ kJ/mol (schwach blaue, fast unsichtbare Flamme) bzw. $H_2 + Cl_2 \rightarrow 2\,HCl$; $\Delta H_R = -183{,}3$ kJ/mol. Gemische mit Luft, Sauerstoff oder Chlor sind explosiv (*Knallgas* bzw. *Chlorknallgas*). Auch mit anderen Nichtmetallen vereinigt er sich beim Erhitzen, z.B. $H_2 + S \rightarrow H_2S$; $\Delta H_R = -20{,}1$ kJ/mol. Mit Alkali- und Erdalkalimetallen entstehen in der Hitze *Hydride*. – Heißer Wasserstoff reduziert viele Metalloxide, z.B. $WO_3 + 3\,H_2 \rightarrow W + 3\,H_2O$ (techn. Wolframherstellung). – *Hydrierung* ist die Anlagerung, *Dehydrierung* die Abspaltung von Wasserstoff.

Verwendung: für technische Hydrierungen und Synthesen (Ammoniak, Methanol, Chlorwasserstoff, Benzin durch Hydrospaltung von Erdöl und Teer, Sorbit aus Glukose, Fettalkohole aus Fettsäuren, Butandiol-(1,2) aus Aldol für Synthesekautschuk; Fetthärtung u.a.); zum Füllen von Ballons; zur Erzeugung hoher Temperaturen im Knallgasgebläse (z.B. für synthetische Edelsteine). Wasserstoff ist Bestandteil von *Stadt-*, *Fern-*, *Kokerei-*, *Schwel-* und *Wassergas*. Er kommt in Stahlflaschen (rote Kennzeichnung; Linksgewinde) mit 15 MPa (150 at) Druck in den Handel.

Monowasserstoff: Im Zustande des Entstehens (»in statu nascendi«) ist Wasserstoff atomar und deshalb besonders reaktionsfähig. Leitet man z.B. Wasserstoff durch Nitrobenzol, so findet keine Reaktion statt; bringt man dagegen Nitrobenzol mit Eisen und Salzsäure zusammen, wird es durch den »naszierenden« Wasserstoff zu Anilin reduziert. – Auch in Metallen löst sich Wasserstoff atomar; daher wirken Platin und Nickel als Hydrierungskatalysatoren (Fetthärtung); an Platinschwamm entzündet sich Wasserstoff an der Luft von selbst (DÖBEREINERS Feuerzeug).

Wasserstoffionen: »H^+-Ionen« sind in wäßriger Lösung in Wirklichkeit H_3O^+-Ionen (»*Hydronium-Ionen*«; primäre Hydratation), die ihrerseits durch Wasserstoffbrücken weitere Wassermoleküle locker binden (sekundäre Hydratation), so daß der Komplex $H_9O_4^+$ entsteht. *Nichthydratisierte Wasserstoffionen* (Atomkerne des Wasserstoffs) heißen *Protonen*; sie bilden (neben knapp 20% α-Teilchen) etwa 80% der primären kosmischen Strahlung.

10.3. Hydride

Hydride sind binäre Verbindungen des Wasserstoffs. Man unterscheidet:

Salzartige Hydride: Sie enthalten das Wasserstoffanion (Hydridion) H^-. Dazu gehören Alkali- und Erdalkalihydride, z.B. Kalziumhydrid, CaH_2, sog. »fester Wasserstoff« (1 kg ergibt mit Wasser etwa 1000 l Wasserstoff: $CaH_2 + 2\,H_2O \rightarrow Ca(OH)_2 + 2\,H_2$).

Komplexe Hydride: Sie enthalten das Hydridion H^- als Ligand, z.B. **Natriumtetrahydridoaluminat** (*Natriumalanat*), $Na[AlH_4]$, oder **Natriumtetrahydridoborat** (*Natriumboranat*), $Na[BH_4]$: feste, weiße Salze, die als Reduktionsmittel dienen.

Metallartige Hydride: Das Elektron des H-Atoms nimmt am Elektronengas des Metalls teil. Schwermetallhydride mit legierungsartigem Charakter sind z.B. *Platin-* und *Palladiumwasserstoff*.

Flüchtige Hydride: Sie enthalten Wasserstoff in Atombindung. Hierzu gehören die *Nichtmetallhydride*, z.B. Halogenwasserstoffe, Kohlenwasserstoffe, Schwefelwasserstoff, Ammoniak, Wasser, Silane usw.

10.4. Wasser

Formel: H_2O; die Moleküle sind über Wasserstoffbrücken assoziiert: $(H_2O)_x$; hierauf beruht der höhere Schmelz- und Siedepunkt im Vergleich zu den nicht assoziierten Verbindungen H_2S, H_2Se und H_2Te.

Reines Wasser: geruch- und geschmacklos; in dicken Schichten (über 5 m) himmelblau; unter normalem Luftdruck bei 100 °C siedend; bei 0 °C unter Ausdehnung um $^1/_{11}$ seines Volumens zu *Eis* erstarrend; größte Dichte (1 g/cm³) bei +4 °C; sehr geringe elektrische Leitfähigkeit.

Natürliches Wasser ist stets verunreinigt. *Regenwasser* und *Schnee* enthalten Staub, Sauerstoff, Stickstoff, Kohlendioxid und Spuren von Ammoniumnitrat; *Quell-*, *Fluß-* und *Grundwasser* enthalten 0,01 bis 0,2% gelöste Stoffe, z.B. Kalium- und Magnesiumsalze (»Härtebildner«, ↑ S. 333). Im *Meerwasser* sind etwa 3,5% Salze gelöst (Ostsee 1%; Totes Meer 30%). Große Wasserflächen wirken klimatisch ausgleichend, da zur Erwärmung von Wasser um 1 K mehr Wärme erforderlich ist und umgekehrt beim Abkühlen mehr Wärme abgegeben wird als bei anderen Stoffen. 71% der Erdoberfläche sind mit Wasser bzw. Eis bedeckt. 97,2% des Wassers sind im Weltozean, 2,15% bilden Gletscher und Eisfelder, nur 0,63% befinden sich auf dem Festland. Der menschliche Organismus besteht zu 60 bis 70% aus Wasser.

Trinkwasser ist aufbereitetes natürliches Wasser. Es soll klar, farb- und geruchlos, sauerstoffreich sowie frei von krankheitserregenden Bakterien sein. Der Gehalt an Kolibakterien soll 10/ml unterschreiten (diese Bakterien, vom Menschen in der Größenordnung 10^{11}/Tag ausgeschieden, sind an sich harmlos, zeigen jedoch fäkale Verunreinigungen an).

Entkeimung: durch Einblasen von Chlorgas (»Chlorung«) oder ozonreichem Sauerstoff (»Ozonierung«); durch Filtration über Kies, der mit einem Bakterienrasen bedeckt ist.

Enteisenung: durch Versprühen und Verdüsen unter Zuführung von viel Luft, evtl. nach Zugabe von Kalkmilch:

$$4\,Fe(HCO_3)_2 + O_2 + 2\,H_2O \rightarrow 4\,Fe(OH_3)\downarrow + 8\,CO_2$$

Das ausfallende braune Eisen(III)-hydroxid wird durch Kiesfiltration entfernt.

Entmanganung: erfolgt gleichzeitig mit der Enteisenung.

Entsäuerung (von überschüssiger Kohlensäure, die Rohrleitungen angreift): durch Filtration über Marmorkalk oder ein Gemisch aus $MgO + CaCO_3$.

Desodorierung (Entfernung unangenehmer Geruchs- und Geschmacksstoffe): durch Filtration über Aktivkohle.

Fluoridierung: wird mancherorts zur Bekämpfung der Zahnkaries durchgeführt; Zugabe von Natriumhexafluorosilikat, $Na_2[SiF_6]$.

Kristallwasser ist komplex gebundenes Wasser (Aquokomplexe); beim Erhitzen entweicht es; man berücksichtigt es in chemischen Formeln nur nach Bedarf.

Beispiele: Kupfersulfat-5-Wasser, $CuSO_4 \cdot 5\,H_2O$; 3-Kadmiumsulfat-8-Wasser, $3\,CdSO_4 \cdot 8\,H_2O$. (Der Punkt wird nicht »mal«, sondern »mit« gelesen.)

Nachweis: durch Blaufärbung entwässerten Kupfersulfats.

10.5. Wasserstoffperoxid (*Wasserstoffsuperoxid*), H_2O_2

Herstellung:

- aus Bariumperoxid und Schwefelsäure:

$$BaO_2 + H_2SO_4 \rightarrow BaSO_4 + H_2O_2$$

- technisch durch Elektrolyse von mittelkonzentrierter Schwefelsäure mit hohen Stromdichten und Vakuumdestillation der entstehenden Lösung:

$$\text{Anode: } 2\,SO_4^{2-} - 2\,e \rightarrow S_2O_8^{2-};\; S_2O_8^{2-} + 2\,H^+ \rightleftarrows H_2S_2O_8;$$

$$H_2S_2O_8 + 2\,H_2O \rightarrow H_2O_2\uparrow + 2\,H_2SO_4$$

Eigenschaften: in wasserfreiem Zustand blaßblau, ölig, sehr explosibel; die im Handel befindlichen 30%igen (»*Perhydrol*«) und 3%igen Lösungen werden durch Licht und Katalysatoren (Staub, Blut, Braunstein, Platin, auch durch das Ferment Katalase) leicht zersetzt: $2\,H_2O_2 \rightarrow 2\,H_2O + O_2$. Starkes Oxidationsmittel; 30%iges H_2O_2 erzeugt auf der Haut brennende, weiße Flecke, die nach einiger Zeit wieder verschwinden.

Verwendung: als Bleich- (Haare, Baumwolle) und Desinfektionsmittel, zur Herstellung von Natriumperborat; als Komponente in Raketentreibstoffen.

10.6. Deuterium, schweres Wasser, Tritium

Deuterium, *schwerer Wasserstoff*, Symbol D oder ^2H, hat die Massenzahl 2 (Atommasse 2,0147). Freies Deuterium, D_2, ist doppelt so schwer wie $^1H_2$; es geht die gleichen Reaktionen ein, jedoch meist mit geringerer Geschwindigkeit.

Schweres Wasser, *Deuteriumoxid*, D_2O, das im natürlichen Wasser im Massenverhältnis 1:5500[1]) enthalten ist, reichert sich im Rückstand der Elektrolyse wäßriger Lösungen an, ist auf Grund verminderter Lösefähigkeit giftig und wird als Moderator in Kernreaktoren verwendet. Schmelzpunkt +3,8 °C; Siedepunkt 101,4 °C; Dichte 1,105 g/cm³. – *Halbschweres Wasser* ist HDO.

---

[1]) Bei dieser Angabe wird vereinfacht angenommen, daß alles Deuterium als D_2O vorliegt. In Wirklichkeit verteilt es sich auf D_2O und HDO.

Tritium, *überschwerer Wasserstoff,* Symbol T oder ^3H, ist im Gegensatz zu Deuterium radioaktiv, wird in Kernreaktoren aus ^6Li hergestellt (↑ S. 312), entsteht auch in der Hochatmosphäre durch die Höhenstrahlung und zerfällt unter β-Strahlung (Halbwertszeit 12 Jahre) zu ^3He; Gesamtmenge auf der Erde: etwa 2 kg. – **Tritiumoxid,** *überschweres Wasser,* T_2O, hat den berechneten Schmelzpunkt 4,5 °C.

Kernfusion: Bei etwa 100 Millionen °C reagieren die Atomkerne von Tritium und Deuterium gemäß $D + T \rightarrow {}^4He + n$ zu Helium, wobei etwa der millionenfache Betrag der bei chemischen Reaktionen frei werdenden Energie abgegeben wird. Die technische Beherrschung dieser oder ähnlicher Reaktionen wird die Energieversorgung der Menschheit entscheidend beeinflussen; ↑ Kernsynthesebombe S. 312. – Auf der Sonne werden pro Sekunde 300 Millionen Tonnen Wasserstoff in Helium verwandelt. Bisher sind 20% des Wasserstoffvorrates der Sonne verbraucht worden; der Rest reicht noch für Milliarden von Jahren aus.

11. Elemente der I. Hauptgruppe (Alkalimetalle)

11.1. Allgemeines

Elemente: Lithium (Li), Natrium (Na), Kalium (K), Rubidium (Rb), Zäsium (Cs) und Franzium (Fr).

Eigenschaften der Alkalimetalle[1]**:** sehr leicht; sehr weich (mit Ausnahme des Lithiums mit dem Messer schneidbar); von allen Metallen am reaktionsfähigsten. Ihr sehr starker Silberglanz verschwindet an der Luft sofort; Rb und Cs sind selbstentzündlich. Wasser wird in stark exothermer Reaktion sofort zersetzt, z. B. $2\,K + 2\,H_2O \rightarrow 2\,KOH + H_2$; der frei werdende Wasserstoff entzündet sich bei Na oft, bei K, Rb und Cs stets. Aufbewahrung unter luftabschirmenden Schutzflüssigkeiten, z. B. Petroleum, Paraffinöl.

Warnung! Als Schutzflüssigkeiten dürfen keine Halogenkohlenwasserstoffe wie Tetrachlormethan oder Chloroform verwendet werden! Beim Fall bereits aus 1 m Höhe können damit heftigste Explosionen auftreten, z. B. $CCl_4 + 4\,Na \rightarrow 4\,NaCl + C$.

Alle Alkalimetalle (auch Erdalkalimetalle) lösen sich in flüssigem Ammoniak, wobei die Lösungen mit zunehmender Konzentration erst hellblau, dann tiefblau, schwarz, goldbraun-bronzefarben und schließlich kupfern-metallglänzend aussehen; die konzentrierten Lösungen leiten den elektrischen Strom etwa so gut wie Eisen.

Alkalimetall-Ionen: Diese, z. B. Na^+ oder K^+, sind farblos, demzufolge auch die Alkaliverbindungen, sofern kein farbiges Säurerest-Ion (wie MnO_4^-, CrO_4^{2-}, $Cr_2O_7^{2-}$) vorhanden ist. Sie können durch Elektrolyse aus wäßrigen Lösungen nur an Hg-Katoden entladen werden; anderenfalls sind nichtwäßrige Lösungsmittel oder Schmelzflußelektrolyse anzuwenden.

---

[1]) außer Franzium; ↑ S. 311

Die **Alkalihydroxide** sind starke Basen und sehr leicht in Wasser löslich. Die Basenstärke nimmt vom LiOH bis zum CsOH zu.

Nachweis: Flammenfärbung, Spektralanalyse.

Franzium (*Francium*), 1939 von der französischen Forscherin M. PEREY entdeckt, ist radioaktiv; Halbwertszeit Fr 223: 21 min. Es kommt nur in geringsten Spuren vor und wird in den Ausführungen dieses Kapitels nicht berücksichtigt.

Tabelle 24. Alkalimetalle

	Lithium	Natrium	Kalium	Rubidium	Zäsium
Symbol	Li	Na	K	Rb	Cs
Kernladungszahl	3	11	19	37	55
Relative Atommasse	6,941	22,9898	39,0983	85,4678	132,905
Schmelzpunkt (in °C)	179,0	97,8	63,5	39,0	28,5
Siedepunkt (in °C)	1340	883	760	696	708
Dichte (in g/cm^3 bei 20°C)	0,534	0,97	0,86	1,532	1,87
Häufigkeit (Erdrinde, %)	$6{,}0 \cdot 10^{-3}$	2,63	2,41	$2{,}9 \cdot 10^{-2}$	$6{,}5 \cdot 10^{-4}$
Härte	weich	abnehmend →			
Wertigkeit	+1	+1	+1	+1	+1
Reaktionsfähigkeit	zunehmend →				
Basenstärke	zunehmend →				
Flammenfärbung	karminrot	gelb	blauviolett	blauviolett	blauviolett
Schwerlösliche Salze	LiF Li_2CO_3 Li_3PO_4	$NaSb(OH)_6$ Na-Uranylazetat	$KClO_4$ K_2PtCl_6	$RbClO_4$ Rb_2PtCl_6	$CsClO_4$ Cs_2PtCl_6

11.2. Lithium und Lithiumverbindungen

Symbol: Li [*lithos* (grch.) Stein]; **Wertigkeit:** +1.

Vorkommen: in Gesteinen (nicht in Salzlagern!) verbreitet, doch nur in geringer Menge; in einigen Mineralwässern (»Lithiumwässer«, z.B. in Bad Dürkheim); in Pflanzenasche (Tabakasche bis 0,5%).

Entdeckung: 1817 durch ARFVEDSON (Schweden).

Minerale:

Amblygonit .... $LiAlF(PO_4)$
Spodumen .... $LiAlSi_2O_6$
Lepidolith (Lithionglimmer) .... K-, OH-, F-haltiges Li-Al-Silikat
Zinnwaldit .... $KLiFeAl[AlSi_3O_{10}(F, OH)_2]$

Herstellung: Aufschluß der Minerale mit Schwefelsäure; aus der entstandenen Li_2SO_4-Lösung wird mit Natriumkarbonat Li_2CO_3 gefällt; daraus werden mit Säuren andere Salze hergestellt. Li-Metall erzeugt man durch Elektrolyse einer LiCl/KCl-Schmelze; auch aus einer LiCl-Lösung in Pyridin läßt sich Li elektrolytisch abscheiden.

Eigenschaften (s.a. S. 311): leichtestes Metall; unter Petroläther aufzubewahren, da es auf Benzin schwimmt; verbrennt bei 180 °C zu weißem *Lithiumoxid*: $4\,Li + O_2 \rightarrow 2\,Li_2O$; verbindet sich als einziges Element bereits bei Raumtemperatur mit Stickstoff: $6\,Li + N_2 \rightarrow 2\,Li_3N$ *(Lithiumnitrid)*.

Verwendung: als Legierungszusatz für Achslagermetalle; zur Herstellung metallorganischer Katalysatoren.

Lithiumverbindungen: meist farblos und wasserlöslich (unlöslich: LiF, Li_2CO_3, Li_3PO_4); färben die Flamme intensiv karminrot *(Nachweis!)*.

Lithiumkarbonat, Li_2CO_3, verwendet für Emails und Glasuren; **Lithiumfluorid**, LiF, für ultraviolettdurchlässiges Glas und zur Vergütung optischer Linsen; **Lithiumhydrid**, LiH, als leicht transportabler »fester Wasserstoff«, da es sich mit Wasser gemäß $2\,Li + 2\,H_2O \rightarrow 2\,LiOH + H_2$ zersetzt; **Lithiumchlorid**, LiCl, ist hygroskopisch und löst sich im Gegensatz zu den anderen Alkalichloriden auch in Äthanol; **Lithiumstearat**, $C_{17}H_{35}COOLi$, als verdickender Zusatz zu Schmierölen; die so erzeugten »Lithiumfette« können zwischen −50 °C und +180 °C Anwendung finden.

Kernchemie: Lithium 6 dient zur Herstellung von Tritium im Kernreaktor, da es durch langsame Neutronen gemäß ${}^6_3Li + {}^1_0n \rightarrow {}^4_2He + {}^3_1T$ zerlegt wird. Die **Kernsynthesebombe** (»Wasserstoffbombe«) enthält als thermonuklearen Sprengstoff wahrscheinlich **Lithiumdeuterid-(^{6}Li)** der Formel ^6LiD. Die Neutronen einer »gewöhnlichen« Atombombe lösen die Reaktion

$${}^6_3Li + {}^1_0n \rightarrow {}^4_2He + {}^3_1T$$

aus. Das entstehende Tritium reagiert bei den durch die Atombombe erzeugten Temperaturen mit dem Deuterium gemäß

$${}^3_1T + {}^2_1D \rightarrow {}^4_2He + {}^1_0n,$$

wodurch wieder Neutronen für die Zerlegung des Lithiums geliefert werden. Hierbei wird wieder Tritium frei, so daß eine Kernkettenreaktion vonstatten gehen kann und der gesamte thermonukleare Sprengstoff Lithiumdeuterid-(^{6}Li) unter Abgabe gewaltiger Energiemengen in Helium übergeht.
(In den angegebenen *kernchemischen Gleichungen* bedeutet die obere Zahl die *Massenzahl*, die untere die *Kernladungszahl*; die Summe der Massenzahlen einerseits und die Summe der Kernladungszahlen andererseits müssen auf der linken und rechten Seite der Gleichung übereinstimmen.)

11.3. Natrium und Natriumverbindungen

11.3.1. Allgemeines

Symbol: Na [*neter* (hebr.) Soda]; **Wertigkeit:** +1.

Vorkommen: sechsthäufigstes Element der Erdkruste; kommt nur gebunden vor; in Mineralen (z.B. in Salzlagern), natürlichem Wasser und in Organismen. 1 l Meerwasser enthält 10,6 g Na^+-Ionen.

Minerale:

Steinsalz *(Halit)* .... NaCl
Natronsalpeter *(Chilesalpeter)* .... $NaNO_3$
Kryolith *(Eisstein)* .... Na_3AlF_6
Natronfeldspat *(Albit)* .... $NaAlSi_3O_8$

Entstehung der Salzlager: Die an der Erdoberfläche befindlichen unlöslichen alkalihaltigen Silikatgesteine, z.B. Feldspäte, verwittern allmählich unter Wasseraufnahme zu Tonen und löslichen Alkaliverbindungen. Letztere werden durch Bäche und Flüsse ins Meer getragen; bei der Verdunstung abflußloser oder abgeschnittener Meeresteile reichern sich die Salze an (Totes Meer!) und kristallisieren schließlich in Reihenfolge zunehmender Löslichkeit aus. Bei den entstehenden Salzschichten liegen also die schwerstlöslichen Stoffe zuunterst. Bei Überlagerung mit Tonen, Sandstein usw., erneutem Meereseinbruch und erneutem Auskristallisieren entstehen mehrere Schichtenfolgen übereinander. Die mitteldeutschen Salzlager sind vor 200 bis 300 Millionen Jahren aus dem Zechsteinmeer entstanden.

Zusammensetzung der Salzlager: Die unterste Schicht besteht jeweils aus Anhydrit ($CaSO_4$); dann folgen starke Steinsalzschichten (NaCl); darüber befinden sich, falls nicht ausgewaschen, die am leichtesten löslichen Kalium- und Magnesiumsalze (»Abraumsalze«; »Edelsalze«).

Gewinnung der Salze:

- durch Sprengung
- durch Aussolen (Lösen unter Tage, Hochpumpen der Salzsole und Eindampfen)

Nachweis: intensiv gelbe Flammenfärbung, die durch ein Kobaltglas verschluckt (absorbiert) wird.

Physiologie: Na^+-Ionen sind für Tiere und einen Teil der Pflanzen lebensnotwendig. Im Gegensatz zu den K^+-Ionen befinden sie sich fast durchweg außerhalb der Zellen und regeln dort osmotisch deren Wassergehalt.

11.3.2. Metallisches Natrium

Erstherstellung: 1807 durch DAVY (England); Elektrolyse geschmolzenen Natriumhydroxids mit VOLTAschen Säulen.

Herstellung: durch Schmelzelektrolyse von Natriumhydroxid oder von Natriumchlorid + Kalziumchlorid.

Die Katode besteht aus Eisen oder flüssigem Blei; aus der Pb-Schmelze wird das Na herausdestilliert.

Eigenschaften (s.a. S. 311): stark silberglänzendes, weiches, mit dem Messer schneidbares Metall (Dampf purpurfarben), das an der Luft unter Bildung von Natriumhydroxid und -karbonat rasch anläuft. Mit Wasser reagiert es heftig zu Natronlauge und Wasserstoff: $2\,Na + 2\,H_2O \rightarrow 2\,NaOH + H_2$.

Das Metall schwimmt dabei auf dem Wasser, schmilzt infolge der Reaktionswärme zu einer Kugel und bewegt sich infolge der Gasentwicklung zischend umher. Oft entzündet sich der Wasserstoff (gelbe Natriumflamme) und löst örtliche Knallgasexplosionen aus, besonders wenn sich das Metall an einer Stelle festsetzt (Wärmestau!). *Vorsicht* vor verspritzender Natronlauge! Schutzbrille!

Mit Alkoholen erfolgt weniger heftige Reaktion (Verwendung zur Beseitigung von Natriumresten) unter Bildung von Natriumalkoholat, z.B. $2\,Na + 2\,C_2H_5OH \rightarrow 2\,C_2H_5ONa + H_2$. – An der Luft erhitzt, verbrennt Na mit gelber Flamme zu Natriumperoxid, in Chlorgas zu Natriumchlorid: $2\,Na + O_2 \rightarrow Na_2O_2$ bzw. $2\,Na + Cl_2 \rightarrow 2\,NaCl$. Mit Quecksilber entsteht unter Feuererscheinung Natriumamalgam. Über die Löslichkeit in flüssigem Ammoniak ↑ S. 310.

Verwendung: für Natriumdampflampen; als Wärmetransportflüssigkeit in Kernkraftwerken; zur Herstellung von Natriumzyanid, -peroxid, Indigo und Tetraäthylblei; als Trockenmittel für Äther und andere halogenfreie organische Flüssigkeiten.

11.3.3. **Natriumchlorid,** NaCl

Vorkommen: als Steinsalz (Halit) in Salzlagern; in Salzsolen; im Meerwasser zu rund 2,7%; in Salzkohle; in Organismen.

Gewinnung:

- aus Salzlagern durch Sprengung oder Aussolung (Lösen unter Tage, Hochpumpen der Sole und Eindampfen)
- aus Salzsolen durch Eindampfen in Siedepfannen oder durch Gradieren

  Beim *Gradieren* tropft die Salzsole in Gradierhäusern über Dornenreisig, wobei so viel Wasser verdunstet, daß sich die schwerer löslichen Salze, z.B. Gips, als »Dornstein« abscheiden. Durch wiederholtes Überpumpen wird die Lösung bis auf 20% konzentriert und dann in flachen Eisenpfannen oder in Vakuumverdampfern eingedampft (»Siedesalz«).

- aus Meerwasser durch Verdunsten oder Ausfrieren (»Seesalz«)

  Man grenzt Meeresteile ab und läßt das Wasser in den so entstehenden »Salzgärten« verdunsten; in kalten Ländern läßt man es gefrieren, wobei unter reinem Eis eine konzentrierte Salzlösung verbleibt.

Reinigung: ist für chemische Zwecke meist erforderlich. Natriumkarbonatlösung fällt Ca^{2+} und Mg^{2+}, Kalziumhydroxid $SO_4{}^{2-}$ aus.

Eigenschaften: farblose Kristallwürfel (F = 801 °C, Kp = 1440 °C), die in heißem wie in kaltem Wasser nahezu gleich gut löslich sind (daher keine Reinigung durch Umkristallisation möglich). 100 g Wasser lösen bei 20 °C 35,8 g NaCl; die Lösung ist dann 26,4%ig. Die gesättigte Lösung siedet bei 109 °C. Bei mäßigem Erhitzen knistern die Kristalle, wobei sich ausdehnende Mutterlauge (kein Kristallwasser!) oder eingeschlossene Gase die Kristalle zersprengen. – NaCl ist nicht hygroskopisch, während Kochsalz infolge eines geringen Gehalts an Magnesiumchlorid leicht feucht wird (Vermeidung durch Zusatz von Natriumphosphat, das unlösliches Magnesiumphosphat bildet). – Schwerer flüchtige Säuren, z. B. Schwefelsäure, reagieren mit NaCl unter Bildung von Chlorwasserstoff: $2\ NaCl + H_2SO_4 \rightarrow Na_2SO_4 + 2\ HCl\uparrow$.

Verwendung: Rohstoff für die Herstellung fast aller Natrium- und Chlorverbindungen:

Natriumchlorid, NaCl

- Alkalichloridelektrolyse
  - Natriumhydroxid, NaOH
  - Wasserstoff, H_2 ⎤ — Chlorwasserstoff, HCl
  - Chlor, Cl_2 ⎦
- Alkalichloridelektrolyse
  - Natriumhypochlorit, NaClO, oder
  - Natriumchlorat, $NaClO_3$
- Schmelzflußelektrolyse
  - Natrium, Na
  - Chlor, Cl_2
- Ammoniak-Soda-Verfahren
  - Natriumhydrogenkarbonat, $NaHCO_3$
  - Natriumkarbonat, Na_2CO_3
  - Kalziumchlorid, $CaCl_2$
- Kalkstickstoffschmelze
  - Natriumzyanid, NaCN
- Schwefelsäure
  - Natriumsulfat, Na_2SO_4
  - Chlorwasserstoff, HCl

Weitere Verwendung: als Konservierungs- (Pökelsalz) und Würzmittel; als Tausalz und Kühlsolensalz; zum Aussalzen von Seife und organischen Farbstoffen; zum Glasieren in der keramischen Industrie; als Zusatz zu Aluminiumbeizen und Nickelelektrolyten; als sprengkraftmindernder Zusatz zu Wettersprengstoffen. – »Viehsalz« ist durch Zusatz von rotem Eisen(III)-oxid denaturiertes, steuerfreies NaCl. – Mischungen mit Eis im Verhältnis 3,5:1 ergeben Kältemischungen bis −21 °C.

Physiologie: Der Mensch enthält in Blut und Gewebssäften 150 bis 300 g NaCl; täglich sind 10 bis 15 g zu ergänzen. Übermäßiger Salzgenuß ist gesundheitsschädlich (kochsalzfreie Diätkost bei Nierenerkrankungen); akut toxische Dosis: etwa 5 g/kg. Blut enthält 0,9% NaCl; gleich konzentriert ist die »physiologische Kochsalzlösung«, die als zeitweiliger Ersatz für Blutplasma verwendet wird.

11.3.4. **Natriumhydroxid,** NaOH

Trivialnamen: NaOH = Ätznatron; wäßrige Lösung = Natronlauge.

Technische Herstellung:

- aus Natriumchloridlösung durch Elektrolyse (»Alkalichloridelektrolyse«). 2 Verfahren:

  Quecksilberverfahren (*Amalgamverfahren*; liefert reine, chloridfreie Lauge): Über den schwach geneigten Boden eines geschlossenen Elektrolysiergefäßes (z. B. 12 m lang, 1,20 m breit) fließt mit etwa 15 cm/s katodisch geschaltetes Quecksilber als zusammenhängende Schicht; platinmetalloxidbeschichtete Titananoden ragen von oben in die 60...80 °C warme Natriumchloridlösung hinein.
  – *Katode:* Wegen der großen Überspannung, die zur Entladung von H^+ an Hg erforderlich ist, werden Na^+-Ionen reduziert: $Na^+ + e^- \rightarrow Na$. Natrium löst sich

im Quecksilber zu Natriumamalgam $NaHg_x$ (bis 0,2% Na); dies fließt ständig in einen mit Graphitblöcken gefüllten *Zersetzer*, wo katalytisch mit Wasser konzentrierte Natronlauge entsteht:

$$2\,NaHg_x + 2\,H_2O \xrightarrow{\text{Graphit}} 2\,NaOH + H_2\uparrow + 2x\,Hg$$

Das Quecksilber wird kontinuierlich wieder in das Elektrolysiergefäß zurückgepumpt; die Sole fließt ebenfalls im Kreislauf und wird außerhalb der Elektrolysezelle wieder mit NaCl angereichert.
– *Anode:* $2\,Cl^- - 2\,e^- \rightarrow Cl_2\uparrow$. Das Chlorgas wird abgeleitet und verwertet; ↑ S. 405.

Diaphragmaverfahren (liefert preiswertere, jedoch chloridhaltige Lauge): Katoden- und Anodenraum werden durch eine poröse Wand (Diaphragma, z.B. Ionenaustauschermembranen auf Basis Polyfluorkarbon) getrennt; so wird eine Vermischung der gelösten Reaktionsprodukte, die zur Bildung von Natriumhypochlorit führen würde ($2\,NaOH + Cl_2 \rightarrow NaClO + NaCl + H_2O$), weitgehend verhindert.
An der Eisen-Katode werden H^+-Ionen (aus dem Wasser stammend) reduziert: $2\,H^+ + 2\,e^- \rightarrow H_2$. Dadurch bleiben OH^- zusammen mit Na^+ zurück, d.h., es liegt Natronlauge vor. Die aus der Diaphragmazelle abfließende Lauge ist etwa 12%ig; durch Einengen kann der größte Teil des noch vorhandenen NaCl ausgeschieden und die Lauge konzentriert werden.

- aus Natriumkarbonat durch »Kaustifizierung«. Ältestes, auch heute noch angewandtes Verfahren. Nach der Gleichung $Na_2CO_3 + Ca(OH)_2 \rightarrow 2\,NaOH + CaCO_3$ entsteht mit Ätzkalk ein Niederschlag von Kalziumkarbonat, welcher abfiltriert wird. Das Filtrat ist Natronlauge (früher als »kaustifizierte Soda« bezeichnet).

Eigenschaften: weiße, kristalline, hygroskopische, stark ätzende Masse (Brocken, Stangen, Schuppen, Plätzchen; $F = 322\,°C$, $Kp = 1390\,°C$), die aus der Luft CO_2 bindet und daher verschlossen aufbewahrt werden muß. In Wasser unter starker Erwärmung sehr leicht löslich (Vorsicht! Verspritzende Lauge gefährdet das Augenlicht!), die entstehende Natronlauge reagiert sehr stark alkalisch. Sie muß in Flaschen mit Gummistopfen aufbewahrt werden, da Glasstopfen festbacken und Korkstopfen zerstört werden. – NaOH macht schwächere und flüchtige Basen aus ihren Salzen frei, z.B. $NaOH + NH_4Cl \rightarrow NH_3\uparrow + H_2O + NaCl$. Aluminium und Zink werden leicht, Blei und Zinn schwerer, die meisten übrigen Metalle nicht angegriffen.

Verwendung: zur Herstellung vieler Natriumsalze (Nitrat, Nitrit, Sulfit, Phosphate, Hypochlorit bzw. Natronbleichlauge, Silikat bzw. Wasserglas, Fluorid, Chromat, Stannat, organische Salze); zur Gewinnung von Zellstoff aus Holz (Sulfatverfahren); zur Herstellung von Viskoseseide und -zellwolle, Seife, waschaktiven Substanzen, Netz- und Emulgiermitteln, Farbstoffen, von Aluminiumoxid aus Bauxit, von Phenolen aus Mineralölen; zur Bereitung von Brünierbädern, Metallentfettungsmitteln und einigen galvanischen Elektrolyten (Zinn, Zink); als Beizmittel für Aluminium (z.B. vor dem Aloxydieren [Eloxieren]).

11.3.5. Natriumkarbonat, Na_2CO_3

Trivialnamen: Na_2CO_3 = wasserfreie (kalzinierte) Soda[1]);
$Na_2CO_3 \cdot 10\,H_2O$ = Kristallsoda (Natriumkarbonat-10-Wasser; 63 % Kristallwasser).

Vorkommen: in Sodaseen (Ägypten, Ostafrika, Kalifornien, Mexiko); das Salz liegt teilweise auskristallisiert vor.

Technische Herstellung:

- aus Natriumchlorid und Kalziumkarbonat nach dem **Ammoniak-Soda-Verfahren** (SOLVAY-Verfahren); seit 1863.

Durch Einleiten von Ammoniak und Kohlendioxid (durch Brennen von Kalkstein erzeugt) in gesättigte Natriumchloridlösung fällt Natriumhydrogenkarbonat aus:

$$\underbrace{NH_3 + H_2O + CO_2}_{NH_4HCO_3} + NaCl \rightarrow NaHCO_3\downarrow + NH_4Cl$$

Durch Erhitzen in Drehrohröfen entsteht daraus Natriumkarbonat:

$$2\,NaHCO_3 \rightarrow Na_2CO_3 + H_2O + CO_2$$

Da Kohlendioxid in den Prozeß zurückgeführt und auch Ammoniak gemäß

$$2\,NH_4Cl + Ca(OH)_2 \rightarrow CaCl_2 + 2\,NH_3 + 2\,H_2O$$

zurückgewonnen wird, ist der Prozeß sehr wirtschaftlich.

Schema des Ammoniak-Soda-Verfahrens:

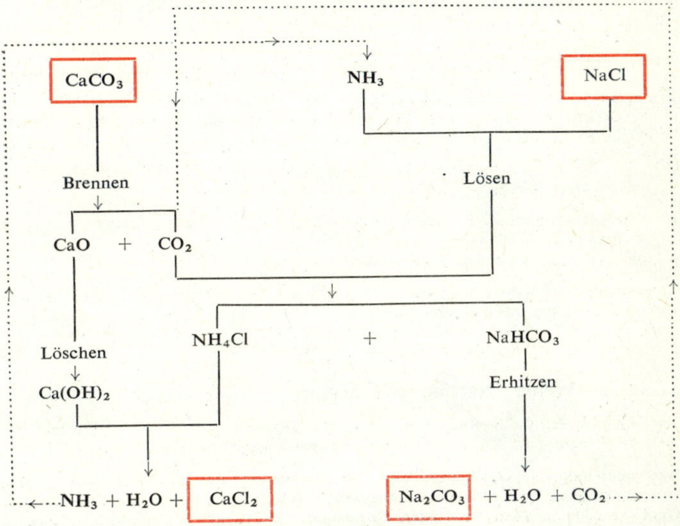

[1]) In Getränken bedeutet »Soda« jedoch *Kohlensäure*.

Das ältere **Leblanc-Verfahren** (seit 1791), das als Rohstoffe Natriumchlorid, Schwefelsäure und Kohle benötigt und neben Soda Chlorwasserstoff und Kalziumsulfid liefert, wird nicht mehr durchgeführt, ist aber von historischer Bedeutung, da mit ihm die Entwicklung der chemischen Großindustrie beginnt.

- Ferner wird Soda noch gewonnen: aus der Asche von Meerespflanzen; aus Natronlauge und Kohlendioxid.

Eigenschaften: wasserfrei weißes Pulver ($F = 853\,°C$); wasserhaltig farblose Kristalle, die an der Luft »verwittern« (Kristallwasser abgeben) und sich bei 32 °C durch Austreten von Kristallwasser verflüssigen. Beide Formen lösen sich in Wasser zu einer infolge Hydrolyse alkalischen Flüssigkeit. – Bei Einwirkung fast aller anderen Säuren geht Soda in deren Natriumsalze über, wobei unter Aufbrausen CO_2 entweicht.

Beispiele: $Na_2CO_3 + 2\,HNO_3 \rightarrow 2\,NaNO_3 + CO_2\uparrow + H_2O$

$$Na_2CO_3 + 2\,CH_3COOH \rightarrow 2\,CH_3COONa + CO_2\uparrow + H_2O$$

Verwendung: zur Herstellung von Glas, Wasserglas, Seife, synthetischen Waschmitteln, verschiedenen anderen Natriumverbindungen, Email und Ultramarin; zur Wasserenthärtung; zur Metallentfettung in Abkochlaugen; zur Entschweflung von Roheisen.

11.3.6. Natriumsulfat, Na_2SO_4

Trivialnamen: Na_2SO_4 = wasserfreies (kalziniertes) »Sulfat«; $Na_2SO_4 \cdot 10\,H_2O$ = Glaubersalz.

Vorkommen: in Lagerstätten am Kaspischen Meer und in Kanada.

Eigenschaften: Aus wäßriger Lösung kristallisiert Na_2SO_4 oberhalb 32,4 °C wasserfrei ($F = 884\,°C$), darunter als $Na_2SO_4 \cdot 10\,H_2O$. Entsprechend »schmilzt« $Na_2SO_4 \cdot 10\,H_2O$ bei 32,4 °C »in seinem Kristallwasser«, d. h., es setzt das Wasser frei und löst sich darin auf.

Technische Herstellung:

- aus Rückständen der Kaliindustrie bei −5 °C gemäß $MgSO_4 + 2\,NaCl \rightarrow Na_2SO_4 + MgCl_2$
- aus Natriumchlorid und Schwefelsäure

Verwendung: zur Herstellung von Glas, Natriumsulfid, Ultramarin, Zellstoff (Sulfatverfahren) und pharmazeutischen Präparaten; in Färbereien zum Auftreiben des Farbstoffs auf den Faserstoff; in Wasch- und Spülmitteln.

11.3.7. Weitere Natriumverbindungen

Natriumoxid, Na_2O: weißes, hygroskopisches Pulver; ($F = 920\,°C$); entsteht aus Natriumperoxid oder Natriumhydroxid und metallischem Natrium.

Natriumperoxid, Na_2O_2: blaßgelbes Pulver; technisch hergestellt durch Verbrennung von Natrium in Drehrohröfen; entflammt Watte, Papier und Aluminiumpulver in Gegenwart kleiner Mengen Wasser. *Verwendung* für Bleichlösungen und für Atmungspatronen (Aufnahme von Kohlendioxid, dafür Abgabe von Sauerstoff: $2\,Na_2O_2 + 2\,CO_2 \rightarrow 2\,Na_2CO_3 + O_2$).

Natriumsulfid, $Na_2S \cdot 9\,H_2O$: farblose, wasserlösliche Kristalle, die infolge Reaktion mit dem Kohlendioxid der Luft nach Schwefelwasserstoff riechen; hergestellt durch Glühen von Natriumsulfat mit Kohle; $Na_2SO_4 + 4\,C \rightarrow Na_2S + 4\,CO$. *Verwendung:* in der Gerberei; zur Herstellung von und zur Färbung mit Schwefelfarbstoffen; als Enthaarungsmittel; als Flotationsmittel.

Natriumsulfit, Na_2SO_3; **Natriumhydrogensulfit**, $NaHSO_3$; **Natriumdisulfit**, $Na_2S_2O_5$: farblose Salze, die aus Natriumhydroxid- oder -karbonatlösung durch Einleiten von Schwefeldioxid entstehen; sie ergeben mit Säuren wieder SO_2. Natriumsulfit kristallisiert unterhalb 37 °C als $Na_2SO_3 \cdot 7\,H_2O$. *Verwendung:* als Bleich-, Desinfektions- und Konservierungsmittel; als Zusatz zu fotografischen Entwicklern und Fixierbädern; als Reduktionsmittel chromsaurer Abwässer.

Natriumthiosulfat, *Fixiernatron*, $Na_2S_2O_3 \cdot 5\,H_2O$: farblose Kristalle, deren Lösungen beim Abkühlen zur Übersättigung neigen.

Herstellung:

- durch Kochen von Natriumsulfitlösung mit Schwefel:

$$Na_2SO_3 + S \rightarrow Na_2S_2O_3$$

- durch Einleiten von Röstgasen in die mit Natriumkarbonat versetzten Mutterlaugen der Natriumsulfidproduktion:

$$Na_2CO_3 + 2\,Na_2S + 4\,SO_2 \rightarrow 3\,Na_2S_2O_3 + CO_2$$

Beim Ansäuern der Lösung entsteht kolloider Schwefel: $Na_2S_2O_3 + 2\,HCl \rightarrow 2\,NaCl + (H_2S_2O_3)$; $(H_2S_2O_3) \rightarrow H_2O + SO_2 + S$. Silberchlorid und andere schwerlösliche Silbersalze werden durch Thiosulfat komplex gelöst; daher Anwendung als wirksamer Bestandteil der fotografischen Fixierbäder (↑ S. 418). *Weitere Verwendung:* als »Antichlor« nach der Chlorbleiche (Papierindustrie); in der Maßanalyse zur Titration von Jod: $2\,Na_2S_2O_3 + I_2 \rightarrow Na_2S_4O_6$ (Natriumtetrathionat) $+ 2\,NaI$.

Natriumnitrat, *Natronsalpeter*, $NaNO_3$: weiße, hygroskopische, in Wasser leicht lösliche Kristalle ($F = 311\,°C$), die sich bei 380 °C zu Nitrit und Sauerstoff zersetzen: $2\,NaNO_3 \rightarrow 2\,NaNO_2 + O_2$. Beim Erhitzen mit konz. Schwefelsäure destilliert Salpetersäure: $2\,NaNO_3 + H_2SO_4 \rightarrow Na_2SO_4 + 2\,HNO_3\uparrow$.
Natriumnitrat kommt in großen Mengen im Chilesalpeter (»Caliche«) vor, wird in Europa jedoch aus Salpetersäure und Natriumhydroxid oder -karbonat erzeugt. *Verwendung:* als Düngesalz; als Bestandteil von Explosivstoffen; als Oxidationsmittel in Glas- und Emailschmelzen.

Natriumnitrit, $NaNO_2$: farblose, giftige, sehr leicht wasserlösliche Kristalle ($F = 271\,°C$); technisch neben Natriumnitrat durch Absorption nitroser Gase mittels Natronlauge gewonnen ($N_2O_4 + 2\,NaOH \rightarrow NaNO_2 + NaNO_3 + H_2O$). Säuren setzen nitrose Gase frei.
Verwendung: für Azofarbstoffe, Brünierbäder ($NaOH + NaNO_3 + NaNO_2$). Nitritpökelsalz (NaCl mit 0,4% $NaNO_2$; erhält die rote Farbe des Fleisches durch Bildung von Stickoxid-Myoglobin).

Natriumamid, $NaNH_2$: farblos, aus $Na + NH_3$ herstellbare Kristalle ($F = 206\,°C$), die mit Wasser heftig explodieren und auch mit Luft allmählich gelbe, explosible Produkte bilden; verwendet für organisch-chemische Synthesen (Indigo) sowie zur Herstellung von **Natriumazid**, NaN_3 ($NaNH_2 + N_2O \rightarrow NaN_3 + H_2O$).

Natriumhydrogenkarbonat, $NaHCO_3$ (früher »doppeltkohlensaures Natron«): weißes, nicht hygroskopisches, mäßig wasserlösliches Kristallpulver, das bei 300 °C in Karbonat und Kohlendioxid zerfällt: $2\,NaHCO_3 \rightarrow Na_2CO_3 + H_2O + CO_2$. Kohlendioxid entsteht auch durch Einwirkung von Säuren. *Herstellung* ↑ Natriumkarbonat; S. 317.

Verwendung: für Waschmittel, Feuerlöscher, Back- und Limonadenpulver (z.B. im Gemisch mit Wein- oder Zitronensäure); Mittel gegen Sodbrennen (Neutralisation der Magensäure).

Sonstige Natriumverbindungen: aufgeführt bei den betreffenden Säuren.

11.4. Kalium und Kaliumverbindungen

11.4.1. Allgemeines

Symbol: K [*al kalja* (arab.) Pflanzenasche]; **Wertigkeit:** +1.

Vorkommen: siebenthäufigstes Element der Erdkruste; ist chemisch gebunden in Mineralen, im Meerwasser und in Organismen enthalten.

1 l Meerwasser enthält 0,38 g K^+-Ionen; dieser im Vergleich zu Na^+ wesentlich geringere Gehalt (etwa $^1/_{40}$) beruht darauf, daß die K^+-Ionen, die durch Gesteinsverwitterung entstehen, vom Erdboden stärker adsorbiert werden.

Minerale:

Sylvin	KCl
Carnallit *(Karnallit)*	$KCl \cdot MgCl_2 \cdot 6\,H_2O$
Kainit	$KCl \cdot MgSO_4 \cdot 3\,H_2O$
Schönit	$K_2SO_4 \cdot MgSO_4 \cdot 6\,H_2O$
Polyhalit	$K_2SO_4 \cdot MgSO_4 \cdot 2\,CaSO_4 \cdot 2\,H_2O$
Kalifeldspat *(Orthoklas)*	$KAlSi_3O_8$

Radioaktivität: Das im Kalium zu 0,01% vorhandene Isotop ^{40}K ist schwach radioaktiv; es geht unter β-Strahlung in ^{40}Ca über und ist (neben ^{238}U und ^{232}Th) für die Erdwärme von Bedeutung.

Nachweis: blauviolette Flammenfärbung (auch durch Kobaltglas sichtbar). *Fällungsreagenzien:* Natriumtetraphenylboranat (»Kalignost«), $Na[B(C_6H_5)_4]$ (→ weiße Fällung des K-Salzes); Perchlorsäure (→ weißes Kaliumperchlorat).

Physiologie: K ist für Pflanzen und Tiere lebensnotwendig (Kalidünger!). K^+-Ionen befinden sich im Gegensatz zu den Na^+-Ionen innerhalb der Zellen; der menschliche Körper enthält etwa 175 g; täglich sind etwa 4 g zu ergänzen.

11.4.2. Metallisches Kalium

Erstherstellung: 1807 durch Davy (England).

Herstellung:

- durch Schmelzelektrolyse von Kaliumhydroxid
- durch Erhitzen von Kaliumfluorid mit Kalziumkarbid:

$$2\,KF + CaC_2 \rightarrow 2\,K + 2\,C + CaF_2$$

Eigenschaften (s. a. S. 311): reaktionsfähiger als Natrium. Auf Wasser geworfen, entzündet sich der entwickelte Wasserstoff sofort und verbrennt mit violetter Flamme. An der Luft erhitzt, verbrennt Kalium zu orangefarbenem Kaliumhyperoxid, KO_2. K-Dampf sieht blaugrün aus. Kaliumreste beseitigt man am besten mit Pentanol (Amylalkohol): $2\,C_5H_{11}OH + 2\,K \rightarrow 2\,C_5H_{11}OK + H_2$. Über die Löslichkeit in flüssigem Ammoniak ↑ S. 310.

Legierung: Eine Na–K-Legierung mit 67 Atom-% K schmilzt bereits bei −12,5 °C.

11.4.3. Kaliumhydroxid, KOH

Trivialnamen: KOH = Ätzkali; KOH-Lösung = Kalilauge.

Herstellung: analog NaOH durch Elektrolyse von KCl-Lösung nach dem Quecksilber- oder Diaphragmaverfahren.

Eigenschaften: weiße, kristalline, hygroskopische, stark ätzende Masse (F = 360 °C, Kp = 1 327 °C), die aus der Luft CO_2 bindet. KOH löst sich sehr leicht in Wasser unter Erwärmung (Vorsicht vor Verspritzen!). Die entstehende Kalilauge reagiert sehr stark alkalisch; sie macht schwächere und flüchtigere Basen, z.B. NH_4OH, aus ihren Salzen frei. – »*Alkoholische Kalilauge*« ist eine Lösung von KOH in Äthanol.

Verwendung: zur Herstellung anderer Kaliumsalze sowie von weicher Seife und Farbstoffen; als Ätzmittel in der Chirurgie; als Elektrolyt in Nickel-Kadmium-Akkumulatoren; alkoholische Kalilauge zur Erzeugung von Flotationshilfsmitteln (Xanthogenate). Im allgemeinen bevorzugt man die preiswertere Natronlauge.

11.4.4. Kaliumnitrat, KNO_3

Trivialname: Salpeter (Kalisalpeter).

Vorkommen: vereinzelt in kleinen Lagern und in Salpeterwüsten.

Herstellung:

- aus Kaliumhydroxid oder -karbonat und Salpetersäure
- durch »Konversion« gemäß

$$NaNO_3 + KCl \rightarrow NaCl + KNO_3$$

Aus heißgesättigter Natriumnitratlösung fällt bei Zugabe von Kaliumchlorid das schwerer lösliche Natriumchlorid aus; beim Abkühlen des Filtrats scheidet sich der »Konversionssalpeter« ab.

Eigenschaften: farblose, kühlend-bitter schmeckende, nicht hygroskopische Kristalle (F = 339 °C), die sich in der Hitze reichlich, in der Kälte wesentlich weniger in Wasser lösen. Oberhalb des Schmelzpunktes zersetzt sich das Salz zu Nitrit und Sauerstoff: $2\,KNO_3 \rightarrow 2\,KNO_2 + O_2$. Schwefel und Holz verbrennen in geschmolzenem KNO_3 sehr lebhaft.

Verwendung: seit dem Mittelalter für *Schwarzpulver* (75% Kaliumnitrat + 15% Holzkohle + 10% Schwefel), das heute nur noch zur Sprengung weicher Minerale (Salze, Schiefer) benutzt wird; weiter in der Feuerwerkerei, bei der Glasherstellung und in Düngesalzen.

11.4.5. Kaliumkarbonat, K_2CO_3

Trivialname: Pottasche (das Salz wurde früher durch Auslaugen von Holzasche und Eindampfen in eisernen »Pötten« gewonnen).

Herstellung:

- aus Kalilauge und Kohlendioxid
- nach dem Formiat-Pottasche-Verfahren: Kaliumsulfat wird in Gegenwart von Kalziumhydroxid bei 230 °C und 1,5 MPa ($\approx$15 at) mit dem Kohlenmonoxid des Generatorgases zu Kaliumformiat umgesetzt (I), das isoliert und unter Luftzufuhr geglüht wird (II):

$$\text{I} \quad K_2SO_4 + Ca(OH)_2 + 2\,CO \rightarrow 2\,HCOOK + CaSO_4$$

$$\text{II} \quad 2\,HCOOK + O_2 \rightarrow K_2CO_3 + CO_2 + H_2O$$

Eigenschaften: weißes, hygroskopisches, sehr leicht in Wasser lösliches Pulver ($F \mathrel{\overline{=}} 894\,°C$); die Lösung reagiert infolge Hydrolyse alkalisch. Mit Säuren entstehen unter Kohlendioxidentwicklung die entsprechenden Kaliumsalze.

Verwendung: Zur Herstellung von Kaligläsern, Seifen, Kaliumpolysulfid, fotografischen Entwicklern; als Treibmittel für Backwaren (Lebkuchen). Die heiße Lösung dient zur Entfernung von CO_2 aus technischen Gasen: $K_2CO_3 + CO_2 + H_2O \rightleftarrows 2\,KHCO_3$ (*Kaliumhydrogenkarbonat*).

11.4.6. Weitere Kaliumverbindungen

Kaliumchlorid, KCl: farblose, scharf salzig schmeckende, wasserlösliche Kristalle ($F = 770\,°C$), hergestellt aus Kalirohsalz durch Flotation oder Löse- und Kristallisationsprozesse; Rohstoff für fast alle anderen K-Verbindungen; wesentlicher Bestandteil vieler Kalidüngesalze.

Kaliumbromid, KBr: farblose Kristallwürfel ($F = 742\,°C$); leichter löslich als KCl; hergestellt aus Kalilauge, Brom und Ammoniak: $6\,KOH + 3\,Br_2 + 2\,NH_3 \rightarrow 6\,KBr + 6\,H_2O + N_2$. *Verwendung:* als verzögerndes und schleierverhütendes Mittel in fotografischen Entwicklern; zur Herstellung von Silberbromid; als Beruhigungsmittel.

Kaliumjodid, KI: farblose, sehr leicht lösliche Kristallwürfel ($F = 682\,°C$); die Lösung löst Jod mit brauner Farbe zu $KI \cdot I_2$ (»Jodjodkaliumlösung«). – *Herstellung:* aus Kalilauge und Jod ($6\,KOH + 3\,I_2 \rightarrow 5\,KI + KIO_3 + 3\,H_2O$) und nachfolgendes Glühen des entstehenden Jodid-Jodat-Gemisches mit Kohle ($2\,KIO_3 + 3\,C \rightarrow 2\,KI + 3\,CO_2$). *Verwendung:* zur Herstellung von Silberjodid; zum Jodieren von Speisesalz; für Pharmaka.

Kaliumsulfat, K_2SO_4: farblose, leicht lösliche Kristalle ($F = 1074\,°C$); hergestellt aus Kaliumchlorid und Magnesiumsulfat; Verwendung für Düngesalze, Kaliwasserglas und Alaune.

Kaliumpolysulfid, K_2S_2 bis K_2S_6, ist in der sog. »*Schwefelleber*« enthalten, die aus Kaliumkarbonat und Schwefel bei 250 °C entsteht. Schwefelleber dient zum dekorativen Braun- und Schwarzfärben von Kupfer, Messing und Silber, wobei die Metalloberflächen in Sulfide umgewandelt werden.

Sonstige Kaliumverbindungen: aufgeführt bei den entsprechenden Säuren.

11.4.7. Kalidüngemittel

In der DDR werden 85% der Kalirohsalze zu Kalidünger verarbeitet. Deren Nährstoffgehalt wird in »% K_2O« angegeben, indem die K^+-Ionen auf K_2O umgerechnet werden; 100 g (bzw. %) KCl ≙ 63,2 g (bzw. %) K_2O.

Kalirohsalze sind:

Sylvinit	NaCl mit 15...35% KCl und 2...18% Ton
Hartsalz	NaCl mit 10...25% KCl und 6...30% Kieserit ($MgSO_4 \cdot H_2O$) oder Anhydrit ($CaSO_4$)
Carnallitit	NaCl mit 40...70% Carnallit, bis 16% Kieserit, Rest Anhydrit u.a.

Kalidünger sind

K 40	(»40er Kalidünger« mit 40% »K_2O«) 60...65% KCl, 26% NaCl, bis 5% $MgCl_2$, 1...1,5% $MgSO_4$, Rest $CaSO_4$ u.a.
K 50, K 60	mit entsprechend höherem KCl-Gehalt
Schwefelsaures Kali	89...96% K_2SO_4, 4% $MgSO_4$, maximal 2,5% Cl (für chloridempfindliche Pflanzen)
Magnesiumhaltige Kalidünger	(mit 30...40% »K_2O«) sind chloridarm und enthalten 10...16% $MgSO_4$.

Misch- und Volldünger ↑ S. 383; s. a. S. 378.

11.5. Rubidium, Zäsium[1]) und ihre Verbindungen

Symbole: Rb [*rubidus* (lat.) dunkelrot]; Cs [*caesius* (lat.) himmelblau]; benannt nach Spektrallinien; **Wertigkeit:** +1.

Entdeckung: 1860/61 durch BUNSEN und KIRCHHOFF mittels Spektralanalyse im Dürkheimer Mineralwasser.

Vorkommen: Begleiter des Kaliums in Mineralquellen, Salzlagern und Gesteinen, jedoch nur in geringer Menge. Carnallit enthält 0,015 bis 0,040% Rb; der Cs-Gehalt ist noch geringer. Ein Cs-Mineral ist der sehr seltene *Pollux* $Cs_4[Al_4Si_9O_{26}]$.

Herstellung: aus den Chloriden oder Dichromaten durch Erhitzen mit Kalzium oder Zirkonium im Vakuum sowie durch Schmelzelektrolyse.

Eigenschaften (s. a. S. 311): reaktionsfähigste Metalle! An der Luft entsteht sofort eine graue Oxidhaut; selbst bei großen Stücken tritt nach wenigen Sekunden Selbstentzündung ein. Mit Wasser erfolgt explosionsartige Reaktion unter Aufglühen. Cs besitzt von allen beständigen Elementen das größte Atomvolumen. Rb und Cs strahlen bei Lichteinwirkung Elektronen aus (»fotoelektrischer Effekt«).

Verwendung: Rb nur für wissenschaftliche Zwecke; Cs für Fotozellen (z.B. in den Kombinationen $Ag/Ag_2O/Cs$ oder Cs_2O/Sb-Cs-Legierung) und spezielle Infrarotstrahler. Das Nuklid Zäsium 137 dient ähnlich dem Kobalt 60 als medizinische Strahlenquelle.

Verbindungen: starke Ähnlichkeit mit K-Verbindungen; geringe Anwendung.

---

[1]) Schreibung auch *Caesium*

12. Elemente der II. Hauptgruppe (Berylliumgruppe)

12.1. Allgemeines

Elemente: Beryllium (Be), Magnesium (Mg), Kalzium (Ca), Strontium (Sr), Barium (Ba) und Radium (Ra); letzteres ist radioaktiv.
Unter »Erdalkalimetallen« versteht man nur Ca, Sr, Ba und Ra.

Allgemeine Eigenschaften: etwas schwerer, härter, höher schmelzend und weniger reaktionsfähig als die Alkalimetalle. Gegenüber kaltem Wasser sind Be und Mg beständig, während die übrigen vom Ca bis zum Ra mit zunehmender Heftigkeit reagieren; das entsprechende Verhalten zeigt sich gegenüber Sauerstoff. Be steht in seinem Verhalten dem Al näher als den übrigen Elementen seiner eigenen Gruppe.

Tabelle 25. Berylliumgruppe

	Beryllium	Magnesium	Kalzium	Strontium	Barium	Radium
Symbol	Be	Mg	Ca	Sr	Ba	Ra
Kernladungszahl	4	12	20	38	56	88
Relative Atommasse	9,01218	24,305	40,08	87,62	137,33	226,025
Schmelzpunkt (in °C)	1280	650	851	770	710	≈700
Siedepunkt (in °C)	2967	1102	1437	1365	1637	1140
Dichte (in g/cm³ bei 20 °C)	1,86	1,75	1,55	2,64	3,61	≈6
Häufigkeit (Erdrinde, %)	$5{,}3 \cdot 10^{-4}$	1,95	3,38	$1{,}4 \cdot 10^{-2}$	$2{,}6 \cdot 10^{-2}$	$9{,}5 \cdot 10^{-11}$
Härte	abnehmend →					
Wertigkeit	+2	+2	+2	+2	+2	+2
Reaktionsfähigkeit	zunehmend →					
Basenstärke	zunehmend →					
Löslichkeit der Hydroxide	zunehmend →					
Löslichkeit der Sulfate	abnehmend		sehr schwer löslich →			
Zerfallstemperatur der Karbonate	zunehmend →					
Flammenfärbung	—	—	orange	zinnoberrot	hellgrün	karminrot

Hydroxide: schwächere Basen als die entsprechenden Hydroxide der I., jedoch stärkere Basen als die der III. Hauptgruppe. Dementsprechend werden sie ebenso wie die Salze mit flüchtigen Säureanhydriden (Karbonate, Sulfite, Sulfate) beim Erhitzen leichter zersetzt als die analogen Alkaliverbindungen.

Ionen: farblos. Aus wäßrigen Lösungen sind sie durch Elektrolyse nur an Hg-Katoden abscheidbar; anderweitige Entladung ist nur aus nichtwäßrigen Lösungsmitteln oder aus Schmelzen möglich.

Löslichkeiten von Salzen:

leicht löslich:	Chloride, Bromide, Jodide, Sulfide, Nitrate, Nitrite, Zyanide, Azetate;
schwer löslich:	Fluoride (außer Be), Sulfate (außer Be und Mg), Phosphate, Karbonate, Silikate, Borate.

12.2. Beryllium und Berylliumverbindungen

Symbol: Be [nach dem Edelstein *Beryll*]; **Wertigkeit:** +2.

Entdeckung: 1798 entdeckte VAUQUELIN (Paris) das Oxid; das Metall wurde erstmals 1828 durch WÖHLER hergestellt.

Vorkommen: sehr selten; nur gebunden. *Wichtigstes Mineral:* **Beryll** = $Be_3Al_2Si_6O_{18}$, farblos. **Smaragd** ist ein durch 0,3% Cr_2O_3 grün, **Aquamarin** ein durch Fe-Verbindungen hellblaugrün gefärbter Beryll.

Herstellung: z.B. durch Schmelzelektrolyse von Berylliumhalogeniden oder durch Erhitzen von BeF_2 mit Ca im Vakuum.

Eigenschaften (s.a. S. 324): silberweißes, hartes, in nicht extrem reinem Zustand sprödes Metall; löslich in verdünnten Säuren und konzentrierten Alkalien; Salpetersäure löst erst beim Erwärmen.

Verwendung: als Reflektormaterial für Neutronen in Atomreaktoren; als Legierungsmetall, z.B. mit Kupfer legiert für funkenfreie Werkzeuge (*Berylliumbronze*); für Röntgenfenster (Be läßt Röntgenstrahlen besser durch als Al).

Verbindungen: giftig, oft süß schmeckend. **Berylliumhydroxid,** $Be(OH)_2$, ist amphoter. — **Berylliumoxid,** BeO, ist ein hochfeuerfester Werkstoff, z.B. für Verbrennungskammern in Raketen.

12.3. Magnesium und Magnesiumverbindungen

12.3.1. Allgemeines

Symbol: Mg [von *Magnesia*: Stadt in Kleinasien]; **Wertigkeit:** +2.

Vorkommen: achthäufigstes Element der Erdkruste, auch im Erdinnern reichlich vorhanden (»Sima«-Schicht)[1]), chemisch gebunden in Mine-

[1]) *Sial-Schicht:* 10...25 km tief reichender, hauptsächlich chemisch gebundenes Si und Al enthaltender Teil der Erdkruste; *Sima-Schicht:* bis 50 km tief reichende, sich an das Sial anschließende, hauptsächlich aus chemisch gebundenem Si und Mg bestehende Schicht

ralen, Meerwasser und Organismen. Im Wasser wirken Mg^{2+}-Ionen als Härtebildner. 1 l Meerwasser enthält 1,27 g Mg^{2+}. Auch das Chlorophyll der grünen Pflanzen ist eine Magnesiumverbindung.

Minerale:

Karbonate:	Dolomit	$CaCO_3 \cdot MgCO_3$ (gebirgsbildend)	
	Magnesit	$MgCO_3$	
Silikate:	Talk, Meerschaum, Asbest, Olivin, Serpentin u.a.		
Sulfate:	Kieserit	$MgSO_4 \cdot H_2O$	in Abraumsalzen
	Kainit	$KCl \cdot MgSO_4 \cdot 3\,H_2O$	in Abraumsalzen
	Bittersalz (Epsomit)	$MgSO_4 \cdot 7\,H_2O$ in Mineralwässern	
Chloride:	Carnallit	$KCl \cdot MgCl_2 \cdot 6\,H_2O$ in Abraumsalzen	

Nachweis: keine Flammenfärbung! Nach Abtrennung der Schwermetalle, des Aluminiums und der Erdalkalimetalle entsteht durch Zugabe von $NH_3 + NH_4Cl + Na_2HPO_4$ eine weiße, kristalline Fällung von $Mg(NH_4)PO_4 \cdot 6\,H_2O$. Organische Reagenzien: Titangelb (→ feuerroter Niederschlag in alkalischer Lösung), 8-Hydroxy-chinolin (»Oxin«; → grünlich-gelber Niederschlag in schwach alkalischer Lösung).

Physiologie: für höhere Pflanzen und Tiere lebensnotwendig; zentrale Rolle des Chlorophylls bei der CO_2-Assimilation der grünen Pflanzen; Magnesiumdüngung von Kulturböden; für den Menschen sind täglich 0,2 bis 0,5 g notwendig (für Knochenbildungsprozesse, den Muskelstoffwechsel und die Aktivierung von Fermenten).

12.3.2. Metallisches Magnesium

Erstherstellung: 1808 durch Davy (England).

Herstellung: durch Schmelzelektrolyse von $MgCl_2$ (mit Zusätzen anderer Chloride) bei 740 °C mit Stahlkatoden und Kohleanoden; das erzeugte Mg schwimmt auf der Schmelze. Katodische Reaktion: $Mg^{2+} + 2\,e^- \rightarrow Mg$.

Eigenschaften (s.a. S. 324): silberweiß, sehr leicht, weich und dehnbar; schlecht gieß- und schweißbar, nicht lötbar; durch Legierung mechanisch beständiger. An der Luft Oxidschutzschicht; beim Erhitzen Verbrennung mit sehr hellem, weißem, ultraviolettreichem Licht zum Oxid MgO.

Die Verbrennung kann bereits durch unsachgemäße spanende Bearbeitung ausgelöst werden. Mg-Brände nicht mit Wasser oder feinem Sand, sondern am besten mit Graugußspänen oder Abdecksalzen löschen, da Wasserdampf und Sand gemäß $Mg + H_2O \rightarrow MgO + H_2$ bzw. $2\,Mg + SiO_2 \rightarrow 2\,MgO + Si$ reduziert werden.

Auch siedendes Wasser wird reduziert: $Mg + 2\,H_2O \rightarrow Mg(OH)_2 + H_2$. Beim Glühen in sauerstoffarmer Luft oder Stickstoff entsteht grünlichgelbes *Magnesiumnitrid*, Mg_3N_2. In Säuren, auch schwachen, löst sich Mg leicht, dagegen nicht in Alkalilaugen (Gegensatz zu Al!). Organische Halogenverbindungen reagieren mit Mg in wasserfreiem Äther zu Grignard-*Verbindungen*, z.B. $Mg + C_2H_5Br \rightarrow C_2H_5MgBr$, Äthylmagnesiumbromid; ↑S. 513. – Mg ist sehr unedel und kann elektrolytisch aus wäßriger Lösung nicht abgeschieden werden.

Legierungen: Knet- und Gußlegierungen vom Typ MgAlZn (bis 10% Al und 3% Zn); für sehr leichte Bauteile.

Verwendung: legiert als Konstruktionsmaterial im Flug- und Fahrzeugbau (leichtestes Gebrauchsmetall!); für Al-Legierungen; für Opfer-Anoden beim elektrochemischen Korrosionsschutz; rein für Leuchtkugeln u.a. pyrotechnische Zwecke sowie für organisch-chemische Synthesen.

12.3.3. Magnesiumverbindungen

Magnesiumoxid, MgO, »*Magnesia*«. Weißes Pulver oder gesinterte weiße Masse; $F \approx 2800\,°C$; hergestellt durch Glühen von Magnesiumkarbonat oder aus Magnesiumchlorid und heißem Wasserdampf. *Verwendung:* für feuerfeste Steine und Geräte (z.B. Magnesiastäbchen im Labor); als mildes Neutralisationsmittel (z.B. für Magensäure); für Magnesiabinder.

Magnesiabinder entsteht durch Verrühren von MgO mit konzentrierter $MgCl_2$-Lösung; der Brei erstarrt nach wenigen Stunden unter Wasserbindung zu einer festen, marmorharten, weißen Masse aus *Magnesium-hydroxidchlorid.* Mit Füllstoffen (Holzmehl, -späne u. dgl.) versehen, dient Magnesiabinder für Leichtbauplatten und Steinholzfußböden.

Magnesiumsulfat, $MgSO_4$, kristallisiert aus warmem Wasser mit 1 H_2O als **Kieserit,** aus kaltem Wasser mit 7 H_2O als **Bittersalz;** beide schmekken bitter und sind im Gegensatz zu den eigentlichen Erdalkalisulfaten leicht wasserlöslich. – Kieserit ist Rohstoff für Mg-Düngesalze; Bittersalz findet medizinische Anwendung.

Magnesiumhydroxid, $Mg(OH)_2$: weißes, in Wasser nur sehr wenig lösliches Pulver; fällt als flockiger Niederschlag aus Mg-Salzlösungen durch Natronlauge aus ($MgSO_4 + 2\,NaOH \rightarrow Mg(OH)_2 + Na_2SO_4$); Ammoniumsalze verhindern die Fällung.

Magnesiumkarbonat, $MgCO_3$, kommt als *Magnesit* vor; ergibt beim Erhitzen Magnesiumoxid. **Magnesiumhydroxidkarbonat,** etwa $4\,MgCO_3 \cdot Mg(OH)_2 \cdot 4\,H_2O$, ein weißes, lockeres, sehr leichtes Pulver, wird durch Fällung von $MgSO_4$-Lösung mit Na_2CO_3 hergestellt und für Puder, Zahn- und Wundstreupulver, Metallputzmittel usw. sowie als Füllstoff für Papier und Kautschuk verwendet.

Magnesiumchlorid kristallisiert aus wäßriger Lösung als $MgCl_2 \cdot 6\,H_2O$. Weißes, sehr hygroskopisches Kristallpulver. Wasserfreies $MgCl_2$ entsteht aus Magnesit durch Brennen und nachfolgendes Erhitzen des Oxids mit Kohlenstoff im Chlorstrom: $MgO + C + Cl_2 \rightarrow MgCl_2 + CO$. *Verwendung:* zur Herstellung von Magnesium, Magnesiazement, Kältemischungen. – **Carnallit,** *Karnallit,* $KCl \cdot MgCl_2 \cdot 6\,H_2O$, wird auch künstlich erzeugt und als Staubbinde-, Auftau- und Badesalz verwendet.

Über **Magnesiumsilikate** (z.B. Talk, Asbest) ↑ S. 359.

Magnesiumdünger: Der Mg-Bedarf der Kulturpflanzen wird durch Anwendung von magnesiumhaltigem Kali-, Phosphor- und Kalkdünger gedeckt, z.B. *Magnesiumphosphat* $Mg_3(PO_4)_2 + CaSO_4$, *dolomitischer Kalk* $CaCO_3 + MgCO_3$; s.a. Kalidüngemittel, S. 323.

12.4. Kalzium und Kalziumverbindungen

12.4.1. Allgemeines

Symbol: Ca [*calx* (lat.) Kalkstein; Stein]; **Wertigkeit:** +2.

Vorkommen: fünfthäufigstes Element der Erdkruste; in Gesteinen, Böden, Organismen und Gewässern weitverbreitet. 1 l Meerwasser enthält 0,4 g Ca^{2+}; Ca^{2+}-Ionen wirken als Härtebildner.

Minerale:

Karbonate:	Kalzit (Kalkspat, Kalkstein, Marmor, Kreide) $CaCO_3$
	Dolomit $CaCO_3 \cdot MgCO_3$
Sulfate:	Anhydrit $CaSO_4$
	Gips $CaSO_4 \cdot 2\,H_2O$
Fluorid:	Flußspat (*Fluorit*) CaF_2
Silikate:	Kalkfeldspat (*Anorthit*) $CaAl_2Si_2O_8$ und viele andere
Phosphate:	Apatite: *Hydroxylapatit* (*Phosphorit*) $3\,Ca_3(PO_4)_2 \cdot Ca(OH)_2 \triangleq Ca_5(PO_4)_3(OH)$
	Apatit $3\,Ca_3(PO_4)_2 \cdot Ca(F,Cl)_2$[1] $\triangleq Ca_5(PO_4)_3(F,Cl)$

Nachweis: Flammenfärbung orangerot, falls die Verbindungen bei Flammentemperatur flüchtig sind. Ammoniumoxalat fällt weißes Kalziumoxalat, $(COO)_2Ca$.

Physiologie: für Tiere und Pflanzen lebensnotwendig. Der erwachsene Mensch enthält etwa 2% Ca, davon 99% in Form verschiedener Apatite in Knochen und Zähnen; auch für die Blutgerinnung sind Ca^{2+} nötig. Tägliche Ergänzung: 1 g Ca^{2+}; Ca-Mangel führt zu Knochenerweichung und -brüchigkeit. Vitamin-D-Mangel bewirkt infolge gestörten Kalk- und Phosphorstoffwechsels Rachitis. – $CaCO_3$ bildet das Gerüstmaterial von Korallen, Muscheln, Foraminiferen u.a.

12.4.2. Metallisches Kalzium

Erstherstellung: 1808 durch DAVY (England).

Herstellung: durch Schmelzelektrolyse von Kalziumchlorid mit KCl bei 850°C an Eisenkatoden.

Eigenschaften (s.a. S. 324): silberweiß, zäh, nicht mit dem Messer schneidbar; läuft an der Luft infolge Bildung von Hydroxid und Karbonat rasch an; verbrennt beim Erhitzen mit hellroter Flamme zu Oxid und Nitrid (Ca_3N_2). Mit Wasser gemäßigt-lebhafte Reaktion: $Ca + 2\,H_2O \rightarrow Ca(OH)_2 + H_2$; das entstehende Kalkwasser trübt sich, sobald es gesättigt ist. Da Ca schwerer flüchtig ist als K, Rb und Cs, verdrängt es diese Metalle beim Erhitzen mit entsprechenden Verbindungen, z.B. $2\,CsCl + Ca \rightarrow CaCl_2 + 2\,Cs\uparrow$.

Verwendung: als Legierungsbeimengung, z.B. für Bahnlagermetall (Pb mit 0,73% Ca, 0,55% Na und 0,04% Li); zur Herstellung seltener Metalle; als Absorptionsmittel für Sauerstoff und Stickstoff bei der Edelgasgewinnung.

---

[1]) Diese Schreibweise bedeutet, daß sich Cl und F beliebig ersetzen können.

12.4.3. Kalziumkarbonat, $CaCO_3$

Vorkommen: sehr rein als **Kalkspat** (z. B. durchsichtiger *isländischer Doppelspat*; spaltet Licht in 2 polarisierte Strahlen auf); weniger rein meist mit Ton vermengt, als **Kalkstein** (gebirgsbildend; Kalk im Boden); als **Marmor** und **Kreide.** Kalkstein und Kreide sind aus Meeresorganismen entstanden, Marmor ebenfalls durch nachfolgende Umbildung und Kristallisation (»Kontaktmetamorphose«).

Kalktuff (*Travertin*) entsteht mit Hilfe von Pflanzenwuchs aus kalkhaltigem Wasser. – **Mergel** = Kalkstein + Ton.

Verwitterung: durch Wasser und Kohlendioxid (Regen-, Sickerwasser) entsteht allmählich lösliches Kalziumhydrogenkarbonat: $CaCO_3 + H_2O + CO_2 \rightleftarrows Ca(HCO_3)_2$; daher sind Kalkgebirge zerklüftet und höhlenreich, auch wasserarm, da das Regenwasser ins Innere abfließt. Wenn das kalkhaltige (»harte«) Wasser verdunstet, scheidet sich infolge Störung des chemischen Gleichgewichts wieder Kalkstein ab, z. B. als *Tropfstein* (»Stalaktiten« von oben, »Stalagmiten« von unten). Die ins Meer gelangenden Ca^{2+}-Ionen werden dort von Organismen aufgenommen und in Form von Muschelschalen, Korallenriffs usw. wieder ausgeschieden.

Eigenschaften: rein farblos oder weiß, sehr schwer löslich; zerfällt bei etwa 900 °C in Kalziumoxid und Kohlendioxid (thermische Dissoziation):

$$CaCO_3 \rightarrow CaO + CO_2, \qquad \Delta H_R = +178 \text{ kJ/mol};$$

reagiert mit Säuren unter CO_2-Entwicklung und Bildung der betreffenden Kalziumsalze.

Verwendung:

Kalziumkarbonat (Kalkstein) $CaCO_3$

Brennen	→ Kalziumoxid (Branntkalk), CaO → Kohlendioxid, CO_2
Glühen mit Ton	→ Zement (Kalziumaluminatsilikat)
Schmelzen mit Sand, Soda u. a.	→ Glas (Alkalikalziumsilikat)
Metallurgische Zuschläge und Auskleidungen	→ Hochofen-, Kupfer-, THOMAS-, SIEMENS-MARTIN-Schlacke
Mischen mit Ammoniumnitrat	→ Kalkammonsalpeter
Schweflige Säure	→ Kalziumhydrogensulfit (»Sulfitlauge«)
Salpetersäure	→ Kalziumnitrat (Kalksalpeter)
Verschiedene Säuren	→ Verschiedene Kalziumsalze

Weitere Verwendung: **Doppelspat** zur Erzeugung polarisierten Lichts in NICOLschen Prismen; **Kalkstein** und **-tuff** (Travertin) als Baustein, Schotter, Betonzuschlag; **Solnhofener Schiefer** für Steindruckplatten; **Marmor** für Säulen, Standbilder usw. sowie zur Kohlendioxiderzeugung im Labor; **Schlämmkreide** in der Anstrichtechnik sowie für Glaserkitt (85% $CaCO_3$ + 15% Firnis). Schreibkreide ist meist Gips! **Gefälltes** $CaCO_3$ ist in Putzmitteln, Zahnpasten, auch als Füllstoff in Papieren enthalten. Ferner: Dünge- und Futterkalk.

12.4.4. Kalziumoxid, CaO

Trivialnamen: Branntkalk, Ätzkalk (letzterer Name auch für $Ca(OH)_2$ gebräuchlich!).

Herstellung: durch Glühen von Kalziumkarbonat (technisch: Kalkbrennen); Gleichung ↑ S. 329. Stückiger Kalkstein wird mit Koks oder durch Heizgas unter Luftzufuhr in Schacht-, Ring- oder Drehrohröfen auf etwa 1100 °C erhitzt.

Eigenschaften: weißes, bei etwa 2500 °C schmelzendes Pulver; sendet beim Glühen sehr helles, weißes Licht aus. Branntkalk: graue bis braune, poröse Stücke. Mit Wasser entsteht unter starker Wärmeentwicklung (»Kalklöschen«) Kalziumhydroxid: $CaO + H_2O \rightarrow Ca(OH)_2$, wobei ein Teil des Wassers verdampft.

Verwendung:

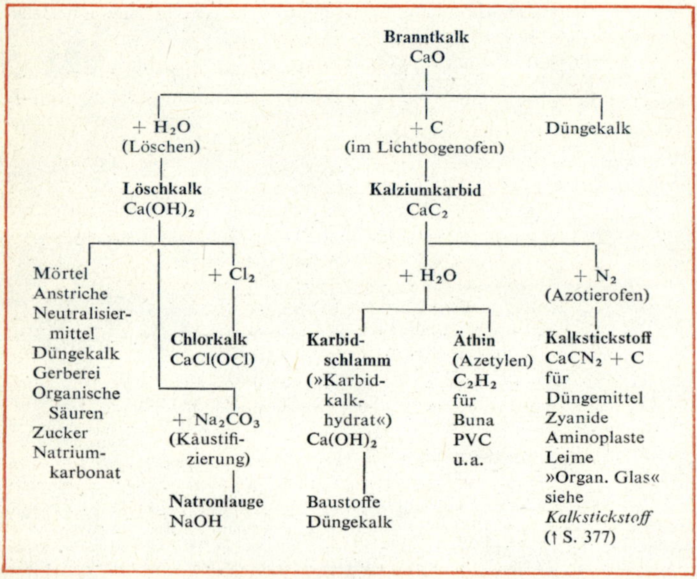

Wiener Kalk: gebrannter, reiner Dolomit; $CaO + MgO$; Verwendung zum Glänzen und Entfetten von Metalloberflächen, z.B. in der Galvanotechnik.

12.4.5. Kalziumhydroxid, $Ca(OH)_2$

Trivialnamen: Löschkalk, Ätzkalk, Kalkhydrat. *Kalkbrei* ist eine dicke, *Kalkmilch* eine dünne Aufschlämmung mit Wasser; *Kalkwasser* ist die klare wäßrige Lösung.

Herstellung: durch Löschen von Branntkalk (↑ S. 330).

Eigenschaften: weißes Pulver; in Wasser nur wenig löslich (0,16 g in 100 g Wasser). Kalkwasser reagiert alkalisch und trübt sich an der Luft infolge Ausfällung von Kalziumkarbonat: $Ca(OH)_2 + CO_2 \rightarrow CaCO_3 + H_2O$. – Beim Einleiten von CO_2 in Kalkwasser löst sich der anfangs ausfallende Niederschlag unter Bildung von Hydrogenkarbonat wieder auf: $CaCO_3 + CO_2 + H_2O \rightleftarrows Ca(HCO_3)_2$; beim Erwärmen dieser Lösung scheidet sich $CaCO_3$ wieder ab (Umkehrung der Reaktion).

Verwendung: für Kalkmörtel, Chlorkalk, verschiedene Kalziumverbindungen, Pflanzenschutzmittel (Schwefel- und Kupferkalkbrühe); zur Kaustifizierung von Soda und Pottasche zu Alkalihydroxiden; zur Wasserenthärtung; in der Gerberei; zur Neutralisation saurer Abwässer; als Anstrichmittel; zur Isolierung organischer Säuren aus Pflanzensäften, wobei die ausfallenden unlöslichen Kalziumsalze durch Schwefelsäure wieder zerlegt werden.

Mörtel: streichbarer, weicher Brei zum Verbinden und Verputzen von Ziegelsteinen und anderen Baumaterialien. Zusammensetzung: Sand + Bindemittel + Wasser. *Luftmörtel* erhärten an der Luft, *Wassermörtel* (hydraulische Mörtel) auch unter Wasser. Erhärten = Abbinden.

- **Luftmörtel.** Als Bindemittel kommen in Frage:

  Löschkalk. Kalkmörtel wird aus 10% CaO, 15% H_2O und 75% Sand hergestellt, indem man den Kalkbrei mit 3 Teilen Sand vermengt. Das Abbinden erfolgt chemisch durch Aufnahme von Kohlendioxid aus der Luft; $Ca(OH)_2 + CO_2 \rightarrow CaCO_3 + H_2O$. Da Wasser frei wird, sind Neubauten zunächst feucht.

  Gips. Gipsmörtel wurde bereits vor drei- bis viertausend Jahren beim Bau von Pyramiden verwendet. Das Abbinden erfolgt chemisch durch Bindung von Wasser (↑ S. 332).

  Ton. Lehm ist ein natürlicher Luftmörtel. Das Abbinden erfolgt physikalisch; Wasser verdunstet, Sandkörnchen werden durch den Ton verklebt.

- **Wassermörtel.** Bindemittel sind

  Zement. Zementmörtel binden chemisch ab; Bindung von Wasser (↑ S. 361).

  Hydraulischer Kalk (entsteht beim Brennen tonhaltigen Kalksteins unterhalb der Sintergrenze); bindet chemisch vorwiegend durch Wasseraufnahme ab.

  Mischbinder (entstehen durch Vermischen oder Vermahlen hydraulischer Stoffe mit Anregern, z.B. Zement, Braunkohlenflugasche, Gips oder Anhydrit); binden durch Aufnahme von Wasser ab; stehen bezüglich der Festigkeit zwischen hydraulischem Kalk und Zement.

12.4.6. Kalziumsulfat, $CaSO_4$

Vorkommen: wasserfrei als **Anhydrit,** z.B. unterhalb von Salzlagerstätten; wasserhaltig ($CaSO_4 \cdot 2\,H_2O$) als **Gipsstein, Alabaster** (schneeweiß, körnig), **Marienglas** (durchsichtig), **Fasergips** (Platten mit Faserung senkrecht zur Plattenebene). Gips ist eines der verbreitetsten Minerale.

Eigenschaften: weißes, in Wasser schwer lösliches Kristallpulver (0,2 g in 100 g Wasser; die Löslichkeit nimmt beim Erhitzen ab!). Aus $CaSO_4 \cdot 2\,H_2O$ entsteht beim Erhitzen das »Halbhydrat« (Semihydrat) $CaSO_4 \cdot {}^1/_2\,H_2O$ (auch $2\,CaSO_4 \cdot H_2O$ geschrieben,) bei weiterem Erhitzen Anhydrit. Bei Temperaturen über 1000 °C erfolgt Zersetzung in CaO und SO_3.

Gebrannter Gips (Stuckgips) wird technisch bei 150 °C hergestellt. Mit Wasser bindet er nach kurzer Zeit in exothermer Reaktion ab: $CaSO_4 \cdot {}^1/_2\,H_2O + 1{}^1/_2\,H_2O \rightarrow CaSO_4 \cdot 2\,H_2O$. Bei längerem Erhitzen über 200 °C wird der Gips »totgebrannt«; der entstehende Anhydrit nimmt dann nur noch sehr langsam Wasser auf.

Hochgebrannter Gips (Estrichgips), technisch bei über 1000 °C hergestellt, besteht aus einer festen Lösung von CaO in $CaSO_4$; er bindet langsamer ab als Stuckgips, jedoch schneller als Kalkmörtel.

Verwendung: zur Herstellung von Schwefelsäure und Ammoniumsulfat; als Mörtelbindemittel; gebrannter Gips für Gipsabdrücke, -wände, -verbände usw. Estrichgips und Anhydrit dienen (oft gefärbt) zur Herstellung fugenloser Fußböden (Estriche).

12.4.7. Kalziumkarbid, CaC_2

Struktur: Kalziumkarbid ist als Kalziumverbindung des Äthins, $H-C\equiv C-H$, aufzufassen.

Herstellung: technisch aus Branntkalk und Koks (auch BHT-Koks) bei 2000 °C im Lichtbogenofen (100...200 V; 40...90 kA): $CaO + 3\,C \rightarrow CaC_2 + CO$. Der Prozeß benötigt sehr viel elektrische Energie (keine Elektrolyse, sondern elektrothermischer Vorgang!). Das entstehende *Karbidabgas* (82% CO, 8...10% H_2, Rest N_2) wird als Synthese- oder Brenngas genutzt.

Eigenschaften: in reinem Zustand farblos, technisch graue bis braune Stücke mit nur 80...85% CaC_2 (Rest: CaO, Ca_3P_2, CaS, Ca_3N_2, SiC u.a.). Mit Wasser entsteht Äthin (Azetylen): $CaC_2 + 2\,H_2O \rightarrow C_2H_2 + Ca(OH)_2$; dieses riecht infolge Verunreinigung durch PH_3, NH_3 und H_2S unangenehm. Verschlossen aufbewahren, da auch mit dem Wasserdampf der Luft Reaktion erfolgt.

Verwendung: Zur Herstellung von Kalkstickstoff, Äthin und deren Folgeprodukten; ↑ S. 377 und S. 484.

12.4.8. Weitere Kalziumverbindungen

Kalziumfluorid, CaF_2: weißes, unlösliches Pulver ($F = 1403\,°C$); bildet mit Schwefelsäure Fluorwasserstoff: $CaF_2 + H_2SO_4 \rightarrow CaSO_4 + 2\,HF$. Kommt in der Natur als **Flußspat** (*Fluorit*) vor: große, farblose Kristalle, durch Beimengungen oft gelb, grün, violett. Ausgangssubstanz für die »Fluorchemie«; weitere Verwendung: als Flußmittel[1]) in Stahlgießereien und Metallschmelzereien.

Kalziumchlorid, $CaCl_2$: sehr hygroskopisch, sehr leicht löslich; $F = 772\,°C$; dient im Labormaßstab als Trockenmittel für Flüssigkeiten und Gase, z.B. in Exsikkatoren; Nebenprodukt der Sodafabrikation.

Kalziumsulfid, CaS: durch Glühen von Kalziumsulfat mit Kohle; Enthaarungsmittel in der Gerberei. — **Kalziumpolysulfid**, CaS_2 bis CaS_5, ist in der »Schwefelkalkbrühe« enthalten (gegen Mehltau, Milben u.a.), die bei längerem Kochen von Kalkmilch mit Schwefel entsteht.

Kalziumnitrat, $Ca(NO_3)_2 \cdot 4\,H_2O$; *Kalksalpeter, Mauersalpeter:* weiß, hygroskopisch; bildet sich z.B. an Kalkwänden in Viehställen, indem das aus Eiweißstoffen und Harnstoff frei werdende Ammoniak durch Nitratbakterien zu Salpetersäure oxidiert wird, die mit dem Kalk Mauersalpeter ergibt.

Weitere Ca-Salze siehe die betreffenden Säuren.

12.4.9. Kalziumdüngemittel

Reine Kalkdünger sind:

Kalksteinmehl, Kalkmergel, Leunakalk	$CaCO_3$
Löschkalk, Kalkhydrat, Bunakalk	$Ca(OH)_2$
Branntkalk	CaO
Mischkalk	$CaO + CaCO_3$

Diese Kalke führen der Pflanze nicht nur Ca^{2+}-Ionen zu (»Erhaltungskalkung«), sondern binden Bodensäure (setzen den *p*H-Wert herauf) (»Gesundungskalkung«), wodurch die Bodenstruktur verbessert und die Bakterientätigkeit angeregt wird.

Weitere Kalziumdüngemittel sind:

Kalkstickstoff (ebenfalls basisch), Kalkammonsalpeter, Superphosphat, Thomasphosphat (Thomasmehl).

12.4.10. Wasserhärte

Ursachen: »Härtebildner« sind Ca^{2+}- und Mg^{2+}-Ionen. Je mehr davon natürliches Wasser aus Erdboden und Gesteinen aufgenommen hat (aus Kalkgebirgen, kalk- und gipshaltigen Böden), desto härter ist es. Wasser, das aus Urgesteinen oder anderen wenig verwitterten Silikaten entspringt, ist »weich«, ebenso Regenwasser und das Kondenswasser industrieller Anlagen.

Härtegrade: Zur Angabe von Härtegraden werden der Ca^{2+}- und Mg^{2+}-Gehalt auf CaO umgerechnet. 1°dH (= 1 Grad deutscher Härte) bedeutet einen Gehalt von 10 mg CaO in 1 l Wasser. Dies entspricht 7,19 mg Ca^{2+} bzw. 4,34 mg Mg^{2+}.

---

[1]) *Flußmittel* erniedrigen den Schmelzpunkt (z.B. von Schlacken).

Man nennt Wasser mit den Härtegraden

0... 4: sehr weich	12...18: ziemlich hart
4... 8: weich	18...30: hart
8...12: mittelhart	über 30: sehr hart

Einteilung:

Gesamthärte =	temporäre	+	permanente Härte
	vorübergehende	+	bleibende Härte
	Karbonat-	+	Nichtkarbonathärte

- *Temporäre Härte:* verschwindet beim Erhitzen (Gleichung ↑ S. 335); sie beruht auf dem Gehalt an Kalzium- und Magnesiumhydrogenkarbonat, $Ca(HCO_3)_2$ und $Mg(HCO_3)_2$, also auf dem Anteil Ca^{2+} und Mg^{2+}, der dem Gehalt des Wassers an HCO_3^- entspricht.
- *Permanente Härte:* bleibt beim Erhitzen bestehen; sie beruht auf dem restlichen Gehalt an Ca^{2+} und Mg^{2+}. Als zugehörige Anionen betrachtet man willkürlich die im Wasser vorhandenen Sulfationen SO_4^{2-}, so daß dieser Teil der Härte auf dem Gehalt an $CaSO_4$ und $MgSO_4$ beruht und auch »Sulfathärte« genannt wird.

Auswirkungen:

- *Wassersteinbildung:*

  In Dampfkesseln und Rohrleitungen setzt sich fester, harter Wasserstein (»Kesselstein«) ab, vornehmlich Kalziumkarbonat und -sulfat. Da dieser die Wärme schlecht leitet, tritt Überhitzung (Glühen) der Wände ein, welche dadurch rascher korrodieren. Wenn sich der Stein von den überhitzten Stellen löst, kommt das Wasser mit der glühenden Wand in Berührung und verdampft explosionsartig rasch, wodurch der Kessel zerstört werden kann.

- *Kalkseifebildung:*

  Hartes Wasser erfordert einen erheblichen Mehrverbrauch an Seife (für 100 l Wasser von 10°dH etwa 150 g), da diese von den Härtebildnern als unlösliche Kalk- bzw. Magnesiumseife ausgefällt und daher waschunwirksam wird:

  $$2\,C_{17}H_{35}COONa + Ca(HCO_3)_2 \rightarrow (C_{17}H_{35}COO)_2Ca\downarrow + 2\,NaHCO_3$$

  Die Kalkseife setzt sich auf dem Textilgut ab, adsorbiert den Schmutz, vergilbt und verschmiert die Wäsche und verleiht ihr einen muffigen Geruch. Erst wenn alle Härtebildner ausgefällt worden sind, schäumt das Wasser mit Seife und entfaltet Waschwirkung. Synthetische Waschmittel bilden keine unlöslichen Ca- und Mg-Salze und waschen deshalb auch in hartem Wasser.

- *Sonstige Wirkungen:*

  Hülsenfrüchte können in hartem Wasser nicht weichgekocht werden, da die Pektine in den Zellwänden der Früchte mit den Härtebildnern unlösliche Verbindungen eingehen.

Enthärtung (Entfernung der Ca^{2+} und Mg^{2+}):

- durch Erhitzen. Hierbei wird nur die Karbonathärte beseitigt: $Ca(HCO_3)_2 \rightarrow CaCO_3\downarrow + H_2O + CO_2$
- durch Zusatz niederschlagbildender Chemikalien (Soda, Kalk + Soda, Trinatriumphosphat, Borax), z. B.

$$Ca(HCO_3)_2 + Ca(OH)_2 \rightarrow 2\,CaCO_3\downarrow + 2\,H_2O$$

$$CaSO_4 + Na_2CO_3 \rightarrow CaCO_3\downarrow + Na_2SO_4$$

$$3\,CaSO_4 + 2\,Na_3PO_4 \rightarrow Ca_3(PO_4)_2\downarrow + 3\,Na_2SO_4$$

Da Kalziumphosphat schwerer löslich ist als -karbonat, erzielt man durch Trinatriumphosphat eine weitgehendere Enthärtung als durch Soda.
Die Niederschläge werden filtriert, oder man läßt sie in Klärbecken absetzen.

- durch Ionenaustauscher (Natriumwofatit, -permutit). Das Wasser durchläuft ein Rohr, das mit Ionenaustauscher-Kunstharzen gefüllt ist; dabei werden die Härtebildner gegen Na^+-Ionen ausgetauscht: Na_2-Wofatit + $Ca^{2+} \rightarrow$ Ca-Wofatit + 2 Na^+. Von Zeit zu Zeit werden die Austauscher durch konzentrierte Kochsalzlösung regeneriert (Umkehrung der Reaktion nach dem Massenwirkungsgesetz).
- für Waschzwecke durch Zusatz von Komplexbildnern oder löslichen Ionenaustausch-Chemikalien (Natriumpolyphosphate, Natriummetaphosphate; ↑ S. 381).

Hierbei fällt kein Niederschlag aus, sondern die Härtebildner werden sehr fest komplex gebunden. Hierdurch werden sie »maskiert«, d. h. unwirksam gegenüber Seife.

Vollentsalzung: für Kesselspeisewasser; für Trinkwasser aus Meerwasser; zur Wiedergewinnung von Chemikalien aus Spülwässern. 2 Möglichkeiten:

- durch Destillation
- durch nacheinander angewandte H^+- und OH^--Ionenaustauscher. H^+-Austauscher ersetzen Metallionen durch H^+, OH^--Austauscher ersetzen Säurerestionen durch OH^-, so daß reines H_2O verbleibt. Die Austauscher werden durch verdünnte Schwefelsäure bzw. Natronlauge regeneriert.

12.5. Strontium, Barium und ihre Verbindungen

Symbole: Sr [von *Strontian:* schottischer Ort]; Ba [*barys* (grch.) schwer]; **Wertigkeit:** +2.

Minerale:

Strontianit	$SrCO_3$	Witherit	$BaCO_3$
Zölestin	$SrSO_4$	Baryt *(Schwerspat)*	$BaSO_4$

Nachweis: *Flammenfärbungen* (Sr zinnoberrot, Ba hellgrün); *Fällungsreaktionen:* Sulfate und Schwefelsäure fällen auch in Gegenwart von Salzsäure weiße, sehr feinpulvrige Niederschläge von $SrSO_4$ und $BaSO_4$ aus.

Physiologie: Sr-Verbindungen sind wenig giftig, lösliche Ba-Verbindungen dagegen sehr (Erbrechen, Darmkoliken, Arterienkrämpfe, Lähmungen; bereits 500...800 mg können tödlich wirken!).

Strontium- und Barium-Metall (s.a. S. 324): Erstherstellung 1808 durch DAVY (England). Darstellung durch Erhitzen der Oxide mit Kalzium oder Aluminium im Vakuum oder durch Verdampfen des Quecksilbers aus den Amalgamen, die bei der Elektrolyse von Sr- und Ba-Salzlösungen mit Hg-Katoden entstehen. Die Metalle ähneln dem Kalzium, sind aber reaktionsfähiger. Barium dient als Gettermetall für Elektronenröhren, d.h., es bindet die in den evakuierten Röhren zurückgebliebenen Spuren von Luft zu Oxid und Nitrid, wodurch das notwendige Hochvakuum erreicht wird.

Strontiumverbindungen: *Strontiumnitrat*, $Sr(NO_3)_2$, und *-chlorat*, $Sr(ClO_3)_2$, für Rotfeuer; *Strontiumhydroxid*, $Sr(OH)_2$, und *-karbonat*, $SrCO_3$, zur Entzuckerung von Melasse; *Strontiumsulfid*, SrS, für Nachleuchtfarben (blaugrünes Licht); *Strontiumsulfat*, $SrSO_4$, für selbstregulierende Chrom-Elektrolyte.

Radiostrontium: Das durch Kernwaffenexplosionen entstehende radioaktive Isotop ^{90}Sr (Halbwertszeit 28 Jahre; β-Strahler) ist dadurch besonders gefährlich, daß es wie Kalzium von den Organismen aufgenommen, in Knochen und anderen Organen gespeichert wird, auch in die Milch übergeht und dort seine schädliche Strahlung aussendet.

Bariumhydroxid, »*Ätzbaryt*«, $Ba(OH)_2 \cdot 8\,H_2O$: farblose Kristalle, in Wasser mäßig löslich zu relativ stark alkalischem *Barytwasser* (Reagens auf Kohlendioxid; ↑ S. 351).

Bariumperoxid, BaO_2: weißes, schwer lösliches Pulver; bildet sich aus Bariumoxid bei 500 °C an der Luft und zerfällt bei stärkerem Erhitzen wieder ($2\,BaO + O_2 \rightleftarrows 2\,BaO_2$). Mit verdünnter Schwefelsäure entsteht Wasserstoffperoxid ($BaO_2 + H_2SO_4 \rightarrow BaSO_4 + H_2O_2$).

Bariumsulfat, $BaSO_4$: weißes, äußerst schwer lösliches Pulver. Als natürlicher *Schwerspat* Rohstoff für andere Ba-Verbindungen. Aufschluß durch Glühen mit Kohle zu *Bariumsulfid*, BaS. Gefälltes $BaSO_4$ dient als »blanc fixe« (Permanentweiß) für Malerfarben, ist auch im *Lithoponeweiß* ($BaSO_4 + ZnS$) enthalten. Weitere Verwendung: Füllstoff für Papier und Kautschuk; Substrat für organische Farbpigmente; Röntgenkontrastmittel (ungiftig, da in den Körperflüssigkeiten unlöslich!)

Weitere Bariumverbindungen: **Bariumoxid,** BaO, wird für Glühkatoden und zur Herstellung von Ferriten verwendet. – **Bariumnitrat,** $Ba(NO_3)_2$, und **-chlorat,** $Ba(ClO_3)_2$, für Grünfeuer. – **Bariumchlorid,** $BaCl_2 \cdot 2\,H_2O$, dient als Nachweismittel für Sulfate. – **Bariumchromat,** $BaCrO_4$, ist das Farbpigment *Barytgelb.*

12.6. Radium und Radiumverbindungen

Radium (Symbol Ra) [*radius* (lat.) Strahl] wurde 1898 von M. und P. CURIE in der Joachimsthaler Pechblende entdeckt. Es bildet sich über mehrere Zwischenprodukte durch radioaktiven Zerfall von Uran 238 und ist deshalb in geringen Mengen ($1:[3 \cdot 10^{-7}]$) in Uranerzen enthalten. Es zerfällt unter α-Strahlung zunächst in Radon und schließlich in Blei, ^{206}Pb.

Ra-Verbindungen leuchten ständig und sind ein wenig wärmer als ihre Umgebung. Radium ähnelt sehr dem Barium (s.a. S. 324); das gleiche gilt auch für die Verbindungen. Die frühere Verwendung in der Medizin ist seit Einführung künstlicher Radionuklide stark zurückgegangen.

13. Elemente der III. Hauptgruppe (Borgruppe)

13.1. Allgemeines

Elemente: Bor (B), Aluminium (Al), Gallium (Ga), Indium (In) und Thallium (Tl).

Wertigkeit: hauptsächlich +3; niedere Wertigkeitsstufen werden vom Al bis zum Tl beständiger; Tl(I)-Verbindungen sind beständiger als Tl(III)-Verbindungen.

Metallischer Charakter: nimmt vom B bis zum Tl zu. B ist ein typisches Nichtmetall, während elementares Al bereits metallischen Charakter aufweist.

Tabelle 26. Borgruppe

	Bor	Aluminium	Gallium	Indium	Thallium
Symbol	B	Al	Ga	In	Tl
Kernladungszahl	5	13	31	49	81
Relative Atommasse	10,81	26,9815	69,72	114,82	204,383
Schmelzpunkt (in °C)	≈2400	660	29,8	156	305
Dichte (in g/cm³)	2,33	2,70	5,91	7,31	11,84
Wertigkeit beständig	+3	+3	+3	+3	+1 (+3)
Wertigkeit unbeständig	–	+1	+1, +2	+1, +2	
Reaktionsfähigkeit	mäßig	stark abnehmend →			
Häufigkeit (Erdrinde, %)	$1{,}6 \cdot 10^{-3}$	7,57	$1{,}4 \cdot 10^{-3}$	$1 \cdot 10^{-5}$	$3 \cdot 10^{-5}$
Element(III)-hydroxide	H_3BO_3 schwach sauer	$Al(OH)_3$ amphoter	$Ga(OH)_3$ amphoter	$In(OH)_3$ amphoter	$Tl(OH)_3$ schwach basisch
Salzname der Anionen	Borat	Aluminat	Gallat	Indat	–
Element(I)-hydroxide	–	–	–	–	TlOH
Charakter	–	–	–	–	stark basisch
Löslichkeit	–	–	–	–	leicht löslich

Hydroxide: $B(OH)_3 = H_3BO_3$ ist eine schwache Säure; die Element-(III)-hydroxide von Al, Ga und In sind amphoter; $Tl(OH)_3$ ist eine schwache, Tl(OH) dagegen eine starke Base. Verglichen mit den entsprechenden Verbindungen der II. Hauptgruppe, haben alle Element-(III)-hydroxide schwächer basischen bzw. stärker sauren Charakter.

Eigenschaften von Verbindungen:
leicht löslich: Chloride, Sulfate, Nitrate der Metalle; Alkaliborate;
schwer löslich: Fluoride, Phosphate, Hydroxide, Oxide der Metalle; alle Borate außer Alkaliboraten.

Die Tl(I)-Verbindungen nehmen bezüglich der Löslichkeit eine Sonderstellung ein.

unbeständig: sind die Karbonate [außer Tl(I)], die bereits bei gewöhnlicher Temperatur in Metalloxid und Kohlendioxid zerfallen.

Ionen: farblos; aus wäßrigen Lösungen sind durch Elektrolyse nur Ga, In und Tl abscheidbar.

13.2. Bor und Borverbindungen

13.2.1. Allgemeines

Symbol: B [*boron* (lat.), von *buraq* (arab.) Salpeter]; **Wertigkeit:** +3.

Vorkommen: nur chemisch gebunden; relativ selten. Borsäure findet sich gelöst in heißen vulkanischen Quellen, z.B. den Fumarolen Toskanas.

Minerale:

Borazit (Staßfurtit)	$MgCl_2 \cdot 5\,MgO \cdot 7\,B_2O_3$ (bildet im Staßfurter Carnallit weiße Knollen)	
Borax	$Na_2B_4O_7 \cdot 10\,H_2O$	in Lagerstätten
Kernit	$Na_2B_4O_7 \cdot 4\,H_2O$	und Boraxseen

Nachweis: grüne Flammenfärbung nach Überführung in Borsäure und deren Methylester; ↑ S. 399.

Physiologie: B ist ein Mikronährstoff für höhere Pflanzen; Mangel verursacht z.B. die Herz- und Trockenfäule der Rüben.

13.2.2. Elementares Bor

Erstherstellung: 1808 durch GAY-LUSSAC und THÉNARD (Paris) als stark verunreinigtes Produkt.

Herstellung: durch Reduktion von B_2O_3 mit Mg oder Al; durch Schmelzelektrolyse von $KBF_4 + H_3BO_3 + KCl$.

Eigenschaften (s.a. S. 337): **Amorphes Bor** ist ein braunes, geruchloses, unlösliches Pulver; verbrennt an der Luft oberhalb 700°C zu B_2O_3; bildet mit konz. Salpetersäure Borsäure. – **Kristallines Bor** bildet sehr harte, grauschwarze, glänzende Kristalle, die chemisch widerstandsfähiger sind als amorphes Bor.

Verwendung: als **Ferrobor** (Eisen mit 10 bis 20% B) in der Stahlindustrie.

13.2.3. Borsäure, H_3BO_3

Herstellung: aus Borax und Schwefelsäure:

$$Na_2B_4O_7 + H_2SO_4 + 5\,H_2O \rightarrow 4\,H_3BO_3 + Na_2SO_4$$

Eigenschaften: weiße, geruchlose Schuppen; mit sehr schwach saurer Reaktion in kaltem Wasser schwer, in heißem leicht löslich. Bereits 5 g können tödlich wirken; kleinere Mengen bewirken bei ständiger Zuführung starke Abmagerung.

Verwendung: Als Desinfektionsmittel (Borwasser, Borsalbe); zur Herstellung von Email und temperaturwechselbeständigen Gläsern (Jenaer Glas); als Puffersubstanz in Nickelelektrolyten; zur Bordüngung.

Salze: Die *Borate* leiten sich meist von wasserärmeren Säuren ab, *Tetraborate* z.B. von *Tetraborsäure*, $H_2B_4O_7$.

Nachweis: Durch Übergießen von Borsäure oder Boraten mit Methanol und Schwefelsäure entsteht Trimethylborat, $B(OCH_3)_3$, das mit charakteristisch grüner Flamme brennt.

13.2.4. Weitere Borverbindungen

Natriumtetraborat, *Borax*, $Na_2B_4O_7 \cdot 10\,H_2O$: weißes Kristallpulver, in kaltem Wasser mäßig, in heißem sehr leicht löslich. Beim Erhitzen entsteht wasserfreier Borax ($F = 878\,°C$), dessen Schmelze Metalloxide auflöst (Boraxperle in der analytischen Chemie; Löten). *Verwendung:* zum Löten; zur Herstellung von Spezialglas, Glasuren und Email; zur Bodendüngung.

Natriumperborat, $NaBO_2 \cdot H_2O_2 \cdot 3\,H_2O$, enthält Kristallwasserstoffperoxid. Verwendung als »Weißmacher« in »selbsttätigen« Waschmitteln, bei denen der mit Wasser entstehende naszierende Sauerstoff bleichend wirkt.

Tetrafluoroborsäure, *Borflußsäure*, $H[BF_4]$: starke, nur in wäßriger Lösung beständige Säure; entsteht aus Borsäure + Flußsäure: $H_3BO_3 + 4\,HF \rightarrow H[BF_4] + 3\,H_2O$. – Die Salze heißen *Tetrafluoroborate*; sie sind meist extrem leicht löslich und werden in der Galvanotechnik für Hochleistungs-Elektrolyte verwendet.

Borane sind gasförmige, flüssige oder feste, übelriechende und giftige *Borwasserstoffe* der allg. Formeln B_nH_{n+4} und B_nH_{n+6}, z.B. B_2H_6 (*Diboran*), B_5H_9, B_6H_{10}; B_4H_{10}, B_5H_{11}. Sie zersetzen sich an der Luft sofort (z.T. Selbstentzündung) und reagieren mit Wasser unter Wasserstoffentwicklung, z.B. $B_2H_6 + 6\,H_2O \rightarrow 2\,H_3BO_3 + 6\,H_2\uparrow$.

Borfluorid, BF_3: farbloses, stechend riechendes Gas; $Kp = -101\,°C$. – **Borchlorid**, BCl_3: farblose, an der Luft stark rauchende Flüssigkeit; $Kp = 12\,°C$.

Boroxid, B_2O_3, durch Verbrennen von Bor oder Entwässern von Borsäure erhalten, ist ein weißes, hygroskopisches Pulver; $F = 577\,°C$.

Borazin, *Borazol*, *»anorganisches Benzol«*, $B_3N_3H_6$, ähnelt dem Benzol und besitzt dessen Elektronenanordnung; ↑ S. 534.

Borkarbid, B_4C: schwarze, glänzende, diamantharte Kristalle; $F = 2350\,°C$.

Bornitrid, $(BN)_x$, entsteht in der Hitze aus den Elementen und existiert in einer amorphen, einer graphitartig-weichen und zwei diamantartig-harten Modifikationen. Alle Arten haben einen sehr hohen Schmelzpunkt (etwa 3000 °C) und werden daher als Hochtemperaturwerkstoffe, z.B. in Raketen, verwendet. Bornitrid ist chemisch sehr beständig.

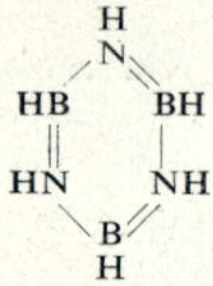

Borazin

13.3. Aluminium und Aluminiumverbindungen

13.3.1. Allgemeines

Symbol: Al [*alumen* (lat.) Alaun; *lumen* (lat.) Licht; Alaun wurde zum Färben verwendet]; **Wertigkeit:** +3.

Vorkommen: dritthäufigstes Element (häufigstes Metall) der Erdkruste; ist auch im Erdinnern reichlich vorhanden (Sial-Schicht[1]); kommt nur gebunden vor, meist in Form von Alumosilikaten.

Minerale:

Silikate: *Feldspäte* (in Granit, Porphyr, Basalt, Gneis, Schiefer); *Glimmer*. Verwitterungsprodukte dieser Gesteine und Minerale sind die *Tone*. Reiner Ton = *Kaolin*; unreine Tone: *Mergel, Letten, Lehm* (↑ S. 359).

Hydroxid: *Bauxit*, $Al(OH)_3$ bis $AlO(OH)$.

Oxid: *Tonerde*, *Korund*, Al_2O_3. Unreiner Korund ist *Schmirgel*. Reines Oxid mit färbenden Beimengungen sind die Edelsteine: *Rubin* (mit 0,3% Cr_2O_3); *Saphir* (mit 0,2% Ti_2O_3 und wenig Fe_2O_3).

Fluorid: *Kryolith* (Eisstein), Na_3AlF_6.

Nachweis:

- Gefälltes $Al(OH)_3$ gibt mit Alizarin-S-Lösung einen roten Farblack-Niederschlag.
- Glühen des Hydroxids mit verdünnter Kobaltnitratlösung ergibt blaues Kobaltaluminat (Thénards Blau).

13.3.2. Metallisches Aluminium

Erstherstellung: 1825 durch Oersted (Kopenhagen; aus Aluminiumchlorid und Kaliumamalgam); da die Darstellung nicht sicher erwiesen ist, wird oft F. Wöhler, der das Metall aus Aluminiumchlorid und metallischem Kalium erhielt (1827), als Entdecker angesehen.

Herstellung: technisch seit 1886 nach dem Kryolith-Tonerde-Verfahren (Schmelzelektrolyse).

---

[1]) ↑ Fußnote S. 325

- Eine 10%ige Lösung von Al_2O_3 in geschmolzenem Kryolith (Na_3AlF_6) wird elektrolysiert. Die Temperatur von 950°C wird durch die Stromwärme aufrechterhalten.
- *Katode:* Kohle-Auskleidung des Behälters; *Vorgang:* $2\,Al^{3+} + 6\,e^- \rightarrow 2\,Al$. Al sammelt sich flüssig am Boden an und wird z.B. alle 2 Tage in Chargen von etwa 1 t mittels eines Saugrohrs entnommen.
- *Anoden:* Kohle (z.B. SÖDERBERG-Elektroden). *Vorgang* (vereinfacht): $3\,O^{2-} - 6\,e^- \rightarrow 1^1/_2\,O_2\uparrow$; der Sauerstoff vergast die Anoden langsam zu CO und CO_2.
- *Spannung:* etwa 6...7 V; *Stromstärke:* 15...30 kA.
- Das entstehende 99,75%ige Hüttenaluminium kann in einer Dreischichten-Schmelzelektrolyse zu »Vierneuner-Aluminium« (99,99% Al) raffiniert werden.
- Der benötigte Kryolith (Vorkommen nur in Grönland) wird künstlich aus Natriumaluminat und Flußsäure hergestellt.

Physikalische Eigenschaften (s.a. S. 337): silberweißes, stark glänzendes Leichtmetall. Der Glanz läßt an der Luft rasch nach, da sich eine dünne Oxidhaut bildet; durch Glanzaloxydierung bleibt er erhalten. Al ist sehr weich und dehnbar, läßt sich zu dünnsten Folien auswalzen (Blattaluminium), leitet den elektrischen Strom sehr gut (62% der Leitfähigkeit des Cu); bei Rotglut schmilzt es.

Chemische Eigenschaften: sehr unedel; läßt sich aus wäßriger Lösung elektrolytisch nicht abscheiden; auch die Reduktion des Oxids mit Kohle gelingt nicht, daher die Herstellung durch Schmelzelektrolyse. Al reagiert heftig mit Salzsäure und Natronlauge, weniger heftig mit Schwefelsäure, während es sich in der Kälte gegenüber Salpetersäure passiv verhält. Die Reaktion mit Natronlauge (amphoterer Charakter!) führt gemäß der Gleichung

$$Al + NaOH + 3\,H_2O \rightarrow Na[Al(OH)_4] + 1^1/_2\,H_2$$

zu Na-Aluminat.

Legierungen: Durch Legierung wird die Festigkeit meist erhöht, die Korrosionsbeständigkeit dagegen erniedrigt. Die Legierungen enthalten meist >90% Al. Wichtigste Legierungsmetalle: Cu, Mg, Si, Mn, auch Ni, Zn.
Man unterscheidet Al-Knet- und -Gußlegierungen; letztere enthalten bis 10% Si. Al-Mg-Legierungen (bis 5% Mg) sind seewasserbeständig. Manche Legierungen, z.B. das frühere *Dural* (Duraluminium; dur = hart; bis 5% Cu und 2% Mg), erfahren durch Glühen, Abschrecken und Aushärten (Lagern während mehrerer Tage) eine wesentliche Erhöhung der Festigkeitseigenschaften.
Aluminiumbronze, goldfarben, ist Cu mit 5...10% Al; dient als Münzmetall und für Anstrichfarben. (Unter »Aluminiumbronze« versteht man auch das aus reinem Aluminium bestehende silberfarbene Pigment für Anstrichstoffe.)

Verwendung: legiert als Konstruktionsmaterial, besonders im Fahrzeug- und Flugzeugbau; reinst als Leiter in der Elektrotechnik; Reinaluminium für Apparateteile und Gebrauchsgegenstände; Al-Grieß zum Thermitschweißen und zur aluminothermischen Metallgewinnung, auch zur Herstellung aluminiumorganischer Katalysatoren für die Erzeugung von Plasten (Niederdruck-Polyäthylen); Al-Pulver zur Herstellung von Schaumbeton (H_2-Entwicklung mit der alkalischen Betonmischung) sowie für pyrotechnische Zwecke; Al-Schuppen für Anstrichmittel.

Aluminothermie: Al-Grieß reduziert nach Zündung (Zündgemisch) viele Metalloxide, z.B. $Cr_2O_3 + 2\,Al \rightarrow 2\,Cr + Al_2O_3$ oder $3\,V_2O_5 + 10\,Al \rightarrow 6\,V + 5\,Al_2O_3$. Hierdurch entstehen sehr reine, insbesondere kohlenstofffreie Metalle (Fe, Cr, Ni, Co, V, Ti, Mn u.a.). Infolge der stark exothermen Reaktion schmelzen die Metalle und sammeln sich unter der Schlacke am Boden des Gefäßes als »Regulus«.
Thermit (Thermogen-Schweißgemisch) = Fe_3O_4 (oder Fe_2O_3) + Al; das bei der Zündung entstehende flüssige Eisen verschweißt Schienen u.dgl.

Aloxid-Verfahren (Eloxal-Verfahren = elektrolytische Oxidation des Aluminiums): Verfahren zur Erhöhung der Oberflächenhärte sowie der Korrosions- und Verschleißfestigkeit von Al durch anodisches Einbringen der Gegenstände in 25%ige Schwefelsäure oder Oxalsäure (5 %) bei etwa 13 V Spannung und Temperaturen unter 25 °C. Hierdurch wird die natürliche Oxidschicht des Al von 0,2 auf 20 µm verstärkt. *Glanzaloxydierung* erreicht man durch vorheriges *elektrolytisches Polieren* (anodisch in 75%iger Phosphorsäure + Chrom(VI)-oxid). Die Schichten können eingefärbt werden; Goldton entsteht durch Ammonium-trioxalato-ferrat(III), $(NH_4)_3Fe(C_2O_4)_3 \cdot 3\,H_2O$, die übrigen Farbtöne durch organische Beizenfarbstoffe.

13.3.3. Aluminiumoxid, Al_2O_3

Trivialnamen: *Tonerde* (pulvrig); *Korund* (grobkristallin).

Herstellung: Da die Gewinnung aus Ton noch nicht wirtschaftlich ist, stellt man Al_2O_3 aus Bauxit her.

- **Nasser Aufschluß** (BAYER-Verfahren):
  - Aufschluß von Bauxit mit Natronlauge (40%ig; etwa 0,5 MPa (≈5 at); 160 °C; 6...8 h). Produkte: *Aluminatlauge:* $Al(OH)_3 + NaOH \rightarrow Na[Al(OH)_4]$, *Rotschlamm* [unlöslicher Rückstand, hauptsächlich $Fe(OH)_3$]. Verarbeitung auf TiO_2; Verwendung als Reinigungsmasse (Luxmasse, Lautamasse) zum Entschwefeln von Stadtgas.
  - Ausfällung von Aluminiumhydroxid (»Tonerdehydrat«): Impfen der verdünnten Aluminatlauge mit kristallinem $Al(OH)_3$ (*Hydrargillit*), dann ständiges Rühren. Da kristallines $Al(OH)_3$ schwerer löslich ist als amorphes, erfolgt Umkehrung des Lösevorganges; Gleichung: $Na[Al(OH)_4] \rightarrow Al(OH)_3 + NaOH$. Produkte: *Aluminiumhydroxid*, $Al(OH)_3$;
    Restlauge. Diese, noch schwach aluminathaltig, wird nach Eindampfen erneut zum Bauxitaufschluß benutzt. Aus der Restlauge können Vanadium(V)-oxid und Gallium gewonnen werden.
  - Glühen des Aluminiumhydroxids zu »*Tonerde*«. Drehrohröfen; 1300 °C; $2\,Al(OH)_3 \rightarrow Al_2O_3 + 3\,H_2O$
- **Trockener Aufschluß** (für kieselsäurereiche Bauxite): Glühen mit Na_2CO_3 und $CaCO_3$ in Drehrohröfen; Auslaugen des erzeugten Aluminats mit Wasser; daraus Fällen des Hydroxids mit Kohlendioxid.

Eigenschaften: weißes Pulver oder sehr harte, farblose Kristalle; $F = 2055\,°C$; nach Glühen in Säuren und Basen unlöslich.

Verwendung: zur Herstellung von Aluminium; als Poliermittel für Metalle (»Poliertonerde«); als Katalysator und Katalysatorenträger; als Adsorptionsmittel für die chromatografische Analyse; als Schleifmittel (*Elektrokorund*, seltener natürlicher *Korund*; unrein als *Schmirgel*).

Künstliche Aluminiumoxid-Edelsteine: Reinstes Al_2O_3-Pulver, vermischt mit farbgebenden Metalloxiden, wird im Knallgasgebläse geschmolzen; die Schmelze tropft auf einen Schamottestift, wo sie kristallin erstarrt (künstliche *Rubine*, *Saphire* und andere). Verwendung z. B. für Achslager in Uhren; für Laser; als Schmucksteine.

13.3.4. Aluminiumhydroxid, $Al(OH)_3$

Trivialname: Tonerdehydrat.

Herstellung und **Eigenschaften:** fällt aus Al-Salzlösungen durch Ammoniak oder wenig Natronlauge als weißes Gel aus:

$$AlCl_3 + 3\,NaOH \rightarrow Al(OH)_3 + 3\,NaCl$$

Im Überschuß von Natronlauge (nicht Ammoniak) tritt Lösung zu Natriumaluminat ein:

$$Al(OH)_3 + NaOH \rightarrow Na[Al(OH)_4]$$

Aus Aluminatlösung fällt durch Säure wieder das Hydroxid aus und löst sich im Säureüberschuß zu Aluminiumsalz.

$$\text{Aluminiumsalz} \underset{\text{Säure}}{\overset{\text{Base}}{\rightleftharpoons}} Al(OH)_3 \underset{\text{Säure}}{\overset{\text{Base}}{\rightleftharpoons}} \text{Aluminat}$$

Verwendung: Zwischenprodukt bei der Al-Herstellung; zur Erzeugung organischer Farblacke (mit organischen Farbstoffen und -pigmenten); medizinisch gegen Magenübersäuerung (Sodbrennen).

13.3.5. Aluminiumsulfat und Alaun

Aluminiumsulfat, $Al_2(SO_4)_3 \cdot 18\,H_2O$: farblos, wasserlöslich (infolge Hydrolyse saure Reaktion!); wichtigstes Al-Salz. Verwendung als Flockungsmittel zur Wasserreinigung (hierbei hüllt das mit dem im Wasser vorhandenen Kalziumhydrogenkarbonat gemäß der Gleichung $Al_2(SO_4)_3 + 3\,Ca(HCO_3)_2 \rightarrow 3\,CaSO_4\downarrow + 2\,Al(OH)_3\downarrow + 6\,CO_2\uparrow$ ausfallende Aluminiumhydroxid Schwebeteilchen ein); weiterhin zum Leimen von Papier (zusammen mit Harzseife), zur Beizenfärberei.

Kaliumaluminiumsulfat, »*Alaun*«, $KAl(SO_4)_2 \cdot 12\,H_2O$, auch verdoppelt als $K_2SO_4 \cdot Al_2(SO_4)_3 \cdot 24\,H_2O$ geschrieben; farbloses, gut kristallisierendes Doppelsalz. Verwendung wie Aluminiumsulfat; auch als »Rasierstein« zum Blutstillen. Über *Alaune* ↑ Sulfate; ↑ S. 398.

13.3.6. Sonstige Aluminiumverbindungen

Aluminiumazetat, $(CH_3-COO)_3Al$, sowie Hydroxidazetate werden in wäßriger Lösung als »*essigsaure Tonerde*« zu entzündungswidrigen Umschlägen sowie zum Wasserdichtmachen von Geweben verwendet.

Aluminiumchlorid, $AlCl_3$, ist weiß, kristallisiert, stark hautätzend; es raucht an der Luft, reagiert sehr heftig mit Wasser und sublimiert bei 183 °C; Anwendung als Katalysator z. B. für die FRIEDEL-CRAFTS-Synthese (↑ S. 538). Aus wäßriger Lösung kristallisiert $AlCl_3 \cdot 6\,H_2O$.

Alanate sind Aluminiumhydridkomplexsalze, z. B. **Lithiumalanat,** $Li[AlH_4]$, ein Reduktionsmittel in der organischen Chemie.

Aluminiumtriäthyl, $Al(C_2H_5)_3$, flüssig, $Kp = 194\,°C$, an der Luft selbstentzündlich, aus Aluminium, Wasserstoff und Äthen hergestellt, reagiert explosionsartig heftig mit Wasser. Als Komplex mit z. B. Titan(IV)-chlorid, $TiCl_4$, dient es als »Ziegler-Katalysator« für die Herstellung von Niederdruck-Polyäthylen.

Alumosilikate ↑ S. 359 und S. 361.

13.4. Gallium, Indium, Thallium und ihre Verbindungen

Gallium, Ga [von »Gallien« = Frankreich]: entdeckt 1875 durch LECOQ DE BOISBAUDRAN (Frankreich); vorausgesagt durch MENDELEJEW. Sehr selten; wesentlich teurer als Gold. Herstellung aus Bauxiten und aus Mansfelder Kupferschiefer durch Elektrolyse alkalischer Lösungen an Hg-Katoden. Silberglänzend; eignet sich wegen seines niedrigen Schmelzpunktes (30 °C; schmilzt in der Hand) und hohen Siedepunktes (2403 °C) als Thermometerflüssigkeit; Verwendung auch zum Dotieren von Halbleitern. Ga-Al-Legierungen mit wenig Al sind flüssig und reagieren mit Wasser ähnlich heftig wie Natrium; s. a. S. 337.

Galliumarsenid, GaAs, ist der Prototyp einer *III-V-Verbindung*, d. h. einer Verbindung zwischen Elementen der III. und der V. Hauptgruppe mit Halbleitereigenschaften. Ga und As liefern ebenso viele Valenzelektronen ($3 + 5 = 8$) wie zwei Atome des dazwischen in der IV. Hauptgruppe befindlichen Germaniums ($4 + 4 = 8$), und da die Kristallgitter übereinstimmen, resultieren analoge Eigenschaften hinsichtlich der elektrischen Leitfähigkeit. Weitere III-V-Verbindungen sind z. B. *Aluminiumantimonid* (AlSb), *Galliumphosphid* (GaP), *Galliumantimonid* (GaSb), *Indiumphosphid* (InP), *Indiumantimonid* (InSb) u. a. Die III-V-Verbindungen werden aus extrem vorgereinigten Elementen erschmolzen, durch Zonenschmelzen gereinigt und gezielt mit Spuren anderer Elemente (z. B. Magnesium, Tellur) dotiert.

Indium, In [von *Indigo*; benannt nach indigoblauer Spektrallinie]: entdeckt 1863 von REICH und RICHTER in der Freiberger Zinkblende. Sehr selten; Herstellung aus Zink- und Bleierzen (in der DDR aus Zinkblende). Silberweiß, stark glänzend, sehr weich (mit dem Messer schneidbar), niedrig schmelzend. Verwendung zum Dotieren von Halbleitern und zur Herstellung von halbleitenden III-V-Verbindungen (s. o.); eingeschmolzene galvanische Indiumüberzüge auf Blei für Gleitlager, z. B. in Flugzeugmotoren; s. a. S. 337.

Thallium, Tl [von *thallos* (grch.) grüner Zweig; benannt nach grüner Spektrallinie]: entdeckt 1861 durch CROOKES (England). Herstellung aus Pyrit oder Kupferschiefer. Bleiähnliches, schweres, weiches Metall, das im Gegensatz zu Ga und In an der Luft rasch anläuft; in HNO_3 und H_2SO_4 leicht löslich; technisch noch ohne Bedeutung; s. a. S. 337.

Thalliumverbindungen: stark giftig. Tl(I)-Verbindungen sind beständiger als Tl(III); sie vereinigen in sich die Eigenschaften von Alkali-, Silber- und Bleiverbindungen. **Thalliumoxid,** Tl_2O, schwarz, löst sich farblos in Wasser zur starken Base **Thallium(I)-hydroxid,** TlOH, einer im festen Zustand gelben Substanz. Auch **Thallium(I)-karbonat,** Tl_2CO_3, ist mit alkalischer Reaktion löslich. TlF ist leicht, TlCl, TlBr und TlI sind schwer löslich. *Nachweis* der Tl-Verbindungen: intensiv grüne Flammenfärbung.

14. Elemente der IV. Hauptgruppe (Kohlenstoffgruppe)

14.1. Allgemeines

Elemente: Kohlenstoff (C), Silizium (Si), Germanium (Ge), Zinn (Sn), Blei (Pb).

Wertigkeit: +4 und +2, seltener −4. Die Beständigkeit der +4-wertigen Stufe nimmt von C zum Pb ab, die der +2wertigen Stufe zu. Pb(II)-Verbindungen sind beständiger als Pb(IV)-Verbindungen.

Metallischer Charakter: nimmt von C zu Pb zu. C kommt elementar in einer nichtmetallischen (Diamant) und einer halbmetallischen Form (Graphit) vor. Si und Ge sind in physikalischer Hinsicht Metalle, verhalten sich dagegen in ihren Verbindungen überwiegend nichtmetallisch.

Element(IV)-hydroxide: sind bei C und Si zunehmend schwache Säuren [$C(OH)_4$ geht spontan unter H_2O-Abspaltung in H_2CO_3, Kohlensäure, über], bei Ge, Sn und Pb sind es amphotere Stoffe mit überwiegend saurem Charakter; die Hydroxide sind saurer als die entsprechenden Verbindungen der III. Hauptgruppe. – Die *Metall(II)-hydroxide*, nur von Ge, Sn und Pb bekannt, sind stärker basisch als die der 4wertigen Metalle, jedoch durchweg noch amphoter.

Wasserstoffverbindungen: Die Beständigkeit nimmt von C zum Pb ab. Da sich C-Atome praktisch unbegrenzt miteinander verbinden können, existiert eine ebenso unbegrenzte Anzahl von Kohlenwasserstoffen; Siliziumwasserstoffe (Silane) gibt es nur wenige; die Zahl nimmt zum Pb hin weiter ab. Die Kohlenwasserstoffe sind neutral; vom Si zum Pb nimmt der saure Charakter zu, ist jedoch nur schwach ausgeprägt.

14.2. Kohlenstoff und Kohlenstoffverbindungen

14.2.1. Allgemeines

Symbol: [*carboneum*; *carbo* (lat.) Kohle]; **Wertigkeit:** +4, seltener −4; vereinzelt auch Oxidationsstufe 2.

Geschichte: Kohlenstoff wurde um 1775 von A. L. LAVOISIER (Paris) als Element erkannt.

Verbindungsfähigkeit: C-Atome können sich im Gegensatz zu anderen Atomen in praktisch unbegrenztem Maße zu Ketten und Ringen verbinden. Daher sind weit mehr C-Verbindungen (etwa 5 Millionen) bekannt als C-freie Verbindungen (etwa 300000). Die jährliche Zuwachsrate an C-Verbindungen beträgt gegenwärtig etwa 250000. Die Vielzahl

Tabelle 27. Kohlenstoffgruppe

	Kohlenstoff	**Silizium**	**Germanium**	**Zinn**	**Blei**
Symbol	C	Si	Ge	Sn	Pb
Kernladungszahl	6	14	32	50	82
Relative Atommasse	12,011	28,0855	72,59	118,69	207,2
Schmelzpunkt (in °C)	3850 subl.	1423	959	232	327
Dichte (in g/cm³)	Diam. 3,51 Gr. 2,22	2,33	5,35	7,28	11,34
Wertigkeit	+4	Beständigkeit abnehmend →			
	−4	+2	Beständigkeit zunehmend →		
Häufigkeit (Erdrinde, %)	$8{,}7 \cdot 10^{-2}$	25,8	$5{,}6 \cdot 10^{-4}$	$3{,}5 \cdot 10^{-3}$	$1{,}8 \cdot 10^{-3}$
Element(IV)-hydroxide	H_2CO_3	$SiO_2 \cdot xH_2O$	$Ge(OH)_4$	$Sn(OH)_4$	$Pb(OH)_4$
	schwache[1] Säure	sehr schwache Säure	amphoter; saurer als $Me(OH)_2$		
Element(II)-hydroxide	–	–	$Ge(OH)_2$	$Sn(OH)_2$	$Pb(OH)_2$
			amphoter; basischer als $Me(OH)_4$		
Salznamen der Anionen	Karbonat	Silikat	IV: Germanat(IV) II: Germanat(II)	Stannat(IV)	Plumbat(IV)

[1]) Kohlensäure erscheint nur deshalb schwach, weil im Gleichgewicht mit CO_2 und H_2O nur sehr wenige H_2CO_3-Moleküle vorhanden sind; die H_2CO_3-Moleküle ihrerseits sind, einer mittelstarken Säure entsprechend, mittelstark dissoziiert.

der C-Verbindungen wird in der organischen Chemie behandelt. Lediglich C selbst sowie einige seiner einfachsten Verbindungen (Oxide, Sulfide, Kohlensäure, Karbonate, Karbide und einfache Zyanverbindungen) rechnet man willkürlich zur anorganischen Chemie.

Vorkommen: C ist Bestandteil aller Organismen; dennoch ist es in der Erdkruste (einschließlich Atmo- und Hydrosphäre) nur das dreizehnthäufigste Element. In der nichtlebenden Materie kommt C teils frei (Diamant, Graphit), teils gebunden vor (Kohlendioxid, Karbonate, Kohle, Erdöl, Erdgas, Schieferöl, Bitumen). Die in der Luft in

Form von CO_2 vorhandene Kohlenstoffmenge (schätzungsweise $6{,}0 \cdot 10^{11}$ t) ist nur etwa doppelt so groß wie die in der lebenden Materie gebundene.

Karbonat-Minerale:

$CaCO_3$:	Kalzit; Kalkstein, Kalkspat, Kreide, Marmor		
$CaCO_3 \cdot MgCO_3$:	Dolomit	$MgCO_3$:	Magnesit
$SrCO_3$:	Strontianit	$BaCO_3$:	Witherit
$ZnCO_3$:	Smithsonit, Zinkspat	$FeCO_3$:	Siderit, Eisenspat; Spateisenstein
$PbCO_3$:	Zerussit, Weißbleierz		
$CuCO_3 \cdot Cu(OH)_2$:	Malachit	$MnCO_3$:	Rhodochrosit, Manganspat; Himbeerspat

14.2.2. Elementarer Kohlenstoff

Modifikationen: Diamant und **Graphit.** Die früher als »amorpher Kohlenstoff« bezeichneten Formen *Ruß*, *Retortengraphit*, *Aktivkohle* usw. sind feinkristalline Abarten des Graphits, deren mechanische Eigenschaften oft stark von denen des grobkristallinen Graphits abweichen.

Eigenschaften (s.a. S. 346): C ist in allen Formen geruch- und geschmacklos, löst sich nur in geschmolzenen Metallen und ist bei gewöhnlicher Temperatur sehr reaktionsträge. Der Kohlenstoff verbrennt mit genügend Sauerstoff zu Kohlendioxid, CO_2, anderenfalls zu Kohlenmonoxid, CO. Mit vielen Metallen und Nichtmetallen entstehen beim Erhitzen Karbide; viele Metalloxide werden in der Hitze durch Kohlenstoff zu den Metallen reduziert. In Luft aufgewirbelter Kohlenstoff kann explosionsartig verbrennen (Kohlenstaubexplosion).

Tabelle 28. Eigenschaften von Diamant und Graphit

Eigenschaften	**Diamant**	**Graphit**
Farbe	farblos	grauschwarz
Härte	härtester Stoff	sehr weich
Kristallgitter	regulär	hexagonal
Dichte (in g/cm^3)	3,51	2,22
Elektr. Leitfähigkeit	Nichtleiter	Leiter
Verhalten beim Erhitzen	geht bei 1500 °C in Graphit über	sublimiert oberhalb 3800 °C

Diamant: Edelstein; härtester natürlicher Stoff, nur in seinem eigenen Pulver schleifbar. In reinem Zustand farblos, klar durchsichtig, stark farbstreuend; durch geeigneten Schliff (*Brillanten*) kommt das Farbenspiel besonders gut zur Geltung. 1 k (Karat; Masse eines Johannisbrotkerns) = 200 mg. Weniger reine Diamanten sind farbig und trüb, z.B. Bord (bleigrau), Karbonados (tiefschwarz). *Vorkommen:* Südafrika, Zaïre, Sibirien, Brasilien, Ostindien. *Technische Verwendung:* für Bohrerspitzen, Glasschneider,

Drahtziehösen, Achsenlager für Präzisionsinstrumente. Seit 1955 künstliche Herstellung aus Graphit bei 2000 °C und 5300 MPa (53000 at) Druck, bisher in Größen von wenigen Karat.

Graphit: besteht aus ebenen C-Schichten, die miteinander nur lose verbunden und daher gegeneinander verschiebbar sind (Schichtengitter); ist daher sehr weich, in Blättchen spaltbar, abfärbend; kann aus Kohle auch künstlich gewonnen werden. *Verwendung:* für Schreibstiftminen (mit Ton gepreßt), Graphittiegel (mit Ton gebrannt), Schmiermittel, Rostschutzanstrich; als Moderator in Kernreaktoren; für Kohlebürsten in Elektromotoren.

Ruß: feinste Graphitkriställchen; entsteht bei der unvollständigen Verbrennung von Kohlenstoffverbindungen; wird technisch auf diese Weise aus Äthin oder Naphthalin hergestellt. *Verwendung:* wertverbessernder Füllstoff für Gummi (erhöht die Abriebfestigkeit in Autoreifen; etwa $^1/_3$ der Reifenmasse besteht aus Ruß!), für Trockenbatterien, Druckerschwärze, Schuhkrem, Tusche usw.

Aktivkohle: aus organischem Material (Holz, Knochen, Zucker, Blut, Nußschalen) durch Tränken mit Zinkchlorid- oder Kaliumkarbonatlösung und nachfolgendes Erhitzen unter Luftabschluß hergestellte äußerst poren- und deshalb oberflächenreiche Kohle (je Gramm bis 800 m² Oberfläche!). Infolge der großen Oberfläche adsorbiert sie viele Gase und gelöste Stoffe. *Verwendung:* zur Reinigung, Isolierung und Wiedergewinnung von Gasen und Dämpfen, z.B. von Benzol aus Leuchtgas, von Xylol aus Druckfarben, von Kohlendisulfid in der Viskosefaserstoffindustrie, von Lösungsmitteln in der Lackindustrie, ferner für Atemschutzmasken; zur Entfärbung von Zuckerdicksaft; zur Reinigung des Äthanols von Fuselalkoholen; als medizinische Kohle gegen Magen- und Darmstörungen.

Anthrazit, *Stein-* und *Braunkohle*, Koks ↑ Abschn. 31.

14.2.3. Kohlenmonoxid (*Kohlenoxid*), CO

Struktur: vermutlich :C:::O:, wobei ein bindendes Elektronenpaar ausschließlich vom Sauerstoff geliefert wird.

Herstellung:

- durch Verbrennung von Kohlenstoff und -verbindungen (z.B. Koks, Kohle, Benzin) oberhalb 1000 °C oder bei Sauerstoffmangel:

$$2\,C + O_2 \rightarrow 2\,CO$$

Kohlenmonoxid kommt deshalb in Auspuffgasen von Kraftfahrzeugen und im »Kohlendunst« schlecht ziehender Öfen vor (Vergiftungsgefahr!); auch im Tabakrauch ist es zu 4% enthalten.

- durch Reduktion von Kohlendioxid mit glühendem Koks (BOUDOUARD-Gleichgewicht, z.B. im Hochofen):

$$CO_2 + C \rightleftarrows 2\,CO$$

- durch Reduktion von Wasserdampf mit glühendem Koks oder anderen »Kohlenstoffträgern« (Erdöldestillate, Erdgas u.a.; s.a. S. 371):

$$C + H_2O \rightarrow CO + H_2$$

- im Labormaßstab durch Wasserentzug aus Methansäure mit konz. Schwefelsäure:

$$H-COOH - H_2O \xrightarrow{H_2SO_4} CO$$

Eigenschaften: farb- und geruchloses Gas; in Wasser nur wenig löslich; mit blauer Flamme brennbar; fast ebenso schwer wie Luft; nur bei sehr niedrigen Temperaturen verflüssigbar ($Kp = -192\,°C$); durch Aktivkohle nicht adsorbierbar, wohl aber durch I_2O_5-haltige Filtermassen. Sehr reaktionsträge, vereinigt sich jedoch katalytisch mit Wasserstoff zu Kohlenwasserstoffen (FISCHER-TROPSCH-Synthese) oder Alkoholen (Methanolsynthese). Mit feinverteilten Metallen entstehen flüchtige, giftige, brennbare **Karbonyle,** z.B. $Ni(CO)_4$, $Co_2(CO)_9$, $Fe(CO)_5$.

Physiologie: sehr giftig; bereits 0,2% in der Luft sind tödlich. CO wird vom Hämoglobin des Blutes fester gebunden als Sauerstoff und blockiert daher den Sauerstofftransport; Kopfschmerz, Bewußtlosigkeit, Atemlähmung, Tod; kirsch- bis scharlachrotes Blut (»Kohlenoxidhämoglobin«).

Technische kohlenmonoxidhaltige Gase:

- **Luftgas, Generatorgas:** $CO + 2\,N_2$; entsteht in exothermer Reaktion durch Vergasung von Kohle oder Koks mit Luft in Generatoren: $2\,C + O_2 + 4\,N_2 \rightarrow 2\,CO + 4\,N_2$.
  Verwendung als Heizgas und zur Ammoniaksynthese.
- **Wassergas:** $CO + H_2$; ↑ S. 306.
- **Mischgas:** CO, H_2, N_2; entsteht durch Vergasung von Kohlepulver mit einem Gemisch aus Wasserdampf und sauerstoffangereicherter Luft in WINKLER-Generatoren (s.u.). Ähnliche Gase werden auch durch *Dampfreforming* von Kohlenwasserstoffen (↑ S. 371) und durch *Öldruckvergasung* flüssiger Kohlenwasserstoffe (↑ S. 371) gewonnen. Verwendung für die Ammoniaksynthese.

  Winkler-Generatoren bestehen aus einem hohen Schacht (bis 15 m), in den von unten das Vergasungsmittel (Sauerstoff-Wasserdampf-Gemische u. dgl.) eingeblasen wird. Seitlich über den Winddüsen wird laufend der feste, pulverförmige Brennstoff (Trockenbraunkohle) durch eine Förderschnecke eingeführt. Das Vergasungsmittel vergast den in Schwebe wirbelnden, glühenden Brennstoff (*Wirbelschichtverfahren*). Das erzeugte Gas wird anschließend entstaubt.

- **Kokerei- und Stadtgas:** H_2, CH_4, CO u.a.; entsteht durch Entgasung (Verkokung) von Kohle. Durch *Druckvergasung* (2,2 MPa [≈22 at]) von Braunkohle mit Wasserdampf und Sauerstoff bildet sich ein ähnliches, jedoch methanärmeres **Druckgas,** das vielfach als *Ferngas* in Verbundnetze eingespeist wird. Verwendung: zu Heiz- und Beleuchtungszwecken.
- **Sonstige Gase:** Braunkohlenschwelgas; Gichtgas (Hochofen).

14.2.4. Kohlendioxid, CO_2

Vorkommen: Luft (0,03 Vol.-%); natürliches Wasser, besonders gewisse Mineralwässer (Sprudel, Säuerlinge); Vulkangase; technische Verbrennungsgase.
Die Venusatmosphäre besteht zu etwa 95% aus CO_2.

Herstellung:

- durch vollständige Verbrennung von Koks:

$$C + O_2 \rightarrow CO_2$$

Reinigung durch K_2CO_3-Lösung, die CO_2 in der Kälte aufnimmt ($KHCO_3$-Bildung) und in der Hitze wieder abgibt;

- als Nebenprodukt beim Kalkbrennen:

$$CaCO_3 \rightarrow CaO + CO_2$$

Kohlendioxid entsteht allgemein durch Hitzezersetzung von Karbonaten; ↑ S. 352.

- aus Karbonaten und Säuren, z.B. aus Marmor:

$$CaCO_3 + 2\,HCl \rightarrow CaCl_2 + H_2O + CO_2$$

- als Nebenprodukt bei der alkoholischen Gärung:

$$C_6H_{12}O_6 \rightarrow 2\,C_2H_5OH + 2\,CO_2$$

Physikalische Eigenschaften: farbloses Gas von schwach säuerlichem Geruch und Geschmack; 1,5mal so schwer wie Luft, läßt sich aus Gefäßen umgießen; sammelt sich am Boden von Gärkellern und Brunnen, auch in Höhlen (Hundsgrotte Neapel); nicht brennbar (erstickt eine eingeführte Flamme); in kaltem Wasser reichlich löslich, besonders unter Druck.

Flüssiges und festes Kohlendioxid: Bei 20 °C läßt sich CO_2 durch einen Druck von 5 MPa ($\approx$ 50 at) verflüssigen; in dieser Form kommt es in grauen Stahlflaschen in den Handel. Bei Entnahme von CO_2-Gas verdampft eine entsprechende Menge Flüssigkeit, und der Druck bleibt so lange konstant, wie noch flüssiges CO_2 vorhanden ist. Daher kann der Verbrauch nicht am Manometer abgelesen, sondern muß durch Wägung ermittelt werden.
Läßt man *flüssiges* CO_2 ausströmen, z.B. aus einer geneigten Stahlflasche, so tritt infolge der sofortigen Verdampfung so starke Abkühlung ein, daß ein Teil zu einer schneeartigen Masse erstarrt. Dieser »*Kohlendioxidschnee*« kommt gepreßt als »*Trockeneis*« in den Handel; es schmilzt nicht, sondern sublimiert bei −78 °C. Durch Mischen mit Azeton erreicht man Kältegrade von −90 °C.

Chemische Eigenschaften: mit Wasser entsteht Kohlensäure; mit Basen bilden sich Karbonate und Hydrogenkarbonate (Abbinden von Kalkmörtel!). Reduktion zu schwarzem flockigem Kohlenstoff gelingt durch Einführen brennenden Magnesiums:

$$CO_2 + 2\,Mg \rightarrow C + 2\,MgO$$

Nachweis: durch Trübung von Baryt- oder Kalkwasser (Tropfen am Glasstab oder Hindurchleiten des Gases): $Ba(OH)_2 + CO_2 \rightarrow BaCO_3\downarrow + H_2O$.

Verwendung: zur technischen Herstellung von Harnstoff, Salizylsäure u.a.; in Feuerlöschern; als Schutzgas zur Lagerung feuergefährlicher Stoffe sowie zum »CO_2-Schweißen«; in Gießereien zum Härten wasserglashaltigen Formsandes; für Getränke; zum Bierausschank; Trockeneis zum Kühlhalten von Lebensmitteln.

Physiologie: CO_2 wird in Anwesenheit von *Chlorophyll* (Blattgrün) unter Aufnahme von *Lichtenergie* von den grünen Pflanzen organischer Substanz (über verschiedene Zwischenstufen zunächst zu Traubenzucker) gebunden (»*assimiliert*« = angeglichen); hierbei wird Sauerstoff frei. Die aufgenommene Energie wird bei der Atmung (»*Dissimilation*«) der Tiere und Pflanzen wieder frei und dient den Lebensprozessen. Der bei der Atmung aufgenommene Sauerstoff oxidiert die organische Substanz in Gegenwart von Atmungsfermenten zu Kohlendioxid und Wasser:

$$6\,CO_2 + 6\,H_2O \underset{\text{Abbau; Abgabe von Wärme- und mechanischer Energie}}{\overset{\text{Aufbau; »Fotosynthese«; Aufnahme von Lichtenergie}}{\rightleftarrows}} C_6H_{12}O_6 + 6\,O_2\uparrow$$

Von der auf die Erde einfallenden Sonnenenergie werden 0,12% von den Pflanzen fotochemisch aufgenommen. Je m^2 grüner Blattfläche wird von der Sonne je Stunde etwa 1 g Zucker aus CO_2 gebildet. Vom Menschen ausgeatmete Luft enthält 4% CO_2. Reines CO_2 wirkt auf den Menschen infolge Sauerstoffmangels rasch tödlich; auch Luft mit über 15% CO_2 erzeugt Schwindel, Bewußtlosigkeit und schließlich Tod.

14.2.5. Kohlensäure, H_2CO_3

Kohlensäure ist nur in wäßriger Lösung beständig; hier steht sie sowohl im Gleichgewicht mit ihrem Anhydrid CO_2 als auch mit ihren elektrolytischen Dissoziationsprodukten:

$$CO_2 + H_2O \rightleftarrows H_2CO_3 \rightleftarrows H^+ + HCO_3^- \rightleftarrows 2\,H^+ + CO_3^{2-}$$

Da das Gleichgewicht fast völlig auf seiten von CO_2 und H_2O liegt (nur 1% CO_2 ist an H_2O gebunden), sind nur wenige H^+-Ionen vorhanden, und Kohlensäure wirkt als sehr schwache Säure. Da sie in Form ihres Anhydrids zudem leicht flüchtig ist, wird sie durch fast alle anderen Säuren aus ihren Salzen in Freiheit gesetzt. Sie selbst vermag lediglich Kieselsäure, Blausäure, Phenole und ähnlich schwach saure Stoffe aus ihren Salzen zu verdrängen.

14.2.6. Karbonate

Allgemeines: Karbonate sind Salze (und Ester) der Kohlensäure; bei den Hydrogenkarbonaten (früher »Bikarbonate« genannt) sind die H-Atome der Säure nur zum Teil durch Metall ersetzt.

Trivialnamen (s.a. die Minerale S. 347):

Na_2CO_3 .... Soda[1])
$NaHCO_3$ .... »Natron« (doppeltkohlensaures)

[1]) »Soda« bedeutet in Getränken Kohlensäure bzw. Kohlendioxid.

K_2CO_3	Pottasche
NH_4HCO_3	Hirschhornsalz
$2\,PbCO_3 \cdot Pb(OH)_2$	Bleiweiß
$Cu_x(CH_3COO)_y(OH)_z$	echter Grünspan

Verhalten beim Erhitzen: Zerfall in Metalloxid + Kohlendioxid, z.B. $CuCO_3 \rightarrow CuO + CO_2$. Je stärker die Base, desto höher ist die Zersetzungstemperatur. Aluminiumkarbonat, $Al_2(CO_3)_3$, zerfällt bereits bei gewöhnlicher Temperatur.

Verhalten gegenüber Säuren: Da Kohlensäure in Form ihres Anhydrids leicht flüchtig ist, werden Karbonate durch nahezu alle Säuren unter Kohlendioxidentwicklung zersetzt, z.B. $Na_2CO_3 + 2\,HCl \rightarrow 2\,NaCl + H_2O + CO_2\uparrow$.

Nachweis: Das durch Säuren unter Aufbrausen entstehende CO_2 wird mit Barytwasser nachgewiesen; ↑ S. 351.

14.2.7. Karbide

Karbide sind Verbindungen zwischen Kohlenstoff und einem elektropositiveren (stärker metallischen) Element.

- Manche Karbide ergeben mit Wasser oder Säuren *Kohlenwasserstoffe:* **Kalziumkarbid,** CaC_2, ergibt Äthin (Azetylen); **Aluminiumkarbid,** Al_4C_3, ergibt Methan.
- Andere Karbide *explodieren* beim Erhitzen, z.B. **Silber-** und **Kupfer(I)-karbid,** Ag_2C_2 bzw. Cu_2C_2; hierbei zerfallen sie in die Elemente.
- Durch besondere *Härte* zeichnen sich aus: **Borkarbid,** B_4C, **Siliziumkarbid,** SiC, und **Wolframkarbid,** W_2C.
- Im *Stahl* tritt auf: **Eisenkarbid,** *Zementit,* Fe_3C.

14.2.8. Derivate der Kohlensäure

Übersicht:

Phosgen	$COCl_2$
Kohlendisulfid (*Schwefelkohlenstoff*)	CS_2
Kohlenoxidsulfid	COS
Harnstoff	$CO(NH_2)_2$

Phosgen, *Kohlenoxidchlorid,* $COCl_2$, das Chlorid der Kohlensäure, ist ein farbloses, sehr giftiges Gas ($Kp = 8\,°C$) von schwach heuähnlichem Geruch. Lungenschädigender Kampfstoff im 1. Weltkrieg! *Herstellung* aus Kohlenmonoxid und Chlor; *Verwendung* zur Gewinnung der Isozyanatkomponenten für Polyurethane.

Kohlendisulfid, *Schwefelkohlenstoff,* CS_2

- *Herstellung*
  - petrolchemisch aus Methan (auch Erdgas) und Schwefeldampf katalytisch bei 600 °C: $CH_4 + 4\,S \rightarrow CS_2 + 2\,H_2S$
  - karbochemisch aus Braunkohlenschwelkoks und Schwefeldampf bei 900 °C: $C + 2\,S \rightarrow CS_2$

- *Physikalische Eigenschaften:* farblose, giftige, wasserunlösliche, stark farbstreuende, nach Rettich riechende Flüssigkeit; $F = -109\,°C$, $Kp = 46\,°C$; verdunstet bereits bei gewöhnlicher Temperatur sehr rasch; löst Fette, Harze, Kautschuk, Phosphor, Schwefel, Jod.
- *Chemische Eigenschaften:* äußerst feuergefährlich; bei der Verbrennung (blaue Flamme) entstehen Schwefel- und Kohlendioxid: $CS_2 + 3\,O_2 \rightarrow CO_2 + 2\,SO_2$. Bei ungenügender Luftzufuhr bildet sich elementarer Schwefel, der z.B. beim Einbringen einer Porzellanfläche in die Flamme als gelber Belag sichtbar wird.
  Mit alkoholischer Kalilauge entsteht gelbes *Kaliumxanthogenat:* $C_2H_5OH + KOH + CS_2 \rightarrow SC(OC_2H_5)(SK) + H_2O$
- *Verwendung:* zur Herstellung von Viskosefaserstoffen, Flotationshilfsmitteln (Xanthogenate), Tetrachlormethan; zur Bodendesinfektion.

Kohlenoxidsulfid, COS, ein farb- und geruchloses, brennbares Gas ($Kp = -50{,}2\,°C$), entsteht z.B. bei der Herstellung von Synthesegas durch Öldruckvergasung (↑ S. 371) als Nebenprodukt.

Harnstoff, *Karbamid,* $CO(NH_2)_2$, ist das Diamid der Kohlensäure. Das Monamid $CO(OH)(NH_2)$ ist die im freien Zustand nicht bekannte *Karbaminsäure*; von dieser leiten sich als Ester *Urethane* der Formel $CO(OR)(NH_2)$ ab.

- *Geschichtliches:* 1773 Entdeckung im Harn; 1828 Herstellung (F. WÖHLER) durch Umlagerung von Ammoniumzyanat beim Erhitzen: $NH_4CNO \rightarrow CO(NH_2)_2$; diese Reaktion gilt als erste Synthese einer organischen Verbindung aus anorganischem Material und damit als Widerlegung der »Lebenskrafttheorie«, nach der hierfür eine besondere »Lebenskraft« erforderlich sein sollte.
- *Herstellung:* aus Ammoniak und Kohlendioxid bei 150...200 °C und 10...20 MPa (100...200 at) in flüssiger Phase: $2\,NH_3 + CO_2 \rightleftarrows CO(NH_2)_2 + H_2O$

  Nach Entspannung wird das Harnstoff-Wasser-Gemisch eingedampft; die entstehende Harnstoffschmelze wird versprüht. Nicht umgesetztes Ausgangsmaterial wird dem Reaktor erneut zugeführt.
- *Eigenschaften:* farb- und geruchlos; kristallisiert ($F = 133\,°C$); bitter schmeckend; leicht wasser- und äthanollöslich; bildet trotz neutraler Reaktion der wäßrigen Lösung mit starken Säuren Salze, z.B. das schwer lösliche Harnstoffnitrat, $[H_2N-CO-NH_3^+]NO_3^-$. Harnstoff geht beim Erhitzen zunächst in *Biuret,* $H_2N-CO-NH-CO-NH_2$, bei 350...400 °C in *Melamin* (↑ S. 558) über. Mit unverzweigten Alkanen (ab C_{10}) bildet Harnstoff kristallisierte Einschlußverbindungen[1]).
- *Verwendung:* als Stickstoffdünger und Viehfutterzusatz; zur Herstellung von Melamin- und Harnstoffharzen; zur Isolierung unverzweigter Alkangemische mit mehr als 10 C-Atomen aus Erdölprodukten, insbes. für die Waschmittelindustrie.

---

[1]) In **Einschlußverbindungen** lagern sich Moleküle bestimmter Abmessungen (z.B. *n*-Alkane) regelmäßig in Hohlräume des Kristallgitters anderer Verbindungen (z.B. Harnstoff) ein, ohne echt chemisch gebunden zu werden.

- *Physiologie:* Harnstoff ist das Endprodukt des Stickstoff-Stoffwechsels von Mensch und Säugetier; der Mensch scheidet täglich etwa 25...30 g aus. Bakterien im Pansen von Wiederkäuern vermögen den Harnstoff mit Zellulose zu Eiweiß umzusetzen, das über die Verdauung schließlich in Fleisch-, Milch- u.a. Eiweiß umgewandelt wird.

14.2.9. Zyan und Zyanverbindungen

Zyan, *Dizyan,* $(CN)_2$, Struktur N≡C−C≡N. Farbloses, giftiges Gas; *Kp* = −21,4 °C; entsteht durch Erhitzen von Quecksilber(II)-zyanid, $Hg(CN)_2$. Es verbrennt mit rotvioletter, sehr heißer Flamme (mit O_2 bei Normaldruck 4500 °C): $(CN)_2 + 2\,O_2 \rightarrow 2\,CO_2 + N_2$. (Die heißeste chemische Flamme wurde durch Verbrennung von **Kohlenstoffsubnitrid** [*Dizyanoäthin*], C_4N_2, N≡C−C≡C−C≡N, in Ozon bei 4 MPa [40 at] erhalten: knapp 6000 °C!)
Zyan ist ein »*Pseudohalogen*«, d.h., es verhält sich in seinen Verbindungen ähnlich den Halogenen.

Zyanwasserstoff, *Blausäure,* HCN: farblose, bereits bei 26 °C siedende, leicht wasserlösliche, äußerst giftige Flüssigkeit von charakteristischem, fischig-mandelartigem Geruch. 50 mg wirken in wenigen Sekunden tödlich, da HCN die Atmungsfermente blockiert. Blausäure bildet sich aus Zyaniden durch Säuren; die technische Herstellung erfolgt durch Umsetzung von Methan, Ammoniak und Luft an Pt-Rh-Netzen bei 800...1000 °C (ANDRUSSOW-Verfahren): $CH_4 + NH_3 \rightarrow HCN + 3\,H_2$ (endotherm); Wasserstoff verbrennt und liefert die nötige Wärmeenergie. Blausäure ist Zwischenprodukt bei der Herstellung von »organischem Glas« und Polyakrylnitrilfaserstoffen, dient auch als Schädlingsbekämpfungsmittel. Sie addiert sich an ungesättigte organische Verbindungen sowie an Aldehyde und Ketone zu *Nitrilen,* die zu Karbonsäuren verseift werden können.

Zyanide: Salze der Blausäure, z.B. **Natriumzyanid,** NaCN, oder **Kaliumzyanid** (früher »Zyankali«), KCN, beide leicht lösliche, sehr giftige Salze (tödliche Dosis: 150 mg), die bereits durch Luftkohlensäure zersetzt werden und deshalb nach Blausäure riechen: $2\,KCN + H_2O + CO_2 \rightarrow K_2CO_3 + 2\,HCN$. *Verwendung:* für galvanische Elektrolyte; zur Zyanidlaugerei (Gold- und Silbergewinnung); zur Erzeugung von Blausäure, Blutlaugensalzen, Berliner Blau und anderen Zyaniden.

Komplexe Zyanide:

$K_4[Fe(CN)_6]$	= Kaliumhexazyanoferrat(II) = Gelbes Blutlaugensalz
	= Gelbkali
$K_3[Fe(CN)_6]$	= Kaliumhexazyanoferrat(III) = Rotes Blutlaugensalz
	= Rotkali
$Fe_4[Fe(CN)_6]_3$	= Eisen(III)-hexazyanoferrat(II) = Berliner Blau
$Na_2[Fe(CN)_5(NO)] \cdot 2\,H_2O$	= Natriumpentazyanonitrosylferrat(III)
	= Nitroprussidnatrium

In der Galvanotechnik verwendet: $Na_3[Cu(CN)_4]$ = Natriumtetrazyanokuprat(I), $Na_2[Zn(CN)_4]$ = Natriumtetrazyanozinkat, $Na_2[Cd(CN_4]$ = Natriumtetrazyanokadmat, $K[Ag(CN)_2]$ = Kaliumdizyanoargentat, $K[Au(CN)_2]$ = Kaliumdizyanoaurat(I).

Rhodan und -verbindungen: Freies **Rhodan,** $(SCN)_2$, farblose Kristalle, ist ein sehr unbeständiges Pseudohalogen. **Rhodanide** (*Thiozyanate*) sind die Salze der **Rhodanwasserstoffsäure** (*Thiozyansäure*), HSCN; sie entstehen durch Kochen von Zyanidlösungen mit Schwefel: $KCN + S \rightarrow KSCN$. **Kaliumrhodanid,** KSCN, farblos, ist ein Reagens auf Fe^{3+}-Ionen [ergibt blutrote Färbung von **Eisen(III)-rhodanid,** $Fe(SCN)_3$].

Weitere Zyanverbindungen:

- **Zyansäure,** HOCN; Salze: *Zyanate.*

- **Knallsäure**, HONC; Salze: *Fulminate*, z.B. Knallquecksilber = *Quecksilberfulminat*, $Hg(ONC)_2$.
- **Zyanamid**, $N{\equiv}C-NH_2$, und
- **Dizyandiamid**, (»Didi«), $H_2N-C(=NH)-NH-C{\equiv}N$, werden für Aminoplaste verwendet.
- **Kalkstickstoff**, $Ca=N-C{\equiv}N$, ↑ S. 377.

14.3. Silizium und Siliziumverbindungen

14.3.1. Allgemeines

Symbol: Si [*silex* (lat.) Kieselstein]; **Wertigkeit:** +4, (−4).

Vorkommen: zweithäufigstes Element der Erdkruste (16,3 Atom-%); kommt chemisch gebunden in den meisten Gesteinen und deren Verwitterungsprodukten vor, und zwar als Oxid und in Form von Silikaten (↑ 14.3.5.); beide machen zusammen fast 90% der Erdkruste aus.

14.3.2. Elementares Silizium

Entdeckung: 1822 durch J. J. Berzelius (Schweden).

Herstellung: Aus Quarz und Koks oder Kalziumkarbid im elektrischen Ofen; in kleinen Mengen auch aluminothermisch. Sehr reine Siliziumeinkristalle werden nach dem Zonenschmelzverfahren erzeugt.

Eigenschaften (s.a. S. 346): dunkelgraue, schwach metallisch glänzende, harte, spröde Kristalle; Halbleiter; in Säuren unlöslich (nur feinverteiltes, sog. »amorphes« Si löst sich in Flußsäure); mit warmen Alkalilaugen entstehen unter Wasserstoffentwicklung Silikate: $Si + 2\,NaOH + H_2O \rightarrow Na_2SiO_3 + 2\,H_2$.

In Gegenwart von Cu-Pulver reagiert Silizium mit Monochlormethan, CH_3Cl, bzw. -äthan, C_2H_5Cl, zu *Dialkyldichlorsilanen*, z.B. gemäß $Si + 2\,CH_3Cl \rightarrow (CH_3)_2SiCl_2$ zu *Dimethyldichlorsilan*, das z.T. in *Monomethyltrichlorsilan*, $(CH_3)SiCl_3$, und *Trimethylmonochlorsilan*, $(CH_3)_3SiCl$, disproportioniert. Diese Verbindungen sind Zwischenprodukte für *Silikone* (↑ S. 580).

Verwendung: zur Herstellung von Silikonen; extrem rein in der Halbleitertechnik (z.B. Mikroelektronik) und für Sonnenbatterien; mit Eisen legiert als »Ferrosilizium« für Siliziumstähle.

14.3.3. Siliziumdioxid, SiO_2

Vorkommen:

- kristallin als **Quarz**, der den Hauptbestandteil des Granits, der Gneise, des Seesands und Sandsteins bildet;

- gutausgebildete Quarzkristalle, häufig mit färbenden Beimengungen, sind: **Bergkristall** (farblos), **Rauchquarz** = **Rauchtopas** (grau bis braun), **Rosenquarz** (rosa), **Amethyst** (violett), **Zitrin** (gelb)
- erdig als **Kieselgur**[1]) (Infusorien-, Diatomeenerde aus den Panzern von Kieselalgen)
- schwach wasserhaltig als **Opal, Chalzedon (Achat, Karneol, Jaspis)** und **Feuerstein**
- in manchen Organismen in Form feinster Kriställchen als Stützsubstanz (Gräser, Getreide, Rohr, Bambus, Kieselschwämme und Kieselalgen)

Herstellung: Große Quarzkristalle werden künstlich durch »Hydrothermalzüchtung« gewonnen: Umkristallisation aus überkritischem Wasser mit bestimmten Salzzusätzen bei 300...400 °C und 100...200 MPa (1000...2000 at) Druck.

Eigenschaften: weißes Pulver oder farblose Kristalle; schmilzt je nach Modifikation (*Quarz, Tridymit, Cristobalit*) zwischen 1500 und 1705 °C; die Schmelze erstarrt zu einem amorphen Glas **(Quarzglas).** Als einzige Säure greift Flußsäure an (Bildung von SiF_4 und $H_2[SiF_6]$); in geschmolzenen Alkalihydroxiden und -karbonaten löst es sich leicht zu Silikaten.

Verwendung: Quarzsand für Quarzglas (durchsichtig) und Quarzgut (durchscheinend), Glas, Wasserglas, Porzellan, Mörtel; als Formsand in Gießereien; zur Herstellung von Silizium. – **Bergkristall** als Schmuckstein und für optische Instrumente; **Kieselgur** infolge ihres Saugvermögens als Verpackungsmaterial. **Quarz**kristalle auch für Quarzuhren sowie als Schwingquarz zur Erzeugung von Ultraschall.

Quarzglas: temperatur-, temperaturwechsel- und chemikalienbeständiger als gewöhnliches Gas; ist im Gegensatz zu diesem auch durchlässig für Ultraviolettstrahlung; Verwendung für chemische Geräte und UV-Lampen (Höhensonnen, Elektronenblitzgeräte).

14.3.4. Kieselsäuren und Silikate

Herstellung nicht aus SiO_2 und H_2O möglich, sondern:

- aus Alkalisilikatlösungen (z. B. Wasserglaslösung) durch stärkere Säuren
- aus Siliziumtetrachlorid durch Wasser: $SiCl_4 + 4\,H_2O \rightarrow H_4SiO_4 + 4\,HCl$

Formeln und Eigenschaften: Orthokieselsäure, $H_4SiO_4 = Si(OH)_4 = SiO_2 \cdot 2\,H_2O$, ist nicht beständig; ihre Moleküle treten spontan unter Wasserabspaltung und Bildung von $-Si-O-Si-O-$-Ketten zu höhermolekularen, schließlich kolloiden Aggregaten zusammen; es entstehen Molekülnetzwerke, die viel Wasser sorbieren und einschließen. Ein Gemisch aus verdünnter Wasserglaslösung und Salzsäure, in dem zunächst gemäß $Na_2SiO_3 + 2\,HCl + H_2O \rightarrow Si(OH)_4 + 2\,NaCl$ Orthokieselsäure gebildet wird, wird dabei immer dickflüssiger (»viskoser«) und erstarrt schließlich zu einer farblosen Gallerte (»Kieselgel«) der allgemeinen Formel $SiO_2 \cdot n\,H_2O$. Beim Stehen an der Luft entstehen unter weiterer Wasserabgabe (n wird stetig kleiner) trübe, weiße, äußerst poröse Massen (»*Silikagel*«), die wie Aktivkohle als Adsorptionsmittel Verwendung finden. Bei starkem Glühen hinterbleibt schließlich nach Auswaschen des Natriumchlorids feinstes weißes Siliziumdioxid, SiO_2.

---

[1]) Genus: *die* Kieselgur

Salze: Die Salze leiten sich formal von Kieselsäuren der allgemeinen Formel $m\, SiO_2 \cdot n\, H_2O$ (*m* und *n* ganzzahlig) ab, z. B. von

$SiO_2 \cdot 2\, H_2O$ = H_4SiO_4 = **Orthokieselsäure:** *Orthosilikate*
$SiO_2 \cdot H_2O$ = H_2SiO_3 = **Metakieselsäure:** *Metasilikate*
$2\, SiO_2 \cdot 3\, H_2O$ = $H_6Si_2O_7$ = **Ortho-dikieselsäure:** *Orthodisilikate*

Metakieselsäure usw. sind polymere Entwässerungsstufen der Orthokieselsäure.

Struktur der Silikate: *Orthosilikate* enthalten als Anion ein SiO_4^{4-}-Tetraeder, z. B. *Olivin*, $Mg_2[SiO_4]$. In den *Orthodisilikaten* sind zwei derartige Tetraeder über eine neutrale Sauerstoffbrücke (gemeinsame Spitze der Tetraeder) zu einem Doppeltetraeder der Formel $Si_2O_7^{6-}$ verbunden, z. B. im *Thortveitit*, $Sc_2[Si_2O_7]$. Die Zahl der miteinander verbundenen Tetraeder kann noch größer sein, und es gibt auch Ringstrukturen, wofür der *Beryll*, $Be_3Al_2[Si_6O_{18}]$, mit dem ringförmigen $Si_6O_{18}^{12-}$-Anion ein Beispiel ist; ↑ Bild 79.

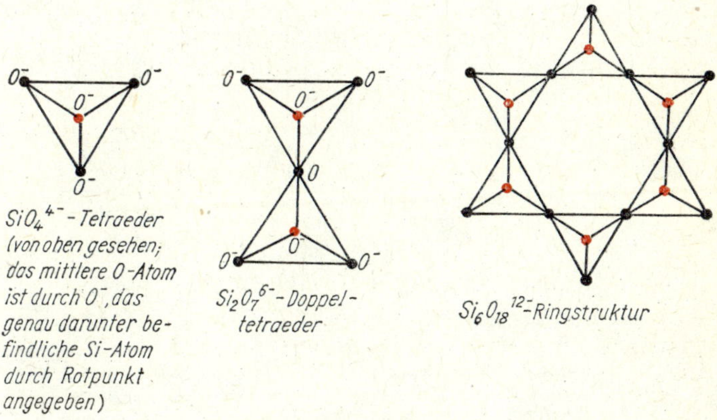

Bild 79. Silikatstrukturen mit begrenzter Anionengröße

Neben den bisher angeführten Silikaten mit *begrenzter* Anionengröße existiert eine weitaus größere Anzahl mit *unbegrenzter* Anionengröße. In diesen sind die Tetraeder zu negativ geladenen *Ketten*, *Bändern*, *Blättern* und *Raumnetzstrukturen* prinzipiell unbegrenzter Ausdehnung verbunden, die durch die positiven Metallionen zusammengehalten werden: ↑ Bild 80.

Silikate mit Ketten- und Bandstruktur bilden leicht Fasern (*Asbest*), solche mit Blattstruktur sind oft gut in Blättchen spaltbar (*Glimmer*); teilweise können sich unter Aufquellung Wassermoleküle zwischen die Schichten lagern (*Tone*); Raumnetzstrukturen haben das Siliziumdioxid und viele Aluminat-Silikate (Alumosilikate). In letzteren ist ein Teil der Si-Atome durch Al-Atome ersetzt, wodurch, da Al nur dreiwertig ist, die negative Ladung der betreffenden Stelle um eine Einheit erhöht wird und eine entsprechend größere Zahl von Kationen vorhanden sein muß. Als chemische Formel wird die jeweils kleinste vollständige Gruppierung angegeben, z.B. für *Orthoklas* (Kalifeldspat) $K[AlSi_3O_8]$, ohne daß ein solches für sich abgeschlossenes Molekül existiert. Derartige Aluminat-Silikat-Raumnetze enthalten die Metallionen gewöhnlich käfigartig eingeschlossen. Bei den als Ionenaustauscher wirkenden *Zeolithen* sind die Metalle in langen Kanälen angeordnet, in denen sich gleichzeitig Wassermoleküle bewegen können; die Metalle sind leicht durch andere Metallionen austauschbar.

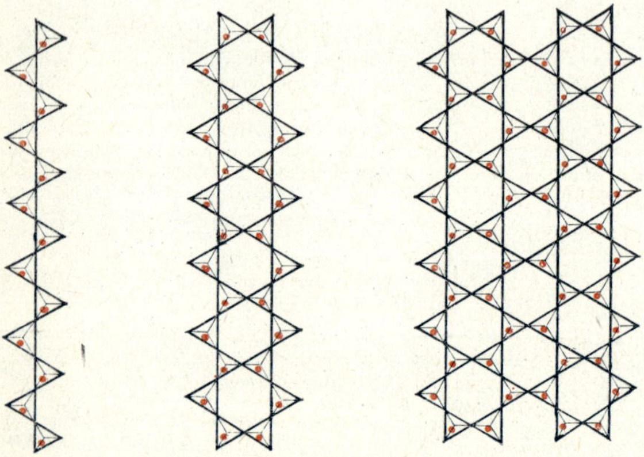

Bild 80. Silikatstrukturen mit unbegrenzter Anionengröße

14.3.5. Natürliche Silikate

Vorkommen: Silikate, hauptsächlich von K, Na, Ca, Mg, Al und Fe, bilden die Hauptmasse der Gesteine und ihrer festen Verwitterungsprodukte.

Gesteine und Minerale: Gesteine bestehen stets aus mehreren, meist bereits mit bloßem Auge unterscheidbaren Mineralen. Ein **Mineral** ist jeder chemisch einheitliche, feste, auf der Erde natürlich entstandene Stoff.

- **Petrographie** = Gesteinskunde
- **Mineralogie** = Mineralkunde
- **Geologie** = Lehre von Aufbau und Geschichte der Erdkruste
- **Geochemie** = Lehre von der chemischen Zusammensetzung und Veränderung des Erdkörpers

Beispiele für Silikatgesteine:

- **Granit** = Feldspat + Quarz + Glimmer (Hauptbestandteile!)
- **Gneis** = Feldspat + Quarz + Glimmer mit meist streifigem, schiefrigem Gefüge (durch Belastungsdruck umgewandelter Granit)
- **Basalt** = Augit + Plagioklas + Magnetit u.a.
- **Porphyr** = Gesteine sehr verschiedener Zusammensetzung, bei denen größere Kristalle in einer einheitlicheren, bisweilen glasigen Grundmasse eingesprengt sind.

Wichtige Silikatminerale: (die Bruttoformeln werden meist zu den übersichtlicheren »Oxidformeln« auseinandergezogen)

- **Feldspat** (Kalifeldspat = **Orthoklas**): $KAlSi_3O_8$ oder $K_2Al_2Si_6O_{16} = K_2O \cdot Al_2O_3 \cdot 6\,SiO_2$; außerdem gibt es Natron- (**Albit**) und Kalkfeldspäte (**Anorthit**), auch Kalknatronfeldspat (**Plagioklas**). Die Feldspäte machen massenmäßig 60% aller Minerale der Erdkruste aus.

- **Tone**: entstehen bei der Verwitterung des Feldspats; hierbei wird Wasser aufgenommen, während lösliche Kaliumverbindungen abgegeben werden. Die Tone werden häufig weggeschwemmt und anderwärts als Sedimente wieder abgelagert. – **Lehm** ist sand- und eisen(III)-oxidhaltiger Ton; **Mergel** ist kalkhaltiger Ton. – Besonders reiner Ton heißt **Kaolin** (»Porzellantonerde«).

- **Kaolinit**, $Al_2(OH)_4Si_2O_5 = Al_2O_3 \cdot 2\,SiO_2 \cdot 2\,H_2O$, ist der Hauptbestandteil des *Kaolins*.

- **Glimmer**, farblos durchsichtig bis schwarz, leicht in Blättchen spaltbar, kann als Hauptbestandteil die Silikate **Muskovit**, $KAl_2(OH)_2Al[Si_3O_{10}]$, oder **Biotit**, $K(Mg,Fe)_3(OH)_2Al[Si_3O_{10}]$, enthalten; Verwendung als Elektroisoliermaterial und für hitzefeste Sichtscheiben.

- **Augit**, z.B. $CaMgSi_2O_6 = CaO \cdot MgO \cdot 2\,SiO_2$ (statt Ca auch Na, K, Mn u.a., statt Mg auch Fe, Al, Mn u.a.), eines der wichtigsten gesteinsbildenden Minerale, ist auch im *Basalt* enthalten.

- **Talk** (*Talkum*, *Speckstein*), $3\,MgO \cdot 4\,SiO_2 \cdot H_2O$, ist sehr weich und fühlt sich fettig an. Verwendung als Puder in der Gummiindustrie und Körperpflege, als Papierfüllstoff und als Trägerstoff für Schädlingsbekämpfungsmittel.

- **Asbest**, meist $3\,MgO \cdot 2\,SiO_2 \cdot 2\,H_2O$, hat Faserstruktur; Verwendung als hitze- und chemikalienbeständiger Faserstoff, z.B. Feuerschutzanzüge, Asbestdrahtnetze, technische Diaphragmen. Asbeststaub erzeugt Lungenkrankheiten.

- **Weitere Silikate** sind z.B. Hornblende, Olivin, Meerschaum, Topas, Granat, Beryll, Smaragd, Zirkon, Serpentin, Ultramarin, Permutit.

14.3.6. Künstliche Silikate

Übersicht:

Wasserglas .... Alkalisilikat (meist Na-Silikat)
Glas und *Email* .... Alkali-Kalzium-Silikat (oft mit weiteren Bestandteilen)
Silikatkeramik .... Aluminiumsilikat mit Zusätzen
Zement und *Beton* .... Kalzium-aluminat-silikat
Ultramarin .... schwefelhaltiges Natrium-aluminat-silikat.

Wasserglas: Gemisch verschiedener Natrium- oder Kaliumsilikate (»Natron-« bzw. »Kaliwasserglas«). Graue, glasartige Stücke, die beim Erhitzen mit Wasser unter Druck zähflüssige Lösungen ergeben; hergestellt durch Schmelzen von Quarzsand mit Soda bzw. Pottasche. – Verwendung von Wasserglaslösung: Flammschutzmittel für Holz und Gewebe; Klebstoff für Porzellan, Glas und andere Silikate; Kernbindemittel in Metallgießereien; Zusatz zu Anstrichfarben und Waschmitteln.

Glas: aus dem Schmelzfluß amorph erstarrtes Gemisch verschiedener Silikate, hauptsächlich Alkali-kalzium-silikate.

Amorphe (»gestaltlose«) Stoffe wie Glas weisen im Gegensatz zu kristallinen Stoffen keine oder eine nur auf kleine Bereiche beschränkte innere Ordnung der Moleküle oder Ionen auf (»unterkühlte Flüssigkeiten«); sie haben deshalb keinen festen Schmelzpunkt, sondern erweichen allmählich.
»*Entglasung*« = Übergang aus dem amorphen in den kristallinen Zustand.

Chemische Eigenschaften: sehr widerstandsfähig; wird nur von Flußsäure und Alkalihydroxidschmelzen rasch angegriffen. Zum Glasätzen dienen Flußsäure, Fluorwasserstoff und Hydrogenfluoride.

Herstellung: durch Zusammenschmelzen der Rohstoffe, im einfachsten Fall Quarzsand, Kalk ($CaCO_3$) und Soda, in Glashäfen oder Wannenöfen; Beheizung mit Generatorgas. Die Reaktionen sind vom Typus $Na_2CO_3 + SiO_2 \rightarrow Na_2SiO_3 + CO_2$; so daß Gasentwicklung stattfindet.

Formung: durch Blasen, Gießen, Walzen, Ziehen (z.B. für Glasseide), Pressen, Verdüsen (für Glasfaser). Wichtig ist i. allg. eine gleichmäßige, langsame Abkühlung zur Vermeidung innerer Spannungen.

Wichtige Glasarten:

- **Natron-Kalk-Glas:** aus Quarzsand, Kalk und Soda (oder statt Soda auch Natriumsulfat + Kohle). Preiswertes, leicht schmelzbares »Normalglas«, z.B. für Fenster; *Flaschenglas* wird aus noch billigeren (weniger reinen) Rohstoffen erschmolzen und enthält daher auch Eisen- (Grünfärbung!) und Aluminiumsilikat.

- **Kali-Kalk-Glas:** aus Quarzsand, Kalk und Pottasche. Schwerer schmelzbar; »*böhmisches Kristallglas*«, »*Kronglas*« für optische Zwecke.

- **Kali-Blei-Glas:** aus Quarzsand, Mennige und Pottasche. Schwer schmelzbar, stark farbstreuend. Optisches Glas; als »*Bleikristall*« (jedoch amorph!) Schmuckglas; als »*Straß*« (gefärbt) Edelsteinimitation.

- **Borat-Aluminat-Glas:** ein Teil des SiO_2 ist durch B_2O_3 und Al_2O_3 (in die Schmelze eingeführt als Borsäure oder Borax bzw. Kaolin oder Feldspat) ersetzt, z.B. *Jenaer Glas*, für Chemie und Haushalt; sehr temperaturwechselbeständig.

- **Verschiedene Spezialgläser,** z.B. Thermometerglas; ultraviolettdurchlässiges Glas; blaues *Kobaltglas* (Co_3O_4 in der Schmelze). *Milchglas* enthält TiO_2 als Trübungsmittel. *Reversibles Sonnenschutzglas*, das um so dunkler wird, je mehr Licht einstrahlt, enthält Silberchlorid, AgCl. *Glasuren* sind leicht schmelzbare Gläser. Es gibt auch völlig silikatfreies Glas (Phosphat, Borat). »Organisches Glas« ist Polymethylmethakrylat (↑ S. 594).

- **Sicherheitsglas gibt beim** Zertrümmern keine scharfkantigen Scherben. Bei *Einscheibensicherheitsglas* erzeugt man durch Abschrecken (*Härten*) an der Oberfläche Druck- und im Inneren Zugspannungen. *Mehrscheibensicherheitsglas* enthält einen Kern aus Plastfolie.

- **Vitrokeram** ist Glas, das nach dem Erstarren durch Wärmebehandlung zu einer gezielten Mikrokristallisation gebracht wurde. Es enthält spezielle Keimbildner, z.B. TiO_2, Cr_2O_3, Fluoride u.a.

Email (das »Email« oder die »Emaille«): auf Metalle aufgeschmolzenes, meist getrübtes, oft farbiges, leicht schmelzbares Glas; meist auf Eisen als Korrosionsschutz, seltener auf Edelmetallen, Kupfer oder Tombak als *Schmuckemail* (auch für Plaketten und Abzeichen). Die Haftung auf dem Metall wird durch Haftoxide (Nickel- und Kobaltoxide) in der Schmelze des Grundemails begünstigt.

Silikatkeramik [*keramos* (grch.) Ton]: durch Brennen (Erhitzen von geformtem feuchtem Ton, evtl. mit Zuschlägen von Quarzsand und Feldspat, bis zum Sintern (nicht Schmelzen) erzeugte Materialien, die in der Hauptsache aus Aluminiumsilikat (**Mullit,** $3\,Al_2O_3 \cdot 2\,SiO_2$) bestehen.
»Geschirr« = dünnwandige, »Baustoffe« = dickwandige Erzeugnisse. Je nach dem Grade der Sinterung unterscheidet man:

- **Irdengut (Tongut)**

  Brenntemperatur niedrig (900...1200 °C); Scherben porös (klebt an der Zunge), wasserdurchlässig (durch Glasur wasserdicht), nicht durchscheinend, durch Stahl leicht ritzbar.
  - **Ziegelware:** Mauer-, Dachziegel, Dränrohre. Die rote Farbe mancher Ziegel beruht auf Fe_2O_3. Stärker, bis zur Sinterung gebrannter Ziegel = *Klinker.*
  - **Feuerfeste Baustoffe:** Schamotte.
  - **Gemeines Geschirr:** Blumentöpfe, Töpfergeschirr, Ofenkacheln.
  - **Weißes Geschirr: Steingut,** z.B. Waschbecken, Sanitärkeramik, Wandplatten; aus reineren Rohstoffen; doppelter Brand, dazwischen Glasur und evtl. Färbung.

- **Sintergut (Tonzeug)**

  Brenntemperatur hoch (1200...1500 °C); Scherben dicht, wasserundurchlässig, mit Stahl kaum ritzbar.
  - **Steinzeug:** Scherben nicht durchscheinend; aus Ton, Kaolin, Quarz und Feldspat, z.B. Ausgußbecken, Kanalisationsrohre, Fliesen; doppelter Brand; Zwischenglasur.
  - **Porzellan:** Scherben durchscheinend, weiß, hart, klingend. Edelstes keramisches Erzeugnis; auch als Elektroisoliermaterial verwendet. In China bereits im 6. Jahrhundert, in Europa seit 1709 (Friedrich Böttger, Meißen) hergestellt. Ausgangsstoffe: reiner, geschlämmter Kaolin, Quarzsand und Feldspat (2:1:1). Nach einer gewissen Lagerung wird die Masse auf der Drehscheibe oder durch Gießen in Gips geformt, langsam getrocknet, in Porzellanöfen bei 900 °C rohgebrannt, in Glasurflüssigkeit (Aufschlämmung von Kalk + Feldspat + Kaolin) getaucht und dann bei 1400 °C gargebrannt (glattgebrannt). Schmelzfarben werden unter oder auf die Glasur gebracht; Unterglasurfarben sind besonders haltbar; s.a. S. 366. Beim Brennen tritt *Schwindung* ein, d.h., die Ausmaße verkleinern sich.

Zement: graues, seltener weißes Pulver aus Kalzium-aluminat-silikat, das angefeuchtet unter chemischer Bindung von Wasser zu einer steinharten Masse erstarrt. Da hierbei kein Kohlendioxid benötigt wird, kann Zement auch unter Wasser verwendet werden.

- **Portlandzement:** bezüglich der Festigkeitseigenschaften am hochwertigsten; hergestellt durch Brennen feingemahlener Gemenge aus Kalkstein und Ton bei 1450 °C in Drehrohröfen; die zu Zementklinkern gesinterte Masse wird feingemahlen. – Auch beim Gipsschwefelsäureverfahren entsteht ein dem Portlandzement ähnliches Produkt.
- **Eisenportlandzement:** mind. 70% Portlandzementklinker + granulierte, abgeschreckte Hochofenschlacke, gemeinsam vermahlen.
- **Hochofenzement:** desgl. mit weniger als 70% Portlandzement.
- **Sulfathüttenzement:** Hochofenschlacke + Gips, gemeinsam vermahlen.
- **Zementmörtel** = Zement + Sand + Wasser.
- **Beton** = Zementmörtel mit grobem Kies und Steinsplitt. *Eisenbeton* enthält Stahlstäbe, -bleche, -gitter; *Schaumbeton* ist sehr porös. Beton ist ein wichtiger Baustoff (Großblockbauweise!). Beton ist empfindlich gegenüber sauren, auch stark kohlensauren Wässern. Auch von Sulfationen wird er angegriffen (»Sulfattreiben«).

Ultramarin: leuchtend blaues, ungiftiges Farbpigment; schwefelhaltiges Natriumaluminatsilikat; hergestellt durch Erhitzen von Kaolin, Quarz, Natriumsulfat und Kohle auf 730 °C; in der Natur als *Lasurit*.

Porzellanfarbenfritte: besteht aus *Bleisilikat*; ↑ S. 366.

14.3.7. Weitere Siliziumverbindungen

Siliziumhydride, *Silane*, z. B. **Monosilan,** SiH_4; **Disilan,** Si_2H_6; usf. Sie entsprechen im Aufbau den Alkanen, sind aber viel unbeständiger und z. T. an der Luft selbstentzündlich. Die niederen Glieder sind Gase.

Silizide: Verbindungen zwischen Metallen und Silizium, z. B. **Magnesiumsilizid,** Mg_2Si, hergestellt durch Erhitzen von Quarzsand mit Magnesiumpulver; ergibt mit Salzsäure Silane, die an der Luft mit lautem Knall verpuffen.

Siliziumtetrafluorid, SiF_4: farbloses Gas; bildet sich aus Silikaten durch Flußsäure. Mit überschüssiger Flußsäure entsteht die nur in wäßriger Lösung bekannte **Hexafluorokieselsäure,** $H_2[SiF_6]$, eine starke, Glas nicht ätzende Säure. Ihre Salze heißen **Hexafluorosilikate;** das Na-, K-, Ca- und Ba-Salz sind schwer löslich; Verwendung als Holzschutzmittel und Trübungsmittel für Email. Lösliche Fluorosilikate dienen zur Härtung und Dichtung kalkhaltiger Baustoffe (*Fluatieren*); das entstehende Kalziumfluorosilikat, $CaSiF_6$, verstopft hierbei die Poren.

Siliziumtetrachlorid, $SiCl_4$: farblose, an der Luft stark rauchende Flüssigkeit (Kp = 57,6 °C), die mit Wasser in Kiesel- und Salzsäure zerfällt.

Siliziumkarbid, *Karborundum*, SiC: sehr harte, farblose, jedoch meist graue, trübe Kristalle (F > 2600 °C), hergestellt aus Kohle und Sand im elektrischen Ofen. Verwendung als Schleif- und Poliermittel sowie als elektrischer Heizwiderstand (Silitstäbe).

Silikone enthalten $-\overset{|}{\underset{|}{Si}}-O-\overset{|}{\underset{|}{Si}}-O-$-Ketten und -Netze, wobei die restlichen Valenzen des Si durch organische Reste (Alkylgruppen u. dgl.) abgesättigt sind; ↑ S. 580.

14.4. Germanium und Germaniumverbindungen

Symbol: Ge [von *Germania* = Deutschland]; **Wertigkeit:** +4, (+2).

Entdeckung: von Mendelejew 1871 als „Ekasilizium" vorausgesagt; von Cl. Winkler 1885 in Freiberg/Sa. im Silbererz **Argyrodit,** Ag_8GeS_6, entdeckt.

Vorkommen: weit verbreitet, jedoch in sehr geringer Konzentration; fast immer als Begleiter anderer Minerale (Mansfelder Kupferschiefer; Freiberger Zinkblende), auch in Steinkohlenflugasche.

Elementares Germanium (s. a. S. 346); sprödes, silberglänzendes Metall; elektrischer Halbleiter; an der Luft sehr beständig; wird von Salpetersäure, heißer konzentrierter Schwefelsäure und alkalischer Wasserstoffperoxidlösung angegriffen. Verwendung in der Halbleitertechnik; das hierfür verwendete Ge muß extrem rein sein (Reinheitsstufe 9 = 99,999 9999 %ig).

Germaniumverbindungen: **Germanium(IV)-oxid,** GeO_2: weißes, sandiges Pulver; F = 1115 °C. – **Germanium(IV)-chlorid,** $GeCl_4$: farblose, bei 83 °C siedende Flüssigkeit. – Germaniumhydride heißen **Germane.** – Ge(II)-Verbindungen sind unbeständig.

14.5. Zinn und Zinnverbindungen

14.5.1. Allgemeines

Symbol: Sn [*stannum* (lat.); vgl. Stanniol]; **Wertigkeit:** +2, +4.

Vorkommen: recht selten; nur chemisch gebunden. Einzig wichtiges Mineral ist *Zinnstein* (Kassiterit), SnO_2.

Nachweis: »Leuchtprobe«. Die Probe wird mit Zink und Salzsäure versetzt, ein teilweise mit Wasser gefülltes Reagenzglas in die Flüssigkeit gehalten und anschließend in die Bunsenbrennerflamme eingebracht. Ein blaues Leuchten zeigt die Anwesenheit von Zinn an.

14.5.2. Elementares Zinn

Entdeckung: seit dem Altertum bekannt (Bronzezeit).

Herstellung:

- technisch aus Zinnstein durch Erhitzen mit Kohle im Flammofen bei 1000 °C: $SnO_2 + 2\,C \rightarrow Sn + 2\,CO$. Das Rohzinn wird elektrolytisch oder durch Seigern gereinigt.
  (*Seigern* = Ablaufenlassen geschmolzenen Metalls auf einer geneigten Eisenplatte. Reines Metall rinnt ab, während schwerer schmelzbare Legierungen körnig zurückbleiben.)
- aus Zinnsalzen durch Elektrolyse oder durch Einwirkung unedler Metalle, z. B. Zink, in schönen Kristallen (»Zinnbaum«): $SnCl_2 + Zn \rightarrow ZnCl_2 + Sn$ bzw. $Sn^{2+} + Zn \rightarrow Zn^{2+} + Sn$

Modifikationen:

- **α-Zinn,** *graues Zinn* (unterhalb 13 °C beständig): graues Pulver, »Zinnpest« = Umwandlung des normalen Zinns in α-Zinn bei niedrigen Temperaturen; die Gegenstände zerfallen dabei langsam zu grauem Pulver, vermeidbar durch Beilegieren von Wismut.
- **β-Zinn** (13 °C bis 161 °C): stark silberglänzend, sehr weich, jedoch härter als Blei. »Zinngeschrei« beim Biegen.
- **»γ-Zinn«:** Oberhalb 161 °C wird Zinn sehr spröde und leicht pulverisierbar. Man schrieb dies früher einer Modifikation »γ-Zinn« zu, jedoch haben neuere Forschungen ergeben, daß eine solche Modifikation nicht existiert und daß die beobachtete Eigenschaftsänderung auf Spuren von Verunreinigungen zurückzuführen ist.

Eigenschaften (s. a. S. 346): gut gieß- und lötbar; an der Luft sehr beständig; in Salz- und Schwefelsäure langsam zu Zinn(II)-salzen löslich; mit Salpetersäure entsteht weiße, unlösliche »Zinnsäure«; mit warmer Natronlauge Natriumstannat(II) und -stannat(IV).

Verwendung: für Weißblech (verzinntes Eisen, z. B. für Konservendosen, da Zinn schwer angegriffen wird und Zinnverbindungen praktisch ungiftig sind); für sonstige Verzinnung; für Weichlot und andere Legierungen.

Legierungen:

Weichlot = 2...90% Sn + 98...10% Pb (Schmelzbereich 185...310°C)

Britanniametall = 70...90% Sn + Cu + Sb

Zinnbronze = 80...90% Cu + 20...10% Sn; ferner Rotguß, Schriftmetalle, Lagermetalle

Verzinnen:

Feuerverzinnen: Tauchen in geschmolzenes Zinn.

Galvanisches Verzinnen:

- in *sauren Elektrolyten* aus Zinn(II)-sulfat, Phenolsulfonsäure und Gelatine oder aus Zinn(II)-fluoroborat und Fluoroborsäure;
- in heißen, *alkalischen Elektrolyten* aus Natriumstannat(IV) und -hydroxid.

14.5.3. Zinnverbindungen

Allgemeines: Zinn(II)-verbindungen gehen leicht in Zinn(IV)-verbindungen über; sie wirken dadurch reduzierend. Die meisten Zinnverbindungen sind farblos.

Zinn(II)-chlorid, $SnCl_2 \cdot 2\,H_2O$: weiße Kristalle, die nur in Gegenwart freier Säure in Wasser klar löslich sind, anderenfalls Niederschläge von Hydroxidsalzen, z.B. $Sn(OH)Cl$, ergeben; löst sich bei 40,5°C im frei werdenden Kristallwasser; scheidet Gold und Silber aus ihren Lösungen aus, z.B. $2\,H[AuCl_4] + 3\,SnCl_2 \rightarrow 2\,Au + 3\,SnCl_4 + 2\,HCl$.

Zinn(IV)-chlorid, $SnCl_4$: farblose, an der Luft rauchende Flüssigkeit; $Kp = 113{,}9\,°C$, entsteht aus Zinn + Chlor, z.B. bei der Entzinnung von Weißblechabfällen; ergibt mit Salzsäure **Hexachlorozinn(IV)-säure,** $H_2[SnCl_6]$, deren Ammoniumsalz **Ammoniumhexachlorostannat,** $(NH_4)_2[SnCl_6]$, sehr beständig ist und in der Färberei als »*Pinksalz*« Verwendung findet.

Zinnoxide: Zinn(II)-oxid, SnO, blauschwarzes Pulver; **Zinn(IV)-oxid,** SnO_2, weißes Pulver; sublimiert oberhalb 1800°C.

Stannate(II), früher **Stannite,** entstehen aus dem amphoteren Zinn(II)-hydroxid oder aus Zinn durch Auflösen in Natronlauge, z.B. **Natriumstannat(II),** $Na_2[Sn(OH)_4]$.

Stannate(IV) entstehen ebenso aus Zinn(IV)-hydroxid bzw. Zinnsäure, z.B. **Natriumstannat(IV),** $Na_2[Sn(OH)_6]$.

Zinnsäure ist $SnO_2 \cdot x\,H_2O$; oft vereinfacht als H_2SnO_3 formuliert. Weiße unlösliche Flocken oder weißes Pulver; entsteht aus $Sn + HNO_3$; bildet mit Säuren Zinn(IV)-salze, mit Alkalien Stannate(IV).

Zinnsulfide: SnS braun; SnS_2 gelb; beide fallen durch H_2S aus schwach saurer Lösung aus. SnS_2 löst sich in Ammoniumsulfid zu **Ammoniumthiostannat(IV),** $(NH_4)_2SnS_3$.

14.6. Blei und Bleiverbindungen

14.6.1. Allgemeines

Symbol: Pb [*plumbum* (lat.); daher auch »*Plombe*«]; **Wertigkeit:** +2, +4.

Geschichte: seit dem Altertum bekannt.

Minerale:

Bleiglanz (Galenit) .... PbS (meist Ag-haltig!)
Weißbleierz (Zerussit) .... $PbCO_3$

Physiologie: Blei und seine Verbindungen sind sehr giftig; insbesondere kommt es bei dauernder Aufnahme kleiner Bleimengen (auch durch die Haut) zu chronischen Vergiftungen.
Symptome: Abmagerung, Bleikoliken, Nierenschädigungen, Muskelschwäche, »Bleisaum« (PbS) am Zahnfleisch.

14.6.2. Metallisches Blei

Herstellung:

- *Röstreduktionsverfahren:*

  Nach Anreicherung durch Flotation wird Bleiglanz an der Luft geröstet ($2\,PbS + 3\,O_2 \rightarrow 2\,PbO + 2\,SO_2$). Durch Reduktion des Oxids im Schachtofen mit Koks und Kohlenmonoxid ($PbO + CO \rightarrow Pb + CO_2$) entsteht »Werkblei«, das entsilbert sowie von Cu, Fe, Sn, As und Sb befreit wird; Bi beläßt man meist im Blei. Besonders reines Blei entsteht durch elektrolytische Raffination mit Fluorosilikatelektrolyten.

- *Röstreaktionsverfahren:*

  Besonders reine Erze röstet man nur teilweise ab; dann erfolgt beim Erhitzen die Reaktion: $PbS + 2\,PbO \rightarrow 3\,Pb + SO_2$.

- aus Pb-Salzen durch Elektrolyse oder durch Einwirkung von Zink (»Bleibaum«-Bildung): $Pb(NO_3)_2 + Zn \rightarrow Zn(NO_3)_2 + Pb$; auch durch Erhitzen von Bleioxid im Wasserstoffstrom: $PbO + H_2 \rightarrow Pb + H_2O$.

Eigenschaften (s.a. S. 346): schweres, bläulich-weißes, sehr weiches Metall; gut gieß-, schweiß-, löt- und walzbar; an der Luft, in hartem Wasser und in Schwefelsäure sehr beständig (Ausbildung unlöslicher Oxid-, Karbonat- bzw. Sulfatdeckschichten), nicht dagegen in weichem Wasser mit viel CO_2 [Bildung von löslichem *Bleihydrogenkarbonat*, $Pb(HCO_3)_2$]. Leicht löslich in Salpetersäure: $3\,Pb + 8\,HNO_3 \rightarrow 3\,Pb(NO_3)_2 + 2\,NO + 4\,H_2O$; auch lufthaltige Essigsäure greift ziemlich rasch an.

Verwendung: für Kabelmäntel, Akkumulatoren, Verchromungsanoden, Wasserrohre, Bleiauskleidungen als Schutz gegen Schwefelsäure; zur Herstellung von Bleitetraäthyl und anderen Pb-Verbindungen; für Lot-, Schrift-, Lagermetalle und andere Legierungen; als Strahlenschutzmaterial.

Legierungen:

- **Hartblei:** Pb mit 1...12% Sb (Akkumulatorenplatten enthalten 9% Sb.)
- **Weichlot:** Pb mit 20...80% Sn
- **Graphische Legierungen** (Schriftmetalle): Pb mit 12...28% Sb und 3...9% Sn
- **Lagermetalle** (Weißmetalle): Pb mit 5...80% Sn, $<20\%$ Sb, wenig Cd oder Cu
- **Bleibronzen:** Cu mit bis 40% Pb, dazu Sn oder andere Metalle

Verbleien: durch Aufschweißen von Bleiblechen oder galvanisch in Elektrolyten aus Bleiphenolsulfonat und Gelatine; auch *Blei(II)-hexafuorosilikat*, $Pb[SiF_6]$, wird verwendet. (Unter »Verbleien« versteht man auch das Versetzen von Benzin mit Tetraäthylblei; s. u.!)

14.6.3. Bleiverbindungen

Allgemeines: Blei(IV)-verbindungen gehen leicht in die beständigeren Blei(II)-verbindungen über. Pb^{2+}-Ionen sind farblos; manche Verbindungen sind jedoch farbig. Schwer löslich sind: Bleikarbonat, -sulfat, -phosphat (weiß); -chromat, -jodid (gelb); -sulfid (schwarz). PbO sieht gelb, Pb_3O_4 rot, PbO_2 dunkelbraun aus.

Bleioxide: Blei(II)-oxid, *Bleiglätte*, PbO, bildet sich auf geschmolzenem Blei an der Luft; gelbes Pulver, auch in einer roten Form erhältlich; $F = 884\,°C$; dient zur Herstellung von Mennige. — **Blei(II,IV)-oxid,** *Tribleitetroxid*, *Bleimennige*, Pb_3O_4: hochrotes Pulver; aus PbO an der Luft bei 500 °C; Verwendung für Rostschutzanstriche, Schmelzfarben und Bleiglas. — **Blei(IV)-oxid,** PbO_2, dunkelbraun, bildet sich beim Aufladen von Blei-Akkumulatoren auf den positiven Platten.

Blei(II)-hydroxid, $Pb(OH)_2$, fällt aus Bleisalzlösungen durch Alkalilaugen als weißer Niederschlag; im Überschuß der Lauge zu **Plumbat(II)** löslich: $Pb(OH)_2 + 2\,NaOH \rightarrow Na_2[Pb(OH)_4]$.

Bleinitrat, $Pb(NO_3)_2$, farblos, leicht löslich, zerfällt beim Erhitzen gemäß $2\,Pb(NO_3)_2 \rightarrow 2\,PbO + 4\,NO_2 + O_2$.

Bleisulfat, $PbSO_4$, ist schwer löslich und fällt beim Auflösen von Bleisalzen in Leitungswasser als Trübung aus. Von analytischer Bedeutung ist seine Löslichkeit in Ammoniumtartratlösung (Gegensatz zu den Sulfaten von Ba, Sr und Ca).

Bleiazetat, »*Bleizucker*«, $Pb(CH_3COO)_2$, schmeckt süß; mit Bleiazetat getränktes Papier (»*Bleipapier*«) zeigt Schwefelwasserstoff durch Schwärzung (PbS) an.

Blei(II)-chlorid, $PbCl_2$, farblos, ist in der Hitze leicht, in der Kälte schwer löslich; $F = 498\,°C$. **Blei(IV)-chlorid,** $PbCl_4$, ist eine schwere, schwach gelbe Flüssigkeit, die an der Luft raucht und sich bei 105 °C explosionsartig zersetzt.

Blei(II)-jodid, PbI_2, leuchtend gelb, kristallisiert, wenig wasserlöslich; $F = 412\,°C$; löst sich auf Zusatz von KI fast farblos in Azeton zu **Kaliumtrijodoplumbat,** $K[PbI_3]$. Damit getränktes und getrocknetes Papier dient als Nachweis für *Wasser* (Gelbfärbung durch Ausscheidung von PbI_2).

Tetraäthylblei, $Pb(C_2H_5)_4$, farblose, sehr giftige, brennbare Flüssigkeit von süßlichem Geruch; dient als Antiklopfmittel zum »Verbleien« von Benzin (in der DDR bis 0,04%); es wird aus Blei-Natrium-Legierung durch Monochloräthan hergestellt: $PbNa_4 + 4\,C_2H_5Cl \rightarrow Pb(C_2H_5)_4 + 4\,NaCl$.

Bleisilikat, aus Mennige und Quarzsand erschmolzen, dient als *Fritte* zur Herstellung von *Schmelzfarben* für Porzellan und andere Silikatkeramik. Die Schmelzfarbe entsteht durch einen erneuten Schmelzprozeß aus der Fritte und farbgebenden Metallverbindungen, z. B. Chrom(III)-oxid, Kobaltkarbonat u.a. Die pulverisierte Schmelzfarbe wird auf oder unter die Glasur gemalt, gedruckt oder in Form von Abzieh- bzw. Schiebebildern aufgebracht; ein erneutes Brennen bewirkt die Verbindung mit dem keramischen Grundkörper.

Bleiazid, $Pb(N_3)_2$, und **Bleitrinitroresorzinat** (↑ S. 549) sind Initialzündstoffe.

Bleihaltige Pigmente:

- **Bleimennige** = Blei(II,IV)-oxid, Pb_3O_4; rot.
- **Bleiweiß** = Bleihydroxidkarbonat, etwa $2\,PbCO_3 \cdot Pb(OH)_2$; am besten deckendes Weißpigment; dunkelt jedoch an der Luft (Bildung von PbS).
- **Chromgelb** = Bleichromat, $PbCrO_4$; fällt als leuchtend gelber Niederschlag beim Vermischen von Bleisalz- und Chromatlösungen aus.
- **Chromrot** = Bleioxidchromat, etwa $PbO \cdot PbCrO_4$.

15. Elemente der V. Hauptgruppe (Stickstoffgruppe)

15.1. Allgemeines

Elemente: Stickstoff (N), Phosphor (P), Arsen (As), Antimon (Sb), Wismut (Bi).

Wertigkeit: +5, +3, −3. Die Beständigkeit der +5- und −3wertigen Stufe nimmt von N zu Bi ab, die der +3wertigen dagegen zu. Bi(III)-Verbindungen sind weitaus beständiger als Bi(V)-Verbindungen.

Metallischer Charakter: nimmt von N zu Bi zu. P, As und Sb existieren in metallischen und nichtmetallischen Modifikationen, während N nur als Nichtmetall, Bi nur als Metall vorkommt.

Hydroxide: Die **Element(V)-hydroxide** sind in wasserärmeren Formen durchweg Säuren, deren Stärke von HNO_3 über H_3PO_4, H_3AsO_4, H_3SbO_4 zu $HBiO_3$ abnimmt. Die **Element(III)-hydroxide** sind schwächer sauer bzw. stärker basisch als die entsprechenden (V)-Verbindungen; HNO_2 und H_3PO_3 sind schwache Säuren. $As(OH)_3$ und $Sb(OH)_3$ sind amphoter, und $Bi(OH)_3$ ist eine Base. Verglichen mit den entsprechenden Verbindungen der IV. Hauptgruppe haben alle Hydroxide der V. Gruppe stärker sauren, verglichen mit denen der VI. Hauptgruppe schwächer sauren Charakter.

Hydride: Die Beständigkeit der Wasserstoffverbindungen nimmt von N zu B ab. NH_3 ergibt mit Säuren Ammoniumsalze, PH_3 unbeständigere Phosphoniumsalze; andererseits lassen sich die H-Atome der Hydride unter Bildung von Nitriden, Phosphiden usw. vom N zum Bi zunehmend leichter durch Metall ersetzen; der saure Charakter nimmt also zu.

Tabelle 29. Stickstoffgruppe

	Stickstoff	**Phosphor**	**Arsen**	**Antimon**	**Wismut** (*Bismut*)
Symbol	N	P	As	Sb	Bi
Kernladungszahl	7	15	33	51	83
Relative Atommasse	14,0067	30,9738	74,9216	121,75	208,980
Schmelzpunkt (in °C)	−210	weiß: 44,1	817[1])	631	271
Siedepunkt (in °C)	−196	weiß: 280	613	1 380	1 560
Dichte (in g/cm³ bei 20 °C)	(0,96)[2])	weiß: 1,82	5,72	6,68	9,80
Häufigkeit (Erdrinde, %)	$3 \cdot 10^{-2}$	$9 \cdot 10^{-2}$	$5{,}5 \cdot 10^{-4}$	$6{,}5 \cdot 10^{-5}$	$2 \cdot 10^{-5}$
Wertigkeiten	+5	Beständigkeit abnehmend →			
	+3	Beständigkeit zunehmend →			
	−3	Beständigkeit abnehmend →			
Charakter	Nichtmetall	Nichtmetall	zunehmend metallisch →		Metall
Element(V)-hydroxide	HNO_3	H_3PO_4	H_3AsO_4	H_3SbO_4	($HBiO_3$)
	starke Säure	Säurestärke abnehmend →			
Salze	Nitrat	Phosphat	Arsenat	Antimonat(V)	Bismutat
Element(III)-hydroxide	HNO_2	H_3PO_3	$As(OH)_3$	$Sb(OH)_3$	$Bi(OH)_3$
	schwache Säuren	Säurestärke abnehmend →			Base
Salze	Nitrit	Phosphit	amphoter Arsenit	amphoter Antimonat(III)	–
Hydride	NH_3 Ammoniak	PH_3 Phosphin	AsH_3 Arsin	SbH_3 Stibin	(BiH_3) –
	basisch	zunehmend sauer →			
Salze	Nitrid	Phosphid	Arsenid	Stibid (Antimonid)	–

[1]) Bei Normaldruck sublimiert As bei 613 °C; unter rund 4 MPa (40 at) schmilzt As bei 817 °C.

[2]) bezieht sich auf festen Stickstoff beim Schmelzpunkt

15.2. Stickstoff und Stickstoffverbindungen

15.2.1. Allgemeines

Symbol: N [*nitrogenium* (grch.-lat.) Salpeterbildner]; **Wertigkeiten** (*Oxidationsstufen*): +1 bis +5; −3.

Vorkommen:

- *frei* als Hauptbestandteil der Luft (78,1 Vol.-%)
- *anorganisch gebunden* im **Natronsalpeter** ($NaNO_3$; Vorkommen als *Chilesalpeter*) und **Kalisalpeter** (KNO_3) sowie im **Ammoniak** (Fäulnisprodukt)
- *organisch gebunden* in sämtlichen Organismen (in den **Eiweißstoffen** [*Proteine* und *Proteide*], den **Nukleinsäuren** und in den Stoffwechsel-Endprodukten **Harnstoff** und **Harnsäure**) sowie in der Kohle

Biologische Bedeutung: Stickstoff ist als Bestandteil der Eiweißstoffe und Nukleinsäuren für alle Organismen lebensnotwendig. Jedoch vermögen nur bestimmte Bakterien den Luftstickstoff unmittelbar zu binden; alle anderen Organismen sind auf Zufuhr von Stickstoffverbindungen angewiesen. Die Pflanzen entnehmen dem Boden anorganisch gebundenen Stickstoff (Nitrate; Ammoniumverbindungen); die Tiere verwerten den organisch gebundenen Stickstoff ihrer tierischen oder pflanzlichen Nahrung.
Bei der Verwesung der Organismen entsteht aus den Eiweißstoffen hauptsächlich Ammoniak. Endprodukt des Stickstoff-Stoffwechsels der höheren Organismen ist Harnstoff, seltener (bei Vögeln und Reptilien) Harnsäure.

15.2.2. Elementarer Stickstoff

Formel: N_2; **Struktur:** $:N\vdots\vdots N:$ ($N\equiv N$)

Entdeckung: in der 2. Hälfte des 18. Jahrhunderts; die Existenz wurde erstmals 1772 durch C. W. SCHEELE (Schweden) und D. RUTHERFORD (Schottland) beschrieben.

Herstellung:

- *chemisch rein* durch Erhitzen von Ammoniumnitrit: $NH_4NO_2 \rightarrow N_2 + 2\,H_2O$
- als »*Luftstickstoff*« (edelgashaltig)
  - physikalisch nach dem LINDE-Verfahren (fraktionierte Kondensation und Destillation von Luft bei tiefen Temperaturen);
  - chemisch durch Bindung des Luftsauerstoffs an Koks (↑ Luftgas, S. 349), glühendes Kupfer, Eisenpulver oder alkalische Pyrogallollösung.

Eigenschaften (s.a. S. 368): farb-, geruch- und geschmackloses Gas; im Gegensatz zu Sauerstoff auch im flüssigen und festen Zustand farblos. Stickstoff ist sehr reaktionsträge; er verbindet sich bei gewöhnlicher

Temperatur nur mit Lithium, bei höherer auch mit einigen anderen Elementen, wie Ca und Mg, zu Nitriden, z.B. gemäß $3\,Mg + N_2 \rightarrow Mg_3N_2$.

Technische Bindung des Luftstickstoffs: Wegen der Seltenheit N-haltiger Minerale und anderer N-Quellen (Gaswasser der Kohleentgasung; tierische und pflanzliche Produkte; Teere) ist der Luftstickstoff trotz seiner Reaktionsträgheit Ausgangsstoff für die Herstellung fast aller wichtigen Stickstoffverbindungen. 2 Verfahren:

- Bindung an *Wasserstoff:* Ammoniaksynthese nach HABER-BOSCH (wichtigstes Verfahren)
- Bindung an *Kalziumkarbid:* Kalkstickstoffsynthese nach FRANK-CARO; ↑ S. 377

Durch die Technik werden der Atmosphäre jährlich etwa 10^6 t Stickstoff entnommen; die Gesamtmenge beträgt etwa $3 \cdot 10^{15}$ t.

Verwendung: N_2 kommt mit 15 MPa (150 at) in grün gekennzeichneten Stahlflaschen in den Handel. Schutzgas für Lagerung, Transport und chemische Umsetzungen feuergefährlicher oder sauerstoffempfindlicher Stoffe, z.B. beim Schmelzspinnen von Polyamidfaserstoffen (Dederon).

15.2.3. Ammoniak, NH_3

Vorkommen: Verwesungsprodukt organischer Stoffe.

Herstellung:

- durch »Verdrängen« aus Ammoniumsalzen mit weniger flüchtigen Basen, z.B. Alkalihydroxiden: $NH_4Cl + KOH \rightarrow KCl + H_2O + NH_3$, oder durch Erhitzen von Ammoniakwasser und Trocknen des Gases durch »Natronkalk« ($NaOH + CaO$)
- technisch in kleinen Mengen aus dem Gaswasser der Kokereien; in sehr großen Mengen durch Synthese ($N_2 + 3\,H_2 \rightleftarrows 2\,NH_3$) nach dem HABER-BOSCH-Verfahren.

Die technische Ammoniaksynthese:

- *Geschichte:* 1905 bis 1910 von F. HABER theoretisch begründet, wurde das Verfahren von 1913 an durch C. BOSCH in Oppau bei Ludwigshafen praktisch erprobt und seit 1916 in den eigens dafür erbauten Leunawerken großtechnisch durchgeführt.
- *Theorie:* Die Bildung von NH_3 gemäß der Gleichung $N_2 + 3\,H_2 \rightleftarrows 2\,NH_3$ ist exotherm und verläuft nach AVOGADRO unter Volumenverkleinerung (1 Vol. N_2 + 3 Vol. H_2 ergeben 2 Vol. NH_3). Deshalb wird die Ausbeute an NH_3 nach LE CHATELIER durch erhöhten Druck und niedrige Temperatur verbessert (↑ S. 278 ff.). Reaktionshemmungen bei niedrigen Temperaturen werden durch Katalysatoren erst oberhalb 450 °C wirksam beseitigt. Man erzielt bei 500 °C und 25 MPa (250 at) Druck in Anwesenheit von Eisen-Alkalihydroxid-Tonerde-Katalysatoren Aus-

beuten von etwa 15%. Weitgehender Umsatz wird dadurch erreicht, daß man das erzeugte NH_3 aus dem Gleichgewicht entfernt und das Restgas, ergänzt durch Frischgas, erneut durch den Reaktor leitet. Durch ständige Entfernung des NH_3 und Kreislaufführung des Restgases erreicht man nahezu vollständigen Stoffumsatz.

- *Praxis:*

— *Erzeugung von Synthesegas*

1. aus **festen Einsatzprodukten** (Braun- und Steinkohlenkoks, Trockenbraunkohle) durch **Feststoffvergasung** mit Wasserdampf, Sauerstoff und Luft in Gasgeneratoren; ↑ Luftgas (S. 349), ↑ Mischgas (S. 349), ↑ Wassergas (S. 306). Es entstehen Gemische aus N_2, H_2, CO und wenig CO_2, die entschwefelt, konvertiert, vom CO_2 befreit und feingereinigt werden.

2. aus **flüssigen Einsatzprodukten** (Heizöle, Rückstandsöle der Erdöldestillation) durch **Öldruckvergasung**. Das am Kopf eines Stahlzylinders zerstäubte Öl reagiert in einer Flammzone bei 3...6 MPa (30...60 at) und 1200...1600 °C mit Sauerstoff und Wasserdampf. Das Produkt (im wesentlichen CO und H_2) gelangt über einen Rußabscheider und einen COS-Reaktor (katalytische Umsetzung mit Wasserdampf gemäß $COS + H_2O \rightleftarrows CO_2 + H_2S$) zur Entschwefelung, Konvertierung und Feinreinigung; schließlich wird ihm N_2 beigefügt.

3. aus **gasförmigen** *oder* **leicht verdampfbaren Einsatzprodukten** (Erdgas, Methan, Flüssiggas, Raffineriegase, Benzin) durch das **Dampfreformierverfahren** (*Dampfreforming*). Die entschwefelten Gase bzw. verdampften Flüssigkeiten werden in einem gas- oder ölbeheizten Röhrenreaktor bei etwa 3 MPa (30 at) in endothermer Reaktion katalytisch mit Wasserdampf umgesetzt, z.B. $CH_4 + H_2O \rightleftarrows CO + 3\,H_2$; allgemein: $C_nH_{2n+2} + n\,H_2O \rightleftarrows n\,CO + (2n + 1)\,H_2$.

   Während man für die Methanolsynthese und zur Wasserstoffgewinnung bei 900 °C arbeitet, führt man die Reaktion für die Ammoniaksynthese bei 700 °C unvollständig durch und setzt den Rest unter Luftbeigabe (Einführung von N_2!) in einem Sekundärreformer exotherm um.
   Das Produkt (z.B. 32 Vol.-% N_2, 48% H_2, 25% CO; 5% CO_2; edelgashaltig) gelangt über Konvertierung, Kohlendioxidwäsche und Feinreinigung zur Synthese.

— *Entschwefelung* (beim Dampfreformieren vor der Gaserzeugung, bei Feststoff- und Öldruckvergasung vor der Konvertierung). Nach Überführung organischer S-Verbindungen sowie von COS in H_2S erfolgen wahlweise oder nacheinander:

1. *Naßentschweflung* durch Lösungen, die H_2S aufnehmen und beim Erwärmen wieder abgeben, z.B. nach dem *Sulfosolvan-Verfahren* mit Natriumsarkosinat[1]), $CH_3-NH-CH_2-COONa$, oder anderen Aminoverbindungen, auch mit tiefgekühltem Methanol (*Rectisol-Verfahren*).

2. *Trockenentschweflung* durch katalytisch wirkende Aktivkohle nach Zusatz von Luft ($2\,H_2S + O_2 \rightarrow 2\,H_2O + 2\,S$) oder, besonders wirksam, durch Zinkoxid ($ZnO + H_2S \rightarrow ZnS + H_2O$).

---

[1]) *Sarkosin* = Methylamino-äthansäure, $CH_3-NH-CH_2-COOH$

- *Konvertierung:* Durch katalytische Reaktion mit Wasserdampf gemäß $CO + H_2O \rightleftarrows CO_2 + H_2$ ($\Delta H_R = -42,7$ kJ/mol) wird weiterer Wasserstoff gewonnen und zugleich das schwer entfernbare CO in leicht auswaschbares CO_2 übergeführt. Man arbeitet bei 350...400 °C und erzielt durch anschließende *Tieftemperaturkonvertierung* bei 200...250 °C eine besonders weitgehende Umsetzung; letztere erfordert eine zwischengeschaltete Feinentschwefelung.
- *Auswaschen des Kohlendioxids:* durch Gegenstromberieselung mit Wasser oder heißer Kaliumkarbonatlösung bei etwa 3 MPa (30 at) Druck gemäß $K_2CO_3 + CO_2 + H_2O \rightleftarrows 2\,KHCO_3$.
- *Feinreinigung:* Durch katalytische Umwandlung des Kontaktgiftes Kohlenmonoxid (etwa 0,2...0,5% des Gasgemischs) in das Inertgas[1]) Methan bei etwa 3 MPa (30 at) und 100...150 °C gemäß $CO + 3\,H_2 \rightleftarrows CH_4 + H_2O$ (»Methanisierung«); zugleich werden Reste an CO_2 und O_2 umgesetzt; das entstandene Wasser wird durch Tiefkühlung entfernt.
- *Stickstoffzugabe:* Dem Gas wird N_2 beigefügt, bis das Volumenverhältnis $N_2:H_2 = 1:3$ beträgt.
- *Synthese des Ammoniaks:* Im Ammoniakreaktor, einem bis 60 m hohen, wasserstoffdruckfesten Sonderstahlrohr, durchläuft das Synthesegas bei 25...35 MPa (250...350 at) und 450...550 °C mehrere Katalysatorschichten (Fe_3O_4 mit K_2O und Al_2O_3), zwischen denen es jeweils durch Zufuhr von kaltem Synthesegas wieder auf optimale Reaktionstemperatur gekühlt wird. — Herkömmlich sind Reaktoren, bei denen die Synthese in mit Kontaktmasse gefüllten Rohrbündeln verläuft; die stark exotherme Reaktion heizt das ankommende, die Rohre zunächst außen umstreichende Synthesegas auf (Gegenstrom-Wärmetausch).
- *Isolierung des Ammoniaks* aus dem erzeugten Gasgemisch (15% NH_3; 85% [N_2 und H_2]) erfolgt durch Tiefkühlung (−10 °C; ergibt flüssiges NH_3) oder Auswaschen mit Wasser (ergibt Ammoniakwasser); das Restgas wird, ergänzt durch Frischgas, im Kreislauf erneut den Reaktoren zugeführt. Aus dem Kreislaufgas wird *Argon* (für Schweißzwecke) gewonnen.

• *Bedeutung für die chemische Technik:* Mit der Ammoniaksynthese beginnt 1913 die chemische Hochdrucktechnik; auf den Erfahrungen mit der Ammoniaksynthese bauten 1923 die Methanolsynthese, 1927 die Kohlehydrierung nach BERGIUS und seitdem noch weitere Hochdruckverfahren auf (z.B. Polyäthylen aus Äthen, Fettalkohole aus Fettsäuren bzw. Fettsäureestern, Sorbit aus Glukose).

Eigenschaften: farbloses, stechend riechendes, außerordentlich leicht wasserlösliches, hygroskopisches Gas; $F = -77,8$ °C, $Kp = -33,4$ °C; es ist wesentlich leichter als Luft und läßt sich bei 20 °C durch 0,85 MPa (8,5 at) Druck verflüssigen. NH_3 brennt nur in reinem Sauerstoff oder beim Einblasen in eine andere Flamme. Gemische mit Luft (15,5 bis 27,5 Vol.-% NH_3) sind explosibel. NH_3 bildet mit Wasser Ammoniumhydroxid (↑ S. 373), mit Säuren Ammoniumsalze (z.B. $NH_3 + HCl \rightarrow NH_4Cl$), mit manchen Metallsalzen Amminkomplexe, z.B. $CuSO_4 + 4\,NH_3 \rightarrow [Cu(NH_3)_4]SO_4$.

---

[1]) Ein *Inertgas* beteiligt sich nicht an einer chemischen Reaktion.

Flüssiges Ammoniak ist ein wasserähnliches Lösungsmittel; in ihm haben Ammoniumsalze den Charakter von Säuren (»Ammonosäuren«), Amide den Charakter von Basen (»Ammonobasen«). Die »Neutralisation« besteht dann in der Reaktion $NH_4^+ + NH_2^- \rightarrow 2\,NH_3$ (analog $OH_3^+ + OH^- \rightarrow 2\,H_2O$ im »Aquosystem«). Auch Alkali- und Erdalkalimetalle lösen sich in flüssigem Ammoniak; ↑ S. 310.

Nachweis: durch Bläuung angefeuchteten Lackmuspapiers; durch Salmiakrauchbildung mit konz. Salzsäure, z.B. am Glasstab; durch Bildung eines braunen, flockigen Niederschlages mit »NESSLERS Reagens«, $K_2[HgI_4]$.

Verwendung: für chemische Synthesen, z.B. von Salpetersäure und deren Folgeprodukten (Düngesalze, Explosivstoffe, Farbstoffe usw.), von Ammoniumsalzen, Harnstoff, Blausäure, Akrylnitril, Aminen (Methylamin u.a.) und Amiden (Formamid, Dimethylformamid u.a.); vgl. auch das Ammoniaksodaverfahren. NH_3 dient weiterhin als Umlaufstoff in Kühlanlagen, als hochwertiges Stickstoffdüngemittel und zum Entwickeln von Lichtpausen.

15.2.4. Ammoniumverbindungen

Allgemeines: Ammoniumverbindungen enthalten das farblose Ion NH_4^+ (*Ammoniumion*). Die NH_4-Salze ähneln stark den K-Salzen, zersetzen sich jedoch beim Erhitzen unter Bildung von Ammoniak (z.B. $(NH_4)_3PO_4 \rightarrow 3\,NH_3\uparrow + H_3PO_4$); auch mit Alkalilaugen wird Ammoniak frei (z.B. $3\,NaOH + (NH_4)_3PO_4 \rightarrow Na_3PO_4 + 3\,NH_3\uparrow + 3\,H_2O$). Die weitaus meisten Ammoniumsalze sind wasserlöslich.

Freies Ammonium ist nur in Form einer Quecksilberlegierung (*Ammoniumamalgam*) bekannt, die aus Natriumamalgam und Ammoniumsalzen entsteht und bei gewöhnlicher Temperatur binnen weniger Minuten in Quecksilber, Ammoniak und Wasserstoff zerfällt.

Ammoniakwasser, *Salmiakgeist:* Lösung von NH_3 in Wasser. In der Lösung besteht folgendes Gleichgewicht:

$$NH_3 + H_2O \rightleftarrows NH_4^+ + OH^-$$

Ammoniakwasser enthält also (in 1-molarer Lösung bei 18 °C entsprechend 0,4%iger Dissoziation) die Ionen des als Molekül nicht existenzfähigen **Ammoniumhydroxids,** NH_4OH, und wirkt als schwache Base, von der sich die Ammoniumsalze ableiten. *Verwendung:* zum Neutralisieren von Säuren; als CuO-lösende Mittel in flüssigen Metallputzmitteln; als Düngemittel.

Ammoniumchlorid, *Salmiak*, *Salmiaksalz*, NH_4Cl: entsteht aus Ammoniak und Salzsäure; zerfällt beim Erhitzen (»thermische Dissoziation«) in Umkehrung der Bildungsreaktion gemäß $NH_4Cl \rightarrow NH_3 + HCl$; beim Abkühlen erfolgt die rückläufige Reaktion, so daß eine Sublimation vorgetäuscht wird. Verwendung als Lötsalz (wandelt das Metalloxid in leichtflüchtiges Chlorid um, so daß das Lot haften kann); für galvanische Trockenelemente (LECLANCHÉ-Element = Zink-Salmiak-Kohle-Element); als Düngemittel; in der Medizin als schleimlösendes Mittel.

Ammoniumsulfat, $(NH_4)_2SO_4$: in großen Mengen hergestelltes Düngesalz (»schwefelsaures Ammoniak«); auch verwendet als N-Quelle bei der Fabrikation von Hefe und als Flammschutzmittel für Papier. Herstellung durch Einleiten von CO_2 in eine ammoniakalische Aufschlämmung von Gips oder Anhydrit:

$$\text{I.} \quad 2\,NH_3 + CO_2 + H_2O \rightarrow (NH_4)_2CO_3$$

$$\text{II.} \quad (NH_4)_2CO_3 + CaSO_4 \rightarrow (NH_4)_2SO_4 + CaCO_3\downarrow$$

Das ausfallende Kalziumkarbonat (z.B. »Leuna-Kalk«) wird abfiltriert, die Sulfatlösung eingedampft.

Ammoniumnitrat, *Ammonsalpeter*, NH_4NO_3; hergestellt aus Ammoniak und Salpetersäure; ergibt beim Erhitzen »Lachgas«, N_2O. Verwendung als Bestandteil von Düngesalzen und Explosivstoffen, z.B. besteht ein **Donarit** aus 55% NH_4NO_3, 22% Sprengöl (Glykoldinitrat), 10% Trinitrotoluol, 10% $NaNO_3$, 1% Kollodiumwolle (Zellulosedinitrat), Rest: Holzmehl und Fe_2O_3.

Ammoniumhydrogenkarbonat, NH_4HCO_3, ist neben *Ammoniumkarbaminat*, $NH_2-CO-ONH_4$, im *Hirschhornsalz* vorhanden. Letzteres wurde früher aus Hirschgeweih erzeugt, heute jedoch aus $NH_3 + CO_2 + H_2O$ synthetisiert. Hirschhornsalz zersetzt sich an der Luft allmählich gemäß $NH_4HCO_3 \rightarrow NH_3 + H_2O + CO_2$ und ist deshalb in verschlossenen Gefäßen aufzubewahren. Verwendung als Backtriebmittel.

Weitere Ammoniumsalze sind bei den betreffenden Säuren aufgeführt.

15.2.5. Oxide des Stickstoffs

Allgemeines: In den Oxiden hat Stickstoff die Oxidationsstufen +1, +2, +3, +4 und +5. – Nur N_2O_3 und N_2O_5 sind Säureanhydride; N_2O_4 verhält sich wie ein »gemischtes« Säureanhydrid. – Unter »nitrosen Gasen« versteht man NO, NO_2 und N_2O_4.

Distickstoffmonoxid, »*Lachgas*«, N_2O: farblos, schwach angenehm (leicht süßlich) riechend; *Kp* = −88,5°C; in Wasser mäßig löslich; entsteht durch Erhitzen von Ammoniumnitrat: $NH_4NO_3 \rightarrow N_2O + 2\,H_2O$. Rauschartige Zustände beim Einatmen; dient im Gemisch mit Sauerstoff als wichtiges Narkosemittel (»Lachgasnarkose«).

Stickstoffmonoxid, NO: farbloses, in Wasser unlösliches Gas (*Kp* = −152°C), das an der Luft in braunes NO_2 übergeht: $2\,NO + O_2 \rightarrow 2\,NO_2$. Es entsteht aus Salpetersäure und Metallen, z.B. Cu, sowie auch beim Durchschlag elektrischer Funken durch Luft, z.B. bei Gewittern. NO ist Zwischenprodukt bei der technischen Herstellung von Salpetersäure; s.a. S. 375.

Distickstofftrioxid, N_2O_3: Anhydrid der Salpetrigen Säure; tiefblaue Flüssigkeit; zerfällt oberhalb 0°C in $NO + NO_2$; ergibt mit Wasser Salpetrige Säure und mit Basen Nitrite.

Stickstoffdioxid, NO_2: rotbraunes, eigenartig riechendes, sehr giftiges Gas; kondensiert bei 21,2°C zu einer rotbraunen Flüssigkeit und erstarrt bei −10,2°C zu farblosen Kristallen. NO_2 ist Hauptbestandteil der »nitrosen Gase«, die bei der Einwirkung von Salpetersäure auf Metalle, beim Erhitzen von Schwermetallnitraten, bei der Zersetzung von Nitriten durch Säuren und z.B. auch beim autogenen Schweißen und beim »Glanzbrennen« von Kupfer und Messung entstehen. Die schweren Vergiftungserscheinungen

(Lungenödem) treten meist erst nach 5 bis 25 Stunden auf. NO_2 ergibt mit Laugen Nitrit + Nitrat; $2\,NO_2 + 2\,KOH \rightarrow KNO_2 + KNO_3 + H_2O$.
NO_2 steht stets im Gleichgewicht mit farblosem **Distickstofftetroxid**, N_2O_4 (gemäß $2\,NO_2 \rightleftarrows N_2O_4$); bei 64 °C ist die Hälfte des N_2O_4 zerfallen, bei höheren Temperaturen mehr; ↑ S. 93.

Distickstoffpentoxid, *Stickstoff(V)-oxid*, N_2O_5: Anhydrid der Salpetersäure; farblose, explosible Kristalle, die mit Wasser stürmisch Salpetersäure ergeben und aus dieser durch Einwirkung von P_2O_5 gewonnen werden können: $2\,HNO_3 + P_2O_5 \rightarrow 2\,HPO_3 + N_2O_5$.

15.2.6. Salpetersäure und Nitrate

Formel: HNO_3; rationelle Formel: $HO{-}NO_2$; in wäßriger Lösung liegen vorwiegend H^+- und NO_3^--Ionen vor.

Herstellung:

- durch katalytische Oxidation von Ammoniak (OSTWALD-Verfahren; seit 1915 großtechnisch verwirklicht)

  Ein Ammoniak-Luft-Gemisch wird rasch ($^1/_{5000}$ s Berührungszeit) durch heiße Platin-Rhodium-Netz-Katalysatoren (bis 2000 Maschen je cm^2) geleitet. Bei 800 °C entsteht gemäß $4\,NH_3 + 5\,O_2 \rightleftarrows 4\,NO + 6\,H_2O$ ($\Delta H_R = -904$ kJ/mol) Stickstoffmonoxid, das beim Abkühlen mit weiterem Sauerstoff gemäß $2\,NO + O_2 \rightleftarrows 2\,NO_2$ zu Stickstoffdioxid und dann bei 0,5 bis 1 MPa (5...10 at) in Absorptionstürmen mit Wasser (bzw. verdünnter Säure) gemäß der summarischen Gleichung $4\,NO_2 + O_2 + 2\,H_2O \rightarrow 4\,HNO_3$ zu etwa 60%iger Salpetersäure reagiert. Einzelreaktionen: $3\,NO_2 + H_2O \rightarrow 2\,HNO_3 + NO$; $2\,NO + O_2 \rightarrow 2\,NO_2$ usw.

- aus Chilesalpeter durch Erhitzen mit Schwefelsäure: $2\,NaNO_3 + H_2SO_4 \rightarrow Na_2SO_4 + 2\,HNO_3\uparrow$

Eigenschaften: Wasserfreie Salpetersäure ist eine farblose, infolge geringfügiger Zersetzung meist gelb gefärbte, rauchende Flüssigkeit, die bei 86 °C siedet. »*Rote rauchende Salpetersäure*« enthält überschüssige Stickoxide (N_2O_4, NO_2, N_2O_5). Die handelsübliche »konzentrierte Salpetersäure« ist 68%ig und siedet bei 122 °C (azeotropes Gemisch!). Konzentrierte Salpetersäure wirkt (wegen ihres Gehalts an nichtdissoziierten HNO_3-Molekülen) unter Bildung nitroser Gase stark oxidierend, z. B. auf Stroh, Holz, Phosphor und viele Metalle, darunter auch Kupfer, Quecksilber und Silber, z. B. $3\,Cu + 8\,HNO_3 \rightarrow 3\,Cu(NO_3)_2 + 2\,NO + 4\,H_2O$.

Keine Reaktion tritt ein mit Gold und Platin; diese werden jedoch durch **Königswasser** (HCl und HNO_3 im Verhältnis 3:1) angegriffen. Infolge »Passivierung« verhalten sich auch Aluminium und Eisen gegenüber kalter, Chrom auch gegenüber heißer Salpetersäure resistent.

Stark verdünnte Salpetersäure enthält nur wenige Moleküle und greift deshalb Kupfer und edlere Metalle nicht an; wegen ihres Gehaltes an H^+-Ionen löst sie unter Wasserstoffentwicklung unedle Metalle zu Nitraten auf, z. B. $Zn + 2\,HNO_3 \rightarrow Zn(NO_3)_2 + H_2$.

Konzentrierte Säure wirkt auf Kohlenwasserstoffe (besonders aromatische) und deren Derivate *nitrierend* (Bildung von *Nitroverbindungen* mit der *Nitrogruppe* $-NO_2$, auf Alkohole *veresternd* (Bildung von *Nitraten* mit der *Nitratgruppe* $-O-NO_2$) ein; meist wird für diese Zwecke *Nitriersäure* verwendet (konz. HNO_3 + konz. H_2SO_4). Eine Nitrierung ist auch die »*Xanthoproteinreaktion*«: Eiweißstoffe, z.B. auch die Haut, werden durch HNO_3 gelb gefärbt.

Verwendung: Salpetersäure ist einer der wichtigsten Grundstoffe der chemischen Industrie. Etwa 75% werden zur Herstellung von Düngemitteln, 15% für Explosivstoffe und 10% für andere Zwecke verwendet; ↑ Übersicht.

Nitrate: Salze (und Ester; ↑ S. 516f.) der Salpetersäure. Alle Metallnitrate sind leicht löslich.

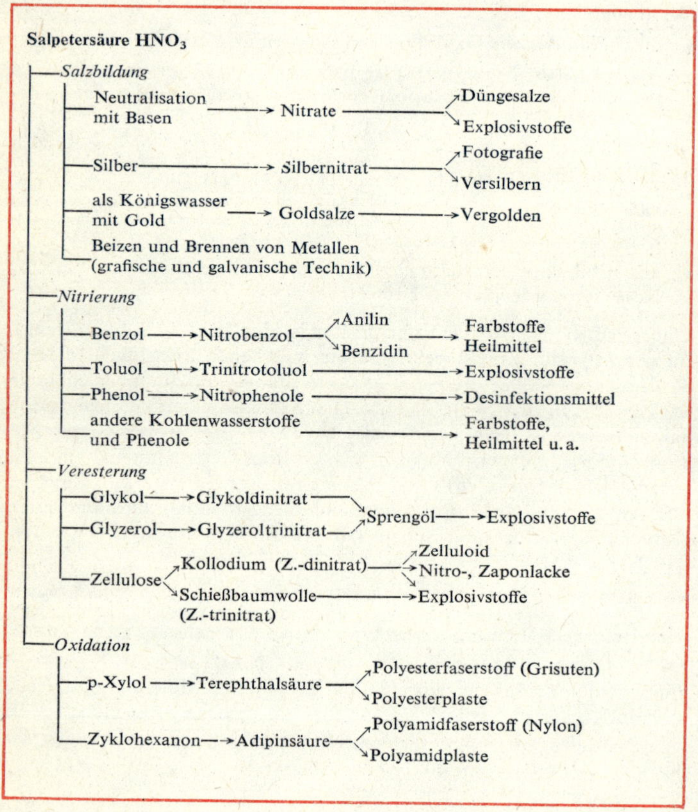

Verhalten der Salze beim Erhitzen:

- *Alkalinitrate* ergeben Nitrit und Sauerstoff: $2\,KNO_3 \rightarrow 2\,KNO_2 + O_2$.
- *Ammoniumnitrat* ergibt Distickstoffmonoxid (↑ S. 374) und Wasser: $NH_4NO_3 \rightarrow N_2O + 2\,H_2O$.
- Die *übrigen Nitrate* ergeben Metalloxid, Stickstoffdioxid und Sauerstoff, z. B. $2\,Pb(NO_3)_2 \rightarrow 2\,PbO + 4\,NO_2 + O_2$.

Trivialnamen:

KNO_3	Kalisalpeter	$Ca(NO_3)_2$	Kalksalpeter
$NaNO_3$	Natronsalpeter	$AgNO_3$	Höllenstein
NH_4NO_3	Ammonsalpeter		

Nachweis:

- Fällung mit der organischen Base »*Nitron*« (weißer Niederschlag).
- »*Ringprobe*«: Beim Überschichten der mit $FeSO_4$ versetzten Probelösung mit konz. Schwefelsäure entsteht bei Anwesenheit von Nitrat ein brauner Ring von Eisen(II)-nitrososulfat, $[Fe(NO)]SO_4$.

15.2.7. Kalkstickstoff

Zusammensetzung: Kalziumzyanamid + Kohlenstoff. Kalziumzyanamid hat die Formel $Ca{=}N{-}C{\equiv}N$, $CaCN_2$.

Herstellung: aus Kalziumkarbid und Stickstoff bei 900 °C (»Azotierung«, Frank-Caro-Verfahren): $CaC_2 + N_2 \rightarrow CaCN_2 + C$

Eigenschaften: graues, meist schwach nach Ammoniak und Äthin riechendes Pulver.

Verwendung: als Unkrautvertilgungs- und Düngemittel; zur Herstellung von *Dizyandiamid*, $H_2N{-}C({=}NH){-}NH{-}CN$ (für Aminoplast-Preßmassen und Holzleime).

15.2.8. Weitere Stickstoffverbindungen

Salpetrige Säure, HNO_2, ist nur in verdünnter wäßriger Lösung beständig; beim Konzentrieren zerfällt sie in H_2O, NO und NO_2. Ihre Salze, die **Nitrite,** sind leicht wasserlöslich, giftig und ergeben mit stärkeren Säuren braune nitrose Gase, z. B. $2\,NaNO_2 + H_2SO_4 \rightarrow Na_2SO_4 + H_2O + NO + NO_2$. Über *Natriumnitrit* ↑ S. 319.

Stickstoffwasserstoffsäure, HN_3; $H{-}N{=}N{\equiv}N$; farblose, giftige, scharf riechende, explosible Flüssigkeit; *Kp* = 35,7 °C; *Salze:* **Azide,** z. B der Initialzündstoff **Bleiazid,** $Pb(N_3)_2$. Über die Herstellung von **Natriumazid,** NaN_3, ↑ S. 319.

Hydrazin N_2H_4, $H_2N{-}NH_2$; farblose Flüssigkeit von schwach aminartigem Geruch; kommt auch als Hydrazinhydrat, $N_2H_4 \cdot H_2O$, in den Handel; bildet wie Ammoniak mit Säuren Salze. Hydrazin und seine Methylderivate, insbesondere **N,N-Dimethylhydrazin,** $H_2N{-}N(CH_3)_2$, werden als Raketentreibstoffe verwendet.

Hydroxylamin, NH_2OH: farblose, hygroskopische Plättchen, die beim Erhitzen explodieren. Beständiger ist das salzsaure Salz **Hydroxylammoniumchlorid,** $[NH_3OH]Cl$.

Stickstofftrichlorid, NCl_3: dunkelgelbes, sehr explosibles Öl; **Jodstickstoff**, $NI_3 \cdot n\,NH_3$, entsteht aus Jodlösung und konzentrierter Ammoniaklösung als grauschwarzer Niederschlag, der in trockenem Zustand bei der leisesten Berührung explodiert.

15.2.9. Stickstoffdüngemittel

Handelsformen:

Ammoniak flüssig	NH_3
Harnstoff	$CO(NH_2)_2$
Ammonsulfat	$(NH_4)_2SO_4$
Ammonsulfatsalpeter	$(NH_4)_2SO_4 + NH_4NO_3$
Kalkammonsalpeter	NH_4NO_3 (≈60%) + $CaCO_3$ (20...35%)

sowie verschiedene Misch- (Kaliammonsalpeter) und Volldünger (Pikaphos).

Aufnahme durch die Pflanze: in Form von Nitrationen, NO_3^-; Ammoniak, Ammoniumsalze und Harnstoff werden durch Bodenbakterien in Nitrationen umgewandelt.

Gründüngung: Anbau von Leguminosen und Umpflügen. Die Knöllchenbakterien an den Wurzeln der Leguminosen (Hülsenfrüchtler, z.B. Erbse, Linse, Luzerne) binden den atmosphärischen Stickstoff.

Allgemeine Düngelehre: Die Pflanzen entziehen dem Boden anorganische Nährstoffe. Werden diese dem Boden nicht durch Verwesung wieder zugeführt, z.B. bei Kulturpflanzen, die abgeerntet werden, ist Ersatz dieser Nährstoffe durch Düngung erforderlich. Da *Wirtschaftsdünger* (Jauche, Stallmist) hierfür nicht ausreicht, ist zusätzlich Anwendung von *Handelsdünger* nötig. Nach J. v. LIEBIG (1840) benötigt die Pflanze die 10 Elemente C, O, H, N, P, S, K, Ca, Mg und Fe. Hierzu treten noch die nur in sehr geringen Mengen benötigten *Mikronährstoffe* B, Mn, Cu, Mo, Zn und Co (von Pflanze zu Pflanze verschieden).

Bei den **Handelsdüngern** unterscheidet man insbesondere Kali-, Stickstoff- und Phosphordüngemittel. In zunehmendem Maße werden Misch- und Volldünger angewandt. *Mischdünger* entstehen durch Mischen mehrerer Einnährstoffdünger; *Volldünger* enthalten die drei Hauptnährstoffe in jedem Korn.

Die **Wirtschaftsdünger** versorgen den Boden zusätzlich mit humusbildenden Substanzen, wodurch die physikalische Bodenbeschaffenheit verbessert wird.

15.3. Phosphor und Phosphorverbindungen

15.3.1. Allgemeines

Symbol: P [*phosphoros* (grch.) Lichtträger]; **Wertigkeiten:** +5, +3, −3.

Vorkommen: chemisch gebunden in Organismen und Mineralen. Die Organismen enthalten P in Form von Phosphatiden (z.B. Lezithin in Nerven- und Gehirnsubstanz), Phosphorproteiden (Fermente), verschiedenen Phosphorsäureestern und Kalziumphosphat (in Knochen und Zähnen). — Aus Vogelexkrementen bildet sich der *Guano*.

Minerale:

Phosphorit	$3\,Ca_3(PO_4)_2 \cdot Ca(OH)_2$
Apatit	$3\,Ca_3(PO_4)_2 \cdot Ca(F,Cl,OH)_2$
Monazit	$CePO_4$

Phosphate sind auch in manchen Eisenerzen enthalten.

Physiologie: P-Verbindungen sind für alle Organismen lebensnotwendig; ↑ Vorkommen.

15.3.2. Elementarer Phosphor

Entdeckung: 1669 durch den deutschen Alchimisten H. BRAND (durch starkes Glühen eingedampften Harns).

Modifikationen: weißer, roter und schwarzer Phosphor.

Eigenschaften (s. a. S. 368)

Tabelle 30. Phosphor

Eigenschaft	P weiß	P rot	P schwarz
Farbe	weiß	rot bis violett	grauschwarz
Charakter	nichtmetallisch	nichtmetallisch	metallisch
Schmelzpunkt	44 °C	beide nur unter Druck schmelzbar; oberhalb 280 °C Übergang in gasförmigen weißen Phosphor	
Härte	wachsweich	hart	ziemlich weich
Dichte (20 °C)	1,82 g/cm³	2,36 g/cm³	2,70 g/cm³
Reaktionsfähigkeit	stark	gering	mittel
Geruch	knoblauchartig	geruchlos	geruchlos
Giftigkeit	sehr giftig	ungiftig	ungiftig
Lumineszenz	vorhanden	—	—
Entzündungstemperatur	≈60 °C	oberhalb 400 °C	oberhalb 400 °C
Löslichkeit	in Wasser schwer, in CS_2 leicht	unlöslich	unlöslich

Umwandlungen der Modifikationen ineinander:

- P *weiß* in P *rot:* langsam bei Raumtemperatur; rasch beim Erhitzen im geschlossenen Gefäß auf 330 °C.
- P *rot* in P *weiß:* oberhalb 280 °C destilliert bei Normaldruck P weiß ab.
- P *weiß* in P *schwarz:* Stoßdruck von 10000 MPa (100000 at) bei Normaldruck und 380 °C katalytisch mit feinverteiltem Quecksilber.

Weißer Phosphor:

- *Herstellung:* aus Rohphosphat durch Erhitzen mit Sand und Koks: $Ca_3(PO_4)_2 + 3\,SiO_2 + 5\,C \rightarrow 3\,CaSiO_3 + 2\,P + 5\,CO$. Der gasförmig entweichende Phosphor wird unter Wasser kondensiert.
- **Eigenschaften:** ↑ Tabelle. P *weiß* besteht aus Molekülen P_4. Das grünliche, im Dunkeln wahrnehmbare Leuchten an der Luft beruht auf langsamer Oxidation zu P_2O_3; die dabei entwickelte Wärme bringt den Phosphor zum Schmelzen und zur Entzündung (daher unter Wasser aufbewahren!). Beim Verbrennen entsteht ein weißer Rauch von Phosphor(V)-oxid: $P_4 + 5\,O_2 \rightarrow 2\,P_2O_5$. Brennenden

Phosphor nicht mit Wasser löschen, sondern mit Sand abdecken! P *weiß* reagiert im Gegensatz zu P *rot* mit heißer Alkalilauge zu Hypophosphit und Phosphin: $P_4 + 3\ KOH + 3\ H_2O \rightarrow 3\ KPO_2H_2 + PH_3$.

- **Verwendung:** Zur Herstellung von P *rot*, Phosphorsäuren und Phosphaten; als militärisches Brandmittel.
- **Giftigkeit:** tödliche Dosis: 50 bis 500 mg; kann durch Mund, Wunden und auch intakte Haut in den Körper gelangen. Chronische Vergiftung führt zu Knochenschädigungen und Verfettung.

Roter Phosphor: stabiler als P *weiß*. An sich ungiftig, jedoch kann ein im Handelsphosphor vorhandener Gehalt an P *weiß* Giftigkeit bewirken. *Verwendung:* für Zündholzreibflächen; als Gettersubstanz für Glühlampen.

Zündhölzer: Die Reibflächen enthalten P *rot* mit Glaspulver und Dextrin, die Zündköpfe Kaliumchlorat und Antimon(V)-sulfid. Beim Reiben oxidiert das Chlorat den Phosphor unter Entzündung des Antimonsulfids und des mit Paraffin getränkten Holzes. *Überallzünder* enthalten Kaliumchlorat und Tetraphosphortrisulfid, P_4S_3, im Zündkopf.

Schwarzer Phosphor: hat wie Graphit ein Schichtengitter; leitet den elektrischen Strom.

15.3.3. Phosphorsäuren und Phosphate

Phosphor(V)-oxid, *Diphosphorpentoxid*, P_2O_5 (genauer P_4O_{10}): Anhydrid der Phosphorsäure; hygroskopisches, weißes Pulver, das bei 359 °C sublimiert und sich unter Zischen mit Wasser zu verschiedenen Säuren vereinigt (s. u.). *Verwendung:* als Trockenmittel.

Phosphorsäuren: P_2O_5 vereinigt sich mit verschiedenen Mengen Wasser zu

Metaphosphorsäure:	$P_2O_5 + H_2O \rightarrow 2\ HPO_3$ [genauer $(HPO_3)_x$]
Diphosphorsäure:	$P_2O_5 + 2\ H_2O \rightarrow H_4P_2O_7$
Orthophosphorsäure:	$P_2O_5 + 3\ H_2O \rightarrow 2\ H_3PO_4$

Diphosphorsäure wurde früher auch als *Pyrophosphorsäure* bezeichnet.

Alle diese Säuren bilden Salze: *Meta-*, *Di-* (*Pyro-*) und *Orthophosphate;* »Phosphorsäure« schlechthin ist die Orthosäure.

Orthophosphorsäure, *Phosphorsäure*, H_3PO_4: farblose Kristalle; bereits mit wenig Wasser entstehen sirupartige, ungiftige Lösungen von rein saurem Geschmack.

Verwendung: zur Herstellung von Phosphaten; zum Phosphatieren von Eisen und Zink; für elektrolytische und chemische Polierlösungen für

Metalle (mit Schwefel- oder Chromsäure); als Säuerungsmittel für Getränke; zur Herstellung von Katalysatoren und Pharmaka.

Nachweis: Beim Eingießen einer Orthophosphorsäure- oder -phosphatlösung in eine stark salpetersaure Ammoniummolybdatlösung entsteht in der Wärme ein gelber, pulvriger Niederschlag von Ammoniummolybdatophosphat (↑ S. 435).

Orthophosphate, *Phosphate:*

Durch stufenweise Neutralisation von Phosphorsäure bilden sich folgende *Natriumsalze:*

Natriumdihydrogenphosphat	NaH_2PO_4	(primäres Phosphat)
Dinatriumhydrogenphosphat	Na_2HPO_4	(sekundäres Phosphat)
Trinatriumphosphat	Na_3PO_4	(tertiäres Phosphat)

Die *Kalziumsalze* haben die Formeln:

Kalziumdihydrogenphosphat	$Ca(H_2PO_4)_2$	(wasserlöslich)
Kalziummonohydrogenphosphat	$CaHPO_4$	(zitronensäurelöslich, wasserunlöslich)
Trikalziumphosphat	$Ca_3(PO_4)_2$	(in Wasser und Zitronensäure unlöslich)

Löslichkeit: Leicht in Wasser löslich sind:

- die tertiären Phosphate der Alkalimetalle (außer Li und Ammonium);
- die sekundären Phosphate der Alkalimetalle;
- die primären Phosphate der Alkalimetalle und einiger (besonders zweiwertiger) Schwermetalle.

Alle übrigen Phosphate sind unlöslich.

Verwendung: als Düngesalz (↑ S. 382), Wasserenthärtungsmittel (Na_3PO_4), Flammschutzmittel [$(NH_4)_2HPO_4$]; für pharmazeutische und kosmetische Präparate; für Hefenährsalz und Käseschmelzsalz (verhindert das Absondern von Molke und Fett); zum Phosphatieren (s. u.).

Diphosphate (*Pyrophosphate*) entstehen durch Erhitzen von sekundären Phosphaten, z.B. $2\ Na_2HPO_4 \rightarrow Na_4P_2O_7 + H_2O$.

Kondensierte Phosphate enthalten als Anionen 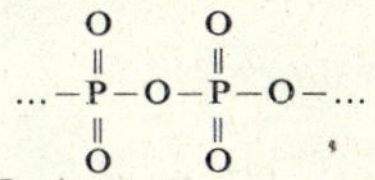 -Ketten und -Ringe. **Metaphosphate** der genauen Formel $Me^{I}_{n}(PO_3)_n$ ($n = 3, 4$ und weitere) enthalten niedermolekulare Ringe, z.B. *Natriumtrimetaphosphat*, $Na_3P_3O_9$. — **Polyphosphate** der angenäherten Formel $Me^{I}_{n}(PO_3)_n$ enthalten nieder- oder hochmolekulare Ketten; **Ultraphosphate** sind räumlich vernetzt. — Hochmolekulares **Natriumpolyphosphat** entsteht in der Form des wasserlöslichen GRAHAM*schen Salzes* (neben kleinen Mengen Meta- und Ultraphosphaten) durch Wasserabspaltung aus Natriumdihydrogenphosphat beim Schmelzen. Das Salz, fälschlich auch als *Natriumhexametaphosphat* bezeichnet, vermag in Lösung Ca^{2+} und Mg^{2+} nach Art eines Ionenaustauschers zu binden und wird deshalb (wie auch niedermolekulare Polyphosphate, z.B. **Pentanatriumtripolyphosphat**, $Na_5P_3O_{10}$) als Enthärtungs- und Waschhilfsmittel verwendet; es besitzt zudem ein gutes Schmutztragevermögen. Angenäherte Formel:

$(NaPO_3)_x \cdot Na_2O$ = 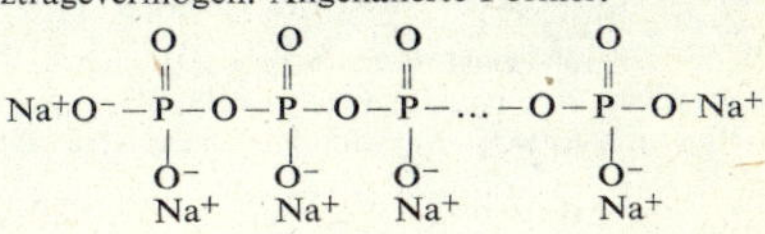

Ester der Phosphorsäuren ↑ S. 517.

Phosphatieren: Umwandlung von Metalloberflächen (Eisen, Zink, Aluminium) in Phosphate als begrenzten Korrosionsschutz oder als Haftgrund für nachfolgende

Anstriche. Die Metalle werden in Lösungen erhitzt, die Zink- oder Mangan(II)-dihydrogenphosphat, $Zn(H_2PO_4)_2$ bzw. $Mn(H_2PO_4)_2$, neben freier Phosphorsäure und evtl. beschleunigend wirkenden Zusätzen enthalten.

15.3.4. Weitere Phosphorverbindungen

Säuren und Salze:

$H_2[PO_3H] = H_3PO_3$ **Phosphorige Säure,** Salze: **Phosphite**
$H[PO_2H_2] = H_3PO_2$ **Hypophosphorige Säure,** Salze: **Hypophosphite**

Phosphorige Säure ist eine zwei-, Hypophosphorige Säure eine einwertige Säure.

Natriumhypophosphit, $Na[PO_2H_2]$, kristallisiert mit 1 H_2O, entsteht aus heißer Natronlauge und weißem Phosphor und dient zum stromlosen Vernickeln (↑ S. 453) und Verkobalten.

Phosphorhydride:

- **Phosphin**, PH_3: farbloses, fischig-knoblauchartig riechendes, sehr giftiges Gas; *Kp* = −87,7 °C; entsteht rein aus Phosphiden und Wasser, z.B. $Ca_3P_2 + 6\,H_2O \rightarrow 3\,Ca(OH)_2 + 2\,PH_3$.
- **Diphosphin**, P_2H_4, flüssig, *Kp* = 51,7 °C, ist selbstentzündlich und bewirkt die Entzündung des aus heißer Alkalilauge und weißem Phosphor hergestellten Phosphins.

Phosphorchloride:

- **Phosphortrichlorid**, PCl_3: farblose, an feuchter Luft stark rauchende Flüssigkeit; *Kp* = 74,5 °C; ergibt mit Wasser *Phosphorige Säure:* $PCl_3 + 3\,H_2O \rightarrow H_3PO_3 + 3\,HCl$.
- **Phosphorpentachlorid**, PCl_5: weißer Feststoff; ergibt mit wenig Wasser *Phosphoroxidchlorid* ($PCl_5 + H_2O \rightarrow POCl_3 + 2\,HCl$), mit viel Wasser *Phosphorsäure* ($PCl_5 + 4\,H_2O \rightarrow H_3PO_4 + 5\,HCl$).

15.3.5. Phosphordüngemittel

Aufschluß der Rohphosphate: *Apatit* und *Phosphorit* werden durch *nassen* oder *trockenen Aufschluß* in eine lösliche und damit durch die Pflanze verwertbare Form gebracht. – Bei der Angabe des Nährstoffgehaltes wird der Gehalt an verwertbarem P auf P_2O_5 umgerechnet.

- **Superphosphat** (16...20% P_2O_5): entsteht durch Aufschluß mit 60%iger Schwefelsäure; enthält etwa 35% $Ca(H_2PO_4)_2$ + 50% $CaSO_4$ + 8% H_3PO_4 + 7% weitere Bestandteile. Aufschlußgleichung vereinfacht[1]):

$$Ca_3(PO_4)_2 + 2\,H_2SO_4 \rightarrow Ca(H_2PO_4)_2 + 2\,CaSO_4$$

- **Doppelsuperphosphat** (46...49% P_2O_5): entsteht durch Aufschluß mit 40%iger Phosphorsäure; enthält neben $Ca(H_2PO_4)_2$ nur wenig $CaHPO_4$ und ist frei vom Ballaststoff $CaSO_4$. Aufschlußgleichung vereinfacht[1]):

$$Ca_3(PO_4)_2 + 4\,H_3PO_4 \rightarrow 3\,Ca(H_2PO_4)_2$$

[1]) In der Regel wird *Apatit*, $3\,Ca_3(PO_4)_2 \cdot CaF_2$, eingesetzt, so daß *Fluorwasserstoff*, HF, entsteht, der mit SiO_2 gasförmiges *Siliziumtetrafluorid*, SiF_4, bildet.

- **Mg-Schmelzphosphat** (20% P_2O_5); entsteht durch Schmelzen mit Kieserit ($MgSO_4 \cdot H_2O$) und Sand (SiO_2); enthält neben Ca-Phosphaten $Mg_3(PO_4)_2$ und $CaSO_4$.
- **Alkali-Sinterphosphat** (25% P_2O_5): entsteht durch Sintern mit Soda und Sand bei 1100...1200 °C; enthält als wesentlichen Bestandteil $CaNaPO_4$; Aufschlußgleichung vereinfacht:

$$3\,Ca_3(PO_4)_2 + Na_2CO_3 + 2\,SiO_2 \rightarrow 2\,CaNaPO_4 + 2\,Ca_2SiO_4 + CO_2\uparrow$$

Thomasphosphat ist gemahlene Thomasschlacke; ↑ S. 448.

Volldünger (NPK-Dünger) enthalten die Hauptelemente etwa im Massenverhältnis N:P:K = 1:0,85:1,7. Zur Herstellung wird beispielsweise Rohphosphat mit Salpetersäure aufgeschlossen, mit Ammoniumsulfat versetzt, nach dem Abfiltrieren des Kalziumsulfats mit Ammoniak neutralisiert und schließlich Kaliumchlorid oder -sulfat zugefügt. Handelsnamen (DDR): *Pikaphos*, *Volldünger 13-13-21*, *Wolfener Spezialdünger* (enthält auch Mikronährstoffe).

15.4. Arsen und Arsenverbindungen

Symbol: As [aus *Arsenik*; von *arsen* (grch.) männlich, gewaltig]; **Wertigkeit:** +5, +3, −3.

Entdeckung: seit dem Mittelalter bekannt (ALBERTUS MAGNUS, um 1250).

Vorkommen: selten frei (»*Scherbenkobalt*«), meist sulfidisch gebunden. Arsen begleitet viele Metallsulfide; daher sind aus sulfidischen Erzen gewonnene Metalle meist arsenhaltig, z.B. Zink, Blei, Wismut.

Minerale:

Arsenkies (*Arsenopyrit*)	FeAsS
Realgar (rot)	As_4S_4
Auripigment (gelb)	As_2S_3
Rotnickelkies	NiAs

Modifikationen:

- **Gelbes Arsen:** sehr unbeständig, nichtmetallisch, phosphorähnlich, löslich in Kohlendisulfid.
- **Graues Arsen** (s.a. S. 368): beständig; stahlgraue, metallisch glänzende, spröde Kristalle, die beim Erhitzen an der Luft zu einem weißen Rauch von Arsen(III)-oxid verbrennen; hierbei tritt charakteristischer Knoblauchgeruch auf.
- **Schwarzes Arsen:** glasige, amorphe Masse, nichtmetallisch, sehr hart und spröde.

Arsen(III)-oxid, *Arsenik*, As_2O_3: weißes Pulver, farblose, glasige oder porzellanartig weiße Masse; $F = 310\,°C$; in Wasser mäßig löslich; sehr giftig (0,1 g tödlich). *Verwendung:* zur Herstellung anderer Arsenverbindungen (Schädlingsbekämpfungs- und Heilmittel); in der Galvanotechnik als Glanzzusatz für Messingelektrolyte; zur Devitalisierung von Zahnpulpen.

Weitere Arsenverbindungen: **Arsenige Säure**, H_3AsO_3; vorwiegend saurer Charakter; Salze: *Arsenite*. **Arsensäure**, H_3AsO_4, bildet als Salze *Arsenate*, z.B. **Kalziumarsenat,**

$Ca_3(AsO_4)_2 \cdot 3\,H_2O$, wirksamer Bestandteil einiger Pflanzenschutzmittel. – Die **Arsensulfide** As_2S_3 und As_2S_5 fallen aus sauren arsenhaltigen Lösungen durch Schwefelwasserstoff als intensiv gelbe, in Ammoniumsulfidlösung zu *Thioarseniten* bzw. *-arsenaten* lösliche Niederschläge aus. **Arsenhydrid**, *Arsin*, *Arsenwasserstoff*, AsH_3, ist ein sehr giftiges, farbloses, brennbares Gas von unangenehmem, knoblauchartigem Geruch.

Nachweis: MARSHsche Probe. Die Substanz wird mit Zink und Salzsäure (beide arsenfrei!) versetzt; der entstehende arsenhaltige Wasserstoff ergibt beim Durchleiten durch ein erhitztes Glasrohr einen braunschwarzen, glänzenden, in Hypochloritlösung löslichen Arsenspiegel.

15.5. Antimon und Antimonverbindungen

Symbol: Sb [*stibium* (lat.) schwarze Schminke aus Grauspießglanz]; **Wertigkeiten:** +5, +3, −3.

Entdeckung: bereits seit dem Altertum bekannt.

Vorkommen: fast immer chemisch gebunden, häufig als Begleiter von Blei-, Kupfer- und Silbererzen.

Minerale:

Grauspießglanz (*Antimonit*) .... Sb_2S_3
Weißspießglanz (*Antimonblüte; Valentinit*) .... Sb_2O_3

Herstellung: z. B. durch Erhitzen von Grauspießglanz mit Eisenpulver: $Sb_2S_3 + 3\,Fe \rightarrow 2\,Sb + 3\,FeS$.

Modifikationen:

- **Metallisches Antimon** (*graues Antimon*): beständigste Modifikation (s. a. S. 368).
- **Schwarzes Antimon:** entsteht aus Antimondampf durch Abschrecken an kalten Flächen; amorph; sehr reaktionsfähig; wandelt sich beim Erhitzen in metallisches Antimon um.
- **Explosives Antimon:** entsteht elektrolytisch; geht beim Ritzen unter Aufglühen und Versprühen explosionsartig in metallisches Antimon über.

- Das *gelbe Antimon* ist keine besondere Modifikation, sondern ein hochpolymeres, wasserstoffhaltiges Produkt.

Metallisches Antimon (s. a. S. 368): glänzend silberweiß, spröde, an der Luft beständig; verbrennt bei starkem Erhitzen zu Antimon(III)-oxid, Sb_2O_3; vereinigt sich unter Feuererscheinung mit Chlor; ist in Salz- und Schwefelsäure unlöslich; mit Salpetersäure entstehen (ähnlich wie bei Zinn) unlösliche Antimon(III)- und Antimon(V)-oxidhydrate.

Verwendung: Sb-Elektroden dienen zur *p*H-Wert-Messung; das meiste Sb-Metall wird als Legierungszusatz verwendet; es erhöht die Härte von Blei. Auch dient es zur Dotierung von Halbleitern. *Legierungen* sind: Hartblei, Schriftmetall, Britanniametall, Lagermetalle.

Antimonhydrid, *Stibin, Antimonwasserstoff,* SbH_3, ähnelt – auch in der Giftigkeit – stark dem Arsenhydrid.

Antimon(III)-verbindungen: Antimon(III)-oxid, Sb_2O_3, ist ein in der Kälte weißes, in der Hitze gelbes Pulver von amphoterem Verhalten; $F = 656\,°C$. **Antimon(III)-hydroxid** (genauer: -oxidhydrat), *Antimonige Säure,* $Sb(OH)_3$, ist amphoter; mit Alkalien entstehen **Antimonate(III),** z.B. $Na_3[Sb(OH)_6]$, mit Säuren **Antimon(III)-salze.** Die Antimon(III)-salze bilden mit wenig Wasser oder in Gegenwart freier Säure klare Lösungen; mit viel Wasser hydrolysieren sie unter Bildung von **Antimonylsalzen** (*Antimonyl* = SbO), z.B. $SbCl_3 + H_2O \rightarrow SbOCl + 2\,HCl$. – **Antimon(III)-chlorid,** *Antimonbutter,* $SbCl_3$, ist eine farblose, butterweiche, an der Luft rauchende Masse. – **Kaliumantimonotartrat,** *Brechweinstein,* $K[C_4H_2O_6Sb(OH)_2] \cdot {}^1/_2\,H_2O$, besitzt medizinische Bedeutung. – **Antimon(III)-sulfid,** Sb_2S_3, fällt aus Antimon(III)-lösungen durch Schwefelwasserstoff als orangeroter Niederschlag aus; eine graue Form bildet den natürlichen *Grauspießglanz.*

Antimon(V)-verbindungen: Antimonsäure, $Sb_2O_5 \cdot x\,H_2O$, bildet mit Alkalien **Antimonate(V),** z.B. das schwerlösliche **Natriumantimonat(V),** $Na[Sb(OH)_6]$. – **Bleiantimonat,** »*Neapelgelb*«, vereinfacht $Pb(SbO_3)_2$, dient in der Kunst- und Keramikmalerei als Farbpigment. – **Antimon(V)-sulfid,** Sb_2S_5, orangerot, brennbar, ist in Zündholzköpfen enthalten. Es löst sich in Natriumsulfid zu **Natriumthioantimonat(V),** $Na_3SbS_4 \cdot 9\,H_2O$, »*Schlippesches Salz*«; Verwendung zum »Schlippen« (Braunfärben von Messing).

Nachweis: MARSHsche Probe wie bei Arsen (↑ S. 384); im Gegensatz zu Arsen ist der erzeugte Antimonspiegel nicht in Hypochloritlösung löslich.

15.6. Wismut[1]) und Wismutverbindungen[1])

Symbol: Bi [*bismutum* (lat.); der Name rührt wahrscheinlich von »Wiesenmutung« her (Wiesen = erzgebirgischer Flurname; Mutung = Anspruch auf bergmännische Erzschürfung)]; **Wertigkeiten:** +3, (+5), (−3).

Entdeckung: Bi ist seit etwa 1500 bekannt.

Vorkommen: sehr selten, meist chemisch gebunden. Oft begleitet Wismut Bleierze in geringen Mengen; deshalb ist das handelsübliche Blei meist wismuthaltig.

Minerale:

Wismutglanz (*Bismutin*) .... Bi_2S_3
Wismutocker (*Bismit*) .... Bi_2O_3

Herstellung: Oxidische Erze werden mit Kohle reduziert, sulfidische mit Eisen verschmolzen; Reinigung durch elektrolytische Raffination (Elektrolyte aus $BiCl_3 + HCl$). Wismut läßt sich leicht durch Zink aus seinen Salzlösungen abscheiden (Spannungsreihe!); auch läßt sich das Oxid im Wasserstoffstrom reduzieren.

Eigenschaften (s.a. S. 368): rötlich-silberglänzendes, bereits bei 271 °C schmelzendes, diamagnetisches Metall. Es ist edler als Wasserstoff und löst sich demnach nicht in verdünnter Salz- und Schwefelsäure, leicht dagegen in Salpetersäure unter Stickoxidentwicklung.

Verwendung: Wismut-Elektroden dienen zur *p*H-Messung; fast das gesamte übrige Wismut wird zur Herstellung von Verbindungen (besonders für die Pharmazie) und niedrigschmelzenden Legierungen verwendet.

---

[1]) gemäß neuer Nomenklaturempfehlung *Bismut* bzw. *Bismutverbindungen*

Leichtschmelzbare Wismutlegierungen (die Zahlenangaben bedeuten Massenteile):
Woodsches Metall ($F = 70\,°C$): 7...8 Bi + 4 Pb + 2 Sn + 1...2 Cd
Lipowitzsches Metall ($F = 60\,°C$): 15 Bi + 8 Pb + 4 Sn + 3 Cd
Rosesches Metall ($F = 94\,°C$): 2 Bi + 1 Sn + 1 Pb

Wismutverbindungen: Wismutoxid, Bi_2O_3: gelbes Pulver; in der Hitze rotbraun; $F = 817\,°C$. – **Wismuthydroxid,** $Bi(OH)_3$: weiß, nicht amphoter. – **Wismutnitrat,** $Bi(NO_3)_3 \cdot 5\,H_2O$: farblose, leicht lösliche Kristalle. Beim Verdünnen fällt **Wismutoxidnitrat,** *Bismutylnitrat,* $BiONO_3$, als weißes Pulver aus; Verwendung als ungiftige weiße Schminke. – **Wismutoxidgallat** (»basisch gallussaures Wismut«) wird für Wund- und Brandpuder verwendet. – **Wismutsulfid,** Bi_2S_3, fällt aus mäßig sauren Wismutsalzlösungen durch Schwefelwasserstoff als brauner Niederschlag aus.

16. Elemente der VI. Hauptgruppe (Chalkogene)

16.1. Allgemeines

Elemente: Sauerstoff (O), Schwefel (S), Selen (Se), Tellur (Te), Polonium (Po). (»Chalkogene« = Erzbildner)

Wertigkeit: Sauerstoff tritt nur −2wertig auf; die übrigen Elemente sind hauptsächlich +6-, +4- und −2wertig. Die Beständigkeit der +6wertigen Stufe nimmt von S bis Po ab, die der +4wertigen zu; vom Po existiert außerdem noch die unbeständige Wertigkeit +2.

Metallischer Charakter: nimmt vom O bis Po zu. O und S sind Nichtmetalle; Se existiert metallisch und nichtmetallisch; beim Te ist die nichtmetallische Form nur im Gaszustand bekannt; Po ist ein Metall.

Hydroxide: Die **Element(VI)-hydroxide** sind – z.T. in wasserärmeren Formen – durchweg Säuren, deren Stärke von H_2SO_4 über H_2SeO_4 zu H_6TeO_6 abnimmt; eine entsprechende Po-Verbindung ist nicht bekannt. Die **Element(IV)-hydroxide** sind von H_2SO_3 über H_2SeO_3 zu H_2TeO_3 ebenfalls Säuren abnehmender Stärke, jedoch schwächer als die (VI)-Verbindungen. $Po(OH)_4$ ist bereits eine Base; $Po(OH)_2$ eine stärkere Base.
Verglichen mit den entsprechenden Verbindungen der V. Hauptgruppe haben alle Hydroxide der VI. Hauptgruppe stärker sauren, verglichen mit denen der VII. Hauptgruppe schwächer sauren Charakter.

Hydride: Die Beständigkeit der Chalkogenwasserstoffe (H_2O, H_2S usw. bis H_2Po) nimmt von O zu Po ab, die Säurestärke dagegen zu; H_2O ist neutral; die Stärke von H_2Te entspricht etwa der der Phosphorsäure. Die Chalkogenwasserstoffe sind stärker sauer als die entsprechenden Verbindungen der V., jedoch schwächer sauer als die der VII. Gruppe.

Tabelle 31. Chalkogene

	Sauerstoff	Schwefel	Selen	Tellur	Polonium
Symbol	O	S	Se	Te	Po
Kernladungszahl	8	16	34	52	84
Relative Atommasse	15,9994	32,06	78,96	127,60	210
Schmelzpunkt (in °C)	−219	119	217	450	254
Siedepunkt (in °C)	−183	445	685	1390	962
Dichte (in g/cm³ bei 20 °C)	(1,27)[1]	2,1	4,8[2]	6,2	9,4
Häufigkeit (Erdrinde %)	49,50	$4{,}8 \cdot 10^{-2}$	$8 \cdot 10^{-5}$	$1 \cdot 10^{-6}$	$2{,}1 \cdot 10^{-14}$
Wertigkeiten:					
+6	—	Beständigkeit abnehmend →			
+4	—	Beständigkeit zunehmend →			
−2	Beständigkeit abnehmend →				
Element(VI)-hydroxide	—	H_2SO_4	H_2SeO_4	H_6TeO_6	—
Säuren	—	sehr stark	stark	schwach	—
Salze	—	Sulfat	Selenat	Tellurat(VI)	—
Element(IV)-hydroxide	—	H_2SO_3	H_2SeO_3	H_2TeO_3	$Po(OH)_4$
Säuren	—	mittel	schwach	sehr schwach	Base
Salze	—	Sulfit	Selenit	Tellurat(IV)	—
Hydride	H_2O	H_2S	H_2Se	H_2Te	H_2Po
	neutral	schwache Säure	Säurestärke zunehmend →		
Beständigkeit	abnehmend →				
Siedepunkt (in °C)	+100	−60,8	−41,5	−1,8	+37
Salze	(Oxid)	Sulfid	Selenid	Tellurid	Polonid

[1]) fester Sauerstoff beim Schmelzpunkt [2]) metallisches Selen

16.2. Sauerstoff und Sauerstoffverbindungen

16.2.1. Allgemeines

Symbol: O [*oxygenium* (grch.-lat.) Säurebildner]; **Wertigkeit:** −2.

Vorkommen: häufigstes Element der Erdkruste (55,1 Atom-%). Freier Sauerstoff findet sich in Luft (etwa $1{,}1 \cdot 10^{15}$ t) und natürlichem Wasser (die biochemische Selbstreinigung des Fluß- und Meerwassers erfolgt unter Verbrauch von Sauerstoff); der weitaus meiste Sauerstoff ist in Form von Wasser, Silikaten, Quarz und anderen Mineralen sowie in Organismen gebunden.

Modifikationen:

- **Disauerstoff,** *gewöhnlicher Sauerstoff*, O_2
- **Trisauerstoff,** *Ozon*, O_3

Physiologie: Alle organischen Stoffe sind Sauerstoffverbindungen; elementarer Sauerstoff ist für nahezu alle Organismen (Ausnahme: anaerobe Bakterien) lebensnotwendig. Über Atmung und Assimilation ↑ S. 351.
Beim Menschen geht der eingeatmete Sauerstoff durch die Lungenbläschen ins Blut über, wo er vom Farbstoff *Hämoglobin* in den roten Blutkörperchen als *Oxyhämoglobin* locker gebunden und den Zellen zugeführt wird. Dort oxidiert er in Gegenwart von Fermenten vornehmlich den ebenfalls vom Blut transportierten Traubenzucker (Glukose) zu Kohlendioxid und Wasser, die dabei frei werdende Energie dient zur Erhaltung der Lebensvorgänge (Muskelarbeit, Körperwärme usw.).

Luft: Die atmosphärische Luft (Gesamtmenge $5 \cdot 10^{15}$ t) ist ein Gemisch aus

Stickstoff	78,09 Vol.-%	75,51 Massen-%
Sauerstoff	20,95 Vol.-%	23,15 Massen-%
Argon	0,93 Vol.-%	1,28 Massen-%
Kohlendioxid	0,03 Vol.-%	0,046 Massen-%

ferner: H_2O (bei 25 °C maximal 3 Vol.-%; durchschnittlich 0,27 Vol.-%), Ne, He, CH_4, Kr, Stickoxide, Xe, Spuren weiterer Stoffe.

Die Dichte der Luft beträgt bei 0 °C und 101,33 kPa (1 atm): 1,293 g/l. Die Lufthülle der Erde absorbiert schädliche Strahlungen und verhindert das Auftreten extremer Temperaturen. – Über flüssige Luft ↑ S. 390.

16.2.2. Disauerstoff (*Gewöhnlicher Sauerstoff*)

Formel: O_2; **Struktur:** $:\ddot{\underset{\cdot\cdot}{O}}::\ddot{\underset{\cdot\cdot}{O}}:$ bzw. O=O

Geschichte: Entdeckung um 1770 unabhängig voneinander durch C. W. Scheele (Schweden) und J. Priestley (England) (»Salpeterluft«, »Feuerluft«). Die Rolle des Sauerstoffs bei der Verbrennung klärte A. L. Lavoisier 1775; seine Theorie löste die Phlogistonhypothese (G. E. Stahl, 1697) ab.

Herstellung:

- technisch aus Luft durch fraktionierte Kondensation und Destillation (Linde-Verfahren)
- durch Erhitzen sauerstoffreicher Salze, z. B.
  - von Chloraten ($2\,KClO_3 \rightarrow 2\,KCl + 3\,O_2$, am besten mit Braunstein als Katalysator)
  - von Nitraten ($2\,KNO_3 \rightarrow 2\,KNO_2 + O_2$)

- von Permanganaten ($2\,KMnO_4 \rightarrow K_2MnO_4 + MnO_2 + O_2$, oder bei höherer Temperatur: $4\,KMnO_4 \rightarrow 2\,K_2O + 4\,MnO_2 + 3\,O_2$)
- von Peroxiden ($2\,BaO_2 \rightarrow 2\,BaO + O_2$)

- durch katalytische Zersetzung von Wasserstoffperoxid z.B. mit Braunstein: $2\,H_2O_2 \rightarrow 2\,H_2O + O_2$
- durch Elektrolyse von Hydroxid- oder Sulfatlösungen an unangreifbaren Anoden (Platin) unter Entladung von OH^--Ionen: $4\,OH^- - 4\,e^- \rightarrow 2\,H_2O + O_2$; ↑ S. 257
- aus Alkaliperoxiden durch Kohlendioxid (Atemgeräte):

$$2\,Na_2O_2 + 2\,CO_2 \rightarrow 2\,Na_2CO_3 + O_2$$

Physikalische Eigenschaften (s.a. S. 387): farb-, geruch- und geschmackloses Gas; in Wasser mäßig löslich, jedoch reichlicher als Stickstoff; daher enthält in Wasser gelöste Luft 36 Vol.-% Sauerstoff. Flüssiger und fester Sauerstoff sehen hellblau aus. Sauerstoff ist paramagnetisch; hierauf beruhen technisch-analytische Bestimmungsverfahren.

Chemische Eigenschaften: bei gewöhnlicher Temperatur verhältnismäßig reaktionsträge; bei höherer sehr reaktionsfähig. Die chemische Vereinigung mit Sauerstoff heißt *Oxidation* (auch *Oxydation*); sie kann langsam und rasch erfolgen. Langsame Oxidationen sind z.B. das Rosten des Eisens, der Abbau der Nahrungsmittel im Organismus, die Verwesung organismischer Stoffe, das Altern des Gummis, das Festwerden von Ölfarbe. Rasche, unter Flammenerscheinung verlaufende Oxidationen werden *Verbrennungen* genannt. In reinem (auch flüssigem) Sauerstoff brennen die Stoffe wesentlich intensiver als in der Luft[1]), z.B. flammt ein glimmender Holzspan auf. Durch Oxidation entstehen aus Elementen und zahlreichen Verbindungen *Oxide*, z.B. $S + O_2 \rightarrow SO_2$; $2\,H_2S + 3\,O_2 \rightarrow 2\,H_2O + 2\,SO_2$.

Es gibt jedoch Verbrennungen auch ohne Sauerstoff, z.B. brennt Wasserstoff in Chlorgas oder Bromdampf weiter, wobei sich Chlor- bzw. Bromwasserstoff bilden.

Nachweis: durch die *Glimmspanprobe*, d.h. das Aufflammen eines glimmenden Holzspans (bei einem Gehalt von über 30% Sauerstoff); durch Braunfärbung alkalischer Pyrogallollösung.

Verwendung: O_2 kommt unter 15 MPa (150 at) Druck in blau gekennzeichneten Stahlflaschen in den Handel (metallische Teile wegen Entzündungs- und Explosionsgefahr nicht fetten!). Verwendung zum Schweißen und Schneiden von Metallen, für Atemgeräte, zum Raketenantrieb, für viele chemisch-technische Prozesse. Man verwendet für zahlreiche metallurgische Verfahren, zur Druckvergasung von Braunkohle und andere Prozesse sauerstoffangereicherte Luft.

---

[1]) Die Unterschätzung dieser Tatsache hat in Raumfahrt und Medizin zu folgenschweren Unfällen geführt.

Flüssige Luft: *Herstellung:* nach dem LINDE-Verfahren. Luft wird komprimiert und die dabei frei werdende Wärme abgeführt; bei nachfolgender Expansion tritt Abkühlung ein. Durch mehrfache Wiederholung unter Anwendung von Vorkühlung erfolgt bei etwa −190 °C Verflüssigung. – *Eigenschaften:* hellblaue Flüssigkeit, die allmählich verdampft (Aufbewahrung in Thermosgefäßen, die nicht fest verschlossen werden dürfen). Die Farbtiefe nimmt beim Stehen zu, da der farblose Stickstoff bevorzugt verdampft. – Gemische aus flüssiger Luft mit Aktivkohle, Holzmehl u. dgl. sind explosibel (Verwendung für Flüssigluftsprengstoffe; in der DDR nicht angewandt).

16.2.3. Trisauerstoff (*Ozon*), O_3

Entstehung: Ozon bildet sich in Sauerstoff oder Luft durch Funkenüberschlag, stille elektrische Entladungen oder Einwirkung ultravioletter Strahlen (künstl. Höhensonne) gemäß $3\,O_2 \rightarrow 2\,O_3$. Auch der bei der Elektrolyse von verdünnter Schwefelsäure anodisch entwickelte Sauerstoff enthält, wenn mit hohen Stromdichten gearbeitet wird, Ozon.

Eigenschaften: hellblaues, beim Erhitzen explodierendes Gas von intensivem, »elektrischem« Geruch [*ozo* (grch.) ich rieche]. Stärkstes Oxidationsmittel; ergibt z. B. mit Silber schwarzes Silberperoxid und entzündet Äther und Alkohol sofort.

Verwendung: zur Desinfektion von Trinkwasser und Krankenhausluft zur Entgiftung industrieller Abwässer.

Atmosphärische Ozonschicht: In der Stratosphäre (≈25 km Höhe) erzeugt die Sonnenstrahlung geringe Mengen Ozon (»Ozonschicht«), die jedoch ausreichen, um den lebensvernichtenden Ultraviolettanteil der Strahlung weitgehend zu absorbieren. Die Ozonschicht schützt somit das Leben auf der Erde.

16.2.4. Oxide und Hydroxide

Herstellung der Oxide:

- durch Reaktion von Elementen mit Sauerstoff (»Oxidation«), z. B. bei der Verbrennung
- durch Erhitzen von Hydroxiden (und Oxidhydraten), z. B. $Cu(OH)_2 \rightarrow CuO + H_2O$
- durch Erhitzen von Salzen mit flüchtigem Säureanhydrid (Karbonate, Sulfate, Sulfite, Nitrate u. a.), z. B. $CuCO_3 \rightarrow CuO + CO_2$; $Cu(NO_3)_2 \rightarrow CuO + 2\,NO_2 + {}^1/_2\,O_2$

Eigenschaften der Oxide: Die meisten *Nichtmetalloxide* (Ausnahmen: CO, NO, N_2O) sind Säureanhydride, d. h., sie ergeben mit Wasser Säuren, z. B. $SO_3 + H_2O \rightarrow H_2SO_4$. – Auch *Metalloxide mit 5- bis 7wertigem Metall* sind Säureanhydride, z. B. $CrO_3 + H_2O \rightarrow H_2CrO_4$ (Chromsäure). – *Metalloxide mit 1- bis 4wertigem Metall* sind Basenanhydride, z. B. $CaO + H_2O \rightarrow Ca(OH)_2$.

Die meisten derartigen Oxide reagieren allerdings meist nicht unmittelbar mit Wasser, sondern lassen sich auf dem Umweg über die Salze in die Hydroxide überführen, z. B.

$$CuO + 2\,HCl \rightarrow CuCl_2 + H_2O$$

$$CuCl_2 + 2\,NaOH \rightarrow Cu(OH)_2 + 2\,NaCl$$

Die basenbildenden Oxide ergeben mit Säuren, die säurebildenden mit Basen Salze. Amphotere Oxide (meist von 2- bis 4wertigen Metallen) ergeben sowohl mit Säuren als auch mit Basen Salze.

Hydroxide: Hydroxide enthalten die Gruppe –O–H. Je nach Bindung an Metall oder Nichtmetall liegt eine Base, eine Säure oder ein amphoterer Stoff vor.
Die meisten **Metallhydroxide** fallen aus, wenn man eine Salzlösung mit einer Alkalilauge versetzt, z.B. $CuSO_4 + 2\,NaOH \rightarrow Cu(OH)_2\downarrow + Na_2SO_4$. Sie bilden dann schleimige oder flockige, oft farbige Niederschläge, die meist mehr Wasser gebunden enthalten, als ihrer Formel entspricht, und dann als **Oxidhydrate** bezeichnet werden.

Farben einiger schwerlöslicher Oxidhydrate:

weiß: $Al(OH)_3$, $Zn(OH)_2$, $Cd(OH)_2$, $Pb(OH)_2$, $Sn(OH)_2$, $Bi(OH)_3$, $Mg(OH)_2$;
hellgrün bis weiß: $Fe(OH)_2$ [an der Luft *braun* werdend infolge Bildung von $Fe(OH)_3$];
hellbraun bis weiß: $Mn(OH)_2$ [an der Luft *dunkelbraun* werdend infolge Übergangs in $Mn(OH)_4$];
apfelgrün: $Ni(OH)_2$;
graugrün: $Cr(OH)_3$;
blau: $Cu(OH)_2$;
blau oder rosa: $Co(OH)_2$;
rostbraun: $Fe(OH)_3$.

Unbeständig sind Silber- und Quecksilber(II)-hydroxid, die spontan in Oxid und Wasser zerfallen. Beim Erhitzen erleiden die übrigen Hydroxide den gleichen Zerfall; ↑ S. 390.

16.2.5. Peroxide

Peroxide leiten sich vom Wasserstoffperoxid H–O–O–H ab, enthalten also die *Disauerstoffkette* –O–O–. Wichtig sind **Natrium-** und **Bariumperoxid**, Na_2O_2 bzw. BaO_2.
Liegt keine –O–O–-Kette vor, darf ein Oxid nicht als Peroxid bezeichnet werden; beispielsweise ist für PbO_2 nur der Name Blei(IV)-oxid statthaft. Organische Peroxide sind als Polymerisationskatalysatoren wichtig.
Hyperoxide enthalten das einwertige Ion O_2^-, z.B. das beim Verbrennen von Kalium entstehende **Kaliumhyperoxid**, KO_2.

16.3. Schwefel und Schwefelverbindungen

16.3.1. Allgemeines

Symbol: S [*sulfur* (lat.)]; **Wertigkeiten:** +6, +4, –2.

Vorkommen: teils frei (USA, UdSSR, VR Polen, Italien), teils chemisch gebunden in Sulfiden und Sulfaten, in Kohle, Erdöl und den Eiweißstoffen (besonders im Keratin der Haare, Federn und Häute).

Minerale:

- **Sulfide** (*Kiese:* hell, metallisch glänzend; *Glanze:* dunkel, metallisch glänzend; *Blenden:* dunkel, nichtmetallisch glänzend, oft auch hell, durchscheinend):

Pyrit (*Schwefelkies*, *Eisenkies*)	FeS_2	Molybdänglanz	MoS_2
Kupferkies	$CuFeS_2$	Silberglanz	Ag_2S
Arsenkies	FeAsS	Grauspießglanz	Sb_2S_3
Bleiglanz	PbS	Zinkblende	ZnS
Kupferglanz	Cu_2S	Zinnober	HgS
		Realgar	As_4S_4

- **Sulfate:**

Gips	$CaSO_4 \cdot 2\,H_2O$	Schwerspat (Baryt)	$BaSO_4$
Anhydrit	$CaSO_4$	Zölestin	$SrSO_4$
Kieserit	$MgSO_4 \cdot H_2O$		
Kainit	$KCl \cdot MgSO_4 \cdot 3\,H_2O$		

Physiologie: Schwefel ist in gebundener Form für alle höheren Organismen lebensnotwendig (Bestandteil vieler Eiweißstoffe); er wird auch in Form verschiedener Sulfatdünger dem Ackerboden zugeführt (Ammonsulfat, Superphosphat).

16.3.2. Elementarer Schwefel

Geschichte: als Ausscheidung heißer Quellen seit dem 2. Jahrtausend v.u.Z. bekannt.

Herstellung:

- durch Ausschmelzen gediegenen Schwefels aus Gestein, z.B. mit Wasserdampf; Reinigung des Rohschwefels durch Destillation; bei rascher Abkühlung der Dämpfe entsteht sublimierter Schwefel als feines Pulver (*Schwefelblume*, *Schwefelblüte*).
- durch Entschweflung der Ver- und Entgasungsprodukte der Kohle (Wasser-, Luft-, Leuchtgas), z.B. mit Luft und katalytisch wirkender Aktivkohle: $2\,H_2S + O_2 \rightarrow 2\,H_2O + 2\,S$, oder mit $Fe(OH)_3$-haltigen Gasreinigungsmassen; s.a. *Alkazidverfahren*, S. 371.
- Schwefel entsteht auch bei unvollständiger Verbrennung von Schwefelwasserstoff ($2\,H_2S + O_2 \rightarrow 2\,H_2O + 2\,S$), beim Ansäuern von Thiosulfatlösung ($Na_2S_2O_3 + 2\,HCl \rightarrow 2\,NaCl + H_2SO_3 + S$) und als Rückstand bei der Destillation von Ammoniumpolysulfidlösung [$(NH_4)_2S_5 \rightarrow (NH_4)_2S + 4\,S$].

Modifikationen: Da Schwefel in verschiedenen Molekülgrößen existiert (S_∞, S_{12}, S_8, S_6, S_2 u.a.) und die Moleküle verschieden angeordnet sein können, gibt es eine Vielzahl von Modifikationen.

Bei gewöhnlicher Temperatur ist **α-Schwefel** (*rhombisch*) in Form gelber, spröder, geruch- und geschmackfreier Kristalle beständig, die sich nicht in Wasser, dagegen leicht in Kohlendisulfid (Schwefelkohlenstoff) lösen (s.a. S. 387). Oberhalb 96 °C erfolgt langsame Umwandlung in **β-Schwefel** (*monoklin*), der fast farblose Kristallnadeln bildet. α-S schmilzt bei 113 °C, β-S bei 119 °C zu gelbem, dünnflüssigem, wie die festen Schwefelarten aus ringförmigen S_8-Molekülen bestehendem **λ-Schwefel**. Bei weiterem Erhitzen spalten sich die Ringe zu Ketten auf, und es entsteht rotbrauner, zähflüssiger **μ-Schwefel**, der bei höherer Temperatur dunkelbraun und wieder dünnflüssig wird und schließlich bei 444,6 °C siedet. Beim Eingießen einer Schwefelschmelze in Wasser entsteht als unterkühlte Schmelze gelbbrauner, gummiartiger, durchscheinender **plastischer Schwefel** (Gemisch aus λ- und μ-Schwefel), der an der Luft binnen weniger Minuten wieder gelb, trüb und spröde wird.

Chemische Eigenschaften: S verbrennt beim Erhitzen an der Luft mit blauer Flamme zu Schwefeldioxid, SO_2 und kleinen Mengen Schwefeltrioxid, SO_3. Bei höherer Temperatur reagiert er mit Metallen zu Sulfiden, mit Wasserstoff (und Paraffin) zu Schwefelwasserstoff, H_2S. In Ammoniumsulfidlösung löst er sich zu gelben bis roten Polysulfiden; beim Erhitzen mit Sulfitlösungen entstehen Thiosulfate, mit Zyanidlösungen Thiozyanate (Rhodanide).

Verwendung: zur Herstellung von Kohlendisulfid, Schwefelsäure, Natriumthiosulfat, Schwefelfarbstoffen, Ultramarinblau; zur Vulkanisation des Kautschuks; gegen Hautkrankheiten; im Pflanzenschutz als »Schwefelkalkbrühe« gegen Rebenmehltau.

Physiologie: S ist für den Menschen ungiftig; kleine Mengen wirken abführend. Feinverteilter Schwefel wird auf der Haut chemisch umgewandelt; auf den Umwandlungsprodukten beruht seine Wirkung bei Hautkrankheiten.

16.3.3. Schwefelwasserstoff, *Monosulfan*, H_2S

Vorkommen: in Schwefelquellen, Vulkan- und Erdgasen; bei faulenden Eiweißstoffen.

Herstellung:

- in der Technik durch Isolierung aus Wasser-, Stadt-, Kokerei- und rohem Synthesegas, z.B. nach dem *Alkazid-Verfahren*: Lösungen aminosaurer Natriumsalze nehmen H_2S in der Kälte auf und geben es in der Wärme wieder ab. Beim *Rectisol-Verfahren* dient tiefgekühltes Methanol zur Aufnahme von H_2S.
- im Labormaßstab
  - aus Eisen(II)-sulfid und Salzsäure: $FeS + 2\,HCl \rightarrow FeCl_2 + H_2S$
  - aus Paraffin und Schwefel beim Erhitzen
  - synthetisch aus Wasserstoff und flüssigem Schwefel

Eigenschaften: farbloses, nach faulen Eiern riechendes Gas ($Kp = -61\,°C$), das mit blauer Flamme verbrennt: $2\,H_2S + 3\,O_2 \rightarrow 2\,H_2O + 2\,SO_2$. Ein in die Flamme gehaltener kalter Gegenstand beschlägt mit gelbem Schwefel, da dann das Gas unvollständig verbrennt: $2\,H_2S + O_2 \rightarrow 2\,H_2O + 2\,S$; dieser Vorgang entspricht dem Rußen von brennendem Äthin. H_2S ist in Wasser nur mäßig löslich; das *»Schwefelwasserstoffwasser«* trübt sich an der Luft allmählich infolge Ausscheidung von Schwefel durch Oxidation; es ist eine sehr schwache Säure (Salze: *Sulfide*).

Nachweis: Schwarzbraunfärbung von »Bleipapier« (mit Bleisalzlösung getränktes und getrocknetes Papier); metallisches Silber läuft schwarz an (Ag_2S-Bildung).

Verwendung: als Trennmittel in der anorganisch-chemischen Analyse; zur Herstellung von Schwefel.

Physiologie: Sehr giftig! In der Atemluft wirken bereits 0,08 Vol.-% nach 5...10 min tödlich; Schwefelwasserstoff blockiert wie Blausäure lebenswichtige Atmungsfermente. Mit H_2S darf nur in gut ziehenden Abzügen gearbeitet werden.

Sulfide: Salze des Schwefelwasserstoffs. *Schwermetallsulfide* sind wichtige Erze (↑ S. 391 f.); sie werden vor ihrer Verhüttung durch »Rösten« (Erhitzen unter Luftzufuhr) in Oxide umgewandelt, z. B. gemäß $2\,PbS + 3\,O_2 \rightarrow 2\,PbO + 2\,SO_2$. Nur die *Alkali-* und *Erdalkalisulfide* sowie *Ammoniumsulfid* sind in Wasser löslich; die übrigen werden aus den Metallsalzlösungen durch Ammoniumsulfidlösung, einige extrem schwerlösliche sogar durch Schwefelwasserstoff aus saurer Lösung als charakteristisch gefärbte Niederschläge ausgefällt. Beispiele: $FeSO_4 + (NH_4)_2S \rightarrow FeS\downarrow + (NH_4)_2SO_4$; $2\,BiCl_3 + 3\,H_2S \rightarrow Bi_2S_3\downarrow + 6\,HCl$.

Fällungen durch Schwefelwasserstoff und Ammoniumsulfid:

durch H_2S aus saurer Lösung		durch $(NH_4)_2S$ aus ammoniakalischer Lösung	
schwarz:	HgS, Ag_2S, PbS, CuS	schwarz:	FeS, NiS, CoS
braun:	SnS, Bi_2S_3	rosa:	MnS
orange:	Sb_2S_3, Sb_2S_5	weiß:	ZnS
gelb:	As_2S_3, As_2S_5, SnS, CdS		

In $(NH_4)_2S$ zu *Thiosalzen* löslich sind:	Als *Hydroxide* fallen:	
SnS_2, Sb_2S_3, Sb_2S_5, As_2S_3, As_2S_5	weiß:	$Al(OH)_3$
ferner MoS_3, WS_3, V_2S_5	braun:	$Fe(OH)_3$
	graugrün:	$Cr(OH)_3$

16.3.4. Schwefeldioxid, SO_2

Vorkommen: in Vulkangasen; in Abgasen von Kohlefeuerungen.

Herstellung:

- durch Verbrennen von Schwefel oder Schwefelwasserstoff
- aus Sulfiten durch stärkere Säuren:

$$Na_2SO_3 + 2\,HCl \rightarrow 2\,NaCl + H_2O + SO_2$$

- technisch durch Rösten sulfidischer Erze, z. B. von Pyrit:

$$4\,FeS_2 + 11\,O_2 \rightarrow 2\,Fe_2O_3 + 8\,SO_2$$

- technisch durch reduktive thermische Zersetzung von Gips oder Anhydrit, ↑ S. 396

Eigenschaften: farbloses, schweres, stechend riechendes, hustenreizendes Gas, das bereits bei $-10\,°C$ flüssig wird, nicht brennbar ist und sich sehr leicht in Wassser löst. SO_2 wirkt bleichend auf viele Farbstoffe; im Gegensatz zur Chlorbleiche wird in manchen Fällen beim Ansäuern der Farbstoff zurückgebildet.

Verwendung: als Zwischenprodukt zur Herstellung von Schwefelsäure und anderen S-Verbindungen; zum Bleichen von Papier, Stroh und Wolle; zum Ausschwefeln von Weinfässern; für die Sulfochlorierung von Paraffinkohlenwasserstoffen; flüssig zum Reinigen von Erdöl.

16.3.5. Schweflige Säure und Sulfite

Schweflige Säure, H_2SO_3, steht stets im Gleichgewicht mit ihren Zerfallsprodukten ($SO_2 + H_2O \rightleftarrows H_2SO_3$) und ist daher nur in wäßriger Lösung existenzfähig. Schwache bis mittelstarke Säure; Salze: *Sulfite.* Die Säure geht leicht in Schwefelsäure über, wobei sie andere Stoffe, z.B. Kaliumpermanganat oder elementaren Sauerstoff, reduziert.

Sulfite: In Wasser leicht löslich sind nur die Alkalisulfite; sie gehen beim Kochen mit Schwefel in Thiosulfate über. Alle Sulfite werden durch stärkere oder weniger flüchtige Säuren unter Schwefeldioxidentwicklung zersetzt. Wichtige Sulfite sind: **Natriumsulfit,** Na_2SO_3 (↑ S. 319), und **Natriumhydrogensulfit,** $NaHSO_3$. Eine Lösung von **Kalziumhydrogensulfit,** $Ca(HSO_3)_2$, aus Kalkstein, Schwefeldioxid und Wasser gewonnen, dient als »Sulfitlauge« zum Herauslösen des Lignins aus Holz bei der Zellstoffgewinnung.

Disulfite: leiten sich von der in freiem Zustand nicht bekannten *Dischwefligen Säure,* $H_2S_2O_5$, ab; die Salze (früher *Pyrosulfite* und *Metabisulfite* genannt) entstehen durch Erhitzen von Hydrogensulfiten, z.B. $2\,KHSO_3 \rightarrow K_2S_2O_5 + H_2O$. **Kaliumdisulfit** (früher »Kaliummetabisulfit«) wird in fotografischen Entwicklern und Fixierbädern verwendet.

16.3.6. Schwefeltrioxid, SO_3

Herstellung: durch katalytische Oxidation von Schwefeldioxid (↑ S. 396); durch Abdestillieren aus hochprozentigem Oleum.

Eigenschaften: 3 Modifikationen; die bekannteste (α-SO_3) bildet seidenglänzende Nadeln, die bei $40\,°C$ zu schmelzen beginnen, an der Luft stark rauchen und mit Wasser explosionsartig heftig zu Schwefelsäure reagieren. Die eisartige Modifikation (γ-SO_3) schmilzt bei $16{,}8\,°C$ und siedet bei $44{,}8\,°C$.

16.3.7. Schwefelsäure, H_2SO_4

16.3.7.1. Herstellung

Allgemeines: Die Herstellung aus den Salzen (Sulfaten) durch Verdrängen mittels schwerer flüchtiger oder stärkerer Säuren ist nicht möglich, da Schwefelsäure zu stark ist und sich oberhalb 300 °C zersetzt. Nach allen heute üblichen Verfahren stellt man zunächst Schwefeldioxid her, oxidiert es zu Schwefeltrioxid und setzt dieses mit Wasser um.

I. Reaktionsstufe: *Herstellung von Schwefeldioxid*

3 Hauptmöglichkeiten:

- *Rösten sulfidischer Erze*, z. B. von Pyrit: $4\,FeS_2 + 11\,O_2 \rightarrow 2\,Fe_2O_3 + 8\,SO_2$. Hierzu dienen Drehrohr-, Etagen- oder Wirbelschichtreaktoren. Buntmetallhütten haben infolge Anfalls von SO_2 beim Rösten der Erze stets Schwefelsäureanlagen.

- *Erzeugung aus Gips oder Anhydrit* (Gipsschwefelsäureverfahren, MÜLLER-KÜHNE-Verfahren). Besonders wichtig, da die Rohstoffe in der DDR fast unbegrenzt vorhanden sind und wertvoller Zement als Nebenprodukt entsteht.
  Gips oder Anhydrit wird im Drehrohrreaktor (z. B. 80 m lang, 2...3 m Durchmesser) mit Koksgrus, Sand und Ton durch Kohlenstaubverbrennung auf etwa 1400 °C erhitzt:

$$2\,CaSO_4 + C \xrightarrow{1400\,°C} 2\,CaO + 2\,SO_2 + CO_2$$

$$\underset{}{CaO} + \underset{(SiO_2)}{\text{Sand}} + \underset{(\text{Al-Silikat})}{\text{Ton}} \rightarrow \underset{(\text{Ca-Al-Silikat})}{\text{Zement}}$$

- *Verbrennen von Schwefel:* $S + O_2 \rightarrow SO_2$

II. Reaktionsstufe: *Oxidation des Schwefeldioxids*

2 Möglichkeiten:

- *Kontaktverfahren:* etwa 80% der Weltproduktion; seit etwa 1900; liefert konzentrierte Säure. Schwefeldioxid, das durch Waschprozesse und Elektrofiltration von Kontaktgiften (z. B. As-Verbindungen aus sulfidischen Erzen) und Flugstaub befreit wurde, wird bei 450 °C mit sauerstoffangereicherter Luft über Katalysatoren aus Vanadium(V)-oxid, V_2O_5, oder Platinasbest geleitet. Gemäß $2\,SO_2 + O_2 \rightleftarrows 2\,SO_3$ entstehen mit 99%iger Ausbeute weiße Nebel von *Schwefeltrioxid*. Diese werden in Rieseltürmen von konz. Schwefelsäure zu *Dischwefelsäure* gebunden: $SO_3 + H_2SO_4 \rightarrow H_2S_2O_7$. Hieraus entsteht durch vorsichtiges Verdünnen reine, wasserfreie *Schwefelsäure:* $H_2S_2O_7 + H_2O \rightarrow 2\,H_2SO_4$.

- *Nitroseverfahren* (*Turmverfahren;* Weiterentwicklung des »Bleikammerverfahrens«): etwa 20% der Weltproduktion; geht in den Anfängen auf ≈1750 zurück; liefert verdünnte Säure. Lufthaltiges SO_2 strömt bei etwa 100 °C im *Denitrierturm* einer aus dem Prozeß (dem Nitrierturm) stammenden stickoxidhaltigen Schwefelsäure [*nitrose Säure;* enthält **Nitrosylschwefelsäure,** $SO_2(OH)(O-NO)$] entgegen und entbindet aus dieser Stickstoffdioxid NO_2. Die abfließende, etwa 80%ige Schwefelsäure ist Handelsprodukt. Das Gemisch aus NO_2, SO_2 und Luft durchläuft mehrere mit Schamottefüllkörpern versehene, steinerne *Produktionstürme*, denen gleichzeitig nitrose Säure zugeführt wird. Vereinfachte Reaktionsfolge: $SO_2 + NO_2 \rightarrow SO_3 + NO$; $NO + {}^1/_2\,O_2 \rightarrow NO_2$; NO_2 reagiert wieder mit SO_2 usw.; SO_3 löst sich im Wasser der nitrosen Säure zu H_2SO_4. Das verbleibende Gas (NO_2, N_2), die soeben produzierte Säure sowie ein Teil der 80%igen Säure des Denitrierturms werden einem System von *Nitriertürmen* zugeführt, in denen das NO_2 zu nitroser Säure gebunden wird. Diese gelangt zum kleineren Teil in einen Produktionsturm, zum wesentlichen Teil jedoch in den Denitrierturm, wo sie, wie bereits beschrieben, von den nitrosen Gasen befreit wird. Zum Ausgleich von Verlusten an nitrosen Gasen führt man dem Denitrierturm Salpetersäure zu.

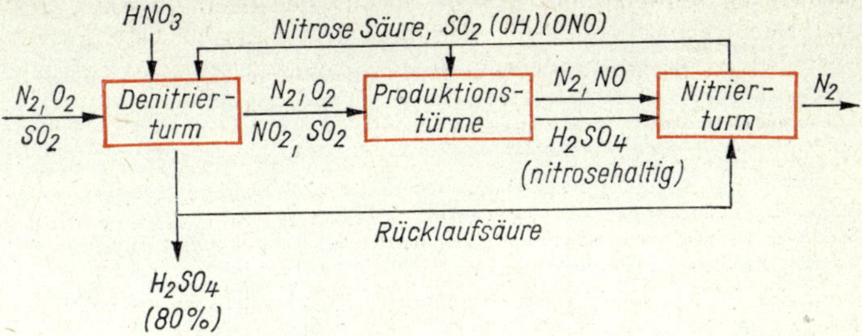

Bild 81. Schema des Nitroseverfahrens

16.3.7.2. Eigenschaften und Verwendung

Physikalische Eigenschaften: farblose, ölige, geruchlose Flüssigkeit (Dichte 1,84 g/cm³ bei 20 °C), die bei 338 °C unter Bildung hustenreizender SO_3-Nebel siedet. Sie ist sehr hygroskopisch und eignet sich daher zum Trocknen von Gasen (nicht Ammoniak!). Beim Verdünnen tritt starke Erwärmung auf (Hydratbildung, z.B. zu $H_2SO_4 \cdot H_2O$), die zum Verspritzen führen kann, deshalb:

Verdünnungsregel für Schwefelsäure:

Stets unter Umrühren Säure zu Wasser gießen, nie umgekehrt!

Chemische Eigenschaften: sehr starke, zweiwertige Säure (Salze: *Sulfate*); schon bei mäßiger Verdünnung ist sie in der 1. Stufe praktisch vollständig dissoziiert: $H_2SO_4 \rightleftarrows H^+ + HSO_4^-$; die Hydrogensulfationen sind z.T. weiterdissoziiert: $HSO_4^- \rightarrow H^+ + SO_4^{2-}$. Da die Säure schwer flüchtig und sehr stark ist, verdrängt sie viele andere Säuren aus ihren Salzen. Beispiele:

$$CaF_2 + H_2SO_4 \rightarrow CaSO_4 + 2\,HF$$

$$2\,CH_3COONa + H_2SO_4 \rightarrow Na_2SO_4 + 2\,CH_3COOH$$

Verdünnte Säure entwickelt mit Metallen, die unedler als Wasserstoff sind, Wasserstoff.
Im Gegensatz zu verdünnter Säure greift die aus Molekülen bestehende *konzentrierte Säure* Metalle erst beim Erhitzen an; sie wirkt dann wie HNO_3 oxidierend (auch auf Cu, Hg und Ag) und wird dabei zu Schwefliger Säure bzw. Schwefeldioxid reduziert:

$$Cu + 2\,H_2SO_4 \rightarrow CuSO_4 + SO_2 + 2\,H_2O$$

Konzentrierte Säure entzieht vielen organischen Stoffen die Elemente O und H in Form von Wasser; sie wird deshalb bei Veresterungen, Verätherungen, Nitrierungen u.a. als wasserentziehender Hilfsstoff verwendet. Kohlenhydrate wie Zucker, Stärke, auch Papier und einige Textilfaserstoffe werden unter Freisetzung von Kohlenstoff zerstört. Auf Kohlenwasserstoffe (besonders aromatische) und Phenole wirkt konzentrierte Säure *sulfonierend* (Bildung von *Sulfonsäuren* mit der *Sulfonsäuregruppe* $-SO_2OH$), auf Alkohole *veresternd* (Bildung von *Sulfaten* mit der *Sulfatgruppe* $-O-SO_2OH$).

Nachweis: Konz. Säure wird am einfachsten durch Verkohlung eines eingetauchten Holzstabes von anderen Säuren unterschieden.
SO_4^{2-}-Ionen geben auch in salzsaurer Lösung mit $BaCl_2$-Lösung einen weißen, feinpulvrigen Niederschlag von Bariumsulfat: $H_2SO_4 + BaCl_2 \rightarrow BaSO_4\downarrow + 2\,HCl$.

Verwendung: H_2SO_4 gehört zu den wichtigsten technischen Grundchemikalien. Sie dient zur Erzeugung von Chemiefaserstoffen (Viskoseseide und -zellwolle, Polyamidfaserstoff), Düngesalzen (Superphosphat), Explosivstoffen, Wasch-, Netz- und Emulgiermitteln, Teerfarbstoffen, Arzneimitteln, Sulfaten, Äthern, Estern, Säuren (Flußsäure, Weinsäure u.a.), zur Raffination von Mineralölen, zum Beizen von Metallen, für galvanische Elektrolyte (Verchromung, Aloxidierung u.a.), für Blei-Akkumulatoren und für viele andere Zwecke.

16.3.7.3. Rauchende Schwefelsäure (»*Oleum*«)

Rauchende Schwefelsäure enthält überschüssiges Schwefeltrioxid, das z.T. in Form von **Dischwefelsäure** (*Pyroschwefelsäure*), $H_2S_2O_7$, gebunden ist. Die **Disulfate** (*Pyrosulfate*) entstehen durch Erhitzen von Hydrogensulfaten: $2\,NaHSO_4 \rightarrow Na_2S_2O_7 + H_2O$. x%iges Oleum ist eine x%ige Lösung von SO_3 (hauptsächlich als $H_2S_2O_7$ gebunden) in H_2SO_4; die reine, 100%ige Schwefelsäure wird in diesem Zusammenhang oft als »**Monohydrat**« (genauer: Schwefeltrioxid-Monohydrat, $SO_3 \cdot H_2O$) bezeichnet.

16.3.8. Sulfate

Übersicht:

Wichtige Sulfate sind:

Glaubersalz	$Na_2SO_4 \cdot 10\,H_2O$	ferner die *Minerale:*
Bittersalz	$MgSO_4 \cdot 7\,H_2O$	Gips, Anhydrit, Kieserit,
Ammonsulfat	$(NH_4)_2SO_4$	Schwerspat, Zölestin

- **Vitriole** sind kristallwasserhaltige Sulfate 2wertiger Metalle:

Eisenvitriol	$FeSO_4 \cdot 7\,H_2O$ (grün)
Kupfervitriol	$CuSO_4 \cdot 5\,H_2O$ (blau)
Nickelvitriol	$NiSO_4 \cdot 7\,H_2O$ (smaragdgrün)
Kobaltvitriol	$CoSO_4 \cdot 7\,H_2O$ (himbeerrot)
Zinkvitriol	$ZnSO_4 \cdot 7\,H_2O$ (farblos)

- **Alaune** sind Doppelsulfate der allgemeinen Formel $Me^{I}_2SO_4 \cdot Me^{III}_2(SO_4)_3 \cdot 24\,H_2O$

  (Me^{I} = 1wertiges Metall: K, NH_4, Rb, Cs)
  [Me^{III} = 3wertiges Metall: Cr, Al, Fe, V(III)]

  Beispiele:

»Alaun«	= Kaliumaluminiumsulfat	$K_2SO_4 \cdot Al_2(SO_4)_3 \cdot 24\,H_2O$
»Chromalaun«	= Kaliumchromsulfat	$K_2SO_4 \cdot Cr_2(SO_4)_3 \cdot 24\,H_2O$
»Eisenalaun«	= Kaliumeisen(III)-sulfat	$K_2SO_4 \cdot Fe_2(SO_4)_3 \cdot 24\,H_2O$

- »**Mohrsches Salz**« ist kein Alaun, sondern: $(NH_4)_2SO_4 \cdot FeSO_4 \cdot 6\,H_2O$

Löslichkeit: Die Sulfate von Pb, Ca, Sr und Ba sind in Wasser schwer löslich bis praktisch unlöslich; die meisten übrigen lösen sich leicht.

Nachweis: ↑ S. 335.

16.3.9. Weitere Schwefelverbindungen

Thioschwefelsäure, $H_2S_2O_3$: nur bei sehr tiefen Temperaturen beständig. Ihre Salze, die **Thiosulfate**, bilden sich beim Kochen von Sulfitlösungen mit Schwefel: $Na_2SO_3 + S \rightarrow Na_2S_2O_3$.

Peroxodischwefelsäure (»*Perschwefelsäure*«), $H_2S_2O_8$, ist frei sehr unbeständig. Ihre Salze sind sehr starke Oxidationsmittel, z. B. **Kaliumperoxodisulfat** (»*Kaliumpersulfat*«), $K_2S_2O_8$. **Peroxomonoschwefelsäure**, H_2SO_5, heißt auch *Carosche Säure*.

Dithionige Säure, $H_2S_2O_4$, ist in freiem Zustand nicht bekannt. Wichtig ist **Natriumdithionit**, $Na_2S_2O_4$: sehr starkes Reduktionsmittel, das in der Küpenfärberei, im Ätzdruck und in Entfärbern verwendet wird. – *Herstellung:* Zinkstaub, Schwefeldioxid und Wasser ergeben Zinkdithionit: $Zn + 2\,SO_2 \rightarrow ZnS_2O_4$; hieraus entsteht durch Natriumkarbonat das Na-Salz.

Dithionsäure, $H_2S_2O_6$ (Salze: *Dithionate*), und **Tetrathionsäure**, $H_2S_4O_6$ (Salze: *Tetrathionate*), sind nur in verdünnter wäßriger Lösung bekannt. *Mangan(II)-dithionat* bildet sich aus Braunstein und Schwefliger Säure gemäß $MnO_2 + 2\,SO_2 \rightarrow MnS_2O_6$, *Natriumtetrathionat* aus Natriumthiosulfat und Jod gemäß $2\,Na_2S_2O_3 + I_2 \rightarrow Na_2S_4O_6 + 2\,NaI$.
Weitere Sauerstoffsäuren des Schwefels sind **Sulfoxylsäure**, H_2SO_2 (Salze: *Sulfoxylate*), **Thioschweflige Säure**, $H_2S_2O_2$ (Salze: *Thiosulfite*), **Tri-**, **Penta-** und **Hexathionsäure**, $H_2S_3O_6$, $H_2S_5O_6$ und $H_2S_6O_6$ (Salze: *Tri-*, *Penta-* und *Hexathionate*).

Dischwefeldichlorid (»*Chlorschwefel*«), S_2Cl_2, entsteht aus den Elementen beim Erhitzen. Orangegelbe, an feuchter Luft rauchende, charakteristisch erstickend riechende Flüssigkeit. *Verwendung:* zum Vulkanisieren von Kautschuk.

Schwefelhexafluorid, SF_6, ist ein farb- und geruchloses, reaktionsträges Gas; es wird technisch als (**gasförmiger!**) elektrischer Isolator verwendet.

Sulfurylchlorid, SO_2Cl_2, ist das Chlorid der Schwefelsäure, **Thionylchlorid**, $SOCl_2$, das Chlorid der Schwefligen Säure. Beide Substanzen sind farblose, stark hustenreizende, an der Luft weiße Nebel bildende Flüssigkeiten, die mit Wasser heftig gemäß

$$SO_2Cl_2 + 2\,H_2O \rightarrow H_2SO_4 + 2\,HCl \qquad \text{bzw.}$$

$$SOCl_2 + 2\,H_2O \rightarrow H_2SO_3 + 2\,HCl$$

reagieren.

Säurechloride leiten sich von den Säuren durch Ersatz von OH-Gruppen durch Cl ab.

$SO_2(OH)_2$	= Schwefelsäure	$PO(OH)_3$	= Phosphorsäure
SO_2Cl_2	= Sulfurylchlorid	$POCl_3$	= Phosphorylchlorid

Die bei der Schwefelsäure existierende Zwischenstufe $SO_2(OH)Cl = HSO_3Cl$ heißt **Chloroschwefelsäure** (früher *Chlorsulfonsäure*).

Über **Kohlendisulfid**, **Xanthogenate**, **Rhodanide** ↑ S. 352, 353, 354.

16.4. Selen und Selenverbindungen

Symbol: Se [*selene* (grch.) Mond; benannt nach der Vergesellschaftung mit Tellur; *tellus* (lat.) Erde]; **Wertigkeiten:** +6, +4, −2.

Entdeckung: 1817 durch J. J. Berzelius (Schweden).

Vorkommen: selten; begleitet in geringen Mengen (zusammen mit Tellur) den Schwefel in Sulfiden; eigene Erze gibt es nur wenig.

Herstellung: aus dem Anodenschlamm der Kupferraffination: der Schlamm wird alkalisch ausgelaugt; Schwefeldioxid fällt das Se wieder aus; Reinigung durch Destillation.

Modifikationen und Eigenschaften (s. a. S. 387):

- **Graues (metallisches) Selen:** graue, schwach glänzende Masse, deren elektrischer Widerstand mit zunehmender Belichtung abnimmt. In Kohlendisulfid unlöslich.
- **Rotes Selen:** rote, nichtmetallische, in CS_2 mit gelber Farbe lösliche Kristalle. Unbeständigere Modifikation.

Beide Formen verbrennen beim Erhitzen an der Luft mit blauer Flamme und rettichartigem Geruch zu einem weißen Rauch von Selendioxid, SeO_2. Rotes Selen entsteht aus grauem durch Auflösen in heißer, konzentrierter Schwefelsäure und Eingießen der grünen Lösung in viel Wasser.

Verwendung: für Fotozellen (z. B. fotoelektrische Belichtungsmesser) und Gleichrichter.

Verbindungen: ähnlich den entsprechenden Schwefelverbindungen, z. B. **Selenwasserstoff**, H_2Se (Salze: **Selenide**). **Selendioxid**, SeO_2, weiß, fest, ergibt mit Wasser **Selenige Säure**, H_2SeO_3 (Salze: **Selenite**). – **Selensäure**, H_2SeO_4, ähnelt stark der Schwefelsäure (Salze: **Selenate**); so ist auch das Bariumsalz **Bariumselenat**, $BaSeO_4$, sehr schwer löslich.

16.5. Tellur und Tellurverbindungen

Tellur (Symbol: Te) [von *tellus* (lat.) Erde; vgl. Selen] begleitet Selen und Schwefel in Sulfiden, ist jedoch noch seltener. Entdeckt 1782 durch Müller von Reichenstein in siebenbürgischen Golderzen. – Silberweiß-metallische, weiche, jedoch spröde Kristalle (s. a. S. 387); Verwendung in der Halbleitertechnik. – **Tellurwasserstoff**, H_2Te (Salze: **Telluride**), ist als Säure stärker, jedoch gegen Luftsauerstoff weit unbeständiger als Selenwasserstoff.

16.6. Polonium und Poloniumverbindungen

Polonium (Symbol Po) [benannt nach *Polen*] wurde 1898 von P. und M. Curie (Frankreich) in der Uranpechblende entdeckt. Es ist radioaktiv, äußerst selten und wird künstlich durch Bestrahlung von Wismut in Kernreaktoren gewonnen; längstlebiges Isotop Po 209 (Halbwertszeit 102 Jahre). Silberweißes, glänzendes Metall (s. a. S. 387), das ständig blaues Licht aussendet. Auch in den Verbindungen verhält sich Polonium wie ein typisches Metall.

17. Elemente der VII. Hauptgruppe (Halogene)

17.1. Allgemeines

Elemente: Fluor (F), Chlor (Cl), Brom (Br), Jod (I), Astat (At). (»Halogene« = Salzbildner)

Wertigkeit: F tritt nur −1wertig auf; die übrigen Elemente sind hauptsächlich −1- und +7wertig. Zunehmend unbeständiger sind die Wertigkeitsstufen +5, +3 und +1.

Tabelle 32. Halogene [1])

	Fluor	**Chlor**	**Brom**	**Jod** [2])
Symbol	F	Cl	Br	I
Kernladungszahl	9	17	35	126,90
Relative Atommasse	18,9984	35,453	79,904	126,905
Schmelzpunkt (in °C)	−219,6	−102,0	−7,3	+113,5
Siedepunkt (in °C)	−187,5	−34,1	+58,8	+185,2
Dichte (flüssig) (in g/cm³)	1,11[3])	1,57[3])	3,14[4])	4,94[4])
Farbe (gasförmig)	schwach gelblich-grün	gelblich-grün	rotbraun	violett
Farbintensität	schwach	(zunehmend) →		
Löslichkeit in Wasser	Reaktion	schwach	(abnehmend) →	
in Kohlendisulfid	Reaktion	löslich	löslich	löslich
Häufigkeit (Erdrinde, %)	$2{,}8 \cdot 10^{-2}$	$1{,}9 \cdot 10^{-1}$	$6 \cdot 10^{-4}$	$6 \cdot 10^{-6}$
Wertigkeiten	−1	−1 +7, +5 +3, +1	−1 +5, +3 +1	−1 +7, +5 +3, +1
Reaktionsfähigkeit gegenüber H und Metallen	sehr stark	(abnehmend) →		
gegenüber O	sehr schwach	(zunehmend) →		
Halogenwasserstoffe	HF	HCl	HBr	HI
Säurestärke	mittel	stark	(zunehmend) →	
Beständigkeit	stark	(abnehmend) →		
Siedepunkt (in °C)	+19,5	−85,1	−66,7	−35,4
in Wasser schwerlösliche Salze	CaF_2, SrF_2 BaF_2, MgF_2 LiF, (NaF) AlF_3, PbF_2	AgCl TlCl ($PbCl_2$) Hg_2Cl_2	AgBr TlBr $PbBr_2$ Hg_2Br_2	AgI TlI PbI_2 Hg_2I_2 HgI_2, BiI_3

1) ohne Astat
2) gemäß neuer Nomenklaturempfehlung: *Iod*
3) für die flüssige Phase beim Siedepunkt
4) bei 20°C und Normaldruck

Metallischer Charakter: Die Elemente sind durchweg Nichtmetalle, doch machen sich in Richtung zum At zunehmend metallische Eigenschaften bemerkbar.

Hydroxide: Die Element(VII)-hydroxide sind (in wasserärmeren Formen) nur von Cl, Br und I bekannt. Analog zu den Verhältnissen in der VI. Gruppe nimmt die Säurestärke von Cl zum I ab: Während $HClO_4$ [$=Cl(OH)_7 - 3\,H_2O$] die stärkste Sauerstoffsäure ist, ist H_5IO_6 nur schwach sauer. – Mit abnehmender positiver Wertigkeit nimmt auch ihre Säurestärke ab; so sinkt sie z.B. in der Reihenfolge $HClO_4$, $HClO_3$, $HClO_2$, HClO. – Verglichen mit den entsprechenden Verbindungen der VI. Gruppe haben alle Säuren der VII. Gruppe stärker sauren Charakter.

Hydride: Die wäßrigen Lösungen der Halogenwasserstoffe sind Säuren; ihre Stärke nimmt von HF (mittel) bis HI (sehr stark) zu (HAt ist noch zu wenig untersucht); dagegen nimmt ihre Beständigkeit gegenüber Oxidation von HF zu HI ab. Die Halogenwasserstoffsäuren sind stärker sauer als die Chalkogenwasserstoffsäuren.

Verdrängungsreaktionen: Die Reaktionsfähigkeit der Halogene gegenüber Metallen und Wasserstoff nimmt von F zu I ab; gegenüber Sauerstoff nimmt sie zu. Entsprechend verdrängt das jeweils reaktionsfähigere Halogen das weniger reaktionsfähige aus seiner Verbindung, z.B. $2\,KI + Cl_2 \rightarrow 2\,KCl + I_2$ (Ionengleichung: $2\,I^- + Cl_2 \rightarrow I_2 + 2\,Cl^-$); andererseits: $2\,KClO_3 + I_2 \rightarrow 2\,KIO_3 + Cl_2$.

Farbe der Halogenide: Die Halogenid-Ionen (F^-, Cl^-, Br^-, I^-) sind farblos; dennoch sind einige Verbindungen mit an sich ebenfalls farblosen Kationen farbig, und zwar mit sehr kleinen und hochgeladenen Kationen, die in der Lage sind, die Elektronenhülle sehr großer Halogenid-Ionen (bes. I^-) stark zu »deformieren«, d.h. zu sich herüberzuziehen; ↑S. 410. (Die gleichen Verhältnisse liegen bei Telluriden, Seleniden, Sulfiden und Oxiden vor.)

17.2. Fluor und Fluorverbindungen

17.2.1. Allgemeines

Symbol: F [*fluere* (lat.) fließen; von Flußspat, der als »Flußmittel« zur Erniedrigung des Schmelzpunktes von Schlacken verwendet wird]; **Wertigkeit:** -1.

Vorkommen: nur chemisch gebunden, hauptsächlich in den Mineralen:
Flußspat (*Fluorit*) .... CaF_2

Eisstein (*Kryolith*) .... Na_3AlF_6
Fluorapatit .... $3\,Ca_3(PO_4)_2 \cdot CaF_2 \triangleq Ca_5(PO_4)_3F$

Physiologie: Fluorapatit kommt in kleinen Mengen in Knochen und Zähnen vor. Bei fluoridarmem Trinkwasser tritt die Zahnkaries häufiger auf. – Lösliche Fluoride sind giftig; organische F-Verbindungen sind teils völlig ungiftig (z. B. Fluorkohlenwasserstoffe wie CF_2Cl_2), teils außerordentlich giftig (z. B. Fluoräthansäure $CH_2F-COOH$).

17.2.2. Elementares Fluor, F_2

Erstherstellung: 1886 durch MOISSAN (Frankreich).

Herstellung:

- durch Elektrolyse von KF in flüssigem Fluorwasserstoff mit Spezial-Kohle- oder Nickel-Anoden in Geräten aus Mg oder Cu (bilden Fluoridschutzschicht);
- durch Erhitzen solcher Fluoride, in denen das Metall in höheren als den normalen Wertigkeitsstufen auftritt, z. B. Kobalt(III)-fluorid: $2\,CoF_3 \rightarrow 2\,CoF_2 + F_2$.

Eigenschaften (s. a. S. 401): schwach gelblich-grünes Gas mit durchdringend chlorähnlichem Geruch. Reaktionsfähigstes Nichtmetall; verbindet sich mit fast allen anderen Elementen (auch einigen Edelgasen) zu Fluoriden; reagiert mit H_2 selbst unterhalb $-200\,°C$ noch explosionsartig; verdrängt die übrigen Halogene und auch Sauerstoff aus ihren Verbindungen mit Wasserstoff und den Metallen, zersetzt z. B. Wasser gemäß $2\,H_2O + 2\,F_2 \rightarrow 4\,HF + O_2$.

Verwendung: erstmals 1941 zur Herstellung von UF_6 für die Isotopentrennung des Urans; weiter: zur »Fluorierung« organischer Verbindungen; zur Erzeugung sehr heißer Flammen, z. B. werden im Wasserstoff-Fluor-Gebläse 3700 °C erreicht.

17.2.3. Fluorverbindungen

Fluorwasserstoff, HF: farbloses, an feuchter Luft Nebel bildendes, giftiges Gas von stechend-saurem Geruch, das bei $-19{,}6\,°C$ flüssig wird. Unterhalb 90 °C ist Fluorwasserstoff assoziiert, z. B. H_2F_2. *Herstellung:* aus Fluoriden (technisch Flußspat) durch konz. Schwefelsäure: $CaF_2 + H_2SO_4 \rightarrow CaSO_4 + 2\,HF$; auch als Nebenprodukt bei der Superphosphatherstellung aus Apatit (↑ S. 382). Fluorwasserstoff ätzt Glas und andere Silikate unter Bildung des gasförmigen SiF_4: $SiO_2 + 4\,HF \rightarrow SiF_4 + 2\,H_2O$. *Verwendung:* zum Mattätzen von Glas und zur Herstellung anderer F-Verbindungen, z. B. von Fluorkarbonen und Polyfluorkarbonen.

Flußsäure ist die wäßrige Lösung von HF (handelsübliche Konzentrationen: 72%ig, 50%ig, 40%ig). Mittelstarke Säure; Salze: Fluoride. Aufbewahrung in Polyäthylen- oder PVC-Flaschen. Flußsäure ist giftig und besonders schädlich für Schleimhäute und verletzte Haut. *Verwendung:* zum Blankätzen von Glas, zum Beizen von Gußeisen, zur Herstellung anderer F-Verbindungen.

Fluoride: Salze der Flußsäure. **Natriumfluorid,** NaF, ist giftig (F = 922 °C), schützt Holz vor Fäulnis und dient in kleinen Dosen zum Fluoridieren von Trinkwasser zur Vorbeugung gegen Zahnkaries. – **Kalziumfluorid,** CaF_2, in der Natur als »*Flußspat*« vorkommend, ist im Gegensatz zu den übrigen Ca-Halogeniden schwer löslich (F = 1403 °C) und dient in der Metallurgie als Flußmittel. – **Natriumhexafluoroaluminat,** $Na_3[AlF_6]$, »*Kryolith*«, kommt in der Natur vor, wird auch künstlich hergestellt und dient geschmolzen als Lösungsmittel für Al_2O_3 bei der Al-Gewinnung. – Von den Alkalimetallen und Ammonium existieren auch komplexe **Hydrogenfluoride,** z.B. $K[HF_2]$. Über *Edelgasfluoride* ↑ S. 412.

Nachweis der Fluoride z.B. durch die Benetzungsprobe: Beim Erhitzen der trockenen Substanz mit konzentrierter H_2SO_4 in einem trockenen Reagenzglas benetzt die Säure das Glas nicht mehr und läuft ab wie Wasser an einer fettigen Unterlage.

Komplexe Fluorosäuren:

Tetrafluoroborsäure (Salze: Tetrafluoroborate), $H[BF_4]$; ↑ S. 339.
Hexafluorokieselsäure (Salze: Hexfluorosilikate), $H_2[SiF_6]$; ↑ S. 362.

17.3. Chlor und Chlorverbindungen

17.3.1. Allgemeines

Symbol: Cl [*chloros* (grch.) gelbgrün]; **Wertigkeiten:** –1; +7; +5; +3; +1; (+4).

Vorkommen: nur gebunden, besonders im Meerwasser (enthält 2% Cl^--Ionen) und den daraus entstandenen Salzlagern; elfthäufigstes Element der Erdkruste.

Minerale:

Steinsalz (Halit)	NaCl	Carnallit	$KCl \cdot MgCl_2 \cdot 6\,H_2O$
Sylvin	KCl	Kainit	$KCl \cdot MgSO_4 \cdot 3\,H_2O$

Physiologie: Cl^--Ionen sind für die tierischen Organismen lebensnotwendig (z.B. für die Magensaftbildung und den Wasserhaushalt des Organismus).

17.3.2. Elementares Chlor, Cl_2

Entdeckung: 1774 durch C. W. SCHEELE (Schweden).

Herstellung:

- durch Oxidation von Salzsäure mit Kaliumpermanganat, Braunstein, Chlorkalk u.a.:

  $2\,KMnO_4 + 16\,HCl \rightarrow 2\,KCl + 2\,MnCl_2 + 8\,H_2O + 5\,Cl_2$

  $MnO_2 + 4\,HCl \rightarrow MnCl_2 + 2\,H_2O + Cl_2$

  $CaCl(OCl) + 2\,HCl \rightarrow CaCl_2 + H_2O + Cl_2$

- technisch durch Alkalichloridelektrolyse (↑ S. 315) und durch Elektrolyse von »Abfallsalzsäure« (z. B. bei der Chlorierung organischer Verbindungen)
- technisch auch durch Oxidation von Chlorwasserstoff mit Luft in Gegenwart von Kupfer- oder Eisen(III)-chlorid (DEACON-Prozeß): $4\,HCl + O_2 \rightarrow 2\,Cl_2 + 2\,H_2O$

Eigenschaften (s. a. S. 401): gelbgrünes, nicht brennbares, stechend riechendes Gas; 2,5mal so schwer wie Luft; in Wasser mäßig löslich zu Chlorwasser. Chlor ist sehr reaktionsfähig, verdrängt Brom und Jod aus ihren Wasserstoff- und Metallverbindungen und verbindet sich mit vielen anderen Elementen zu Chloriden.

So glühen z. B. Antimon-, Arsen- und erhitztes Eisenpulver auf, wenn sie in Chlorgas eingeworfen werden, z. B. $2\,Fe + 3\,Cl_2 \rightarrow 2\,FeCl_3$. Unechtes Blattgold (*Tombak*) entflammt in Chlor, doch wird auch echtes Gold angegriffen (Bildung von $AuCl_3$).

Gemische aus Chlor und Wasserstoff (*Chlorknallgas*) explodieren bei Zufuhr von Wärme oder Licht (Sonnen- oder Mg-Licht): $H_2 + Cl_2 \rightarrow 2\,HCl$. Mit Natronlauge entstehen Hypochlorit und Chlorid: $2\,NaOH + Cl_2 \rightarrow NaClO + NaCl + H_2O$. Mit Kohlenwasserstoffen bilden sich durch Substitution oder Addition Chlorderivate, z. B. $CH_4 + Cl_2 \rightarrow CH_3Cl + HCl$; Terpentinöl entzündet sich in Chlor. Feuchtes Chlor bleicht viele Farbstoffe, da sich, besonders im Sonnenlicht, mit Wasser allmählich Monosauerstoff bildet; $H_2O + Cl_2 \rightarrow 2\,HCl + (O)$; daher ist Chlorwasser in braunen Flaschen aufzubewahren.

Chlor, Cl_2

- + Wasserstoff → Chlorwasserstoff
  - → Salzsäure, Vinylchlorid,
  - → PVC, Piviacidfaser
- + Metalle → Chloride, z. B. Aluminiumchlorid
- + Löschkalk → Chlorkalk
- + Natronlauge → Natronbleichlauge (Hypochlorit) (→ Chlorat)
- + Bromide → Brom
- + Methan → Mono-, Di-, Tri, Tetrachlormethan
- + Kohlenmonoxid → Phosgen (→ Polyurethane)
- + Kohlendisulfid → Tetrachlormethan
- + SO_2 + Paraffine (Sulfochlorierung) → Alkylsulfochlorid
  → Alkansulfonate (Emulgier-, Waschmittel)
- + Äthin → Tetrachloräthan (→ Trichloräthen)
- + Benzol
  - → Chlorbenzol (→ Schädlingsbekämpfungsmittel)
  - → Hexachlorzyklohexan (HCH)
- + Kautschuk → Chlorkautschuk, Chlorbuna
- + Essigsäure → Monochloressigsäure (→ Indigo)
- Entzinnung von Weißblechabfällen
- Bleichmittel für Stroh, Zellstoff u. a., z. B. für Papier
- Desinfektionsmittel für Trink- und Badewasser
- Gewinnung von Titan und Germanium

Toxizität: Chlorgas ätzt stark die Schleimhäute der Atmungsorgane und zerstört die Lungengewebe. Bereits 0,05% wirken nach 1...2 Std. tödlich. Chlor war der erste chemische Kampfstoff (Ypern, 1915).

Verwendung: Chlor gehört zu den wichtigsten Grundchemikalien der chemischen Industrie. – Flüssiges, trockenes Chlor kann in Kesselwagen und Stahlrohrleitungen transportiert werden; es kommt in Stahlflaschen mit Rotgußventil (grauer Anstrich mit Totenkopfsymbol) in den Handel.

17.3.3. Chlorwasserstoff, HCl, und Salzsäure

Herstellung

- durch Synthese (Verbrennung von Wasserstoff in Chlor): $H_2 + Cl_2 \rightarrow 2\,HCl$
- aus Chloriden (Kochsalz) und konz. Schwefelsäure
  bei niedriger Temperatur: $NaCl + H_2SO_4 \rightarrow NaHSO_4 + HCl$
  bei höherer Temperatur: $NaCl + NaHSO_4 \rightarrow Na_2SO_4 + HCl$
  Gesamtreaktion: $2\,NaCl + H_2SO_4 \rightarrow Na_2SO_4 + 2\,HCl$
- als Nebenprodukt bei der Chlorierung organischer Verbindungen, z.B. von Benzol: $C_6H_6 + Cl_2 \rightarrow C_6H_5Cl + HCl$

Eigenschaften: farbloses, stechend riechendes, hygroskopisches Gas, das an feuchter Luft weiße Nebel bildet. In Wasser löst es sich begierig zu *Salzsäure*, wobei elektrolytische Dissoziation eintritt: $HCl \rightarrow H^+ + Cl^-$ (genauer: $HCl + H_2O \rightarrow H_3O^+ + Cl^-$). Mit Ammoniak entsteht ein dichter, weißer Rauch von festem Ammoniumchlorid: $NH_3 + HCl \rightarrow NH_4Cl$. An Äthin wird HCl in Gegenwart von Katalysatoren zu Monochloräthen (Vinylchlorid) addiert: $CH{\equiv}CH + HCl \rightarrow CH_2{=}CHCl$.

Verwendung: zur Herstellung von Salzsäure, Chloriden und Vinylchlorid (für PVC und Piviacidfaser).

Salzsäure: farblose Flüssigkeit, die ständig um so mehr HCl abgibt, je konzentrierter sie ist, und dann an der Luft stark raucht. Die handelsübliche konzentrierte Säure ist etwa 38%ig. Magensaft enthält 0,4 bis 0,5% HCl. Salzsäure löst die unedlen Metalle (nicht z.B. Kupfer) unter H_2-Entwicklung zu Chloriden, z.B. $2\,Al + 6\,HCl \rightarrow 2\,AlCl_3 + 3\,H_2$. Starke Oxidationsmittel, z.B. $KMnO_4$, machen Chlor frei.

Verwendung: zum Beizen von Metallen; für Lötwasser (Zn + HCl); zum Lösen von Metallen aus Erzen; zur Herstellung von Chloriden und Chlor.
Nachweis: ↑ S. 407.

17.3.4. Chloride

Trivialnamen und mineralogische Namen:

NaCl	Kochsalz, Steinsalz	$HgCl_2$	Sublimat

KCl	Sylvin	Hg_2Cl_2	Kalomel
NH_4Cl	Salmiak	$(NH_4)_2SnCl_6$	Pinksalz

Löslichkeit: meist in Wasser leicht löslich. Ausnahmen: AgCl, Hg_2Cl_2, TlCl; $PbCl_2$ ist in der Kälte schwer löslich.

Nachweis: eine Cl^--haltige Lösung ergibt auch nach dem Ansäuern mit Salpetersäure mit $AgNO_3$-Lösung einen weißen, flockigen, am Licht nachdunkelnden, in Ammoniakwasser löslichen Niederschlag von AgCl.

17.3.5. Sauerstoffsäuren des Chlors und ihre Salze

Übersicht:

Tabelle 33. Chlorsauerstoffsäuren

Formel	Name	Anhydrid	Name der Salze
$HClO_4$	Perchlorsäure	Cl_2O_7	Perchlorat
$HClO_3$	Chlorsäure	–	Chlorat
$HClO_2$	Chlorige Säure	–	Chlorit
HClO	Hypochlorige Säure	Cl_2O	Hypochlorit

Perchlorsäure, $HClO_4$, (früher: *Überchlorsäure*), ist die stärkste Sauerstoffsäure. Wasserfrei leichtbeweglich und explosiv, nimmt sie bei mäßiger Verdünnung ölige Konsistenz an und ist wesentlich beständiger; 72%ige Säure siedet azeotrop bei 203 °C. $HClO_4$ fällt aus K-Salzlösungen weißes **Kaliumperchlorat,** $KClO_4$, aus und dient deshalb als analytisches Reagens.

Chlorsäure, $HClO_3$, ist nur verdünnt (bis 40%) beständig. Die **Chlorate** bilden sich aus Chlor und heißer Alkalilauge: $6\,NaOH + 3\,Cl_2 \rightarrow NaClO_3 + 5\,NaCl + 3\,H_2O$. Sie sind starke Oxidationsmittel, z.B. explodieren Gemische von Kaliumchlorat und Schwefel beim Verreiben (entsprechende Versuche mit Phosphor sind lebensgefährlich!); ein Stück Holz, in geschmolzenes Chlorat geworfen, verbrennt mit heftig rauschender Flamme. Beim Erhitzen geben die Chlorate (leichter als Perchlorate) ihren Sauerstoff ab; die Zersetzung wird durch Braunstein katalytisch beschleunigt: $2\,KClO_3 \rightarrow 2\,KCl + 3\,O_2$. – **Kaliumchlorat,** $KClO_3$, wird für Zündhölzer, Explosivstoffe und Feuerwerkskörper verwendet, **Natriumchlorat,** $NaClO_3$, zur Unkrautbekämpfung.

Chlorige Säure, $HClO_2$, ist nur verdünnt bekannt und auch dann sehr unbeständig. **Natriumchlorit,** $NaClO_2$, ist ein Bleichmittel.

Hypochlorige Säure, HClO, (früher: *unterchlorige Säure*), ist ebenfalls nur verdünnt existenzfähig; die Säure besitzt einen chlorähnlichen, jedoch deutlich davon verschiedenen Geruch und ist wie ihre Salze, die **Hypochlorite,** ein starkes Oxidationsmittel. Ihre Anwesenheit im Chlorwasser geht auf die Reaktion $Cl_2 + H_2O \rightarrow HCl + HClO$ zurück. – **Natrium-** und **Kaliumhypochlorit** sind in den z.B. gemäß $2\,KOH + Cl_2 \rightarrow KCl + KClO + H_2O$ aus Alkalilaugen und Chlor erhältlichen *Bleichlaugen* (Natron- bzw. Kalibleichlauge) enthalten.

Die Bleichlaugen riechen infolge Hydrolyse nach Hypochloriger Säure (nicht nach Chlor!); sie geben leicht Sauerstoff ab und dienen als Bleich-, Desinfektions- und Entgiftungsmittel (z.B. zur Entgiftung galvanischer zyanidischer Abwässer). – **Chlorkalk,** vereinfacht $CaCl(ClO)$, *Kalziumchloridhypochlorit*, entsteht aus Chlor und Löschkalk und dient ebenfalls zum Bleichen und Desinfizieren. – **Kalziumhypochlorit**, $Ca(ClO)_2$, ist noch wirksamer als Chlorkalk und wird zur Entgiftung chemischer Kampfstoffe eingesetzt.

17.3.6. Weitere Chlorverbindungen

Dichlorheptoxid, Cl_2O_7, Anhydrid der Perchlorsäure, ist eine farblose, flüchtige, ölige, sehr explosible Flüssigkeit, die durch Wasserentzug aus Perchlorsäure mittels P_2O_5 entsteht: $2\,HClO_4 + P_2O_5 \rightarrow Cl_2O_7 + 2\,HPO_3$.

Chlordioxid, ClO_2, ist ein gelbes, beim Erhitzen explodierendes Gas von scharfem, charakteristischem Geruch. Es entsteht aus Kaliumchlorat und konzentrierter Schwefelsäure: $3\,KClO_3 + 3\,H_2SO_4 \rightarrow 3\,KHSO_4 + HClO_4 + H_2O + 2\,ClO_2$.

Dichlormonoxid, Cl_2O, ist ein braunes, explosibles Gas, das mit Wasser Hypochlorige Säure bildet: $Cl_2O + H_2O \rightarrow 2\,HClO$.

17.4. Brom und Bromverbindungen

Symbol: Br [*bromos* (grch.) Gestank]; **Wertigkeiten:** –1; +5; +3; +1.

Vorkommen: Br begleitet Cl in dessen Vorkommen; im Meerwasser ist das Verhältnis $Br^- : Cl^- = 1:300$.

Entdeckung: 1826 im Meerwasser durch A. J. Balard (Frankreich).

Herstellung:

- technisch aus Bromiden, z.B. bromidhaltigen Endlaugen der Kaliindustrie, durch Chlor: $MgBr_2 + Cl_2 \rightarrow MgCl_2 + Br_2$
- aus Bromiden, Mangan(IV)-oxid und Schwefelsäure: $4\,KBr + MnO_2 + 2\,H_2SO_4 \rightarrow 2\,K_2SO_4 + MnBr_2 + 2\,H_2O + Br_2$

Physikalische Eigenschaften (s.a. S. 401): intensiv schwarzrote Flüssigkeit, die unter Bildung brauner, stechend riechender, schwerer Dämpfe rasch verdunstet; in Chloroform, Kohlendisulfid und Benzol leicht, in Wasser nur wenig löslich (»*Bromwasser*«).

Chemische Eigenschaften: wirkt stark ätzend auf Haut und Atmungsorgane, zerstört auch Holz, Kork, Gummi rasch; verbindet sich mit vielen Elementen zu Bromiden, verdrängt Jod aus Jodiden und wird seinerseits durch Chlor und Fluor aus Bromiden verdrängt. Mit Kohlenwasserstoffen bilden sich durch Substitution oder Addition Bromderivate.

Verwendung: zur Herstellung von Bromiden sowie organischen Bromverbindungen, z.B. dem roten Farbstoff *Eosin*, bromhaltigen Pharmazeutika und vor allem *Bromäthan*, C_2H_5Br, und *1,2-Dibromäthan*, $C_2H_4Br_2$, die verbleitem Benzin zugesetzt werden, um das Blei in flüchtiges Blei(II)-bromid, $PbBr_2$, überzuführen.

Bromverbindungen: ähneln stark den Chlorverbindungen.

Bromwasserstoff, HBr, ist wie HCl ein farbloses, an feuchter Luft rauchendes, stechend riechendes Gas; es ist jedoch unbeständiger, so daß es aus Bromiden und Schwefelsäure nicht rein erhalten werden kann. HBr entsteht analog HI (↑ S. 410) rein aus Brom und feuchtem rotem Phosphor. Die wäßrige Lösung, **Bromwasserstoffsäure**, ähnelt der Salzsäure; im Handel ist 48%ige Säure (Dichte 1,48 g/cm³) als bei 126 °C siedendes azeotropes Gemisch. **Silberbromid**, AgBr, sieht gelblich-weiß aus und löst sich im Gegensatz zum Chlorid nur wenig in Ammoniak. Bromide und organische Bromverbindungen dienen als Beruhigungsmittel.

Hypobromige Säure, HBrO, ähnelt der Hypochlorigen Säure, sie riecht angenehm aromatisch; hierauf ist der Geruch der aus Brom und Natronlauge entstehenden **Natriumhypobromit**-Lösung zurückzuführen. – **Bromite**, die Salze der Bromigen Säure, $HBrO_2$, sind erst seit 1959 bekannt. – Die Existenz von **Perbromaten**, den Salzen der **Perbromsäure**, $HBrO_4$, wurde erstmals 1968 nachgewiesen. Die freie *Perbromsäure* ist nur in wäßriger Lösung (bis 55%) beständig. – **Bromsäure**, $HBrO_3$, ähnelt sehr stark der Chlorsäure; ihre Salze, die **Bromate**, entsprechen weitgehend den Chloraten.

17.5. Jod[1]) und Jodverbindungen

Symbol: I [*ioeides* (grch.) violett]; **Wertigkeiten:** −1; +7, +5, +3, +1.

Entdeckung: 1811 durch B. COURTOIS (Frankreich) in Seetangasche.

Vorkommen: wesentlich seltener als die übrigen Halogene (außer Astat); findet sich angereichert im Chilesalpeter (als Jodat $NaIO_3$) und in Meeresalgen, Tangen und Schwämmen (organische Jodverbindungen).

Physiologie: für den Menschen lebensnotwendiger Mikronährstoff; bei Jodmangel kann sich in der Schilddrüse das jodhaltige Hormon *Thyroxin* nicht bilden, und es treten Schilddrüsenstörungen (Kropf u.a.) auf. Deshalb wird mitunter das Speisesalz mit NaI »jodiert«.

Herstellung:

- aus dem Jodat des Chilesalpeters durch Natriumhydrogensulfit: $2\,NaIO_3 + 5\,NaHSO_3 \rightarrow 2\,Na_2SO_4 + 3\,NaHSO_4 + H_2O + I_2$
- aus der jodidhaltigen Asche von Meerespflanzen durch Chlor
- aus Jodid + Mangan(IV)-oxid + Schwefelsäure (analog der Bromherstellung, S. 408)

Physikalische Eigenschaften (s.a. S. 401): grauschwarze, metallisch glänzende, scharf riechende Kristalle, die an der Luft allmählich verdampfen. Bei langsamem Erhitzen sublimiert Jod; der Dampf sieht intensiv violett aus. Bei raschem Erhitzen oder beim Erhitzen im geschlossenen Gefäß läßt sich Jod schmelzen (schwarze Flüssigkeit). I_2 löst sich leicht mit brauner Farbe in Äthanol (»*Jodtinktur*«), mit violetter Farbe in Kohlendisulfid und Chloroform, mit roter Farbe in Benzol. In Wasser

[1]) gemäß neuer Nomenklaturempfehlung: *Iod*

ist Jod nur sehr wenig löslich, leicht dagegen auf Zusatz von Kaliumjodid mit brauner Farbe (»*Jodjodkaliumlösung*«, enthält Anlagerungsverbindungen vom Typus $KI \cdot I_2$). Aus den wäßrigen Lösungen läßt sich Jod durch die genannten wasserunlöslichen organischen Lösungsmittel »ausschütteln«.

Chemische Eigenschaften: reaktionsträger als Fluor, Chlor und Brom; wird von diesen Elementen aus Jodiden verdrängt, z.B. $2\,NaI + Br_2 \rightarrow 2\,NaBr + I_2$ ($2\,I^- + Br_2 \rightarrow 2\,Br^- + I_2$). Dennoch ist es sehr aggressiv, bildet mit vielen Elementen Jodide, zerstört auch Kork, Gummi u.dgl. Mit Natriumthiosulfat entstehen Jodid und Natriumtetrathionat: $2\,Na_2S_2O_3 + I_2 \rightarrow Na_2S_4O_6 + 2\,NaI$ (für die »Jodometrie«, ein Titrationsverfahren, von Bedeutung).

Nachweis: Freies Jod ergibt mit Stärke intensiv blaue *Jodstärke*; Jodverbindungen reagieren mit Stärke nicht.

Verwendung: in der Pharmazie und der chemischen Analyse.

Jodwasserstoff, HI, ist noch zersetzlicher als HBr. Er bildet sich aus Jod und feuchtem rotem Phosphor: $2\,P + 3\,I_2 \rightarrow 2\,PI_3$; $PI_3 + 3\,H_2O \rightarrow 3\,HI + H_3PO_3$. Die wäßrige Lösung, **Jodwasserstoffsäure**, ist eine sehr starke Säure.

Jodide: ähneln den Bromiden, sind jedoch häufig intensiver farbig: AgI hellgelb, TlI gelb, PbI_2 intensiv gelb, HgI_2 zinnoberrot, BiI_3 schwarzbraun. Die genannten Jodide sind zugleich unlöslich in Wasser. AgI ist schwerer, KI leichter löslich als das jeweilige Bromid.

Jodsauerstoffsäuren: **Hypojodige Säure**, HIO (Salze: **Hypojodite**), riecht safranartig. **Jodsäure**, HIO_3 (Salze: **Jodate**); **Perjodsäure**, H_5IO_6 (Salze: **Perjodate**). Jod- und Perjodsäure bilden farblose Kristalle.

Dijodpentoxid, I_2O_5: farblose Kristalle, Anhydrid der Jodsäure; zerfällt beim Erhitzen in die Elemente und vermag Kohlenmonoxid zu Kohlendioxid zu oxidieren.

17.6. Astat und Astatverbindungen

Astat, *Astatin* [Symbol: At) [*astates* (grch.) unbeständig], ist ein kurzlebiges, radioaktives Element (Halbwertszeit von At 210: 8,3 Stunden). In seinem chemischen Verhalten ähnelt es einerseits dem Jod, andererseits dem Polonium; $F \approx 300\,°C$, $Kp \approx 370\,°C$. Die Erdkruste enthält insgesamt nur etwa 30 g At.

18. Elemente der VIII. Hauptgruppe (Edelgase)

Elemente: Helium (He) [*helios* (grch.) Sonne], Neon (Ne) [*neos* (grch.) neu], Argon (Ar) [*argos* (grch.) träge], Krypton (Kr) [*kryptos* (grch.) verborgen], Xenon (Xe) [*xenos* (grch.) fremd], Radon (Rn) [*radius* (lat.) Strahl; von seiner radioaktiven Strahlung].

Entdeckung: He wurde 1868 spektralanalytisch auf der Sonne nachgewiesen. Die übrigen beständigen Edelgase entdeckte W. Ramsay (England) 1892 bis 1897; die verschiedenen Rn-Isotope (damals »Emanationen« genannt) wurden im folgenden Jahrzehnt bekannt.

Vorkommen: in der Luft; 100 l Luft enthalten 932 ml Ar, 1,5 ml Ne, 0,5 ml He, 0,11 ml Kr und 0,008 ml Xe. – Rn findet sich in radioaktiven Quellwässern (Brambach). He kommt auch in manchen Erdgasen und in radioaktiven Mineralen vor; 15% der Sonnenatome (36 Massen-%) sind He-Atome bzw. deren Kerne.

Gewinnung: aus Luft durch fraktionierte Kondensation und Destillation, kombiniert mit Adsorption an Aktivkohle oder Silikagel. Argon reichert sich im Kreislaufgas der Ammoniaksynthese an und wird daraus isoliert.

Physikalische Eigenschaften: farb-, geruch- und geschmacklose, in Wasser mäßig lösliche Gase. ^{3}He und ^{4}He sind die einzigen auch bei sehr starker Annäherung an den absoluten Nullpunkt noch flüssigen Stoffe.

Tabelle 34. Edelgase

	Helium	Neon	Argon	Krypton	Xenon	Radon
Symbol	He	Ne	Ar	Kr	Xe	Rn
Kernladungszahl	2	10	18	36	54	86
Relative Atommasse	4,00260	20,179	39,948	83,80	131,29	222
Schmelzpunkt (in °C)	−272,1[1])	−248,6	−189,4	−157,2	−111,8	−71,0
Siedepunkt (in °C)	−268,9	−246,1	−185,9	−153.4	−108,1	−62,0
Dichte (in g/l) bei Normbedingungen	0,18	0,90	1,78	3,74	5,89	9,96
Häufigkeit (Erdrinde, %)	$4{,}2 \cdot 10^{-7}$	$5 \cdot 10^{-7}$	$3{,}6 \cdot 10^{-4}$	$1{,}9 \cdot 10^{-8}$	$2{,}4 \cdot 10^{-9}$	$6{,}2 \cdot 10^{-16}$
Wertigkeit	0	0	0	0; 2; 4	0; 2; 4; 6; 8	0; ?

[1]) bei 2,5 MPa (≈25 at)

Helium ist das am schwersten zu verflüssigende Gas. Flüssiges He existiert in *2 Modifikationen:* Während sich **Helium I** wie eine gewöhnliche Flüssigkeit verhält, ist **Helium II** suprawärmeleitend und suprafluid. Es leitet die Wärme zehnmillionenmal besser als Helium I (1000mal besser als Silber!) und besitzt praktisch keine Zähigkeit, fließt also rasch durch engste Kapillaren und überkriecht spontan Gefäßwände als dünner Film. Die He-Atome im superfluiden He verhalten sich weitgehend wie die Elektronen in einem Supraleiter. – **Neon** hat von allen Gasen die höchste Zähigkeit; flüssiges Neon weist gegenüber Helium und Argon eine besonders hohe Dichte auf. – Das beständigste **Radon**-Nuklid ist Rn 211 (Halbwertszeit 16 h).

Chemische und physiologische Eigenschaften: Die Edelgase sind äußerst reaktionsträge. Relativ am leichtesten reagieren die schweren Edelgase, und zwar mit Fluor. Krypton ruft, im Gemisch mit Sauerstoff eingeatmet, tiefe Bewußtlosigkeit hervor.

Verwendung: Die leichten Edelgase (He, Ne, Ar) sind Füllgase für Leuchtröhren und Glimmlampen, die mittleren (Kr, Ar) setzen in Glühlampen die Lichtausbeute herauf (normale Glühlampen enthalten etwa 90% Ar und 10% N_2). He-Ne-Gemische werden in Gas-Lasern verwendet. Xenon ist infolge seines sonnenähnlichen Lichtes in fotografischen Elektronenblitzgeräten enthalten. — Helium wird außerdem für Ballonfüllungen und für »Taucherluft« (80 Vol.-% He + 20 Vol.-% O_2) verwendet, Argon als Schutzgas beim Schweißen und bei der Herstellung von Titan und Zirkonium, Neon als Kältemittel in der Tieftemperaturphysik.

Edelgasverbindungen: seit 1962 bekannt. Die schweren Edelgase (Kr, Xe, Rn) reagieren unter geeigneten Bedingungen mit Fluor und bilden in den Wertigkeitsstufen 2, 4, 6 und 8 Fluoride. Aus diesen können durch Substitution Sauerstoffverbindungen gewonnen werden. **Xenon(II)-fluorid**, XeF_2, entsteht aus den Elementen unter der Einwirkung stiller elektrischer Entladungen. Es bildet farblose Kristalle, schmilzt bei 140 °C und zerfällt beim Erhitzen gemäß $2\,XeF_2 \rightarrow Xe + XeF_4$ unter Bildung von **Xenon(IV)-fluorid** (farblose Kristalle). **Xenon(VI)-fluorid**, XeF_6, bildet sich durch mehrstündiges Erhitzen eines Xe-F_2-Gemisches bei 6 MPa (60 at) auf 300 °C und kann auch aus XeF_4 und O_2F_2 erhalten werden. Es ist ein weißer, fester Stoff, der bei 46 °C zu einer hellgelben Flüssigkeit schmilzt. Auch **Xenon(VIII)-fluorid**, XeF_6, wurde erhalten. Aus den Fluoriden lassen sich Oxide herstellen, z.B. entsteht **Xenon(VI)-oxid** gemäß $6\,XeF_4 + 12\,H_2O \rightarrow 4\,Xe + 3\,O_2 + 2\,XeO_3 + 24\,HF$. Xenon(VI)-oxid ist ein Säureanhydrid; **Bariumxenat(VI)**, Ba_3XeO_6, bildet schwerlösliche Kristalle. Auch **Natriumxenat(VIII)**, *Natriumperxenat*, $Na_4XeO_6 \cdot 8\,H_2O$, ist bekannt. **Xenon(VIII)-oxid**, XeO_4, ist ein gelber, fester Stoff. **Xenon(II)-chlorid**, $XeCl_2$, bildet farblose, bei Ausschluß von Wasser bis 80 °C beständige Kristalle.

α-Teilchen: Die von radioaktiven Stoffen ausgesandten α-Teilchen bestehen aus Heliumkernen (He^{2+}); diese bilden auch etwa 20% der primären kosmischen Strahlung.

Die Nebengruppenelemente und ihre Verbindungen

19. Allgemeines

Wertigkeit: Die Nebengruppenelemente zeichnen sich durch eine große Mannigfaltigkeit an Wertigkeitsstufen aus; doch tritt mit Ausnahme bestimmter Komplexverbindungen nur positive Wertigkeit auf. Wie bei den Hauptgruppen stimmt die maximale positive Wertigkeit im allgemeinen mit der Gruppennummer überein; es gibt jedoch 2 *Ausnahmen:*

- *I. Nebengruppe:*

  Bei allen drei Elementen überschreitet die maximale Wertigkeit die Gruppennummer, da nicht nur das Elektron des äußersten Energieniveaus an der chemischen Bindung beteiligt ist.

- *VIII. Nebengruppe:*

  Hier wird die Wertigkeitsstufe +8 nur von 2 Elementen erreicht (Ru und Os); die übrigen Elemente treten nur in niederen Wertigkeitsstufen auf.

Chemisches Verhalten: Die Nebengruppenelemente ähneln um so mehr den jeweiligen Hauptgruppenelementen, je näher sie den Trennlinien zwischen beiden (II./III. Gruppe) stehen.

Am ähnlichsten sind den Hauptgruppenelementen die Elemente der II. und III. Nebengruppe; von der IV. bis zur VII. Nebengruppe nimmt die Ähnlichkeit stark ab, um bei der VIII. Nebengruppe völlig zu verschwinden und von der I. zur II. Nebengruppe wieder zuzunehmen.

Die Nebengruppenelemente sind ohne Ausnahme Metalle. Die Oxide in den höheren Wertigkeitsstufen (+5 bis +7) bilden jedoch mit Wasser Säuren (z.B. Chrom-, Vanadin-, Molybdän-, Permangansäure). Die Verbindungen der Nebengruppenelemente sind vielfach farbig.

20. Elemente der I. Nebengruppe (Kupfergruppe)

Tabelle 35. Kupfergruppe

	Kupfer	Silber	Gold
Symbol	Cu	Ag	Au
Kernladungszahl	29	47	79
Relative Atommasse	63,546	107,868	196,967
Schmelzpunkt (in °C)	1083	961	1063
Dichte (in g/cm³ bei 20°C)	8,95	10,54	19,32
Häufigkeit (Erdrinde, %)	$1{,}0 \cdot 10^{-2}$	$1 \cdot 10^{-5}$	$5 \cdot 10^{-7}$
Wertigkeit	1; 2	1; (2)	1; 3

20.1. Kupfer und Kupferverbindungen

20.1.1. Allgemeines

Symbol: Cu [*cuprum* (lat.); benannt nach der Insel Zypern]; **Wertigkeiten:** +2, +1. Jodid, Zyanid und Rhodanid existieren nur in der +1wertigen Stufe; im allgemeinen ist jedoch die Oxidationsstufe +2 beständiger.

Vorkommen: selten gediegen, meist als Sulfid. Der »Mansfelder Kupferschiefer« ist kein Erz, sondern ein bituminöser Mergel, in welchem viele Erze feinverteilt eingelagert sind.

Kupfer ist ein für Pflanzen wichtiger Mikronährstoff. – In Mollusken kommt der Cu-haltige Blutfarbstoff *Hämozyanin* vor.

Minerale:

Kupferkies (*Chalkopyrit*) ... $CuFeS_2$
Buntkupferkies (*Bornit*) .... Cu_3FeS_3
Kupferglanz (*Chalkosin*) ... Cu_2S
Rotkupfererz (*Kuprit*) ... Cu_2O
Malachit .... $CuCO_3 \cdot Cu(OH)_2$
Azurit .... $2\,CuCO_3 \cdot Cu(OH)_2$

20.1.2. Metallisches Kupfer

Herstellung:

- Oxidische Erze werden mit Koks reduziert.
- Aus Mansfelder Kupferschiefer wird in Kupferschachtöfen zunächst »Kupferstein« (Cu_2S, FeS und andere Sulfide wie NiS und Ag_2S) erschmolzen. Im Konverter entsteht daraus durch seitliches Einblasen von Luft *Schwarzkupfer* ($Cu_2S + O_2 \rightarrow 2\,Cu + SO_2$; Schwefeldioxid → Schwefelsäure). Dieses wird oxidativ (→ *Garkupfer*) und für die meisten Zwecke noch elektrolytisch raffiniert (→ *Elektrolytkupfer*, Nebenprodukte: Silber, Selen, Nickelsulfat u.a.); ↑ S. 261.
- Viele Kupfererze werden vor ihrer Verhüttung durch Flotation aufbereitet, evtl. auch von anderen Erzen getrennt.

  Flotation (Schwimmaufbereitung): Verfahren zur Trennung feingemahlener Stoffgemische auf Grund verschiedener Benetzbarkeit der Bestandteile. Das feingemahlene Gemisch (z.B. Erz + taubes Gestein) wird in Wasser aufgeschlämmt, in dem Flotationshilfsmittel (*Sammler* und *Schäumer*) aufgelöst sind. Die Sammler werden von der Oberfläche der einen Komponente, meist des Erzes, adsorbiert und machen diese dadurch hydrophob (wasserabweisend). Beim Durchblasen von Luft durch die Aufschlämmung entsteht ein Schaum, in welchem sich der hydrophob gemachte Bestandteil sammelt; der andere Bestandteil setzt sich am Boden ab. Als Sammler dienen oft Xanthogenate, als Schäumer grenzflächenaktive Stoffe. Durch Zusatz von »drückenden« (hydrophil machenden) und dann »wiederbelebenden« (wieder hydrophob machenden) Mitteln läßt sich auch eine Trennung sehr ähnlicher Erze herbeiführen.
- Cu-Pulver entsteht aus Kupfersalzlösungen durch Zink, Eisen oder Aluminium: $CuSO_4 + Zn \rightarrow ZnSO_4 + Cu$; Ionengleichung: $Cu^{2+} + Zn \rightarrow Cu + Zn^{2+}$.

Physikalische Eigenschaften (s.a. S. 413): rotglänzendes, zähes, weiches Metall (wird durch Hämmern hart, durch Abschrecken wieder weich); ist nächst Silber der beste Leiter für Elektrizität und Wärme. Kupfer ist gut lötbar, jedoch wegen Sauerstoffaufnahme schlecht schweiß- und gießbar.

Chemische Eigenschaften: Beim Glühen an der Luft entsteht schwarzes, abblätterndes Kupfer(II)-oxid; die grüne »*Patina*« auf Kupferdächern besteht meist aus Hydroxidsulfat. Kupfer ist elektropositiver (edler) als Wasserstoff und löst sich demnach nur in oxidierenden Säuren: in HNO_3 unter Entwicklung nitroser Gase, in heißer, konzentrierter Schwefelsäure unter Bildung von Schwefeldioxid. Auch in $FeCl_3$- und $CuCl_2$-Lösung löst sich Kupfer auf, z.B. gemäß $Cu + 2\,FeCl_3 \rightarrow CuCl_2 + 2\,FeCl_2$. Durch Polysulfidlösungen wird Kupfer braun bis schwarz gefärbt (»*Altkupferfärbung*«).

Verwendung: als Leiter in der Elektrotechnik, für Heiz- und Kühlrohre; als Gefäßmaterial (z.B. in Brauereien); als Legierungsmetall; für Anoden zum Verkupfern.

Legierungen

- **Messing:** Cu (60...90%, meist 65%) + Zn. Messing mit über 80% Cu wurde früher als **Tombak** bezeichnet.
- **Bronzen:** Cu mit 1 oder mehreren (*Mehrstoffbronzen*) Legierungsmetallen. **Zinnbronze** (»Bronze« i. e. S.; bis 10% Sn), **Aluminiumbronze** (bis 11% Al), **Bleibronze**

(8...25% Pb, 5...10% Sn), **Berylliumbronze** (bis 5% Be) sowie auch *Mangan-* und *Silizium-Mehrstoffbronzen.* »Phosphorbronze« = mit Phosphor desoxidierte Bronze; enthält <0,5% P.

- **Rotguß:** Cu + Sn (bis 11%) + Zn (bis 5%)
- **Neusilber, Alpaka:** Cu (45...67%) + Zn (12...45%) + Ni (10...26%)
- **Hartlot** (für Arbeitstemperaturen zwischen 600 und 1000°C): Cu + Ag (10...70%)
- **Devardasche Legierung.** Cu (50%) + Al (45%) + Zn (5%); dient als Reduktionsmittel im Laboratorium.
- **Widerstandslegierungen** (elektrischer Widerstand nahezu temperaturunabhängig):
  Manganin: Cu (82...84%) + Mn (12...15%) + Ni (2...4%)
  Konstantan: Cu (57%) + Ni (41%) + Fe (1%) + Mn (1%)
  Nickelin: Cu (56%) + Ni (31%) + Zn (13%)

Die **werkstofftechnische Kennzeichnung** der Nichteisenmetallegierungen (Eisenwerkstoffe ↑ S. 444) erfolgt im allgemeinen nach dem Schema

CuNi20Mn20	Kupfer mit durchschnittlich 20% Nickel und 20% Mangan.
AlMg1	Aluminium mit durchschnittlich 1% Magnesium.

Vorangestellte Symbole weisen auf besondere Anwendungs- oder Herstellungsformen hin. G Gußlegierung, Lg Lagermetall, L Lotmetall, E elektrolytisch hergestellt bzw. raffiniert u.a.

Beispiele:

G-AlSi6Cu	Aluminium-Gußlegierung mit durchschnittlich 6% Silizium und kleinen Mengen (höchstens 6%) Kupfer;
LSn63	Bleilot mit 63% Zinn (bei Weichloten entfällt das Zeichen Pb.)

Zu beachten ist, daß die Zahlenwerte nicht immer den Prozentgehalt an Legierungsmetall bedeuten. In manchen Fällen (Eisenwerkstoffe) errechnet sich dieser durch Anwendung eines Multiplikationsfaktors, in anderen kennzeichnen die Zahlenwerte die Größe bestimmter Eigenschaften. Es ist daher nötig, sich bei jeder Legierungsgruppe speziell zu informieren.

Verkupfern: galvanisch, meist als Zwischenschicht vor dem Vernickeln, jedoch auch für galvanoplastische, z.B. drucktechnische Zwecke.

Elektrolyte:

- Sulfatelektrolyt: Kupfersulfat + Schwefelsäure
- Zyanidelektrolyt: Natriumzyanokuprat(I) + Natriumzyanid + Natriumkarbonat + wenig Natriumthiosulfat

Vermessingen: galvanisch, meist zur dekorativen Verschönerung, z.B. in der Beleuchtungskörperindustrie. Die Elektrolyte enthalten Natriumzyanokuprat, Natriumzyanozinkat, Natriumzyanid und Natriumkarbonat, dazu wenig Arsen(III)-oxid als Glanzbildner.

20.1.3. Kupferverbindungen

Kupfer(I)-verbindungen: gehen an der Luft meist in Cu(II)-Verbindungen über; beständig sind: Zyanid (weiß), Rhodanid (weiß), Jodid (weiß), Sulfid (schwarz) und Oxid (rot). **Kupfer(I)-oxid,** Cu_2O, rotes Pulver, fällt beim Nachweis von Aldehyden mit FEHLINGscher Lösung aus; es dient zur Herstellung von Gleichrichtern und zum Färben von Glas und Email. **Kupfer(I)-chlorid,** CuCl, bildet ein weißes, unlösliches Pulver.

Kupfer(II)-verbindungen: Die kristallwasserhaltigen Salze (Aquokomplexe) sehen blau oder grün aus, die wasserfreien meist weiß (Oxid und Sulfid schwarz). Das Kupfer(II)-jodid ist nicht beständig und geht

in Kupfer(I)-jodid über: $2\ CuI_2 \rightarrow 2\ CuI + I_2$; analog zerfällt Kupfer(II)-zyanid gemäß $2\ Cu(CN)_2 \rightarrow 2\ CuCN + (CN)_2\uparrow$.
Aus den Cu(II)-Lösungen fällen Eisen und Zink rotbraunes Kupferpulver aus. Ammoniakwasser färbt die Lösungen intensiv ultramarinblau, wobei sich z.B. *Tetramminkupfer(II)-sulfat*, $[Cu(NH_3)_4]SO_4$, bildet.

Kupfer(II)-sulfat, $CuSO_4$, kristallisiert mit $5\ H_2O$ als **Kupfervitriol,** $CuSO_4 \cdot 5\ H_2O$. Blaue, mäßig giftige, wasserlösliche Kristalle, die beim Erhitzen unter Abgabe von Wasser zu wasserfreiem Kupfersulfat zerfallen. Dieses wird mit Wasser wieder blau (Nachweis für Wasser, z.B. in Alkoholen).

Verwendung: als Schädlingsbekämpfungsmittel (mit Kalkmilch »Kupferkalkbrühe« gegen Reblaus); zum Verkupfern; zur Herstellung von Spinnlösung für Kupferchemieseide.

Weitere Kupfer(II)-verbindungen: Kupfer(II)-hydroxid, $Cu(OH)_2$, fällt als blauer, flockiger Niederschlag aus Cu(II)-Lösungen durch Alkalilaugen aus; beim Erhitzen entsteht daraus schwarzes **Kupfer(II)-oxid, CuO.** – **Kupfer(II)-chlorid,** $CuCl_2 \cdot 2\ H_2O$, bildet grüne bis blaugrüne Kristalle; konzentrierte Lösungen sehen grün, verdünnte blau aus. **Kupfer(II)-nitrat,** $Cu(NO_3)_2 \cdot 3\ H_2O$, dient für künstliche Patinierung. **Kupfer(II)-sulfid, CuS,** fällt aus sauren Lösungen durch H_2S als schwarzer Niederschlag aus. **»Grünspan«** ist Kupfer(II)-hydroxidazetat. **Kupfer(II)-karbonat, -phosphat, -arsenit** (»*Schweinfurter Grün*«) fallen durch Zugabe entsprechender Alkalisalze aus Cu(II)-Lösungen als blaue oder grüne Niederschläge aus.

Nachweis: Cu-Verbindungen färben, besonders nach Anfeuchten mit Salzsäure, die Flamme intensiv blau oder grün. – Cu(II)-Salze ergeben mit Ammoniakwasser eine intensive blaue Färbung (Bildung von $[Cu(NH_3)_4]^{2+}$-Ionen).

20.2. Silber und Silberverbindungen

20.2.1. Allgemeines

Symbol: Ag [*argentum* (lat.)]; **Wertigkeiten:** +1, (+2).

Vorkommen: selten gediegen, meist an Schwefel gebunden als Begleiter von Bleiglanz und Kupferkies.

Minerale: Silberglanz (*Argentit*), Ag_2S; ferner die **Rotgültigerze,** Ag_3SbS_3 und Ag_3AsS_3.

20.2.2. Metallisches Silber

Herstellung:

- aus Silbererzen durch »Zyanidlaugerei« mittels NaCN-Lösung; $Ag_2S + 4\ NaCN \rightarrow 2\ Na[Ag(CN)_2] + Na_2S$. Aus der Komplexsalzlösung fällt man das Silber durch Zinkpulver: $2\ Na[Ag(CN)_2] + Zn \rightarrow Na_2[Zn(CN)_4] + 2\ Ag$. Reinigung durch elektrolytische Raffination (in Silbernitratelektrolyten).
- aus silberhaltigem »Werkblei« durch Zinkentsilberung (»*Parkesierung*«). Flüssiges Zink extrahiert das Silber aus dem Blei; nach Abdestillation des Zinks aus dem abgeschöpften Zinkschaum wird das restliche Blei in einem Flammofen durch Oxidation entfernt, bis die letzte Haut Bleiglätte reißt und der »Silberblick« sichtbar wird.

- aus den Anodenschlämmen der elektrolytischen Kupfer-, Nickel- und Bleiraffination durch Schmelzen und elektrolytische Raffination in Silbernitratlösung.

Eigenschaften (s.a. S. 413): »silber«weißes, weiches, sehr dehnbares Edelmetall; hat von allen Metallen die beste Leitfähigkeit für Elektrizität und Wärme. Durch Schwefelwasserstoff wird es geschwärzt; hierauf beruht auch das Nachdunkeln an der Luft: $4\,Ag + 2\,H_2S + O_2 \rightarrow 2\,Ag_2S + 2\,H_2O$. Das Nachdunkeln kann durch eine dünne Rhodinierung (galvanisches Überziehen mit Rhodium) verhindert werden. – Infolge seines edlen Charakters wird Silber nur von oxidierenden Säuren (Salpetersäure; heiße, konz. Schwefelsäure) gelöst.

Verwendung: als Schmuck- und Münzmetall; für Spiegel, elektrische Kontakte, chemische Gefäße; als Anoden zum Versilbern; zur Herstellung von Silbersalzen (besonders für fotografische Zwecke).

Legierungen: Da reines Silber zu weich ist, wird es für viele Zwecke, z.B. Schmuck, mit Kupfer legiert. »Feingehalt 1000« bedeutet: reines Silber; »Feingehalt 900« 90%iges Silber. – **Silberlote** bestehen aus Kupfer, Zink und Silber. – **Silberamalgam** wird für Zahnfüllungen verwendet.

Versilbern: Metalle werden galvanisch in Elektrolyten aus Natriumdizyanoargentat ($Na[Ag(CN)_2]$), Natriumzyanid, Natriumkarbonat und glanzbildenden organischen Schwefelverbindungen (auch Natriumselenit) versilbert. »Silberauflage 90« (*schwere Versilberung*) heißt: 12 genormte Eßlöffel und -gabeln erhalten zusammen 90 g Silber aufgebracht; das entspricht einer durchschnittlichen Schichtdicke von 36,7 µm.

Verspiegeln: ist das Überziehen nichtmetallischer Werkstoffe (Glas, Plaste) mit Silber, z.B. für Spiegel oder zur Herstellung einer Silberleitschicht für eine nachfolgende Galvanisierung. Die Verspiegelung der entfetteten Oberflächen erfolgt durch Erwärmen in einem Gemisch aus Glukose- oder Formaldehydlösung und »ammoniakalischer Silbersalzlösung« (s.u.) oder durch gleichzeitiges Aufbringen der erwärmten Lösungen aus einer Spezialspritzpistole. Reaktionen mit Formaldehyd: $HCHO + 2\,[Ag(NH_3)_2NO_3 + H_2O \rightarrow HCOOH + 2\,Ag + 2\,NH_4NO_3 + 2\,NH_3$.

20.2.3. Silberverbindungen

Allgemeines: meist farblos und lichtempfindlich (Aufbewahrung in braunen Flaschen!). Unedlere Metalle, auch Hg, fällen das Silber aus den Salzlösungen als schwarzen Schlamm oder in Form langer Kristalle aus. Auf der Haut bilden Silbersalze schwarze, schwer entfernbare Flecke aus metallischem Silber.

Silbernitrat, *Höllenstein*, $AgNO_3$, entsteht aus Silber und Salpetersäure; bildet farblose, sehr leicht lösliche Kristalle und wird zur Herstellung anderer Ag-Verbindungen sowie in der Medizin als Ätzmittel verwendet.

Silberchlorid, -bromid und **-jodid,** AgCl, AgBr und AgI, fallen als »käsige« Niederschläge aus Silbersalz- und entsprechenden Halogenidlösungen aus und dienen als lichtempfindliche Stoffe in der Fotografie. AgCl sieht weiß, AgBr gelblich weiß, AgI hellgelb aus; die Löslichkeit ist bereits beim Chlorid sehr gering und sinkt bis zum Jodid noch weiter ab.

Silberoxid, Ag_2O, fällt aus Silbersalzlösungen durch Alkalilauge als brauner Niederschlag; Ammoniak löst zu **Diamminsilbersalzen**, z.B. $[Ag(NH_3)_2]NO_3$ (»*ammoniakalische Silberlösung*« für die Silberspiegelreaktion mit Glukose und anderen Aldehyden). Bei längerem Stehen scheiden sich aus ammoniakalischer Silbersalzlösung schwarze Flocken des hochexplosiven *Silbernitrids* (»Knallsilber«) der ungefähren Formel Ag_3N ab; die Lösung darf daher nicht aufbewahrt werden.

Silbersulfid, Ag_2S, fällt aus Silbersalzlösungen durch Schwefelwasserstoff als schwarzer Niederschlag aus; es wird bei der »*Altsilberfärbung*« mittels Kaliumpolysulfidlösung auf Silber künstlich erzeugt.
Silbersulfid entfernt man von Silbergegenständen durch Eintauchen in schwefelsaure Thioharnstofflösung; hierbei entsteht unter Schwefelwasserstoffentwicklung ein löslicher Silber-Thioharnstoff-Komplex.

Nachweis: Lösliche Silbersalze ergeben auch in salpetersaurer Lösung mit Cl^--Ionen (z.B. Salzsäure, Natriumchlorid) eine weiße, käsige Fällung von Silberchlorid.

Schwarzweißfotografie:

Bei der *Schwarzweißfotografie* bildet in Gelatine eingebettetes Silberhalogenid (Bromid oder Chlorid) die lichtempfindliche Schicht; gleichzeitig vorhandene organische »Sensibilisatoren« machen die an sich nur blau- und violettempfindliche Schicht auch für grünes, gelbes und rotes Licht empfindlich.
Bei der *Belichtung* entsteht infolge spurenweiser Zersetzung des Silbersalzes ein unsichtbares, »latentes« (verborgenes) Bild.
Dies wird im Dunkeln *entwickelt*, d.h. sichtbar gemacht. Beim Tauchen in den *Entwickler* (alkalische Lösungen von Hydrochinon, 4-Aminophenol u. dgl., ↑ S. 546) wird an den vorher vom Licht getroffenen Stellen, d.h. dort, wo bereits Spuren von Silber vorhanden sind (katalytische Wirkung), das Silberhalogenid zu schwarzem Silber reduziert, z.B. gemäß der vereinfachten Gleichung

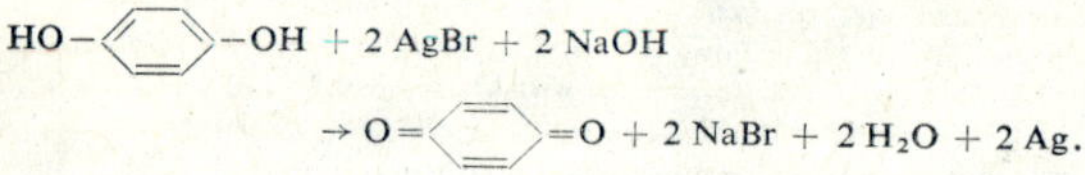

(Aus Aminogruppen $-NH_2$ entstehen analog Iminogruppen $=NH$.)
Zur Entfernung des noch unbelichteten Silberhalogenids wird das Bild nach einer Zwischenwässerung *fixiert*, d.h. im Dunkeln mit hydrogensulfit- oder disulfithaltigen Natriumthiosulfatlösungen (*Fixierbad*) behandelt. Hierbei löst sich das Silbersalz gemäß $AgBr + 2\,Na_2S_2O_3 \rightarrow Na_3[Ag(S_2O_3)_2] + NaBr$. Silber kann aus gebrauchten Fixierbädern durch Fällung mit Zinkstaub wiedergewonnen werden.
Nach dem Fixieren kann das Bild dem Tageslicht ausgesetzt werden; gründliches Wässern verhindert ein Nachgilben. Das Bild ist ein Negativ der Vorlage; indem man das Negativ seinerseits als Bildvorlage benutzt, lassen sich beim *Kopieren* negative Negative, d.h. Positive, erzeugen.

Farbfotografie: Die drei lichtempfindlichen Schichten des Aufnahmematerials enthalten neben Silberbromid *Farbbildner* und z.T. *Sensibilisatoren*. Die oberste (sensibilisatorfreie) Schicht spricht nur auf blaues Licht an, während die mittlere und die untere Schicht für grünes bzw. rotes Licht sensibilisiert sind. Eine Gelbfilterschicht (mit kolloidalem Silber als farbgebender Substanz) zwischen der oberen und der mittleren Schicht schirmt die beiden unteren Schichten vor blauem Licht ab. Beim Entwickeln (z.B. mit p-Diäthylamino-anilin; S. 546) entsteht an den vom Licht getroffenen Stellen ein schwarzes Silberbild und zugleich ein Entwickleroxidationsprodukt. Dies »kuppelt« an der betreffenden Stelle mit dem jeweiligen Farbbildner in der oberen Schicht zu einem gelben, in der mittleren zu einem purpurfarbenen und in der unteren Schicht

zu einem blaugrünen organischen Farbstoff. Führt man nun im *Bleichbad*, das als wesentlichen Bestandteil Kaliumzyanoferrat(III), $K_3[Fe(CN)_6]$, enthält, das schwarze Silber sowie das Silber der Gelbfilterschicht in weißes Silberzyanoferrat(II) über ($4\,Ag + 4\,K_3[Fe(CN)_6] \rightarrow 3\,K_4[Fe(CN)_6] + Ag_4[Fe(CN)_6]$) und entfernt dies im anschließenden *Fixierbad* zusammen mit nichtbelichtetem Silberbromid durch Thiosulfat, erhält man ein Farbnegativ in den Komplementärfarben. Wurde z.B. mit blaugrünem Licht belichtet, entsteht in der oberen Schicht ein gelbes, in der mittleren ein purpurfarbenes Bild; beide ergeben zusammen in der Durchsicht ein reines Rot. Mit Hilfe des entstandenen Farbnegativs lassen sich analog zur Schwarzweißfotografie Positive erzeugen, auf denen dann jeweils die zur Komplementärfarbe komplementäre Farbe, also der ursprüngliche Farbton, entsteht.
Soll (beim *Umkehrfilm*) sogleich ein Positiv entstehen, entwickelt man zunächst mit einem normalen Schwarzweißentwickler, so daß an den belichteten Stellen ein schwarzes Silberbild ohne Farbstoff entsteht. Dann belichtet man mit sorgfältig dosiertem weißem Licht, entwickelt mit einem Farbentwickler, bleicht und fixiert. Die Farben entstehen folglich an den bei der Aufnahme nicht belichteten Stellen und sind darum original. Wurde z.B. mit blaugrünem Licht belichtet, so kann bei der Zwischenbelichtung nur noch die untere Schicht angeregt werden, die bei der Farbentwicklung ein blaugrünes Bild liefert. (Beim Umkehrfilm müssen Farbstoffe mit speziellen spektralen Eigenschaften verwendet werden, so daß sich der Negativfilm nicht für eine farbtreue Umkehrentwicklung eignet.)

20.3. Gold und Goldverbindungen

Symbol: Au [*aurum* (lat.); vgl. *aurora* (lat.) Morgenröte]; **Wertigkeiten:** +3, +1.

Vorkommen: meist gediegen. *Berggold* findet sich auf primärer Lagerstätte, *Seifengold* (Waschgold) auf sekundärer Lagerstätte in Flußsanden. Meerwasser enthält nur 10 mg/m³ Gold, so daß die Gewinnung nicht lohnt.

Gewinnung:

- durch *Schlämmen* (»Goldwäscherei«)
- durch das *Amalgamationsverfahren:* Quecksilber löst das Gold zu Goldamalgam; beim Erhitzen desselben verdampft Quecksilber und hinterläßt das Gold.
- durch *Zyanidlaugerei* mit lufthaltiger Natriumzyanidlösung: $4\,Au + 8\,NaCN + 2\,H_2O + O_2 \rightarrow 4\,Na[Au(CN)_2] + 4\,NaOH$; anschließend wird das Gold mit Zinkstaub gefällt und elektrolytisch (in Elektrolyten aus $H[AuCl_4] + HCl$) raffiniert.

Eigenschaften (s.a. S. 413): gelbes, weiches Edelmetall von sehr guter Leitfähigkeit für Elektrizität und Wärme. Es ist das dehnbarste (duktilste) Metall und läßt sich z.B. zu grün durchscheinenden, in der Aufsicht jedoch immer noch golden aussehenden Blättchen von 0,1 µm Dicke (kleiner als die Wellenlänge des sichtbaren Lichts!) auswalzen. An der Luft absolut beständig, wird es von Chlor, Brom und Königswasser leicht angegriffen; letzteres löst zu Tetrachlorogold(III)-säure, $H[AuCl_4]$.

Verwendung: als Schmuckmetall; als Goldbarren zur Deckung von Papiergeld; in Zahntechnik, Porzellan- und Glasmalerei; zur Goldprägung auf Büchern; für elektrische Kontakte, z.B. in fotografischen Kameras; zur Herstellung von Goldverbindungen, z.B. für das Vergolden. Als Schmuckmetall wird es wegen seiner Weichheit mit Silber und Kupfer legiert. Der Goldgehalt (»Feingehalt«) wird in Bruchteilen von Tausend (früher in Karat) angegeben. Reines Gold (1000 fein) entspricht 24 Karat; 333er Gold also 8 Karat.

Vergolden: durch Aufwalzen (Golddoublé), Tauchvergolden oder Galvanisieren in zyanidischen Lösungen, enthaltend Kaliumdizyanoaurat(I), $K[Au(CN)_2]$, und Kaliumzyanid.

Goldverbindungen: Gold(III)-verbindungen sind meist beständiger als Gold(I)-verbindungen. Einfache Goldsalze existieren kaum; zumindest in wäßriger Lösung sind nahezu alle Verbindungen stark komplex. Aus goldhaltigen Lösungen entsteht durch Zinn(II)-chlorid intensiv purpurrotes, kolloides Gold (CASSIUSscher Goldpurpur); die gleiche Färbung erzeugen Goldverbindungen auf der Haut. – **Tetrachlorogold(III)-säure**, $H[AuCl_4]$, bildet hellgelbe, hygroskopische Nadeln (Salze: *Tetrachloroaurate*). »Goldsalz« ist **Natrium-tetrachloroaurat(III)**, $Na[AuCl_4]$: gelbe Kristalle. – **Goldresinat**, das Reaktionsprodukt aus geschwefelten ätherischen Koniferenölen (»Schwefelbalsam«) und Kaliumchloroaurat(III), dient zur Porzellanvergoldung, da es beim »Brennen« glänzendes, gut haftendes Gold hinterläßt.

21. Elemente der II. Nebengruppe (Zinkgruppe)

Tabelle 36. Zinkgruppe

	Zink	Kadmium	Quecksilber
Symbol	Zn	Cd	Hg
Kernladungszahl	30	48	80
Relative Atommasse	65,38	112,41	200,59
Schmelzpunkt (in °C)	419,5	320,9	−38,9
Siedepunkt (in °C)	906	765	356,95
Dichte (in g/cm³ bei 20 °C)	7,14	8,65	13,53
Häufigkeit (Erdrinde, %)	$1{,}2 \cdot 10^{-2}$	$3 \cdot 10^{-5}$	$4 \cdot 10^{-5}$
Wertigkeit	2	2	1; 2
Hydroxide	weiß, amphoter	weiß, amphoter	unbeständig
Oxide	weiß	braun	gelb und rot
Sulfide	weiß	gelb	schwarz und rot

21.1. Zink und Zinkverbindungen

21.1.1. Allgemeines

Symbol: Zn [*zincum* (lat.); benannt nach der »zinkigen« = zackigen äußeren Gestalt einiger Erze]; **Wertigkeit:** +2.

Entdeckung: in Europa seit Ende des Mittelalters bekannt, im Orient früher.

Minerale:

Zinkblende (*Sphalerit*) .... ZnS
Zinkspat (*edler Galmei; Smithsonit*) .... $ZnCO_3$
Kieselzinkerz (*gemeiner Galmei; Hemimorphit*) .... $Zn_4(OH)_2Si_2O_7 \cdot H_2O$

Physiologie: Mehrere Enzyme sind Zn-Verbindungen; Zn ist daher ein für alle höheren Organismen lebensnotwendiger Mikronährstoff. Zn-Salze wirken giftig (Verätzungen der Schleimhäute; Erbrechen); Lebensmittel dürfen nicht in verzinkten Gefäßen aufbewahrt werden!

21.1.2. Metallisches Zink

Herstellung:

- *Nasses (elektrolytisches) Verfahren:* Geröstete Zinkblende oder karbonatisches Zinkerz wird mit Schwefelsäure ausgelaugt; nach Reinigung der entstehenden Zinksulfatlösung mittels Zinkpulvers (Ausfällung von Cu, Cd u.a.) erfolgt Elektrolyse (Abscheidung an Al-Katoden).
- *Trockenes (chemisches) Verfahren* (wird immer mehr vom nassen abgelöst): Aus Zinkerzen durch Rösten ($2\,ZnS + 3\,O_2 \rightarrow 2\,ZnO + 2\,SO_2$) oder Brennen ($ZnCO_3 \rightarrow ZnO + CO_2$) hergestelltes Zinkoxid wird in Muffeln (kleinen Retorten, die in einem Muffelofen erhitzt werden) mit Kohle reduziert ($ZnO + C \rightarrow Zn + CO$); das Zink destilliert in luftgekühlte Vorlagen über, in denen es sich flüssig ansammelt.

Eigenschaften (s.a. S. 420): bläulich-weißes Metall, das sich walzen, schweißen, löten und gießen läßt. An der Luft bildet sich allmählich »Weißrost« (Zinkhydroxidkarbonat) aus, welcher das darunter befindliche Zink ziemlich gut schützt. Beim Erhitzen an der Luft, auch z.B. beim Gießen von Messing, verbrennt Zink mit grüner Flamme zu einem weißen Rauch von Zinkoxid, ZnO. – Zink löst sich leicht in Säuren, langsam auch in Alkalilaugen unter Wasserstoffentwicklung; mit den Laugen bildet sich Zinkat: $Zn + 2\,NaOH + 2\,H_2O \rightarrow Na_2[Zn(OH)_4] + H_2$. Infolge seines relativ unedlen Charakters verdrängt Zink viele edlere Metalle aus ihren Salzlösungen.

Verwendung: zum Verzinken von Eisen und Stahl; als Legierungsmetall; als Konstruktionsmaterial (mit 1...6% Al und 1% Cu); für Druckplatten und Anoden galvanischer Elektrolyte und galvanischer Ketten (Zink-Salmiak-Kohle-Elemente in sog. Trockenelementen bzw. -batterien).

Verzinken:

- *Feuerverzinkung:* Der gereinigte und gebeizte Stahlgegenstand wird durch einen oxidlösenden »Fluß« aus geschmolzenem Zinkchlorid (+ Ammoniumchlorid) in eine Zinkschmelze getaucht.
- *Galvanische Verzinkung:* erfolgt in Elektrolyten aus Natriumzinkat, -zyanozinkat, -hydroxid und -zyanid mit Zink-Anoden; als Glanzbildner eignen sich Heliotropin, Vanillin u.dgl.
- *Diffusionsverzinkung (Sherardisieren):* Erhitzen in Zinkpulver.
- *Spritzverzinkung:* Aufspritzen geschmolzenen Zinks mit Spritzpistole.

Legierungen: Messing und **Neusilber** enthalten Zn in Mengen unter 50% – *Zink-Knet-* und *-Spritzgußlegierungen* enthalten neben einem Zn-Gehalt über 90% kleine Mengen Cu, Al und Mg.

21.1.3. Zinkverbindungen

Allgemeines: meist farblos oder weiß, auch Oxid und Sulfid; farbig sind nur Chromat und andere Verbindungen mit farbigem Anion.

Zinkoxid, ZnO: weißes, in der Hitze gelbes Pulver, entsteht durch Verbrennen des Metalls, durch Glühen des Hydroxids, Karbonats oder Nitrats oder durch Rösten des Sulfids. *Verwendung:* als Malerfarbe (»Zinkweiß«), als Zusatz bei der Vulkanisation von Kautschuk, als Bestandteil pharmazeutischer Zinksalben und -pasten.

Zinkhydroxid, $Zn(OH)_2$, fällt als weißer, schleimiger Niederschlag aus Zinksalzlösungen durch Alkalilaugen ($ZnCl_2 + 2\,NaOH \rightarrow Zn(OH)_2 + 2\,NaCl$) und löst sich in deren Überschuß zu **Zinkat** ($Zn(OH)_2 + 2\,NaOH \rightarrow Na_2[Zn(OH)_4]$). Durch Säuren wird aus Zinkatlösungen das Hydroxid wieder ausgeschieden ($Na_2[Zn(OH)_4] + 2\,HCl \rightarrow Zn(OH)_2 + 2\,H_2O + 2\,NaCl$). Zinkhydroxid hat also *amphoteren* Charakter.

Zinkchlorid, $ZnCl_2$: sehr hygroskopisches, weißes Pulver; kommt auch als porzellanartige Masse in den Handel; $F = 318\,°C$. Es ist in dem aus Zink und Salzsäure bereiteten *Lötwasser* enthalten. *Verwendung:* als Flußmittel beim Feuerverzinken und -verzinnen; zur Herstellung von Vulkanfiber und Aktivkohle.

Zinksulfid, ZnS, fällt aus Zinksalzlösungen durch Alkalisulfid als weißer Niederschlag. Mit Spuren bestimmter Schwermetalle (Cu, Mn) geglüht, sendet es nach Belichtung grünes Licht aus; es strahlt auch beim Auftreffen von Röntgen- und α-Strahlen mit grünem Licht (Sidot-Blende) und wird z.B. im Gemisch mit radioaktiven Stoffen für selbstleuchtende Zifferblattbeschriftung und als Blauleuchtstoff für Farbfernsehbildschirme verwendet. — ZnS ist Bestandteil des *Lithoponeweiß* ($ZnS + BaSO_4$), das aus Zinksulfatlösung durch Bariumsulfid ausfällt.

Weitere Zinkverbindungen: Zinksulfat kristallisiert aus wäßrigen Lösungen als **Zinkvitriol**, $ZnSO_4 \cdot 7\,H_2O$; farblose Kristalle, die zur Herstellung von Lithopone, als Zusatz zu Fällbädern für Viskosefaserstoff und zur galvanischen Drahtverzinkung angewendet werden. **Zinkgelb** ist *Zinkchromat*, **Zinkgrün** ein Gemisch aus *Zinkgelb* und *Berliner Blau*.

Nachweis: Glühen des Hydroxids mit verdünnter Kobaltnitratlösung ergibt grünes Kobaltzinkat (Rinmanns Grün).

21.2. Kadmium und Kadmiumverbindungen

Symbol: Cd (*kadmia* = Galmai: bereits den Griechen bekanntes Zinkmineral; Namengebung auf Grund seines häufigen Vorkommens in diesem Mineral); **Wertigkeit:** +2.

Entdeckung: 1817 durch F. Stromeyer und C. Hermann.

Vorkommen: Cd begleitet Zn in dessen Erzen; eigene Cd-Minerale sind sehr selten.

Physiologie: Cd-Verbindungen sind wie Zn-Verbindungen giftig.

Metallisches Kadmium: zinnweißes Metall; weicher, leichter schmelzbar, besser lötbar und an der Luft beständiger als Zink; s.a. S. 420. — *Herstellung:* als Nebenprodukt der Zinkgewinnung durch Fällung aus den Zinksulfatlaugen mit Zinkstaub und elektrolytischer Raffination (in $CdSO_4$-Elektrolyten). — *Verwendung:* für Anoden zur galvanischen Verkadmung; für Nickel-Kadmium-Akkumulatoren; für niedrig schmelzende Legierungen. Cd, besonders das Isotop Cd 113, absorbiert sehr stark Neutronen und wird daher für Steuerstäbe in Kernreaktoren verwendet.

Verkadmen: wirksamer Korrosionsschutz für Eisen und Stahl. Verkadmet wird galvanisch in Elektrolyten aus Natrium-tetrazyanokadmat, $Na_2[Cd(CN)_4]$, Natriumzyanid, -karbonat und Dextrin unter Verwendung löslicher Kadmiumanoden.

Kadmiumverbindungen: **Kadmiumoxid**, CdO, sieht braun, **Kadmiumsulfid**, CdS, gelb aus (»*Kadmiumgelb*«; »*Kadmiumrot*« enthält das tiefrote Selenid, CdSe). Die meisten übrigen Salze sind farblos. **Zinkkadmiumsulfid**, (Zn,Cd)S, dient als grün leuchtendes Pigment für Farbfernsehbildschirme. **Kadmiumhydroxid**, $Cd(OH)_2$, ist im Gegensatz zu Zinkhydroxid nicht amphoter, bildet aber mit Ammoniak und Ammoniumsalzen lösliche Komplexe. **Kadmiumchlorid**, $CdCl_2 \cdot n\, H_2O$ ($n = 1 \ldots 4$), **Kadmiumnitrat**, $Cd(NO_3)_2 \cdot 4\, H_2O$, und **Kadmiumsulfat**, $3\, CdSO_4 \cdot 8\, H_2O$, sind farblose, wasserlösliche Salze.

21.3. Quecksilber und Quecksilberverbindungen

21.3.1. Allgemeines

Symbol: Hg [*hydrargyrum* (grch.-lat.) flüssiges Silber]; **Wertigkeiten:** +2, +1.

Geschichte: seit dem Altertum bekannt.

Vorkommen: teils gediegen (Tröpfchen im Gestein), teils als rotes Mineral **Zinnober** (*Zinnabarit*), HgS.

Physiologie: Metallisches Quecksilber und seine löslichen Verbindungen sind sehr giftig. Verschüttetes Quecksilber ist restlos aufzulesen (Quecksilberzange; Zink- oder Kupferpulver; Jodkohle), da der Dampf zu chronischen Vergiftungen führt (Unruhe, Kopfschmerz, Nachlassen der Merkfähigkeit, schwarzer Quecksilbersaum (HgS) am Zahnfleisch, Nierenschädigungen, allmählicher Verfall). Lösliche Quecksilberverbindungen bewirken in Dosen von 0,2...1 g schwerste Vergiftungserscheinungen, die binnen einem Tage zum Tode führen. Zahnfüllungen aus Silberamalgam sind dagegen unschädlich.

21.3.2. Metallisches Quecksilber

Herstellung: durch Abrösten von Zinnober; $HgS + O_2 \rightarrow Hg + SO_2$

Eigenschaften (s.a. S. 420): flüssiges, silberglänzendes, an der Luft beständiges Metall, das bereits bei gewöhnlicher Temperatur langsam verdampft. Es ist recht edel, wird deshalb durch unedlere Metalle, z.B. Cu, aus seinen Lösungen verdrängt und löst sich nur in Salpetersäure, Königswasser und heißer, konzentrierter Schwefelsäure.
An Quecksilberkatoden besitzt Wasserstoff eine derart hohe »Überspannung«, daß sich durch Elektrolyse aus wäßriger Lösung auch Alkali- und Erdalkalimetalle abscheiden lassen.

Verwendung: für Thermometer, Barometer, Normal-Elemente und andere wissenschaftliche Geräte, z.B. Polarografen; für Quecksilberdampflampen zur Erzeugung von ultraviolettem Licht (künstliche Höhensonnen); für Quecksilberdampfpumpen zur Erzeugung hoher Vakua; für Quecksilbersalben; für das Quecksilberverfahren zur Gewinnung von Natronlauge; für das Amalgamverfahren zur Gewinnung von Gold und Silber; für Stia-Elektrizitätszähler; zur Herstellung von Knallquecksilber.

Amalgame: Quecksilber löst viele Metalle (nicht z.B. Fe, Co, Ni) zu Legierungen, die Amalgame genannt werden. Sie sind häufig flüssig oder sehr weich, in manchen Fällen jedoch auch hart. Manche erhärten nach einer gewissen Zeit.

Silberamalgam wird für Zahnfüllungen verwendet. **Natriumamalgam** entsteht aus den Elementen in stark exothermer Reaktion (Feuererscheinung, Verspritzen) oder bei der Elektrolyse von Na-Salzlösungen an Hg-Katoden. Mit Ammoniumchlorid entsteht daraus lockeres, voluminöses **Ammoniumamalgam** [$Na(Hg) + NH_4Cl \rightarrow NH_4(Hg) + NaCl$], das allmählich in Quecksilber, Ammoniak und Wasserstoff zerfällt.

Reinigung des Quecksilbers von beilegierten Metallen erfolgt durch Destillation oder durch mehrfaches Durchtropfen durch salpetersaure Quecksilber(II)-nitratlösung.

21.3.3. Quecksilber(I)-verbindungen

Die Quecksilber(I)-verbindungen enthalten das Ion $^{+}Hg\text{-}Hg^{+}$ (auch $Hg_2{}^{2+}$ geschrieben), z. B.

Quecksilber(I)-chlorid, *Kalomel,* Hg_2Cl_2: weißes, unlösliches Pulver, das mit Ammoniak schwarz wird [kalon melas (grch.) schönes Schwarz]. Verwendung für Arzneimittel und für Kalomel-Elektroden.

Quecksilber(I)-nitrat, $Hg_2(NO_3)_2$, hergestellt gemäß $Hg(NO_3)_2 + Hg \rightarrow Hg_2(NO_3)_2$ durch Schütteln einer Quecksilber(II)-nitratlösung mit Quecksilber, ist ein weißes, sehr leicht lösliches Salz.

21.3.4. Quecksilber(II)-verbindungen

Quecksilber(II)-oxid, HgO: je nach Feinkörnigkeit gelbes oder rotes Pulver; bildet sich bei 300 °C aus dem Metall an der Luft und zerfällt bei 400 °C wieder in die Elemente:

$$2\,HgO \underset{400\,°C}{\overset{300\,°C}{\rightleftarrows}} 2\,Hg + O_2$$

Aus Quecksilber(II)-salzlösungen fällt es durch Alkalilaugen als gelber Niederschlag, da das primär entstehende Hydroxid nicht beständig ist: $Hg(NO_3)_2 + 2\,KOH \rightarrow HgO + H_2O + 2\,KNO_3$.

Quecksilber(II)-chlorid, *Sublimat,* $HgCl_2$: weißes, in Wasser mäßig lösliches, bei etwa 280 °C sublimierendes, sehr giftiges Salz, das in wäßriger Lösung nur wenig dissoziiert. Verwendung als Desinfektions- und Sterilisationsmittel (nicht für amalgambildende Metalle!). Mit Ammoniak fällt »weißes Präzipitat« (*Quecksilberaminochlorid*), $Hg(NH_2)Cl$, das in Salben gegen Hautkrankheiten verwendet wird.

Quecksilber(II)-sulfid, HgS, »*Zinnober*«, kommt in einer schwarzen und einer roten Modifikation vor. Es ist extrem schwer löslich (daher ungiftig) und fällt deshalb auch aus stark sauren Quecksilbersalzlösungen durch Schwefelwasserstoff in schwarzer Form aus. Die rote Form entsteht daraus durch mehrtägige Behandlung mit Natriumpolysulfidlösung. Verwendung als Kunstmalfarbe.

Weitere Quecksilber(II)-verbindungen: Quecksilber(II)-nitrat, $Hg(NO_3)_2$, und **Quecksilber(II)-zyanid,** $Hg(CN)_2$, werden für Quickbeizen verwendet (z. B. vor dem Versilbern von Neusilber); das Zyanid ergibt beim Erhitzen freies Zyan: $Hg(CN)_2 \rightarrow Hg + (CN)_2$. **Quecksilber(II)-jodid,** HgI_2, ist ein leuchtend rotes, schwer lösliches Pulver, das als Sterilisationsmittel und in Form des komplexen Salzes $K_2[HgI_4]$ für Stia-Elektrizitätszähler verwendet wird. Als Saatbeizmittel (zur Vernichtung schädlicher Sporen und Pilze) dienen neben Quecksilber(II)-chlorid **Äthylquecksilberchlorid,** C_2H_5HgCl, **Methoxyäthyl-quecksilberchlorid,** $CH_3OC_2H_4HgCl$, **Kresol-quecksilber-zyanide** und ähnliche (sehr giftige) Verbindungen.

Nachweis: Beim Glühen der mit Natriumkarbonat verriebenen Probe kondensieren silberglänzende Quecksilberkügelchen an der Innenwand des Glühröhrchens. – Ein Cu- oder Messingblech (Münze!) überzieht sich in einer Quecksilbersalzlösung mit einem grauen Quecksilberbelag, der beim Verreiben durch Amalgambildung hochglänzend wird.

22. Elemente der III. Nebengruppe (Skandiumgruppe)

22.1. Allgemeines

Elemente: Die III. Nebengruppe (»Skandiumgruppe«) besteht aus den Elementen Skandium (Sc), Yttrium (Y), Lanthan (La) und Aktinium (Ac). Weiterhin gehören zur III. Nebengruppe die **Lanthanoide**[1]) und die **Aktinoide**[1]), je 14 Elemente, die im Periodensystem auf das Lanthan und Aktinium folgen.

Atombau: Bei den Lanthanoiden und Aktinoiden werden mit steigender Kernladungszahl jeweils die drittäußersten Schalen mit Elektronen (4f- bzw. 5f-Elektronen) aufgefüllt, so daß die Atome im allgemeinen 3 Valenzelektronen (Elektronen auf den beiden äußersten Energieniveaus) aufweisen und folglich in die III. Gruppe gehören. Allerdings können sich, besonders bei den Aktinoiden, auch einige Elektronen der drittäußersten Schale an der chemischen Bindung beteiligen, so daß auch höhere Wertigkeitsstufen als +3 möglich sind.

22.2. Skandium, Yttrium, Lanthan und Aktinium

Skandium (Sc) [von *Skandinavien*], Yttrium (Y) [von dem schwedischen Ort *Ytterby*], Lanthan (La) [*lanthanein* (grch.) verborgen sein] und Aktinium (Ac) [*aktinoeis* (grch.) strahlend; nach der Radioaktivität benannt] haben zur Zeit nur geringe Bedeutung. Mit Ausnahme des Ac begleiten sie die Lanthanoide in ihren Erzen. *Häufigkeit* (%, Erdrinde): Sc $5{,}1 \cdot 10^{-4}$, Y $2{,}6 \cdot 10^{-3}$, La $1{,}7 \cdot 10^{-3}$, Ac $6{,}1 \cdot 10^{-14}$. Sc kommt meist als *Thortveitit*, $Sc_2Si_2O_7$, vor. Die Elemente lassen sich durch Elektrolyse aus Chloridschmelzen erzeugen; sie bilden silberglänzende, an der Luft unbeständige Metalle. Y, La und Ac zersetzen Wasser unter Wasserstoffentwicklung und Bildung der Hydroxide. Diese sind starke Basen; die Salze sehen meist farblos aus. – **Skandiumoxid**, Sc_2O_3, ist unentbehrlicher Bestandteil höchstleistungsfähiger Ferritkerne für elektronische Rechner und Datenverarbeitungsanlagen.

22.3. Die Lanthanoide

Zusammen mit Skandium, Yttrium und Lanthan werden diese Elemente auch als »*Seltenerdmetalle*« oder »*Erdmetalle*« bezeichnet. Die »Erden« selbst sind die Oxide. Man teilt sie ein in:

		Oxide von
Zeriterden:		Ce, La, Pr, Nd, Sm
Yttererden:	• Yttererde	Y
	• Terbinerden:	Eu, Gd, Tb
	• Erbinerden:	Dy, Ho, Er, Tm
	• Ytterbinerden:	Yb, Lu

[1]) auch *Lanthaniden* oder *Lanthanide* bzw. *Aktiniden* oder *Aktinide* genannt

Tabelle 37. Die Lanthanoide

Kernladungszahl	Symbol	Name	Kernladungszahl	Symbol	Name
58	Ce	Zer[1])	65	Tb	Terbium
59	Pr	Praseodym[1])	66	Dy	Dysprosium
60	Nd	Neodym[1])	67	Ho	Holmium
61	Pm	Promethium	68	Er	Erbium
62	Sm	Samarium	69	Tm	Thulium
63	Eu	Europium	70	Yb	Ytterbium
64	Gd	Gadolinium	71	Lu	Lutetium

[1]) gemäß neuer Nomenklaturempfehlung *Zerium* bzw. *Cerium*, *Praseodymium* und *Neodymium*

Promethium ist ein seit 1947 bekanntes künstliches radioaktives Element; längste Halbwertszeit (Pm 145) 18 Jahre.

Geschichtliches: Yttererde wurde 1794 von J. Gadolin (Finnland), Zeriterde 1803 von J. J. Berzelius (Schweden) entdeckt. Nach 1839 wurden die Erden weiter zerlegt. Die Reindarstellung der Metalle erfolgte relativ spät.

Namen: Ce [*Ceres* altrömische Göttin]; Pr [*prasios* (grch.) lauchgrün; benannt nach der grünen Farbe der Salze]; Nd [*neos* (grch.) neu]; Pm [nach *Prometheus*]; Sm [herrührend von dem nach einem Personennamen benannten Mineral *Samarskit*]; Eu [Europa], Gd [nach dem Mineralogen J. Gadolin]; Tb, Er und Yb sind wie Y nach dem schwedischen Ort *Ytterby* benannt; Dy [*dysprosodos* (grch.) unzugänglich]; Ho [nach Stockholm]; Tm [nach »*Thule*«, dem sagenhaften Nordland]; Lu [*Lutetia* = alter Name für Paris].

Häufigkeit (Erdrinde, %): Ce $4{,}3 \cdot 10^{-3}$, Nd $2{,}2 \cdot 10^{-3}$, Sm $6{,}0 \cdot 10^{-4}$, Gd $5{,}9 \cdot 10^{-4}$, Pr $5{,}2 \cdot 10^{-4}$, Dy $4{,}2 \cdot 10^{-4}$, Yb $2{,}5 \cdot 10^{-4}$, Er $2{,}3 \cdot 10^{-4}$, Ho $1{,}1 \cdot 10^{-4}$, Eu $9{,}9 \cdot 10^{-5}$, Tb $8{,}5 \cdot 10^{-5}$, Lu $7{,}0 \cdot 10^{-5}$, Tm $1{,}9 \cdot 10^{-5}$. Die »Seltenerdmetalle« sind somit häufiger als z.B. Quecksilber, Wismut, Silber und Jod. Zer ist häufiger als z.B. Blei, Bor und Brom.

Vorkommen: Die Lanthanoide finden sich stets vergesellschaftet, und zwar als Silikate oder Phosphate. Wichtige Minerale:

Gadolinit (*Ytterbit*) .... Yttererdmetall-Eisen-Berylliumsilikat
Zerit .... wasserhaltiges Ce-Silikat mit La und Dy
Monazit .... $CePO_4$ (mit Zeriterden und etwa 5% ThO_2)

Gewinnung: Trennung schwierig (fraktionierte Kristallisation; Ionenaustauscher); Darstellung der Metalle durch Schmelzelektrolyse der Chloride.

Eigenschaften: silberglänzende, an der Luft unbeständige Metalle; bei 20°C betragen ihre Dichten 7 bis 10 g/cm³. Gd ist unterhalb 12°C ferromagnetisch. Die Lanthanoide sind +3wertig; Ce und Tb kommen auch +4-, Eu, Sm und Yb auch +2wertig vor. Die dreiwertigen Ionen und damit die meisten Salze sind z.T. farbig: Ce farblos, Pr gelbgrün, Nd rotviolett, Pm rot, Sm tiefgelb, Eu hellrosa, Er tiefrosa, Tm blaßgrün, Yb farblos, Lu farblos.

Verwendung: Zer wird mit 50% Fe (»Zereisen«) als Zündmetall für Feuerzeuge, Gasanzünder u.dgl. verwendet. **Zer(III)-oxid,** Ce_2O_3, ist in Gasglühkörpern enthalten; s. u. **Europium** ist für Kernreaktoren wichtig geworden. **Yttriumvanadat** und andere Y-Verbindungen dienen als Rotleuchtstoffe für Farbfernsehbildschirme. Mit dem hellblauen, rötlich fluoreszierenden **Neodymoxid,** Nd_2O_3, werden *Neodymgläser* für die Lasertechnik erschmolzen.

22.4. Die Aktinoide

22.4.1. Allgemeines

Tabelle 38. Die Aktinoide

Kernladungszahl	Symbol	Name	Kernladungszahl	Symbol	Name
90	Th	Thorium	97	Bk	Berkelium
91	Pa	Protaktinium	98	Cf	Kalifornium
92	U	Uran[1])	99	Es	Einsteinium
93	Np	Neptunium	100	Fm	Fermium
94	Pu	Plutonium	101	Md	Mendelevium
95	Am	Amerizium	102	No	Nobelium
96	Cm	Curium	103	Lr	Lawrencium

[1]) gemäß neuer Nomenklaturempfehlung *Uranium*

Als »*Transurane*« bezeichnet man die auf das Uran folgenden Elemente. Die nicht zu den Aktinoiden gehörenden Elemente 104 und folgende heißen »*Transaktinoide*«.

Radioaktivität: Alle Aktinoide sind radioaktiv. Die Elemente bis Nr. 94 finden sich in der Natur; die Transurane sind seit 1940 künstlich durch Atomkernumwandlung in Kernreaktoren oder Teilchenbeschleunigern hergestellt worden. Relativ langlebig sind Th- und U-Isotope (Halbwertszeit von Th 232: $1{,}40 \cdot 10^{10}$ Jahre, U 238: $4{,}47 \cdot 10^9$ Jahre, U 235: $7{,}1 \cdot 10^8$ Jahre, U 236: $2{,}39 \cdot 10^7$ Jahre). Weitere Beispiele: Pu 244 ($8{,}3 \cdot 10^7$ Jahre), Cm 247 ($1{,}6 \cdot 10^7$ Jahre), Np 237 ($2{,}1 \cdot 10^6$ Jahre), Am 243 (7400 Jahre), Bk 247 (1400 Jahre), Cf 251 (898 Jahre), Es 252 (400 Tage), Fm 257 (100 Tage), Md 258 (55 Tage), No 259 (58 min), Lr 260 (3 min). Die Halbwertszeiten von *Transaktinoiden* betragen Ku 261 (65 s), Bo 262 (40 s), [106] 259 (7 ms), [107] 261 (etwa 2 ms).

22.4.2. Thorium und Thoriumverbindungen

Thorium (Th) [nach dem germanischen Gott *Thor* benannt] wurde 1828 als Oxid von J. J. Berzelius (Schweden) entdeckt; es findet sich hauptsächlich im Monazit (↑ S. 426); Häufigkeit in der Erdrinde: $1{,}1 \cdot 10^{-3}\%$. Das bei 1847 °C schmelzende, weiche Metall hat bei 20 °C die Dichte 11,7 g/cm³, löst sich nur in rauchender Salzsäure und Königswasser und kommt ausschließlich +4wertig vor. – **Thoriumnitrat,** $Th(NO_3)_4$, farblos, ist sehr leicht löslich und dient im Gemisch mit 1% Zernitrat, $Ce(NO_3)_3$, zum Tränken von Gasglühkörpern; durch Anzünden vor dem ersten Gebrauch entsteht aus dem Nitrat- ein Oxidgemisch aus ThO_2 und wenig Ce_2O_3, das beim Glühen ein sehr helles Licht aussendet.

Das Nuklid Th 232 bildet in Brutreaktoren spaltbares U 233; auf diese Weise kann auch Thorium zur Gewinnung von Kernenergie beitragen.

22.4.3. Uran[1]) und Uranverbindungen

Symbol: U [benannt nach dem Planeten *Uranus*]; **Wertigkeiten:** +6, +4.

Entdeckung: 1789 durch KLAPROTH (Deutschland); das Metall wurde erstmals 1841 von PÉLIGOT (Frankreich) hergestellt.

Vorkommen: oft zusammen mit Seltenerdmetallen, z.B. im Monazitsand. **Häufigkeit** (Erdrinde): $2{,}9 \cdot 10^{-4}$ %.

Minerale:	Uranpechblende (*Uraninit*)	U_3O_8
	Karnotit (*Carnotit*)	$KUO_2VO_4 \cdot 1^1/_2\, H_2O$

Eigenschaften: silberweißes, ziemlich weiches Metall; Dichte 19,0 g/cm³ bei 20 °C; schmilzt bei 1330 °C und löst sich in verdünnten Säuren leicht zu Uran(IV)-salzen. U 235 ist kernspaltbar.

Herstellung: technisch durch Schmelzelektrolyse von *Kaliumuran(IV)-fluorid*, KUF_5, oder *Natriumuran(IV)-chlorid*, Na_2UCl_6; auch durch aluminothermische Reduktion von beiden ist es erhältlich.

Verwendung: fast ausschließlich – meist mit U 235 angereichert – als Spaltstoff[2]) in Kernreaktoren.

Kernkettenreaktion: Uran 235 ist durch langsame Neutronen spaltbar, wobei unter Energieabgabe Elemente mittlerer Kernladungszahl entstehen und 2 bis 3 Neutronen frei werden. Da diese wieder auf U-235-Atomkerne einwirken, findet eine Kettenreaktion statt. In den Kernreaktoren wird ein lawinenartiges Anschwellen der Reaktion, wie sie in der Atombombe erfolgt, durch neutroneneinfangende Materialien, z.B. Kadmium, das beliebig weit in den Reaktor eingeführt werden kann, vermieden. Die *kritische Masse* des Urans 235 (d.h. die Masse, oberhalb derer es spontan durch Kernkettenreaktion explodiert) beträgt 242 g; das ist eine Kugel von etwa 2,8 cm Durchmesser.

Uranverbindungen: **Uran(VI)-fluorid,** UF_6, ist farblos und sublimiert bei 56 °C; es dient zur Trennung der U-Isotopen. – Die **Uranylsalze** enthalten das Kation UO_2^{2+}, z.B. **Uranylnitrat,** $UO_2(NO_3)_2$: zitronengelbe, grün fluoreszierende, leicht lösliche Kristalle. – **Uran(IV)-salze** sehen grün aus.

22.4.4. Sonstige Aktinoide

Namen: Pa (Protaktinium) [steht »*vor* dem Aktinium« in der radioaktiven Zerfallsreihe]; Np [nach dem Planeten *Neptun*]; Pu [nach dem noch weiter von der Sonne entfernten Planeten *Pluto*]; Am [nach Amerika]; Cm [nach dem Forscherehepaar CURIE]; Bk [*Berkeley*, kalifornische Universitätsstadt]; Cf [nach Kalifornien]; Es [nach EINSTEIN]; Fm [nach FERMI, dem Konstrukteur des ersten Atomreaktors]; Md [nach MENDELEJEW]; No [nach NOBEL]; Lr [nach E. O. LAWRENCE, dem Erfinder des Zyklotrons].

---

[1]) gemäß neuer Nomenklaturempfehlung *Uranium.*

[2]) In Kernreaktoren dienen *Spaltstoffe* unmittelbar zur Energiegewinnung, während aus *Brutstoffen* Spaltstoffe entstehen. Aus Brutstoffen, z.B. Th 232, kann demnach indirekt Atomkernenergie gewonnen werden.

Plutonium Pu entsteht aus Uran in Kernreaktoren. Das silberglänzende Metall schmilzt bei 641 °C. Das Isotop Pu 239 ist wie U 235 spaltbar und dient als Spaltstoff in Kernreaktoren und Atombomben.
Es wird in Brutreaktoren aus U 238 hergestellt und ermöglicht somit auch die Ausnutzung dieses Nuklids zur Gewinnung von Atomkernenergie; gegenwärtiger Weltvorrat: etwa 40 t.

23. Elemente der IV. Nebengruppe (Titangruppe)

Tabelle 39. Titangruppe

	Titan[1])	Zirkonium	Hafnium
Symbol	Ti	Zr	Hf
Kernladungszahl	22	40	72
Relative Atommasse	47,88	91,22	178,49
Schmelzpunkt (in °C)	1677	1855	2222
Dichte (in g/cm³ bei 20 °C)	4,49	6,51	13,35
Häufigkeit (Erdrinde, %)	$4{,}1 \cdot 10^{-1}$	$2{,}1 \cdot 10^{-2}$	$4{,}2 \cdot 10^{-4}$
Wertigkeit	3; 4	4	4

Kurtschatovium, Symbol Ku, Kernladungszahl 104, wurde als *Transaktinoidenelement* der IV. Nebengruppe erstmals 1964 in Dubna bei Moskau hergestellt und zu Ehren des sowjetischen Atomforschers J. W. KURTSCHATOW benannt. Halbwertszeit des Nuklids Ku 261: 65 s.

23.1. Titan[1]) und Titanverbindungen

Symbol: Ti [*Titanen* = Götter oder Riesen der griechischen Sage]; **Wertigkeiten:** +4, +3.

Erstherstellung: 1825 durch J. J. BERZELIUS (Schweden).

Vorkommen: neunthäufigstes Element der Erdrinde. Sehr verbreitet, jedoch nur selten in größeren Lagerstätten (*Titansande* an den Küsten von Indien, Sri Lanka, Australien). Fast jeder Ackerboden enthält 0,5% Ti in chemischer Bindung.

Minerale:
Rutil .... TiO_2 Ilmenit .... $FeO \cdot TiO_2$

Herstellung: Aus Ilmenit erzeugt man zunächst (nach Abtrennung des Eisens) durch Chlorierung mit Kohle gemäß: $TiO_2 + 2\,C + 2\,Cl_2 \rightarrow TiCl_4 + 2\,CO$ Titan(IV)-chlorid, das durch Destillation gereinigt und mit flüssigem Magnesium unter Argonatmosphäre reduziert wird: $TiCl_4 + 2\,Mg \rightarrow Ti + 2\,MgCl_2$ (KROLL-Verfahren; technisch seit 1948).

Eigenschaften (s.a. Tab.!): leichtes, stahlähnlich aussehendes, bei Rotglut schmiedbares Metall, das bei gewöhnlicher Temperatur an der Luft und auch gegen feuchtes Chlor beständig ist, sich jedoch beim Erhitzen (z.B. beim Schmelzen) mit Sauerstoff und Stickstoff verbindet und daher im Hochvakuum (<0,1 Pa) geschmolzen werden muß. Leicht löslich in Flußsäure, beim Erhitzen auch in Salzsäure zu violetten Ti(III)-Salzen; Salpetersäure ergibt unlösliche, weiße »*Titansäure*« $TiO_2 \cdot x\,H_2O$.

[1]) gemäß neuer Nomenklaturempfehlung: *Titanium*

Verwendung: Spezialwerkstoff für Chemieanlagenbau, medizinische Instrumente, Galvanotechnik, Luftfahrt, Schiffsbau und Raketentechnik. Titanstähle (mit weniger als 0,8% Ti) sind sehr fest und elastisch. *Ferrotitan* enthält 10...25% Ti.

Titanverbindungen: Die meist violetten Ti(III)-Verbindungen, z.B. **Titan(III)-chlorid,** $TiCl_3$, sind sehr starke Reduktionsmittel und geben an der Luft rasch in die meist farblosen Ti(IV)-Verbindungen über. – **Titan(IV)-oxid**, TiO_2, weiß und unlöslich, wird als gut deckendes Weißpigment »*Titanweiß*« (meist mit $CaSO_4$ oder $BaSO_4$ gestreckt) für Anstriche sowie als Mattierungsmittel für Polyamidfaserstoffe (Dederon) und Milchglas verwendet. – **Titan(IV)-chlorid**, $TiCl_4$, ist flüssig ($F = -23\,°C$, $Kp = 136{,}5\,°C$) und raucht an der Luft stark infolge Reaktion mit Wasserdampf: $TiCl_4 + 4\,H_2O \rightarrow Ti(OH)_4 + 4\,HCl$. – **Bariumtitanat**, $BaTiO_3$, ist stark ferroelektrisch; Mischkristalle mit $SrTiO_3$ und $CaTiO_3$ finden als hochwirksame Dielektrika, als elektroakustische Wandler (z.B. zur Erzeugung von Ultraschall) und als Elektrete[1]) Anwendung.

23.2. Zirkonium, Hafnium und ihre Verbindungen

Zirkonium (*Zirkon*; Zr) [benannt nach dem Edelstein Zirkon] wurde erstmals 1824 von J. J. Berzelius (Schweden) hergestellt. Hafnium (Hf) [*Hafnia* Kopenhagen] ist dem Zirkonium so ähnlich, daß es erst 1923 aus den bis dahin für einheitlich gehaltenen Zr-Verbindungen isoliert wurde, obwohl es häufiger ist als z.B. Zinn oder Brom. Zr und Hf sind weit verbreitet, finden sich jedoch nur selten in größeren Lagern. Wichtige Minerale sind: **Zirkonerde** (Baddeleyit), ZrO_2, und **Zirkon**, $ZrSiO_4$. Hf ist in allen Zr-Mineralen enthalten.
Zr und Hf sind stahlglänzende, sehr beständige Metalle (s.a. S. 429), die von kalter Luft, Wasser, Alkalilaugen und verdünnten Säuren nicht angegriffen werden; leicht lösen Königswasser und Flußsäure. Dünner Zr-Draht verbrennt (ähnlich Mg) mit intensiv weißer Flamme zu ZrO_2. Für Uranstabumhüllungen in Kernreaktoren dient eine Legierung mit etwa 5% Niobium. Eine Hf-Ta-Legierung, beständig bis 2200 °C, wird für Raketenantriebsaggregate verwendet. Von den Verbindungen (meist farblos) findet **Zirkoniumdioxid**, ZrO_2, als hochfeuerfestes Material Anwendung (Zirkonsteine).

24. Elemente der V. Nebengruppe (Vanadiumgruppe)

24.1. Allgemeines

Element(V)-oxide: sind Säureanhydride; Vanadium-, Niobium- und Tantalsäure werden auch als »*Erdsäuren*« bezeichnet.

Bohrium, Symbol Bo, Kernladungszahl 105, wurde als *Transaktinoidenelement* der V. Nebengruppe erstmals 1974 in Dubna (UdSSR) hergestellt; die Halbwertszeit des längstlebigen Isotops (Bo 262) beträgt 40 s. – Für Bohrium ist auch der Name *Nielsbohrium* (Symbol Ns) in Gebrauch.

---

[1]) *Ferroelektrische Stoffe* lassen sich im elektrischen Feld besonders stark polarisieren (extrem hohe Dielektrizitätskonstante); die den Dauermagneten entsprechenden *Elektrete* weisen ein permanentes elektrisches Feld auf.

Tabelle 40. Vanadiumgruppe

	Vanadium	Niobium	Tantal
Symbol	V	Nb	Ta
Kernladungszahl	23	41	73
Relative Atommasse	50,9415	92,9064	180,948
Schmelzpunkt (in °C)	1 890	2 470	3010
Dichte (in g/cm³ bei 20 °C)	5,98	8,56	16,69
Wertigkeit	5 (4; 3; 2)	5 (4; 3)	5 (4; 3)
Häufigkeit (Erdrinde, %)	$1{,}4 \cdot 10^{-2}$	$1{,}9 \cdot 10^{-3}$	$8 \cdot 10^{-4}$
Säuren	HVO_3	$HNbO_3$	$HTaO_3$
Salze	Vanadate	Niobate	Tantalate

24.2. Vanadium[1]) und Vanadiumverbindungen

Symbol: V [*Vanadis:* Beiname der Göttin Freyja]; **Wertigkeiten:** +5, seltener +4, +3, +2.

Entdeckung: 1830 durch SEFSTRÖM (Schweden).

Vorkommen: in kleinen Mengen sehr verbreitet; findet sich chemisch gebunden z. B. in den meisten Bauxiten, Brauneisenerzen und auch im Mansfelder Kupferschiefer. In Tunikaten (Manteltiere; Meeresbewohner) ist V blutfarbstoffbildendes Metall.

Minerale:
Patronit .... V_2S_5
Karnotit.............. $KUO_2VO_4 \cdot 1^1/_2\, H_2O$ (statt K auch Na, Ca, Cu, Pb)
Vanadinit .... $Pb_5Cl(VO_4)_3$

Herstellung: aluminothermisch gemäß: $3\,V_2O_5 + 10\,Al \rightarrow 6\,V + 5\,Al_2O_3$; das Vanadium(V)-oxid wird aus Erzen oder V-haltigen Schlacken gewonnen. Bei Anwesenheit von Eisenoxiden entsteht »*Ferrovanadium*« (meist mit 30% V).

Eigenschaften: stahlgraues, gewöhnlich hartes und sprödes Metall; reinstes V ist jedoch dehnbar und geschmeidig. Es ist an der Luft beständig; von den Säuren greifen nur Salpetersäure, Flußsäure und Königswasser an.

Verwendung: zur Herstellung der harten und zähen Vanadiumstähle (bis 1% V).

Verbindungen: Vanadium(V)-oxid, V_2O_5: orangegelbes, in Wasser wenig lösliches Pulver ($F = 660\,°C$); Verwendung als Katalysator bei der Schwefelsäureherstellung. — **Vanadiumsäure,** HVO_3, ist weiß und fest; das bekannteste Salz ist **Ammonium(meta)-vanadat,** NH_4VO_3. Meist liegen komplizierter gebaute Säuren und Salze vor. Bei der Reduktion von V(V)-Lösungen mit Zink und Salzsäure entstehen nacheinander blaue V(IV)-, grüne V(III)- und blaßviolette V(II)-Salzlösungen. **Vanadylsulfat,** $VOSO_4$, bildet kräftig blaue, leicht lösliche Kristalle.

24.3. Niobium[1]) und Niobiumverbindungen

Niobium (Nb) [*Niobe:* griechische Sagengestalt, Tochter des Tantalos], 1844 von H. ROSE entdeckt, relativ selten, kommt in der Natur (vergesellschaftet mit Ta) als **Niobit** (*Kolumbit*), $Fe(NbO_3)_2$, vor. Das weißglänzende, luftbeständige Metall wird nur von Fluß-

[1]) auch Schreibweisen *Vanadin* und *Niob* üblich

säure und Alkalihydroxidschmelzen angegriffen; Verwendung für Niobiumstähle. Die Verbindungen ähneln sehr stark denen des Tantals, so daß eine Trennung schwierig ist. – **Niobium(V)-oxid**, Nb_2O_5, ist ein weißes, wasserunlösliches Pulver; $F = 1460\,°C$.

24.4. Tantal und Tantalverbindungen

Tantal (Ta) [benannt nach der Sagengestalt *Tantalos*, um »auf die Unfähigkeit des Elements, mitten in einem Überschuß von Säure etwas davon an sich zu reißen und sich damit zu sättigen, eine Anspielung zu machen«]. 1802 von EKEBERG (Schweden) entdeckt, ähnlich selten wie Niobium, kommt meist mit diesem zusammen als **Tantalit**, $Fe(TaO_3)_2$, vor. Das platinfarbene, sehr hoch schmelzende Metall ist ziemlich hart, doch sehr dehnbar; es widersteht allen Säuren außer Flußsäure und wird auch von Alkalien nicht angegriffen. Das ausgezeichnet korrosionsbeständige Metall wird als Material für chemische Apparaturen (z.B. Spinndüsen für Chemiefaserstoffe), medizinische Instrumente, Heizschlangen und Schreibfedern verwendet. – **Tantal(V)-oxid**, Ta_2O_5, ist ein weißes, unlösliches Pulver; es existieren verschiedene *Tantalsäuren* und *Tantalate*.

25. Elemente der VI. Nebengruppe (Chromgruppe)

25.1. Allgemeines

Tabelle 41. Chromgruppe

	Chrom[1]	**Molybdän**	**Wolfram**
Symbol	Cr	Mo	Wo
Kernladungszahl	24	42	74
Relative Atommasse	51,996	95,94	183,85
Schmelzpunkt (in °C)	1890	2620	3410
Dichte (in g/cm³ bei 20 °C)	7,2	10,2	19,3
Häufigkeit (Erdrinde, %)	$1,9 \cdot 10^{-2}$	$1,4 \cdot 10^{-3}$	$6,4 \cdot 10^{-3}$
Wertigkeit	**6**; 3 (2)	**6** (5; 4; 3)	**6** (5; 4; 3; 2)

Säuren und Polysäuren: Die Element(VI)-oxide sind Säureanhydride. **Chromsäure** (H_2CrO_4; Salze: *Chromate*), **Molybdänsäure** (H_2MoO_4: *Molybdate*) und **Wolframsäure** (H_2WO_4; *Wolframate*) kommen auch in Form von Polysäuren mit mehreren Metallatomen vor, z.B. **Dichromsäure**, $H_2Cr_2O_7$ (*Dichromate*).

Heteropolysäuren: Die Element(VI)-oxide von Mo und W können sich mit weiteren Säureanhydriden (und Wasser) zu sehr beständigen Komplexen (»Heteropolysäuren«) vereinigen, z.B. *Phosphorwolframsäure*, $H_3[P(W_3O_{10})_4]$.

Element 106 wurde als *Transaktinoidenelement* der VI. Nebengruppe erstmals 1974 in Dubna (UdSSR) hergestellt; Halbwertszeit des Nuklids 259 : 7 Millisekunden; Zerfall durch Spontanspaltung.

---

[1]) gemäß neuer Nomenklaturempfehlung: *Chromium*

25.2. Chrom[1]) und Chromverbindungen

25.2.1. Allgemeines

Symbol: Cr [*chroma* (grch.) Farbe; benannt nach der Vielfarbigkeit seiner Verbindungen]; **Wertigkeiten:** +6, (+4), +3, (+2).

Entdeckung: 1797 durch VAUQUELIN (Frankreich).

Vorkommen: nur chemisch gebunden, mitunter als Begleiter des Aluminiums, z.B. sind im Rubin und Smaragd Al-Atome zu einem kleinen Teil durch Cr ersetzt.

Minerale:

Chromeisenstein (*Chromit*) .... $FeO \cdot Cr_2O_3$
Rotbleierz (*Krokoit*) .... $PbCrO_4$

Toxizität: Lösliche Cr-Verbindungen sind giftig; Chromsäurenebel schädigen Nasenscheidewand und Atemwege; Chromate und Dichromate bewirken auf der Haut Geschwüre und Ekzeme; oft tritt Allergie (Überempfindlichkeit) ein.

25.2.2. Metallisches Chrom

Herstellung:

- *Reines Chrom* wird aluminothermisch erzeugt: $Cr_2O_3 + 2\,Al \rightarrow Al_2O_3 + 2\,Cr$; das erforderliche Chrom(III)-oxid gewinnt man aus Chromeisenstein.
- »*Ferrochrom*« entsteht durch Reduktion von Chromeisenstein mit Koks im Elektroofen: $FeO \cdot Cr_2O_3 + 4\,C \rightarrow Fe + 2\,Cr + 4\,CO$.

Eigenschaften (s. a. S. 432): bläulich-weißes, glänzendes, sehr hartes und sprödes Metall, das auch an feuchter Luft seinen Glanz beibehält. Es löst sich leicht in Salzsäure, schwerer in verdünnter Schwefelsäure zu Chrom(II)-salzen. Salpetersäure und Königswasser wirken in der Kälte überhaupt nicht, beim Sieden nur sehr langsam ein (»Passivität«).

Verwendung: als Überzug auf Metallen; für Edelstähle. Bereits kleine Mengen Cr erteilen dem Stahl hohe mechanische Beanspruchbarkeit. Stahllegierungen mit über 12% Cr sind edelmetallähnlich korrosionsbeständig, z.B. Stähle mit 18% Cr und 8% Ni, die auch Mo, V und Ti enthalten können.

Verchromen: Bei der sog. »*Hartverchromung*« (als Verschleiß- und zugleich Korrosionsschutz) werden relativ dicke Cr-Schichten (bis 500 μm) direkt auf Stahl, bei der *Dekorverchromung* (zur Verschönerung) dünne Schichten (0,3 μm) auf eine korrosionsschützende Nickel- oder Kupfer-Nickel-Zwischenschicht galvanisch aufgetragen. Die Verchromung erfolgt in Elektrolyten aus Chromsäure und 1% (bezogen auf den CrO_3-Gehalt) Schwefelsäure unter Verwendung unlöslicher Hartbleianoden.

25.2.3. Chromverbindungen

Allgemeines: Cr(III)-Verbindungen sehen kristallwasserhaltig meist grün aus und werden durch Hypochlorit in die gelben bis roten Cr(VI)-Verbindungen überführt. Durch Reduktion von Cr(III)-Salzlösungen mit Zink + Salzsäure entstehen blaue, sehr unbeständige Cr(II)-Verbindungen.

[1]) gemäß neuer Nomenklaturempfehlung: *Chromium*

Chrom(III)-verbindungen: Chrom(III)-oxid, Cr_2O_3, ist ein grünes, wasserunlösliches Pulver; Verwendung als Malerfarbe (»*Chromoxidgrün*«) und als Poliermittel für harte Metalle, z.B. Chrom. – **Chrom(III)-hydroxid,** $Cr(OH)_3$, fällt als Oxidhydrat aus Cr(III)-Lösungen durch Alkalilaugen als graublaugrüner Niederschlag aus; es ist amphoter und löst sich in überschüssiger Lauge zu **Chromiten,** z.B. $Na_3[Cr(OH)_6]$. – **Kaliumchromsulfat,** »Chromalaun«, $KCr(SO_4)_2 \cdot 12\,H_2O$, bildet violette Kristalle, deren Lösung je nach Temperatur, Konzentration und Schichtdicke dunkelrot, violett oder grün aussieht; Verwendung zum Gerben (»Chromleder«).

Chrom(IV)-oxid, *Chromdioxid,* CrO_2, ist ein schwarzes, ferromagnetisches Pulver, das als Bild- und Tonträger auf Magnetbändern verwendet wird.

Chrom(VI)-oxid, CrO_3, oft fälschlich »*Chromsäure*« genannt, bildet rote, sehr hygroskopische, organisches Material stark ätzende, giftige Kristalle von starker Oxidationswirkung. Methanol und andere organische Stoffe entzünden sich bei Berührung. Verwendung für galvanische Chrom-Elektrolyte.

Chromsäuren und Chromate: Chromsäure, H_2CrO_4, und **Dichromsäure,** $H_2Cr_2O_7$, entstehen aus CrO_3 durch viel bzw. wenig Wasser. Chromsäure und die meisten **Chromate** sehen gelb aus, Dichromsäure und **Dichromate** orange. Chromate gehen durch Ansäuern in Dichromate, letztere durch Zusatz von Alkali in Chromate über:

$$\underset{\text{(gelb)}}{\text{Chromat}} \underset{\text{alkalisch}}{\overset{\text{sauer}}{\rightleftarrows}} \underset{\text{(orange)}}{\text{Dichromat}}$$

Gleichungen:

$$2\,Na_2CrO_4 + H_2SO_4 \rightarrow Na_2Cr_2O_7 + H_2O + Na_2SO_4$$

bzw.

$$Na_2Cr_2O_7 + 2\,NaOH \rightarrow 2\,Na_2CrO_4 + H_2O$$

Kalium- und Natriumdichromat, $K_2Cr_2O_7$ und $Na_2Cr_2O_7$, bilden orangerote, leicht lösliche Kristalle; das Na-Salz ist hygroskopisch. *Verwendung:* als Oxidationsmittel (z.B. bei der technischen Herstellung von Anthrachinon aus Anthrazen); zur Herstellung von Chrompigmenten, Chrom(VI)-oxid und anderen Cr-Verbindungen. **Ammoniumdichromat,** $(NH_4)_2Cr_2O_7$, zersetzt sich bereits bei Berührung mit einem heißen Stab heftig gemäß $(NH_4)_2Cr_2O_7 \rightarrow Cr_2O_3 + N_2 + 4\,H_2O$ unter Bildung von grünem, voluminösem Chrom(III)-oxid; hierbei oxidiert das Dichromation den Stickstoff des Ammoniumions.

Durch *Chromatieren* (Tauchen in schwefelsäurehaltige Natriumdichromatlösung) werden galvanische Zink- und Kadmiumüberzüge zur Verbesserung des Aussehens mit einer goldgelben Chromatschicht überzogen. – »**Chromschwefelsäure**«, ein Gemisch aus Dichromat (oder Chrom(VI)-oxid) und konz. Schwefelsäure, wird zur Entfettung und

Reinigung von Glasgegenständen benutzt. – »**Dichromatgelatine**«, eine mit Dichromatlösung im Dunkeln getränkte Gelatine, ist lichtempfindlich; die vom Licht getroffenen Stellen werden gehärtet und dadurch wasserunlöslich; hierauf beruht ihre Verwendung in der Reproduktionstechnik.

Chrompigmente:

Chromgelb	= Bleichromat, $PbCrO_4$
Chromrot	= Bleioxidchromat, etwa $PbO \cdot PbCrO_4$
Chromgrün	= Bleichromat + Berliner Blau
Chromoxidgrün	= Chrom(III)-oxid, Cr_2O_3
Chromoxidhydratgrün	= Chrom(III)-oxidhydrat, $2\,Cr_2O_3 \cdot 3\,H_2O$
Zinkgelb	= Zinkchromat (wechselnde Zusammensetzung)
Zinkgrün	= Zinkchromat + Berliner Blau

Nachweis: Cr-Verbindungen ergeben beim Schmelzen mit einem Soda-Salpeter-Gemisch gelbes Chromat, das, in Wasser gelöst, auf Zusatz von Bleisalzen einen tiefgelben Niederschlag von *Bleichromat* bildet: $Na_2CrO_4 + Pb(NO_3)_2 \rightarrow PbCrO_4\downarrow + 2\,NaNO_3$.

25.3. Molybdän und Molybdänverbindungen

Symbol: Mo [*molybdos* (grch.) Blei]; **Wertigkeiten:** +6; (+5; +4; +3).

Erstherstellung: 1782 durch P. J. Hjelm (Schweden) auf Anregung von C. W. Scheele.

Vorkommen: relativ selten, doch weitverbreitet, z.B. im Mansfelder Kupferschiefer. Für viele Pflanzen ist Mo ein lebensnotwendiger Mikronährstoff; es gibt molybdänhaltige Enzyme.

Minerale: Molybdänglanz (*Molybdänit*) .... MoS_2
Gelbbleierz (*Wulfenit*) .... $PbMoO_4$

Herstellung: Durch Rösten von Molybdänglanz erhaltenes MoO_3 wird aluminothermisch oder mit Wasserstoff reduziert: $MoO_3 + 2\,Al \rightarrow Mo + Al_2O_3$; bzw. $2\,MoO_3 + 3\,H_2 \rightarrow 2\,Mo + 3\,H_2O$.

Eigenschaften (s.a. S. 432): silberweißes, glänzendes, luftbeständiges, bei höherer Temperatur schmied- und schweißbares Metall, das von Säuren nur schwer angegriffen wird. Am raschesten lösen mäßig konz. Salpetersäure, Königswasser und siedende konz. Schwefelsäure.

Verwendung: als »*Ferromolybdän*« (mit 60...80% Mo) für Molybdänstähle; reines Mo wird für Glühfadenhalterungen in Glühlampen verwendet.

Verbindungen: Molybdän(VI)-oxid, MoO_3, ist ein weißes, kaum wasserlösliches Kristallpulver; $F = 791\,°C$. In Alkalilaugen löst es sich leicht zu **Molybdaten**, die, da es sich meist um Salze von Polysäuren handelt, kompliziert zusammengesetzt sind. **Ammoniummolybdat,** vereinfacht $(NH_4)_2MoO_4$, genauer $(NH_4)_6Mo_7O_{24} \cdot 4\,H_2O$, farblose, wasserlösliche Kristalle, ist ein Reagens auf Phosphate; in stark salpetersaurer Lösung entsteht ein gelber, pulvriger Niederschlag von **Ammoniummolybdatophosphat** der Formel $(NH_4)_3[P(Mo_3O_{10})_4] \cdot 6\,H_2O$. Beim Ansäuern von Molybdatlösungen fällt **Molybdänsäure,** $MoO_3 \cdot x\,H_2O$, als weißer, im Überschuß der Säure komplex löslicher Niederschlag aus. – **Molybdän(IV)-sulfid,** MoS_2, »*Molybdänglanz*«, wird auch künstlich erzeugt, bildet graue, graphitartig abfärbende Blättchen und wird als graphitähnliches Schmiermittel angewandt.

25.4. Wolfram und Wolframverbindungen

Symbol: W [»*Wolf*«; Schimpfwort, da das Metall in einer Zinnschmelze Verschlackung des Zinns bewirkt, es »frißt wie der Wolf das Schaf«]; **Wertigkeiten:** +6 (+5; +4; +3; +2).

Erstherstellung: 1783 durch die Gebrüder D'ELHUYAR (Spanien); Erze sind bereits seit dem Mittelalter bekannt.

Minerale:

Wolframit .... $FeWO_4$ mit $MnWO_4$
Scheelit (*Tungstein*) .... $CaWO_4$
Stolzit (*Scheelbleierz*) .... $PbWO_4$

Metallisches Wolfram (s.a. S. 432): graues Pulver, hergestellt durch Reduktion von WO_3 mit Wasserstoff. Im kompakten Zustand silberweiß, glänzend, schwer, luftbeständig und sehr widerstandsfähig gegen Säuren; ein Gemisch HNO_3 + HF löst langsam. Da es den höchsten Schmelzpunkt aller Metalle hat, wird es für Glühlampenfäden, elektrische Kontakte (z.B. Zündunterbrecher), Röntgenröhrenanoden und Glühkatoden beim Elektronenstrahl- und Plasmaschweißen benutzt; die Verarbeitung erfolgt pulvermetallurgisch. »*Ferrowolfram*« mit 80% W dient zur Herstellung harter, elastischer und zugfester Wolframstähle. *Wolfram-Schnellarbeitsstahl* (mit 15...18% W, 2...5% Cr und 0,6...0,8% C) erweicht auch bei Rotglut nicht.

Wolframverbindungen: Wolfram(VI)-oxid, WO_3: zitronengelbes, wasserunlösliches Pulver (F = 1200°C), das sich in Alkalilaugen zu farblosen **Wolframaten** löst, z.B. **Natriumwolframat,** Na_2WO_4. Durch Säuren fällt aus Wolframatlösungen weiße, in der Hitze gelb werdende **Wolframsäure,** H_2WO_4, aus, die im Überschuß von Säure unlöslich ist (Gegensatz zu Molybdänsäure). – **Wolframkarbid,** W_2C, grau, sehr hart, wird mit Kobaltpulver gesintert, für Hartmetalle (»*Widia*« = wie Diamant), rein für Glühfadenziehsteine verwendet.

26. Elemente der VII. Nebengruppe (Mangangruppe)

26.1. Allgemeines

Tabelle 42. Mangangruppe

	Mangan	Technetium	Rhenium
Symbol	Mn	Tc	Re
Kernladungszahl	25	43	75
Relative Atommasse	54,9380	98[1])	186,207
Schmelzpunkt (in °C)	1244	2200	3180
Dichte (in g/cm³ bei 20°C)	7,4	11,49	21,0
Häufigkeit (Erdrinde, %)	$8{,}5 \cdot 10^{-2}$	$6 \cdot 10^{-17}$	$1 \cdot 10^{-7}$
Wertigkeit	7; 6; (5); 4; 3; 2; 1	7 und niedriger	7 (6; 5; 4; 3)

[1]) Massenzahl des beständigsten Nuklids

Säuren: Die Element(VII)-oxide sind Anhydride starker Säuren:

Permangansäure	$HMnO_4$	(Salze: **Permanganate**)
Pertechnetiumsäure	$HTeO_4$	(Salze: **Pertechnate**)
Perrheniumsäure	$HReO_4$	(Salze: **Perrhenate**)

Vom Mangan kennt man außerdem noch Salze der **Mangan(VI)-säure**, H_2MnO_4 [Salze: *Manganate(VI)*], und der **Mangan(V)-säure**, H_3MnO_4 [Salze: *Manganate(V)*]. Die in der V. und VI. Nebengruppe ausgeprägte Tendenz zur Bildung von Poly- und Heteropolysäuren ist in der VII. Nebengruppe nicht vorhanden.

Element 107: wurde erstmals 1975 in Dubna (UdSSR) als Nuklid der Massenzahl 261 durch Beschuß von Wismut 209 mit Chrom 54 hergestellt; Halbwertszeit 2 ms. Kernreaktion: ${}^{209}_{83}Bi + {}^{54}_{24}Cr \rightarrow {}^{261}_{107}107 + 2\,{}^{1}_{0}n$.

26.2. Mangan und Manganverbindungen

26.2.1. Allgemeines

Symbol: Mn [von *magnesia nigra*, einer schwarzen, bei der kleinasiatischen Stadt Magnesia gefundenen Erde (Braunstein)]. **Wertigkeiten:** +7; +6; (+5); +4; +3; +2; (+1).

Vorkommen: Mn ist das vierzehnthäufigste Element und nach dem Eisen das zweithäufigste Schwermetall der Erdkruste. Es begleitet das Eisen in vielen seiner Erze, doch kommen auch reine Manganerzlagerstätten vor.
Sehr große Manganvorräte bilden die aus Mangan- und Eisenoxiden bestehenden *Manganknollen* auf dem Grunde mancher Gebiete des Weltmeeres.

Minerale:

Braunstein (*Pyrolusit*)	MnO_2
Braunmanganerz (*Manganit*)	$MnO(OH)$
Braunit	$3\,Mn_2O_3 \cdot MnSiO_3$
Hausmannit	Mn_3O_4
Manganspat (*Himbeerspat; Rhodochrosit*)	$MnCO_3$

Physiologie: Mangan ist ein für höhere Pflanzen und Tiere unentbehrlicher Mikronährstoff; von ihm hängen Fortpflanzungsfähigkeit, Blut- und Antikörperbildung ab.

26.2.2. Metallisches Mangan

Erstherstellung: 1774 durch J. G. GAHN (Schweden).

Herstellung:

- Reines Mangan wird aluminothermisch aus Mn_3O_4 (entsteht durch Glühen von Braunstein) erzeugt: $3\,Mn_3O_4 + 8\,Al \rightarrow 9\,Mn + 4\,Al_2O_3$
- In der Technik erzeugt man meist »*Ferromangan*« (mit ≈80% Mn) durch Reduktion eisenhaltiger Manganoxide mit Koks.

Eigenschaften (s. a. S. 436): eisenfarbenes, hartes, sprödes unedles Metall, das an der Luft unter Bildung einer schützenden Deckschicht grau, manchmal bunt anläuft, bereits durch heißes Wasser merklich angegriffen wird und sich leicht in Säuren zu Mangan(II)-salzen löst.

Verwendung: zur Herstellung von Legierungen; als *Ferromangan* und *Spiegeleisen* in der Eisen- und Stahlmetallurgie.

Legierungen:

Ferromangan: 80% Mn + 20% Fe
Spiegeleisen: Fe mit 6...20% Mn, 4...6% C und bis 1% Si
Manganstähle enthalten 1...2%, *Manganhartstahl* 10...15% Mn. Mn ist auch in manchen Al-Legierungen enthalten.

Heuslersche Legierungen: z. B. 59% Cu + 26,5% Mn + 14,4% Al (ferromagnetisch ohne ferromagnetische Elemente!)

Manganin ↑ S. 415.

26.2.3. Manganverbindungen

Allgemeines: Mn tritt in den Wertigkeitsstufen +2 bis +4 als basenbildendes, in den Stufen +4 bis +7 als säurebildendes Element auf. Beständigste Oxidationsstufen:

in **saurem** Milieu:	+2 und +7
in **alkalischem** Milieu:	+4 und +6

Mangan(II)-verbindungen: meist rosa, z. B. **Mangan(II)-chlorid,** $MnCl_2 \cdot 4\,H_2O$, leicht lösliche Kristalle. – **Mangan(II)-sulfat,** $MnSO_4 \cdot 5\,H_2O$, wird Pflanzendüngern und Viehfutter als Mikronährstoff beigegeben. – **Mangan(II)-hydroxid,** $Mn(OH)_2$, fällt aus Mn(II)-Lösungen durch Alkalilaugen als nicht amphoterer, weißer, sich bei Luftzutritt schnell bräunender Niederschlag. – **Mangan(II)-sulfid,** MnS, fällt als fleischfarbener, seltener grüner Niederschlag aus Mn(II)-Lösungen durch Ammoniumsulfid. – **Manganstearat,** $(C_{17}H_{35}COO)_2Mn$, ist in Sikkativen für Leinölfirnis enthalten.

Mangan(III)-verbindungen: Mangan(III)-oxidhydrat $Mn_2O_3 \cdot x\,H_2O$ ist eine schwarzbraune Malerfarbe (»*Manganbraun*«). **Umbra** ist eine kastanienbraune Anstrichfarbe, die durch Brennen natürlicher Gemische von Mangan(III)-, Eisen(III)- und Aluminiumoxidhydraten entsteht.

Mangan(IV)-verbindungen: Am beständigsten ist **Mangan(IV)-oxid,** *Braunstein*, MnO_2, ein grauschwarzes Pulver, das bei 530 °C Sauerstoff abspaltet: $3\,MnO_2 \rightarrow Mn_3O_4 + O_2$. *Verwendung:* als Depolarisator in galvanischen Trockenelementen und -batterien und als Entfärbungsmittel für Glasschmelzen (»Glasmacherseife«).

Mangan(VII)-verbindungen: **Mangan(VII)-oxid,** Mn_2O_7, entsteht als schwarzviolettes, explosibles Öl aus Permanganat + Schwefelsäure. Mit Wasser bildet sich gemäß $Mn_2O_7 + H_2O \rightarrow 2\,HMnO_4$ die starke, tiefviolette **Permangansäure,** deren wichtigstes Salz **Kaliumpermanganat,** $KMnO_4$, ist. Dieses bildet braunviolette Kristalle, die sich in Wasser mit intensiv violetter Farbe lösen und beim Erhitzen stufenweise Sauerstoff abgeben:

$$2\,KMnO_4 \rightarrow K_2MnO_4 + MnO_2 + O_2$$

$$2\,K_2MnO_4 \rightarrow 2\,MnO_2 + 2\,K_2O + O_2$$

$$3\,MnO_2 \rightarrow Mn_3O_4 + O_2$$

Als sehr starkes Oxidationsmittel oxidiert Permanganat, z. B. Salzsäure gemäß: $2\,KMnO_4 + 16\,HCl \rightarrow 2\,KCl + 2\,MnCl_2 + 8\,H_2O + 5\,Cl_2$. *Verwendung:* zur chemischen Analyse, als Desinfektionsmittel (z. B. des Mund- und Rachenraums) und als Entgiftungsmittel für Zyanide und chemische Kampfstoffe.
Die durch $KMnO_4$ auf der Haut hervorgerufenen Braunsteinflecken lassen sich durch Schweflige Säure (bzw. Sulfit + Salzsäure) entfernen (Bildung von *Mangan(II)-dithionat*; ↑ S. 399).

Mangan(VI)- und -(V)-verbindungen: Die grünen **Manganate(VI)** entstehen durch Schmelzen von Mangan(IV)-oxid mit Natriumnitrat und -karbonat ($MnO_2 + NaNO_3$

$+ Na_2CO_3 \rightarrow Na_2MnO_4 + NaNO_2 + CO_2$) oder aus Permanganatlösung durch viel Alkalihydroxid ($4\,KMnO_4 + 4\,KOH \rightarrow 4\,K_2MnO_4 + 2\,H_2O + O_2$). In noch stärker alkalischem Milieu bilden sich die blauen **Manganate(V)**, z.B. K_3MnO_4. – Beim Ansäuern gehen alle Manganate bei Abwesenheit von Chloriden unter Braunsteinabscheidung in Permanganate über: $3\,K_2MnO_4 + 2\,H_2SO_4 \rightarrow 2\,KMnO_4 + MnO_2 + 2\,K_2SO_4 + 2\,H_2O$.

Nachweis: Mn-Verbindungen ergeben beim Schmelzen mit einem Soda-Salpeter-Gemisch eine grüne Manganat(VI)-schmelze, deren Lösung sich unter Abscheidung brauner Flocken (Mangan(IV)-oxidhydrat) und Bildung von Permanganat tief violett färbt.

26.3. Technetium

Technetium (Tc) [*techne* (grch.) Kunst] ist ein künstliches, instabiles Metall, das aus Spaltprodukten des Urans in Kernreaktoren gewonnen wird; s.a. S. 436. Das langlebigste Isotop ist Tc 98 mit einer Halbwertszeit von 4 Millionen Jahren. Technetium wurde zuerst 1937 durch C. Perrier und E. Segrè (Italien) erzeugt und ähnelt in seinem chemischen Verhalten dem Rhenium.

26.4. Rhenium und Rheniumverbindungen

Rhenium: (Re) [benannt nach dem Rhein (lat. *rhenus*)] ist eines der seltensten Elemente und wurde deshalb erst 1925 durch Noddack und Tacke (beide Deutschland) entdeckt. Es findet sich in geringen Mengen in Molybdän- und Platinerzen und wird auch aus Mansfelder Kupferschiefer gewonnen. Re ist ein luftbeständiges, platinähnliches, sehr hoch schmelzendes Metall (s.a. S. 436), das als Katalysator sowie als Überzug auf Heizfäden von Glühlampen verwendet wird. In seinen Verbindungen ist es hauptsächlich +7wertig, z.B. im gelben, leicht flüchtigen **Rhenium(VII)-oxid**, Re_2O_7 (F = 301°C, Kp = 362°C) und im **Kaliumperrhenat**, $KReO_4$, einem weißen, relativ schwer löslichen Salz.

27. Elemente der VIII. Nebengruppe

27.1. Allgemeines

Untergruppen: Die VIII. Nebengruppe besteht aus drei Untergruppen jeweils dreier im Periodensystem benachbarter Elemente:

- *Eisengruppe:* Eisen, Kobalt, Nickel
- *Leichte Platinmetalle:* Ruthenium, Rhodium, Palladium
- *Schwere Platinmetalle:* Osmium, Iridium, Platin

Wertigkeit: Nur Ruthenium und Osmium erreichen die Wertigkeitsstufe +8. Die Element(VIII)-oxide sind im Gegensatz zu den entsprechenden Verbindungen der V., VI. und VII. Nebengruppe keine Säureanhydride.

Ferromagnetismus: Eisen, Kobalt und Nickel sind (neben Gadolinium) die einzigen ferromagnetischen Elemente.

Tabelle 43. Eisengruppe

	Eisen	Kobalt	Nickel
Symbol	Fe	Co	Ni
Kernladungszahl	26	27	28
Relative Atommasse	55,847	58,9332	58,69
Schmelzpunkt (in °C)	1535	1490	1455
Dichte (in g/cm³ bei 20 °C)	7,87	8,90	8,91
Häufigkeit (Erdrinde, %)	4,70	$3{,}7 \cdot 10^{-3}$	$1{,}5 \cdot 10^{-2}$
Wertigkeit	2; 3; (6)	2; (3)	2; (3; 4)

Tabelle 44. Leichte Platinmetalle

	Ruthenium	Rhodium	Palladium
Symbol	Ru	Rh	Pd
Kernladungszahl	44	45	46
Relative Atommasse	101,07	102,906	106,42
Schmelzpunkt (in °C)	2427	1967	1555
Dichte (in g/cm³ bei 20 °C)	12,45	12,41	12,02
Häufigkeit (Erdrinde, %)	$2 \cdot 10^{-6}$	$1 \cdot 10^{-7}$	$1 \cdot 10^{-6}$
Wertigkeit	8; 4 (2; 3; 6; 7)	3; 4 (1; 2; 6)	2; 4 (3)

Tabelle 45. Schwere Platinmetalle

	Osmium	Iridium	Platin
Symbol	Os	Ir	Pt
Kernladungszahl	76	77	78
Relative Atommasse	190,2	192,22	195,08
Schmelzpunkt (in °C)	2967	2454	1769
Dichte (in g/cm³ bei 20 °C)	22,61	22,65	21,45
Häufigkeit (Erdrinde, %)	$1 \cdot 10^{-6}$	$1 \cdot 10^{-7}$	$5 \cdot 10^{-7}$
Wertigkeit	8; 6 (2; 3; 4)	3; 4 (1; 2; 6)	2; 4 (1; 3; 6)

27.2. Eisen und Eisenverbindungen

27.2.1. Allgemeines

Symbol: Fe [*ferrum* (lat.)]; Wertigkeiten: +3, +2, (+6).

Geschichte: Eisen gehört zu den am längsten bekannten Metallen (»Eisenzeit«; Beginn etwa 1000 v. u. Z.).

Vorkommen: vierthäufigstes Element (4,70%) und häufigstes Schwermetall der Erdkruste. Ob der Erdkern aus einer Eisen-Nickel-Legierung besteht, ist noch nicht mit Sicherheit erwiesen. Eisen findet sich, abgesehen von Meteoren, nur chemisch gebunden, auch in Organismen. Die gelbe, braune oder rote Farbe des Erdbodens rührt meist von Eisenoxiden und -oxidhydraten her. Im Grundwasser ist es als Eisen(II)-sulfat, $FeSO_4$, und Eisen(II)-hydrogenkarbonat, $Fe(HCO_3)_2$, gelöst. »*Stahlquellen*« enthalten >10 mg Fe/l.

Minerale:

Oxide:	Magnetit	*Magneteisenstein, -erz*	Fe_3O_4
	Hämatit	*Roteisenstein, -erz*	Fe_2O_3
	Limonit	*Brauneisenstein, -erz* (Abarten: Raseneisenerz, gelber Ocker)	FeO(OH)
Karbonate:	Siderit	*Spateisenstein, -erz*	$FeCO_3$
Sulfide:	Pyrit, Markasit	*Eisenkies, Schwefelkies*	FeS_2
	Magnetopyrit	*Magnetkies*	FeS
Silikate:	Olivin		$(Mg,Fe)_2SiO_4$
	und andere		

Nachweis:

Fe(III)-Salzlösungen ergeben:

- mit Kaliumrhodanid eine intensiv rote Färbung; ↑ S. 354
- mit Kaliumzyanoferrat(II) einen intensiv blauen Niederschlag (Berliner Blau); ↑ S. 450

Fe(II)-Salzlösungen ergeben:

- mit Kaliumzyanoferrat(III) einen intensiv blauen Niederschlag (TURNBULLS Blau); ↑ S. 450

Physiologie: Eisenverbindungen sind für alle Organismen lebensnotwendig. Pflanzen bilden bei Eisenmangel kein Chlorophyll, können deshalb das CO_2 nicht assimilieren und gehen infolge »Chlorose« ein. Mittels des roten Blutfarbstoffs *Hämoglobin*, einer Fe-Verbindung, wird der Sauerstoff aus den Lungen in die Körperzellen befördert; das WARBURGsche Atmungsferment (*Eisen-Oxygenase*), ebenfalls eine Fe-Verbindung, vermittelt im Zusammenwirken mit weiteren, teils eisenhaltigen (*Zytochrome*), teils eisenfreien Fermenten die Oxidation der biologischen »Brennstoffe« (Glukose) innerhalb der Zellen. Auch die Fermente *Katalase* und *Peroxidase* sind Eisenverbindungen. Der erwachsene Mensch enthält etwa 4 bis 5 g Fe, davon 65% im Blut. In Leber, Knochenmark und Milz wird Fe als *Ferritin* und *Hämosiderin* gespeichert; das Blutplasma enthält *Transferrin*.

27.2.2. Metallisches Eisen

27.2.2.1. Reineisen

Herstellung:

- durch Reduktion von Eisenoxiden mit Aluminium (Thermitverfahren) oder Wasserstoff: $Fe_2O_3 + 2\,Al \rightarrow 2\,Fe + Al_2O_3$ bzw. $Fe_2O_3 + 3\,H_2 \rightarrow 2\,Fe + 3\,H_2O$
- durch thermische Zersetzung von Eisenpentakarbonyl: $Fe(CO)_5 \rightarrow Fe + 5\,CO$

Physikalische Eigenschaften (s.a. S. 440): silberweißes, zähes, ziemlich weiches Metall, das bei Rotglut erweicht und in diesem Zustand schmied-, walz- und schweißbar ist. Unterhalb 768 °C ist es ferromagnetisch, weist jedoch keine Remanenz auf, d.h., bei Entfernung der magnetisierenden Erregung verliert es seinen Magnetismus wieder.

Chemische Eigenschaften: An feuchter Luft rostet Eisen, wobei sich Eisen(III)-oxidhydrat, etwa FeO(OH), bildet. Infolge Porosität schützt Rost das Grundmetall nicht vor weiterem Angriff. – Beim Glühen an der Luft entsteht eine hauptsächlich aus Fe_3O_4 bestehende Zunderschicht. – Eisen ist ziemlich unedel und bildet mit verdünnten Säuren Eisen(II)-salze; in konz. Salpetersäure wird Fe passiv, löst sich jedoch in der Hitze unter Entwicklung von Stickstoffdioxid (NO_2) sehr heftig zu Eisen(III)-nitrat. – Gegen Alkalilaugen ist Fe in der Kälte beständig; in der Siedehitze wird es von genügend konzentrierten Laugen oberflächlich unter Oxidbildung angegriffen (*Schwarzoxidieren*, *Brünieren*; ↑ S. 444).

Verwendung: für Eisenkerne von Transformatoren und Elektromagneten sowie für Sonderlegierungen.

27.2.2.2. Kohlenstoffhaltiges Eisen

Allgemeines: Fast alles technisch verwendete Eisen ist kohlenstoffhaltig. Je nach Vor-, insbesondere Wärmebehandlung kann der Kohlenstoff

- im Eisen gelöst,
- mit Eisen zu Eisenkarbid (*Zementit*), Fe_3C, verbunden,
- als Graphit ausgeschieden

vorliegen. Bei maximalem C-Gehalt (6,67%) liegt alles Fe als Zementit vor.

Eigenschaften:

Mit steigendem C-Gehalt

- sinkt die *Zähigkeit*;
- steigen *Härte* und *Sprödigkeit*;
- durchläuft die *Elastizität* ein Maximum;
- durchläuft die *Schmelztemperatur* ein Minimum (1145 °C bei 4,28% C);
- sinken *Schmied-*, *Walz-* und *Schweißbarkeit* (beruhen auf Erweichen bereits vor Erreichen des Schmelzpunkts);
- durchläuft die *Gießbarkeit* (beruht auf niedrigem Schmelzpunkt und sofortiger Dünnflüssigkeit nach Überschreiten desselben) ein Maximum;
- wird die *Magnetisierbarkeit* zunehmend remanent.

Die Eigenschaften sind jedoch auch bei gleichem C-Gehalt je nach der thermischen Vorbehandlung verschieden.

Einteilung:

- 0,02...2,06% C: **Unlegierter Stahl.** Härter, elastischer, zugfester, weniger zäh, niedriger schmelzend als Reineisen; bei C >0,2% durch Abschrecken härtbar; gut schmied-, walz- und schweißbar; nur bei relativ hohen Temperaturen gut gießbar (*Stahlguß*; der hierfür geeignete Werkstoff heißt *Gußstahl*).

- >2,06% C: Derartiges Eisen liegt im **Roh-** und **Gußeisen** vor; zugleich enthalten diese Stoffe weitere Beimengungen. Sehr hart und spröde, bricht bei Biegung, Stoß oder Schlag; sehr druckfest; ist bis etwa 4,5% C niedriger schmelzend als unlegierter Stahl; gut gießbar, jedoch nicht schmied- und walzbar.

Einfluß weiterer Beimengungen:

- *Nichtmetallische Beimengungen* (S, P, N, H, zu viel C, meist auch Si), wie sie herstellungsbedingt als »Eisenbegleiter« auftreten (H bei der Säurebeize), wirken sich meist nachhaltig aus. P begünstigt die Gießbarkeit (ergibt besonders dünnflüssige Schmelze).
- *Metallische Beimengungen* (besonders Mn, Ni, Cr, ferner V, Mo, W, Ti, Co, auch Si und andere) verbessern in legierten Stählen sowie legiertem Gußeisen bestimmte Gebrauchseigenschaften; ↑ S. 444.
- *Einfluß auf die Bindung des Kohlenstoffs:*

  Si: begünstigt beim Abkühlen die Ausscheidung des C als *Graphit* (graues Roheisen, Grauguß).

  Mn: begünstigt beim Abkühlen die Ausscheidung des C als *Zementit*, Fe_3C, (weißes Roheisen, Hartguß).

27.2.2.3. Stahl

Definition: Stahl ist jede Eisenlegierung außer Roheisen, Gußeisen und Temperguß mit einem Kohlenstoffgehalt von 0,02 bis 2,06%.

Einteilung:

- *Unlegierter Stahl:* enthält neben 0,02...2,06% C kleine Mengen herstellungsbedingte Begleitstoffe (<0,5% Si, <0,8% Mn, <0,09% P, <0,06% S). Einsatz vorwiegend als allgemeine Baustähle. Es gibt auch unlegierte Einsatz- und Vergütungsstähle (s. u.).
- *Niedriglegierter Stahl:* enthält zusätzlich bis 5% Legierungselemente. Einsatz z.B. als Werkzeugstähle (Arbeitsstähle), Federstähle u.a.
- *Hochlegierter Stahl:* enthält neben Kohlenstoff über 5% Legierungselemente. Einsatz für Schnellarbeitsstähle (für Zerspanungswerkzeuge), korrosionsbeständige Stähle u.a.

Herstellung: ↑ S. 448ff.; s.a. Übersicht S. 446.

Thermische Behandlung:

- *Glühen* bezweckt Beseitigung innerer Spannungen und Homogenisierung des Gefüges.
- *Abschreckhärten:* Erhöhung von Härte und Verschleißfestigkeit durch Abschrecken glühenden Stahles in Wasser oder Öl. Elastizität und Zähigkeit gehen hierbei zurück. Glühtemperatur, Abschreckungsgeschwindigkeit und Kühltemperatur beeinflussen die Eigenschaften.
- *Anlassen:* teilweise Rückgängigmachung der durch Härtung erzielten Eigenschaften, also Verminderung von Härte und Sprödigkeit zugunsten von Elastizität und Zähigkeit durch Erwärmen des gehärteten Stahls auf bestimmte Temperaturen (erkennbar durch »Anlaßfarben«) zwischen 200 und 300 °C.
- *Vergüten:* Abschrecken und Anlassen auf relativ hohe Temperatur (450...700 °C); hierbei erhöhen sich zugleich Zugfestigkeit und Härte. Besonders geeignet hierfür sind unlegierte oder niedrig legierte *Vergütungsstähle*.
- *Einsetzen* (Einsatzhärten): Oberflächenhärten (bei zäh bleibendem Kern) durch 2- bis 8stündiges Glühen in einem kohlenstoffabgebenden Medium (z.B. Gemisch

aus Holzkohlepulver und Bariumkarbonat); hierbei wird die Randzone aufgekohlt. Besonders geeignet hierfür sind (unlegierte oder niedriglegierte) *Einsatzstähle* mit einem C-Gehalt <0,2%.

- *Nitrieren* (Nitrierhärten): Oberflächenhärten durch Erhitzen in Ammoniak bei 500°C; hierbei bilden sich in der Randzone sehr harte Nitride.

Einfluß von Legierungsmetallen:

Cr: erhöht Härte, Zug- und Verschleißfestigkeit, Warmfestigkeit und Korrosionsbeständigkeit; oberhalb 12,5% Cr ist Stahl rostbeständig.
Ni: erhöht Zähigkeit, Zugfestigkeit und Härte.
Mn: erhöht Durchhärtbarkeit, Verschleißfestigkeit und Schmiedbarkeit.

Kennzeichnung:

- *Allgemeine Baustähle:* Symbol St, daran angeschlossen die Mindestzugfestigkeit in Zehntel MPa.
  St 42 = Baustahl mit Mindestzugfestigkeit 420 MPa (42 kp/mm²)
- *Unlegierte Einsatz- und Vergütungsstähle:* werden durch den 100fachen prozentualen Kohlenstoffgehalt gekennzeichnet:
  C 15 = unlegierter Vergütungs- bzw. Einsatzstahl mit 0,15% Kohlenstoff
- *Niedriglegierte Stähle:* Das Symbol C wird nicht angegeben. Für die einzelnen Legierungselemente gelten gemäß der Beziehung

  %-Gehalt · Faktor = Kennzahl

  folgende Faktoren:
  100 bei C
  10 bei Al, Cu, Mo, Ti, V, B, Be, Nb, Pb, Ta, Zr
  4 bei Cr, Mn, Ni, Co, Si, W

  Beispiel: 10 CrMo 9.10 = niedriglegierter Stahl mit

  $$\frac{10}{100}\,\% = 1\%\,\text{C},\ \frac{9}{4}\,\% = 2{,}25\%\,\text{Cr und}\ \frac{10}{10}\,\% = 1{,}0\%\,\text{Mo}$$

- *Hochlegierte Stähle:* Kennzeichnung durch vorgesetztes X; für C gilt der Faktor 100; bei allen übrigen Legierungselementen werden die Prozentzahlen unmittelbar angegeben: Beispiel: X 40 MnCr 22.4 = hochlegierter Stahl mit 0,4% C, 22% Mn und 4% Cr.
- *Stahlguß:* erhält den Vorsatz GS-; danach erfolgt Kennzeichnung nach den angeführten Regeln.

  GS-45: unlegierter Stahlguß mit Mindestzugfestigkeit 450 MPa (45 kp/mm²)
  GS-20 MoV 8.4: niedriglegierter Stahlguß mit 0,2% C, 0,8% Mo und 0,4% V
  GS-X 130 Cr 29: hochlegierter Stahlguß mit 1,3% C und 29% Cr

27.2.2.4. Rostschutz

durch metallische Überzüge:

- galvanisch erzeugte Schichten von Nickel, Zink, Kadmium, Zinn, Chrom
- Feuerverzinken oder Feuerverzinnen (Tauchen in Zink- oder Zinnschmelze)

durch nichtmetallische Überzüge: Email, Lacke, Öle, Fette

durch Umwandlung der Oberfläche in schützende Schichten (für nicht zu starke Korrosionsbeanspruchung):

- *Brünieren* (*Schwarzoxidieren*) mittels siedender, nitrat- oder nitrithaltiger konzentrierter Natronlauge; hierbei entsteht Trieisentetroxid, Fe_3O_4.

- *Phosphatieren:* Erzeugung eisenhaltiger Zink- und Manganphosphatschichten durch Tauchen in Lösungen aus Zink- und Mangandihydrogenphosphat [$Zn(H_2PO_4)_2$ bzw. $Mn(H_2PO_4)_2$], Phosphorsäure und Zusätzen (z. B. Nitrite).

Elektrochemischer Korrosionsschutz: metallisch leitende Verbindung mit einer Opferanode aus Zink oder Magnesium (Schiffskörper, Benzintanks, Erdölleitungen). In der entstehenden galvanischen Kette ist das Eisen Katode (Niederschlagselektrode), wodurch seiner Auflösung entgegengewirkt wird; ↑ S. 253.

27.2.3. Die Eisenmetallurgie

27.2.3.1. Übersicht (s. S. 446)

27.2.3.2. Die Erzeugung von Roheisen

Aufbereitung der Erze:

- weitgehende Enfernung der Erzbegleitstoffe (»Gangart«) auf trockenem, nassem oder magnetischem Wege
- Überführung nichtoxidischer Erze in Oxide durch Rösten:

  Pyrit: $4\,FeS_2 + 11\,O_2 \rightarrow 2\,Fe_2O_3 + 8\,SO_2$
  Eisenspat: $6\,FeCO_3 + O_2 \rightarrow 2\,Fe_3O_4 + 6\,CO_2$
- Schaffung der günstigsten Stückgröße (Zerkleinerung oder Brikettierung)

Übersicht über die Verfahren:

- Hochofenprozeß (für alle Roheisensorten)
- Drehrohrofenprozeß; KRUPP-Rennverfahren (für Stahleisen)

Der Hochofenprozeß (Bild 82; S. 447):

- *Gegenstrom:* Die feste Beschickung durchläuft den Ofen langsam von oben nach unten; die Gase strömen von unten nach oben.
- *Erzeugung von Kohlenmonoxid:* erfolgt im unteren Teil der Schmelzzone. Heißluft (»Heißwind«) von etwa 800 °C, in COWPERschen Winderhitzern aufgeheizt, evtl. mit Sauerstoff angereichert, wird durch Windformen eingeblasen. Sie verbrennt den Koks unvollständig (Koksüberschuß!) zu Kohlenmonoxid, CO. Dieses strömt nach oben.
- *Reduktion der Eisenerze:* erfolgt stufenweise durch Kohlenmonoxid (*indirekte Reduktion*) und feinverteilten Kohlenstoff (*direkte Reduktion*). Es entsteht zunächst festes, schwammiges Eisen.
- *Regenerierung des Kohlenmonoxids:* Das bei der Reduktion der Eisenerze entstehende Kohlendioxid wird durch den Koks teilweise wieder zu Kohlenmonoxid reduziert; dieses vermag erneut auf Eisenerze einzuwirken.
- *Kohlung des Eisens:* Das schwammige Eisen katalysiert die Einstellung des BOUDOUARD-Gleichgewichtes ($2\,CO \rightleftarrows CO_2 + C$); der am Eisen entstehende feinverteilte Kohlenstoff dringt in dasselbe ein und erniedrigt den Schmelzpunkt um fast 400 K[1]) auf etwa 1150 °C.
- *Schmelzen und Abstich des Roheisens:* Oberhalb 1150 °C schmilzt das kohlenstoffhaltige Eisen und sammelt sich im untersten Teil des Gestells. Der »Abstich« erfolgt alle 4...6 Stunden.
- *Bildung und Abstich der Schlacke:* Die Schlacke bildet sich in der Schmelzzone aus den noch vorhandenen Erzbegleitstoffen (der Gangart) und den Zuschlägen. Letztere führen die schwer schmelzbare Gangart in niedrig schmelzende Schlacke über.

---

[1]) 400 K = 400 grd

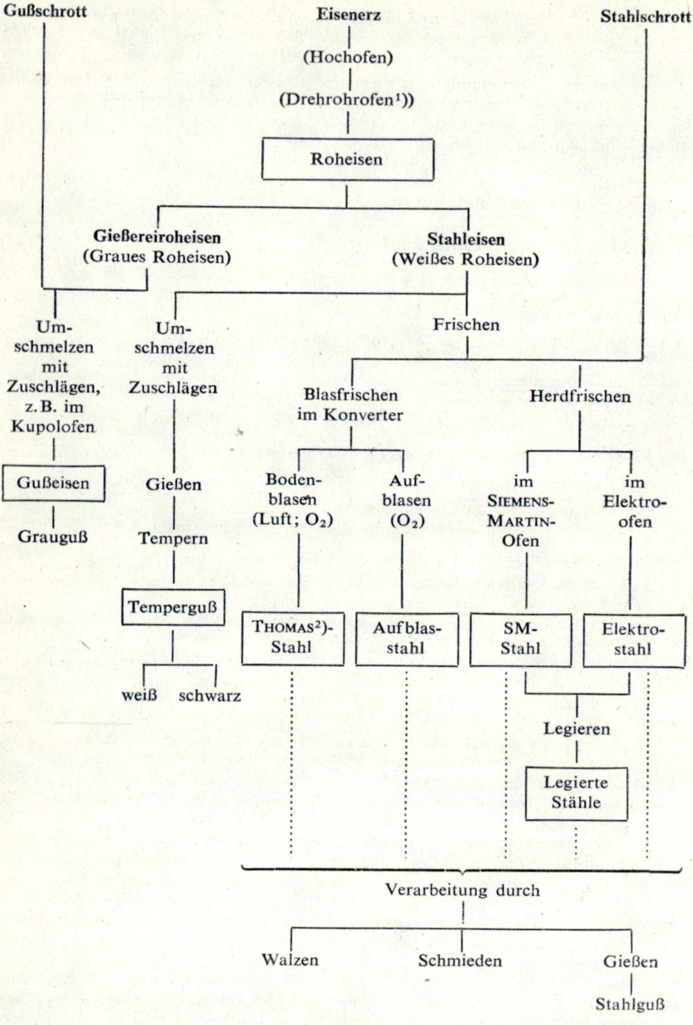

[1]) Drehrohröfen liefern Stahleisen
[2]) bei P-armem Roheisen: Bessemer-Stahl

»*Saure Erze*« (SiO_2-reich) erfordern »*basische Zuschläge*« ($CaCO_3$). »*Basische Erze*« ($CaCO_3$-reich) erfordern »*saure Zuschläge*« (SiO_2).
Mit dem in der Gangart oder den Zuschlägen vorhandenen Ton entsteht eine Schlacke aus Kalzium-aluminat-silikat. Die Schlacke sammelt sich im Gestell auf dem flüssigen Roheisen an; sie fließt kontinuierlich ab oder wird von Zeit zu Zeit abgestochen.

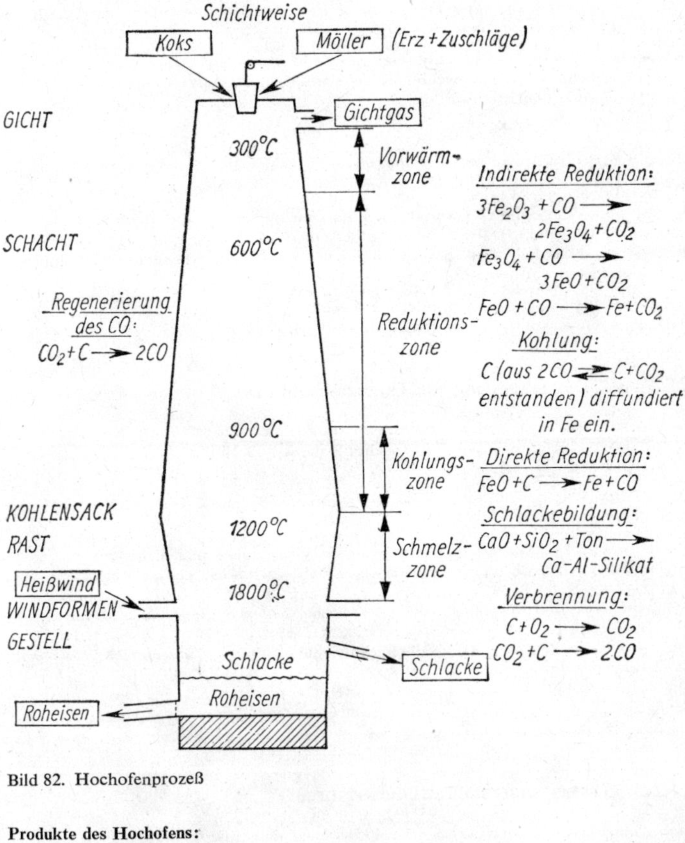

Bild 82. Hochofenprozeß

Produkte des Hochofens:

- *Roheisen:* enthält neben Fe etwa 3...5% C, 0,3...2,5% Si, 0,5...6,0% Mn, 0,08 bis 2,2% P und 0,03...0,12% S. Je nach Bedarf erzeugt man:
  - *Weißes Roheisen:* Mn-reich; in Stahlkokillen rasch abgekühlt; flüssig auf THOMAS-Stahl weiterverarbeitet; C als Zementit, Fe_3C; für Stahl und Temperguß.

– *Graues Roheisen:* Si-reich; in Masselbetten aus Sand langsam abgekühlt; C als Graphit; für Gußeisen.

- *Hochofenschlacke:* besteht aus Ca-Al-Silikat. Verwendung für Straßen- und Gleisschotter; als Splitt und Schlackensand für die Betonbereitung; als Hüttenbims (geschäumt) für Leichtbeton; als Schlackenwolle (mit Luft verdüst) zur Wärmeisolation; abgeschreckt und gemahlen für Hochofen- und Eisenportlandzement.
- *Gichtgas:* etwa 60 Vol.-% N_2 + 30 Vol.-% CO + 10 Vol.-% CO_2 + viel Staub. Nach Entstaubung *Verwendung* zum Aufheizen der Winderhitzer, zur Erzeugung von Elektroenergie sowie als Heizgas.

Krupp-Rennverfahren: In Drehrohröfen wird ein Gemisch aus zerkleinertem Erz und Kohlenstaub mittels Kohlenstaubfeuerung erhitzt; es entstehen C-arme »*Luppen*«, die meist auf Stahl verarbeitet werden.

27.2.3.3. Glühfrischen *(Tempern)*

Weißer Temperguß: Weißes Roheisen wird in Formen gegossen; die geformten Gegenstände werden in ein Fe_2O_3/Fe_3O_4-Gemisch fest eingepackt und 5...6 Tage lang bei 950...1000 °C geglüht. Dabei erfolgt von der Oberfläche her Entkohlung, wodurch das Roheisen stahlähnlich wird. Anwendung für dünnwandige Massenartikel (Schlüssel, Hebel, Kettenglieder usw.).

Schwarzer Temperguß: Einbettmittel sind Sand oder Asche, dabei scheidet sich Kohlenstoff als »Temperkohle« in der Masse aus. Glühen 3...4 Tage.

27.2.3.4. Die Erzeugung von Thomas-Stahl *(Blasfrischen, Windfrischen)*

Geschichte: seit 1854 BESSEMER-Verfahren (nur geeignet für P-armes Roheisen); seit 1878 THOMAS-Verfahren (auch für P-reiches Roheisen durch Einführung eines basischen Futters für den Konverter).

Prinzip: Entfernung von S, P und Si sowie Verminderung des C-Gehaltes des Roheisens durch Oxidation.

Durchführung: In »*Konvertern*« (sog. »*Thomasbirnen*«) bläst man kalte, oft sauerstoffangereicherte Luft von unten durch flüssiges Roheisen. In exothermer Reaktion bilden sich gasförmige (CO_2, SO_2) und andere (SiO_2, P_2O_5) Oxide; letztere werden durch Kalkzuschläge und Kalkauskleidung in *Thomasschlacke* umgewandelt; vereinfacht $4\,CaO + P_2O_5 \rightarrow CaO \cdot Ca_3(PO_4)_2$, und $2\,CaO + SiO_2 \rightarrow Ca_2SiO_4$.
Die gemahlene Schlacke dient als Phosphordüngemittel (»*Thomasmehl*«, »*Thomasphosphat*«).
Da beim Frischprozeß auch C restlos entfernt wird, ist nach dem Blasen und dem Schlackenabguß Aufkohlung durch berechneten Zusatz kohlenstoffreichen »Spiegeleisens« (↑ S. 437) erforderlich.

27.2.3.5. Das Sauerstoffaufblasverfahren

Beim Sauerstoffaufblasverfahren (seit 1951) bläst man mit 0,7...1,0 MPa (7...10 at) reinen *Sauerstoff* durch ein wassergekühltes Rohr auf das Metallbad und vermeidet so Qualitätsminderungen, die insbes. beim THOMAS-Verfahren durch Stickstoffaufnahme entstehen. Die höheren Temperaturen (über 2000 °C) erlauben es, bis zu 40% Schrott mit einzuschmelzen; zudem ist der Durchsatz sehr hoch. Man kann beliebiges Roheisen einsetzen.

27.2.3.6. Die Erzeugung von Siemens-Martin-Stahl *(Herdfrischen)*

Beim SM-Verfahren (seit 1864) finden grundsätzlich die gleichen Vorgänge statt wie beim THOMAS-Verfahren. Sie verlaufen langsamer, gestatten aber dadurch eine bessere Überwachung und Regulierung. Da im Gegensatz zum THOMAS-Verfahren eine äußere Heizung vorhanden ist, kann viel (oder ausschließlich) Alteisen (Schrott) eingeschmolzen werden. Aufkohlung ist nicht erforderlich.
In einer flachen Mulde (»Herd«) werden Schrott und Roheisen durch brennendes Generatorgas (vorgewärmt durch die heißen Abgase; Prinzip der SIEMENSschen *Regenerativfeuerung*) niedergeschmolzen. Nach Zusatz von Kalkzuschlägen erfolgt das Frischen, indem mehr Luft schräg auf die Schmelze geblasen wird, als zum gleichzeitigen Verbrennen des Gases erforderlich ist. Da die Oxidation von S usw. nur von der Oberfläche her erfolgt, dauert ein Frischprozeß mehrere Stunden. Die SM-Schlacke ist phosphorarm und wird z. Z. noch nicht verwertet.

27.2.3.7. Das Elektrostahlverfahren

In Lichtbogen- oder Induktionsöfen werden (seit 1880) aus SM-Stahl und (oder) Schrott unter Zusatz von Nickel, Ferrochrom, Ferrovanadin usw. hochwertige *legierte Stähle* erschmolzen; Frischprozesse erfolgen meist mit reinem Sauerstoff, da der Luftstickstoff schädlich sein kann.

27.2.3.8. Elektronenstrahlschmelzen

Ultrareine Stähle mit besonders hervorragenden Eigenschaften werden durch *Elektronenstrahlschmelzen* gegossener oder verformter Abschmelzstäbe bei etwa 0,133 Pa (10^{-3} Torr) hergestellt. Das durch Aufprallen eines Elektronenstrahls abschmelzende Gut wird von einer wassergekühlten Kupferkokille mit absenkbarem Boden aufgefangen und ist frei von gebundenen Gasen und Schlackeneinschlüssen.

27.2.4. Eisenverbindungen

Allgemeines: *Eisen(II)-verbindungen* (kristallwasserhaltig meist von grüner Farbe) gehen, besonders in alkalischem Milieu, an der Luft leicht in Eisen(III)-verbindungen (meist gelb) über. Auch durch Wasserstoffperoxid, heiße Salpetersäure und andere Oxidationsmittel geht Fe(II) in Fe(III) über. Umgekehrt lassen sich *Fe(III)-Verbindungen* z.B. durch Schütteln mit Eisenpulver wieder in Fe(II)-Verbindungen zurückverwandeln, z.B. $2\,FeCl_3 + Fe \rightarrow 3\,FeCl_2$. — *Eisen(VI)-verbindungen* sind sehr unbeständig, z.B. **Bariumferrat,** $BaFeO_4$, ein rotes Pulver.

Eisenoxide: Eisen(II)-oxid, FeO: schwarzes Pulver. — **Eisen(II,III)-oxid,** *Trieisentetroxid*, Fe_3O_4 (= $FeO \cdot Fe_2O_3$), kommt als *Magnetit* in der Natur vor. Es entsteht als *Hammerschlag* beim Schmieden und beim Verbrennen von Eisenfeilspänen an der Luft und bildet die Hauptmasse des Glühzunders von Eisen und Stahl; beim *Schwarzoxidieren (Brünieren)* wird es künstlich erzeugt. Der in den Aschen von Braunkohlenkraftwerken zu etwa 8% enthaltene Magnetit wird durch Magnetscheidung isoliert und der Verhüttung zugeführt. — **Eisen(III)-oxid,**

Fe_2O_3, kommt als *Hämatit* (Blutstein) vor, ist auch im *Rötel* enthalten. Rotes bis braunes, nach starkem Glühen in Säuren unlösliches Pulver ($F = 1565\,°C$); größere Kristalle sind grau bis schwarz, ergeben jedoch einen roten Strich. Verwendung für das Thermitschweißverfahren, als Poliermittel (»*Polierrot*«) für Stahl und Glas, als Farbpigment (»*Englischrot*«), die Modifikation γ-Fe_2O_3 als Ton- und Bildträger für Magnetbänder.

Ferrite sind eisen(III)-oxidhaltige Doppeloxide, die keramisch gebrannt und teilweise als magnetische Werkstoffe verwendet werden, z.B. **Bariumferrit** (*Maniperm*), $BaO \cdot 6\,Fe_2O_3$.

Eisenhydroxide: Eisen(II)-hydroxid, $Fe(OH)_2$, fällt aus Eisen(II)-lösungen durch Alkalilauge als zunächst weißer, durch Oxidation grün, schwarz und unter Übergang in **Eisen(III)-hydroxid,** $Fe(OH)_3$, rostbraun werdender Niederschlag aus. Eisen(III)-hydroxid entsteht auch unmittelbar durch Fällung aus Eisen(III)-lösungen. Beide Hydroxide sind kaum amphoter; erst in äußerst konzentrierten Laugen lösen sie sich zu Ferrat(II) bzw. Ferrat(III).

Eisenpentakarbonyl, $Fe(CO)_5$: blaßgelbe, bei 103 °C siedende, giftige, brennbare Flüssigkeit; entsteht aus feinverteiltem Eisen und Kohlenmonoxid bei höherer Temperatur und höherem Druck; bei starkem Erhitzen zerfällt es.

Komplexe Eisen-Zyan-Verbindungen:

- **Kaliumhexazyanoferrat(II),** *Kaliumzyanoferrat(II), Gelbkali, gelbes Blutlaugensalz,* $K_4[Fe(CN)_6] \cdot 3\,H_2O$: gelbe, wasserlösliche Kristalle; hergestellt aus Gasreinigungsmasse oder aus der aus Kalkstickstoff erzeugten Zyanidschmelze, *Verwendung* für Berliner Blau und Rotkali.
- **Kaliumhexazyanoferrat(III),** *Kaliumzyanoferrat(III), Rotkali, rotes Blutlaugensalz,* $K_3[Fe(CN)_6]$: rote, in Wasser mit gelbgrüner Farbe lösliche Kristalle; entsteht aus Zyanoferrat(II) und Chlor. Da es feinverteiltes Silber in Silberzyanoferrat(II), $Ag_4[Fe(CN)_6]$, umwandelt, das sich in Natriumthiosulfat bzw. Fixierbad löst, wird es in der Farbfotografie als »*Bleichsalz*« und in der Schwarzweißfotografie als »*Abschwächer*« verwendet.
- **Berliner Blau** und **Turnbulls Blau** fallen aus Eisen(III)-lösung durch Zyanoferrat(II) und aus Eisen(II)-lösung durch Zyanoferrat(III) als Niederschläge wechselnder Zusammensetzung aus. Im Berliner Blau ist z.B. Eisen(III)-hexazyanoferrat(II), $Fe_4[Fe(CN)_6]_3$, enthalten, doch sind die Niederschläge oft auch K-haltig. Verwendung als Blaupigment.
- **Nitroprussidnatrium,** *Natriumpentazyanonitrosylferrat(III),* $Na_2[Fe(CN)_5NO] \cdot 2\,H_2O$, dunkelrote, wasserlösliche Kristalle; entsteht aus Kaliumzyanoferrat(II), Salpetersäure und nachfolgende Umsetzung mit Natriumkarbonat. Nachweismittel für gelöste Sulfide (Violettfärbung). – **Prusside** (*Prussiate*) enthalten als Liganden 5 CN-Gruppen und eine andersartige Gruppe.

Weitere Eisen(II)-verbindungen: Eisen(II)-sulfat kristallisiert mit Wasser als **Eisenvitriol,** $FeSO_4 \cdot 7\,H_2O$. Grüne, wasserlösliche, an der Luft oxidable Kristalle; Verwendung für Eisentinten, medizinische Eisenpräparate, Berliner Blau, Gelb- und Rotkali sowie Eisen(III)-oxid für Magnetbänder. – Luftbeständiger ist **Ammonium-eisen(II)-sulfat,** *MOHRsches Salz,* $(NH_4)_2SO_4 \cdot FeSO_4 \cdot 6\,H_2O$. – **Eisen(II)-sulfid,** FeS, fällt als schwarzer Niederschlag aus Eisen(II)-lösungen durch Ammoniumsulfid, entsteht auch durch Synthese: Verwendung zur Herstellung von Schwefelwasserstoff: $FeS + H_2SO_4 \rightarrow FeSO_4 + H_2S$.

Weitere Eisen(III)-verbindungen: Eisen(III)-chlorid scheidet sich aus wäßriger Lösung als $FeCl_3 \cdot 6\,H_2O$ ab. Gelbe, hygroskopische Masse. Verwendung zum Ätzen von Kupfer in der Reproduktionstechnik: $2\,FeCl_3 + Cu \rightarrow 2\,FeCl_2 + CuCl_2$, sowie für blutstillende Watte. — **Eisen(III)-rhodanid,** $Fe(SCN)_3$, bildet sich mit intensiv roter Färbung aus Fe(III)-Lösungen und Rhodaniden. — **Ammonium-eisen(III)-sulfat,** *Ammonium-eisenalaun,* $(NH_4)Fe(SO_4)_2 \cdot 12\,H_2O$, bildet farblose, durch Mn-Verunreinigungen oft violette, mit gelber Farbe in Wasser lösliche Kristalle.

Eisenoxidpigmente:

Eisengelb	(*Eisenoxidgelb, Ferritgelb, Marsgelb*)	Eisen(III)-oxidhydroxid, FeO(OH)
Eisenrot	(*Eisenoxidrot*)	Eisen(III)-oxid, Fe_2O_3
Eisenschwarz	(*Eisenoxidschwarz*)	Trieisentetroxid, Fe_3O_4
Eisenmennige		natürliches Eisenoxidrot
Ocker		natürliches Gemenge aus Limonit [FeO(OH)], Ton u.a.

27.3. Kobalt[1]) und Kobaltverbindungen

Symbol: Co [von »*Kobold*«, da man die früher nicht verhüttbaren Co-Erze für von Kobolden verzaubert hielt; s.a. Nickel, S. 452]; **Wertigkeiten:** +2, seltener +3.

Erstherstellung: 1735 in Deutschland durch H. Brandt.

Vorkommen: nur gebunden, meist mit Nickel vergesellschaftet.

Minerale:

Speiskobalt (*Smaltit*)	$CoAs_2$
Glanzkobalt (*Kobaltit*)	CoAsS
Kobaltnickelkies (*Linnéit*)	$(Co,Ni)_3S_4$

Physiologie: Co ist ein für Menschen und höhere Organismen lebensnotwendiger Mikronährstoff. Vitamin B 12 (*Kobalamin*) ist eine Kobaltverbindung. Bei Co-Mangel entsteht perniziöse Anämie (schwere, gefährliche Blutarmut).

Herstellung des Metalls: aus den bei der Verhüttung anderer Metalle anfallenden »Speisen« (Arsenide von Co und Ni) durch Rösten, Lösen der entstandenen Oxide in Säure, Trennung von Ni durch Ausfällung mit Natriumhypochloritlösung bei *p*H 3,9 bis 4,2 unter Einblasen von Luft, Überführung ins Oxid und Reduktion desselben mit Kohle, Aluminium oder Wasserstoff.

Eigenschaften des Metalls (s.a. S. 440): silberweißes, schwach rötliches, bis 1115°C ferromagnetisches Metall; zäher, härter und fester als unlegierter Stahl; an der Luft bei gewöhnlicher Temperatur beständig; in Säuren leicht, in Alkalien nicht löslich.

Verwendung des Metalls: für Legierungen (z.B. Schnellarbeitsstähle) und Hartmetalle (Co-Pulver mit W_2C gesintert).

Kobaltverbindungen: Co(II)-Verbindungen sind am beständigsten, Co(III)-Verbindungen nur in Form von Komplexen stabil. Co(II)-Salze sehen wasserhaltig meist rosa bis rot, wasserfrei oft blau aus. — **Kobalt(II)-chlorid,** $CoCl_2 \cdot 6\,H_2O$: rote Kristalle,

[1]) gemäß neuer Nomenklaturempfehlung *Cobalt*

die beim Erhitzen, auch in wäßriger Lösung, in blaue, wasserärmere Verbindungen übergehen, beim Erkalten wieder rosarot werden und deshalb für Geheimtinten und Luftfeuchtigkeitsanzeiger verwendet werden können. – **Kobalt(II)-hydroxid**, $Co(OH)_2$, fällt aus Co-Lösungen durch Alkalilaugen je nach Wassergehalt als blauer bis rosaroter, nicht amphoterer Niederschlag aus. – **Kobalt(III)-oxid**, Co_2O_3, schwarzbraunes Pulver, dient zum Blaufärben von Glas, Porzellan und Email; **Kobaltglas** ist K-Co-Silikat; es dient gemahlen unter dem Namen »*Smalte*« (»Schmelze«) als Blaupigment. – **Kobaltstearat**, $(C_{17}H_{35}COO)_2Co$, ist in Sikkativen für Leinölfirnis enthalten.

Kobaltfarben:

Kobaltblau, *Thénards Blau*	Kobaltaluminat, $CoAl_2O_4$
Kobaltblau, *Zölestinblau*	Kobaltstannat(IV), $CoSnO_3$
Kobaltgrün, *Rinmanns Grün*	Kobaltzinkoxid, $CoO \cdot x\,ZnO$
Kobaltgelb, *Aureolin*	Kaliumhexanitritokobaltat, $K_3[Co(NO_2)_6]$
Smalte, *Kobaltglas*	Kobalt(II)-kalium-silikat

Radiokobalt: Das künstlich hergestellte, radioaktive Nuklid Co 60 dient als Strahlenquelle zur Krebsbekämpfung; Halbwertszeit $5^1/_4$ Jahre.

Nachweis: Die Phosphorsalz- und Boraxperle werden durch Kobaltverbindungen intensiv blau gefärbt.

27.4. Nickel und Nickelverbindungen

Symbol: Ni [von »*Nickel*«, einem männlichen Berggeist, dem Gegenstück zu *Nixe*; ↑ Kobalt; S. 451]; **Wertigkeiten:** +2, (+3), (+4).

Erstherstellung: 1751 durch A. F. CRONSTEDT (Schweden); bereits im alten China waren nickelhaltige Legierungen bekannt.

Vorkommen: elementar in Eisenmeteoriten (durchschnittlich 8% Ni); sonst nur chemisch gebunden, meist mit Co, oft mit As und Sb vergesellschaftet. Ni ist auch im Mansfelder Kupferschiefer enthalten.

Minerale:

Rotnickelkies	NiAs
Weißnickelkies (*Chloanthit*)	$(Ni,Co,Fe)As_2$
für die Gewinnung wichtiger:	
Garnierit	$(Ni, Mg)_6(OH)_6Si_4O_{11} \cdot H_2O$ und andere Ni-Silikate
Magnetkies	$(Fe,Cu,Ni)S$

Herstellung: sehr verschieden, z.B. werden silikatische Erze nach dem *Rennverfahren* in Drehrohröfen mit Kohlenstaub zu Nickel-Eisen-Luppen (mit 5...8% Nickel) reduziert. Diese werden entschwefelt, geröstet und ammoniakalisch ausgelaugt. Aus saurer Lösung wird dann Nickel elektrolytisch rein abgeschieden.

Nach dem »*Karbonylverfahren*« (MOND-Verfahren) erzeugt man erst einen »Nickelkupferstein«, bestehend aus Sulfiden, und behandelt diesen bei höheren Drücken mit Kohlenmonoxid. Das hierbei entstehende flüchtige Nickeltetrakarbonyl, $Ni(CO)_4$, zerfällt beim Erhitzen in Nickel und Kohlenmonoxid, das in den Prozeß zurückkehrt.

Aluminothermisch entsteht Nickel aus Nickeloxid und Aluminiumgrieß: $3\,NiO + 2\,Al \rightarrow 3\,Ni + Al_2O_3$.

Eigenschaften (s.a. S. 440): schwach gelblich-silberweißes, bis 356°C ferromagnetisches Metall, sehr zäh und dehnbar; an der Luft sehr beständig; in Säuren langsam, in Alkalien nicht löslich.

Verwendung: für Legierungen (z. B. Sonderstähle), Anodenplatten zum galvanischen Vernickeln, Laborgeräte, Münzen, Thermoelemente, Nickel-Kadmium-Akkumulatoren; als Hydrierungskatalysator (z. B. für die Fetthärtung).

Legierungen:

Monelmetall (warmfest bis 500 °C, sehr korrosionsfest):

65...67 % Ni + 30...32 % Cu + 1 % Mn

Nichrom (für Heizdrähte von Elektroöfen):

60 % Ni + 40 % Cr

Muniperm (hohe magnetische Permeabilität bei sehr geringen Hysteresisverlusten):

76 % Ni + 17 % Fe + 5 % Cu + 2 % Cr

Invar (dehnt sich beim Erwärmen fast nicht aus):

65 % Fe + 35 % Ni

ferner: *Nickel-* und *Chromnickelstähle*, *Neusilber* (↑ S. 415) und die »Widerstandslegierungen« *Konstantan*, *Nickelin* und *Manganin* (↑ S. 415).

Vernickeln: erfolgt galvanisch in Elektrolyten aus Nickelsulfat, Natriumchlorid, Borsäure, Netzmitteln und Glanzbildnern (Saccharin, Natriumnaphthalintrisulfonat, Eiweißhydrolysate) unter Verwendung löslicher Nickel-Anoden zu Zwecken des Korrosionsschutzes (meist 12...36 µm Ni-Auflage); Glanzbeständigkeit erzielt man durch nachfolgendes Verchromen (0,3 µm). – *Stromloses Vernickeln* ist in Lösungen von Nickelchlorid, Natriumhypophosphit und Natriumzitrat bei 95 °C und *p*H 4...6 möglich: $NiCl_2 + NaH_2PO_2 + H_2O \rightarrow Ni + NaH_2PO_3 + 2\,HCl$.

Nickelverbindungen: Am wichtigsten und beständigsten sind die meist grünen Ni(II)-Verbindungen. – **Nickelsulfat** kristallisiert als **Nickelvitriol**, $NiSO_4 \cdot 7\,H_2O$, in smaragdgrünen, leicht löslichen Kristallen; Verwendung zum Vernickeln. – **Nickel(II)-oxid**, NiO, ist ein graugrünes Pulver. – **Nickelhydroxid**, $Ni(OH)_2$, fällt als apfelgrüner Niederschlag aus Nickelsalzlösungen durch Alkalilaugen; es ist nicht amphoter. – **Nickelsulfid**, NiS, sieht schwarz aus. – **Nickeltetrakarbonyl**, $Ni(CO)_4$, eine farblose, giftige, bei 43 °C siedende Flüssigkeit, entsteht aus feinverteiltem Nickel und Kohlenmonoxid bei 50 °C; bei 200 °C zersetzt es sich in Umkehrung der Bildungsreaktion, wobei an den Gefäßwänden ein glänzender Nickelspiegel entsteht.

27.5. Die leichten Platinmetalle

27.5.1. Ruthenium und Rutheniumverbindungen

Ruthenium (Ru) [von *Ruthenia* = Rußland]: seltenstes Platinmetall; entdeckt 1844 durch C. Claus (Kasan, Rußland); kommt gediegen als Platinbegleiter vor (im »*Osmiridium*«). Silberweiß, sehr hart und spröde, schwer schmelzbar; unlöslich in Königswasser, löslich in sauerstoffhaltiger Salzsäure; s. a. S. 440. – Ru ist neben Os das einzige achtwertig auftretende Metall. – **Ruthenium(VIII)-oxid**, RuO_4, bildet gelbe, wasserlösliche, flüchtige Nadeln; $F = 25\,°C$ $Kp = 100\,°C$.

27.5.2. Rhodium und Rhodiumverbindungen

Rhodium (Rh) [*rhodeos* (grch.) rosenrot]: entdeckt 1803 durch W. H. Wollaston (London); findet sich gediegen als Begleiter von Platin und Gold. Silberweiß, stark glänzend, anlaufbeständig, zäh, im kompakten Zustand unlöslich in allen Säuren; s. a. S. 440. *Verwendung:* als Katalysator (Pt-Rh-Netze bei der NH_3-Oxidation), für Thermoelemente und als galvanischer Niederschlag auf Silber, um dessen Schwärzung durch H_2S zu verhindern (»*Rhodinieren*«). *Rhodium(III)-salze* sehen meist rosenrot aus, z. B. **Rhodiumsulfat**, $Rh_2(SO_4)_3$.

27.5.3. Palladium und Palladiumverbindungen

Palladium (Pd) [benannt nach dem Planetoiden *Pallas*]: entdeckt 1803 durch W. H. Wollaston (London); findet sich gediegen als Begleiter von Platin und Gold. Silberweiß, von starker Lichtreflexion, in der Hitze schweiß- und schmiedbar, etwas härter und zäher als Platin; s.a. S. 440. Pd legiert sich leicht mit Wasserstoff, wobei es unter Aufblähung spröde und rissig wird. An der Luft beständig, löst es sich jedoch in konzentrierter Salpetersäure zu Palladium(II)-nitrat. *Verwendung:* als Hydrierungskatalysator; als Legierungsmetall für Silber, z.B. als *Sipal* (»Silberpalladium«) für die Zahntechnik. – Pd(II)-Salze sind am beständigsten; **Palladium(II)-nitrat**, $Pd(NO_3)_2$, bildet gelbbraune, hygroskopische Kristalle.

27.6. Die schweren Platinmetalle

27.6.1. Osmium und Osmiumverbindungen

Osmium (Os) [*osmeo* (grch.) ich rieche; da das Metall stets schwach nach dem Oxid riecht]: entdeckt 1804 durch S. Tennant (England); kommt in Platinerzen als königswasserunlösliche Iridiumlegierung (»*Osmiridium*« mit z.B. 52% Ir, 27% Os, 10% Pt, 6% Ru und 1,5% Rh) vor. Bläulich-weiß, hochschmelzend, sehr hart und spröde; s.a. S. 440. Os-Pulver wird durch konz. Salpetersäure und auch durch Luftsauerstoff oxidiert; hierbei entsteht **Osmium(VIII)-oxid**, OsO_4: blaßgelbe, bei 40°C schmelzende, flüchtige Kristalle, deren Dämpfe durchdringend riechen, die Augen stark angreifen und durch Fette in schwarzes **Osmium(IV)-oxid**, OsO_2, umgewandelt werden.

27.6.2. Iridium und Iridiumverbindungen

Iridium (Ir) [*irideios* (grch.) regenbogenfarbig; benannt nach der Vielfarbigkeit seiner Verbindungen]: entdeckt 1804 durch S. Tennant (England); findet sich als »*Osmiridium*« (s.o.) in Platinerzen. Silberweiß, sehr hart, spröde, schwerstes Metall; unlöslich in allen Säuren, auch in Königswasser; s.a. S. 440. *Verwendung:* für Füllfederspitzen und als härtendes Legierungsmetall für Platin.

27.6.3. Platin und Platinverbindungen

Symbol: (Pt) [*platina* (span.) kleines Silber].

Entdeckung: im 17. Jhdt. durch kolumbianische Goldsucher; erstmals 1748 beschrieben durch A. de Ulloa (Spanien).

Vorkommen: meist elementar und mit anderen Platinmetallen legiert in »Platinerzen«, oft in Flußsanden.

Herstellung: Aus einer Lösung von Rohplatin in Königswasser fällt man nach Reinigung mit Kalkmilch durch Ammoniak Ammonium-hexachloroplatinat(IV), $(NH_4)_2[PtCl_6]$ (»*Platinsalmiak*«), aus. Dies hinterläßt beim Glühen reinen Platinschwamm:
$3\,(NH_4)_2[PtCl_6] \rightarrow 3\,Pt + 2\,N_2 + 18\,HCl + 2\,NH_3$

Eigenschaften (s.a. S. 440): weißes, ziemlich weiches, dehnbares, zähes, in der Hitze schmied- und schweißbares, sehr schweres Metall. Besonders in feinverteilter Form (»*Platinschwarz*«, »*Platinmohr*«) adsorbiert und absorbiert es viel Wasserstoff und Sauerstoff; hierauf beruht seine katalytische Wirksamkeit. Platin löst sich in Königswasser zu Hexachloroplatin(IV)-säure, $H_2[PtCl_6]$.

Verwendung: für chemische Geräte (Tiegel, Elektroden usw.), für Spinndüsen, für Schmuckwaren und als Katalysator, besonders für Hydrierungen und Oxidationen.

Verbindungen: Am wichtigsten sind **Hexachloroplatin(IV)-säure**, $H_2[PtCl_6]$, und ihre Salze. Die Säure bildet braunrote, hygroskopische Kristalle; ihre Salze sehen meist gelb aus; schwer löslich sind das NH_4-, K-, Rb-, Cs- und Ag-Salz. – **Barium-tetrazyanoplatinat(II)**, $Ba[Pt(CN)_4]$, fluoresziert beim Auftreten von Röntgen- oder α-Strahlen mit grüner Farbe und wird deshalb für Leuchtschirme verwendet.

Organische Chemie

28. Theoretische Grundlagen

28.1. Allgemeines

Definition: Die organische Chemie ist die *Chemie der Kohlenstoffverbindungen.*

Lediglich *Kohlensäure, Karbonate, Karbide,* die *Oxide des Kohlenstoffs* sowie *Metallkarbonyle* werden der anorganischen Chemie zugerechnet. Es gehören der organischen Chemie nicht nur Naturstoffe an, die Pflanzen oder Tiere durch ihre Lebensvorgänge produzieren, sondern es ist dem heutigen Chemiker möglich, sehr viele Naturstoffe und darüber hinaus viele andere Verbindungen herzustellen, deren struktureller Aufbau ähnlich dem der Naturstoffe ist.

Elemente: Im allgemeinen sind am Aufbau der organischen Moleküle nur wenige Elemente beteiligt, neben C vor allem H, O, N, S, Halogene, P. Prinzipiell bilden jedoch mit Ausnahme der Edelgase auch die übrigen Elemente organische Verbindungen.

Zahl der organischen Verbindungen: Trotz der geringen Zahl der beteiligten Elemente liegt die Zahl der organischen Verbindungen wesentlich höher als die der anorganischen. Man kennt bisher etwa 5 Millionen organische Verbindungen, aber nur weniger als 300000 anorganische Verbindungen; s.a. S. 345.

Bindungsart: Die Elemente sind im allgemeinen durch Atombindung (*homöopolare Bindung*) miteinander verknüpft. In vielen Fällen ist die Bindung polarisiert (↑ S. 157f.); nur bei organischen Salzen tritt auch Ionenbindung auf.

Bindungszustand am C-Atom: Bei der Einfachbindung steht das Kohlenstoffatom im Mittelpunkt eines regelmäßigen Tetraeders, in dessen Ecken die vier sp^3-Hybridorbitale gerichtet sind, ↑ S. 149 ff. Bei der Doppelbindung findet eine sp^2-Hybridisation und bei der Dreifachbindung eine sp-Hybridisation statt.

Kohlenstoffketten und -ringe: Die C-Atome können sich sowohl zu Ketten als auch zu Ringen verbinden. Man unterscheidet aromatische Verbindungen mit Ringen vom Benzoltyp und alizyklische Verbindungen mit jeder anderen Art von C-Ringbildung. Außerdem gibt es Ringe, in denen ein oder mehrere C-Atome durch N, O oder S ausgetauscht sind (Heterozyklen).

Homologe Reihen: Darunter versteht man Reihen von Verbindungen, bei denen sich aufeinanderfolgende Glieder durch die Atomgruppierung $-CH_2-$ unterscheiden:

Formeln einiger homologer Kohlenwasserstoffe	CH_4		C_2H_6		C_3H_8		C_4H_{10}
Differenz		CH_2		CH_2		CH_2	

Innerhalb jeder homologen Reihe ändern sich die physikalischen Eigenschaften mit zunehmender Kettenlänge regelmäßig; ↑ Abschnitt 29.1.1.

28.2. Isomerie

Definition: Unter Isomerie versteht man die Erscheinung, daß Moleküle mit gleicher Summenformel, jedoch verschiedener Struktur oder verschiedener räumlicher Anordnung der Atome existieren. Ihre chemischen und physikalischen Eigenschaften zeigen mehr oder weniger weitgehende Unterschiede.

28.2.1. Strukturisomerie

Die Strukturisomerie beruht auf der unterschiedlichen Anordnung der Atome in den Molekülen.

Man unterscheidet:

- **Kettenisomerie**

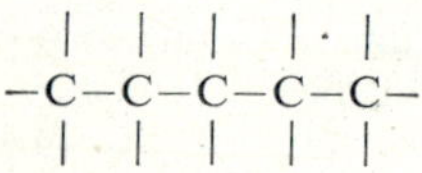

Normal-Verbindungen
(enthalten unverzweigte C-Ketten)

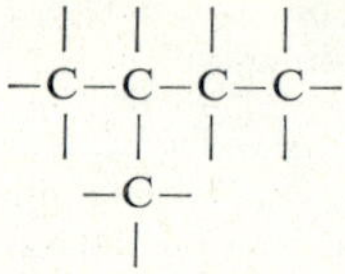

Iso-Verbindungen
(enthalten verzweigte Ketten)

- **Stellungsisomerie**

  Die Stellungsisomerie beruht auf unterschiedlicher Stellung von Substituenten an einem Kohlenstoffgerüst:

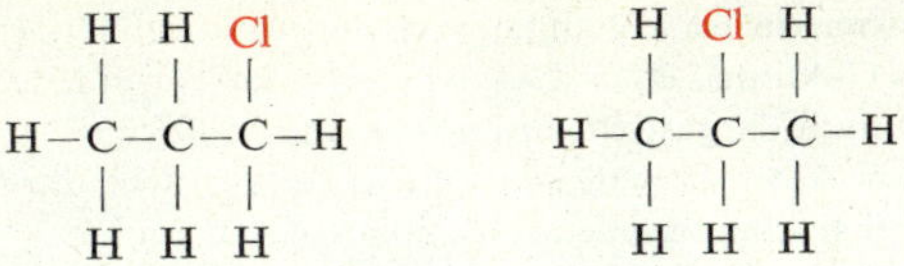

- **Tautomerie**

Die Tautomerie (*Desmotropie*) beruht auf dem Ortswechsel eines H-Atoms bzw. Protons innerhalb eines Moleküls.

Beispiele:

$$CH_3-CO-CH_2-COOC_2H_5 \rightleftarrows CH_3-C(OH)=CH-COOC_2H_5$$

Azetessigsäureäthylester (Äthanoyl-äthyläthanat)

Ketoform **Enolform**

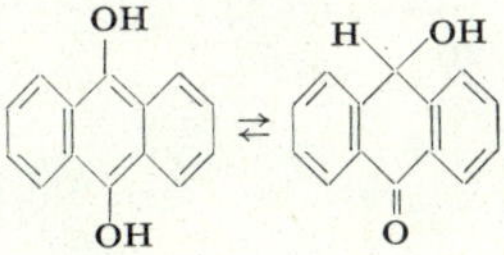

Anthra-hydrochinon Oxanthron

28.2.2. Stereoisomerie

Die Stereoisomerie (Raumisomerie) entsteht durch verschiedene räumliche Anordnung der Liganden an dem gleichen C-Atom.

Cis-trans-Isomerie tritt nur bei ungesättigten Verbindungen auf. Infolge der Doppelbindung ist die freie Drehbarkeit der C–C-Einfachbindung aufgehoben. Man spricht von der cis-Form, wenn die Substitutionspaare benachbart liegen, dagegen von der trans-Form, wenn sie einander diametral gegenüberliegen.

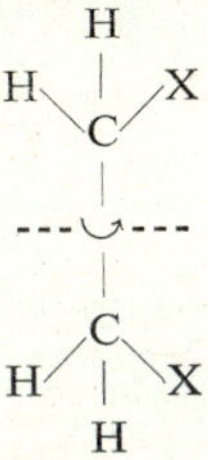

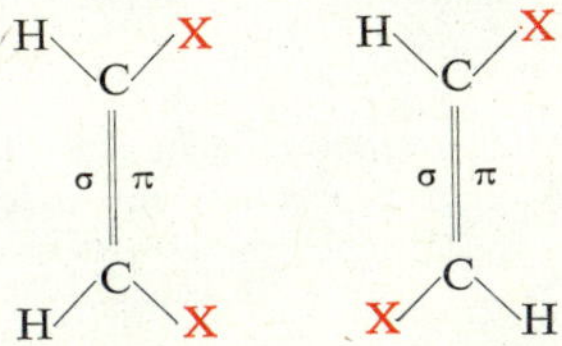

cis-Form trans-Form

infolge der angedeuteten Drehung tritt keine Isomerie auf

cis-trans-Isomerie
(X: verallgemeinerter Substituent, z.B. für eine Alkylgruppe oder ein Halogenatom)

- **Optische Isomerie** ist abhängig von der Anwesenheit eines asymmetrischen C-Atoms, eines C-Atoms mit vier verschiedenen Liganden, symbolisch dargestellt durch C*. Alle Moleküle, die ein asymmetrisches C-Atom haben, sind optisch aktiv, d.h., ihre Lösungen drehen die Schwingungsebene des polarisierten Lichtes.
Die Drehrichtung (*gegen* die Lichtquelle gesehen) wird bei rechtsdrehenden Stoffen mit (+), bei linksdrehenden mit (−) angegeben.

Unabhängig von der Drehrichtung hat man für die Kennzeichnung der optischen Antipoden als Bezugsstoffe die isomeren Moleküle des Glyzerolaldehyds zugrunde gelegt.

```
      CHO                   CHO
       |                     |
   H—C—OH               HO—C—H
       |                     |
     CH2OH                 CH2OH
```

D[1])-Glyzerolaldehyd L[1])-Glyzerolaldehyd

Gemische gleicher Mengen optischer Antipoden, deren Drehrichtungen sich gegenseitig aufheben, heißen *Razemate*. Bei Synthesen entstehen meist derartige Razemate, ↑ Traubensäure, S. 511.

28.3. Reaktionsarten

Die organischen Reaktionen lassen sich, wenn man die Art der miteinander reagierenden Teilchen betrachtet, auf *drei Grundarten* zurückführen. Der Chemismus besteht aus mehreren Einzelreaktionen. Außerdem erfolgen bei einigen Reaktionen neben den Grundreaktionen intramolekulare Umlagerungen.

28.3.1. Substitution (Kurzzeichen S)

> Unter *Substitution* versteht man den *Ersatz* eines Atoms oder einer Atomgruppe durch ein anderes Atom oder eine Atomgruppe. Es entstehen dabei stets zwei Reaktionsprodukte.

---

[1]) Nach neueren Festlegungen werden optische Antipoden auch durch die Bezeichnungen R- (von *rectus*, richtig) und S- (von *sinister*, links, verkehrt) voneinander unterschieden. Diese Bezeichnungen richten sich nicht nach dem Glyzerolaldehyd, sondern entsprechen bestimmten Auswahlregeln bezüglich Reihenfolge und räumlicher Lage der vier Substituenten; sie sind folglich *nicht* mit den früheren Bezeichnungen identisch.

Halogenierung (substitutiv): Substitution von Wasserstoff durch Halogene (S_R; ↑ S. 471).

Fluor reagiert mit den meisten organischen Stoffen unter explosionsartiger Umsetzung; deshalb wählt man für Fluoride andere Herstellungsverfahren. Bei Jod ist eine direkte Substitution aus energetischen Gründen nicht möglich.

Reaktionsbedingungen der Substitution von Wasserstoff durch Halogen
– *am aliphatischen Kohlenstoff:* Aktivierung durch energiereiches Licht;
– *am aromatischen Kohlenstoff:* Beschleunigung durch Katalysatoren.

Kondensation: Substitution unter Abspaltung einfacher Moleküle (S_N; ↑ S. 472). *Beispiele:*

- *Veresterung* (S_N):

  Alkohol + Säure ⇄ Ester + Wasser (↑ S. 518 f.)

- *Bildung von Alkylhalogeniden* aus Alkohol und Halogenwasserstoff oder Halogeniden des Phosphors oder Schwefels (↑ S. 512)

- *Polykondensation* (↑ S. 582):
  Reaktion kleiner Moleküle, der sog. Monomeren, die zwei oder mehr funktionelle Gruppen tragen, zu Riesenmolekülen (Makromolekülen) unter Abspaltung niedermolekularer Moleküle (meist H_2O).

Esterspaltung (S_N):

- *Esterhydrolyse* (durch Säuren katalysiert)

  Ester + Wasser ⇄ Alkohol + Säure

- *Verseifung* (mit Alkalihydroxid)

  Ester + Alkalihydroxid ⇄ Alkohol + Alkalihalogenid

Ammonolyse (S_N):

Säurehalogenid + Ammoniak
⇄ Säureamid + Ammoniumhalogenid (↑ S. 521)

28.3.2. **Addition** (Kurzzeichen A)

Unter *Addition* versteht man die *Anlagerung* eines anorganischen oder organischen Moleküls an eine organische Verbindung, deren Mehrfachbindung aufgespalten wird. Dabei werden die Doppelbindungen in Einfachbindungen oder die Dreifachbindungen in Doppel- oder Einfachbindungen übergeführt.

Hydrierung (A_N): Katalytische Anlagerung von Wasserstoff

Beispiel: $CH_2{=}CH_2 + H_2 \rightleftarrows CH_3{-}CH_3$
Äthen Äthan

Als Katalysator wurde früher vor allem Platinschwarz oder Palladium verwendet. Heute nimmt man meist Mischkatalysatoren, z.B. $Cr_2O_3 + Cu$, oder fein verteiltes Nickel.

Hydratisierung (A_E): Anlagerung von Wasser

Beispiel: $CH_2{=}CH_2 + H_2O \underset{H_3PO_4\ \text{als Kat.}}{\overset{300\,°C;\ 7\ MPa}{\rightleftarrows}} CH_3{-}CH_2(OH)$
Äthen Äthanol

Hydrohalogenierung (A_E): Anlagerung von Halogenwasserstoff

Beispiel: $CH_3{-}CH{=}CH_2 + HX \rightleftarrows CH_3{-}CHX{-}CH_3$
Propen 2-Halogenpropan

Bei Halogenen mit mehr als zwei C-Atomen tritt das Halogen an das H-ärmere C-Atom (Regel von MARKOWNIKOW)

Halogenierung (A_R): Anlagerung von Halogen (Cl_2; Br_2; I_2)

Reaktionsbedingungen der additiven Halogenierung:

- am aliphatischen C-Atom durch Feuchtigkeitsspuren oder Halogenwasserstoff katalytisch beschleunigt;
- am aromatischen C-Atom ohne Katalysator mit energiereichem Licht.

Epoxidierung (A_E): Anlagerung von Sauerstoff durch sauerstoffabgebende Mittel, wie Persäuren und Wasserstoffperoxid, oder katalytisch mit molekularem Sauerstoff

Beispiel: $CH_2{=}CH_2 + {}^1/_2\,O_2 \xrightarrow[\text{Ag-Kat.}]{} CH_2{-}CH_2$ (über O verbrückt)
Äthen Epoxyäthan
(Äthylenoxid)

Hydrolyse des Epoxyäthans (↑ S. 499)

Addition von Hypohalogenigen Säuren (A_E):

Beispiel: $CH_2{=}CH_2 + HOCl \rightarrow CH_2(OH){-}CH_2Cl$
Äthen 2-Chloräthanol-(1)
(Äthylenchlorhydrin)

Bei nachfolgender Abspaltung von Halogenwasserstoff entstehen *Epoxide*.

Addition von Zyanwasserstoff, Karbonsäuren und Alkanolen (↑ S. 485):

Polymerisation (A_R oder A_E): Verknüpfung gleicher (*Isopolymerisation*) oder verschiedener (*Mischpolymerisation*, *Kopolymerisation*) ungesättigter Moleküle (der *Monomeren*) zu einem Makromolekül (dem *Polymer*); ↑ S. 581 ff.

Jede Polymerisation verläuft in drei Schritten:
1. Schritt: Startreaktion
2. Schritt: Kettenwachstum
3. Schritt: Abbruchreaktion

Je nach dem Reaktionstyp sind die Aktivierungsenergien, die Initiatoren, die die Reaktion einleiten, und die Bedingungen, die die Kettenlänge regeln, verschieden.

Beispiel: Polymerisation von Vinylchlorid zu Polyvinylchlorid (radikalische Polymerisation):

1. Startreaktion

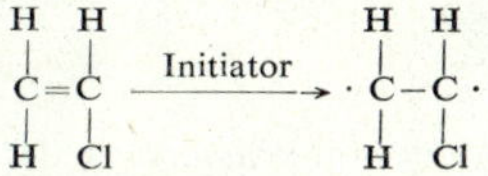

Chloräthen
(Vinylchlorid)

2. Kettenwachstum

x = Polymerisationsgrad

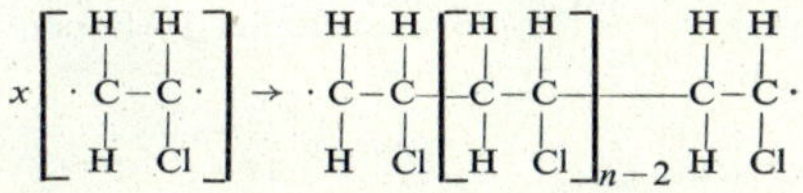

3. Abbruchreaktion

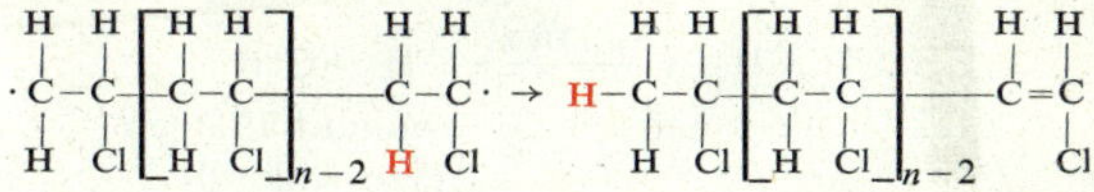

Der *Kettenabbruch* kann verschiedenartig erfolgen:

Bei *radikalischer Polymerisation*

- Bildung einer Doppelbindung durch Wanderung eines H-Atoms
- Ringbildung

Bei *ionischer Polymerisation*

- Anlagerung von Gegenionen

Polyaddition (↑ S. 582): Sie ist eine besondere Art der Additionsreaktion, da hier keine Mehrfachbindungen zwischen C-Atomen aufgespalten werden. Es reagieren zwei unterschiedliche funktionelle Gruppen, die sich entweder am gleichen Molekül oder an zwei verschiedenen Molekülen befinden, ohne Abspaltung niedermolekularer Verbindungen. Die Verknüpfung geschieht meist unter gleichzeitigem Wandern eines H-Atoms.

Beispiel: Reaktion zwischen Isozyanat- und Hydroxylgruppen bei der Bildung eines Polyurethans (s.a. S. 584):

$$\ldots + O{=}C{=}N{-}R'{-}N{=}C{=}O + HO{-}R''{-}OH + \ldots \rightarrow$$
$$\ldots + O{=}C{-}N{-}R'{-}NH{-}CO{-}OR''{-}OH + \ldots$$

28.3.3. Eliminierung (Kurzzeichen E)

> Unter *Eliminierung* versteht man die *Abspaltung* von Atomen oder Atomgruppen aus einem Molekül unter anschließender Ausbildung einer Mehrfachbindung. Sie ist die Umkehrung der Addition.

Dehydrierung (E_E; ↑ S. 476): Abspaltung von Wasserstoff durch Oxidation oder Wärmeeinwirkung (*pyrolytische Dehydrierung*)

Dehydratisierung (E_N; ↑ S. 474): Abspaltung von Wasser

Dehydrohalogenierung (E_N; ↑ S. 474): Abspaltung von Halogenwasserstoffen durch starke Basen aus Dihalogenalkanen zu Alkinen oder halogenierten Alkenen, z.B.

$$CH_2Br{-}CHBr{-}CH_3 \xrightarrow{-2\,HBr} CH{\equiv}C{-}CH_3$$

1,2-Dibrompropan → Propin

$$CH_2Cl{-}CH_2Cl \xrightarrow{-HCl} CH_2{=}CHCl$$

1,2-Dichloräthan → Monochloräthen (Vinylchlorid)

28.4. Mesomerie

Doppelbindungen im Molekül:

- *Kumulierte Doppelbindungen* folgen unmittelbar aufeinander:

  Pentadien-(1,2) $CH_2{=}C{=}CH{-}CH_2{-}CH_3$

- *Konjugierte Doppelbindungen* schließen eine Einfachbindung ein:

  Pentadien-(1,3) $CH_2{=}CH{-}CH{=}CH{-}CH_3$

- *Isolierte Doppelbindungen* schließen mehr als eine Einfachbindung ein:

  Pentadien-(1,4) $CH_2{=}CH{-}CH_2{-}CH{=}CH_2$

Die hier für Doppelbindungen geprägten Begriffe gelten auch für Dreifachbindungen.

Strukturelle Voraussetzungen für Mesomerie: Mesomerie tritt z.B. auf

- zwischen konjugierten Mehrfach-, insbesondere Doppelbindungen (auch unter Einbeziehung mehrfach gebundener Heteroatome):

  ...–C=C–C=C–...   ...–C=C–C=O   ...–C=C–C≡N|

- bei der Konjugation einer Doppelbindung mit einem »einsamen« (ungebundenen) Elektronenpaar:

  ...–C=C–Cl|

Räumliche Bedingung für das Auftreten von Mesomerie ist, daß das betroffene Bindungssystem in einer Ebene liegt.

Wesen der Mesomerie: Die π-Elektronen (↑ S. 154) *konjugierter Doppelbindungen* befinden sich nicht streng zwischen den doppelt miteinander verbundenen C-Atomen, sondern verteilen sich mehr oder weniger gleichmäßig über das gesamte mesomere Bindungssystem (*Delokalisierung*). Hierbei wird die *Mesomerieenergie* frei, so daß das mesomere Bindungssystem energiearm und somit relativ stabil ist. Analog verhalten sich die übrigen genannten Bindungssysteme.

Beispiel: Bei dem Versuch, das stark ungesättigte *Zyklohexatrien* herzustellen, dessen Moleküle ein ringgeschlossenes System dreier konjugierter Doppelbindungen enthalten (Formeln I und II), erhält man statt dessen das relativ gesättigte und entsprechend beständige *Benzol* (Benzen), die Stammsubstanz der aromatischen Verbindungen. Die sechs π-Elektronen des Zyklohexatriens verteilen sich unter starker Energieabgabe gleichmäßig über das gesamte Ringsystem (Delokalisierung)[1]):

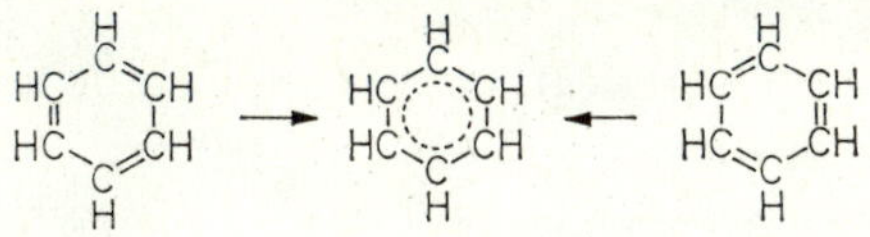

(I) (M) (II)

Es bildet sich das mesomere (in diesem Fall *aromatische*) Bindungssystem (M)[2]).

Grenzstrukturen: Die wahre Struktur des Benzols liegt also *zwischen* den Strukturen I und II. Sie kann durch diese herkömmlichen (»klassischen«) Strukturformeln nicht wiedergegeben, sondern nur *eingegrenzt*

[1]) Das Bindungsorbital der π-Elektronen besteht aus je einem Torus (räumlicher Ring) ober- und unterhalb der Molekülebene; ↑ S. 156.

[2]) Im *Zyklooktatetraen*, einem ringgeschlossenen System von 4 konjugierten Doppelbindungen, ist *keine Mesomerie* vorhanden, da das Molekül nicht eben gebaut ist, sondern »Wannenform« aufweist.

werden. Man bezeichnet daher die Formeln I und II als *Grenzstrukturen* (Grenzformeln) und verknüpft sie durch den *Mesomeriepfeil*[1]) ↔:

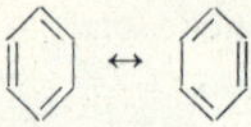

Polare Grenzformeln:

- Die wahre Struktur des **Vinylchlorids** liegt zwischen der unpolaren Grenzstruktur (I) und der polaren Grenzstruktur[2]) (II)

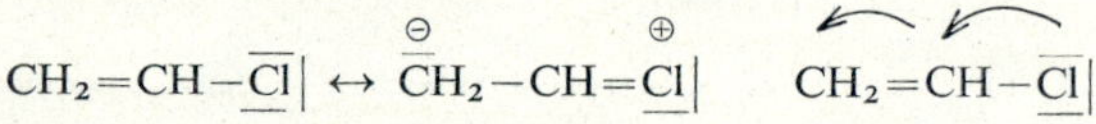

(I) (II) (III)

Die polare Grenzformel entsteht aus der unpolaren, indem das Cl-Atom 1 Elektron an das benachbarte C-Atom abgibt und somit aus einem nichtbindenden Elektronenpaar ein bindendes entsteht (III). Durch die Elektronenabgabe erhält das Cl-Atom eine positive Ladung. Der »Elektronendruck« (+M-Effekt; ↑ S. 468) setzt sich jenseits des C-Atomes fort, so daß am endständigen C-Atom eine negative Ladung auftritt (II).

- Im **Butadien-(1,3)** verteilen sich die vier π-Elektronen der beiden Doppelbindungen über das gesamte konjugierte Bindungssystem. Der tatsächliche Bindungszustand wird durch die unpolare Grenzformel (I) (»klassische« Strukturformel des Butadiens) sowie durch die beiden polaren Grenzformeln (II) und (III) eingegrenzt:

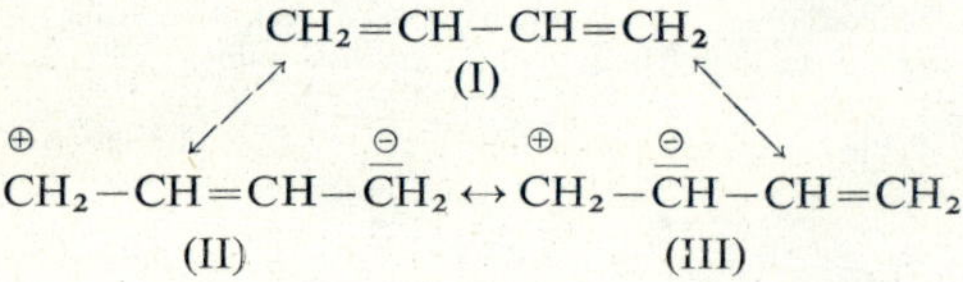

- Die Strukturen der **Nitrogruppe** und des **Karboxylat-Anions** werden beschrieben durch:

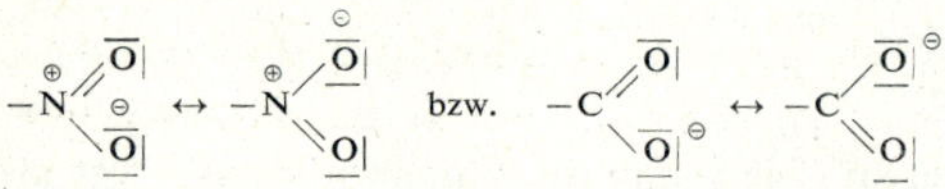

Beweglichkeit der π-Elektronen mesomerer Systeme: Die π-Elektronen sind im Gegensatz zu den σ-Elektronen längs des mesomeren Bindungs-

---

[1]) Der *Mesomeriepfeil* ↔ darf nicht mit den Gleichgewichtspfeilen ⇄ oder ⇌ verwechselt werden. In einem mesomeren Bindungssystem herrscht kein chemisches Gleichgewicht zwischen verschiedenartigen Molekülen, sondern es existiert nur eine einzige Molekülart, deren Struktur durch die Grenzformeln eingegrenzt wird.

[2]) Zur Symbolik ⊕ und ⊖ vgl. Fußnote auf S. 470.

systemes verschiebbar. Beispielsweise kann sich beim Vollzug einer chemischen Reaktion die tatsächliche Struktur unter dem Einfluß eines polaren Reaktionspartners einer der Grenzstrukturen annähern.

28.5. Substituenteneffekte

28.5.1. Übersicht

Ein Substituent[1]) übt

- auf Grund unterschiedlicher Elektronegativität (**I-Effekt,** *Induktionseffekt*)
- auf Grund der Beteiligung an einem mesomeren Bindungssystem (**M-Effekt,** *Mesomerieeffekt*)

einen

- elektronenziehenden (−I- und −M-Effekt) oder
- elektronendrückenden (+I- und +M-Effekt)

Einfluß auf das Kohlenstoffatom aus, an das er gebunden ist.

Von diesem C-Atom aus teilt sich der elektronenziehende oder -drükkende Einfluß auf alle Bindungspartner und damit in sich ständig abschwächendem Maße auf alle weiteren C-Atome der Hauptkette und die daran gebundenen Substituenten mit. Hierdurch wird die Reaktivität der betreffenden C-Atome und funktionellen Gruppen, z.B. die Säurestärke einer Karboxylgruppe, beeinflußt; ↑ S. 467.

Das *Vorzeichen* der Effekte stimmt mit der Ladung überein, die der Substituent (bzw. sein Schlüsselatom) durch die Elektronenverschiebung erhält. Elektronenzug bewirkt negative, Elektronendruck positive Ladung.

Übt ein Substituent *beide Effekte* aus, so können sie sich entsprechend ihren Vorzeichen in ihrer Wirkung sowohl verstärken (übereinstimmende Vorzeichen) als auch abschwächen (entgegengesetzte Vorzeichen). Beispielsweise sind Cl-Atome durch ihre hohe Elektronegativität elektronenziehend (−I-Effekt); beteiligen sie sich jedoch an einem mesomeren Bindungssystem, so wirken sie elektronendrückend (+M-Effekt). Bei den aromatischen Cl-Verbindungen überwiegt der elektronendrückende Effekt, so daß Cl ein Substituent I. Ordnung ist.

---

[1]) Ein *Substituent* in diesem Sinne ist jedes Atom und jede Atomgruppe, die die Stelle eines oder mehrerer H-Atome eines Kohlenwasserstoffmoleküls einnehmen, z.B. −Cl, =O, $>C=O$, −OH, $-NH_2$, −COOH und auch $-CH_3$, $-C_2H_5$ usw. Das mit dem C-Atom unmittelbar verbundene Atom eines Substituenten wird als sein *Schlüsselatom* bezeichnet, z.B. ist N das Schlüsselatom der $-NH_2$-Gruppe.

28.5.2. Der I-Effekt (*induktiver Effekt, Induktionseffekt*)

Polarität chemischer Bindungen: Während die C–H-Bindung näherungsweise als unpolar angesehen werden kann, bewirken andere Substituenten je nach ihrer Elektronegativität (↑ S. 158) das Auftreten von Teilladungen δ+ und δ– zwischen Kohlenstoffatomen und ihren Bindungspartnern.

Beispiele:

–I-Effekt: Substituenten mit größerer Elektronegativität als C bzw. H üben auf ein Kohlenstoffatom einen *elektronenziehenden Einfluß* aus. Der Substituent (bzw. sein Schlüsselatom) wird partiell negativiert (δ–), das mit ihm verbundene C-Atom positiviert (δ+). Die positive Teilladung des C-Atoms wirkt nun ihrerseits in abgeschwächtem Maße anziehend auf die Bindungselektronen der mit ihm verbundenen Atome, so daß letztere ebenfalls, und zwar schwächer, positiviert werden (δδ+). Es besteht also ein Elektronenzug zum Substituenten hin, der sich mit zunehmender Entfernung vom Substituenten rasch abschwächt.

Beispiel: Wirkung eines Cl-Atoms (mit → wird die Richtung der Elektronenverschiebung, in diesem Falle des Elektronenzuges, angegeben):

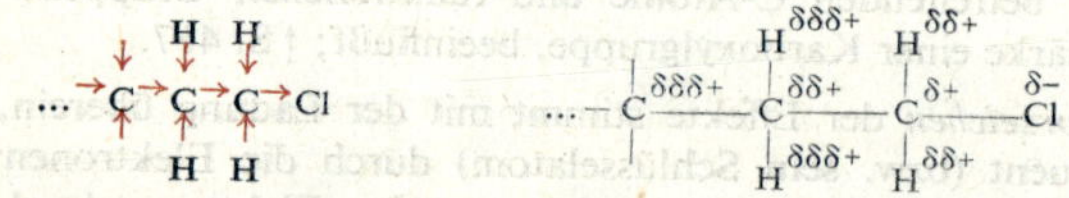

Substituenten mit –I-Effekt: Die meisten Substituenten üben einen –I-Effekt aus. Hierzu gehören neben Atomen mit größerer Elektronegativität (–F, –Cl, –Br, –I, =O, =S), deren Wirkung sich mit ihrer Anzahl verstärkt (z. B. in den Gruppen $-CF_3$, $-CCl_3$, $-CHCl_2$), auch die Gruppen –OH, $-NO_2$, $-NH_2$, –OR, –CHO, –COOH, –COOR, –CN sowie auch alle ungesättigten Kohlenwasserstoffreste wie $-CH{=}CH_2$, $-C{\equiv}CH$ und andere.

Eine eindeutige Reihenfolge bezüglich des Elektronenzuges läßt sich wegen eines zusätzlichen, evtl. entgegenwirkenden M-Effekts, der auch vom übrigen Molekül abhängt, nicht angeben.

+I-Effekt: Substituenten mit kleinerer Elektronegativität als C bzw. H üben einen *elektronendrückenden Einfluß* aus. Sie negativieren das mit ihnen verbundene C-Atom und in abgeschwächtem Maße alle weiteren damit verbundenen Atome.

Beispiel:

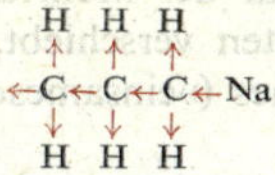

Substituenten mit +I-Effekt: Hierzu gehören alle *Metalle*, die in salzartigen Stoffen vorhandenen geladenen Atome $-O^-$ und $-S^-$ sowie auch *Alkylgruppen*, wie $-CH_3$ und $-C_2H_5$, insbesondere wenn sie, wie in der Tertiärbutylgruppe, $-C(CH_3)_3$, gehäuft auftreten.

Auswirkung des I-Effekts auf die Stärke von Karbonsäuren: Karbonsäuren sind um so stärker, je leichter die $-COOH$-Gruppe ein H^+-Ion abspaltet, d.h., je weniger stark negativ (also je stärker durch Elektronenzug positiviert) das O-Atom der OH-Gruppe ist. Substituenten mit −I-Effekt im Kohlenwasserstoffrest verstärken also den Säurecharakter, Substituenten mit +I-Effekt schwächen ihn ab.

Beispiele (je niedriger der pK_S-Wert, um so stärker die Säure; ↑ S. 234):

1. **Je stärker der −I-Effekt, desto stärker ist die Säure.**

	pK_S		pK_S
CH_3-COOH	4,75	$CH_2Cl-COOH$	2,86
$CH_2I-COOH$	3,12	$CH_2F-COOH$	2,66
$CH_2Br-COOH$	2,86	$CH_2(NO_2)-COOH$	1,68

2. **Mit zunehmender räumlicher Annäherung eines Substituenten mit −I-Effekt an die Karboxylgruppe steigt die Säurestärke an.**

	pK_S
$CH_2Cl-CH_2-CH_2-COOH$	4,52
$CH_3-CHCl-CH_2-COOH$	4,06
$CH_3-CH_2-CHCl-COOH$	2,84

3. **Je mehr Substituenten mit −I-Effekt, desto stärker ist die Säure.**

	pK_S
$CH_2Cl-COOH$	2,86
$CHCl_2-COOH$	1,29
CCl_3-COOH	0,89

4. **Substituenten mit +I-Effekt setzen die Säurestärke herab.**

	pK_S
$H-COOH$	3,77
CH_3-COOH	4,75
$(CH_3)_3C-COOH$	5,05

28.5.3. Der M-Effekt (*mesomerer Effekt, Mesomerieeffekt*)

−M-Effekt: Mehrfach gebundene Atome oder Atomgruppen (z.B. $=O$, $\equiv N$, $=NH$) beteiligen sich dadurch an einem mesomeren Bindungssystem (↑ S. 464), daß ein Elektronenpaar der Mehrfachbindung delokalisiert und sich derart zum Substituenten verschiebt, daß dort im mesomeren Grenzzustand ein ungebundenes (»einsames«) Elektronenpaar vorhanden ist:

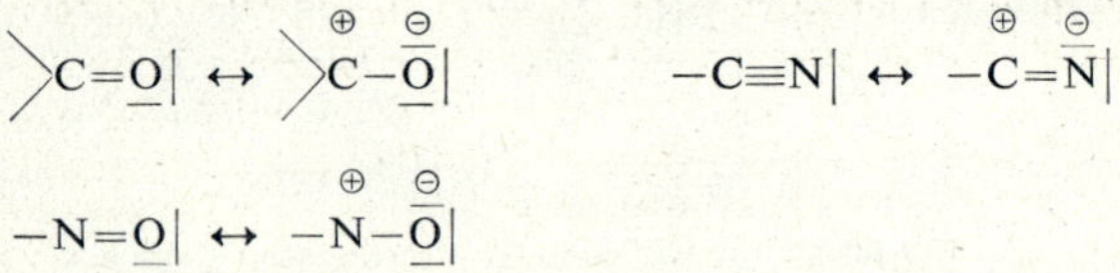

Das mehrfach gebundene Atom wird dadurch negativiert (Vorzeichen des Effektes!); es übt somit einen Elektronenzug auf das übrige Bindungssystem aus, dessen Elektronendichte dadurch erniedrigt wird.

Beispiel:

Akrolein (Propenal)

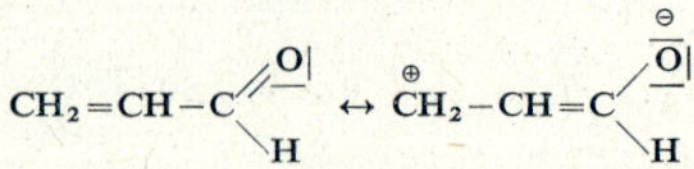

Substituenten mit −M-Effekt: Hierzu gehören −CHO, −COOH, −COOR, −CN, $-SO_2OH$, $-NO_2$. Bei entsprechenden Benzolderivaten werden sie als *Substituenten II. Ordnung* bezeichnet; ↑ S. 536

+M-Effekt: Substituenten mit einem ungebundenen (»einsamen«) Elektronenpaar (z. B. $-\overline{\underline{Cl}}|$, $-\overline{\underline{O}}-H$) beteiligen sich dadurch an einem mesomeren Bindungssystem, daß das ungebundene Elektronenpaar delokalisiert und sich derart verschiebt, daß im mesomeren Grenzzustand eine Doppelbindung vorhanden ist:

Der Substituent mit ungebundenem Elektronenpaar wird dadurch positiviert (Vorzeichen des Effektes!); er übt somit einen Elektronendruck auf das übrige Bindungssystem aus, dessen Elektronendichte dadurch erhöht wird.

Beispiel: Vinylchlorid (Monochloräthen) $CH_2=CH-\overline{\underline{Cl}}| \leftrightarrow \overset{\ominus}{C}H_2-CH=\overset{\oplus}{\underline{Cl}}|$

Substituenten mit +M-Effekt: Hierzu gehören: −I, −Br, −Cl, −F, −OH, $-NH_2$, $-O^-$. Bei entsprechenden Benzolderivaten werden sie als *Substituenten I. Ordnung* bezeichnet; ↑ S. 536.

28.6. Reaktionstypen

28.6.1. Grundlagen

Substrat und Reagens: Obwohl eine chemische Reaktion zwischen zwei Substanzen stets eine vollkommene Wechselwirkung darstellt (Chlor greift nicht nur Methan an, sondern Methan greift zugleich auch Chlor an; Chlor ist nicht nur »aggressiv«, sondern in gleichem Sinne »leicht angreifbar«), unterscheidet man besonders bei organisch-chemischen Reaktionen Substrat und Reagens. Als *Substrat* wird in der Regel das größere, als *Reagens*[1]) das kleinere, beweglichere Molekül betrachtet. Das ruhend gedachte Substrat wird vom beweglich gedachten Reagens angegriffen.

Die Unterscheidung zwischen Substrat und Reagens ist jedoch oft problematisch und von Willkür nicht frei. So pflegt man z.B. bei der *Veresterung* unabhängig von der Molekülgröße die Karbonsäure als Substrat und den Alkohol als Reagens zu betrachten.

Spaltung chemischer Bindungen: Im Verlaufe chemischer Reaktionen werden chemische Bindungen gespalten und geknüpft.

- *Homolytische Spaltung* (Homolyse): Das bindende Elektronenpaar wird aufgespalten: A:B → A· + .B. Es entstehen (neutrale) *Radikale.*
- *Heterolytische Spaltung* (Heterolyse): Das bindende Elektronenpaar verbleibt an einem der beiden Atome: A:B → $A^{\oplus}$ + $:\bar{B}^{\ominus}$. Es entstehen elektrisch geladene Spaltstücke.

Elektrophilität und Nukleophilität: Atome, Moleküle, Ionen und auch einzelne Molekülbereiche können nukleophile oder elektrophile Eigenschaften haben.

- **nukleophil**[2]) heißt: auf Grund eines Elektronenüberschusses befähigt, ein Elektronenpaar zur Ausbildung einer homöopolaren Bindung (Atombindung) zur Verfügung zu stellen.
- **elektrophil**[3]) heißt: auf Grund eines Elektronenmangels befähigt, durch Mitbenutzung eines fremden Elektronenpaares eine homöopolare Bindung (Atombindung) auszubilden.

Das Elektronenpaar wird also vom nukleophilen Reaktionspartner dem elektrophilen Partner zur *gemeinsamen* Bindung zur Verfügung gestellt. Hierbei kann das Elektronenpaar bereits als solches (als ungebundenes,

---

[1]) Plural laut Duden: *Reagenzien*, jedoch auch *-tien*
[2]) *nukleophil* = »kernfreundlich«
[3]) *elektrophil* = »elektronenfreundlich«

»einsames« Elektronenpaar) vorhanden sein, oder aber es kann erst im Verlauf von Reaktionen in Molekülbereichen größerer Elektronendichte entstehen.

Übersicht:

nukleophil elektronenpaarabgebend	**elektrophil** elektronenpaaraufnehmend
1. Moleküle mit ungebundenem (»einsamem«) Elektronenpaar: H_2O, NH_3	1. Moleküle mit Elektronenpaarlücke (»Elektronensextett«): $AlCl_3$, BF_3
2. Negative Ionen (sind entweder vorhanden oder bilden sich erst bei der heterolytischen Spaltung): OH^-, Br^-, $NH_2^{\ominus}$ u.a. [1])	2. Positive Ionen (sind entweder vorhanden oder bilden sich erst bei der heterolytischen Spaltung): H^+, aber auch $Br^{\oplus}$, $I^{\oplus}$ u.a.[1])
3. C-Atome mit negativer Teilladung: $\overset{\delta-}{C}$–Me (Me = metallischer Partner)	3. C-Atome mit positiver Teilladung: $\overset{\delta+}{C}$–X (X = nichtmetallischer Partner)
4. Mehrfachbindungen und aromatische Bindungssysteme († S. 463):	

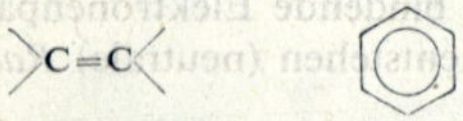

Nukleophile und elektrophile Reaktionen: Die Bezeichnung der Reaktion richtet sich stets nach dem *Reagens:*

- *Nukleophile Reaktion* = nukleophiles Reagens + elektrophiles Substrat.
- *Elektrophile Reaktion* = elektrophiles Reagens + nukleophiles Substrat.

28.6.2. Übersicht über die Reaktionstypen

Die 3 **Reaktionsarten**

$$\left\{\begin{array}{ll} \textit{Substitution} & \text{(Symbol S)} \\ \textit{Addition} & \text{(Symbol A)} \\ \textit{Eliminierung} & \text{(Symbol E)} \end{array}\right\} \text{ können } \left\{\begin{array}{ll} \textit{radikalisch} & \text{(Index R)} \\ \textit{elektrophil} & \text{(Index E)} \\ \textit{nukleophil} & \text{(Index N)} \end{array}\right\}$$

ablaufen.

[1]) Eingekreiste Ladungssymbole, z.B. beim Brom-Kation, $Br^{\oplus}$, bedeuten, daß die betreffenden Ionen als solche nicht beständig sind, sondern im Verlaufe chemischer Reaktionen als Übergangsformen auftreten. Die gleiche Symbolik wird bei den gleichfalls nicht frei existenten mesomeren Grenzformeln angewandt.

Somit ergeben sich 9 **Grundreaktionstypen:**

S_R	S_E	S_N
A_R	A_E	A_N
E_R	E_E	E_N

Einige dieser Reaktionstypen lassen sich hinsichtlich des **Reaktionsmechanismus**, d.h. des detaillierten Ablaufs, noch weiter unterteilen. So unterscheidet man z.B.

S_N1 bzw. E_N1 = nukleophile Substitution bzw. Eliminierung nach dem *Stufenmechanismus*

S_N2 bzw. E_N2 = nukleophile Substitution bzw. Eliminierung nach dem *Synchronmechanismus*

Die angeführten Reaktionstypen sind nicht immer rein ausgeprägt. Bereits zwischen homo- und heterolytischer Spaltung gibt es **Übergangsformen**. Es existieren auch Fälle, bei denen ein nukleophiler und ein elektrophiler Angriff von zwei Bereichen des Reagens gleichzeitig erfolgen. Häufig führen derartige Reaktionen zu zyklischen Übergangsständen, indem sich zwei, drei oder (seltener) mehr Moleküle unter Ringbildung zusammenlagern (*Zykloaddition*); der zyklische Übergangszustand kann sich dann durch Elektronenverschiebung entweder stabilisieren oder aber (an anderen als den Knüpfungsstellen) wieder auseinanderbrechen.

28.6.3. Radikalische Reaktionen

Radikalische Substitution (S_R-Reaktion)

Das Reagens ist ein Radikal, z.B. ein ·Cl-Radikal, wie es aus Cl_2-Molekülen durch homolytische Spaltung, z.B. durch Licht, gebildet wird: $Cl_2 \xrightarrow{\text{Licht}} \cdot Cl + .Cl$ Diese *Startreaktion* leitet eine *Kettenreaktion* ein. Indem die ·Cl-Radikale auf Moleküle einwirken, entstehen neue Radikale (*Fortpflanzungsreaktionen*), bis jede Reaktionskette durch Reaktion zweier Radikale miteinander ihren Abbruch findet (*Abbruchreaktion*).

Beispiel: Chlorierung von Methan

Startreaktion:	$Cl_2 \xrightarrow{\text{Licht}} \cdot Cl + .Cl$
Fortpflanzungsreaktionen:	$H_3C-H + \cdot Cl \rightarrow H_3C\cdot + HCl$
	$H_3C\cdot + Cl_2 \rightarrow H_3C-Cl + \cdot Cl$
	·Cl wirkt wieder auf CH_4 oder CH_3Cl ein usf.
Abbruchreaktion:	$H_3C\cdot + .Cl \rightarrow H_3CCl$
	(auch $H_3C\cdot + .CH_3 \rightarrow C_2H_6$; Nebenprodukt!)

Radikalische Addition (A_R-Reaktion)

Das Reagens ist ein Radikal, das wie bei der S_R-Reaktion entsteht. Es addiert sich an eine ungesättigte Verbindung so, daß ein neues Radikal entsteht und somit eine Reaktionskette ausgelöst wird:

Beispiel: Chlorierung von Äthen

$$\underset{\text{Äthen}}{H_2C{=}CH_2} + {\cdot}Cl \rightarrow H_2\underset{\substack{|\\Cl}}{C}{-}\dot{C}H_2$$

$$H_2\underset{\substack{|\\Cl}}{C}{-}\dot{C}H_2 + Cl_2 \rightarrow \underset{\text{1,2-Dichloräthan}}{H_2\underset{\substack{|\\Cl}}{C}{-}\underset{\substack{|\\Cl}}{C}H_2} + {\cdot}Cl \text{ usf.}$$

Radikalische Eliminierung (E_R-Reaktion)

Bei der radikalischen Eliminierung entstehen Radikale als primäre Spaltstücke von Kohlenstoffverbindungen.

Beispiel: pyrolytische Spaltung (Kracken) von höheren Alkanen

$$R{-}CH_2{-}CH_2{-}CH_2{-}CH_2{-}R' \rightarrow R{-}CH_2{-}CH_2{\cdot} + {.}CH_2{-}CH_2{-}R'$$

$$R{-}CH_2{-}CH_2{\cdot} \rightarrow R{\cdot} + CH_2{=}CH_2$$

Für den weiteren Verlauf bestehen sehr vielfältige Reaktionsmöglichkeiten.

28.6.4. Nukleophile Reaktionen

Bei nukleophilen Reaktionen greift ein nukleophiles Reagens einen elektrophilen Bereich im Substrat an.

Nukleophile Substitution (S_N-Reaktion)

Bei der S_N-Reaktion verdrängt ein nukleophiles Reagens ein Atom oder eine Atomgruppe aus dem Substrat, und zwar derart, daß der verdrängte Bindungspartner mitsamt dem ursprünglich bindenden Elektronenpaar abgespalten wird, während das Reagens ein Elektronenpaar für die neue Bindung zur Verfügung stellt:

$$\underset{\substack{\downarrow\\ \text{elektro-}\\ \text{phil}}}{\overset{\delta+}{>C}}{-}\overset{\delta-}{X} + \underset{\substack{\downarrow\\ \text{nukleo-}\\ \text{phil}}}{|Y^{\ominus}} \rightarrow \overset{\delta+}{>C}{-}\overset{\delta-}{Y} + |X^{\ominus}$$

Beispiel: Reaktion zwischen Monochloräthan und Hydroxidionen (z. B. Alkalihydroxid)

$$CH_3{-}\overset{\delta+}{CH_2}{-}\overset{\delta-}{\overline{\underline{Cl}}}| + {}^{\ominus}|\overline{\underline{O}}{-}H \rightarrow CH_3{-}CH_2{-}\overline{\underline{O}}H + |\overline{\underline{Cl}}|^{\ominus}$$

Hinsichtlich des *Mechanismus* kann die S_N-Reaktion auf 2 Arten ablaufen:

- S_N1 = **Stufenmechanismus:** Ablösung des einen und Bindung des anderen Substituenten erfolgen *nacheinander*.
- S_N2 = **Synchronmechanismus:** Ablösung des einen und Bindung des anderen Substituenten erfolgen *gleichzeitig*.

S_N1-Reaktion:

1. Schritt: Das Substrat *dissoziiert* unter Bildung eines *Karbenium-Ions*[1]):

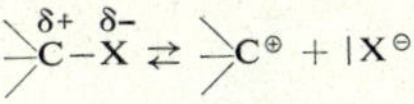

2. Schritt: Das Karbenium-Ion *addiert* den nukleophilen Partner:

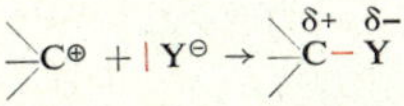

Der 1. Schritt erfordert eine Aktivierungsenergie. Das Karbenium-Ion kann auch noch anderweitig reagieren (Protonenabspaltungen, Umlagerungen), so daß ungesättigte oder isomere Nebenprodukte entstehen. Die Protonenabspaltung führt zur konkurrierenden E_N1-Reaktion; ↑ S. 474.

S_N2-Reaktion: In dem Maße, wie sich das Reagens von der einen Seite her nähert, wird der Substituent auf der anderen Seite verdrängt:

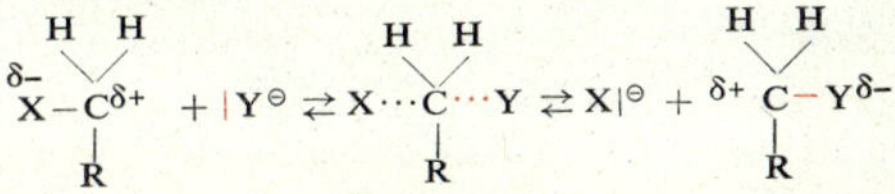

Übergangs-
zustand

Hierbei erfolgt *Konfigurationsumkehr:* Die ursprünglich vom X-Atom abgewendeten Bindungspartner H bzw. R (Tetraedermodell!) richten sich im Übergangszustand senkrecht auf und neigen sich mit zunehmender Bindung des Y-Atoms, dem Umklappen eines Regenschirms vergleichbar, auf die dem Y-Atom abgewendete Seite. Aus einer optisch-aktiven D-Verbindung wird somit eine L-Verbindung und umgekehrt:

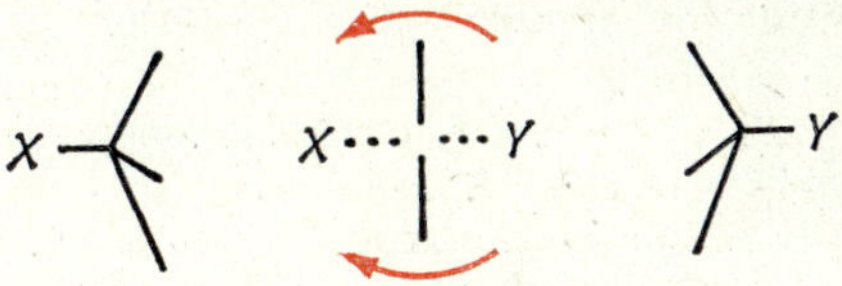

Bild 83. Schematische Darstellung der Konfigurationsumkehr beim S_N2-Mechanismus

Bei der S_N2-Reaktion gibt es im Gegensatz zum S_N1-Mechanismus keine isomeren Nebenprodukte; jedoch können auch hier Protonenabspaltungen als Konkurrenzreaktionen ablaufen (E_N2-Reaktionen; ↑ S. 474).

Nukleophile Addition (A_N-Reaktion)

Die Addition an C=C-Doppelbindungen verläuft in der Regel radikalisch (A_R) oder, da der Doppelbindungsbereich eine relativ hohe Elektronendichte aufweist, elektrophil (A_E). Nukleophil ist jedoch z.B. die Addition an die C=O-Bindung eines Aldehyds oder Ketons. Die größere Elektronegativität des O-Atoms positiviert das C-Atom und macht es dadurch einem nukleophilen Angriff zugänglich.

[1]) auch *Karbokation* genannt

Beispiel: Addition von Zyanwasserstoff an einen Aldehyd

Das HCN-Molekül ist gemäß $\overset{\delta+}{H}-\overset{\delta-}{CN}$ polar. Bei Annäherung an die ebenfalls polare CO-Gruppe des Aldehyds verstärkt sich die Polarität, so daß im Übergangszustand das $CN^{\ominus}$-Ion als nukleophiles Reagens wirkt und am positivierten C-Atom angreift:

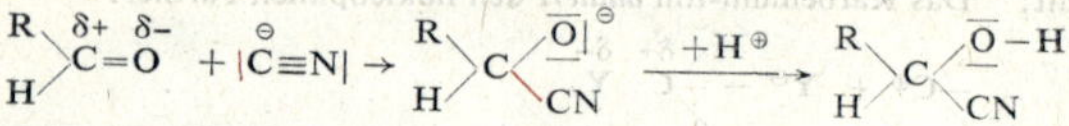

Dabei wird das ursprünglich ungebundene Elektronenpaar am C-Atom des CN^--Ions zum Bindungselektronenpaar, während sich gleichzeitig die zweite Bindung zwischen C und O (π-Bindung) unter Bildung eines ungebundenen Elektronenpaares zum O-Atom verlagert. Als Folge der dort entstehenden negativen Ladung lagert sich nun auch das H^+-Ion des ursprünglichen HCN-Moleküls an.

Nukleophile Eliminierung (E_N-Reaktion)

Die nukleophile Eliminierung wird wie die nukleophile Substitution (S_N; ↑ S. 472) durch die Bildung eines Karbenium-Ions (S_N1) oder eines Übergangszustandes (S_N2) eingeleitet; entsprechend unterscheidet man den E_N1- und den E_N2-Mechanismus. Die E_N-Reaktion konkurriert mit der S_N-Reaktion; welche von beiden bevorzugt eintritt, hängt von den Reaktionsbedingungen ab. Höhere Temperatur begünstigt stets die Eliminierung.

Während bei der S_N-Reaktion im 2. Schritt die Bindung des nukleophilen Reagens erfolgt, wird bei der E_N-Reaktion wegen des Elektronenzuges (−I-Effekt), den das positive C-Atom ausübt, ein Proton abgestoßen, und zwar meist vom benachbarten C-Atom; zugleich wird die π-Bindung geknüpft.

Beispiel (E_N1-Mechanismus): Dehydrohalogenierung unter dem Einfluß von Alkali

1. Schritt:

2. Schritt:

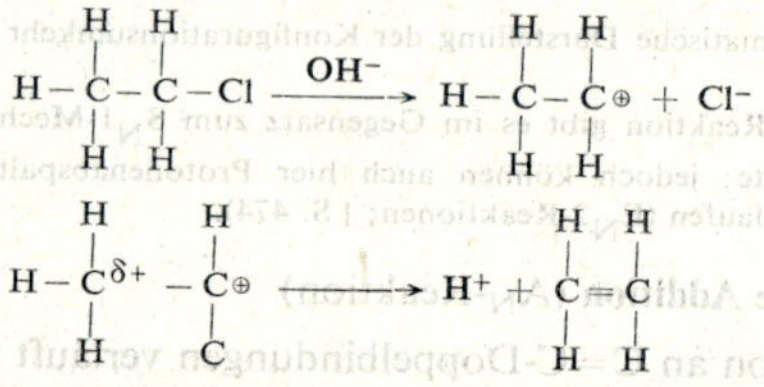

Zugleich vereinigt sich H^+ mit Cl^- zu HCl bzw., da alkalisches Milieu herrscht, mit OH^- zu H_2O. Im Endeffekt ist unter dem Einfluß des nukleophilen Reagens OH^- Chlorwasserstoff abgespalten worden.

28.6.5. Elektrophile Reaktionen

Bei elektrophilen Reaktionen greift ein elektrophiles Reagens einen nukleophilen Bereich im Substrat an.

Elektrophile Substitution (S_E-Reaktion)

Bei der S_E-Reaktion verdrängt ein elektrophiles Reagens ein Atom oder eine Atomgruppe aus dem Substrat, und zwar derart, daß der verdrängte Bindungspartner ohne das ursprünglich bindende Elektronenpaar abgespalten wird; an dieses Elektronenpaar bindet sich das elektrophile Reagens. Schema:

$$\gt\overset{\delta-}{C}-\overset{\delta+}{X} + Y^{\oplus} \rightarrow \gt\overset{\delta-}{C}-\overset{\delta+}{Y} + X^{\oplus}$$

Die elektrophile Substitution ist insbesondere bei *Aromaten* von Bedeutung. Sie wird durch die ersten beiden Stufen einer elektrophilen Addition (↑ S. 476) eingeleitet. Es bildet sich also zunächst ein π-*Komplex*, der sich in ein Karbenium-Ion, hier *Arenium-Kation* genannt, umlagert. Während aber die A_E-Reaktion durch Anlagerung eines nukleophilen Partners abgeschlossen wird, spaltet sich bei der S_E-Reaktion ein Proton (bzw. ein anderer Substituent) ab.

Die positive Ladung des Arenium-Kations ist nicht an ein bestimmtes C-Atom gebunden, sondern wegen des mesomeren Bindungssystems delokalisiert. Bei der Bildung des Arenium-Kations wird das aromatische Bindungssystem leicht deformiert; bei der Abspaltung des Protons stabilisiert es sich wieder.

Beispiel: Chlorierung von Benzol

Erforderlich ist ein Katalysator ($AlCl_3$, $FeCl_3$), der das Chlormolekül im Verlauf der Reaktion durch Komplexbildung heterolytisch spaltet:

$$Cl-Cl + AlCl_3 \rightarrow Cl^{\oplus} + {}^{\ominus}Cl-AlCl_3$$

1. Stufe: **Bildung des π-Komplexes:**

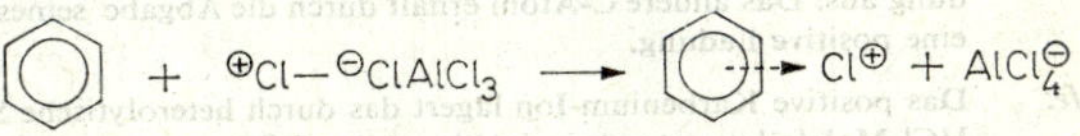

2. Stufe: **Umlagerung des π-Komplexes in ein Arenium-Kation:**

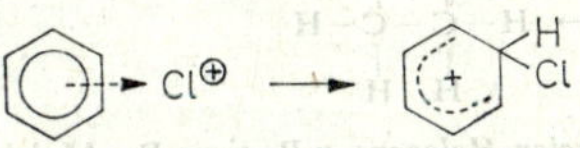

3. Stufe: **Abspaltung eines Protons:**

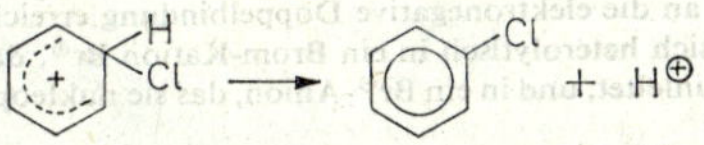

Das Proton reagiert mit dem $AlCl_4^{\ominus}$-Komplex unter Bildung von Chlorwasserstoff: $H^{\oplus} + AlCl_4^{\ominus} \rightarrow HCl + AlCl_3$. Das Aluminiumchlorid greift erneut in die Reaktion ein.

Elektrophile Addition (A_E-Reaktion)

Die elektrophile Addition wird durch ein elektrophiles Reagens eingeleitet. Sie verläuft über die Stufen eines *π-Komplexes* und eines *Karbenium-Ions* und wird durch ein nukleophiles Reagens abgeschlossen. Die weitaus meisten Additionen an die C=C-Doppelbindung verlaufen elektrophil, da im Bereich der Bindung, bedingt durch die zwei Elektronenpaare, eine relativ hohe Ladungsdichte herrscht und die Elektronen der π-Bindung leicht verschiebbar sind.

Beispiel: Addition von Chlorwasserstoff an Äthen

1. Stufe: Im Chlorwasserstoff mit seiner polarisierten Bindung ist das positivierte H-Atom das elektrophile Reagens. In Wechselwirkung mit dem Substrat wird es als H^+-Ion heterolytisch abgespalten und bildet mit der Doppelbindung einen *π-Komplex:*

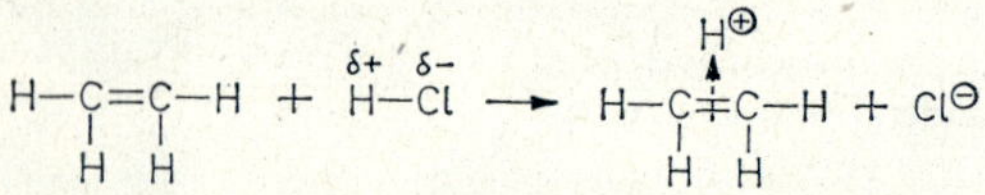

2. Stufe: Der π-Komplex lagert sich unter Aufnahme von Aktivierungsenergie in ein *Karbenium-Ion* um:

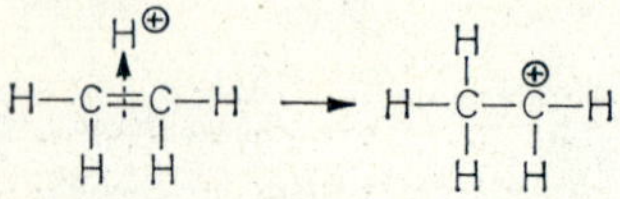

Hierbei verlagern sich die beiden Elektronen der π-Bindung völlig in den Bereich des einen C-Atoms und bilden dort mit dem $H^{\oplus}$-Ion eine σ-Bindung aus. Das andere C-Atom erhält durch die Abgabe seines π-Elektrons eine positive Ladung.

3. Stufe: Das positive Karbenium-Ion lagert das durch heterolytische Spaltung des HCl-Moleküls entstandene (nukleophile) $Cl^{\ominus}$-Ion an:

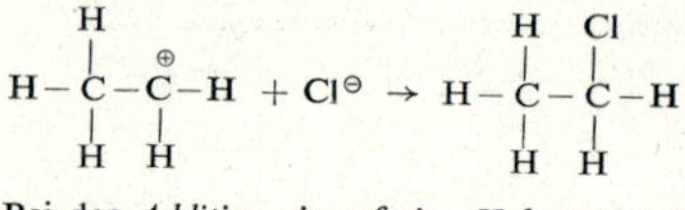

Bei der *Addition eines freien Halogens*, z.B. eines Br_2-Moleküls, an eine Doppelbindung wird eine Polarisierung durch Wechselwirkung mit einem Lösungsmittel oder einem Katalysator (↑ S. 475) oder auch einfach bei der Annäherung an die elektronegative Doppelbindung erreicht. Das Br_2-Molekül spaltet sich heterolytisch in ein Brom-Kation $Br^{\oplus}$, das die Reaktion elektrophil einleitet, und in ein $Br^{\ominus}$-Anion, das sie nukleophil beendet.

Elektrophile Eliminierung (E_E-Reaktion)

Elektrophile Eliminierungen werden durch ein elektrophiles Reagens eingeleitet; sie verlaufen analog den nukleophilen Eliminierungen. Sie sind jedoch in der Praxis von sehr geringer Bedeutung, so daß sie nicht ausführlich behandelt werden sollen.

28.7. Einteilung der organischen Verbindungen

Organische Verbindungen

- **Azyklische (aliphatische[1]) Verbindungen** (Verbindungen ohne Ringschluß)
- **Zyklische Verbindungen** (Verbindungen mit Ringschluß)
  - **Heterozyklen** Ringe mit Heteroatomen (N; S; O)
  - **Alizyklen** Nichtaromatische Ringe ohne Heteroatome
  - **Aromaten** Ringe vom Benzoltyp

29. Azyklische (aliphatische) Kohlenwasserstoffe

29.1. Alkane (*gesättigte Kohlenwasserstoffe, Grenzkohlenwasserstoffe, Paraffine*)

Kohlenwasserstoffe sind Verbindungen, deren Moleküle nur aus C- und H-Atomen bestehen. Die gesättigten azyklischen Kohlenwasserstoffe heißen *Alkane*; ihre Moleküle enthalten nur Einfachbindungen.

29.1.1. Konstitution und allgemeine Eigenschaften

Summenformel: C_nH_{2n+2}; es wurden bereits Alkane mit mehr als 100 C-Atomen synthetisiert ($n > 100$).

Strukturformel: Zur genaueren Kennzeichnung der Alkane verwendet man statt der Summenformeln die Strukturformeln, z. B.

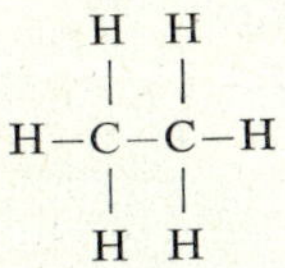

Rationelle Formel: Diese abgekürzte Strukturformel gibt ein übersichtlicheres Bild, z. B. CH_3-CH_3 (Äthan)

[1]) *aleiphatos* (grch.) Salböl

Alkylgruppen: Entzieht man einem Alkan ein Wasserstoffatom, dann entsteht eine Alkylgruppe (Alkyl-Radikal[1]))

Alkan $-1\,H \rightarrow$ Alkylgruppe

$C_nH_{2n+2} \quad -1\,H \rightarrow C_nH_{2n+1}-$

$CH_3-CH_3 \quad -1\,H \rightarrow CH_3-CH_2-$

Tabelle 46. Homologe Reihe der Alkane

Summenformel	Rationelle Formel	Systematischer Name	Physikalische Eigenschaften		Alkyl C_nH_{2n+1}
			Schmelzpunkt (in °C)	Siedepunkt (in °C)	
CH_4	CH_4	Methan	−182,5	−161,5	Methyl
C_2H_6	CH_3-CH_3	Äthan	−183,3	−88,6	Äthyl
C_3H_8	$CH_3-CH_2-CH_3$	Propan	−187,1	−42,2	Propyl
C_4H_{10}	$CH_3-(CH_2)_2-CH_3$	Butan	−138,3	−0,5	Butyl
C_5H_{12}	$CH_3-(CH_2)_3-CH_3$	Pentan	−129,7	+36,0	Pentyl (Amyl)
C_6H_{14}	$CH_3-(CH_2)_4-CH_3$	Hexan	−94,3	+68,7	Hexyl
C_7H_{16}	$CH_3-(CH_2)_5-CH_3$	Heptan	−90,5	+98,4	Heptyl
C_8H_{18}	$CH_3-(CH_2)_6-CH_3$	Oktan	−56,8	+125,7	Oktyl
C_9H_{20}	$CH_3-(CH_2)_7-CH_3$	Nonan	−53,7	+150,7	Nonyl
$C_{10}H_{22}$	$CH_3-(CH_2)_8-CH_3$	Dekan	−29,7	+174,0	Dezyl
⋮	⋮	⋮	⋮	⋮	⋮
$C_{15}H_{32}$	$CH_3-(CH_2)_{13}-CH_3$	Pentadekan	+10,0	+270	Pentadezyl
$C_{16}H_{34}$	$CH_3-(CH_2)_{14}-CH_3$	Hexadekan	+18,2	+287	Hexadezyl
$C_{17}H_{36}$	$CH_3-(CH_2)_{15}-CH_3$	Heptadekan	+22,5	+303	Heptadezyl
$C_{18}H_{38}$	$CH_3-(CH_2)_{16}-CH_3$	Oktadekan	+27,0	+317	Oktadezyl
⋮	⋮	⋮	⋮	⋮	⋮
$C_{20}H_{42}$	$CH_3-(CH_2)_{18}-CH_3$	Eikosan	+36,4	+345,1	Eikosyl
⋮	⋮	⋮	⋮	⋮	⋮
$C_{30}H_{62}$	$CH_3-(CH_2)_{28}-CH_3$	Triakontan	+66,0	–	Triakontyl
⋮	⋮	⋮	⋮	⋮	⋮
$C_{40}H_{82}$	$CH_3-(CH_2)_{38}-CH_3$	Tetrakontan	+81,4	–	Tetrakontyl
⋮	⋮	⋮	⋮	⋮	⋮
$C_{100}H_{202}$	$CH_3-(CH_2)_{98}-CH_3$	Hektan	+115	–	Hektyl
⋮	⋮	⋮	⋮	⋮	⋮

[1]) Ein Radikal ist eine unter normalen Bedingungen nicht existenzfähige Atomgruppierung mit freien Valenzen (ungebundenen Elektronen).

Bei den ersten Gliedern der homologen Reihe sind die Unterschiede in den physikalischen Eigenschaften größer als bei den höheren Gliedern.

29.1.2. Chemische Eigenschaften

Die Alkane sind ziemlich reaktionsträge; daher werden sie auch *Paraffine* genannt [*parum affinis* (lat.) wenig verwandt].
Bei Zimmertemperatur sind sie gegen starke Säuren, Laugen und Luftsauerstoff beständig; sie sind jedoch nach Erreichen des Flammpunktes leicht brennbar. Die Verbrennungsprodukte sind Kohlendioxid und Wasser. Mit Halogenen erfolgt *Substitution* unter Bildung von Halogenalkanen. Bei höheren Temperaturen reagieren besonders die höhermolekularen Alkane mit O_2 (*Paraffinoxidation*), $SO_2 + Cl_2$ (*Sulfochlorierung*; ↑ S. 524), schwieriger mit konz. HNO_3 (*Nitrierung*).

29.1.3. Vorkommen und Verwendung

Allgemeines: Die Alkane sind die Hauptbestandteile der Erdöle, des Erdgases sowie der Destillationsprodukte des Braunkohlenteers.

Methan, CH_4, ist der Hauptbestandteil des *Erdgases*, des *Grubengases* (in Steinkohlenflözen) und des *Sumpfgases* (durch bakterielle Zellulosevergärung). 10...25 Vol.-% befinden sich im Schwelgas der Braunkohlen, ≈25 Vol.-% im Leuchtgas. Die Explosionsgrenze liegt im Gemisch mit O_2 bei 6...12 Vol.-% Methan.
Es wird als Heizgas und Motorentreibstoff sowie als Ausgangsmaterial für petrolchemische Prozesse verwendet. So wichtige Produkte wie Äthin, Blausäure, chlorierte Methane (Lösungsmittel, Silikonherstellung), Kohlendisulfid, Fluorkarbone (Kältemittel, Treibmittel für Sprays, temperaturbeständige Plaste) werden aus Methan hergestellt.

Äthan (*Ethan*), C_2H_6, ist ein Bestandteil bestimmter Erdöle. Es wird vorwiegend in Äthen umgewandelt.

Propan, C_3H_8, entsteht bei petrolchemischen Prozessen (*Pyrolyse*) und beim *Bergius-Verfahren*, ↑ S. 480. Es wird als Heiz- und Leuchtgas verwendet und als sog. *Flüssiggas* in Stahlflaschen transportiert, in denen es bei 20 °C unter 0,8 MPa (8 at) Druck im flüssigen Aggregatzustand vorliegt (krit. Temp.: 96,81 °C, krit. Druck: 4,3 MPa).

Flüssige Alkane sind Bestandteile des Erdöls und Braunkohlenteers. Sie sind z.B. im Petroläther, Benzin, Dieselöl, Heizöl, Leuchtöl, Paraffinöl enthalten.

Feste Alkane (*Paraffin* im engeren Sinne) befinden sich im Erdöl. *Erdwachs* oder *Ozokerit* (gereinigt: *Zeresin*) ist ein natürlich vorkommendes festes Paraffin. Feste Alkane werden als Kerzenmaterial, zur Imprägnierung von Papier und Pappen, als Isoliermittel und zur Zündholzimprägnierung verwendet. Die bei der synthetischen Herstellung anfallenden Alkane mit 10...30 C-Atomen werden zu Seifen, Waschmitteln und Weichmachern verarbeitet.

29.1.4. Herstellung

Gasförmige Alkane gewinnt man aus den Abgasen der Rohöldestillation, der Braunkohlenverschwelung und bei der Erdölhydrierung.

Flüssige und feste Alkane entstehen

- bei der *fraktionierten Destillation von Erdöl*
- bei der *Verschwelung von Braunkohle.* Höhersiedende Fraktionen, wie die Schmierölfraktion, enthalten vor allem $C_{10}...C_{30}$-Alkane.
- beim *Bergius-Verfahren* (katalytische Hydrierung von Kohle, Teer oder Erdölfraktionen)

$$\left.\begin{array}{l}\text{Braunkohlen- bzw.}\\ \text{Steinkohlenschwelteer} + H_2\\ \text{oder Erdölrückstände}\end{array}\right\} \xrightarrow[\substack{300...500\,°C\\ 10...20\text{ MPa}}]{WS_2,\ MoS_2} \left\{\begin{array}{l}\text{Benzin}\\ \text{Mittelöl}\\ \text{Schweröl}\end{array}\right.$$

- bei dem *Tieftemperatur-Hochdruck-Hydrierverfahren* (TTH)-Verfahren). Während beim Bergius-Verfahren auch die Spaltung höhermolekularer in niedermolekulare Verbindungen stattfindet, ist das Ziel des TTH-Verfahrens eine hydrierende Raffination.

$$\text{Braunkohlenschwelteer} + H_2 \xrightarrow[30\text{ MPa};\ 280...380\,°C]{NiS/WS_2/Al_2O_3} \left\{\begin{array}{l}\text{Benzin}\\ \text{Mittelöl}\\ \text{Schweröl}\end{array}\right.$$

Aus dem Schweröl gewinnt man TTH-Paraffin.

- bei der *Fischer-Tropsch-Synthese* (Kohlenmonoxidhydrierung):

$$n\,CO + (2n+1)\,H_2 \xrightarrow[\substack{\text{Normaldruck}\\ 160...200\,°C}]{Co/MgO/ThO_2/\text{Kieselgur}} C_nH_{2n+2} + n\,H_2O$$

Dabei entstehen etwa 15% Flüssiggase (Propan und Butan), 50% Benzin, 28% Kerosin (Dieselöl), 6% Weichparaffin (Paraffingatsch), 2% Hartparaffin. Mit anderen Katalysatoren und höheren Drücken entstehen beim Fischer-Tropsch-Verfahren vorwiegend Olefine; ↑ S. 481.

- durch *Hydrierung von Alkenen* (↑ S. 460)
- im *Labormaßstab* durch die Wurtz*sche Synthese* (aus Jodalkan und Natrium) (↑ S. 513)

29.2. Alkene und Alkadiene

Alkene (*Alkylene, Olefine*) sind kettenförmige Kohlenwasserstoffe mit einer C=C-Bindung (Doppelbindung). *Summenformel:* C_nH_{2n}

Alkadiene sind kettenförmige Kohlenwasserstoffe mit zwei C=C-Bindungen. *Summenformel:* C_nH_{2n-2}

Entsprechende Bezeichnungen führen die selteneren Kohlenwasserstoffe mit mehr als zwei Doppelbindungen, z. B. **Alkatriene** (Kohlenwasserstoffe mit drei Doppelbindungen), C_nH_{2n-4}.

29.2.1. Gewinnung und Verwendung der Alkene

- *Mitteltemperaturpyrolyse* (MTP-Verfahren)

  Dabei erfolgt eine Hitzezersetzung von Alkanen, vorwiegend Äthan, Propan, n-Butan. Zum Teil werden auch Leicht- und Schwerbenzin eingesetzt.

  $$\text{Alkan} \xrightarrow{>700\,°\text{C}} \text{Alken} + \text{Wasserstoff}$$

  Die Alkane entnimmt man der Gasölfraktion des Erdöls. Neben den gasförmigen Alkenen entsteht *Pyrolysebenzin* (↑ S. 538).

- *Hochtemperaturpyrolyse* (HTP)

  $$\text{Leichtbenzin} \xrightarrow[3000\,°\text{C}]{\text{Flammrohr}} \text{Äthen} + \text{Äthin}\ (CH_4,\ H_2,\ CO)$$

- *Sandcrack-Verfahren*

  Hierbei wird *Leichtbenzin* in einem Wirbelschichtreaktor mit Sand als Wärmeträger auf etwa 800 °C erhitzt. Neben *Äthen* und *Propen* fallen flüssige Produkte vielseitiger Zusammensetzung an.

- FISCHER-TROPSCH-*Verfahren* (↑ S. 480)

  Bei 200 °C, 1...10 MPa und einem Fe-Katalysator entstehen etwa 30% Alkene.

- *Dehydratisierung* (Wasserabspaltung) *von Alkanolen:*

  $$\text{Alkanol} \xrightarrow[Al_2O_3 \text{ oder } AlPO_4]{360\,°\text{C}} \text{Alken} + \text{Wasser}$$

Im *Labormaßstab* spaltet man aus Alkanolen Wasser unter anderen Bedingungen ab:

$$\text{Alkanol} \xrightarrow[\text{oder } ZnCl_2 \text{ oder } H_3PO_4]{\text{konz. } H_2SO_4} \text{Alken} + \text{Wasser}$$

- *Dehydrohalogenierung von Halogenalkanen* (↑ S. 474)

29.2.2. Chemische Eigenschaften

- *Additionsreaktionen* (↑ S. 459)
- *Polymerisation* (↑ S. 460 und 581)

29.2.3. Wichtige Alkene und Alkadiene

Äthen (*Ethen*, *Äthylen*), $CH_2{=}CH_2$: farbloses, erdölartig riechendes Gas; $F = -169{,}2\,°C$; $Kp = -103{,}7\,°C$. *Verwendung:* Ganze Industriezweige sind heute von der Äthenproduktion abhängig. Äthen ist das wichtigste petrolchemische Zwischenprodukt. Man verwendet es z.B. zur Darstellung von Polyäthylen, Propanol, Tetraäthylblei, Vinylchlorid, Styrol, Glykol, Akrylnitril, Äthanol.

Propen, *Propylen*, $CH_2{=}CH{-}CH_3$; $F = -185\,°C$; $Kp = -47{,}7\,°C$. Propen hat sehr an Bedeutung gewonnen, nicht nur zur Herstellung von Polypropylen, sondern auch für Azeton, Akrylnitril, Propanol, klopffeste, bleifreie Vergaserkraftstoffe, Glyzerol, Epichlorhydrin und Kumol (als Zwischenprodukt der Phenolsynthese; ↑ S. 543).

Buten, *Butylen*, C_4H_8. Es existieren 4 Isomere. Der größte Teil der Butene wird zu Vergaserkraftstoffkomponenten (*Alkylatbenzine* usw.) weiterverarbeitet. Von nicht geringer Bedeutung ist aber auch die Polymerisation zu Elasten, wie Butylkautschuk, Isoprenkautschuk, Polyisobuten.

Butadien-(1,3) $CH_2{=}CH{-}CH{=}CH_2$, ein farbloses, leicht zu verflüssigendes Gas, ist das Ausgangsprodukt für die Synthesekautschukherstellung.

Herstellung des Butadiens

- *Katalytische Dehydrierung* von n-Butan und n-Buten (*zweistufiges Verfahren*):

$$\underset{\text{n-Butan}}{CH_3{-}CH_2{-}CH_2{-}CH_3} \xrightarrow[620\,°C]{Cr_2O_3/Al_2O_3} \underset{\text{n-Buten}}{CH_3{-}CH_2{-}CH{=}CH_2} + H_2$$

Trennung des n-Butens vom n-Butan, *dann*

$$\underset{\text{n-Buten}}{CH_3{-}CH_2{-}CH{=}CH_2} \xrightarrow[620\,°C]{Cr_2O_3/Al_2O_3} \underset{\text{Butadien-(1,3)}}{CH_2{=}CH{-}CH{=}CH_2} + H_2$$

Einstufiges Verfahren:

$$CH_3-CH_2-CH_2-CH_3 \xrightarrow[\substack{Cr_2O_3/Al_2O_3\text{-Kat.}\\660\,°C}]{\text{modifizierter}} CH_2=CH-CH=CH_2 + 2H_2$$

- *Mitteltemperaturpyrolyse* von flüssigen Erdölkohlenwasserstoffen, die nach der Pyrolyse durch Tieftemperatur-Druckdestillation fraktioniert werden. Dieses Verfahren ist das wirtschaftlichste.

- *Vierstufenverfahren*
  Es wird in der DDR noch teilweise angewendet.

$$\underset{\text{Äthin}}{2\,CH\equiv CH} \xrightarrow[\substack{\text{Hg-Verb. als}\\\text{Katalysator}}]{+H_2O} \underset{\text{Äthanal}}{2\,CH_3-CHO}$$

$$\xrightarrow{\text{Aldolreaktion}} \underset{\text{3-Hydroxy-butanal}}{CH_3-CH(OH)-CH_2-CHO}$$

$$\xrightarrow[\substack{110\,°C;\ 30\ MPa\\\text{Ni-Kat.}}]{+H_2} \underset{\text{Butandiol-(1,3)}}{CH_3-CH(OH)-CH_2-CH_2(OH)}$$

$$\xrightarrow[\substack{(NaPO_3)_n\text{-Kat.}\\270\,°C}]{-H_2O} \underset{\text{Butadien-(1,3)}}{CH_2=CH-CH=CH_2}$$

2-Methyl-butadien-(1,3), *Isopren,* $CH_2=C(CH_3)-CH=CH_2$. Isoprenmoleküle sind die Bausteine lebenswichtiger Stoffe, wie Karotinoide (z.B. β-Karotin = Provitamin A) und Phytol (im Chlorophyll). Auch die Terpene bauen sich aus Isoprenresten auf. Isopren ist das Monomere des Naturkautschuks; seine Synthese gewinnt an Bedeutung.

- Eine butadienfreie C_4-Fraktion der Mitteltemperaturpyrolyse (s. o.), die Isobuten bzw. Propen enthält, ist die Grundlage der beiden *Synthesearten.*

$$\underset{\text{Propen}}{2\,CH_3-CH=CH_2} \xrightarrow{Al(C_3H_7)_3} \underset{\text{2-Methylpenten-(1)}}{CH_2=C(CH_3)-CH_2-CH_2-CH_3}$$

$$\xrightarrow{+H^+} \underset{\text{2-Methylpenten-(2)}}{CH_3-C(CH_3)=CH-CH_2-CH_3}$$

$$\xrightarrow[600\,°C]{+HBr} \underset{\text{Isopren}}{CH_2=C(CH_3)-CH=CH_2} + \underset{\text{Methan}}{CH_4}$$

Der *1. Schritt* ist eine Dimerisierung, da 2 Moleküle addiert werden (s. Polymerisation). Der *2. Schritt* ist eine Isomerisierung (Wandern der Doppelbindung) und der *3. Schritt* eine Crackung.

29.3. Alkine (*Azetylene, Azetylenkohlenwasserstoffe*)

Alkine enthalten eine C≡C-Bindung; die allgemeine Formel der homologen Reihe der Alkine (Äthin C_2H_2, Propin C_3H_4, Butin C_4H_6 usw.) lautet C_nH_{2n-2}. Infolge der Dreifachbindung sind die Alkine noch reaktionsfähiger als die Alkene.

Äthin (*Ethin, Azetylen*), CH≡CH, ist die wichtigste Verbindung in dieser Reihe.

Physikalische Eigenschaften: Äthin ist ein farbloses Gas von ätherischem Geruch. Der unangenehme Geruch des aus Karbid erzeugten Äthins kommt durch Verunreinigungen, vor allem Phosphorwasserstoff; $Kp = -83{,}3\,°C$.

In einem Liter Wasser lösen sich bei 20 °C und 0,1 MPa 1,21 g Äthin.

Azetylenflaschen: Stahlflaschen für Azetylen sind mit Kieselgur gefüllt, die mit Propanon (Azeton) gesättigt wurde. In einem Liter Propanon lösen sich bei 1,24 MPa 350 g Äthin. Diese Vorsichtsmaßnahmen sind notwendig, da reines Äthin gemäß $C_2H_2 \rightarrow 2\,C\,(\text{Ruß}) + H_2$ beim Komprimieren explodiert.

Kennzeichnung der Flaschen: Gelber Anstrich; nahtloser, gewindeloser Bügelverschluß. Azetylenflaschenventile dürfen kein Kupfer enthalten, um die Bildung des explosiven Kupfer(I)-azetylids, Cu_2C_2, auszuschließen.

Herstellung des Äthins

- **Hochtemperaturpyrolyse (HTP)**

$$\text{Leichte oder mittlere Erdölfraktionen oder Erdgas} \xrightarrow{2000\,°C} \text{Azetylen-Äthylen-Gemisch}$$

Nach der Pyrolyse wird das entstandene Gasgemisch schnell unter 200 °C abgekühlt (gequencht[1]), damit das Äthin sich nicht wieder zersetzt.
Die verschiedenen Verfahren der HTP unterscheiden sich durch die Art der Wärmeübertragung. Das modernste Verfahren ist die *Wasserstoff-Lichtbogen-Pyrolyse*, bei der H_2 im Lichtbogen bei 2500 °C in atomaren Wasserstoff umgewandelt wird. In dieses Gas wird das Kohlenwasserstoffgemisch eingebracht. Ein älteres, noch häufiges Verfahren ist die *Lichtbogen-Pyrolyse*, bei der das Kohlenwasserstoffgemisch direkt in den Lichtbogen gebracht wird.

- Das **Sachsse-Verfahren** beruht auf der partiellen Oxidation von Methan. Die dabei frei werdende Wärme wird für die Pyrolyse niederer Alkane verwendet.
Erdgas wird mit Sauerstoff im Verhältnis 5:3 gemischt, auf 600 °C vorgeheizt, dann in Spezialbrennern kurzfristig (höchstens 0,01 s) auf 1500 °C erhitzt und sofort abgeschreckt (gequencht[1]). Man gewinnt 9 Vol.-% Äthin, 55 Vol.-% H_2 und 24 Vol.-% CO. H_2 und CO können in der Fischer-Tropsch-Synthese (S. 480) weiterverarbeitet werden.

- **Herstellung auf karbochemischer Basis**
In kombinierten Lichtbogen- und Widerstandsöfen, die sehr große Mengen Elektroenergie verbrauchen, wird aus Kalk und Kohle in einem endothermen Prozeß

[1]) quenchen = durch Einsprühen von Wasser in das Reaktionsgemisch abkühlen

Kalziumkarbid hergestellt, das anschließend mit Wasserdampf umgesetzt wird:

I. $3\,C + CaO \rightarrow CaC_2 + CO \quad \Delta H_R = +461$ kJ/mol

gebr. Kalk; Kalziumkarbid

II. $CaC_2 + 2\,H_2O$ (Dampf) $\rightarrow CH{\equiv}CH + Ca(OH)_2$

Äthin; Löschkalk

Chemische Eigenschaften und Verwendung

- *Addition von Chlorwasserstoff* (Hydrochlorierung):

$$CH{\equiv}CH + HCl \xrightarrow[140\ldots200\,^\circ C]{HgCl_2\ +\ \text{Aktivkohle}} CH_2{=}CHCl$$

Chloräthen (Vinylchlorid)

Chloräthen ist das Monomere des *Polyvinylchlorids* (↑ S. 587).

- *Addition von Zyanwasserstoff:*

$$CH{\equiv}CH + HCN \xrightarrow[80\,^\circ C]{CuCl,\ NH_4Cl} CH_2{=}CH{-}CN$$

Propennitril (Akrylsäurenitril, Akrylnitril)

Akrylnitril wird zum Chemiefaserstoff *Polyakrylnitril* polymerisiert; ↑ S. 602.

- *Addition von Äthansäure:*

$$CH_3COOH + CH{\equiv}CH \xrightarrow[\text{Aktivkohle}\ 170\ldots200\,^\circ C]{Zn(CH_3COO)_2} 2\ CH_3{-}CO{-}O{-}CH{=}CH_2$$

Äthansäure-äthenylester (Vinylazetat)

Vinylazetat wird zu Polyvinylazetat polymerisiert (↑ S. 595).

Äthin verbrennt mit heißer, i. allg. stark rußender Flamme zu Kohlendioxid und Wasserdampf; Äthin-Luft-Gemische sind explosibel. Die hohe Verbrennungswärme des Äthins nutzt man beim *autogenen Schweißen* aus. Die vollständige Verbrennung erfolgt gemäß $2\,C_2H_2 + 5\,O_2 \rightarrow 4\,CO_2 + 2\,H_2O$.

- *Addition von Alkanol*

$$CH{\equiv}CH + ROH \xrightarrow{\text{Alkalihydroxid}} CH_2{=}CHOR$$

Alkoxyäthen (Alkylvinyläther)

Polyvinyläther, durch Polymerisation von Vinyläthern entstanden, sind Klebstoff- und Lackrohstoffe.

- **Reppe-Synthesen**

Der deutsche Chemiker REPPE hat die Azetylenchemie um neuartige Synthesen bereichert (»REPPE-Chemie«). Voraussetzung dafür war die Entwicklung von Methoden zur gefahrlosen Handhabung des Äthins unter Druck.

Die REPPE-Chemie kennt *vier verschiedene Reaktionstypen:*

- **Vinylierung:** Durch Addition von Alkoholen $R-OH$, Karbonsäuren $R-COOH$ usw. geht das Äthinmolekül in eine Vinylgruppe $-CH=CH_2$ über, z.B.

$$CH \equiv CH + RO-H \rightarrow RO-CH=CH_2$$
Vinyläther

$$CH \equiv CH + RCOO-H \rightarrow R-COO-CH=CH_2$$
Vinylester

- **Äthinylierung:**

Äthin + Alkanale ↗ Alkinole $R-CH(OH)-C \equiv CH$
Äthin + Alkanale ↘ Alkindiole $R-CH(OH)-C \equiv C-CH(OH)-R$;

als Katalysator verwendet man Kupfer(I)-azetylid, Cu_2C_2.
Aus den Alkinolen bzw. Alkindiolen lassen sich durch Hydrierung, Oxidation und Dehydratisierung wichtige Stoffe herstellen, wie z.B. Glyzerol, Isopren, Adipinsäure, 1,6-Diaminohexan (Polyamidsynthese).

- **Zyklisierung:**

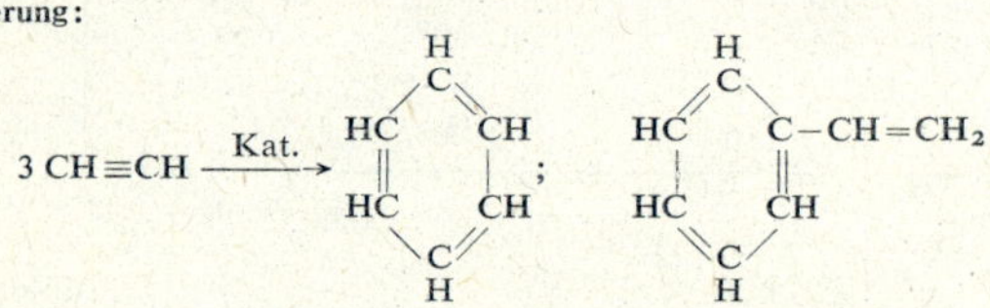

Benzol (80%) ; Styrol (↑ S. 541) als Nebenprodukt

Bei der Zyklisierung können unter geeigneten Bedingungen auch andere Ringsysteme entstehen, z.B.

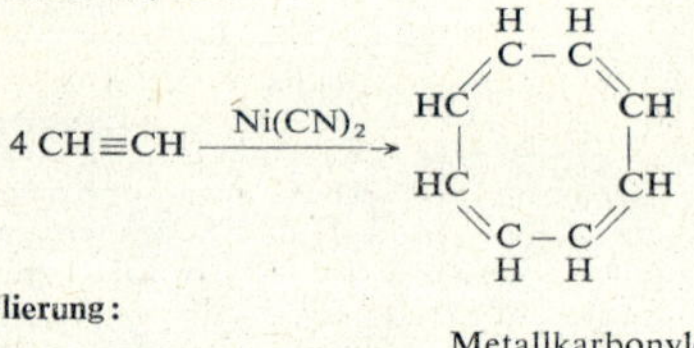

(Zyklooktatetraen)

- **Karbonylierung:**

$$CH \equiv CH + CO + H_2O \xrightarrow{\text{Metallkarbonyle}} CH_2=CH-COOH$$
Propensäure (Akrylsäure); ↑ S. 509

$$CH \equiv CH + CO + R-OH \rightarrow CH_2=CH-COOR$$
Propensäureester (Akrylsäureester)

$$CH \equiv CH + CO + R-NH_2 \rightarrow CH_2=CH-CO-NH-R$$
Propensäureamid (Akrylsäureamid)

30. Erdöl

30.1. Arten und Entstehung

Arten:

- *Paraffinbasisches*[1]) *Erdöl* besteht vorwiegend aus unverzweigten Alkanen.
- *Napthenbasisches Erdöl* setzt sich überwiegend aus zyklischen, nichtaromatischen Kohlenwasserstoffen (Zykloalkanen, Naphthenen, ↑ S. 532) zusammen.
- *Gemischtbasisches Erdöl* kommt am häufigsten vor. Dazu gehören die bei uns zu verarbeitenden Erdöle sowjetischer Herkunft (Romaschkino).

Heute klassifiziert man die Erdöle teilweise durch die Unterschiede im physikalischen Verhalten.
In allen Erdölsorten befinden sich kleinere Mengen N- und S-haltiger Verbindungen, in einigen auch aromatische Kohlenwasserstoffe (39% Aromaten im Borneoöl).

Entstehung: Mit größter Wahrscheinlichkeit sind die Erdöle aus tierischen und pflanzlichen Meeresorganismen entstanden. Gleichzeitig mit den absterbenden Lebewesen sanken mineralische Bestandteile zu Boden. Sie dienten als Katalysator der Verwesung, die durch anaerobe Bakterien[2]) hervorgerufen wurde. Durch tektonische Bewegungen entstand ein ölhaltiges Gestein. Über undurchlässigen Schichten sammelte sich das Erdöl in abbauwürdigen Lagern.

30.2. Gewinnung und Verarbeitung

Gewinnung: Die Bohrung erfolgt heute meist im *Turbinenbohrverfahren.* Dabei wird während des Bohrens das zerbohrte Gestein kontinuierlich herausgespült. Das Öl kommt entweder von selbst durch eigenen Gasdruck (über dem Öl befindet sich eine mehr oder weniger hohe Gasschicht) an die Erdoberfläche, oder es wird zur Erhöhung des Druckes Luft, Gas oder Wasser hineingepumpt. Bei zu geringem Druck werden Tiefpumpen eingesetzt.

Verarbeitung: Die chemische Behandlung des Erdöls wird unter dem Namen »**Petrolchemie**« zusammengefaßt. Der eigentlichen chemischen Behandlung gehen jedoch verschiedene physikalische Verfahren voraus. Zuerst wird das Wasser samt den gelösten Salzen und sonstigen Beimengungen durch Trennung in großen Absetzbehältern beseitigt. Die restlichen Schwebetröpfchen werden in einem elektrischen Wechselfeld bei 4000 V Spannung entfernt.
Die Trennung von Erdgasen, die durch Druck im Erdinneren gelöst wurden, erfolgt in sog. Rohrkopfseparatoren mit Unterdruck.
Das Erdöl wird in Tankschiffen, Rohrleitungen und Kesselwagen der Eisenbahn transportiert. In der genannten Reihenfolge steigen auch die Beförderungskosten.

Fraktionierte Destillation: Die fraktionierte Destillation erfolgt in Fraktionierkolonnen, die entweder Glockenböden oder Füllkörper (z.B. Raschigringe) enthalten. Dabei kommt der aufsteigende Dampf intensiv mit dem zurückfließenden Kondensat in Berührung, wodurch die Trennwirkung wesentlich erhöht wird.

---

[1]) Basisch hier von Basis = Grundlage.
[2]) Anaerobe Bakterien sind Bakterien, die unter Luftabschluß leben.

Da bei Temperaturen über 400 °C die höhermolekularen Verbindungen zum Kracken (Zerfall in kleinere Moleküle) neigen, wird bis 400 °C unter Atmosphärendruck destilliert.

Dabei entstehen:	*Verwendung*
Benzin { bis 100 °C Leichtbenzin, bis 180 °C Schwerbenzin; $C_6 \ldots C_{11}$	Treibstoffe, Rohstoffe für Pyrolyse, Reforming und Synthesegaserzeugung
Kerosin (Leuchtöl) 180...240 °C; $C_{10} \ldots C_{14}$	Flugturbinentreibstoff, Rohstoff für Krackprozesse
Gasöl 240...360 °C; $C_{11} \ldots C_{20}$	Dieseltreibstoff, Heizöl, Rohstoff für Krackprozesse
Die höhersiedenden Fraktionen werden unter Vakuum destilliert.	
Vakuumdestillate	Motorenöle, Maschinenöle Schmieröle (aus denen Paraffin extrahiert wird) Rohstoffe für Krackprozesse
Vakuumdestillationsrückstände	Schmiermittel, Industrieheizöle, Bitumen

Schmieröle: Die durch Erdöldestillation gewonnenen Schmieröle werden *mineralische Schmieröle* genannt, im Gegensatz zu dem *synthetischen Öl*, z. B. dem sog. *Buna-Öl.*

Eigenschaften der Schmieröle:
Gute Schmieröle müssen einen hohen Viskositäts-Temperatur-Index haben, d.h., die Viskosität darf im Gebrauchstemperaturintervall keine starken Schwankungen aufweisen. Die Schmieröle müssen außerdem ein hohes Schmutztragevermögen haben und in der Lage sein, sauer reagierende Verbrennungsprodukte (SO_2, CO_2) zu neutralisieren. Man setzt deshalb den Schmierölen sog. »**Additives**« zu, die komplizierte organische Verbindungen sind und schmierölverbessernde Eigenschaften haben.

30.3. Oktanzahl

Das Klopfen des Motors ist auf Unregelmäßigkeiten des Zündvorganges zurückzuführen und ist abhängig von der Qualität des Benzins. Das Maß für die Klopffestigkeit ist die Oktanzahl (OZ). Sie gibt an, einer wievielprozentigen Mischung aus *Isooktan* (*OZ 100*) und *n-Heptan* (*OZ 0*) der betreffende Kraftstoff in bezug auf seine Klopffestigkeit gleichwertig ist.
Die OZ wächst von den Alkanen über die Alkene, Zykloalkane, Isoalkane bis zu den Arenen an.

Beispiele:

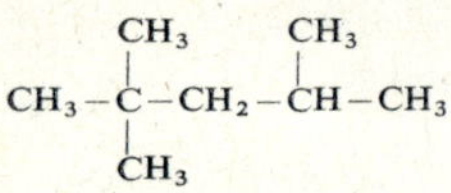

Isooktan = 2,2,4-Trimethyl-pentan OZ = 100

$CH_3-CH_2-CH_2-CH_2-CH_2-CH_2-CH_3$ n-Heptan OZ = 0

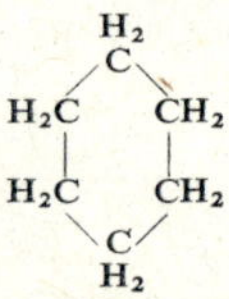

Zyklohexan OZ = 77

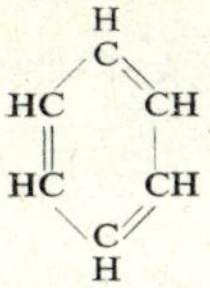

Benzol OZ > 100

30.4. **Krackverfahren** (Spaltverfahren)

30.4.1. Thermisches Kracken

- *Tieftemperaturpyrolyse*

  Dieses Verfahren dient zur Herabsetzung der Viskosität hochsiedender Fraktionen.

$$\left\{\begin{array}{l}\text{Vakuumdestillationsrückstände;}\\ \text{atmosphärische Destillationsrück-}\\ \text{stände; hochsiedende Fraktionen}\end{array}\right\} \xrightarrow[1\ldots1{,}5\ \text{MPa}]{450\ldots570\,^\circ\text{C}} \text{destillierbare Öle} + \text{Koks}$$

Die entstandenen destillierbaren Öle können anschließend dem katalytischen Kracken zugeführt werden.

- *Mitteltemperaturpyrolyse* = Kracken bei mittleren Temperaturen (MTP)

$$\left\{\begin{array}{l}\text{Flüssiggas (Äthan, Propan,}\\ \quad\text{n-Butan)}\\ \text{Leichtbenzin}\\ \text{Schwerbenzin}\end{array}\right\} \xrightarrow{750\ldots950\,^\circ\text{C}} \text{Olefine, Diolefine, Aromaten}$$

Die Trennung des entstandenen Reaktionsgemisches geschieht durch Tieftemperatur-Druckdestillation.
Nach Waschen mit Natronlauge unter Druck, um saure Bestandteile (CO_2, H_2S) zu entfernen, und anschließendem Trocknen werden die Spaltgase durch Kompression und Kühlung getrennt.

- *Hochtemperaturpyrolyse* (↑ S. 484) (HTP)

  Durch Temperaturen um 2000 °C entstehen nur niedermolekulare ungesättigte Verbindungen. Man führt die HTP vor allem zur Herstellung von Äthin durch.

30.4.2. Katalytisches Kracken

Durch geeignete Katalysatoren geht beim Krackprozeß eine Isomerisierung und Ringbildung der Kohlenwasserstoffe vor sich. Dadurch wird die Oktanzahl und damit die Qualität des Benzins erhöht.
Als Katalysatoren werden Aluminiumsilikate $m\,Al_2O_3 \cdot n\,SiO_2$ oder neuerdings Ionenaustauscher (Zeolithe) verwendet. Der durch Koksabscheidung rasch desaktivierte Katalysator wird kontinuierlich reaktiviert.

$$\text{Hochsiedende Fraktion des Erdöls} \xrightarrow[600\,^\circ\text{C}]{\text{Katalysator}} \text{Benzin mit hoher OZ}$$

Hydrokracken:
Auch dieses Krackverfahren dient zur Herstellung niedrigsiedender Produkte aus hochsiedenden Erdölfraktionen.
Als Katalysatoren verwendet man NiO/WO_3 oder CoO/MoO_3, aufgetragen auf Zeolithe oder amorphe Al-Silikate.

$$\left.\begin{array}{l}\text{Gasölfraktion}\\ \text{Vakuumdestillate}\end{array}\right\} + H_2 \xrightarrow[10\ldots20\ \text{MPa}]{320\ldots420\,°\text{C}} \left\{\begin{array}{l}\text{Flüssiggase}\\ \text{Benzine}\\ \text{Dieselölkomponenten}\\ \text{Flugturbinentreibstoffe}\\ \text{Schmierölrohstoffe}\end{array}\right.$$

30.5. Katalytisches Reformieren

Dieses Verfahren dient weniger der Herstellung niedrig siedender Produkte, sondern es sollen tiefgreifende Strukturänderungen vonstatten gehen, die die Oktanzahl des Benzins verbessern. Destillatbenzin mit OZ 30...45 wird in Reformatbenzin mit OZ 85...95 umgewandelt. Aus dem Reformatbenzin gewinnt man auch Benzol und andere Arene; ↑ S. 539.

$$\text{Destillatbenzin} + H_2 \xrightarrow[\substack{500\,°\\ \text{Katalysator}}]{1\ldots5\ \text{MPa}} \text{Reformatbenzin}$$

Pt mit einem Re-Zusatz, aber auch Gemische aus $MoO_3/CoO/Cr_2O_3$, aufgetragen auf Al_2O_3 oder Al-Silikaten, haben hydrierende, dehydrierende und isomerisierende Eigenschaften.
Folgende chemische Reaktionen laufen bei den Reforming-Prozessen ab:

- *Dehydrierung*

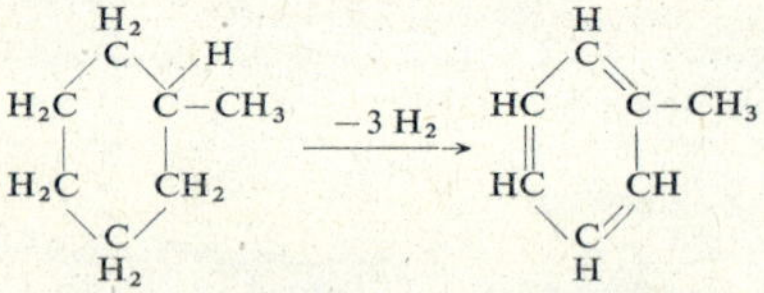

Methylzyklohexan — Toluol (*Methylbenzol*)

- *Kracken und gleichzeitiges Hydrieren*

$$CH_3-(CH_2)_5-CH_2-CH_2-(CH_2)_4-CH_3 + H_2$$
Tridekan

$$\rightarrow CH_3-(CH_2)_5-CH_3 + CH_3-(CH_2)_4-CH_3$$
n-Heptan — n-Hexan

- *Isomerisierung*

$$CH_3-(CH_2)_5-CH_3 \rightarrow CH_3-CH(CH_3)-CH_2-CH_2-CH_2-CH_3$$
n-Heptan — i-Heptan

oder

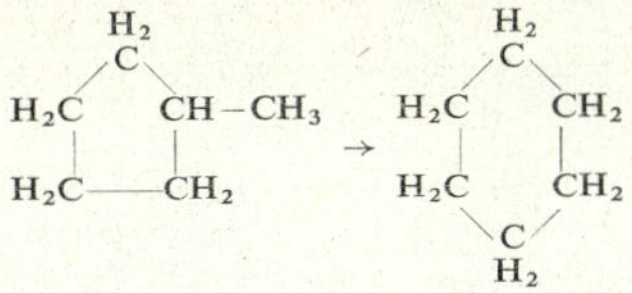

Methylzyklopentan Zyklohexan

• *Zyklisierung*

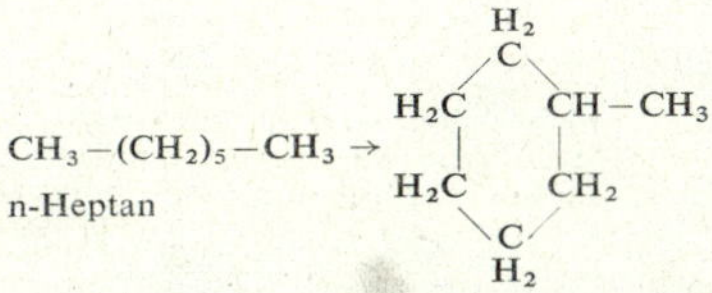

n-Heptan Methylzyklohexan

Meist erfolgt bei der Zyklisierung gleichzeitig eine Dehydrierung, so daß das Endprodukt nicht Methylzyklohexan, sondern Toluol ist.

31. Kohle

Die Kohlevorräte der Erde sind etwa 10mal so groß wie die Erdölvorräte. Kohle ist billiger und gleichmäßiger auf der Erde verteilt. Sie wird im Gegensatz zum Erdöl noch weit über das Jahr 2000 hinaus in ausreichender Menge vorhanden sein. Aus diesen Gründen gewinnt die Kohle, auch für die chemische Umsetzung, wieder mehr an Bedeutung (»Karbochemie«).

31.1. Arten und Entstehung der Kohle

- *Zusammensetzung:* Kohlen enthalten wenig freien Kohlenstoff (10% bei der Steinkohle, wenige Prozente bei der Braunkohle), komplizierte, meist ringförmige Verbindungen, die außer C, H, O, N auch S enthalten, anorganische Stoffe (Asche) und Wasser.

- *Entstehung:* Die Kohlen sind durch bakterielle Zersetzung unter Luftabschluß vorwiegend aus Pflanzen entstanden. Dieser sich über eine sehr lange Zeit erstreckende Prozeß wird *Inkohlung* genannt. Der Inkohlungsgrad nimmt vom Anthrazit über die Steinkohle bis zur Braunkohle ab.
  Die Ursprungspflanzen bestimmen weitgehend die Art der Kohle, jedoch wirken hierbei noch andere Faktoren mit. So unterlag die Steinkohle geologischen Veränderungen unter hohen Drücken und hohen Temperaturen, was bei der Braunkohle nicht der Fall war.

Tabelle 47. Kohlearten

	Zeitalter der Entstehung	Pflanzlicher Ursprung	Heizwert der Rohkohle in kJ/kg	Wassergehalt
Anthrazit	Karbon 300 Millionen Jahre	Bärlappgewächse Schachtelhalme	35600	1%
Steinkohle	Karbon 300 Millionen Jahre	Schachtelhalme Farne, Siegelbäume keine Laubbäume	25100 bis 35600	1...4%
Braunkohle	Karbon bis Tertiär 40 Mill. Jahre	Sumpfzypressen Mammutbäume Kiefern, Fichten	12100	50...60%

31.2. Veredlung der Kohle

31.2.1. Brikettierung

- *Steinkohlenbriketts* werden durch Pressen von Steinkohlenstaub unter Beimengung des Bindemittels Steinkohlenteerpech hergestellt; Heizwert: 25100...35600 kJ/kg
- *Braunkohlenbriketts:* Rohkohle wird zerkleinert und gesiebt. Die Anteile mit einem Durchmesser von 2...4 mm werden bei ≈100 °C getrocknet; dabei sinkt der Wassergehalt von 50...60% auf 10...20%; Heizwert: 16750...21000 kJ/kg

31.2.2. Entgasung (Trockendestillation, Zersetzungsdestillation)

Unter *Entgasung* versteht man die chemische Zersetzung von Kohle durch Erhitzen unter Luftabschluß. Es hinterbleibt *Koks*, während sich aus den gasförmigen Produkten beim Abkühlen *Teere* niederschlagen.

Man unterscheidet:

- **Verschwelung** (bei ≈500 °C)
- **Verkokung** (bei ≈1000 °C)

Verschwelung der Steinkohle

Die Hauptaufgabe der Schwelung ist die Gewinnung flüssiger Produkte (hier vorwiegend Kohlenwasserstoffe zur Benzinherstellung); Schwelgase und Schwelkoks sind Nebenprodukte. Der Schwelkoks eignet sich nicht als Hüttenkoks, wird aber in der Karbidproduktion und in der Vergasung eingesetzt.
Bei der Schwelung wird eine Temperatur von 450...600 °C eingehalten. Oberhalb 600 °C würden sich durch Dehydrierungs- und Polymerisationsreaktionen aromatische Verbindungen bilden, außerdem entsteht bei höheren Temperaturen wesentlich weniger Teer.
Aus einer Tonne Kohle erhält man 110 m³ Gas, 750...800 kg Koks und 8 kg Teer.

Verkokung der Steinkohle

Dieses Verfahren hat für die Steinkohle eine wesentlich größere Bedeutung als die Verschwelung.
Die Verkokung geschieht entweder in den *Kokereien* oder in den *Gasanstalten*. Sie erfolgt in gleichartigen Anlagen, nur daß in den Gasanstalten *Gaskohle* (mit 35...40% flüchtigen Bestandteilen) und in den Kokereien *Fettkohle* (bituminös, mit 10...30% flüchtigen Bestandteilen) entgast wird.
Die Zersetzung geschieht in dicht abgeschlossenen, 30...40 t Kohle fassenden Kammeröfen, die mit feuerfesten Silikasteinen ausgemauert sind. Zwischen den Kammern befinden sich Heizkanäle, in denen ein Teil der Abgase der Verkokung, mit vorgewärmter Luft gemischt, verbrannt wird. Die Wärme der Verbrennungsgase wird zum Vorwärmen der Luft ausgenutzt.

Produkte der Kokereien bzw. Gasanstalten:

- **Rohgas**
  Durch eine Gaswäsche mit einer Teerölfraktion erhält man Rohbenzol. Der Rest wird zum Heizen der Kammern verwendet und in die Ferngasleitung eingespeist.

- **Kokereiwasser**
  Nach Versetzen mit Kalkmilch wird aus den gelösten Ammoniumsalzen Ammoniak ausgetrieben. Phenole werden durch Benzol extrahiert.

- **Steinkohlenteer**
  Der Teer wird durch Destillation in *Leichtöl*, *Mittelöl*, *Schweröl* und *Anthrazenöl* aufgetrennt. Diese Öle bestehen vorwiegend aus Arenen, Phenolen und Pyridinkörpern; sie sind wertvolle Rohstoffe zur Herstellung von Lösungsmitteln, Farbstoffen, Pharmaka, Explosivstoffen, Riechstoffen, Pestiziden u.a.; s.a. S. 538.
  Als Destillationsrückstand verbleibt *Pech*, das im Straßenteer und als Dichtungsmittel Anwendung findet.

- **Koks**
  Aus der Fettkohle erhält man einen großstückigen, festen Koks, der ein ausgezeichneter Hüttenkoks ist. Der Koks, der aus der Gaskohle entsteht, wird für den Hausbrand, in der Synthesegaserzeugung und bei der Kalziumkarbidherstellung verwendet.

Verschwelung der Braunkohle

Das Ziel der Braunkohlenschwelung ist wie bei der Schwelung der Steinkohle in erster Linie die Erzeugung von Schwelteer. Man führt vorwiegend die *Spülgasschwelung* durch. Dabei werden Braunkohlenbriketts im Gegenstrom von hocherhitzten Gasen auf Entgasungstemperatur (600...700 °C) gebracht.

Produkte der Braunkohlenschwelerei

- **Schwelgase**
  Sie werden vorwiegend zum Heizen der Schwelöfen oder als Brenngas im Schwelwerk eingesetzt. Ihr Heizwert entspricht nicht der Norm für Ferngas.

- **Braunkohlenteer**
  Der Teer wird entweder direkt destilliert, einer hydrierenden Spaltung oder einer hydrierenden Raffination unterworfen (TTH-Verfahren, ↑ S. 480).

- **Leichtöl**
  Es enthält Benzine niedriger Qualität und wird als Wasch- und Motorenöl verwendet.

- **Mittelöl**
  Es eignet sich als Dieselkraftstoff. Seine größte Bedeutung liegt aber in seinem Phenolgehalt. Das Phenol wird durch Natronlauge extrahiert und dann nach Ansäuerung der wäßrigen Lösung mit Butylazetat extrahiert.
- **Rückstand**
  Er hat vor allem Bedeutung, weil man daraus Paraffingatsch und Hartparaffine gewinnt, die zur Imprägnierung von Papier und zur Kerzenherstellung gebraucht werden.
- **Grudekoks**
  Heizwert: 25150...29300 kJ/kg
- **Schwelwasser**
  Daraus gewinnt man Phenole, Ketone und Ammoniak.

Verkokung der Braunkohle

Braunkohle wird in der DDR nach einem Verfahren von RAMMLER und BILKENROTH bei 1100 °C. in einen stückigen Koks (**Braunkohlenhochtemperaturkoks;** *BHT-Koks*) übergeführt. Da er kein guter Hüttenkoks ist, wird er zur Karbidherstellung, in Kalk- und Zementwerken und in der Synthesegaserzeugung verwendet.
Der BHT-Teer läßt sich, da er zu Ablagerungen neigt, nur zu Gas- und Elektrodenkoks weiterverarbeiten.

31.2.3. Vergasung

Bei der Vergasung wird die Kohle vollständig in Generator- und Wassergas umgesetzt, so daß nur Asche zurückbleibt. Bei der Vergasung der Steinkohle verwendet man ausschließlich Koks, bei der Braunkohle entweder BHT-Koks oder Rohbraunkohle.

- **Vergasung im Drehrostgenerator**
  In Drehrostgeneratoren werden Steinkohle oder BHT-Koks vergast. Dabei wird durch eine 3 m dicke Koksschicht von unten her abwechselnd Luft (*Heißblasen*) und Wasserdampf (*Kaltblasen*) zugeführt.

  Heißblasen (exothermer Vorgang):

  $$2\,C + O_2 \rightleftarrows 2\,CO \qquad \Delta H_R = -220\ \text{kJ/mol}$$

  Da Luft zum Heißblasen verwendet wird, besteht das erzeugte Gas aus CO und N_2. Es wird **Generatorgas** oder Luftgas genannt. Heizwert: 4300 kJ/m³. Da dieser Heizwert sehr gering ist (Heizwert für Erdgas = 38000 kJ/m³), kann es nur als Brennstoff für metallurgische Prozesse oder zum Aufheizen von Verkokungskammern verwendet werden.

  Kaltblasen (endothermer Vorgang):

  $$C + H_2O \rightleftarrows CO + H_2 \qquad \Delta H_R = +118{,}1\ \text{kJ/mol}$$

  Das Gemisch ($CO + H_2$) nennt man **Wassergas.** Heizwert: 11500 kJ/m³. Viele wichtige Synthesen werden mit Wassergas durchgeführt (z.B. Methanolsynthese, Ammoniaksynthese u.a.); ↑ auch S. 306.
- **Vergasung im Winkler-Generator** (↑ S. 349)

31.2.4. Katalytische Hydrierung von Kohleprodukten

Das ursprüngliche **Bergius-Verfahren,** das gemahlene Kohle, vermischt mit Schweröl und Eisenoxidpulver als Katalysator, in zwei Stufen bei ≈30 MPa hydrierte, ist wegen des hohen Wasserstoffverbrauchs nicht rentabel. Es wurde daher auf Braunkohlenschwelteer umgestellt, geriet mit dem Aufkommen der Erdölverarbeitung in den Hintergrund, wird jedoch wieder zunehmend Bedeutung erlangen.

Tieftemperatur-Hochdruck-Hydrierung (TTH-Verfahren)

$$\text{Teer} + H_2 \xrightarrow[\substack{30\,\text{MPa} \\ 280\ldots380\,°\text{C}}]{NiS/WS_2/Al_2O_3} \begin{cases} \text{Benzin} \\ \text{Mittelöl} \\ \text{Schweröl} \end{cases}$$

Der wichtigste Bestandteil ist das *Schweröl*, aus dem *Paraffin* isoliert wird. Das entparaffinierte Schweröl ist als *Schmieröl* geeignet.
Durch hydrierende Raffination des Mittelöls gewinnt man Vergaser- und Dieselkraftstoffe.

32. Azyklische Sauerstoffverbindungen

32.1. Alkanole (*gesättigte azyklische Alkohole*)

Alkohole enthalten die funktionelle Gruppe –OH[1]) (*Hydroxylgruppe*), gebunden an einen Kohlenwasserstoffrest.
Alkanole sind gesättigte, azyklische Alkohole; allgemeine Formeln je nach Wertigkeit s.u.!

Einteilung

- nach der *Anzahl der OH-Gruppen*

ein-, zwei-, drei- usw. -wertige Alkohole

Zu beachten ist, daß Verbindungen mit mehr als einer OH-Gruppe am gleichen C-Atom im allgemeinen unbeständig sind und spontan unter Wasserabspaltung in andere Verbindungen übergehen (z.B. Aldehyde, Ketone).

- nach der *Stellung der OH-Gruppen*

primäre Alkohole	$R-CH_2(OH)$
sekundäre Alkohole	$R^1-\underset{\Large H}{\underset{\vert}{C}}(OH)-R^2$
tertiäre Alkohole	$R^1-\underset{\Large R^3}{\underset{\vert}{C}}(OH)-R^2$

[1]) Die Gruppe –OH ist auch die funktionelle Gruppe der *Phenole*; ↑ S. 542.

32.1.1. Allgemeine Darstellungsmethoden

Olefinhydratation

Die Hydratation der Alkene läuft über Schwefelsäureester (↑ S. 498) und anschließende Verseifung. Sie führt außer mit Äthylen immer zu sekundären bzw. tertiären Alkanolen. Summarische Reaktion: $R-CH=CH_2 + HOH \rightarrow R-CH(OH)-CH_3$. (↑ auch S. 460.)

Hydroformylierung

Primäre Alkohole von 2...20 C-Atomen werden über mehrere Zwischenstufen, in die der Co-Katalysator eingeht, aus Olefinen, CO und H_2 hergestellt.

$$R-CH=CH_2 + CO + H_2 \xrightarrow[150\,°C;\ 20\ MPa]{CoH(CO)_4} R-CH_2-CH_2-CH_2OH$$

Oxidation von Aluminiumtrialkylen

Diese Methode dient vor allem zur Herstellung von unverzweigten geradzahligen Alkoholen mit 4...20 C-Atomen aus Äthylen und Aluminiumtriäthyl unter Druck und Wärme.

$$Al\begin{matrix}(CH_2)_n-CH_2-CH_3\\(CH_2)_n-CH_2-CH_3\\(CH_2)_n-CH_2-CH_3\end{matrix} \xrightarrow{+1{,}5\ O_2} Al\begin{matrix}O-(CH_2)_n-CH_2-CH_3\\O-(CH_2)_n-CH_2-CH_3\\O-(CH_2)_n-CH_2-CH_3\end{matrix} \xrightarrow{+3\ H_2O}$$

$$Al(OH)_3 + 3\ CH_3-CH_2(CH_2)_n-OH$$

Hydrolyse von Epoxidverbindungen

Dieses Verfahren wird zur Herstellung mehrwertiger Alkohole verwendet (↑ S. 499).

Labormäßig

- Verseifung von Halogenalkanen (↑ S. 513)
- Mit Hilfe der GRIGNARD-Reaktion aus Aldehyden und Ketonen (↑ S. 513)

32.1.2. Eigenschaften

Aggregatzustand: Die Schmelz- und Siedepunkte der Alkohole steigen mit zunehmender Kohlenstoffzahl. Die niederen Alkohole sind bei Raumtemperatur flüssig, die höheren fest.

Löslichkeit in Wasser: Je länger der hydrophobe (wasserfeindliche) Kohlenwasserstoffrest ist, desto weniger lösen sich die Alkohole in Wasser. Je mehr hydrophile (wasserfreundliche) OH-Gruppen im Molekül sind, desto leichter lösen sich die Alkohole in Wasser.

Alkoholatbildung: Die Alkohole verhalten sich praktisch neutral. Lediglich mit Alkalimetallen bilden sie salzartige **Alkoholate,** wobei das H-Atom der OH-Gruppe durch Metall ersetzt wird.

$$R-OH + Na \rightarrow R-ONa + {}^1/_2\ H_2$$

Mit Wasser entstehen wieder Alkohole:

$$R-ONa + H_2O \rightarrow R-OH + NaOH$$

Veresterung: Alkohole bilden sowohl mit anorganischen als auch mit organischen Säuren *Ester*; ↑ S. 515.

Oxidation:

- *Primäre* Alkohole lassen sich zu *Aldehyden* und weiter zu *Karbonsäuren* oxidieren; ↑ S. 501 und 507.
- *Sekundäre* Alkohole lassen sich zu *Ketonen* oxidieren; ↑ S. 505.
- *Tertiäre* Alkohole lassen sich nur unter Spaltung des Moleküls oxidieren.

32.1.3. Einwertige Alkanole

Methanol (*Methylalkohol, Karbinol, Holzgeist*), CH_3OH. *Kp* = 64,6 °C; Dichte bei 20 °C: 0,7913 g/cm³.
Methanol ist stark giftig (Erblindung und Tod).

Herstellung:

aus teilweise konvertiertem Wassergas durch die »Methanol-Niederdruck-Synthese«:

$$CO + 2\,H_2 \xrightarrow[\substack{6\text{ MPa;}\\ 250\ldots300\,^\circ C}]{CuO/Cr_2O_3} CH_3OH$$

Die Reaktionsöfen ähneln denen der NH_3-Synthese. Sie bestehen aber aus Sonderstählen mit hohem Chrom- und Nickelgehalt, wodurch die Bildung von Methan unterdrückt wird.

Verwendung: Methanol ist eines der wichtigsten Produkte der chemischen Industrie (Herstellung von Formaldehyd, Plasten auf Akrylsäurebasis, Essigsäure; Lösungsmittel für Lacke und Farben). Außerdem wird CH_3OH zur Methylierung und zur Denaturierung von Äthanol verwendet.

Äthanol (*Ethanol, Äthylalkohol, Spiritus, Weingeist*), C_2H_5OH. *Kp* = 78,3 °C, Dichte bei 20 °C: 0,789 g/cm³.

Herstellung:

- durch *alkoholische Gärung* von Zucker, der aus Zuckerrüben, Zuckerrohr, Melasse oder durch Umwandlung von Stärke und Zellulose aus Kartoffeln, Reis, Mais oder Holz gewonnen wird:

$$\underset{\text{Zucker}}{C_6H_{12}O_6} \xrightarrow{\text{Zymase}} \underset{\text{Äthanol}}{2\,C_2H_5OH} + 2\,CO_2$$

Zymase ist ein Ferment (Enzym, Biokatalysator) der Hefe. Sie wirkt unabhängig von der lebenden Hefezelle.

- durch *Olefinhydratation* (Alkene aus den Krackgasen)

Direktes Verfahren:

$$CH_2{=}CH_2 + H_2O \xrightarrow[7\ MPa]{300\,°C} CH_3{-}CH_2OH$$

Als Katalysator verwendet man Phosphorsäure, auf Silikagel, Aktivkohle oder Asbest aufgetragen.

Indirektes Verfahren:

$$\underset{98\,\%ig}{CH_2{=}CH_2 + H_2SO_4} \xrightarrow[3{,}5\ MPa]{80\ldots90\,°C} \underset{\text{Äthylhydrogensulfat}}{CH_3{-}CH_2{-}OSO_2OH}$$

$$CH_3{-}CH_2{-}OSO_2OH + H_2O \rightarrow CH_3{-}CH_2OH + H_2SO_4$$

Gleichzeitig verläuft als Nebenreaktion die Bildung von Diäthyläther.

Verwendung: Genuß-, Konservierungs- und Lösungsmittel; in der chemischen Industrie als wichtige Veresterungskomponente.

Propanol (*Propylalkohol*), C_3H_7OH

Propanol-(1) (*normal-Propylalkohol*), $CH_3{-}CH_2{-}CH_2OH$; $Kp = 97{,}2\,°C$.

Herstellung:

- durch fraktionierte Destillation des Fuselöls, das bei der alkoholischen Gärung als Nebenprodukt aus den Eiweißstoffen der Pflanzen, vorwiegend der Kartoffeln, entsteht.

Propanol-(2) (*Isopropanol*), $CH_3{-}CHOH{-}CH_3$; $Kp = 80{,}4\,°C$

Herstellung:

- durch Hydratation von Propen.
  Ähnlich der Äthanolsynthese kann das direkte oder das indirekte Verfahren angewendet werden:

$$CH_3{-}CH{=}CH_2 \xrightarrow[20\,°C]{+H_2O} CH_3{-}CHOH{-}CH_3$$

Verwendung: Lösungsmittel in der Filmindustrie, Pharmazie und in der Kosmetik als preiswerter Ersatz für Äthanol; zur Herstellung von Azeton und zur Veresterung.

Höhere einwertige Alkohole

Butanole und **Pentanole** haben ähnliche Bedeutung wie das Propanol
Hexadekanol (*Zetylalkohol*), $C_{16}H_{33}OH$, im Walrat
Oktadekanol (*Stearylalkohol*), $C_{18}H_{37}OH$, zur Herstellung neutraler Waschmittel, Weichmacher und Hydrauliköle
Hexakosanol (*Zerylalkohol*), $C_{26}H_{53}OH$, im chinesischen Wachs
Hentriakontanol (*Myrizylalkohol*), $C_{31}H_{63}OH$, im Bienenwachs

Alkanole mit 12...20 C-Atomen (*Fettalkohole*) werden entweder aus einem durch Paraffinoxidation erzeugten Alkansäuregemisch durch Hochdruckhydrierung oder durch Oxidation von Aluminiumtrialkylen (↑ S. 496) hergestellt. Aus ihnen gewinnt man Waschmittel, Emulgatoren, Weichmacher, Grundstoffe für Kosmetika, Tenside (Detergenzien; grenzflächenaktive Stoffe).

32.1.4. Mehrwertige Alkanole

Äthylenglykol (*Ethylenglykol, Äthandiol*-(1,2)), CH_2OH-CH_2OH

Es ist eine farblose, viskose, giftige Flüssigkeit, die mit Wasser in beliebigem Verhältnis mischbar ist; *Kp* = 197,8 °C; Dichte: 1,1134 g/cm³.

Herstellung:

$$\text{I.}\quad \underset{\text{Äthen}}{CH_2{=}CH_2} + \frac{1}{2}\,O_2 \xrightarrow[\substack{250\ldots280\,°C \\ 1{,}2\ldots1{,}5\ \text{MPa}}]{\text{Ag-Katalysator}} \underset{\text{Äthylenoxid}}{\overset{O}{CH_2-CH_2}}$$

$$\text{II.}\quad \underset{\text{Äthylenoxid}}{\underset{O}{CH_2-CH_2}} + H_2O \xrightarrow[200\,°C]{+H^+} \underset{\text{Äthylenglykol}}{\underset{OH\quad OH}{CH_2-CH_2}}$$

Verwendung: Gefrierschutzmittel für Motorkühlwasser; Weichmacher in der Plastindustrie; zur Herstellung von Polyesterfaserstoffen und Explosivstoffen; als Bremsflüssigkeit.

Glyzerol, *Glyzerin, Propantriol*-(1,2,3), $C_3H_5(OH)_3$; $CH_2OH-CHOH-CH_2OH$

Farblose Flüssigkeit, viskos, süß schmeckend, mit Wasser in jedem Verhältnis mischbar; *F* = 18 °C, *Kp* = 290 °C.

Herstellung

- durch *Verseifung* von Fetten (↑ S. 518)
  Fett + NaOH → Glyzerol + Na-Salz höherer Fettsäuren
- aus dem *Propen* der Krackgase
  – *moderne Methode* (ohne Anwendung von Chlor)

$$\text{I.}\quad \underset{\text{Propen}}{CH_2{=}CH-CH_3} + O_2 \xrightarrow[\substack{350\,°C \\ 1\ \text{MPa}}]{\text{Cu-Kat.}} \underset{\text{Akrolein (Propenal)}}{CH_2{=}CH-CHO} + H_2O$$

$$\text{II.}\quad \underset{\text{Akrolein}}{CH_2{=}CH-CHO} + \underset{\text{Isopropanol}}{\underset{OH}{CH_3-CH-CH_3}}$$

$$\xrightarrow{400\,°C} \underset{\text{Allylalkohol}}{CH_2{=}CH-CH_2OH} + \underset{\text{Azeton}}{CH_3-CO-CH_3}$$

$$\text{III.}\quad CH_2{=}CH-CH_2OH + H_2O_2 \xrightarrow[70\,°C]{WO_3} \underset{\text{Glyzerol}}{\underset{OH\quad OH\quad OH}{CH_2-CH-CH_2}}$$

– *ältere Methode:*

$$\text{I.}\quad \underset{\text{Propen}}{CH_2{=}CH{-}CH_3} + Cl_2 \xrightarrow{500\,°C} \underset{\substack{\text{3-Chlor-propen-(1)}\\ \text{(Allylchlorid)}}}{CH_2{=}CH{-}CH_2Cl} + HCl$$

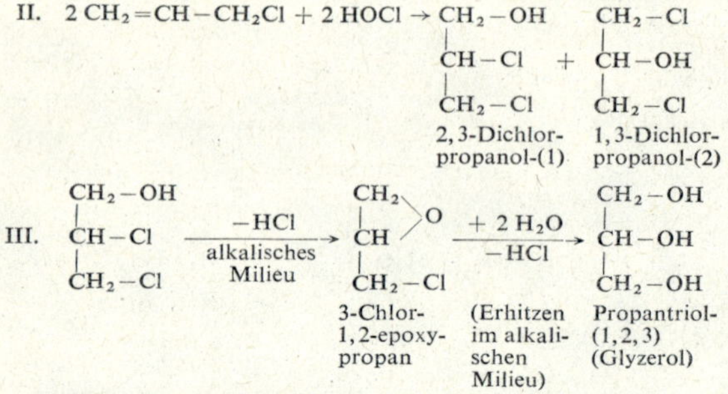

Verwendung: in der Papier-, Druckfarben-, kosmetischen und pharmazeutischen Industrie, als Appreturmittel, Bremsflüssigkeit, Weichmacher für Zellglas, zur Herstellung von Glyzeroltrinitrat (»Nitroglyzerin«), Alkydharzlacken und Epoxidharzen.

Höhermolekulare Äthylen- und Propylenglykole sind Vorkondensate für die Herstellung von Polyurethanen und dienen als Lösungsmittel für Aromaten.

32.2. Azyklische Äther (*Alkoxy-alkane*)

Äther enthalten eine oder mehrere Sauerstoffbrücken —O— im Molekül. **Alkoxy-alkane** sind gesättigte azyklische Äther.

Allgemeine Formel: $R^1{-}O{-}R^2$

Man kann die Äther als Anhydride der Alkohole auffassen:

$$\left.\begin{matrix} R^1{-}OH \\ R^2{-}OH \end{matrix}\right\} {-}H_2O \rightarrow \begin{matrix} R^1 \\ R^2 \end{matrix}\!\!>O$$

Einteilung

- **Einfache Äther:** Die Sauerstoffbrücke verbindet zwei *gleiche* Alkylreste.
- **Gemischte Äther:** Die Sauerstoffbrücke verbindet zwei *verschiedene* Alkylreste.

Herstellung:

- durch Wasserentzug aus Alkoholen:

$$2\,R{-}CH_2OH \rightarrow R{-}CH_2{-}O{-}CH_2{-}R + H_2O$$

- durch Reaktion zwischen Alkoholaten und Halogenalkanen (X = Halogen):

$$R^1{-}CH_2{-}ONa + X{-}CH_2{-}R^2 \rightarrow R^1{-}CH_2{-}O{-}CH_2{-}R^2 + NaX$$

Diäthyläther, *Diethylether*, *Ethoxy-ethan*, $C_2H_5-O-C_2H_5$, $(C_2H_5)_2O$. Diäthyläther wird meist kurz als »Äther« bezeichnet.

Eigenschaften: farblose, ätherisch riechende, leichtbewegliche Flüssigkeit; $Kp = 34{,}6\,°C$.

Äther ist mit Wasser nur in geringem Maße mischbar. Die Dämpfe sind leicht entflammbar und bilden mit Luft explosive Gemische. Äther muß in braunen Flaschen aufbewahrt werden, da anderenfalls durch Lichteinwirkung explosive Peroxide entstehen.

Herstellung:

- durch Wasserentzug aus Äthanol:

$$2\,C_2H_5OH \xrightarrow{H_2SO_4} C_2H_5-O-C_2H_5 + H_2O$$

- durch indirekte Hydratation von Äthen:

Bei diesem Verfahren entstehen Äthanol und gleichzeitig Diäthyläther:

1. Stufe: $\underset{\text{Äthen}}{CH_2{=}CH_2} + H_2SO_4 \rightarrow \underset{\text{Äthylsulfat}}{CH_3-CH_2-OSO_3H}$

2. Stufe: $\underset{\text{Äthen}}{CH_2{=}CH_2} + CH_3-CH_2-OSO_3H \rightarrow \underset{\text{Diäthylsulfat}}{\left.\begin{matrix}CH_3-CH_2-O\\CH_3-CH_2-O\end{matrix}\right\rangle SO_2}$

3. Stufe: $\underset{\text{Diäthylsulfat}}{\left.\begin{matrix}CH_3-CH_2-O\\CH_3-CH_2-O\end{matrix}\right\rangle SO_2} + \underset{\text{Äthanol}}{CH_3-CH_2OH}$

$$\rightarrow CH_3-CH_2-OSO_3H + \underset{\text{Diäthyläther}}{CH_3-CH_2-O-CH_2-CH_3}$$

Verwendung: Lösungsmittel, früher als Narkosemittel; Hoffmannstropfen bestehen aus einem Teil Äther und drei Teilen Äthanol. Man benötigt Diäthyläther bei den GRIGNARD-Reaktionen (↑ S. 513).

32.3. Azyklische Aldehyde (*Alkanale*)

Aldehyde[1]) haben die funktionelle Gruppe $-C\left\langle\begin{matrix}H\\O\end{matrix}\right.$ $(-CHO)$; sie wird *Aldehyd-* oder *Formylgruppe* genannt.

Alkanale sind gesättigte, **Alkenale** einfach ungesättigte Aldehyde.

Allgemeine Formel der Alkanale: $C_nH_{2n+1}-C\left\langle\begin{matrix}H\\O\end{matrix}\right.$

---

[1]) Von *alcool dehydrogenatus* (arab. + lat.) »entwasserstoffter« Alkohol

Herstellung:

- *Oxidation von Alkenen*

$$R-CH=CH_2 + \frac{1}{2}O_2 \rightarrow R-CH_2-CHO$$

- *Oxidation primärer Alkanole*

$$R-\overset{\displaystyle H}{\underset{\displaystyle OH}{\overset{|}{\underset{|}{C}}}}-H + (O) \rightarrow R-C\begin{matrix}\diagup H\\ \diagdown\!\!\diagdown O\end{matrix} + H_2O$$

- *Oxo-Synthese* (Hydroformylierung)
  Katalytische Druckreaktion bei 50...200 °C.

Beispiel:

$$\underset{\text{Äthen}}{CH_2=CH_2} + CO + H_2 \rightarrow \underset{\text{Propanal}}{CH_3-CH_2-C\begin{matrix}\diagup H\\ \diagdown\!\!\diagdown O\end{matrix}}$$

- *Erhitzen einer Karbonsäure mit Ameisensäure*

$$\left.\begin{matrix} R-C\begin{matrix}\diagup OH\\ \diagdown\!\!\diagdown O\end{matrix} \\ H-C\begin{matrix}\diagup OH\\ \diagdown\!\!\diagdown O\end{matrix}\end{matrix}\right\} \xrightarrow[300 \approx 400\,°C]{MnO \text{ oder } ThO_2} R-C\begin{matrix}\diagup H\\ \diagdown\!\!\diagdown O\end{matrix} + CO_2 + H_2O$$

Eigenschaften:

- *Reduktionswirkung:* Aldehyde wirken reduzierend; hierbei werden sie zu Karbonsäuren oxidiert. Der *Nachweis* der Aldehyde mittels FEHLINGscher Lösung (Ausscheidung von rotem Cu_2O) oder ammoniakalischer Silbersalzlösung (Bildung eines Ag-Spiegels) beruht auf der Reduktionswirkung; ↑ S. 417.
- *Additionsreaktionen*

$$\underset{\text{Alkanal}}{R-C\begin{matrix}\diagup H\\ \diagdown\!\!\diagdown O\end{matrix}} + H_2 \xrightarrow{(Ni,\ Pd\text{-}Kat.)} \underset{\text{Alkanol}}{R-CH_2OH}$$

$$\underset{\text{Alkanal}}{R-C\begin{matrix}\diagup H\\ \diagdown\!\!\diagdown O\end{matrix}} + HCN \rightarrow \underset{\substack{\text{Hydroxy-}\\ \text{alkannitril}\\ \text{(Zyanhydrin)}}}{R-\overset{\displaystyle H}{\underset{\displaystyle OH}{\overset{|}{\underset{|}{C}}}}-CN}$$

$$\xrightarrow{+\,2\,H_2O} \underset{\substack{\text{Ammoniumsalz einer}\\ \text{Hydroxykarbonsäure}}}{R-CH(OH)-C\begin{matrix}\diagup ONH_4\\ \diagdown\!\!\diagdown O\end{matrix}}$$

- *Aldoladdition* (Aldolreaktion) ist eine Aldehyddimerisation (Addition zweier Aldehyde):

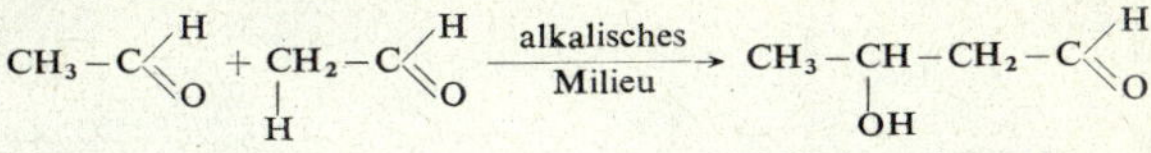

Äthanal — 3-Hydroxy-butanal (Azetaldol)

Die Aldolreaktion spielt bei biologischen Prozessen (Gärung) und organischen Synthesen eine Rolle.

- Cannizzaro-*Reaktion* (Disproportionierung oder Dismutation in die niedrigere und höhere Oxidationsstufe):

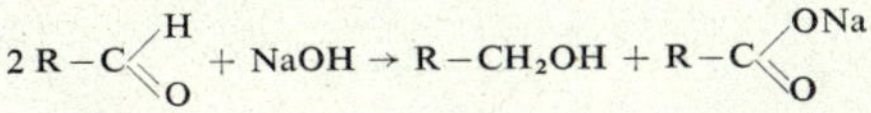

Alkanal — Alkanol — Na-Salz einer Karbonsäure (Na-Karboxylat)

Aromatische Aldehyde reagieren leichter als aliphatische.

- *Polymerisation:*
  - *Methanal* (Formaldehyd) polymerisiert zu **Paraformaldehyd** und zu **Polyformaldehyd,** einem Plast.
  - *Äthanal* polymerisiert zu **Paraldehyd** oder **Metaldehyd** (Hartspiritus »Meta«). Hierbei verschwinden die reduzierenden Eigenschaften des Aldehyds.

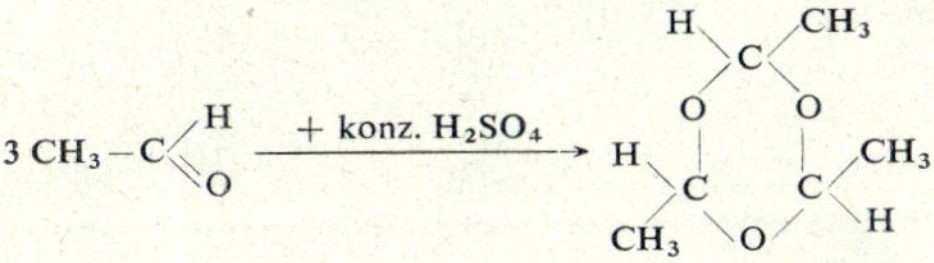

Paraldehyd; Siedepunkt: 124 °C; Schlafmittel

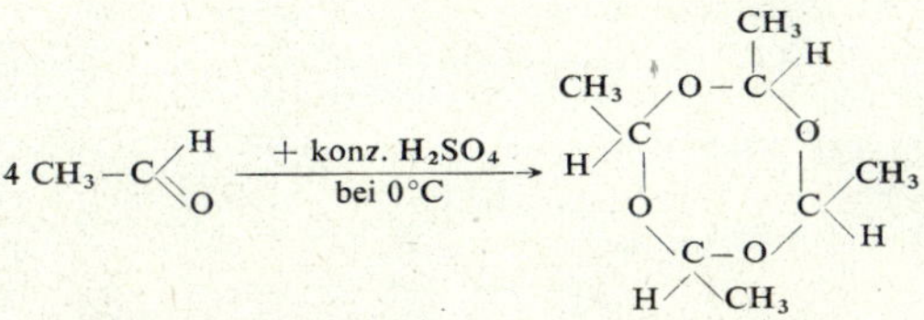

kristalliner **Metaldehyd;** Sublimationspunkt: 112 °C

- *Oxidation:* Alkanale werden durch Sauerstoff zu Alkansäuren oxidiert: $R-CHO + \frac{1}{2}O_2 \rightarrow R-COOH$.

Wichtige Aldehyde

- **Formaldehyd,** *Methanal*, H–CHO; $Kp = -19{,}3\,°C$; farbloses, wasserlösliches, stechend riechendes, giftiges Gas. Die etwa 40 %ige wäßrige Lösung (»Formalin«) scheidet als Niederschlag oligomeren **Paraformaldehyd** aus, der beim Erhitzen wieder in Formaldehyd übergeht.

Herstellung:

- *Dehydrierung von Methanol:*

$$CH_3OH + \frac{1}{2} O_2 \xrightarrow[600\,°C]{Ag} H-CHO + H_2O$$

- *Oxidation von Methan:*

$$CH_4 + O_2 \xrightarrow[450\,°C;\ 1...2\ MPa]{AlPO_4\text{-Kat.}} H-C\begin{matrix} \diagup H \\ \diagdown\!\!\diagdown O \end{matrix} + H_2O$$

Verwendung: Formaldehyd wird hauptsächlich zu Pheno- und Aminoplasten weiterverarbeitet; geringere Anteile werden zur Herstellung von Polyformaldehyd, Pentaerythrit und Trimethylolpropan verwendet. Formalin härtet Eiweiß und dient daher zur Härtung von Gelatine in der Fotoindustrie sowie zur Konservierung biologischer Präparate; seifenhaltige Lösungen sind Desinfektionsmittel.

Azetaldehyd, *Äthanal, Ethanal,* CH_3-CHO, $Kp = 20{,}4\,°C$, farblos, in Wasser löslich; riecht betäubend.

Herstellung:

- *Oxidation des Äthylens*

$$CH_2=CH_2 + \frac{1}{2} O_2 \xrightarrow[0{,}3\ MPa;\ 100\,°C]{PdCl_2/CuCl_2} CH_3-CHO$$

- *Wasseranlagerung an Azetylen*

$$CH\equiv CH + H_2O \xrightarrow[90\,°C]{H_2SO_4,\ HgSO_4} CH_3-CHO$$

Verwendung: Äthanal ist ein wichtiges Zwischenprodukt für die Herstellung von Essigsäure, Essigsäureanhydrid, Butadien (→ Synthesekautschuk), Pentaerythrit (→ Explosivstoffe, Weichmacher) u.a.

Chloral, *Trichloräthanal,* CCl_3-CHO. Wichtiger ist das *Chloralhydrat,* $CCl_3-CH(OH)_2$
Verwendung: zur Darstellung von Chloroform und dem Insektizid DDT.

Akrolein, *Propenal,* $CH_2=CH-CHO$; $Kp = 52\,°C$. *Herstellung:*

$$\underset{\text{Propen}}{CH_2=CH-CH_3} + O_2 \xrightarrow[1\ MPa;\ 350\,°C]{Cu\text{-Kat.}} \underset{\text{Akrolein}}{CH_2=CH-CHO} + H_2O$$

Es hat Bedeutung als Zwischenprodukt für die Herstellung von Glyzerol und Azeton. Der scharfe, stechende Geruch des gebratenen Fettes entsteht durch Zersetzung des im Fett enthaltenen Glyzerols zu Akrolein:

$$\underset{OH}{\underset{|}{CH_2}}-\underset{OH}{\underset{|}{CH}}-\underset{OH}{\underset{|}{CH_2}} - 2\,H_2O \rightarrow CH_2=CH-CHO$$

32.4. Alkanone (*gesättigte azyklische Ketone*)

Ketone enthalten die funktionelle Gruppe: $>C=O$ (*Keto- oder Karbonylgruppe*).

Man unterscheidet:

einfache Ketone	**gemischte Ketone**
$R^1-\underset{\underset{\displaystyle O}{\Vert}}{C}-R^1$	$R^1-\underset{\underset{\displaystyle O}{\Vert}}{C}-R^2$

Monoketone besitzen eine Ketogruppe, **Diketone** zwei.

Herstellung:

- *Dehydrierung sekundärer Alkohole*

$$R^1-\overset{\overset{\displaystyle H}{|}}{\underset{\underset{\displaystyle OH}{|}}{C}}-R^2-(H) \xrightarrow[400\,°C]{ZnS/ZnO} R^1-\underset{\underset{\displaystyle O}{\Vert}}{C}-R^2$$

- *Destillation von Kalziumsalzen* (Labormethode)

$$(RCOO)_2Ca \rightarrow \begin{matrix}R\\R\end{matrix}\!\!>C=O + CaCO_3$$

Azeton, *Propanon, Dimethylketon,* $CH_3-CO-CH_3$; $Kp = 56{,}2\,°C$; ist eine obstartig riechende, mit Wasser, Alkohol und Äther mischbare Flüssigkeit.

Herstellung:

- aus *Äthin und Wasserdampf*

$$2\,CH\equiv CH + 3\,H_2O \xrightarrow{ZnO} CH_3-CO-CH_3 + CO_2 + 2\,H_2$$

- *Nebenprodukt bei der Phenolsynthese nach dem Kumolverfahren* (↑ S. 543)

Verwendung: Azeton ist ein häufig gebrauchtes Lösungsmittel (z.B. für Lacke, Azetatseide). Als Gelatinierungsmittel von Zellulosenitraten spielt es in der Film- und Sprengstofftechnik eine Rolle.

Alkandione (*Diketone*)

Man unterscheidet:

1,2-Diketone	$R^1-CO-CO-R^2$
1,3-Diketone	$R^1-CO-CH_2-CO-R^2$
1,4-Diketone	$R^1-CO-CH_2-CH_2-CO-R^2$

Butandion-(2,3), *Diazetyl, Dimethylglyoxal,* $CH_3-CO-CO-CH_3$, ist ein 1,2-Diketon. Das Butteraroma besteht im wesentlichen aus Diazetyl.
Diazetyldioxim, $CH_3-\underset{\underset{\displaystyle HON}{\Vert}}{C}-\underset{\underset{\displaystyle NOH}{\Vert}}{C}-CH_3$, ist das Nickelreagens nach TSCHUGAEFF.

32.5. Azyklische Karbonsäuren und Hydroxykarbonsäuren

Karbonsäuren enthalten die *Karboxylgruppe* 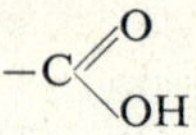, auch $-COOH$ geschrieben.

Säurestärke: Die Karboxylgruppe ist auf Grund ihrer polarisierten Atombindung in der Lage, in wäßriger Lösung zu dissoziieren:

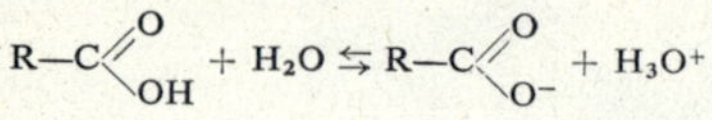

Der Dissoziationsgrad ist relativ gering, so daß die Karbonsäuren nur schwache Säuren sind. (Ausnahme z. B. *Trichloräthansäure*, CCl_3-COOH, die an Stärke der Schwefelsäure gleichkommt.)

Die wäßrigen Lösungen der *Alkalisalze* der Karbonsäuren reagieren infolge *Hydrolyse* alkalisch.

Wegen des geringen Dissoziationsgrades der meisten organischen Säuren lassen sie sich aus ihren Salzen durch starke Säuren in Freiheit setzen, z. B.

$$2\,R-COONa + H_2SO_4 \rightarrow 2\,R-COOH + Na_2SO_4$$

Reduktion: Karbonsäuren lassen sich relativ schwer zu Alkoholen reduzieren, z. B. nach SCHRAUTH:

$$R-COOH \xrightarrow[+4\,H,\ -H_2O]{CuO,\ Cr_2O_3} R-CH_2OH$$

Veresterung: Karbonsäure + Alkohol → Ester + Wasser (↑ S. 517)

Anhydridbildung: Unter dem Einfluß wasserentziehender Mittel auf Karbonsäuren sowie auch aus Karbonsäurechlorid und Na-Salzen von Karbonsäuren bilden sich Karbonsäureanhydride:

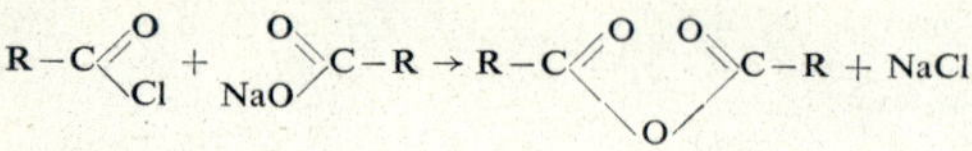

Karbonsäurechlorid Alkalisalz Karbonsäureanhydrid

32.5.1. Alkanmonosäuren (*gesättigte azyklische Monokarbonsäuren, Fettsäuren*)

Alkansäuren sind gesättigte, azyklische Karbonsäuren. Je nach der Zahl der vorhandenen Karboxylgruppen unterscheidet man **Alkanmono-, Alkandi-, Alkantri-** usw. **-säuren.**

Allgemeine Formel der Alkanmonosäuren: $C_nH_{2n+1}COOH$

Herstellung:

- *Oxidation von Alkanalen*

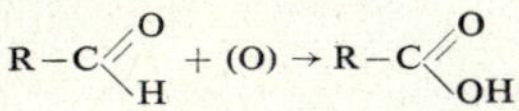

- *Verseifung* von Karbonsäureestern, z. B. Fetten und Ölen (↑ S. 518)
- GRIGNARD-*Reaktion mit* CO_2 (↑ S. 513)
- *Paraffinoxidation*

In Gegenwart von Mn-Verbindungen wird Luft durch geschmolzenes Paraffin geblasen. Die Paraffinmoleküle werden bevorzugt in der Mitte, teilweise aber auch weiter von der Mitte entfernt gespalten, so daß ein Gemisch von Alkansäuren entsteht. Das Reaktionsgemisch wird als Weichmacher in der Plastindustrie, zur Seifenherstellung und zur Herstellung von Fettalkoholen für synthetische Waschmittel verwendet.

Ameisensäure, *Methansäure,* 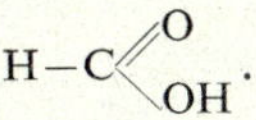 .

Salze und Ester: **Formiate** (*Methanate*).

Herstellung:

- *Oxidation von Methanol* bzw. *Methanal:*

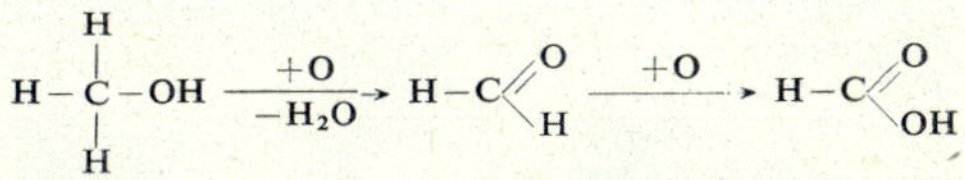

Methanol — Methanal (Formaldehyd) — Methansäure (Ameisensäure)

- *Reaktion von CO mit NaOH:*

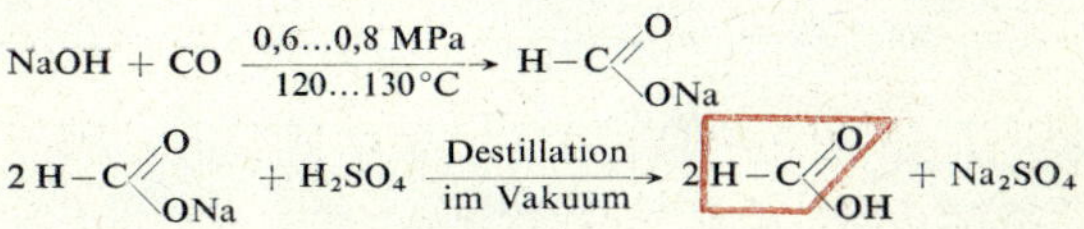

- Früher wurde die Ameisensäure durch Destillation aus roten Ameisen hergestellt.

Eigenschaften: Ameisensäure ist eine stechend riechende Flüssigkeit (Kp = 100,5 °C). Sie ist etwa 4mal stärker dissoziiert als Essigsäure gleicher Konzentration. Da in ihrem Molekül die Aldehydgruppe

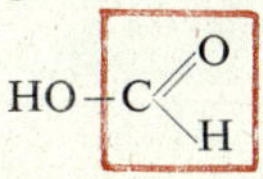 auftritt, wirkt Methansäure wie Aldehyde reduzierend.

Verwendung: als Beize in der Wollfärberei, zur Konservierung von Fruchtsäften und Silofutter, zum Desinfizieren von Wein- und Bierfässern. In der Ledergerberei entkalkt man mit Methansäure.

Essigsäure, *Äthansäure*, *Ethansäure*, *Methankarbonsäure*, CH_3-COOH. Salze und Ester: **Azetate,** *Äthanate*, *Ethanate*.

Herstellung:

- *Umsetzung von Methanol mit CO*

Dieses Verfahren erhält wachsende Bedeutung.

$$CH_3OH + CO \xrightarrow[150\,°C]{\text{Kobaltjodid}} CH_3COOH$$

- *Oxidation von Äthanol* unter dem Einfluß von Essigbakterien

$$CH_3-CH_2OH + O_2\,(\text{Luft}) \rightarrow CH_3-COOH + H_2O$$

- *Oxidation niederer Paraffine* (Butan oder Leichtbenzin)

$$CH_3-CH_2-CH_2-CH_3 + 2{,}5\,O_2 \xrightarrow[\substack{150\ldots180\,°C\\4\ldots6\,\text{MPa}}]{\text{Mn-Salze}} 2\,CH_3-COOH + H_2O$$

- *Oxidation von Azetylen* oder *Äthylen* über die Zwischenstufe Azetaldehyd. Da Azetylen früher nur aus Kalziumkarbid hergestellt wurde, wird dieser Essig auch »*Karbidessig*« genannt.

$$CH_3-CHO + \frac{1}{2}O_2 \xrightarrow{\text{Mn-Azetat}} CH_3-COOH$$

Tabelle 48. Höhere Alkanmonosäuren

Alkansäure	Formel	*F*/°C	*Kp*/°C	Trivialname des Salzes	Vorkommen
Propansäure (*Propionsäure*)	CH_3-CH_2-COOH	−20	+141	Propionat	Holzteer, Schwelwasser
Butansäure (*Buttersäure*)	$CH_3-(CH_2)_2-COOH$	−5	+164	Butyrat	Butter
Pentansäure (*Valeriansäure*)	$CH_3-(CH_2)_3-COOH$	−35	+187	Valerianat	Baldrian
Hexansäure (*Kapronsäure*)	$CH_3-(CH_2)_4-COOH$	−4	+205	Kapronat	Butter, Öl
Dekansäure (*Kaprinsäure*)	$CH_3-(CH_2)_8-COOH$	+31	+270	Kaprinat	Kokosfett
Hexadekansäure (*Palmitinsäure*)	$CH_3-(CH_2)_{14}-COOH$	+63	+271 bei 13,3 kPa	Palmitat	Fette
Oktadekansäure (*Stearinsäure*)	$CH_3-(CH_2)_{16}-COOH$	+69	+291 bei 13,3 kPa	Stearat	Fette

Eigenschaften der Essigsäure: stechend riechende Flüssigkeit; $Kp = 118\,°C$ im wasserfreien Zustand; 100%ige Essigsäure, die schon bei $+16{,}6\,°C$ zu eisartigen Kristallen erstarrt, wird **Eisessig** genannt.

Verwendung: Eisessig und *Essigsäureanhydrid*, $CH_3-CO-O-CO-CH_3$, werden bei vielen organischen Synthesen gebraucht, z.B. zur Azetylierung (Einführung der Gruppe CH_3-CO- in ein organisches Molekül), oder zur Veresterung. Speiseessig enthält verdünnte (5...10%ige) Essigsäure.
Verschiedene Azetate haben praktische Bedeutung, z.B. *Aluminiumazetat*, $(CH_3COO)_3Al$; ↑ S. 343.

Seifen sind Salze der Fettsäuren. Als *Waschseifen* dienen die Natrium-, aber auch die Kaliumsalze. Sie werden durch Neutralisation synthetischer Fettsäuren oder durch Verseifung von Fetten mit Natronlauge hergestellt. Als Nebenprodukt entsteht Glyzerol. Werden billige Öle mit Natron- oder Kalilauge verseift und läßt man das Glyzerol in der Masse, dann entstehen *Schmierseifen.*

32.5.2. Alkenmonosäuren

Akrylsäure, *Propensäure,* $CH_2=CH-COOH$, polymerisiert leicht und bildet dabei eine glasartige Masse.

Methakrylsäure, *2-Methyl-propensäure,* $CH_2=C(CH_3)-COOH$; $F = +16\,°C$; $Kp = 163\,°C$. Der Methylester der Methakrylsäure, $CH_2=C(CH)_3-CO-OCH_3$, ist das Monomer des Plastes Polymethylmethakrylat; ↑ S. 592.

Ölsäure, *Oktadezen-(9)-säure,* $C_{17}H_{33}COOH$,
$CH_3-(CH_2)_7-CH=CH-(CH_2)_7-COOH$, $F = +14\,°C$; $Kp = 286\,°C$ (bei 10 kPa). Sie ist eine farblose, geruchlose Flüssigkeit, die sich nicht in Wasser, aber in Äthanol löst. Ölsäure als Glyzerolester ist der Hauptbestandteil fetter Öle und vieler Fette, ↑ S. 518. Die Salze heißen Oleate.

Linolsäure, *Oktadekadien-(9,12)-säure,* $C_{17}H_{31}COOH$,
$CH_3-(CH_2)_4-CH=CH-CH_2-CH=CH-(CH_2)_7-COOH$, kommt u.a. im Lein-, Nuß- und Mohnöl vor.

Linolensäure, *Oktadekatrien-(9,12,15)-säure,* $C_{17}H_{29}COOH$,
$CH_3-CH_2-CH=CH-CH_2-CH=CH-CH_2-CH=CH-(CH_2)_7-COOH$.
Sie kommt ebenso wie die Linolsäure im Lein-, Nuß- und Mohnöl vor. Linol- und Linolensäure, vermischt mit Sikkativen[1]) (Mn-, Co- oder Pb-Salze), ergeben Firnis. Dessen Verharzung, eine radikalische Kettenreaktion, erfolgt durch Autoxidation und Polymerisation. Der Vorgang wird durch Sonnenlicht erheblich beschleunigt.

32.5.3. Alkandisäuren (*gesättigte azyklische Dikarbonsäuren*)

Allgemeine Formel: $HOOC-R-COOH$

Eigenschaften: Es sind kristalline Substanzen, die stärker sauer reagieren als die Alkanmonosäuren. Die Azidität wird mit wachsender C-Zahl geringer.

---

[1]) *Sikkative* beschleunigen die Trocknung (Verharzung) von Leinöl und damit bereiteten Anstrichmitteln (Ölfarben).

Oxalsäure, *Äthandisäure*, *Ethandisäure*, HOOC–COOH.
Eigenschaften: mittelstarke Säure, die wesentlich stärker dissoziiert als Essigsäure; $F = 189{,}5\,°C$.
Vorkommen: Meist als K-Salz in zahlreichen Pflanzen, z.B. im Klee, Spinat, Rhabarber und in der Tomate; auch in Nierensteinen.
Verwendung: Als Beizmittel in der Zeugfärberei.
Salze und Ester: **Oxalate**.
Darstellung des Natriumsalzes:

$$2\,H{-}COONa \xrightarrow{360\,°C} NaOOC{-}COONa + H_2$$

Natriumformiat (Natriummethanat) → Natriumoxalat (Natriumäthandiat)

Malonsäure, *Propandisäure*, HOOC–CH_2–COOH, findet sich im Zuckerrübensaft und wird zur Herstellung von Barbituratschlafmitteln (↑ S. 522) verwendet. *Salze und Ester:* **Malonate**.

Bernsteinsäure, *Butandisäure*, HOOC–CH_2–CH_2–COOH, ist im Bernstein und anderen Harzen sowie in vielen Pflanzen, z.B. Algen, Pilzen und Flechten, enthalten. *Salze und Ester:* **Sukzinate**.

Adipinsäure, *Hexandisäure*, HOOC–$(CH_2)_4$–COOH, ist ein wichtiges Ausgangsprodukt für die Herstellung des Polyamid-6,6-faserstoffs sowie von glasfaserverstärkten Polyesterharzen.
Technische Darstellung:
Oxidation eines Gemisches aus Zyklohexanol und Zyklohexanon. Beide Produkte gewinnt man aus Phenol.

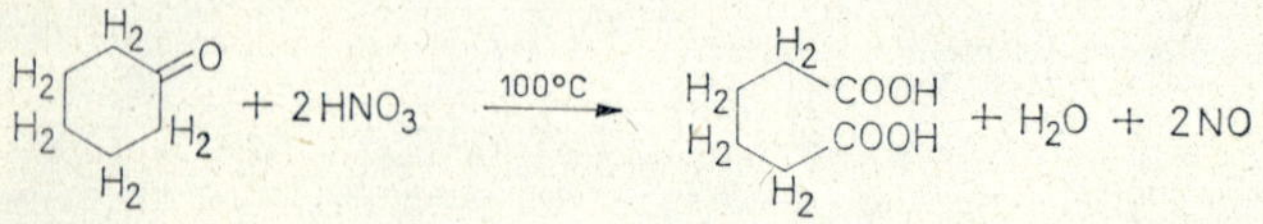

Zyklohexanon Adipinsäure

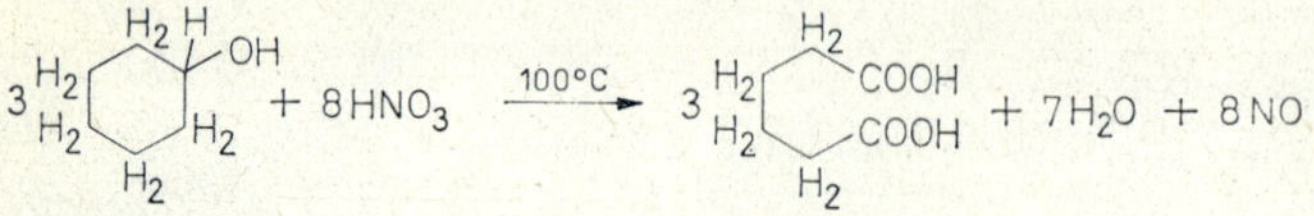

Zyklohexanol Adipinsäure

32.5.4. Maleinsäure (*cis-Buten-disäure*)

Maleinsäure, *cis-Buten-disäure*, HOOC–CH=CH–COOH, ist eine **Alkendisäure** (*ungesättigte Dikarbonsäure*). Die trans-Verbindung heißt **Fumarsäure**.
Herstellung:

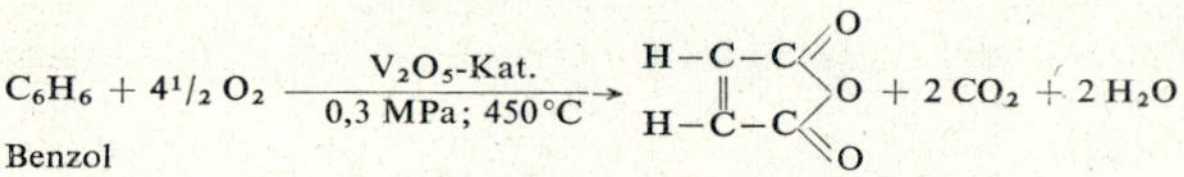

Benzol Maleinsäureanhydrid

Unterhalb 160 °C setzt sich das Anhydrid mit Wasser zu Maleinsäure um. Sie wird zur Herstellung von Alkydharzen für die Lackindustrie verwendet.

32.5.5. Hydroxyalkansäuren (*gesättigte azyklische Hydroxykarbonsäuren*)

Hydroxykarbonsäuren enthalten sowohl die *Hydroxyl-* als auch die *Karboxylgruppe*, besitzen also gleichzeitig den Charakter von *Alkoholen* und *Karbonsäuren.*

Sie sind feste, meist wasserlösliche Stoffe von saurem Geschmack.

Herstellung:

$$\underset{\text{Bromalkansäure}}{R-CHBr-COOH} + KOH \rightarrow \underset{\text{Hydroxyalkansäure}}{R-CH(OH)-COOH} + KBr$$

Statt Alkalihydroxid kann auch feuchtes Silber(I)-oxid verwendet werden.

Milchsäure, *2-Hydroxypropansäure, α-Hydroxypropansäure,* $CH_3-CH(OH)-COOH$, ist wasserfrei fest, technisch jedoch eine viskose Flüssigkeit von saurem Geschmack; *Salze und Ester:* **Laktate.**

Milchsäure entsteht bei der *Milchzuckergärung*, die durch Milchsäurebakterien hervorgerufen wird. Bei dem Gärprozeß der Futtersilierung von Rübenblättern und Grünfutter bildet sich Milchsäure; auch im Magensaft und in sauren Gurken ist sie enthalten. In den arbeitenden Muskeln entsteht durch Spaltung von Glykogen (Stärke in der Leber) und Wasseranlagerung D-Milchsäure.

Herstellung:

$$\underset{\text{(aus Kartoffeln oder Getreide)}}{\text{Stärke}} \xrightarrow{\text{Enzyme}} \text{Maltose} \xrightarrow[\text{bacillus delbrücki}]{35\ldots45\,°C} \text{Glukose} \rightarrow \text{Milchsäure}$$

Verwendung: in Gerbereien und Färbereien; zur Säuerung alkoholfreier Getränke.

Äpfelsäure, *Hydroxybernsteinsäure, Hydroxy-butandisäure,* $HOOC-CH(OH)-CH_2-COOH$; *Salze und Ester:* **Malate.**

Äpfelsäure ist in unreifen Äpfeln, Stachelbeeren und Vogelbeeren enthalten.

Weinsäure, *Dihydroxy-bernsteinsäure, Dihydroxy-butandisäure,* $HOOC-CH(OH)-CH(OH)-COOH$; *Salze und Ester:* **Tartrate.** $F = 170\,°C$; beim Schmelzpunkt tritt bereits Zersetzung auf.

Weinsäure existiert in drei isomeren Formen. Die L(+)-Weinsäure kommt in vielen Früchten vor. Die beiden anderen Isomeren sind die D(−)-Weinsäure und die Mesoweinsäure. Eine Mischung gleicher Teile L(+)-Weinsäure und D(−)-Weinsäure heißt Traubensäure.

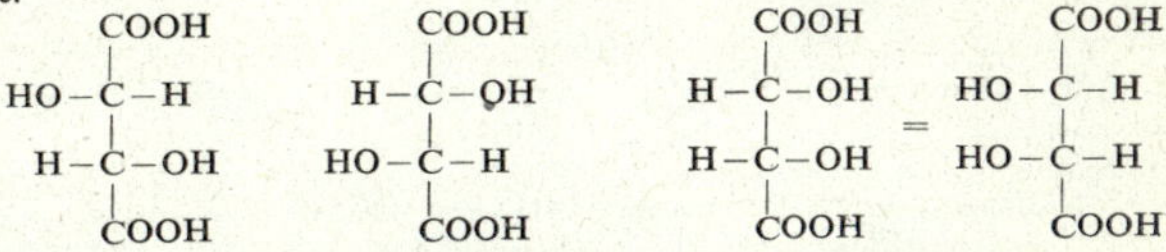

D(−)-Weinsäure¹) L(+)-Weinsäure¹) Mesoweinsäure (inaktiv)

Traubensäure

¹) nach neuer Bezeichnung R(−)- bzw. S(+)-Weinsäure

Verwendung: in Färbereien, zu Blaupausen, Bereitung von Backpulver, in Konditorwaren, zur Glasversilberung, zur Konservierung eiweißhaltiger Produkte, wie Gelatine.

Kaliumhydrogentartrat, KOOC–CH(OH)–CH(OH)–COOH, das K-Salz der L(+)-Weinsäure, ist der *Weinstein*, der sich bei der Weinbereitung abscheidet; **Kalium-natrium-tartrat,** KOOC–CH(OH)–CH(OH)–COONa, ist *Seignettesalz*, ein Bestandteil der FEHLINGschen Lösung.

Zitronensäure, *2-Hydroxy-propan-trikarbonsäure*-(1,2,3); $F = 153\,°C$. *Salze und Ester:* **Zitrate.** *Struktur:*

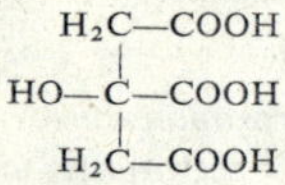

Vorkommen: Zitronensäure kommt in Orangen, Erdbeeren, Johannisbeeren, Ananas, Preiselbeeren und anderen Früchten, auch in der Milch und im Blut vor.
Verwendung: zur Säuerung von Nahrungs- und Genußmitteln.

33. Azyklische Halogenverbindungen

33.1. Halogenalkane (*Alkylhalogenide*)

Allgemeines: Halogenalkane sind gesättigte azyklische Verbindungen, die ausschließlich aus C-, H- und Halogenatomen aufgebaut sind. Mit wachsender Zahl der C-Atome steigt die Zahl der Isomeren.

Herstellung:

- *Alkanol + Halogenwasserstoff:*

$$R{-}OH + H{-}X \rightleftarrows R{-}X + H_2O$$

Diese Reaktion ist eine Veresterung (↑ S. 515). Vom HCl, HBr zum HI nimmt die Reaktionsfähigkeit zu. Fluoride lassen sich auf diesem Wege nicht herstellen.

- *Alkanol + Phosphorhalogenid:*

$$3\,R{-}OH + PX_3 \rightleftarrows 3\,R{-}X + H_3PO_3$$

Alkanol + Phosphor-trihalogenid → Halogenalkan + Phosphorige Säure

- *Addition von Halogenwasserstoff an Alkene* (↑ S. 460):
- *Halogenierung von Alkanen mit Cl_2 bzw. Br_2.*

Eine Jodierung ist nicht möglich. Die direkte Fluorierung der Alkane ist wegen explosionsartigen Verlaufs ebenfalls nicht möglich; als Fluorüberträger werden deshalb Metallfluoride genommen.

Synthesen mit Halogenalkanen

- WURTZ*sche Synthese* (Darstellung höherer Alkane):

$$\text{I.}\quad \underset{\text{Jodalkan}}{\mathrm{R-CH_2-I}} + 2\,\mathrm{Na} \rightleftarrows \underset{\text{Alkylnatrium}}{\mathrm{R-CH_2-Na}} + \mathrm{NaI}$$

$$\text{II.}\quad \mathrm{R-CH_2-Na + I-CH_2-R} \rightleftarrows \underset{\text{Alkan}}{\mathrm{R-CH_2-CH_2-R}} + \mathrm{NaI}$$

- *Darstellung von Alkanolen aus Halogenalkanen und NaOH:* Diese Reaktion wird auch als Verseifung bezeichnet.

$$\mathrm{R-CH_2-Cl + NaOH} \rightleftarrows \underset{\text{Alkanol}}{\mathrm{R-CH_2-OH}} + \mathrm{NaCl}$$

- **Grignard-Reaktionen**
  Die Grundlage für diese Reaktionen ist die Fähigkeit des Magnesiums, sich in Gegenwart wasserfreien Äthers mit Jodalkan zu verbinden:

$$\mathrm{CH_3I + Mg} \xrightarrow{\text{Äther}} \mathrm{CH_3-MgI} \quad \text{Methyl-magnesium-jodid (GRIGNARD-Reagens, »GR«)}$$

  Im GR sind außerdem zwei Moleküle Äther komplex gebunden; der Übersicht halber läßt man sie in der Formel meist weg.

  Die GRIGNARD-*Reaktion* verläuft in *2 Stufen:*

  - Addition des GR unter Aufspaltung einer Mehrfachbindung an einem Heteroatom (O, N)
  - hydrolytische Spaltung

Beispiele für GRIGNARD-Reaktionen

- **Methanal + GR → primäre Alkanole:**

$$\mathrm{H-C}{\genfrac{}{}{0pt}{}{\mathrm{/\!\!/O}}{\mathrm{\backslash H}}} + \mathrm{CH_3MgI \rightarrow CH_3-CH_2-OMgI}$$

$$\xrightarrow{+\mathrm{H_2O}} \mathrm{CH_3-CH_2-OH + MgI(OH)}$$

- **Alkanale + GR → sekundäre Alkanole:**

$$\mathrm{CH_3-C}{\genfrac{}{}{0pt}{}{\mathrm{/\!\!/O}}{\mathrm{\backslash H}}} + \mathrm{CH_3MgI \rightarrow CH_3-\underset{\underset{\textstyle OMgI}{|}}{CH}-CH_3}$$

$$\xrightarrow{+\mathrm{H_2O}} \mathrm{CH_3-CH(OH)-CH_3 + MgI(OH)}$$

- **Ketone** (Alkanone) **+ GR → tertiäre Alkanole:**

$$\mathrm{CH_3-CO-CH_3 + CH_3-MgI \rightarrow CH_3-\overset{\overset{\textstyle CH_3}{|}}{\underset{\underset{\textstyle CH_3}{|}}{C}}-OMgI}$$

$$\xrightarrow{+\mathrm{H_2O}} \mathrm{CH_3-\overset{\overset{\textstyle CH_3}{|}}{\underset{\underset{\textstyle CH_3}{|}}{C}}-OH + MgI(OH)}$$

- **Nitrile + GR → Ketone:**

$$CH_3-C\equiv N + CH_3-MgI \rightarrow CH_3-\underset{\underset{N-MgI}{\|}}{C}-CH_3$$

$$\xrightarrow{+2\,H_2O} CH_3-CO-CH_3 + NH_3 + MgI(OH)$$

- **Kohlendioxid + GR → Karbonsäuren:**

$$CO_2 + CH_3MgI \rightarrow CH_3-C\begin{matrix}\nearrow O \\ \searrow OMgI\end{matrix} \xrightarrow{+HCl} CH_3COOH + MgICl$$

Methylchlorid, *Chlormethan,* CH_3Cl, *Kp* = −23,8 °C; Verwendung als Kühlmittel in Kältemaschinen; als Methylisierungsmittel in der organischen Chemie (*Methylierung* = Einführung einer Methylgruppe in ein Molekül); Ausgangsprodukt für die Herstellung von Silikonen; ↑ S. 355.

Methylenchlorid, *Dichlormethan,* CH_2Cl_2, *Kp* = 39,9 °C; Lösungsmittel für Zelluloseazetat, Fette, Öle und Harze.

Chloroform, *Trichlormethan,* $CHCl_3$, *Kp* = 61,2 °C; Chloroform ist eine farblose, süßlich riechende Flüssigkeit, die beim Stehen an der Luft im Sonnenlicht das giftige Phosgen erzeugt. Es dient als Fett- und Harzlösungsmittel sowie als Zwischenprodukt zur Herstellung des Polytetrafluoräthylens.

Tetrachlormethan, *Tetrachlorkohlenstoff,* »Tetra«, CCl_4; *Kp* = 76,7 °C; ist ein nicht brennbares Lösungsmittel für Fette und Öle (z.B. im Fleckenwasser) sowie ein Feuerlöschmittel (Tetra-Löscher) zum Löschen von Benzinbränden. Da Tetra wie Chloroform Phosgen bildet, hat man die Feuerlöscher der Kraftwagen auf **Chlorbrommethan,** CH_2ClBr, umgestellt.

Jodoform, *Trijodmethan,* CHI_3; zitronengelbe, intensiv riechende Blättchen. Es wird zur Wunddesinfektion verwendet.

Äthylchlorid, *Chloräthan, Chlorethan,* CH_3-CH_2Cl; *Kp* = 12,3 °C; dient zur zahnmedizinischen Anästhesierung durch Vereisung und zur Herstellung von *Tetraäthylblei,* $Pb(C_2H_5)_4$, einem Antiklopfmittel.

Vinylchlorid, *Chloräthen, Chlorethen,* $CH_2{=}CHCl$; *Kp* = −13,8 °C; ist das Monomere des Polyvinylchlorids (↑ S. 585).

Trichloräthylen, *Trichloräthen, Trichlorethen,* »*Tri*«, $CHCl{=}CCl_2$; *Kp* = 87,2 °C; ist ein unbrennbares Lösungs- und Extraktionsmittel für Fette, Öle und Harze.

Fluor- und Fluorchlorkohlenwasserstoffe, die sich vom Methan und Äthan ableiten, haben einen niedrigen Siedepunkt, sind ungiftig und chemisch stabil. Sie werden als Kühlmittel für Haushaltkühlschränke, in Klimaanlagen und als Treibmittel für Aerosolflaschen verwendet.
Difluordichlormethan, CF_2Cl_2; *Kp* = −29,8 °C
Tetrafluoräthen, *Tetrafluorethen,* $CF_2{=}CF_2$; *Kp* = −40,8 °C
Trifluormonochloräthen, *Trifluormonochlorethen,* $CF_2{=}CFCl$, polymerisiert leicht und bildet im Gegensatz zum Polytetrafluoräthen einen gut thermoplastisch zu verarbeitenden Plast, ↑ S. 592.

Die **Fluoralkane** und **Fluoralkene** werden auch als **Fluorkarbone** bezeichnet.

33.2. Alkanoylhalogenide (*Karbonsäurehalogenide, Azylhalogenide*)

Karbonsäurehalogenide enthalten die funktionelle Gruppe $-C\genfrac{}{}{0pt}{}{\nearrow O}{\searrow X}$ (X = Halogen). Sie entstehen durch Ersatz der OH-Gruppe der Karboxylgruppe der Karbonsäuren durch Halogen.

Alkanoylhalogenide sind die gesättigten azyklischen Karbonsäurehalogenide.
Allgemeine Formel der Alkanoylhalogenide: $C_nH_{2n+1}-COX$
Verwendung: In der organischen Synthese führt man mit Hilfe des Karbonsäurehalogenids den **Azylrest** $\left(R-C\genfrac{}{}{0pt}{}{\nearrow O}{\searrow}\right)$ in das organische Molekül ein (*Azylierung*).

Azetylchlorid, *Äthanoylchlorid, Ethanoylchlorid,* CH_3-COCl, ist das wichtigste Azylierungsmittel; $Kp = 52\,°C$.
Darstellung:

$$3\,CH_3-C\genfrac{}{}{0pt}{}{\nearrow O}{\searrow OH} + PCl_3 \rightarrow 3\,CH_3-C\genfrac{}{}{0pt}{}{\nearrow O}{\searrow Cl} + H_3PO_3$$

Äthansäure + Phosphortrichlorid → Äthanoylchlorid + Phosphorige Säure

Andere Chlorierungsmittel außer PCl_3 sind PCl_5, $SOCl_2$ (*Thionylchlorid*) und SO_2Cl_2 (*Sulfurylchlorid*).

34. Azyklische Ester sauerstoffhaltiger Säuren

34.1. Allgemeines

Die wichtigste Methode zur *Esterbildung* (Veresterung) ist die *Alkoholyse von Karbonsäuren.*
Dabei wird Wasser durch konz. H_2SO_4, wasserfreies HCl, Sulfonsäuren oder stark saure Ionenaustauscher entzogen.

- *Bei sauerstoffhaltigen Säuren* erfolgt die Wasserbildung aus dem H-Atom der alkoholischen Hydroxylgruppe und der OH-Gruppe der Säure.

Beispiel:

$$R-O\boxed{H + HO}-NO_2 \xrightleftharpoons{H_2SO_4} R-O-NO_2 + H_2O$$

Alkohol | Salpetersäure | Salpetersäurealkylester (Alkylnitrat)

In diesen Estern ist das Zentralatom der Säure über eine Sauerstoffbrücke an den Alkylrest gebunden.

- *Bei sauerstofffreien Säuren* erfolgt die Wasserbildung aus einem H-Atom der Säure und einer OH-Gruppe des Alkohols.

Beispiel:

$$R-\boxed{OH + H}X \rightleftarrows R-X + H_2O$$

Alkohol | Halogenwasserstoff | Halogenalkan

Manche Autoren bezeichnen wegen des anderen Reaktionsverlaufs die aus sauerstofffreien Säuren entstehenden Verbindungen nicht als Ester. Sie weisen darauf hin, daß man z.B. die sich von H_2S, H_2Se usw. ableitenden Stoffe auch nicht Ester nennt.

Die Veresterung entspricht formal der Neutralisation, ist jedoch eine nukleophile Substitution (↑ S. 472). Die *Umkehrung der Veresterung* heißt *Verseifung* (entsprechend der Hydrolyse als der Umkehrung der Neutralisation).

$$\text{Alkohol} + \text{Säure} \underset{\text{Verseifung}}{\overset{\text{Veresterung}}{\rightleftarrows}} \text{Ester} + \text{Wasser}$$

34.2. Ester der Schwefelsäure (*Alkylsulfate*)

Allgemeine Herstellung:

$$R-OH + HO-SO_3H \rightleftarrows R-O-SO_3H + H_2O$$

Alkohol, Schwefelsäure

oder

$$R-OH + Cl-SO_3H \rightleftarrows R-O-SO_3H + HCl$$

Alkohol, Chlorsulfonsäure

Beispiele:

$$CH_3-OH + HO-SO_3H \rightleftarrows CH_3-O-SO_3H + H_2O$$

Methanol, Schwefelsäure, **Methylhydrogensulfat** (Schwefelsäuremonomethylester)

$$CH_3-O-S(=O)(=O)-OH + HO-CH_3 \rightleftarrows (CH_3O)_2SO_2 + H_2O$$

Dimethylsulfat (Schwefelsäuredimethylester)

Dimethylsulfat ist ein wichtiges *Methylierungsmittel.* Es ist ein starkes Gift, das bei Berührung durch die Haut diffundiert (Vorsicht!)

Diäthylsulfat ist entsprechend ein *Äthylierungsmittel.*

Die Schwefelsäuremonoester sind zur Salzbildung befähigt. Na-Salze der Schwefelsäuremonoester von Fettalkoholen (sog. »Fettalkoholsulfate«), z.B. **Natriumdodezylsulfat,** $C_{12}H_{25}-O-SO_2ONa$, sind in modernen Waschmitteln enthalten. *Schwefelsäureester,* $R-O-SO_2OH$, dürfen nicht mit *Sulfonsäuren,* $R-SO_2OH$, verwechselt werden; ↑ S. 524.

34.3. Ester der Salpetersäure (*Alkylnitrate*)

Allgemeine Herstellung:

$$R-OH + HO-NO_2 \rightleftarrows R-O-NO_2 + H_2O$$

Alkohol, Salpetersäure

Beachte den Unterschied gegenüber Nitroverbindungen (↑ S. 523)!

$R-O-NO_2$	$R-NO_2$
Salpetersäureester (Alkylnitrat)	Nitroalkan

Glyzeroltrinitrat, *Glyzerintrinitrat*, fälschlich »*Nitroglyzerin*«, ist keine Nitroverbindung, sondern ein Ester. Es ist eine hochexplosive Flüssigkeit, die durch Aufquellung mit Kollodium handhabungssicher gemacht wird (*Sprenggelatine*). Früher verwandte man hierfür Kieselgur (»Dynamit«; Erfinder: A. NOBEL).

$$\begin{array}{l} CH_2-O-NO_2 \\ | \\ CH-O-NO_2 \\ | \\ CH_2-O-NO_2 \end{array}$$

Glyzeroltrinitrat

Zellulosenitrate (↑ S. 531)

- *Schießbaumwolle* ist hochveresterte Zellulose (Zellulosetrinitrat).
- *Kollodium* ist niedrigveresterte Zellulose (Zellulosedinitrat).

34.4. Ester der Borsäure (*Alkylborate*)

In der Analytik wird zum Nachweis der Borsäure (S. 339) der flüchtige, grün brennende Methylester hergestellt.

$$B\begin{array}{l} \diagup OH \\ -OH \\ \diagdown OH \end{array} + \begin{array}{l} HO-CH_3 \\ HO-CH_3 \\ HO-CH_3 \end{array} \rightarrow B\begin{array}{l} \diagup OCH_3 \\ -OCH_3 \\ \diagdown OCH_3 \end{array} + 3\,H_2O$$

Trimethylborat (*Borsäuretrimethylester*)

34.5. Ester der Phosphorsäure (*Alkylphosphate*)

Phosphorsäureester, insbesondere von Zuckern, sind für die Stoffwechselvorgänge in den Organismen von großer Bedeutung. Zu den Phosphorsäureestern zählen auch **Lezithin** (den Fetten verwandt) sowie die für die Vererbungsvorgänge bedeutsamen **Nukleinsäuren** (↑ S. 564). Phosphorsäureester spielen eine große Rolle bei der Bekämpfung von Schadinsekten; ↑ S. 579.
Bestimmte kompliziert gebaute Phosphor- und Thiophosphorsäureester sind bereits in geringsten Konzentrationen tödlich wirkende Nervengifte und kommen als potentielle *chemische Kampfstoffe* in Betracht (**V-Stoffe, Tabun, Soman, Sarin** u. a.).

Triarylphosphate dienen als Weichmacher für PVC.

34.6. Ester azyklischer Karbonsäuren (*Alkylkarboxylate*)

Allgemeine Herstellung:

$$R-C\begin{array}{l} \diagup\!\!\diagup O \\ \diagdown OH \end{array} + HO-R' \rightleftarrows R-C\begin{array}{l} \diagup\!\!\diagup O \\ \diagdown OR' \end{array} + H_2O$$

Karbonsäure Alkohol Karbonsäurealkylester

Eigenschaften: Die einfachen Ester sind niedrig siedende farblose, brennbare Flüssigkeiten von obstartigem Geruch; die höheren Ester sind fest, wachsartig und geruchlos. Sie reagieren neutral, sind leichter als Wasser und mit Wasser nur gering mischbar.

Verwendung: Die niedermolekularen Ester werden als Lösungs- und Verdünnungsmittel für Lacke, Harze, Nitratzellulose und dgl. sowie als Bestandteile von Fruchtaromen verwendet.

Beispiele: **Methyläthanat** (*Methylazetat, Essigsäuremethylester*), $CH_3-CO-OCH_3$;
Äthyläthanat (*Äthylazetat, Essigsäureäthylester*), $CH_3-CO-OC_2H_5$;
Butyläthanat (*Butylazetat, Essigsäurebutylester*), $CH_3-CO-OC_4H_9$, dient zur Entphenolung von Schwelereiabwässern;

Isobutyläthanat (*Isobutylazetat, Essigsäureisobutylester*) $CH_3-CO-OCH_2-CH(CH_3)_2$, *Bananenaroma*;

Methylbutanat (*Methylbutyrat, Buttersäuremethylester*), $C_3H_7-CO-OCH_3$, *Apfelaroma*;

Äthylbutanat (*Äthylbutyrat, Buttersäureäthylester*), $C_3H_7-CO-OC_2H_5$, *Ananasaroma*;

Isopentylbutanat (*Buttersäureisoamylester*) $C_3H_7-CO-OC_5H_{11}$, *Birnenaroma*.

Die in der Natur vorkommenden **Wachse** sind Ester höherer einwertiger Alkanole mit höheren einwertigen Karbonsäuren, z. B. **Hentriakontyl-hexadekanat** (*Palmitinsäuremyrizylester*) $C_{15}H_{31}-CO-OC_{31}H_{63}$, im *Bienenwachs*, und **Hexadezyl-hexadekanat** (*Palmitinsäure-zetylester*) $C_{15}H_{31}-CO-OC_{16}H_{33}$, im Walrat.

Montanwachse sind Ester der Montansäure, $C_{27}H_{55}COOH$, und werden aus getrockneter Kohle extrahiert. Bei der trockenen Destillation der Braunkohle gehen sie in Paraffine über. Das technische Montanwachs ist ein Wachs-Harz-Gemisch vom Schmelzpunkt 80...90 °C.

Fette und fette Öle: Alle Fette und fetten Öle sind Ester höherer azyklischer Monokarbonsäuren (Fettsäuren) mit Glyzerol. Sie sind gemischte **Triglyzeride,** die meist Hexadekansäure (*Palmitinsäure*), Oktadekansäure (*Stearinsäure*) und Oktadezen-(9)-säure (*Ölsäure*) enthalten. Je höher der Gehalt an Ölsäure und anderen ungesättigten Säuren ist, desto niedriger liegt der Schmelzpunkt des Fettes. Durch *Hydrierung*, d.h. Anlagerung von Wasserstoff an die Doppelbindungen der ungesättigten Fettsäuren, werden Öle in Fette umgewandelt (*Fetthärtung*).

Formelbeispiel für Fette:

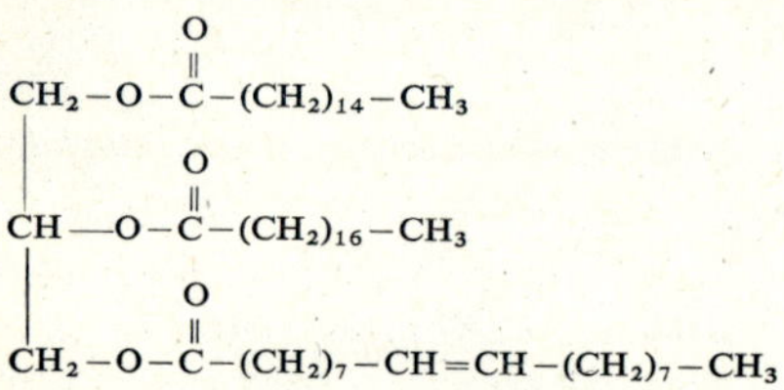

Gemischter Glyzerolester der Palmitin-, Stearin- und Ölsäure.

35. Azyklische Stickstoffverbindungen

35.1. Amine

Einteilung:

Je nach der Zahl der Alkylreste, die mit dem Stickstoffatom verbunden sind, unterscheidet man *primäre, sekundäre* und *tertiäre Amine.* Die funktionelle Gruppe ist in den folgenden Formeln farbig dargestellt:

$R-NH_2$	$R:\ddot{\underset{\cdot\cdot}{N}}:H$ H (unter N)	primäres Amin
$R \diagdown$ $\quad NH$ $R' \diagup$	$R:\ddot{\underset{\cdot\cdot}{N}}:R'$ H (unter N)	sekundäres Amin
$R \diagdown$ $R'-N$ $R'' \diagup$	$R:\ddot{\underset{\cdot\cdot}{N}}:R'$ R'' (unter N)	tertiäres Amin

Die Gruppe $-NH_2$ heißt **Aminogruppe.**

Eigenschaften:

Da das N-Atom noch ein freies Elektronenpaar besitzt, ist es in der Lage, das Proton einer Säure anzulagern. Es besitzt also basischen Charakter. Dabei entstehen **Alkylammoniumsalze**, z. B.

$$\underset{\text{Methylamin}}{CH_3-NH_2} + HCl \rightarrow \underset{\text{Methylammoniumchlorid}}{[CH_3-NH_3]^+Cl^-}$$

Lagert das Amin das Proton des Wassers an, so entsteht eine **Alkylammoniumbase**:

$$CH_3-NH_2 + H-OH \rightarrow \underset{\text{Methylammoniumhydroxid}}{[CH_3-NH_3]^+OH^-}$$

Wäßrige Lösungen der Amine reagieren also basisch. Tertiäre Amine bilden mit Alkylhalogeniden **Tetraalkylammoniumsalze,** sog. quartäre Ammoniumsalze:

$$R_3N + R'-I \rightarrow [R_3R'N]^+I^-$$

Vorkommen der Amine:

Der Geruch der Seefische, z. B. der Heringslake, kommt vom **Trimethylamin** $(CH_3)_3N$.

Cholin, $[(CH_3)_3N-CH_2-CH_2-OH]^+OH^-$, ist im *Lezithin* enthalten, das in allen lebenden Zellen vorkommt und aus Eigelb, aus dem Gehirn und aus Pflanzensamen isoliert wurde. Synthetisch hergestellte Chloride des Cholins werden als Futterzusatz bei der Intensivtierhaltung und als Düngerzusatz im Getreideanbau als Halmverstärkungsmittel verwendet.

Dimethylamin, $(CH_3)_2NH$, ist das Ausgangsprodukt für Dimethylformamid, ein wichtiges Extraktionsmittel für Butadien und Azetylen aus dem Pyrolysegas.

1,6-Diaminohexan, *Hexamethylendiamin*, $NH_2-(CH_2)_6-NH_2$, ist ein Ausgangsstoff für Polyamide (↑ S. 589)

35.2. Aminosäuren

Definition: Aminosäuren (genauer Aminokarbonsäuren) sind Stoffe, die sowohl *Aminogruppen* $-NH_2$ als auch *Karboxylgruppen* $-COOH$ enthalten.

Eigenschaften:

Amphoterer Charakter: Auf Grund des Vorhandenseins der basischen Aminogruppe und der sauren Karboxylgruppe bilden die Aminosäuren sowohl mit Säuren als auch mit Basen *Salze:*

- *Salzbildung mit Säuren:*

$$\underset{\displaystyle NH_2}{R-\underset{|}{CH}-COOH} + HCl \rightarrow \left[\underset{\displaystyle NH_3}{R-\underset{|}{CH}-COOH}\right]^+ Cl^-$$

- *Salzbildung mit Basen:*

$$\underset{\displaystyle NH_2}{R-\underset{|}{CH}-COOH} + NaOH \rightarrow \left[\underset{\displaystyle NH_2}{R-\underset{|}{CH}-COO}\right]^- Na^+ + H_2O$$

Im freien Zustand liegen die Aminosäuren als »innere Salze« vor (Wanderung des Protons von der Karboxylgruppe zur Aminogruppe):

$$\underset{\displaystyle NH_3^+}{R-\underset{|}{CH}-COO^-}$$

Optische Aktivität: Alle 2-Aminosäuren, ausgenommen Amino-äthansäure, sind optisch aktiv; denn sie enthalten ein asymmetrisches C-Atom.

Kondensation: Verbinden sich zwei Aminosäuren so, daß sich aus dem OH der Karboxylgruppe und einem H der Aminogruppe H_2O abspaltet, entsteht eine *Peptidbindung* (↑ S. 560). **Dipeptide** sind aus zwei, **Tripeptide** aus drei und **Polypeptide** aus vielen Aminosäuremolekülen durch Kondensation entstanden. Die Eiweißstoffe (↑ S. 560) bauen sich vornehmlich aus Polypeptidketten auf.

Beispiele:

Amino-äthansäure (*Glyzin, Glykokoll*) $\underset{\displaystyle NH_2}{\underset{|}{CH_2}-COOH}$	Baustein des Leims und fast aller Eiweißstoffe. Mit Hilfe des Glyzins baut die Zelle Adenosintriphosphorsäure (ATP) auf, die der Energielieferant im tierischen und menschlichen Körper ist.
2-Amino-propansäure (α-*Alanin*) $\underset{\displaystyle NH_2}{CH_3-\underset{|}{CH}-COOH}$	ein Baustein des Eiweißes

3-Amino-propansäure (β-*Alanin*)

$$\underset{\mathrm{NH_2}}{\underset{|}{\mathrm{CH_2}}}-\mathrm{CH_2-COOH}$$

ein Baustein der Pantothensäure (Vitamin des B-Komplexes)

2-Amino-4-methyl-pentansäure
(*α-Amino-isokapronsäure, Leuzin*)

$$\mathrm{CH_3}-\underset{\mathrm{CH_3}}{\underset{|}{\mathrm{CH}}}-\mathrm{CH_2}-\underset{\mathrm{NH_2}}{\underset{|}{\mathrm{CH}}}-\mathrm{COOH}$$

ein Baustein des Kaseins und des Horns

2-Amino-3-methyl-pentansäure
(*Isoleuzin*)

$$\mathrm{CH_3}-\mathrm{CH_2}-\underset{\mathrm{CH_3}}{\underset{|}{\mathrm{CH}}}-\underset{\mathrm{NH_2}}{\underset{|}{\mathrm{CH}}}-\mathrm{COOH}$$

Leuzin und Isoleuzin gehen bei der alkoholischen Gärung in den Gärungsamylalkohol über, der im Fuselöl enthalten ist.

Weitere Aminosäuren ↑ S. 562

35.3. Säureamide

Definition: Die funktionelle Gruppe der Säureamide (genauer: Karbonsäureamide) ist $-\mathrm{C}\genfrac{}{}{0pt}{}{\diagup\!\!\!\diagup \mathrm{O}}{\diagdown \mathrm{NH_2}}$; dabei ist die OH-Gruppe der Karbonsäure durch die Aminogruppe ersetzt.

Allgemeine Formel: $\mathrm{R-C}\genfrac{}{}{0pt}{}{\diagup\!\!\!\diagup \mathrm{O}}{\diagdown \mathrm{NH_2}}$

Herstellung:

- *aus Säurehalogenid + Ammoniak*

$$\underset{\text{Säurehalogenid}}{\mathrm{R-C}\genfrac{}{}{0pt}{}{\diagup\!\!\!\diagup \mathrm{O}}{\diagdown \mathrm{X}}} + \underset{\text{Ammoniak}}{2\,\mathrm{NH_3}} \rightarrow \underset{\text{Säureamid}}{\mathrm{R-C}\genfrac{}{}{0pt}{}{\diagup\!\!\!\diagup \mathrm{O}}{\diagdown \mathrm{NH_2}}} + \underset{\text{Ammoniumhalogenid}}{\mathrm{NH_4X}}$$

- *durch Erhitzen einer Karbonsäure mit Harnstoff*

$$\underset{\text{Karbonsäure}}{\mathrm{R-C}\genfrac{}{}{0pt}{}{\diagup\!\!\!\diagup \mathrm{O}}{\diagdown \mathrm{OH}}} + \underset{\text{Harnstoff}}{\mathrm{O{=}C}\genfrac{}{}{0pt}{}{\diagup \mathrm{NH_2}}{\diagdown \mathrm{NH_2}}} \rightarrow \underset{\text{Säureamid}}{\mathrm{R-C}\genfrac{}{}{0pt}{}{\diagup\!\!\!\diagup \mathrm{O}}{\diagdown \mathrm{NH_2}}} + \mathrm{CO_2} + \mathrm{NH_3}$$

Beispiele:

Dimethylformamid (*Methansäure-dimethylamid, Ameisensäuredimethylamid*)

$$\mathrm{H-C}\genfrac{}{}{0pt}{}{\diagup\!\!\!\diagup \mathrm{O}}{\diagdown \mathrm{N}\genfrac{}{}{0pt}{}{\diagup \mathrm{CH_3}}{\diagdown \mathrm{CH_3}}}$$

Kp = 150 °C; Lösungsmittel für Polyakrylnitril bei der Herstellung von Polyakrylnitrilfaserstoff; Extraktionsmittel für Butadien aus den Pyrolysegasen.

Harnstoff (*Kohlensäure-diamid, Karbamid*) ↑ S. 353

35.4. Säureureide (*Azylharnstoff, Ureide*)

Definition: Säureureide (genauer: Karbonsäureureide) sind Stoffe, in denen die OH-Gruppe der Karboxylgruppe durch den *Harnstoffrest* $-NH-CO-NH_2$ ersetzt ist:

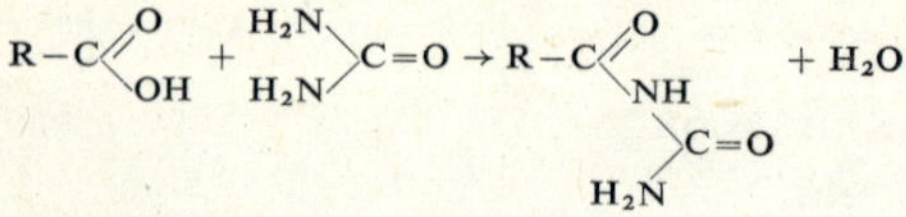

Karbonsäure Harnstoff Ureid

Allgemeine Formel: $R-CO-NH-CO-NH_2$

Verwendung: Die Ureide sind kristallisierte Verbindungen, die vorwiegend als Schlafmittel verwendet werden.

Besondere Bedeutung haben die *zyklischen Ureide* als Schlafmittel. Es sind Derivate der **Barbitursäure**:

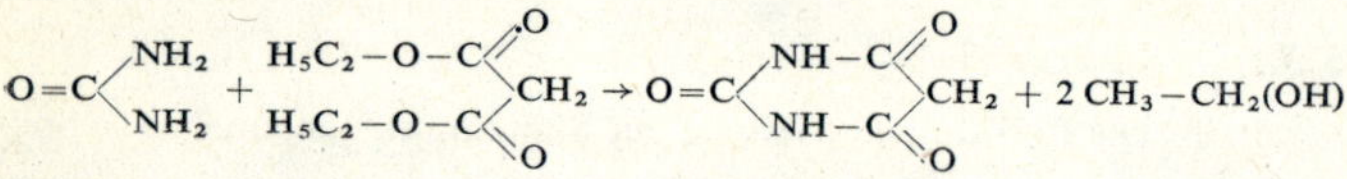

Harnstoff Malonsäure-diäthylester Barbitursäure (Malonyl-harnstoff)

Dialkylbarbitursäuren, sog. **Barbiturate**, sind bekannte Schlafmittel.

Beispiele: Diäthyl-barbitursäure = *Barbital*
Phenyläthyl-barbitursäure = *Lepinal*
Zyklohexenyl-äthyl-barbitursäure = *Zyklobarbital*
N-Methyl-5-zyklohexen-(1)-yl-5-methylbarbitursäure = *Hexobarbital*
5-Äthyl-5-krotyl-barbitursäure = *Kalypnon*

35.5. Kohlensäure-monamid-ester (*Ester der Karbaminsäure, Urethane*)

Kohlensäuremonamid (*Karbaminsäure*), $H_2N-CO-OH$, ist nur in Form von Salzen und Estern bekannt. Die Ester heißen **Urethane.**

Allgemeine Formel:

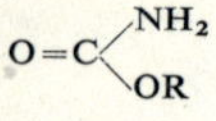

Herstellung:

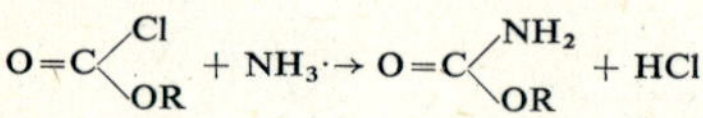

Chlormethansäureester Alkylurethan

Verwendung: Beruhigungs- und Schlafmittel. Besondere Bedeutung haben die Urethane als Monomere der **Polyurethane,** die aus Diisozyanaten $O=C=N-R-N=C=O$ und Dihydroxyverbindungen $HO-R-OH$ hergestellt werden; ↑ S. 591.

35.6. Alkannitrile (*Alkankarbonitrile, Alkylzyanide*) und Alkanisonitrile (*Alkankarboisonitrile, Alkylisozyanide*)

Allgemeine Formeln:

$R-C\equiv N$	$R-N=C$
Alkannitril	Alkanisonitril

Herstellung: aus Alken und Zyanwasserstoff

$$CH_2=CH_2 + HCN \rightarrow CH_3-CH_2-CN$$

Äthen — Propannitril; als Nebenprodukt entsteht auch Propanisonitril, CH_3-CH_2-NC.

Die Alkannitrile lassen sich zu Karbonsäuren verseifen, die um ein C-Atom reicher sind als das ursprüngliche Ausgangsprodukt:

$$CH_3-CH_2-CN \xrightarrow{+2\,H_2O} CH_3-CH_2-COONH_4$$

Propannitril, Propionsäurenitril — Ammoniumpropionat

Besondere Bedeutung hat das ungesättigte **Propennitril** (*Akrylnitril*), da es das Ausgangsprodukt für die Herstellung des Polyakrylnitrilfaserstoffs ist; ↑ S. 600.

35.7. Nitroalkane (*Nitroparaffine*)

Allgemeine Formel: $R-NO_2$

Die funktionelle $-NO_2$-Gruppe heißt **Nitrogruppe.** Die Nitroverbindungen dürfen nicht mit den Salpetersäureestern verwechselt werden. In den Estern ist der Stickstoff über Sauerstoff mit Kohlenstoff verbunden, in den Nitroverbindungen nicht.

$R-NO_2$	$R-O-NO_2$	$R-O-NO$
Nitroalkan	**Alkylnitrat** (Salpetersäureester)	**Alkylnitrit** (Salpetrigsäureester)

Die Nitroverbindungen sind den Salpetrigsäureestern isomer.

Herstellung:

- technisch:

$$R-H + HO-NO_2 \xrightarrow[\text{Temp.}]{\text{hohe}} R-NO_2 + H_2O$$

Alkan, Salpetersäure — Nitroalkan

- Labormethode:

$$R-I \text{ (oder } R-Br) + NaNO_2 \rightarrow R-NO_2 + NaI \text{ (oder NaBr)}$$

Jodalkan, Natriumnitrit — Nitroalkan

Verwendung: Die niederen Nitroalkane, vor allem
1-Nitropropan, $CH_3-CH_2-CH_2-NO_2$, haben als gute Lösungsmittel für einige Plaste Bedeutung erlangt, z.B. für Vinylharze, Polyakrylnitril, Polystyrol und Zellulosefasern.
Tetranitromethan, $C(NO_2)_4$, wird Raketentreibstoffen zugesetzt; außerdem ist es ein Nitrierungsmittel.

36. Azyklische Schwefelverbindungen

36.1. Alkanthiole (*Thioalkohole, Merkaptane*)

Die niederen Alkanthiole, R–SH, sind widerlich riechende Flüssigkeiten, die nur als Ausgangsprodukte für andere S-haltige Verbindungen eine Rolle spielen.

36.2. Alkansulfonsäuren (*Alkylsulfonsäuren*)

Allgemeine Formel:

$$R{-}S(=O)(=O){-}OH \quad ; \qquad R{-}SO_2OH$$

Funktionelle Gruppe: $-SO_2OH$-Gruppe

Sulfonsäuren dürfen nicht mit *Schwefelsäureestern* und *Schwefligsäureestern* verwechselt werden. In den Estern ist der Schwefel über Sauerstoff mit Kohlenstoff verbunden, in den Sulfonsäuren nicht:

$R{-}SO_2OH$	$R{-}O{-}SO_2OH$	$R{-}O{-}SOOH$
Alkylsulfonsäure	**Alkylsulfat** (Schwefelsäure-ester)	**Alkylsulfit** (Schwefligsäure-ester)

Bedeutung:

Die Sulfonsäuren sind sehr starke Säuren, deren Alkalisalze eine große Bedeutung haben. Die Salze heißen **Sulfonate**, während die Estersalze als **Sulfate** bzw. **Sulfite** bezeichnet werden.

Die *Natriumalkansulfonate* sind auch in hartem Wasser gut schäumende Waschmittel (Handelsname: *Mersolate*); sie dürfen nicht mit den Alkylsulfaten (Fettalkoholsulfaten) vom Typ »*Fewa*« verwechselt werden; ↑ S. 516.

Herstellung:

- $R{-}H + SO_2 + {}^1/_2\,O_2 \xrightarrow[\text{oder Ozon}]{\text{UV-Licht}} R{-}SO_2OH$ (Sulfoxidation)
- $R{-}H + SO_2 + Cl_2 \xrightarrow{\text{UV-Licht}} R{-}SO_2{-}Cl + HCl$ (Sulfochlorierung)

$$R{-}SO_2Cl + 2\,NaOH \xrightarrow{\text{Verseifung}} R{-}SO_2ONa + NaCl + H_2O$$

Alkansulfonsäurechlorid (*Mersol*) → Natriumalkansulfonat (*Mersolat*)

37. Kohlenhydrate

37.1. Allgemeines

Name und allgemeine Formel: In den meisten Kohlenhydraten sind neben Kohlenstoffatomen die Elemente Wasserstoff und Sauerstoff wie im Wasser im Verhältnis 2:1 enthalten. Dies entspricht der allgemeinen Formel $C_m(H_2O)_n$.

Ausnahmen bilden die *Desoxyzucker*, z.B. die in Nukleinsäuren (↑ S. 564) gebundene **Desoxyribose**, $C_5H_{10}O_4$.

Einteilung nach der Zahl der Kohlenhydratreste:

- **Monosaccharide**[1]) (Einfachzucker)
  Ihre Moleküle lassen sich nicht in einfachere Kohlenhydrate zerlegen.
- **Oligosaccharide**[1]) (Mehrfachzucker)
  Ihre Moleküle lassen sich in wenige (gleiche oder verschiedene) Monosaccharidmoleküle zerlegen.
  Am wichtigsten sind **Disaccharide** (Zweifachzucker) aus zwei Monosaccharidresten; ferner existieren **Trisaccharide** usw.
- **Polysaccharide**[1]) (Vielfachzucker)
  Ihre Moleküle lassen sich in viele (Größenordnung 100 bis mehrere 1000) Monosaccharidmoleküle zerlegen.

Die Zerlegung der Oligo- und Polysaccharide in Monosaccharide erfolgt unter Wasseraufnahme (Hydrolyse), z.B. beim Kochen mit verdünnten Säuren. Der Aufbau der Oligo- und Polysaccharide aus Monosacchariden erfolgt demnach unter Wasserabspaltung (Kondensation).

37.2. Monosaccharide

Einteilung nach der funktionellen Gruppe:

- **Aldosen** enthalten eine Aldehydgruppe.
- **Ketosen** enthalten eine Ketogruppe.

  Die Aldosen reduzieren wie andere Aldehyde FEHLINGsche Lösung und ammoniakalische Silbersalzlösung.

Einteilung nach der Anzahl der O-Atome im Molekül:

- **Pentosen** enthalten fünf O-Atome. Formel: $C_5H_{10}O_5$
- **Hexosen** enthalten sechs O-Atome. Formel: $C_6H_{12}O_6$
  Außerdem existieren **Triosen** (3 O-Atome), **Tetrosen** (4 O-Atome), **Heptosen** (7 O-Atome) usw.

Je nachdem, ob Aldosen oder Ketosen vorliegen, unterscheidet man **Aldopentosen, Aldohexosen, Ketohexosen** usw.

---

[1]) Die Duden-Schreibweise lautet ...sacharide.

Darstellung der Strukturformeln:

- **Kettenformeln** (↑ unten)
  Diese Form der Darstellung ist übersichtlich, erklärt aber einige Eigenschaften der Monosaccharide nicht (z.B. erfolgt nicht die Addition von $NaHSO_3$ oder NH_3, die eine typische Aldehyd- bzw. Ketonreaktion ist).
- **Ringformeln** (↑ S. 527)

Optische Aktivität

Infolge der Anwesenheit asymmetrischer C-Atome sind die Monosaccharide optisch aktiv (↑ S. 458). Je nach der Stellung der OH-Gruppe am vorletzten Atom der Kettenformel unterscheidet man D- und L-Verbindungen:

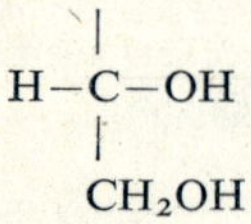
D-Verbindung

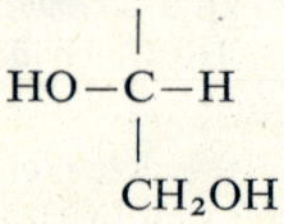
L-Verbindung

37.2.1. Pentosen

Pentosen kommen in der Natur nicht frei, sondern nur als Baugruppen von Oligo- und Polysacchariden vor, z.B. im Holz. Als Proteide (Verbindungen mit Eiweißstoffen) finden sie sich auch in der Leber und der Bauchspeicheldrüse des tierischen Körpers. Sie lassen sich mit Hefe nicht vergären.

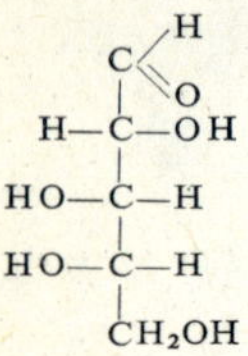
L(+)-Arabinose (Kirschgummikomponente)

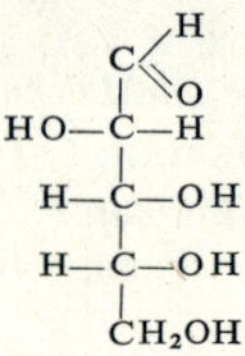
D(—)-Arabinose (Aloekomponente)

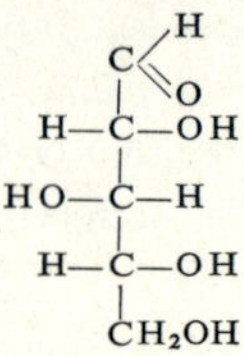
D(+)-Xylose (Kleie- und Strohkomponente)

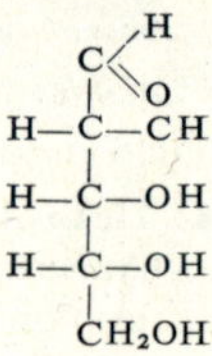
D(—)-Ribose (Bestandteil von Nukleinsäuren)

37.2.2. Hexosen

Hexosen kommen in der Natur sowohl frei wie auch in Oligo- und Polysacchariden gebunden vor.

Glykoside sind Verbindungen zwischen Kohlenhydraten und anderen Stoffklassen. Sie finden sich z. B. im Eiweiß.

D(+)-Glukose (*Traubenzucker*, *Dextrose*), das häufigste Monosaccharid, ist eine Aldohexose. Sie kommt frei in vielen Früchten, im Blut (Blutzucker), im Honig und chemisch gebunden in der Saccharose, Maltose, Laktose, Zellulose, Stärke und vielen anderen Kohlenhydraten vor. Sie ist ein weißes, leicht wasserlösliches, süß schmeckendes Kristallpulver.

D(+)-Mannose kommt in der Steinnuß und in Johannisbrotbaumsamen vor.

D(+)-Galaktose kommt als Baugruppe des Disaccharids Laktose (Milchzucker) vor.

D(−)-Fruktose (*Lävulose, Fruchtzucker*) ist eine Ketohexose. Sie kommt frei in vielen Früchten und im Honig, gebunden im Disaccharid Saccharose (Rohr-, Rübenzucker) und im Polysaccharid Inulin vor. **Inulin** besteht nur aus Fruktoseresten, besitzt stärkeähnliche Eigenschaften und kommt z. B. in Dahlienknollen vor.
Fruktose ist ein weißes, sehr süß schmeckendes Kristallpulver. Sie reduziert, obwohl sie eine Ketogruppe enthält, FEHLINGsche Lösung, da Keto-Enol-Tautomerie (↑ S. 457) auftritt.

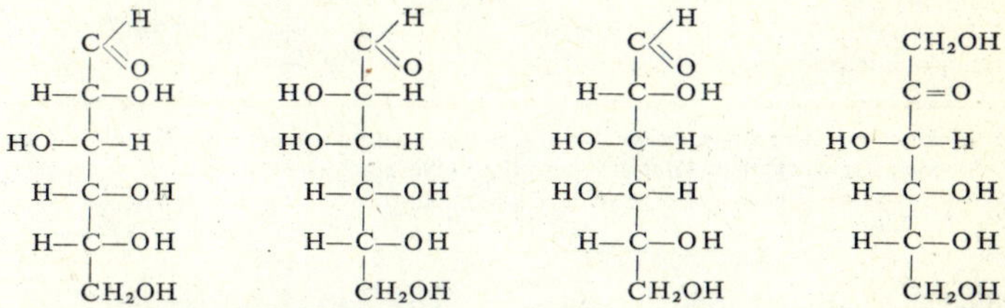

D(+)-Glukose **D(+)-Mannose** **D(+)-Galaktose** **D(—)-Fruktose**

Ringformeln: Die eben angegebenen Kettenformeln der Kohlenhydrate sind vereinfacht. TOLLENS folgerte aus der besonderen Reaktionsfähigkeit der Kohlenhydrate, daß eine intramolekulare Verknüpfung zwischen der Aldehyd- bzw. Ketogruppe und einer Hydroxylgruppe vorhanden sein müsse.

Er entwickelte eine besondere Ringformel, bei der die H-Atome und die OH-Gruppen so angeordnet werden, daß man ihre Stellung über oder unter dem Ring erkennen kann (nach vorn weisende Kanten der Ringebene fettgedruckt). Der Übersicht halber werden die C-Atome im Ring weggelassen. Kohlenhydrate mit Sechsring-Konfiguration heißen **Pyranosen**, mit Fünfring-Konfiguration **Furanosen**, da sie das Ringsystem des Pyrans bzw. Furans enthalten.

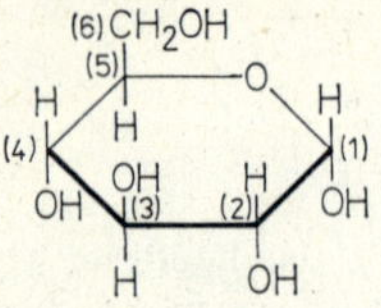

D(+)-Glukopyranose

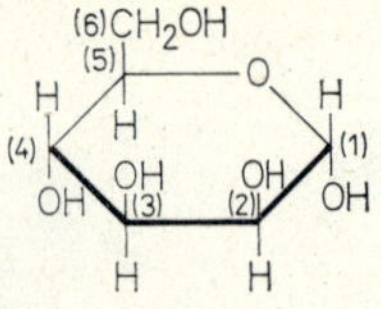

D(+)-Mannopyranose

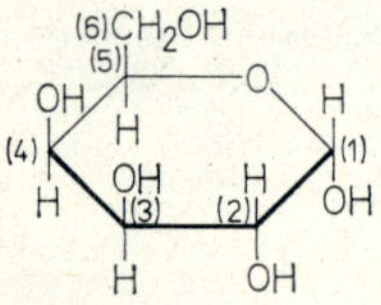

D(+)-Galaktopyranose

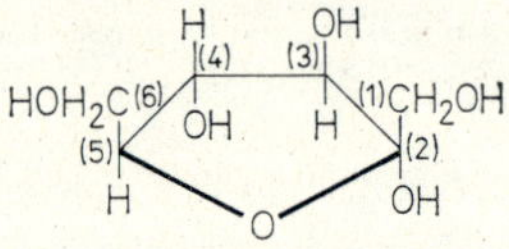

D(–)-Fruktofuranose
(im Rohrzucker)

Durch den Ringschluß entsteht am C-Atom 1 eine OH-Gruppe, deren Stellung Einfluß auf die physikalischen Eigenschaften (Löslichkeit, Schmelzpunkt, optische Drehung) hat; deshalb muß sie besonders beachtet werden.

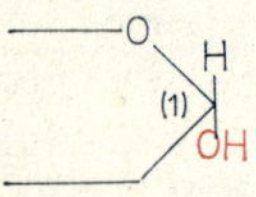

α-Glukose

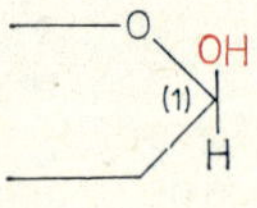

β-Glukose

α-Glukose (genauer: α-D-Glukose) dreht die Ebene des polarisierten Lichtes um 111,2°, **β-Glukose** (genauer: β-D-Glukose) um 17,5°. Sie sind keine optischen Antipoden, sondern Diastereomere.

37.3. Disaccharide

Disaccharide entstehen aus zwei Monosaccharidmolekülen unter Wasserabspaltung, z. B.

$$C_6H_{12}O_6 + C_6H_{12}O_6 \rightarrow C_{12}H_{22}O_{11} + H_2O$$

Die Verknüpfung der beiden Monosaccharide erfolgt zwischen der durch Ringschluß entstandenen OH-Gruppe (glykosidische Hydroxylgruppe) und der Karbonylgruppe oder einer alkoholischen Hydroxylgruppe des anderen Monosaccharids. Im ersteren Fall (z. B. beim Rohrzucker) gehen die reduzierenden Eigenschaften verloren, im zweiten Fall (z. B. beim Milchzucker) nicht.

Verbindungen, an denen die glykosidische Hydroxylgruppe beteiligt ist, heißen **Glykoside.**

Saccharose (*Rohrzucker*, *Rübenzucker*) besteht aus α-D-Glukose und β-D-Fruktose.

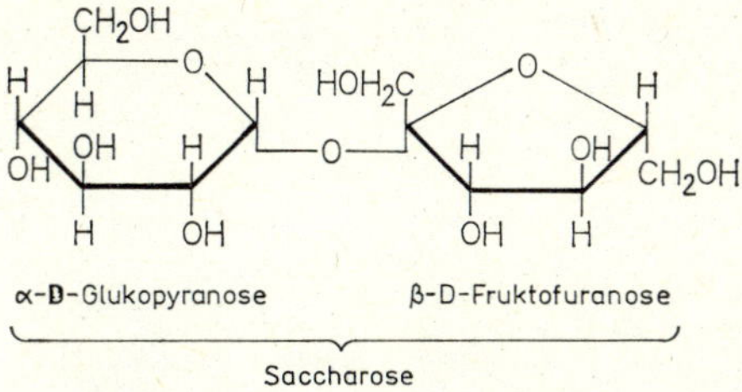

Da an der glykosidischen Bindung die Karbonylgruppe beteiligt ist, wird FEHLINGsche Lösung nicht reduziert. Erst nach der Spaltung (*Inversion*) sind die reduzierenden Eigenschaften wieder vorhanden.

$$\text{Saccharose (Rohrzucker)} \xrightarrow[\text{Fermente oder verd. Säuren}]{\text{Hydrolytische Spaltung}} \underbrace{\text{Glukose} + \text{Fruktose}}_{\text{Invertzucker (im Kunsthonig)}}$$

Bienenhonig enthält natürlichen Invertzucker. *Karamel* entsteht beim Erhitzen des Zuckers über den Schmelzpunkt; dabei treten die verschiedenartigsten Zersetzungsprodukte auf.

Laktose (*Milchzucker*) besteht aus β-D-Galaktose + β-D-Glukose.

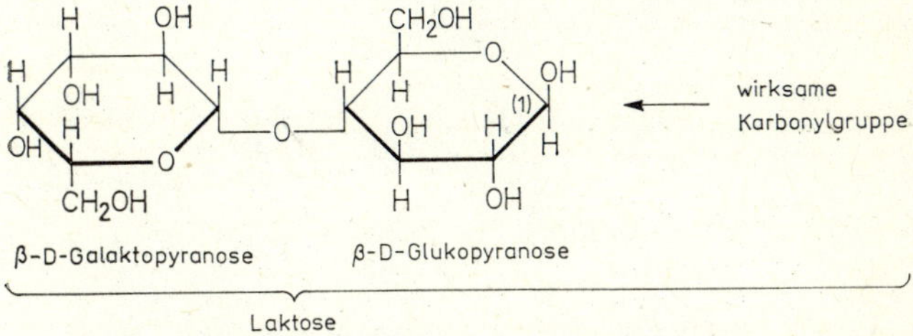

Hier ist die Karbonylgruppe als Azetalgruppe erhalten geblieben, deshalb zeigt der Milchzucker die üblichen Zuckerreaktionen. Das C-Atom (1) der Glukose ist nicht mit einem anderen Molekül verknüpft.
Die Laktose schmeckt weniger süß als die Saccharose. Sie ist zu 4...5% in der Kuhmilch und zu 5,5...7,5% in der Frauenmilch enthalten. Beim Sauerwerden der Milch wandelt sich Milchzucker durch Bakterien in *Milchsäure* um.

Maltose, *Malzzucker*, besteht aus 2 Molekülen α-D-Glukose.

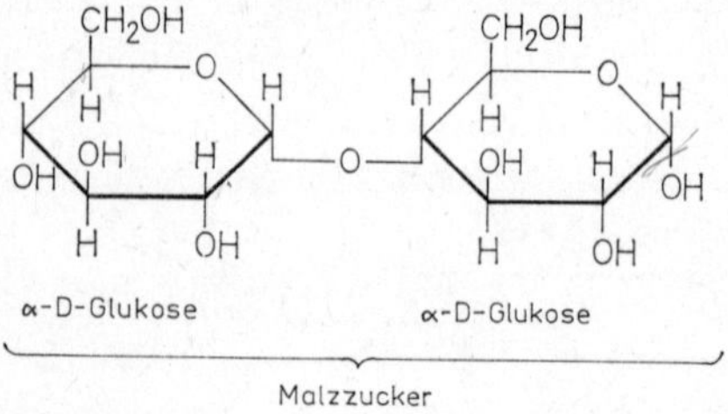

Die Aldehydreaktionen sind wie beim Milchzucker positiv. Malzzucker entsteht beim hydrolytischen Abbau der Stärke. Er befindet sich im keimenden Samen und wird bei der Bierherstellung in Form von Gerstenmalz (gekeimte Gerste) verwendet.

37.4. Polysaccharide

Die wichtigsten Polysaccharide sind *Stärke*, *Glykogen* und *Zellulose*, ferner die sich vorwiegend aus Pentosen aufbauenden *Hemizellulosen* und das *Inulin* (↑ S. 527).

Stärke ist ein Polykondensat aus α-D-Glukose. Sie ist keine einheitliche Substanz, sondern besteht zu 80% aus **Amylopektin** als Hüllsubstanz und zu 20% aus **Amylose** im Inneren des Korns.
Amylopektin ist in Wasser unlöslich. Es besitzt stark verzweigte Glukoseketten, die aus 1000...6000 Glukoseeinheiten bestehen.
Amylose bildet unverzweigte Ketten, die in Wasser löslich sind und aus 100...1400 Glukoseeinheiten bestehen. Beim Erhitzen mit verdünnten Säuren (z.B. Salzsäure) oder unter Einwirkung von Fermenten (Diastase) läßt sich Stärke abbauen:

Stärke → Dextrin → Maltose → Glukose

Die grünen Pflanzen wandeln unter Lichteinwirkung mit Hilfe des Chlorophylls Kohlendioxid und Wasser über die Zwischenstufe Glukose in Stärke um (Assimilation); die Glukose entsteht hierbei gemäß der Gleichung $6\,CO_2 + 6\,H_2O \rightarrow C_6H_{12}O_6 + 6\,O_2$. Die Stärke stellt das Energiereservoir der Pflanzen dar.

Dextrin, ein gelblich-weißes Pulver, wird als Klebstoff verwendet.

Glykogen ist das Reservekohlenhydrat des menschlichen und tierischen Organismus. Es wird in der Leber (bis zu 18% des Lebergewichtes) und in den Muskeln gespeichert. Bei Muskelarbeit wird Glykogen zu L(+)-Milchsäure abgebaut, deren Anhäufung Ermüdungserscheinungen hervorruft. Chemisch ähnelt Glykogen sehr dem Amylopektin. Es hat aber noch stärker verzweigte Ketten und ist höhermolekular (25000 bis 90000 Glukoseeinheiten).

Zellulose ist das verbreitetste Polysaccharid und zugleich die organische Substanz, die in absolut größter Menge auf der Erde vorkommt.
Zellulose ist im Gegensatz zu Amylose, Amylopektin und Glykogen aus β-Glukose aufgebaut. Sie läßt sich jedoch wesentlich schwieriger hydrolytisch abbauen. Bei der Holzverzuckerung wendet man z.B. 40%ige Salzsäure bei hoher Temperatur an. Der Abbau erfolgt über das Disaccharid Zellobiose:

Zellulose → Zellobiose → Glukose

Die Hydrolyse mit konzentrierter Salzsäure bei Raumtemperatur liefert dextrinähnliche Abbauprodukte, die als gut verdauliches Mastfutter für Wiederkäuer geeignet sind.
Zellulose läßt sich mit Säuren verestern. Großtechnisch geschieht das vor allem mit Salpetersäure (»Nitrieren«) und Essigsäure (»Azetylieren«).

- **Zellulosetrinitrat** enthält je Glukosebaustein 3 Nitratgruppen $-O-NO_2$. Es heißt wegen seiner Verwendung *Schießbaumwolle*.
- **Zellulosedinitrat** hat eine niedrigere Veresterungsstufe. Zellulosedinitrat ist *Kollodiumwolle*, es wird auf Zelluloid, Nitrolacke und Kollodiumlösung verarbeitet.
  Die Zellulosenitrate werden fälschlicherweise auch als »Nitrozellulosen« bezeichnet.
- **Zelluloseazetat**, der Essigsäureester der Zellulose, wird in der Filmindustrie (nicht entflammbares Filmmaterial) und als Faserstoff verarbeitet; ↑ S. 602.

Viskoseseide, *Zellwolle* und *Zellglas* bestehen aus reiner (regenerierter) Zellulose; ↑ S. 601.

Holz besteht aus *Zellulose* (etwa 45%), *Hemizellulosen* (etwa 30%) und *Lignin* (etwa 20%) sowie aus Harzen und Mineralstoffen. Lignin ist eine komplizierte makromolekulare aromatische Substanz. Durch verschiedene chemische Verfahren läßt es sich in wasserlösliche Produkte abbauen, dadurch bleibt die Zellulose als Zellstoff zurück.

38. Zyklische Verbindungen

38.1. Allgemeines

Zyklische Verbindungen enthalten einen oder mehrere Ringe im Molekül (mono-, bi-, trizyklisch usw. je nach Anzahl der Ringe).

Einteilung:

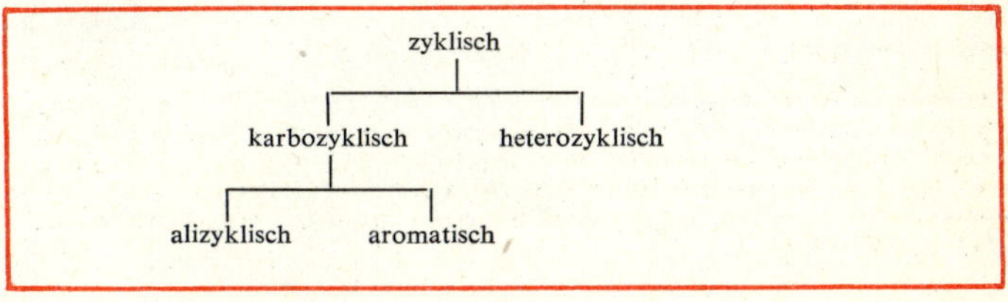

- **Karbozyklische Verbindungen** (*isozyklische Verbindungen*): Die Ringe bestehen nur aus C-Atomen.
- **Heterozyklische Verbindungen:** Die Ringe enthalten außer C-Atomen noch andere Atome, z.B. N, S, O u.a., als Ringglieder.
- **Aromatische Verbindungen:** Die Moleküle enthalten das besondere Bindungssystem des Benzols.
- **Alizyklische Verbindungen:** Die Ringe sind frei vom besonderen Bindungssystem des Benzols.

Unter dem Namen **hydroaromatische Verbindungen** faßte man früher solche alizyklische Verbindungen (Zyklohexan und Derivate) zusammen, die durch Hydrierung von Benzol und seinen Derivaten entstehen.

38.2. Karbozyklische Verbindungen

38.2.1. Alizyklische Verbindungen

Zykloalkane: Die einfachsten alizyklischen Kohlenwasserstoffe (*Zykloalkane; Naphthene*) sind:

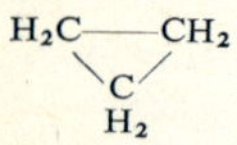

C_3H_6 Zyklopropan

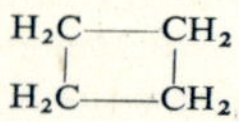

C_4H_8 Zyklobutan

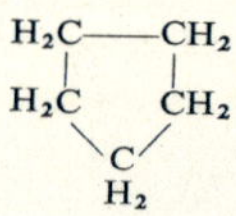

C_5H_{10} Zyklopentan

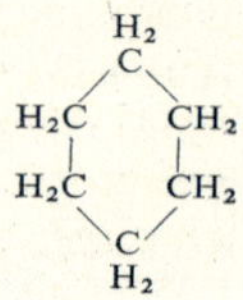

C_6H_{12} Zyklohexan

Es sind farblose, wasserunlösliche, brennbare Stoffe, die in ihrem chemischen Verhalten den Alkanen ähneln; sie kommen in manchen Erdölsorten reichlich vor. C_3H_6 und C_4H_8 sind gasförmig, die kohlenstoffreicheren Verbindungen sind flüssig, die kohlenstoffreichsten fest.

Man beachte, daß die Zykloalkane nicht den entsprechenden Alkanen, sondern den *Alkenen* isomer sind!

Zyklohexanol, $C_6H_{11}OH$, und **Zyklohexanon,** $C_6H_{10}O$, sind Zwischenprodukte bei der Herstellung von Kaprolaktam. Zyklohexanol, eine farblose, charakteristisch riechende Flüssigkeit (Kp = 161,5 °C) entsteht bei der Hydrierung von Phenol in Gegenwart katalytisch wirkenden Nickels; $C_6H_5OH + 3\,H_2 \rightarrow C_6H_{11}OH$. Zyklohexanol ist ein sekundärer Alkohol; durch Oxidation entsteht daraus das Keton *Zyklohexanon,* ein Lösungsmittel für PVC (Kp = 156,7 °C).

Hexachlorzyklohexan, *HCH*, $C_6H_6Cl_6$: entsteht durch Addition von Chlor an Benzol in Gegenwart von UV-Strahlung (Quecksilberdampflampe): $C_6H_6 + 3\,Cl_2 \rightarrow C_6H_6Cl_6$. Aus dem entstehenden Gemisch von Stereoisomeren isoliert man γ-HCH (*Lindan*, *Gammexan*), ein hochwirksames Insektizid, als farblose, kristallisierte Substanz; $F = 112\,°C$.

Naphthensäuren sind Zyklopentan- und Zyklohexankarbonsäuren; sie finden sich als unangenehm riechende Flüssigkeiten im Erdöl. *Alkalinaphthenate* dienen als Seifen; *Schwermetallnaphthenate* sind in Kohlenwasserstoffen löslich und werden als Sikkative für Ölfarben verwendet (Co-, Mn-, Pb-Salz).

Dekalin (*Dekahydronaphthalin*), $C_{10}H_{18}$, und **Tetralin**[1]) (*Tetrahydronaphthalin*), $C_{10}H_{12}$, werden durch katalytische Hydrierung von Naphthalin hergestellt und als terpentinölähnliche Lösungsmittel verwendet.

Harzsäuren, z.B. *Abietinsäure*, $C_{19}H_{29}-COOH$, bilden den Hauptbestandteil des **Kolophoniums;** sie dienen zur Bereitung von Lackrohstoffen. Ihre Salze sind die **Harzseifen,** die zum Leimen von Papier und zur Herstellung von Sikkativen verwendet werden.

Terpene sind in *ätherischen Ölen* vorkommende Kohlenwasserstoffe der allgemeinen Formel $(C_5H_8)_n$ ($n = 2, 3, 4, \ldots$); sie sind formal aus *Isopren*-Einheiten C_5H_8 aufgebaut (»*Polyprene*«). Auch hydrierte Produkte und Sauerstoffderivate kommen in ätherischen Ölen vor; die früher »*Kampfer*« genannten Stoffe werden heute besser als **Terpenalkohole, -ketone, -äther, -ester** und **-aldehyde** bezeichnet. Die meisten dieser Stoffe sind flüssig oder fest; sie zeichnen sich durch charakteristische Gerüche aus und werden deshalb als Riechstoffe verwendet. Je nach der Zahl der Ringe unterscheidet man *mono-*, *bi-* und *trizyklische* Terpene; auch *azyklische* (d.h. ringfreie) sind bekannt.

Beispiele:

- *azyklisch*

  Geraniol, $C_{10}H_{17}OH$: Rosengeruch (Strukturformel ↑ S. 534)
  Zitronellol, $C_{10}H_{19}OH$: zarter Rosengeruch
  Linalylazetat, $CH_3-CO-OC_{10}H_{17}$: Lavendelgeruch
  Zitral, $C_9H_{15}-CHO$: Zitronengeruch

- *monozyklisch*

  Menthol, $C_{10}H_{19}OH$: Pfefferminzgeruch (Strukturformel ↑ S. 534)
  Zineol (*Eukalyptol*), $C_{10}H_{18}O$: Eukalyptusgeruch
  Terpineol, $C_{10}H_{17}OH$: Fliedergeruch
  Karvon, $C_{10}H_{14}O$: Kümmelgeruch

- *bizyklisch*

  Isobornylazetat, $CH_3-CO-OC_{10}H_{17}$: Fichtennadelgeruch
  Kampfer, $C_{10}H_{16}O$: Kampfergeruch; Verwendung für Zelluloid; Strukturformel ↑ S. 534

Verwandt mit den Terpenen sind die Veilchenriechstoffe **Iron** (natürlich) und **Jonon** (künstlich), beides Ketone.

---

[1]) Tetralin gehört, da es einen Benzolring enthält, zu den aromatischen Verbindungen.

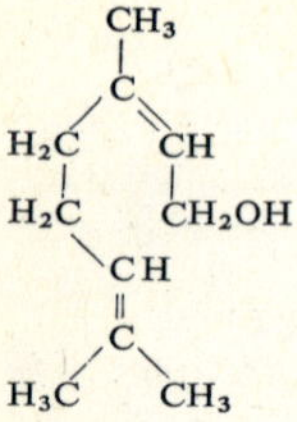

Geraniol

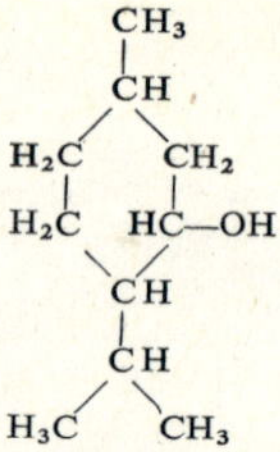

Menthol

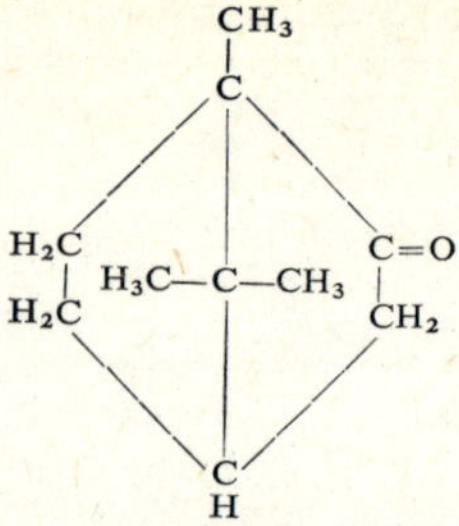

Kampfer

Terpentinöl ist das Destillat von Kiefernharz (Destillationsrückstand: *Kolophonium*); es besteht hauptsächlich aus dem bizyklischen **Pinen**, $C_{10}H_{16}$, und dient als Lösungsmittel für Harze, Lacke, Wachse usw. sowie als Rohstoff für synthetischen Kampfer.

Muskon, $\overline{CH_2-CH(CH_3)-[CH_2]_{12}-CO}$, ist der Hauptgeruchsträger des Moschus.

38.2.2. Aromatische Verbindungen

38.2.2.1. Allgemeines

Definition: Aromatische Verbindungen enthalten das besondere »aromatische« Bindungssystem des Benzols; ihre Moleküle enthalten einen oder mehrere »*Benzolringe*«.

Aromatisches Bindungssystem: Im Benzol, C_6H_6, lassen sich die Bindungsverhältnisse nicht durch klassische Strukturformeln wiedergeben. Die von dem deutschen Chemiker AUGUST KEKULÉ 1865 aufgestellte Formel mit 3 Doppelbindungen widerspricht sowohl dem fast gesättigten Charakter der Verbindung als auch den Isomerieverhältnissen bei 1,2-Disubstitutionsprodukten (↑ S. 536). KEKULÉ nahm deshalb an, daß die Bindungen dauernd ihren Platz wechseln (»oszillieren«):

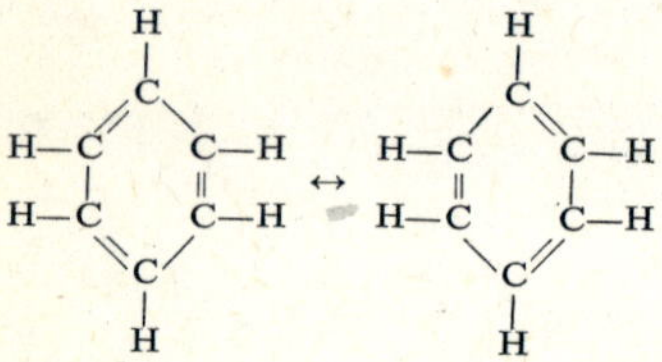

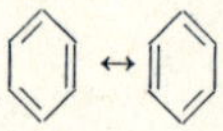

vereinfachte Schreibweise: Jede Ecke entspricht einem C-Atom; die H-Atome werden nicht angegeben!

In Wirklichkeit findet kein Oszillieren statt, sondern es herrscht ein besonders stabiler, energiearmer Zwischenzustand (»*Mesomerie*«) zwischen beiden Formen. Die über die Einfachbindung hinaus vorhandenen sechs Elektronen (π-Elektronen) treten miteinander in eine besondere Wechselwirkung und verteilen sich gleichmäßig über den gesamten

Ring; ↑ S. 156 und S. 463. Diese gleichmäßige Verteilung wird in einer modernen symbolischen Darstellung durch einen eingeschriebenen Kreis wiedergegeben.

Gleichmäßige Verteilung

Moderne Schreibweise

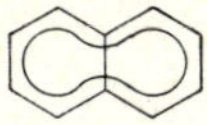

Moderne Schreibweise des Naphthalin-Moleküls

Da jedoch die moderne Schreibweise bei polyzyklischen Ringsystemen unhandlich und wegen der Existenz von Übergangsformen zwischen aromatischem und nichtaromatischem Bindungssystem in manchen Fällen problematisch wird, bevorzugt man auch heute noch die KEKULÉ-Formel mit alternierenden Doppelbindungen als *Registrierformel* für das aromatische Bindungssystem.

Kern und Seitenketten: Das Kohlenstoffskelett des Benzols bezeichnet man als »Benzolkern«; die davon abzweigenden C-Ketten, auch wenn sie nur aus einer Methylgruppe bestehen, werden »Seitenketten« genannt.

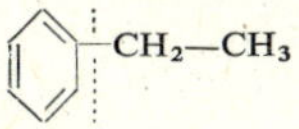

Kern Seitenkette

Kondensierte und nichtkondensierte Ringe: Kondensierte Ringe haben mehrere C-Atome als Ringglieder gemeinsam (Naphthalin, Anthrazen); nichtkondensierte Ringe haben keine Ringglieder gemeinsam (Biphenyl, Diphenylmethan):

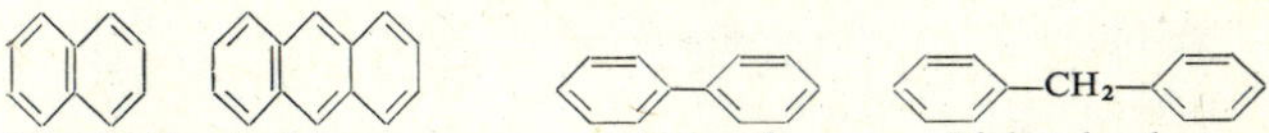

Naphthalin Anthrazen — kondensiert; Biphenyl Diphenylmethan — nicht kondensiert

Isomerieverhältnisse beim Benzol: Alle H-Atome befinden sich in gleicher Situation im Molekül; folglich existieren

- bei *einem* Substituenten
  nur *eine* Verbindung, z. B. nur *ein* Chlorbenzol, C_6H_5Cl;
- bei *zwei* Substituenten
  drei isomere Verbindungen, z. B. Dichlorbenzole, $C_6H_4Cl_2$[1]):

[1]) Wäre die KEKULÉ-Formel richtig, sollte man 2 o-Verbindungen erwarten, je nachdem, ob die beiden Substituenten eine Einfach- oder eine Doppelbindung einschließen.

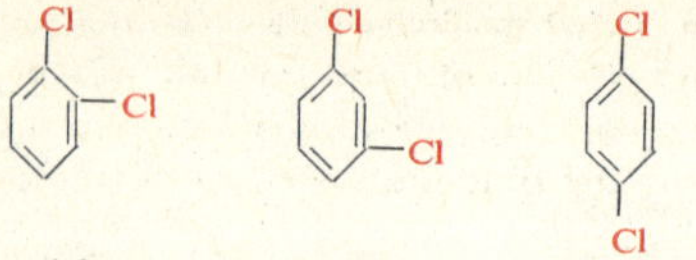

1,2- o- (ortho-) | 1,3- m- (meta-) | 1,4- p- (para-)

Dichlorbenzol

- bei *drei gleichen* Substituenten
  drei isomere Verbindungen, z. B. Trichlorbenzole, $C_6H_3Cl_3$:

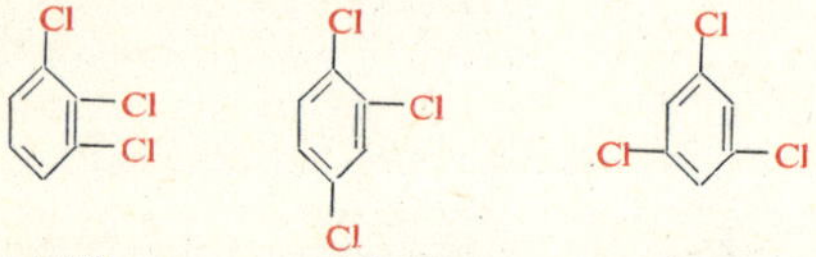

1,2,3- vic- (vizinal) | 1,2,4- asym- (asymmetrisch) | 1,3,5- sym- (symmetrisch)

Trichlorbenzol

- bei *vier gleichen* Substituenten
  drei isomere Verbindungen, z. B. Tetrachlorbenzole, $C_6H_2Cl_4$:

  1,2,3,4-
  1,2,3,5- } Tetrachlorbenzol;
  1,2,4,5-

- bei *fünf gleichen* Substituenten
  eine Verbindung, z. B. Pentachlorbenzol, C_6HCl_5;
- bei *sechs gleichen Substituenten*
  eine Verbindung, z. B. Hexachlorbenzol, C_6Cl_6.

Substitutionsregeln:

Substituenten I. Ordnung ($-Cl$, $-Br$, $-I$, $-CH_3$, $-C_nH_{2n+1}$, $-OH$, $-NH_2$) dirigieren einen neu eintretenden Substituenten, gleich welcher Art, in die 2- und 4-Stellung.

Substituenten II. Ordnung ($-NO_2$, $-CHO$, $-COOH$, $-SO_2OH$) dirigieren einen neuen Substituenten in die 3-Stellung.

Aromatisches Verhalten von Benzolderivaten: Der aromatische, fast gesättigte Charakter des Benzols bleibt auch in den meisten seiner Derivate erhalten. Nur wenn mehrere Substituenten I. Ordnung vorhanden sind, wird das aromatische Bindungssystem stark »deformiert«.

Zusätzlich zu den Benzolderivaten existieren auch einige heterozyklische Verbindungen mit aromatischem Charakter (↑ S. 555).

38.2.2.2. Aromatische Kohlenwasserstoffe (Arene)

Übersicht: Wichtige aromatische Kohlenwasserstoffe

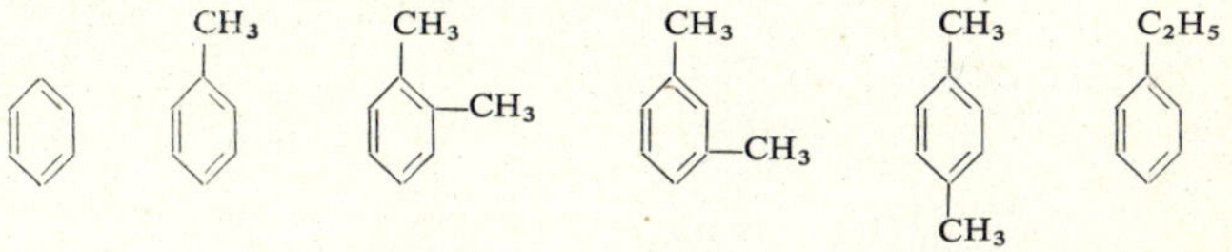

Benzol Toluol o-Xylol m-Xylol p-Xylol Äthylbenzol

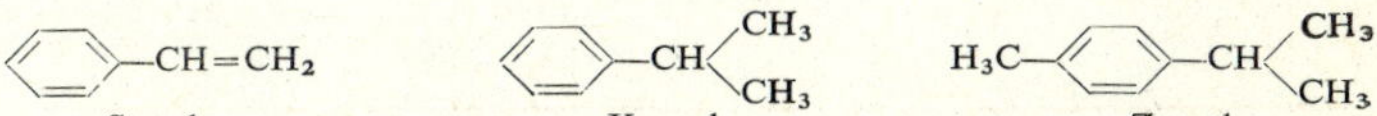

Styrol Kumol p-Zymol

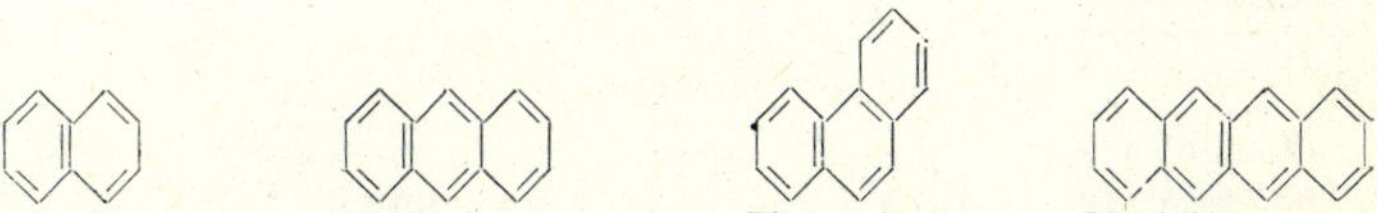

Naphthalin Anthrazen Phenanthren Naphthazen

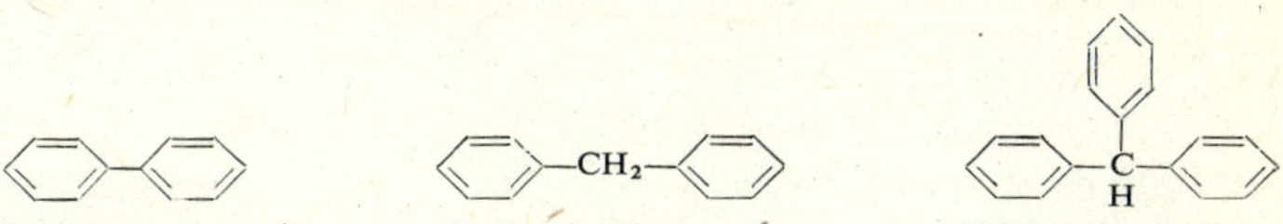

Biphenyl Diphenylmethan Triphenylmethan

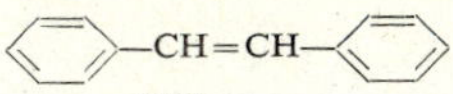

Stilben

Unter dem Namen **BTX-Aromaten** faßt man Benzol, Toluol und die Xylole zusammen.

Gemäß neuerer Nomenklaturempfehlung sollen alle Arene die Endung -en erhalten: *Benzen, Toluen, Xylen, Styren, Kumen, Zymen, Naphthalen*; entsprechend auch Derivate wie *Ethylbenzen, Chlorbenzen, Benzenkarbonsäure* u.a. und Polymere wie *Polystyren*. Dagegen heißt es nach wie vor: *Biphenyl*.

Gewinnung aus Kokereigas und Steinkohlenteer:

Aus **Kokereigas** gewinnt man Benzol, Toluol und die Xylole durch Auswaschen mit z.B. Anthrazenöl oder durch Adsorption an Aktivkohle.

Durch fraktionierte Destillation des **Steinkohlenteers** erhält man neben 2...5% Ammoniakwasser 1...2% *Leichtöl* (Siedepunkt bis 180°C), 10...12% *Mittelöl* (180...230°C), 8...10% *Schweröl* (230...270°C), 18...25% *Anthrazenöl* (»*Grünöl*«; 270...360°C) und als Rückstand etwa 55% *Teerpech*. Aus den Teerölen trennt man durch Schwefelsäure Pyridinbasen (*Pyridin, Pikolin, Chinolin* u.a.) und durch Natronlauge Phenole (*Phenol, Kresole; Xylenole, Naphthole* u.a.) ab, so daß Kohlenwasserstoffe (»*Neutralöle*«) verbleiben, die durch Destillation, Kristallisation und Extraktion in reine Verbindungen zerlegt werden können:

Steinkohlenteer

Leichtöl	**Mittelöl**	**Schweröl**	**Anthrazenöl**	**Pech**
Benzol	Xylole	Naphthalin	Anthrazen	
Toluol	Naphthalin	Methyl-naphthalin	Phenanthren	
Xylole	Pyridin	Biphenyl		
	Pikoline	Fluoren		
	Chinolin	Naphthole		
	Phenol			
	Kresole			
	Xylenole			

Aromatisierung nichtaromatischer Kohlenwasserstoffe: Aliphatische und alizyklische Kohlenwasserstoffe, wie sie in Erdöl- und Braunkohlenbenzinen vorliegen, werden durch *Reformieren* (Reformingverfahren; ↑ S. 490) zu 40 bis 70% in BTX-Aromaten umgewandelt. Aus dem flüssigen Reaktionsgemisch (*Reformatbenzin, Reformingbenzin*) extrahiert man die Aromaten durch selektive Lösungsmittel (Monomethylformamid, N-Methyl-kaprolaktam u.a.) und trennt sie anschließend durch Destillation.

Die Aromatisierung wird durch folgende Reaktionen bewirkt:

- *Dehydrierung* von Zyklohexan und dessen Alkylderivaten (Methylzyklohexan → Toluol);
- *Dehydrozyklisierung* von Alkanen (n-Heptan → Toluol);
- *Dehydroisomerisierung* von Zyklopentanderivaten (Methylzyklopentan → Benzol).

Gewinnung aus Pyrolysebenzin: Pyrolysebenzin ist Nebenprodukt bei der Erzeugung von Äthen und Propen durch katalytisches Kracken (Pyrolyse) von Erdölbenzinen (↑ S. 489). Das Produkt besteht zu 80 bis 90% aus Aromaten und wird durch kombinierte Extraktion und Destillation aufgearbeitet.

Friedel-Craftssche Synthese: Einführung von Alkylen oder Azylen (Säureradikalen) in aromatische Kohlenwasserstoffe mit $AlCl_3$ oder BF_3 als Katalysator.

- *Einführung eines Alkyls* durch Alkylhalogenid oder Alken:

$$C_6H_6 + Cl-CH_2-CH_3 \rightarrow C_6H_5-C_2H_5 + HCl$$

Benzol Monochloräthan Äthylbenzol

$$C_6H_6 + CH_2=CH_2 \rightarrow C_6H_5-C_2H_5$$

Benzol Äthen Äthylbenzol

- *Einführung eines Azyls* durch Karbonsäurechlorid oder -anhydrid:

$$C_6H_6 + Cl-CO-CH_3 \rightarrow C_6H_5-CO-CH_3 + HCl$$

Benzol Azetylchlorid Azetophenon

Benzol, *Benzen,* C_6H_6

Entdeckung: 1825 durch FARADAY.

Herstellung:

- aus *Erdölbenzinen* durch Reformieren, Extrahieren der entstandenen Arene und Trennung durch fraktionierte Destillation; ↑ S. 490 und 538
- als Nebenprodukt bei der *Benzinpyrolyse*; ↑ S. 538
- aus *Kokereigas* und *Steinkohlenteer*; ↑ S. 537
- aus *Äthin* beim Durchströmen glühender Rohre (technisch bedeutungslos): $3\ C_2H_2 \rightarrow C_6H_6$
- aus Lösungen *diazotierten Anilins* durch Zinn(II)-chlorid; ↑ S. 553

Eigenschaften: farblose, charakteristisch riechende, mit rußender Flamme brennbare Flüssigkeit (F = 5,4 °C; Kp = 80,1 °C); mit Wasser nicht mischbar, wohl aber mit den meisten organischen Flüssigkeiten. Benzoldämpfe sind giftig! Benzol ist chemisch sehr beständig. Leicht verläuft die Nitrierung (→ Nitrobenzol), etwas schwerer die Sulfonierung (→ Benzolsulfonsäure). Chlor wirkt in Gegenwart von Eisen als Katalysator substituierend (→ Chlorbenzol), während es ohne Katalysator im Sonnen- oder UV-Licht addiert wird (→ Hexachlorzyklohexan). Mittels der FRIEDEL-CRAFTS-Reaktion (↑ S. 538) kann Benzol in andere Arene oder in aromatische Ketone übergeführt werden.

Eine auch technisch durchgeführte Sprengung des Ringsystems zu Maleinsäureanhydrid erfolgt durch Umsetzung mit Sauerstoff in Gegenwart von V_2O_5 bei 420 °C:

$$2\ C_6H_6 + 9\ O_2 \rightarrow 2\ C_2H_2(CO)_2O + 4\ H_2O + 4\ CO_2$$

Verwendung: als Lösungsmittel (für Kautschuk, Lackharze u.a.); als chemisches Zwischenprodukt für Styrol (→ Polystyrol), Kumol (→ Phenol, Azeton), Zyklohexan (→ Zyklohexanol, Kaprolaktam, Polyamide), Dodezylbenzol (→ waschaktive Substanzen), Nitrobenzol (→ Anilin, Farbstoffe, Pharmaka), Chlorbenzol (→ Insektizide), Hexachlorzyklohexan, Maleinsäureanhydrid (→ Polyesterharze) u.a.

Phenyl- und Benzylgruppe:

Phenyl-Gruppe:	$-C_6H_5$	(leitet sich vom Benzol ab)
Benzyl-Gruppe:	$-CH_2-C_6H_5$	(leitet sich vom Toluol ab)

Toluol, *Toluen*, *Methylbenzol*, $C_6H_5-CH_3$, ähnelt stark dem Benzol; $F = -95\,°C$, $Kp = 110{,}8\,°C$. Die Methyl-Seitenkette kann durch Kaliumpermanganat zur Karboxylgruppe oxidiert werden (→ Benzoesäure).

Für die Chlorierung gilt:

- Kälte – Katalysator (Fe): Kernchlorierung
- Siedehitze – Sonne (od. UV): Seitenkettenchlorierung

Bei der *Kernchlorierung* entstehen vorwiegend 2- und 4-Chlor-toluol, $C_6H_4(CH_3)Cl$.
Bei der *Seitenkettenchlorierung* entstehen je nach Dauer der Reaktion:

Benzylchlorid, *Phenylchlormethan*, $C_6H_5-CH_2Cl$, $Kp = 179\,°C$
Benzalchlorid, *Phenyldichlormethan*, $C_6H_5-CHCl_2$, $Kp = 205\,°C$
Benzotrichlorid, *Phenyltrichlormethan*, $C_6H_5-CCl_3$, $Kp = 213 \ldots 214\,°C$

Toluol wird verwendet als Lösungsmittel sowie als Zwischenprodukt für 2,4,6-Trinitrotoluol, Toluidine (→ Farbstoffe, Diisozyanate für Polyurethane), Benzoesäure, Benzylalkohol, Benzaldehyd, p-Kresol, Saccharin u.a.

Xylol, *Xylen*, ist *1,2-*, *1,3-* und *1,4-Dimethylbenzol*, $C_6H_4(CH_3)_2$; zusammen mit Äthylbenzol gehört es zu den »C_8-Aromaten«. Das technisch anfallende C_8-Aromaten-Gemisch ist durch Destillation schwer trennbar ($Kp = 144{,}4\,°C$; $139{,}1\,°C$; $138{,}3\,°C$; Äthylbenzol $136{,}2\,°C$) und wird deshalb oft unter dem Namen »Xylol« als solches verwendet (Lösungsmittel für Druckfarben, Lacke, Kautschuk).
Die Methylgruppen lassen sich wie beim Toluol leicht oxidieren; so werden technisch aus 1,2-Xylol (o-Xylol) Phthalsäureanhydrid (→ Weichmacher, Farbstoffe) und aus 1,4-Xylol (p-Xylol) Terephthalsäure (→ Polyester) hergestellt.

Äthylbenzol, *Ethylbenzen*, $C_6H_5-C_2H_5$, ist im technischen C_8-Aromaten-Gemisch (s.o.) enthalten und wird durch FRIEDEL-CRAFTS-Synthese aus Benzol und Äthen in Gegenwart von $AlCl_3$ hergestellt (Gleichung ↑ S. 538). Es ist flüssig ($Kp = 136{,}2\,°C$), den Xylolen isomer und wird in der Technik katalytisch zu **Styrol** (*Styren*, *Vinylbenzol*) dehydriert: $C_6H_5-CH_2-CH_3 \rightarrow C_6H_5-CH{=}CH_2 + H_2$.

Styrol ist farblos, flüssig ($Kp = 145\,°C$) und von charakteristischem Geruch; es dient zur Herstellung von Polystyrol und Polyesterplasten.

Kumol, *Kumen*, *Isopropylbenzol*, $C_6H_5-CH(CH_3)_2$ (Struktur ↑ S. 537), $Kp = 152{,}5\,°C$, wird technisch durch FRIEDEL-CRAFTS-Synthese aus Benzol und Propen in Gegenwart von $AlCl_3$ gewonnen und hauptsächlich zu Phenol und Azeton weiterverarbeitet (*Kumolverfahren*; ↑ S. 544).

1,4-Zymol, *p-Zymol*, *1,4-Zymen*, ist *1,4-Methyl-isopropylbenzol*, $CH_3-C_6H_4-CH(CH_3)_2$ (Struktur ↑ S. 537). Aromatisch riechende Flüssigkeit ($Kp = 176\,°C$); kommt in ätherischen Ölen vor und hat das Kohlenstoffskelett vieler Terpene.

Naphthalin, *Naphthalen*, $C_{10}H_8$ (Struktur ↑ S. 537), aus Steinkohlenteer und Kokereigas gewonnen, bildet farblose, intensiv riechende Kristalle, die bei 81 °C schmelzen, jedoch bereits bei gewöhnlicher Temperatur allmählich verdampfen. Es wird vor allem auf Phthalsäureanhydrid weiterverarbeitet, weiterhin auf Tetralin (*Tetrahydronaphthalin*), Naphthole, Nitro- und Aminonaphthaline (→ Farbstoffe). Naphthalin liefert zwei Monosubstitutionsprodukte, z.B.

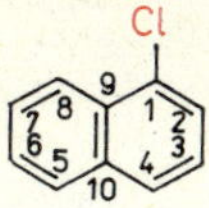

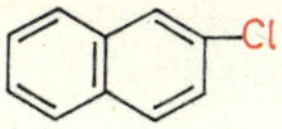

1-Chlor-naphthalin (α-Chlor-naphthalin) 2-Chlor-naphthalin (β-Chlor-naphthalin)

Anthrazen, $C_{14}H_{10}$ (Struktur ↑ S. 537), aus dem Anthrazenöl des Steinkohlenteers gewonnen, bildet farblose, blau fluoreszierende Blättchen ($F = 217\,°C$), die technisch durch Oxidation mit Chromsäure oder durch katalytische Oxidation mit Luft in **Anthrachinon** (Formel s. u.) übergeführt werden. Anthrachinon ist Zwischenprodukt für Alizarin und andere Beizenfarbstoffe.

Biphenyl, *Diphenyl,* $C_6H_5-C_6H_5$, farblose Blättchen ($F = 69{,}8\,°C$), ist thermisch sehr stabil und dient deshalb, wie auch **Diphenyläther,** $C_6H_5-O-C_6H_5$, als Wärmeübertragungsflüssigkeit. Beide Substanzen entstehen bei der Herstellung von Phenol aus Chlorbenzol als Nebenprodukte.

3,4-Benzpyren, $C_{20}H_{12}$ (Struktur s. u.), kommt zusammen mit anderen höher kondensierten Arenen im Steinkohlenteer vor und wurde auch im Tabakteer nachgewiesen. Es hat kanzerogene (krebserzeugende) Wirkung, und man mißt ihm Bedeutung bei der Entstehung des Raucher-Lungenkrebses bei.

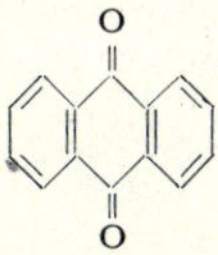

Anthrachinon

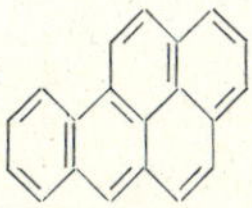

3,4-Benzpyren

38.2.2.3. Aromatische Halogenkohlenwasserstoffe (Halogenarene)

Chlorierung und Bromierung: Chlor und Brom wirken auf Arene meist substituierend ein, z. B. auf Benzol (in Gegenwart von Fe): $C_6H_6 + Cl_2 \rightarrow C_6H_5Cl + HCl$.

Über die Chlorierung von Benzol und Toluol ↑ S. 540.

Halogenarene aus Aminoverbindungen: Die Aminoverbindungen werden diazotiert; die entstehenden Diazoniumsalzlösungen ergeben (↑ S. 552)

- *Jodarene* durch Erhitzen mit Kaliumjodidlösung,
- *Brom-* und *Chlorarene* durch Erhitzen mit Bromid- bzw. Chloridlösung in Gegenwart von Cu-Pulver;
- *Fluorarene* durch Einwirkung von Fluoroborsäure.

Chlorbenzol, *Chlorbenzen,* C_6H_5Cl: farblos, flüssig ($Kp = 132\,°C$), wasserunlöslich, von typischem Geruch, reaktionsträge; hervorragendes Lösungsmittel für Harze und Teere (Fleckentfernung!); dient zur Herstellung von Phenol, Schädlingsbekämpfungsmitteln und Farbstoffzwischenprodukten. – **Brombenzol,** *Brombenzen*, C_6H_5Br, ähnelt dem Chlorbenzol stark; *Kp* = 156,1 °C. – **1,4-Dichlorbenzol,** 1,4-*Dichlorbenzen*, 1,4-$C_6H_4Cl_2$, bildet farblose, stark riechende Kristalle; *F* = 53 °C, *Kp* = 174 °C; dient als Insektenvertreibungs- und Luftdesinfektionsmittel.

Zu den aromatischen Halogenverbindungen gehört auch *DDT*, das »klassische« Kontaktinsektizid; ↑ S. 579.

38.2.2.4. Phenole

Strukturmerkmal: Phenole enthalten eine oder mehrere OH-Gruppen unmittelbar am Benzolkern gebunden (ein- und mehrwertige Phenole). *Gegensatz:* aromatische Alkohole mit OH-Gruppen in den Seitenketten.

Übersicht:

Phenol

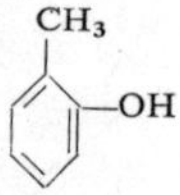

o-Kresol

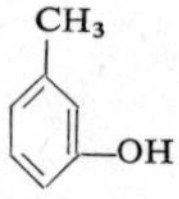

m-Kresol

p-Kresol

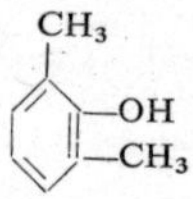

2,6-Dimethyl-phenol als Beispiel eines Xylenols

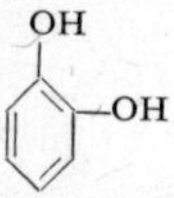

Brenzkatechin

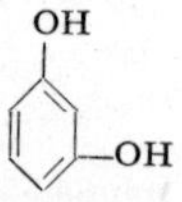

Resorzin

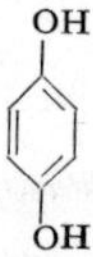

Hydrochinon

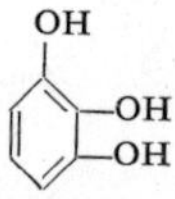

Pyrogallol

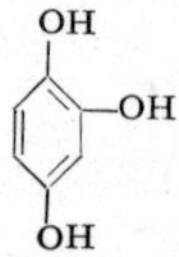

Oxyhydrochinon

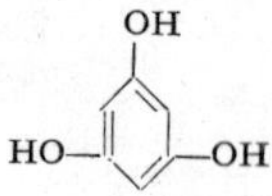

Phlorogluzin

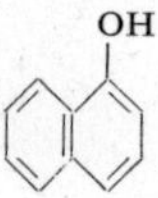

α-Naphthol

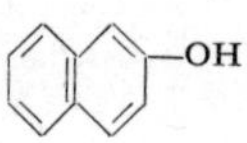

β-Naphthol

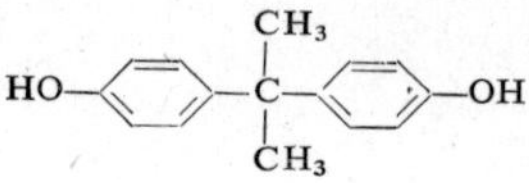

Dian

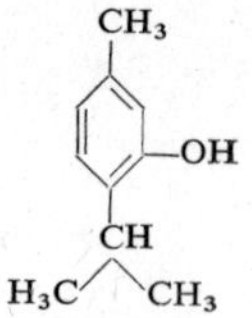

Thymol

Herstellung:

- aus den durch Destillation und Hydrierung von Stein- und Braunkohlenteer erhaltenen Ölen durch Extraktion mit Natronlauge; aus der entstehenden Phenolatlauge scheidet man mit Kohlendioxid ein *Rohphenolöl* ab (»*Karbonisierung*«), das destillativ in die Einzelphenole zerlegt wird.

- aus phenolhaltigen Abwässern, z.B. denen der Braunkohlenschwelereien, durch Extraktion mit butylazetathaltigen Estergemischen; nach Verdampfung des Esters hinterbleibt ein Phenolgemisch (»*Phenosolvanverfahren*«).
- durch Alkalischmelze aromatischer Sulfonsäuren, z.B.

$$C_6H_5-SO_2ONa + NaOH \rightarrow C_6H_5OH + Na_2SO_3$$

- durch »Verkochen« von Diazoniumsalzlösungen; ↑ S. 552.

Eigenschaften:

- Phenole haben im Gegensatz zu Alkoholen saure Eigenschaften. Sie bilden mit Alkalilaugen wasserlösliche *Phenolate*, z.B.

$$C_6H_5OH + NaOH \rightarrow C_6H_5ONa + H_2O.$$

Die Säurestärke ist jedoch sehr gering, so daß bereits Kohlensäure die Phenole wieder abscheidet:

$$C_6H_5ONa + CO_2 + H_2O \rightarrow C_6H_5OH + NaHCO_3.$$

- Phenole lassen sich wie Alkohole verestern und veräthern.
- Phenole werden leichter nitriert, sulfoniert und chloriert als Kohlenwasserstoffe. Dabei »dirigiert« die OH-Gruppe den neuen Substituenten vorzugsweise in die 2- und 4-Stellung.

Nachweis: Phenole ergeben mit Eisen(III)-chloridlösung charakteristische Färbungen, z.B.

Phenol, Resorzin, α-Naphthol: *violett*
Kresole, Hydrochinon, Phlorogluzin: *blau*
Brenzkatechin, β-Naphthol: *grün*
Oxyhydrochinon: *blaugrün*

Phenol, C_6H_5OH

Herstellung:

- aus Braun- und Steinkohlenölen und -abwässern (↑ S. 538)
- aus Benzol nach dem *Kumol-Verfahren* (seit 1944): Man kondensiert Benzol mit Propen (aus Erdöl) in Gegenwart von $AlCl_3$ zu Kumol (Friedel-Crafts-Synthese), oxidiert dies in der Hitze mit Luftsauerstoff zu Kumolhydroperoxid und spaltet diese Verbindung mit 70%iger Schwefelsäure in Phenol und Azeton:

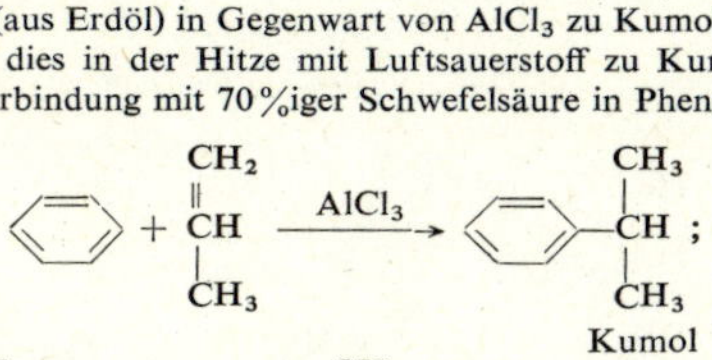

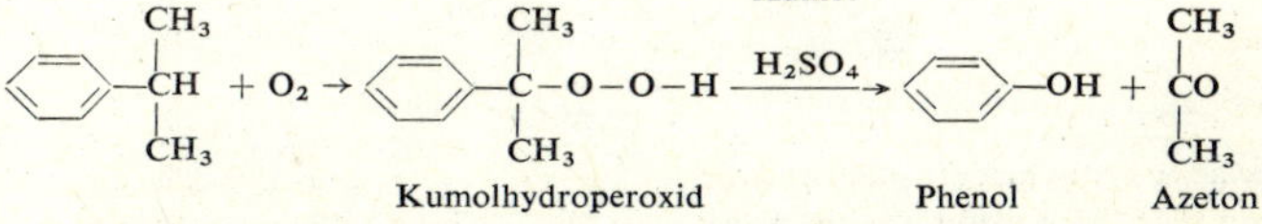

- aus Chlorbenzol durch Natronlauge (200...250 °C; 2...5 MPa); Nebenprodukte: Biphenyl, Diphenyläther.

Eigenschaften: farblose, meist infolge Verunreinigung rötliche, intensiv riechende Kristalle ($F = 41\,°C$, $Kp = 182\,°C$), die auf der Haut weiße Flecke hervorrufen. Phenol löst sich begrenzt in Wasser (Einfluß der hydrophilen OH-Gruppe!); andererseits löst sich unter Verflüssigung auch etwas Wasser in Phenol; dazwischen besteht eine »Mischungslücke«. Durch Hydrierung entsteht Zyklohexanol.

Verwendung: als Zwischenprodukt für Phenoplaste, Diphenylolpropan (→ Epoxidplaste), Zyklohexanol (→ Kaprolaktam → Polyamidfaserstoffe und -plaste), Chlorphenole (Desinfektionsmittel; → Wuchsstoff-Herbizide), Pentachlorphenol (Holzschutz- und Unkrautbekämpfungsmittel), o-Kresol, Salizylsäure sowie verschiedene weitere Zwischenprodukte für Farbstoffe, Pharmaka u.a.

Kresole heißen die 3 Methylphenole, $C_6H_4(CH_3)(OH)$, **Xylenole** die 6 Dimethylphenole' $C_6H_3(CH_3)_2OH$. Alle ähneln dem Phenol, haben jedoch geringere Bedeutung; der Einsatz für Plaste ist beschränkt. *Kresolseifenlösung* ist ein Desinfektionsmittel (*Meleusol*); *o-Trikresylphosphat*, $OP[OC_6H_4(CH_3)]_3$, dient als Weichmacher für PVC. – **Thymol,** $(CH_3)_2CH-C_6H_3(CH_3)(OH)$ (Struktur ↑ S. 542), kommt in ätherischen Ölen vor, riecht aromatisch und ergibt bei der Hydrierung Menthol.

Die zweiwertigen Phenole **Brenzkatechin, Resorzin** und **Hydrochinon,** $C_6H_4(OH)_2$ (Strukturen ↑ S. 542), bilden farb- und geruchlose Kristalle. Resorzin wird für Farbstoffe (Fluoreszein, Eosin) und Pharmaka, Hydrochinon für fotografische Entwickler verwendet. – Hydrochinon wird bei der Oxidation (Dehydrierung) in gelbes, festes, stechend riechendes **Chinon,** $C_6H_4O_2$, umgewandelt, wobei das aromatische Bindungssystem in das sog. »*chinoide*« System übergeht:

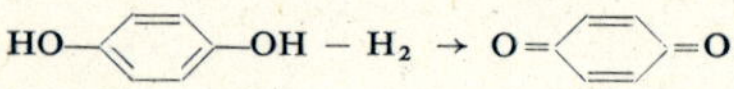

Hydrochinon Chinon

Pyrogallol, *1,2,3-Trihydroxybenzol,* $C_6H_3(OH)_3$, ist das wichtigste dreiwertige Phenol. Es nimmt in alkalischer Lösung quantitativ Sauerstoff auf und wird zur Gasanalyse verwendet.

Die **Naphthole,** $C_{10}H_7OH$ (Strukturen S. 542), sind fest und werden für Farbstoffsynthesen verwendet.

Dian, *2,2[4,4-***Di***hydroxydiphenyl*]*-prop***an**, *Diphenylolpropan,* entsteht aus Phenol und Azeton in Gegenwart von Schwefelsäure:

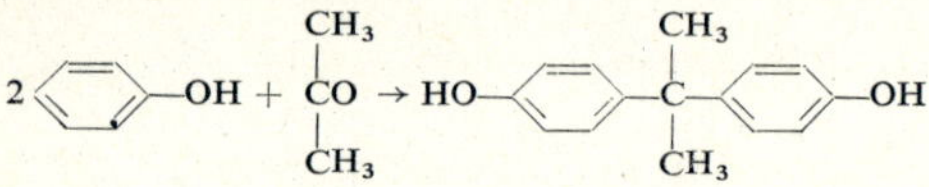

Dian

Es wird mit Epichlorhydrin zu Polyepoxiden kondensiert.

Phenoläther finden sich oft in ätherischen Ölen, z.B. der Anisriechstoff **Anethol** und die Nelkenriechstoffe **Eugenol** und **Isoeugenol.** Aus Eugenol wird Vanillin hergestellt. Der Phenylmethyläther, $C_6H_5-O-CH_3$, heißt **Anisol,** der β-Naphthylmethyläther, $C_{10}H_7-O-CH_3$, **Nerolin.**

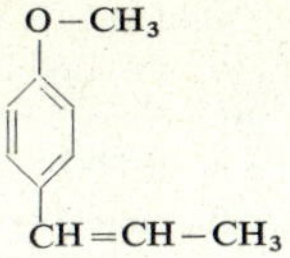

Anethol

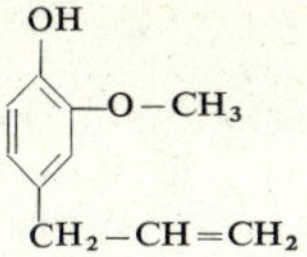

Eugenol

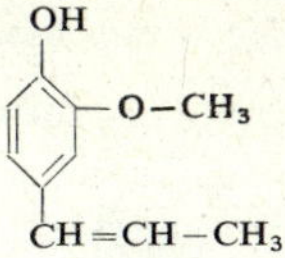

Isoeugenol

Von der **Phenoxyessigsäure,** $C_6H_5-O-CH_2-COOH$, einer *Phenolätherkarbonsäure,* leiten sich als wichtigste Unkrautbekämpfungsmittel die synthetischen **Wuchsstoffherbizide** ab, z. B. *2,4,5-Trichlorphenoxy-essigsäure* (Struktur ↑ unten). Bei sachkundiger Anwendung bewirken sie, daß sich die Unkräuter »zu Tode wachsen«, während die Kulturpflanzen unbeeinflußt bleiben. Hohe Konzentrationen führen zur Vernichtung jeglichen Pflanzenwuchses, so daß z. B. der Butylester der 2,4,5-Trichlorphenoxy-essigsäure im Vietnamkrieg unter der Bezeichnung »Orange« als »bushkiller« mißbraucht wurde.[1])

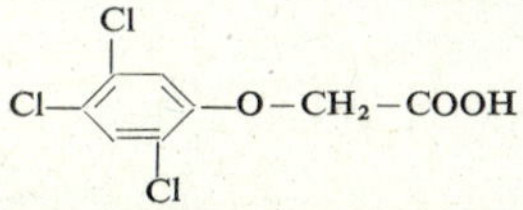

2,4,5-Trichlorphenoxy-essigsäure

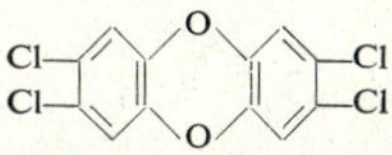

Dioxin

Lignin, eine amorphe, krümlige, gelbe bis braune Masse, bewirkt die Verholzung des pflanzlichen Gewebes. Es umhüllt die Zellulosefasern und füllt den Raum zwischen den Holzzellen aus. Nächst Zellulose ist Lignin die zweithäufigste makromolekulare organisch-chemische Natursubstanz. Sie ist von aromatischem Charakter und enthält sowohl phenolische als auch alkoholische Hydroxylgruppen.

Fotografische Entwickler enthalten mindestens 2 OH-, 2 NH_2- oder je eine dieser Gruppen in 1,2- oder 1,4-Stellung; bei der Aminogruppe darf 1 H-Atom substituiert sein.

Beispiele: **Hydrochinon,** 

4-Amino-phenol (im *Rodinal*), 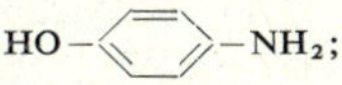

Metol, *4-Methylamino-phenol,* 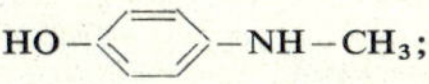

p-Diäthylamino-anilin (Farbentwickler), 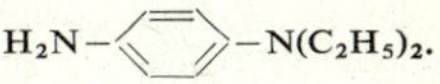

38.2.2.5. Aromatische Alkohole, Aldehyde, Ketone und Karbonsäuren

Allgemeines: Aromatische Alkohole enthalten im Gegensatz zu den Phenolen Hydroxylgruppen in den *Seitenketten.* Sie können, z. B. durch Dichromat-Schwefelsäure, zu Aldehyden bzw. Ketonen und im ersten Falle weiter zu Karbonsäuren oxidiert werden.

---

[1]) Besonders schädlich für Menschen und Tiere in Vietnam war das im »Orange« als Verunreinigung enthaltene **Dioxin** (Struktur ↑ oben).

Wichtige Verbindungen:

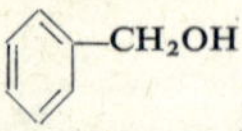
Benzylalkohol

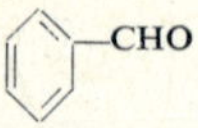
Benzaldehyd

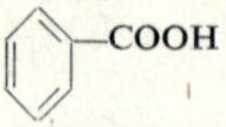
Benzoesäure

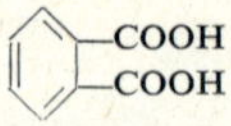
Phthalsäure

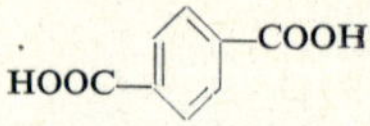
Terephthalsäure

Phenolkarbonsäuren sind:

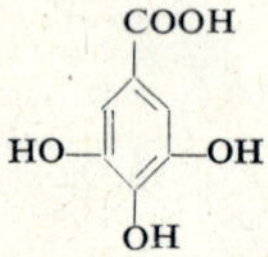
Gallussäure

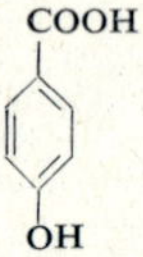
4-Hydroxybenzoesäure

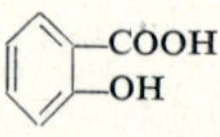
Salizylsäure

Benzylalkohol, *Phenylmethanol,* $C_6H_5-CH_2OH$, entsteht aus Benzylchlorid durch Kochen mit Kalilauge. Farblose, fast geruchlose Flüssigkeit (Kp = 179 °C); der Essigsäureester, **Benzylazetat,** $CH_3-CO-O-CH_2-C_6H_5$, wird als Jasminriechstoff verwendet.

Benzaldehyd, *Phenylmethanal,* C_6H_5-CHO, farblose Flüssigkeit; Kp = 205,5 °C; bildet das intensiv riechende »*Bittermandelöl*«, das an Zucker und Blausäure gebunden in Mandeln sowie Kernen von Aprikosen, Pfirsichen und anderem Steinobst vorkommt. Verwendung als Aromastoff und für Farbstoffe. Beim Stehen an der Luft erfolgt Oxidation zu Benzoesäure, die sich in farblosen Kristallen ausscheidet.

Benzoesäure, *Benzolkarbonsäure,* C_6H_5-COOH, weiße, in heißem Wasser lösliche Blättchen (F = 122 °C), kommt verestert im Benzoeharz vor und wird technisch durch katalytische Oxidation von Toluol (Luftsauerstoff, 130...150 °C, 200...500 kPa) gewonnen. Verwendung zur Lebensmittelkonservierung und zur Herstellung von Farbstoffen und Pharmaka. Die Salze und Ester heißen **Benzoate.** Der Methylester, »*Niobeöl*«, $C_6H_5COOCH_3$, riecht aromatisch.

Phthalsäure, *Benzoldikarbonsäure-(1,2),* 1,2-$C_6H_4(COOH)_2$, entsteht aus Naphthalin durch katalytische Oxidation mit Luft und geht leicht in **Phthalsäureanhydrid** über. Säure und Anhydrid bilden farblose Kristalle. Beim Erhitzen mit Phenol und etwas konz. Schwefelsäure entsteht *Phenolphthalein*; S. 576.

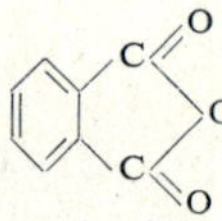
Phthalsäureanhydrid

Terephthalsäure, *1,4-Benzoldikarbonsäure,* hergestellt aus p-Xylol oder Phthalsäure, wird für Plaste (*Polyester*) und Chemiefaserstoffe (*Polyesterfaserstoff*; ↑ S. 600) verwendet; Struktur ↑ oben.

Phenyläthylalkohol, *Phenyläthanol,* $C_6H_5-CH_2-CH_2-OH$, riecht nach Rosen und kommt im Rosenöl und Rosenwasser vor. Er ergibt bei der Oxidation den hyazinthenartig riechenden **Phenylazetaldehyd,** *Phenyläthanal,* $C_6H_5-CH_2-CHO$. Weitere Oxidation ergibt die feste **Phenylessigsäure,** *Phenyläthansäure,* $C_6H_5-CH_2-COOH$, deren Ester als Honigaroma Verwendung finden. **Zimtaldehyd,** $C_6H_5-CH{=}CH-CHO$, flüssig, ist der Träger des Zimtaromas. Durch Reduktion entsteht **Zimtalkohol,** $C_6H_5-CH{=}CH-CH_2OH$, durch Oxidation **Zimtsäure,** $C_6H_5-CH{=}CH-COOH$.

Kumarin (Formel ↑ S. 547) ist das innere Anhydrid der **2-Hydroxyzimtsäure.** Farblose Kristalle; Riechstoffe des Waldmeisters.

Mandelsäure, $C_6H_5-CH(OH)-COOH$, bildet farblose, geruchlose Kristalle; ihr Nitril, $C_6H_5-CH(OH)-CN$, kommt, an das Disaccharid Gentiobiose gebunden, in Mandeln und Steinobstkernen vor.

Vanillin, der Riechstoff der Vanilleschoten, und **Heliotropin** (*Piperonal*), intensiv nach Heliotrop riechend, werden als Riech- und Aromastoffe verwendet. Beide bilden farblose Kristalle; Formeln

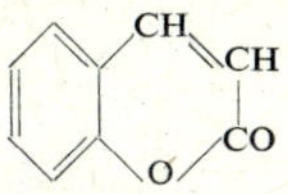
Kumarin

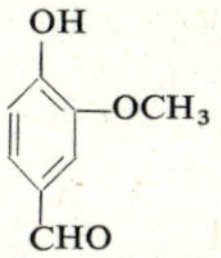
Vanillin

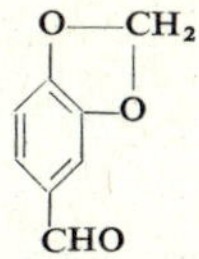
Heliotropin

Salizylsäure, *2-Hydroxy-benzoesäure*, 1,2-$C_6H_4(OH)COOH$, bildet farblose, in Wasser schwer lösliche Kristalle. Natriumsalizylat entsteht aus Natriumphenolat und Kohlendioxid: $C_6H_5ONa + CO_2 \rightarrow C_6H_4(OH)COONa$. Schwefelsäure setzt hieraus Salizylsäure in Freiheit. Die Säure spaltet beim Erhitzen wieder CO_2 ab und geht dabei in Phenol über. Salizylsäure und ihre Derivate finden pharmazeutische Verwendung, so der intensiv riechende **Salizylsäuremethylester,** »*Wintergrünöl*«, als Rheumamittel, und der Essigsäureester, **Azetylsalizylsäure,** als schmerzlinderndes und fiebersenkendes Mittel (»*Acesal*«, »*Aspirin*«).

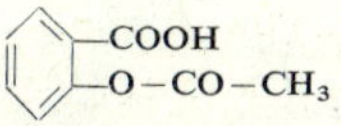
Azetylsalizylsäure

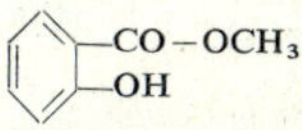
Salizylsäuremethylester

4-Hydroxy-benzoesäure, 1,4-$C_6H_4(OH)COOH$, Struktur S. 546, wird in Form ihrer Ester zur Lebensmittelkonservierung verwendet.

Gallussäure, *3,4,5-Trihydroxy-benzoesäure*, Struktur S. 546, $C_6H_2(OH)_3COOH$, farblose, wasserlösliche Kristalle, kommt an Glukose gebunden als (makromolekulares) **Tannin** in Galläpfeln vor und wird daraus durch Kochen mit Säuren in Freiheit gesetzt. Die Säure ergibt mit Eisen(III)-salzen eine intensiv schwarze Färbung. »*Eisengallustinten*« enthalten neben einem blauen Farbstoff (für die Anfangssichtbarkeit der Schrift) das fast farblose *Eisen(II)-gallat*. Dieses geht durch Oxidation an der Luft in die tiefschwarze Eisen(III)-verbindung über.
Tannin, ein schwach gelbes Pulver, dient als Gerbstoff und Färbereihilfsmittel.

Azetophenon, *Phenyl-methyl-keton*, $C_6H_5-CO-CH_3$, das einfachste aromatische Keton, ist eine farblose, aromatisch riechende, bei 20 °C erstarrende Flüssigkeit. –

Das *Diphenylketon*, $C_6H_5-CO-C_6H_5$, heißt auch **Benzophenon.** – **Rasperon,** 1,4-$HO-C_6H_4-CH_2-CH_2-CO-CH_3$, ist der (natürliche und künstliche) Himbeeraromastoff (»Himbeerketon«).

38.2.2.6. Aromatische Sulfonsäuren (Arensulfonsäuren)

Sulfonsäuren: Die Sulfonsäuren enthalten die Gruppe $-SO_2OH$ (↑ S. 524) und entstehen durch »Sulfonierung« von Arenen mit heißer, konzentrierter Schwefelsäure, z. B. **Benzolsulfonsäure,** *Benzensulfonsäure:* $C_6H_6 + HO-SO_2OH \rightarrow C_6H_5-SO_2OH + H_2O$. Die Sulfonsäuren sind fest, geruchlos und leicht wasserlöslich; durch Sulfonierung werden z. B. auch Farbstoffe wasserlöslich gemacht. Im Gegensatz zu den Karbonsäuren sind die Sulfonsäuren starke Säuren (Salze: *Sulfonate*). Durch Alkalischmelze gehen sie in *Phenole*, durch Reduktion in die übelriechenden *Thiophenole*, z. B. C_6H_5SH, über.

Aromatische Sulfonsäuren werden auf Farbstoffe, Netz- und Emulgiermittel verarbeitet. Naphthalindi- und -trisulfonate sind in Glanzbildnergemischen für die galvanische Vernicklung vorhanden. Aus *Phenolsulfonsäuren* werden künstliche Gerbstoffe hergestellt.

Sulfanilsäure, 4-Amino-benzolsulfonsäure, $C_6H_4(NH_2)(SO_2OH)$, entsteht aus Anilin und konz. Schwefelsäure bei 200 °C. Farblose, in Wasser schwer lösliche Kristalle.
Die Sulfanilsäure ist die Muttersubstanz der **Sulfonamide**, wichtiger Pharmaka (DOMAGK, 1935), durch welche erstmals eine chemische Bekämpfung vieler durch Bakterien hervorgerufener Krankheiten möglich wurde (»*Chemotherapie*«). Die Sulfonamide gelangen über den Verdauungskanal ins Blut und schädigen dort die Bakterien; gegen Viren sind sie unwirksam.
Das einfachste wirksame Sulfonamid ist **Sulfanilamid.** Bei Ersatz der Aminowasserstoffatome durch andere Gruppen entstehen Stoffe mit gesteigerter Wirksamkeit.

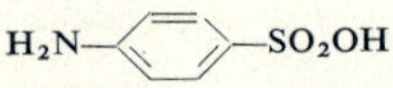
Sulfanilsäure

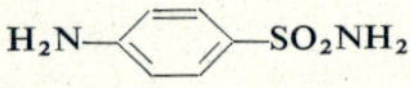
Sulfanilamid

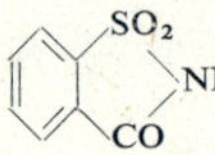
Saccharin

Saccharin, *1,2-Benzoesäure-sulfimid*, ist über 500mal süßer als Rohrzucker und dient als künstlicher Süßstoff, hat jedoch keinen Nährwert. Außerdem ist Saccharin Bestandteil von Glanzbildnergemischen für die galvanische Vernicklung.

38.2.2.7. Aromatische Nitroverbindungen (Nitroarene)

Wichtige Verbindungen:

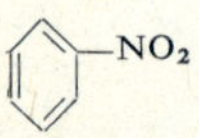
Nitrobenzol

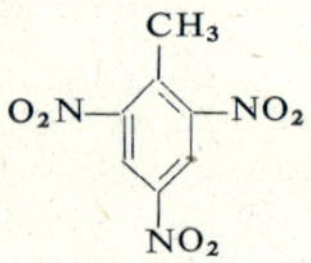
2,4,6-Trinitrotoluol

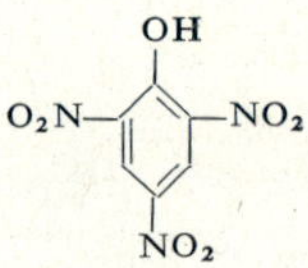
Pikrinsäure

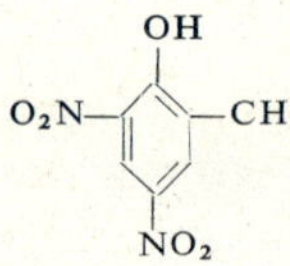
Dinitro-o-kresol

Herstellung: durch »*Nitrierung*« aromatischer Kohlenwasserstoffe, Phenole usw. mittels *Nitriersäure* (konz. Salpetersäure + konz. Schwefelsäure), z. B.

$$C_6H_6 + HO{-}NO_2 \rightarrow C_6H_5{-}NO_2 + H_2O$$

Benzol Nitrobenzol

Eigenschaften: Nitroarene sehen meist schwach gelb aus; die einfachsten sind flüssig, die höheren fest. Sie lassen sich über eine Reihe von

Zwischenprodukten zu Aminoverbindungen reduzieren:

$$C_6H_5-NO_2 \rightarrow C_6H_5-NO \rightarrow C_6H_5-NH(OH) \rightarrow C_6H_5-NH_2$$

Nitrobenzol	Nitroso-benzol	Phenylhydro-xylamin	Aminobenzol (Anilin)

Verwendung: als Zwischenprodukte für Aminoverbindungen; einige Verbindungen mit mehreren Nitrogruppen dienen als Explosivstoffe.

Nitrobenzol, *Nitrobenzen,* $C_6H_5-NO_2$: gelbe Flüssigkeit (F = 5,8 °C, Kp = 210,8 °C), die entfernt bittermandelartig riecht; Zwischenprodukt für Anilin. Nitrobenzol ist ein Blutgift (Aufnahme durch Lunge, Magen und Haut). – **1,3-Dinitrobenzol,** $C_6H_4(NO_2)_2$, bildet farblose Kristalle; F = 90 °C. – **2,4,6-Trinitrotoluol,** $CH_3-C_6H_2(NO_2)_3$, durch Nitrierung von Toluol hergestellt, bildet blaßgelbe, schlag- und stoßunempfindliche, gefahrlos vergießbare Kristalle (F = 80,6 °C), die bei stärkerem Erhitzen unter Rußentwicklung verpuffen, bei Initialzündung jedoch heftig explodieren; hochbrisanter, handhabungssicherer Explosivstoff für militärische und technische Zwecke.

Pikrinsäure, *2,4,6-Trinitrophenol* (Struktur S. 548): schwach gelbe, mäßig wasserlösliche, sehr bitter schmeckende Kristalle, die beim Erhitzen verpuffen; Anwendung für chemisch-analytische Zwecke. Die intensiv gelben Salze (*Pikrate*) explodieren durch Schlag oder Stoß auf das heftigste.

Dinitro-orthokresol, *2-Methyl-4,6-dinitrophenol,* ist ein gelbes, wenig wasserlösliches Pulver, das zur Bekämpfung überwinternder Schädlinge an Obstbäumen sowie zur Unkrautvernichtung verwendet wird (»*Gelbspritzmittel*«).

Explosivstoffe sind:

- **Salpetersäureester,** z.B. *2,4,6-Glyzeroltrinitrat, Glykoldinitrat, Zellulosenitrate, Pentaerythrittetranitrat* (Formel ↑ unten).
- **Nitroverbindungen,** z.B. *2,4,6-Trinitrotoluol, Trinitroresorzin, Bleitrinitroresorzinat.*
- **Nitramine,** z.B. *Hexogen* (Formel ↑ unten), *Nitroguanidin* (Formel ↑ unten).

Gemische:

- **Donarite** enthalten neben 70...80% Ammoniumnitrat Sprengöl (Glyzerol- oder Glykolnitrat) u.a. Explosivstoffe, auch Holzmehl u.dgl.; sie sind pulverförmig und von mittelstarker Wirkung. Die Donarite haben die **Dynamite** (mit ≈ 70% Sprengöl) weitgehend verdrängt.

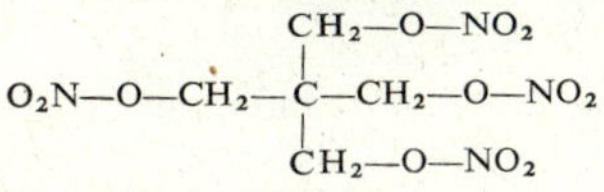
Pentaerythrittetranitrat

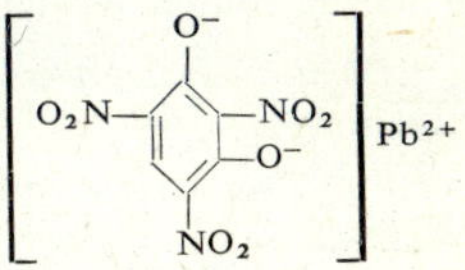
Bleitrinitroresorzinat

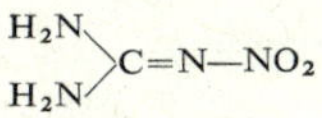
Nitroguanidin

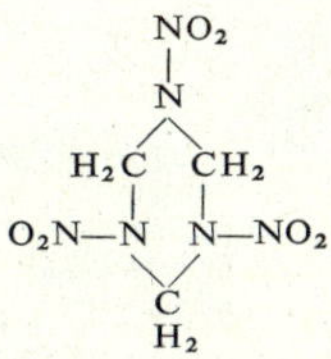
Hexogen

- **Gelatine-Donarite** enthalten neben Ammoniumnitrat 20...40% Sprenggelatine (Sprengöl mit Zellulosedinitrat); sie sind gelatinös und von sehr starker Wirkung.
- **Ammonite** sind sprengölfrei, bestehen z. B. aus 80% Ammoniumnitrat und Trinitrotoluol.
- **Wetter-Sprengstoffe** enthalten Natriumchlorid; sie sind wegen sehr niedriger Explosionstemperatur schlagwettersicher.
- **ANDK-Sprengstoffe**, *Ammoniumnitrat-Dieselkraftstoff-Sprengstoffe*, bestehen aus 92...96% NH_4NO_3 und 4...8% Dieselkraftstoff und sind besonders handhabungssicher.

Initialsprengstoffe lösen die Explosion anderer Explosivstoffe aus.
Hierzu gehören:

Knallquecksilber, $Hg(ONC)_2$; ↑ S. 355
Bleiazid, $Pb(N_3)_2$; ↑ S. 377
Bleitrinitroresorzinat; ↑ S. 549

38.2.2.8. Aromatische Amine

Wichtige Verbindungen:

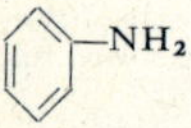

Anillin

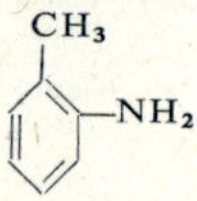

o-Toluidin (analog m- und p-)

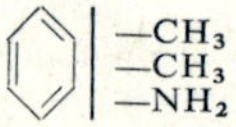

Xylidin

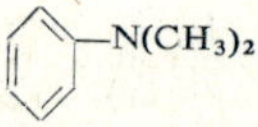

Dimethylanilin

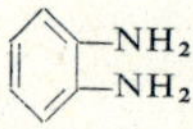

o-Phenylendiamin (analog m- und p-)

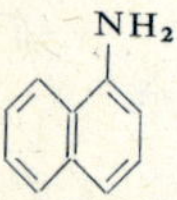

α-Naphthylamin

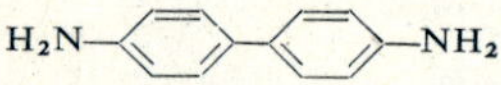

Benzidin

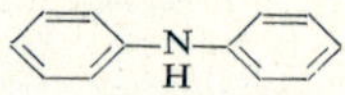

Diphenylamin

Herstellung: durch Reduktion der entsprechenden Nitroverbindungen

- mit *molekularem Wasserstoff* in Gegenwart von Ni- oder Cu-Katalysatoren
- mit *naszierendem Wasserstoff* durch Verrühren mit Eisenspänen und Salzsäure, z. B. $C_6H_5NO_2 + 6\,H \rightarrow C_6H_5NH_2 + 2\,H_2O$

Physikalische Eigenschaften: farblose, in Wasser wenig lösliche Flüssigkeiten oder Kristalle, die sich an der Luft infolge geringfügiger Zersetzung braun färben.

Chemische Eigenschaften:

- *Salzbildung:* Die Amine können als substituierte Ammoniakmoleküle aufgefaßt werden und bilden wie Ammoniak mit Säuren Salze, z. B. $C_6H_5-NH_2 + HCl \rightarrow [C_6H_5-NH_3]^+Cl^-$. Das aus Anilin entstehende Salz heißt *Phenylammoniumchlorid*; es kann auch als *Aniliniumchlorid* oder *Anilinhydrochlorid* bezeichnet werden.
  Durch Alkalilaugen wird aus der wäßrigen Salzlösung das Amin wieder abgeschieden: $[C_6H_5-NH_3]Cl + NaOH \rightarrow C_6H_5-NH_2 + H_2O + NaCl$.

- *Alkylierung:* Durch Erhitzen mit Alkyljodid oder Alkanol werden die H-Atome der Aminogruppe durch Alkyl ersetzt, so daß sekundäre und tertiäre Amine entstehen, z.B. $C_6H_5-NH_2 + I-CH_3 \rightarrow C_6H_5-NH(CH_3) + HI$.
- *Azylierung:* Durch wasserfreie Säuren, Säureanhydride oder Säurechloride wird 1 H-Atom der Aminogruppe durch ein Säureradikal ersetzt, z.B.

$$\underset{}{C_6H_5-NH_2} + \underset{\text{Azetylchlorid}}{Cl-CO-CH_3} \rightarrow \underset{\text{Azetanilid}}{C_6H_5-NH-CO-CH_3} + HCl$$

- *Diazotierung:* Durch Salpetrige Säure werden die primären Amine in Diazoniumsalze umgewandelt. Die Diazotierung erfolgt in saurer Lösung unter Eiskühlung (damit sich das Diazoniumsalz nicht zersetzt); die Salpetrige Säure wird im Reaktionsgemisch aus Nitrit und Schwefelsäure erzeugt.

Beispiel:

$$[C_6H_5-NH_3]^+Cl^- + HO-NO \rightarrow \underset{\text{Benzoldiazoniumchlorid}}{[C_6H_5-N\equiv N]^+Cl^-} + 2\,H_2O$$

Über die vielfältigen Reaktionen der Diazoniumsalze ↑ S. 552 f.

Verwendung: Die aromatischen *Amine* sind Zwischenprodukte für die Herstellung insbesondere von Farbstoffen und pharmazeutischen Produkten. *Diamine* und *Aminophenole* sind fotografische Entwickler; ↑ S. 545.

Anilin, *Aminobenzol, Aminobenzen, Phenylamin,* $C_6H_5-NH_2$, hergestellt durch Reduktion von Nitrobenzol (↑ S. 549), ist eine farblose (technisch gelbe bis braune), ölige, sehr giftige (Blutgift; Aufnahme auch durch die Haut!), wenig wasserlösliche Flüssigkeit von schwachem, an Ammoniak erinnerndem Geruch; $F = -6{,}2\,°C$, $Kp = 184{,}4\,°C$. Chemische Eigenschaften ↑ S. 550. Verwendung zur Herstellung von Farbstoffen (Azofarbstoffe, Indigo, Fuchsin, Anilinschwarz), Pharmaka (Aminophenazon) und der Polyurethankomponente 4,4′-Diphenylmethan-diisozyanat.

Das Isozyanat entsteht gemäß der Reaktionsfolge

I. $\underset{\text{Anilin}}{H_2N-C_6H_5} + \underset{\text{Formaldehyd}}{OCH_2} + C_6H_5-NH_2$

$$\rightarrow \underset{\text{4,4'-Diamino-diphenyl-methan}}{H_2N-C_6H_4-CH_2-C_6H_4-NH_2} + H_2O$$

II. $\underset{\text{Phosgen}}{OC}\boxed{Cl_2 + H_2}N-C_6H_4-CH_2-C_6H_4-N\boxed{H_2 + Cl_2}CO$

$$\rightarrow \underset{\text{4,4'-Diphenylmethan-diisozyanat}}{OCN-C_6H_4-CH_2-C_6H_4-NCO} + \boxed{4\,HCl}.$$

Toluidine und **Xylidine** sind die dem Anilin sehr ähnlichen *Aminotoluole* und *-xylole;* die 2wertigen **Phenylendiamine** (↑ S. 550) sind die *Diaminobenzole.* – **2,4-Diaminotoluol** wird durch Phosgen in die Polyurethankomponente *2,4-Toluylen-diisozyanat* übergeführt (analog der bei Anilin angeführten Reaktion II). –

Benzidin, *4,4'-Diamino-biphenyl,* $H_2N-C_6H_4-C_6H_4-NH_2$, entsteht durch Reduktion von Nitrobenzol mit Zinkstaub und KOH in Äthanol und anschließende »Benzidin-Umlagerung« (Ringdrehung!) des gebildeten Hydrazobenzols durch Behandlung mit starken Säuren:

I. $C_6H_5-NO_2 + O_2N-C_6H_5 + 10\,H$
Nitrobenzol Nitrobenzol
$\rightarrow C_6H_5-NH-NH-C_6H_5 + 4\,H_2O$
Hydrazobenzol

II. $C_6H_5-NH-NH-C_6H_5 \rightarrow H_2N-C_6H_4-C_6H_4-NH_2$
Hydrazobenzol Benzidin

Benzidin bildet farblose Kristalle; es läßt sich an beiden Aminogruppen diazotieren (»*tetrazotieren*«) und wird z.B. zur Herstellung von *Kongorot* verwendet.

Substituierte Aminoverbindungen:

Anthranilsäure, *4-Amino-benzoesäure,* $1,4\text{-}C_6H_4(NH_2)COOH$, weiße Blättchen, die beim Erhitzen in Anilin und Kohlendioxid zerfallen. **Anthranilsäuremethylester** riecht nach Orangenblüten und findet in der Parfümerie Anwendung. – **Jenacain** (*Novocain*), das meistgebrauchte Lokalanästhetikum, ist der Diäthylaminoäthylester der Anthranilsäure:

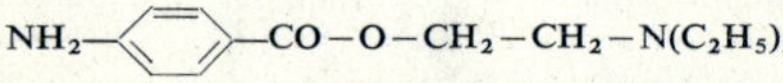

4-Amino-salizylsäure, »PAS«, ist ein Tuberkuloseheilmittel.

Phenazetin, $CH_3-CO-NH-$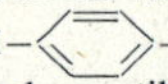$-O-C_2H_5$, ist gleichzeitig Phenoläther und azyliertes Amin; es dient als schmerzstillendes und fiebersenkendes Mittel.

Metol und **4-Dimethylamino-anilin** ↑ S. 545 (fotografische Entwickler); **Sulfanilsäure** und Derivate ↑ S. 548.

38.2.2.9. Diazoniumsalze

Allgemeines: Diazoniumsalze entstehen durch Diazotierung von Aminoverbindungen gemäß S. 551. Da sie in festem Zustand sehr explosibel sind, werden sie nicht isoliert, sondern unmittelbar nach ihrer Herstellung in wäßriger Lösung weiterverarbeitet.

Reaktionen unter Abspaltung von Stickstoff (Diazospaltung):

Durch Erhitzen wäßriger Diazoniumsalzlösungen mit verschiedenen, ebenfalls gelösten Salzen läßt sich die N_2-Gruppierung durch viele andere Atome und Atomgruppen ersetzen; in manchen Fällen sind Kupfer(I)-verbindungen als Katalysator erforderlich (SANDMEYER-Reaktionen).

- *Phenole* bilden sich beim Erhitzen der Lösungen ohne Zusatz (»Verkochen«);

$$[C_6H_5-N\equiv N]^+Cl^- + HOH \rightarrow \underset{\text{Phenol}}{C_6H_5OH} + HCl + N_2$$

- *Jodverbindungen* entstehen leicht beim Erhitzen mit KI-Lösung:

$$[C_6H_5-N\equiv N]^+Cl^- + KI \rightarrow \underset{\text{Jodbenzol}}{C_6H_5I} + KCl + N_2$$

- Analog bilden sich *Thiophenole* beim Erhitzen mit NaHS-Lösung.
- Um in gleicher Weise *Brom-*, *Chlor-*, *Rhodan-* und *Zyanverbindungen* (*Nitrile*, zu *Karbonsäuren* verseifbar!) zu erhalten, bedarf es der Gegenwart entsprechender Cu(I)-Verbindungen.

- *Fluorverbindungen* werden durch Erhitzen der mit Fluoroborsäure ausfallenden, gefahrlos zu handhabenden Diazoniumfluoroborate erhalten:

$$[C_6H_5-N\equiv N]^+[BF_4]^- \rightarrow C_6H_5F + BF_3 + N_2$$

Fluorbenzol

- *Arene* bilden sich durch Reduktion mit Zinn(II)-chlorid:

$$2\,[C_6H_5-N\equiv N]^+Cl^- + SnCl_2 + 2\,HCl \rightarrow 2\,C_6H_6 + SnCl_4 + N_2$$

Benzol

Kupplungsreaktionen:

Diazoniumsalze »kuppeln«

- mit *Aminoverbindungen* in schwach saurer Lösung,
- mit *Phenolen* in schwach alkalischer Lösung

zu Farbstoffen, wobei sich die *Azogruppe* $-N=N-$ bildet. Die Kupplung erfolgt fast stets in 4-Stellung zur NH_2- oder OH-Gruppe.
Zum Beispiel entsteht der Indikatorfarbstoff *Methylorange* durch Kuppeln diazotierter Sulfanilsäure mit Dimethylanilin:

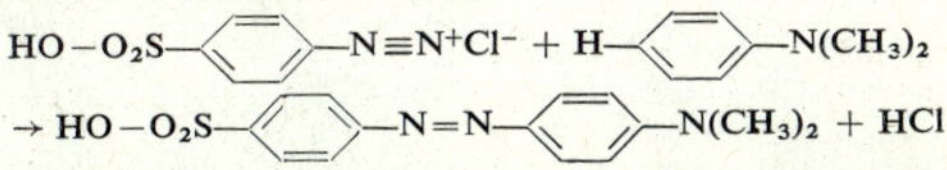

Die **Azoverbindungen** mit der Gruppe $-N=N-$ sind im Gegensatz zu den *Diazoniumsalzen* mit der Gruppe $-N\equiv N^+$ sehr beständige Verbindungen. Der einfachste Stoff, **Azobenzol**, $C_6H_5-N=N-C_6H_5$, bildet sehr reaktionsträge, orangefarbene Kristalle.

Diazotypie:

Diazotypiepapiere sind die sog. *Lichtpauspapiere* zum Vervielfältigen technischer Zeichnungen usw. Sie enthalten als Diazokomponente die gegenüber den eigentlichen Diazoniumsalzen stabileren **Chinondiazide**, als Kupplungskomponente meist *α-Naphtholsulfonsäuren*. Bei der Belichtung durch transparentes Papier mit schwarzer Zeichnung wird an den vom Licht getroffenen Stellen das Chinondiazid unter N_2-Abspaltung zerstört und verliert dadurch die Fähigkeit, beim nachfolgenden Entwicklungsprozeß zum Farbstoff zu kuppeln. Die Entwicklung besteht in der Einwirkung von Ammoniakdämpfen, wodurch das für die Kupplung erforderliche schwach alkalische Milieu geschaffen wird. Die Farbstoffbildung erfolgt also unter den schwarzen Stellen der Zeichnung, so daß ein Positiv entsteht. Die Chinondiazide entstehen durch Diazotierung von 4-Aminophenol und Derivaten:

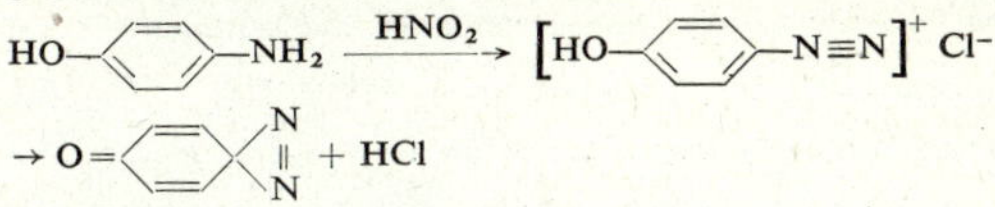

Chinondiazid

Die genauere Struktur der Chinondiazide ist noch umstritten.

38.3. Heterozyklische Verbindungen

38.3.1. Einfache heterozyklische Verbindungen

Allgemeines: Heterozyklische Verbindungen enthalten neben C-Atomen noch ein oder mehrere andere Atome als Ringglieder, vornehmlich N, O und S. Ringe aus 5 oder 6 Atomen sind am beständigsten.

Im strengen Sinne sind auch einige Stoffe heterozyklisch, die gewöhnlich bei den aliphatischen oder karbozyklischen Verbindungen abgehandelt werden, weil sie in naher Beziehung zu aliphatischen oder karbozyklischen Stoffen stehen und leicht wieder in diese übergeführt werden können, z.B. die Anhydride zweiwertiger Karbonsäuren, die Ringstrukturen der Kohlenhydrate oder auch das Äthylenoxid:

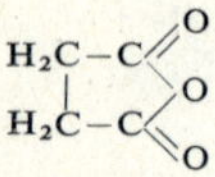

Bernsteinsäureanhydrid

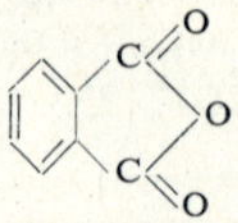

Phthalsäureanhydrid

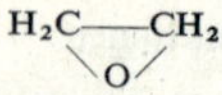

Äthylenoxid

Die komplizierter gebauten heterozyklischen Farbstoffe, Alkaloide usw. werden häufig in Sonderkapiteln aufgeführt.

Übersicht über einfache heterozyklische Verbindungen:

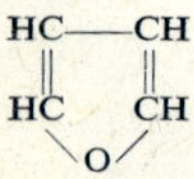

Furan

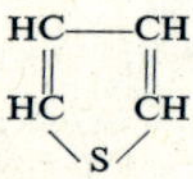

Thiophen

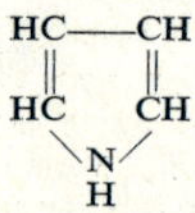

Pyrrol

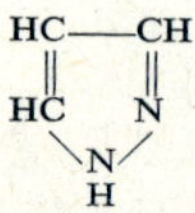

Pyrazol

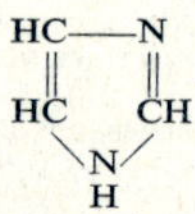

Imidazol

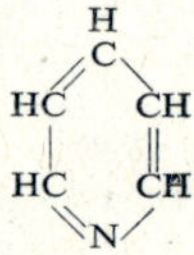

Pyridin

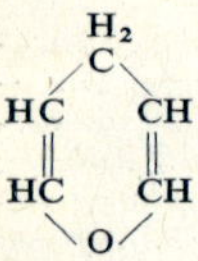

Pyran

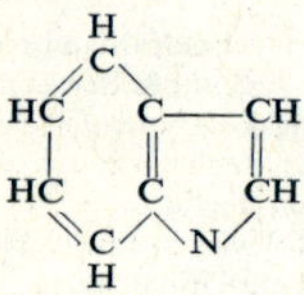

Indol

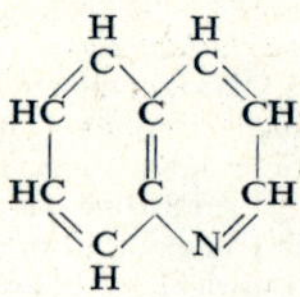

Chinolin

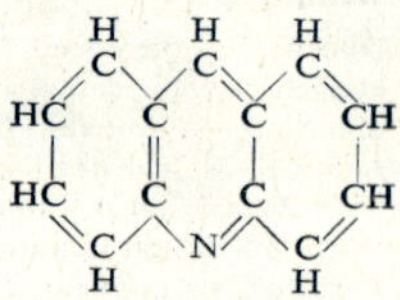

Akridin

Nomenklatur: Bei der systematischen Benennung der Ringsysteme setzt man vor den Namen des entsprechenden karbozyklischen Kohlenwasserstoffs (unter Berücksichtigung der Doppelbindungen) für jedes Heteroatom eine bestimmte Vorsilbe, und zwar:

N ≙ Aza ... S ≙ Thia ... O ≙ Oxa ...

Bei Vorhandensein mehrerer Heteroatome gilt die Rangordnung: O vor S vor N.

Beispiele: Pyridin = Azabenzol
Furan = Oxa-zyklopentadien-(2,4)
Pyrazol = 1,2-Diaza-zyklopentadien-(2,4)
Äthylenoxid = Oxa-zyklopropan

Die Bezifferung der Ringglieder für die systematische Benennung von Substitutionsprodukten erfolgt bei den monozyklischen Stoffen so, daß das Heteroatom die Ziffer 1 bekommt. Sind weitere Heteroatome vorhanden, so wird in derjenigen Richtung weitergezählt, bei welcher das nächste Heteroatom die kleinere Zahl bekommt; ein benachbartes Heteroatom erhält also die Ziffer 2. Dabei rangieren O vor S vor NH vor N.

Beispiele:

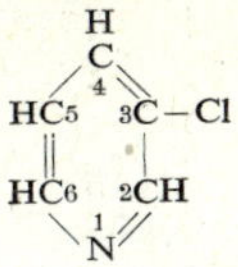

3-Chlor-pyridin
[3-Chlor-aza-benzol]

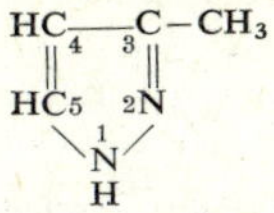

3-Methyl-pyrazol
[3-Methyl-1,2-diaza-zyklo-pentadien-(2,4)]

Chemische Eigenschaften: Viele heterozyklische Ringe zeigen analog dem Benzol aromatisches Verhalten (von den bisher angeführten nur Pyran nicht). So setzen sie den Versuchen, Wasserstoff oder Halogene zu addieren, erheblichen Widerstand entgegen; hingegen werden ihre H-Atome leicht substituiert. Auch lassen sie sich nitrieren.

Pyrrol, C_4H_5N (Struktur ↑ S. 554), farblose, angenehm riechende Flüssigkeit (*Kp* = 130 °C), die sich an der Luft unter Verharzung allmählich braun färbt. Ein mit Salzsäure befeuchteter Fichtenspan nimmt in Pyrrol kirschrote Farbe an.
Das Ringsystem des Pyrrols ist u.a. im Blutfarbstoff *Hämoglobin*, im Blattfarbstoff *Chlorophyll* und im Gallenfarbstoff *Bilirubin* enthalten.
Das vollständig hydrierte Pyrrol heißt *Pyrrolidin*. Derivate des Pyrrolidins sind u.a. die Eiweißbausteine *Prolin* und *Oxyprolin*, ferner die Alkaloide *Nikotin*, *Kokain* und *Atropin*; ↑ S. 557 und 558.

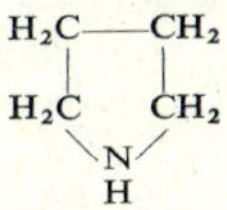

Pyrrolidin

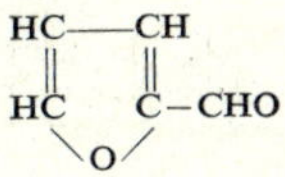

Furfural

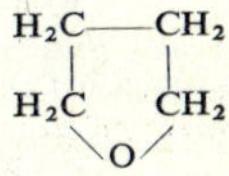

Tetrahydrofuran

Furan, C_4H_4O (Struktur ↑ S. 554), farblose, sehr leicht flüchtige, chloroformartig riechende Flüssigkeit (*Kp* = 32 °C), die einen mit Salzsäure befeuchteten Fichtenspan intensiv grün färbt.
Das wichtigste Derivat ist **Furfural** (früher *Furfurol*), *Furankarbonal-(2)*, eine farblose, nach frischem Brot riechende Flüssigkeit (*Kp* = 161,6 °C), die beim Erhitzen von Pentosen mit verdünnten Säuren überdestilliert und technisch aus Kleie [*furfur* (lat.) Kleie], entkörnten Maiskolben u.dgl. gewonnen wird. Furfural, Fu—CHO, läßt sich zu **Furfurylalkohol**, Fu—CH_2OH, reduzieren und zu **Brenzschleimsäure**, Fu—COOH, oxidieren.

Tetrahydrofuran (Struktur ↑ oben) entsteht durch vollständige (katalytische) Hydrierung von Furan und ist ein ausgezeichnetes Lösungsmittel (*Kp* = 66 °C); auch als chemisches Zwischenprodukt wird es verwendet.

Thiophen, C_4H_4S (Struktur ↑ S. 554), ähnelt dem Benzol in physikalischen und chemischen Eigenschaften, auch im Geruch, außerordentlich stark (*Kp* = 84 °C) und ist zu 0,1...0,2% im technischen Steinkohlenteerbenzol enthalten.

Pyrazol und **Imidazol,** $C_3H_4N_2$ (Strukturen ↑ S. 554), sind feste, kristalline Substanzen. Derivate des Pyrazols sind z.B. die aus Anilin hergestellten Analgetika und Antipyretika **Phenazon** (früher: *Antipyrin*) und **Aminophenazon** (früher: *Pyramidon*; *Amidopyrin*). Beide leiten sich vom Keton **Pyrazolon** ab:

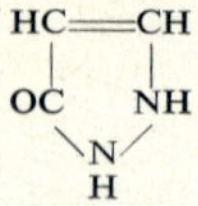

Pyrazolon

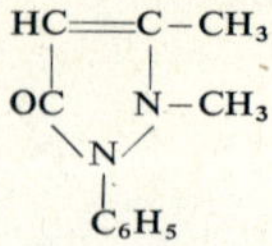

Phenazon

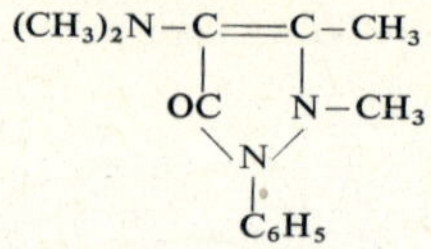

Aminophenazon

Der Imidazol-Ring ist Bestandteil des **Purin**-Ringsystems, von dem sich u.a. **Harnsäure, Koffein** und **Theobromin** ableiten:

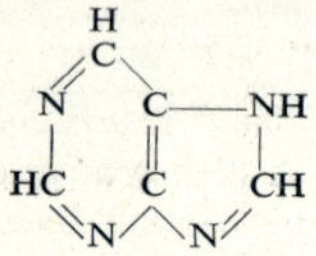

Purin

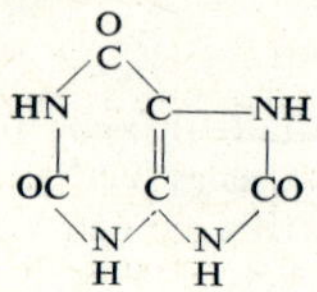

Harnsäure

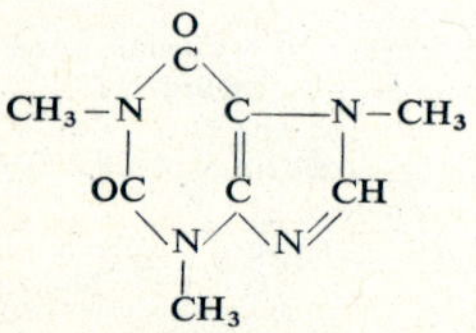

Koffein

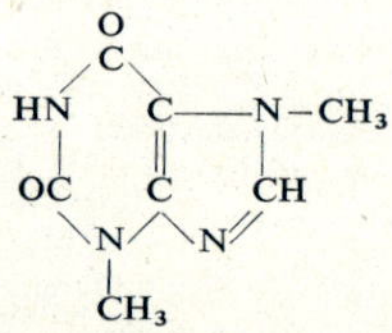

Theobromin

Harnsäure: weißes, geruchloses Kristallpulver (Salze: **Ureate**); findet sich neben Harnstoff im Harn (täglich 1 g). Blasen- und Nierensteine bestehen oft völlig aus Harnsäure und ihren Salzen; bei der Gicht lagert sich Harnsäure in Gelenken ab.

Koffein: weißes, geruchloses, bitter schmeckendes, beim Erhitzen sublimierendes Kristallpulver ($F = 236\,°C$), das bis zu 5% in getrockneten Teeblättern und zu 1...1,5% in Kaffeebohnen vorkommt, heute auch synthetisch gewonnen wird. Koffein regt Herztätigkeit, Stoffwechsel und Atmung an.

Theobromin: ebenfalls weiß und geruchlos, ist bis zu 1,8% in Kakaobohnen vorhanden; es wirkt ähnlich wie Koffein.

Pyridin, C_5H_5N (Struktur ↑S. 554): farblose, eigentümlich durchdringend riechende, beliebig mit Wasser mischbare Flüssigkeit ($Kp = 115{,}6\,°C$), die im Knochenöl (Destillat entfetteter Knochen) und im Steinkohlenteer vorkommt. Es weist zugleich aromatisches und basisches Verhalten auf, bildet z.B. mit Salzsäure festes, weißes *Pyridiniumchlorid* 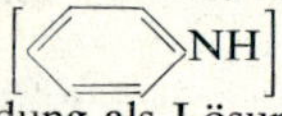 $^{+}Cl^{-}$.

Verwendung als Lösungsmittel, Denaturierungsmittel für Äthanol und chemisches Zwischenprodukt für Farbstoffe und Pharmazeutika.

Die *Methylpyridine* heißen **Pikoline**, die *Dimethylpyridine* **Lutidine**, die *Trimethylpyridine* **Kollidine**. Das vollständig hydrierte Pyridin heißt **Piperidin**.

Pyridin- und Piperidinringe finden sich in Alkaloiden, z.B. im *Koniin, Nikotin* und *Piperin*.

Die heterozyklischen aromatischen Sechsringe mit 2 N-Atomen heißen:

Pyridazin = 1,2-Diaza-benzol
Pyrimidin = 1,3-Diaza-benzol
Pyrazin = 1,4-Diaza-benzol

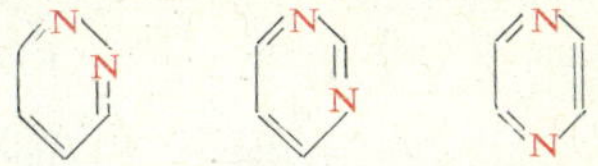

Pyridazin Pyrimidin Pyrazin

Pyran (Struktur ↑ S. 554) ist bislang nur in Form von Derivaten bekannt; von ihm leiten sich die Sechsringformen der Kohlenhydrate (»*Pyranosen*«) sowie die *Anthozyane*, eine Gruppe blauer und roter Blütenfarbstoffe, ab.

Indol (Struktur ↑ S. 554) ist fest und besitzt wie sein Methylderivat Skatol in unreinem Zustand einen fäkalartigen Geruch (vgl. »Skat«: das Abgelegte); beide Stoffe kommen in den Fäzes vor und werden in reinem Zustand für Parfüme verwendet.

Chinolin (Struktur ↑ S. 554) ist eine farblose, sich an der Luft allmählich braun färbende Flüssigkeit ($Kp = 238\,°C$), kommt in Steinkohlenteer vor und ähnelt in seinen Eigenschaften dem Pyridin. Ausgangsstoff für Farbstoffe und Heilmittel. – Auch **Akridin** (Struktur ↑ S. 554), das farblose Nadeln bildet, ist im Teer enthalten und ist Muttersubstanz wichtiger Heilmittel.

Melamin, *2,4,6-Triaminotriazin,* $C_3N_3(NH_2)_3$ (Struktur ↑ unten), ein farbloses, in heißem Wasser leicht lösliches, beim Erhitzen sublimierendes Kristallpulver, wird technisch gemäß $6\,CO(NH_2)_2 \rightarrow C_3N_3(NH_2)_3 + 3\,CO_2 + 6\,NH_3$ durch Erhitzen von Harnstoff auf 350...400 °C hergestellt; Verwendung für Melaminharze und -plaste.

Alloxan, $(CO)_4(NH)_2$ (Struktur ↑ unten), ein gelber, kristallisierter, leicht wasserlöslicher Stoff, ist das Ureid (Harnstoffderivat) der *Mesoxalsäure* (HOOC–CO–COOH); $F = 256\,°C$. A. entsteht aus Harnsäure durch starke Oxidationsmittel und ergibt mit Wasser farbloses *Alloxanhydrat*. Alloxan und sein Hydrat färben die Haut intensiv rot und werden daher z.B. für hautentwickelnde Lippenstifte verwendet.

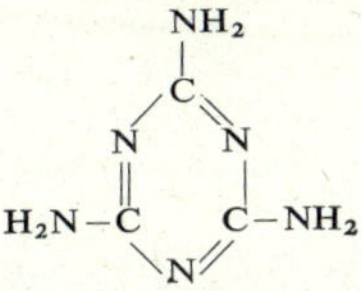

Melamin

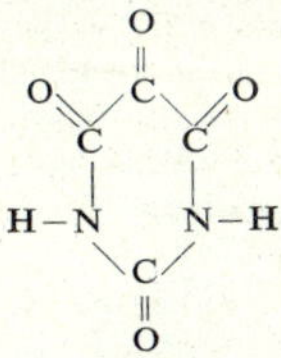

Alloxan

38.3.2. Alkaloide

Definition: Alkaloide sind basische, in Pflanzen vorkommende Stoffe, die Stickstoff, meist in heterozyklischer Bindung, enthalten.

Allgemeines: Man kennt etwa 3000 Alkaloide; die meisten sind sehr giftige, farblose Feststoffe; einige wenige sind flüssig. Sie kommen in den Pflanzen als gelöste Salze vor.

Einzelne Alkaloide:

Nikotin (Formel ↑ S. 558): farblose, an der Luft braun werdende, ölige, tabakähnlich riechende, scharf schmeckende Flüssigkeit; kommt zu 0,6...0,9% im Tabak und in anderen Nachtschattengewächsen vor; wird aus Tabaklauge durch Extraktion mit organischen Lösungsmitteln gewonnen. Nikotin ist sehr giftig; es erregt erst und lähmt dann das Zentralnervensystem. 50...100 mg sind tödlich; 1 Zigarette enthält etwa 12...15 mg, wovon 30...50% in den Rauch übergehen.

Koniin (Formel ↑ unten): farblose, ölige Flüssigkeit; Schierlingsgift (SOKRATES); 500 bis 100 mg sind tödlich infolge Lähmung des Atemzentrums.

Piperin (Formel ↑ S. 559): farblose Kristalle; Hauptgeschmacksträger des Schwarzen Pfeffers.

Atropin (Formel ↑ S. 559): bitter schmeckende Kristalle; Gift der Tollkirsche; tödliche Dosis: etwa 100 mg; kleinere Mengen bewirken Durst und Trockenheit im Mund, Erweiterung der Pupillen, Unruhe, Kopfschmerz, Sehstörungen, Halluzinationen und schließlich Bewußtlosigkeit. Verwandt mit Atropin sind **Hyoszyamin** und **Skopolamin**, die ebenfalls in Nachtschattengewächsen vorkommen.

Kokain (Formel ↑ S. 559): farblose Kristalle; in Kokablättern bis zu 1,3% vorkommendes Suchtgift; wirkt anästhesierend (Augenmedizin) und pupillenerweiternd; beseitigt in kleinen Mengen Müdigkeit und Hunger; führt Tod durch Lähmung des Atemzentrums herbei.

Chinin (Formel ↑ S. 559): farblose Kristalle; wichtigstes Alkaloid der Rinde der »Chinabäume« (Indonesien, Südamerika, Indien); Synthese 1944. Chinin besitzt fiebersenkende, wehenfördernde, in größeren Dosen lähmende Wirkung und ist besonders wirksam gegen Malaria. Die wäßrige Lösung von Chininsulfat fluoresziert intensiv blau.

Morphin (Formel ↑ S. 559): farblose Kristalle; wichtigstes Alkaloid des *Opiums* (Opium = eingetrockneter Saft unreifer Samenkapseln verschiedener Mohnarten); Synthese 1952. Morphin ist eines der wirksamsten schmerzstillenden Mittel, führt jedoch leicht zur Sucht.

Kodein, ebenfalls im Opium vorkommend, ist der Monomethyläther des Morphins und wird auch aus diesem hergestellt; es wirkt hustenstillend.

Heroin ist *Diazetylmorphin*; es wird aus Morphin hergestellt und ist eines der gefährlichsten Suchtgifte.

Tubokurarin, $C_{33}H_{44}O_6N_2$, ist eines der wichtigsten Alkaloide des *Kurare* (Kurare = südamerikanisches Pfeilgift); es wird wegen seiner lähmenden Wirkung, beruhend auf Hemmung der Impulsübertragung vom Nervenende auf den willkürlichen Muskel, medizinisch verwendet, z.B. bei der Narkose; Formel ↑ S. 559.

Yohimbin (Formel ↑ S. 559) ist das Alkaloid der Blätter und Rinde des Yohimbebaums Westafrika); es ist ein Aphrodisiakum.

Strychnin (Formel ↑ S. 559): farblose Kristalle; sehr giftiges, krampferregendes Alkaloid aus den Samen des Brechnußbaumes (Ostindien); Synthese 1954; tödliche Dosis 15...100 mg.

Ergotamin kommt neben anderen Alkaloiden im Mutterkorn (einem auf Roggen wachsenden Pilz) vor; aus ihm läßt sich **Lysergsäure** abspalten, deren Derivat **Lysergsäurediäthylamid** (LSD) als halluzinogenes Suchtgift mißbraucht wird.

Akonitin ist das Gift des blauen Eisenhutes, **Solanin** das der grünen Teile von Nachtschattengewächsen (z.B. der Kartoffel); **Muskarin** ist das Alkaloid des Fliegenpilzes.

Kolchizin, das Alkaloid der Herbstzeitlose, ermöglicht die Züchtung von Pflanzen mit erhöhter Chromosomenzahl.

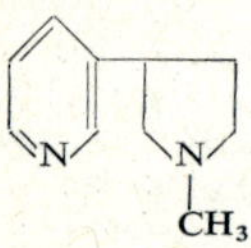

Nikotin

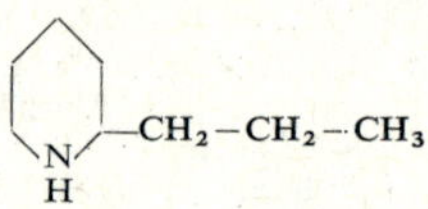

Koniin

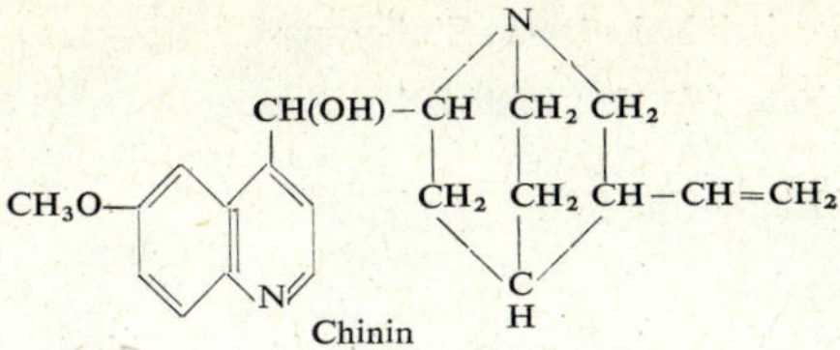

Chinin

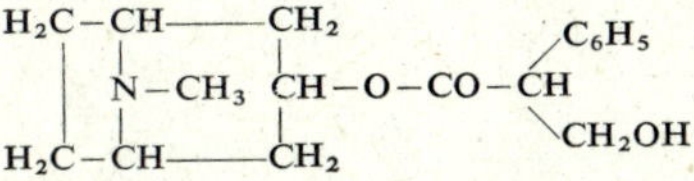

Atropin

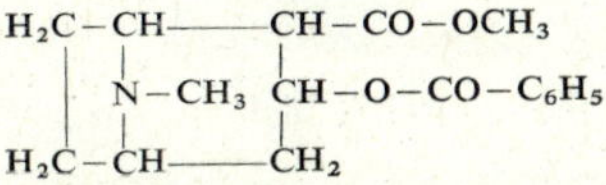

Kokain

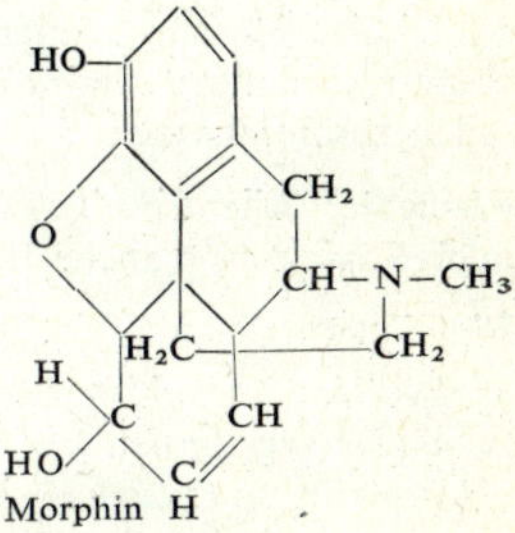

Morphin

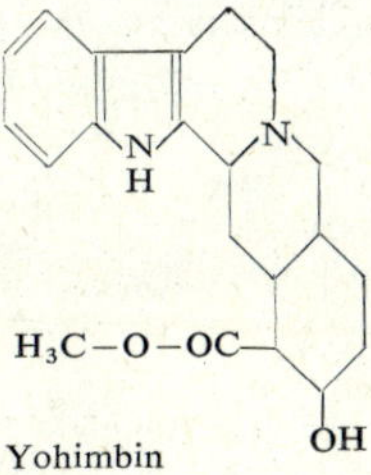

Yohimbin

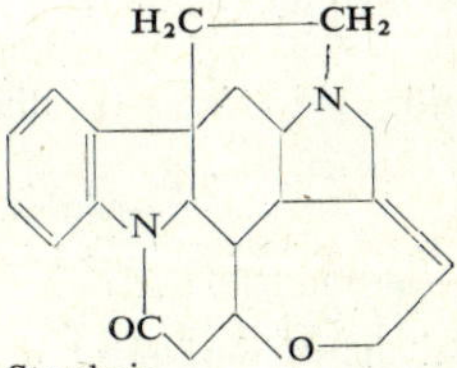

Strychnin

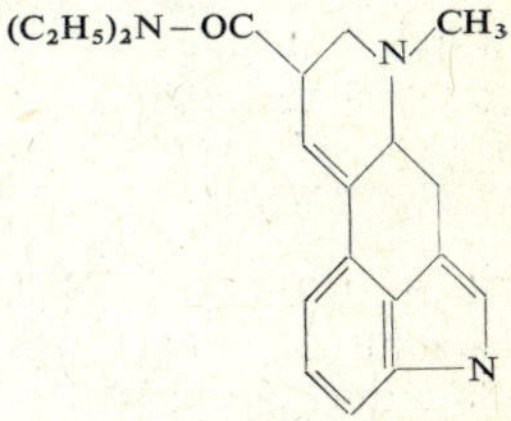

Lysergsäurediäthylamid

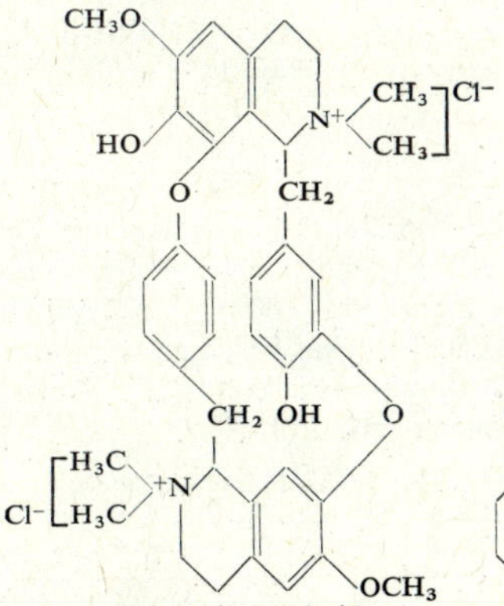

Tubokurarinchlorid

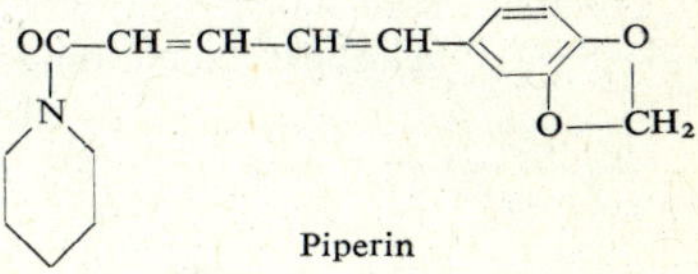

Piperin

39. Biochemisch bedeutsame Stoffgruppen

Über Kohlenhydrate ↑ S. 525; Fette ↑ S. 518

39.1. Eiweißstoffe (*Eiweiße*, *Eiweißkörper*)

39.1.1. Allgemeines

Definition: Eiweißstoffe sind makromolekulare Verbindungen, deren Moleküle sich aus säureamidartig miteinander verknüpften Aminosäuren (genauer: Aminokarbonsäuren) und evtl. weiteren Bestandteilen zusammensetzen.

Elemente: Alle Eiweißstoffe enthalten C, H, N und O, nahezu alle auch S, viele P, manche Fe, Cu, Zn und andere.

Einteilung:

- **Proteine**[1] (*einfache Eiweißstoffe*) bestehen ausschließlich aus Aminosäurebaugruppen.
- **Proteide**[1] (*zusammengesetzte Eiweißstoffe*) enthalten zusätzlich »prosthetische Gruppen« (Zucker, Nukleinsäuren, Phosphorsäure, Farbstoffe, Vitamine u.a.)

> Proteid = Protein + prosthetische Gruppe

Molekülgröße: Die Anzahl der miteinander verbundenen Aminosäurebaugruppen beträgt größenordnungsmäßig 100 bis 100000, so daß sich relative Molekülmassen von etwa 10000 bis 10000000 ergeben.

Struktur: Bei der Verknüpfung der Aminosäuren reagiert formal das $-COOH$ des einen Moleküls mit dem $-NH_2$ des anderen unter Wasserabspaltung zur *Säureamidgruppierung* $-CO-NH-$ (bei den Aminosäuren auch *Peptidbindung* genannt):

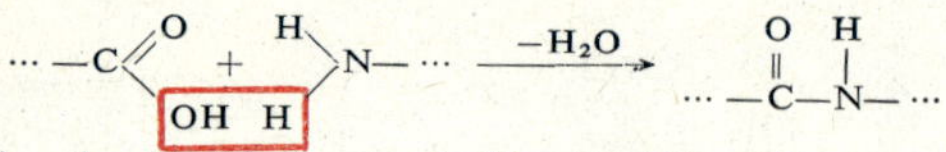

Die entstehenden Verbindungen heißen **Peptide.** *Oligopeptide* enthalten bis zu 10 (*Dipeptide* 2, *Tripeptide* 3 usw.), *Polypeptide* mehr als 10 Aminosäurebaugruppen; Polypeptide mit mehr als 100 Aminosäurebaugruppen heißen auch *Makropeptide.* Die **Proteine** bestehen aus hochmolekularen Polypeptidketten, die durch Wasserstoff-, Disulfid- ($-S-S-$), Ionen- oder andere Bindungen verknüpft sind.

- *Primärstruktur:* Reihenfolge der Aminosäuren in den Polypeptidketten
- *Sekundärstruktur:* Form der Polypeptidketten (gestreckt, geknäuelt, geschraubt)
- *Tertiärstruktur:* räumliche Lagerung der Polypeptidketten im Gesamtmolekül

[1]) sprich: Prote-ine bzw. Prote-ide

Eigenschaften: Die Eiweißstoffe sind z.T. sehr empfindlich (bestimmte Schlangengifte werden schon beim Schütteln ihrer Lösungen zerstört), z.T. aber auch sehr beständig (Hornsubstanz). – Manche Eiweißstoffe sind unlöslich, andere ergeben mit Wasser kolloide Lösungen. Aus diesen Lösungen lassen sie sich durch Salze (Natriumchlorid, Ammoniumsulfat) oder durch Einstellen bestimmter *p*H-Werte reversibel ausfällen. Beim Erhitzen oder Zufügen starker Säuren erfolgt irreversible Ausfällung (*Denaturierung*) unter Verlust ihrer biologischen Wirksamkeit. – Eiweißlösungen sind optisch aktiv.

Hydrolyse: Die Eiweißstoffe lassen sich

- durch Erhitzen mit *Säuren* oder *Alkalien*
- durch Einwirkung von *Enzymen* (»enzymatisch«)

unter Wasseraufnahme in ihre Aminosäuren und sonstigen Bestandteile aufspalten.

Die peptidspaltenden Enzyme (»Proteasen«) sind häufig auf die Sprengung der Bindung zwischen ganz bestimmten Aminosäuren spezialisiert, so daß auch höhermolekulare Spaltprodukte erhalten werden.

Farbreaktionen:

- *Biuretreaktion* (auch bei Harnstoff positiv!): Violettfärbung schwach alkalischer Lösungen (enthaltend Biuret, $H_2N-CO-NH-CO-NH_2$) bei Zusatz von Kupfersulfat.
- *Xanthoproteinreaktion:* Gelbfärbung mit konz. Salpetersäure, beruhend auf Nitrierung aromatischer Aminosäuren.
- MILLON*sche Reaktion:* rotbrauner Niederschlag beim Erwärmen mit salpetrigsaurer Quecksilber(II)-nitratlösung.

Physiologische Bedeutung: Eiweißstoffe sind die eigentlichen »Träger des Lebens«. Im *Protoplasma* spielen sich unter ständiger Umwandlung der Eiweißstoffe die Lebensvorgänge ab. Die biokatalytisch wirkenden *Enzyme* (Fermente) und ein Teil der *Hormone* sind ebenfalls Eiweißstoffe. *Gerüsteiweiße*, z.B. *Horn*, wirken als Stützsubstanzen oder sind (als Feder- oder Haarkleid) für den Wärmehaushalt von Bedeutung. Alle Eiweißstoffe im lebenden Organismus erneuern sich ständig und müssen durch Nahrungsaufnahme ergänzt werden, wobei tierisches Eiweiß (wegen genügenden Gehaltes an essentiellen Aminosäuren; ↑ S. 562) wertvoller ist als pflanzliches.

39.1.2. Eiweiß-Aminosäuren

Struktur und Konfiguration: nahezu ausschließlich α-Aminosäuren (*2-Aminosäuren*), d.h., die Aminogruppe ist an das der Karboxylgruppe benachbarte C-Atom gebunden: $R-CH(NH_2)-COOH$. – Mit Ausnahme von Glykokoll sind alle natürlichen Aminosäuren optisch aktiv und gehören der L-Reihe (S-Reihe) an.

Essentielle Aminosäuren: nicht vom Organismus synthetisierbar; Zufuhr mit der Nahrung notwendig. Von den etwa 22 insgesamt vorhandenen sind dies beim Menschen (in der Reihenfolge abnehmenden Bedarfs) folgende 10: Leuzin, Lysin, Valin, Phenylalanin, Methionin, Histidin, Tryptophan, Arginin, Threonin, Isoleuzin.

Übersicht: (in Klammern: Symbole; * essentiell)

- **aliphatische Aminosäuren**

Monoamino-monokarbonsäuren

Glykokoll (Gly), *Glyzin, Amino-essigsäure, Aminoäthansäure,* $CH_2(NH_2)-COOH$
Alanin (Ala), *2-Amino-propansäure,* $CH_3-CH(NH_2)-COOH$
Valin* (Val), $CH_3-CH(CH_3)-CH(NH_2)-COOH$
Leuzin* (Leu), $CH_3-CH(CH_3)-CH_2-CH(NH_2)-COOH$
Isoleuzin* (Ileu), $CH_3-CH_2-CH(CH_3)-CH(NH_2)-COOH$

— *mit Hydroxylgruppen*

Serin (Ser), $CH_2(OH)-CH(NH_2)-COOH$
Threonin* (Thr), $CH_3-CH(OH)-CH(NH_2)-COOH$

— *schwefelhaltig*

Zystein (Cys), $CH_2(SH)-CH(NH_2)-COOH$; geht durch Oxidation leicht in **Zystin,** $HOOC-CH(NH_2)-CH_2-S-S-CH_2-CH(NH_2)-COOH$, über.
Methionin* (Met), $CH_2(SCH_3)-CH_2-CH(NH_2)-COOH$

Monoamin-dikarbonsäuren und -amide

Asparaginsäure (Asp), Amino-bernsteinsäure, $HOOC-CH_2-CH(NH_2)-COOH$
Asparagin (Asp-NH_2), ist das Monoamid $H_2NOC-CH_2-CH(NH_2)-COOH$
Glutaminsäure (Glu), $HOOC-[CH_2]_2-CH(NH_2)-COOH$
Glutamin (Glu-NH_2) ist das Monoamid, $H_2NOC-[CH_2]_2-CH(NH_2)-COOH$
Natriumglutamat (»Glutamat«), das Mononatriumsalz der Glutaminsäure, ist ein Würzmittel, das den Eigengeschmack verschiedener Nahrungsmittel verstärkt.

Diaminokarbonsäuren

Lysin* (Lys), $H_2N-[CH_2]_4-CH(NH_2)-COOH$
Arginin* (Arg), $H_2N-C(=NH)-NH-[CH_2]_3-CH(NH_2)-COOH$

- **Aromatische Aminosäuren**
Phenylalanin* (Phe), $C_6H_5-CH_2-CH(NH_2)-COOH$
Tyrosin (Tyr), $HO-C_6H_4-CH_2-CH(NH_2)-COOH$

- **Heterozyklische Aminosäuren**
Prolin (Pro), und **Hydroxyprolin** (Hypro);
Tryptophan* (Try); Formel ↑ S. 563
Histidin* (His); Formel ↑ S. 563

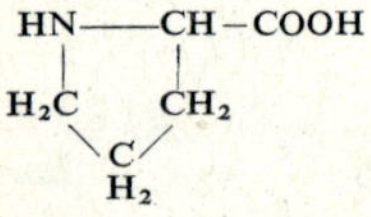

Prolin

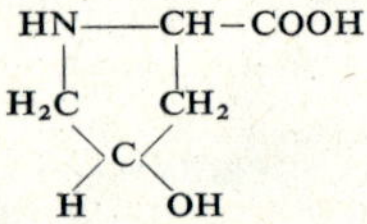

Hydroxyprolin

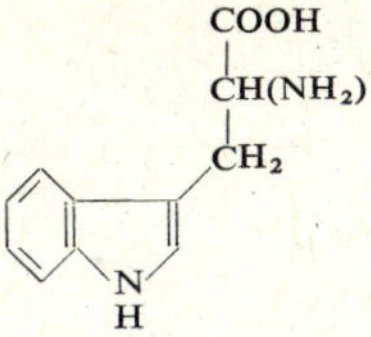

Tryptophan

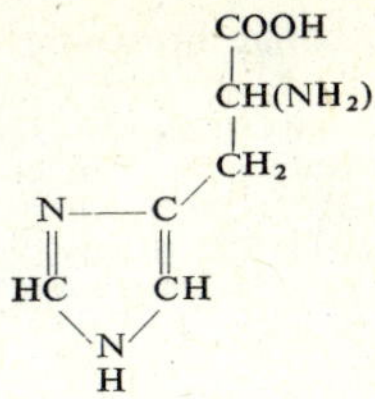

Histidin

39.1.3. Wichtige Proteine

Globuline: schwach sauer; in Wasser unlöslich, dagegen löslich in verdünnten Neutralsalzlösungen (z.B. NaCl 5%) und Alkalien; durch halbgesättigte $(NH_4)_2SO_4$-Lösung reversibel ausfällbar. – Verbreitetste Proteingruppe, z.B. Reserveeiweiß in Hülsenfrüchtlern, Getreide u.a.; als *Serumglobulin* und *Fibrinogen* im Blutplasma, als *Zellglobulin* in Geweben, als *Laktoglobulin* in der Milch, als *Ovoglobulin* in Eiern.

Albumine: meist neutral; wasserlöslich; durch Sättigung mit $(NH_4)_2SO_4$ reversibel ausfällbar; enthalten kaum Glykokoll; sind reich an Schwefel. Kommen gemeinsam mit Globulinen vor, z.B. als *Serum-*, *Lakt-* und *Ovalbumin* in Blutplasma, Milch und Eiern. Äußerst giftig ist das **Rizin** der Rizinussamen.

Histone: basisch; löslich in verdünnten Alkalien und Säuren; durch Äthanol fällbar. Vorkommen in Zellkernen in lockerer Bindung an Nukleinsäuren.

Prolamine (*Gliadine*) und **Glutaline** bilden zusammen das für die Backfähigkeit des Brotes wichtige **Klebereiweiß** (*Gluten*) in den Getreidekörnern; löslich in 50...80%igem Äthanol.

Skleroproteine (Gerüsteiweißstoffe): organische Gerüstsubstanz von Mensch und Tier; unlöslich; chemisch und z.T. auch mechanisch sehr widerstandsfähig. Einteilung: *Kollagene* und *Keratine*.

- **Kollagene:** bilden das Bindegewebe und die organische Grundsubstanz von Knochen, Knorpel, Sehnen und Haut; gehen beim Kochen mit Wasser (Molekülabbau) in *Gelatine* (*Glutin*; unrein *Leim*) über. Deren Lösung erstarrt beim Abkühlen zu einem Gel, das sich beim Erwärmen wieder verflüssigt. An den Kollagenen der Haut vollzieht sich die *Gerbung* bei der Herstellung von *Leder*.
- **Keratine:** Hornsubstanzen von Mensch und Tier: Haare (z.B. Wolle), Federn, Nägel, Hörner, Hufe, Klauen. Hoher Zystin- und damit Schwefelgehalt; widerstandsfähig auch gegen eiweißspaltende Enzyme.

Naturseide (Raupenseide), von der Seidenraupe ersponnen, besteht aus dem keratinartigen *Fibroin* mit einer kollagenartigen Hülle aus *Serizin* (Seidenleim); letztere wird vor der textilen Nutzung aufgelöst. – **Naturschwamm** besteht aus dem jodhaltigen *Spongin*, die Aminosäure *3,5-Dijodtyrosin* enthaltend.

39.1.4. Wichtige Proteide

Nukleoproteide (prosthetische Gruppe: *Nukleinsäuren*): in Zellkernen und im Zellplasma von Tieren und Pflanzen vorkommend, in den Chromosomen als Träger der Erbinformationen; ↑ S. 566. — *Virusproteide* sind die (meist alleinigen) Bestandteile der *Viren*. Dies sind submikroskopische, auch kristallisiert erhältliche Krankheitserreger (Durchmesser <300 μm), die sich durch Umwandlung lebender Materie autokatalytisch selbst reproduzieren.

Phosphorproteide (prosthetische Gruppe: *Phosphorsäure*): am wichtigsten *Kasein* in der Milch und *Vitellin* im Eidotter. **Kasein** ist als Ca-Salz in der Milch gelöst; die beim Sauerwerden entstehende Milchsäure bindet das Ca, so daß Kasein ausfällt.

Glykoproteide (prosthetische Gruppe: *Kohlenhydrate*): hierzu gehören insbes. die **Mukopolysaccharide** (mit oft überwiegendem, aminozuckerhaltigem, z.T. auch mit Schwefelsäure verestertem Polysaccharidanteil), z.B. die im Binde- und Stützgewebe (Knorpel) vorkommenden *Mukoide* und die in Sekreten (Speichel, Schleim) enthaltenen *Muzine* (Schleimstoffe), ferner das blutgerinnungshemmende *Heparin* und die *Blutgruppensubstanzen*.

Chromoproteide (prosthetische Gruppe: *Farbstoffe*): hierzu gehören insbes. die Eisenverbindungen *Hämoglobin* (roter Blutfarbstoff) und *Myoglobin* (roter Muskelfarbstoff), beide mit der Farbstoffkomponente *Häm*; ferner verschiedene, ebenfalls eisenhaltige Atmungsfermente (↑ S. 441); in den Pflanzen u.a. das magnesiumhaltige *Chloroplastin* mit der grünen Farbstoffkomponente *Chlorophyll*.
Zu den Proteiden gehören ferner *Enzyme* (z.T. mit Vitaminen als prosthetischer Gruppe; ↑ S. 571) sowie ein Teil der *Hormone* (↑ S. 569).

39.2. Nukleinsäuren

Molekülbau: Nukleinsäuren sind makromolekulare Verbindungen (*Polynukleotide*), die sich nach folgendem Schema aus *Nukleinsäurebasen*, *Zucker* und *Phosphorsäure* aufbauen:

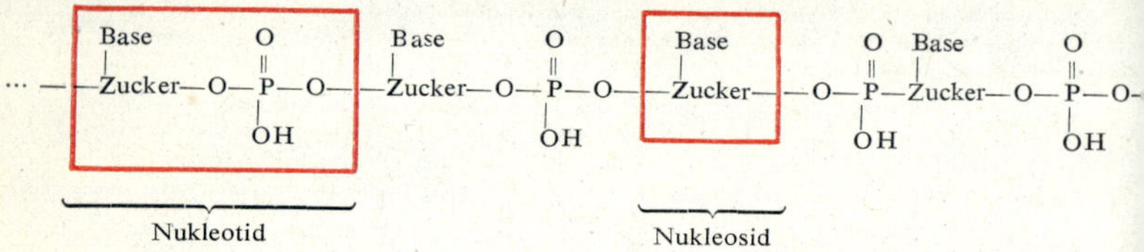

- **Nukleotide** bestehen aus Base, Zucker und Phosphorsäure,
- **Nukleoside** bestehen aus Base und Zucker.

Nukleinsäurebasen: In den Nukleinsäuren kommen hauptsächlich folgende 5 Basen vor:

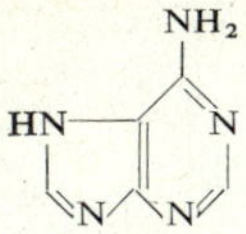

Adenin
(6-Amino-purin)

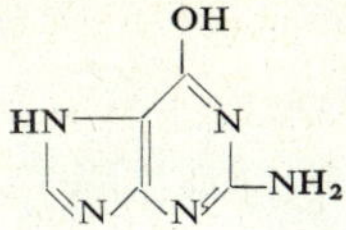

Guanin
(2-Amino-
-6-hydroxy-
-purin)

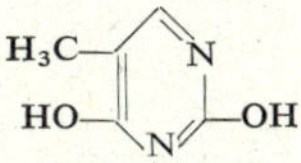

Thymin
(2,6-Dihydroxy-
-5-methyl-
-pyrimidin)

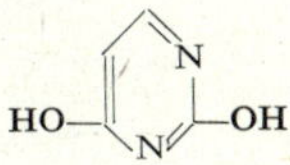

Urazil
(2,6-Dihydroxy-
pyrimidin)

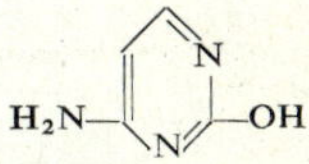

Zytosin
(2-Hydroxy-
-6-amino-
-pyrimidin)

Vom *Purin* (↑ S. 556) leiten sich ab: Adenosin, Guanin. Vom *Pyrimidin* (↑ S. 557) leiten sich ab: Zytosin, Thymin, Urazil. Alle Nukleinsäurebasen sind feste, farblose Substanzen.

Ribonukleinsäure und Desoxyribonukleinsäure:

- **Ribonukleinsäure** (RNS) enthält:
  als *Zucker:* D-Ribose (eine Pentose, $C_5H_{10}O_5$)
  als *Basen:* Adenin, Guanin, Zytosin, Urazil
- **Desoxyribonukleinsäure** (DNS) enthält:
  als *Zucker:* D-2-Desoxyribose (eine Tetrose, $C_5H_{10}O_4$)
  als *Basen:* Adenin, Guanin, Zytosin, Thymin

Es gibt sehr viele Ribo- und Desoxyribonukleinsäuren; diese unterscheiden sich in der Aufeinanderfolge der Basen.

Baugruppe eines Ribonukleinsäuremoleküls:

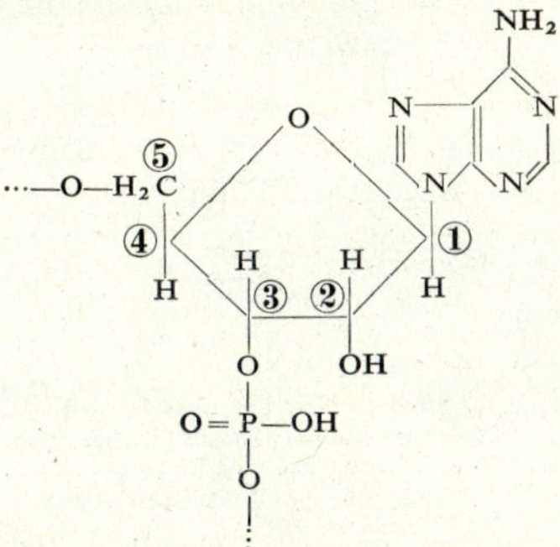

Die organische Base haftet jeweils am C-Atom Nr. 1 des Zuckers; die Phosphorsäurebrücken verknüpfen die C-Atome Nr. 3 und 5 der benachbarten Nukleoside. Die Desoxyribonukleinsäuren enthalten am C-Atom Nr. 2 des Zuckers an Stelle der OH-Gruppe ein H-Atom.

Räumliche Struktur der Nukleinsäuren: Im Normalzustand besteht eine Nukleinsäure aus zwei spiralig umeinandergeschlungenen Nukleinsäuresträngen, wobei jeweils die Basen Guanin/Zytosin und Adenin/Thymin bzw. Urazil einander gegenüberstehen. Beim Erhitzen der Lösung rollen sich die Spiralen auf, und die Einzelstränge werden frei.

Eigenschaften der Nukleinsäuren: Die Nukleinsäuren sind weiße bis schwach gelbliche Feststoffe, die in Wasser schwer, in Alkalien unter Salzbildung leicht löslich sind.

Physiologische Bedeutung: Die Nukleinsäuren kommen teils frei, teils an Eiweiß gebunden (*Nukleoproteide*) in allen Zellen vor; manche Viren bestehen ausschließlich aus Nukleoproteiden. Die Nukleinsäuren steuern die Synthese der Proteine aus Aminosäuren. Hierbei legt die *Basensequenz* (Aufeinanderfolge der Basen) die Reihenfolge der Verknüpfung der Aminosäuren fest; je drei aufeinanderfolgende Basen bestimmen, welche Aminosäure zum Protein gebunden wird. In den Chromosomen sind die Nukleinsäuren die Träger der Vererbung; bei der Zellkernteilung erfolgt Entkoppelung der Nukleinsäurestränge und Wiederverdoppelung jedes einzelnen Stranges, so daß nach der Teilung zwei Doppelspiralen vorliegen. Die im »*genetischen Kode*« (der Aufeinanderfolge der Basen) enthaltene Information der Eiweißsynthese wird auf diese Weise ständig weitergegeben.
Die DNS gibt unter Mitwirkung von Fermenten den Kode zunächst an die »*messenger*-RNS« (m-RNS; Boten-RNS) weiter, die ihn aus dem Zellkern zu den Ribosomen transportiert. Dorthin befördern die »*transfer*-RNS« (t-RNS) Aminosäuren, die unter Berücksichtigung des Kodes zu Polypeptidketten verknüpft werden. Aus diesen gehen schließlich die Struktur- und Enzymeiweiße hervor.

39.3. Vitamine

39.3.1. Allgemeines

Definition: Vitamine sind organische Wirkstoffe, die vom tierischen bzw. menschlichen Organismus nicht synthetisiert werden können und daher mit der Nahrung (evtl. in Form von *Provitaminen*) aufgenommen werden müssen. – **Provitamine** sind Vitaminvorstufen, die der Organismus in die eigentlichen Vitamine umwandeln kann.

Funktion: Die meisten Vitamine werden als Bestandteile von Enzymen oder Koenzymen wirksam; ↑ S. 571. Bei ihrem Fehlen oder bei ungenügender Zufuhr treten Mangelerkrankungen (*Avitaminosen* bzw. *Hypovitaminosen*) ein.

39.3.2. Spezielle Vitamine

- **Fettlösliche Vitamine**

  Axerophthol, *Retinol*, *Vitamin* A_1 (Formel ↑ S. 568): gelbliche Kristalle, sauerstoffempfindlich, kochbeständig[1]). – *Vorkommen:* Milch, Butter, Eigelb, Lebertran;

---

[1]) Hierunter wird in diesem Kapitel die Beständigkeit beim Kochen zur Bereitung von Speisen verstanden.

synthetisch hergestellt. – *Mangelerscheinungen:* Haut- und Schleimhauterkrankungen, Nachtblindheit, Wachstumsverzögerung; Veränderungen an Knochen und Nerven. Axerophthol ist am Sehprozeß beteiligt. – *Provitamine* sind viele *Karotinoide*, orangerote Farbstoffe in vielen Pflanzen, z.B. Möhren; ↑ S. 577.

Kalziferol (*Vitamin D*): umfaßt insbes. *Ergokalziferol* (*Vitamin* D_2; Formel ↑ S. 568) und das um 1 Methyl ärmere *Cholekalziferol* (*Vitamin* D_3), beides farblose, kristallisierte Stoffe; koch- und sauerstoffbeständig. – *Avitaminose:* Rachitis, Knochenerweichung; d.h. unzureichende Kalziumphosphatablagerung in den Knochen. – *Provitamine: Ergosterin* (für D_2) und *7-Dehydrocholesterin* (für D_3); ersteres in Milch und Milchprodukten, letzteres bildet sich im Körper aus Cholesterin. Beide, vorwiegend in der Haut abgelagert, gehen durch Sonnen- bzw. Ultraviolettbestrahlung (Heilwirkung!) in die D-Vitamine über.

Tokopherol (*Vitamin E*; Formel ↑ S. 568): mehrere chemisch ähnliche Komponenten. α-Tokopherol ist ein blaßgelbes Öl; kochbeständig. – *Vorkommen:* Getreidekeimlinge und deren Öle (Weizenkeimöl), grüne Gemüse, Leber, Fett, Eigelb. – *Bedeutung:* allgemeiner Stoffwechselfaktor, nötig z.B. für Funktion von Nervensystem, Muskulatur, Hoden und normalen Schwangerschaftsverlauf; in Fetten Antioxidans für die früher als »Vitamin F« bezeichneten essentiellen ungesättigten Fettsäuren.

Vitamin K: mehrere Komponenten; z.B. *Phyllochinon* (Vitamin K_1; Formel ↑ S. 568), ein hellgelbes, kochbeständiges Öl. – *Vorkommen:* grüne Pflanzenteile, Bakterien; Hauptquelle für den Menschen: Kolibakterien im Darm. – *Bedeutung:* wichtig für die Blutgerinnung.

- **Wasserlösliche Vitamine**

Die sog. *Vitamin-B-Gruppe* umfaßt die meist vergesellschaftet vorkommenden, jedoch chemisch sehr unterschiedlichen Substanzen *Aneurin, Laktoflavin, Niazin, Pyridoxin, Pantothensäure, Folsäure* und *Kobalamin.*

Aneurin, *Thiamin, Vitamin* B_1 (Formel ↑ S. 569): farblose Kristalle, unbeständig gegen längeres Kochen. – *Vorkommen:* Hefe, Getreidekeimlinge, Gemüse, Kartoffeln, Leber, Milch; synthetisch hergestellt. – *Mangelerkrankungen:* Beriberi, Funktionsstörungen des Nervensystems. – *Bedeutung:* notwendig für Kohlenhydratstoffwechsel.

Laktoflavin, *Riboflavin, Vitamin* B_2 (Formel ↑ S. 569): gelber Farbstoff, in Wasser grün fluoreszierend, lichtempfindlich, relativ kochbeständig. – *Vorkommen* (meist an Eiweiß oder Phosphorsäure gebunden): Milch (gelbe Farbe der Molke!), Fleisch, Ei, Hefe, Hülsenfrüchte. – *Bedeutung:* als Bestandteil sehr vieler Enzyme und Koenzyme wichtig für den Stoffwechsel in jeder Zelle.

Niazin, *PP*[1]*)-Faktor:* umfaßt Nikotinsäure und Nikotinsäureamid (Formel ↑ S. 569), beides farblose Kristalle. – *Vorkommen:* Hefe, Früchte, Gemüse, Milch. – *Avitaminose:* Pellagra. – *Provitamin:* Eiweißbaustein *Tryptophan.*

Pyridoxin, *Vitamin* B_6: 3 ähnliche Substanzen, z.B. *Pyridoxol* (Formel ↑ S. 569); farblos, kochbeständig. – *Vorkommen:* sehr verbreitet (tierische Organe, grüne Pflanzen, Hefe, Milch, Eigelb); daher beim Menschen keine Avitaminose bekannt. – *Bedeutung:* Eiweißstoffwechsel.

Pantothensäure (Formel ↑ S. 569): viskoses Öl, als Kalziumsalz kristallisiert, nicht kochbeständig. – *Vorkommen:* sehr verbreitet (Hefe, grüne Pflanzen, tierische Organe, Milch), so daß Mangelerscheinungen nicht bekannt sind. – *Bedeutung:* als Bestandteil des Koenzyms A wichtig für den gesamten Stoffwechsel.

[1]) PP = Pellagra preventive (gegen Pellagra vorbeugend)

Folsäure (Formel ↑ S. 569): orangegelbe Kristalle, lichtempfindlich, nicht kochbeständig. – *Vorkommen:* grünes Gemüse, Leber, Hefe. – *Bedeutung:* Eiweiß- und Nukleinsäurestoffwechsel; Blutfarbstoffbildung. – *Mangelerscheinung:* krankhafte Veränderung des Blutes.

Kobalamin, *Vitamin* B_{12}: Kobaltkomplexverbindung der Summenformel $C_{63}H_{90}O_{14}N_{14}PCo$; rubinrote Kristallnadeln; kochbeständig. – *Vorkommen:* Leber, Niere, Eigelb, Milch; auch mikrobiologisch hergestellt. – *Avitaminose* (nur bei extrem vegetarischer Ernährung oder bei gestörter Resorption aus dem Darm): perniziöse Anämie (bösartige Blutarmut).

Askorbinsäure, *Vitamin C* (Formel ↑ S. 569): farb- und geruchlose Kristalle von stark saurem Geschmack; licht- und sauerstoffempfindlich; nur unter Ausschluß von Sauerstoff kochbeständig. – *Vorkommen:* frische Früchte (insbes. Hagebutten, Zitronen), frische Gemüse, Kartoffeln. – *Herstellung:* technisch in einem mehrstufigen Verfahren aus Glukose. – *Avitaminose:* Skorbut. – *Hypovitaminose:* Zahnfleischentzündung, Blutungsneigung u. a.

Biotin, *Vitamin H* (Formel ↑ S. 569): farblose Kristallnadeln; hitze-, sauerstoff- und lichtempfindlich. – *Vorkommen:* Eigelb, Leber, Milch, Muskelfleisch, Gemüse, Bakterien; der Bedarf wird normalerweise durch die Darmbakterien gedeckt. – *Avitaminose* (z. B. bei übermäßiger Aufnahme rohen Hühnereiklars): Seborrhoe (Hauterkrankung).

Strukturformeln der Vitamine:

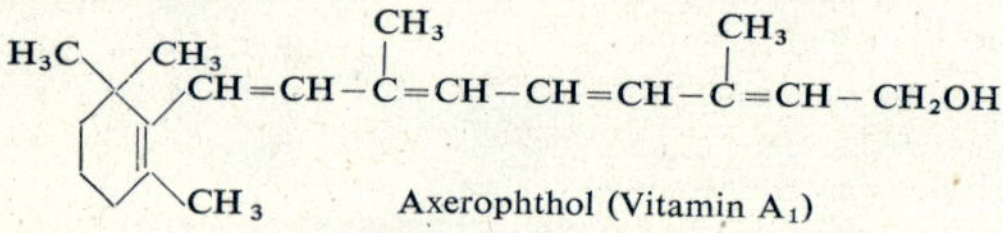

Axerophthol (Vitamin A_1)

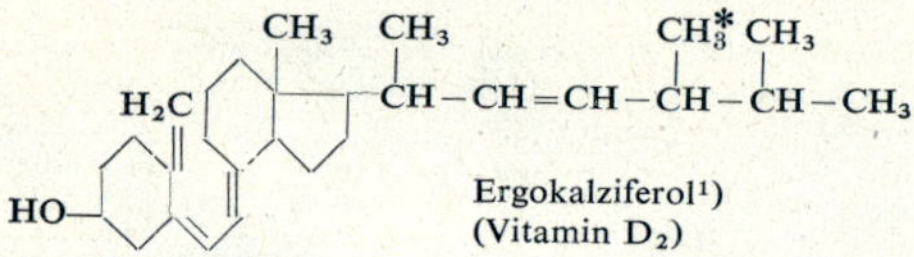

Ergokalziferol¹) (Vitamin D_2)

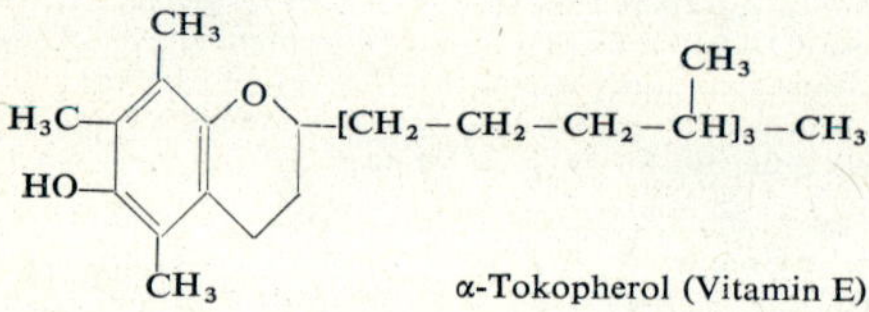

α-Tokopherol (Vitamin E)

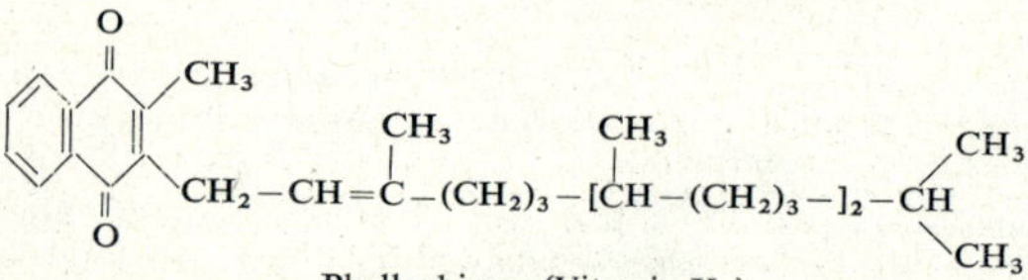

Phyllochinon (Vitamin K_1)

¹) Bei *Cholekalziferol* (Vitamin D_3) ist die durch * gekennzeichnete CH_3-Gruppe durch H ersetzt.

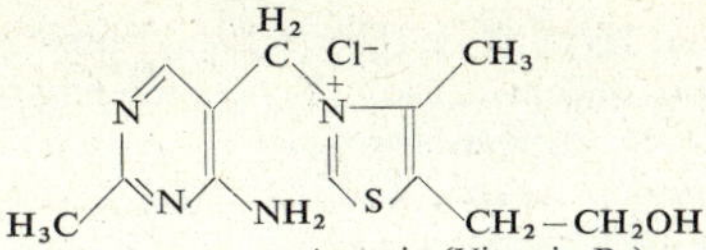

Aneurin (Vitamin B_1)

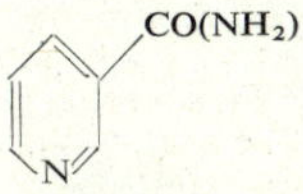

Nikotinsäureamid[1])
(B-Vitamin)

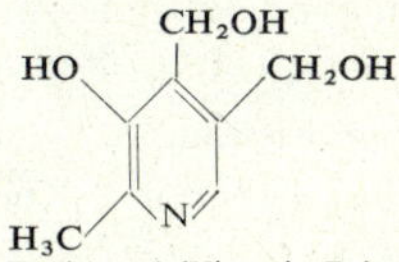

Pyridoxol (Vitamin B_6)

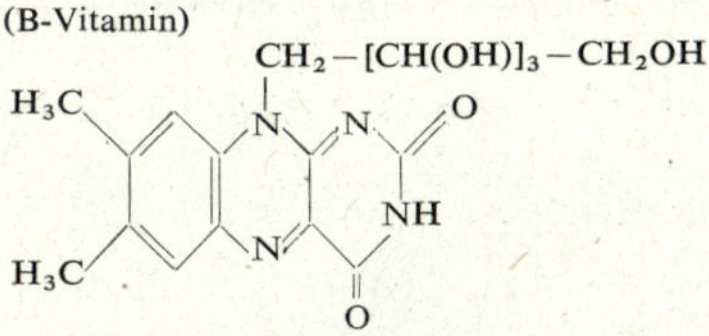

Laktoflavin (Vitamin B_2)

$CH_2(OH)-C(CH_3)_2-CH(OH)-CO-NH-[CH_2]_2-COOH$

Pantothensäure (B-Vitamin)

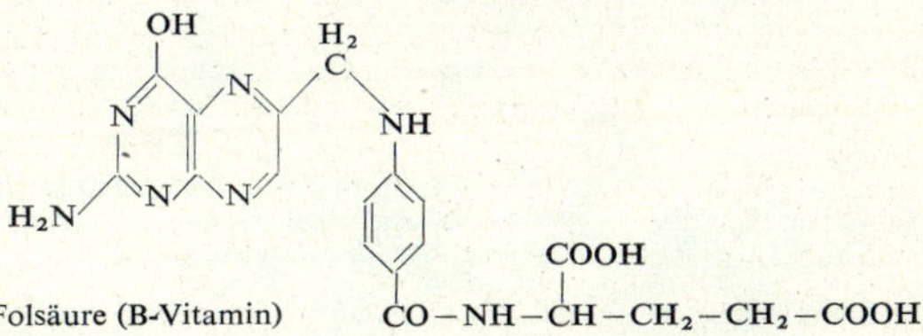

Folsäure (B-Vitamin)

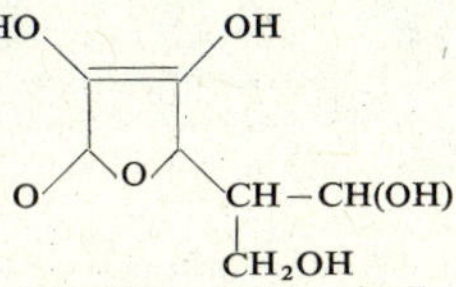

Askorbinsäure (Vitamin C)

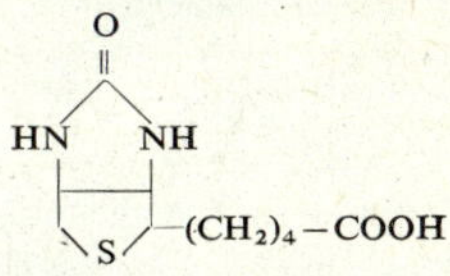

Biotin (Vitamin H)

39.4. Hormone

39.4.1. Allgemeines

Definition: Hormone sind organische Wirkstoffe, die hauptsächlich in innersekretorischen Drüsen gebildet und durch das Blut (z. T. auch die Lymphe) an den Ort ihrer Wirkung gebracht werden.

---

[1]) Bei *Nikotinsäure* ist die Gruppe NH_2 durch OH ersetzt.

Innersekretorische Drüsen: Hypophyse (Hirnanhangdrüse), Schilddrüse, Nebenschilddrüse, Bauchspeicheldrüse, Nebennierenmark, Nebennierenrinde, Keimdrüsen. – Einige Hormone der *Hypophyse* (glandotrope Hypophysenhormone) steuern die Tätigkeit anderer Drüsen. Deren Hormone wirken rückkoppelnd auf die Hypophyse ein; außerdem wird die Tätigkeit der Hypophyse vom Nervensystem über Wirkstoffe des Zwischenhirns (sog. *Neurohormone*) beeinflußt.

Chemische Zusammensetzung

- *Steroide* (Nebennierenrinde, Keimdrüsen). Steroide sind Derivate des *Sterans*; Formel ↑ S. 572.
- *Aminosäurederivate* und andere Amine (Nebennierenmark, Schilddrüse)
- *Polypeptide und Eiweißstoffe* (übrige innersekretorische Drüsen)

39.4.2. Einige spezielle Hormone

Insulin: Hormon der Bauchspeicheldrüse; Polypeptid aus 51 Aminosäuren, die in 2 durch Schwefelbrücken –S–S– verbundenen Ketten linear angeordnet sind und durch Zinkionen zu Aggregaten mit der 2-, 3- und mehrfachen Molekülmasse verknüpft sein können. – Insulin senkt den Blutzuckergehalt, indem es in der Leber den Abbau des Glykogens zu Glukose hemmt und deren Verwertung in den Körperzellen steigert. – *Insulinmangel* überschwemmt das Blut mit Zucker, so daß dieser ungenutzt mit dem Harn ausgeschieden wird (»Zuckerkrankheit«, Diabetes mellitus).

Adrenalin (Formel ↑ S. 571) und **Noradrenalin:** Hormone des Nebennierenmarks; erhöhen den Blutzuckerspiegel (Gegenspieler des Insulins!); wirken gefäßverengend und blutdrucksteigernd.

Somatotropin, *Wachstumshormon:* in der Hypophyse gebildetes Protein aus 187 Aminosäuren; vielseitige Wirkung; im Wachstumsalter führt Überschuß unter Erhaltung der Körperproportionen zu Riesenwuchs, Mangel zu Zwergwuchs.

Thyroxin (Tetrajodthyronin; Formel ↑ S. 571) und **Trijodthyronin:** Hormone der Schilddrüse, gesteuert durch das *Thyreotropin* der Hypophyse; beschleunigen den Stoffwechsel; steigern die Erregbarkeit des Zentralnervensystems; fördern das Wachstum. – Hormonmangel (z.B. infolge Jodmangels im Trinkwasser) führt in früher Kindheit zu Störungen des Skelett- und Gehirnwachstums (Kretinismus), in fortgeschrittenerem Alter zu Kropf und teigiger Hautveränderung. – Hormonüberschuß führt ebenfalls zu Kropf sowie zu BASEDOWscher Krankheit.

Weibliche Sexualhormone: Die *Östrogene*[1]) (Follikelhormone), insbes. **Östradiol** (Formel ↑ S. 571), werden unter dem Einfluß eines Hypophysenhormons in den Eierstöcken, bei Schwangerschaft auch in der Gebärmutterschleimhaut, gebildet (kleine Mengen auch in der Nebennierenrinde und beim Mann in den Hoden). Sie steuern Ausbildung, Wachstum und Funktion der Geschlechtsorgane, z.B. schaffen sie in der 1. Hälfte des Menstrualzyklus optimale Bedingungen für die Befruchtung (Wachstum der Gebärmutterschleimhaut u.a.). – Die *Gestagene*[2]), insbes. **Progesteron** (*Gelbkörperhormon*), entstehen besonders in der 2. Hälfte des Menstrualzyklus unter dem Einfluß von Hypophysenhormonen im Gelbkörper, bei Schwangerschaft wesentlich verstärkt in der Gebärmutterschleimhaut. Progesteron ermöglicht die Einbettung des befruchteten Eis

[1]) *oistros* (grch.) Brunst [2]) *gestatio* (lat.) Trächtigkeit

in die Schleimhaut, verhindert die Heranreifung einer weiteren Eizelle und ist für den Ablauf der Schwangerschaft von größter Bedeutung. Durch ständige (tägliche) Zuführung kann die Heranreifung einer Eizelle und damit eine Schwangerschaft verhindert werden (empfängsnisverhütende »Pille«).

Männliche Sexualhormone (*Androgene*): in den Hoden (in kleinen Mengen auch in der Nebennierenrinde und in den Eierstöcken der Frau) unter dem Einfluß der gleichen Hypophysenhormone wie im weiblichen Organismus gebildete Steroide, insbes. **Testosteron** (Formel ↑ unten) und das schwächer wirksame **Androsteron.** Die Androgene steuern in Wechselwirkung mit den Hypophysenhormonen Entwicklung und Funktion der primären und sekundären Geschlechtsmerkmale, z. B. Haarwuchs, Kehlkopfvergrößerung (Stimmbruch), Spermaproduktion u. a.

Nebennierenrindenhormone, *Kortikoide:* **Aldosteron,** das wichtigste *Mineralokortikoid,* hält in den Nieren Na^+-Ionen und damit zugleich Cl^-, HCO_3^- und Wasser im Organismus zurück. — **Kortisol,** das wichtigste *Glukokortikoid,* greift lebenswichtig in den Kohlenhydratstoffwechsel ein. — Mangel an Nebennierenrindenhormonproduktion führt über die ADDISONsche Krankheit zum raschen Tod.

Strukturformeln von Hormonen:

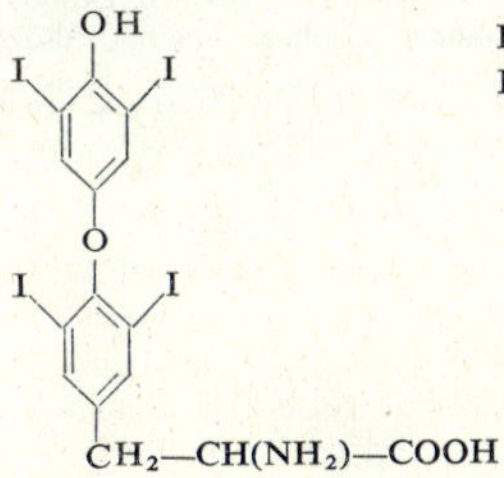

Thyroxin

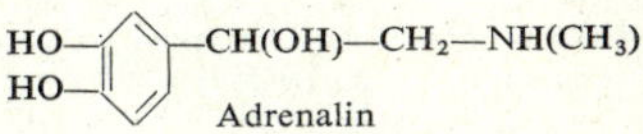

Adrenalin

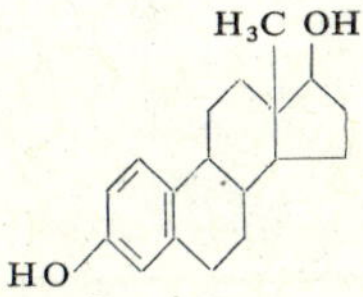

Östradiol

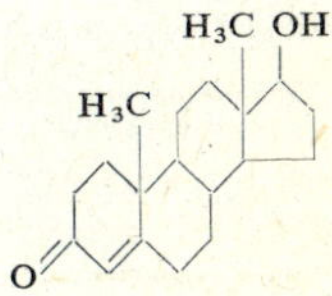

Testosteron

39.5. Enzyme

Definition: Enzyme (= Fermente) sind vom lebenden Organismus gebildete Wirkstoffe, die innerhalb und außerhalb des Organismus chemische Reaktionen, z. B. die Stoffwechselvorgänge, katalytisch beeinflussen.

Chemische Zusammensetzung: Die Enzyme sind Eiweißstoffe mit einer niedermolekularen Wirkgruppe, die bei fester Bindung als *prosthetische Gruppe,* bei leicht erfolgender reversibler Abspaltbarkeit als *Koenzym* (= Koferment) bezeichnet wird. Wirkgruppen sind z. B. Nukleotide, (evtl. abgewandelte) Vitamine, eisenhaltige Porphyrinfarbstoffe.

Spezifität: Die Wirkung der Enzyme ist weitgehend spezifisch, da sich im ersten Reaktionsschritt bestimmte Bereiche des Substrats (= Substanz, auf die das Enzym wirkt) und des Enzyms genau (wie Schloß und Schlüssel) aneinander lagern. Die Spezifität kann verschieden stark ausgeprägt sein. Während bestimmte Enzyme z. B. alle Ester unabhängig von der Art ihrer Komponenten spalten, setzen andere nur ein einziges Substrat um, wobei im Falle höchster Spezifität z. B. bei optischen Antipoden oder cis-trans-Isomeren nur eine der möglichen Formen angegriffen wird.

Einteilung:

6 Hauptklassen:

- **Oxidoreduktasen** übertragen Wasserstoff oder Elektronen von einem Substrat auf ein anderes.
- **Transferasen** übertragen Molekülgruppen (z.B. Phosphat-, Methyl-, Amino- u.a. Gruppen).
- **Hydrolasen** spalten C–O- oder C–N-Bindungen unter Einbau von Wasser. Zu ihnen gehören u.a. die fettspaltenden *Lipasen*, die kohlenhydrat- und glykosidspaltenden *Glykosidasen* (darunter die stärke- und glykogenspaltenden *Amylasen*) und die eiweißspaltenden *Proteasen* (z.B. das **Pepsin** des Magensaftes). – Zu den Proteasen gehört auch das **Lab** aus Kälber- und Schweinemagen, das zur Fällung von kalziumhaltigem Kasein aus Milch benutzt wird (Käsebereitung).
- **Lyasen** spalten in nichthydrolytischer Weise C–C-, C–O- und andere Bindungen.
- **Isomerasen** katalysieren innermolekulare Umlagerungen (z.B. *cis-trans-Isomerasen*).
- **Ligasen** knüpfen bestimmte chemische Bindungen (bauen z.B. Kohlendioxid als Karboxylgruppe ein) unter Mitwirkung des energieliefernden Adenosintriphosphats, das hierbei in Adenosindiphosphat (oder -monophosphat) und Phosphorsäure (oder Diphosphorsäure) zerfällt.

39.6. Steroide

Definition: Steroide sind Derivate (insbes. Alkohole) des *Sterans*[1]) eines vollständig hydrierten *1,2-Zyklopentanophenanthrens*, $C_{17}H_{28}$; Struktur ↑ unten.

Übersicht: Zu den Steroiden gehören: *Sterine* (s.u.), *Gallensäuren* (z.B. *Cholsäure*, $C_{23}H_{36}(OH)_3COOH$), *D-Vitamine* (↑ S. 567), *Kortikoide* (Sexual- und Nebennierenrindenhormone; ↑ S. 571), herzwirksame *Digitalisglykoside* (z.B. *Digitoxin*) und *Krötengifte* (z.B. *Bufotalin*), *Saponine* (z.B. *Digitonin*) und einige *Alkaloide* (z.B. *Solanin*).

Sterine: in allen tierischen und pflanzlichen Zellen; lebenswichtig; die natürlichen Sterine tragen eine OH- und zwei CH_3-Gruppen an den C-Atomen 3 bzw. 10 und 13 sowie eine aliphatische Seitenkette am C-Atom 17. – **Cholesterol** (*Cholesterin*), $C_{27}H_{45}OH$, Struktur s.u., farb-, geruchlos und kristallin, fühlt sich fettig an, löst sich nicht in Wasser, wohl aber in Äthanol, Diäthyläther, Benzol u.a. Es wird in der Leber gebildet und z.B. durch die Haut in Form hautschützender Cholesterinester ausgeschieden. Aus Cholesterin[2]) bestehen die Gallensteine. Störungen des Cholesterinstoffwechsels führen zu Ablagerung in den Blutgefäßen (Arteriosklerose).

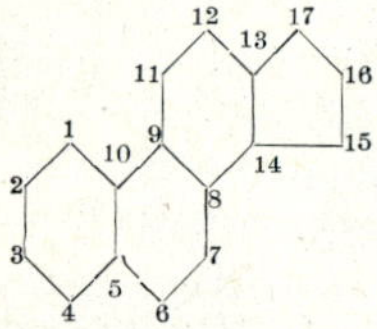

Steran (Gonan)

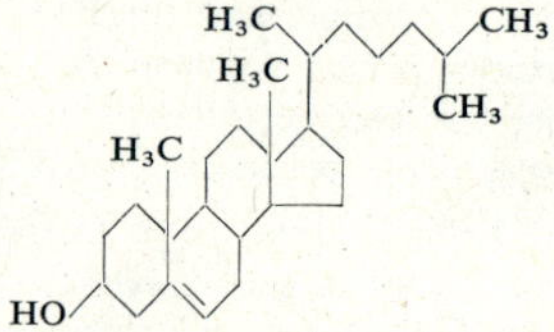

Cholesterol

---

[1]) neuerdings auch *Gonan* genannt

[2]) sowie Kalk und Gallenfarbstoffen

39.7. Antibiotika

Antibiotika sind von Mikroorganismen erzeugte Substanzen, die das Wachstum oder das Leben anderer Mikroorganismen verhindern. Sie werden (als *teilsynthetische Antibiotika* auch chemisch verändert) als Chemotherapeutika zur Bekämpfung von Krankheitserregern und als wachstumsfördernde Viehfutterzusätze verwendet.

Penizilline (Struktur ↑ unten) sind Stoffwechselprodukte des Schimmelpilzes *Penicillium notatum* und verwandter Organismen. Als erstes Antibiotikum 1928 entdeckt (A. FLEMING, England); seit 1943 praktisch angewendet. Das chemische Grundgerüst der Penizilline ist ein bizyklisches, N–S-heterozyklisches Ringsystem, bestehend aus einem 4- und einem 5gliedrigen Ring. Den Penizillinen verwandt und z.T. aus diesen herstellbar sind die **Zephalosporine.**

Tetrazykline (Struktur ↑ unten) werden von verschiedenen *Streptomyces*-Arten (Strahlenpilze) gebildet. Sie sind gelb, schmecken bitter und leiten sich von einem tetrazyklischen Grundkörper ab, z.B. das seit 1948 bekannte Cl-Derivat **Aureomyzin** und das seit 1949 bekannte OH-Derivat **Oxytetrazyklin** (*OTC*; *Terramyzin*).

Aminoglykosidantibiotika sind Produkte von Streptomyces- und anderen Strahlenpilzarten. Sie bestehen aus 3 oder 4 glykosidisch miteinander verbundenen Amino- und Neutralzuckern, so z.B. das seit 1943 bekannte **Streptomyzin** aus Methylaminoglukose, Streptose und Streptidin (Formel ↑ unten). Die *Makrolidantibiotika* enthalten neben Zucker- und Aminozuckerkomponenten vielgliedrige Laktonringe, z.B. das seit 1952 bekannte **Erythromyzin** einen 14gliedrigen Ring.

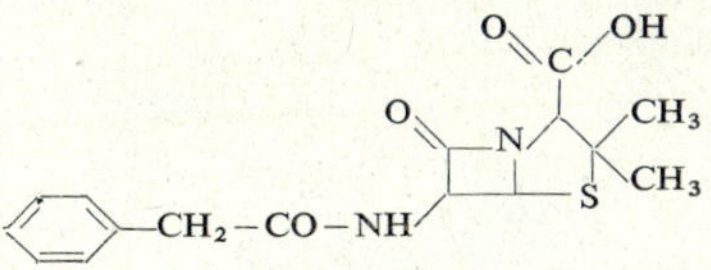

Penizillin G

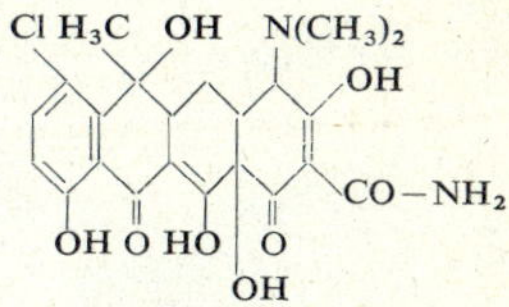

Tetrazyklin

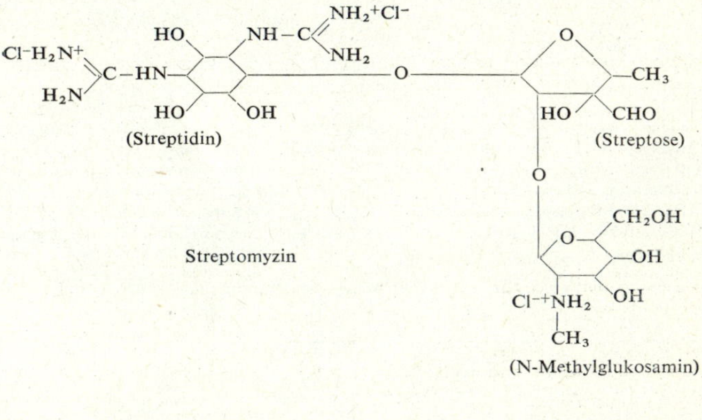

Streptomyzin

Chloramphenikol aus Streptomyces-Arten (seit 1947 bekannt) hat die relativ einfache Struktur 1,4-$O_2N-C_6H_4-CH(OH)-CH(CH_2OH)-NH-CO-CHCl_2$ und wird heute vollsynthetisch produziert.

40. Sondergebiete der organischen Chemie

40.1. Organische Farbstoffe

40.1.1. Allgemeines

Definition: Farbstoffe[1]) sind farbige organische Verbindungen, welche die natürliche Färbung von Lebewesen bewirken (*Naturfarbstoffe*) oder zum Färben anderer Materialien dienen.

Chromophore und Auxochrome: *Chromophore* (chromophore Gruppen) verschieben die Lichtabsorption organischer Moleküle so, daß (oft erst bei mehrfachem Vorhandensein) Farbigkeit hervorgerufen wird. *Auxochrome* (auxochrome Gruppen) bewirken neben einer weiteren Verschiebung der Lichtabsorption eine beträchtliche Erhöhung der Farbintensität und ermöglichen häufig erst das Haften des Farbstoffes am Färbegut.

- *Chromophore* sind Atomgruppen mit π-Bindungen:

  $\gg$CH (*Methingruppe*), insbes. in der *chinoiden Gruppierung*

  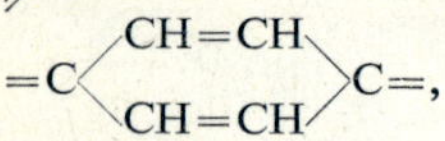 symbolisch durch 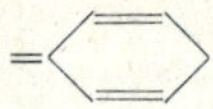 dargestellt;

  $>$CH$=$N$-$ (*Azomethingruppe*); $-$N$=$N$-$ (*Azogruppe*); $>$C$=$O (*Karbonylgruppe*); $-$N$=$O (*Nitrosogruppe*); $-NO_2$ (*Nitrogruppe*)
- *Auxochrome:* $-$OH (*Hydroxylgruppe*), $-NH_2$ (*Aminogruppe*, auch substitutiert)

Verwendung: zum Färben von Faserstoffen, Pelzwerk, Leder, Holz, Papier, Nahrungs- und Genußmitteln, Aloxidschichten, mikroskopischen Präparaten; zum In-Masse-Färben von Plasten, Elasten, Wachs, Seife u.dgl.; für Druckfarben, Schreibpasten und -flüssigkeiten, Schreibmaschinenfarbbänder, lasierende (durchscheinende) Anstriche; zur Herstellung von Pigmenten (durch »Verlackung« mit einem Substrat wie Bariumsulfat); in Reproduktions-, z.B. Lichtpaustechniken; in der Farbfotografie und als fotografische Sensibilisatoren; als chemische Indikatoren.

Einteilung: erfolgt einerseits nach chemischen, andererseits nach färbetechnischen Gesichtspunkten.

[1]) Nicht jeder *farbige Stoff* ist demnach ein *Farbstoff!*

40.1.2. Wichtige chemische Farbstoffklassen

Azofarbstoffe: enthalten die Azogruppe –N=N– als Chromophor; Herstellung aus Aminoverbindungen durch Diazotieren und nachfolgendes Kuppeln mit einem aromatischen Amin oder Phenol; ↑ S. 553. Monoazofarbstoffe enthalten 1, Disazofarbstoffe 2, Trisazofarbstoffe 3, Tetrakisazofarbstoffe 4 Azogruppen. *Beispiele:* **Methylorange** (Formel ↑ S. 553), **Methylrot, Kongorot.**

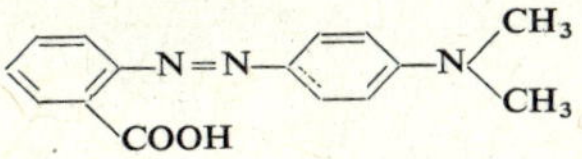

Methylrot

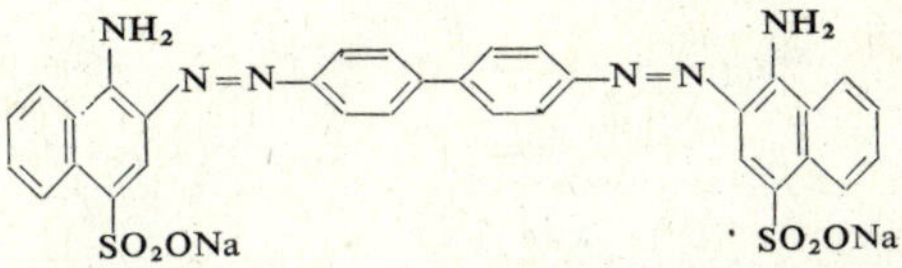

Kongorot

Triphenylmethanfarbstoffe: Ihre sog. *Leukoverbindungen* [leukos (grch.) weiß] sind Amino- oder Hydroxyderivate des Triphenylmethans. Durch Oxidationsmittel gehen hieraus die farblosen *Farbbasen* (bei Aminoverbindungen) bzw. *Farbsäuren* (bei Hydroxyverbindungen) hervor, aus denen sich durch Salzbildung mit Säuren bzw. Basen die Farbstoffe bilden. So ergibt z.B. *Leukanilin* bei der Oxidation die farblose Farbbase *Rosanilin*, das mit Salzsäure in das rote (im festen Zustand gelbgrün bronzierende) **Fuchsin** übergeht:

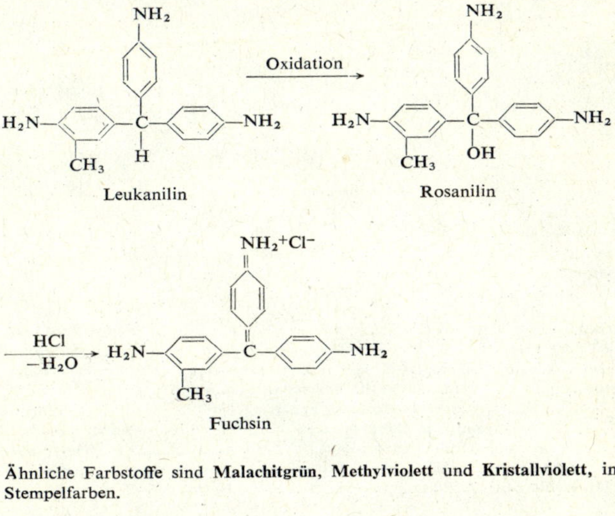

Fuchsin

Ähnliche Farbstoffe sind **Malachitgrün, Methylviolett** und **Kristallviolett**, insbes. für Stempelfarben.

Eine Untergruppe bilden die **Phthaleine,** Derivate des *Phthalophenons*, z.B. *Phenolphthalein, Fluoreszein* und **Eosin** (*Tetrabromfluoreszein*). Der Indikator **Phenolphthalein** sieht unterhalb *p*H-Wert 8,2 farblos, oberhalb *p*H 10,0 violettrot aus. Die gelbe Lösung von **Fluoreszein** fluoresziert intensiv grün.

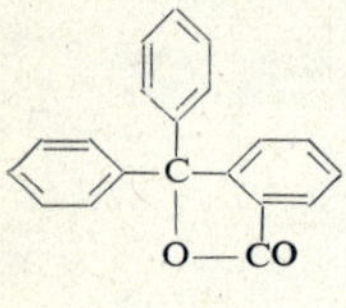

Phthalophenon

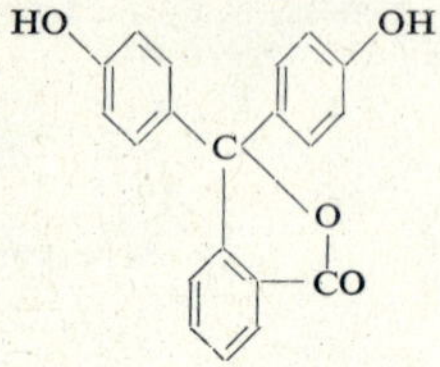

Phenolphthalein

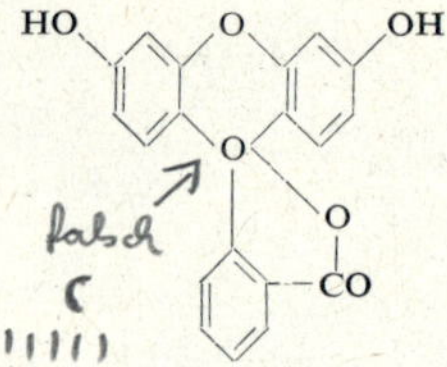

Fluoreszein

Anthrachinonfarbstoffe: enthalten 1 oder mehrere Anthrachinonbaugruppen (↑ S. 541). Der Beizenfarbstoff **Alizarin,** der Farbstoff der Krappwurzel, heute ausschließlich synthetisch hergestellt, ergibt mit Aluminiumhydroxid einen leuchtend roten Farblack. Zwei Anthrachinonkerne enthält der Küpenfarbstoff **Indanthrenblau RS** (Formel ↑ unten).

Indigofarbstoffe: Indigo und Derivate. **Indigo,** der seit 1897 großtechnisch hergestellte Farbstoff des Indigostrauchs, ist der klassische Küpenfarbstoff. Es bildet dunkelblaue, kupferrot bronzierende, sublimierbare Kristalle, liefert eine farblose Küpe (*Leukoindigo*) und ergibt blaue, sehr licht- und waschechte Textilfärbungen. – **Antiker Purpur** ist *6,6-'Dibromindigo.* Der rote *Thioindigo* enthält Schwefel statt Sauerstoff.

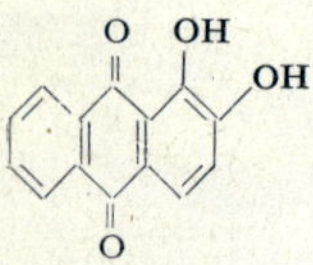

Alizarin

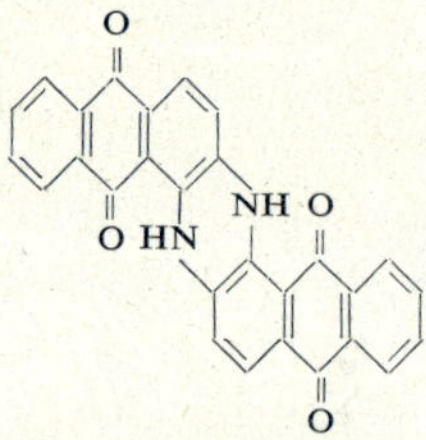

Indanthrenblau RS

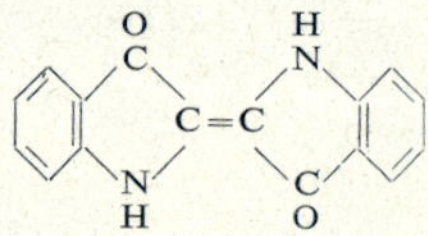

Indigo

Schwefelfarbstoffe: entstehen aus aromatischen Aminen u.a. durch Schmelzen mit Schwefel oder Polysulfiden; enthalten in der Regel mehrere Ringsysteme mit S und N als Heteroatomen; werden ähnlich den Küpenfarbstoffen angewandt; liefern matte, sehr echte Farbtöne; s. a. S. 577.

Porphinfarbstoffe: Derivate des **Porphins,** insbes. Naturfarbstoffe. Hierzu gehören **Hämoglobin** (roter Blutfarbstoff; Proteid mit der eisenhaltigen Farbkomponente *Häm*) und eisenhaltige Enzyme; **Chloroplastin** (grüner Blattfarbstoff; Proteid mit der magnesiumhaltigen Farbkomponente **Chlorophyll**); **Kobalamin** (*Vitamin* B_{12}; rubinrot, kobalthaltig; ↑ S. 568); durch Sprengung des Porphinringes entstehen die (metallfreien) *Gallenfarbstoffe,* z.B. das orangefarbene **Bilirubin.** Den Porphinfarbstoffen nahe verwandt sind die synthetisch hergestellten, kupfer- oder nickelhaltigen **Phthalozyanine,** meist blaue bis grüne Pigmente von sehr hoher Lichtechtheit, die in Druck-, Tapetenfarben u.dgl. sowie zum Färben von Plasten angewandt werden; Formel ↑ S. 577.

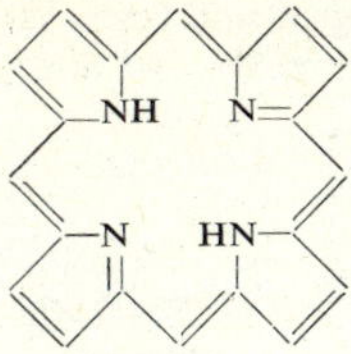

Porphin

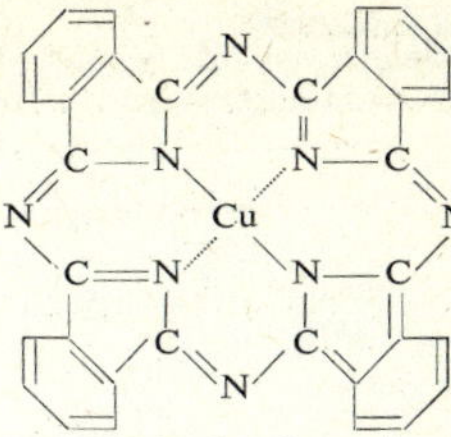

Kupferphthalozyanin

Karotinoide: gelbe bis rote Naturfarbstoffe mit einem langen System konjugierter Doppelbindungen; z.B. das **Karotin** ($C_{40}H_{56}$; zugleich Provitamin A; ↑ S. 567) der Möhre, das **Lutein** (*Xanthophyll*; $C_{40}H_{56}(OH)_2$) des Eigelbs, der Pollen und der Blätter, das **Lykopin** ($C_{40}H_{56}$) der Tomate.

40.1.3. Wichtige färbetechnische Farbstoffklassen

Basische und **saure Farbstoffe** ziehen auf amphotere Faserstoffe (Wolle, Seide) unter Salzbildung unmittelbar aus der wäßrigen Lösung (der »Färbeflotte«) auf.

Beizenfarbstoffe haften erst nach Vorbehandlung des Färbegutes mit einer *Beize* (Aluminiumsalze, Tannin u.a.). Metallverbindungen als Beizen binden den Farbstoff häufig unter Umwandlung in eine unlösliche Komplexverbindung (einen »Farblack«).

Direktfarbstoffe (*substantive Farbstoffe*) ziehen auf neutrale Faserstoffe (Zellulose) unmittelbar auf, sind jedoch von begrenzter Waschechtheit.

Reaktivfarbstoffe enthalten reaktive Atomgruppen, die mit OH-Gruppen der Zellulose oder mit den NH_2- oder NH-Gruppen von Wolle, Seide und den Polyamidfaserstoffen homöopolare chemische Bindungen eingehen und daher wesentlich waschechter sind als Direktfarbstoffe.

Entwicklungsfarbstoffe, unlöslich und daher sehr waschecht, werden auf dem Faserstoff erzeugt, indem dieser mit einem aufziehenden Vorprodukt (z.B. der Kupplungskomponente eines Azofarbstoffes) getränkt und der Farbstoff danach durch Tauchen in die Lösung einer zweiten Komponente (z.B. eines Diazoniumsalzes) »entwickelt« wird.

Küpenfarbstoffe werden vor dem Färben *verküpt*, d.h. durch Reduktion mit *Natriumdithionit*, $Na_2S_2O_4$, in eine *Leukoverbindung* umgewandelt, wobei Karbonylgruppen $>C=O$ in Hydroxylgruppen $>CH(OH)$ übergehen. Die Leukoverbindung (z.B. der farblose *Leukoindigo*) wird durch den Sauerstoff der Luft zum Farbstoff (z.B. dem blauen *Indigo*) oxidiert. – Beim Färben mit *Schwefelfarbstoffen* dient *Natriumsulfid*, Na_2S, als Reduktionsmittel.

Dispersionsfarbstoffe kommen in äußerst feiner wäßriger Dispersion insbes. für Chemiefaserstoffe zur Anwendung. Sie sind wasserunlöslich, lösen sich jedoch im Faserstoff, wodurch sie aufziehen.

40.2. Silikone

Chemische Zusammensetzung: In den Silikonen sind (evtl. substituierte) Kohlenwasserstoffreste an die Si-Atome einer Si–O-Kette gebunden:

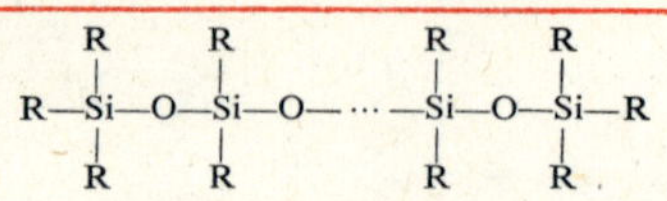

Methylsilikon ($R=CH_3$)

Die Ketten können auch ringgeschlossen sein oder ein räumliches Netzwerk bilden.

Herstellung: Man stellt zunächst durch Überleiten von Halogenkohlenwasserstoffen über eine Si-Cu-Legierung bei 300 °C *Alkyl-* oder *Arylsiliziumchloride* her, aus Monochlormethan z. B. **Dimethyldichlorsilan** gemäß $2\,CH_3Cl + Si \rightarrow (CH_3)_2SiCl_2$, das z. T. in $(CH_3)SiCl_3$ und $(CH_3)_3SiCl$ disproportioniert. Mit Wasser entstehen hieraus die *Silanole*, z. B. **Dimethylsilandiol**, $(CH_3)_2Si(OH)_2$, die sofort unter Wasserabspaltung zu den Silikonen polykondensieren:

$$\cdots + H\,O-Si(CH_3)_2-OH + H\,O-Si(CH_3)_2-OH + \cdots$$

$$\xrightarrow{-H_2O} \cdots -Si(CH_3)_2-O-Si(CH_3)_2-O- \cdots$$

Bei Anwendung auch trifunktioneller Ausgangsstoffe, z. B. **Methyltrichlorsilan**, $(CH_3)SiCl_3$, entstehen räumlich vernetzte Silikone.

Eigenschaften: Je nach Molekülgröße, Verzweigungs- und Vernetzungsgrad ergeben sich öl-, harz- oder kautschukartige Stoffe. Ihnen gemeinsam sind: hohe Temperaturbeständigkeit; Unlöslichkeit in Wasser und vielen organischen Lösungsmitteln; weitgehende chemische Beständigkeit gegenüber Wasser, Basen und Säuren; sehr gute elektrische Isolierfähigkeit.

Silikonöle: farb-, geruch- und geschmacklos, ungiftig, nicht verharzend, i. allg. wasserabweisend (hydrophob); die Viskosität jedes Öls bleibt von −70 °C bis 250 °C nahezu unverändert; bis 200 °C einsatzfähig; schwer brennbar. Verwendung als Hydraulikflüssigkeit, Transformatoren- und Schalteröl, Formentrennmittel (auch in Bäckereien); als wasserabweisendes und schaumverhütendes Mittel.

Silikonfette: mit Verdickungsmitteln (Lithiumstearat) versetzte Silikonöle; Verwendung als Schmiermittel.

Silikonharze, in Form löslicher Vorkondensate eingesetzt, vernetzen durch Wärme oder Katalysatoren in der letzten Verarbeitungsstufe; für Einbrennlacke (*Silikonlacke*); zur wasserabstoßenden Imprägnierung für Textilien, Papier, Mauerwerk, Glas, Keramik u. a.

Silikonkautschuk wird zu *Silikongummi* vulkanisiert; völlig öl-, licht- und alterungsbeständig; zwischen −55 °C und 200 °C elastisch; geringe mechanische Festigkeit. Verwendung: temperaturbeständiges Dichtungsmaterial, Elektroisolierungen, Bluttransfusionsschläuche. – **Silikonkautschukpasten** enthalten Silikonvorkondensate und Substanzen (z. B. *Methyltriazetosilan*, $CH_3Si(OOC-CH_3)_3$), die mit Luftfeuchtigkeit (unter Abspaltung von Essigsäure) ein Silanol (z. B. *Methylsilantriol*, $CH_3Si(OH)_3$) ergeben, das sofort unter räumlicher Vernetzung mit den freien OH-Gruppen der Vorkondensate zum Silikonkautschuk polykondensiert.

40.3. Pestizide

40.3.1. Allgemeines

Definition: Pestizide sind Pflanzenschutz- und Schädlingsbekämpfungsmittel. Sie schützen Nutzpflanzen vor schädigenden Einflüssen durch andere Organismen und werden auch zur Bekämpfung krankheitsübertragender Insekten, Ratten und anderer Schädlinge zum Schutz von Menschen und Tieren eingesetzt.

Einteilung: Es wirken

Insektizide gegen Insekten,
Molluskizide gegen Schnecken,
Rodentizide gegen Nagetiere,
Herbizide gegen Unkräuter (s. a. S. 545).
Akarizide gegen Milben,
Nematizide gegen Fadenwürmer,
Fungizide gegen Pilzbefall,

Hinzu kommen **Lock-** und **Abschreckmittel** für Insekten, Vögel und Säugetiere. Beispielsweise können durch *Sexuallockstoffe* bestimmte Insektenarten auf engem Raum konzentriert und dann dort vernichtet werden.

Problematik: Es dürfen mit den schädlichen nicht auch die nützlichen Tiere und Pflanzen sowie Menschen geschädigt werden; zugleich sind Langzeitwirkungen auszuschließen. Diese Forderungen sind z.Z. nur unvollkommen zu erfüllen; andererseits kann im Interesse der Ernährung und der Gesundheit der Menschen gegenwärtig auf die Anwendung von Pestiziden nicht verzichtet werden. Das Risiko ist deshalb durch sorgfältig dosierte und sachgemäße Anwendung so gering wie möglich zu halten.

40.3.2. Insektizide

Arten: Man unterscheidet *Kontakt-*, *Atem-* und *Fraßgifte*. Kontaktinsektizide dringen bei Berührung in den Insektenkörper ein. *Systemische Insektizide* werden von den Pflanzensäften aufgenommen, in der Pflanze verbreitet und auf pflanzensaugende Insekten (und Milben) übertragen.

Wichtige Insektizide:

- **Lindan**, *γ-Hexachlorzyklohexan*, $C_6H_6Cl_6$, ↑ S. 533.
- *Mehrfach chlorierte polyzyklische Kohlenwasserstoffe* vom Typ **Aldrin** (Formel ↑ S. 580); neben Aldrin z. B. *Dieldrin*, *Chlordan*, *Heptachlor* und das S-haltige *Thiodan*.
- **DDT** ist *1,1,-[4,4'-Dichlordiphenyl]-2,2,2-trichlor-äthan* (Struktur ↑ S. 580). Es bildet farblose, fast geruchlose Kristalle und ist das »klassische« Kontaktinsektizid (seit 1939; P. Müller). Durch seinen Einsatz gegen die Anophelesmücke hat es viele Millionen Menschen vor dem Malariatod bewahrt. Wegen schwer überschaubarer Langzeitwirkungen auf Warmblüter geht die Anwendung stark zurück und ist in manchen Ländern untersagt.
- *Phosphor-* und *Thiophosphorsäureester*, z.B. **Systox** und **Dimethoat** (Strukturen ↑ S. 580), mit z.T. systemischer Wirkung sind auch für Warmblüter giftig, werden jedoch in der Natur rasch abgebaut.
- **Pyrethrin** ist ein natürliches Kontaktinsektizid aus den Blüten bestimmter Chrysanthemum-Arten; synthetische Produkte mit ähnlicher Struktur heißen *Pyrethroide*.
- *Dinitro-o-kresol* ↑ S. 549.

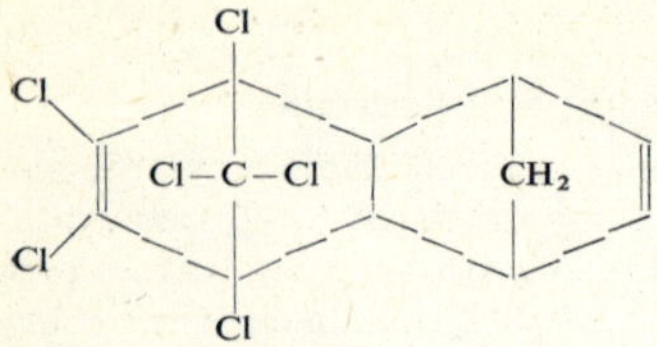

Aldrin

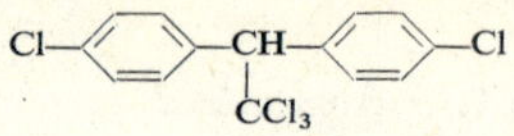

DDT

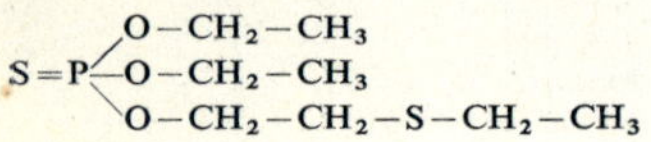

Systox

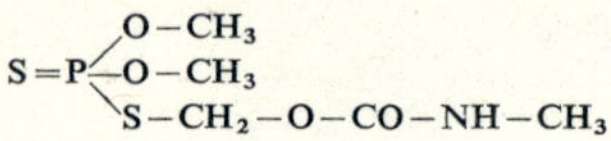

Dimethoat

41. Makromolekulare organisch-chemische Werkstoffe

41.1. Plaste

41.1.1. Allgemeines

Definition: Plaste (Kunststoffe) sind vollsynthetisch oder durch Umwandlung hochmolekularer Naturprodukte hergestellte makromolekulare organisch-chemische Werkstoffe mit Ausnahme der Elaste und Chemiefaserstoffe[1]).

Name: Die Bezeichnung »Plast«[2]) wurde gewählt, weil das Material bei der Formgebung zum Halbzeug oder Fertigprodukt einen plastisch verformbaren Zustand durchläuft.

Einteilung: Nach dem Verhalten beim Erwärmen unterscheidet man *Thermo-* und *Duroplaste*; ↑ S. 582f.

Herstellung der vollsynthetischen Plaste: durch Polymerisation, Polykondensation oder Polyaddition niedermolekularer Ausgangsstoffe, die ihrerseits aus Kohle, Erdöl oder Erdgas gewonnen werden.

Eigenschaften: niedrige Dichte (0,85 bis 1,8 g/cm³); extrem niedrige elektrische Leitfähigkeit; geringe Wärmeleitfähigkeit; mäßige mechanische Festigkeit; bei stärkerem Erhitzen Zersetzung (z.T. nach vorherigem Erweichen); weitgehend feuchtigkeitsunempfindlich; i.allg. widerstandsfähig gegen Säuren und Basen; unterschiedlich beständig gegen organische Lösungsmittel; i.allg. physiologisch indifferent. Die Eigenschaften der Plaste lassen sich anwendungsgerecht *modifizieren* (»Plaste nach Maß«) durch: Misch- und Pfropfpolymerisation, stereospezifische Polymerisation, Kombination von Plasten miteinander oder mit »klassischen« Werkstoffen (Glasfasern, Textil-

---

[1]) Die Abgrenzung zwischen Plasten und Elasten ist unscharf. Die Chemiefaserstoffe bestehen zwar häufig aus dem gleichen Material wie die Plaste, zeigen jedoch wegen höheren Ordnungsgrades ihrer Moleküle besondere physikalische Eigenschaften.

[2]) Singular: *der Plast*, Plural: *die Plaste*. Es heißt *Plastfolie, Plastflasche* usw., nicht »Plastefolie« u.dgl.

gewebe u.a.), Einarbeiten von Füll- und Farbstoffen, Weichmachern, Wärme- und Lichtstabilisatoren, Bestrahlen u.a. sowie bei manchen Arten durch Variierung der Ausgangsstoffe (z.B. durch Einsatz verschiedener Polyole und verschiedener Diisozyanate bei der Herstellung von Polyurethanen).

41.1.2. Polyreaktionen

Polymerisation: chemische Verknüpfung kleiner Moleküle (der *Monomeren*) zu einem Makromolekül (dem *Polymeren*) durch Reaktion zwischen Mehrfachbindungen (I) oder Aufspaltung ringförmiger Atomverbände (II).

Beispiele (I ungesättigte Verbindung, II Ringöffnung eines Laktams zu einem Polyamid):

I 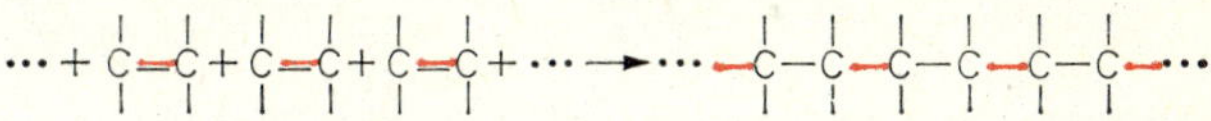

II 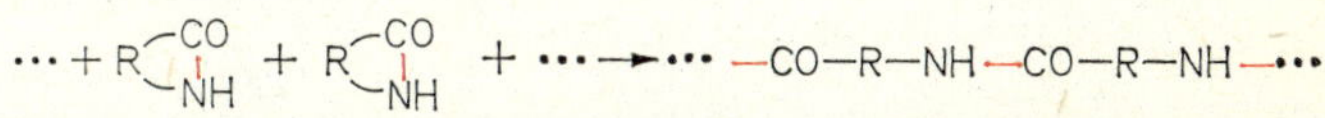

Bei der *Homopolymerisation* wird eine einzige Monomerenart, bei der *Mischpolymerisation* (Kopolymerisation) ein Monomerengemisch polymerisiert. Bei der *stereospezifischen Polymerisation* entstehen Polymere mit bestimmter räumlicher Anordnung der Seitenketten bzw. Substituenten. Bei der *Propfpolymerisation* (*Graftpolymerisation*) werden an die Hauptkette eines Polymeren Seitenketten eines anderen Polymeren (durch Reaktion mit dessen Monomeren) »aufgepfropft«. — Der *Polymerisationsgrad* gibt an, wieviel monomere Moleküle im Durchschnitt zum Makromolekül zusammengetreten sind.

Stereospezifische Polymerisation: Bei Polymeren vom Typ $[-CH_2-CHX-]_n$ sind die C-Atome, an denen die Substituenten X (z.B. Methylgruppen) haften, asymmetrisch, so daß 2 räumliche Anordnungen der Substituenten (D- und L-Konfiguration; ↑ S. 458) existieren. Je nach der Verteilung der Konfigurationen über die gesamte Polymerenkette unterscheidet man:

- **isotaktische Polymere:** gleiche Konfiguration bei allen asymmetrischen C-Atomen
- **syndiotaktische Polymere:** regelmäßig abwechselnde Konfigurationen
- **ataktische Polymere:** unregelmäßige Verteilung der Konfigurationen

Ataktische Polymere sind amorph, während die Moleküle iso- und syndiotaktischer Polymerer so angeordnet sein können, daß durch maximal anziehende Wirkung zwischenmolekularer Kräfte bessere Festigkeiten, höhere Schmelzpunkte und größere Dichten (durch Ausbildung kristallartiger Ordnungen) resultieren.

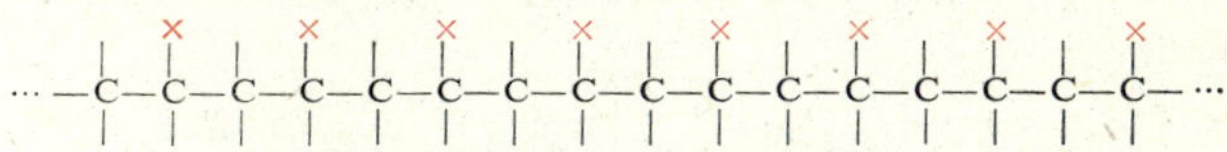

isotaktisch

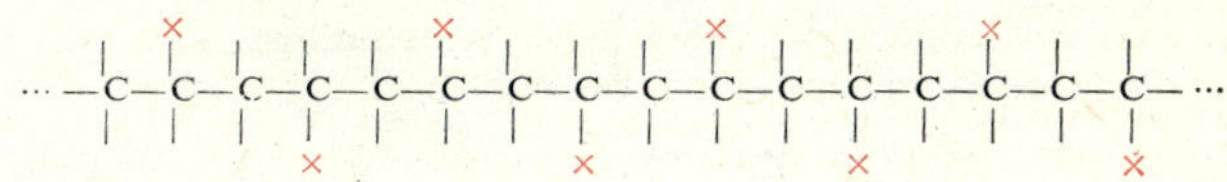

syndiotaktisch

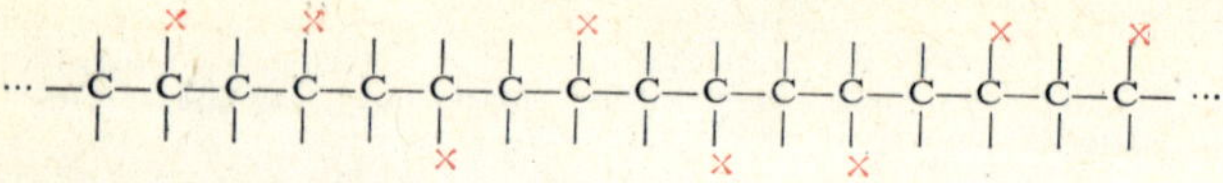

ataktisch

Stereospezifische Polymerisation: schematische Darstellungen eines Polymerisats $[-CH_2-CHX-]_n$; die H-Atome sind weggelassen; die unterschiedlichen Konfigurationen werden dadurch wiedergegeben, daß die Substituenten X nach oben bzw. nach unten gezeichnet werden.

Polykondensation: chemische Verknüpfung kleiner Moleküle zu einem Makromolekül unter Abspaltung von Wasser oder anderen kleinen Molekülen.

Beispiel (Bildung eines Polyesters aus einem Diol und einer Dikarbonsäure):

$$\cdots + \boxed{H}O-R-O\boxed{H + HO}OC-R'-CO\boxed{OH + H}O-R-O\boxed{H + HO}OC-R'-CO\boxed{OH} + \cdots$$

$$\rightarrow \cdots O-R-O-OC-R'-CO-O-R-O-OC-R'-CO- \cdots + n\,H_2O.$$

Die Polykondensation kann zwecks Einarbeitung wertverbessernder Stoffe und Warmformung unterbrochen werden.

Polyaddition: chemische Verknüpfung kleiner Moleküle zu einem Makromolekül durch Reaktion zwischen funktionellen Gruppen ohne Abspaltung von Wasser oder anderen kleinen Molekülen.

Beispiel (Bildung eines Polyurethans aus einem Diisozyanat und einem Diol):

$$\cdots + OCN-R-NCO + HO-R'-OH + OCN-R-NCO + HO-R'-OH \rightarrow$$

$$+ \cdots -OC-HN-R-NH-CO-O-R'-O-OC-HN-R-NH-CO-O-R'-O- \cdots$$

41.1.3. Thermoplaste und Duroplaste

Thermoplaste

- *Eigenschaften:* Die Thermoplaste erweichen beim Erwärmen, lassen sich warmformen und werden beim Abkühlen formbewahrend wieder fest; der Vorgang ist beliebig oft wiederholbar. Bestimmte Lösungsmittel wirken lösend oder quellend ein.
- *Technische Warmformung:* durch Spritzgießen, Extrudieren, Walzen (Kalandrieren), Blasen, Pressen, Vakuumtiefziehen, Rundbiegen, Abkanten u.a.

- *Molekülaufbau:* lineare, evtl. schwach verzweigte, jedoch räumlich nicht durch starke chemische Bindungen vernetzte Makromoleküle.
- *Herstellung:*
  - durch Polymerisation von Monomeren mit 1 Doppelbindung (↑ Polyäthylen; S. 584)
  - durch Polymerisation von Monomeren unter Ringöffnung (↑ Polykaprolaktam; S. 589)
  - durch Polykondensation (↑ lineare Polyester; S. 587) oder Polyaddition (↑ lineare Polyurethane; ↑ S. 591) bifunktioneller[1]) niedermolekularer Stoffe
- *Weichmacher:* Durch Einarbeiten von Weichmachern werden Thermoplaste weicher und schmiegsamer, was insbesondere für Folien erwünscht ist. Weichmacher sind i. allg. Flüssigkeiten von niederem Dampfdruck (hohem Siedepunkt), die sich auf Grund eines gewissen, jedoch nur schwach ausgeprägten Lösevermögens zwischen die Plastmoleküle einlagern, indem sie diese ganz oder teilweise umhüllen.
- *Wichtige Thermoplaste:* Polyäthylen, Polyvinylchlorid, Polyamide, Polystyrol, Polymethakrylsäureester, Polytetrafluoräthylen[2]), Polyvinylazetat, Zelluloseazetat, Zelluloid; ferner lineare Polyester (nur als Folie und Faserstoff), lineare Polyurethane.

Duroplaste

- *Eigenschaften:* Die Duroplaste zersetzen sich beim Erhitzen ohne vorheriges Erweichen und sind unlöslich.
- *Molekülaufbau:* räumlich stark vernetzte Makromoleküle.
- *Herstellung:*
  - durch Polykondensation oder Polyaddition, wobei eine der Komponenten tri- oder mehrfunktionell[1]) sein muß (↑ Phenoplaste; S. 586);
  - durch Einwirkung vernetzend wirkender »Härter« auf reaktionsfähige Thermoplaste (↑ ungesättigte Polyester; S. 587); hierbei verknüpfen die Härter die linearen Moleküle zu einem Raumnetz.
- *Technische Warmformung:* Bei der Polykondensation wird ein thermoplastischer Zustand durchlaufen, in dem die Produkte noch löslich und schmelzbar sind. In diesem Zustand werden sie gegossen oder (mit Füll- und Farbstoffen versehen) warmgepreßt, wobei sie unter Vollendung der räumlichen Vernetzung zum Duroplast aushärten.
- *Wichtige Duroplaste:* Phenoplaste, Aminoplaste (Melamin-, Dizyandiamid- und Harnstoffharze), vernetzte Epoxidharze, vernetzte Polyurethane, vernetzte Silikonharze.

---

[1]) *bi- bzw. trifunktionell:* 2 bzw. 3 funktionelle Gruppen oder reaktionsfähige Atome enthaltend

[2]) nur begrenzt thermoplastisch verarbeitbar

41.1.4. Vollsynthetische Plaste

41.1.4.1. Polyäthylen (Polyethylen, Kurzzeichen[1]) PE)

Herstellung: durch Polymerisation von Äthen:

$$n\,CH_2{=}CH_2 \rightarrow [-CH_2-CH_2-]_n$$ [2])

- *Hochdruckverfahren:* Äthen wird bei 150...300 MPa (1500...3000 at) in Gegenwart kleiner Sauerstoffmengen (Katalysator) durch Rohre von mehreren 100 m Länge geleitet, die von außen auf 150...320 °C beheizt und schließlich gekühlt werden. Die entstehende Lösung des Polymeren im nicht umgesetzten (überkritischen!) Äthen wird entspannt; hierbei fällt das Polymere flüssig an und wird anschließend granuliert, während nicht umgesetztes Gas im Kreislauf zurückgeführt wird.
- *Niederdruckverfahren:* Äthen wird bei Normaltemperatur und einem Druck bis zu 1,5 MPa (15 at) durch organische Lösungsmittel geleitet, die ZIEGLER-Katalysatoren (z. B. Gemische aus Titantetrachlorid, $TiCl_4$, und Aluminiumalkylen, AlR_3) gelöst enthalten; das Polymere fällt flockig aus.

Molekularer Aufbau: Hochdruck-Polyäthylen ($n \approx 1000$) enthält Seitenketten bis zu etwa 4 C-Atomen; Niederdruck-Polyäthylen ($n \approx 10000$) ist praktisch unverzweigt und dadurch dichter.

Eigenschaften: thermoplastisch; durchscheinend bis weiß (in allen Farben färbbar); sich wachsartig anfühlend; schlagunempfindlich; schlecht klebbar; beständig gegen Wasser, Säuren, Alkalien und die meisten organischen Lösungsmittel; Dichte 0,92 (Hochdruck)...0,96 g/cm³ (Niederdruck); mit zunehmender Dichte nehmen Steifigkeit, Zugfestigkeit, Oberflächenhärte, Erweichungsbeginn (≈80...120 °C) und Beständigkeit gegen Lösungsmittel zu.

Verarbeitung: durch Extrudieren, Spritzgießen und spanende Bearbeitung; beim *Folienblasverfahren* wird ein extrudierter Schlauch sofort aufgeblasen und nach dem Erkalten aufgeschnitten.

Verwendung: Folien (bes. für Verpackung), Haushaltgegenstände, Kanister, technische Apparateteile, Rohrleitungen, elektrotechnische Kabelummantelung.

Handelsnamen: DDR: *Mirathen, Gölzathen, Polyäthylen Schkopau*; **BRD:** *Hostalen G, Lupolen, Trolen, Vestolen.*

41.1.4.2. Polypropylen (Kurzzeichen PP)

Herstellung: durch Polymerisation von Propen in Gegenwart von ZIEGLER-Katalysatoren (analog der Herstellung von Niederdruck-Polyäthylen; ↑ oben):

$$n\,CH_2{=}CH(CH_3) \rightarrow [-CH_2-CH(CH_3)-]_n$$

Molekularer Aufbau: praktisch unverzweigte Hauptkette mit isotaktischer (↑ S. 581) Anordnung der Methylgruppen.

---

[1]) nach TGL 29173

[2]) Diese auch in den folgenden Kapiteln angewandte Schreibweise läßt die (für das Gesamtverhalten i. allg. belanglosen) Endgruppen außer acht.

Eigenschaften: ähnlich Polyäthylen, jedoch leichter (mit Dichte 0,90 g/cm^3 leichtester Plast!), härter (kratzfester!), temperaturbeständiger (Erweichungsbeginn 140 °C), keine Spannungsrißkorrosion; höhere Licht- und Sauerstoffempfindlichkeit (durch Stabilisatoren herabsetzbar); versprödet unterhalb 0 °C.

Verarbeitung: durch Extrudieren und Spritzgießen, auch spangebend.

Verwendung: wie Polyäthylen; als Folie besonders in der Elektrotechnik.

Handelsnamen: *Hostalen PP* (BRD); in der DDR nicht gefertigt, aber verarbeitet (ČSSR-Produktion).

41.1.4.3. **Polystyrol (Polystyren,** Kurzzeichen PS)

Herstellung: durch Polymerisation von Styrol (↑ S. 540):

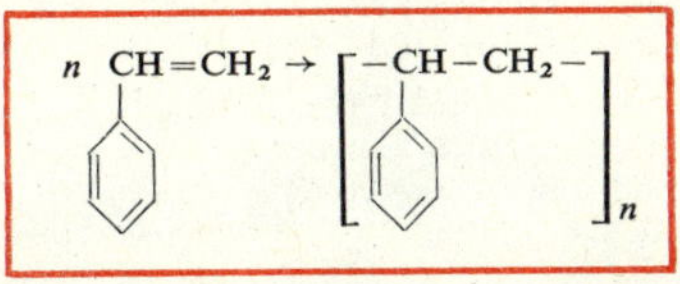

$n \approx 3000 \ldots 4500$

Die Herstellung erfolgt durch Emulsions-, Suspensions- und Massepolymerisation (Block-, Substanzpolymerisation).

Eigenschaften: glasklar bis trüb; lichtbeständig; geruchlos; Dichte 1,05 g/cm^3; erweicht bereits bei ≈80 °C; spröde und schlagempfindlich; sehr gute elektrische Isolierfähigkeit; mit rußender Flamme brennbar; beständig gegen Wasser, Alkalien und nichtoxidierende Säuren; empfindlich gegenüber Kohlenwasserstoffen, Estern und anderen Lösungsmitteln.

Verarbeitung: durch Spritzgießen, seltener Warmpressen; auch spangebend.

Verwendung: Isolierteile in der Elektrotechnik; Haushaltgegenstände; als Schaumstoff zur Verpackung und Wärmeisolierung; als Folie (auch zur Elektroisolierung).

Handelsnamen: DDR: *Polystyrol Schkopau, Saxerol*; **BRD:** *Trolitul, Vestyron*; *Styroflex* (Folie); *Alporit, Exporit, Styropor* (Schaumstoffe).

ABS-Polymere sind Misch- und Pfropfpolymerisate von Styrol mit Akrylnitril und Butadien; sie sind wesentlich schlagfester als reines Polystyrol, Handelsnamen: *Sconater* (DDR); *Terluran* (BRD).

41.1.4.4. **Polyvinylchlorid** (Kurzzeichen PVC)

Herstellung: durch Polymerisation von Vinylchlorid (Monochloräthen):

$$n\,CH_2{=}CHCl \rightarrow [-CH_2-CHCl-]_n \qquad (n = 500 \ldots 1500)$$

- **Suspensionspolymerisation** (ergibt PVC-S-Typen): Druckverflüssigtes Vinylchlorid wird bei 500…1200 kPa (5…12 at) unter einem Schutzgas durch starkes Rühren in Wasser, das geringe Mengen Initiatoren[1]) und sonstige Hilfsmittel gelöst ent-

[1]) *Initiatoren* lösen die Polymerisation aus.

hält, zu feinen Tröpfchen verwirbelt und auf 45...75 °C erhitzt. Es entstehen sehr reine PVC-Perlen.

- *Emulsionspolymerisation* (ergibt PVC-E-Typen): Eine wäßrige Emulsion von druckverflüssigtem Vinylchlorid, die u.a. gelöste Emulgatoren[1]) und Initiatoren enthält, wird bei 500...800 kPa (5...8 at) mehrere Stunden lang auf 40...60 °C erwärmt. Es entsteht ein Latex, aus dem das Polymere z.B. durch Zerstäubungstrocknung als weißes Pulver (von geringerer Reinheit als das Suspensionspolymerisat) erhalten wird.

Verarbeitung: ohne (PVC-hart) und mit Weichmacher (PVC-weich); durch Extrudieren, Spritzgießen und Kalandrieren.

Eigenschaften: sehr stark durch Weichmacher und sonstige Zusätze beeinflußbar; thermoplastisch; Gebrauchstemperatur bis etwa 50 °C; Erweichung ab 70 °C; Dichte 1,4 g/cm³ (hart)...1,3 g/cm³ (weich); farblos durchsichtig (S-Typen), in allen Farben färbbar; sehr beständig gegen Wasser, Alkalien, nichtoxidierende Säuren und Kohlenwasserstoffe, quellbar in Chlorkohlenwasserstoffen, löslich z.B. in Zyklohexanon; schwer entflammbar, selbstlöschend; gute elektrische Isolierfähigkeit.

Verwendung: *PVC-hart:* Rohrleitungen, Behälter (z.B. Fotoschalen), Armaturen, Dachrinnen, Haushaltgegenstände, Elektroinstallationsmaterial; *PVC-weich:* Fußbodenbeläge, Tischdecken, Regenbekleidung, Spielwaren, Kabelummantelung, Kunstleder (auf Textilgrundlage).

Handelsnamen: DDR: *Ekadur* (PVC-E), *Ekalon* (PVC-S), *Ekalit* (weich); **BRD:** *Elaston, Luvitherm, Mipolam PVC, Rhenadur, Rhovil, Vestolit, Vinidur, Renolit.*

PVC-Chemiefaserstoffe ↑ S. 601.

41.1.4.5. Phenoplaste (Kurzzeichen PF)

Herstellung: durch Polykondensation von Phenol (auch m-Kresol) mit Methanal (Formaldehyd).

- In *saurem Milieu* entstehen gemäß

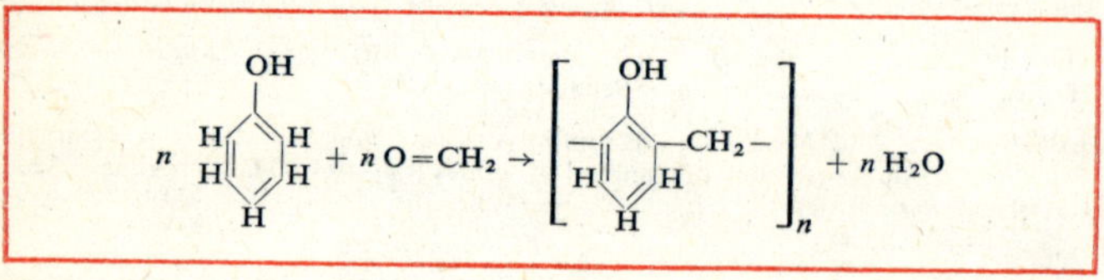

lineare Produkte (*Novolake*), in denen die phenolischen Reste durch Methylenbrücken $-CH_2-$ verknüpft sind.

- In *alkalischem Milieu* bilden sich Dimethylenätherbrücken $-CH_2-O-CH_2-$ aus, und es tritt zusätzlich das p-ständige H-Atom in Reaktion, so daß räumliche Vernetzung eintritt.
- Die Novolake können durch Erhitzen mit methanalabspaltenden »Härtern«, z.B. *Hexamethylentetramin* (Urotropin), vernetzt (»ausgehärtet«) werden.
- Die Polykondensation erfolgt diskontinuierlich in beheizten Rührautoklaven[2]).

---

[1]) *Emulgatoren* halten die Emulsion stabil.
[2]) Autoklav = Druckkessel

Verarbeitung:

- *Preßmassen:* Novolak-Härter-Gemische oder (durch Unterbrechung der Polykondensation im noch schmelzbaren Zustand erhaltene) *Resitole* werden gemahlen, mit Füllstoffen (Schiefer- oder Holzmehl, Asbest- oder Zellulosefasern) vermischt und durch Form-, Spritz- oder Strangpressen bei $\approx 160\,°C$ 1...2 min je mm Wandstärke ausgehärtet.
- *Schichtpreßstoffe:* Holzplatten, Papier- oder Gewebebahnen werden mit dem gelösten oder geschmolzenen Vorkondensat getränkt und in beheizten Pressen ausgehärtet.
- *Edelkunstharze* sind füllstofffrei und werden gegossen oder gepreßt.

Eigenschaften:

- *lineare Produkte:* thermoplastisch, gelb bis braun, in organischen Lösungsmitteln löslich.
- *räumlich vernetzte Produkte:* duroplastisch; gelb bis braun; Dichte $\approx 1{,}3\ g/cm^3$ (mit anorganischen Füllstoffen bis $2\ g/cm^3$); bis 150 °C (mit anorganischen Füllstoffen bis 100 °C) anwendbar, bei höheren Temperaturen Zersetzung unter Phenolabspaltung; relativ spröde; gut elektrisch isolierend; i.allg. (füllstoffabhängig) beständig gegen Wasser, organische Lösungsmittel, verdünnte Säuren und Alkalien; für Lebensmittel nicht geeignet.

Verwendung: als massives Material oder Schichtpreßstoff sehr vielseitig in Technik (insbes. Elektrotechnik) und Haushalt, u.a. auch für Autokarosseriebeplankungen, Möbel- und Wandverkleidungen; weiterhin für Lacke und Holzleime.

Handelsnamen: DDR: *Plastadur* (Preßmassen), *Dedaplast, Plastacart, Plastatex, Phenozell, Phenotext* (Schichtpreßstoffe); **BRD:** *Bakelite, Dekorit, Haveg, Pertinax, Trolitan, Trolitax.*

41.1.4.6. Polyester

Molekülkennzeichen: $\cdots -CO-O- \cdots$ (Estergruppierung), im Makromolekül ständig wiederkehrend.

Herstellung: durch Polykondensation zwischen mehrwertigen Alkoholen und mehrwertigen Karbonsäuren (↑ auch S. 582):

$$n\,HO-R-OH + n\,HOOC-R'-COOH$$
$$\rightarrow [-O-R-O-CO-R'-CO-]_n + (n-1)\,H_2O$$

Gesättigte Polyester: nur für Chemiefaserstoffe (↑ S. 600), Folien (z.B. für Magnetbänder) und (relativ niedermolekular mit OH-Endgruppen) als Polyolkomponente für Polyurethane (↑ S. 591). *Handelsname: Hostaphan* (BRD).

Ungesättigte Polyesterharze (Kurzzeichen UP; glasfaserverstärkt GUP)

- *Herstellung:* Aus ungesättigten aliphatischen Dikarbonsäuren (Maleinsäure, Fumarsäure)[1]) und zweiwertigen Alkoholen [Glykol, Propandiol-(1,2)] stellt man zunächst bei 160...220 °C lineare UP als farblose, zähflüssige Massen her. Diese werden mit Styrol[2]) gemischt und (evtl. nach Einarbeiten von Glasfaservliesen oder -geweben), z.T. bei Normaltemperatur, kopolymerisiert, wobei die Polyestermoleküle durch Polystyrolbrücken räumlich vernetzt werden und zu einem Duroplast aushärten.

---

[1]) auch im Gemisch mit gesättigten Dikarbonsäuren (Adipinsäure)
[2]) oder anderen ungesättigten kopolymerisationsfähigen Verbindungen

- *Eigenschaften:* im ausgehärteten Zustand duroplastisch; nahezu farblos; bis 150 °C anwendbar; Dichte 1,2 g/cm³ (glasfaserverstärkt 1,5...2,0 g/cm³); sehr gute dielektrische und mechanische Eigenschaften (glasfaserverstärkte Polyester haben die Zugfestigkeit guter Stähle); wetterfest; gegen Wasser und verdünnte Säuren beständig; gegen Alkalien und organische Lösungsmittel relativ unempfindlich.
- *Verwendung:* ungefüllt als Gießharze zum Einbetten elektrotechnischer Bauteile und biologischer Präparate; für kalthärtende Kleber und Spachtelmassen. – Glasfaserverstärkte Polyester für kleine und auch große Teile hoher Bruchfestigkeit und geringer Masse, z.B. Bootskörper, Wellbedachungen, Schutzhelme, Campingwagen, Gartenmöbel.
- *Handelsnamen: Polyester G* (DDR); *Leguval, Vestopal* (BRD).

Alkydharze: Lackharze, hergestellt aus mehrwertigen Alkoholen (insbes. Glyzerol) sowie (gesättigten und ungesättigten) Säuren (Phthalsäure, Adipinsäure, Maleinsäure), wobei gleichzeitig Fettsäuren, Ölsäuren, Harzsäuren, Styrol u.a. in die Moleküle eingebaut werden.

41.1.4.7. Polyepoxide[1] (Kurzzeichen EP)

Herstellung: aus einem Epoxid (meist *Epichlorhydrin* = 1,2-Epoxy-3-chlorpropan) und einem Diphenol (meist *Dian* = Diphenylolpropan = 2,2-Bis-4-hydroxyphenyl-propan) durch kombinierte Polyaddition und Polykondensation und nachfolgende Härtung.

- Dabei reagiert zunächst jede phenolische Hydroxylgruppe mit einer Epoxidgruppe, und aus dem Produkt spaltet sich unter Ausbildung einer neuen Epoxidgruppe HCl ab. Formulierung mit 1 OH-Gruppe:

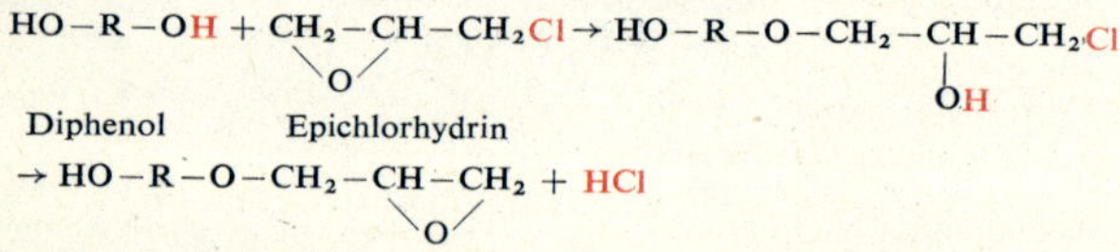

Die entstandene Epoxidgruppe setzt sich mit einem weiteren Diphenolmolekül um:

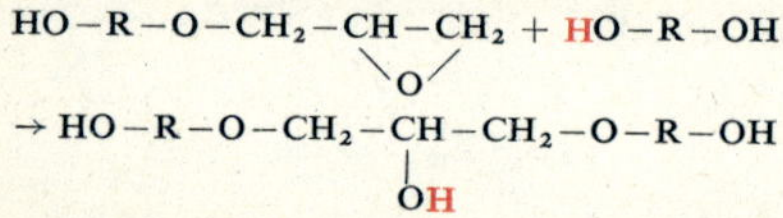

Die phenolischen OH-Gruppen des Produktes reagieren wieder mit Epichlorhydrin usw., so daß schließlich ein linearer Polyäther mit endständigen Epoxidgruppen und sekundären Hydroxylgruppen entsteht.

- Aus Dian 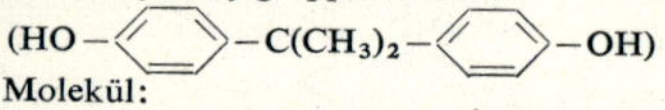 und Epichlorhydrin bildet sich folgendes Molekül:

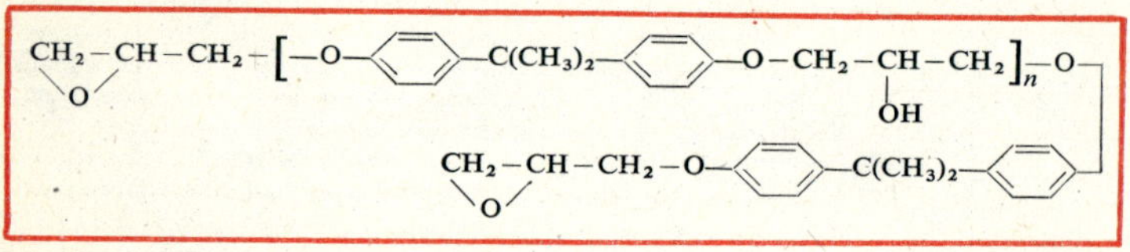

$n = 0...5$

[1]) auch als *Epoxidharze* bezeichnet

Härtung: Durch Reaktion der Epoxid- und Alkoholgruppen mit sauren (z.B. Phthalsäureanhydrid) oder alkalischen Härtern (z.B. *Diäthylentriamin*, chemische Formel $H_2N-[CH_2]_2-NH-[CH_2]_2-NH_2$) lassen sich die EP-Moleküle räumlich vernetzen. Alkalische Härter wirken bereits bei normaler Temperatur.

Eigenschaften: gehärtet duroplastisch; stark von Härtungsart und von Füllstoffen abhängig; farblos bis gelbbraun; geruchlos; brennbar; Dichte (ohne Füllstoff) 1,2 bis 1,3 g/cm³; als zähflüssiges Harz auf fast allen Werkstoffen fest haftend; beständig gegen Heißwasser, Laugen und verdünnte Säuren.

Verwendung: als Kleber für Metalle, keramische Massen, Plaste, Holz; als Gießharze für Maschinenteile und zum Einbetten elektrotechnischer und elektronischer Bauteile; für Schichtpreßstoffe (auch glasfaserverstärkt); als Lackharze und Spachtelmassen.

Handelsnamen: DDR: *Epilox, Epasol, Epowit*; **BRD:** *Lekutherm, Witolen, Rütapox, Beckopox.*

41.1.4.8. Polyamide (Kurzzeichen PA)

Molekülkennzeichen: $\cdots -CO-NH- \cdots$ (Säureamidgruppierung), im Makromolekül ständig wiederkehrend.

Herstellung:

- durch ringöffnende Polymerisation von Laktamen (↑ auch S. 581)

Beispiel:

$$n\,(CH_2)_5\left\langle\begin{matrix}CO\\ |\\ NH\end{matrix}\right. \rightarrow [-CO-(CH_2)_5-NH-]_n \qquad n = 200\ldots300$$

ε-Kaprolaktam Polykaprolaktam (Polyamid-6)

- durch Polykondensation von Diaminen mit Dikarbonsäuren

Beispiel:

$$n\,H_2N-(CH_2)_6-NH_2 + n\,HOOC-(CH_2)_4-COOH$$

1,6-Diaminohexan Adipinsäure

$$\rightarrow [-NH-(CH_2)_6-NH-CO-(CH_2)_4-CO-]_n + (n-1)\,H_2O$$

Polyamid-6,6

- Herstellung und Polymerisation von ε-Kaprolaktam ↑ S. 598 und 599.

Benennung:

- *Polyamid-k* bedeutet: das Laktam hat *k* C-Atome.
- *Polyamid-m,n* bedeutet: das Diamin hat *m*, die Dikarbonsäure *n* C-Atome.

Eigenschaften: undurchsichtig weiß; Dichte 1,0...1,2 g/cm³; Schmelzpunkt (PA-6) 218...220°C ohne nennenswerte vorherige Erweichung; von Luft oberhalb 110°C oxidativ angegriffen; geruchlos; beständig gegen Alkalien und viele Lösungsmittel, unbeständig gegenüber konzentrierten Säuren; wasseraufnehmend (bis 10%). Die guten mechanischen Eigenschaften (hohe Schlagzähigkeit, Festigkeit und Abriebfestigkeit) sind von einem gewissen Wassergehalt abhängig, der sich entsprechend der Luftfeuchtigkeit einstellt; beim Austrocknen tritt Versprödung ein.

Verarbeitung: Spritzgießen, Extrudieren, spanende Bearbeitung.

Verwendung: für mechanisch beanspruchte Teile, z.B. Armaturen, Behälter, Wasserhähne, Kugellagerkäfige, Kalanderwalzen, Haushaltgegenstände, Verpackungsfolien.

Handelsnamen: DDR: *Miramid, Polyamid Schkopau, Perfol* (Folie); **BRD:** *Durethan, Trogamid, Altramid, Vestamid.*

Polyamidfaserstoffe ↑ S. 599.

41.1.4.9. Aminoplaste

Typen:

- *Melaminharze* (Kurzzeichen MF)
- *Dizyandiamidharze* (Kurzzeichen DD)
- *Harnstoffharze* (Kurzzeichen UF)

Herstellung: durch Polykondensation zwischen Methanal (Formaldehyd) und Melamin (↑ S. 557) bzw. Dizyandiamid (↑ S. 355) bzw. Harnstoff (↑ S. 353).

- *Reaktionsschema* (Melaminharz):

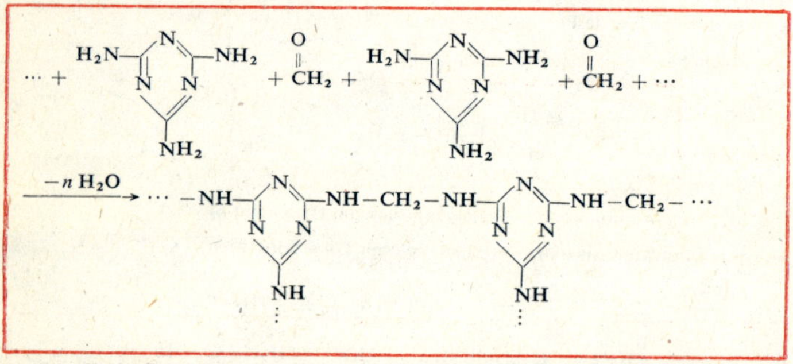

Da alle Aminogruppen reagieren, entstehen räumlich vernetzte Moleküle.

- Durch Erwärmen einer wäßrigen Lösung der Ausgangsstoffe erhält man die Lösung eines Vorkondensates, die entweder sprühgetrocknet oder zur Herstellung von *Preßmassen* mit Füllstoffen versetzt und danach getrocknet wird.

Verarbeitung: durch Formpressen, Spritzpressen und Spritzgießen unter gleichzeitiger Aushärtung.

Eigenschaften: duroplastisch; Melaminplaste bis 100...130 °C anwendbar; andere bis 90 °C; bei höheren Temperaturen Zersetzung; Dichte 1,5...2,0 g/cm³; relativ spröde; gut elektrisch isolierend, insbesondere kriechstromfest; im Gegensatz zu Phenoplasten geruchlos, geschmackfrei, farblos (in allen Farben einfärbbar), lichtecht und für Lebensmittel geeignet.

Verwendung: als Massivwerkstoff für elektrotechnische Artikel, Haushaltgegenstände (z.B. Eß- und Trinkgeschirr), Möbelbeschläge u.a.; als Schichtpreßstoff (z.B. für Tischplatten); als Deckfolie (melaminharzgetränkte Papierbahn; z.B. für künstliches Möbelfurnier); als Schaumstoff zur Schall- und Wärmedämmung (Harnstoffharz); als Lackharz; als Holzklebstoff (mit niedrigem Kondensationsgrad).

Handelsnamen: DDR: *Meladur; Sprelacart* (Schichtpreßstoff; innen Phenoplast, außen Melaminharz); *Melafol* (Deckfolie); *Piatherm* (Schaumstoff); *Meladurol* (Lackharz); *Didi-Leim, K-Leim.* – **BRD:** *Bakelite, Keramin, Ultrapas* (Melaminharze); *Carta, Melacart* (Schichtpreßstoff), *Spumalit* (Schaumstoff).

41.1.4.10. Polyurethane (Kurzzeichen PUR)

Molekülkennzeichen: ⋯ –NH–CO–O– ⋯ (Urethangruppierung), im Makromolekül ständig wiederkehrend.

Herstellung: durch Polyaddition zwischen mehrwertigen Isozyanaten und mehrwertigen Alkoholen. Bei Anwendung ausschließlich zweiwertiger (bifunktioneller) Ausgangsstoffe (*Diisozyanate* und *Diole*) entstehen lineare, bei Anwendung auch dreiwertiger (trifunktioneller) Ausgangsstoffe räumlich vernetzte Polyaddukte.

Beispiel:

$$\underset{\text{Diisozyanat}}{n\,\mathrm{OCN{-}R{-}NCO}} + \underset{\text{Diol}}{n\,\mathrm{HO{-}R'{-}OH}}$$

$$\rightarrow [\mathrm{-CO-NH-R-NH-CO-O-R'-O-}]_n$$

lineares Polyurethan

Besonders vorteilhaft ist, daß die Reaktion bereits bei gewöhnlicher Temperatur mit ausreichender Geschwindigkeit verläuft.

Polyisozyanatkomponenten: hergestellt durch Umsetzung zwischen Aminen und Phosgen, z. B. *Hexamethylendiisozyanat* aus *Hexamethylendiamin* (1,6-Diamino-hexan):

$$\mathrm{OC\boxed{Cl_2 + H_2}N-[CH_2]_6-N\boxed{H_2 + Cl_2}CO \rightarrow OCN-[CH_2]_6-NCO + 4\,HCl}$$

Weiterhin werden z. B. verwendet: *2,4-Toluylendiisozyanat*, $C_6H_3(CH_3)(NCO)_2$, und *4;4'-Diphenylmethandiisozyanat*, $OCN-C_6H_4-CH_2-C_6H_4-NCO$.

Polyolkomponenten: hauptsächlich oligomere *Polyätheralkohole*, z. B. $HO-[-CH_2-CH_2-O-]_m-CH_2OH$ ($m = 5\ldots80$), und *Polyesteralkohole*, z. B. $HO-R'-[-O-CO-R-CO-O-R'-]_n-OH$ ($n = 2\ldots20$), die auch verzweigtkettig und dann polyfunktionell sein können.[1])

Eigenschaften: lineare PUR sind thermoplastisch; mit zunehmender Vernetzung entstehen gummielastische (↑ S. 596) und schließlich duroplastische Produkte. Die Eigenschaften sind im einzelnen sehr unterschiedlich und werden durch Auswahl der Komponenten und Zusätze auf den Verwendungszweck abgestimmt.

Verarbeitung: In den meisten Fällen, insbesondere zur Verschäumung, werden Isozyanat- und Polyolkomponenten vom Anwender unter gleichzeitiger Formgebung zur Reaktion gebracht. Die *Hartverschäumung* erfolgt physikalisch (durch Beimischung leicht verdampfender Stoffe, z. B. *Monofluortrichlormethan* $CFCl_3$), die *Weichverschäumung* chemisch (↑ S. 596).

---

[1]) Die PUR sind also eigentlich Polyäther oder Polyester mit zwischengeschalteten Urethangruppen.

Verwendung: Etwa 60% aller PUR wird als Weich-, etwa 20% als Hartschaum (dieser auch für selbsttragende Bauelemente) erzeugt, beide auch als Integralschäume (mit verdichteter Außenhaut). Weitere Anwendungsformen: massiver fester oder gummielastischer Werkstoff für spezielle technische Artikel und z.B. Sitzmöbel; Gießharze; Lackharze; Chemiefaserstoffe (↑ S. 601); Klebharze; Beschichtungsmassen für Kunstleder; Textilhilfsmittel.

Handelsnamen: DDR: *Syspur*-Systeme; *Systanat* = Isozyanatkomponente, *Systol* = Polyolkomponente. – **BRD:** *Desmopan, Vulkollan, Elastomoll, Moltopren, Porosyn.*

Elastische PUR ↑ S. 596; PUR-Faserstoffe ↑ S. 601.

41.1.4.11. Sonstige vollsynthetische Plaste

Polymethylmethakrylat, *Polymethakrylsäuremethylester*, Kurzzeichen PMMA:

- *Herstellung:* durch Polymerisation von Methakrylsäuremethylester (meist Massepolymerisation):

$$n\,CH_2{=}C(CH_3)(COOCH_3) \rightarrow [-CH_2-C(CH_3)(COOCH_3)-]_n$$

- *Eigenschaften:* thermoplastisch; amorph; farblos, glasklar durchsichtig; bis 70 °C verwendbar; Dichte 1,18 g/cm³; brennbar, schlagfest; witterungsbeständig.
- *Verwendung:* als »organisches Glas« für Sicherheitsglas (ergibt bei Bruch keine scharfkantigen Splitter), gewölbte Verglasungen u.a.; ferner als Material für Zahn- und Knochenprothesen; als Lackharz.
- **Handelsnamen: DDR:** *Piacryl* (organisches Glas), *Piaflex* (Lackharz). – **BRD:** *Plexiglas, Resartglas.*

Polytetrafluoräthylen, Kurzzeichen PTFE:

- *Herstellung:* durch Polymerisation von Tetrafluoräthen (meist Emulsionspolymerisation):

$$n\,CF_2{=}CF_2 \rightarrow [-CF_2-CF_2-]_n$$

- *Verarbeitung:* durch Pressen und Sintern des als Pulver anfallenden Polymeren bei 350...360 °C; danach auch spangebend; Folien werden geschält.
- **Eigenschaften:** weiß, etwas durchscheinend, sich wachsartig anfühlend; Gebrauchstemperaturbereich −200...+260 °C; Dichte 2,1...2,2 g/cm³; beständig gegen Ozon, Chlor, Flußsäure, Königswasser, heiße Salpetersäure und Alkalien sowie gegen alle organischen Lösungsmittel (wird nur von Alkalimetallschmelzen, Fluor und Chlortrifluorid angegriffen); nicht entflammbar; ungiftig; lichtecht (auch gegenüber UV-Strahlung); geringe Adhäsion und damit extrem niedrige Reibung mit anderen Materialien; sehr gute dielektrische Eigenschaften.
- *Verwendung:* für spezielle technische Bauteile, z.B. Dichtungen, Gleitmaterial, Kondensatorfolie; zur Beschichtung von Haushalttiegeln.
- *Handelsnamen: Heydeflon, Sprelaflon, Prelaflon, PTFE* (DDR); *Hostaflon, Hostaphan* (BRD).
- *Polyfluorkarbone* werden durch Polymerisation fluorhaltiger Monomerer erhalten. Neben PTFE ist *Polychlortrifluoräthylen*, PCTFE, Formel $[-CFCl-CF_2-]_n$, von Bedeutung, das thermoplastisch verarbeitbar ist.

Polyvinylazetat, Kurzzeichen PVAC:

- *Herstellung:* durch Polymerisation von Vinylazetat:

$$n\,CH_2{=}CH(O{-}CO{-}CH_3) \rightarrow [-CH_2{-}CH(O{-}CO{-}CH_3){-}]_n$$

- *Verwendung:* Vor allem in Lösung oder als Latex zur Herstellung von Latexfarben, Lacken, Kunstleder, Wachstuch oder Klebstoffen für die verschiedensten Materialien.

Polykarbonat, Kurzzeichen PC

- *Molekülkennzeichen:* Karbonatgruppierung $-O-CO-O-$, im Makromolekül ständig wiederkehrend.
- *Herstellung:* durch Polykondensation zweiwertiger, mehrkerniger Phenole (insbes. *Dian*; ↑ S. 544) mit *Phosgen* in Gegenwart basischer Agenzien:

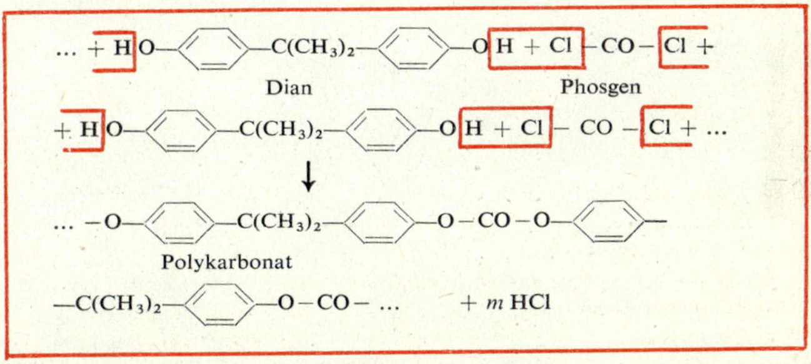

Die Anzahl der Dian-Monomeren beträgt etwa 500.

- *Eigenschaften:* thermoplastisch; farblos durchsichtig herstellbar, beliebig einfärbbar; sehr gute Festigkeitseigenschaften; zwischen −100 °C und +135 °C einsetzbar; schwer entflammbar, selbstlöschend; physiologisch einwandfrei; heißwasserbeständig; unbeständig gegenüber Alkalien, Arenen, Estern, Ketonen.
- *Verarbeitung:* durch Spritzgießen und Extrudieren; auch spanend.
- *Verwendung:* für stark beanspruchte Maschinen- und Apparateteile (auch glasfaserverstärkt); für Präzisionsteile in Meßinstrumenten u. dgl.; in der Elektrotechnik (auch als Folie).
- *Handelsnamen: Makrolon, Makrofol* (BRD).

41.1.5. Plaste als Umwandlungsprodukte hochmolekularer Naturstoffe

Ausgangsstoffe: z. Z. ausschließlich *Zellulose*, gewonnen aus Holz, auch in Form von Baumwollabfällen (*Linters*). *Kasein* aus Milch wird nicht mehr genutzt.

Zelluloseazetat, *Azetylzellulose*, Kurzzeichen CA:

- *Herstellung:* **Zellulosetriazetat** (Kurzzeichen CTA), das je Glukoseeinheit 3 Azetylgruppen enthält (Formel ↑ S. 594), entsteht durch Veresterung von Zellulose mit Essigsäureanhydrid in Gegenwart von Schwefelsäure bei 60 °C während 4...5 Stunden. Es wird wegen mangelnder Thermoplastizität meist durch verdünnte Schwefelsäure partiell zu **Zellulose-2$^1/_2$-azetat** verseift, das je Glukoseeinheit im Durchschnitt 2$^1/_2$ Azetylgruppen enthält.

- *Verarbeitung:* meist mit Weichmacher durch Spritzgießen und Extrudieren; zur Folienherstellung werden Lösungen vergossen, deren Lösungsmittel verdunstet.
- *Eigenschaften des 2½-Azetats:* thermoplastisch; farblos; bis 170 °C einsatzfähig; Dichte 1,3 g/cm³; sehr zäh und kratzfest; beständig gegen Wasser und Benzin, unbeständig gegen Säuren, Laugen und einige organische Lösungsmittel. – Das Triazetat ist nur mit Weichmachern thermoplastisch und bis 120 °C einsatzfähig.
- *Verwendung:* Zellulosetriazetat für schwer entflammbare Filme; 2½-Azetat als Massivwerkstoff für technische Zwecke und Bedarfsartikel (Werkzeuggriffe; Autolenkräder, Bekleidungszubehör, Spielwaren, Schreibstifte, Brillenfassungen u.a.).
- *Handelsnamen:* DDR: *Saxetat, Diaspan, Reilit* (CTA). – BRD: *Cellit, Trolit, Ultraphan, Ecarit, Ecaron.*
- Chemiefaserstoff ↑ S. 602.

Falsch!

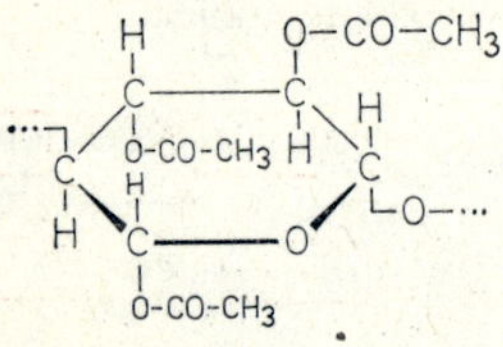

Zellulosetriazetat-Baugruppe

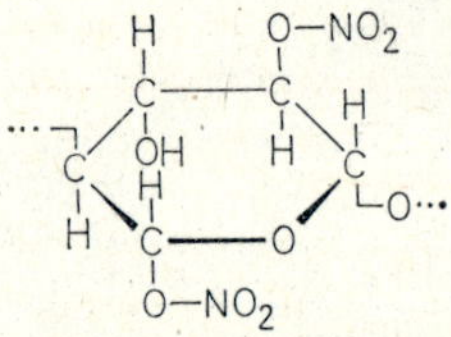

Zellulosedinitrat-Baugruppe

Zelluloid, Kurzzeichen CN

- *Zusammensetzung:* Zellulosedinitrat (Formel s.o.) mit nahezu ausschließlich Kampfer als Weichmacher.
- *Herstellung:* Durch Veresterung von Zellulose mit Nitriersäure bei 20...35 °C entsteht Zellulosedinitrat (Kollodiumwolle), das mit äthanolischer Kampferlösung zu einer homogenen Masse verknetet und unter Einschaltung von Schneid- und Preßprozessen stufenweise getrocknet wird.
- *Verarbeitung:* durch Warmpressen, Hohlkörperblasen, spanende Formung.
- *Eigenschaften:* thermoplastisch; bis 60 °C einsetzbar, bei 70...80 °C erweichend; farblos, glasklar, in leuchtenden Farbtönen einfärbbar; Dichte 1,38 g/cm³; sehr leicht entzündlich; hornartig zäh; beständig gegen Wasser, verdünnte Säuren und Benzin, löslich in Azeton und niederen Estern.
- *Anwendungen:* als Massivwerkstoff für Toiletteartikel (Kämme u.a.), Brillengestelle, Spielwaren, dekorative Musikinstrumentenverkleidungen; als Folie für sehr reißfeste Filme.

Vulkanfiber, Kurzzeichen Vf

- *Zusammensetzung:* hydratisierte, unwesentlich abgebaute Zellulose.
- *Herstellung:* durch Aufquellen (»Pergamentieren«) von Zellulosepapieren in warmer, 70%iger Zinkchloridlösung, Verpressen mehrerer Bahnen, Auswaschen und Trocknen.
- *Eigenschaften:* undurchsichtig; zäh, verschleißfest, sehr schlagbiegefest; nicht thermoplastisch, doch begrenzt warmformbar; bis 70 °C verwendbar (sonst Versprödung); Dichte 1,25...1,50 g/cm³; feuchtigkeitsempfindlich (daher oft imprägniert); unempfindlich gegen organische Lösungsmittel.
- *Verwendung:* für technische Teile mit mechanischer Beanspruchung (Zahnräder, Gleitlagerfutter, Bremsbeläge); schwächer pergamentiert für Koffer.

Regeneratzellulose: besteht aus stärker abgebauter und hydratisierter Zellulose; hergestellt durch Umwandlung in lösliche Derivate, Auflösen und Ausfällung; wird nur für Chemiefaserstoffe, Folien (↑ S. 602), Schaumstoffe und Schwämme verwendet.

41.2. Elaste

41.2.1. Allgemeines

Definition: Elaste (Elastomere) sind natürliche oder synthetisch hergestellte makromolekulare Werkstoffe mit gummielastischem Verhalten.

Molekülbau: Makromoleküle aus verknäuelten Molekülketten, die miteinander weitmaschig vernetzt sind. Beim Dehnen strecken sich die Ketten; beim Nachlassen der Zugkraft tritt wieder Knäuelung ein (Gummielastizität).

41.2.2. Naturkautschuk

Zusammensetzung: cis-1,4-Polyisopren, $(C_5H_8)_n$, $[-CH_2-C(CH_3)=CH-CH_2-]_n$ mit natürlichen Beimengungen, $n = 4000...10000$.

Gewinnung: Aus *Kautschuklatex*, dem Milchsaft des Parakautschukbaumes (oder gewisser Löwenzahnarten), werden die Kautschukteilchen z. B. durch organische Säuren zum Ausflocken gebracht (koaguliert), gewaschen und zu Fellen ausgewalzt (*Crepe, Crepekautschuk*).

Vulkanisation: Rohkautschuk erhält die wertvollen Eigenschaften erst nach Umwandlung in *Gummi* durch Vulkanisation. – Bei der *Heißvulkanisation* wird eine innige Mischung von Kautschuk mit Schwefel und sonstigen Hilfsmitteln geformt und über 100 °C erhitzt. Der Schwefel verknüpft die Kohlenwasserstoffketten unter Aufrichtung eines Teiles der Doppelbindungen. *Weichgummi* enthält 5...10%, *Hartgummi* 30...50% Schwefel. – Bei der für dünnwandige Artikel angewandten *Kaltvulkanisation* taucht man Positivformen erst in Kautschuklösung oder -latex und dann in eine Lösung von Dischwefeldichlorid, S_2Cl_2, in organischen Lösungsmitteln.

Eigenschaften: *Rohkautschuk* ist gelb bis braun; Dichte 0,94 g/cm³; unlöslich in Wasser, löslich in Kohlenwasserstoffen und Chlorkohlenwasserstoffen. *Gummi* ist wesentlich elastischer; von höherer Dichte; durch organische Lösungsmittel quellbar. Kautschuk und Gummi »altern« durch Licht, Wärme und Reaktion mit Luftsauerstoff (verzögert durch »Alterungsschutzmittel«).

41.2.3. Synthesekautschuk (Butadien-Mischpolymerisate)

Chemische Zusammensetzung:

- *Buna*[1] *SB:* Butadien-Styrol-Mischpolymerisate (25...55% Styrol)
- *Buna NB:* Butadien-Akrylnitril-Mischpolymerisate (25...35% Akrylnitril)
- *Buna cis:* cis-1,4-Polybutadien (Stereokautschuk)

---

[1]) *Buna* leitet sich von **Bu**tadien-**Na**trium her; Natrium war der erste Katalysator zur Herstellung von Buna.

Herstellung: durch Polymerisation von Butadien (bzw. Gemischen mit einer 2. Komponente):

$$n\,CH_2{=}CH{-}CH{=}CH_2 \rightarrow [-CH_2{-}CH{=}CH{-}CH_2-]_n$$

Polybutadien
(unvulkanisiert, ohne Zweitkomponente)

- *Buna SB und NB:* Emulsionspolymerisation. Bei der Herstellung setzt man in kontinuierlicher Arbeitsweise eine wäßrige Emulsion von druckverflüssigtem Butadien (mit Styrol bzw. Akrylnitril), die zugleich Emulgatoren, Initiatoren, Puffersubstanzen, Redox-Katalysatoren u.a. Zusätze enthält, unter ständigem Rühren einer Temperatur von 5 °C aus. Der entstehende *Buna-Latex* (»Bunamilch«) wird wie Naturkautschuklatex durch Essigsäure oder Salzlösungen koaguliert, wobei das Polymerisat als Krümel anfällt. –
- *Buna cis:* Lösungspolymerisation in Anwesenheit metallorganischer Katalysatoren.

Verarbeitung: entspricht dem Naturkautschuk; ↑ S. 595.

Eigenschaften: Die technisch wertvollen Eigenschaften werden wie bei Naturkautschuk durch Vulkanisation und durch Beimengungen erreicht. So werden die Abriebfestigkeit durch Aktivruß, die Alterungsbeständigkeit durch aromatische Amine (N-Phenyl-β-naphthylamin u.a.) erhöht; auch Weichmacher werden zugesetzt. Buna NB ist benzin- und ölfest. – Synthesekautschuk kann alterungs- und wärmebeständiger, abriebfester und chemisch widerstandsfähiger als Naturkautschuk hergestellt werden, ist jedoch fester und daher schwerer zu verarbeiten. Für hochelastische und besonders weiche Artikel wird Naturkautschuk allein oder in Gemisch mit Synthesekautschuk eingesetzt. Dem Naturkautschuk am nächsten kommt *Buna cis.*

Verwendung: unentbehrlicher Werkstoff in allen Bereichen der Technik, der Medizin und des täglichen Lebens, auch als Schaumstoff. Synthesekautschuk deckt etwa $^2/_3$ des gesamten Kautschukbedarfs der Welt.

41.2.4. Weitere Elaste

Polyurethane (↑ S. 591): Polyurethan-Elaste werden als Massivwerkstoffe, als Chemiefaserstoffe (↑ S. 601) und (in weit überwiegender Menge) als Schaumstoffe hergestellt. Alle Produkte lassen sich so einstellen, daß sie in praktisch allen technisch wichtigen Eigenschaften, auch in der Elastizität, Natur- und Synthesekautschuk z.T. bei weitem übertreffen.

PUR-Weichschaum: entsteht durch Anwendung *wasser*haltiger Polyolkomponenten. Bei der formgebenden Polyaddition, z.B. mittels des Mischkopfes einer Schäummaschine, dem die Komponenten durch Schläuche zugeführt werden, reagiert das Wasser mit einem Teil des Isozyanats gemäß $R{-}NCO + H_2O \rightarrow R{-}NH_2 + CO_2$ unter Bildung von Kohlendioxid, das die Masse verschäumt, wobei diese zugleich gummiartig erstarrt.

Thioplaste, *Polysulfidkautschuk:* hergestellt durch Polykondensation von α, ω-Dihalogenverbindungen mit Natriumpolysulfid; besteht aus Molekülen vom Typ $[-CH_2{-}CH_2{-}S{-}S{-}S{-}S-]_n$ mit unterschiedlicher Anzahl $-CH_2$-Gruppen und S-Atome; Elastizität und Festigkeit gering, jedoch von −40 bis 120 °C einsetzbar und von außergewöhnlicher Alterungs-, Bewitterungs- und Ölbeständigkeit; Einsatz zur dauerelastischen Abdichtung arbeitender Fugen (z.B. Bautechnik), als Vibrationsschutz und zur Behälterauskleidung. Handelsname: *Thioplast* (DDR), *Thiokol* (BRD).

Butylkautschuk: *Polyisobutylen,* $[-C(CH_3)_2{-}CH_2-]_n$, mit maximal 5% *Polybutadien* oder *-isopren*; sehr witterungs- und oxidationsbeständig.

Silikongummi ↑ S. 578.

41.3. Chemiefaserstoffe

41.3.1. Allgemeines

Grundbegriffe:

- **Faserstoff:** längenbegrenztes (*Faser*) oder nicht längenbegrenztes (*Elementarfaden*), schmiegsames, textilverarbeitbares Gebilde natürlichen oder synthetischen Ursprungs (*Natur-* bzw. *Chemiefaserstoff*) mit einer im Vergleich zur Querschnittsfläche großen Länge.
- **Elementarfäden:** von Raupen oder mit Hilfe technischer Spinndüsen ersponnen; potentiell unendlich lang. Eine **Seide** besteht aus einem (*monofil*) oder mehreren (*polyfil*) Elementarfäden; Kennzeichen –S, z.B. VI–S, Viskoseseide.
- **Faser:** meist wenige cm Länge; *Chemiefasern* werden durch Zerschneiden einer Elementarfadenschar hergestellt; Kennzeichen –F, z.B. PE–F, Polyesterfaser.

Ein **Garn** entsteht durch Verspinnen von Fasern, ein **Zwirn** durch Verdrillen mehrerer Garne oder Seiden.

Übersicht über die Faserstoffe:

- **Naturfaserstoffe**
  - *Eiweißfaserstoffe:* **Wolle** (z.B. Schafwolle; Zeichen[1]) Wo) und **Seide** (fast ausschließlich Maulbeer- = Bombyxseide; Bx);
  - *Zellulosefaserstoffe:* **Baumwolle** (Bw), **Jute** (Ju), **Flachs** (Fl; aus der Leinpflanze), **Hanf** (Ha), ferner Ramie (Ra), Nessel (Ne) u.a.;
  - *Silikatfaserstoff:* **Asbest** (As; ↑ S. 359).

- **Chemiefaserstoffe**[2])
  - *Synthesefaserstoffe* (vollsynthetische organisch-chemische Faserstoffe; Zeichen[1]) CS): insbes. **Polyamid-** (PA), **Polyakrylnitril-** (PAN), **Polyester-** (PE), **Polyurethan-** (PU) und **Polyvinylchloridfaserstoffe** (PVC);
  - *Umwandlungsprodukte hochmolekularer Naturstoffe:*
    - *Zellulosechemiefaserstoffe* (CZ): *Regeneratzellulosefaserstoffe* sind **Viskose-** (VI)- und **Kuoxamfaserstoff** (KU); *Zelluloseesterfaserstoffe* sind **Azetat-** (AZ) und **Triazetatfaserstoff** (TA);
    - *Eiweißchemiefaserstoffe* (CE): z.Z. nicht hergestellt, z.B. **Kaseinfaserstoff** (KA) aus Milchkasein;
    - *Gummifaserstoffe* (GU) aus natürlichem und synthetischem Kautschuk;
  - *Anorganische Chemiefaserstoffe* (CA):
    - *Silikatfaserstoffe:* **Glas-** (GL), **Schlacken-** (SL), **Gesteinsfaserstoffe** (ST);
    - *Metallfaserstoffe* (MT).

[1]) Bei Kurzzeichen für Naturfaserstoffe wird nur der erste Buchstabe, bei Kurzzeichen für Chemiefaserstoffe werden sämtliche Buchstaben groß geschrieben.

[2]) Der Anteil der Chemiefaserstoffe am Gesamtfaserstoffaufkommen der Welt beträgt gegenwärtig (1980) etwa 40%, der Anteil der Synthesefaserstoffe etwa 20%.

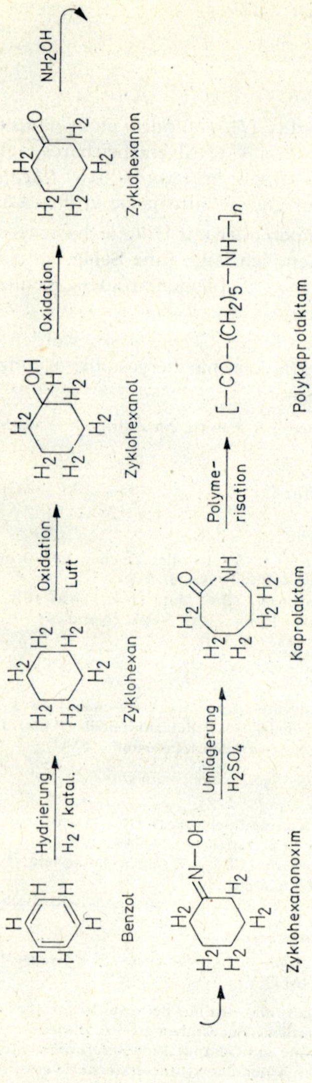

Benzol
Hydrierung
H2, katal.
Zyklohexan
Oxidation
Luft
Zyklohexanol
Oxidation
Zyklohexanon
NH2OH
Zyklohexanonoxim
Umlagerung
H2SO4
Kaprolaktam
Polymerisation
[—CO—(CH2)5—NH—]n
Polykaprolaktam

Spinnverfahren für Chemiefaserstoffe:

- *Naßspinnen:* Das Faserstoffvorprodukt oder die Faserstofflösung wird durch Spinndüsen aus Tantal oder Gold in ein flüssiges Fällbad gepreßt; durch chemische Umwandlung oder Lösungsmittelverdrängung bildet sich der Elementarfaden; die Fadenschar wird laufend abgezogen.
- *Trockenspinnen:* Die Faserstofflösung wird durch Spinndüsen in einen Heißluftkanal gepreßt, wo das Lösungsmittel verdampft.
- *Schmelzspinnen:* Die Faserstoffschmelze erstarrt nach dem Passieren der Spinndüse in Kaltluft zu Fäden.

Recken: Dehnung der Fäden auf die 2- bis 12fache Länge; dadurch erhebliche Festigkeitssteigerung infolge Parallelausrichtung der Makromoleküle mit Knüpfung neuer zwischenmolekularer Bindungen, insbesondere Wasserstoffbrückenbindungen.

41.3.2. **Polyamidfaserstoffe** (Kurzzeichen PA)

Herstellung: durch Schmelzspinnen von Polykaprolaktam oder anderen Polyamiden (↑ S. 589) und Recken auf die 3- bis 4fache Länge.

- *Herstellung von Kaprolaktam:* Durch Hydrierung von *Benzol* erhält man *Zyklohexan*, das bei 150 °C und 3,5 MPa (35 at) durch Luftsauerstoff katalytisch zu einem *Zyklohexanol-Zyklohexanon*-Gemisch oxidiert wird. Nach vollständiger Oxidation zum Keton führt man dieses durch Hydroxylamin (bzw. dessen Sulfat) in *Zyklohexanonoxim* über, das schließlich durch rauchende Schwefelsäure in *ε-Kaprolaktam* umgelagert wird; Gleichungen ↑ S. 598.
  Ein anderer Weg geht vom Phenol aus, das über Pd-Katalysatoren zu Zyklohexanon oxidiert wird.
- *ε-Kaprolaktam:* weiß; kristallin; wasserlöslich; bei 69 °C schmelzend; schwacher Geruch.
- *Polymerisation:* meist kontinuierlich, indem die Laktamschmelze (katalysatorhaltig) während 5...20 Stunden bei 240...280 °C ein Rohr (6 m lang, 1 m Durchmesser) durchläuft. Nach Entfernung niedermolekularer Produkte gelangt die Polykaprolaktamschmelze zur Spinnapparatur.

$$n\,(CH_2)_5\left\langle \begin{matrix} CO \\ | \\ NH \end{matrix}\right. \rightarrow [-CO-(CH_2)_5-NH-]_n$$

- *Schmelzspinnen:* unter Stickstoff, da Polykaprolaktam oberhalb 100 °C von Sauerstoff angegriffen wird.

Benennung ↑ S. 589; Polykaprolaktam ist demnach Polyamid-6.

Eigenschaften: thermoplastisch; leicht; sehr zug-, scheuer- und dauerbiegefest; schwer entflammbar; geringe Wasseraufnahme, daher leicht zu trocknen; maximale Bügeltemperatur 150 °C; gut witterungs-, jedoch ohne spezielle Zusätze nur mangelhaft lichtbeständig.

Verwendung: als Seide (PA-S) für Damenstrümpfe und andere Bekleidung, Raumtextilien, Autoreifenkord, Fallschirme, Seile, chirurgische Nähfäden; als Faser (PA-F) allein oder gemischt für strapazierfähige Bekleidung, Teppiche, Dekostoffe u.a.

Handelsnamen: *Dederon* (DDR), *Perlon* (BRD), *Nylon* (USA).

41.3.3. **Polyakrylnitrilfaserstoffe** (Kurzzeichen PAN)

Herstellung: durch Naßspinnen einer Lösung von Polyakrylnitril und Recken auf die 4- bis 6fache (bei Seide 10- bis 12fache) Länge.

- *Herstellung von Akrylnitril:* durch »Ammoxidation« von Propen mit Ammoniak und Luft bei 400...450 °C in Gegenwart von Bi_2O_3/MoO_3-Katalysatoren (und Wasserdampf):

$$2\,CH_2{=}CH{-}CH_3 + 2\,NH_3 + 2\,O_2 \rightarrow 2\,CH_2{=}CH{-}CN + 6\,H_2O$$

- *Akrylnitril:* farblose, giftige, wenig wasserlösliche, bei 77,6 °C siedende Flüssigkeit von unangenehmem Geruch; außer für Faserstoffe verwendet als Mischpolymerisationskomponente für ABS-Polymere, schlagfestes Polystyrol und ölfesten Synthesekautschuk (Buna NB).

- *Polymerisation:* Die Lösungspolymerisation in Dimethylformamid ergibt die Spinnlösung:

$$n\,CH_2{=}CH(CN) \rightarrow [-CH_2{-}CH(CN)-]_n$$

Polyakrylnitril ist ein weißes, in nur wenigen Lösungsmitteln lösliches Pulver, das sich bei 250 °C ohne vorheriges Schmelzen zersetzt.

- *Spinnverfahren:* PAN wird aus einer Lösung in *Dimethylformamid* $H-CO-N(CH_3)_2$ ersponnen, indem dieses in Hexantriol)[1] durch Verdrängung (Naßspinnen) oder in Heißluft durch Verdampfung (Trockenspinnen) entfernt wird.

Eigenschaften: nicht thermoplastisch; kochfest; bis 150 °C bügelfest; extrem wetter-, licht-, verrottungs- und lösungsmittelfest; schwer entflammbar; wollähnlicher Griff; hohe Bauschelastizität; gutes Wärmerückhaltevermögen; hohe Formbeständigkeit; weniger scheuerfest als PA; geringe Wasseraufnahme, daher leichte und knitterarme Trocknung möglich.

Verwendung: nahezu ausschließlich als Faser (PAN-F) allein oder gemischt für Bekleidungs- (insbes. Strickwaren) und Raumtextilien, Decken, Segeltuch, Filtergewebe, Seile, Taue, Fischereinetze.

Handelsnamen: *Wolpryla* (DDR); *Dralon, Dolan, Redon* (BRD); *Orlon* (USA).

41.3.4. **Polyesterfaserstoffe** (Kurzzeichen PE)

Herstellung: durch Schmelzspinnen von gesättigten Polyestern (↑ S. 587), insbes. *Polyäthylenterephthalat*, und nachfolgendes Recken auf die 4...5fache Länge.

- *Herstellung von Polyäthylenterephthalat:* durch Polykondensation von *Terephthalsäure* [Benzoldikarbonsäure-(1,4)] mit *Glykol* [Äthandiol-(1,2)] bei höherer Temperatur:

---

[1]) *Hexantriol* ist 3-Methylol-pentandiol-(2,4),
$CH_3-CH(OH)-CH(CH_2OH)-CH(OH)-CH_3$

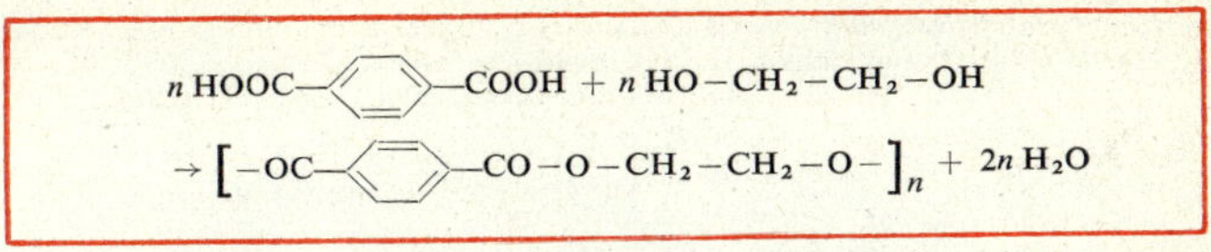

Der Polyester wird außerdem durch Umesterung von Terephthalsäuredimethylester mit Glykol und nachfolgende Polykondensation gewonnen.

Eigenschaften: thermoplastisch; bei 240 °C erweichend, bei 260 °C schmelzend, geringe Wasseraufnahme (schnell trocknend); sehr reißfest; lichtbeständig; formbeständig; unterhalb 80 °C knitterarm (nicht kochen!); unbeständig gegenüber heißen Säuren und Laugen; die Fasern sind sprungelastisch und von hohem Wärmerückhaltevermögen.

Verwendung: als Seide (PE-S) für Bekleidung, Gardinen, Teppiche, Vliesstoffe, Seile, Netze; als Faser (PE-F) allein oder gemischt für Bekleidung, Deko- und Möbelstoffe, technische Gewebe; als Füllmaterial für Schlafsäcke, Kissen u.a.

Handelsnamen: *Grisuten* (DDR); *Trevira, Diolen* (BRD); *Dacron* (USA).

41.3.5. Sonstige vollsynthetische Faserstoffe

Polyurethanfaserstoffe, Kurzzeichen PU

- *Herstellung:* durch Trocken- oder Naßspinnen aus Lösungen elastischer Polyurethane (↑ S. 596) in Dimethylformamid.
- *Eigenschaften:* wichtigste elastische Faserstoffe (Elastomerfaserstoffe); bei 175 °C erweichend; im Vergleich zu Natur- oder Synthesekautschukfäden fester, abriebfester, leichter, wärme- und wetterfester, chemikalien- (z.B. bei Chemischreinigung) und waschbeständiger, besser färbbar, höhere Reißdehnung, höherer Elastizitätsmodul; Nachteil: Verfärbung durch Sonnenlicht (daher oft von vornherein bräunlich eingefärbt).
- *Verwendung:* als Seide (PU-S) für elastische Textilien aller Art (z.B. Miederwaren); auch für technische Zwecke. PU werden häufig von anderen Faserstoffen, z.B. PA, umsponnen.
- *Handelsnamen: Elasthan, Dorlastan* (BRD); *Lycra* (USA).

Polyvinylchloridfaserstoffe, Kurzzeichen PVC

- *Herstellung:* Lösungen von (z.T. nachchloriertem) Polyvinylchlorid in azetonhaltigen Lösungsmittelgemischen werden durch Spinndüsen in Wasser gepreßt (Naßspinnverfahren).
- *Eigenschaften:* thermoplastisch; bei etwa 75 °C erweichend; sehr säure-, wasser- und alkalibeständig; fäulnis- und verrottungsfest; empfindlich gegen organische Lösungsmittel; nicht brennbar; laden sich leicht elektrostatisch auf.
- *Verwendung:* ausschließlich als Faser (PVC-F) für technische Zwecke (Filter), unentflammbare Textilien (z.B. für Theater), Decken und Antirheumawäsche.
- *Handelsnamen:* DDR: *Piviacid* (Faser), BRD: *Rhovyl* (Faser).

41.3.6. Regeneratzellulosefaserstoffe (Kurzzeichen RZ)

Arten: *Viskosefaserstoffe* (Kurzzeichen VI)
Kuoxamfaserstoffe (Kurzzeichen KU)

Herstellung:

- *Viskosefaserstoff:* Zellstofftafeln werden durch 20%ige Natronlauge in Alkalizellulose umgewandelt und danach durch Kohlendisulfid in orangefarbenes, krümeliges

Natriumzellulosexanthogenat[1]) (»Xanthat«) übergeführt, das in Natronlauge zu *Viskose* (gelbbraun, zähflüssig) gelöst wird:

$$Z-ONa + CS_2 \rightarrow Z-O-C\begin{matrix}\nearrow S \\ \searrow SNa\end{matrix} \qquad (Z = \text{Zelluloserest})$$

Beim Erspinnen der Fäden in verdünnte Schwefelsäure (Naßspinnen) wird CS_2 abgespalten unter Rückbildung (»Regenerierung«) der Zellulose in schwach abgebauter, stärker wasserhaltiger Form (*Regeneratzellulose*, *Hydratzellulose*).

- *Kuoxamfaserstoff*[2]): Als Lösungsmittel für Zellulose dient die tiefblaue Lösung von Tetramminkupfer(II)-hydroxid, $[Cu(NH_3)_4](OH)_2$.

Eigenschaften: ähnlich pflanzlichen Faserstoffen (Baumwolle), jedoch weniger fest (besonders im nassen Zustand) und von größerer Wasseraufnahme (dadurch sehr hautfreundlich); bügelfest; auch hochnaßfeste Typen wurden entwickelt.

Verwendung: als Faser (VI-F, *Viskosefaser*, früher »Zellwolle«) und Seide (VI-S, *Viskoseseide*, und KU-S, *Kupferseide*). Preiswerteste Chemiefaserstoffe, VI-F findet meist in Mischung mit Baumwolle, Wolle oder vollsynthetischen Fasern vielfältigste Anwendung für Bekleidungs- und Raumtextilien, Decken u.a., hochnaßfeste Typen auch technisch; VI-S für Blusen, Kleider, Dekostoffe u.a. – KU wird nur noch wenig produziert.

Handelsnamen: *Regan* (DDR); *Reyon* (BRD).

Zellglas (früher *Zellophan*) entsteht beim Einpressen der Viskose durch Schlitzdüsen in das Fällbad; enthält Glyzerol als Weichmacher. – **Viskoseschwämme** werden mit gasabspaltenden Treibmitteln »gebacken«.

41.3.7. **Zelluloseazetatfaserstoff** (Azetatfaserstoff, Kurzzeichen AZ)

Herstellung: Die Fäden werden aus einer Lösung von *Zellulose-2½-azetat* (↑ S. 593) in Azeton durch Einpressen in Warmluft ersponnen, wobei das Lösungsmittel verdunstet (Trockenspinnverfahren).

Eigenschaften: thermoplastisch; bis 80 °C bügelfest; schmilzt bei 210...220 °C; bezüglich Griff, Glanz, Weichheit und Festigkeit der Raupenseide ähnlich; unbeständig gegenüber vielen organischen Lösungsmitteln, säure- und alkaliempfindlich.

Verwendung: hauptsächlich als Seide (AZ-S) für dekorative Textilien.

Handelsnamen: *Aceta*, *Drawinella* (BRD).

42. Die rationelle Nomenklatur anorganischer Verbindungen

Für die Benennung anorganischer Verbindungen gibt es international anerkannte Richtsätze[3]), die sich in der chemischen Literatur weitgehend durchgesetzt haben. Gegenüber den älteren – zum Teil noch

[1]) Natriumzellulosexanthogenat ist das Natriumsalz des Zelluloseesters der *Dithiokohlensäure* HO–CS(SH).

[2]) *Kuoxam* = Kupfer-oxid-ammoniak

[3]) Richtsätze für die Nomenklatur der Anorganischen Chemie. Akademie-Verlag, Berlin 1970.

verwendeten – Namen bieten die in diesen Richtsätzen festgelegten rationellen Bezeichnungen den Vorteil, daß der Name aus der Formel und die Formel aus dem Namen abgeleitet werden kann, also eine eindeutige Zuordnung möglich ist.

42.1. Bezeichnung der binären Verbindungen

Am einfachsten zu bezeichnen sind die binären Verbindungen, das sind die Verbindungen, die nur aus *zwei* Elementen aufgebaut sind. In den *Formeln* der binären Verbindungen steht das elektropositive Element links, das elektronegative Element rechts. Dementsprechend wird in den Bezeichnungen zuerst das *elektropositive Element* genannt, das *elektronegative Element* folgt mit seinem lateinischen Wortstamm[1]) und der Endung *id.*

Beispiele:	NaCl	Natriumchlorid	CaO	Kalziumoxid
	K_2S	Kaliumsulfid	Mg_3N_2	Magnesiumnitrid

Bei den Verbindungen mit *Ionenbindung* wird also zuerst das *Kation*, dann das *Anion* genannt (↑ S. 169f.).
In einigen wichtigen Ausnahmefällen tragen auch *mehratomige Anionen* die Endung *id.*

Beispiele:	OH^-	Hydrox*id*ion	CN^-	Zyan*id*ion
	O_2^{2-}	Perox*id*ion	SCN^-	Rhodan*id*ion (Thiozyanation)
	O_2^-	Hyperox*id*ion	NH_2^-	Am*id*ion

Wird diese Bezeichnungsweise auf Verbindungen mit *Atombindung* angewandt, so wird davon ausgegangen, daß im Periodensystem die elektropositiveren Elemente innerhalb einer Periode *links*, innerhalb einer Gruppe *unten* stehen (↑ auch Elektronegativitätsskala; S. 160). Das im PSE links bzw. unten stehende Element ist also in der Bezeichnung einer binären Verbindung zuerst zu nennen.

Beispiele:	SiC	Siliziumkarbid
	CO	Kohlen(mon)oxid
	ClF	Chlorfluorid

Zu beachten ist, daß Sauerstoff elektronegativer (↑ S. 160) als Chlor, aber elektropositiver als Fluor ist, daher:

	ClO_2	Chlordioxid;
aber	OF_2	Sauerstoffdifluorid

[1]) Die lateinischen (zum Teil auch aus dem Griechischen abgeleiteten) Bezeichnungen der Elemente sind in Tafel 1 im Anhang in Klammern gesetzt.

Die *Mengenverhältnisse*, die in den Formeln durch Atommultiplikatoren (tiefgestellte Ziffern) gekennzeichnet werden, können in den Namen der chemischen Verbindungen auf zwei verschiedene Arten angegeben werden:

- **Bezeichnung der stöchiometrischen Zusammensetzung**
  Mit vorangestellten griechischen (z.T. auch lateinischen) Zahlwörtern (↑ S. 617) wird angegeben, mit wieviel Atomen die Elemente am Aufbau eines Moleküls beteiligt (bzw. in der Formel der Verbindung enthalten) sind.

  Beispiele: SO_2 Schwefel*di*oxid — CO Kohlen(*mon*)oxid
  N_2O_4 *Di*stickstoff*tetr*oxid — Cl_2O_7 *Di*chlor*hept*oxid

  Die Bezeichnung »mono« für »eins« wird oft weggelassen.

  Diese Bezeichnungsweise wird vorwiegend für Verbindungen mit Atombindung angewandt.

- **Bezeichnung der Oxidationszahl (der Wertigkeit)**
  Mit römischen Ziffern, die dem Namen eines Elements in runden Klammern angefügt werden, wird die Oxidationszahl (↑ S. 188) bzw. die Ionenwertigkeit (↑ S. 188) angegeben, mit der dieses Element in der bezeichneten Verbindung vorliegt.

  Beispiele: $FeCl_2$ Eisen(II)-chlorid — $FeCl_3$ Eisen(III)-chlorid
  V_2O_5 Vanadium(V)-oxid, auch Vanadiumpentoxid

  Zu beachten ist, daß die Ziffer V die Oxidationszahl des Vanadiums angibt, die Bezeichnung »pent(a)« dagegen die Anzahl der Sauerstoffatome entsprechend der Formel der Verbindung.

42.2. Bezeichnung mehratomiger (komplexer) Kationen und Anionen

Aus mehr als zwei Elementen aufgebaute anorganische Verbindungen, bei denen ein elektropositiver und ein elektronegativer Bestandteil zu unterscheiden ist, werden bei der Bezeichnung wie binäre Verbindungen behandelt. Dabei treten in den Namen wie in den Formeln komplexe Kationen bzw. Anionen an die Stelle der einfachen Ionen. Die Bezeichnung solcher *Komplexionen* erfolgt nach dem Schema:

Anzahl der Liganden	**Name der Liganden**	**Name des Zentralions**

Das *Zentralion* wird in Anlehnung an die binären Verbindungen bei den *komplexen Kationen* mit dem *deutschen Elementnamen*, bei den *komplexen Anionen* mit dem *lateinischen bzw. griechischen Wortstamm* bezeichnet, der hier mit der Endung *at* versehen wird.

Beispiele: Verbindungen mit

- *komplexen Kationen:*

Tetrammin-kupfer(II)-sulfat	$[Cu(NH_3)_4]SO_4$
Hexaquo-aluminium-chlorid	$[Al(H_2O)_6]Cl_3$

- *komplexen Anionen:*

Kalium-hexazyano-ferrat(II)	$K_4[Fe(CN)_6]$
Natrium-hexahydroxo-aluminat	$Na_3[Al(OH)_6]$

Die Wertigkeit der Zentralionen wird – soweit das zur Unterscheidung notwendig ist – durch nachgestellte römische Ziffern in runden Klammern angegeben.

Beispiele:

Kalium-hexazyano-ferrat(II)	$K_4[\overset{+2}{Fe}(CN)_6]$
Kalium-hexazyano-ferrat(III)	$K_3[\overset{+3}{Fe}(CN)_6]$
Eisen(III)-hexazyano-ferrat(II)	$\overset{+3}{Fe}_4[\overset{+2}{Fe}(CN)_6]_3$

Im letzten Beispiel ist das Eisen im Kation dreiwertig, im Anion zweiwertig.

Die Namen der **Liganden** werden nach folgenden Regeln gebildet:

- Bei *Anionen*, die als Liganden auftreten, wird der Bezeichnung des Anions ein *o* angefügt.

Beispiele:

SCN^-	Thiozyanation	als Ligand: thiozyanato-
H^-	Hydridion	als Ligand: hydrido-

- Bei den bekanntesten als Liganden auftretenden Anionen wird dabei die Nachsilbe *id* ausgestoßen.

Beispiele:

F^-	Fluoridion	als Ligand: fluoro-
Cl^-	Chloridion	als Ligand: chloro-
O^{2-}	Oxidion	als Ligand: oxo-
OH^-	Hydroxidion	als Ligand: hydroxo-
CN^-	Zyanidion	als Ligand: zyano-

- Für Moleküle, die als Liganden auftreten, wurden besondere Bezeichnungen festgelegt.

Beispiele:

H_2O	Wasser	als Ligand: aquo-
NH_3	Ammoniak	als Ligand: ammin-

Komplexe Kationen mit Wasserstoff als Ligand werden auf andere Weise bezeichnet. An die Stammsilbe des lateinischen Namens des als Zentralion auftretenden Elements wird die Endung *-onium* angehängt.

Beispiele: $[PH_4]^+$ Phosphoniumion $[SH_3]^+$ Sulfoniumion

Von dieser Regel abweichend, ist die Bezeichnung $[NH_4]^+$ Ammoniumion

nicht vom Namen des Elements Stickstoff, sondern aus dem der Verbindung Ammoniak, NH_3, abgeleitet.

In Anlehnung an die Regel gilt für $[H_3O]^+$ Oxoniumion.

Liegen $[H_3O]^+$-Ionen in stark hydratisierter Form vor, wie das in wäßrigen Lösungen stets der Fall ist, gilt dafür $[H_3O]^+$ Hydroniumion.

Komplexe Anionen mit Sauerstoff als Ligand werden meist noch nach einer älteren Bezeichnungsweise benannt, bei der zur Kennzeichnung der unterschiedlichen Wertigkeiten (Oxidationszahlen) des Zentralions neben

der Endung *-at*	(für die wichtigste Wertigkeitsstufe),
die Endung *-it* und die Vorsilbe *hypo-*	(für niedrigere Wertigkeitsstufen)
die Vorsilbe *per*	(für höhere Wertigkeitsstufen)

verwendet werden.

Beispiele:	Natriumperchlorat	$NaClO_4$	[Natrium-tetroxo-chlorat]
	Natriumchlorat	$NaClO_3$	[Natrium-trioxo-chlorat]
	Natriumchlorit	$NaClO_2$	[Natrium-dioxo-chlorat]
	Natriumhypochlorit	NaClO	[Natrium-monoxo-chlorat]

In Eckklammern stehen die rationellen Bezeichnungen, die eine eindeutige Zuordnung von Formel und Name gestatten würden, sich aber bisher nicht durchgesetzt haben. Bei den jetzt noch üblichen älteren Bezeichnungen ist eine solche Zuordnung nicht gegeben:

Natriumsulfat	$Na_2\overset{+6}{S}O_4$
Natriumkarbonat	$Na_2\overset{+4}{C}O_3$
Natriumphosphat	$Na_3\overset{+5}{P}O_4$
Natriumnitrat	$Na\overset{+5}{N}O_3$

Diese Namen lassen weder auf eine bestimmte Anzahl Sauerstoffatome noch auf die Oxidationszahl des Zentralions schließen.

42.3. Bezeichnung der Säuren

Für die Bezeichnung der wichtigsten Säuren wird gegenwärtig noch an den herkömmlichen Namen festgehalten.

- Bei den *sauerstofffreien Säuren* wird an den Namen des säurebildenden Elements die Bezeichnung *-wasserstoffsäure* angehängt.

Beispiele:	HCl	Chlorwasserstoffsäure	(Salzsäure)	[Hydrogenchlorid]
	HF	Fluorwasserstoffsäure	(Flußsäure)	[Hydrogenfluorid]

Daneben sind die in runde Klammern gesetzten Trivialnamen noch weit verbreitet; dagegen werden die in Eckklammern gesetzten rationellen Bezeichnungen kaum benutzt.

- Bei den *sauerstoffhaltigen Säuren* (Oxosäuren) wird in der Regel an den Namen des Elements, das als Zentralion in dem Oxo-Komplex auftritt, die Bezeichnung -säure angehängt.

Beispiele:	H_2SO_4	Schwefelsäure	[Dihydrogen-sulfat]
	H_2CO_3	Kohlensäure	[Dihydrogen-karbonat]
	$HClO_3$	Chlorsäure	[Hydrogen-chlorat]

Ausnahme: HNO_3 Salpetersäure [Hydrogen-nitrat], benannt nach dem Salz »Salpeter«, KNO_3. (Die Salpetersäure war schon im 13. Jahrhundert bekannt, das Element Stickstoff wurde erst im 18. Jahrhundert entdeckt.)
Aus diesen Bezeichnungen der Säuren kann nicht auf deren Formel geschlossen werden, was bei den in Eckklammern angefügten, aber bisher ungebräuchlichen rationellen Bezeichnungen der Fall ist.

Bildet ein Element mehrere Oxosäuren, so kann zu deren Unterscheidung analog der Benennung der komplexen Anionen dieser Säuren (↑ S. 606) verfahren werden. Dabei entspricht der Endung *-it* des Anions eine Bezeichnung, in der der Name des säurebildenden Elements als adjektivisches Attribut zum Wort Säure auftritt.

Beispiele:	$HClO_4$	*Per*chlorsäure	ClO_4^-	*Per*chloration
	$HClO_3$	Chlorsäure	ClO_3^-	Chloration
	$HClO_2$	*Chlorige* Säure	ClO_2^-	Chlor*it*ion
	$HClO$	*Hypo*chlor*ige* Säure	ClO^-	*Hypo*chlor*it*ion

Säuren, in denen Sauerstoffatome durch die Peroxogruppe $-O-O-$ oder durch Schwefelatome ersetzt sind, werden als *Peroxosäuren* bzw. als *Thiosäuren* bezeichnet.

Beispiele:	H_2SO_5	Peroxoschwefelsäure
	$H_2S_2O_3$	Thioschwefelsäure

Bei anderen Liganden (außer Sauerstoff und Schwefel) werden diese wie bei den komplexen Anionen nach Anzahl und Art dem Namen des Zentralions bzw. dem Namen der Säure vorangestellt.

Beispiele:	H_2PtCl_6	Hexachloro-platin(IV)-säure
	H_2SiF_6	Hexafluoro-kieselsäure

42.4. Bezeichnung der Salze

Salze werden entsprechend ihrer Zusammensetzung als binäre Verbindungen (↑ 42.1.) oder als Verbindungen mit komplexen Ionen (↑ 42.2.) benannt. Einige Besonderheiten in der Zusammensetzung von Salzen erfordern zusätzliche Benennungen:

- **Hydrogensalze** enthalten – durch elektrolytische Dissoziation abspaltbare – *Wasserstoffionen.* (Die ältere Bezeichnung »saure Salze« ist irreführend, da solche Salze in wäßriger Lösung auch neutral oder basisch reagieren können.) Die Bezeichnung *-hydrogen* steht unmittelbar vor dem Anion.

Beispiele:	$NaHCO_3$	Natrium-hydrogen-karbonat
	Na_2HPO_4	Dinatrium-hydrogen-phosphat
	NaH_2PO_4	Natrium-dihydrogen-phosphat

- **Doppelsalze** sind Salze, die zwei verschiedene Kationen oder zwei verschiedene Anionen enthalten.

Beispiele: zwei Kationen:
$CaMg(CO_3)_2$ Kalzium-magnesium-karbonat (Dolomit)
zwei Anionen:
$CaCl(ClO)$ Kalzium-chlorid-hypochlorit (Chlorkalk)

- **Hydroxidsalze** enthalten neben anderen Anionen *Hydroxidionen* OH^-,
- **Oxidsalze** enthalten neben anderen Anionen *Oxidionen* O^{2-} (ältere Bezeichnungen Hydroxysalze bzw. Oxysalze, auch »basische Salze«). Beide werden wie Doppelsalze benannt, wobei die Hydroxidionen und Oxidionen den anderen Anionen in der Formel und in der Bezeichnung vorangestellt werden.

Beispiele: $Al(OH)SO_4$ Aluminium-hydroxid-sulfat
$BiOCl$ Wismut-oxid-chlorid (früher Bismutyl-chlorid)

- Verbindungen, in denen Oxidion und Hydroxidion nebeneinander vorliegen, werden gleichfalls wie die Doppelsalze bezeichnet.

Beispiel: $AlO(OH)$ Aluminium-oxid-hydroxid

43. Die Nomenklatur organischer Verbindungen[1])

43.1. Allgemeines

Systematische Namen: Die systematisch gebildeten Namen (»rationelle Namen«) haben den *Vorteil*, daß aus ihnen die chemische Struktur abgelesen werden kann; umgekehrt kann jede vorgegebene chemische Verbindung eindeutig bezeichnet werden. Der *Nachteil* der streng systematischen Nomenklatur besteht darin, daß bei kompliziert gebauten Stoffen auch die Namen kompliziert und unhandlich sind, so daß dann umgangssprachlich die (kürzeren) Trivialnamen bevorzugt werden.

Trivialnamen: Gegen die Anwendung von Trivialnamen ist nichts einzuwenden, sofern diese keine falschen Vorstellungen erwecken. Gleichwohl sollte man dort, wo sie keine besonderen Vorteile (z.B. den der Kürze) bieten, die systematischen Namen bevorzugen (*Äthin* statt Azetylen, *Äthanol* statt Äthylalkohol u.a.). – In der Praxis verknüpft man oft Trivialnamen mit systematischen Vorsätzen oder Endungen.

Neue Empfehlungen zur Nomenklatur und Orthographie: Die wichtigsten Neuvorschläge der deutschsprachigen IUPAC-Kommission (1978) sind (neben der Festlegung der c-Schreibweise) folgende:

- Schreibung *Ethan, Ethen, Ethylen, Ethin, Ethyl, Ethanol, Ether, Diethylether, Polyethylen* (statt bisher Äthan usw.); hiermit wären konsequenterweise verknüpft *ausethern, verethern, etherische Phase* und als Grenzfälle *Petrolether* und *etherisches Öl;*
- Endung -en statt -ol oder -in bei aromatischen Kohlenwasserstoffen (»Arenen«): *Benzen, Toluen, Xylen, Naphthalen, Styren, Polystyren, Kumen* bzw. *Cumen, Zymen* bzw. *Cymen;*

---

[1]) Dieser Abschnitt behandelt nur die wichtigsten Verbindungsklassen. Speziellere Angaben finden sich in den entsprechenden Abschnitten der organischen Chemie (Kapitel 28 bis 41).

- Endung -ol in Trivialnamen für Alkohole und Phenole: *Glyzerol* bzw. *Glycerol*, *Cholesterol*, *Pinakol* bzw. *Pinacol* (statt bisher Glyzerin, Cholesterin, Pinakon);
- Endung -al in entsprechenden Aldehyden: *Furfural* (statt Furfurol);
- Stellenangaben stets vor Endungen: *But-1-en*, *Buta-1,3-dien*, *Propan-2-ol*, *Butan-1,3-diol*, *Naphth-1-ylamin* und *Naphth-2-ylamin*[1]) (statt Buten-(1), Butadien-(1,3) usw.).

Im folgenden werden (ohne Berücksichtigung der c-Schreibweise) die neuen Bezeichnungen in der Regel durch Winkelklammern ⟨ ⟩ gekennzeichnet.

43.2. Stammverbindungen

Allgemeines: Die systematischen Namen organischer Verbindungen leiten sich von sog. *Stammverbindungen* dadurch ab, daß deren Namen oder Wortstämme mit Vorsätzen und Endungen[2]) (*Präfixe* und *Suffixe*) sowie Zahlbezeichnungen und Buchstaben versehen werden. Die Namen dieser Stammverbindungen sind historisch entstanden und weisen in der Regel keine durchgehende Systematik auf.
Alkane (↑ S. 478) bilden die Grundlage zur Benennung der azyklischen (aliphatischen) und alizyklischen Verbindungen.
Die Namen der Alkane tragen die systematische Endung *-an* und leiten sich vom 5. Glied an von griechischen und lateinischen Zahlbezeichnungen (für die Anzahl der C-Atome) her (Tab. 49):

Tabelle 49. Namen der Alkane

CH_4	Methan[3])	$C_{11}H_{24}$	Undekan	$C_{21}H_{44}$	Heneikosan
C_2H_6	Äthan[4])	$C_{12}H_{26}$	Dodekan	$C_{22}H_{46}$	Dokosan
C_3H_8	Propan	$C_{13}H_{28}$	Tridekan	$C_{23}H_{48}$	Trikosan
C_4H_{10}	Butan	$C_{14}H_{30}$	Tetradekan	⋮	
C_5H_{12}	Pentan	$C_{15}H_{32}$	Pentadekan	$C_{29}H_{60}$	Nonakosan
C_6H_{14}	Hexan	$C_{16}H_{34}$	Hexadekan	$C_{30}H_{62}$	Triakontan
C_7H_{16}	Heptan	$C_{17}H_{36}$	Heptadekan	$C_{31}H_{64}$	Hentriakontan
C_8H_{18}	Oktan	$C_{18}H_{38}$	Oktadekan	⋮	
C_9H_{20}	Nonan	$C_{19}H_{40}$	Nonadekan	$C_{40}H_{82}$	Tetrakontan
$C_{10}H_{22}$	Dekan	$C_{20}H_{42}$	Eikosan	$C_{50}H_{102}$	Pentakontan
				⋮	
				$C_{100}H_{202}$	Hektan

- Die Namen der **Zykloalkane** (↑ S. 532) leiten sich hieraus durch den Vorsatz *Zyklo-* ab, z. B. *Zyklopropan*, *Zyklobutan* usw.

Arene (aromatische Kohlenwasserstoffe; ↑ S. 537) bilden die Grundlage zur Benennung der karbozyklisch-aromatischen Verbindungen. Die einfachsten Stammverbindungen sind:

[1]) dagegen nicht *Prop-2-yl*, sondern *1-Methyl-ethyl* bzw. trivial *Isopropyl*
[2]) oft (nicht ganz korrekt) als *Vor-* und *Nachsilben* bezeichnet
[3]) Die Namen sind auf der letzten Silbe zu betonen: Methán, Äthán usw.
[4]) bzw. *Ethan*

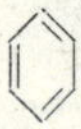

Benzol
(Benzen)

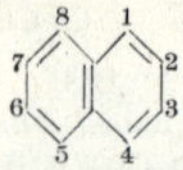

Naphthalin
(Naphthalen)

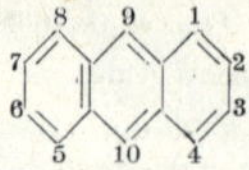

Anthrazen

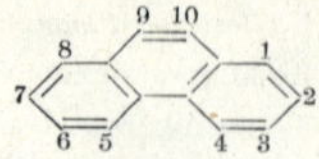

Phenanthren

(Die Formeln enthalten zugleich die verbindliche Bezifferung der Kohlenstoffatome.)

Hydrierte Verbindungen: Manche Verbindungen werden als Hydrierprodukte aromatischer Stammverbindungen angesehen; sie erhalten den Vorsatz *hydro-*, verbunden mit der erforderlichen Anzahlbezeichnung. Im Gegensatz zu allen anderen Vorsätzen und Endungen verfährt man hierbei nicht nach dem substitutiven, sondern nach dem additiven Prinzip,

Beispiel: Dekahydronaphthalin (Dekalin) = $C_{10}H_{18}$ (Naphthalin = $C_{10}H_8$).

Heterozyklische Stammverbindungen können zwar mit Hilfe der »*Aza-Nomenklatur*« (↑S. 554) auf Zykloalkane und Arene zurückgeführt werden; doch wird hiervon nicht durchgehend Gebrauch gemacht. Man sieht vielmehr die auf S. 554 angegebenen heterozyklischen Ringsysteme als Stammverbindungen an; hinzu treten noch weitere Systeme, die besonders als Bestandteile von Naturstoffen Bedeutung haben, z.B. *Purin* (↑S. 556), *Pyrimidin* (↑S. 557), *Porphin* (↑S. 577) und andere.

Sonstige Stammverbindungen: Um die systematischen Namen nicht zu unübersichtlich werden zu lassen, benutzt man in der Praxis Trivialbezeichnungen weiterer Stoffe zur Ableitung der Namen von Derivaten. Hierzu gehören z.B. *Steran* (= Zyklopentanotetradekahydro-phenanthren; ↑S. 572), *Menthan* (1-Methyl-4-isopropyl-zyklohexan), *Glukose* (Kettenform = 2,3,4,5,6-Pentahydroxy-hexanal) und viele weitere.

43.3. Ungesättigte Verbindungen

Einfach ungesättigte Verbindungen: Bei Vorhandensein einer *Doppelbindung* wird die Endung -an des Stammkohlenwasserstoffs durch *-en* (trivial *-ylen*), bei einer Dreifachbindung durch *-in* ersetzt:

$CH_3-CH_2-CH_3$	$CH_3-CH=CH_2$	$CH_3-C\equiv CH$
Propan	Propen (trivial: Propylen)	Propin

Lage der Mehrfachbindung:

- Zur Kennzeichnung der *Lage* der Mehrfachbindung im Molekül dient die Stellenangabe des C-Atoms, von dem (in Zählrichtung gesehen) die Mehrfachbindung ausgeht.
- Die *Zählung* der C-Atome beginnt an dem Ende der C-Kette, dem die Mehrfachbindung am nächsten liegt.
- *Schreibweise:* Die Stellenbezeichnung erfolgt herkömmlicherweise durch eine arabische Zahl, die an den Namen durch einen Bindestrich angeschlossen und ge-

klammert wird.[1] Nach den neuen Vorschlägen wird die Stellenbezeichnung ohne Klammern unmittelbar vor -en oder -in eingefügt.

- *Beispiele* (in Rotschrift sind die Stellenbezeichnungen angegeben):

$\overset{4}{CH_3}-\overset{3}{CH_2}-\overset{2}{CH}=\overset{1}{CH_2}$ (falsch wären Buten-(3) bzw. But-3-en mit umgekehrter Zählrichtung)

Buten-(1) ⟨But-1-en⟩

$\overset{4}{CH_3}-\overset{3}{CH}=\overset{2}{CH}-\overset{1}{CH_3}$ (hier ergibt die umgekehrte Zählrichtung die gleiche Bezeichnung)

Buten-(2) ⟨But-2-en⟩

Mehrfach ungesättigte Verbindungen

- Die *Anzahl* der jeweiligen Mehrfachbindungen wird durch die auf S. 617 angeführten Zahlbezeichnungen gekennzeichnet, die vor den Endungen -en bzw. -in eingefügt werden und denen der besseren Sprechbarkeit halber ein -a- vorangestellt wird.
- Die *Stellenangabe* ist für jede Mehrfachbindung vorzunehmen; die einzelnen Zahlen sind in der Klammer durch ein Komma voneinander zu trennen.
- Bei gleichzeitiger Anwesenheit von Doppel- und Dreifachbindungen geht im Namen und bezüglich der niedrigeren Bezifferung *-en* vor *-in.*
- *Beispiele:*

$\overset{4}{CH_2}=\overset{3}{CH}-\overset{2}{CH}=\overset{1}{CH_2}$
Butadien-(1, 3)[2]
⟨Buta-1, 3-dien⟩

$\overset{4}{CH_3}-\overset{3}{CH}=\overset{2}{C}=\overset{1}{CH_2}$
Butadien-(1, 2)
⟨Buta-1, 2-dien⟩

$\overset{6}{CH_2}=\overset{5}{CH}-\overset{4}{CH}=\overset{3}{CH}-\overset{2}{CH}=\overset{1}{CH_2}$
Hexatrien-(1, 3, 5)
⟨Hexa-1, 3, 5-trien⟩

$\overset{4}{CH}\equiv\overset{3}{C}-\overset{2}{CH}=\overset{1}{CH_2}$
Buten-(1)-in-(3)[3]
⟨But-1-en-3-in⟩

43.4. Reste (Radikale[4])

Azyklische einwertige Reste:

- *gesättigt-unverzweigt:* Die Endung -an des zugrunde liegenden Kohlenwasserstoffs wird durch *-yl* ersetzt:

$-CH_3$	Methyl-	$-C_3H_7$	(Propyl-, n-Propyl-)
$-C_2H_5$	Äthyl-[5]	$-C_4H_9$	(Butyl-, n-Butyl-)

---

1) Die Klammer wird mitunter auch weggelassen: *Buten-1.* Um aber in komplizierteren Fällen Verwechslungen zu vermeiden, sollten nachgestellte Stellenbezeichnungen (im Gegensatz zu vorangestellten) stets geklammert werden.

2) sprich: Butadi-en-eins-drei bzw. Buta-eins-drei-di-en

3) sprich: Butén-eins-ín-drei bzw. But-eins-én-drei-ín

4) Da der Name *Radikal* hauptsächlich für freie, in der Regel unbeständige Atomgruppen mit (mindestens) einem ungepaarten Elektron verwendet wird, z. B. $\cdot CH_3$, verdient die neue Empfehlung »Reste« für Atomgruppen als Bestandteile von Molekülen den Vorzug.

5) nach neuer Empfehlung *Ethyl-*

Für $-C_5H_{11}$ ist die Trivialbezeichnung *Amyl-* (statt Pentyl-) üblich. Für $-C_{10}H_{21}$ wird in deutscher Orthographie, entsprechend der üblichen lateinischen Aussprache, *Dezyl-* (nicht Dekyl-) geschrieben (so auch in allen analogen Fällen).

- *gesättigt-verzweigt:* Grundsätzlich ist die auf S. 616 beschriebene Nomenklatur anzuwenden; jedoch sind für die einfachsten Atomgruppen folgende Namen in Gebrauch:

$-CH\langle\begin{matrix}CH_3\\CH_3\end{matrix}$	Isopropyl-	$-CH\langle\begin{matrix}CH_3\\CH_2-CH_3\end{matrix}$	sek.-Butyl-[1])
$-CH_2-CH\langle\begin{matrix}CH_3\\CH_3\end{matrix}$	Isobutyl-	$-C(CH_3)_2$	tert.-Butyl-[1])
$-CH_2-CH_2-CH\langle\begin{matrix}CH_3\\CH_3\end{matrix}$	Isoamyl-	$-C(CH_3)_2-C_2H_5$	tert.-Amyl-[1])

- *ungesättigt:* Die Endung -en oder -in des ungesättigten Kohlenwasserstoffs wird durch -yl ergänzt; Endung *-enyl* bzw. *-inyl.* Für die einfachsten Gruppen sind Trivialbezeichnungen in Gebrauch.

Formel	Trivialname	neuer systemat. Name
$-CH=CH_2$	Vinyl-	Äthenyl ⟨Ethenyl-⟩
$-CH=CH-CH_3$	Propenyl-	Propen-1-yl-[2])
$-CH_2-CH=CH_2$	Allyl-	Propen-2-yl-[2])
$-C(CH_3)=CH_2$	Isopropenyl-	1-Methyl-äthenyl- ⟨··· ethenyl⟩
$-C\equiv CH$	—	Äthinyl- ⟨Ethinyl-⟩
$-CH_2-C\equiv CH$	Propargyl-	Propin-2-yl

Azyklische zwei- und dreiwertige Reste:

- *an verschiedenen C-Atomen gebunden*[3]*):* Endung *-ylen.*

$-CH_2-$	$-CH_2-CH_2-$	$-CH_2-CH_2-CH_2-$	$-CH_2-\underset{\mid}{CH}-CH_3$
Methylen-	Äthylen- ⟨Ethylen-⟩	Trimethylen- ⟨Propan-1, 3-diyl-⟩	Propylen- ⟨Propan-1, 2-diyl-⟩

---

[1]) sprich: Sekundärbutyl..., Tertiärbutyl... usw.
[2]) sprich: Propen-eins-yl, Propen-zwei-yl usw.
[3]) bei Methylen- am gleichen (weil einzigen) C-Atom

- *am gleichen C-Atom gebunden*[1]) Endung *-yliden.*

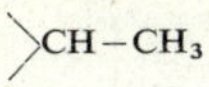

Äthyliden- ⟨Ethyliden-⟩ ⟨Ethan-1,1-diyl-⟩

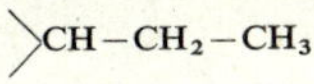

Propyliden- ⟨Propan-1,1-diyl-⟩

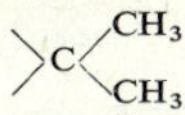

Isopropyliden- ⟨Propan-2,2-diyl-⟩

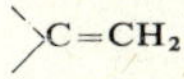

Vinyliden- ⟨Ethen-1,1-diyl-⟩

- *dreiwertig:* −CH= Methin-

Zyklische Reste:

- *gesättigt:* entsprechend den Alkylen Zyklopropyl-, Zyklobutyl-, Zyklopentyl-, Zyklohexyl- usw.
- *aromatisch-einwertig:*

  Beachte:
  $-C_6H_5$, vom Benzol ⟨Benzen⟩ abgeleitet, heißt *Phenyl-*[2])
  $-CH_2-C_6H_5$, vom Toluol ⟨Toluen⟩ abgeleitet, heißt *Benzyl-*,

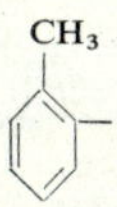

2-Tolyl-[3]) o-Tolyl-

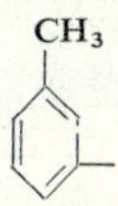

3-Tolyl- m-Tolyl-

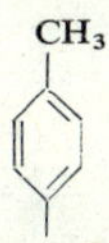

4-Tolyl- p-Tolyl-

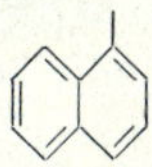

1-Naphthyl- α-Naphthyl- ⟨Naphth-1-yl-⟩

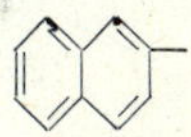

2-Naphthyl- β-Naphthyl- ⟨Naphth-2-yl-⟩

- *aromatisch-zweiwertig:*

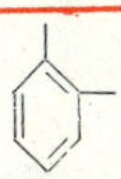

1,2-Phenylen- o-Phenylen-

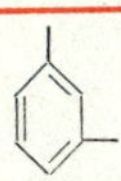

1,3-Phenylen- m-Phenylen-

1,4-Phenylen- p-Phenylen-

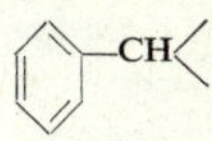

Benzyliden- Benzal-

- *sonstig:* die einwertigen Reste tragen die Endung -yl; z.B. Pyridyl- (von Pyridin abgeleitet), Menthyl- (von Menthan) u.a.

---

[1]) außer Methylen-
[2]) von *Phen*, einer früher für Benzol vorgeschlagenen Bezeichnung, abgeleitet
[3]) auch jeweils Toluyl-

Reste mit Funktionen:

Beispiele:

$-CH_2Cl$	Chlormethyl-	$-CH_2OH$	Hydroxymethyl-[1])
$-CHCl_2$	Dichlormethyl-	$-CH_2-COOH$	Karboxymethyl-
$-CCl_3$	Trichlormethyl-		
$-CHCl-CH_3$	1-Chloräthyl- ⟨1-Chlorethyl-⟩		
$-CH_2-CH_2Cl$	2-Chloräthyl- ⟨2-Chlorethyl-⟩		

- *Säurereste* haben ebenfalls die Endung -yl und leiten sich in der Regel von Trivialnamen[2]) her:

$H-CO-$	Formyl	$-OC-CO-$	Oxalyl
CH_3-CO-	Azetyl	C_6H_5-CO-	Benzoyl

43.5. Verzweigtkettige Verbindungen

Die *unverzweigtkettigen azyklischen Verbindungen* heißen auch *normal*-Verbindungen, gekennzeichnet durch ein dem Namen vorangestelltes n-, z. B. *n-Pentan*, $CH_3-CH_2-CH_2-CH_2-CH_3$.

Verzweigtkettige azyklische Verbindungen:

- Bei *gesättigten Verbindungen ohne Funktionen* entspricht der Stammkohlenwasserstoff der längsten zusammenhängenden C-Kette.
  Beispiel (die Hauptkette ist farbig wiedergegeben):

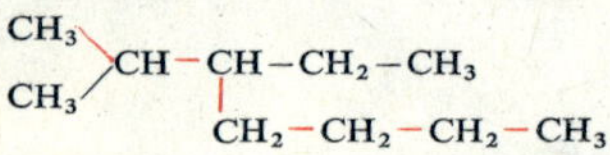

Stammkohlenwasserstoff: —heptan (Gesamtname ↑ S. 615)

Die *Seitenketten* sind (evtl. substituierte) Kohlenwasserstoffreste; ihr Name (↑ S. 611) wird mit vorausgehender Stellenbezeichnung dem Stammkohlenwasserstoff vorangestellt.
Die *Stellenbezeichnungen* sind so zu wählen, daß sich möglichst kleine Zahlen ergeben. Hierbei unterscheidet die erste unterschiedliche Angabe; so ist z. B. 2, 3, 9- »niedriger« als 2, 4, 4-.
Sind *mehrere gleichartige Seitenketten* vorhanden, so ist für jede einzelne Seitenkette die Stellung anzugeben.[3]) Die Anzahl der jeweils vorhandenen Seitenketten gleicher Art wird durch -di-, -tri- usw. gekennzeichnet.

Beispiele:

$CH_3-CH(CH_3)-CH_3$ = Methyl-propan[4])

$CH_3-CH_2-CH(CH_3)-CH(CH_3)-CH_3$ = 2,3-Dimethyl-pentan

$CH_3-CH_2-C(CH_3)_2-CH_2-CH_3$ = 3,3-Dimethyl-pentan

$CH_3-CH(CH_3)-CH_2-C(CH_3)_2-CH_3$ = 2,2,4-Trimethyl-pentan

---

[1]) auch Methylol-
[2]) vgl. Anmerkungen 3 bis 5, S. 619
[3]) Trägt ein C-Atom zwei gleichartige Seitenketten, so ist also dessen Nummer zweimal anzuführen.
[4]) In diesem Fall ist die Stellenangabe (2) nicht nötig, da 1- bzw. 3-Methyl-propan gleich n-Butan sind.

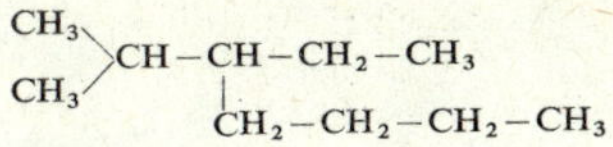

= 2-Methyl-3-äthyl-heptan[1]
⟨3-Ethyl-2-methyl-heptan⟩

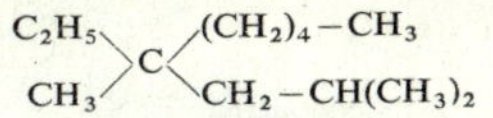

= 2,4-Dimethyl-4-äthyl-nonan
⟨4-Ethyl-2,4-dimethyl-nonan⟩

- Bei *ungesättigten Verbindungen ohne Funktionen* entspricht der Stammkohlenwasserstoff der längsten C-Kette, welche die meisten Doppel- und Dreifachbindungen enthält.

Beispiele (die Hauptkette ist farbig wiedergegeben):

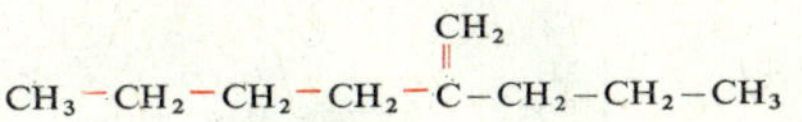

= 2-Propyl-hexen-(1)
⟨2-Propyl-hex-1-en⟩

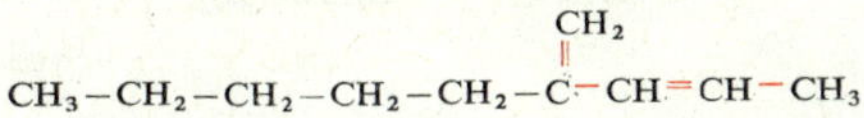

= 2-Pentyl-pentadien-(1,3)
⟨2-Pentyl-penta-1,3-dien⟩

- Bei (gesättigten oder ungesättigten) *Verbindungen mit Funktionen* entspricht der Stammkohlenwasserstoff der längsten C-Kette, welche die meisten Funktionen enthält.

Beispiele:

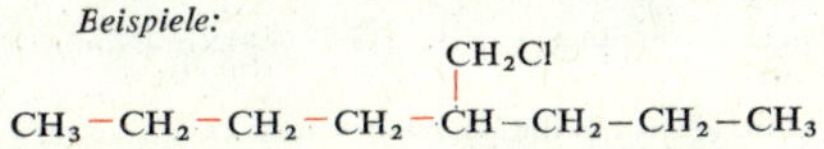

= 1-Chlor-2-propyl-hexan

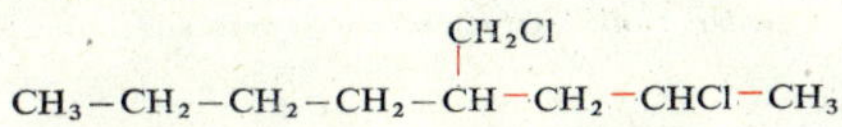

= 1,3-Dichlor-2-butyl-pentan

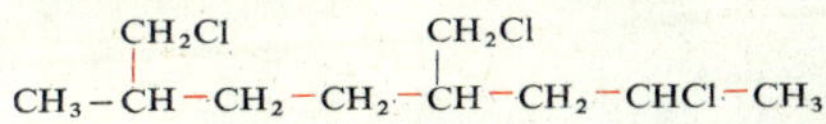

= 1,7-Dichlor-5-chlormethyl-2-methyl-oktan

Verzweigtkettige zyklische Verbindungen (Zyklische Verbindungen mit Seitenketten):

- **Verbindungen mit 1 Seitenkette:** Der Name setzt sich gemäß der Regel »Rest-Stammsubstanz« zusammen. Die Stammsubstanz ist i. allg. die zyklische Verbindung; jedoch kann man (besonders bei Derivaten) wahlweise auch die Seitenkette als Stammsubstanz ansehen (Vinylbenzol = Phenyläthen). Für die meisten einfachen Verbindungen sind Trivialnamen in Gebrauch (↑ S. 535 f.).

Beispiele:

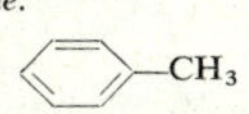

Methylbenzol (Toluol)
⟨Methylbenzen (Toluen)⟩

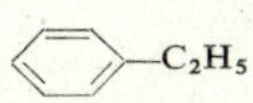

Äthylbenzol
⟨Ethylbenzen⟩

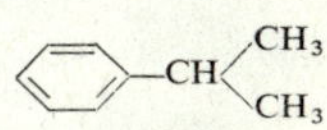

Isopropylbenzol (Kumol)
⟨Isopropylbenzen (Kumen)⟩

---

[1] Bezüglich der Reihenfolge geht herkömmlicherweise -methyl vor -äthyl vor -propyl usw.; nach den neuen Empfehlungen entscheidet die alphabetische Reihenfolge, z. B. -ethyl- vor -methyl-.

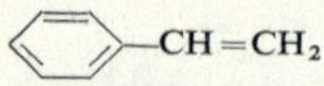

Vinylbenzol ⟨Vinylbenzen⟩
Phenyläthen (Styrol)
⟨Phenylethen
(Styren)⟩

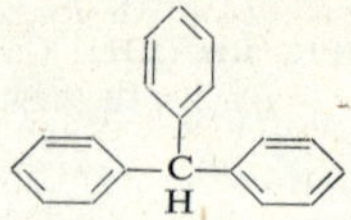

Triphenylmethan
(Tritan)

- **Verbindungen mit mehreren Seitenketten:** Zur Stellenbezeichnung sind grundsätzlich Zahlen an Stelle der Vorsätze o-, m-, p- usw. zu bevorzugen:

Benzolderivate:					
1,2-	o-	(ortho-)	1,2,3-	vic-	(vizinal)
1,3-	m-	(meta-)	1,3,5-	symm-	(symmetrisch)
1,4-	p-	(para-)	1,2,4-	asymm-	(asymmetrisch)
Naphthalinderivate:					
1-	α-	(alpha-)	1,8-	peri-	
2-	β-	(beta-)			

Zählvorschriften für Naphthalin, Anthrazen und Phenanthren ↑ S. 610.

- **Heterozyklische Verbindungen** ↑ S. 553.

Verbindungen mit verzweigten Seitenketten

Die IUPAC-Vorschläge unterscheiden sich vorteilhaft von der Genfer »Metho-Nomenklatur«.

- *IUPAC-Nomenklatur:* Das C-Atom, mit dem die verzweigte Seitenkette an der Hauptkette haftet, erhält jeweils die Nr. 1; die Zählung setzt sich nach außen fort:

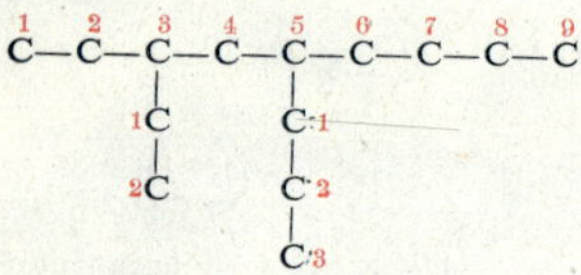

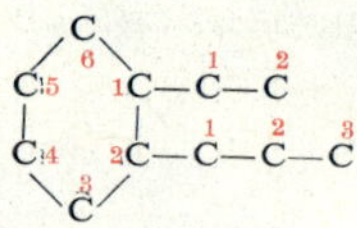

An der Seitenkette haftende Reste werden wie üblich mit Stellenangabe und Endung -yl bezeichnet; die gesamte verzweigte Seitenkette wird geklammert und mit Stellenangabe vor die Bezeichnung der Hauptkette gesetzt.

Beispiele:

I

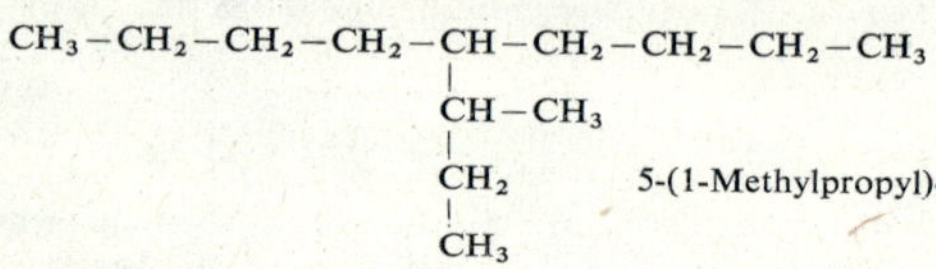

5-(1-Methylpropyl)-nonan

II

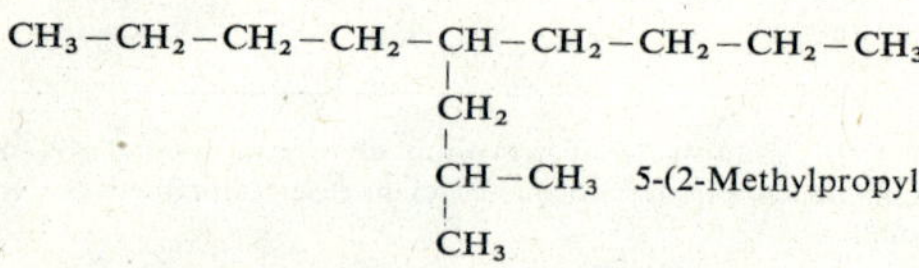

5-(2-Methylpropyl)-nonan

- *Genfer Metho-Nomenklatur:* An der Seitenkette haftende Reste erhalten statt -yl die Endung -o; die Zahlen für die Seitenketten-C-Atome werden als hochgestellte Indizes an die Zahlen für die Hauptketten-C-Atome angefügt. Die Namen für die Verbindungen I und II sind

I 5-[5^1-Metho-propyl]-nonan
II 5-[5^2-Metho-propyl]-nonan

Polyzyklische Verbindungen: Nach der »Bizyklo-Nomenklatur« gibt die Gesamtzahl der ringbildenden C-Atome die Stammverbindung an; ihr voran geht die Anzahl der Glieder jeder »Brücke«.

Beispiele:

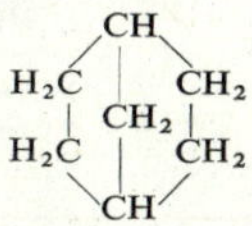

Bizyklo-[1,2,2]-heptan

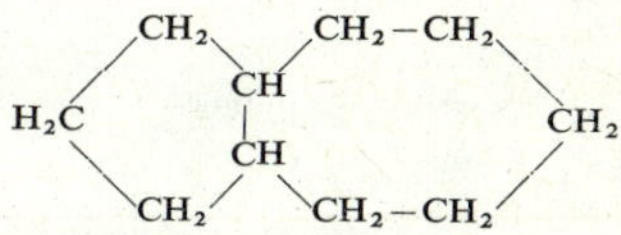

Bizyklo-[0,3,5]-dekan

43.6. Verbindungen mit Funktionen[1])

Allgemeines: Das Vorhandensein von Funktionen (funktionelle Atome oder Atomgruppen) wird durch *Vorsätze* oder *Endungen* gekennzeichnet. Für manche Gruppen existieren sowohl Vorsätze als auch Endungen; hierbei sind letztere zu bevorzugen und Vorsätze nur dann anzuwenden, wenn sich eine Häufung von Endungen ergeben würde.

Anzahl gleichartiger Funktionen: Die Anzahl gleichartiger Funktionen wird durch vorangesetzte Zahlbezeichnungen angegeben[2]):

1 = mono	5 = penta	9 = ennea (auch nona)
2 = di	6 = hexa	10 = deka
3 = tri	7 = hepta	11 = undeka
4 = tetra	8 = okta	12 = dodeka usw.

Die Anwendung der Bezeichnung *mono* ist freigestellt.

---

[1]) Der Begriff der »Funktion« wird hier in weitestem Sinne für alle Atome und Atomgruppen außer H-Atomen und Kohlenwasserstoffresten angewendet. Die IUPAC-Nomenklatur verwendet hierfür die (da auch für Einzelatome angewandt, logisch unglücklich gewählte) Bezeichnung »charakteristische Gruppe«.

[2]) Die Anzahl gleichartiger größerer Atomverbände wird durch *bis-* (2), *tris-* (3), *tetrakis-* (4), *pentakis-* (5) usw. wiedergegeben; z.B.

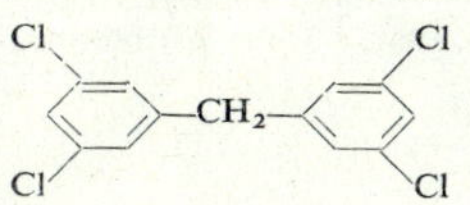

Bis-[3,5-dichlorphenyl]-methan

Tabelle 50. Bezeichnung der Funktionen

Funktion	Endung	Vorsatz	Funktion	Endung	Vorsatz
$-F$	—	Fluor-	$-COOH$	-säure[4])	Karboxy-
$-Cl$	—	Chlor-	$-SH$	-thiol	Thiolo-
$-Br$	—	Brom-	$-SO_2OH$	-sulfonsäure	Sulfo-
$-I$	—	Jod-	$-SOOH$	-sulfinsäure	Sulfino-
$-OH$	-ol	Hydroxy-[1])	$-NO_2$	—	Nitro-
$-OR$	—	Alkoxy-[2])	$-NO$	—	Nitroso-
			$-NH_2$	-amin[5])	Amino-
$>C-C<$ mit O-Brücke (Epoxid)	-epoxid	Epoxy-	$-NHR$	-amin[5])	Alkylamino-[6])
			$-NR_2$	-amin[5])	Dialkyl-amino-[7])
$-CHO$	-al[3])	Formyl-	$=NH$	-imin	Imino-
$>C=O$	-on	Oxo-	$-CN$	-nitril	Zyan-
			$-NCO$	-isozyanat-	Isozyanato-

1) früher *Oxy-*

2) z.B. $-OCH_3$ *Methoxy-*, $-OC_2H_5$ *Äthoxy-* ⟨*Ethoxy-*⟩, auch $-OC_6H_5$ *Phenoxy-*. Bei längerkettigen Kohlenwasserstoffresten ist der Name gemäß *Alkyloxy-* zu bilden, z.B. $-OC_6H_{13}$ *Hexyloxy-* usw.

3) auch *-karbonal* oder *-karbaldehyd*; hierbei zählt jedoch das C-Atom der Aldehydgruppe *nicht* zum Stammkohlenwasserstoff.

4) auch *-karbonsäure*; betreffs Zählung gilt Fußnote 3).

5) siehe Abschnitt *Amine* (↑ S. 621)

6) z.B. $-NH(CH_3)$ *Methylamino-* usw.

7) z.B. $-N(CH_3)_2$ *Dimethylamino-* usw.

Hierbei ist zu beachten, daß bei den Endungen -al, -on, -säure und -nitril das in der funktionellen Gruppe enthaltene C-Atom zum Stammkohlenwasserstoff gehört, bei den entsprechenden Vorsätzen und bei den in den Fußnoten 3) und 4) angegebenen Endungen jedoch nicht.

Reihenfolge der Funktionen:

- *Vorsätze:* Nach Beilstein gilt die Reihenfolge: F-, Cl-, Br-, I-, Nitro-, 1wertige O- und S-Funktionen, 2wertige O- und S-Funktionen, Aminogruppe, restliche N-Funktionen, Kohlenwasserstoffgruppen nach steigender Länge und Größe. Richtig: Chlornitromethan; falsch: Nitrochlormethan.
- *Endungen:* -ol, -al, -on, -säure, -sulfonsäure

Halogenverbindungen (in Rundklammern Trivialnamen):

Beispiele:

CCl_4 = Tetrachlormethan (Tetrachlorkohlenstoff)

$CF_3-CHClBr$ = 1,1,1-Trifluor-2-chlor-2-brom-äthan ⟨...ethan⟩ (Halan)

$CH_2=CHCl$ = Monochloräthen ⟨...ethen⟩; Chloräthen (Vinylchlorid)

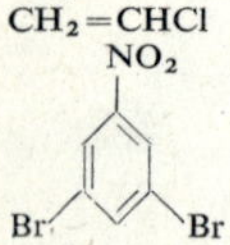

= 3,5-Dibrom-1-nitrobenzol

Alkohole und Phenole (in Winkelklammern IUPAC-Vorschläge, in Rundklammern Trivialnamen):

$CH_3-CH_2-CH_2OH$	Propanol-(1), ⟨Propan-1-ol⟩, (n-Propylalkohol)
$CH_3-CH(OH)-CH_3$	Propanol-(2), ⟨Propan-2-ol⟩, (Isopropylalkohol)
$CH_2(OH)-CH(OH)-CH_2OH$	Propantriol-(1, 2, 3), ⟨Propan-1, 2, 3-triol⟩, (Glyzerol, Glyzerin)
$CH_3-CH(OH)-COOH$	2-Hydroxy-propansäure, (Milchsäure)
$C_6H_5-CH_2OH$	Phenylmethanol, (Benzylalkohol)
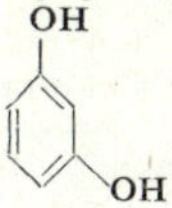	1, 3-Dihydroxybenzol, ⟨...benzen⟩, (Resorzin)

Äther ⟨*Ether*⟩:

- Systematisch wird z.B. CH_3-O-CH_3 als *Methoxy-methan* bezeichnet.
- Üblich ist dagegen die Endung -äther ⟨-ether⟩ mit Vorsatz der Reste; z.B.

CH_3-O-CH_3	$CH_3-O-C_2H_5$	$C_6H_5-O-CH_3$
Dimethyläther	Methyläthyläther	Phenylmethyläther
⟨Dimethylether⟩	⟨Ethylmethylether⟩[1])	⟨Methylphenylether⟩[1])

Aldehyde: An Stelle der systematischen Endung *-al* werden oft Trivialnamen angewandt, die sich nach der durch Oxidation entstehenden Karbonsäure richten und die Endung *-aldehyd* tragen[2]).

$H-CHO$	CH_3-CHO	C_6H_5-CHO
Methanal	Äthanal ⟨Ethanal⟩	Benzaldehyd[5])
Formaldehyd[3])	Azetaldehyd[4])	Benzenkarbonal

Ketone: An Stelle der systematischen Endung *-on* werden oft Namen benutzt, bei denen die Bezeichnungen der beiderseits der Ketogruppe befindlichen Reste vor die Endung *-keton* gesetzt werden:

$CH_3-CO-CH_3$	$C_6H_5-CO-C_2H_5$	$CH_3-CO-CH=CH_2$
Propanon	Phenyläthylketon	Buten-(1)-on-(3)
Dimethylketon	⟨Ethylphenylketon⟩[1])	⟨But-1-en-3-on⟩
		Methylvinylketon

Das Präfix *Oxo-* wird z.B. bei Ketonkarbonsäuren angewendet:

$CH_3-CH_2-CO-CH_2-COOH$ 3-Oxo-pentansäure

Karbonsäuren: Für die meisten Karbonsäuren sind Trivialnamen in Gebrauch. Bei Bildung der systematischen Namen ist darauf zu achten, ob die Endung *-säure* oder *-karbonsäure* gebraucht wird. Im ersteren Fall zählt das C-Atom der Karboxylgruppe zur Stammverbindung, im zweiten Fall nicht.

CH_3-COOH	Äthansäure ⟨Ethansäure⟩, Methankarbonsäure (Essigsäure)
$CH_2(COOH)_2$	Propandisäure, Methandikarbonsäure (Malonsäure)

[1]) Die IUPAC-Regeln schreiben *alphabetische* Reihenfolge der Reste vor.
[2]) vgl. Fußnote 3 zur Tabelle 50, S. 618
[3]) acidum formicicum = Ameisensäure
[4]) acidum aceticum = Essigsäure
[5]) acidum benzoicum = Benzoesäure

CH_2-COOH | CH_2-COOH	Butandisäure, Äthandikarbonsäure-(1,2) ⟨Ethan-1,2-dikarbonsäure⟩ (Bernsteinsäure)
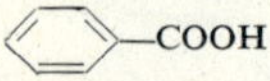	Benzolkarbonsäure ⟨Benzenkarbonsäure⟩ (Benzoesäure)
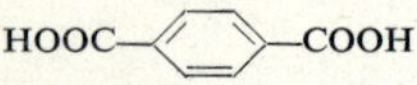	Benzoldikarbonsäure-(1,4)[1] ⟨Benzen-1,4-dikarbonsäure⟩ (Terephthalsäure)
Zell $-CH_2-COOH$	Karboxymethyl-zellulose[2])

- Bei *substituierten Karbonsäuren* bevorzugt man zur Bezeichnung der Substituenten die Vorsätze (Hydroxy-, Oxo- usw.). In manchen Fällen bevorzugt man zur Stellenangabe griechische Buchstaben. Es bedeuten:

  $\alpha \mathrel{\widehat{=}}$ 2-Stellung, $\beta \mathrel{\widehat{=}}$ 3-Stellung usw.
  ω bezeichnet das zur Karboxylgruppe endständige C-Atom.

Beispiele:

$CH_3-CH(NH_2)-COOH$	2-Amino-propansäure, α-Amino-propansäure
$CH_2(NH_2)-CH_2-COOH$	3-Amino-propansäure, β-Amino-propansäure
$HOOC-[CH_2]_n-COOH$	α,ω-Dikarbonsäuren
CH_2-COOH | $CH(OH)-COOH$ | CH_2-COOH	2-Hydroxy-propan-trikarbonsäure-(1,2,3) ⟨2-Hydroxy-propan-1,2,3-trikarbonsäure⟩ (Zitronensäure)
$CO-CH_2-COOH$ | $CH_2-CO-CH_3$	3,5-Dioxo-hexansäure

Salze:

- *Systematische Bezeichnung:* Die Endung -säure wird durch *-oat* ersetzt; der so entstehende Name für das Anion wird wie bei den anorganischen Salzen an den Namen des Metalls angeschlossen.
- *Trivialbezeichnung:* Die Endung *-at* wird an den Wortstamm des trivialen Säurenamens (evtl. in der fremdsprachlichen Form) angefügt.
- *Beispiele:*

$CH_3-COONa$	Natriumäthanoat ⟨Natriumethanoat⟩, Natriumazetat
$(C_{17}H_{35}-COO)_2Ca$	Kalzium-oktadekanoat, Kalziumstearat

Ester: Es sind 2 Benennungen möglich:

- An den (systematischen oder trivialen) Namen der Säure schließt sich die Bezeichnung des Restes (Alkyl oder Aryl) der Alkoholkomponente und dann die Endung *-ester* an. Schema: *Karbonsäure-alkylester.*
- An den Namen des Restes der Alkoholkomponente schließt sich die bei den Salzen angeführte (systematische oder triviale) Bezeichnung an. Schema: *Alkylkarboxylat.*

---

[1]) auch *1,4-Benzoldikarbonsäure* und *p-Benzoldikarbonsäure*

[2]) Zell = gleichartig substituierter Zelluloserest; die Schreibweise läßt den Grad der Substitution je Glukosebaugruppe offen.

Beispiel: $CH_3-CO-OC_4H_9$ Äthansäure-butylester, Butyl-äthanoat
⟨Ethansäure-butylester, Butyl-ethanoat⟩
Essigsäure-butylester, Butylazetat

- **Ester anorganischer Säuren** werden in gleicher Weise benannt:

$SO_2(OCH_3)_2$	Schwefelsäure-dimethylester, Dimethylsulfat
$SO_2(OH)(OCH_3)$	Schwefelsäure-monomethylester, Methylhydrogensulfat, Monomethylsulfat

- **Estersalze:**

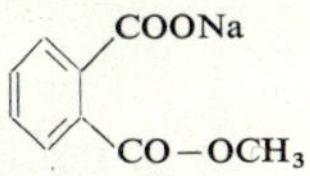

Natrium-methyl-phthalat

$C_{12}H_{25}-O-SO_2ONa$ Natrium-dodezyl-sulfat

Sulfonsäuren und ihre Salze:

CH_3-SO_2OH	Methan-sulfonsäure
CH_3-SO_2ONa	Natrium-methan-sulfonat

Amine:

- Amine werden in der Regel als Alkyl- oder Arylderivate des Ammoniaks, NH_3, aufgefaßt und durch die Endung *-amin* gekennzeichnet:

CH_3NH_2	$(CH_3)_2NH$	$(CH_3)_3N$	$(CH_3)(C_2H_5)NH$
Methylamin (Monomethyl-amin)	Dimethylamin	Trimethylamin	Methyl-äthyl-amin ⟨Ethyl-methyl-amin⟩[1]

- Primäre Amine werden auch mittels des Vorsatzes *Amino-* benannt:
$H_2N-[CH_2]_6-NH_2$ 1,6-Diamino-hexan
- Sekundäre und tertiäre Amine werden besonders bei aromatischen Verbindungen als substituierte Aminoverbindungen betrachtet:

$C_6H_5-NH(CH_3)$	Monomethylamino-benzol (N-Methyl-anilin)[2]
$C_6H_5-N(CH_3)_2$	Dimethylamino-benzol (N,N-Dimethyl-anilin)[2]

Nitrile: Die Endung -säure wird durch *-nitril* ersetzt oder (bei Trivialnamen) ergänzt; die Endung *-karbonsäure* wird durch *-karbonitril* ersetzt. Daneben sind Namen in Gebrauch, bei denen *-nitril* oder *-onitril* an das triviale Stammwort angefügt werden:

CH_3-CN	Äthannitril ⟨Ethannitril⟩ Essigsäurenitril, Azetonitril
$CH_2=CH-CN$	Propennitril Akrylsäurenitril, Akrylnitril
C_6H_5-CN	⟨Benzenkarbonitril⟩ Benzoesäurenitril, Benzonitril

[1]) Die IUPAC-Regeln schreiben die *alphabetische* Reihenfolge der Alkylreste vor.

[2]) Das N bringt zum Ausdruck, daß die Methylgruppe am Stickstoffatom der Aminogruppe haftet (und nicht am Benzolring). Es wird oft auch weggelassen: Methylanilin, Dimethylanilin.

Tafelanhang

Tafel 1: Alphabetisches Verzeichnis der Elementsymbole

Symbol	Name	Ordnungszahl	Symbol	Name	Ordnungszahl	Symbol	Name	Ordnungszahl
Ac	Aktinium ⟨*Actinium*⟩	89	Ge	Germanium	32	Pd	Palladium	46
Ag	Silber (*Argentum*)	47	H	Wasserstoff (*Hydrogenium*)	1	Pm	Promethium	61
Al	Aluminium	13	He	Helium	2	Po	Polonium	84
Am	Amerizium ⟨*Americium*⟩	95	Hf	Hafnium	72	Pr	Praseodym ⟨*Praseodymium*⟩	59
Ar	Argon	18	Hg	Quecksilber (*Hydrargyrum, Mercurium*)	80	Pt	Platin	78
As	Arsen	33	Ho	Holmium	67	Pu	Plutonium	94
At	Astat (*Astatin*)	85	I	Jod ⟨*Iod*⟩	53	Ra	Radium	88
Au	Gold (*Aurum*)	79	In	Indium	49	Rb	Rubidium	37
B	Bor	5	Ir	Iridium	77	Re	Rhenium	75
Ba	Barium	56	K	Kalium	19	Rh	Rhodium	45
Be	Beryllium	4	Kr	Krypton	36	Rn	Radon	86
Bi	Wismut ⟨*Bismut*⟩	83	Ku	Kurtschatovium	104	Ru	Ruthenium	44
Bk	Berkelium	97	La	Lanthan	57	S	Schwefel (*Sulfur*)	16
Bo	Bohrium	105	Li	Lithium	3	Sb	Antimon (*Stibium*)	51
Br	Brom	35	Lr	Lawrencium	103	Sc	Skandium ⟨*Scandium*⟩	21
C	Kohlenstoff (*Carboneum*)	6	Lu	Lutetium	71	Se	Selen	34
Ca	Kalzium ⟨*Calcium*⟩	20				Si	Silizium ⟨*Silicium*⟩	14
Cd	Kadmium ⟨*Cadmium*⟩	48				Sm	Samarium	62

Ce	Zer ⟨*Cer, Cerium*⟩	58	Md	Mendelevium	101	Sn	Zinn (*Stannum*)	50
Cf	Kalifornium ⟨*Californium*⟩	98	Mg	Magnesium	12	Sr	Strontium	38
Cl	Chlor	17	Mn	Mangan	25	Ta	Tantal	73
Cm	Curium	96	Mo	Molybdän	42	Tb	Terbium	65
Co	Kobalt ⟨*Cobalt*⟩	27	N	Stickstoff (*Nitrogenium*)	7	Tc	Technetium	43
Cr	Chrom ⟨*Chromium*⟩	24	Na	Natrium	11	Te	Tellur	52
Cs	Zäsium ⟨*Caesium*⟩	55	Nb	Niobium (*Niob*)	41	Th	Thorium	90
Cu	Kupfer (*Cuprum*)	29	Nd	Neodym ⟨*Neodymium*⟩	60	Ti	Titan ⟨*Titanium*⟩	22
Dy	Dysprosium	66	Ne	Neon	10	Tl	Thallium	81
Er	Erbium	68	Ni	Nickel	28	Tm	Thulium	69
Es	Einsteinium	99	No	Nobelium	102	U	Uran ⟨*Uranium*⟩	92
Eu	Europium	63	Np	Neptunium	93	V	Vanadium (*Vanadin*)	23
F	Fluor	9	O	Sauerstoff (*Oxygenium*)	8	W	Wolfram	74
Fe	Eisen (*Ferrum*)	26	Os	Osmium	76	Xe	Xenon	54
Fm	Fermium	100	P	Phosphor	15	Y	Yttrium	39
Fr	Franzium ⟨*Francium*⟩	87	Pa	Protaktinium ⟨*Protactinium*⟩	91	Yb	Ytterbium	70
Ga	Gallium	31				Zn	Zink	30
Gd	Gadolinium	64	Pb	Blei (*Plumbum*)	82	Zr	Zirkonium ⟨*Zirconium*⟩	40

Tafel 2: Elektronenanordnung der Elemente

Die Hauptgruppenelemente sind stark farbig unterlegt.
Die Nebengruppenelemente sind schwach farbig unterlegt.
Die Lanthanoide und die Aktinoide sind nicht unterlegt.
Die farbig gedruckten Ziffern geben die Stellen an, an denen das zuletzt hinzugekommene Elektron eingeordnet ist.
Die Pfeile verweisen auf Unregelmäßigkeiten gegenüber dem Aufbauprinzip (↑ Bild 22).

	Element	1s	2s	2p	3s	3p	3d	4s	4p	4d	4f	5s	5p	5d	5f	6s	6p	6d	7s
1	Wasserstoff	1																	
2	Helium	2																	
3	Lithium	2	1																
4	Beryllium	2	2																
5	Bor	2	2	1															
6	Kohlenstoff	2	2	2															
7	Stickstoff	2	2	3															
8	Sauerstoff	2	2	4															
9	Fluor	2	2	5															
10	Neon	2	2	6															
11	Natrium	2	2	6	1														
12	Magnesium	2	2	6	2														
13	Aluminium	2	2	6	2	1													
14	Silizium	2	2	6	2	2													
15	Phosphor	2	2	6	2	3													
16	Schwefel	2	2	6	2	4													
17	Chlor	2	2	6	2	5													
18	Argon	2	2	6	2	6													

	Element	1s	2s	2p	3s	3p	3d	4s	4p	4d	4f	5s	5p	5d	5f	6s	6p	6d	7s
19	Kalium	2	2	6	2	6		1											
20	Kalzium	2	2	6	2	6		2											
21	Skandium	2	2	6	2	6	1	2											
22	Titan	2	2	6	2	6	2	2											
23	Vanadium	2	2	6	2	6	3	2											
24	Chrom	2	2	6	2	6	5	1	←										
25	Mangan	2	2	6	2	6	5	2											
26	Eisen	2	2	6	2	6	6	2											
27	Kobalt	2	2	6	2	6	7	2											
28	Nickel	2	2	6	2	6	8	2											
29	Kupfer	2	2	6	2	6	10	1	←										
30	Zink	2	2	6	2	6	10	2											
31	Gallium	2	2	6	2	6	10	2	1										
32	Germanium	2	2	6	2	6	10	2	2										
33	Arsen	2	2	6	2	6	10	2	3										
34	Selen	2	2	6	2	6	10	2	4										
35	Brom	2	2	6	2	6	10	2	5										
36	Krypton	2	2	6	2	6	10	2	6										
37	Rubidium	2	2	6	2	6	10	2	6			1							
38	Strontium	2	2	6	2	6	10	2	6			2							
39	Yttrium	2	2	6	2	6	10	2	6	1		2							
40	Zirkonium	2	2	6	2	6	10	2	6	2		2							
41	Niobium	2	2	6	2	6	10	2	6	4		1	←						
42	Molybdän	2	2	6	2	6	10	2	6	5		1	←						
43	Technetium	2	2	6	2	6	10	2	6	5		2							
44	Ruthenium	2	2	6	2	6	10	2	6	7		1	←						

	Element	1s	2s	2p	3s	3p	3d	4s	4p	4d	4f	5s	5p	5d	5f	6s	6p	6d	7s
45	Rhodium	2	2	6	2	6	10	2	6	8		1	←						
46	Palladium	2	2	6	2	6	10	2	6	10			←						
47	Silber	2	2	6	2	6	10	2	6	10		1	←						
48	Kadmium	2	2	6	2	6	10	2	6	10		2							
49	Indium	2	2	6	2	6	10	2	6	10		2	1						
50	Zinn	2	2	6	2	6	10	2	6	10		2	2						
51	Antimon	2	2	6	2	6	10	2	6	10		2	3						
52	Tellur	2	2	6	2	6	10	2	6	10		2	4						
53	Jod	2	2	6	2	6	10	2	6	10		2	5						
54	Xenon	2	2	6	2	6	10	2	6	10		2	6						
55	Zäsium	2	2	6	2	6	10	2	6	10		2	6			1			
56	Barium	2	2	6	2	6	10	2	6	10		2	6			2			
57	Lanthan	2	2	6	2	6	10	2	6	10		2	6	1		2	←		
58	Zer	2	2	6	2	6	10	2	6	10	1	2	6	1		2	←		
59	Praseodym	2	2	6	2	6	10	2	6	10	3	2	6			2			
60	Neodym	2	2	6	2	6	10	2	6	10	4	2	6			2			
61	Promethium	2	2	6	2	6	10	2	6	10	5	2	6			2			
62	Samarium	2	2	6	2	6	10	2	6	10	6	2	6			2			
63	Europium	2	2	6	2	6	10	2	6	10	7	2	6			2			
64	Gadolinium	2	2	6	2	6	10	2	6	10	7	2	6	1		2	←		
65	Terbium	2	2	6	2	6	10	2	6	10	9	2	6			2			
66	Dysprosium	2	2	6	2	6	10	2	6	10	10	2	6			2			
67	Holmium	2	2	6	2	6	10	2	6	10	11	2	6			2			
68	Erbium	2	2	6	2	6	10	2	6	10	12	2	6			2			
69	Thulium	2	2	6	2	6	10	2	6	10	13	2	6			2			
70	Ytterbium	2	2	6	2	6	10	2	6	10	14	2	6			2			

	Element	1s	2s	2p	3s	3p	3d	4s	4p	4d	4f	5s	5p	5d	5f	6s	6p	6d	7s
71	Lutetium	2	2	6	2	6	10	2	6	10	14	2	6	1		2			
72	Hafnium	2	2	6	2	6	10	2	6	10	14	2	6	2		2			
73	Tantal	2	2	6	2	6	10	2	6	10	14	2	6	3		2			
74	Wolfram	2	2	6	2	6	10	2	6	10	14	2	6	4		2			
75	Rhenium	2	2	6	2	6	10	2	6	10	14	2	6	5		2			
76	Osmium	2	2	6	2	6	10	2	6	10	14	2	6	6		2			
77	Iridium	2	2	6	2	6	10	2	6	10	14	2	6	7		2			
78	Platin	2	2	6	2	6	10	2	6	10	14	2	6	9		1	←		
79	Gold	2	2	6	2	6	10	2	6	10	14	2	6	10		1	←		
80	Quecksilber	2	2	6	2	6	10	2	6	10	14	2	6	10		2			
81	Thallium	2	2	6	2	6	10	2	6	10	14	2	6	10		2	1		
82	Blei	2	2	6	2	6	10	2	6	10	14	2	6	10		2	2		
83	Wismut	2	2	6	2	6	10	2	6	10	14	2	6	10		2	3		
84	Polonium	2	2	6	2	6	10	2	6	10	14	2	6	10		2	4		
85	Astat	2	2	6	2	6	10	2	6	10	14	2	6	10		2	5		
86	Radon	2	2	6	2	6	10	2	6	10	14	2	6	10		2	6		
87	Franzium	2	2	6	2	6	10	2	6	10	14	2	6	10		2	6		1
88	Radium	2	2	6	2	6	10	2	6	10	14	2	6	10		2	6		2
89	Aktinium	2	2	6	2	6	10	2	6	10	14	2	6	10		2	6	1	2
90	Thorium	2	2	6	2	6	10	2	6	10	14	2	6	10		2	6	2	2
91	Protaktinium	2	2	6	2	6	10	2	6	10	14	2	6	10	2	2	6	1	2
92	Uran	2	2	6	2	6	10	2	6	10	14	2	6	10	3	2	6	1	2

Tafel 3: Verzeichnis der Elemente

Element	Symbol	Ordnungszahl	relative Atommasse 1979	gerundet
Aktinium ⟨*Actinium*⟩	Ac	89	227,0278	227,0
Aluminium	Al	13	26,98154	26,98
Amerizium ⟨*Americium*⟩	Am	95	[243]	
Antimon (*Stibium*)	Sb	51	121,75	121,8
Argon	Ar	18	39,948	39,95
Arsen	As	33	74,9216	74,92
Astat (*Astatin*)	At	85	[210]	
Barium	Ba	56	137,33	137,3
Berkelium	Bk	97	[247]	
Beryllium	Be	4	9,01218	9,012
Blei (*Plumbum*)	Pb	82	207,2	207,2
Bohrium[1])	Bo	105	[262]	
Bor	B	5	10 81	10,81
Brom	Br	35	79,904	79,90
Chlor	Cl	17	35,453	35,45
Chrom ⟨*Chromium*⟩	Cr	24	51,996	52,00
Curium	Cm	96	[247]	
Dysprosium	Dy	66	162,50	162,5
Einsteinium	Es	99	[252]	
Eisen (*Ferrum*)	Fe	26	55,847	55,85
Erbium	Er	68	167,26	167,3
Europium	Eu	63	151 96	152,0
Fermium	Fm	100	[257]	
Fluor	F	9	18,998403	19,00
Franzium ⟨*Francium*⟩	Fr	87	[223]	
Gadolinium	Gd	64	157,25	157,3
Gallium	Ga	31	69,72	69,72
Germanium	Ge	32	72,59	72,59
Gold (*Aurum*)	Au	79	196,9665	197,0
Hafnium	Hf	72	178,49	178,5
Helium	He	2	4,00260	4,003
Holmium	Ho	67	164 9304	164,9
Indium	In	49	114,82	114,8
Iridium	Ir	77	192,22	192,2
Jod ⟨*Iod*⟩	I	53	126,9045	126,9
Kadmium ⟨*Cadmium*⟩	Cd	48	112,41	112,4
Kalifornium ⟨*Californium*⟩	Cf	98	[251]	
Kalium	K	19	39,0983	39,10
Kalzium ⟨*Calcium*⟩	Ca	20	40,08	40,08
Kobalt ⟨*Cobalt*⟩	Co	27	58,9332	58,93
Kohlenstoff (*Carboneum*)	C	6	12,011	12,01
Krypton	Kr	36	83,80	83,80
Kupfer (*Cuprum*)	Cu	29	63,546	63,55
Kurtschatovium[1])	Ku	104	[261]	
Lanthan	La	57	138,9055	138,9
Lawrencium[1])	Lr	103	[260]	
Lithium	Li	3	6,941	6,941

Tafel 3: Fortsetzung

Element	Symbol	Ordnungszahl	relative Atommasse 1981	gerundet
Lutetium	Lu	71	174,967	175,0
Magnesium	Mg	12	24,305	24,31
Mangan	Mn	25	54,9380	54,94
Mendelevium	Md	101	[258]	
Molybdän	Mo	42	95,94	95,94
Natrium	Na	11	22,98977	22,99
Neodym ⟨*Neodymium*⟩	Nd	60	144,24	144,2
Neon	Ne	10	20,179	20,18
Neptunium	Np	93	237,0482	237,0
Nickel	Ni	28	58,69	58,69
Niobium (*Niob*)	Nb	41	92,9064	92,91
Nobelium[1])	No[1])	102	[259]	
Osmium	Os	76	190,2	190,2
Palladium	Pd	46	106,42	106,4
Phosphor	P	15	30,97376	30,97
Platin	Pt	78	195,08	195,1
Plutonium	Pu	94	[244]	
Polonium	Po	84	[209]	
Praseodym ⟨*Praseodymium*⟩	Pr	59	140,9077	140,9
Promethium	Pm	61	[145]	
Protaktinium ⟨*Protactinium*⟩	Pa	91	231,0359	231,0
Quecksilber	Hg	80	200,59	200,6
Radium	Ra	88	226,0254	226,0
Radon	Rn	86	[222]	
Rhenium	Re	75	186,207	186,2
Rhodium	Rh	45	102,9055	102,9
Rubidium	Rb	37	85,4678	85,47
Ruthenium	Ru	44	101,07	101,1
Samarium	Sm	62	150,36	150,4
Sauerstoff (*Oxygenium*)	O	8	15,9994	16,00
Schwefel (*Sulfur*)	S	16	32,06	32,06
Selen	Se	34	78,96	78,96
Silber	Ag	47	107,8682	107,9
Silizium ⟨*Silicium*⟩	Si	14	28,0855	28,09
Skandium ⟨*Scandium*⟩	Sc	21	44,9559	44,96
Stickstoff (*Nitrogenium*)	N	7	14,0067	14,01
Strontium	Sr	38	87,62	87,62
Tantal	Ta	73	180,9479	180,9
Technetium	Tc	43	[98]	
Tellur	Te	52	127,60	127,6
Terbium	Tb	65	158,9254	158,9
Thallium	Tl	81	204,383	204,4
Thorium	Th	90	232,0381	232,0
Thulium	Tm	69	168,9342	168,9
Titan ⟨*Titanium*⟩	Ti	22	47,88	47,88
Uran ⟨*Uranium*⟩	U	92	238,0289	238,0
Vanadium (*Vanadin*)	V	23	50,9415	50,94

Tafel 3: Fortsetzung

Element	Symbol	Ordnungszahl	relative Atommasse 1981	gerundet
Wasserstoff (*Hydrogenium*)	H	1	1,00794	1,008
Wismut ⟨*Bismut*⟩	Bi	83	208,9804	209,0
Wolfram	W	74	183,85	183,9
Xenon	Xe	54	131,29	131,3
Ytterbium	Yb	70	173,04	173,0
Yttrium	Y	39	88,9059	88,91
Zäsium ⟨*Caesium*⟩	Cs	55	132,9054	132,9
Zer ⟨*Cerium*⟩	Ce	58	140,12	140,1
Zink	Zn	30	65,38	65,38
Zinn (*Stannum*)	Sn	50	118,69	118,7
Zirkonium ⟨*Zirconium*⟩	Zr	40	91,22	91,22

In Klammern sind andere Bezeichnungen bzw. andere Schreibweisen angegeben, die gleichfalls in der Literatur verwendet werden, z.T. in Ableitungen (z.B. Plumbat, Bismutat); in Winkelklammern stehen die IUPAC-Bezeichnungen.

Die relativen Atommassen (Atomgewichte) werden von einer Kommission der IUPAC (Internationale Union für Reine und Angewandte Chemie) im Abstand von zwei Jahren überprüft und erforderlichenfalls neu festgelegt. Dabei zeigten sich in den letzten Jahrzehnten zwei Tendenzen:

- Für *Reinelemente* wurden die Atommassen auf Grund verfeinerter Meßmethoden immer genauer ermittelt.
- Für *Mischelemente* ergab sich eine immer geringere Genauigkeit auf Grund von Abweichungen in der Isotopenzusammensetzung von Proben unterschiedlicher Herkunft.

Für Lehrzwecke hat das IUPAC-Komitee für Chemieunterricht die Verwendung gerundeter vierstelliger Atommassen empfohlen, wie sie in der letzten Spalte der Tafel angegeben sind.

[1]) Die Benennung der Elemente Nobelium, Lawrencium, Kurtschatovium und Bohrium ist noch umstritten. Literatur: Bausteine der Erde 4. Moskau: Verlag MIR, Leipzig: Urania-Verlag 1977.

Sachwortverzeichnis